Rudolf Zabrana

Komplexität als Stadtbildelement

Die Stadtgestalt zwischen Ordnung und Vielfalt

LIT

Stadt- und Regionalforschung

Band 17

Internationale Reihe der Stadt- und Landesgeschichte
International series of urban and territorial history

Rudolf Zabrana
Komplexität als Stadtbildelement
Die Stadtgestalt zwischen Ordnung und Vielfalt

Gefördert von der Stadt Wien Kultur

Stadt Wien | Kultur

Bibliografische Information der Deutschen Nationalbibliothek
Die Deutsche Nationalbibliothek verzeichnet diese Publikation in der Deutschen Nationalbibliografie; detaillierte bibliografische Daten sind im Internet über http://dnb.d-nb.de abrufbar.

ISBN 978-3-643-51242-0 (br.)
ISBN 978-3-643-66242-2 (PDF)

Wien 2025
Garnisongasse 1/19
A-1090Wien
Tel. +43 (0) 1-409 56 61 Fax +43 (0) 1-409 56 97
E-Mail: wien@lit-verlag.at http://www.lit-verlag.at
Auslieferung:
Deutschland: LIT Verlag, Fresnostr. 2, D-48159 Münster
Tel. +49 (0) 2 51-620 32 22, E-Mail: vertrieb@lit-verlag.de
E-Books sind erhältlich unter www.litwebshop.de

Inhalt

Die Kunst der Planung wird mehr noch als bisher in der Aufdeckung und Entfaltung des Genius Loci mit spezifischen Planungen liegen..... Hierzu wird auch die Gelassenheit gehören z.B. Verfall und Stadtbrachen in gewissem Ausmaß zuzulassen, in der Dimension der Zeit zu denken und die Tragfähigkeit einer Stadtstruktur weniger an einer maximalen ökonomischen Nutzung, als vielmehr an der mutmaßlichen Fehlerfreundlichkeit, Krisenfestigkeit und Resilienz gegenüber Nutzungs- und Einstellungswandel zu messen, ohne einen hohen gestalterischen Anspruch zu schmälern.

Thomas Sieverts - Mut zur Stadt, 1988

Vorwort

Anlässlich meiner **Diplomarbeit „Städtebauliche Restflächen"** 1980 -1988 - die übrigens als eine der besten deutschsprachigen Diplomarbeiten 1988 von der TU Braunschweig ausgezeichnet wurde - sind große Teile des ideologischen Überbaus als Vorstufe einer Dissertation vom damaligen Institutsvorstand Prof. Friedrich Moser – qualifiziert und nicht angenommen worden.

Nachdem ich diesen Hinweis ernst genommen habe, lege ich daher – nach fünfzigjähriger Praxis in der Raum- und Stadtplanung eine Publikation vor, die auf der Dissertation beruht und sich mit der **„Komplexität als Stadtbildelement"** beschäftigt. Da sich im Laufe der Bearbeitung - bereits bei der Literaturauswertung von 1965 – 2020 – herausstellte, dass nahezu alle Teilgebiete der Stadtentwicklung Auswirkungen auf die Stadtgestalt und ihre Komplexität aufweisen, bewegt sich auch diese Arbeit an der Grenze des Machbaren. Diese auszureizen und fallweise zu überschreiten, möge mir nachgesehen werden. Zur Erleichterung der Handhabbarkeit sind umfangreiche Originalquellen nur zitiert und die Bereiche Definitionen, Großstadtbild, literarische Veduten im Anhang behandelt.

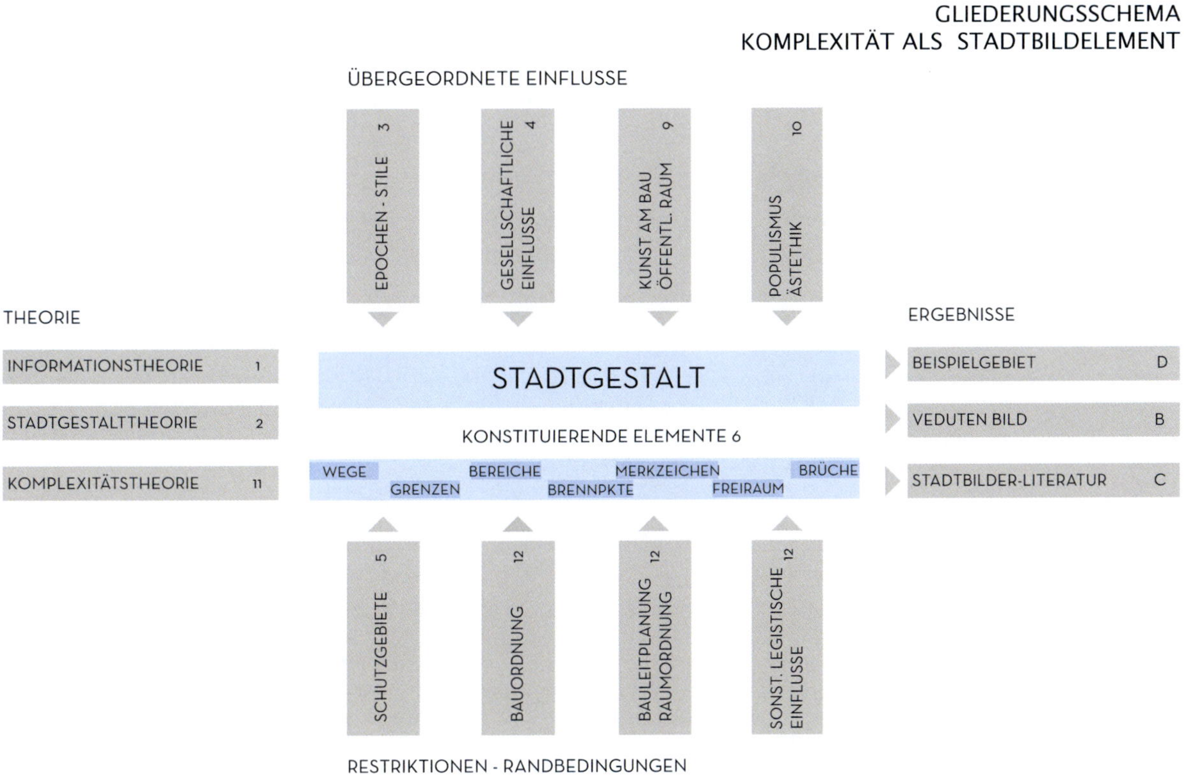

Organigramm Gliederungsschema

Beginnend mit **Informationstheorie** (Abschnitt 1) von der Perzeption bis zu den Wahrnehmungsregeln und nicht unerheblichen Wahrnehmungsdauer in unserer schnelllebigen Zeit gibt es aber doch physische und psychische - kaum veränderliche - Grundregeln.

Ein wesentlicher Teil der Bearbeitung beschäftigt sich mit dem Höhepunkt der umfangreichen und kontrovers geführten städtebaulichen Diskussion in den Jahren 1965 - 1975 und der Evaluierung, was aus diesem Diskurs geblieben ist und noch heute Gültigkeit hat. Diese beginnt mit der Fragestellung, ob Stadtgestaltung als Wissenschaftsdisziplin überhaupt gebraucht und anzuerkennen ist und stellt die Rolle des Planers/der Planerin offen zur Diskussion. Kurz resümiert sind nahezu alle angesprochenen Probleme noch immer gültig, auch wenn Lösungen Gemeingut in der Expertengesellschaft wurden und zumindest in Sonntagsreden und Hochglanzbroschüren prominent vorkommen. Realität geworden ist dagegen nur wenig. (Abschnitt 2)

Diese Lücke in der Rezeption des Städtebaus versucht das Deutsche Institut für Stadtbaukunst an der TU Dortmund zu schließen, wo jährliche themenspezifische Symposien und Vorträge stattfinden. Die Bestrebungen mündeten in einer ‚Kölner Erklärung zur Städtebauausbildung – **Die Stadt zuerst**', die von einer Reihe bekannter Städtebauer[1] unterfertigt wurde. Besonders zu erwähnen ist hier der Band **‚Die schöne Stadt'** aus 2017, wo Stadtbaukunst und der **Begriff des Schönen** von verschiedenen Autoren behandelt wurde[2].

Jede Zeit hat ihre unterschiedlichen – man ist geneigt Moden dazu zu sagen – Betrachtungs-weisen, Manifeste, Programme und Ausdrucksweisen. Diesen soll von der Gründerzeit – die noch immer unsere Stadtbilder beherrscht, bis zur Gegenwart - und im Städtebau wird diese auch die Zukunft sein – den Einflüssen auf die Stadtgestalt und ihrer Komplexität nachgegangen werden.[3] (Abschnitt 3)

Die holistische Gesamtsicht auf das Phänomen ‚Stadt' erfordert einen Blick auf die gesellschaftlich-politischen, die ökonomischen, kulturellen und sozialen Einflüsse auf die Stadtgestaltung und die Suche nach dem Ausdruck ihrer Komplexität.[4] (Abschnitt 4)

Eine wesentliche Rolle, die im Laufe des Jahrhunderts einem starken Wandel unterlegen ist, war und ist der Umgang mit dem Bestand insbesonders mit Baudenkmälern und der Einfluss der Bau- und Raumordnungen auf die Stadtgestalt und ihrer Brüche. (Abschnitt 5)

Konstituierende Elemente der Stadtgestalt und des Stadtbildes sind nach Kevin Lynch und insbesondere die Rolle des öffentlichen Raums und der Akzente – hier insbesonders die Hochhäuser als ‚running gag' der Stadtbilddiskussion. (Abschnitt 6)

Die **Randbedingungen** der Stadtgestalt wie die Dichte und das Schlagwort der Urbanität, Mischungen der Nutzungen und der sozialen Schichtung sowie das semantische Differential Öffentlichkeit und Privatheit, sowie der Ausfluss all dessen mit der Bildung von Atmosphäre, Milieu und Identität, runden diesen wesentlichen Teil der Stadtgestalt ab. (Abschnitt 7)

1 Dortmund 2014 unterfertigt u.a. von Ch. Mäckler, M. Neppl, W. Sonne, K. Wachten P. Zlonicky

2 Die schöne Stadt – Hg. Uwe Altrock und Sandra Huning – Planungsrundschau Ausgabe 24, Berlin 2017

3 „Menschliches Leben und insbesondere Leben in der Gemeinschaft ‚Stadt' ist jedoch ungleich komplexer, als dass es mit einfachen Formeln erfasst werden könnte. Unvoreingenommen betrachtet, bedeuten Utopie und Realistik zwei Pole in deren Spannungsfeld sich städtebauliche Arbeit entwickelt. Utopie als vorwärtsdrängendes, anregendes Moment, die Leichtigkeit des Geistes nutzend; Realistik als Sicherung menschenwürdiger Lebensbedingungen, der Erdenschwere verhaftet. (Heiss-Glotter, 1987, S. 33)

4 „Die Geschichte und Gesellschaften kriechen nicht dahin, sie machen Sprünge. Sie verlaufen von einem Bruch zum anderen, dazwischen gibt es nur ein paar Vibrationen. Trotzdem glauben wir (und die Historiker) gern an das vorhersehbare Voranschreiten in kleinen Schritten" (Nicholas Taleb, Der schwarze Schwan, 2008, S. 29)

Schließlich soll der Stellenwert städtebaulicher Brüche und des Unvollkommenen ‚gerade' gerückt werden und die Stellung von Frei- und Grünräumen als ein wesentlicher Teil der Komplexität des Stadtbildes beleuchtet werden (Abschnitt 8).

Besonders kontrovers wird der Stellenwert und die Notwendigkeit der ‚Kunst am Bau' und die Rolle von Kunstwerken im öffentlichen Raum in seiner zeitlichen Präferierung betrachtet. (Abschnitt 9)

Das alles mündet in eine ästhetische Diskussion zwischen den qualitativen Polen Schönheit und Wahrheit und der Gefahr des Populismus und des Kitsches. Doch wie können diese Aspekte ‚Gestalt' annehmen und Spuren gefunden werden? Das Hilfsmittel für jene Aspekte, die der Techniker nicht ausdrücken kann, obliegt der Darstellenden Kunst und der Literatur. (Abschnitt 10 bzw. Anhang Pkt. B und C)

Daraus schließend soll endlich der Versuch unternommen werden, aus den vorangehenden Erkenntnissen und Thesen eine Rolle der Komplexität zu entwickeln, die nur der Anfang eine Diskussion für eine begleitende Entwicklung sein kann. (Abschnitt 11)

Um nicht in der Theorie zu verharren, soll aufbauend auf der langjährigen praktischen kommunalpolitischen und fachlichen Erfahrung des Verfassers, Anregungen zur Weiterentwicklung der Bebauungsplanung und etwaiger anderer Maßnahmen initiiert werden. (Abschnitt 12)

Neben der generellen zusammenfassenden Betrachtung der Arbeit ist jedem Abschnitt ein Fazit, und damit eine subjektive Zusammenfassung des Verfassers nachgestellt.

Den Abschluss bildet eine umfangreiche Dokumentation der verwendeten Materialien und einschlägiger Literatur. Das Quellenmaterial wurde wohl angeführt, aber nur im Falle einer Zitierung explizit ausgewiesen. Zur Kontextualisierung und zum Auffinden weitere Quellen wurde - insbesondere bezüglich der Wahrnehmungstheorie - auf die bereits existierende Literatur zurückgegriffen bzw. hingewiesen.[5]

Um Spezifikationen – auch anderer verwandter Fachgebiete – handhabbar zu machen beginnt der Anhang mit einem Abschnitt Definitionen und Begriffsbestimmungen (Anhang Pkt. A)

Eine andere Art des praktischen Nachweises soll anhand eines städtebaulichen Ausschnittes der Unteren Wieden gezeigt werden. Als Beispiel einer Langzeitzeitstudie (1970 – 2020) mit einer Fotodokumentation können Ansätze für eine Neubewertung von Stadträumen gewonnen werden. (Anhang Pkt. D)

Ein besonderes Anliegen des Verfassers ist der Paradigmenwechsel in der Bildlichen und literarischen Darstellung von Stadtbildern die im Anhang Pkt. B und C beispielhaft dargestellt werden.

Für die Hilfestellung bei der Themenabgrenzung und die unterstützende Betreuung darf ich Prof. Andreas Voigt, Prof[in] Cordula Loidl-Reisch und meinen Töchtern Lilli und Georgine meinen Dank aussprechen. Die grafische Betreuung verdanke ich Elisabeth Kaziz-Hitz vom ‚spunk'. Für die Begleitung der Drucklegung im LIT-Verlag, Wien bin ich Frau Timna Holzer und Maria Siegl verbunden.

Rudolf Zabrana — Wien, im März 2025

5 „Es ist naiver Empirismus, zur Untermauerung irgendeiner Argumentation Reihen beredsamer bestätigender Zitate von toten Autoritäten anzuführen. Wenn man danach sucht, kann man immer jemand finden, der eine wohlklingende Feststellung gemacht hat, die den eigenen Standpunkt stützt; außerdem ist es bei jedem Thema möglich, einen anderen (toten) Denker zu finden, der genau das Gegenteil gesagt hat."

Zusammenfassung

Fragestellung

Das Thema der Komplexität der Stadtgestalt und deren Bewertung ist schon in der Diplomarbeit ‚Städtebauliche Restflächen im Grund- und Aufriss' vom Verfasser 1986 thematisiert worden. Allerdings in einer verengten Sicht auf den Ausdruck dieser Gestaltungselemente – den sichtbaren Feuermauern. In Erweiterung der Betrachtungsweise auf die Ziele der Stadtgestaltung steht die Anerkennung und Neubewertung von städtebaulichen Brüchen, Fragmenten, Brechungen und Überraschungen im Allgemeinen abseits der ‚Harmonie' und des Gleichklangs – ausgedrückt durch die Begriffe der Komplexität und der Ambivalenz, im Mittelpunkt.

Dahinter steht die zentrale Fragestellung, welche Einflüsse wirken mit welchen Ergebnissen auf die Stadtgestalt? Wie gehen wir mit den uns zur Verfügung stehenden Instrumenten im Spannungsfeld der Stadtgestalt zwischen Monotonie – Komplexität und Chaos um?

Zwei Ziele verfolgt diese Arbeit:

1. Die Wiedererlangung stadtgestalterischer Argumentationen und Entscheidungen in Augenhöhe mit anderen Arbeitsfeldern der Stadtplanung wie Wirtschaftlichkeit, Bürgerbeteiligung, Klimagerechtigkeit unter den griffigen Titel ‚Die schöne Stadt'.
2. Die Dichotomie der gestalterischen Bewertung der Stadt zwischen den Bürgern/Laien und den Experten/Entscheidungsträgern zu reduzieren und zumindest Entscheidungsgrundlagen mit echten Alternativen in einen gleichberechtigten Diskurs von Betroffenen, lokalen Politikern, Investoren und der Stadtpolitik zu führen.

Methodik

Die Herangehensweise basiert auf vier Handlungssträngen:

- Grundlagen der fachlichen Bildung (Raumordnung und Raumplanung, Grünordnung) und laufenden Weiterbildung (Hochbau, Stadterneuerung, Städtebau, Architektur, Kommunalpolitik)
- Literaturauswertung der Fachliteratur seit den frühen 70er Jahren bis heute und Heranziehung von Einflussfaktoren wie Soziologie, Philosophie, Belletristik und Malerei – wobei mit wenigen Ausnahmen die umfangreiche ältere Literatur ihre Gültigkeit nicht verloren hat. Als Methode wird eine Art ‚dialogischer Literaturrecherche' aus einer persönlich interpretierten Perspektive durchgeführt.
- Einbringung praktischer Erkenntnisse aus der langjährigen Tätigkeit in der Stadtplanung, Städtebau und Architektur
- Kommunalpolitische Erfahrungen als Verantwortlicher einer 100.000-Einwohnerbezirks in Wien auf den Gebieten Planen, Bauen, Wohnen, Verkehr und Kultur.

GRUNDLAGEN DER ARBEITSMETHODIK

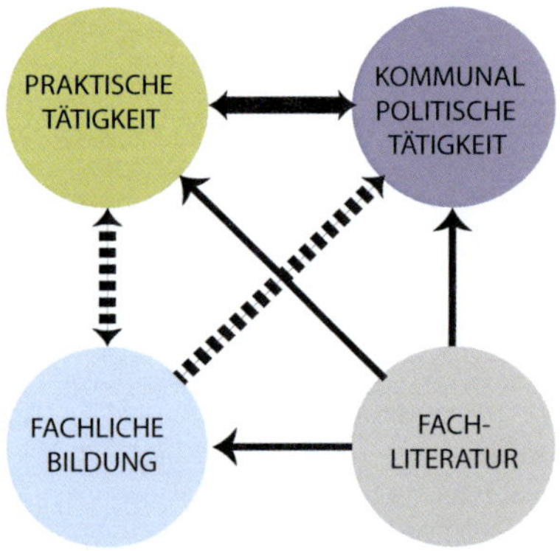

Organigramm ‚Grundlagen der Arbeitsmethodik'

Ergebnisse

Die vorliegende Dissertation baut auf den Bedingungen des Sehens auf, der Perzeption von Stadtbildern und setzt sich mit deren Umwandlung in individuelle Erscheinungsbilder auseinander. Der entscheidende Ansatz ist, dass sich das Stadtbild und seine Bewertung in Sekundenbruchteilen festsetzen und bestimmte Wirkungen im Betrachter hervorrufen. Diese Wirkungen sind weder gleichartig noch wiederholbar und von einer Reihe von Bedingungen wie die Betrachtungsdauer, die bisherigen Erfahrungen und die Auseinandersetzung mit Stadtbildern im Betrachter, Zweck der Betrachtung, Tages- und Jahreszeit, Konnotationen und Zeichenkunde (Semiotik) u.a.m. abhängig. Außer Diskussion steht, dass eine eingehendere Betrachtung einen **auslösenden Impuls** braucht – um nicht an der Oberfläche zu verharren und eine Wiedererkennbarkeit nicht erfolgt.

In einer Betrachtung der Stadtgestaltung, ihrer Vertreter, die Stadtplaner und ihrer Stellung in der Städteplanung seit den frühen 70er Jahren bleibt unwidersprochen, dass die Bewertung jedes Planers individuell bedingt ist, und explizit dargestellt werden sollte. Auch wenn das nicht der Fall ist, muss die **Haltung des Planers** und seiner Rolle im gesamtgesellschaftlichen Kontext hinterfragt werden. Darauf aufbauend sind eine Reihe von unterschiedlichen Planungsverständnissen – zumindest theoretisch abzuleiten. Und alle diese unterschiedlichen Herangehensweisen zeitigen unterschiedliche Wertvorstellungen der Stadtgestalt und Stadtgestaltung.

Wesentliche Einflüsse auf die Stadtgestalt sind in einer kapitalistisch dominierten Gesellschaft auf die Ökonomie zu konstatieren und können durch hoheitliche Einflüsse nur unvollständig gesteuert werden, wie die Schlagworte von der ‚unsichtbare Hand des Marktes' und dem ‚Nachtwächterstaat' ausdrücken können. Nicht unterschätzt, wenn auch legistisch kaum fassbar sind die kulturellen Einflüsse, die sich gerade in Epochen der außereuropäischen Migration in Brüchen manifestieren.

In den legistischen Rahmenbedingungen und darüber hinaus wird dem **Schutz der Bausubstanz** vergangener Epochen vom strikten Denkmalschutz, dem Ensembleschutz, der Restaurierung und der Wiederherstellung, sowie der Mischung von Alt und Neu breiter Raum gewidmet, weil gerade der Umgang mit überkommener Bausubstanz entscheidend für die Komplexität der Stadterscheinung ist. Doch nicht nur die engere Baugesetzgebung und die Bauordnungen sind entscheidend für die Stadtgestalt, sondern auch die Wohnungsgesetzgebung von der Wohnbauförderung, der Sozialwohnungsschiene und dem Mietrecht. Die jüngsten Auseinandersetzungen um die Deckelung von Mieten und ihre Auswirkungen auf die Erhaltung der Gründerzeitsubstanz zeigen die Relevanz dieser Überlegungen.

Die ökologische Diskussion in Zeiten der ‚Klimakrise' geht nicht spurlos an der Stadtgestalt vorüber – auch wenn es manchmal erscheint, das Abbruch und Neubau wirtschaftlicher, ertragsstärker, funktioneller und scheinbar ökologischer durch eine bessere Wärmedämmung und ‚Tresorfenster' seien – ist die Umnutzung, der Umbau allen Recycling-Bemühungen überlegen. Die aufgezeigten Schwachstellen zur Erhaltung des Gebäudebestands in Wien sind legistisch zu beseitigen oder zumindest wirtschaftlich unattraktiv zu gestalten.

Die konkrete Behandlung der **konstituierenden Elemente** der Stadtgestalt verfolgt die Wiederherstellung räumlich fassbarer Strukturen durch Block und Parzelle und die daraus resultierenden Straßen und Platzräume – ohne das Blockinnere und dessen Durchlässigkeit zu vernachlässigen.

Die wesentliche Erkenntnis ist, dass Außenstehende und somit auch der Planer eine ganz andere ‚mental map' haben, als der Bewohner im Alltagsgeschehen. Diese Diskrepanz ist für die Orientierbarkeit und die Abwechslung – Komplexität und Ambivalenz (Rapoport-Kantor) entscheidend.

Ein weitere Besonderheit ist die **‚Spektakelarchitektur'** und die Hochhausdiskussion, die dem Stadtmarketing geschuldet ist und vor allem im Kultursektor Hüllen schafft, deren Bespielung und Inhalte eher sekundär erscheinen.

Doch die Stadtgestalt bewegt sich – abseits der legistischen Vorgaben - in einem durch Randbedingungen vorgegebenen Raum. Beginnend mit der **Dichtediskussion**, die seit den 60er Jahren geführt wird und den Fehler verinnerlicht, durch bauliche Dichte Urbanität schaffen zu können, um dann enttäuscht feststellen zu müssen, dass sich diese und das Milieu, die Identität sich nicht einstellen.

Der Abschnitt, der sich mit den temporären Erscheinungen und der Rolle der Freiräume befasst, wird in der Stadtgestaltungsliteratur meist stiefmütterlich behandelt. Dabei sind es gerade diese Brechungen und Überraschungen, die unsere Aufmerksamkeit erregen und Gegenstand der ephemeren ‚Kunst für alle' – der ‚Street Art' ist. Wir sollten die Brüche der Stadtstruktur, die Vor- und Rücksprünge, den Höhenversatz als Bereicherung des Stadtbildes und nicht als zu beseitigende Störung empfinden.

Besondere Aufmerksamkeit soll auch den **Brachen und ihrer Zwischennutzung** gewidmet werden – weil eine Stadt nie ‚fertig gebaut' werden kann und für folgende Generationen immer noch Handlungsspielräume bleiben sollten.

Die Bewertung all dieser Elemente in ihren Zusammenklang ist in dem Spannungsbogen zwischen Populismus, veröffentlichte Meinung und dem immanenten Wunsch nach **‚Schönheit'** eingeschlossen. Wobei die Schönheit eher mit Fadesse und Monotonie konnotiert ist und durch ‚interessant' nicht abgelöst, aber zumindest erweitert werden kann. Die Experten vermeiden einfache Zuschreibungen, weil sie sich nicht der Gefahr aussetzen möchten, von Laien verstanden zu werden und in Fachkreisen als trivial und unwissenschaftlich zu gelten. Doch wenn Partizipation ernst genommen werden soll, wird es notwendig sein – wie im angloamerikanischen Raum üblich - die Fachsprache ins allgemein Verständliche zu transformieren.

Aus alldem resultiert ein **Maß der Komplexität** zwischen Ordnung und Chaos, das zumindest für eine starke Minderheit eine Herausforderung darstellt und im Sinne einer Ambivalenz, auch für ungeschulte Betrachter eine Aussage bereit hält. Wenn die Urbanität und die Bildung einer lebendigen Atmosphäre als Zielvorstellung Geltung haben soll, ist ein Mindestmaß an Komplexität zu erhalten oder zu schaffen.

Die Umsetzung der Thesen in der Bebauungsplanung von der Problemerfassung, Bestandsaufnahme, der eine bisher vernachlässigte Sicht der Sozialraumerfassung über politische Analyse und dem Entwurfs- und Lösungsvorgang mit den entsprechenden Werthaltungen zu Grunde liegt, führt zu einen virulenten Erneuerungsbedarf der Bebauungsplanung.

Als Lösungsvorschläge einer **effizienteren Bebauungsplanung** werden zwei Varianten dargelegt:

1. Eine langjährig – auch für Wien – geforderte Neuaufstellung in Form einer stufenweisen Konkretisierung der Bebauungsplanung wie sie in Salzburg und Innsbruck schon an der Tagesordnung ist oder
2. Die bestehenden Instrumente flexibler zu gestalten und einfacher handzuhaben. Entscheidend ist hier anstatt dem Top-down-Ansatz der Experten und des Fachbeirats, das Bottom-up einer aufgewerteten Bezirkskompetenz.

Um die getroffenen Aussagen beispielhaft zu belegen, wurde in der vorliegenden Publikation ein charakteristischer Stadtteil – die Untere Wieden - aus 1986 anhand detaillierter fotografischen Dokumentation gestreift, welche durch die Analyse der Entwicklung nach 35 Jahren Erkenntnisse über die Haltbarkeit von Prognosen liefern. Dies betrifft vor allem die **Restnutzungsdauer** von Gebäuden und Ensembles, die sich offensichtlich Vorhersagen entziehen und eher nach der Chaostheorie als nach rationalen Gesichtspunkten zu bewerten ist.

Im Anhang soll sowohl die literarische als auch die malerische Vedute in ihrer Transformation vom ‚Schönbild' zum Bild der Großstadt, die Brüche und Widersprüche der Stadtrezeption im Sinne Rapoport-Kantors beispielhaft belegen, wo die Darstellung der sinnlichen Eigenschaften von Stadtteilen und Städten nur über die **künstlerische Imagination** erfolgen kann.

Abstract

From W.J. Siedler's 'Murdered City' in 1964 to A. Mitscherlich's 'The Inhospitability of Our Cities' in 1965, the 1970s saw an intensive discussion on urban design and its failure. In short or longer leaps in time, this criticism is taken up again and again until 'The city we dream of' ('Die Zeit' 15.12.2022) - without any noticeable consequences. The causes and possible solutions will be examined in detail here.

This work starts from the theoretical basis of the theory of perception, and deals with the social, economic and urban design boundary conditions and their effects on the cityscape.

Starting with the epochs that have shaped our cityscape, such as the "Gründerzeit" period, up to contemporary urban development, the basic concepts are contrasted. The political-social influences such as participation, gentrification, social mix and social groups, as well as the effects of economy and trade and art and culture round off this section.

Special attention is paid to the protection of historic urban elements and their handling of legal and political influences legal and political influences on the urban form.

Based on Kevin Lynch's classification of urban design elements, paths and public space, borders and barriers, areas, focal points and landmarks as well as accents - especially high-rise buildings and architectural spectacles - are dealt with in detail.

Other conditions of urban form and immaterial buzzwords such as the repeatedly invoked concept of density, the role of block and grid and other forms of development, the urbanity discussion, the effect of atmosphere, milieu and identity, and the much-discussed and hardly realised mix of uses show their effects.

An increasingly introduced element in the design discussion are the green and open spaces, which, in addition to their climatic effects, also have great design significance, such as the importance of relief and water.

The rather 'accidental' breaks in the cityscape with the final stages of wasteland and 'lost cities' and their role in the design discussion - the 'chaos' and their necessity of a living city - are dealt with here.

The otherwise rather neglected role of art in public space, art on buildings to street art and graffiti concludes the basic research.

The conclusion and possible solutions will be explored in the section "Populism and Beauty": The reception of cityscapes between experts and laypeople - as the 'broad' masses - is increasingly diverging. Not only do the linguistic images differ, but also the reception of art in general. The word 'beautiful', for example, is frowned upon in many places, although its counterpart, such as ugly or arbitrary, is repeatedly used to criticise cityscapes: the term 'beautiful and harmonic (also bland) is being replaced by 'interesting'.

An ambivalent degree of complexity offers itself as a way out:

Complexity should primarily not be planned - but only made possible. The unforeseen and the surprising are the indicators of a 'living' city. A 'correct' degree of complexity cannot be prescribed - but is to be allowed: Projections and recesses, uncovered firewalls, gaps, wastelands, signs and advertisements.

Planned complexity such as buildings of different heights for the same uses lacks coherent justification - variety - is not sustainable.

The viewers make their own 'picture' - the biggest difference is between the interested layman and the expert even critic. Since there can be no ideal optimum for everyone between chaos and order, ambivalence is the solution: both must occur - even if in rudimentary form.

Complexity is to be understood as a 'pacemaker' that is constantly changing - the aim is to achieve a somewhat higher degree of complexity than that which has just been reached - overburdening is to be avoided: one step ahead of 'normality'.

The instruments of urban planning and their organisation required for implementation conclude the theoretical-practical part, where the author's many years of experience in local politics are reflected.

To ensure that not only theoretical considerations flow into the work, the documentation and analysis from the author's diploma thesis of 1985 are contrasted with the current state of urban development and explanatory patterns on the basis of a subarea in Vienna-Wieden.

A special concern of the author is taken into account in the volume of materials: in addition to documents on individual sections, two areas of the artistic reception of the cityscape are presented in rudimentary form: The image of the city from the veduta to abstraction and the literary treatment of the cityscape using Viennese examples from Heimito von Doderer to Ernst Molden.

Exemplary missed targets of development plans and the exemplary handling of breaks in the cityscape of Vienna conclude the work topic "Complexity as a city-image element - The urban form between order and diversity".

1. Informationstheorie

1.1 Informationstheorien - Allgemein

„Diese Verkettung von Handlung und Erfahrung, diese Untrennbarkeit einer bestimmten Art zu sein von der Art, wie die Welt uns erscheint, sagt uns dass jeder Akt der Erkenntnis eine Welt hervorbringt:
Jedes Tun ist Erkenntnis, und jede Erkenntnis ist Tun."
Maturana-Varela, Der Baum der Erkenntnis 2015

Nach den praxisorientierten Wahrnehmungstheorien der 60er Jahre von Moles, Hofstätter, Eco und anderen haben Humberto Maturana und Francisco Varela die damaligen Erkenntnisse neurobiologisch untermauert: Der alten darwinistisch geprägten Biologie zufolge überlebt ein Lebewesen nur dann, wenn es sich möglichst perfekt seiner Umwelt anpasst. Es wäre damit sklavisch abhängig von einer objektiven Außenwelt. Für Maturana und Varela gibt es jedoch **keine „objektive" Wirklichkeit**. Wenn Grunderfordernisse des Lebens erfüllt sind, haben lebende Systeme alle Freiheit, sich ihre Welt selbst zu schaffen, anstatt bloß auf Vorgegebenes zu reagieren. Für den Menschen gilt das natürlich in besonderem Maße. Das Subjekt ist somit entscheidend an der Schöpfung seiner nur scheinbar objektiven Wirklichkeit beteiligt. Die neue Bezeichnung von Leben, wie es die Neurobiologen Humberto Maturana und Francisco Varela definiert haben, ist **Autopoiesis,** was so viel heißt wie: sich selbst schaffen. Die in der Menschheitsgeschichte von Weisen, Mystikern und Philosophen erkannte Einheit von Subjektivität und Objektivität, von Ich und Welt, von Bewusstsein und Sein, wird von Maturana und Varela klar bestätigt.

„Wenn das Nervensystem nicht mit einer Repräsentation Abbildung) der umliegenden Welt operiert und negiert, würde das zu einem Chaos völliger Willkürlichkeit führen - das die klassische Philosophie **Solipsismus** nennt - es existiert nur die eigene Innerlichkeit. Die Gegenposition, die heute dominiert ist die Annahme, dass das Nervensystem mit dem Abbild der Welt arbeitet **(**Repräsentationismus**)**.

Als BeobachterIn können wir beide Bereiche betrachten: Einerseits die inneren Zustände eines Systems und seiner Strukturveränderungen und andererseits auch eine Einheit betrachten, die mit der Umwelt interagiert und mit diesen Milieu beschreiben. Beide Betrachtungsweisen sind notwendig, um eine Einheit gründlich zu verstehen." (Maturana-Varela, Der Baum der Erkenntnis, 2015, S.145-148)

Roland Hackl sieht in seiner Dissertation „Im Auge des Betrachters" (in Christian, 2009, S.228) den Wahrnehmungsvorgang abstrahiert und vereinfacht so:

Umgebungsreiz – physikalische Trägerprozesse – neuronale Verarbeitung – Wahrnehmung – Erkennen und Handeln (in Verbindung mit kognitiven Prozessen - s. K. Lynch).

Nach der Theorie der Kunstwahrnehmung von Pierre Bourdieu (Elemente zu einer soziologischen Theorie der Kunstwahrnehmung, 1979) – die auch für die Wahrnehmung der Umwelt gelten, sind die **zentralen Sätze**:

1. Jede Betrachtung von Kunstwerken ist eine unbewusste oder bewusste Dekodierung
2. Ein Jeder Akt der Entschlüsselung bedient sich eines mehr oder weniger komplexen und mehr oder weniger vollständig verfügbarer Codes
3. Da das Kunstwerk nur in dem Maß existiert, in dem es wahrgenommen, das heißt entschlüsselt wird, wird der Genuss, der sich aus dieser Wahrnehmung ergibt,.....nur denjenigen zuteil, die in der Lage sind, sich die Werke anzueignen.

Die Verständlichkeit der Reize der gebauten Umwelt hängt also davon ab, wie geläufig und wie verständlich Lern- und Sozialisationsprozesse sie dem Einzelnen gemacht haben.

Der Auslöser oder der Umgebungsreiz muss stärker sein, als das **„Grundrauschen"** (nach Moles, 1971) um überhaupt wahrgenommen zu werden:

„Das Rauschen erscheint als Kulisse des Universums, die in der Natur der Dinge liegt: von ihr muss sich die Nachricht absondern. Es gibt keine Nachricht ohne Rauschen, so schwach es auch sein mag. Das Rauschen ist der Unordnungsfaktor, der im Hinblick auf die durch irgendeine Ordnung charakterisierte Intentionalität zufällig ist. Es führt zu einer Dialektik Figur/Hintergrund, die mit der Dialektik Ordnung/Unordnung verknüpft ist; [...] Dem allgemeinen Theorem der Entropie: ‚Die Unordnung kann in einem isolierten System nur zunehmen', entspricht der Satz, dass das Rauschen den Ordnungscharakter einer Nachricht nur herabmindern kann."

Eine vereinfachte und handhabbare Darstellung der **Informationsübertragung** hat Peter R. Hofstätter in Psychologie, Frankfurt 1957) dargestellt:

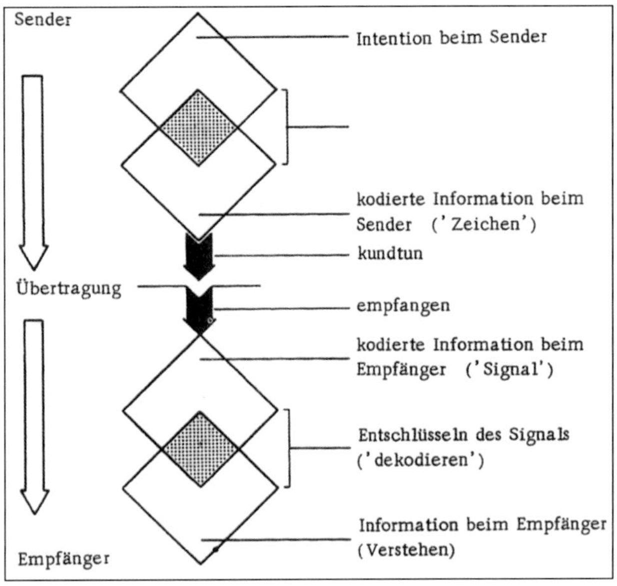

Informationsübertragung

Nach der biopsychologischen Darstellung des Informationsprozesses stellt sich die Frage der praktischen Auswirkung und wie die Gewichte der subjektiven und objektiven Kriterien verteilt sind:

„Wahrnehmen stellt eine Verbindung von einem **‚Subjekt' zu einem ‚Objekt'** her. Diese Verbindung kann beeinflusst oder verändert werden, entweder durch die Beschaffenheit des Subjekts oder die Beschaffenheit des Objekts oder von beidem. [...] Dass es eine rein objektive Wahrnehmung nicht geben kann, dürfte angesichts eines von Subjekt zu Subjekt differenzierten Wahrnehmungs-'Apparat' ganz klar sein.

Ebenso klar aber ist, dass es eine **rein subjektive Wahrnehmung** erst recht nicht geben kann. Denn diese würde man dann auch ganz anders bezeichnen, man könnte sich überhaupt nicht über sichtbare Formen in unserer Umwelt unterhalten. [...]

Bei ‚objektiver' und ‚subjektiver' Wahrnehmung ist also gemeint, von welcher Seite jene Verbindung gerade am stärksten beeinflusst wird." (Axel Seyler, Tote Theorie in Christian 2009, S.213)

Doch Peter G. Richter fragt in Abels und Rudolfs luzider Darstellung „Architektur wahrnehmen", warum es **moderne Architektur** so schwer hat?: „Zahlreiche neuere psychologische und biopsychologische Analysen haben bestätigt, dass ästhetische Urteile auf der Basis affektiver/emotionaler Reaktionen unmittelbar, das heißt innerhalb **weniger Millisekunden**, und damit häufig unbewusst entstehen. Quellen für diese rasche Beurteilung können in angeborenen evolutionär erworbenen Mechanismen vermutet werden. Darüber hinaus kann man annehmen, dass ästhetische Vorlieben durch Prägungslernen, implizite Lernprozesse o. ä. während früher Phasen individueller Entwicklung erworben werden." (Abel und Rudolf, 2029, S. 157-158)

Im folgenden Abschnitt soll auf die Codes, der Wahrnehmungsaufnahme in Abhängigkeit von der Bewegung und die daraus ableitbaren Wahrnehmungsgesetze näher eingegangen werden.

1.2 Bedeutung – Zeichen – Bilder

„Land sei das Ding – Landschaft seine Erscheinung"
Max Julius Friedländer ‚die Landschaft', 1947 [1]

Semantik, die Kunde der Zeichen darf nicht mit der Semiotik - die Bedeutung der Zeichen –verwechselt werden. (Eco - Trabant, Semiotik, 2002, S.31-32): Die Semiotik muss auch die Prozesse untersuchen, die, ohne die Bedeutung direkt einzubeziehen, die Zirkulation von Bedeutung ermöglicht.

Der Begriff **Semiotik** leitet sich aus der Philosophie (Erkenntnistheorie und Logik) her und ist mit dem Namen C.S. Peirce verknüpft: ‚man kann alles zum Zeichen erklären, was man will' und ist dort eher eine linguistische Semiotik. Sema (griechisch) - Zeichen. (M. Krampen, 1974, S.52).

Zur Erklärung der allgemeinen Wahrnehmung bietet der Begriff des semiotischen Dreiecks nach Schönwandt 2002, S.74 und Voigt 2005, S. 13-14) einen umfassenden Ansatz:

Komponenten des semiotischen Dreiecks

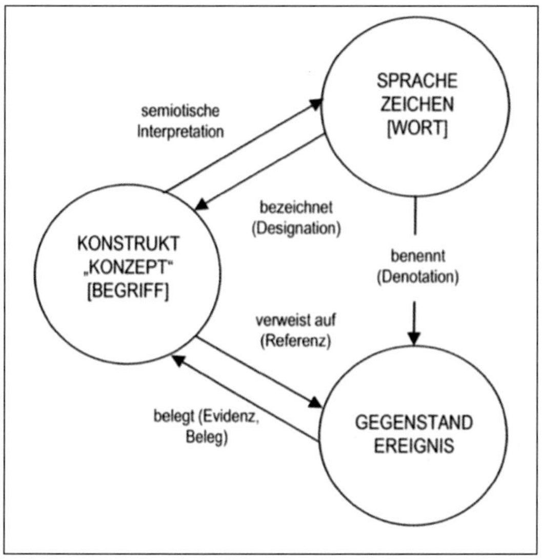

Semiotisches Dreieck nach A. Voigt 2005

Eine Hypothese der Semiotik ist (Eco und Trabant, 2002, S. 20), „dass unter jedem Kommunikationsprozess diese Regeln - oder Codes - existieren und dass diese auf irgendeiner **kulturellen Übereinkunft** beruhen. Wenn man annähme, dass diese Zeichen auf ‚intuitive' Art und Weise, durch spontane Teilnahme, durch direkten Kontakt zwischen zwei ‚geistigen Größen', ohne die Vermittlung von gesellschaftlichen Konventionen verstanden würden, dann hätte die Semiotik keinen Sinn.

Wir stellen also fest, dass die kommunikative Dialektik zwischen Codes und Botschaften und die konventionelle und kulturelle Natur der Codes nicht Entdeckungen sind, die die Semiotik erst machen muss, sondern die Voraussetzung, auf der sie gründet, und die Hypothese die sie leitet."

Ein wesentlicher Aspekt der Lesbarkeit bzw. die ‚Aneignung' von Kunstwerken und der Architektur setzt eine **Schulung** voraus (Pierre Bordieu, 1970).

Axel Buether (in Abel und Rudolf, 2019, S.67) unterstreicht die **Bedeutung der Raumwahrnehmung für die Bildung:**

> *Der gesamte Wahrnehmungsraum ist ein* ***Lernraum****, da wir durch die Konsequenzen unserer Handlungen Erfahrungen bilden. Unser Gehirn stellt dabei beständig neue assoziative Verknüpfungen zwischen Ursache und Wirkung von Ereignissen her oder stärkt und schwächt die vorhandenen. Unser Gedächtnis enthält dennoch keine Ansammlung von Fakten oder Gestaltparametern, kein Formenarchiv und keine Vokabelsammlung.*

1 Zitiert in Abel und Rudolf 2019, S.98-99 „Bernd Rudolf - Von Ästen zu Stöcken" Der Kulturhistoriker Max Julius Friedländer äußert sich zum Landschaftsbegriff mit der knappen Formel: ‚Land sei das Ding - Landschaft seine Erscheinung (Die Landschaft, 1947). Der Landschaftsbegriff ist bereits selbst ein kulturell geformtes Konstrukt, in das die Auffassungen und Werte eines Betrachters einfließen, eingeleitet durch die schrittweise Entfremdung des Menschen von der Natur."

Ohne **Erinnerung an unsere Vorerlebnisse**, lassen sich Aneignungsprozesse, Identitäten und Imageprozesse nicht verstehen und auch nicht als Kriterium zu ermöglichen.[2]

Eine bedeutende Rolle in der Semiotik Ecos spielt die **Konnotation** - die sekundäre Bedeutung nach der primären Bedeutung der **Denotation**. Doch die erste und zweite Funktion können im Lauf der Geschichte ihre Rollen verändern und wechseln: *„Es wäre falsch anzunehmen, dass das Signifikans in der Architektur durch seine Natur dazu gebracht würde, eine stabile erste Funktion zu denotieren, während sich die zweiten Funktionen im Laufe der Geschichte verändern. [...] ...und es lässt sich denken, dass im Lauf der Zeit bestimmte erste Funktionen jede Wirkung verlieren und sogar in den Augen der Empfänger, die keine adäquaten Codes mehr besitzen, nicht mehr denotiert werden. [...]* (Eco, S.315)

Kevin Lynch untersuchte die Merkmale, an denen sich die Städte in der Stadt orientieren und kommt zu der Erkenntnis, dass die sekundären Merkmale wie Schriften, Reklame, Verkehrsschilder, Kioske wirkungsvoller sind und besser im Gedächtnis (mental map) haften bleiben als die Grauzone der ‚Träger', der impliziten Zeichen.[3] [4]

Besonders auffällig wird dieser Effekt, wenn durch Christo-ähnliche Installationen wie die Verhüllung sämtlicher Aufschriften, Werbung und Schriftzüge 2005 in der Wiener Neubaugasse (die Aktion ***delete!*** des KÖR-Kunst im Öffentlichen Raum) sämtliche Orientierungsmerkmale verschwinden. Eine ähnliche Wirkung hat Santiago Calatrava in der U-Bahn-Station ‚Orient' in Lissabon (1998) durch den Entfall sämtlicher Aufschriften und Werbung erzielt.

Zu unterscheiden ist nach Moles (Informationstheorie und ästhetische Wahrnehmung, 1971) bei der Wahrnehmung der **semantische (praktische)** und der ästhetische Aspekt. Danach hat die ästhetische Information im Gegensatz zur semantischen nicht das Ziel, Entscheidungen und Handlungen vorzubereiten, sondern löst innere Zustände aus, deren Auswirkungen festgestellt werden können. (Moles S. 133)

> *‚Erst formen wir unsere Bauwerke*
> *und dann formen unsere Bauwerke uns'.*
> (Sir Winston Churchill)

Venturi geht hier mit der geforderten Ambivalenz Rapoport-Kantors eher nicht subtil vor und fordert eindeutige Aussagen: „Architektur soll Bedeutungen transportieren, dabei ist nicht subtiler Ausdruck gefragt, sondern eindeutiger Dienst an der Kommunikation (Venturi, Scott Brown - Learning from Las Vegas, 1979). Notfalls muss man **Schrift und Text in buchstäblichen Sinn** zu Hilfe nehmen. [...] Ganz gleich, wie man dazu steht, gilt spätestens seit dem linguistic turn der Postmoderne, dass Architektur

2 Axel Buether - Die Sprache des Raums „Ohne die Erinnerung an unsere Vorerlebnisse, die andere Orte, Zeiten und Ereignisse beinhaltet, lässt sich die Gegenwart unseres Erlebens nicht verstehen und erklären. Im Wahrnehmungsprozess bilden und aktualisieren wir unser Wissen , da von außen kommende Informationen vorhandene Inhalte im Gedächtnis aktivieren , die nach den Prinzipien höchstmöglicher Wahrscheinlichkeit, Verständlichkeit und Widerspruchsfreiheit erweitert und aktualisiert werden."

3 Kevin Lynch untersucht die Merkmale, an welchen sich der Städter in der Stadt orientiert, und entdeckt, dass diese nicht in erster Linie hervorragende Architekturen sind, sondern vielmehr jene ephemeren Zeichen, deren Bedeutung in das Leben der Städter eingreift. Daraus ziehen die europäischen Planer die Lehre mehr auffallende Gebäude zu erstellen und die angelsächsische Architektur, sich mehr den sekundären Merkmalen wie Reklametafeln, Verkehrsschilder und Marktständen. Beide Bewegungen gehen vermutlich am Kern des Problems vorbei, indem die Resultate Kevin Lynchs nicht auf ein Fehlen von Bedeutungsträgern hinweisen, sondern auf die Mobilität zwischen Aussehen und Bedeutung, zwischen Darstellung und Dargestelltem. (zitiert in Burckhardt 1985, S. 337)

4 „Die abgeschatteten Wirklichkeitsbereiche , die in den herrschenden Blickverteilungen offenbar keine Wahrnehmungschance haben, sind mit den Bezeichnungen ‚Träger', ‚Grauzonen', ‚städtische Elemente', ‚Architekturen' bisher nur unzureichende bestimmt worden. Die Tatsache, dass sie in den gesamten Erscheinungsbild der Außenwelt mitenthalten, aber ‚eingeschlossen' sind, legt es nahe, sie als ‚implizite Zeichen aufzufassen.[...] Die ‚behauptete' Unsichtbarkeit der Umwelt lässt sich damit als Folge einer ungleichen visuellen Kommunikationsfähigkeit der Zeichen und einer dieser Ungleichheit angepassten Wahrnehmung verstehen." (Schmidt-Brümmer und Schulz, 1976, S. 36-37)

Station Oriente in Lissabon

Aktion delete Wien - Neubaugasse

auch Zeichen ist, grundsätzlich Bedeutung trägt und das Architektur und Stadt immer auch als Text gelesen werden muss."

Weiter geht die Forderung Ecos (aaO. 2002, S. 356), der für Architekturcodes, die für andere Wissensgebiete lesbar sein sollen, entsprechenden Codes genügen müssen: „In dem Augenblick, wo der Architekt außerhalb der Architektur den architektonischen Code sucht, muss er auch seine signifikanten Formen so zu gestalten wissen, dass sie anderen Lesecodes genügen. [...] Der Architekt muss sich also an Soziologen, Physiologen, Politikern, Anthropologen orientieren, aber beim Anlegen von Formen, die ihren Forderungen entsprechen, die Fehlbarkeit ihrer Hypothesen und die Fehlerquote ihrer Untersuchungen voraussehen."

Stadtbilder

Das Stadtbild - die subjektive Verarbeitung der Stadterscheinung (Trieb) zu einem Bild der Stadt, einem Stadtviertel, einem spezifischen Ort. Anne Brandl5 sieht ein Merkmal der Bildhaftigkeit in ihren „**Zeigecharakter**", „also sowohl die Fähigkeit des Sich-Zeigens als auch die gestalterische Aufforderung zum Anschauen oder sich Hin-Bewegen. Akzentuierung meint nicht nur eine visuelle Hervorhebung durch Kontraste, sondern ebenso Korrespondenz. [...] Es geht nicht nur darum, das der Blick des Wahrnehmenden gestalterisch auf etwas gelenkt wird, sondern dass dieses städtebauliche Zeigen selbst zu einem sinnlichen Erleben führen kann: ‚Selbst das alltäglichste Mittel' so Gordon Cullen, ‚kann eingesetzt werden, der Gebrauch von Licht, ein den-Finger-drauf-legen, um in uns das Gefühl des Anderssein zu erwecken.

5 Anne Brandl, Die sinnliche Wahrnehmung von Stadtraum, Dissertation, Zürich 2013, S. 216

Neben den **Reizmitteln des Alltäglichen** wie Reklamen, Schriften und Stadtmöblierung beruht die Primärwirkung, die sich aus der ‚Grauzone' der Träger – der kleinen, anonymen, Maßstabgebenden Wohnhäuser[6] heraushebt, die weithin sichtbaren Zeichen der überragenden, öffentlichen Bauten oder anderen Maßstabsbrüchen wie Türmen, Hochhäuser, Baulücken, Grenzen, Barrieren.

Doch lassen sich Wert- und Zielvorstellungen von Stadtbildern überhaupt ermitteln? Die Psychologie hat eine Reihe von Verfahren entwickelt, solche Bewertungen zu erfassen. Gegenwärtig wird für die Ermittlung der Anmutungsqualitäten, die die bewertende Beschreibung der Stadtbildelemente darstellen, als Messinstrument das **semantische Differential** oder Polaritätsprofil verwendet. Es ist in der Regel eine Reihe von gleichen untereinander angeordneten **Wichtungsgraden,** an deren Enden sich jeweils ein gegensätzliches Adjektivpaar befindet, wie etwa schön - hässlich." (Trieb 1974, S. 213-214)

Als **Transportmittel** der Stadtbilder dienen nach wie vor **Fotografien** – auch die historischen Bilder boomen und sind ein medialer Fixpunkt - das **Punctum** des Roland Barthes: „In Fotografien festgehalten wird ein visuelles Detail, das Punctum eines Bildes, eines Stadt-Raumes, mit überraschender Wirkung auf den Betrachter, aber nicht nur: **Vergangenheit, Gegenwart und Zukunft** fallen in ihm ineinander. Das Punctum erlangte durch den französischen Schriftsteller und Literaturkritiker Roland Barthes (195, 1989) Berühmtheit Er beschreibt, entgegen aller noch kursierenden Missverständnisse, den Moment beim Betrachten einer analogen Fotografie, in dem unsere Wahrnehmung ein ‚Damals-Dort' (Genauso ist es gewesen) und ein ‚Hier-Jetzt' zusammenfallen." (Lippitsch, 2009, S. 7)

Die zweidimensionalen Bilder haben einen **festen Standort**, die so weit gehen, dass dafür aus Sicherheitsgründen Gehsteigvorziehungen gemacht werden müssen (Hundertwasserhaus im Weißgerberviertel). In einer ‚Ökonomie der Aufmerksamkeit' (Franck, 1998) der heute das Stadtmarketíng unterworfen ist, dient ein attraktives Stadtbild als Kulisse. Als Bild verliert es seine Räumlichkeit, um in Druckform oder digital verbreitet zu werden. Der Standpunkt des Betrachters wird bei dieser Strategie vorgegeben. [...] Verlässt er diesen Standort des inszenierten oder tradierten Blicks, stellt sich Enttäuschung ein. Diese Standbilder drohen die Stadt einzufrieren, die Bilder selbst aber werden zu den eigentlichen Attraktoren." [7]

Doch die Fotografie bildet nicht die Realität ab – wer wurde noch nicht enttäuscht wenn die Hochglanz-Publikation im Kopf mit der Realität konfrontiert wurde: „Der Schleier, den die Fotografie über die Architektur zieht, ist nicht neutral. Hochgeschwindigkeitsverfahren in Fotografie und Reproduktion haben sicherlich nicht nur mit der politischen Ökonomie des Zeichens zu tun, sondern bilden auch einen **heimtückischen Filter,** durch den unsere Umgebung ihre unmittelbare Begreifbarkeit zu verlieren droht. Wer moderne Bauten dann tatsächlich erlebt, macht die Erfahrung, dass ihre fotogene Qualität durch die Armseligkeit und Brutalität ihrer Details widerlegt wird". (Kenneth Frampton 1983, S.286)

6 Roland Rainer, 1978, S. 175)
7 Zitiert in Wolfrum und Janson, 2016, S. 29)

1.3 Physiologie der Wahrnehmung

‚Ich kann nur leben, wenn ich sehen darf' schreibt Le Corbusier und an anderer Stelle: *‚Architektur ist das kunstvolle, korrekte und großartige Spiel der unter dem Licht versammelten Baukörper:'* (Ausblick auf eine Architektur, 1963)

„Da unsere Aufmerksamkeit begrenzt ist und wir uns als Augenmenschen vor allem durch unser Sehen orientieren, bleibt normalerweise für unsere restlichen Sinnen nicht viel von unserer **Aufmerksamkeit** übrig. alle anderen Informationen aus unserer Umwelt erreichen uns zumeist unbewusst. Das heißt aber nicht, dass sie uns nicht beeinflussen. wir können ihren Einfluss nur nicht bewusst nachvollziehen." (Abel und Rudolf, 2019, S.35) Wir beschäftigen uns hier vornehmlich über die visuellen Möglichkeiten und die dadurch ausgeösten physiologischen Vorgänge im Betrachter – aber auch hinsichtlich sinnlicher und unbewusster Eindrücke.

Wahrnehmung in der städtischen Umwelt

Heidede Becker - Wahrnehmung in der städtischen Umwelt, 1974 Universität Stuttgart, S. 81-82

1. **Informationsaufnahme** Vielfalt städtischen Lebens ist nur über eine tendenziell komplexe Struktur von Informationsträgern möglich - informationsreiche Baugestaltung – Reize der Umwelt: **Merkwelt**
2. **Orientierung** ausgerichtet an baulichen Strukturelementen wie Brennpunkten, Merkzeichen etc.) an Aktivitäten und Nutzungen, Raumverhalten durch ‚Sich-zurecht-finden'– **Wirkwelt**
3. **Symbolisierung** Deutungsaktivität der Betrachter, nur soweit als gültige Symbolgehalte vorliegen – **Denkwelt**
4. **Identifizierung** Eigenaktivitäten, aktive Anpassung schafft stabile, emotionale Bindung (‚Heimat'), konkrete Wohnsituationen bestimmen weitgehend den Identifizierungsprozess – **Mitwelt**

Die **Wahrnehmung** der urbanen Umwelt erfolgt in **drei Ebenen** (M. Trieb, 1974, S.64-65, A. Voigt 1997, 2005, S.18)

1. Die ***vorhandene*** **urbane Umwelt** umfasst die gesamte mathematisch-physisch bestimmbare städtische Umwelt, den objektiv gegebenen physischen Raum
2. Die ***wirksame*** **urbane Umwelt** die vom Betrachter aufgrund seiner Fähigkeiten wahrgenommen werden kann
3. Die ***erlebte*** **urbane Umwelt** repräsentiert die bei den Bewohnern und Passanten mehr oder weniger bewusst gegebenen Eigenarten der urbanen Umwelt.

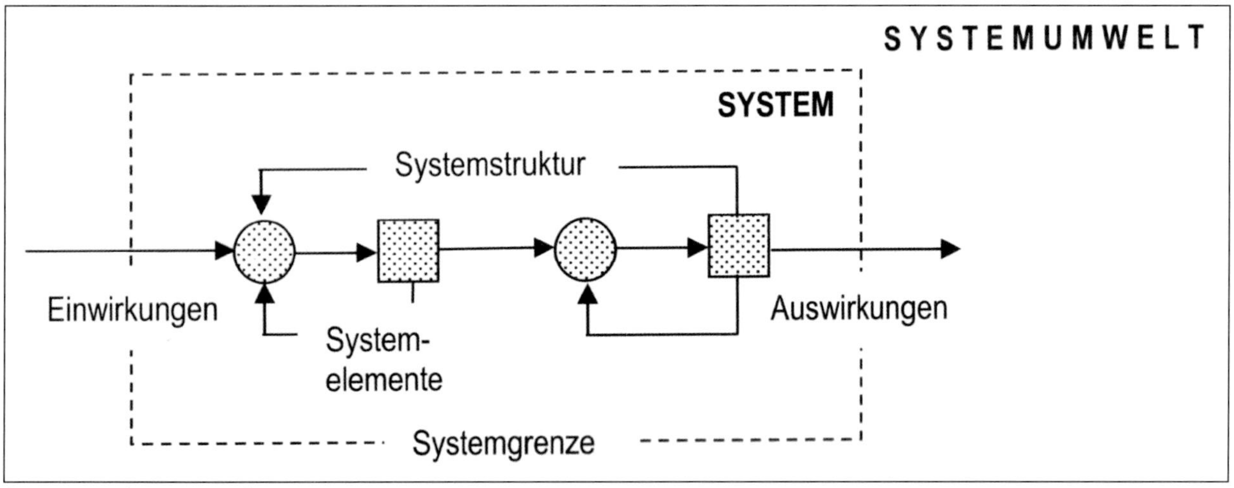

Systemstruktur Umwelt

Die Psychologie sieht **zwei Gruppen von Wahrnehmungstheorien** (Moles 1971, S.110-11):

- die **Ganzheitstheorie** die vom Gestaltbegriff abgeleitet wird und
- die **Abtasttheorien**, die aus der experimentellen Psychologie kommen

„Die **Informationstheorie**, die das Individuum als speziellen Empfängertyp ansieht bietet ein Synthese beider Theorien an: Sie geht davon aus, das der menschliche Empfänger nur ein **bestimmtes Maximum** auf ganzheitliche Weise - und insofern als Gestalt - aufnehmen kann. Wenn die Nachricht eine größere Anzahl solcher Elemente enthält, lässt der Empfänger sie **unberücksichtigt** oder tastet das Wahrnehmungsfeld ab (Analogie zum Lesen, wo das Auge nur einige Punkte jeder Zeile fixiert.

Ein der Haupteigenschaften des menschlichen Empfängers ist, dass es für die Wahrnehmung eine maximale **Grenze des Informationsflusses** gibt. Wenn dieses Maximum überschritten ist, dann wählt das Individuum aus der ihm angebotenen Nachricht mit Hilfe von Kriterien, die aus seiner früheren Erfahrung stammen, Gestalten aus: das sind Abstraktionen, elementare Stufen der Verständlichkeit. Wenn solche Kriterien fehlen, ist das Individuum von der Originalität der Nachricht überfordert und verliert das Interesse daran.

Heigl (1985, S. 109, Axel Buether (in Abel und Rudolf 2019, S. 62) unterstreichen diese Thesen und halten fest:

Die Gestaltwirksamkeit einer Erscheinung ergibt sich aus der Möglichkeit, diese **ohne Schwierigkeiten zu erkennen**. Dem ist jedoch quantitativ eine Schranke durch die Grenzen des Spontanzählens gesetzt. Darunter versteht man die Fähigkeit, mit einem Blick eine Zahl von Gegenständen oder Objekten zu erfassen. Durch **Spontanzählung können maximal 5 - 7 Objekte** (Chunks) erfasst werden. Überschreitet die Zahl der Objekte diesen Schwellenwert, so sind sie spontan nur dann zu erfassen, wenn Untergruppen, die wiederum einer Spontanzählung zugänglich sind, gebildet werden können."

Auslösende Reize – begrenzten Kapazitäten

Wie gesagt: denk nicht, sondern schau!
Ludwig Wittgenstein, 1953[8]

Wenn nur begrenzte Kapazitäten in der Wahrnehmung, wohl individuell verschieden aber jedenfalls vorhanden sind, wie wird ausgewählt und was sind die Auslöser?

H. Maturana und F. Varela stellen fest (Baum der Erkenntnis, 1987): „Das **Nervensystem ‚empfängt' keine ‚Informationen'**, wie man häufig sagt. Es bringt vielmehr eine Welt hervor, indem es bestimmt, welche Konfigurationen des Milieus **Perturbationen** [Verwirrung, Störung] darstellen und welche Veränderungen im Organismus auslösen."

AuchRienesl,(wildniszulassen,S.203)siehtdieStörungalsAuslöserökologischerProzesse: „In der Ökologie werden **Prozesse** als physiogene und/oder biotische Veränderungen von Größen, Zuständen und/oder Interaktionen in ökologischen Systemen definiert, die entlang der Zeitachse ablaufen und vielfach mit räumlichen Veränderungen einhergehen. Dynamik bezeichnet die Mechanismen, welche den Ablauf von Prozessen in Systemen verursachen. Prozesse werden häufig **durch Störungen ausgelöst**. Eine

8 „Sag nicht: es *muss* ihnen etwas gemeinsam sein.....; - sondern *schau*, ob ihnen allen etwas gemeinsam ist. Denn, wenn du sie anschaust, wirst du zwar nicht etwas sehen, was allen gemeinsam wäre, aber du wirst Ähnlichkeiten, Verwandtschaften sehen, und zwar eine ganze Reihe. Wie gesagt: denk nicht, sondern schau! .. .Und das Ergebnis dieser Betrachtung lautet nun: Wir sehen ein kompliziertes Netz von Ähnlichkeiten, die einander übergreifen und kreuzen, Ähnlichkeiten im Großen und Kleinen." Ludwig Wittgenstein, Philosophische Untersuchungen, 1953, S. 36 und 293

Störung ist das diskrete Ereignis in der Zeit, das die momentane Struktur von Systemen zerstört."

Wenn wir nur begrenzte Aufnahmekapazität haben, sind wir sind jedenfalls jeder Art von **„Eye Catchern"** unterworfen - die wir auch als Akzente, Merkzeichen, Brüche und Störungen präziser bezeichnen können:

Wir sind daher gezwungen, aus der Menge der Reize auszuwählen. Diese Auswahl erfolgt selektiv und kann nur gruppenweise, wie die Untersuchungen von K. Lynch und anderen eindrucksvoll zeigen, zusammengefasst werden. M. Trieb stellt dazu 1974 (S.50) fest:

„Die vorhandene Umwelt umfasst immer mehr Informationen, als der Beobachter im Rahmen seiner **Wahrnehmungskapazität** erfassen kann. Daher muss der Beobachter aus dem Feld der in seiner Umwelt dreidimensional verteilten Informationen jene auswählen, die für ihn und seine Absichten von Bedeutung sind. Die Aufgabe des Gedächtnisses ist es dabei, diese ausgewählten Informationen für den späteren Gebrauch zu speichern. Diese Informationen können visuell oder verbal sein, repräsentieren aber immer die **Vorstellung des Beobachters** von der vorhandenen Umwelt - so wie er sie wahrgenommen hat, das was er von ihr wahrgenommen hat - und nicht diese selbst. [...] Hier aber wird offensichtlich, dass der Erfolg der geplanten Handlungen von dem Grad der Übereinstimmung zwischen der vorhandenen und der erlebten Umwelt abhängt."

Die Auswahl der Wahrnehmungselemente ist nicht konstant - nicht einmal von denselben Personen, sondern ist von den jeweiligen Zielen und Absichten abhängig, wie es Schmidt-Brümmer (1976) sieht: „Der **Vorsatz von Zielen** bewirkt die weitgehende Ausblendung dessen, was am Weg liegt. Termindruck, Ladenschlusszeiten, drohender Regen, Abfahrtszeiten, abgelaufene Parkscheine etc. sind einige der städtischen Faktoren, die zielorientierend wirken und die die augenblicklich mögliche Wahrnehmung anderer **Inhalte überlagern**

Jedenfalls erregt unsere Aufmerksamkeit, was vorher noch nicht da war - nach den Gesetzen der **externalen Aufmerksamkeit** (A. Abel S. 30) bevorzugen wir all das was noch nicht da war, die neu hinzu gekommenen Informationen. „Darum sind wir in der Gewohnheit des Alltags keine guten Wahrnehmer, sehr intensive Wahrnehmer dagegen auf Reisen, wenn uns nur Neues umgibt. Und deshalb ist es die Architektur der Superlative, des Ungewöhnlichen, des immer neu Infragestellens, die auf sich Aufmerksam macht." Dieser Effekt wurde auch in den Stadtteiluntersuchungen wie z.B. im Weißgerberviertel[9] ziemlich deutlich, wo die BewohnerInnen die touristischen und kunsthistorischen „Eye Catcher" kaum zur Charakterisierung ihres Viertels in Anspruch nahmen.

Eine andere Art, Nebensächlichkeiten und Details auszublenden ist das „Blinzeln", wo unsere Aufmerksamkeit auf etwas Bestimmtes konzentriert und damit ‚sortiert werden kann. (Franck und Franck, 2008, 229-230). Bereits Leonard da Vinci hat das seinen Schülern geraten um **Dinge Gestalt werden** zu lassen.

Was sind die Folgen fehlender oder zu geringer Stimulation? Es gibt zwei Wirkmöglichkeiten - entweder man wendet sich innerlich oder tatsächlich ab - oder wenn dies aufgrund der Lebensumstände nicht möglich ist, entwickelt sich ein feines Sensorium für geringste Unterschiede oder Abweichungen (Ernst Gehmacher - Vorlesung ‚Psychologie und Soziologie der Umweltplanung, 1972):

„Wir wissen viel zu wenig über die Dauerwirkungen geringer Belastungen. Sehr aufschlussreich sind gewisse psychologische Experimente, die beweisen, dass eine verstärkte Simulation - noch weit unter jedem Schadensbereich - die Feinwahrnehmung und Differenzie-

9 OPK 2016

rungsfähigkeit beeinträchtigen. Ein Maß an **Stimulationsarmut schärft die Sinne** (eine kompensatorische Schärfung des Gehör- und Tastsinns ist von den Blinden bekannt).

Beispielweise in Peter Hoeg – ‚Fräulein Smillas Gespür für Schnee" (Carl Hanser, Wien-München, 1994): „Die Inuits Grönlands kennen 100 Bezeichnungen für Schnee" oder die vielfältigen Bezeichnungen der Beduinen für Sand (Gehmacher S. 89).

Auch David Lynch sieht die Entwicklung eines Sensoriums, die der Mensch von Natur aus gar nicht mitbringt in Lebensräumen großer Einöde und Gleichförmigkeit.[10]

Das andere Extrem ist die **Zweideutigkeit, Überfrachtung** – die Überschreitung der Grenzen der Komplexität, die einerseits zu bewusster Wahrnehmung führt, aber auch zu Unverständnis und Abwendung. Alexandra Abel sieht die Ambivalenz und die **Grenzen der Wahrnehmung:** „Zweideutigkeit, Konfusion, alles, was uns irritiert und überrascht, bringt das automatische Funktionieren unserer unbewussten Wahrnehmung ins Stolpern und führt so zu **bewusster Wahrnehmung.** Architektur kann uns in diesem Sinn durch Orientierungslosigkeit, das Gefühl des Verirrens zu Bewusstsein und damit letztlich zu Selbstbewusstheit verhelfen wie beispielsweise das Jüdische Museum in Berlin von Daniel Libeskind. **Nur wer sich verirrt, kann etwas finden**, auch eine eigene Position, eine eigene Haltung. Wobei nicht jede Irritation, jede zweideutige Wahrnehmung in unserem Umfeld in dieses Finden aufgelöst werden kann. Manche bleibt als Irritation ohne kathartischen Aha-Effekt bestehen und erzeugt dann kognitive **Erschöpfung und Rückzug**." (A. Abel - Architektur und Aufmerksamkeit in Abel und Rudolf - Architektur wahrnehmen, 2019)

Wahrnehmung in Bewegung

> *„Wer geht sieht weniger, aber mehr – Wer fährt sieht mehr, aber weniger"*
> Ullrich Conrads, 1974, S.54
>
> „Alvar Aalto, der sich auch mit Stadtplanung beschäftigt hat, ist nie zu Fuß gegangen, sondern immer mit dem Taxi gefahren. Und es gibt Theorien, dass deshalb die Städte in Finnland so seltsam aussehen."
> Burckhardt et al. 2015, S.11

Peter Behrens schrieb bereits 1910: „Eine Eile hat sich unserer bemächtigt, die keine Muße gewährt, sich in Einzelheiten zu verlieren. Wenn wir im überschnellen Gefährt durch die Straßen der Großstadt jagen, können wir nicht mehr die Details der Gebäude gewahren."

„**Neue Zeiten** verlangen nach einer **neuen Baukunst**. der moderne Bürger ist bestenfalls summarisch gebildet und kann ein anspruchsvolles ikonografisches Programm nicht mehr verstehen. Außerdem nimmt er die Architektur auf dem eiligen Gang durch die Stadt unaufmerksam und flüchtig wahr. Somit muss die neue **Architektur stark vereinfacht** sein und ihren Charakter aus wenigen einprägsamen Elementen erhalten." (Lampugnani, 2019).

Während Behrens die schnellere Fortbewegungsart als Auslöser für eine stark vereinfachende, auf gröbere Reize angewiesene Städtebau und Architektur sieht, hat Lampugnani eher ironisch den Zeitgeist für die Notwendigkeit einer schnelleren Auffassung dafür verantwortlich gemacht.

10 „Es gibt Untersuchungen an Menschen, die in Lebensräumen von großer Einöde und Gleichförmigkeit leben, Steppen, Wüsten, [Schneelandschaften]. die Wissenschaft konstatiert an Ihnen eine Zunahme der Unterscheidungssensibilität ihres sinnlichen Wahrnehmungsvermögens, die bei weitem die Sensibilität von Menschen in abwechslungsreicher Umgebung übertrifft; der Organismus greift in einer äußersten Anstrengung nach etwas, was ihm offenbar unentbehrlich ist. Er formt sich um und bildet, um sich in der Monotonie der wüste noch orientieren zu können , ein Sensorium von einer Feinheit aus, die er von Natur aus gar nicht mitbringt" (D. Lynch, Das Bild der Stadt 1968, S. 143ff)

Schnellstraße auf Autofahrer abgestimmt: ,Florasdorf' in Wien 21 (Arch. B. Vlay)

Rapoport-Kantor haben sich 1970 in ihrem vielbeachteten Aufsatz „Komplexität und Ambivalenz in der Umweltgestaltung" mit diesem Thema, ohne Partei zu ergreifen, auseinander gesetzt: „Deshalb ist es wesentlich, das **Entwerfen von Komplexität** in Beziehung zu setzen zur **Geschwindigkeit der Bewegung.** Bei niedriger Geschwindigkeit wird ein größeres Maß an Komplexität benötigt als bei hoher Geschwindigkeit. Das hängt zum Teil von der Tatsache ab, dass während des Fahrens die Aufmerksamkeit auf die Fahrstrategie gerichtet ist, etwa ob es sicher ist zu überholen, welche Ausfahrt man nehmen und in welcher Spur man fahren soll. Für den Fahrer sind diese Dinge von solch übergeordneter Wichtigkeit, dass die Beachtung der Umgebung, außer für seine Orientierung, zweitrangig wird. Für den Fußgänger wiederum sind diese Erwägungen weniger zentral, und das Interesse an der Umgebung braucht einen entsprechend **größeren Wert an Komplexität** für die Aufrechterhaltung des Interesses." (aaO, S. 118)

Der Autofahrer sieht nur die großen, sich deutlich voneinander absetzenden Formen, die plastische Gesamterscheinung, den Aufbau der Flächen und Massen, die Schlagschatten; ihm fallen die feinen und groben Raster, etwa der Fenster auf. Fassaden, die ihm nicht direkt entgegenstehen, sieht er nur in starker Verkürzung."

1964 präsentierte Lynch mit Donald Applleyard und John Myer **,The View from the Road'**, in dem zum Ausdruck kam, dass der Städtebau in Zukunft mit dem automobilisierten Betrachter zu rechnen hat, der Stadt mit erhöhter Geschwindigkeit - ausschnitthaft (**wind-shield**) - wahrnimmt. Das Bild der Stadt ist nicht mehr die Vedute, sondern eine protofilmische Bildsequenz.

Zusammenfassend kann mit ausreichendem Nachweis geschlossen werden, dass an jenen Hochleistungsstraßen oder ICE-Trassen, wo mit hoher Geschwindigkeit gefahren (oder in den Städten gestaut wird) die Form vor dem subtilen Detail den Vorrang hat.

Zeitgemäßer ist die Gehgeschwindigkeit des Fußgängers - und hier insbesonders die Rolle des Flaneurs - wenn es auch durchaus berechtigte Kritik am Selbstverständnis dieses großbürgerlichen Nichtstuers gibt. Ja, es gibt sogar Pseudo-wissenschaftliche Beschäftigungen mit der **,Promenadologie'** oder der **,Strollogoly'** Burckhardts. Der vielzitierte **Walter Benjamin** hat in seinem ,Passagenwerk' dem Flaneur ein Denkmal gesetzt: „Durch das biografische Erinnerungsgut [...] spaziert die imaginäre Figur, die all diese Prozesse beobachtet und begleitet hat. Walter Benjamin hat in seinem Passagen-Werk dem Flaneur ein Denkmal gesetzt als er die große Stadt als ,eine Landschaft aus lauter Leben gebaut' beschrieb, gemacht recht eigentlich für den Flaneur. Aber auch der Schriftsteller Franz Hessel notierte 1929 in seinen Buch ,Spazieren in Berlin, Leipzig und Wien': ‚Flanieren ist eine Art Lektüre der Straße. [...] Um richtig zu flanieren, darf man nichts allzu Bestimmtes vorhaben - lediglich ein Abenteuer des Auges.'" (Kaschuba, Urbane Identität, 2003, S.9)

Der **Wahrnehmungsunterschied** zwischen zielgerichteten Durchqueren und dem ungerichteten Flanieren ist wesentlich – nicht aber der eingeschränkten Perspektive des Auto oder dem Bus/Straßenbahn zu vergleichen. Um dieses augenfällig zu machen hat Burckhardt in Kassel mit einer einschlägige Versuchsanordnung demonstriert: „Der eindrücklichste Spaziergang war der, den wir in Kassel mit den **Autowindschutzscheiben** der Frankfurter Straße entlang gemacht haben.[...] Wir haben versucht, die Autoperspektive dadurch wiederzugeben, dass die Studenten große Autowindschutzscheiben getragen haben. In einer langen Kolonne sind wir so in die Stadt hineingelaufen. [...] Was erleben wir durch eine Windschutzscheibe. Uns ist überhaupt nicht mehr bewusst, welche **Einschränkung das für unsere Wahrnehmung** bedeutet." (Burckhardt et al, 2015).

Der absolute **Tiefpunkt der Stadtwahrnehmung** ist allerdings die U-Bahn-Fahrt oder im Straßentunnel – wo gar keine Wahrnehmung der Stadt und ihrer Veränderungen mehr wahrgenommen werden kann.

Wenn die Fußgänger-Stadt ernst genommen werden soll, kann ein Blick auf **Gehgeschwindigkeiten** hilfreich sein:

Bei einer Untersuchung von Gehgeschwindigkeiten (Wisemann 2007-Quirkology) in 32 Städten 1994 und 2004 (jeweils 20m) betrug der Unterschied der mittleren Gehgeschwindigkeit 10%: 1994: 13,76 Sekunden (1,45 m/sec - 5,22 km/h), 2004: 12,49 Sekunden (1,60 m/sec - 5,76 km/h). Der Unterschied in der Gehgeschwindigkeit von Singapur mit 6,84 km/h und Bern mit 4,14 km/h beträgt immerhin 40%.

Dazu kommen noch **wesentliche Unterschiede** nach Straßenzustand, Gehwegbreiten, Gefälle – Steigung/Stiegen, Witterung, Weglänge, Belastung (Gepäck), Zeitdruck, Stimmung u.a.m. Also alles vom ‚Flanieren' weit entfernt.

Zusammenfassend können **vier Level der Fortbewegungsgeschwindigkeiten** unterschieden werden und damit auch die Dauer und Intensität der Wahrnehmung:

1. **Wind-Shield** Der Autofahrer/Bahnfahrer kann nur große Formen aufnehmen („Holzhammer-Eindrücke") flüchtiger Aufnahme großmaßstäblicher Elemente
2. **Radfahrer** Seine Geschwindigkeit liegt eher beim langsamen Autofahrer, sein Blickwinkel ist unbehindert, sein Aufmerksamkeit jedoch geteilt – unvermitteltes Halten ist eher ungewöhnlich
3. **Bewohner/Ortskundiger** braucht andere Reize als der Spaziergänger, reagiert auf Veränderungen, Details - besondere Gruppe sind die Hundebesitzer, die „jeden Stein kennen" und am „Alltag" orientiert sind
4. **Spaziergänger/Flanierer/Tourist** Auf dieser Ebene werden mehr, andere und intensivere Eindrücke wahrgenommen und die klassische „Stadtgestalt" rezipiert, vornehmlich „sehen und gesehen werden", Orientierung

Besondere Aufmerksamkeit verdient die Bewegung, den **Autoverkehr** durch verkehrsorganisatorische und bauliche Maßnahmen zu **verlangsamen** (Tempo 30-Zonen, Begegnungszonen) oder mit Ausnahme von Lieferverkehr gänzlich zu unterbinden (Fußgängerzonen). Allerdings sollte die ‚Wunderwaffe' des Kommerzes, die **Fußgängerzone** wegen der mangelnden sozialen Kontrolle außerhalb der Ladenöffnungszeiten sparsam eingesetzt werden und bedarf eines Besatzes mit Gastronomie und Vergnügungsstätten.

Die notwendigen **Auswirkungen auf die Stadtgestalt** hat Lampugnani so gesehen: „Davon [vom Langsamverkehr] scheinen unsere Häuser nichts gemerkt zu haben. Weiterhin gebärden sie sich **kubisch und karg,** zeigen einheitliche glatte Oberflächen und unvermittelt eingeschnittenen Fensterflächen, versuchen zuweilen durch spektakuläre skulpturale Verrenkungen oder plakative Elemente auf sich aufmerksam zu machen. Ob minimalistisch oder ikonisch, sie setzen sich für einen rasanten Städter in Szene, der im Aussterben begriffen ist. Der zeitgenössische Fußgänger, der zeitgenössische Fahrradfahrer findet an den abstrakt **abrasierten Fassaden** keine Wohltat und keinen Trost. Dafür muss er sich in die Altstädte oder in die Gründerzeitviertel begeben, wo er noch Details und Schmuckformen findet, die seinen Weg kurzweilig gestalten." (aao. S.2)

Einen kompensatorischen Effekt sehen auch Rapoport-Kantor, 1970, S.120), wo die **Eintönigkeit** der Straße durch eine **höhere Fahrgeschwindigkeit** ausgeglichen wird – die aufgenommenen Elemente in der Zeiteinheit bleiben konstant: „....diskutiert das Erhöhen der Bewegungsgeschwindigkeit auf einer eintönigen Straße und interpretiert es in einen unbewussten Versuch, den Mangel an Vielfalt im umgebenden Bild durch eine schnellere Veränderung der Szenerie zu kompensieren, oder mit anderen Worten, Mannigfaltigkeit, wenn sie sich im Raum als ungenügend herausstellt, in der Zeit zu ersetzen."

Die mögliche Bewegungsgeschwindigkeit hat sowohl auf der **Mikro-Ebene** des Individuums (Zeit-Raum-Diagramme von Hägerstrand) als auch auf der **Makro-Ebene** der Stadtentwicklung und des Stadtbildes entscheidende Bedeutung. Am Beispiel Wiens[11] lässt sich der Zusammenhang der Stadtentwicklung mit dem dominanten Verkehrsmittel schlüssig nachverfolgen:

- bis 1850 Fußgängerstadt – dominantes Zentrum mit Altortskernen der Vorstädte
- 1910 Straßenbahnstadt – Auflösung der Stadtmauer – Mittelschicht in den Vorstädten und Arbeiterschaft/Arbeitsstätten in den Vororten
- 1970 Autostadt – Suburbanisierung zulasten der bisherigen Zentren/Einkaufsstraßen – Stadtautobahnen
- 1985 U-Bahn-Stadt – entlang der U-Bahnen entstehen um die Stationsbereiche neue Zentren - keine Perzeption der Stadt
- 2020 Stadt der kurzen Wege – vielfältige Zentrenlandschaft – Mobilitätsmix – Wiederkehr des Radverkehrs – Bedeutungsgewinn der Stadtlandschaft und des Stadtbildes

Der Stellenwert der Wahrnehmungsdauer in Abhängigkeit von der Geh- oder Fahrgeschwindigkeit und der ‚modernen Architektur' in der Raum-Zeit war und ist auch einer der Kritikpunkte an Sittes ‚Baukünstlerischen Grundsätzen':

> *Künstlerisch wichtig ist nur dasjenige, was überschaut, was gesehen werden kann, also die einzelne Straße, der einzelne Platz.*
> Camillo Sitte 1891

Der Begriff der **‚verändernden Standpunktes'** geht über den starren Begriff der Abbildung des Stadtbildes hinaus und wird wegen begrenzten optischen Abbildungsleistung von technischen Hilfsmitteln (Video, Smartphone) kaum adäquat wiedergegeben werden können Das Bild der Schmidt-Brümmer thematisiert dieses Phänomen in „Stadt & Zeichen" (1976, S.13-14): „Sei es als Fußgänger, Radfahrer, Autofahrer oder Benutzer von öffentlichen Verkehrsmitteln - in den meisten Fällen ist, sobald jemand die Straße betritt, das Auge durch die Fortbewegungsarten des Körpers oder der Maschinen bewegt. Die **fließende oder ruckartige**

11 Quelle: Stadt Wien (Hsg.) MA 18, 2016 S.16-17

Standpunktveränderung des Betrachters überschreitet ständig die Konturen der einzelnen wahrnehmbaren Gegenstände. Ein reaktionsschnelles Sehen setzt ein, in der ‚Ansichten' einander überlagern. Diese Überschneidungen erzeugen nur für Augenblicke bestehende Bildkonstellationen; meist bestehen sie aus ‚widersprechenden' und ‚nicht zueinander passenden' Eindrücken."

Diese **Grenzen der physischen Wahrnehmung** die im Folgenden behandelt werden, treten besonders bei der Perzeption von Plätzen auf, die aus unterschiedlichen Perspektiven stark divergierende Stadtbilder generieren: „Aus der unterschiedlichen funktionellen Bestimmung von Straße und Platz ergeben sich wichtige Unterschied in der Raumform und in der Art, wie die Straße und der Platz vom Betrachter wahrgenommen werden. Die Straße wird als Perspektive, d.h. in der Regel in einer eindeutig gegebenen, mit auf ein bestimmtes Ziel **gerichteten Blickrichtung**, wahrgenommen. Dies gilt sinngemäß auch für die gekrümmte und gebogene Straße, auch wenn sie zur zeitweiligen Änderung der Blickrichtung führt. [...] Im Gegensatz dazu kann der Platz nicht in einer einzigen Blickrichtung und nicht von einem einzigen Standpunkt aus **vollständig erfasst** werden. Der Betrachter muss herumgehen, er muss Blickrichtung und Standort mehrfach wechseln und den Eindruck des Platzes gewissermaßen aus den einzelnen Wahrnehmungen zusammensetzen. Darauf beruht auch die Erkenntnis, dass man gerade die **besten Plätze nicht fotografieren** bzw. nur Teilansichten wiedergeben kann, falls man nicht auf Superweitwinkelobjektive zurückgreift die das Sehfeld auf 90° und mehr erweitern - dabei allerdings den Raumeindruck verfälschen."[12]

Der Abschnitt der Wahrnehmung in der Bewegung kann letztendlich nur einen Anhaltspunkt für die Rezeption der Stadtgestalt bieten, die sich erst in der Sequenz der Eindrücke, ihres **Takts und Rhythmus** voll entfaltet:

„Die ‚Seh-Strecke' in die Tiefe des Raums hinein - oder auch eine Geh- oder Fahrstrecke - wird erst lesbar, und damit erlebbar, durch Gliederung. Diese **Gliederung** kann einem **Takt** gehorchen oder sie kann **rhythmisch** sein.

Was ist Takt? Takt ist ein **starres Ordnungsmittel**, eine Messhilfe. Takt ist die Gliederung oder Einteilung einer Strecke oder einer Zeitspanne in lauter **gleiche Teile oder Abschnitte**. Alle vitalen, in Zeit und Raum ablaufenden Prozesse überspielen diese künstliche Teilung [....] mit Rhythmus; genauer mit dauernd wechselnden, variierenden Rhythmen als einer sich aus der Natur der Vorgänge ergebenden Gliederung: Herzschlag. Brandung, Wind, Verkehr."[13]

12 H.Schmidt in Lässing, Linke, Rietdorf, Wessel, 1971, S. 30
13 Ullrich Conrads 1974, S. 53

1.4 Gestaltpsychologie und Raumwahrnehmung

„Stadt ist mehr, als wir mit unseren abstrakt-verbalen und numerischen Planungsanalysen begreifen, deshalb müssen wir uns öffnen für andere, sinnlichere Sichtweisen auf die Stadt:"
Thomas Sieverts, 1981, S.9

Gehmacher (1970)[14] sieht im Prozess der Informationsverarbeitung eine Gestaltbildung und damit die Begründung der **‚Gestaltpsychologie'**: „Jener Prozess der psychischen Informationsverarbeitung, welcher der Aufnahme und ersten Filterung der Sinnesreize (Stimulation) am nächsten liegt, ist die Wahrnehmung bestimmter **Reiz-Muster als Gestalt**. Eine eigene Schule der Psychologie, die ‚Gestaltpsychologen' hat sich mit dem Phänomen dieser primären und für die gesamte Wahrnehmung fundamentale Informations-Ordnung befasst. Es genüge hier darauf hinzuweisen, dass es dem normalen Menschen **unmöglich** ist, in halbwegs strukturierten Formen **keine Gestalt** zu sehen - und dass erstaunlich flüchtige Andeutungen der entsprechenden Formen schon genügen, um **Gestalt-Assoziationen** hervorzurufen."

Die Gestaltwahrnehmung ist in ihrer **Übersummenhaftigkeit** ein wesentliches Element der menschlichen Erkenntnis: „Mittlerweile hört man es überall: Das Ganze ist mehr als die Summe der Teile! Man sieht eben einen Baum zunächst als ‚Baum' und nicht als eine Anhäufung von Ästen und Blättern. Die Gestaltpsychologie mit dieser ‚Übersummativität' löste die bisherige Elementenpsychologie oder Assoziationspsychologie vollkommen ab. [...]

Der Biologe und Verhaltensforscher **Konrad Lorenz** schreibt sogar (Der Abbau des Menschlichen, 1947): ‚Die Gestaltwahrnehmung steht also an der **vordersten Front der menschlichen Erkenntnis**. Sie ist die Speerspitze, die der menschliche Geist ins Unbekannte vorstößt.'" (A. Seyler – Förderer der Schönheit in Abel und Rudolf, 2019, S. 124).

Selbst der Apologet der technoiden Standorttheorie Dieter Bökemann findet die Stadt ohne **‚Erlebnisversprechen'** nur von beschränktem Wert.[15]

Durch die Betonung der **formalen Wahrnehmungstheorien** der Gestaltpsychologie, wo nur die sinnlichen Reize der Betrachter unter Ausschaltung der persönlichen und sozialen Zusammenhänge beachtet werden bietet die Gestaltpsychologie nur teilweise Erklärungshilfen für die Stadtgestaltung.[16]

14 E. Gehmacher 1970, S. 90

15 „Die Attraktivität unserer Städte erklärt sich nicht nur aus der räumlichen Konzentration und funktionaler Anordnung von Gelegenheiten, sondern zusätzlich daraus, wie die Menschen städtische Entfaltungsmöglichkeiten als Reize sinnlich wahrnehmen. Ohne die Erlebnis versprechende Wahrnehmung haben die in Baumasse verpackten und in einem sogenannten ‚Raum-Zeit-System' wohlorganisierten Gelegenheiten nur beschränkten Wert." Dieter Bökemann - ‚Stadtentwicklung: Woher, wohin?, IFOER, 1987, S. 79

16 ...allen Individuen bieten sich die gleichen Chancen, sich die Umwelt über ihren Sinnesapparat anzueignen. F. Bollerey et al 1975, S. 41)

1.5 Gesetze der Wahrnehmung

In diesem Abschnitt sollen jene Gesetze der Wahrnehmung für die Anwendung in der Stadtgestaltung zusammengefast werden – ohne einen Anspruch auf Vollständigkeit zu erheben – die Bedeutung für die Gestalt der Stadt und im Besonderen für die Komplexität der Stadtgestalt haben. Wenn die schon triviale Aussage „Planen als Prozess" der 70er Jahre ihre Berechtigung hat, dann ist das der Bereich der Stadtgestaltung, der wie kein anderer den gesellschaftlichen Entwicklungen nicht entziehen kann. Dennoch gibt es **Regeln und Gesetze**, die Bestand haben.

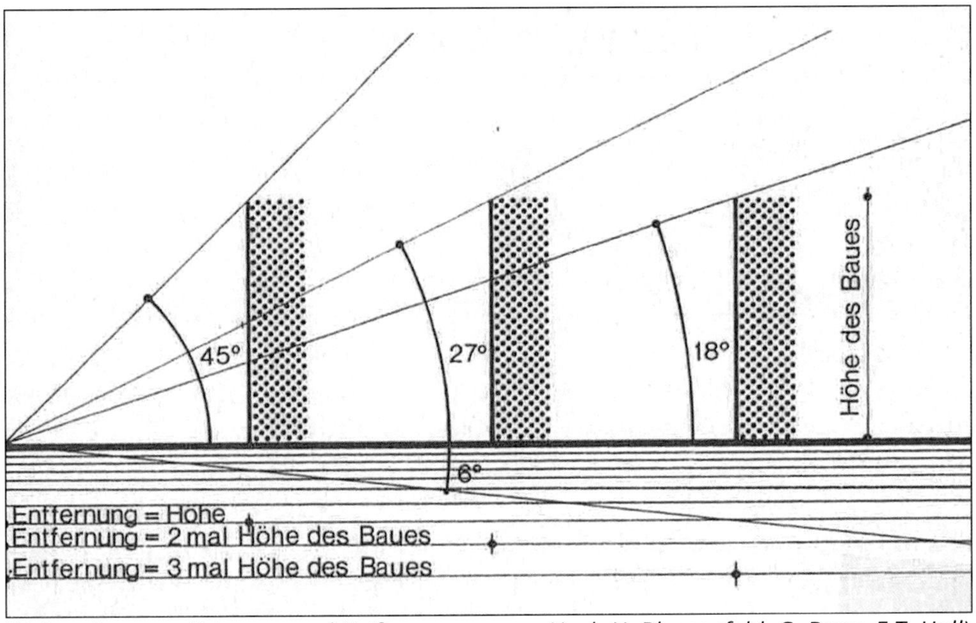

Wahrnehmungsdistanzen und Entfernungszonen. Nach H. Blumenfeld, G. Banz, E.T. Hall)

Bedingungen des Sehens

Als Wahrnehmungspräferenz dominiert der **Sehsinn** alle anderen Sinne. „Es ist in der Sinnespsychologie noch nicht bekannt, ob solche Dominanz vorhanden oder angelernt ist."[17]

Unser Gesichtsfeld beträgt ca. 180° in der Horizontalen und 130° in der Vertikalen, wobei der Sichtwinkel nach oben 50-55° und unter der Horizontalen 70-80° beträgt. Für die erfassbare Höhe gilt der Tangens von 55° das entspricht **dem 1,4-fachen der Höhe** des Objekts über dem horizontalen Niveau. Aufgrund der ungleichmäßigen Verteilung der Sehzellen in der Netzhautkönnen wir lediglich 2° davon bewusst, scharf konturiert und farbig aufnehmen. Durch permanente Augenbewegung erreichen wir ein Blickfeld mit einem **Radius von 45-60°**.[18] Im Vergleich dazu erfasst das ‚Normalobjektiv' der Fotografie einen Radius von etwa 23° - einen Blickwinkel von 45°. Weitwinkelobjektive schaffen mit Verzerrungen 120° - ‚Fish-Eye'-Objektive bis 180°.

Blickfeld in Abhängigkeit vom Abstand zum Objekt

Schon in der Antike war die Höhe des menschlichen Gesichtsfeldes mit **27° über und 6° unter dem Horizont** bekannt. H. Maertens (Bonn, 1877) entwickelte daraus im vorigen Jahrhundert die **Gesetze des ‚ästhetischen Sehens'.** sinngemäß auf städtische Räume lassen sich daraus (Lässig-Linke, Berlin 1968) die dargestellten Raumeindrücke ableiten:

17 Rapoport – Kantor aaO.
18 Abel und Rudolf 2019, S.77,139, Finke 1977, S.18-29

Je nach dem Verhältnis von der Höhe der den Platz begrenzenden Wand und dem Abstand des Betrachterstandortes ergeben sich Raumeindrücke, die von einer Gebäudevorplatz-Wirkung (Verhältnis 1:1), über die geschlossenen Raumwirkung (Verhältnis 1:2) und die optimale Platzwirkung Verhältnis 1:3) bis hin zur weiten Platzwirkung (Verhältnis 1:6) reichen. Wird das Verhältnis weiter reduziert, so geht der Eindruck des Platzes verloren. (U.Conrads, 1974, S.43)

Die **Erkennbarkeit von Objekten** ist vom physiologischen Sehvermögen des Menschen abhängig:

0 - 0,46 m	Intimdistanz
0,46 - 1,20 m	Persönliche Distanz
1,20 - 3,70 m	Soziale Distanz (Gesprächsdistanz)
4,50 - 10,50 m	Wahrnehmbarkeit eines Gesichtsausdrucks
10,50 - 24,00 m	Person als Individuum zu erkennen
24,00 - 60,00 m	Durchschnittsgröße mittelalterlicher Plätze
60,00 - 135,00 m	Unterscheidbarkeit sich bewegender Personen

Der soziale Raum

„Die soziologische Bedeutung des Raums wird begründet, dass er außer in unserer Wahrnehmung nicht existiert und diese Wahrnehmung immer und unausweichlich **durch soziale Bezüge vorgeformt und vermittelt** stattfindet." (Hamm 1982, S. 26)[19] Martina Löw weiter: „Wahrnehmung ist nichts unmittelbares, sondern durch **Bildung und Sozialisation vorstrukturiert**. [...] Raumvorstellungen und Bildungsprozesse sind ein Einflussfaktor auf die Wahrnehmung, aber **sie konditionieren** diese nicht."[20]

Nach Martina Löw wird Raum durch zwei analytisch zu trennende Prozesse konstituiert: die **Syntheseleistung und das Spacing.** Die Syntheseleistung ermöglicht es, Ensembles sozialer Güter und Menschen wie ein Element zusammenzufassen.

Im praktischen Handlungsvollzug ist die Syntheseleistung mit Platzierungsprozessen verbunden (Bauen, Errichten, Vermessen, Symbole und Zeichen), die als **Spacing** bezeichnet werden können. Spacing-Prozesse sind Aushandlungsprozesse.[21]

Raumwahrnehmung

Gebäude werden immer unter den Bedingungen des räumlichen Umfelds erlebt. Raum wiederum lässt sich nur indirekt wahrnehmen. „Was wir unmittelbar sehen und tasten, was unsere Bewegungen lenkt, sind bauliche Körper mit ihren unterschiedlichen Formen, Öffnungen, Anordnungen und Zwischenräumen. Doch obwohl wir primär körperhafte Elemente wahrnehmen [...] bis hin zum Baublock und ‚Stadtkörper', ist ein Ergebnis dieser Wahrnehmung der architektonische Raum."[22]

„Die Gestaltwahrnehmung hat eine wichtige Funktion bei Objekten, die wir ganz in den Blick nehmen können, während ihre Bedeutung für die **Raumgestaltung überschätzt** wird. Entwurfsskizzen, Planzeichnungen, Modelle, Fotografien und Visualisierungen vermitteln uns eine Ästhetik, die unter realen Umweltbedingungen **nicht wahrnehmbar** ist. [...] Die Formen von Gebäuden spielen nur dann eine entscheidende Rolle für die Raumwahrnehmung, wenn wir sie als Ganzes in unser Blickfeld bekommen, was bei Solitärbauten wahrscheinlich, bei Wohn- und Geschäftsbauten in der Regel unmöglich ist."[23]

19 zit. in M. Löw 2017, S. 55
20 aaO. S. 197
21 M. Löw 2017, S. 225
22 Wolfrum und Janson, 2016, S. 67
23 Axel Buether in Abel und Rudolf, 2019, S. 77

Die eher **schwächliche Wahrnehmung von Raum und Proportionen** (K. Lynch, Schmidt-Brümmer) sieht auch Burckhardt (1972, S.189): „Die Lehre der Perzeption hat schon längst erwiesen, dass Raum und Proportion nur schwächlich wahrgenommen werden und das ungewisseste und trügerischste aller Zeichensystem bilden. Jedes **andere Zeichen, jede Reklame** verändert die räumliche Aussage total".

Schmidt-Brümmer (1974, S.35) folgert: Je deutlicher sich die ‚Lesbarkeit' der Außenwelt durch die Vermehrung der expliziten Signale und Appelle erhöht, umso **fremder und unleserlicher** gerät die Zeichensprache der **räumlichen Umwelt**. Diese Erscheinungsformen eines Blickfangsystems, das die Außenwelt erst kommunikabel macht, finden sich von Plakatwänden, Verteilerkästen, Bodenbemalungen, Papierkörben und alle Formen des ‚wilden' Plakatieren

Gesetze der Gestaltwahrnehmung

Die drei **Grundmerkmale** der visuellen Wahrnehmung sind:

- sie läuft **ganzheitlich** ab - also in ‚Gestalten'
- sie läuft selektiv ab, also immer **wertend**
- sie läuft semantisch ab - die **Bedeutungsentzifferung** gehört zur Wahrnehmung

Das wichtigste Gesetz der Gestaltpsychologie ist das **„Gesetz von der einfachsten Gestalt" – Prägnanzgesetz.** Das Sehen ist bestrebt, sich selbst die notwendige Klarheit zu verschaffen. Es tendiert bei einer Unklarheit zum ‚aktiven' Bilden von einfachen Gestalten.[24] Danach wird eine Gestalt so einfach, regelmäßig, gut usw. wie es unter den jeweiligen Reizbedingungen möglich ist, heruntergebrochen. Bei Unklarheiten werden **einfache Gestalten** gebildet wie lange Geraden, rechte Winkel, Reihungen in gleichen Abständen, Raster, Kreisbögen. Wenn aber das Erkennen der ‚guten' Gestalt zu leicht gemacht, wird der angeborene Drang zur Gestaltbildung überflüssig und der Wahrnehmungsapparat wird unterfordert.[25]

Weitere Gesetze der Gestaltwahrnehmung:

- *Gesetz der Nähe* – bei ungleich verteilten Objekten, werden die näher liegenden zu Figuren zusammengefasst
- *Gesetz der Geschlossenheit* – geschlossene Figuren werden leichter wahrgenommen als offene, fortsetzbare Formen
- *Prinzip der Ganzheit* - Ordnung entsteht durch die Unterordnung der Teile unter ein Ganzes, durch Einheit in der Vielfalt der Teile
- *Figur-Grund-Prinzip* - Die Gestalt wird mit Hilfe ihrer Abgehobenheit von der Umgebung wahrgenommen
- *Kontinuität* - bedeutet Einbindung und Einfügung eines Teiles in das Ganze
- *Proportion* - ordnen, regeln und stellen Beziehungen her. Maßstäblichkeit entsteht durch die Berücksichtigung der menschlichen Grundmaße
- *Ordnung* - entsteht durch die Strukturierung der Umwelt (Ordnung, Gliederung)[26]

24 Abel und Rudolf, 2019, S.125-126
25 Christian 2009, S. 213-214
26 Voigt, 1997, S.37

Form und Funktion

„In kommunikationstheoretischer Terminologie bedeutet der Grundsatz: D*ie Form folgt der Funktion,* dass *die Form des Objekts nicht nur die Funktion möglich machen muss, sondern sie so* ***eindeutig denotieren*** *muss, dass sie nicht nur möglich, sondern auch* ***wünschenswert*** *wird* und zu den Bewegungen führt, die am besten geeignet sind, die Funktion zu erfüllen." (Eco 2002)

Nicht ‚form follows function' sondern Form und Funktion **bedingen sich wechselseitig.**

Alltag und Tourist

„Auch das **Stadtbild des Bewohners** ist ein Konstrukt, also ein durch Lernprozesse in einer gesellschaftlichen Umwelt erzeugtes Wahrnehmungsbild. die Stadt des Bewohners unterscheidet sich von der des **Touristen** vermutlich dadurch, dass mehr Information zu einem geringeren Grad der Bildhaftigkeit verarbeitet worden ist. Der Bewohner kennt die Stadt genauer als der Besucher, aber er hat keine Veranlassung, sie zu einem Erinnerungsbild zu destillieren.[27]

Schmidt-Brümmer, 1976 spitzt den ‚Alltag' zu: „Nur in **Ausnahmefällen** ist die Erscheinungswelt der naheliegenden Umgebung ein Feld besonderer Aufmerksamkeit. Sensationelle Ereignisse, neue Schaufensterdekorationen, Baustellen mitunter, auffällige Straßenaktionen sind es gewöhnlich erst, die dem Einheimischen die städtischen Randerscheinungen akzeptabel machen; [...] Kunst, Bilder, oder überhaupt Sehenswertes gibt es nicht vor der Tür oder um die Ecke.[...] Die täglich durchquerte Stadt gleicht einem **visuellen Brachland**, das metaphorisch meist ‚grau' genannt wir - der Duden verzeichnet diese bereits vereinbarte Einschätzung: der typische Anwendungsfall des Wortes ‚grau' im Sinne von ‚trostlos, öde' ist **‚der graue Alltag'."**

Hoffman-Axthelm 1990, s. 2491) nimmt sich der **touristischen Sehlust** an und konstatiert, dass der Tourismus die alten Städte bevorzugt, weil nur deren Objekte ‚Lust' versprechen: Was wir an alten Städten schön nennen, ist der Überschuss an **Unterschieden, Trennungen, Individualisierung** als Stimuli der Wahrnehmbarkeit.

Orientierung

Das Bedürfnis des **„Sich-zurecht-Findens"** ist für die Sicherheit des Menschen, dem Gefühl des Geborgenseins als **lebensnotwendig.** Die moderne Stadt sollte daher diesem Bedürfnis nachkommen und Umwelten schaffen, die dem Bedürfnis Genüge ton können. Vor allem für Kinder ist die nächste Umgebung wichtig. Das Kind hat die Gabe – viel stärker als die Erwachsenen – Dingen und Örtlichkeiten treffende Namen zu geben und damit eine Identität zu schaffen.

Welche **Elemente des Stadtbilds** prägen sich am stärksten ein? (T. Sieverts zitiert in Conrads 1974 S.158-159) sieht drei Hauptgruppen:

Die bei weitem **stärkste Gruppe** umfasste Bauten, Verkehrselemente und Namen/ Schilder - alles örtlich eindeutig definierte Elemente. Diese stellen offensichtlich den Grundstock der Orientierung dar, ***unabhängig von der gestalterischen Qualität.***

Die **nächsthäufige Gruppe** umfasst die ‚feineren' Kennzeichen der ersten Gruppe, die sich örtlich nicht mehr so eindeutig festlegen lassen ‚Grün' und ‚Aktivität-Straßenleben' stehen hier an erster Stelle, gefolgt von Farben und Stadträumen, Materialstrukturen und Formen: Elemente, die als Gestaltungselemente von besonderer Bedeutung sind.

27 Burckhardt, 1985, S. 97

Die **letzte, schwächste Gruppe** umfasst die nur zeitweise auftretenden Elemente: Geräusche, Licht, Gerüche"

Physische Reize

„Jedes System der **Sinneswahrnehmung** reagiert auf physische Reize nach folgenden Modalitäten:

1. Bleibt ein physischer Reiz **unterhalb einer gewissen Grenze**, so wird das Empfangssystem für seine Variationen unempfindlich, die Reizschwelle ist erreicht (absolute Schwelle)
2. Übersteigt ein Reiz eine gewisse Grenze, so ist das Empfangssystem gesättigt, die **Sättigungsschwelle** ist erreicht, und das System nimmt die Variationen diese Reizes nicht mehr wahr, es muss also als ohne Reizbeantwortung angesehen werden.
3. Damit der Empfängerorganismus ein **allmähliches Anwachsen** des Reizes aufnimmt, muss dieses Anwachsen einen gewissen Wert, die **Zuwachsschwelle,** übersteigen. [...] Das ist das Weber-Fechner'sche Gesetz und impliziert die logarithmische Variation der Sinnesempfindung in Abhängigkeit vom Reiz. Die **relativen Zuwachsschwellen** variieren untereinander nur wenig um einen konstanten Wert - die Variationen der Zuwachsschwellen werden jedesmal als Abweichung vom logarithmischen Gesetz angesehen."[28]

Ambivalenz, Komplexität, Widersprüchlichkeit, ist dann in einem Reiz enthalten, wenn dieser Reiz **unerwartet, relativ verschieden** von vorangegangenen Reizen und in seinem Zusammenhang – räumlich oder zeitlich - **neuartig** ist.[29]

Mit steigender Betrachtungsdauer werden weniger komplexe Situationen bevorzugt:[30] „Das Erkundungsverhalten des Individuums wendet sich bei **genügend langen** Beobachtungszeiten den **einfacheren,** überschaubaren **Reizkonstellationen** zu , die eindeutig weniger Information liefern aber doch genügend attraktiv sind. Das Individuum tritt in eine ‚Gefühlsbeziehung' ein und findet den Reiz **‚schön'** oder ist gefühlsmäßig angesprochen.

Bei **kurzer Betrachtungszeit** wirkt offenbar das Motiv des „Genauer-kennenlernen-wollens" - ein spezifisches Erkundungsverhalten - während bei **längerer Betrachtungszeit** das Motiv des **‚Gefallens'** treibt.

Die **Reizarmut** eines großen Teils der **zeitgenössischen Architektur** offenbart sich auf den ersten Blick. Durch Vereinfachung und formale Sauberkeit erlaubt keine andere Deutung und führt zu einem Verlust an Interesse.

Neugier – Überraschung – Störung

Die Wahrnehmung braucht, um beschäftigt zu sein, wirkliche Trennungen, die Neueinstellungen und Überraschungen inbegreifen.
Dieter Hoffmann-Axthelm, 1990[31]

Leben bedarf der Hindernisse[32]
Hugo Kükelhaus, 1980

„Erst wenn der Mensch Sicherheit und Vertrautheit empfindet, verspürt er den Drang, das **Gefährliche und Unbekannte** zu suchen. (....) Wenn wir einen fremden Raum betreten, versuchen wir uns an Elementen zu orientieren, die vertraut erscheinen - wie etwa geometrische Figuren, waag- oder senkrechte Linien oder rechte Winkel.

28 Moles, 1971, S. 23
29 Rapoport-Kantor, 1979, S. 115
30 Nohl, 1974, Freiraumstimulation S. 60
31 Hoffmann-Axthelm in Bauwelt 48, 1990, S. 2488
32 H. Kükelhaus, Aarau 1980 zit. In Christian, 2009, S. 214

Ein anderer wichtiger Aspekt ist, dass unser Auge regelmäßig nach **Ruhepunkten** sucht, damit es später wieder auf neue **Entdeckungsreisen** gehen kann. Diese Erholungsplätze findet es vor allem in gleichmäßigen, monotonen Oberflächen."[33]

Mitscherlich sieht 1971 (S.46) dass das eine monotone Umwelt das **Neugierverhalten** reduziert und nur eine ‚gewachsene, lange belebte Umwelt' eine **seelische Ansprechbarkeit** zur Folge hat - das Kennzeichen der ‚Urbanität.

Das Gegenstück zur Überraschung ist die **Vorhersehbarkeit**, wo dem Empfänger aufgrund bisheriger Informationen auf das schließt was noch kommt - die Überraschung tritt nur dann ein, wenn das **Erwartete nicht** kommt.[34] Diese Form der Störung regt die Sinne und die Wahrnehmung an, die Schmidt-Brümmer als **‚Bilderwartungsstörung'** bezeichnet: Unterbrechungen von gewohnten Sehweisen scheinen sich erst dann zu ereignen, wo Bilder in solchen medialen und situativen Kontexten erscheinen, in denen sie für gewöhnlich nicht erwartet werden. [...] Erst durch sein Auftauchen an einem unüblichen Ort**,** in unüblicher Umgebung**,** in einem anderen Format und zu einer anderen Zeit, d.h. als Zitat kann sich das visuelle Informationsbedürfnis [35] und Interesse des Betrachters auf andere Bildelemente verschieben."

Komplexität

Man würze wie man will mit Widerspruch die Rede:
Wird Würze nur nicht Kost und Widerspruch nicht Fehde
Gotthold Ephraim Lessing, 1779, Sinngedichte

„Dember und Earl (Analysis and Explority, Psychological Review, 1957) nehmen an, dass die Suche nach Reizveränderungen und **Reizkomplexität ein grundlegender Trieb** im Verhalten, nicht nur bei Ratten, sondern auch bei Menschen sei. Weiterhin nehmen sie an. dass jeder Reiz einen Komplexitätswert besitzt für jedes Individuum, das ihn wahrnimmt. Dieser Wert ist für das Individuum ein **Idealwert** und beschreibt den maximalen **Betrag an Komplexität**, den eine Person in einem gegebenen Augenblick bewältigen kann. Das **Ideal verändert sich mit der Zeit** und für jedes Individuum, jedoch kann es für gewöhnlich bei geistig gesunden Personen nur anwachsen."[36]

Einfachheit und Klarheit (Gesetz von der einfachsten Gestalt) als Ziel der Umweltgestaltung ist **in Frage** zu stellen. Psychologische Forschungen zeigen, dass der Mensch **zweideutige, komplexe Formen** in seinem Blickfeld bevorzugt. Allerdings gibt es einen optimalen Bereich der Wahrnehmung, wo sowohl zu einfache als auch zu komplexe Bilder abgelehnt werden. (Rapoport-Kantor 1970, S.114).

Eine ähnliche Wirkung haben die vermeintlichen Gegensätze **Vielfalt und Einheit:** Einheit als sichtbare Uniformität braucht ihren Gegensatz, die **sichtbare Individualität**. Dieser Effekt geht auf den Philosophen Heraklit (550 - 480 v. Chr.) zurück und besagt, dass beim Wahrnehmen oft gerade dann positive Empfindungen und Erlebnisse einer besonderen **‚Harmonie'** auftauchen, wenn zwei völlig *gegeneinanderstehende und elementare* Bereiche als zusammengehörig gesehen werden.[37] Als Beispiel können Ziegelwände gesehen werden, wo jeder Stein anders ist, aber doch das Gleiche zeigt.

33 Reif-Kress-Becker 2014, S. 84
34 s.a. Moles 1971, S. 99
35 Schnidt-Brümmer und Schulz, 1976, S. 72
36 Rapoport-Kantor, 1970, S.117
37 Axel Seyler – Tote Theorie in Christian 2009, S. 218

Die Information ist ein **Maß für die Komplexität** der von der Wahrnehmung angebotenen Formen. Komplexität und Information der Struktur einer Gestalt oder einer Nachricht sind Synonyme.[38]

Information ist eine ***Quantität***, die von der ***Bedeutung*** wesentlich unterschieden und auch von ihr unabhängig ist. Eine Nachricht mit maximaler Information erscheint sinnlos, wenn das Individuum unfähig ist, sie zu *enkodieren* und auf eine verständliche Form zu bringen. Im Allgemeinen variiert die **Verständlichkeit** in umgekehrtem Verhältnis zur Information.

Richard Senett hat in civitas (1991, S.167) die Chikagoer Soziologen (Wirth, Park, Burgess) zitiert und die Vorzüge eines ‚fragmentierten Selbst' im Erkennen und Entschlüsseln der **komplexen Außenwelt** hergestellt: wer nur schwarz/weiß denkt, wird seine Umwelt auch nur so wahrnehmen.

Kunstwerk und Schönheit

Selektion und Emphase repräsentieren den Stil des Künstlers. Das Problem ist es, Sättigung und damit Verlust an Interesse zu vermeiden. Koestler vermutet, dass dies durch Emphase und Reduktion getan werden kann. Emphase bedeutet ständig gesteigertes **Würzen der Speisen für erlahmte Geschmäcker** und umfasst die Elemente Übertreibung, Betonung, Selektion. Reduktion, das wichtigere, fast gegensätzliche Element, wird erreicht durch die **Sparsamkeit der Mittel**. Durch Implikation muss der Beobachter sich anstrengen, das Kunstwerk (oder die Umwelt), das für mehr als eine Interpretation offen ist, zu begreifen. Es werden Hinweise an Stelle von Feststellungen gegeben; Bemühen ist nötig, um die Lücke zu überbrücken, um zu interpolieren und zu extrapolieren. (Koestler nennt dies das Umgreifen und ist ähnlich der **Ambivalenz**). (Arthur Koestler - The Act of Creation, New York 1965)[39]

Sitte verknüpft zwei Grundgedanken in seiner städtebau-künstlerischen Theorie: die Anwendung von in Vergessenheit geratenen Regeln garantierte ihm **künstlerische Wirkung**, und das **subjektive Empfinden von Schönheit** galt ihm als Beweis des objektiven Vorhandenseins von Schönheit. Diese Verknüpfung war möglich, weil Sitte das Empfinden von Schönheit auf den physiologischen Vorgang des Sehens bezog auf dem allein für ihn das Schönheitsempfinden beruhte.[40]

Dynamik und Veränderung

Wahrnehmungsweisen sind erlernbar und damit auch veränderbar – die sozial bedingten Persönlichkeitsmerkmale haben Wirkung für das Handeln in der städtischen Umwelt und begünstigen damit auch die Neigung, sich **konform und stereotyp** zu verhalten. Wahrnehmungsweisen sind über Lernprozesse veränderbar – die sozio-kulturellen Bedingungen (Schule, Elternhaus) bestimmen maßgeblich das **Instrumentarium** der Umweltwahrnehmung des Einzelnen.[41]

Doch auch das **Stadtbild verändert sich laufend** – im Großen und auch im Detail. Friedrich Achleitner hat in seinem Essay ‚Das STADTBILD gibt es nicht' sowohl das Objekt als auch der Betrachter Veränderungen unterliegt: „Wir dürfen nicht von der naiven Annahme ausgehen, dass Stadtbild etwa Statisches, Gegebenes ist; [...] es ist eine **Momentaufnahme**, ein Augenblick in einem langwierigen Veränderungsprozess. Es hängt vom Standpunkt des Betrachters ab - von seinen Kenntnissen und Interessen - wie sich ihm ein ‚Bild' darbietet. [...]

38 Moles 1971, S. 61
39 Rapoport-Kantor 1970, S. 115
40 Winter 1989, S. 46
41 s.a. Heidede Becker, 1974 in Städtebauliches Institut, Stuttgart, S. 81

Von den Objekten her gesehen, ist das jeweilige ‚Bild' der **Zustandsbericht** eines Prozesse, der in der Struktur einer Stadt mit verschiedenen Geschwindigkeiten abläuft. Während sich etwa das **Straßennetz über Jahrhunderte** kaum verändert, ist die Gebäudesubstanz kürzeren Zyklen der Auswechslung unterworfen. Selbst die **Veränderung der Häuser** hat Zonen unterschiedlicher Geschwindigkeit, wobei zweifellos das Erdgeschoß einer Stadt (in der letzten Zeit auch die Dachzone) am schnellsten verwandelt." [42]

Unbewusste Bilder

1931 hat Walter Benjamin in seiner Kleinen Geschichte der Photographie zum ersten Mal den Begriff des **‚optisch Unbewussten'** benutzt. die Idee war, dass die Fotografie etwas aufzeichnet, das man zwar mit freiem Auge gesehen hat, das aber das **Fassungsvermögen** sowohl der unmittelbaren Aufnahme als auch der **Erinnerung** übersteigt. Hier liegt für Benjamin das Feld des ‚Optisch-Unbewussten', das erst die Fotografie wieder zutage befördern kann, wie es analog die Psychoanalyse mit dem Triebhaft-Unbewussten unternimmt. (Kohoutek 2014, S.87)

Eines der bekanntesten Beispiele für die ‚unbewussten Inhalte' einer Filmaufnahme oder einer Fotografie war der Plot des Film **„Blow up"** (Michelangelo Antonioni, 1966), wo erst durch die Vergrößerung einer trivialen Aufnahme ein Mord entdeckt wurde.

Ein weiteres Phänomen sind **Umsetz- oder Nachbilder**, (auch **Gegenbilder**) die wichtig für das Begreifen der Umwelt sind. Dahinden (1975, aufbau S.383) sieht deren Bedeutung: „Umsetz- oder Nachbilder sind imaginär; und meist kontrapunktisch, wie zum Beispiel Form in Ungeformten, Buntheit in der Kahlheit, Licht im Dunkel und so weiter. Das Umsetzbild ist die **komplementäre Ergänzung** zum Wahrnehmungsbild und notwendig, damit das Bewusstsein der ganzen Wirklichkeit aufkommt.

Fehlen die Umsetzbilder, so ist auf **Uniformität** zu schließen. Optische Wahrnehmungsangebote als stetige Wiederholung passivieren den Menschen. Stellen sich andererseits an den Wirkrealitäten der konstruierten Umwelt eine Auseinandersetzung am Inhalt und an der Form ein, so wirkt das optische Wahrnehmungsangebot kreativ. Für städtische Raumsituationen wäre solches eigentlich anzustreben."

42 Friedrich Achleitner in Swoboda, Wien 1990, S. 186-187

Fazit - Conclusio

1.1 Informationstheorie - allgemein

- *Das Nervensystem als Instrument des Organismus nimmt Informationen aus Umwelt auf -* ***Repräsentatismus****. Die Gegenposition - ein Chaos völliger Willkürlichkeit - Solipsismus.*
- *Die Wahrnehmung der Umwelt folgt dem Gesetz der* ***bewussten oder unbewussten Dekodierung*** *- die nur denen gelingt, die den Code entschlüsseln.*
- *Wahrnehmen stellt eine Verbindung vom ‚Subjekt' zum ‚Objekt' her. Ein rein objektive Wahrnehmung kann es daher nicht geben - da jedes Subjekt einen unterschiedlichen Wahrnehmungsapparat besitzt*

1.2 Bedeutung -Zeichen -Bilder

- *Das* ***semiotische Dreieck****: Codierte Zeichen - Gegenstände (Denotation) - Konstrukte (Bedeutung) beschreibt den Wahrnehmungsprozess.*
- *Die Semiotik (Bedeutung der Zeichen) geht davon aus, dass diese Codes auf einer* ***kulturellen Übereinkunft*** *beruhen.*
- *Die Entschlüsselung dieser Codes setzt eine entsprechende* ***Schulung*** *(Bildung oder Vorerlebnisse) voraus*
- *Die Rolle der primären Bedeutung (Denotation) und der sekundären Bedeutung (Konnotation), kann sich im* ***Lauf der Zeit*** *verändern und sogar umkehren.*
- *Bei der Wahrnehmung kann der* ***praktische Aspekt*** *(Entscheidungen, Handlungen) und der* ***ästhetische Aspekt*** *unterschieden werden, der innere Zustände auslöst.*
- *Stadtbilder - die jeder Bewohner in sich trägt, sind* ***unterschiedlich***
- ***Gegenbilder****, auch Umsetz- oder Nachbilder genannt, sind wichtig für das Begreifen der Umwelt und sind die komplementäre Ergänzung zum Wahrnehmungsbild. Fehlen Umsetzbilder lässt diese auf Uniformität schließen.*
- ***Standbilder*** *- wie sie im Stadtmarketing eingesetzt werden, drohen die Stadt ‚einzufrieren' - die Bilder, nicht die Stadt werden zur Attraktion*

1.3 Physiologie der Wahrnehmung

- *Die Informationstheorie geht davon aus, dass der menschliche Empfänger nur ein* ***bestimmtes Maximum*** *auf ganzheitliche Weise aufgenommen werden kann. Bei Überschreitung dieses Maximums lässt der Empfänger die Nachricht unberücksichtigt - oder er wählt nach früherer Erfahrung die Nachrichten aus. Gelingt das nicht, verliert das Individuum das Interesse daran.*
- *Die Wissenstransformation einer Nachricht erfolgt im Arbeitsgedächtnis, dessen Kapazität auf wenige Sekunden und eher* ***geringe Datenmengen*** *begrenzt ist: 5-7 Informationseinheiten können im Gedächtnis behalten werden.*
- *Die Auslöser von Wahrnehmungsprozessen werden durch räumliche Veränderung (Standortwechsel) oder Störungen verursacht. Das kann auch Neues, Neuartiges oder eine neue Sicht von Altbekannten beinhalten.*
- *Durch die begrenzte Aufnahmekapazität sind wir jeder Art von* ***‚Eye-Catchern'*** *unterworfen -die auch als Akzente, Merkzeichen, Brüche und Störungen bezeichnet werden können.*
- *Die* ***Folgen zu geringer Stimulation*** *sind die innere Abwendung oder wenn diese nicht möglich ist, die Ausbildung eines feineren Sensoriums.*
- *Ein anderes Extrem ist die Mehrdeutigkeit - eine* ***Überschreitung der Grenzen*** *der Komplexität, das zu bewussterer Wahrnehmung führen kann.*
- *Ein wesentliches Element der Perzeption ist die* ***Geschwindigkeit der Bewegung****: bei niedriger Geschwindigkeit (Fußgänger) wird ein höheres Maß an Komplexität benötigt, als bei höherer Geschwindigkeit (Autofahrer).*

- *Zeitgemäßer ist die* ***Rückgewinnung des Straßenraums*** *durch die Fußgänger und ihre geringere Geschwindigkeit (Flanieren, Spazieren, Promenieren) und damit die Erfordernis einer komplexeren Gestaltung.*

1.4 Gestaltpsychologie und Wahrnehmung

- *Die Gestaltwahrnehmung ist in ihrer* ***Übersummenhaftigkeit*** *ein wesentlicher Teil der menschlichen Erkenntnis*
- *Es kann weder eine rein objektive oder rein subjektive Wahrnehmung geben - durch die Einführung von gewissen Kriterien können diese* ***Ungewissheiten eingeengt*** *werden.*
- *Die* ***emotionale Bewertung*** *erfolgt in Sekundenbruchteilen und erst durch rationale Kriterien kann eine ausgewogenere Beurteilung erzielt werden.*

1.5 Gesetze der Wahrnehmung

- *Unser Gesichtsfeld beträgt 180° in der Horizontalen und 130° in der Vertikalen - wobei der Sichtwinkel nach oben 50 - 55° beträgt. Folgerung: Gebäude die höher sind als der* ***Betrachtungsabstand*** *werden in der normalen Bewegung nicht mehr wahrgenommen.*
- ***Raum und Proportion*** *wird nur schwächlich wahrgenommen - jedes Zeichen, jede Unterbrechung verändert den Raumeindruck total.*
- *Das wichtigste Gesetz der Gestaltpsychologie ist das Gesetz von der einfachen Gestalt' - das* ***‚Prägnanzgesetz'***
- *in der* ***Kommunikationstheorie*** *folgt die Form der Funktion, die Form muss die Funktion eindeutig denotieren - beides bedingt sich wechselseitig.*
- *Das Stadtbild der Bewohner/des Alltags unterscheidet sich grundlegend von der der Ortsfremden und der Touristen.*
- *Das Bedürfnis des* ***‚Sich-zurecht-Findens'*** *ist für die Sicherheit der Menschen lebensnotwendig und ist unabhängig von der Qualität der Stadtbildelemente.*
- *Das System der Sinneswahrnehmung benötigt als Auslöser einen physischen Reiz, das Überschreiten einer* ***Reizschwelle****. Wenn diese Reize zu viel werden, nimmt das System die Variationen des Reizes nicht mehr wahr - es erfolgt keine ‚Reizbeantwortung'. Anwachsende Reize bedürfen einer bestimmten* ***Zuwachsschwelle****.*
- ***Ambivalenz und Komplexität*** *ist dann in einem Reiz enthalten, wenn der Reiz unerwartet, relativ verschieden und neuartig ist. Mit steigender Betrachtungsdauer werden weniger komplexe Situationen bevorzugt - das Motiv des Gefallens tritt in den Vordergrund.*
- *Der* ***Idealwert*** *einer maximalen Komplexität, den eine Person in einem Augenblick bewältigen kann, verändert sich mit der Zeit - kann aber für gewöhnlich nur anwachsen.*
- *Information ist eine Quantität, die von der Bedeutung zu unterscheiden und unabhängig davon ist. Eine Nachricht mit* ***maximaler Information*** *ist sinnlos, wenn das Individuum unfähig ist, sie zu entschlüsseln: die Verständlichkeit ist umgekehrt proportional zur Informationsdichte*

2. Stadtgestaltung

„Daher ist es müßig festzustellen, ob Zenobia zu den glücklichen oder unglücklichen Städten gezählt werden muss. Nicht in diese zwei Arten die Städte einzuteilen ist sinnvoll, sondern in zwei andere: jene, die über Jahre und Veränderungen hinweg den Wünschen stets ihre Gestalt geben, und jene, wo die Wünsche entweder die Stadt auszulöschen vermögen oder von ihr ausgelöscht werden."

Italo Calvino, Die unsichtbaren Städte, 1984

2.1 Städtebau und Stadtgestaltung

Wenn Jane Jacobs 1963 sowohl die Stadtplanung als auch den **Städtebau als Pseudowissenschaft** bezeichnet[1], auch seither die Stadtplanung und noch vielmehr die „Ohnmacht der Stadtplanung"[2] konstatiert und feststellt, dass die Stadtplanung wohl Konzepte entwickeln kann, aber keine Operationskraft zur Realisierung ihrer Flächenwidmungs- und Bebauungspläne hat und die Leitpläne Zeugnisse vergangener Zielsetzungen sind, ist der Stellenwert von Städtebau und Stadtgestaltung zu hinterfragen.

Städtebau musste vollends als Luxus gelten, **„Konkurs mangels Masse"**, wie es in der Stadtbauwelt 1988 hieß. Noch mehr als der Städtebau gilt das für die Stadtgestaltung, die in der Planungspraxis nur eine untergeordnete Rolle spielt (Baudirektor Niels Gormsen)[3]:

- Gestaltung wird in der Planungspraxis als etwas ‚Überflüssiges' als nicht unbedingt nötige Zutat wie die ‚Kunst am Bau' angesehen.
- wichtiger als das Stadtbild sind die messbaren technischen Forderungen (Lichteinfall, Bauordnung, Straßenbreiten, Spielplätze etc.)
- Ebenso wichtig ist die Funktionalität und die Wirtschaftlichkeit
- durch bessere Gestaltung werden höhere Kosten befürchtet
- Gestaltung wird vordergründig ästhetisch verstanden, gelehrt und angewandt
- es fehlen praktikable Methoden, mit denen sich der Nutzen guter Gestaltung quantifizieren lässt
- es gibt Kommunikationsprobleme zwischen Fachleuten, Praktikern und Theoretikern - es fehlt eine gemeinsame Sprache und ein Wertekanon

Die **Gründe für den Verlust des Primats der Städtebauer** liegen zusammengefasst

- auf der Abgehobenheit gegenüber den Bedürfnissen der Betroffenen, wo die alternativen Leitbilder gesellschaftlich trotz medialer Bemühungen keinen Widerhall finden.[4]
- auf der Aufgabe des Primats des Städtebaues gegenüber anderen Wissenschaftsfeldern wie der Geografie (siehe Spatial turn) oder anderen Gebieten, wie die Ökonomie und die Soziologie, die den Städtebau entdecken, dort rücksichtslos „wildern" und triviale und banale Erkenntnisse schöpfen, die in der Städtebaudiskussion schon beinahe wieder vergessen sind.
- keine gesicherte theoretische Grundlage und Argumentation gegenüber technischen Disziplinen – eher als „Geschmacksache"[5] abqualifiziert, als „überflüssiger Luxus" angesehen.
- wir haben verlernt, Bilder zu schaffen – wir haben kein Bild der Stadt der Zukunft.

1 Jacobs, 1963/1875, S. 16
2 Wohlhage S. 51
3 Städtebauliches Institut der Universität Stuttgart 1974, S. 17
4 s.a. Bollerey et al, 1975, S. 31
5 Die Verteilung der Gewichte [in den Sparten der Stadtplanung] wird aber erst dann sinnvoll sein, wenn man die Stadtgestaltung vom Odium des guten Geschmacks befreit und ihr jene theoretischen Grundlagen erarbeitet, die den Vergleich mit denen anderer Planungstechnologien nicht mehr wie bisher zu scheuen haben.

- in der Ausbildung die Kreativität vor dem „Handwerk" kommt und die Vermittlung, die Kommunikation mit den Betroffenen nicht erlernt wird.

Doch ist die Aussicht wirklich so verzweifelt, wie es bei Wolf Werdegier,[6] einen ehemaligen Wiener Stadtplaner frustriert klingt:

„Es gibt heute keine akkordierte Lehre, **keine Glaubenslehre der Stadtplanung** mehr. Bisherige Aktivitäten, worin die Stadt Wien nicht gerade untätig ist, sind die lawinenartig anwachsenden Gremien, Kommissionen, Beiräte etc. - über deren Realitätssinn und Effizienz gehörige Zweifel angemeldet werden dürfen. Diese Institutionen sind nicht mehr als die letzten Ornamente eines sterbenden Körpers, der einmal Stadtplanung genannt wurde."

Stadtgestaltung als Wissenschaftsdisziplin?

Der Doyen der Stadtgestaltung, Thomas Sieverts, ist skeptisch gegen die Qualifizierung der Stadtgestaltung als eigene Disziplin, weil die Stadtgestalt Ausdruck aller anderen einwirkenden Kräfte von der Sozialstruktur bis zum Mietrecht, von gesellschaftlichen Moden bis zum Primat des Eigentums, darstellt:

„Wenn Stadtgestalt als eigene Disziplin gesehen werden sollte, dann müsste sie interdisziplinär sein, denn kein Methodenansatz hat für sich allein Gültigkeit - zum Unterschied von der Regionalwissenschaft die als ‚Metadisziplin' ein gemeinsames Grundverständnis genießt. [...][7] Stadtgestaltung heute schon als eigene Disziplin zu verankern, birgt die **Gefahr der Verengung**, der Esoterik und der unfruchtbaren Akademisierung."

Haben wir eine Chance stadtgestalterische Ziele zu erreichen? Klaus Kunzmann[8] verneint das: Stadtgestaltung nur als neue Disziplin zur wissenschaftlichen Profilierung ist kein Schritt zur qualitativen Verbesserung unserer Umwelt."

Hillebrecht[9] kritisiert den Eingang sozialer Ideologien in den Städtebau und qualifiziert diese grundsätzlich als ‚stadtfeindlich': „**Soziale Ideologien** aller Art haben sich des Städtebaus bemächtigt. Aus der geschichtlichen Entwicklung des 19. Jahrhunderts verständlich, gerierten sich diese Ideologien grundsätzlich stadtfeindlich und damit städtebaufeindlich in der irrigen Meinung, dass mit der Auflösung der Stadt die Schäden im sozialpolitischen Bereich beseitigt und damit die Grundlage für eine gesunde Gesellschaft ein- für allemal gegeben und gesichert sei."

Auch **Wissenschaften unterliegen Moden** – ist die gegenwärtige Diskussion über die Vorrangigkeit der Ökologie auch nur ein Mode? Unterwirft sich die Stadtplanung und damit die Stadtgestaltung dieser Mode? Burckhardt[10] stellt dazu bereits 1985 fest:

„Natürlich ist die Ökologie eine Mode; aber das ‚nur' können wir ruhig streichen. Ärgerlich über die Feststellung, Ökologie sei eine Mode, kann nur der sein, der Moden als gering achtet, der nicht weiß, dass der Fortschritt der menschlichen Erkenntnis, die Vermehrung des Wissens, über Moden läuft. Wissenschaften erledigen sich nicht, weil ihr Gebiet vollständig erforscht ist, sondern sie kommen aus der Mode - wenn ein Wissensgebiet aus der Mode kommt, so ist es offenbar für die Gesellschaft nicht notwendig."

Der Einsatz verfügbarer Daten und nicht der einen schlüssigen Erklärungsmuster zugrunde gelegter Daten führt oft zu „Kurzschlüssen" und Redundanzen aber keineswegs zu Handlungsansätzen oder gar Lösungsmöglichkeiten.

6 W. Werdegier 1992, S. 256-257
7 T. Sieverts. Stadtgestaltung als Disziplin, Städtebauliches Institut der Universität Stuttgart, 1974, s.13
8 aao S. 105
9 R. Hillebrecht, 1975, S. 35
10 L. Burckhardt, 1985, S. 220-221

Abschließend kann davon ausgegangen werden, dass eine eigene Disziplin Stadtgestaltung ohne gesamtheitliche Betrachtung der Vorgänge und Prozesse der Stadt nicht zielführend ist und die Gefahr in sich birgt, in ein „urban design", in eine hohle **Verschönerungsdisziplin** abzugleiten.

Hans Stimmann, der langjährige Berliner Bausenator kommt aus anderer Perspektive zu einem gleichartigen Ergebnis: „Der Architekten neue Wahrheiten sind immer weniger gestützt auf Erbe und Gewohnheit, immer weniger auf Regel und Abweichung, Ähnlichkeit und Differenz, auf Erkennen und Vertrautheit, Aneignung und Transformation. Ihre Wahrheiten und Leitbilder gründen umgekehrt, jedenfalls in den überwiegenden Fällen, auf der fatalen Annahme, man könne einmal mehr bei **Null beginnen** und die Stadt in jeder Generation völlig neu denken und gestalten. Diese Fiktion gründet dort, wo ein Weiterdenken und Weiterbauen angebracht ist, auf Anti-Tradition und somit auf einen radikalen Bruch: auf Zerstörung des tradierten Raumbildes der Stadt und ihrer speziellen Physiognomie als Charakteristikum ihrer Individualität."[11]

Ähnlich sieht Franck[12] die Gefahr der Architektur, sich auf Kosten des Ensembles zu profilieren: „Es wurde zu einem Erkennungszeichen fortschrittlicher Architektur, dass sie ihrer Umgebung eher ‚eine in die Fresse haut', als dass sie Bereitschaft zeigt, sich einzuordnen."

Stadtgestalt als Ausdruck des Immateriellen der Stadt

Michael Trieb hat besonders die qualitativen Ansprüche der Stadtplanung vertreten und die Stadtgestaltung als Ausdruck der **unsichtbaren, immateriellen Bedürfnisse** der Menschen betrachtet.[13] Und Michael Trieb schließt daraus, dass die Stadtplanung zwei Aspekte vernachlässigt hat: das **Bewusstsein**, nicht für abstrakte Einwohnerzahlen, sondern für Gruppen von Individuen Entscheidungen trifft und dass der Mensch nicht nur eine physische, sondern auch eine **psychische Seite** hat, die durch städtebauliche Maßnahmen stark beeinflusst wird.

„Wenn das Individuum Objekt der Stadtplanung ist, besteht die Frage, in welcher Weise der Mensch von der Stadtplanung betroffen ist.

Deshalb sehen wir die Aufgabe der Stadtgestaltung heute darin, Mittel und Wege zu finden, solche Entscheidungen überall da wo es möglich ist, rational begründet und nachvollziehbar zu treffen, um die späteren Wirkungen so weit wie möglich vorauszusehen! Dies allerdings nicht, um die Intuition auszuschalten oder das **Künstlerische** endgültig aus dem **Städtebau zu verdammen**, sondern um beiden wieder den **Stellenwert** bewusst zu verschaffen, der ihnen zukommt."[14]

Alle Ansätze der Vergangenheit und in der Gegenwart haben von Camillo Sitte über Gordon Cullen bis Kevin Lynch einen gemeinsamen Nenner: die Umwelterfahrung des Menschen und seine Reaktion darauf."

Auch Potyka/Edlinger in „Bürgerbeteiligung und Planungsrealität" (1989) S.291 sehen die Entfremdung der Stadtplanung von den **Bedürfnissen der Bürger** als Überbetonung des „physical planning", die eher einfache Regulierung des Baubestandes, anstelle der sozio-ökonomischen und immateriellen Bedürfnisse.

11 H. Stimann et al. 2005, S. 495
12 G. Franck und D. Franck 2008, S. 260
13 Trieb et al 1979, S. 9
14 M. Trieb – Ansätze zur Stadtgestaltung, Städtebauliches Institut der Universität Stuttgart 1974, S. 76-77

2.2 Die Rolle des Planers

Selbstverständnis des Planers

Der große Meister hat Erfahrung:
Er sieht voraus was geht;
Erfahrensein heißt, keine Erfahrung machen wollen.
Burckhardt 1985, S.77

Lampugnani hat in der NZZ 5.11/2011 eine Suada „**Gesten ohne Sinngehalt**" gegen die gegenwärtigen Architekten losgelassen und sie der Eitelkeit, der unverantwortlichen Leichtsinnigkeit geziehen, deren ‚Bauskulpturen in Gestalt **selbstverliebter Broschen**' ‚möglichst einprägsam, überkompliziert, exhibitionistische den Stadtraum beherrschen'. Die Rede ist von ‚**übertriebener Gestik** dieser Vorzeigebauten', ja dem ‚**Gebrüll** und der Extravaganz dieser exotischen Eindringlinge', die sich ‚arrogant auf sich selbst beziehen' und von jeder inhaltlichen Verpflichtung vollkommen losgelöst, als ‚**wuchernde Schmarotzer**' sich in den Städten breitmachten.

Doch das blieb nicht unwidersprochen: der Kunstkritiker Stanislaus Moos repliziert unter „Schmierfinken der Architektur (NZZ 3.12.20122): „Sind Varietät und Diversifizierung nicht die Melodie, nach der die Ökonomie tanzt, ob uns das nun gefällt oder nicht? Pfeifen es nicht die Spatzen von den Dächern, wie ‚innovativ' wir doch seien und sein müssen?."

Damit sind die **Eckpunkte des Selbstverständnis** abgesteckt, ja können noch darüber hinausgehen, wenn Wolf D. Prix (COOP Himelb(l)au) postuliert, 'die alte und ewige Verpflichtung des Architekten, für die Welt als Ganzes die Verantwortung übernehmen zu müssen und zu wollen': „Wer heute nicht bereit ist, am Turm von Babel zu bauen, hat kein Recht Architekt zu sein." (zit. In Steiner 2016, S.338)

Lampugnani sieht drei Typen von Architekten, die die Gesellschaft produziert:[15]

1. Der **professionelle Planer** als geschmeidiger Erfüllungsgehilfe der Investoren setzt effizient und bestenfalls hübsch ihre Erwartungen um.
2. Der **Künstler-Architekt** - steht außerhalb der Investorenzirkel, drängt ihnen Unpraktisches auf, jeden Unsinn durch seine Signatur zu legitimieren - ist im Grunde genauso Erfüllungsgehilfe der Gesellschaft. Beide Gattungen sind akzeptiert.

   Wer nicht akzeptiert ist, ist

3. **Der Architekt im traditionellen Sinn**. Die Bauaufgabe vom Städtebau bis zum Detail durchdacht, wird kaum honoriert, weil sie kaum gebraucht wird. Es geht um Bilder, nicht um Substanz: die Bilder meistern sowohl die „Künstler" ebenso wie „Entwurfsarchitekten".

Anzumerken ist, dass es auch noch den **sozialkritischen Architekten**, eher **Planer**, gibt – wie sich Willi Kainrath verstanden hat und im Gespräch mit dem Verfasser 1975 die **Strategie der Beschäftigung** kritischer Planer wie im ‚Planquadrat', ‚Stadterneuerung Ottakring' oder die Basisarbeit der Gebietsbetreuungen – als Beschäftigungstherapie gesehen hat, damit der „Normalprozess" ungestört weitergehen kann.

Eines muss klargestellt werden: es gibt **keine wertneutrale Planung** im Städtebau und die Grundsatzfrage ist, bekennt sich der Planer zu seinen eingeflossenen Werten?[16]

Jaques Herzog resummiert im ZEIT-Feuilleton 2023:[17] „Du fragtest mich, was wir Architekten gegen die unverkennbar drohende **Umweltkatastrophe** tun sollten. Gegen die

15 Lampugnani 1993, S. 147
16 s.a. Horst J. Helle – Der urbanisierte Mensch, in Glaser 1974, S.14
17 zit. in F.v.Borries ‚Baut Barrikaden' in der Zeit vom 7.9.2023

soziale Ungleichheit. Gegen die Armut. Gegen die Zerstörung der Ressourcen dieses Planeten [...], die Antwort ist: nichts. Die Architekten haben schon immer den **Mächtigen der Welt** gedient. Sie bauten Paläste, Tempel, Stadien, ganze Städte. Meist im Geist der Zeit, selten als Ausdruck von Erneuerung und Wandel."

Gestalter und Planer

> *PlanerInnen neigen dazu, von einem Plan zu träumen, der die Probleme auf einen Schlag löst und der durch eine starke einheitliche Führung realisiert wird. Im Hintergrund ihres Denkens lauert die Vorstellung von einem Projekt, ähnlich einem klar definierten Bauprojekt.*
> Bernd Scholl, 2020[18]

Jakob Maurer[19] hat die Schwierigkeiten zwischen Planern und Gestaltern so dargestellt: „**Der Planer** versucht vor allem, Hässliches zu vermeiden und Anständiges zu ermöglichen; er weiß, dass der überwiegende Teil der Siedlungen schlecht gestaltet, vielfach schäbig oder sogar hässlich ist. Der Planer muss erfahren, dass nur wenige, die sich Architekten und Stadtgestalter nennen, ihrer Aufgabe gewachsen sind. [...] Daher sieht Burckhardt 1985, S.165, dass der Planer lernen muss ist nicht das Planen, nicht die Advocy Planning, sondern das Verhindern von Plänen. **Der Planer ist immer der Agent des Machers.**

Der **Gestalter** will Schönes hervorbringen. Er ringt mit Funktionen, Formen und Bedeutungen. Er findet jeden, der seinen Bemühungen zurückhaltend oder gar skeptisch begegnet, rasch als Gegner; und oft sind das die Planer. [...] ein von seiner Aufgabe erfasster Gestalter wird unweigerlich mit aller Kraft Lösungen suchen und **Widerstände brechen** wollen. Das ist wahrscheinlich eine Voraussetzung dafür, Gestalt zu schaffen – auch wenn ihm der falsche Begriff ‚Gestalten ist Verschönern' vorgehalten wird.

Neben der Offenlegung das planerische und gestalterische Ziel hat Jakob Maurer eine Anregung, die meist ignoriert wird oder durch hyperrealistische Visualisierungen zu kurz kommt:[20]

Zeichnungen zeigen, Zeichen sprechen, Gestalt muss gezeigt werden. Man kann über Gestalt sehr viel sagen, und vollständig daneben reden. Es ist bezeichnend, dass zum Beispiel verbale Berichte zu stadtgestalterischen Vorschlägen oder Äußerungen einer Jury zu Fragen von Formen und ihren Bedeutungen in einem **städtebaulichen Wettbewerb** meistens hohl, gekünstelt und nichtssagend wirken.

Verhältnis des Planers zu anderen Wissensgebieten

> *„Der Experte? Er ist ein Mann, der nicht mehr denkt.*
> *Warum? Weil er es schon weiß."*
> Frank Lloyd Wright

Jane Jacobs stellte 1964 die Frage „Wo tauchen denn **neue Anregungen** bei der eigentlichen Planung auf und machen von sich reden? Etwa in den Stadtteilen, die auf dem Reißbrett entstanden sind? Nein, dort wird man sie am wenigsten finden. Die neuen architektonischen Anregungen unserer Zeit sind entweder an Stellen aufgetaucht, die nie Planungsobjekte waren, oder dort, wo man viele Pläne kleinen Ausmaßes zusammenfasste. Es steht zu erwarten, dass das auch für die Zukunft, und damit für ihre noch unvorhersehbaren planerischen Vorstellungen Gültigkeit haben wird."[21]

18 Bernd Scholl, in ‚50 Jahre Raumplanung an der TU-Wien, S.148.161
19 Jakob Maurer – Von den Schwierigkeiten zwischen Gestaltern und Planern in R. Mayerhofer 1987, S.24/25
20 J. Maurer in Mayerhofer 1987, S.24
21 J. Jacobs, 1964, S. 51

Noch weiter geht Wieczorek, der die **Rolle der Außenseiter und Grenzgänger** gerade im Städtebau betont, die von ihrer Laufbahn keineswegs dazu bestimmt waren, ein Praxisfeld zu revolutionieren, das von einer beschränkten Gruppe von Spezialisten beherrscht wurde:[22] „Robert Owen war Unternehmer, Charles Fourier Ladengehilfe, Ebenezer Howard war Autodidakt und arbeitete als Stenograph im englischen Parlament.[...] Camillo Sitte fügte sich ganz in dieses Bild....[...]

Hans Paul Bahrdt widerspricht 1967 in seiner damals viel beachteten Schrift „Moderne Großstadt" (S.12) dem Verharren in eng begrenzten Wissensgebieten und konstatiert Kompetenzangst. Sein Plädoyer für Überschreitungen ist die Grundlage interdisziplären Arbeitens:

„Das ist aber nur dann möglich, wenn einer dem anderen ins **Handwerk pfuscht**... [...] wobei Grenzüberschreitungen nicht nur erlaubt, sondern geboten sind und ausdrücklich gepflegt werden."

Der Entwurfsprozess

Alle Stellen, an denen man sich wohlfühlt, Zimmer, Straßen, Städte, sind durch Zufall entstanden...
und will damit sagen, dass wir unsere Umgebung so gestalten sollen, als wäre sie durch Zufall entstanden.
Josef Frank, 1954

Wenn auch am Ende des Planungsprozesses nach der Bestandserfassung und der Offenlegung der gestalterischen Ziele der Entwurf steht, folgt aus der **Bestandserfassung** nicht quasi **automatisch der Entwurf**. Curdes (1995, S. 47) unterstreicht dies: „Es ist keineswegs so, dass aus einer umfassenden Bestandsaufnahme quasi ‚von selbst' ein einziger folgerichtiger Entwurf hervorginge. Statistische Erhebungen, Zählungen, Inventarisierungen, Katalogisierungen [Begriff des ‚Datensargs'] erfassen nicht das Qualitative einer vorhandenen Situation. Nicht selten hatte sich eine solche Art der Bestandsaufnahme verselbständigt und am Ende verfügte man über eine Fülle von Daten und Informationen, die in den eigentlichen Entwurf schließlich doch nicht eingeflossen sind."

Die **Probleme von der Bestandserhebung** zum Entwurf lassen sich zusammenfassen:

1. Die leicht verfügbaren Daten bilden nicht die Problemlagen ab
2. Das Planungsbudget ist durch die Bestandserfassung oft schon zu 75% auf gebraucht
3. Für die Darstellung der Gestaltungsziele bleibt keine Zeit und Budget mehr
4. Ebenso geht es den möglichen Alternativen – vor allem die der Null-Option ebenso
5. Fazit: Es gibt keinen ausreichenden Rückgriff des Entwurfs auf die Bestandsdaten[23]

Doch ist das Entwerfen unverzichtbar und wird als dritte, eigenständige Erkenntnisform begriffen, die zwischen den rationalen Wissenschaften (naturwissenschaftliche Empirie und der geisteswissenschaftlichen Hermeneutik einerseits und der Kunst andererseits angesiedelt ist: „design thinking".[24]

Was sind die **Gefahren, Stärken und Schwächen** des entwerferischen Verfahrens? Curdes[25] sieht das Verfahren analytisch und analysiert die unterschiedlichen Methoden vom Intuitiven bis zum Bottom up und top down und kommt schließlich zu dem Schluß, daß in der Regel ein **Methodenmix** eingesetzt wird

22 Wieczorek 1989, S. 35
23 Lindemann 1972, S.195
24 Wolfrum und Janson 2016, S.121
25 Curdes 1995, S. 29-30

Entscheidungsprozess

> *„Dem alten Vorgang der Stadtgestaltung (von einem für viele geplant), dessen Ergebnis aus der Stadt das Kunstwerk eines Einzigen macht, in wissenschaftlicher Verkleidung wieder Einlass zu gewähren, ist ein Weg, der ins Leere führt!"*
> Julius Posener. Ist Stadtbaukunst noch zeitgemäß?[26]

Die Qualitätssicherung nach der ISO 2001 hat ihren Schwerpunkt auf die **‚Kundenzufriedenheit'** gerichtet, doch wer ist der Kunde des Städtebauers oder Raumplaners. Vordergründig ist dies der **Auftraggeber**, der andere Kriterien der Zufriedenheit hat als die **Betroffenen der Planung**, denen der Planer ethisch verantwortlich ist. Es gibt natürlich einen Konsens, was „Kundenzufriedenheit" in diesem Sinn bedeutet: möglichst keine tiefschürfenden Auseinandersetzungen mit den Beteiligten, kein Hinterfragen der politisch Verantwortlichen und Ablieferung einer fachlich einwandfreien Arbeit im Zeit- und Budgetrahmen. Das sichert weitere einschlägige Aufträge - aber ist das der Sinn der „Kundenzufriedenheit"?[27]

Das Ziel des Städtebauers – auch wenn es sich erst mittel- bis langfristig evaluieren lässt - ist natürlich die **Erfüllung der Bedürfnisse** der Bewohner. Auch wenn dieses Oberziel hart am Populismus vorbeischrammt, sollte es außer Diskussion stehen. Julius Posener sieht das 1972 auch so:[28] „Die Städtebauer bemühen sich die **Bedürfnisse derer kennenzulernen** für die sie planen - einige kennen sie - die die sie nicht kennen, müssen sie von den Betroffenen erfahren."

Ein besonderes Problem der Entscheidungsfindung in der Architektur und noch mehr im Städtebau ist der **Entfall des Bauherrn als Auftraggeber**, die durch Preisgerichte substituiert werden:

„Heute wissen weder Bauherr noch Baumeister um das Raffinement des erinnernden Geschmacks. Produzent und Konsument stehen sich ahnungslos gegenüber, beide einander würdig. mit der Erfindung der Preisgerichte notifiziert der Bauherr seine Abdankung."[29]

Auch wenn es keine Alternative für städtebauliche Entscheidung gibt, sollte darauf geachtet werden, die Ausschreibung und die tatsächlichen Kriterien der Entscheidung unmissverständlich anzuführen – aber in den Jurien sich auch daran zu halten und nicht wie es ein nicht kodifiziertes Architektenethos offensichtlich vorschreibt – sich darüber locker hinwegzusetzen.

Wirkungsmechanismen und Umsetzung

> *„Das Leben des eingeschlossenen Bezirks ist in dem Augenblick zu Ende, in dem der Planer seinen Stift beiseitelegt. Die Zeit fängt an, Orten und Räumen Charakter zu geben, sobald diese in einer Weise genutzt werden, die für sie nicht vorgesehen waren!"*
> Richard Senett, civitas, 1991, S.50

Schönwandt[30] formuliert 2002 die komplexen Konstellationen der **Wirkungsmechanismen** schon analytischer und sieht drei Kategorien des Wissens darüber:

Schwarze Kästen, wo nur extern Beobachtbares zueinander in Beziehung gesetzt wird - die Inputs und Outputs wie die Anwendung der Chaos-Theorie in der Planung oder Zeitreihen.

26 J. Posener, 1972, S. 184
27 S.a. Voigt 2005, S.52
28 J. Posener, 1972, S.187
29 Angress und Niggemeyer, Die verordnete Gemütlichkeit 1985, S. 43
30 W.L. Schönwandt, 2002, S. 95-96

Graue Kästen, sind teilweise durchsichtig und erklären skizzenhaft, wie ein System funktioniert - ohne ins Detail zu gehen

Durchsichtige Kästen enthalten detaillierte Beschreibungen der Wirkungsmechanismen wie Beschreibung der Populationsdynamik"

Weiter sieht Schönwandt die **Eigenschaften von Wirkungsmechanismen** und stellt fest:

- Wirkungsmechanismen sind **meist verborgen**, sie sind nicht wahrnehmbar und müssen in Erklärungen per Sprache ausgedrückt werden
- Wirkungsmechanismen sind systemspezifisch d.h. abhängig vom jeweiligen Untersuchungsobjekt - es gibt **keinen universell gültigen** Wirkungsmechanismus
- Wirkungsmechanismen gibt es nur in **konkreten Systemen** und nicht in Ideen oder abstrakten Objekten, Strategien, Methoden oder Plänen. Erst durch die Implementierung (Szenarien) spielen Wirkungsmechanismen eine Rolle.[31]

Wie bereits ausgeführt liegt jeder Planung ein **Planungsansatz** zugrunde, ob dieser explizit ausgedrückt wird (der durchsichtige Kasten) oder als richtig vorausgesetzt wird (der schwarze Kasten). Schönwandt[32] führt weiter aus:Ausgangspunkte sind

- Ist-Zustände, die negativ bewertet werden und daher verbessert werden sollen, oder
- positiv bewertete Ist-Zustände, die bewahrt und erhalten werden sollten Verschiedene Planungsansätze sind dabei nicht ‚richtig' oder ‚falsch', sie sind nur für die Bearbeitung mancher Probleme geeignet und für andere wiederum nicht.

31 W.L. Schönwandt, 2002, S. 99-100
32 W.L. Schönwandt und Jung, 2007, S. 775-776

2.3 Theorie der Stadtgestaltung

„Man ist nicht realistisch, indem man keine Idee hat"
Max Frisch, 1995

Probleme und Kritik der Stadtgestaltung

Bevor wir uns näher mit den theoretischen Grundlagen der Stadtgestaltung befassen, soll die **Begrenztheit einer Theorie** der Stadtgestaltung, wie sie schon 1974 Michael Trieb geäußert hat, angesprochen werden: „Stadtgestaltung kann erst dann ein wissenschaftliches Arbeitsfeld der Stadtplanung genannt werden, wenn ihre Theorie permanent dem Korrektiv des Experimentes, der Erfahrung, der Praxis unterworfen ist.[...] Das bedeutet aber auch, dass die Elemente einer solchen Theorie und ihre Beziehungen zueinander **kein abgeschlossenes System** bilden können, sondern dass sie als Bestandteile eines offenen Wissenschaftsfeldes verstanden werden müssen, das ständig **ergänzungsbedürftig** ist, und gegebenenfalls. zumindest in Teilen, revidiert werden kann."[33]

Eine Theorie der Stadtgestaltung gibt keine besseren Argumente, aber es ist notwendig, eine **einheitliche Terminologie** zu schaffen, die hilft in allen Phasen des Planungsprozesses gestalterische Ziele zu formulieren."[34]

Stadtgestaltung darf nicht auf wenige oder gar nur **einen Aspekt** reduziert werden – weder auf den formalen Aspekt wie bei Camillo Sitte noch auf die Orientierung im Chaos der Städte wie bei Kevin Lynch, den ‚sozialen Raum' der Soziologen, den geografischen ‚spatial turn' oder die technokratischen Randbedingungen – „das städtische Leben ist geprägt durch ein **Wechselverhältnis** von physisch-räumlicher und sozialen Umwelt"[35]

Ein immer wieder um sich greifendes Problem ist die **Verbindung von Analyse und Gestaltung**, wo aus umfangreichsten analytischen Bestandsaufnahmen keine oder die falschen Schlüsse gezogen werden.

Die nicht unberechtigte **Kritik an der** „traditionellen, räumlichen Planung" fasst Walter Schönwandt unter dem Titel „Problems first"[36] zusammen:

- Sie befasst sich nicht mit dem, was Bürgerinnen und Bürger bewegt
- Sie ist nicht politikrelevant
- Ihr Wirkungsgrad ist oft gering
- Sie stellt sich nicht der Komplexität der Planungsprobleme
- Sie eine bürokratische Routine, die vor allem dem Procedere und weniger mit inhaltlichen Problemen befasst ist
- Die wissenschaftlichen Diskussionen der Raum- und Stadtentwicklung finden oft auf zu hohem Abstraktionsniveau statt,
- es fehlt der Brückenschlag zwischen Theorie und Praxis

Entsprechend ist ein typisches Merkmal vieler Planungsprozesse, sich in der Diskussion darauf zu konzentrieren, welche Lösungen realisiert werden sollen (Lösungsreflex), und zwar bei einer ‚irgendwie' gegebenen Problemdefinition, die völlig ‚klar' scheint.

Welche Techniken des wissenschaftlichen Erkenntnisgewinns stehen uns zur Verfügung? A. Voigt sieht zwei grundsätzliche Techniken, auf die in den entsprechenden Abschnitten noch zurückzukommen sein wird:[37]

33 M. Trieb 1974, S. 47
34 K. Kunzmann, in Städtebauliches Institut der Universität Stuttgart, 1974, S .95
35 S. Herlyn in Städtebauliches Institut der Universität Stuttgart, 1974, S.18
36 Schönwandt und Jung, 2007, S. 773
37 A. Voigt 1997, S.18.22

- **Precedent based Reasoning** (Präzedenzbasierte Argumentation) Anhand konkreter Päzedenzfälle (Muster, Regeln, Module, Typen) entsteht eine ‚Mustersprache (‚Pattern Language' nach C. Alexander, 1984). In der Beschreibung der konkreten Analysebeispiele entstehen ‚Wortfelder' im Sinne eines ‚Themas mit Variationen'. Diese ‚patterns' umschließen maßstabsunabhängige Muster/Gebilde und konkrete Handlungsanweisungen im Sinne von ‚Gestaltungsregeln'. Die Elemente können in Form einer Baumstruktur hierarchisch zugeordnet sein - tatsächlich sind sie als Halbgitter (‚The City is not a tree' - C. Alexander) überlappend organisiert.
- **Object-based Modelling** (Generatives Modelling) Auf der Basis der Kennwerte, Kriterien, Elemente, Strukturen, Cluster und Regeln des ‚Predecent based Reasoning' ist ‚Modelling' mit unterschiedlichen Freiheitsgraden denkbar und stellt nach der Analyse eine Synthese des planerischen Vorgehens dar. Als Arbeitstitel bieten sich an: Elektronisches ‚Lego' oder Digitaler ‚Matador' - aber auch analoges ‚Styropor-Modelling'

Prozess der Stadtgestaltung

„Sie Verzehren sich im Erfinden, wo dies nicht angebracht ist, weil es natürlich weder notwendig noch möglich ist, jeden Montagmorgen eine neue Architektur zu erfinden."
Mies van der Rohe 1960[38]

Trieb (1974)[39] sieht den **Theorieansatz** als Mischform, die von allen Ansätzen vor allem die, erlebte Umwelt' in den Mittelpunkt stellt:

1. Ausgangspunkt muss daher die Formulierung von **Zielvorstellungen** sein, die sowohl der Bestandsaufnahme als auch der Analyse und die der Planung zugrunde gelegt werden müssen.
2. Wenn das Stadtbild, die **erlebte Umwelt** oder Umweltvorstellung, Gegenstand der Stadtgestaltung ist, muss jede Bestandsaufnahme, jede Bestandsanalyse zunächst von der erlebten, nicht von der vorhandenen Umwelt ausgehen (wie Kevin Lynch's Stadtbildelemente)
3. Wenn das Stadtbild Gegenstand der Stadtgestaltung ist, dann muss das Ziel der Stadtgestaltung die Bildung und **Veränderung** des Stadtbildes, der **erlebten Umwelt** sein. Stadtplanung unter stadtgestalterischen Aspekten muss also die beschreibenden und bewertenden Faktoren der erlebten Umwelt bewusst entwickeln.

Mit anderen – zeitgemäßeren - Worten fasst Dietmar Steiner 1992[40] die **‚Stadtplanung jenseits der Stadtplanung'** in den „Drei T's" zusammen:

Theming - bedeutet die Sinngebung eines Projekts. Ohne Idee kann niemand darüber reden, sich etwas vorstellen. Kommunikation vollzieht sich nicht über abstrakte Regelwerke, sondern über konzentrierte Bilder, die nicht allein der Architekt liefern kann.

Testing - bedeutet die qualitative Analyse einer konkreten Situation. Testprogramme, die die Belastbarkeit eines Gebietes überprüfen. Typing- bedeutet den Weg zur Festlegung einer städtebaulichen Figur.

Typing bedeutet deshalb, dass man das Potential von Architekten durch Beschäftigung mit ihrem Werk und ihren Interessen kennt und sie danach einsetzt. Ähnlich sieht es auch Christa Reicher[41] als Strategie für die IBA Wien 2022 und spricht von einer 3P-Strategie – einer Verknüpfung von Prozess, Programmierung und Produkt. Theming oder Programmierung birgt jedoch die Gefahr einer Inszenierung – quasi

38 M.v.d.Rohe – Bauen und Wohnen -15/1960 Heft 11. S. 391
39 M. Trieb, 1974, S.194
40 D. Steiner in W. Werdegier 1992, S.258
41 C. Reicher in R. Scheuvens 2016, S. 5 – IBA und das soziale Wohnen „Ich empfehle der IBA in Wien eine 3-P-Strategie, also eine Verknüpfung von Prozess, Programmierung und Produkt: - einen Prozess mit einer Verantwortungsarchitektur, welche die beteiligten Akteure - die Menschen, die Nutzer, die Bauherrn, die Investoren,- aktiv in die Gestaltung von Projekten einbezieht - eine Programmierung von Nutzungen, die eine möglichst große Flexibilität gewährleistet und die auf die vielen Ungewissheiten reagieren kann ein Produkt, das im Sinne eines „veredelten Rohbaus" bewusst auf das Unfertige setzt und dabei die architektonische Qualität nicht aus dem Auge verliert"

künstlicher Erlebniswelten. Das hochkomplexe Thema – der Umgang mit dem Raum – braucht keine ‚Story', kein Narrativ.[42]

Planungsmodelle

Allen Modellen der Planungstheorie ist gemein, dass sie offengelegt werden sollen, dass sie jedenfalls implizit allen Planungen zugrunde liegen.

Die zeitliche Abfolge dreier Planungsgenerationen sieht Schönwandt 200243:

- **Die erste Generation** ist mit der **rationalen** Planungsphilosphie ident. Grundannahme ist, dass die **Probleme gutartig** und damit rationalen Lösungen zugänglich sind.
- Die **zweite Generation** von Planung geht davon aus, dass nahezu alle **Probleme ‚bösartig'** und rationalen Lösungen nicht zugänglich sind. Lösungen sind nie richtig oder falsch, sondern besser oder schlechter. Daher gibt es auch keine Theorie der Planung.
- Die **dritte Generation** basiert auf dem Funktionskreis der Planungswelt in der Alltagswelt: Bestimmend ist neben dieser Betrachtungsweise, dass andere Planungsmodelle integrierbar sind, aber nachvollziehbar ausgewiesen werden sollen.

Schönwandt[44] sieht im Detail **sieben Planungsmodelle**, die in der Praxis alle nebeneinander benutzt und angewandt werden wie rationales Planungsmodell, Advokatenplanung, neomarxistisches, sozial gerechtes Planungsmodell, Modell des sozialen Lernens, radikales und liberales Planungsmodell. In der Praxis kommen alle Modelle nebeneinander vor.

Zeit und Flexibilität

„Flexibilität bedeutet, dass das endgültige Formresultat nicht vorhersehbar ist, planbar sind nur mögliche Zustände."
Arnold Klotz, 1992[45]

Die Begriffe ‚Zeit', ‚Veränderung' und ‚Flexibilität' spielen eine zentrale Rolle in der Stadtgestalt und der Stadtbilder. David Lynch konstatiert, dass die Stadt in ihren Hauptzügen über längere Zeiträume stabil bleibt, aber sich in Einzelheiten ständig verändert:[46] „Über ihr Wachstum und ihre Form kann nur eine Teilkontrolle ausgeübt werden. Es gibt **kein Endresultat** - nur eine dauernde Aufeinanderfolge von Phasen. Es ist daher kein Wunder, dass die Kunst der Stadtgestaltung zum Zweck rein **sinnlicher Wahrnehmung** mit anderen Künsten wie Architektur, Musik oder Literatur absolut **nichts gemein** hat. Sie kann eine Menge von diesen anderen Künsten lernen, aber nicht sie imitieren."

Ähnlich sieht das Friedrich Achleitner in seinem Essay **„Das STADTBILD gibt es nicht"**[47]: „Die Haussanierungen, Wohnungsverbesserungen, Dachausbauten, Betriebsaussiedlungen etc. haben Perspektiven realer Veränderbarkeit eröffnet. Dazu kommt die langsame Veränderung der Haltung des ‚Bürgers' zu seinem Lebensumfeld. Die Stadt stellt sich heute als etwas Veränderbares, Beeinflussbares dar. In die unsichtbaren Strukturen der Verwaltung oder politischer und ökonomischer Macht dringt das Licht der Öffentlichkeit."

Schon etwas versöhnlicher klingt die Zukunftsvision bei Vittorio Lampugnani, der die **Absorptionskraft** der alten Städte sehr hoch einschätzt, wenn auch „aus der Addition von Einzelobjekten, und seien sie noch so schön und poetisch, keine Stadt entsteht".[48]

42 Wolfrum und Janssen 2016, S. 31
43 Schönwandt 2002, S. 30-54/57
44 aao. S. 13-29
45 Zit. In O. Uhl – „Eine neue Stadtplanung" 1992, S.7
46 D. Lynch, 1960/1998, S. 11
47 zit. In H. Swoboda 1990, S. 194
48 V. Lampugnani, 2011, S. 6

Sinnlichkeit in der Stadtgestaltung

„Die Stadtgestalt ist unsichtbar"
Lucius Burckhardt, 1972

Anne Brandl, die sich in ihrer Dissertation[49] mit der sinnlichen Wahrnehmung des Stadtraums befasst hat, stellt nüchtern fest: „Der Perspektivenwechsel von der Frage, was ist Stadt hin zu der Frage, wie wird Stadt erlebt, wird auf wissenschaftlicher Ebene derzeit überwiegend durch phänomenologische Argumentationen dominiert. Dabei wird oftmals stillschweigend vorausgesetzt, dass die Stadtbautheorie **keine eigenen Konzepte** besitzt, die von der **sinnlichen Wahrnehmung** von Stadtraum ausgehen und auf die bei der Schaffung atmosphärischer Qualitäten zurückgegriffen werden könnte."

Doch was sind die Folgen, wenn die sinnlichen **Bedürfnisse nicht erfüllt** werden? Konrad Lorenz (1968) hat die These aufgestellt, dass die Verödung der emotionalen Zustimmung zur Umwelt zwangsläufig zur Verödung der Kommunikationsbereitschaft der Bewohner untereinander führt.[50]

Und im Gefolge der ‚Schönheit' kommt die Wiederkehr des Städtebaus, die Symbiose von Planung und Entwurf ins Spiel, wie Vittorio Lampugnani[51] feststellt: „Dafür muss der Städtebau neue Kompetenzen entwickeln, aber auch leichtfertig vergessene wiederbeleben müssen. Zuallererst wird er sich aber auf seine ureigene Bestimmung zu besinnen haben: Die menschengerechte, funktionelle nachhaltige sowie **ästhetisch und kulturell anspruchsvolle Gestaltung** unserer Umwelt."

Der **identitätsstiftende Kontext** spielt im Alltag des Bewohners eine entscheidende Rolle, wie in der Untersuchung von Gründerzeitvierteln in Wien[52], die für außenstehende bestimmende Rolle von „Hundertwasser-Merkmalen", die von Touristen überlaufen werden, von den Bewohner gar nicht beachtet werden. Auch Lucius Burckhardt sieht das so und er schließt daraus: „Der Bewohner als Betrachter von Teilen seiner Stadt, ist, da in der Interpretation (Deutung) unsicher, wo er auf Erscheinungen stößt, die für ihn keine in sein Leben greifende, also gesellschaftliche Bedeutung haben.

Für den nicht kunstgeschichtlich vorbelasteten Stadtbewohner sind in der Tat die Gebäude nicht als gebaute Denkmäler bedeutsam, sondern als benutzte Einrichtungen. **„Die Umwelt des Städters ist also nur in zweiter Linie eine sichtbare, viel wichtiger sind die uns unsichtbaren Umstände des Stadtlebens."**[53]

Daraus kann auch die Schlussfolgerung Reinhard Breits nachvollzogen werden, dass Stadtgestalt mit ihren Veränderungen kein künstlerischer Anspruch sein kann – „ganz abgesehen von den quantitativen Schwierigkeiten, die der einheitlichen Gestaltung einer Stadt entgegenstehen."[54]

Doch **„Stadtgestalt ist unsichtbar"** wie schon Lucius Burckhardt[55] eingangs zitiert wurde und er führt weiter aus: „Sie ist nicht nur in den Mauern, Kirchtürmen. Alleen und Straßen zu suchen, sie ist auch das Produkt unserer Erziehung, ein Produkt aus einschlägigen Postkarten, aus der Erinnerung, nicht aus Beton und Asphalt, sondern aus den unsichtbaren Strukturen der Besitzverhältnisse, Bauvorschriften, Mietzinsen, Hypotheken, Steuern, Vereinbarungen, Verboten..." Darum ist es erforderlich, bei einer Theorie der Stadtgestalt, sich der Frage zu stellen, wie sich all diese Einflüsse auf die wahrnehmbare und sinnliche Erscheinung der Stadtgestalt auswirken.

49 A. Brandl 2013, S. 5
50 zit. von E. Pook in Städtebauliches Institut der Universität Stuttgart 1974, S. 130
51 V. Lampugnani in Sarnitz 2000, S. 18
52 OPK 2014, Weißgerberviertel
53 L. Burckhardt in Andritzky et. al. 1975, S. 126
54 R. Breit in aufbau 1975, S. 737
55 L. Burckhardt in ILS 1979, s. 89

2.4 Ziele der Stadtgestaltung

„Stadtgestaltung muss, um den immateriellen Ansprüchen der Menschen zu genügen, Zielsetzungen, die aus diesem resultieren, mit städtebaulichen Mitteln und Methoden anstreben, die vom Individuum erlebte Umwelt, nicht nur die reale Umwelt beeinflussen.“
Lothar Grund 1974[56]

Grundsätzliche Bedingungen der Zielsetzung

Jede Art der Planung ist das Setzen von Zielen und die Ermittlung und Anwendung von Maßnahmen, durch die diese Ziele realisiert werden können. Zielsetzung ist aber nichts anderes als die Bewertung verschiedener alternativ möglicher zukünftiger Zustände: **Zielsetzung ist Wertung!**[57]

Das **Dilemma der Stadtgestalt** und ihrer Wertung sieht Jürgen Pahl 1979[58] als „Stadtgestalt zwischen Tradition, Verwahrlosung, Nostalgie und neuer Orientierung in unserer pluralistischen Gesellschaft“:
„Von dieser kulturgeschichtlichen Aufgabe drücken wir uns mit einem Verhalten, das wir als ‚Nostalgie‘ bezeichnen und teilweise sogar verherrlichen. **Nostalgie** ist Rückgriff auf rein formale Repertoires der Vergangenheit und kann schon deswegen nicht zu gestalthafter Ebenbildlichkeit führen. Sie ist **Ersatzvornahme aus Mangel** an Gestaltwillen, aus Mangel an Gestaltkraft, aus Mangel an beidem“

Als grundsätzliches Problem der stadtgestalterischen Ziele als **„Achillesferse“** der Stadtplanung sind die Diskrepanz der quantitativ nachvollziehbaren Ziele des ingenieurmäßigen Städtebaus und der vornehmlich qualitativen Zielsetzungen der Stadtgestaltung.[59]

Um schwer lösbare Auseinandersetzungen zur Zielfindung zu vermeiden ist in den Erläuterungsberichten von Flächenwidmungs- und Bebauungsplänen und in Stadtentwicklungsprogrammen ein massives **Übergewicht** der **quantitativ messbaren Zielsetzungen** – stadtgestalterische Ziele werden sehr selten und wenn dann eher vage angesprochen.

Konkreter werden Ziele der Stadtgestaltung in **städtebaulichen Wettbewerben** genannt – wenn auch hier mit ähnlichen Formulierungen wie „gute Einfügung in Stadt- oder Landschaftsbilder“. Exakter werden Formulierungen in historischen Stadtkernen und in der Nachbarschaft von Altstädten unter Mitwirkung von Denkmalpflegern gefasst – die aber andererseits kaum architektonische Handlungsspielräume offen lassen.[60]

Übergeordnete Ziele

Die LEIPZIG-CHARTA aus 2007 der Fachminister der EU-Mitgliedsstaaten in Berlin formuliert die die „Ansätze einer integrierten Stadtentwicklungspolitik“ und weist auch **gestalterisch bedeutsame Ziele auf**:

- Herstellung und Sicherung **qualitätsvoller öffentlicher Räume**
- Besondere Aufmerksamkeit den **benachteiligten Stadtquartieren** im gesamtstädtischen Kontext zu widmen
- Städtebauliche **Aufwertungsstrategien** verstetigen61

56 L. Grund in Städtebauliches Institut der Universität Stuttgart,1974, S. 7
57 M. Trieb 1972, S. 197 „Ziele der Stadtgestaltung sind also Werte, die die Menschen in ihrer urbanen Umwelt erwarten könnten und die zu Zielsetzungen der Stadtgestaltung werden, wenn sie als Gruppenwertung oder transsubjektiver Zielwertung (= das Gemeinsame aus einer Reihe subjektiver Einzelwertungen) aus subjektiven Einzel-Zielvorstellungen entwickelt werden können.
58 J. Pahl in ILS 1979, S. 105
59 s.a. M. Trieb – Ziel der Stadtgestaltung in Städtebauliches Institut der Universität Stuttgart 1974, S. 108
60 s.a. N. Gormsen in Burckhardt 1985, S. 90-91
61 BM f. Umwelt, Naturschutz, Bau und Reaktorsicherheit 2007, S. 1-8

Die **LEIPZIG-CHARTA** wendet sich gegen:

- **Einseitigkeit und Monotonie** in der Stadtentwicklung
- **Verabsolutierte Einzelinteressen**
- **Ausgrenzung** und Isolierung einzelner **Stadtteile**

Was sind u.a. die **Kernaussagen der Leipzig-Charta?**

- **Bürger mitnehmen** - Europa darf kein bürokratisches Gebilde sein.
- **Die Stadt muss schön** sein - baukulturelle Aspekte werden im Standortwettbewerb immer wichtiger. Baukultur ist kein Luxus, sondern eine Notwendigkeit.[62]

Doch wie erreicht man diese hehren Ziele, was sind die Bausteine der Zielerreichung? Ansätze dazu finden sich in der Diskussion über die Ziele der IBA 2022 in Wien – **alles keine neuen Forderungen** - aber explizit angesprochen:

„Welche Elemente lebendige neue Stadtquartiere ausmachen ist weitgehend klar: **Nutzungsmischung** und hochwertige **Erdgeschoß-Nutzungen** mit Gewerbe, eine Kombination von Wohnen und Arbeiten, soziale und kulturelle Angebote und nutzbare Freiräume. auch **Kleinteiligkeit** ist Voraussetzung für Vielfalt. „[63]

Andere übergeordnete Zielsetzungen mit erheblichen Auswirkungen auf die Stadtgestalt ist die immer wieder beschworenen **Funktionsmischung bzw. –trennung** und die Intention der **Stadterneuerung**.

Nicht mehr an erster Stelle der Stadtentwicklung steht die Frage der **Stadterneuerung** der siebziger Jahre. Willi Kainrath – der früh verstorbene Ideologe der Wiener Stadtplanung – hat den Zusammenhang zwischen Stadterneuerung und Stadterweiterung **nicht als Gegensatz** gesehen:[64]

„Wenn der Stadterneuerung nicht mehr das Stigma einer negativ besetzten **Nutzungsverdünnung** begegnen muss, kann sie sich auf die qualitative Seite der Stadterneuerung besinnen. Das Ziel der Stadterneuerung wäre es demnach nicht, die Stadterweiterung hinfällig zu machen, sondern die qualitativen Wohn-, Arbeits- und Umweltbedingungen zu verbessern. Der Investitionsdruck der Wirtschaft - in Wien (1975!) ohnehin nicht sehr ausgeprägt - würde auf Entlastungsstandorte und Entlastungszentren umgelenkt werden."

Zielvorstellungen der Stadtgestaltung

Aus den Zieldiskussionen der siebziger Jahre ist eine Hierarchie der Ziele und Maßnahmen hervorgegangen, die allgemeine Gültigkeit aufweisen:[65]

1. **Allgemeine Ziele** - übergeordnete Ziele – Leitbilder oder Oberziele
2. **Konkrete Ziele** – Vorstellungsqualitäten und Gestaltungsprinzipien
3. **Detaillierte Ziele** operationaler Planungen – Maßnahmenebene

Es ist nicht immer einfach, die drei Ebenen auseinanderzuhalten, da in der konkreten Zieldiskussion starke Abhängigkeiten bestehen und erst mit konkreten Maßnahmen unterlegte Oberziele zu kontroverser Diskussion führen.

Michael Trieb hat die ‚möglichen [Ober-]Ziele der Stadtgestaltung zusammengefasst und verdeutlicht:[66]

Mentale Orientierung

Wesentlich für das psychische Sicherheitsgefühl eines Menschen in der Stadt ist die Orientierungsmöglichkeit - nicht nur an Straßenschildern und Hausnummern, son-

62 Auszug aus ‚Was will die Leipzig-Charta' – BM f. Umwelt, Naturschutz...2007, S. 1-4
63 R. Temel in wohnen plus 2020, S.30
64 W. Kainrath, H. Potyka, R. Zabrana – Planquadrat 4, 1980 S. 165-166
65 s.a. Klaus Kunzmann - Ziele der Stadtgestaltung Universität Stuttgart 1974
66 M. Trieb 1972, S. 197-198 und Universität Stuttgart 1974, S. 113

dern auch an Formen, Farben, Proportionen der Plätze und Straßenfolgen und einzelner Elemente von Türgriffen zu Kirchturmspitzen. Der Verlust der Orientierung ruft ein Gefühl der Angst (Verirren) hervor. (s.a. Kevin Lynch im Detail)

Emotionale Interdependenz

Zwischen seiner Straße, seinem Viertel bilden sich positive oder negative emotionale Beziehungen. Hier kann Stadtgestaltung es sich zum Ziel setzen, die städtebaulichen Voraussetzungen zu schaffen, die es dem Einzelnen ermöglichen, von der Nutzung, der Funktion und der Erscheinung her sich jenes Geflecht emotionaler Beziehungen zu schaffen, das manchmal ‚Heimatgefühl' genannt wird.

Mentale Innovation

Unbewusst und bewusst beurteilt der Passant die Straße, in welcher er geht, auch danach wieviel Abwechslung, Anregung und Information, sie ihm vermitteln kann, insbesonders beim wiederholten Durchqueren. Dem entspricht ein grundlegendes Bedürfnis, in seiner Umwelt etwas Neues erfahren zu können, wenn ihm danach zumute ist. Fehlt diese Möglichkeit, wird der Spaziergang zur Pflichtübung, zur Qual, Monotonie genannt. Das bedeutet, anhaltendes Interesse und erhöhte Wahrnehmung eines Beobachters ist nur da gesichert, wo zum Verständnis der Umwelt ein gewisses Mindestmaß an geistiger Anstrengung von dem Beobachter gefordert wird. Die Voraussetzung für einen ständigen, sich verändernden Lernprozess des Individuums in der urbanen Umwelt muss also einerseits durch eine **ausreichende Komplexität** der erlebbaren Umwelt, andererseits durch ein gesichertes Mindestmaß **ständiger Veränderungen** derselben [...] geschaffen werden. (Rapoport-Kantor, Komplexität und Ambivalenz in der Umweltgestaltung, 1970 – R. Venturi in Komplexität und Widerspruch, 1965)

Ästhetische Relevanz

Es sind nicht Ästheten, die behaupten, dass die **Schönheit der Umgebung**, in der die Menschen leben, von entscheidendem Einfluss auf ihre **seelische Gesundheit** ist. Zur Ästhetik der Stadtgestalt gehört nicht nur die äußere Form der gebauten Umwelt, sondern auch die psychische (Farben), die thermische (Material) oder die akustischen Eigenschaften von Straßen und Plätzen. all das Faktoren der Stadtästhetik. **Schönheit ist ein Wert**, den wir einem Objekt geben und soweit wir ähnlich konstituiert sind, mit verwandten Wahrnehmungsfähigkeiten und Erlebnisweisen, gibt es Gemeinsamkeiten, die aus einer kollektiven Subjektivität resultieren.

Schwerpunkt dieser Betrachtung ist damit das Bedürfnis nach Neuem, Widersprüchlichen und Überraschenden – das **Bedürfnis nach Komplexität**, das Robert Venturi, der Mastermind der Postmoderne, so ausdrückte:[67] „**Ich mag Komplexität und Widersprüchlichkeit** in der Architektur - nicht die Zusammenhanglosigkeit oder Zufälligkeit von unfähiger Architektur, und nicht die preziöse Verwickeltheit des Pittoresken. Ich spreche von einer weiteren und solideren Sache: einer Art von Komplexität und Widersprüchlichkeit, die auf dem Bedürfnis basiert, den Reichtum der Erfahrungen innerhalb der Grenzen des Mediums in Betracht zu ziehen."

Vorstellungsqualitäten sind ein Teil der Zielformulierung – und sind sowohl als Oberziele als auch als Kriterienkatalog zur Bewertung städtebaulicher Qualitäten heranzuziehen und reichen von der Identität, der Kontinuität, der Ablesbarkeit und schließlich zur **Komplexität** [68]

Ohne sich hier in bestimmte Regelwerke zu vertiefen soll hier kurz der Übergang zur Maßnahmenebene gestreift werden, wie sie in reichem Ausmaß vorliegt (Curdes, Heigl, Alexander, Lynch, Jacobs u.v.a.m.).

67 R. Venturi – Komplexität und Widerspruch 1965 zit. in Rapoport-Kantor 1970, S. 117
68 M. Trieb 1974, S. 137 -139

Selbst Michael Trieb, der Theoretiker der Stadtgestaltung, beruft sich auf die **Konstanten der Planung:** "Was haben Michelangelo, Fürst Pückler, John C. Portmann und mit ihnen viele Architekten und Stadtplaner gemeinsam? Das sorgfältige Studium zeitloser Gestaltungsprinzipien! Ebenso wie hier Maßstäblichkeit und Proportionen, Rhythmus und Takt von Bedeutung sind, sind es Konstanten der Gestaltung wie **'ohne Ordnung keine Vielfalt, ohne Vielfalt keine Ordnung'** oder etwa in der manchmal brutalen Sprache moderner Psychologie 'Überraschung ist nichts als vergewaltigte Erwartung'."[69]

Unter Planern wird oft diskutiert: Muss man nicht lenkend eingreifen, um den **Bauherrn** ästhetisch **vor sich selbst** und seinen Nachbarn **schützen**? Als Antwort kann gelten:[70]

„...das städtebauliche Grundprinzip ist ein strenger orthogonales Raster, der Städtebau verzichtet auf überwiegend auf ästhetisch geprägte Großformen. Es entsteht eine Plattform, die die ästhetische Vielfalt der Gebäude aushält und auffängt. Stadtentwicklung ist nicht zunächst vom Bild, sondern von den **Strukturen** her gedacht. Und doch ist sie, inzwischen gut sichtbar, auch als Bild reizvoll, wie das Thema von Strenge und Flexibilität, von **Standbein und Spielbein.**"

Über den Umgang mit Zielen und Zielerfüllung

Von den Bedingungen des Zirkulationstaumels war das nietzscheanische ‚alles so zu lassen wie es ist' keine Parole mit der man ‚intentional nach vorn' leben konnte. Es war die trostlose Wiederkehr des Immergleichen der Ware. In den Städten jenseits des Zirkulationstaumels wird die Ruine der Moderne zur Chance. Alles zu lassen, wie es ist, wäre das Allerneueste.
Rudi Thiessen – Affäre Stadt 1982 S. 239

K.J. Krause hat in der Publikation[71] – **Ziele der Stadtgestaltung** – die damals richtungsweisenden amerikanischen Veröffentlichungen untersucht und ist zu dem Schluss gekommen, dass die Umsetzung und Zielerfüllung kaum nachverfolgt werden konnte: „Das, was sich an konkreten, d.h. praxisrelevanten Zielen der Stadtgestaltung finden lässt, muss - unter Wenn-Dann-Bedingungen - in den bisher besprochenen Sinn von **vornherein fragwürdig** erscheinen. [...] Die Einschätzung des Zielerfüllungsgrades durch den Städtebauer würde aber voraussetzen, dass es möglich erscheint vorauszusagen, aufgrund welcher baulichen Merkmale und gestalterischen Qualitäten ein städtebauliches Objekt von einer Person als **Orientierungsmarke wahrgenommen** werden würde. Da wir aber letztlich mit unterschiedlichen Bedeutungsgebungen von **Person zu Person**, von der Person selbst in unterschiedlichen Situationen und Zeitpunkten rechnen müssen, dürfte eine eindeutige Voraussage schwerfallen."

Ein weiteres Problem hat Thomas Sieverts aus der vielzitierten Arbeit **Kevin Lynchs** gesehen: „Kevin Lynch hat zwar mit der ‚Image-Analyse' (1960), die sich im Wesentlichen mit dem **Orientierungsgerüst** der Stadt beschäftigt hat, einen konzeptionellen Durchbruch erzielt, aber auch seine Erkenntnisse sind bisher noch kaum zu angemessener praktischer Anwendung gekommen: Wenn die von Lynch entwickelten Kategorien überhaupt verwendet werden, werden sie fast immer, ohne Rückkopplung zur Bevölkerung, wie klassische **Kompositionselemente** verwendet."
Lucius Burckhardt hat 1985 in seiner **‚Planung des Unplanbaren'** seine **Thesen zur Strategie** der Stadtplanung und Stadtgestaltung dargelegt:[72]

69 M. Trieb – Gestaltungsprinzipien im Stadtbild in Mayerhofer 1987, S. 28
70 A. Pätz und C. Soehlke in A. Feldtkeller 2001, S. 65
71 aao. K.J. Krause, S. 76
72 L. Burckhardt 1985, S. 90-91

- Stadtplanerische Eingriffe sind keine reinen Ingenieuraufgaben, die zu ‚sauberen Lösungen führen'; vielmehr enthalten sie Entscheidungen, die nicht fachlicher, sondern **gesellschaftlicher Natur** sind.
- Alle städtebauliche Eingriffe **privilegieren bestimmte Nutzer** und benachteiligen andere Gruppen.
- Städtebauliche Maßnahmen legitimieren sich üblicherweise dadurch, dass sie als **Teile eines Gesamtplans** vorgestellt werden.
- **Einzelmaßnahmen sind** umso **sinnvoller**, je besser sie sich in verschiedene denkbare Nutzungskonzepte einfügen
- die Frage ob eine Maßnahme tatsächlich den Stadtbewohnern nutzt oder nur den Verkehrsteilnehmern [...] soll, kann am besten das **betroffenen Quartier** entscheiden
- Quartiersdemokratie macht auch Schluss mit der Tendenz, **Bauwerke mit Emissionen** von den guten in die **schlechten Quartiere** zu verschieben
- Die Problemlösung im eigenen Quartier wird dem Publikum mit der Zeit jene **Fachkenntnis** vermitteln, die ihm bisher vorenthalten wurde
- der Planer/die Planerin muss sich selber als ein gesellschaftliches Subjekt zu erkennen versuchen und nicht mehr so zu tun, als seien sie objektiv und nur ein fachmännisches Rädchen im politischen Entscheidungsprozess. **Seine/ihre eigene Arbeit ist politisch!**

Fazit – Conclusio

2.1 Städtebau und Stadtgestaltung

- *Städtebau und Stadtgestaltung wird als Pseudowissenschaft bezeichnet, als etwas ‚Überflüssiges' – im Gegensatz zu messbaren Parametern der Stadtplanung wie Funktionalität und Wirtschaftlichkeit.*
- *Das Fehlen einer gesicherten theoretischen Grundlage und die mangelnde Messbarkeit sinnlicher Qualitäten führte zu einem Niedergang der Urbanistik, abwertend als ‚urban design' bezeichnet.*
- *Wenn Stadtgestaltung als Wissenschaftsdisziplin anzuerkennen wäre, müsste sie interdisziplinär angelegt sein und von der Sozialstruktur, dem Sozialraum bis zum Miet- und Wohnrecht reichen.*
- *Der Städtebau und die Stadtgestaltung als Arbeitsfeld der ArchitektInnen (‚soziale Imagination des Architekten') führt zur Ablehnung der Schlussfolgerungen, ja bis zur Einschätzung des Dilettantismus.*
- *Die Wahrheiten der ArchitektInnen stützen sich immer weniger auf Tradition und Erbe und führen mit ihrem radikalen Bruch zur Zerstörung tradierter Stadtbilder.*
- *Stadtgestaltung ist der Ausdruck der unsichtbaren, immateriellen Bedürfnisse des Menschen –die Stadtplanung mit der Überbetonung des ‚physical planning' entfernt sich immer mehr von diesem Grundbedürfnis.*

2.2 Die Rolle des Planers

- *Die der Planung zugrunde liegenden **Wirkungsmechanismen** sind bewusst darzustellen und wie – durch welche Mittel – sie die gewünschten Wirkungen erzielen sollen, und die ‚richtigen', passenden Ansätze auszuwählen sind.*
- *Die zwei **Extrempositionen der PlanerInnen** sind: – der ‚professionelle' Planung die geschmeidig den Wünschen der Investoren nachkommt und der ‚Künstler-Architekt' – der den Investoren Unpraktisches aufdrängt und jeden Unsinn mit seiner Signatur legitimiert.*
- *Mit der **Vernachlässigung** der **künstlerischen Elemente** im Städtebau verlieren Architektur und bildende Künste das Primat des Gestaltungsprivilegs und überlassen das Arbeitsfeld anderen Disziplinen vom Visualisierer bis zum Vermarkter.*
- *Die **Entscheidungsfindung im Städtebau** sollte wieder mehr in die Hände von Anwendern, Praktikern und ‚Bauherrn' gelegt werden und die Öffentlichkeit stärker eingebunden werden.*

2.3 Theorie der Stadtgestaltung

- *Aus einer umfassenden – rationalen – Bestandserfassung und der Verbindung mit Zielen folgt nicht automatisch der* ***Entwurf.*** *Die Verbindung zwischen* ***Analyse und der Umsetzung*** *(Mittel) der Gestaltung ist immer noch zu schwach ausgeprägt.*
- *Die Kritik an der traditionellen, räumlichen Planung ist, sich nicht mit den* ***Problemen der BürgerInnen*** *zu befassen, sondern mit unpassenden Theorien und Zielen (Lösungsreflex).*
- *Die* ***‚Denkfallen'*** *beim Planen sind bekannt, werden aber zu wenig oder gar nicht berücksichtigt.*
- *Um Entscheidungsträger und die Öffentlichkeit gleichberechtigt an der Entscheidungsfindung zu beteiligen ist das* ***‚dreidimensionale Modelling'*** *durchaus auch in vereinfachter Form - einzusetzen.*
- ***Qualitative Entscheidungsprozesse*** *sind durch eine allgemein verständliche* ***Argumentation*** *mithilfe von nachvollziehbaren Faktoren aufzubereiten und nicht allein mit der ‚Imagination' zu begründen.*
- *Die unterschiedlich anzuwendenden Planungsmodelle (normativ, strategisch, operational), die meist gemeinsam auftreten, sind im* ***Kontext der Alltagswelt*** *offenzulegen.*
- *Der Einsatz von Regeln, oder von* ***bereits umgesetzten Modellen*** *ist legitim, ist aber offen zu legen und diskursiv auf die Eignung zur Lösung ortsgebundener Probleme zu prüfen.*
- *Die Stadt und damit auch das Stadtbild unterliegt* ***andauernd Veränderungen*** *und ist nur in ihren Hauptzügen stabil. Selbst Änderungen* ***politischer und ökonomischer Natur*** *sind im Stadtbild* ***ablesbar.***

2.4 Ziele der Stadtgestaltung

- *Zielsetzung ist die Bewertung verschiedener, alternativer möglicher Zustände:* ***Zielsetzung ist Wertung***
- *Die übergeordneten Ziele sind in der LEPZIG-Charta von 2007 der EU-Fachminister unter anderen - Herstellung* ***qualitätvoller öffentlicher Räume*** *- Aufmerksamkeit den benachteiligten Stadtquartieren gegenüber- städtebauliche Aufwertungsstrategien- Bürger mitnehmen- die* ***Stadt muss schön sein*** *– Baukultur ist kein Luxus*
- ***Funktionsmischung*** *ist ein wesentlicher Teil der Urbanisierung und Belebung von Stadtquartieren: ‚Geschäfte und Parks brauchen Menschen'*
- *Die Oberziele der Stadtgestaltung sind - Mentale Orientierung –auf allen Ebenen - Emotionale Beziehung –Atmosphäre und Identifizierung - Mentale Innovation – Abwechslung, Anregung und Information - Ästhetische Relevanz – Schönheit für die seelische Gesundheit*
- *Der* ***Umgang mit Zielen und Zielerfüllung*** *erfordert eine ehrliche und offene Nachverfolgung in der Umsetzungsphase und danach.*
- *Dafür ist eine längerfristige* ***Einbindung der betroffenen Bevölkerung*** *(Arbeits- und Wohnbevölkerung) durch Einrichtungen wie die Agenda 21 und der Gebietsbetreuung sicherzustellen: Herstellung eines Gegenstromprinzips mit Bottom-up und Top-down-Ansätzen.*
- *Der/die PlanerIn muss sich selbst als gesellschaftliches Subjekt erkennen:* ***Seine/Ihre Arbeit ist politisch!***

3. Stadtgestaltung in Epochen

„Man sollte sich hüten vor denen,
die zeitlose Architektur haben wollen.
Sie meinen meistens nur langweilige Architektur"
Hanns Adrian – Packeis über den Städten, 1982

Der langfristige, geschichtliche Zeitbegriff in Epochen prägt sicher den stärksten Eindruck auf das Stadtbild, wenn auch andere kurzfristigere Zeitbegriffe auftreten:

- der Generationsbegriff (20 - 25 Jahre)
- der mittelfristige Zeitbegriff der Planung (10 Jahre)
- der kurzfristige Zeitbegriff mit 2-5 Jahren
- der Begriff der periodischen Veränderung (Jahreszeitlich, Werbung)
- der Weg-Zeit-Dimension: geschwindigkeitsabhängig

Wenn diese Zeitbegriffe auch nicht fein säuberlich getrennt werden können, da alle diese ‚Zeitmarken' gleichzeitig auftreten, einander ergänzen oder widersprechen, bleiben wie Trieb es bezeichnet, die Negativraumstruktur - das Straßen- und Wegenetz, aber auch die Besitzgrenzen - sogar jahrhundertelang bestehen.[1]

Thomas Sieverts[2] sieht rückblickend drei ‚wirkmächtige' Gegensatzpaare der städtebaulichen Leitbilder im 20. Jahrhundert

- Die **‚Gartenstadt'** von Ebenezer Howard und das ‚Futuristische Stadtideal' des italienischen Futurismus um die Jahrhundertwende

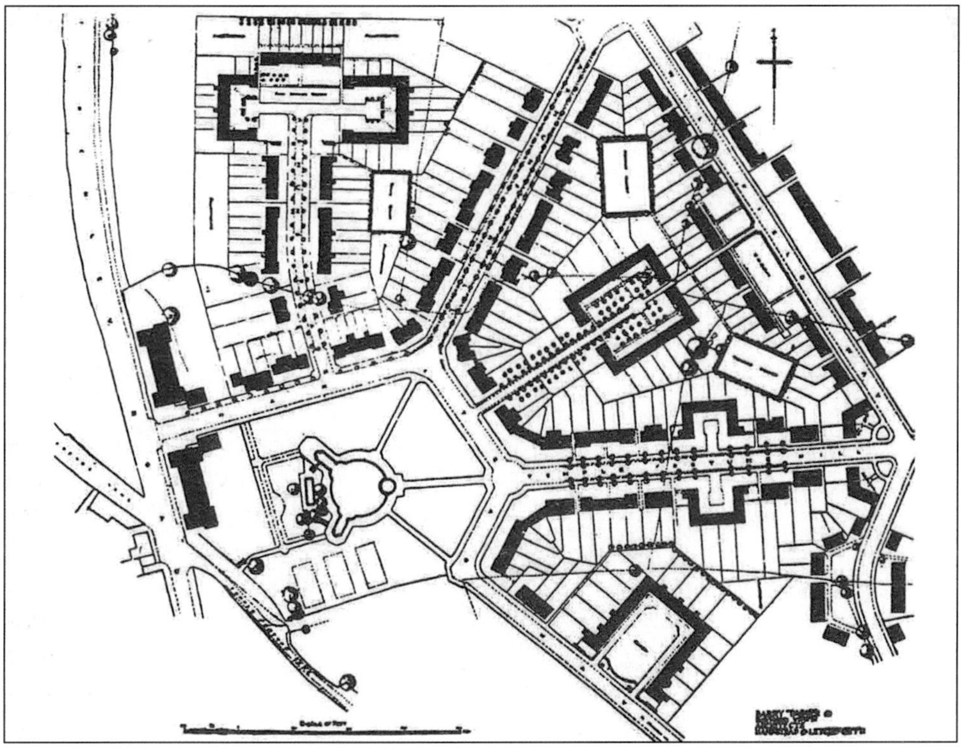

Charles Unwin - Hampstead Garden City

- **‚Historismus und Heimatstil'** und **‚klassische Moderne'** der 20-iger Jahre
- Die **‚gegliederte und aufgelockerte Stadt'** als Verschnitt aus Gartenstadt und Moderne und ‚Urbanität durch Dichte'

1 R. Zabrana, 1985, S. 86
2 T. Sieverts in Becker 1998, S. 30-31

Das sieht auch Mark Girouard 1987[3] in seiner ‚Kulturgeschichte der Stadt' und konstatiert die ‚Zerstörung der Stadt' in der Nachkriegszeit:

„Das gesamte monströse Wachstum [der Städte] beruht auf einer realen Basis, der wirtschaftlichen Prosperität, aber auch zwei eher hintergründigen Mythen: Der eine Mythos, die Stadt sei ein märchenhaftes Eldorado, lockt die Zuwanderer aus ländlicher Armut an und lässt sie in die Städte strömen; der andere Mythos, das Land sei ein Garten Eden, lässt die Menschen ein paar Generationen später wieder in die Vorstädte hinaus strömen. [...]

Daraus erwuchsen die Gartenstadtbewegung, die City Beautiful-Bewegung und das moderne Bauen. Diese **drei Ideologien widersprachen sich in vielen Punkten**, alle aber waren sich einig in der Ablehnung hoher Bebauungsdichte und eng verflochtener Stadtkernen sowie in den Glauben, dass nur wenig von dem, was im 19. und frühen 20. Jahrhundert gebaut wurde, von irgendwelchem architektonischen Wert sei. [...] Die konsequente Zerstörung der Städte durch ihre Umgestaltung in den 50er und 60er Jahren verursachte mindestens ebenso große Verheerungen wie die Bombenangriffe in den vorhergegangenen Kriegen."

Welche Auswirkungen die angesprochenen städtebaulichen Epochen auf die Stadtgestalt hatten und wie der Umgang mit komplexeren Stadtbildern war soll in der Gegenüberstellung zu den zeitgenössischen Leitbildern ansatzweise untersucht werden. Dazu ein Wort von Hermann Czech, der daran zweifelt, die **Zeitcharakteristik in Architektur und Städtebau** ausdrücken zu können: „ Ich habe so meine Schwierigkeiten mit Ansätzen, die glauben, eine Zeitcharakteristik könne man ausdrücken. Das sehe ich als eine im Grunde wirklich ornamentale Haltung an. auch dem Dekonstruktivismus ist das vorzuwerfen. Man sagt, die Zeit ist so und so, und das drücke ich jetzt aus. Die Frage ist dann nur noch, mit welchen Formen und Ornamenten. Entwurfsüberlegung ist das keine mehr. Bei den konkreten Fragen, welches Produkt ich jetzt warum verwenden soll, kommt man mit einer **Zeitgeisthaltung** nicht sehr weit."[4]

3 M. Girouard, 1987, S. 379
4 H. Czech – Kampf um die Oberfläche in Wailand und Weh, 1998, S. 81

3.1 Gründerzeit

Schau, dort spaziert Herr Biedermeier und seine Frau, den Sohn am Arm; sein Tritt ist sachte wie auf Eier, sein Wahlspruch: Weder kalt noch warm
Ludwig Pfau, 1847

Titel ‚Gemordete Stadt'

Der vielstrapazierte Begriff der ‚Gründerzeit' als Rückgriff auf eine Hochblüte der Stadtgestaltung und einem ‚sinnlichen', durchmischten Städtebau stellt sich bei näherer Betrachtung als unreflektiert und zu kurz gegriffen heraus. Selbst solche Pamphlete der 70er Jahre wie „Die gemordete Stadt“[5] bieten außer Nostalgie keine nachhaltigen Lösungen an.

Zuerst sollte der **Begriff und die Epoche** eingegrenzt werden. Als Gründerzeit wird der Zeitraum angesprochen, der nach der bürgerlichen Revolution 1948 - die dem Biedermeier (Kornhäusel) und der Beamtenarchitektur des Spätklassizismus (Sprenger, Amann) folgte - angesprochen. Deren Dauer geschichtlich mit dem Börsenkrach und der Wiener Weltausstellung 1873 endete und architektonisch bis zur Jahrhundertwende und städtebaulich bis zu Beginn des ersten Weltkriegs angesetzt werden kann.

Wenn der ‚Vormärz' als revolutionäres Gegenstück des Biedermeier angesehen werden kann, beginnt die Gründerzeit faktisch mit der **Schleifung der Wiener Stadtmauern** und der Bebauung des Glacis in der Ringstraßenperiode ab 1857. Anfänglich dominiert noch eine zurückhaltende Neorenaissance (Palaisbauten von Romano und Schwendenwein) und des romantischen Historismus (Altlerchenfelder Kirche, Arsenal).

Vormärz: Tierarzneiinstitut P. Sprenger

Eklektizismus Arsenal Wien 3 – Th. Hansen

Selbst der **Wohnbau der Frühgründerzeit** greift noch auf die biedermeierliche schlichte Formensprache und geringere Bebauungsdichten zurück. Als Beispiel können frühgründerzeitliche Wohnhöfe als Vorläufer des sozialen Wohnbaus der Zwischenkriegszeit angeführt werden.

Das ändert sich mit dem zunehmenden Zuwanderungsdruck der beginnenden Industrialisierung, wo **Arbeiterwohnungen** aus dem Boden gestampft werden mussten. Gleichzeitig werden aber auch höherwertige Beamtenwohnhäuser innerhalb des Gür-

5 W.J. Siedler – E. Niggemeyer, Die gemordete Stadt 1964/1993

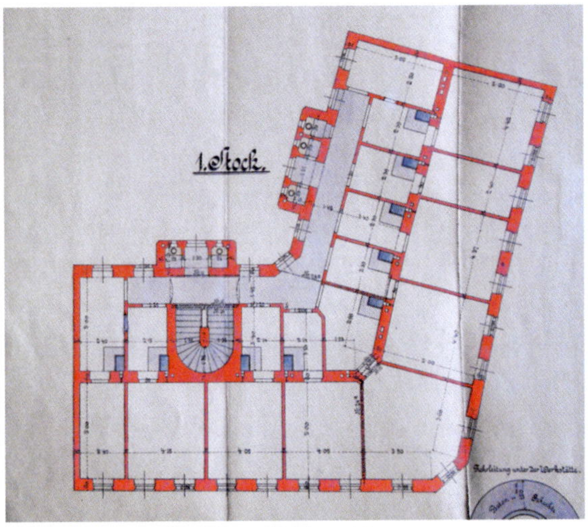

Mietskaserne "Eckhasz" Wien 15

tels und **Cottagevillen** am Stadtrand (Theophil Hansen) errichtet. Um die Ärmlichkeit der Zimmer-Gangküchen-Kasernen zu kaschieren wurden **Versatzstücke** der nun protzsüchtigen neobarocken Repräsentationsbauten auf den Fassaden platziert. Also gab es nicht nur zeitliche, sondern auch erhebliche räumliche, technische und soziale Unterschiede in der „Gründerzeit".

So gesehen können die **Jugendstil- und Art-Deco-Bauten** der Spätgründerzeit mit verschwenderischer Ausstattung und luxuriösen Grundrissen nicht mit den 30m² Arbeiterwohnungen in einem Atemzug genannt werden. Wenngleich in den Vororten der **Massenwohnbau** florierte – der im ersten Weltkrieg nach der „Friedenszinsregelung" zum Erliegen kam – konnte auch die beginnende Anlage von ‚Prachtstraßen' wie die Wienzeile nicht mehr weitergeführt werden.

All das schuf **Brüche in der Entwicklung** sowohl im Baustil, der Höhenentwicklung und der Baulinien, die für die höhere Bebauung zurückgenommen werden mussten. Übrig geblieben ist ein **komplexes Stadtbild**, das die Spuren der Geschichte in sich trägt.

Dennoch soll der theoretischen städtebaulichen Diskussion der großen Antipoden Otto Wagner und Camillo Sitte und ihre Auffassung in der Schaffung von Stadtbildern Platz gegeben werden.

Städtebau der Wiener Gründerzeit

> *„Der ursprünglich dem Fortschritt zugewandte Liber-alismus, wirkte sich in der verhärteten, dogmatischen Form [...] im Bereich des Städtebaus gerade fortschrittsfeindlich aus. Er führte zur Immobilität. Das angeblich freie Spiel der Kräfte und die Tabuisierung des Privateigentums restaurierte die alten durch kapitalistischen Wildwuchs entstandenen Miss-stände aus der Gründerzeit und privilegierte die Besitzenden."*
> Hans Paul Bahrdt 1967

Otto Wagner unterwarf den Städtebau einem strengen **Utilitätsprinzip**. „Erklärtermaßen plante Wagner für den Großstadtbewohner, der es vorzog ‚in der Menge als Nummer zu verschwinden'. Überhaupt fand er Hinweise auf Tradition, Gemüt, malerische Erscheinung etc. als Grundlage von Wohnungen moderner Menschen ...einfach abgeschmackt.

Sitte wendet sich auch gegen den **‚Zufall' des Gewachsenen** und beschwört die ‚Stadtbaukunst': „In dieser Annahme, dass der Zufall auch heute ganz von selbst Schönes zu Stande bringen werde, wie in alter Zeit, steckt ein gewaltiger Irrtum. Es war eben nicht Zufall oder die Laune der Einzelnen, wenn einstens schöne Stadtplätze oder ganze Anlagen ohne Parcellierungs-Plan, ohne Concurrenz, ohne äußerlich sichtbare Mühewaltung zu Stande kamen in allmählicher Fortentwicklung; denn diese Entwicklung war eben keine zufällige, der einzelnen Bauherr folgte eben nicht seiner Willkür; sondern alle zusammen folgten unbewusst der künstlerischen Tradition ihrer Zeit.."[6]

6 C. Sitte 1901/1965, S. 133

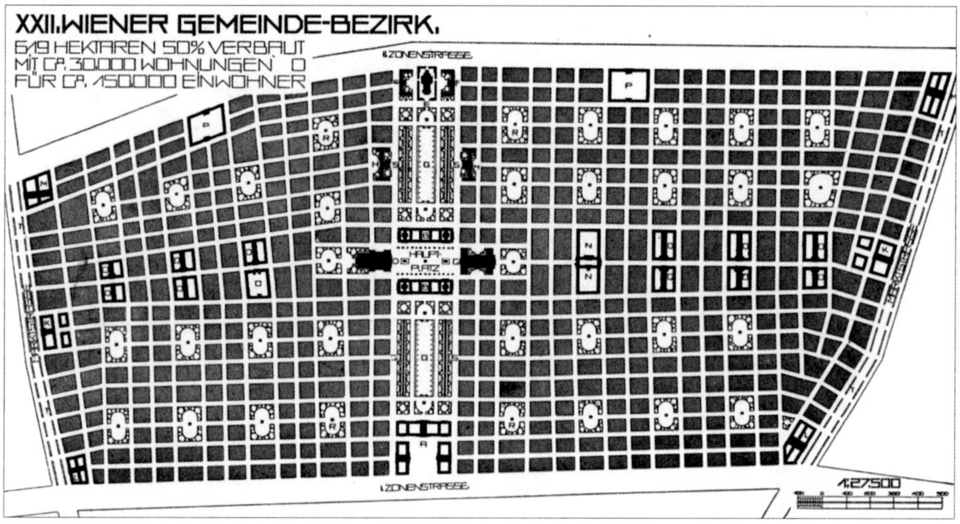

Großstadt Otto Wagner

„**Camillo Sitte**, der Erneuerer der ‚Stadtbaukunst' verwendet neben seinen schlichten Sachwörtern (Straße, Platz, Brunnen, Fassade, Denkmal) und ordnenden Begriffen wie Freistellung, Anordnung, Ausbildung etc. vor allem die **Empfindungsbegriffe** der Umgangssprache:

alt-neu, gut - schlecht, schön - hässlich, großartig, herrlich, treu, geschraubt, modisch, behaglich, malerisch

Typisch für seine Sprache und sein Denken sind die ‚klassischen' Begriffe wie Regelmäßigkeit, Symmetrie, Harmonie, aber auch Bild, Motiv, Wirkung. Begriffe mit differenzierter Bedeutung wie ‚Raum' werden nur sehr selten verwendet.[7]

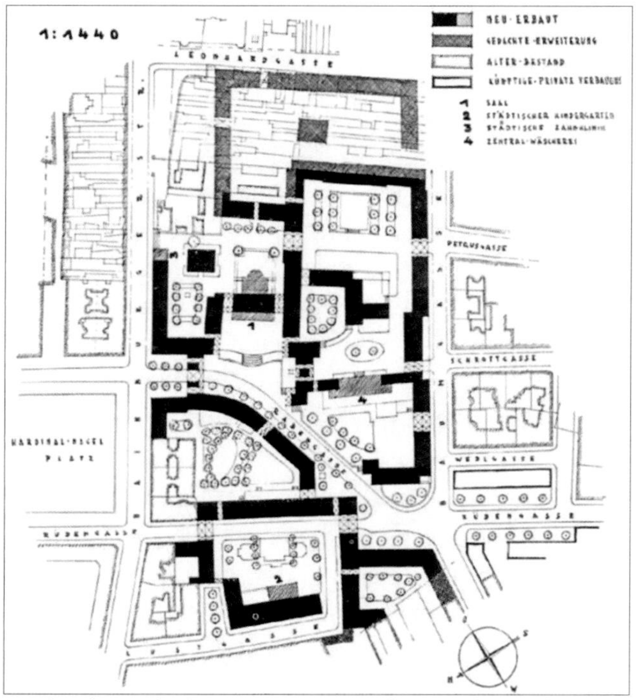

Städtische Wohnbauten in Wien Erdberg Rabenhof

Sitte und seine Grundsätze werden im Superblock der Wiener Gemeindebauten zum Teil aufgenommen, wie Schmidt –Aichingers ‚Rabenhof' – in der klassischen Moderne aber verworfen.

Dass diese Diskussion noch nicht zu Ende ist, sieht auch Daniel Wieczorek 1989 **‚Städtebau in neuer Sicht'**: "Der Konflikt zwischen 'Jüngern' und Gegnern Camillo Sittes wird andauern, solange wie die einen und die anderen sich damit begnügen, einzelne Zitate anzuführen, ohne den ganzen Text mitsamt seinen Widersprüchen in die Betrachtung einzubeziehen. Denn wer zum Beispiel Sitte als einen aufmerksamen Beobachter des mit der Industrialisierung einherziehenden Wandels der Stadt darstellen will, wird hervorheben, dass der Wiener die Verdienste der Technik voll anerkennt, dass er den Stellenwert der Kunst im modernen Städtebau eher skeptisch, ja illusionslos beurteilt, dass er die **Notwendigkeit eines Kompromisses** einsieht und bejaht. Wer hingegen wie Sigfried Gideon Sitte als eine Art 'Troubadour', der mit sei-

7 s.a. R. Zabrana 1986, S. 67

nen ‚mittelalterlichen Liedern das Getöse der modernen Industrie übertönen wollte', hinstellen will, wird jene Stellen aussuchen, in denen der Architekt den 'entscheidenden Gegensatz zwischen ‚einst und jetzt' hervorkehrt und die Aufgaben einer künstlerischen Wiederbelebung des Städtebaues definiert als 'die vollständige Verwerfung der gegenwärtig herrschenden Methode', als 'Verkehrung aller gegenwärtig üblichen Normen in ihre gerades Gegenteil".

Nibelungenviertel in Wien 15

Wo wirkt Sitte noch nach? In Ansätzen auch im ambitionierten ‚gebogenen' Raster im sogenannten **Nibelungenviertel** am Exerzierfeld der ‚Schmelz' in Fünfhaus: „Vor dem ersten Weltkrieg trat das Militär noch einmal ein größeres Areal der Schmelz zum Zwecke urbaner Verbauung ab. Auf dem unmittelbar an den Friedhof angrenzenden Teil des Exerzierfeldes sollte ab 1911, also bald nach dem Ableben des Bürgermeisters, die sogenannte ‚Luegerstadt' entstehen. Den architektonischen Leitlinien Camillo Sittes folgend, der Stadtplanung nach ästhetischen Grundsätzen proklamierte und schematische Rasterverbauungen und maximale Baugrundausnutzung strikt ablehnte, war hier die Errichtung eines Nobelquartiers geplant. das u.a. das städtische Museum beherbergen und durch eine Mauer von der proletarischen Umgebung abgesondert sein sollte. Die ambitionierten Pläne kamen allerdings nur in stark verwässerter Form zur Ausführung, und die Luegerstadt mutierte gemäß der Benennung der neu angelegten Straßen und Plätze, zum ‚Nibelungenviertel'".[8]

Der reale Städtebau der ‚Gründerzeit'

Doch auch damals wirkten solche ‚bürgerlichen' Ansätze bloß zum Herzzeigeobjekt zur Ablenkung vom klassischen **Städtebau der Gründerzeit** mit kleinen,[9] maximal ausnutzbaren Parzellen, den Willi Kainrath in seiner Untersuchung des gründerzeitlichen Städtebaus am Beispiel Rudolfsheim-Fünfhaus konstatiert: „Ein besonderer Missstand der Bauordnungen des 19. Jahrhunderts lag im Fehlen jeglicher Begrenzung der flächenmäßigen Ausnutzung der Grundstücke. Dementsprechend wurden ab Mitte des 19. Jahrhunderts die Bauplätze fast immer nahezu vollständig überbaut. Noch die ‚Verbesserungen' von 1883 muten heute wie blanker Hohn an. die Bebauung war auf **85% der Grundstücksfläche begrenzt** (§ 43).[10] Und selbst diese Bestimmungen wurden nicht immer eingehalten."[11]

Zu betonen ist jedoch, dass die **maximale Grundstücksausschlachtung** nur dort stattfand, wo Miethäuser für den Markt errichtet wurden. Jene Grundstücke, die auch noch bis tief in die Hochgründerzeit zur Eigennutzung eines Gewerbetreibenden errichtet wurden, weisen eine wesentlich niedrigere, eine dem Vormärz entsprechende Ausnutzung auf.

Doch zurück zur Realität: „Die ab 1870 über die Vororte Wiens losgelassenen Baumaschinerie setzte die Ringstraßenbebauung mit anderen Mitteln fort: etwas bescheidener in der Dimension, gefüllt mit **Kleinstwohnungen für das Proletariat** statt mit Großwohnungen oder Büroräumen, aber dennoch in den äußeren Accessoires an die Ringstraßenarchitektur angelehnt."[12]

8 W. Maderthaner 1999, S. 147
9 S. Abschnitt 11.2 Raster, Block und Parzelle
10 S.a. W. Maderthaner 1999, S. 67
11 W. Kainrath et.al. 1984, S. 130
12 aao. S. 47

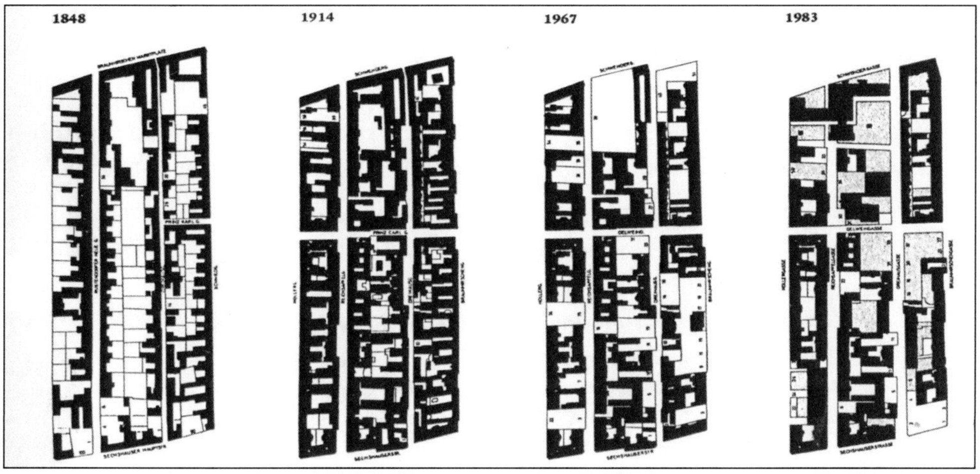

Rasterentwicklung in Rudolfsheim Fünfhaus

Wenn die Vorstadt überhaupt Erwähnung fand, dann - je nach weltanschaulicher Disposition - entweder als Ort der Devianz und Unordnung, des **Elends und der Entsittlichung** oder als ein Terrain des utopischen ‚Vorscheins' auf das ‚Rote Wien'[13]

Was Hermann Broch speziell über die letzte Blütezeit Wiens, die damalige Überdeckung der Armut durch Reichtum gesagt hat, trifft in seiner Allgemeingültigkeit haargenau, den Mangel an Hintergrund betreffend, hier zu: dass nämlich ein Minimum an ethischen Werten durch ein Maximum an ästhetischen überdeckt werden sollte, die ‚keine mehr sind, weil der nicht auf ethischer Basis gewachsene ästhetische Wert sein Gegenteil ist, nämlich Kitsch. Und wie Wien die **Metropole des Kitsches**, ist sie auch die des Wert-Vakuums der Epoche gewesen'.[14]

Die reale Ausprägung beschreibt Wolfgang Maderthaner: „Tatsächlich wiederholten die neuen städtischen Gebilde, die da an der Peripherie und in den Außenbezirken entstanden waren, Block um Block dieselbe Gestaltung. Zentren, Mittelpunkte gab es in dieser städtischen Masse keine, bloß Ausschnitte, Fragmente, Trümmer. Und dennoch zitierte dieses ‚Niemandsland sozialen Lebens' (Lewis Mumford), dieses ‚**Endlager der Großstadt**' - Auslagerungs- und Ansiedlungsstätten der großen Industrien ebenso wie der in Massen konzentrierten Arbeiterbevölkerung - ironischerweise die Imagination einer einheitlichen Stadt dadurch, dass die Fassaden der Zinskasernen vielfach die neobarocke Herrschaftsarchitektur der Ringstraße imitierten".[15]

100 Jahre später entdeckt die Politik die inneren – und vor allem die äußeren - Werte der Gründerzeitviertel im Stadtentwicklungsplan 1994 und fordert:

„Es herrscht Übereinkunft darin, dass sich der urbanistische und architektonische Wert nicht nur auf die die einzigartige Altstadt und die Ringstraßenzone und weitere Stadtdenkmäler beschränkt, sondern vielmehr die **Gesamtheit des dichten gründerzeitlichen Bestandes** und die darin enthaltenen zahlreichen lokalen, sozialräumlichen und soziokulturellen Qualitäten von Nutzungsmischung und Erinnerungsspuren miteinschließt. Größenordnung und funktionelle, kulturelle und soziale Vielschichtigkeit dieser erhaltenswerten Stadtstruktur erfordert komplexe und differenzierte Maßnahmen, um Lebendigkeit und Vitalität dieser Viertel im Rahmen von Stadtwachstum, Veränderung von Funktionen und Lebensweisen und notwendiger Modernisierung zu erhalten und zu gestalten."[16]

Wie immer war Berlin hier Wien etwas voraus, wo die „Pflege Berliner Bautraditionen" in einem offiziellen Papier des Senators für Wohnungswesen 1980 die kommende Entwicklung ankündigte: „Jahrzehntelang wurde die ‚Maurermeisterarchitektur' [der Grün-

13 W. Maderthaner 1999, S. 9
14 Haugk 1988, S. 29
15 W. Maderthaner 1999, S. 57
16 Magistrat der Stadt Wien 1994, S. 181

derzeit] mit ihren beziehungslos vorgeklebten Stilfassaden kritisiert, verachtet, oder zumindest ironisiert. Erst seit kurzer Zeit [.....) wurden an diesen Bauten Werte entdeckt, die man früher einfach übersehen hat: aus ‚architektonischen Lügen' wurden so zunächst Gefühlswerte, wenn nicht gar Architektonische. **Historismus und Eklektizismus** wurden wieder ernst genommen, Neugotik wurde aus einem Bankert ein Stil."[17]

Doch was ist davon wirklich gerechtfertigt? Sind es die Raumbegrenzungen – die Grundrisse der Zimmer-Küche-Wohnungen mit dem hofseitigen Gang, Klotürmen und Bassena kann nicht gemeint sein. Oder ist es die ‚Flexibilität' der Außen- und Mittelmauergrundrisse? Es verstärkt sich der Verdacht, dass die Fassaden, die **nostalgische Raumbildung** realiter damit gemeint ist.

Fassade – die Wirkung der Gründerzeitbauten

Friedmund Hueber [18]sieht in seiner Bewertung der Gründerzeitbauten etwas Grundlegendes in der **Abkehr von inszenierten Dekorationen** nach dem ersten Weltkrieg: „Der große Umschwung bestand darin, dass es nun darauf ankam, wie und woraus etwas ist und nicht wie es wirkt! Damit war die größte Wende seit dem Beginn der Renaissance eingeleitet. Dieses neue Streben nach Zweckmäßigkeit, materialgerechten Konstruktionen und konstruktions- und funktionsgerechter Architektur hat auch noch die Generationen nach dem zweiten Weltkrieg geprägt. Derart geschult sind wir versucht, bei der Beurteilung und Bearbeitung historistischer Architektur die Funktionsgerechtigkeit der Substanz zu bewerten und nicht die Wirkung, auf die es damals ankam."

Die Bedeutung des Gestaltaspekts darf aber nicht unterschätzt werden, denn es bedarf keiner ästhetischen Schulung des Betrachters, um die **‚leichte Unterhaltung'** wie sie Ulrich Conrads angesprochen hat, im **Vorübergehen ‚mitzunehmen'**: „Wer hier entlanggeht, erhält in stetiger, doch ständig variierender Abfolge optischer und haptischer Informationen, ohne dass er gezwungen wäre, sie bewusst aufzunehmen. Keine der Informationen ist so stark, dass die Hauptsache stört: nämlich das Straßenbild; oder den Straßenraum. Doch die rhythmische Gliederung des räumlich gefassten Weges macht den Gang durch die Straße angenehm. Man ist gut unterhalten."[19]

Doch der Fassadendekor unterliegt dem Wandel der Zeit: Nach dem zweiten Weltkrieg [...] wurde in vielen Fällen **jeglicher Dekor abgeschlagen**. Man gestaltete die alten Fassaden pflegeleicht glatt, der Moderne verpflichtet, so dass die Gebäude nur mehr durch die Fenster- und Geschoßhöhen von neuen, sozialen Wohnbauten unterscheidbar waren.[20]

Auch Siedler & Niggemeyer sehen, dass ihres Dekors beraubten Gründerzeit-Häuser nur ein Augenmaß für Ornamentik, aber nicht für die proportionale Gliederung der Baumassen besaßen.[21]

Der Ambivalenz in der Bewertung des ‚Stuckkitsches' unterliegt auch der sozialkritische Stadtplaner Willi Kainrath: „Vergleichen wir nun die gründerzeitliche mit der modernen Wohnbautätigkeit, dann erweist sich erstere tatsächlich als weniger radikal. Zwar kam es damals wie heute zur maximalen Flächenausnutzung der Grundstücke, aber im Höhenaufbau erwiesen sich die gründerzeitlichen Bauträger als lässig....Ich will darüber hinwegsehen, das die bauphysikalische Qualität der gründerzeitlichen Bauten der heutigen weit überlegen war. Vermutlich war das kein Verdienst: sie konnten es damals nicht schlechter.... Den Stuckkitsch der Fassaden will ich nicht weiter loben, aber die **abgrundtiefe Hässlichkeit** der kahlgefegten Monotonie moderner Wohnbauten ist doch noch schlimmer."

17 G. Kühne in Senator für Bau- und Wohnungswesen, 1980, S. 138
18 F. Hueber und B. Nezval 2008, S. 16
19 U. Conrads 1974, S. 70
20 F. Hueber und B. Nezval 2006, S. 20
21 W.J. Siedler und E. Niggemmeyer 1964/1993 S. 13

Gründerzeitlichen Parzellen- und Bautypologien

Neben dem gestalterischen Erscheinungsbild gründerzeitlicher Gebäudesubstanz sind die strukturellen Bautypologien und ihre Auswirkungen auf das Stadtbild anzusprechen. In der Diplomarbeit des Verfassers aus 1986 wurden die Ursachen von städtebaulichen Restflächen im Grund- und Aufriss auf den Wechsel der Parzellengrößen und Bautypologien zurückgeführt.[22]

Als ‚zufällig' d.h. nicht unbedingt vorsehbar ist die **Restnutzungsdauer der Bausubstanz**, das Eintreten einer grundlegenden Veränderung sowohl im Bau- und Planungsrecht als auch das Verwertungsinteresse der Liegenschaftseigentümer. Über all diesen Kriterien sind als zentrale Randbedingungen die gesellschaftlichen (wie Zuwanderung, Krieg, Pandemien etc.) und ökonomischen (wie Konjunktur, Kapitalbildung etc.) Verhältnisse – auf die noch später kursorisch einzugehen sein wird.

Doch zurück zur **Parzellen- und Bautypologie**.[23]

Ausgangspunkt sind die mittelalterlichen Gewannfluren – schmale, tiefe Parzellen, die bis ins beginnende 19. Jahrhundert die Struktur der Vorstädte und Vororte prägten. Im Vormärz – Biedermeier wurden diese landwirtschaftlich dominierten Flure mit **Durchbruchstraßen** unterteilt und die klassischen Seitenflügelhäuser vorindustrieller Prägung gebaut: Im Straßentrakt das „Gewölb" für den Verkauf, darüber die Hausherrnwohnung, im Dach das Gesinde. Im Seitenflügel des Hofes waren Werkstätten und darüber erschlossen mit offenen Laubengängen (Pawlatschen) Arbeiterwohnungen. Die Parzellen waren noch immer relativ tief und wiesen nach den Seitenflügeln Schmuck- und Ziergärten auf.

Mit der industriellen Revolution, der starken Zuwanderung und der Herausbildung proletarischer Arbeitsformen wurden in den Vororten großflächig und blockweise parzelliert und dicht bebaut. Zwei Bautypen herrschten: die H-Trakter (Straßen- und Hoftrakt verbunden durch ein Treppenhaus und die Gang-Küchen-Häuser – beide je nach Parzellentiefe mit zusätzlichen Trakten.

Straßenseitig waren die Baulinien und Bauhöhen – wenn keine vorgründerzeitliche Substanz im Wege stand - durchgehend und im Dekor beliebig und auswechselbar. Die Hofseite nahm auf nichts Rücksicht – die Ausnutzbarkeit (bis 85% der Grundstücksfläche) war das Credo – ungedeckte Feuermauern waren an der Tagesordnung und im scharfen Gegensatz zu der (pseudo)-harmonischen Straßenansicht.

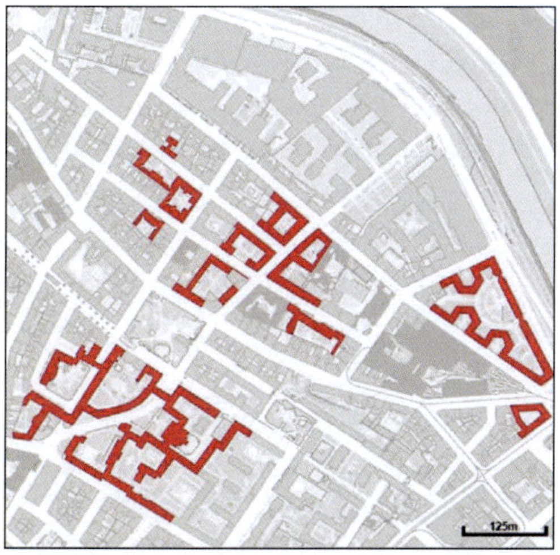

Städtische Wohnhausbauten und Rabenhof in Wien 3, Erdberg von 1920 -1933

Je nach Lage in der Stadt, Reste von Palaisgärten und historischen Straßenführungen wurden nach dem ‚Gründerkrach' 1874 größere Parzellen gemeinsam bebaut, wobei der Anteil der Straßenfronten das entscheidende Kriterium war. Das lässt sich am Beispiel des Arbeiterviertels Erdberg nachvollziehen, wo die mit Ausbruch des Ersten Weltkriegs die **Eckparzellen bebaut** waren und die dazwischenliegenden Parzellen großflächig von ‚Gemeindebauten' aufgefüllt werden konnten.

Mit einer Übersicht von dominanten Bautypologien der Gründerzeit und der ‚Anschlussprobleme' oder ‚Erzeugung von Komplexität' soll der Abschnitt ‚Gründerzeit' abgeschlossen werden.

22 R. Zabrana 1986, S.
23 H. Bobek und E. Lichtenberger 1978

3.2 Die Moderne

„Stadtbau kann niemals durch ästhetische Überlegungen bestimmt werden, sondern ausschließlich durch funktionelle Folgerungen ...... Der jetzt durch Kauf, Spekulation und Erbschaft chaotischen Zerstückelung der Bodenflächen ist durch eine planmäßig betriebene kollektive Bodenwirtschaft zu begegnen."
Erklärung der CIAM von La Sarraz 1928 - Auszug

Die Vorläufer der Moderne haben schon vor dem Ersten Weltkrieg als Reaktion auf den Historismus und den dekorativen Weiterführungen wie den Jugendstil und Art Deco, aber auch den Expressionismus (Taut, Koterá) mit ihren Manifesten eine ‚Neue Zeit' angekündigt.

Amsterdamer Schule Berlage und Oud

Der holländische Architekt **Hendrik Petrus Berlage** hat in seinem Vortrag vor über 100 Jahren die Auffassung in seinem Vortrag **‚Baukunst und Impressionismus'** vertreten, dass die bisherigen dekorativen und erzählenden Elemente der Häuser eine anachronistische Verschwendung seien und vom neuen Lebensrhythmus dahingerafft würden.

Peter Behrens, der Doyen der deutschen Architektur der Moderne schrieb 1910: 'Eine Eile hat sich unserer bemächtigt, die keine Muße gewährt, sich in Einzelheiten zu verlieren. Wenn wir im überschnellen Gefährt durch die Straßen unserer Großstadt jagen, können wir nicht mehr die Details der Gebäude gewahren."

Die Studie **‚Die Großstadt' Otto Wagners** aus 1911 geht davon aus, dass der Großstadtbewohner es vorzieht, „in der Menge zu verschwinden und so frei als möglich in der Stadt zu leben."[24] Die Utopien Otto Wagners haben bei Hilbersheimer im ‚Bauhaus' oder noch früher bei Ildefons Cerdà bereits 1859 in Barcelona Gestalt angenommen.

24 O. Wagner ‚Unbegrenzte Großstadt' – H. Geretsegger – M. Peintner 1964 S. 41

Otto Wagner
‚Moderne Großstadt'

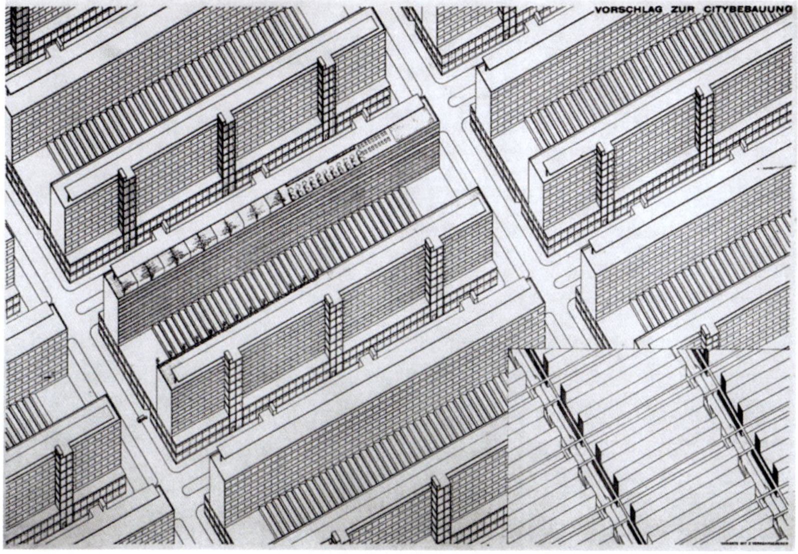

Ludwig Hilbersheimer –
Städtebau

Größte Bedeutung hatte 1921 die Gründung des **‚Neuen Bauhaus'** durch Walter Gropius, dessen ‚Bauhausmanifest' versprach ‚den Gegensatz von Kunst und Technik, Kultur und Zivilisation" aufzuheben und ein Gesamtkunstwerk, das alle Bereiche des alltäglichen Lebens durchdringen sollte.

Die großen städtebaulichen Utopien des 20. Jahrhunderts, allen voran **Le Corbusiers Ville contemporaire** von 1923 wurden für jenen Autoverkehr konzipiert, der als Symbol des Fortschritts galt. Und die auf schlichte Volumina reduzierte, karge, dekorationslose Architektur des neuen Bauens war die Antwort auf die hastige, oberflächliche Wahrnehmung, die aus der zunehmenden urbanen Geschwindigkeit resultierte - eine Bewegung, die bis in die 70er Jahre anhielt.[25]

Le Corbusier Ville contemporaire

25 V. Lampugnani 2019c, Ss. 1-2

Die ‚klassische' Moderne

> *„Der Städtebau ist eine dreidimensionale Wissenschaft und keine zweidimensionale. Indem man das Element der Höhe einführt, wird eine Lösung gefunden für den modernen Verkehr und gleichzeitig für die Freizeitgestaltung, da die so gewonnen Flächen dafür ausgenutzt werden können."*
> Charta von Athen, Lehrsatz 82 (Le Corbusier 1941)

Farnholtz[26] sieht den Städtebau der Moderne als rein ‚verbal' an: „Jene Diskussion, die mit den Namen Gropius und Corbusier verbunden ist und sich uns im Bauhaus am eindrucksvollsten darstellt. Da war von der Funktion als Leitschnur, [...] und der **Verleugnung des Formalen**; - dem, der jene für uns historische Zeit betrachtet, ist deutlich wie stark Form und formales Spiel, Spiel mit abstrakter, gleichsam vergeistigter Form jener Zeit und ihre Meisterleistungen beherrschten."

Der Anspruch der ‚sozialen Utopie' war im frühen Funktionalismus der Versuch, „den unteren Schichten in der Architektur eine angemessene Lebens- und Ausdrucksform zu geben. Dass sich daraus ein **rein wirtschaftliches Prinzip** entwickeln konnte, sollte die damaligen positiven Ansichten nicht verdecken."[27]

Die ‚Strahlende Stadt' Le Corbusiers ist keine traditionelle Stadt – sie ist ein Schema. „Seine bevorzugten Metaphern zum Wohnen - der Dampfer und das Kloster - bestätigen seine **Ordnungsbesessenheit**. Das Gelände dient für den Gegenstand der ‚Wohnmaschine' als ‚Präsentierteller'. , Wenn auch hier und da ein paar schöne Scheunen und Schuppen, einige neue Ställe noch annehmbar bleiben und erhalten werden können, so ist doch der Rest abzureißen und größer neu zu erbauen" (Paris, 1959).[28]Bereits klar kommen die städtebaulichen Grundsätze der Moderne in Le Corbusiers ‚Plan Voisin' 1925 als Paradigma der ‚Modernen Stadt' zum Ausdruck: „Abgeschafft wurden geschlossene Straßen- und Platzräume, um durch das Arrangement singulärer Gebäude mit umgebenden Abstandsflächen ersetzt zu werden. Aus dem Raum, in dem einmal jede Außenwand eines Innenraums wider Innenwand eines Außenraums war wurde der Restraum zwischen Einzelgebäuden und Verkehrsadern. An die Stelle der einst geschlossenen Blockbebauung traten Solitäre im, wie er genannt wurde, ‚fließender Raum'. Billigend in Kauf genommen wurde die eklatante Zunahme der Entropie in der räumlichen Verteilung des umbauten Raums. Charakteristisch für die Moderne wurde die **fragmentierte Stadt**, die Agglomeration ohne lesbare Gestalt, ohne integrierendes Zentrum, ohne historische Identität."[29]

Die Paradigmen Le Corbusiers sind lebendig wie die die Neubebaung des Mailänder Messegeländes (‚City living') oder die Hochhausbebaung des Nordbahngeländes in Wien (Studio Vlay) modellhaft vorzeigen: Vereinigung ‚urbaner Dichten' mit ‚Leben im Park' - das ästhetische Dogma des Modernismus löst alle Probleme:

„Nicht nur auf der politischen Seite ist die Einheit des Bauzweckes vorgeprägt; sie entspricht auch den ästhetischen **Dogmen des Modernismus**. Ein modernes Gebäude ist immer eine, nein, die Lösung für ein Problem. Die Fassade soll keine andere Aussage haben als diese: Schaut, wie einfach alles wurde, sobald der Architekt dahinterging! Der geniale Architekt reduziert komplexe Situationen auf das ‚Wesentliche' und das leicht lesbare Abbild diese Wesentlichen ist die Fassade"[30]

26 C. Farnholtz 1972, S. 199
27 M. Müller in Andritzky et. al 1975, S. 129
28 Zit. in Panerai et. al 1985, S. 136
29 Franck und Franck 2008, S. 254
30 L. Burckhardt in H. Helms - J .Janssen 1970, S. 40

Eine andere Form die Fortsetzung des Funktionalistischen in der Stadtplanung wurde von **Göderitz-Rainer-Hofmann** im damals richtungsweisenden Werk „Die gegliederte und aufgelockerte Stadt" (1957) präsentiert. „Die beiden titelgebenden Zielvorstellungen ‚Gliederung' und ‚Auflockerung' standen hier für die strikte räumliche Trennung von Nutzungen und sozialen Milieus, also für den **Abbau von Komplexität und Dichte** - und letztendlich auch für den Abbau von Urbanität. Das Wunschbild der autogerechten Stadt war eine zwingende Konsequenz daraus."[31] Folgerichtig bereitete Hans-Bernhard Reichows „Autogerechte Stadt" 1959 die Vollmotorisierung der Gesellschaft und den dazu gehörigen Städte- und Straßenbau vor.

Auch das ist nicht nur Episode geblieben, sondern kommt in utopischen Städtebau-Visionen – ob elektro- oder wasserstoffangetriebene Fahrzeuge, Lufttaxis etc. als Rückgrat organischer Entwicklungsphantasien immer wieder vor.

Widerstand und Scheitern der radikalen Moderne

> *„Auch die Stadtplanung dieser unentwegten Funktionallisten ist privat, abstrakt; vor lauter ‚Etre Humain' werden die wirklichen Menschen zu genormten Termiten oder, innerhalb einer ‚Wohnmaschine', zu Fremdkörpern, noch allzu organischen; so abgehoben ist das alles von wirklichen Menschen, von Heim, Behagen, Heimat."*
> Hermann Bloch 1959, S. 861

Wenn auch die ‚Moderne' den Takt vorgab, war deren Wirkung in der Zwischenkriegszeit her begrenzt und beschränkte sich auf Vorzeigeprojekte wie die **Werkbundsiedlungen** in Stuttgart und in Wien und in Ansätzen in Berliner (‚Die weiße Stadt', ‚Hufeisensiedlung') und Wiener **Wohnhausanlagen** (Gemeindebau der späten 20er-Jahre). Zum Durchbruch als ‚Mainstream' kam es erst sehr vereinfacht im **Wiederaufbau** nach dem Zweiten Weltkrieg und dann in den Stadterweiterungen der 70er und 80er-Jahre.

Die wenigen säkularen Bauvorhaben huldigten einen gewissen Monumentalismus – wie es der Wagner-Schule unterstellt wurde und erst in den 30er Jahren bildete sich ein moderner Alltagsstil heraus, der durch die politische Entwicklung jäh unterbrochen wurde.

Friedrich-Engels-Hof Wien 20 R. Perco

31 W. Czaja 2020a, S.18

Beispielhaft wird dieser Übergang sowohl im **Wiener Gemeindebau** verfolgt, wo neben Anklängen des Heimatstils, Romantizismus (Sitte), Expressionismus, Art Deco sich erst Ende der 20er Jahre die Moderne durchsetzte.

Paul-Speiser-Hof Wien 21, E. Lichtblau 1932

Rabenhof Wien 3, H. Schmid–H. Aichinger 1927

Den Grund für das Scheitern der Moderne sieht Jaques Herzog im Gespräch mit Dietmar Steiner 2016 in Versagen der Ästhetik: „Die Moderne und nicht die Postmoderne hat die Typologie der alten Stadt gesprengt. Die Moderne hatte ursprünglich - d.h. vor dem Krieg - ein Grundanliegen: Nicht nur die alte Stadt, sondern auch die alte bürgerliche Gesellschaft sollte zugunsten einer **neuen, aufgeklärten Gesellschaft** überwunden werden. Dafür sollte eine verbindliche Ästhetik gefunden werden - und zwar eine über alles verändernde **neue Ästhetik**. Das ist nicht gelungen. Dies ist ein Versagen der Moderne und wird in Architektur und Städtebau zu einer konservativen Gegenbewegung führen, wie sie die architektonische Postmoderne bereits andeutete - angesichts der heutigen **nationalkonservativen Tendenzen** weltweit in der Politik jetzt erst recht."[32]

Der Funktionalismus war, trotz seiner sozialpolitischen Parolen, zuerst eine Ästhetik, die konservative Stadtbaukunst wurde, obwohl sie Ästhetik sein wollte, ein politisch-ökonomisches Gleichschaltungsmodell. Das Zusammenkleben beider Gesichter macht das Elend der Moderne aus, das man nicht begreift, solange man der Legende von der funktionalistischen Moderne vertraut."

Revision der Moderne

> *Auf die Aussage des Funktionalismus: für jede besondere Aufgabe die besondere Form zu finden, entgegnete Mies van der Rohe: „Mach doch den Schuppen groß genug und lass die Leute drin machen, was sie wollen."*
> Bauwelt-Archiv 1966[33]

Bereits 1953 und 1957 regten sich in den CIAM Kongressen (Aix-en-Provence und Dubrovnik) massive Gegenkräfte die Kenneth Frampton[34] als Geburtsstunde des ‚Team X' sah:

„Das Unbehagen an dem **gemäßigten Funktionalismus** der alten Garde - an dem Idealismus von Le Corbusier, Serts, Rogers, Gropius u.a. - spiegelte sich in ihrer kritischen Reaktion auf den Bericht der CIAM VIII aus 1951 über das Thema Stadtkerne. Sie reagierten auf das simplifizierende **Modell des Stadtkerns** mit einem komplexeren Muster, das ihrer Ansucht nach dem Bedürfnis nach Identität näherkam.

32 D. Steiner 2016, S. 19
33 Zit. in Venturi 1978/1993, Ss. 219
34 K. Frampton 1983 S. 231

„Die von der Utopie zur Doktrin gewordenen Modelle einer ‚modernen' Stadt waren nicht nur antiurban; auch ihre Modernität erschien schließlich fraglich. Denn während der Urbanismus an **absolutistischen Ordnungsvorstellungen** der späten Aufklärung festhielt hatten die Avantgarden in der Architektur wie auf viele anderen Gebieten längst neue, radikal-moderne Dimensionen von Komplexität und Pluralität entwickelt und thematisiert. (.....)

Diesen Trend begannen in den 50er Jahren einzelne fortschrittliche Architekten anzugreifen, so in der CIAM 8 (1951) über **‚das Herz der Stadt*,** wo das Defizit an öffentlichen Raum und soziokulturell funktionierenden Orten in der modernen Stadt bewusst wurde. (Ernesto N. Rogers in der Zeitschrift 'Casabella').“[35]

Mit dieser sehr eindeutigen Äußerung sprachen sie sich nicht nur gegen die von Sitte inspirierte Sentimentalität der alten Garde aus, sondern auch gegen den Rationalismus der ‚funktionellen Stadt.'"

Die Gruppe wurde später als **Team X** (der letzte CIAM Kongress in Dubrovnik) bekannt: Peter Smithson, Aldo van Eyck, Georges Candilis, Jacob Bakema, Shadrach Woods (Strukturalisten).

Es regten sich jedenfalls auch feindliche Kräfte gegen das **‚Urban Design'** an sich – Die aufkommende ‚City-Beautiful-Bewegung' die sich mit dem Aufhübschen zufriedengab, weil sie die Funktionalität, wie sie die Charta von Athen aufzeigte, nicht begreifen wollen und gegen das Urban Design selbst, weil die wissenschaftlichen Ambitionen die künstlerischen beiseite gedrängt hatten und den schöpferischen Part übernahmen.[36]

Was blieb von der Moderne?

1. Die Funktionstrennung

Auch wenn seit Jahrzehnten die **Funktionsmischung** beschworen wird, sieht die Realität anders aus. Selbst mit den besten Absichten droht in der ‚Abstimmung mit den Füßen' die Entmischung. Eine Revision der Moderne wäre hier zweifellos geboten: „Die durch sie zum Konzept erhobene Funktionstrennung, das **Auseinanderreißen verschiedener Lebenssphären** sowie die zunehmende Monofunktionalität der einzelnen Orte, verhindern selbst dort, wo Menschenmassen angesammelt sind, Öffentlichkeit. Die Eindeutigkeit und Unausweichlichkeit des Aufenthaltszwecks an diesen Orten lassen keinen Spielraum dazu."

2. Das Punkthochhaus

Schon 1972 sieht Albers das Punkthochhaus als Le Corbusiers Erbe „zur Bereicherung der Silhouette, Markierung zentraler Bereiche und zur Setzung von ästhetischer Bereicherung". Davon ist die Bereicherung – privater oder öffentlicher Investoren – geblieben.

„Da es keine unmittelbar raumbildende Eigenschaft besitzt, bleibt - übrigens wie beim Zeilenbau - ein zwiespältiger Eindruck zurück. Ein großer Teil der Kritik an der gestalterischen Qualität neuer Stadtteile geht auf das Fehlen entschiedener **räumlicher Beziehungen** zwischen den Gebäuden zurück, auch wenn das nicht klar ausgesprochen wird."[37]

3. Auflösung der Raumbildung

Der Städtebau der Nachkriegszeit ist über den Zeilenbau der 20er Jahre (Hilbersheimer) nicht hinausgekommen. Der Einwurf, auch die Zeile schafft Räume betrifft nur den Beginn eines Raumes - die **Fragmente ergeben kein Kontinuum**, die zur Orientierung in der Stadt wichtig wäre.

35 Zit. in Will 1990, S. 90
36 M. Sorkin 2007, S. 14-15
37 G. Albers 1972, s. 92

„Das traditionelle Stadtraumsystem - Etwas vereinfacht und verfremdet könnte man das Raumkontinuum in einer intakten Stadtstruktur mit ‚Leitplanken' vergleichen, die den Fußgängerstrom kanalisieren Gibt es grundlos eine Lücke in der Planke, muss man mit Fehlern im Orientierungssystem rechnen.

Die moderne Stadt - Auf die heutige Situation bezogen hieße es , dass unsere Stadträume nur aus isolierten, verlorenen Plankenteilen bestehen, umflutet von allen möglichen Funktionsströmen, ohne präzise Erlebnis- und Orientierungsteile. dies widerspricht der **Notation von Stadtarchitektur**, wie sie von Sitte definiert wurde, sie ist sozusagen addierter Hausbau'."[38]

Kenzo Tanges ‚Stadt über dem Meer'

Es bleibt die Fragestellung Aldo van Eycks: Wenn die **Gesellschaft keine Form** hat – wie können Architekten dann ihre Gegenform bauen?

Große Beachtung fand 1960 Kenzo Tanges Plan für eine Stadt über der Bucht von Tokyo: **‚Eine Stadt über dem Meer'**[39]

Dem Projekt Kenzo Tanges lag ein Metabolismus zugrunde, der die städtische Morphologie, das Verkehrssystem und die städtische Architektur als organische Einheit betrachtete. Jede der ‚Schleifen' bestand aus zentralen Elementen, Arbeitsplätzen, Wohneinheiten, einen Hafen u.a.m. Die Stadtstruktur sollte sich von der radialen Form (einer Amöbe ähnlich) zu einer höheren, linearen Form (wie bei Wirbeltieren) weiterentwickeln. Das Scheitern der radialen Stadt, in der der Verkehr stets zwischen Zentrum und Vororten fließt, wird durch eine neue städtische Raumordnung ersetzt. Letztlich eine Variante von Le Corbusiers Visionen, wo das Meer anstelle der Parklandschaft steht.

Die Reaktion auf die Probleme der Moderne geht in drei Richtungen:

- die ‚City Beautiful-Bewegung' und ‚New Urbanism'
- die Postmoderne und das Zwischenspiel der Dekonstruktivisten
- der Neue Regionalismus

38 R. Krier 1975, S. 67
39 s.a. Cathelijne Nuijsink in Du 12/21 S. 30-33

3.3 City Beautiful-Bewegung' und ‚New Urbanism'

„In den letzten 25 Jahren haben fast alle amerikanischen Städte ab einer gewissen Größenordnung die gleichen Umstrukturierungen erfahren: keine Stadt mehr ohne Straßencafés, Baumreihen, Fahrradwege, Häuserfronten im alten Maßstab, artistische Ladenfassaden, Loftwohnungen, exquisite kleine Lädchen, georgianische Plätzchen, gewundene Straßen, alles aus dem gleichen Musterbuch der Stadtgestaltung. Städtebau á la Starbucks – mit dieser Vorspiegelung haben sich die New Urbanists am deutlichsten artikuliert.

Michael Sorkin 2007[40]

In der anglizistischen Städtebautradition gibt es eine Linie der tradierten ‚Vernicular', der volkstümlichen Architektur, die sich von der Pittorersque-Theorie des 18. Jahrhunderts über die Garden City-Gesellschaften, der ‚City-Beautiful-Bewegung' bis zum ‚New Urbanism' bis in die Gegenwart bewegt.

In der Zeitschrift **‚Architectural Review'** wurden in einer **Artikelserie ‚Townscape'** seit 1949 die visuellen Aspekte von Architektur, im Unterschied zu den technischen, fachlich soziologischen Aspekten, des Bildes der Stadt behandelt - mit großem Gewicht auf die Kleinteiligkeit - ohne dabei in einen reinen Konservatismus zu verfallen.[41]

1961 veröffentlichte der britische Architekt Gordon Cullen mit ‚Townscape' ein Buch, das den Höhepunkt einer seit den 1949er Jahren in England stattfindenden städtebaulichen Entwicklung markiert, die sich deutlich von dem bisherigen Stadtverständnis der Moderne unterscheidet. Mit Townscape nähert sich die Städtebautheorie wieder der Wahrnehmungstheorie an, indem der Begriff aus der englischen Landschaftsästhetik der *Pittoresque-Theorie* des 18. Jahrhunderts auf städtebauliche Fragen übertragen wird.[42]

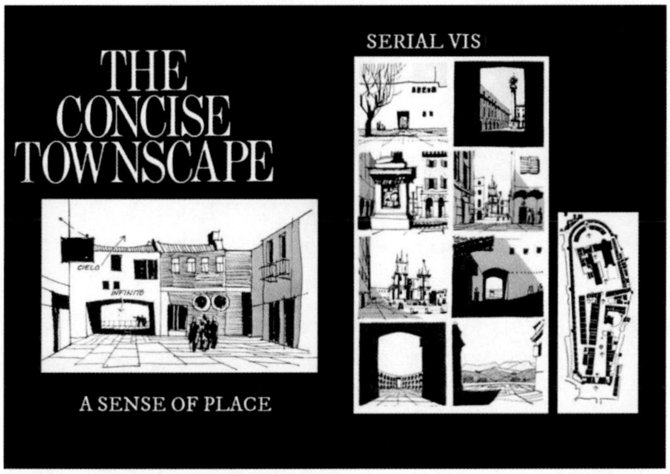

Townscape von Gordon Cullen

„Ausgangspunkt der Town-Scape-Theorie ist ein sich fußläufig durch den Stadtraum bewegender Mensch und seine visuelle Wahrnehmung. In **Anlehnung an die Pittoresque-Theorie** ist dabei die zentrale Fragestellung, wie der Stadtraum physisch so gestaltet werden kann, dass er auf den Wahrnehmenden einwirken und ein visuelles Vergnügen bereiten kann. [...]."[43]

Thomas Sieverts erwähnt die milieubildenden Elemente von Gordon Cullen, betont aber auch die Gefahr einer „zu **‚schichtenspezifischen' Bewertung** aus der Sicht der kleinen, romantisch gefärbten Subkultur der Architekten." Und weiter „Es ist bisher noch kaum gelungen, diese Erkenntnisse [der Verhaltensforscher und Stadtpsychologen] in die Praxis einzubringen, andererseits haben die erwähnten Entwicklungen aber auch die ‚Unschuld' zerstört, mit gutem Gewissen in herkömmlicher Weise weiterarbeiten zu können."[44]

40 M. Sorkin –Ist das Ende des Urban Design gekommen? Stadtbauwelt 24 2007, S. 31
41 M. Stierli 2008, S. 5
42 A. Brandl 2013, S. 114-115
43 A. Brandl 2013, S. 117-118
44 T. Sieverts –Stadtgestaltung als Disziplin in Städtebauliches Institut der Universität Stuttgart 1974, S. 11-12

New Urbanism

New Urbanism (Neuer Urbanismus) ist eine Bewegung im Städtebau, die Ende der 80er und Anfang der 90er Jahre in den USA entstanden ist. Feindbild der Bewegung ist der sogenannte **sprawl** d.i. die Zersiedelung, also die uferlose Ausbreitung der Städte in suburbane Siedlungen.

L. Krier - Seaside - Florida

Unter dem Namen ‚New Urbanism' wurde die Bewegung dann 1993 in Form des **Congress für the New Urbanism** (CNU) in Anlehnung an die Abkehr von den Grundsätzen des CIAM institutionalisiert und besteht aus Stadtplanern, Architekten, Bauträgern und anderweitig Stadtinteressierten.[45]Die Bewegung orientiert sich einerseits am Ideal der amerikanischen Kleinstadt und andererseits an das englische ‚Traditional Neighbarhood Design' (TND). **Ziel des New Urbanism** ist folglich die Reaktivierung der Wohnform der urban bebauten Stadt mit den Vorzügen kurzer Wege, intensiver Nachbarschaft und Anreizen zu gesunden Leben. ein wichtiges Werkzeug dafür ist die **Blockrandbebauung** und das Vermeiden strikter Funktionstrennung etwa nach Wohn- und Geschäftsvierteln. auch große ‚leblose' Freiflächen zwischen den Bauten sollen vermieden werden. Stattdessen soll es kleinere begrünte Innenhöfe und gepflegte Parkanlagen geben.er Bewegung geht es nicht um eine bloße Neuorientierung der baulichen Gestalt, sondern um ein Einwirken auf das **konkrete Zusammenleben der Bewohner**. Dichte Bebauung, ein breit gefächertes Angebot an Wohnungen, Mischung von fußgängerfreundlichen Straßen und Plätzen, stehen zwar auch auf der Agenda, sind aber nur Mittel zum Zweck: Zielvorstellung des New Urbanism ist es, 'Orte zu bauen, die das Leben bereichern und den Geist inspirieren'. Richtig gebaut, können Orte zum Spazierengehen ermuntern, gegenseitiges Kennenlernen fördern und vor Verbrechen schützen, so die Übrzeugung des New Urbanism.

Wohnhausanlage Wien - Breitenfurter Straße

Beispiel in Europa: in Deutschland mit rückwärtsgewandter Ästhetik und neotraditionalistischer Kulissenzauber diskreditiert - eher in Großbritannien

45 Wikipedia 2019b, S. 1-2

(Poundbury auf einem Gelände von Prinz Charles im englischen Country Stile). In Wien: Städtische Wohnhausanlage Breitenfurter Straße von R. Krier, in Berlin Bauten der IBA 1984.

Ein weiteres städtebauliches Problem des ‚New Urbanism' ist die Unmöglichkeit einer Entwicklung – weder sich zu verändern noch zu erweitern. Aber **Städte müssen sich erweitern können** In Quartieren nach dem Modell der ‚gegliederten und aufgelockerten Stadt' sind solche Entwicklungen nicht angedacht. Sie sind **sozialutopische Idealstädte**. Ihre Einbindung in die Stadtlandschaft war oft schon nach wenigen Jahren obsolet, weil die ständige Nachfrage nach Bauland neue 'Nachbarschaften' erforderte - und das Erschließungsnetz nicht darauf vorbereitet war."[46]

Modellstadt Poundbury

Franck und Franck sehen den ‚New Urbanism' den Ausweg für ‚theming' und ‚branding' als Ausweg aus der Krise des Städtebaus. Der New Urbanism stellt die direkte Rückkehr zum Städtebau des 19. Jahrhunderts mit den Mitteln des 21. Jahrhunderts dar. [...] Die Nachfrage nach Neubauanlagen mit dem Flair der historischen Vorbilder lässt sich am ehesten mit der Produktion aus einem Guss, wie sie Projektentwickler und Bauträger anbieten, befriedigen.[47]

Die CNU-Bewegung (1992!) ist das Ergebnis einer 'disney-fizierten' Gated Community wie die Celebration in florida oder Poundbury von Leon Krier und sind das Pendent zur neoliberalen politischen Ideologie.[48]

Michael Sorkin kommt 2007 [49]zu dem Schluss: **Urban Design kennt kein Herz, aber Lifestyle**. „Es geht nicht um die vielen guten Ideen, die im New Urbanism wie im Urban Design stecken, sondern um die Rolle, die ihnen zugewiesen wird: sie **verengen Städtebau** auf die Herstellung von ‚Annehmlichkeiten', jegliche ‚Unordnung' oder ‚Abweichung' wird gemieden und die Weiterentwicklung urbaner Morphologien durch technische, soziale, konzeptionelle oder formale Neuerungen im Keim erstickt.

Das Problem besteht nun wirklich nicht in dem freundlichen Ambiente und der komfortablen Infrastruktur solcher **nett dimensionierten Nachbarschaften**, sondern in der parasitären Ökonomie, die damit einhergeht, und die alles **was arm ist ausschließt**, um die städtische Mischung, von der Jane Jacobs ein Lied singt, allmählich auszudünnen.

Zu denken gibt schließlich die Vorstellung über die Art der Menschen in den ‚urbanen' Städten - BildungsbürgerInnen in geordneten Verhältnissen, die sich an **schön komponierten Baumassen** ergötzen, dies evoziert eine biedermeierlich verklärte Vision der Stadt mit ihrer züchtig-vernünftigen Bevölkerung, wie vermutlich nie und nirgends existiert hat.

46 H.E. Lindemann 1999, S. 46
47 Franck und Franck, 2008, S. 261
48 s.a. V. Vukovic in ‚Polarisierung des Städtebaus' in K. Semsroth 2023 S. 237ff
49 M. Sorkin 2007, S. 34

3.4 Die Postmoderne

„So wie das Ignorieren der Geschichte nicht schon ein Fortschritt ist und die Erneuerung der Städte nicht identisch sein kann mit deren Abbruch, sowenig führt die Aufnahme von Konventionen zwangsläufig zu einer konventionellen Architektur."

Heinrich Klotz 1978[50]

Holleins Flugzeugträger (Bau 1964)

Vorläufer: Futuristen, Metabolisten, Rationalisten, Utopien

Die Postmoderne beginnt nicht erst seit Charles Jencks *Die Sprache der postmodernen Architektur,* 1977 sondern es gab schon immer ‚Ausreißer', die die programmatischen Verheißungen der Moderne nicht mitmachten, wie manche Gemeindebauten des ‚Roten Wien'[51] oder die „Wiener Gruppe" der Postmoderne - Haus-Rucker, Zünd-up, Coop Himmelb(l)au und Hans Hollein:[52] „Er hat nicht die populistischen Neigungen der Venturis, obwohl es ihm ebenfalls um das Gewöhnliche, wenn nicht das Hässliche geht. Vor allem hat er die Methode ironischer Wahl zu einer Übung erhoben, die er **‚Alles ist Architektur'** genannt hat. zu seinen Hilfsmitteln zählt unter anderen ein Zerstäuber, der eine ‚Instant-Umgebung' herstellt [s.a. ‚Svobodair' von den Coops], und eine Schachtel mit unterschiedlichen Pillen, um die Umgebung ‚aus deinem Inneren heraus' zu verwandeln. Zu seinen greifbaren Projekten gehört häufig die Verwendung irgendeines technischen Gerätes (Zündkerze, Flugzeugträger) in ein rätselhaftes architektonisches Objekt durch die Veränderung von Maßstab und Kontext. Diese Bauten sind ganz und gar Ornamente, die die Venturis ablehnen.

Wohnkapsel COOP Himmelblau 1968

Obwohl Jane Jacobs die urbane Mischung pries, wurde die Großstadtreform als „unzeitgemäße Ideologisierung abgetan:[53] Man entdeckte - schon damals - die Qualität der großen Stadt, der alten bestehenden, der wild wuchernden Funktionsgemischten. Das Bild *Wohnkapsel COOP Himmelblau 1968* eines alten, bestehenden Großstadtdschungels verband sich mit einer futuristischen Romantik der Raketentechnologie.... (man mühte sich gar nicht mehr die die alten Städte abzureißen wie dazumal Le Corbusier die Pariser Innenstadt, man ließ sie einfach verrotten unterm Stahlg[ew]itter der neuen Urbanität)...Hinter solchen Phantasien verbargen sich unerfüllte Machtträume von unterbeschäftigten Planer". (Hollein, Pichler, Rudowsky)"

50 H. Klotz – Nachwort in Venturi 1978/1993, S. 221

51 R. Kohoutek 2016, S. 213 „Ästhetisch machte die Stadt die programmatischen Verheißungen der Moderne hier nicht mit, was umgehend von deren Repräsentanten zu Unrecht kritisiert wurde. Viele dieser ‚Roten Burgen' sind beinahe Vorläufer der Postmoderne in der Architektur."

52 J. Rykwert 1983, S. 177

53 W. Kainrath, 1988, S. 210

Die Architektur als Kunstform - als Wiederkehr einer unterdrückten Kreativität, als Implosion der Utopie in sich selbst, die Megastrukturen sind zu ungewöhnlich, um als Modell für die allgemeine Praxis zu gelten. Inzwischen sucht die einstige Avantgarde, wie Tafuri feststellt, **Rechtfertigung durch die Medien** oder sühnt ihre Schuld im Ritus eines isolierten, kreativen Exorzismus. wieweit das ein subversive Taktik (Archigrams ‚Injektion von Lärm ins System') oder eine kunstvolle Metapher mit kritischen Nuancen darstellt, hängt natürlich von der Vielschichtigkeit der damit zusammenhängenden Ideen und Zielen zusammen.[54]

„wohnen morgen" von W. Holzbauer Wien 15

Eine ‚rationale' Ausdrucksform der Metabolisten und Futuristen war der besonders der in der italienischen Tradition verhaftete **Rationalismus**, der nahezu nahtlos an den Monumentalismus der Mussolini-Ära anschloss. „Doch nichts war weiter vom Populismus der Postmoderne weiter entfernt als die neorationalistische Bewegung in Italien der siebziger Jahre, die sogenannte Tendenza, die den Versuch unternahm, Architektur und Städtebau vor den allgegenwärtigen Kräften des Konsumismus zu schützen.

Neben den beiden italienischen Proponenten Aldo Rossi und Giorio Grassi sind im deutschsprachigen Raum Kleihues, Reichlin, Ungers und W. Holzbauer als ‚Neorationalisten' zu nennen.

Wie Leon Krier, der inzwischen einen ähnlichen Weg eingeschlagen hat, sucht Rossi den beiden Chimären der Moderne - positivistische Logik und blinder Fortschrittsglaube - zu entgehen, indem er zur Bautypologie und zu den Konstruktionsformen der zweiten Hälfte des 19. Jahrhunderts zurückkehrt.

Die Postmoderne

„Nicht Mies van der Rohes ‚Less is more' gilt,
sondern ‚Less is a bore' – ‚Weniger ist langweilig'
Robert Venturi 197855

Klaus Novy beschreibt in seinen ‚Neuen Wegen der Planungskultur' 1990[56] die Abwendung der Postmodernen von allen rationalistischen Planungsutopien und Avantgardeansprüchen: „**Postmodernes Denken** hat sich entschieden verabschiedet von allen rationalistischen Planungsutopien, Einheitsentwürfen und Avantgardeansprüchen. Diese seien alle potentiell totalitär. Postmodernes denken leugnet nicht Vernunft, sondern monistische Vernunftansprüche; es lenkt die Aufmerksamkeit positiv auf Pluralismus, Nischen, Brüche, Unfertiges. Postmoderne kritisiert die falsche Radikalität der Moderne mit ihrem Ausspruch ‚Bruch mit der alten Stadt', ‚Platz frei für die neue Stadt'. Novy bedauert schließlich, dass die Postmoderne im Städtebau **wenige nachhaltige Leitbilder** – und wenn dann „rückwärtsgewandte Leitbilder der Antike oder mittelalterlichen Stadt (R. u. L. Krier) hervorgebracht hat."

54 K. Frampton 1983, S. 238
55 R. Venturi, Komplexität und Widerspruch in der Architektur. 1978
56 K. Novy in H. Swoboda 1990, S. 58

Es sind drei Grundsätze, die die Abkehr der Postmoderne von der Moderne bewirken:

- Die Moderne richtete sich an Eliten – die Postmoderne richtet sich an den „kommerziellen **Jargon der Straße**", an die Alltagswelt und versucht den Anspruch des Elitären zu überwinden[57]
- Die Postmoderne lehnt die Einsprachigkeit der funktionalistischen Univalenz ab und erweitert die Formensprache in verschiedenen Richtungen – vom Bodenständigen, zur Überlieferung und zum ‚Narrativen' – das was Raport-Kantor als **‚Ambivalenz'** bezeichnet
- Die Ablehnung von Einheitsentwürfen und die **Akzeptanz des Unfertigen**, der Brüche in der Stadtstruktur und die Widerspiegelung des Pluralismus der Leitgesellschaft in der Architektur. Rapoport-Kantor aber auch Venturi haben hierfür den **Begriff der Komplexität** verwendet.[58]

Habermas wies 1980 darauf hin, dass weniger die avantgardistische Kultur als vielmehr die Geschwindigkeit und Rücksichtslosigkeit der modernen Entwicklung verantwortlich sei für Enttäuschung und Zerrissenheit und damit für die populäre Ablehnung des Neuen. Doch letztlich muss auch der unerschütterliche Neokonservative zugeben, dass es wenige Chancen gibt, dem unaufhaltsamen Fortschritt der Modernisierung zu widerstehen.

Venturi und Scott Brown leiten aus dem Widerspruch architekturtheoretischen Auffassungen der ersten Hälfte des 20. Jahrhunderts, die die physiognomische Ebene gefördert haben, und der geschwindigkeitsorientierten und dezentralen Stadt, die Notwendigkeit einer **neuen Formensprache** ab: „Es kann nicht mehr darum gehen, über Gebäudeformen, Stile, Farbe oder Materialien Informationen zu vermitteln. Diese physiognomischen Botschaften können nur implizite Assoziationen bereithalten, die sich zudem nur demjenigen Experten erschließen, der das moderne Formenvokabular und dessen Anleihen an der Maschinenästhetik des Industriezeitalters kennt." (Venturi 1992, S. 162 ff.)

Im Gegensatz dazu ist Ästhetik für Venturi und Scott Brown eine **Wahrnehmungsqualität der Alltagswelt** und nicht der Fachwelt. Mit ‚form follows function' ist die Funktion anhand der Gebäudeform ablesbar, aber die Form evoziert darüber hinaus kaum Assoziationen oder generiert Bedeutungen. Ihre Kritik mündet in der berühmten Unterscheidung zwischen der Architektur als Ente und einer Architektur als dekorierten Schuppen - semiotisch gesprochen ist es eine Unterscheidung zwischen **Zeichen und Symbol**."[59]

Den nächsten Schritt Venturis hätte man vielleicht voraussehen können: „Wenn Main Street fast in Ordnung war, dann ließe sie sich ganz in Ordnung bringen, indem man sie in Anführungszeichen setzte. Das tat also Venturi. **‚hässlich und gewöhnlich'**, so beschreibt er jetzt das Gebäude, das er entwerfen möchte. [...] Diese Bauten gehören zur hohen Kultur und müssen nach denselben Maßstäben beurteilt werden wie die ‚Architekten-Architektur'."[60]

Das entspricht auch der Auffassung Dietmar Steiners zum Sozialen Wohnbau, den man die **‚Arte Povera'**, die Ärmlichkeit, in der Material- und Formensprache ansehen müsste. Die heute vielbeachteten Bauten und Umbauten des Pariser Architektenduo Lacaton & Vessel, die mit dem Pritzker-Preis 2021 ausgezeichnet wurden[61], wo einfache Konstruktionen und Materialien für einen individuellen Flächenzuwachs genutzt werden, setzen diese Linie fort.

57 Ch. Jencks zit. in Adrian 1980, S. 35
58 Amos Rapoport und Robert Kantor, Komplexität und Ambivalenz in der Umweltgestaltung in stadtbauwelt 1970
59 Zit. bei A. Brandl 2013, S. 145-146
60 J. Rykwert 1983, S. 171
61 W. Czaja – Urbillig und urschön, Standard 3/2021

Postmoderne Stadtlandschaften

Die Kritik am unzulänglichen Städtebau der Postmoderne ist systemimmanent, weil ‚große Ideen' nicht zum Repertoire gehören und wenn die Aufgabenstellung es erfordert, ins Triviale abzugleiten droht. Venturi drückt das so aus: „Architekten und Planer, die sich nur mit Verachtung über das überkommene Bild unserer Städte äußern, weil sie es für vulgär und ausdruckslos halten, feilen an komplizierten Methoden, um die vulgären Scheußlichkeiten aus den bereits existierenden Siedlungen zu tilgen, sie zu kaschieren bzw. sie aus den für Neuplanungen verbindlichen Formenschatz zu verbannen: [...] Sie verfolgen unerreichbare Ziele. Weil sie zu viel erreichen wollen, offenbaren sie im Grund nur ihre Unfähigkeit und riskieren ihren Einfluss als Experten, wofür man sie in der Tat noch hält. Könnten sie andererseits nicht durch eine gewisse Anpassung an die Realitäten unserer Städte [...] nicht eine problembezogenere Wirkung erzielen?".[62]

Lacaton und Vessel - Bordeaux

Rob Krier schlägt in dieselbe Kerbe, wenn er postuliert: „Jede Neuplanung in der Stadt hat sich der **Ordnung des Gesamtgefüges** zu unterwerfen und in ihrer Gestalt eine formale Antwort auf die räumlichen Vorgaben zu leisten.

Diese These ist im modernen Städtebau so gut wie verloren gegangen. Niemand wird bestreiten, dass mit den Anfängen der modernen Architektur die Stadtbaukunst, wie Camillo Sitte sie verstanden hat, und der Stadtraum als ästhetisch ablesbarer Außenraum einer chaotischen, pseudodemokratischen und pseudohumanen Stadtbildideologie geopfert wurden!"[63]

Venturi sieht die Postmoderne als **Überwindung des Anspruchs der Moderne**, den Le Corbusier 1922 gestellt hat, dass die Architekten keine einfachen Formen mehr verwirklichen können, wo doch nur die einfachen primären Formen schön und lesbar sind: „Nur eine ‚Sowohl-als-auch' Architektur kann unterschiedliche Bedeutungsebenen bzw. Interpretationsmöglichkeiten bieten und damit zu einem lebendigen Wahrnehmungserlebnis beitragen ‚nur bei einer vielschichtigen städtebaulichen Situation kann das Auge nach seiner Suche nach der Einheit eines Ganzen nicht zu schnell, nicht zu leicht zufrieden gestellt werden'

Venturi geht es um die Lesbarkeit von Widersprüchen und Mehrdeutigkeiten, denn nur die ‚gleichzeitige Wahrnehmung interdependenter Bedeutungsebenen zwingt den Betrachter in einen Konflikt der Wertung, lässt ihn zögern und seine ganze Betrachtungsweise lebendiger werden."[64] „Architekten können es sich nicht mehr leisten, von der puritanischen moralischen Sprache der orthodox-modernen Architektur eingeschüchtert zu werden. Ich habe zusammengesetzte Elemente lieber als ‚saubere', verzerrte lieber als ‚geradlinige', mehrdeutige lieber als ‚wohlartikulierte'....... Ich bin für **verworrene Lebendigkeit** im Vergleich zu vorhersehbarer Einheit. Ich beziehe Fehlschlüsse mit ein und verkünde Dualität.[65]

62 R. Venturi 1978/1993, S.68
63 R. Krier 1975, s. 72
64 R. Venturi 1993 zit. in A. Brandl 2013, S. 144
65 R. Venturi 1977 zit. in C. Ehakt et. al 1986, S. 383

Gibt es überhaupt postmoderne Stadtlandschaften? Lucius Burckhardt sieht in seinem Essay **‚Brache als Kontext'** drei hypertypische postmoderne Stadtlandschaften:

- der Supermarkt [Outlet-Center]
- der Themenpark oder Disneyland
- die denkmalgepflegte Altstadt

Sie sind charakterisiert durch die scharfe Trennung in **Veranstalter und Konsument**, wobei der Veranstalter eine rigide Ordnung etabliert - diese ist so logisch, dass sich die Besucher sich sogleich zurechtfinden, sich zu Hause fühlen und gleich richtig einklinken: Shopping.

Als Kontext zu postmodernen Landschaften gehört die ‚Brache' sowohl im engeren Sinn, als auch die metaphorische Brache einer ungeordneten, chaotischen Umwelt. Einer der Anfänge der Postmoderne ist bekanntlich die berühmte Reise von Robert Venturi nach Las Vegas. Der entdeckte er, dass die Gebäude die er Sheds nennt, mit riesigen, erklärenden Zeichensymbolen behaftet sind: An der Straße steht das große beleuchtete Signal für ein Vergnügungsetablissement namens Stardust: ***‚Learning von Las Vegas'*** *als Erklärung der Trennung der Bauform von der zeichenhaften Erklärung (Nutzung).*"[66]

Collage-City

Wenn städtebauliche Defizite des postmodernen Städtebaues (siehe folgende Kritik der Postmoderne) zurecht festgestellt werden, entspricht die ‚Collage-City' von Rowe und Koetter, 1984 dem offenen Charakter und der **Bastelei (Bricolage)** mit postmodernen Elementen.

Rowe-Koetter kritisieren, dass in der Praxis jeglicher idealer Referent für die stets gewinnenden ‚Zufälle', die sie fördern wollte, gefehlt zu haben (scheint) und entwickeln mit der Collage City eine ‚Theorie der widerstreitenden Kräfte'. Dabei soll die Strategie der Bricolage situationsbezogen Widersprüchliches und Zufälliges zusammenbringen. Der Begriff des Kontextes wird mit den Arbeiten von Rowe, Koetter und Ungers prominent in die Städtebautheorie eingeführt, ein kontextualistisches Verständnis ist jedoch in der Geschichte des Städtebaues und der Stadtbautheorie immer wieder zu finden: von der Townscape-Bewegung bis Sitte, Brinckmann und Schumacher.[67]

Das **Konzept der Bricolage** (wörtlich Bastelei) basiert auf der philosphischenen Grundlage von Claude-Levi-Strauss und ist eine unvorhergesehene Bewegung - wie der Effet beim Billard, beim Ballspiel, der Umweg eines Pferdes oder Hundes, der einem Hindernis ausweicht etc. Der Bricoleur ist ein Bastler, der mit seinen Möglichkeiten werkelt und dabei Mittel anwendet, die dem Fachmann als abwegig vorkommen.

„Der eine (Fachmann) schafft Ereignisse mittels Strukturen, der andere (Bastler) schafft **Strukturen mittels Ereignissen**."[68]

Wenn die Collage das die Methode ist, ist die Bricolage die Strategie, das Herumbasteln oder hochtrabender als **Inkrementalismus**, trivialer als ‚Durchwursteln' zu bezeichnen ist. Das hatBernhard Hoesli ernüchternd erlebt: „Die Gedanken zur ‚Collage-City' wurden aufgenommen als ein Tagungsangebot unter vielen - und ausgerechnet in München war die **Reaktion der ‚alten Praktiker'** eine Art herablassender Zustimmung, als ob mit Erleichterung zur Kenntnis genommen werde, was ohnehin ‚schon immer' praktiziert worden war, nun auch theoretisch legitimiert sei und man sich unversehens in der Avantgarde fühlen könne."[69]

66 L. Burckhardt et al. 2015, S. 106-107
67 A. Brandl 2013, S. 170-171
68 C. Rowe – F. Koetter 1984. S. 148-149
69 B. Hoesli – Kommentar zur dt. Ausgabe von ‚Collage City' S. 268

Kritik und Überwindung der Postmoderne

„Schmeckt uns die neue Musik der Peripherie zu dissonant? Das süßliche Kaffeekränzchen der Postmoderne sollte uns für ihren herben Geschmack empfänglich machen.“
Willi Kainrath 1988[70]

Haben wir die Postmoderne voreilig abgeschrieben? Greifen ‚Nebenströme' des Dekonstruktivismus oder des ‚High Tech' diese Lücke auf? Klaus Novy sieht die Postmoderne als Denkweise, hinter die es kein Zurück geben darf: „„Die aktuelle Main-Stream-Reaktion auf die Postmoderne greift auf die Leitbilder der 50er/60er Jahre zurück. Eine Prä-Postmoderne ist aber ein schlechter Ersatz für eine post(post)moderne Moderne. Die Postmoderne war ja auch nicht nur modische Architekturhaltung, sondern eine Denkweise, hinter die es kein Zurück mehr geben darf. **Postmodernes Denken** hat sich entschieden verabschiedet von allen rationalistischen Planungsutopien, Einheitsentwürfen und Avantgardeansprüchen. [...] Postmodernes Denken leugnet nicht Vernunft sondern monistische Vernunftansprüche: es lenkt die Aufmerksamkeit auf Pluralismus, Nischen, Brüche, Unfertiges, und zwar nicht nur als künstlerische Strategie, sondern als Umgangshilfe mit überkomplexen Realitäten.“[71]

Kenneth Frampton[72] sieht in den Werken der Postmodernen von Michael Graves, Peter Eisenman, James Stirling, Philipp Johnson, Rem Koolhaas und Hans Hollein die **szenografischen Elemente** gegenüber den tektonischen Elementen in der Hauptrolle und damit eine Diskrepanz zwischen Inhalt und äußerer Form, indem die Form selbst ihren konstruktiven Inhalt verleugnet“ – der ‚dekorierte Schuppen'.

Ein weiterer Vorwurf, der der Postmoderne entgegengebracht wird ist die **Übersättigung** durch die Lust am Spiel mit Zeichen, wo ein exzessiver Gebrauch von schlichten Narrativen kaum mehr Aufmerksamkeit im Alltag erregt. „Architektur verspielt dann allzu leicht ihr Potential, für allfälligen kommunikativen Gebrauch offen zu bleiben.“[73]

Der Rückgriff der Postmoderne auf die Baugeschichte und die sogenannte **Kritische Rekonstruktion** der alten Städte wirken bereits nach wenigen Jahren abgestanden“ findet Thomas Sieverts; „die alten Traditionen und Rituale einer kulturell noch halbwegs homogenen Stadtgesellschaft lösen sich auf in kulturell unverbundene und unverbindliche Einzelelemente, die sich auch durch einen übergreifenden 'Masterplan' im Sinne traditionsreicher Stadt-Baukunst nicht mehr zusammenfügen lassen.“[74]

Robert Venturi – Piazza Italia in New Orleans

70 W. Kainrath 1988, S. 217
71 K. Novy 1990, S. 2486
72 K. Frampton 1983, s. 257
73 Wolfrum und Janssen 2016, S.106-107
74 T. Sieverts 1988, S.174

"Doch der Katzenjammer am Ende gebiert nichts Neues. An Stelle des Fassadenabschlags, des Kahlschlags trat die Fälschung von Gefälschtem. Den Heroen der architektonischen Moderne werden Denkmale gesetzt, die nun selbst wie Fälschungen wirken. sie taugen nicht mal mehr als Momente eines erreichten Standards der Architektur, die als schlechtes Gewissen zu funktionieren vermöchten. Stattdessen entsteht die Rede von der Postmoderne. Nicht nur ihr Resultat macht es offensichtlich - auf ein konventionelles Hochhaus wird als Krönung ein Gebilde gestellt, das einer Chippendale-Kommode verteufelt ähnlich sieht: Es ist die **Bankrott-Erklärung der modernen Architektur**. Venturis Manifest, das gegen die Mies'sche Formel - weniger ist mehr - ein Mehr an Komplexität einklagt, diese aber schon in bizarren Aufsätzen oder Anhängsel gefunden zu haben meint, erreicht eine Banalität an Reflexionsvermögen in der Architektur, die bis dahin unbekannt war."[75]

Liegt die Zukunft der Architektur in Rem Koolhaas' „Hohe Aufmerksamkeit – weniger Seriosität?"-*"Great Attention, Less Seriosity"*

So spottete Rem Koolhaas und hat verdammt recht damit. Die Diamanten der Star-Architekten verbreiten sich wie Spam-Mails über den Erdball. sie folgen alle der vielzitierten Ökonomie der Aufmerksamkeit, obwohl sie vielfach diese wegen Übersättigung gar nicht mehr erfüllen können. [...]

Aber was wäre das Gegenteil davon? Less Attention, Great Seriosity? Von Prince Charles und den Kriers, den anhaltend stilistisch Postmodernen wie Robert Stern und Michael Graves bis zum amerikanischen New Urbanism und Vittorio Magnago Lampugnanis neuem Konservativismus oder den Berliner Steinbaumeistern reicht die Palette derer, die eine Rückkehr zur Konvention des Bauens fordern. Jawohl, es wäre dann ‚Baukultur', wenn sie sich durchsetzen könnte. wir hätten dann wieder verbindliche Konventionen, wir hätten dann wieder, in neuen Spuren nur - und das ist wichtig - harmonische Dörfer und Städte. Wir hätten den Verlust der Kultur kompensiert. Aber **welche Kultur** hätten wir dann?

Chippendale-Hochhaus, New York
Johnson & Burgee

75 R.Thiessen 1982, S. 233

3.5 Contemporary

"So wie sich die Gesellschaft wandelt, wandelt sich auch die gebaute Stadtsituation...Die Gesellschaft bringt ihre Gebäude hervor und wenn die Gebäude auch keine Gesellschaft hervorbringen, so helfen sie doch viele gesellschaftliche Formen aufrecht zu erhalten."
Anthony King - Buildings and Society London 1981

Der **zeitgenössische Städtebau** kann nicht mehr als Epoche eingeordnet werden - er ist ein Abbild der pluralistischen Gesellschaft. Es gibt keinen vorherrschenden Stil, eher Moden[76] und eine Inszenierung, die auf alle hier behandelten Stilepochen - auch der Gründerzeit - zurückgreift. Angesagt ist hier das ‚Theming', der thematische Städtebau, dessen Priorität im Kontext, im Narrativ in der Erzählung liegt. Die Stadtgestalt und auch das Stadtbild ergeben sich zwangsläufig und sind dank der Bibliotheken der Visualisten beliebig und austauschbar.

Potsdamer Platz - Berlin

Die Liste thematischer Leitbilder[77] kann nicht erschöpfend sein und wird durch immer neue ‚Stadtmodelle' erweitert:

- Künstlerischer Städtebau im Sinne Camillo Sittes (meist negativ konnotiert)
- Sozialer Städtebau (Hans Paul Bahrdt - zutreffende Kritik ohne Lösungsansätze)
- Humaner Städtebau (meist mit epithetan ornans ‚Mensch' und ‚menschlich')
- Funktionaler Städtebau (Funktionstrennung lt. Charta von Athen)
- Gegliederte und aufgelockerte Stadt (Göderitz, Rainer, Hofmann)
- Neuer Historismus (Form als Zitat)
- New Urbanism - Town-scape-Bewegung (City Beautiful)
- Postmoderne Stadt (Komplexität und Widerspruch - Ambivalenz)
- Collage City (die fragmentierte Stadt)
- Kompakte Stadt (Urbanität durch Dichte)
- Smart City (Digitalisierung der Funktionen über Sensoren - „1984" als Menetekel)
- Digitale Stadt (s.a. Smart City)
- Kreative Stadt - Stadt der Musik - Stadt der Wissenschaften

76 R.P.Sieferle in Stadt Wien, MA 18 2014, S. 32 „Was das neue Bauen anbetrifft, glaube ich, dass die Zeit der Stilbildung vorbei ist, weil die Beschleunigung zu groß ist. Stile können sich nur dann stabilisieren, wenn es einen langsamen Wandel gibt. Wenn es einen raschen Wandel gibt, gibt es nur Moden. Und Moden sind keine Stile. wenn das so ist sollte man so bauen, dass man es leicht wieder abreißen kann."
77 basierend auf A. Voigt 2005, S. 96

- Biomorphe Stadt (The City is not a tree!)
- Schwammstadt (biologischer Wasserkreislauf)
- Stadt der kurzen Wege (Viertelstunden-Stadt)
- Kooperative Stadt (neue Formen des Zusammenlebens bis stadtnahe Landwirtschaft)
- Resiliente Stadt (eine Stadt, die sich nach Verwundungen selbst heilen kann)[78]
- Netzstadt (komplexe Überlagerung von Haushalts-, Verbrauchs- und Produktionsnetzen[79]
- Poröse Stadt (Stadt der Zwischenräume und Durchlässigkeit)[80]

Selbst im **Planungsalltag** bekamen Szenarien selbsterklärende Bezeichnungen wie am Beispiel von Karlsruhe (Leitbild 2050) gezeigt werden kann:[81]

- Kompakte Stadt - konzentrierte Entwicklung unter Begrenzung der Suburbanisierung
- Kreislaufstadt - Vorrang für Ökologie und Durchgrünung - Modell einer 'Antistadt'
- Regiopole - Mittelpunkt einer Regionalstadt mit starker Vernetzung im Umland
- Landschaftsstadt- Grüne Wege bilden ein Landschaftsgerüst auf -Grün wird in die Stadt geholt
- Zellenstadt - Wunsch nach lokaler Gemeinschaft in unterschiedlichen Zellen mit einer spezifischen Identität

Alain Pierre Bourdin beschreibt diese Situation:[82] „Die heutige Situation ist durch das offensichtlich unmögliche Beschreiben der städtebaulichen Entwicklung mit **herkömmlichen Vokabeln** oder Narrativen gekennzeichnet. Diese lösen sich in immer schnellerer Reihenfolge ab und lassen sich mehr als Aufmerksamkeitsbegriffe verstehen, mit dem einzelne Aspekte städtischer Entwicklungen in die Eliten-Diskurse der Architektur, Wirtschaftsförderung, Stadtplanung und Lokalpolitik betont werden. Dies betrifft die ‚virtuelle Stadt', an die sich schon kaum mehr jemand erinnert, dann die ‚kreative Stadt' oder nun die ‚Smart City'.[...]

In den Leitbild-Prozessen der neunziger Jahre hatten viele Städte mit den Bürgern Pläne entworfen, in denen es um eine langfristige Entwicklungsperspektive ging. Davon ist nichts übriggeblieben. stattdessen sind Identitätspolitiken (‚Stadt der Wissenschaften', ‚Stadt der Musik') getreten, in denen das Lokale globalisiert, medialisiert und selektiv reproduziert wird. Das bedeutet die klammheimliche Aufgabe einer **holistischen Stadtrepräsentation** oder aber einer selektiven Interessens- und Ressourcenpolitik auch noch einen offiziellen Rahmen zu bieten.

Zwei Sonderfälle sollen hier herausgegriffen werden, die ‚Langsame Stadt der Cittàslow-bewegung, die vor für allem Kleinstädte Leitbild-Funktionen erfüllen kann und der Dekonstruktivistische Städtebau, der mit der ‚Ästhetik des Bruchs' agiert.

Cittàslow-Bewegung[83]

Gegründet in den späten 90er Jahren in Italien (Bra, Greve, Orvieto, Positano) gehören der Bewegung der ‚Langsamen Städte' 269 Mitglieder an und es stehen weitere 100 auf der Warteliste.

Die Kriterien sind streng. Mc Donald's, Starbucks und andere internationale Ketten sind in den Innenstädten tabu, auch in Sachen Umwelt, Verkehr, Nachhaltigkeit, Kultur

78 S.A. Günther in W. Czaja 2020a, S. 34
79 ARCH • 1991, s. 80 und Becker 1998, S. 499
80 Paola Viganò und Bernardo Secchi (arch• , 2015. S. 214) konzentriert sich auf die Gestaltung der Zwischenräume in den inneren Peripherien bis in den regionalen Maßstab hinein. Mittlerweilen ist Porosität in ihrer schillernden Bedeutung von einer Kategorie der Beschreibung und Analyse zu einem Element urbanistischer Konzepte geworden."
81 KIT –Karlsruher Institut für Technologie 2015, S. 44-46
82 A. Bourdin 2014, S. 12-13
83 J. Seisselberg 2019,

und im sozialen Zusammenhalt müssen die Städte hohe Kriterien erfüllen. Eine Cittàslow, sagt Geschäftsführer Pier Giorgio Olivetti, sei immer eine lebenswerte Stadt, eine Stadt der positiven Langsamkeit. ‚Die **positive Langsamkeit** ist nicht die Langsamkeit der Verspätung der Züge, die nicht pünktlich sind, die Bürokratie, die langsam ist. Nein, Cittàslow ist reflektierte Langsamkeit, Entschleunigung. Unsere Städte sind dadurch extrem modern und effizient.'

Dekonstruktivistische Ansätze

Wenn manche den Dekonstruktivismus als ‚Sackgasse' bezeichnen, übe er doch immer wieder in der Verzerrung der Form eine Faszination des Irrationalen aus. Seine Repräsentanten Daniel Libeskind, Frank Gehry, Peter Eisenman, Zaha Hadid, Bernhard Tschumi oder COOP Himmelb(l)au schöpfen Stadtlandschaften, die eine neue Identität von Orten schaffen.

Mark Wrigley im Katalog der Ausstellung ‚Decostruktivist Architecture' im MOMA 1988:[84]

„Die Form verzerrt sich selbst. Doch diese **Verzerrung** zerstört die Form nicht. Auf seltsame Weise bleibt sie intakt. Es ist eher eine Architektur der Spaltung, des Verrückens, der Ablenkung, der Abweichung als eine Architektur der Zerstörung, der Demontage, des Verfalls oder der Auflösung. Sie **verschiebt die Struktur** anstatt sie zu zerstören. Verwirrend an dieser Art Bau ist letztendlich die Tatsache, dass die Form ihre Martern nicht nur übersteht, sondern stärker daraus hervorgeht. [...] Es ist unklar was zuerst da war - Form oder Verzerrung, Wirt oder Parasit. Keine Operationstechnik könnte die Form befreien: kein klarer Schnitt kann gelegt werden. Den Parasiten entfernen hieße den Wirt töten. Beide bilden eine symbiotische Einheit.

"Die dekonstruktive Verformung und Öffnung der reinen Form sorgt 'für eine dynamische Komplexität örtlicher Beziehungen, die sie besser mit der funktionellen Komplexität deckt' als bei den Modernisten.' An die Stelle der Form, die der Funktion folgt, tritt die Funktion, die der Deformation folgt'"[85]

Heinrich Klotz vom Deutschen Architekturmuseum Frankfurt entwirft die von ihm so genannte **‚Zweite Moderne' eine Ästhetik des Bruchs**, des Widerspruchs, des Bewusstmachens verlorener Sicherheit und gewonnene Freiheit. Sie erklärt jeder in sich geschlossener Weltanschauung ihr Misstrauen. Ihre Vertreter, wie zum Beispiel Rem Koolhaas, versuchen 'ein Stück Wahrheit, nämlich das **Kaputte, das Zerstörte,** mit Architektur herauszuarbeiten. Denn das **Fragmentarische** ist ein wesentlicher Bestandteil unseres Lebens.[86]

Auch im Städtebau und der Freiraumgestaltung sind konstruktivistische Ansätze ablesbar -Beispiele wie Aspern Rüdiger Lainer 1992 und La Villette, Bernhard Tschumi – Cordula Loidl-Reisch sieht daran die Entsprechung der **zeitgenössischen Geistesströmungen**:

"Der gegenwärtigen Geistesströmung wohl am meisten entsprechend, lebt das Gestaltungsprinzip (des Dekonstruktivismus] von Instabilität und fehlender Fülle. Die **Brüche der Zeit** werden thematisiert: statt Einheitlichkeit wird Fragmentierung und statt Synthese wird Konflikt gesucht. Überlagerungen verschiedener Informationsebenen finden statt - strukturelle Verschiebungen charakterisieren den bewussten Umgang bzw. den Einsatz von Bruchlinien und Ungewissheiten Die Nutzbarkeit und der ökologische Wert dekonstruktivistischer Freiräume variiert, doch eine Tendenz zur Bestandsfeindlichkeit muss konstatiert werden."

84 zit. in K. Frampton 1983, S. 262
85 M. Wigley zit. in Perching und Steiner 1991, S. 26
86 Heinrich Klotz im Gespräch mit Nikolaus Kuhnert in arch•86/1986 zit. in Perching und Steiner 1991, S. 26

Kritischer Regionalismus

Wenn sich noch ein Stilansatz Mitte der 80er Jahre herausgebildet hat, ist das der ‚Kritische Regionalismus' wie ihn Kenneth Frampton genannt hat:[87]

R. Lainer Aspern Wien 22, 1992

„Mit der Bezeichnung kritischer Regionalismus ist nicht der regionale Stil gemeint, der einst spontan durch Zusammenwirken von Klima, Kultur, Mythos und Handwerk entstand. Sie bezieht sich vielmehr auf jene **neueren regionalen ‚Schulen'**, deren Ziel es ist, die begrenzten Gesellschaften, in denen sie begründet sind, im kritischen Sinn zu repräsentieren und zu bedienen. zu den Vorbedingungen für regionale Ausdrucksformen gehört nicht nur eine gewisse Prosperität, sondern auch eine **dezentralistische Einstellung** - ein Streben nach kultureller, ökonomischer und politischer Unabhängigkeit.

Im Unterschied zum **sentimentalen Heimatstil**, der als längst überfälliger Rückgriff auf die Substanz der Populärkultur verstanden wird, hat der **Populismus** das Ziel als instrumentelles Zeichen zu wirken, als ein Bild, das nicht die kritische Wahrnehmung der Realität widerzuspiegeln versucht, sondern mangelnde Erfahrung durch **Simulation** und die bloße Vermittlung von Information sublimiert."

Regionale Architektur und Weltarchitektur sind kein Widerspruch - Repräsentanten sind so unterschiedliche ‚Schulen' wie sie Jörn Utzon, Riccardo Bofill, Raimund Abraham, Alvaro Siza, Luis Barragán, Gino Valle, Ernst Gisel und Carlo Scarpa repräsentieren.

Kenneth Frampton hat sich inzwischen vom ‚Kritischen Regionalismus', der auf die wechselseitige Befruchtung verschiedener Kulturen als Kernthema aufbaut, zum viralen Internationalismus gewandelt.[88]

Auswirkungen auf die Stadterscheinung

„Die siebziger Jahre waren eine - viel sagen heute die letzte - Zeit der Definition und der Auseinandersetzung über eine Theorie der Architektur, die zwischen dem konkret alltäglich gelebten Leben und der gebauten Form einen Zusammenhang herstellen wollte."
Dietmar Steiner 2016, S. 85

Keneth Frampton sieht in den Bauten eines Richard Rogers, Norman Foster und Frei Otto drei Prinzipien – **Produktivismus** genannt – darstellen:

1. Das Bauprogramm soll in einem undekorierten Schuppen oder Hangar untergebracht werden, der so **offen und flexibel** wie möglich sein muss.
2. Die Anpassungsfähigkeit dieses Volumens soll durch ein **homogenes, integriertes Netzwerk** von Serviceeinrichtungen - gesichert werden.
3. Die **Serviceeinrichtungen und die Konstruktion** sollen deutlich zum Ausdruck gebracht werden (L. Kahn: Trennung von dienenden und bedienten Bereichen).

87 K. Frampton 1983, S. 265-267
88 J. Hastings 2006, S. 411

R. Piano - Centre Pompidou Paris

Musterbeispiele sind das Centre Pompidou, Flughafen Stansted, Shangai Banking und Lloyds in London - wobei Pkt. 3 Variationen unterliegt (Dominanz von Haut oder Skelett).

Das Ergebnis beklagt Dietmar Steiner: „Was wir in den letzten Jahrzehnten erlebten, war zunächst die Entwicklung des Architekten zum singulären Autor, zum Star. Diese Autorschaft, die persönliche Signatur, hat sich durch die digitalen Planungsmöglichkeiten aufgelöst. **Jeder kann alles**, weil es die Technologie der Planung (BIM) erlaubt. Das sinnlose Gewürm der autistischen freien Formen ist in Wahrheit voll in der Hand der ermöglichenden Bauindustrie. Und diese wird den Bauprozess in Zukunft noch stärker durchdringen und definieren."[89]

Rem Koolhaas verlangt jeden Anspruch auf ein Idealbild aufzugeben ,um durch den Leitgedanken der **permanenten Revision** ihre Glaubwürdigkeit zurückzufinden. [...] Sollte es einen neuen Städtebau geben, so kann sich dieser nicht auf die Zwillingsphantasie von Ordnung und Allmacht stützen. Die neue Stadtplanung wird eine **Inszenierung** der Ungewissheit sein'[90]

Doch all diese Thesen vermögen nicht **‚Quartiere mit städtischem Charakter'** zu schaffen, sondern sind nur Krücken. Jens Dangschatt geht den Ursachen im Nachwort von ‚Vielfalt und Integration' A. Feldtkellers nach:

„Trotz aller Sonntagsreden über Binnenentwicklung. Rückbau, Nutzungsmischung, ‚neue Urbanität', ‚Stadt der kurzen Wege', ‚nachhaltige' und ‚europäische Stadt', sind neue Quartiere mit durchgängig **städtischem Charakter** in Deutschland in den letzten dreißig Jahren praktisch **nicht mehr entstanden**. Die Ursachen hierfür sind vielfältig: Bequemlichkeit, Überlastung, fast religiöser Glaube an die Steuerungsfähigkeit des Markts, Ablehnung des Verursacherprinzips, anti-städtische Leitbilder, ein Planungsrecht, das Entmischung zum obersten Prinzip erklärt und eine Verwaltung, die ihre Möglichkeiten nur bedingt ausschöpft."[91]

89 D. Steiner 2016, s. 25
90 H. Klotz im Gespräch mit Nikolaus Kuhnert in arch• 86/1986, S. 62
91 J. Dangschatt in Feldtkeller et al 2001, S. 214

Machbare Utopien?

„Eine Utopie macht erst Spaß, wenn sie machbar ist, wenn sie mit der Wirklichkeit polemisch verbunden bleibt. Zu weit Entferntes überanstrengt die Augen. Fernsichtige übersehen die Details, in ihnen liegt nicht nur der Teufel, sondern auch die Utopien"
Willi Kainrath 1988[92]

Karl Popper reduziert das ethische Material des Städtebaus auf zwei Restbestände: Nämlich **Tradition und Utopie**, oder was für Andeutungen von Bedeutung auch immer, welche unsere Vorstellungen von Tradition und Utopie noch liefern können.

Sie waren, getrennt oder gemeinsam. positiv und negativ, letzten Endes die treibenden Kräfte für all die verschiedenen Städte der ‚Wissenschaft' und des ‚Volkes', der ‚Natur' und der ‚Geschichte'.[93]

Noch rigoroser sieht der Architekturkritiker Otto Kapfinger das Reden über eine ‚Stadt der Zukunft': „Allein der Begriff **‚Die Stadt der Zukunft'** verheißt wenig Gutes, signalisiert schon ein Fluchtmotiv, die leere Geste des Vorhabens. Die ‚Stadt der Zukunft', das lehrt die Erfahrung mit etlichen gescheiterten Projekten dieser Art, die gibt es nicht. Sie kann von keinem Architekten ‚entworfen' werden. es kann nur ein funktionierende **STADT DER GEGENWART** geben - [...] und das wäre dann eine, die einzige, die tatsächlich Zukunft hat."[94]

Bereits 1972 hat Gerd Albers sein Verdikt über die damaligen Utopiemodelle gefällt, das bis in die Gegenwart Gültigkeit hat:[95]

„Wer sich kritisch mit solchen [utopischen} Vorschlägen auseinandersetzt, kann sich des Eindrucks nicht entziehen, dass es sich dabei überwiegend um Extrapolationen dessen handelt, was heute technisch möglich ist, ohne dass nennenswerte Überlegungen daran verschwendet worden wären, was eine solche Umwelt für das Leben des Einzelnen und der Gesellschaft bedeuten würde.[...]

Darum haben derartige **Utopiemodelle** nur einen sehr geringen Wert für die Bewältigung der **realen Probleme** von heute; nur in Einzelfällen kann man sie als Beiträge zur gedanklichen Durchdringung der vor uns stehenden Entscheidungen werten."

Das größte Defizit der utopischen Städtebaumodelle ist die fehlende gesellschaftspolitische Basis, die sie glauben durch bauliche Modellexperimente, die **Gesellschaft verändern** zu können. Es ist heute klar, dass die Möglichkeiten des Städtebaus weit überschätzt werden.[96]

Und Pietro Hammel setzt 1972 – auch heute nach wie vor gültig - nach: „Beim Städtebau wäre mehr Wirklichkeitssinn angebracht. Ausgangspunkt ist und bleibt der Mensch, der altbekannte Homo sapiens, der immer noch auf denselben Beinen geht, mit denselben Augen sieht und mit derselben geistigen Begrenzung zu denken versucht. ‚All jenen, die heute für den Menschen des Jahres 2000 zu bauen versuchen, möchten wir sagen, dass es vernünftiger ist, für die **jungen Menschen** von jetzt zu bauen' (Toon Tellegen, Amsterdam 1966) „.[97]

In einem Gespräch das Dietmar Steiner mit Protagonisten – Laurids Ortner und Wolf. D. Prix (Coop Himmelb(l)au) über die Lage der zeitgenössischen Architektur und des zukünftigen Städtebaus 2016 führte, kommt Steiner zu dem Schluss: [98]"Man kann also

92 W. Kainrath, 1988 S. 10
93 K. Popper, Utopia und Violance, 1947 zit. in Rowe et al. 1984, S. 177
94 O. Kapfinger in H. Swoboda 1990, s. 203
95 G. Albers 1972, S. 107
96 s.a. M. Schumpp in Andritzky et al 1975, S. 71
97 P. Hammel 1972, s. 18
98 Steiner 2016, S. 344-345, s.a. S. 45

ruhigen bautechnischen Gewissens behaupten, dass auf absehbare Zeit die heutigen **Software-Spektakel** der Architektur in ihren Renderings erstarren werden und nur mehr ‚weißes Rauschen' erzeugen.

Demgegenüber wird eine ‚unsichtbare Architektur' wieder an Stellenwert gewinnen, die sich der **Nachhaltigkeit und der Minimierung der Baukosten** bei gleichzeitigem Gewinn an räumlicher, atmosphärischer und haptisch-sinnlicher Qualität verpflichtet fühlt. Sie beweist durch ihren Umgang mit dem Alltag, durch ihre Direktheit, Angemessenheit und Lebenstauglichkeit."

Kurz zusammengefasst mit Harald Bodenschatz:[99] **„Die Großstadt der Zukunft – ist städtebaulich gesehen – eine Transformation der Großstadt von gestern."**

Städte der Zukunft

> *„ Und auch das relativ Interessanteste von heute oder gestern: die Glasbau-Utopie braucht Gestalten, die die Durchsichtigkeit verdienen."*
> Hermann Bloch 1959, Das Prinzip Hoffnung, S. 863

Nach der eher realistisch dargestellten ‚Stadt der Zukunft', die die Stadt der Gegenwart sei, sollen drei Beispiele konkreter Utopien angesprochen werden.

City Life in Mailand

„Auf dem ehemaligen Mailänder Messegelände ‚Ex-Fiera' bauen drei Star-Architekten ein autofreies Stadtquartier. Nach Fertigstellung werden sich hier elegante Wohnsiedlungen um drei spektakuläre Wolkenkratzer gruppieren, umgeben von einem rund 170.000 Quadratmeter großen, von Wasserläufen durchzogenen Park mit tausenden von Bäumen.

Die für das Projekt verantwortlichen Architekten Arata Isozaki, Zaha Hadid und Daniel Libeskind verbindet dabei die Idee, eine Oase zum Wohnen und Arbeiten in der ansonsten für ihre Verkehrsstaus und stickige Luft bekannten Millionenstadt zu schaffen. Lastwagen, Pkw und Roller werden deshalb in Tunnels verbannt, die durch das Areal führen, aber auch die Anfahrt der einzelnen Gebäude erlauben. mit 366.000 Quadratmetern Fläche ist ‚City Life' etwa dreimal so groß wie der Potsdamer Platz in Berlin."[100]

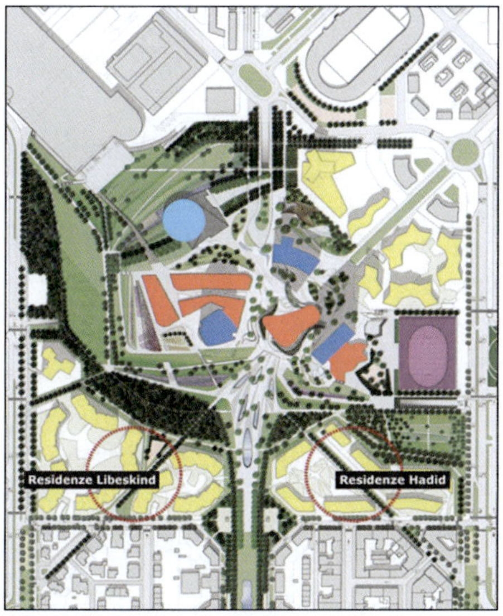

City-Life Mailand

99 H. Bodenschatz, TU-Berlin, ‚Die europäische Großstadt 3.0' in ‚Politik und Zeitgeschichte' 2009
100 B. Wüst in bauwelt 2013

City-Life Mailand

Dahinter verbergen sich eine **übermäßig verdichtete ‚Gated Community'**. Dieses erstaunliche Stück Stadtzerstörung wäre nie von der Öffentlichkeit hingenommen worden, würde es nicht in den **erstaunlichen Formen der Stararchitekten** daherkommen. „Wie die Etiketten der Modeprodukte vom guten Geschmack jener zeugen, die sie tragen (was zunehmend ostentativ geschieht), verleiht die Wahl eines Stararchitekten seinen Bauherren die **Aura der Kultiviertheit**. Mehr noch: er braucht, genauso wie der Träger von Designer-Anzügen, den eigenen Geschmack gar nicht zu bemühen."[101]

100 Jahre nach der ‚Cité radieuse' Le Corbusiers werden die Leitbilder als städtebauliche Sensation verkauft: **Strikte Funktionstrennung** – Zaha Hadid baute ein spektakuläres Einkaufszentrum - Wohn- und Bürohochhäuser in einer Parklandschaft und unterirdische Versorgungsstraßen.

Auch in Wien – wie immer alles etwas geschrumpft und nicht so eindeutig – wird diesem Städtebauideal nach wie vor nachgehangen:

- **Erdberger Mais** SO-Tangente von Hochhäusern gesäumt, bloß das parkartige Erholungsgebiet gibt es nicht - sondern Bricolage im Süden der dominanten Gasometer, die durch Hochhausbauten zu „Zwergen" werden
- **Nordbahnhof** Schnellbahn-Stammstrecke mit teils Hochhäuser - Grünflächen, auch naturnahe mit Respektierung von ‚Überbleibseln' des Bahnhofs und Straßenräumen an den Rändern
- **Nordwestbahnhof** Ehemaliges Bahnhofsareal mit grüner Mitte von Hochhäusern und abwechselnd hohen Wohnbauten gesäumt

Superblock - Village im Dritten

- Sonnwendviertel - Quartier Belvedere Hochhauscluster mit parzellenweiser gemischter Bebauung und ‚normale' mäßig überhöhte Wohnbebauung mit dem Ausreißer ‚Schulcampus' in fragmentierter, aufgelösten Formensprache
- **Village im Dritten** bandartige Parkanlage zu Gewährleistung der Abstände von ‚hohen' 35m-Wohnhäusern abwechselnd mit niedrigerer Wohnbebauung in offener Blockstruktur

101 V. Lampugnani 20122, S. 4

Neom The Line[102]

Im Nordwesten des Königreichs Saudi-Arabien, in der Provinz Tabuk, will Mohammed bin Salman, Kronprinz von Saudi-Arabien eine 170 km lange Idealstadt errichten, die sich vom Golf von Akaba über das 2500 m hohe Hedschas-Gebirge bis zu den im Binnenland vorzufindenden Wadis erstreckt.

Salman: „**Neom The Line** besteht zu 95% aus Natur, eine Stadt ohne Autos, ohne Straßen, eine Stadt für eine Million Einwohner, die hier mit Hochgeschwindigkeitszügen, künstlicher Intelligenz und nachhaltiger Energiegewinnung aus Windkraft, Sonnenenergie und Wasserstoffkraftwerken ein Zuhause finden sollen". Neom The Line - der Name ist ein Kompositon aus lat. neo und mustaqbak (Zukunft) - ist ein einziger langer Strich in der Landschaft, der in einen hochmodernen Hafen-Hub am Roten Meer seinen Anfang nimmt ungeachtet von Berg und Tal schnurstracks durch die saudi-arabische Landschaft durchgaloppiert, um schließlich in einen neu zu errichtenden internationalen Flughafen abrupt zu enden. Angestrebt wird nach offiziellen Presseaussendungen eine Mischung aus Singapur, Dubai und Silicon Valley.

Auf einer **Breite von rund zwei Kilometern** sollen an den wichtigsten neuralgischen Punkten Subzentren mit Wohnen, Büros, Schulen, Kindergärten, Geschäften und Freizeiteinrichtungen entstehen, die nach dem Konzept der Fünf-Minuten-Stadt zu Fuß erreicht werden können. Die gesamte Infrastruktur und Lieferlogistik liegt unterirdisch. Verbunden werden die wie Perlen an einer Perlenkette aufgefädelten Subzentren über eine **High-speed-Zugverbindung**.

Neom-City

Nach einem Attentat auf den Scheich der dort lebenden Beduinen legten die Planer Sir Norman Foster und Daniel L. Doctoroff, der CEO von Google Sidewalk Lab ihre Funktionen im wissenschaftlichen Beirat nieder. Vittorio Lampugnani sieht analog den historischen Modellen wie Madrid (A. Soria y Mata oder den russischen Revolutionsarchitekten N.A. Miljutin) keine Auswirkungen auf den modernen Städtebau und ist ‚nutzlos'

102 W. Czaja – Eine Stadt schickt sich in die Wüste, Standard Album 2021, S. A8

SOM's Zukunftsvision

Die biomorphe Stadt der Zukunft 2050[103]

Das US-Magazin *National Geographic* beauftragte das Architekturbüro Skidmore, Owens und Merill (SOM), dem man nicht vorwerfen kann realitätsfern zu sein, mit dem 'Bild der Stadt 2050'.

Der SOM-Stadtplaner Peter J. Kindel hat sich durch alle utopischen Stadtvisionen durchgearbeitet, von denen sich viele auf die Verbindung des Menschen zur Natur als Hauptziel konzentrierten. Die heutige Fragestellung ist, wie wir es schaffen, die Ökosysteme und das Klima zu stabilisieren und trotzdem Lebensqualität für alle Menschen sicherzustellen? Mit grünem Kleckern auf Hausfassaden kommt man da nicht weit. [...] gleich die Hälfte der Stadtfläche will Kindel in seinem Utopia unter Naturschutz stellen. [...] Mitten in den Freiflächen sollen sogenannte **Urban Hubs** (mit ca. 400 ha. Vergleich: Seestadt Aspern hat 240 ha) liegen, die aus acht bis zehn Nachbarschaften bestehen, in denen alle wichtigen Wege zu Fuß zurücklegbar sind.

Wohn(hoch)häuser, Büros und Geschäftsflächen sollen in abwechslungsreichen Bebauungsdichten existieren. Bis zu **zehn Hubs** können in einer Stadt gebündelt sein, die wiederum mit umweltfreundlichen Hochgeschwindigkeitszügen verbunden sind.

Auch dieses ‚utopische' Stadtmodell bringt nichts substanziell Neues: Ein Verschnitt aus der gegliederten und aufgelockerten Stadt mit Le Corbusiers Hochhausclustern nach den organischen Prinzipien Reichows autogerechter Stadt und strikter Funktionstrennung.

103 Philipp Pramer – Stadt im Konjunktiv, in der Standard, Edition Zukunft 2020, S.14

Fazit – Conclusio

- *Die prägenden **Gegensatzpaare** der Stilepochen seit der Mitte des 19. Jahrhunderts waren*

Gartenstadt	*Futuristische Stad*
Historismus und Heimatstil	*Klassische Moderne*
Gegliederte und aufgelockerte Stadt	*Urbanität durch Dichte*

- *Die Umgestaltung der Städte in der Nachkriegszeit verursachte mindestens so große **Zerstörungen** wie die Bombenangriffe im 2. Weltkrieg.*
- *Die **Zeitcharakteristik im Stadtbild** umzusetzen entspringt einer ornamentalen Grundhaltung und ist abzulehnen*

3.1 Gründerzeit

- *Die **‚Gründerzeit' ist in sich heterogen** und repräsentiert mehr eine Geisteshaltung als eine Stilepoche. Sie wird einerseits verklärt und andererseits verteufelt. Beide Haltungen haben für spezifische Ausprägungen ihre Berechtigung und sind für eine generelle Bewertung nicht anwendbar.*
- *Der Städtebau der Gründerzeit mit einer **Basis im Raster, Block und Parzelle** sowie der Gestaltungselemente Gasse, Straße und Platzsind bis heute wirkmächtig, setzen viertelsmäßige Maßstäbe und Prägungen und damit Identität.*
- *Selbst Haussmann und Sitte haben den Raster, den Block und die Parzelle als **Grundform** aufgenommen und durch Abweichungen (Dreieckform, Knicke, Biegung) erträglich gemacht.*
- *Der ‚Stuckkitsch' ist im Vorübergehen leicht aufnehmbar, weckt **positive Emotionen** und auch wenn ‚verlogen' oft den kalten funktionalistischen Fassaden noch immer überlegen.*

3.2 Die Moderne

- *Die radikalen Konzepte Le Corbusiers und der CIAM zur Beseitigung der katastrophalen Verhältnisse in den Arbeiterquartieren der Gründerzeit führten zur **Auflösung** der tradierten **städtebaulichen Räume** – zu einer ‚offenen Stadt'.*
- *Die Kritik am Städtebau der Moderne kam aus der Soziologie der späten 60er Jahre und hält bis heute an, ohne eine klare Richtung – unter Berufung auf den **Pluralismus unserer Gesellschaft** – vorzugeben. Die Gegenbewegungen wie die City-Beautiful-Bewegung bot genau so wenige richtungsweisende Lösungen an wie die Postmoderne.*
- *Die Trennung der Funktionen – aus der furchtbaren Mischung der Wohn- und Arbeitsflächen verständlich, war und ist die Ursache der **Zerstörung der Urbanität** vom Wiederaufbau der Nachkriegszeit bis heute.*

3.3 City- Beautiful-Bewegung und New Urbanism

- *Die bereits vor der Gründerzeit entstandene Bewegung hatte sich vor allem nach dem Fin-de-siécle in unterschiedlichen Ausprägungen wie dem Heimatstil etabliert und **konkurriert mit der Moderne**.*
- *Die auch als populistisch anzusehende städtebauliche und architektonische Bewegung baute im angelsächsischen Raum auf die Gartenstadtbewegung auf und kommt in **veränderter Form** (wie die Renaissance der Giebel und Dächer) noch immer auf uns zu.*

3.4 Die Postmoderne

- *Die Postmoderne ist **keine einheitliche Bewegung** oder Stilepoche und reicht von Futurismus, Metabolik, Rationalismus, Collage und Dekonstruktivismus bis zur eigentlichen Postmoderne als Inbegriff der Ambivalenz und Komplexität – mit allen ihren Unvollständigkeiten und Brüchen.*
- *Kennzeichen der Postmoderne ist das Narrativ, die Erzählung – die **Lust am Zeichen** – eine Art der Dekoration, einer Mode der man bald überdrüssig wird.*

3.5 Contemporary

- *Der zeitgemäße Städtebau kann in seiner Pluralität keinem Stil oder einer Epoche zugeordnet werden –in seiner Kurzlebigkeit* ***unterliegt er eher Moden****, die aber langfristig die Umwelt formen.*
- *Der ‚thematische Städtebau' als verbales Jonglieren mit Narrativen bietet eine Vielzahl von Ausprägungen, die als* ***Abbild der Gesellschaft*** *ausgegeben wird.*
- *Der* ***‚kritische Regionalismus'*** *hat noch am ehestens die Chance, durch regionale Schulen den austauschbaren Internationalismus abzulösen und eine neue Identität zu schaffen.*
- *Die als ‚Utopien' angebotenen* ***‚Städte der Zukunft'*** *sind Verschnitte von Le Corbusiers Visionen mit der ‚gegliederten und aufgelockerten Stadt' oder mobilitätsorientierten Bandstädten, die auch schon vor mehr als hundert Jahren ‚geschöpft' wurden.*

4. Sozio-ökonomische Einflüsse

„Im Zentrum Fedoras, der Metropole aus grauem Stein, steht ein metallener Palast mit einer Glaskugel in jedem Zimmer. In jeder Kugel blickt man beim Hineinsehen eine blaue Stadt, das Modell für ein anderes Fedora. Es sind Formen, die die Stadt hätte annehmen können, wäre sie nicht aus diesem oder jenem Grund so geworden, wie wir sie heute sehen."
Italo Calvino – die unsichtbaren Städte 1984, S. 38

Neben der Dualität des Raumes - die physische Struktur und das Handeln der Menschen und Institutionen - realisieren sich auch politische, ökonomische, rechtliche und soziale Strukturen, die wie diese deren Konstitution prägen.[1]

4.1 Politisch-gesellschaftliche Einflüsse

Baukultur

„Ja das schöne alte Bildungsbürgertum. Es überschätzt sich noch in der blendenden Formulierung seines
Untergangs, weil es so tut, als ginge mit ihm die ganze Menschheit unter"
Willi Kainrath 1988

Sowohl der Bund als auch die Stadt Wien hat die Baukultur als Leitlinie postuliert, der Bund in seinen ‚Baukulturellen Leitlinien' aus 2017:[2]

Gute Baukultur (Auszug)[3]

Ist schön: Sie berücksichtigt **ästhetische Maßstäbe**, die der Situation angemessen sind.

verbindet: Sie schafft Gebäude und Freiräume unter **Einbeziehung von Nutzerinnen und Nutzern** sowie sonstigen betroffenen Personen, die ihr Wissen und ihre Interessen in transparenten Prozessen einbringen können und dies berücksichtigt wird.

schafft Identität: indem sie gestalterisch und technisch hohe Ansprüche stellt, trägt sie positiv zum **Selbstbild einer Gesellschaft** bei. Sie ist aber auch solide gebaut und tragfähig, bleibt positiv in Erinnerung und bietet somit ein Angebot für die Identifikation mit Städten, Orten und Landschaften.[4]

Leitlinie 15: Baukulturelle Forschung auf nationaler und internationaler Ebene verankern

Der Bund erkennt den Handlungsbedarf in der wissenschaftlichen und künstlerischen Forschung zu **baukulturellen Fragestellungen**. Er setzt sich für die geeignete Gestaltung und ausreichende Dotierung von disziplinären sowie inter- und transdisziplinären Forschungsvorhaben für die Querschnittsmaterie Baukultur ein".

Strategischer Leitgedanke 3: Planungskultur - ganzheitlich, langfristig und innovativ planen!

„Ein wesentlicher Teil der Baukultur ist Planungskultur: Diese wirkt sich selbstverständlich auf die materiellen Resultate der Baukultur aus, also auf gebaute Architektur und gestaltete Freiräume. Planungskultur betrifft auch alle Prozesse, die zu diesen Resultaten führen, und beeinflusst dadurch wieder die nachfolgenden Prozesse der Nutzung und des Betriebs, der Veränderung und der Erneuerung. Es ist deshalb sinnvoll und notwendig, an zukunftsfähigen Strategien einer **neuen Planungskultur** zu arbeiten."[5]

1 s.a. M. Löw 2017, S. 172
2 Bundeskanzleramt Österreichs – Baukulturelle Leitlinien 2017, S. 6 und 10
3 aaO. S. 123
4 aaO. S. 6
5 Bundeskanzleramt Österreich, S. 207

Die TU-Wien hat die Details der **‚10 baukulturellen Leitsätze der Stadt Wien'** 2013 ausgearbeitet, die vom Wiener Gemeinderat im April 2014 beschlossen wurden:[6]

- Für die Wiener Bevölkerung eine hochwertig gebaute Umwelt verwirklichen die ihr hohe Lebensqualitäten bietet, im Neubau ebenso wie im Bestand
- Baukulturelle Entscheidungen so fällen, das die Stadt sozial gerechter wird
- Durch Klimaschutz sowie durch nachhaltige Bauweisen und Nutzungen die lebenswerte Stadt weiterentwickeln
- Die Planung, Errichtung und Sanierung aller Bauten und Freiräume im Einflussbereich der Stadt Wien erfolgen nach qualitätsorientierten und transparenten Prozessen. Bürgerinnen- und Bürgerbeteiligung wird als positives Element in diesen Prozessen gesehen und gelebt.
- Kooperationspartnerinnen und Kooperationspartner der Stadt Wien in qualitätsorientierte baukulturelle Prozesse einbinden.
- Qualitätsorientierte Rahmenbedingungen und Prozesse für alle Bauten und Freiräume schaffen, die in Wien gebaut, saniert oder genutzt werden.
- Die lebendige, kritische, vielfältige und innovative Szene von Baukulturschaffenden fördern.
- Das öffentliche Bewusstsein für die Bedeutung der Baukultur und das Bewusstsein für die eigene Verantwortung stärken.
- Den öffentlichen Diskurs zum Thema Baukultur in seiner Vielfalt und die Baukulturvermittlung fördern. [...]
- Innovation in der Baukultur durch Bildung, durch Forschung und Entwicklung [...] und durch eine ‚Kultur des Lernens' fördern.

Auffallend ist das **Fehlen von Städtebau und Stadtgestaltung** – hier unter ‚Freiräume' und ‚hochwertiger gebauter Umwelt' indirekt angesprochen, aber als ‚Planungskultur' nicht explizit als politische Aufgabe erwähnt.

Hermann Hipp hat sich in Hamburg kritisch mit dem Begriff ‚Baukultur' auseinandergesetzt:[7] „Im Begriff der ‚Baukultur' wurde und wird vielleicht immer noch eine unbestimmte **Sehnsucht nach harmonisch einheitlichen Lebensformen**, nach einer heilen Welt transportiert, die verankert ist in der antimodernen, antirationalen und autoritär infizierten, völkisch statt sozial denkenden Lebensreformbewegung der Jahrhundertwende. In einer Zeit also, in der einer als ‚Zivilisation' verabscheuten ‚amerikanischen' Gegenwart, geprägt durch Industrie, technische Intelligenz und Großstadtentwicklung, die Sehnsucht nach einer ganzheitlichen, künstlerisch geprägten, normativen und nicht zuletzt **‚deutschen Kultur'** gegenübergestellt wurde."

Hipp spricht damit die Konnotation des Begriffes ‚Baukultur' an, der immer dann als Instrument hervorgeholt wird, wenn es **Neues und Ungewöhnliches zu verhindern** gilt und kommt zu dem Schluss:

Wer große Leistungen in der Debatte um die Baukultur fordert, ist gerne bereit die großen Macher zu fordern - die Architekten und den mächtigen und tatkräftigen Bauherrn - vor allem im öffentlichen Bereich. Nicht nur historische, sondern auch politische Bedenken lasten auf dem Wort von der Baukultur: Es ist ein **politischer Begriff.**[8]

In den baukulturellen Leitsätzen nehmen die Öffentlichkeit, der öffentliche Diskurs und die Beteiligung der BürgerInnen einen zentralen Platz ein. Die politische Bildung muss es sich demnach zum Ziel machen, die ästhetische Fähigkeit zu fördern, die Bildinszenierungen der Politik als solche zu durchschauen, ohne sich ihnen schlicht nur entziehen zu wollen. Dafür ist eine ‚Re-Ästhetisierung der Wahrnehmung' als Fähigkeit durch eine **unterscheidungsfähige, autonome Sinnlichkeit** die Isolation von

6 B. Feller – Baukultur Wien 2016 S. 16-17
7 H. Hipp und M. Markovic 1992, S. 18
8 aao. S. 21

Sinneswahrnehmung und vernünftigem Urteil zu durchbrechen, Handhabung, Genuss, Bereicherung, Erfahrungschancen in der ästhetischen Dimension der Alltagswelt und der Politik zu erleben, ohne ihren manipulativen Effekten wehrlos zu erliegen, sind damit Lernziele von grundlegender Bedeutung."[9]

Stadtgestalt – Ausdruck der Gesellschaft?

Diktaturen sind Einbahnstraßen – in Demokratien herrscht Gegenverkehr
Alberto Moravia

Das Stadtbild ist das Gedächtnis der Stadt, ihrer politischen und wirtschaftlichen Aufstiege und Niederlagen, ihrer kulturelle Epochen, der Anforderungen der Stadtgesellschaft.
H-E. Lindemann 1999, S.7

Eine immer wiederkehrende Fragestellung ist, inwieweit die politisch-gesellschaftlichen Verhältnisse ihren **Ausdruck in der Stadtgestalt** haben und sich im Erscheinungsbild der Städte und Orte niederschlagen.

Der Ausgangspunkt ist eindeutig: „Die Geschlossenheit einer Stadtstruktur und eines Stadtbildes kann also nur das Ergebnis eines einheitlich geschlossenen Bewusstseins einer Bürgerschaft sein, beziehungsweise auf einem **totalitären Diktat beruhen** - wie es die Nationalsozialisten mit ihrem Städtebau versuchten. Ersteres scheint heute nicht mehr möglich, letzteres sollten wir uns nicht wünschen.[10]

Andererseits lauern überall Gefahren. so wie auch unser demokratisches System nicht wirklich den Idealen entsprechend funktioniert, so wenig kommen die Ideale von Freiheit und Entfaltungsmöglichkeit im Städtebau zum Ausdruck. Auch hier drücken die Mächtigen und Kapitalkräftigen einer Stadt ihren Stempel auf, und keineswegs immer zu deren Vorteil."

Hermann Bloch hat das 1959 so ausgedrückt: „Denn die bürgerliche Gesellschaft ist zwar um des Profit willen eine kalkulierende, doch wegen der anarchischen Wirtschaft ebenso eine ungeordnete, eine des **wirtschaftlichen Zufalls**. Daher sind gerade die Industriestädte und die Wohnviertel des vorigen Jahrhunderts, die man der Großmut der Bauspekulation verdankt, Unüberlegtheit und Planlosigkeit schlechthin. Einheitlich ist nur ihre Öde, die Steinschlucht, die trostlosen Straßenlinie ins Nichts, der Kitsch ihres eigenen Jammer- oder gestohlenen Protzenstils; die übrige Anlage ist jedoch anarchisch wie die Profitmacherei, die zugrunde liegt."[11]

Der Autor unterstreicht in seiner Diplomarbeit „Städtebauliche Restflächen" die Bandbreite zwischen Chaos oder Anarchismus und der ‚durchgestalteten' Stadt: „Die **Darstellung der gesellschaftlichen Widersprüche**, der Ästhetik des Chaos, des Anarchismus, zeigt sich am klarsten in den Elendsquartieren der Großstädte (kurz vor einer Flächensanierung) oder noch übersteigerter im Zustand der totalen Zerstörung einer Stadt oder Gesellschaft nach Kriegseinwirkungen oder Naturkatastrophen wo es nur mehr Reste oder Ruinen gibt.

Der logische Gegenpol ist die **streng durchgestaltete Stadt**, wie sie allen gesellschaftlichen Utopien vorschwebt und sich vor allem in totalitären Staatsformen (Faschismus, Stalinismus und absoluten Monarchien) äußert, wo es keine Brüche und Restflächen gibt und das einheitliche Erscheinungsbild sämtliche Widersprüche, wie in der Gründerzeit überdecken muss."[12]

9 Flaig, Meyer et al – Alltagsästhetik S. 213
10 H. Sterk in J. Maurer 1988, S. 171
11 H. Bloch 1959 – Prinzip Hoffnung, S. 863-86
12 R. Zabrana 1986 – S. 81-82

Julius Posener[13] gibt die allgemein gültige Antwort: **„Wenn Stadtbilder bewusst geplant wurden, so diente das entweder der Darstellung der Herrschaft (wie im Barock) oder aber ihrer Verschleierung."**

Wenn auch es auch im Prinzip unwidersprochen bleibt, dass sich politische Systeme in der Stadtgestalt widerspiegeln, dies umso mehr als mit Lucius Burckhardts Wahlspruch, ‚Die Stadtgestalt ist unsichtbar'[14] sich nicht das Negieren der physisch wahrnehmbaren Stadt gemeint ist, sondern deren Entstehung als Produkt unserer Erziehung, aus einschlägigen Postkarten, aus Erinnerung, aus Beton und Asphalt, sondern auch aus **unsichtbaren Strukturen**, Besitzverhältnissen, Bauvorschriften, Mietzinsen, Hypotheken, Vereinbarungen, Verboten...."

Folgerichtig sieht Rob Krier [15]als Verfechter des New Urbanisme keine „stadtplanerischen Lösungen für eine bestimmte Gesellschaftsordnung. **Die Ansprüche des Menschen** an seine Umwelt sind **systemunabhängig**.

Berlin-Ost Stalinallee

In **totalitären Staaten** werden Bedürfnisse **künstlich manipuliert**. In freiheitlichen Gesellschaftsordnungen stößt die Erfüllung dieser Bedürfnisse auf mannigfaltige Verwaltungshindernisse, die in ähnlichen Maße Einschränkungen aufbauen wie totalitäre Systeme.

Theoretisch ist die Position planenden Organe in totalitären Systemen sehr stark - sie können weit vorausschauende Planungen aufstellen und auch verwirklichen. Demgegenüber ist die Position des Planers in freiheitlichen Systemen **unverhältnismäßig schwach** und besteht darin im Interessenkonflikt der Bürger Vermittlertätigkeit auszuüben.

Die Realität zeigt, dass die städtebaulichen Anstrengungen der beiden Gesellschaftsordnungen nur **unwesentliche Unterschiede** aufzeigen wie in den Beispielen Stalinallee und La Defense.

Wenn dem Schluss auch prinzipiell gefolgt werden kann, so sind die Unterschiede doch für Jeden der Willens ist, ablesbar und erkennbar. Wenn etwas zutrifft, dann ist es die Feststellung, dass durch Wiederaufbau und Bauboom, der gerade jetzt wieder seine Spuren durch die Städte und Orte hinterlässt, mehr zerstört wurde als durch die Kriegshandlungen im Zweiten Weltkrieg. Aldo Rossi[16] verlangt daher, dass sich städtebauliche Untersuchungen viel stärker als bisher mit der Geschichte der Stadtidee beschäftigen sollten. „Die Geschichte der Architektur und der **städtebaulichen Wirklichkeit** ist stets die Architekturgeschichte der herrschenden Klassen."

Aktualität erlangt der erkennbare Zusammenhang zwischen Politik und Stadtgestalt durch D. Trumps Wunsch nach ‚klassischer' Gestaltung öffentlicher Bauten in den USA, den Gerhard Matzig in der SZ kommentiert:[17] „ ‚Nicht hinter jeder dorischen Säule verbirgt sich ein blutbefleckter Diktator'. Dass diese Sentenz des Bauhistorikers Winfried

13 J. Posener 1972, S. 187
14 L. Burckhardt 1972, S. 188
15 R. Krier 1975, S. 69
16 A. Rossi 1998, S. 13
17 N. Maak – Auf einmal wünscht sich Trump klassisch in Süddeutscher Zeitung 2020

Paris – La defense

Nerdinger stimmt, zeigt der Umkehrschluss: Stünden Stahl und Glas als emblematische Materialien der Moderne und als Gegenspieler traditioneller Bauweise für Transparenz, so wäre jedes Hochhaus von Moskau bis Dubai ein Hort basisdemokratischer Gesinnung. Insofern müsste man den Entwurf für eine das öffentliche Bauen der USA betreffende Executive Order (Durchführungsverordnung) aus dem Weißen Haus, die der Zeitschrift „Architectural Record" zugespielt wurde, kaum fürchten. Obwohl sie die „Guiding Principle for Federal Architecture" der Kennedy-Ära zunichte macht." Es klingt wie eingefrorener Posthornton aus der postmodernen Epoche, passt aber genau **zur Ära Trump und seinem Populismus**.

Bedeutung der Stadtgestalt

> *„Die Erwartung, dass die Bereitstellung funktionell ausreichender und vielleicht auch noch ästhetisch ansprechender Räume und Städte die menschliche Gesellschaft heilen könnte, ist realitätsferne."*
> Alexander Mitscherlich 1971, S. 43

Was ist Gestalt? Diese Frage stellt Lucius Burckhardt und sieht jene glücklichen Fälle, wo sich für historische Augenblicke eine **Übereinstimmung** von architektonischer und gesellschaftlicher Bedeutung eingestellt haben. [...] „Sichtbar wird das Ideal einer von Konflikten entspannten Gesellschaft, welche in Übereinstimmung mit ihrer selbstgebauten Umwelt lebt, geschichtslos gewiss, aber (vielleicht) glücklich. In unserer sich wandelnden Gesellschaft werden solche Bauten gleich zu Monumenten."[18]

Wie könnte eine Stadtpolitik mit Charakter aussehen? Thomas Sieverts:[19] „Die Stadtgestalt würde wieder in ihrer ‚geordneten Unordnung' Komplexität und Vielschichtigkeit der Stadt als Kommunikations-, Versorgungs- und Produktionsinstrument ablesen lassen. Im Gegensatz zur heutigen Industriestadt wären die kollektiv geschaffenen, betriebenen und erhaltenen baulichen Voraussetzungen auch als Bedeutungsträger, nicht nur

Altes AKH - ARGE altes AKH

Deutsche Botschaft Wien – R. Gutbrod

18 L. Burckhardt 1972, S. 193
19 T. Sieverts in Glaser 1974, S. 85

als technische Elemente, gestaltbestimmend. Die natürlichen Elemente der Topografie und Vegetation, die Gemeinschaftseinrichtungen und die Verkehrsbänder würden das ausdrucksstarke, ablesbare und erlebnisreiche Gestaltgerüst darstellen und zusammen mit den Zeugen der historischen Entwicklung im ständigen Prozess der **Wandlung die Kontinuität** der Stadt ablesbar erhalten."

Ein Problem der funktionalen Moderne ist die Forderung nach der Ablesbarkeit der Nutzung in der Architektur – und noch viel problematischer auch in der Gesamtstruktur der Gebäude. Wie können wir in unserer schnelllebigen Zeit mit Forderung nach Anpassbarkeit und Flexibilität umgehen. Ist es ,dekorierte Schuppen'? Beispielhaft zeigen uns das barocke Zweckbauten wie das Alte Allgemeine Krankenhaus, wo in **anpassbaren Strukturen** ein Bürgerspital, eine Kaserne, wieder ein Spital und nun eine Universität untergebracht werden konnte. Kein neuzeitliches Gebäude schafft diese Metamorphosen, wo beispielsweise mit der deutschen Botschaft in Wien von Ralf Gutbrod, ein herausragendes Werk des Brutalismus aus den 70er Jahren heute nur mehr abgebrochen werden kann – die technische und funktionelle Anpassung wäre zu kostspielig.

Lucius Burckhardt[20] zieht daraus die **Konsequenzen** und schlägt vor:

1. Unserer sich rasch verändernden Gesellschaft steht das gebaute Bauwerk als ein produziertes Produkt seiner Zeit gegenüber - das in der sich wandelnden Zeit und Sozialstruktur stets **neue Bedeutungen** erhalten kann.
2. Würde das Bauwerk direkt gesellschaftliche Zustände ausdrücken, wären Burg, Palast, Schloss und Stadtmauer noch Träger ihrer **ursprünglichen Bedeutung**, so müssten Denkmalpflege verboten und der Bestand an Zeugen repressiver Gesellschaftsstrukturen vermindert werden.

Daraus folgert:

Alle Architektur heißt etwas, aber der Inhalt dieses Ausdrucks ist nicht festgelegt, sondern von gesellschaftlichen Lernvorgängen abhängig. **Architektur hat immer einen Ausdruck**, auch wenn der Architekt ihre keinen verleihen wollte. Gerade solche vermeintliche Informationslosigkeit bei modernen Bauten wird als aggressiv, monoton, als Ausdruck der Repression und der Macht der Monopole oder des Staates aufgefasst. Bei älteren Bauten wird gerade diese Haltung als bescheiden, sachbezogen, als Ausdruck einer geschlossenen und damit harmonischen Gesellschaft verstanden.

Recht auf Abweichungen

> *„Und se baun imma hecha, se widmen imma schnölla. Wo vorher a Wiesn woa, steht auf amol Kölla. Planiert is planiert und wird scho betoniert."*
> Sigrid Horn 2019 Song ,Baun'[21]

In der Darstellung des Mainstreams gibt es wie überall, so auch in der Stadtgestalt, eine weitgehende Übereinstimmung in den Leitzielen, die immer wieder auftreten – aber im Detail, in der Umsetzung ihre Schwächen und Lücken offenbaren. Es gilt auch ein **Recht auf Abweichung**, auf Devianz zu entwickeln, ein ,Recht auf Stadt' mit entsprechenden Entfaltungs- und Möglichkeitsraum: „das Recht, nicht von städtischer Zentralität ausgeschlossen und in diskriminierende Randzonen abgedrängt zu werden, und das Recht, sich nicht den Vorgaben homogenisierender Mächte unterwerfen zu wollen."[22]

Ein weiteres Problem stellt die **Beschwörung des Gemeinschaftssinns** dar – der nicht für Alle zu jeder Zeit das Gebot der Stunde sein kann: „'Togetherness', ,Gemeinschaftssinn', ist ein ungemein passender und grässlicher Ausdruck für ein altes Ideal der Planungstheorie. Das Ideal besagt, dass die Menschen überhaupt an etwas ge-

20 L. Burckhardt 1985, S. 333
21 Standard 4.1.2020 – Es wird vollg'schtopft, A8
22 J. Becker 2001, S. 40

meinsam teilhaben, es möglichst viel sein sollte. ‚Gemeinschaftssinn' ist anscheinend in den Vororten so etwas wie eine Religion; in den Großstädten wirkt sich dieses Ideal jedoch ausgesprochen destruktiv aus. Die Forderung, dass man an vielem gemeinsam teilhaben soll, treibt die Menschen auseinander."[23]

Mitscherlich[24] fand dagegen „Das Argument, der Städter wünsche gar keine Berührung mit den umliegenden Familien und Bewohnern, sein Kreis von Freunden und Bekannten sei weithin über die Stadt verstreut, ist jedenfalls sehr bequem. Es ist dazu geeignet, dieses Experiment im Städte- und Wohnungsbau zu vereiteln, das dieser ‚kontaktabstoßender Tendenz' entgegenwirken könnte. [...]

Wir wissen nicht, ob der Stadtbewohner, wenn es gesellschaftlicher Brauch wäre, nicht neben seinen im Lauf der Lebensgeschichte geknüpften Bekanntschaften durchaus auch noch zu freundschaftlichen **Kontakten in der Nachbarschaft** bereit wäre - etwa im Sinn gegenseitiger tätiger Hilfe."

Der Widerspruch löst sich auf: erzwungene Kontakte, die sehr gerne in die Architektur verpackt werden, wie Laubengänge oder geplante ‚Treffs' werden gemieden, weil räumliche Nachbarschaft nur dann funktioniert, wenn auch eine **gewisse Distanz** gewahrt werden kann.

Doch auch das ist kein Patentrezept, wie Roland Günter in „Wohnen für Werktätige" einwendet: **„Den Arbeitern werden Bauformen aufgezwungen**, die ihren Verhaltensweisen und ihren Bedürfnissen nicht entsprechen. Die meisten von Ihnen arbeiten zusammen; sie konkurrieren nicht miteinander und haben dementsprechend ein ausgeprägt kontaktfreundliches Verhalten. sie arbeiten körperlich und wollen sich daher auch nach Feierabend oft körperlich betätigen: sie benutzen den Freiraum – wie Forschungen zeigen – sehr intensiv. Sie brauchen den Freiraum als direktes Umfeld der Wohnung. Diese Bedürfnisse lassen sich nicht durch Ersatzobjekte wie Freizeitparks in 10 km Entfernung einlösen."[25]

Die inselartig gedachten und umgesetzten Projekte - der High Line Park in New York ist eines der markantesten Beispiele dafür - sind schlussendlich zwar vielleicht schön. Doch ihre Rolle in der umfassenden **Veränderung des urbanen Umfelds** für existierende AnwohnerInnen - insbesondere in Bezug auf die sozio-ökonomische Struktur - wird häufig nicht antizipiert oder, im schlimmsten Fall, als unumgängliche Konsequenz in Kauf genommen [oder sogar angestrebt]."

Vorher Lokomotive in Fensterhöhe und nachher der ‚High Line Park'

23 H.P. Bahrdt 1967/1971, S. 114
24 A. Mitscherlich 1971/1974, S. 5
25 R. Günter in Andritzky et al 1975, S. 93

Eine andere Art der Abweichung, die nicht als solche erkannt wird, sondern medial und politisch unreflektiert propagiert wird, ist der Wunsch nach **Einheitlichkeit der baulich-räumlichen Struktur**. Dieser Wunsch verrät „nicht selten ein von gesellschaftlich und politischen Zuständen gereinigtes und damit ästhetisch entartetes Verhältnis zur Umwelt. Eine nicht geringe Anzahl der Gesprächspartner (meist Angehörige der Oberschicht) macht ihr ästhetisches Empfinden von einer Einheitlichkeit - gemeint ist meist eine sogenannte Stilreinheit - zwischen den Bauobjekten abhängig.

„Wir entdecken in dieser Art ästhetischer Betrachtung eine Ordnungsliebe, die der Form wegen alles das zu nivellieren sucht, was im Lauf der Geschichte aus den je verschiedenen gesellschaftlichen Bestimmungen entstand und eben diese Spezifika bis zum heutigen Tag dokumentiert."[26]

Das **Milieu der Abweichung** von der gesellschaftlichen Ordnung ist die ‚Halbwelt'. Eines ist ziemlich sicher: In Neuen Städten ist eine Halbwelt nicht möglich und damit auch **keine Urbanität**: „Es spricht wohl einiges dagegen eine kausale Beziehung zwischen der Ausbreitung des Lasters und der Geisthaltigkeit einer Atmosphäre herzustellen, obwohl manches darauf hindeutet, dass von den Millionenstädten der Antike bis zu denen des 19. Jahrhunderts die Halbwelt stets die andere Seite der Großen Welt war. In diesem Zusammenhang lässt sich sagen, dass die moderne Städteplanung der treueste Verbündete der Sittenpolizei ist: nicht einmal die Gassen sind mehr vorhanden, auf denen die Unmoral sich ergeht. [...] Nächtliche Heimkehrer im Hansaviertel sehen immer so aus, als ob sie eigentlich wo anders hinwollten."[27]

Gefühle

> *„Die von Menschen erfüllten Räume der modernen Stadt inszenieren den Konsum und sind ganz auf ihn beschränkt, oder sie sind dem touristischen Erleben vorbehalten und inszenieren dieses. Die Verödung und Trivialisierung der Stadt als Schauplatz des Lebens ist kein Zufall.*
> Richard Senett 1991, S. 12

Was erregt uns, reizt uns am ‚Bild der Stadt'? Alexandra Abel hat in ihrem Beitrag ‚Architektur und Aufmerksamkeit' festgestellt: „Dann hat das für uns Bedeutung, was unsere Aufmerksamkeit erregt, wodurch auch immer. Je verwirrender unsere Umwelt, virtuell oder real, desto massiver der Kampf um unsere Aufmerksamkeit und desto dringender unser Bedürfnis nach Orientierung.

„Wer die Aufmerksamkeit hat, ist bedeutend. Wer die Aufmerksamkeit hat, hat die Macht."[28]

Aber es geht auch um Stimmung wie Franz Schuh in seinen Essay ‚Stadt und Stimmung – Wiener Eindrücke' wehmütig feststellt: „ Ich will nicht leugnen, dass die Plätze meiner Herkunft mir heute noch ein Glück versprechen, das ich nicht gefunden habe. Ja, auch für ein Kind der Stadt gilt die berühmte Formulierung Ernst Blochs, auch dem Stadtkind entsteht ‚in der Welt etwas, das allen in die Kindheit scheint und worin noch niemand war: **Heimat**'"[29]

Mit etwas ganz anderem, nichtsdestoweniger gefühlsbetont, urban beschäftigt sich Beate Binder mit der Frage: Gibt es auch eine Flaneuse? **Das Flanieren**, das ziellose Umherstreifen ist sozial im Bürgertum verortet, aber hat selbst dort einen ‚feministischen bias'. Kontrastiert mit den „Gegenfiguren, wie dem ‚gefallenen Mädchen' und

26 S. Herlyn in Städtebauliches Institut der Universität Stuttgart, S. 26-27
27 W.J. Siedler und E. Niggemeyer 1964/1993, S. 11
28 A. Abel in Abel und Rudolf 2019, S. 32
29 F. Schuh in Tröger und Eberle 2015, S. 233

der Prostituierten, die im Gegensatz zur bürgerlichen Frau im öffentlichen Raum der Stadt stets präsent waren.“[30]

Die **Figur des Flaneurs** hat zur Charakterisierung des Urbanen beigetragen um einerseits mit seinem ‚Tod' die ‚Unwirtlichkeit unserer Städte' (Mitscherlich) zu veranschaulichen und andererseits als nostalgischer Rückblick auf die Hochzeit der Urbanität, so etwa bei Richard Senett, der seine These vom Verlust der Civitas durch einen Spaziergang durch New York zu plausibilisieren sucht (Civitas, Frankfurt 1994)“

Hoffnungslos oder Geist der Erneuerung?

> *„Unsere ‚Städte mit ihren Plagen' sind ‚keine Natur-katastrophen' sondern Katastrophen gesellschaftlichen Unvermögens.“*
> A. Mitscherlich – Thesen zur Stadt der Zukunft 1971[31]

Eines der meistbeklagten Verluste der herkömmlichen Stadt ist der **Urbanitätsverlust** den Thomas Sieverts als ‚Sozialen Fortschritt' sieht und mit planerischen Mitteln als unumkehrbar konstatiert: „Der Urbanitätsverlust wurzelt zu tief in unserer gesellschaftlichen Entwicklung, als dass man ihn mit planerischen und gestalterischen Mitteln umkehren könnte: Wer wollte schon zwangsweise auf die Straße, auf den Hof, auf den Platz, in die Eckkneipe getrieben werden, weil seine Wohnung zu klein und zu überfüllt ist?“ Der öffentliche Freiraum wurde als **Wohnungsergänzungsraum** fast überflüssig und man befasste sich mit dem Wohnungsgrundriss und der Ausrichtung zur Sonne. Folgerichtig wurden auch die Platz- und Straßenräume in die offenen, fließenden Zwischenräume zwischen den Zeilen- und Punkthäusern aufgelöst und jeder Wohnung ein privater Außenraum zugeordnet.

„Der Stadtbewohner erkannte, dass städtisches Leben möglich ist, **ohne die Stadt zu betreten**: Im Dreieck zwischen Wohnvorort, Einkaufszentrum und Arbeitsplatzgetto bildet sich eine Existenzform abseits all dessen, was sich der Ästhet noch unter Stadtgestalt vorstellt.“ Verstärkt wird der Effekt durch die Verkehrsmittelwahl, wo das Individualverkehrsmittel PKW durch die öffentlichen Verkehrsmittel, vornehmlich durch die U-Bahn abgelöst wurde.“[32]

Daraus resultiert was Bourdin die **‚Ortlose Stadt'** nennt: „Das Bild von der Stadt, die aus einer Vielzahl aneinandergereihter Orte bestehend gedacht wird, wird von vielen Menschen nicht mehr geteilt. Die Stadt als Ensemble von Orten, deren Bedeutung auf einem gesellschaftlichen Konsens beruht, scheint nicht mehr zukunftsfähig zu sein. [...]

Die Ortlosigkeit, die wir heute erleben, wird vor allem durch die Informations- und Kommunikationsmöglichkeiten, sinnbildlich. Sie wird durch diese hergestellt oder ist dafür die eigentliche Ursache. [...] Die Mobilisierung der Gesellschaft ist auf einem Niveau angelangt, das als historisch einmalig zu gelten hat. Nie zuvor gehörte die **Alltagsmobilität** so zur Selbstverständlichkeit einer Kultur wie der heutigen.“[33]

„Die ortlose Stadt ist anders, sie ist auch anders politisch. [...] Die Effekte dieser Politisierungen sind ebenfalls nicht absehbar, aber sie können als Tsunami auftauchen und die etablierten Vorstellungen über die Stadt in kürzester Zeit in Frage stellen und erodieren.“[34] Der ‚Tsunami' ist inzwischen in der Form der Corona-Pandemie über die Städte hereingebrochen, hat die verbleibenden **Vorzüge des Stadtlebens** ad absurdum geführt und sorgt allerorten für Ratlosigkeit.

30 B. Binder in B. Christoph (Hsg.) 2012, S. 98
31 A. Mitscherlich im Vorwort J. Lehmbrock und W. Fischer – Profitopolis, 1971, S. 6
32 L. Burckhardt 1985, S. 99
33 A. Bourdin 2014, S. 8-9
34 aao. S. 15

Und ein gesellschaftlicher Konsens über **Ziele und Mittel der Stadterneuerung** scheint kaum mehr herstellbar, weil in „mindestens fünf verschiedenen Sprachen und fünf verschiedenen Aspekten gesprochen wird:[35]

1. Verdrängung sozial Schwacher erfordert Gegenwehr und Besetzung
2. Wiederherstellung eines repräsentativen Straßenraums wie in der Zeit bürgerlichen Selbstbewusstseins
3. Ökonomisch die Vorzüge der Eigentumsbildung mit neuen höherem Wohnstandard
4. Politiker unterstützen den Zuzug finanzstarker „Aktivbürger"
5. Die Medien begrüßen die Entwicklung als „Humanisierung der Städte" und „Rückgewinnung der Identität"

Dieser **Paradigmenwechsel wirft Fragen** auf, die in ihren Auswirkungen auf die **‚Komplexität der Stadtgestalt,** versucht werden soll im Folgenden ansatzweise zu behandeln:[36]

- Können klassische private Wohnfunktionen an kollektive Einrichtungen abgetreten werden? Wie Arbeit, Erziehung, Kochen und Essen, Freizeit, Kommunikation, Sex?
- Bietet der ‚Stadtrohling' die Folie für zivilgesellschaftliches Engagement in der Stadtteil- und Wohnbauentwicklung? Braucht es im Wohnbau den ‚Mut zur Lücke'?
- Werden starre Planungsnormen zu ‚flüssigen' Prozessen?
- Wie können die Betroffenen in den Planungsprozess einbezogen werden?
- Welche grundlegend anderen Mobilitätsformen wie die ‚Viertelstunden-Stadt' hilft die Städte bewohnbarer zu machen?
- Können neue Entwicklungen der Arbeitswelt wie Home-Office oder Videokommunikation andere Voraussetzung für die Stadtentwicklung bieten?
- bereiten neue Distributionsformen dem Einzelhandel und damit den Erdgeschoßzonen der Städte das Ende?

Den Abschluss der politisch-gesellschaftlichen Einflüsse sollen zwei Appelle an eine bessere Zukunft bilden – Wojciech Czaja Nachbemerkung in Almost: 100 Städte in Wien und der ‚Architektonische Imperativ' von Georg und Dorothea Franck.

W. Czaja: „Ich war überrascht zu sehen, wie sehr Architektur und das Bauen, das Errichten von Gebäuden, das Gestalten von Straßen und Plätzen früher offenbar eine ästhetische und **gesamtgesellschaftliche Aufgabe** war - und wie wenig das heute der Fall ist.

Wo Schönheit ist, wo viele Details sind, da kann ich auch referenziell viel erkennen und hineindeuten. Im Kopf herumreisen! Wo die poetischen Details fehlen, gibt auch die Fassade weniger Gedankenstoff her. Mehr Gedankenstoff macht auch mehr Freude und Lebensqualität."[37]

„**Der architektonische Imperativ**:

Baue so, dass die Maxime deines Bauens Gegenstand eines allgemeinen Gesetzes werden könnte!

Dieser Imperativ bedurfte keiner besonderen Erwähnung, solange eine Konvention in Kraft war, die das Verhalten im architektonischen Raum wie ein ungeschriebenes Gesetz regelte."[38]

35 W. Durth – Stadterneuerung durch Gestaltung? In TH Darmstadt 1981, S. 35
36 W. Förster 2002 mit eigenen Ergänzungen
37 W. Czaja – Almost 2021
38 G. und D. Franck 2008, S. 265

Partizipation

„Es gibt in einer Demokratie nur die eine Schuld. Die entsteht, wo wir unsere Aufgabe nicht erfüllen, nämlich mitzureden, nachdem wir und zuerst Informationen verschafft haben."
Paul Grosz, Präsident der israelitischen Kultusgemeinde

Ziele der Partizipation

Eine Vorbemerkung: Der Begriff der Bürgerbeteiligung - unabhängig ob formell oder informell - schließt ‚Nichtbürger' (EU- oder Drittstaatsangehörige) implizit aus und sollte daher durch die umfassende Bezeichnung der **‚Beteiligung der Öffentlichkeit'** ersetzt werden.[39] Daher wird der hier der Begriff ‚Bürger' nur im Zusammenhang mit der Teilhabe ‚bürgerlicher' Betroffener im engeren Sinn verstanden wissen.

„Die Grundidee der Partizipation ist nun, dass sich bei der Entscheidung über die Sache die Betroffenen nach dem Grad ihres Interesses engagieren - und daher eine Entscheidung zustandekommt, bei der die stärker berührten Interessen auch stärker berücksichtigt sind. [...] Sobald jedoch der Kreis der Partizipationsberechtigten weit über die intensiv Betroffenen hinausgeht (Betroffenheits-Verdünnung), nähert sich das Partizipationsverfahren einer Wahl, bei der über ein **‚Politik-Paket'**, also ein Ideal, abgestimmt wird."[40]

„Die repräsentative Demokratie kann das ***Korrektiv* zu den Disparitäten der Gesellschaft** sein. Das plebiszitäre Demokratieelement enthält dagegen die Gefahr, dass **neue Ungleichheiten** durch ungleiche Artikulationsmöglichkeiten entstehen. Rechtsanwälte, Ärzte, Journalisten, Lehrer fungieren häufiger als Meinungsbildner als Arbeiter, kleine Angestellte, Hausfrauen und Pensionisten. Wenn unterschiedliche Bedürfnisse auftreten, ist unschwer abzusehen, welche Gruppe sich als erste in der Öffentlichkeit artikulieren und dadurch die Kommunalpolitiker in Entscheidungszwänge bringen wird."[41]

Durch **plebiszitäre Elemente** erhofft man sich, der Tendenz zur Zuschauer- und Stimmungsdemokratie entgegenzuwirken und von den Betroffenen mehr sachliches Interesse zu wecken, das Gefühl der Ohnmacht und Resignation zu nehmen und die Akzeptanz der Entscheidungen gewählter Organe zu erhöhen.[42]

„Die gesellschaftliche Verankerung setzt eine konstruktive und ‚bejahende' - im Gegensatz zur reinen ritualhaften - Beteiligung der Öffentlichkeit voraus. Um solide zu bleiben, sollen Begriffe wie **Utopien und Visionen** außen vor bleiben, erstere sind Ideologen und die Zweiten den Religionen vorbehalten."[43]

Formen der Beteiligung

Die Öffentlichkeitsbeteiligung der Wiener Stadtbevölkerung wird durch drei Partizipationskontexte beeinflusst, in den sich die Menschen einbringen können:[44]

- Die **kooperative, auf die Stadtplanung orientierte Partizipationskontext** Informelle und formelle Beteiligungspraktiken- und formen im Zusammenhang mit großen Stadtentwicklungsprojekten, Umgestaltung von Plätzen und Straßen, Bezirksbefragungen, Kinder- und Jugendparlamenten und diverse Befragungen von Bezirksvorstehungen, Bürgerinitiativen, Grätzlbeiräten und ähnlichem.

39 Jonas und Hassemer 2020, S. 9
40 Antalovsky 1991, S. 322
41 R. Edlinger und H. Potyka 1989, S. 14
42 s.a. R. Wassermann in Antalovsky 1991, S. 92
43 H. Ringler – KIT (Karlsruher Institut für Technologie 2015, S. 182
44 Jonas und Hassemer 2020, S. 1

- Der **angeleitete, selbstorganisierende Mitbestimmungskontext** betrifft vor allem Aktivitäten im Rahmen der Agenda 21, Gebietsbetreuungen, Bezirksvorstehungen und Grätzloasen
- Der Kontext **protest- bzw. konfliktorientierter Teilhabe** umfasst unterschiedliche Praktiken und Formen, in denen sich unterschiedliche Netzwerke wie Aktion 21, Bürgerprotest aber auch die Initiative Denkmalschutz engagieren - wie auch Bürgerinitiativen, Unterschriftenlisten und die Eingabe von Petitionen auf der Wiener Petitionsplattform

Die **Intensität der Beteiligung** wird von Rudi Edlinger und Hugo Potyka 1989 in ‚Bürgerbeteiligung und Planungsrealität' in folgenden Stufen gesehen (S. 13-14)

- **Nichtbeteiligung** - eine gewisse Mindestbeteiligung ist selbst in Diktaturen notwendig
- **Propaganda** - tritt als häufigste (passive) Beteiligungsform auf: Information nach Entscheidung
- **Manipulation** - vorgetäuschte Beteiligung zur reibungsfreien Durchsetzung getroffener Entscheidungen
- **Information** - zeitgerechte und umfassende Information, wobei sich Folgen wie Widerstände) als bereicherndes Element gesehen werden
- **Diskussion** - Form der spontanen plebiszitären Demokratie - Entscheidung durch Organe der repräsentativen Demokratie
- **Mitbestimmung** - Abgabe von Entscheidungskompetenzen, wobei Einrichtungen der repräsentativen Demokratie ein Vetorecht besitzen
- **Selbstbestimmung** - weitgehend politisch-administrative Dezentralisierung mit basisdemokratischen Elementen (Quartiersräte etc.)

Die Stufenskala mag den Stand der Partizipation der 70er und 80er Jahre abdecken – die Mitsprache der Betroffenen ist heute aber wesentlich differenzierter und bildet sich auch in den rechtlichen Möglichkeiten der ‚plebiszitären Demokratie' gemäß der Reform der Wiener Stadtverfassung ab:[45]

Formelle Instrumente:

Initiativrechte

Volksbegehren (5% der Stimmbürger)
Bürgerinitiative
Petitionsrecht (500 Unterschriften)

Konsultativrecht

Volksbefragung
Bürgerversammlung (5% der Stimmbürger oder Abgeordnete)

Entscheidungsrechte

Volksabstimmung

Informelle Mitwirkung: Sprechstunden d. Mandatare, Unterschriften, Beschwerden
Probleme: Einbeziehung der Arbeitsbevölkerung und wohnhafte Ausländer (EU-Bürger oder Drittstaaten)

Beteiligungsintensität

„Formen von partizipativer Planung sind schon seit den 1970er Jahren immer wieder versucht worden. Das Problem bei diesen Beteiligungsprozessen ist, dass **nie alle da sind**, die da sein sollten. Nicht die kommende Generation, nicht die zukünftigen Bewohner und nicht die, die keine Zeit oder Ressourcen haben, abends in einer Infoveranstaltung oder einer Baugruppe mitzudiskutieren. aber es gibt Methoden, die sicherstellen, dass auch dieses Leute später Räume vorfinden, in denen sie ihren Vorlieben und Interessen nachgehen können."[46]

45 Karl Ucakar - akt. Rahmenbedingungen einer Reform der Wiener Stadtverfassung, in Antalovsky 1991, S.137-174
46 M. Novotny – Genug gestritten?, 2020e, Standard S. A8

Es hat sich daher als zweckmäßig erwiesen, in **moderierten Prozessen** wie in Agenda-Gruppen, die Interessen jener Gruppen einzubringen zu stärken, die normalerweise unterrepräsentiert wären. Es gibt zwei Konstanten die in der Repräsentativität immer wieder auftreten: „Die Haltungen zum Urnengang sind im hohen Maße schicht- und bildungsspezifisch. Je niedriger die Beteiligung ist, desto größer erweisen sich die Disparitäten im aktiven Teil der Bevölkerung. Direktdemokratische Entscheidungen tendieren demnach dazu, **mittel- und oberschichtverzerrt** zu sein.

Eine zweite Konstante betrifft die **altersspezifische Selektivität** - generationsspezifische Gründe durch andere Sozialisationsbedingungen, aber auch Lebenslaufeffekte auf die politischen Gewohnheiten sind Einflussfaktoren. Auch hier gilt, dass die geringere Vertretung der Jungen unter dem Mobilisierten kleiner wird, wenn die Beteiligung hoch ist."[47]

Eine weitere Erfahrung aus der Heimat der Bürgerbeteiligung, der Schweiz, sind die Zahlen der Beteiligungen, wo sich bei regelmäßigen Abstimmungen drei Verhaltensweisen herausgebildet haben:

- regelmäßige Urnengeher (rund 30%)
- konstant Abwesende (rund 20%)
- gelegentliche Urnengeher (‚alter' und ‚neuer' BürgerInnen-Typ) die rund die Hälfte ausmachen

Fazit: **Für die Beteiligung ist der Entscheid der gelegentlichen Urnengeher maßgeblich.**[48]

Für die entsprechenden Daten aus Wien stehen zwei Unterlagen zur Verfügung: eine Umfrage (Sample 1000 Personen) des IFES aus 1991und eine Studie des Instituts f. Höhere Studien aus 2020 (AK Wien):

Ergebnis der Befragung (IFES 1991)[49] ist die Ablehnung der Teilnahme aller Interessierter, aber auch die Teilnahme von Ausländern war durchaus mehrheitsfähig. In der Bewertung der Beteiligungsmöglichkeiten liegt die Einschätzung realistisch (Wahlen 84% bis Beziehungen 15%).

Die Studie des IHS im Auftrag der Arbeiterkammer Wien (2020) sieht die Grenze der Beteiligung bei 25% der Bewohner und plädiert für **aktivere Formen der Beteiligung** (Info-Veranstaltungen, Internetforen), wo auch sonst nicht vertretene Gruppen wie Jugendliche ihre Meinung abgeben und an Planungen mitwirken.

Beteiligung an Gestaltungsfragen

„Wer eine gebaute Umwelt fordert, die Bestand haben soll, die bei den meisten Menschen angenehme Gefühle statt Fluchtreaktionen hervorruft, der stößt in eine gefahrvolle dritte Dimension vor und betritt ein stark vermintes Gelände.

Petra Schneider 2009 – Über Gestaltung streiten

Verstreut herum in der dritten Dimension liegen die Pluralität der modernen Gesellschaft, die keinen überindividuellen ästhetischen Konsens erlaubt, und das individualistische Freiheitsaxiom, das Beschränkungen des individuellen Gestaltungsspielraums zugunsten kollektiver Interessen als Freiheitsverlust auffasst und nur mit Hilfe einer ausdauernden und starken Lobby überwunden werden kann. [...] Zur Entschärfung dieser Minen bräuchte man ein Universalwerkzeug, das in der Lage wäre alle Probleme zugleich und jedes für sich angemessen zu lösen. Sie bräuchte ein Wunder. Dieses Werkzeug existiert - sein Name ist Partizipation."[50]

47 C. Longchamp – ‚Thesen zum Funktionieren der direkten Demokratie in der Schweiz' in Antalovsky 1991, S. 313
48 aao. S. 312
49 zit. in Antalovsky 1991, S. 411ff
50 P. Schneider in Christian 12/2009 S. 203

In Fachkreisen, vor allem der Architektenschaft, nicht sosehr unter Soziologen, herrscht das nicht unbegründete Vorurteil, dass in Gestaltungsfragen der **'Durchschnittsgeschmack'** dominiert oder überhaupt der Sinn für Neues, Ungewöhnliches 'untergehen' muss. Roland Rainer resümiert 1990, dass es seine 'verdichtete Flachbausiedlung' Puchenau aufgrund von Bewohnerbefragungen nicht gegeben hätte, „was die international beachteten Vorteile gegenüber anderen gleichzeitig entstandenen Komplexen ausmacht! Das alles ist von den Bewohnern sofort angenommen und bejaht, aber von ihnen niemals verlangt oder vorgeschlagen worden - weil es ihnen **nicht bekannt war**!"[51]

Auch Lothar Fischmann, Mitarbeiter des damaligen Planungsstadtrats H. Swoboda sieht zu Recht diese Gefahr: „Gerade in Sachen Gestaltung ist es nämlich keineswegs so, dass 'die Mehrheit' - einmal abgesehen davon, wie Mehrheiten überhaupt zustande kommen - immer Recht hat. Es sei denn, man versteht unter gestalterischer Qualität schlicht und einfach 'Durchschnittsgeschmack'."[52]

Wie kann man dieser Gefahr begegnen?

Es gilt nicht das Wort von Victor Adler (1901): „Lieber mit den Massen irren, als gegen sie Recht behalten" oder Henrik Ibsens „Jeder Fortschritt ist nur der Taumel von einem Irrtum zum Anderen"

Eine Politisierung der breiten Schichten bedeutet also nicht, dass jeder Bürger - er maßt es sich auch nicht an - in allen Fragen mitbestimmen soll. Der Bürger ist, ebenso wie der Politiker, den Experten nicht gewachsen. Es ist hier die Aufgabe der sachkundigen Bürger, stellvertretend für alle, die **Rolle des Partners** zu übernehmen."[53]

Experte-Laien-Unterschiede im Bereich der Architektur sind in den letzten Jahrzehnten vielfach gezeigt worden. Eine der umfangreichsten und wissenschaftlich fundierten Studien wurde 2000 von Riklef Rambow (Kommunikation) vorgelegt. Er beschreibt die **spezielle Sicht der Experten**, die durch Ausbildung und Berufserfahrung gekennzeichnet ist, zusammenfassend:

„Sie verfügen über mehr Wissen als die Laien. Sie benutzen Worte, die Laien nicht kennen. Sie denken in Konzepten, die Laien fremd sind. Sie sehen andere Probleme als Laien. Sie sehen andere Lösungen als Laien. Sie haben vielleicht andere Einstellungen und Überzeugungen als Laien. Kurz: **Ihre Perspektive unterscheidet** sich grundlegend von der eines Laien."[54]

Diese Diskrepanzen treten besonders in der **Bewertung moderner Architektur** auf. Wie kann diese Situation verbessert werden? Peter G. Richter[55] schlägt Folgendes vor:

1. Vermittlung von Wissen an und/oder **umfassende Information** für Laien
2. Training für eine **Kommunikationskultur** zwischen Experten und Laien (z.B. Exkursionen)
3. **Moderation des Prozesses** der Planung und Gestaltung durch engagierte und zurückhaltende

Beklagt wird die inflationäre Verwendung des Begriffes der Partizipation, wo die bloße Teilnahme an Lehr-Lernprozessen bereits eine Mitbestimmung suggeriert und damit den Gebrauch des Begriffes zu rechtfertigen scheint.[56]

Architektonisches sprechen zu erlernen (d.h. Architektursprache aus den angebotenen Bildern und Begriffen zu rekonstruieren) ist die eine Sache, Architektur als Kommunikationsform, als visuelle Sprache zu gebrauchen, die Sprache des Raums zu konzipieren, eine andere. [...]

51 R. Rainer 1990, S. 79
52 L. Fischmann in Perchining und Steiner 1991, S. 236
53 Lehmbrock, Josef, Fischer und Wend – Profitopolis 1971, S. 140
54 Abel und Rudolf 2019, S. 168
55 Peter G.. Richter in Abel und Rudolf 2019, S. 170
56 Andrea Dreyer – Architektur vermitteln in Abel und Rudolf 2019, S. 303

„Den Inhalt einer Botschaft bestimmt immer noch der Adressat. Kostbare rhetorische Redefiguren treffen zuweilen auf die Gebrauchsprosa pragmatischer Entscheider.“[57]

Man kann sich manchesmal des Gefühls nicht erwehren, dass die vielzitierte Architektursprache – sehr oft ein inhaltloses Geschwurbel – oft gebraucht wird, nur um die Inhaltsleere einer **Übertragung in die Alltagssprache** zu überdecken. Das gilt auch für städtebauliche Entscheidungen, die, wenn sie als ‚künstlerisch' angesehen werden, nicht demokratisierbar erscheinen: „Städtebauer und Architekten begnügen sich häufig damit, sich allgemein und häufig unverbindlich auf die Moderne zu berufen. Was stattdessen für die Zukunft der Stadt nötig ist, ist eine neue Städtekultur, die die Vielfalt und die Widersprüchlichkeit, die komplexe Nicht-Erklärbarkeit, die Magie der Stadt akzeptiert. Städtebauliche Entscheidungen sind immer auch **künstlerische Entscheidungen**, die als solche **nicht demokratisierbar** sind. Akzeptabel sind sie allerdings nur, wenn sie in Verantwortung vor den kollektiven Ansprüchen der Menschen an die Stadt gefällt werden, und wenn sie sich in ihren Voraussetzungen und Ergebnissen einem kritischen Dialog mit der Öffentlichkeit und den direkt Betroffenen stellen.“[58]

Geprüft werden sollte immer, „ob Gestaltung von Experten stellvertretend geplant werden sollte oder ob nicht Chancen für eine Betroffenenbeteiligung gegeben sind. Zumindest Gefallensurteile wären wohl ohne Schwierigkeiten einzuholen. Darüber hinaus erscheint auch der Versuch wichtig, **Gestaltungsbedürfnisse** von sich nicht artikulierenden Betroffenen aufzuspüren, diese Betroffenen für den Planungsprozess zu interessieren und nach Möglichkeit auch an der Gestaltung selbst Mitwirken zu lassen.“[59]

Teilnahme bildet sicher einen wesentlichen Kern, aber **ohne Teilhabe** - also ein Einbringen von Wissen und Können - und einer daraus resultierenden Miteigentümerschaft sind diese eben nicht partizipativ“.[60]

Was sind die größten Hemmnisse der **Partizipation in Gestaltungsfragen**? Werner Durth sieht die Ausblendung ästhetischer und künstlerischer Aspekte zulasten der Sachbereichsplanung und dem Vorschieben sozialer Probleme als tieferen Grund für kommunale Auseinandersetzungen. nicht einlösbar - entweder vernichtet oder zur Lockfunktion beim Warentausch missbraucht werden.“[61]

Ähnlich hat das Friedrich Moser 1988[62] gesehen, wo aus der Sachbereichsplanung Sachzwänge abgeleitet werden, die für den Bürger nicht durchschaubar sind: Dadurch entsteht jene **Entfremdung, die im Erneuerungsgebiet** eine Identifikation mit der ‚Wohnumwelt' beeinträchtigt und in zunehmendem Maße verhindert und in Erweiterungsgebieten kaum ermöglicht werden.

Gestalterische Aspekte werden - sieht man vom Denkmalschutz ab - kaum beachtet; eine umfassende Berücksichtigung der Stadtgestalt fehlte: funktional-ökonomische Gesichtspunkte standen im Vordergrund.

57 Abel und Rudolf 2019, S. 116
58 F. Reiss-Schmidt und F. Zwoch 1990. S. 2411
59 F. Bollerey et al. 1975, S. 32
60 Abel und Rudolf 2019, S. 301-302
61 W. Durth 1988, S. 216-217
62 F. Moser 1985, S. 4-5

Beteiligung in der Stadterneuerung und Freiraumplanung

„Im Sinne eines Rechts auf Stadt und einer urbanen Demokratie sind Transformationen in den Wohnanlagen im Rahmen geeigneter Maßnahmen der Mitbestimmung und Beteiligung zu entwickeln bzw. abzustimmen. Die demokratische Transformation ist selbst Teil der Stadterneuerung."

Luchsinger 2013, S. 77

Stadterneuerung

„Zaira: Aber die Stadt erzählt ihre Vergangenheit, sie enthält sie wie die Linien einer Hand, eingeschrieben in die Ränder der Straßen, die Gitter der Fenster, die Handläufe der Treppengeländer, die Antennen der Blitzableiter, die Masten der Fahnen, jedes Segment seinerseits schraffiert von Kratzern, Sägespuren, Kerben und Schlägen.

Italo Calvino – Die unsichtbaren Städte 1984

Den Versuchsprojekten ‚Planquadrat 4' und ‚Stadterneuerung Ottakring' wurden in den 70er Jahren unter intensiver Mitwirkung der Bevölkerung der Vorgangsweise das Etikett **‚Sanfte Stadterneuerung'** verliehen.

„Daraus entwickelte sich ein demokratisch inspiriertes kleinteiliges Erneuerungsprogramm auf verschiedenen Ebenen und in verschiedenen Viertel in der Stadt. Diese Vorgangsweise, die unter dem Bürgermeister Leopold Gratz und Stadtrat Fritz Hofmann eingeleitet wurde, stagnierte nach 1976 unter dem Planungsstadtrat Rudolf Wurzer allmählich. Der **partizipatorische Anspruch** der ersten Zeit konnte nicht voll aufrechterhalten werden.

Die Folge war, dass eine weit **weniger sanfte Stadterneuerung** mehr oder weniger ungehemmt voranschritt. Die Wohnbaugenossenschaften, Wohnbaugesellschaften aber auch die Gemeinde Wien selbst brachen den Althausbestand ab und ersetzten ihn durch häufig weitaus höhere und dichter besiedelte Neubauten. [...] Die alte, zum Teil veraltete Infrastruktur wurde nicht verbessert, sondern vernichtet und durch eine neue, aufgepfropft wirkende ersetzt. Auch Höfe und Binnengrünräume verschwanden".[63]

Dieser Kritik Harald Sterks kann nicht vollumfänglich gefolgt werden. Es stimmt, die Nachfolgeprojekte waren dünn gesät und gingen in den ‚Regelbetrieb' durch die Etablierung der Gebietsbetreuungen über. Die Aufgaben waren:

1. **Beratung** in Mietrechts- und Aussiedlungsangelegenheiten
2. Aktive Verfolgung von **Entkernungsprojekten**
3. Niederschwellige **Informationsstelle** für alle spezifischen Grätzlprojekte

Richtig ist, dass die Selbstverwaltungsidee des Planquadrats 4 nach 45 Jahren noch immer intakt ist – aber keine Nachahmer gefunden hat. Was waren die Kernideen?[64]

- Durch Ansatz eines Fernsehteams (H. Voitl – E. Guggenberger)[65] soll der **Gedanke der Stadterneuerung** Allgemeingut werden – das Fernsehteam hat das Ziel wesentlich erweitert: Selbstbestimmte Wohnumgebung war etwas ganz Neues.
- Die Flächenwidmung sah den Abbruch einer frühgründerzeitlichen Häuserzeile und zwei Hoftrakte vor, durch den eine größere Parkanlage geschaffen und ein neuer freistehender Kindergarten errichtet werden sollte.

63 H. Sterk in J. Maurer 1988, S. 176
64 Kainrath, Potyka, Zabrana – Planquadrat 4
65 E. Guggenberger, H.Voitl – Planquadrat–Ruhe, Grün und Sicherheit, Wien, 1977

- Durch die **Motivierung und Einbeziehung der Bewohner** durch Spiele (Planquadrat-Spiel zur Nutzungsverteilung) und beispielhafte Maßnahmen wie ‚so schaut's aus in an renovierten Haus' wurde eine Kerntruppe von Beteiligten geschaffen.
- Höhepunkt war ein **Live-Diskussion im TV** mit dem Bürgermeister Gratz und dem damaligen Fernsehdirektor Zilk open-Air mit hunderten Teilnehmern.
- Mit **Gründung eines Vereins** und einer **moderierten Freiraumplanung** des Verfassers wurde seitens der Stadt Wien das erste Mal die Parkverwaltung in die Hände des Vereins unter Finanzierung der Stadt Wien (Äquivalent zu anderen Parkanlagen) gelegt.
- Ein desolater Hoftrakt wurde abgebrochen, ein Hoftrakt erhalten und die Häuserzeile renoviert - der Kindergarten im Bestand untergebracht (Planung des Verfassers)

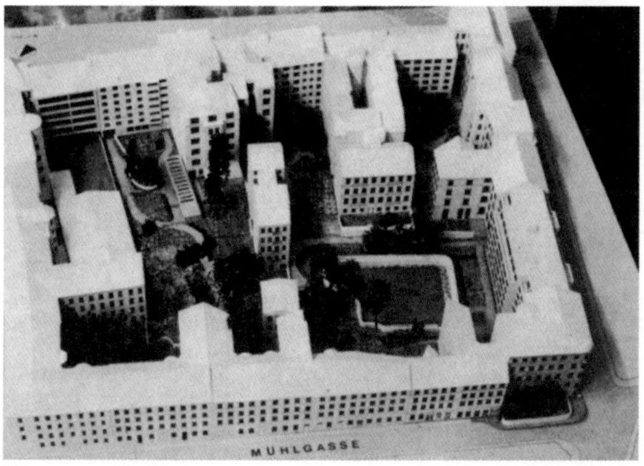

Planquadrat

Fazit: Der Aufwand war zu groß - das Planungsteam Kainrath-Potyka–Zabrana-Huber war vier Jahre vor Ort und das Ergebnis ‚Selbstverwaltung' sollte nicht weiter übertragen werden. Die Nachfolge der Gebietsbetreuungen führte wohl noch einige Projekte

– aber wesentlich angepasster und mit vorhersehbaren Ausgang - weiter. Eine Mitwirkungsmöglichkeit, die in anderen europäischen Städten schon seit den 80er Jahren eingeführt wurde: „Eine Möglichkeit, die Stadtteilbewohner mitwirken zu lassen, ist dadurch gegeben, wenn der Künstler im Entwurfsstadium die Diskussion mit den betreffenden Bewohnern sucht, um eventuelle Anregungen, Einwände etc. mit in den endgültigen Entwurf einfließen zu lassen.

Partizipation und Kooperation stellen sicherlich Auftraggeber, Künstler und Stadtbewohner vor neue Situationen, Aufgaben und Probleme in zeitlicher, finanzieller und bewusstseinsmäßiger Art, die *Im Planquadrat* **theoretisch leichter zu formulieren** als praktisch zu lösen sind."[66]

Freiraumgestaltung

Ralph Gälzer hat seine Gedanken zur ‚Gestaltqualität städtischer Grünräume' und die Mitwirkung der Betroffenen dargelegt: „Die ‚Aneignung' kann auch auf einem anderen Weg als die Nutzung erfolgen, nämlich dadurch, dass der Nutzer den städtischen Grünraum selbst plant, baut und pflegt, ein Modell, dass noch viel zu wenig Eingang in die Praxis des Grünwesens unsere Städte gefunden hat. Gewiss, es ist ein dornenvoller Weg von der Artikulation der Wünsche und Anliegen über ihre Umsetzung in einen Plan bis zur Ausführung in praktischer Arbeit, und dieser Prozess ist ohne tatkräftige Hilfe von Fachleuten nicht möglich."[67]

Und der in Berlin tätige und lehrende Freiraumplaner Hans Loidl hat die Nutzerbeteiligung in der Freiraumplanung relativiert: „Der Mensch kann nur wollen, was er kennt - Nutzerbeteiligung sollte daher in der Freiraumplanung nicht bedeuten, zu bauen was die Nutzer (-mehrheit?) sich ‚eben-so' ausgedacht hat, sondern aus den von den Bewohnern kommenden **Anforderungen die tatsächlichen Bedürfnisse** herauszuschälen. Das heißt die tatsächliche Gestaltungsaufgabe daraus zu formulieren – ist vielleicht der entscheidende Qualitätsanspruch an den Planer!"[68]

66 Bartelmeh 1981, S. 5
67 R. Gälzer in Mayerhofer 1987, S. 78
68 H. Loidl in C. Loidl-Reisch 1992, S. 38

Inzwischen gehört die Nutzerbeteiligung – auch der Kinder und Jugendlichen – bei der Neu- und Umgestaltung städtischer Parkanlagen zum Planungsalltag des Stadtgartenamts und der Bezirksvorstehungen.

Vor- und Nachteile partizipativer Planung

„Man ist überall dabei, ohne irgendwo dabei zu sein."
Berthold Bodo Flaig 1997 - Alltagsästhetik

Abschließend sollen die positiven (obwohl keine Wahl bleibt) und negativen Aspekte einer Partizipation Betroffener zusammengefasst werden:[69]

Positive Wirkungen der Partizipation:

- Die Bevölkerung ist informiert und nimmt zumindest symbolisch über soziale und elektronische Medien dabei – eine Form der allgegenwärtigen Scheinbeteiligung.[70]
- Direkte Mitsprache Betroffener bewirkt in aller Regel ein vorsichtigeres, langsameres und zurückhaltenderes Agieren und Handeln der Behörden und der Verwaltung. Aufsehe erregende, positive, in die Zukunft gerichtete Projekte haben es schwer – dafür bleiben auch totale ‚Abstürze' aus.[71]
- Die realen Bedürfnisse der Bevölkerung können einfließen, obwohl es logisch gesehen keine kollektiven Interessen, Wünsche und Bedürfnisse geben kann. Hilfsweise kann versucht werden Häufungen von Gruppierungen mit ähnlichen Bedürfnissen zu finden[72]
- Die Bevölkerung wird mit ihren Interessen zum ‚Machtfaktor' im Projekt. wir Partizipation einmal ernsthaft umgesetzt, kann man sich nicht mehr über die Wünsche der Bevölkerung völlig hinwegsetzen.
- Die angesprochen Bevölkerung als Machtfaktor beeinflusst sowohl die Projektgruppe als auch die Verwaltung und die Grundeigentümer.
- Bevölkerungsbeteiligung vermag, da sie so ungewohnt ist, auch auf ein bestimmtes Maß an Öffentlichkeit rechnen.
- Die Effektivität der Durchführung des Projektes steigt.

Negative Wirkungen der Partizipation:

- Der Projektträger muss viel Zeit und Geld (‚social costs') aufwenden
- Überforderung der Bürger über komplexe Sachverhalte zu entscheiden
- Verwirrung durch ‚offene* Planung (Reinhard Breit ‚Nix is fix') – ein Planung die nie fertig ist und sich kurzfristig verändern kann
- Kurzfristige Problemsicht
- Die Arbeitsweise wird unsystematisch, weil von aktuellen Interessensströmen getrieben. Vielleicht sollte in diesem Zusammenhang weniger von ‚unsystematisch' als von ‚anderer' Systematik sprechen. [...] Die induktive Methode sollte bei Planern auch theoretisch mehr Anerkennung finden.
- Mangelnde politische Verantwortlichkeit der direkt Betroffenen auch für übergeordnete Bedürfnisse z.B. Neue Wohnungen für junge Familien[73]
- Die Effektivität der Planung leidet.

Die Problematik der Partizipation ist identisch mit der Problematik der Demokratie!

69 Grundzüge aus W.Kainrath, H.Potyka, R.Zabrana 1980, S. 167
70 B.B.Flaig et al. 1997, S. 211
71 R. Aeschbacher in Anatalovsky 1991, S. 40
72 s.a. R.Edlinger –H. Potyka 1989, S. 28
73 R. Lüscher in Stadt Wien, MA 18, 2014, S. 64

Gentrifizierung

„Alle Häuser sind schön, hört auf zu bauen"[74]
Studentenrevolte 1967, Berlin

Gentrifizierung, auch Boboisierung (Bourgeoise Bohéme), Yuppisierung (Young urban people), Hipsterfication – stammt aus dem englischen, wo der niedere Landadel (Gentry) in die Städte zog und beschreibt den Austausch einer statusniedrigeren durch eine statushöhere Bevölkerungsschicht. (Jürgen Friedrichs)[75] Dabei erfolgt eine Änderung des Nachbarschaftsmilieus, der Lebensgewohnheiten und eine immobilienwirtschaftliche Aufwertung.

Auslöser der Gentrifizierung

Prinzipiell betrifft die Gentrifizierung **städtische Gebiete** – meist innenstadtnah – die vom Verfall bedroht sind oder bereits substanzielle bauliche, funktionelle und/oder soziale **Mängel aufweisen**. Wesentlich ist die überschaubare Größe – oft nur ein Platz, ein Markt als Trailer und Namensgeber. Im Wesentlichen sind kleinteilig strukturierte Gründerzeitviertel davon betroffen, weil dort der Handlungsspielraum am größten und die Bausubstanz leichter veränderbar ist.

Auslöser können sein:

- Kunst und Kultur, Kreative suchen deviante Gebiete (Stilisierung des ‚shabby looks') abseits des Mainstreams mit niedrigen Mieten und leerstehenden oder kaum genutzten Räumen: die „klassische Gentrifizierung"
- Aufnahme dieser Tendenzen in Medienberichten, in die Werbepolitik von Immobilieninvestoren bis zu Reiseführern [76]
- Erhaltende Stadterneuerung – koordinierte Investitionen in Gebäude und Öffentlichen Raum, entweder als Impulsmaßnahme oder als Folge von sozialer Gentrifizierung[77]
- Politisches Mittel zur Aufwertung heruntergekommener Stadtteile, Impuls für Investitionen und Wiederbelebung „toter" Viertel: ‚Wenn ein Platz zu langweilig wird, ziehen sogar die Reichen weg...'[78]
- Umfangreiche Investitionen in Büro-, Kultur- oder Universitätsbauten, die Frequenz von vitaleren Bevölkerungsschichten erwarten lassen (‚vibrant places')
- U-Bahn-Bau oder andere infrastrukturelle Investitionen, die ihrerseits wieder bauliche Investitionen von Privaten nach sich ziehen wie z.B. Dachgeschoßausbauten, Generalsanierungen von Altbauten
- Die Transferierung von Primärkapital in den sekundären Kreislauf nach Krisen oder ausgelöst durch Niedrigzinsen und in baulichen Investitionen eine höhere Verzinsung des eingesetzten Kapitals zu erwarten ist (**‚Betongold'**). Wirtschaftswissenschaftlich wird dieser Effekt unter der ‚Rent-Gap-Theorie' verstanden, wo die aktuellen Mieteinnahmen den bei Abbruch und Neubau zu erzielenden potentiellen Mieteinnahmen gegenübergestellt werden. Je größer dieser ‚Gap' ist, desto wahrscheinlicher wird die Verdrängung des Altbestandes – positiv angesprochen als ‚Nutzungsreserve'.
- Die Nutzungsdichte eines Gebäudes/Gebietes ist zum Zeitpunkt des ersten Bezugs am höchsten und nimmt kontinuierlich ab – es nimmt auch die Kaufkraft ab und kaufkräftigere Schichten drängen in das ‚Vakuum': die Grundlage der Kreislaufwirtschaft.[79]

74 Plakat in einer Ästhetiktagung, Berlin 1967 zit. Burckhardt 1985, S. 390
75 J. Friedrichs – Gentrification, Opladen 1996 S. 11-15
76 K. Hassmer und J. Wittrich 2019, S. 126
77 Wie Straßenrückbau und Begrünung in Ottakringer und Thaliastraße nach Hype um Brunnenmarkt
78 C. Laimer in 3420 Aspern Development 2013, S. 87-88)
79 D. Bökemann in Mayerhofer 1987, S. 66

Ablauf der Gentrifizierung

„Am Beginn von **Gentrifizierungsprozessen** lassen sich oftmals neue kulturelle Praktiken und die symbolische Aufwertung eines Viertels beobachten. Es entstehen besondere Stadträume und die symbolische Aufladung kann durch mediale Erzählungen oder Erwähnungen in Reiseführern verstärkt werden. es folgen steigende Bodenpreise, Modernisierungs- und Aufwertungsinitiativen sowie die immobilienwirtschaftliche Verwertung des kulturellen Kapitals der Stadträume (Holm 2010)[80] - Prozess der ‚landscape change' neue Konsumformen in räumlicher Einbettung (spatial embeddness).[...] an diesen Orten können auch die spezifischen Grenzziehungen und Exklusionsmechanismen von Gentrifizierungsprozessen in öffentlichen Räumen wahrgenommen werden."[81]

Das provoziert eine **Gegenbewegung** (allerdings nicht in Wien): ‚Not in Our Name, Marke Hamburg', wo sich Künstler wehren als ‚Karotte für den Esel' der Gentrifizierung missbraucht zu werden.

„Nach der Verdrängung alteingesessener BewohnerInnen, Kleingewerbe und Handel werden im Zuge solcher Stadtteilveränderungen die Wohnungs- und Lokalpreise in die Höhe katapultiert. Die absehbare und oftmals untersuchte Folge: Die als *vibrant places* angepriesenen Stadtteile verwandeln sich in homogene Wohngegenden. Von der ‚verdichteten Unterschiedlichkeit' und damit einen urbanen Leben im öffentlichen Raum kann nicht mehr gesprochen werden."[82]

Wohnviertel die solche Veränderungen – auch im Lokal- und Handelsangebot durchgemacht haben, **verdrängen die eingesessen Bevölkerung** schon allein dadurch, dass diese Viertel sozial eindeutig definiert werden und die Bezugspunkte (Beiseln, ‚normale' Läden, Treffpunkte, Parks etc.) nicht mehr die der Ursprungsbevölkerung sind und sich auf ihr Befinden auswirkt.[83]

Wie lange dauert dieser Vorgang? Die Gentrifizierungsprozesse bewegen sich mit einer Dauer von 7–10 Jahren, dann zieht der kreative Mainstream weiter und neue Vierteln werden gekürt:

In Wien gab es dazwischen immer größere Lücken. Beginnend mit dem Spittelberg über die EXPO-Hype in der Leopoldstadt und den Karmeliterviertel zum Unteren Margareten –‚Schloßquadrat' bis zum aktuellen Brunnenmarktviertel und Yppenplatz.

Folgen der Gentrifizierung

> *„Für jedes komplexe Problem gibt es eine Lösung, die einfach, klar und falsch ist."*
> Umberto Eco nach H. L. Mencken 1921

Positive und negative Folgen können nicht eindeutig getrennt werden und sind sozusagen ambivalent.

So sind Künstler und die Kreativwirtschaft, die im Zentrum der Aufwertung und Verdrängung stehen, selbst von der Ausbeutung der Raumressourcen betroffen. Klar ist, dass in einem hochspekulativen Umfeld die Absicherung der Ressource Raum für das Gemeinwohl – insbesondere der öffentliche, konsumfreie Raum – nicht von den einzelnen Akteuren geleistet werden kann. Hier ist die Kommunalpolitik dringend gefragt.[84]

Nicht jede – oder richtigerweise die wenigsten Investitionen nach Auslösung des ‚booms' sind im **Interesse der kreativen ‚Gründergeneration'**: „Aufgrund der ak-

80 A. Holm – Wie bleiben alle, Münster 2010
81 H. Hassmer und J. Wittrich 2019, S. 126
82 C. Laimer in 3420 Aspern development 2013, S .87
83 Häußermann und Siebel 1992, S. 45
84 s.a. E. Rauth 2019, S. 115

tuellen Rahmenbedingungen (Bevölkerungswachstum, Niedrigzinsen) werden selbst eigentlich unrentable kleine Parzellen genutzt - mit frei finanziertem Wohnbau für gehobene Ansprüche mit homogener Bewohnerschaft und leistbarer Wohnraum verschwindet. Die **Ungleichbehandlung im Mietrecht** lässt den Abbruch und Neubau rentabler erscheinen (s. Rent-Gap-Theorie).

Die Erdgeschoße werden oft für Nebenräume (Radabstellanlagen, Garagen, Müllräume etc.) genutzt, was in der Summe **antiurbane Tendenzen** verursacht und die Erdgeschoße sind damit so unflexibel (Raumhöhe, tragende Wände), dass keine andere Nachnutzung möglich wird. Hofseitig werden oft Wohnungen mit Eigengärten angeordnet, was den ohnehin engen Höfen den letzten gemeinschaftlich nutzbaren Freiraum nimmt."[85]

Auch im größeren stadtwirtschaftlichen Zusammenhang sind Aufwertungen von ‚schlechten' Stadtvierteln mit homogener Unterschichtbevölkerung nicht prinzipiell abzulehnen, wenn das Ziel einer **sozialen Durchmischung** zumindest ansatzweise verfolgt werden soll.

In sozialer Hinsicht finden nicht nur direkte Verdrängungsmaßnahmen statt, sondern auch die soziale Veränderungen der ‚Pioniere', wo Studenten, Künstler und das Präkariat im Berufsleben erfolgreich werden, Familien und Baugruppen bilden und ins ‚Establishment' aufsteigen. Finanziell nicht Erfolgreiche wandern ab und das Stadtviertel homogenisiert sich nach etwa 10 -15 Jahren wie zum Beispiel der Spittelberg, wo auch die Lokale und die Läden nicht mehr so hip sind, sondern eher mit Störungsproblemen für die nun Etablierten touristisch vermarktet werden.

Ein Aspekt abseits von Nostalgie darf nicht außer Acht gelassen werden. Der **Schutz des Milieus**. Die Erweiterung des baulichen Schutzzonentheorie auf einen ‚Milieuschutz' ist die Folge, die beispielsweise in Hamburg, aber auch in Berlin verhängt wurde und manchmal überschießend ist, wenn die Anzahl der Steckdosen pro Zimmer als ‚Luxussanierung' qualifiziert wird, und dem Schutz des Milieus zuwiderläuft.[86]

Ein für Eltern schulpflichtiger Kinder (nach der Pionierphase) ist auch die Schulauswahl ein entscheidendes Problem. Auch hier birgt die soziale Zusammensetzung der Schulklassen in gentrifizierten Vierteln einen Aspekt des Zuzugs oder zumindest des Einschulens – auch in Privatschulen.

Letztendlich stellt sich die Frage, wer den **Wert eines Grätzels** schafft und wer davon profitiert. Derzeit schöpft den von soziokulturellen und künstlerischen Initiativen geschaffenen Mehrwert in erster Linie die Immobilienbranche ab, die von Weltoffenheit, Lebendigkeit, kreativem Klima und hoher Lebensqualität profitiert und damit hohe Eigentums- und Mietpreise argumentiert - und auch erhält.

Dass kommunalwirtschaftlicher Nutzen entsteht – der ohne Alternative ist – steht außer Zweifel. **Verfallsprozesse zu fördern**, kann sich auf die Dauer keine Stadtpolitik leisten. Doch welche Mittel stehen zur Verfügung, die negativen Begleiterscheinungen von Aufwertungsprozessen (ein wertfreiere Bezeichnung als ‚Gentrifizierung') aufzufangen und zu mildern – wenn ein Vermeidung aus gesamtgesellschaftlichen Gründen nicht realistisch ist?

85 Stadt Wien –MA 21 2018, S. 45

86 M. Eicken 2020 S. 21 „In Milieuschutzgebieten kann die Modernisierung und Aufwertung von Wohnungen - auch die selbstgenutzten - verboten werden. [...] Als Zweck der Milieuschutzgebiete wird die Erhaltung der Zusammensetzung der Wohnbevölkerung aus besonderen städtebaulichen Gründen angegeben. Mit Einführung des Milieuschutzes [in deutschen Groß- und Kleinstädten] erden in diesem Gebiet der Rückbau, Änderungen, Nutzungs- und Grundrissänderungen von Wohnhäusern genehmigungspflichtig. [...] Die Regelungen können bis ins kleinste Detail gehen, wie zum Beispiel die Anzahl der Steckdosen pro Raum."

Soziale Mischung

Was die Sozialstruktur des Quartiers angeht, so täte der Planer gut daran, sich aus der jahrzehntelangen und stark ideologisch aufgeladenen Diskussion um das Für und Wider der räumlichen Mischung sozialer Schichten herauszuhalten."

Gerd Albers 1982 S. 61

Den guten Rat von Gerd Albers muss man nicht beherzigen, aber die im Planerjargon schon als Gemeinplatz zu bezeichnende **‚Soziale Mischung'** und deren physischen Niederschlag kann durchaus differenziert betrachtet werden.

Vorauszuschicken gilt es, was unter ‚Sozialer Mischung' überhaupt gemeint ist: ethnische Mischung (Migranten oder andere ethnische Minderheiten), soziale Schichten (‚klassische soziale Mischung'), Altersspezifikation (alt versus jung), Berufstätige versus zu Hause arbeitender, traditionelle ‚Normfamilie' versus neue Familienformen, kinderlose versus Familien mit Kindern, Gesunde versus Menschen mit Behinderungen (besonderen Bedürfnissen) – unterschiedliche Milieus und Lebensstile. Kurz: Integration und Mischung ist der Ausdruck einer zunehmend **diversifizierten Gesellschaft** und Voraussetzung für ihr Funktionieren.[87]

Nachbarschaftliche Beziehungen

„Sicher können Gemeinschaften gefährlich sein; Wie ein Radfahrer, so muss auch eine Gemeinschaft die Balance halten. Sie darf weder zur Anarchie des Extremindividualismus und zur Vernachlässigung des Gemeinwohls tendieren noch zum Kollektivismus, der das Individuum moralisch abwertet."

Amitai Etzioni1995, S. X

Nachbarschaft

„Beginnend mit der Wohnumgebung ist das Wohnumfeld als öffentlicher oder halböffentlicher Raum konzipiert, der keine Gestaltungsmöglickeit und damit persönliche Bindung erlaubt. Emotionale Bindungen entstehen leichter, wenn die Mitbewohner in engeren Kontakt zu einander stehen und sich zumindest kennen. Das **Konzept des „defensible space"** - verteidigungsfähiger Raum - nach Oscar Newman (1972), bei denen der Platz vor dem Haus, die Eingangshalle das Treppenhaus/Aufzüge und Gänge als halbprivat betrachtet wird"[88] und die angegebenen 6-9 Familien sind innerstädtisch nicht realisierbar - können aber bis 20 Familien ausgedehnt werden.

Diese Zahl ist sowohl in den üblichen gründerzeitlichen Wohnhäusern (nicht die Arbeiterquartiere, die bis zu 40 Familien in Zimmer-Küche-Wohnungen beherbergten) und in den Gemeindebauten des ‚Roten Wien' die übliche Größenordnung. Diese Zahl wird noch immer von Soziologen als ideal für eine **städtische Nachbarschaft** mit gewisser Abgrenzungsmöglichkeit gesehen – aber hat die Größe, wo man mehr oder weniger alle Mitbewohner zumindest vom Sehen kennt.

Das war bei **Häusern ohne Lift** selbstverständlich – und ist es heute nicht mehr: Bei Lifthäusern mit 60 oder mehr Haushalten wie in Wohnhochhäusern kennt man vielleicht Familien der gleichen Etage. Eine gewisse soziale Kontrolle und Verantwortung existiert

87 W. Förster 2020, S. 152
88 G. Fellenberg 1991, S. 260

dann nicht mehr. Indikator dafür sind Kameraüberwachungen von Müllräumen, wo der Müll zur Tür hineingekippt wird und nicht getrennt in Mülltonnen gesammelt wird.

Hans Paul Bahrdt hat 1967[89] in seinen Gedanken zum ‚Humanen Städtebau' zum Höhepunkt der **‚Nachbarschaftsdiskussion'**, die als ‚Soziales Wundermittel' angesehen wurde, folgendes gesagt, das bis heute seine Gültigkeit behalten hat:

„Verschiedene soziologische Untersuchungen haben gezeigt, dass die romantische Klage über die Einsamkeit, Wurzellosigkeit und Vermassung moderner Großstädter weitgehend unbegründet sind: Genauer: Sie mag weitgehend zugetroffen haben für die wildwuchernden Großstädte der ersten industriellen Revolution, die von einer stark fluktuierenden Bevölkerung bewohnt waren, welche an städtische Lebensformen nicht gewöhnt waren [...] sind aber heute, wo die Wohnungen nur mäßig überbelegt sind und sich ein mittleres Maß an Mobilität und Sesshaftigkeit eingependelt hat, wo Massenwohlstand und eine gute Ausstattung der Haushalte selbständiges Wirtschaften gestatten und wo verkürzte Arbeitszeiten Zeit und Kraft für die Entwicklung behäbiger Häuslichkeit freistellen, entwickeln sich mühelos auch wieder nachbarliche Beziehungen.

Diese Beziehungen führen freilich nicht zur Herausbildung von **geschlossenen ‚Nachbarschaftsgruppen'**. Vielmehr wählt jeder Haushalt einige Nachbarn des eigenen Hauses und der umliegenden Häuser aus, mit denen er nähere Beziehungen eingeht, während er mit anderen, oft näher Wohnenden so gut wie keine Beziehungen pflegt. Jede Familie hat andere Nachbarschaftskontakte. Im Ganzen bilden die Nachbarschaftsbeziehungen eher ein kontinuierliches Geflecht ohne Anfang und Ende."

In Zahlen gefasst hat Vierecke (Nachbarschaft 1972)90 in seiner Untersuchung die Nachbarschaftskontakte:

Nachbarschaftskontakte auf derselben Etage: Unterschicht 11,2%, Oberschicht 1,4%
Kontakte mit Menschen in den umliegenden Häusern: Unterschicht 34,1%, Oberschicht 65,3%

Die Bereitschaft und Fähigkeit zu Interaktionen in weiteren Räumen innerhalb der Stadt korreliert hoch mit dem Rang der sozialen Schicht.

Vorzüge der sozialen Mischung

„Nicht nur fort sollst du dich pflanzen, sondern hinauf"
Friedrich Nietzsche 1883[91]

Ein weit verbreitetes Vorurteil – auch unter Planern – ist, dass der Aufstieg in der sozialen Schicht durch die Mischung, das Vorbild und letztlich durch den **sozialen Druck** begünstigt wird.

Schmidt-Relenberg hat schon 1968 diese Ansicht relativiert: „Die Hypothese, dass die Homogenität von Wohngebieten den **potentiellen Schichtenaufstieg** des Individuums wenn nicht verhindere, so doch beeinträchtige, scheint sinnvoll. Man kann vermuten, dass ein Kind aus den Unterschichten, das in einem gemischten Gebiet wohnt, durch die Möglichkeit des Kontaktes zu Kindern aus oberen Schichten in einem Schichtenaufstieg unterstützt wird. Dieser Einwand bleibt bestehen, wenn er auch dahin abgeschwächt werden kann, dass Schichtenaufstieg weit eher durch gezielte Schulpolitik als durch latenten informellen Kontakt zu höheren Schichten gefördert werden kann."[92]

Anstelle gemischter Bebauung haben sich auch **kleinräumige homogene Bereiche** bewährt - in der Dimension oft nur ein Block oder eine Straße groß - die keine so

89 H.P. Bahrdt 1967/1971, S. 103-104
90 H. Glaser –Urbanistik 1974, S. 20
91 Also sprach Zarathustra, erster Teil. Die reden Zarathustras 1883. Von Kind und Ehe
Dazu helfe dir der Garten der Ehe! Einen höheren Leib sollst du schaffen, eine erste Bewegung, ein aus sich rollen des Rad, — einen Schaffenden sollst du schaffen.
92 N. Schmidt-Relenberg 1968, S. 218

hohe Anpassungsleistung verlangen, aber eng miteinander verwoben sind." Diese Anregung, die Mischung nicht zu kleinräumig zu verlangen – die **Frage der ‚Körnigkeit'** soll auch in der Nutzungsmischung diskutiert werden.

Eine differenzierte Haltung zur Mischung sozialer Schichten nimmt auch der Altmeister der Stadtsoziologie – Hans Paul Bahrdt[93] - ein: „In kurzer Zeit aus einem Guss für **Angehörige einer bestimmten sozialen Schicht** [Kohortenbesiedlung] auf der grünen Wiese aus dem Boden gestampfte Viertel erleben leicht nach einigen Jahrzehnten einen raschen Niedergang.

Anders liegen die Verhältnisse in Quartieren, deren Gebäude aus **verschiedenen Bauperioden** stammen, und wo sich sozial kräftige aufsteigende Gruppen mit schwächeren mischen , d.h. wo es zu allen Zeiten genügend moderne Gebäude gibt, die für wirtschaftlich starke Gruppen attraktiv sind, wo es genügend mittelständiges Kapital gibt, um Sanierungen in kleinem Maßstab d.h. von einzelnen Häusern oder einzelnen Baublöcken durchzuführen. [...]

Mit anderen Worten: **Homogenität** eines Viertels bedeutet auf lange Sicht gerade **nicht soziale Stabilität.** Diese wird eher durch Heterogenität gewährleistet. All dies spricht für eine Mischung der sozialen Schichten innerhalb eines Quartiers."

Andererseits darf man an gemeinsames Wohnen in einem Quartier nicht zu große Hoffnungen hinsichtlich der Überwindung sozialer Spannungen zwischen sozialen Schichten knüpfen. Eine durch rigorose Planung **erzwungene Mischung** kann gerade auch zu Spannungen führen oder zur Aufrichtung künstlicher Schranken im Nahbereich durch normiertes Distanzverhalten, das unerfreulicher ist als ein spannungsloses Nebeneinanderleben in größerer räumlicher Distanz.

Weiter Hans Paul Bahrdt:[94] „Mischung sozialer Schichten innerhalb der Wohnquartiere ist einer radikalen Segregation ohne Zweifel vorzuziehen. die Begründung dieser These ist aber nicht die utopische Hoffnung auf **‚sozialen Ausgleich durch Mischung'**, sondern vor allem die Meinung, dass eine einseitige Sozialstruktur, genau wie eine einseitige Altersstruktur, der Lebendigkeit des Viertels abträglich ist, seine kontinuierliche Selbstregeneration auf lange Sicht erschwert und die ständige Versuchung zu Über- bzw. Unterprivilegierungen einzelner Bevölkerungsgruppen mit sich bringt, die sozialpolitisch nicht vertretbar sind, die aber angesichts der Dynamik der Grundstückspreise in einer Gesellschaft mit weitgehenden kapitalistischen Bodenrecht schwer zu verhindern sind. Soziale Mischung um jeden Preis ist aber kein Wert, den es auf jeden Fall und um jeden Preis anzustreben gilt. sie ist in einer freien Gesellschaft auch nicht zu erzwingen. Nur ausgesprochene Ghettobildung, vor allem ethnisch bedingte, muss schon in ihren Anfängen auf jeden Fall verhindert werden. Im Übrigen sind **partielle Segregationen, vor allem im Nahbereich** durchaus erträglich z.T. sogar sinnvoll. [...] Ein Wohnquartier ist kein Utopia, in dem die klassenlose Gesellschaft ausgebrütet wird."

Einwände zur sozialen Mischung

> *„Die einen wohnen wo sie können,*
> *die anderen, wo sie wollen."*
> Camilo Molina – Hannah Quinz 2020[95]

So wie Hans Paul Bahrdt eine soziale Mischung um jeden Preis nicht als sinnvoll erachtet gibt eine Reihe von Autoren, die ihre Stimme vor allem für die **freiwillige Segregation** erheben – die ohnehin nicht aufzuhalten ist, wie Häußermann und Siebel

93 H.P. Bahrdt 1967/1971, S. 128
94 aao. S. 132
95 C. Molina–H. Quinz –Sozialraummonitoring 2020, S. 42

es sehen: „In sozial homogenen Quartieren ist der Druck, sich den Konsumstandards der nächsthöheren Schicht anzupassen, geringer; Nachbarschaft, generell Freundschaften, Kommunikation und informelle Hilfsnetze setzen Übereinstimmung in Verhaltensweisen, normativen Orientierungen [...] voraus: Heterogenität dagegen bedingt ein Nebeneinander verschiedener Lebensstile und damit **gegenseitige Belästigungen und Konflikte**.

Die Kontroverse ist alt und ungelöst, ein Indiz dafür, dass das Problem falsch gestellt ist. Auffallen muss, dass immer nur die **Segregation der Unterschicht** mit Sorge betrachtet wird. Die mindestens ähnlich klare Absonderung der Reichen und der funktionalen Eliten wird dagegen nicht einmal thematisiert. Offenkundig und mit Recht wird zwischen freiwilliger und erzwungener Segregation unterschieden. [...] **Erzwungene Segregation** ist ausschließlich ein **Phänomen der Unterschicht.** Je höher das Einkommen, Bildung und Prestige, desto freiwilliger ist die sozialräumliche Abgrenzung des eigenen Wohnquartiers gegenüber anderen."[96]

Besonders kritisch steht Roswitha Harner die Forderung nach sozialer Durchmischung, die durch nichts in ihrer **positiven Wirkung** belegt sei - dies umso mehr, als die Durchmischung nur in einer Richtung geführt wird. Wo ist die Forderung nach Durchmischung von Oberschicht-Vierteln? Das letzte Mal wurden in der Wiederaufbauperiode in Wien - weil die Liegenschaften preiswert waren - ,Gemeindebauten' in ,guten' Wohnlagen realisiert. Wie Wahlergebnisse zeigen, sind diese ,Inseln' über Jahrzehnte in ihrer politischen Ausrichtung stabil geblieben.

Philipp Rode[97] empfiehlt, die Segregation nicht a priori als negativ zu beurteilen und nicht in jeden Fall verhindert werden sollte. „Vielmehr sind in Gebieten hoher Konzentration die spezifischen Ausgangsbedingungen und das Vermögen integrative Leistungen zu erbringen, genau zu bewerten, dieses gebietliche Potential zu stärken."

Das ist der kulturelle Kern des Problems. Er kann nicht kulturalistisch überholt werden, indem man den Schleier multikultureller Toleranz darüber legt. Das Schlagwort von der multikulturellen Gesellschaft beschreibt nur einen **überspannten Ideologieaufwand**."

Die genannten positiven Effekte von sozialer Durchmischung sind jedoch empirisch nicht belegt. Vielmehr wurde nachgewiesen, dass soziale Durchmischung keine Voraussetzung für gute Nachbarschaft sei, die Chancen für **soziale Integration** in homogenen Quartieren größer seien und räumliche Nähe nicht unmittelbar auch zu sozialer Nähe oder sozialen Chancen führe. Ein empirischer Beleg ist auch deshalb oft schwierig, weil nicht festgelegt ist, was bzw. wer ,gemischt' werden solle und wann eine ,ausreichende soziale Durchmischung' erreicht sei. [...] Dabei wird jedoch nicht Armut bekämpft oder verhindert, sondern deren Symptome. [...]

Folgewirkungen sozialer Segregation

Jens Dangschatt hat in seinem Nachwort zu Feldtkellers Tübingen-Südstadt die städtische Verteilung von Randgruppen problematisiert: „Wenn es um die Konzentration der 4 A (Arme, Ausländer, Arbeitslose, Alte) geht, wird in der Regel nur auf die **,Problemviertel'**, die ,sozialen Brennpunkte' geschaut. Davon ungeachtet werden weitere unerwünschte Funktionen in diese Quartiere gebracht und dann vom ,Umkippen' und der ,Abwärtsspirale' gesprochen.

Das Problem ist die Teilung der Stadt - die größere Hälfte hält sich frei von der Last der täglichen Integrationsarbeit. Die - kleinere - Hälfte macht die Arbeit für die gesamte Stadt(region) und wird dafür weder belohnt, noch wird die Arbeit wirklich anerkannt.[98]

96 Häußermann und Siebel 1992, S. 42
97 P. Rode 2010, S. 108
98 J. Dangschatt in Feldtkeller (Hsg.) 2001, S. 217

Als **‚doppelte Segregation'** hat Steinbach[99] die Konzentration der sozial schwachen inländischen Haushalte in zwei Wohnbausegmenten bezeichnet, die anstelle ‚sozialer Mischung' die Realität dominiert:

- in *billigen nicht sanierten privaten Altbauhäusern* mit wenig attraktiven Wohnumfeld, oft in Nachbarschaft zu den ausländischen Mitbürger
- in *älteren Anlagen des sozialen Wohnbaus,* da mittlerweilen in neuen Gemeindewohnungen das Mietniveau angehoben wurde

Die Anteile unterer sozialer Schichten im **Kommunalen Wohnungsbau** nach Baualtersklassen (K.Csasny -1999):
Baualter vor 1919: 67%, 1919 - 1945: 61%, 1945 - 1968: 51%, nach 1968: 39%

Zu der ‚doppelten Segregation' ist auch die Immobilität der Wohnbevölkerung im Gegensatz zu ausländischen (Deutschland, Schweiz) Untersuchungen ein Österreichisches und hier vor allem ein Wiener Spezifikum: „Die Regulierung der Wohnungsmärkte (Mieterschutz, Niedrigmieten) und das System des sozialen Wohnungswesens begünstigt in einem außerordentlichen Maß die **Immobilität der Bevölkerung**. Daher sind in vielen Fällen ‚gekoppelte' Alterungsprozesse der Bausubstanz und der Wohnbevölkerung zu beobachten, die manchmal auch mehr oder minder gleichzeitig in ‚Verjüngungszyklen' umschlagen." (Kohortenzyklus)

Skeptisch beurteilen auch Hartmut Häußermann und Walter Siebel den sozialökologischen Ansatz mit dem Ziel der Heterogenität der sozialen Schichtung:

„Der sozialökologische Ansatz, der mit den Kriterien Dichte, Größe und Heterogenität eine für die Planung am ehesten handhabbare Definition liefert, ist in der Praxis nur sehr unvollständig realisiert worden. Am ehesten wurde die **Dichte des Zusammenwohnens** hergestellt - denn sie lohnte sich auch ökonomisch - schon seltener die Größe, fast nie aber die Heterogenität. [...]

Soziale und funktionale Heterogenität lassen sich unter den heutigen gesellschaftlichen Bedingungen mit planerischen Mitteln nur in sehr engen Grenzen verwirklichen. [...] Sobald sich eine Möglichkeit dazu auf dem Wohnungsmarkt eröffnet, setzen **selektive Wanderungsprozesse** ein, an deren Ende sich die Wohnviertel entmischt haben. Und soweit sozial gemischte Viertel Bestand haben, ist soziale Mischung zwar räumliche, aber nicht soziale Realität."

Diesen **‚Sozialdarwinismus'** verteidigt Peter Saunders als ‚Wettbewerb verschiedener sozialer Gruppen' im urbanen Raum, der am Boden- und Wohnungsmarkt stattfand: „Als Resultat davon siedelten sich Menschen ähnlicher Interessenslage und Vorlieben in ähnlichen Gegenden an. Nachdem sie sich in diesen ‚natürlichen Nischen' niedergelassen hatten, nahm der Konkurrenzdruck ab und erlaubte die Ausbildung von gemeinsamen kulturellen Institutionen und Lebensstilen. Die Intensität des Lebenskampfes geht zurück und die Gegenden bekommen langsam das Image der in ihnen Lebenden - aus dem Chaos entsteht so Ordnung."

99 J. Steinbach et al. 2000, S. 56

Soziale Gruppen

„Es ist ein Merkmal unseres Städtebaus, dass er die Unterschiede zwischen den Menschen verstellt, ausgehend von der Annahme, diese Unterschiede würden vor allem als gegenseitige Bedrohung und nicht als gegenseitige Anregung empfunden. Deshalb schaffen wir nichtssagende, neutralisierende Räume, die die Bedrohung durch sozialen Kontakt ausschalten."

Richard Senett - Civitas 1991, S.12

Soziale Gruppen im Öffentlichen Raum

‚Wir bewegen uns jetzt anders in der Stadt - etwa so, wie wenn wir in Stadtviertel kommen, die wir nicht kennen und wo wir uns sozial nicht ganz sicher fühlen, wo wir uns als Eindringlinge vorkommen'.

Irene Brickner – Vanessa Gaigg 2020, S.9

Wie äußern sich soziale **Gruppen im Öffentlichen Raum**? Sonja Brünzels hat Menschen in der Stadt beobachtet und fordert in ‚Reclaim the Street' –‚RTS'. – ‚Die Straße zurück![100]

„***City-Kultur***: *Man sieht hier keine Freaks, die Jungs in Trainingshosen und Baseballmützen fehlen genauso wie die Frauen mit Plastiktüten und den Kindern im Schlepptau. Ob Fahrradkurier oder Büroangestellte, der Körper in der City ist jung, energetisch bis gehetzt, er ist gestylt mit Anzug oder Blazerjacken, die Haare sind akkurat geschnitten, Frauen tragen sie länger als Männer, weibliche Gesichter sind geschminkt. Die Frauen zeigen Figur, die Männer Kinn und Schultern. Der Körper in der City hat es eilig. er verweilt nicht. Das Handy am Ohr, Mappe in der Hand, making money.*

Dagegen die ***Subkultur des RTS-Publikums*** *- nicht weniger leicht zu erkennen. viele buntgefärbte Haarschöpfe, Dreadlocks, Frauen mit raspelkurzen Haaren, Männer mit langen Mähnen und Bärten, die Kleidung reicht von Shorts und ärmellosen Hemdchen bis zum Adamskostüm, Piercing und Tatoos überall, Lachen im Gesicht. Nicht, dass die bunten Gestalten sich nicht über Nacht in propere BürogängerInnen verwandeln könnten - als Partykörper jedoch sind sie locker, Schultern bewegen sich, Hüften drehen sich zur Musik... der subkulturelle Körper hat Zeit, gibt sich der Dynamik des Augenblicks hin."*

Diese Sicht auf das **Erscheinungsbild der Stadt** ist deswegen wichtig, weil gerade die Menschen und nicht nur das Gebaute das Wesen der Stadt repräsentieren und auch deren Komplexität ausdrücken. Die Darstellung ließe sich poetisch fortsetzen durch touristische Hot Spots wie Schönbrunn oder Stephansplatz – Graben oder Oberschichtviertel wie Döbling, wo schwere schwarze SUV's und bunte Zweitautos die Straßen dominieren oder langweilige Durchschnittsviertel, wo kaum Leben auf den Straßen – außer der Parkplatzsuche - herrscht oder Boboistan, wo wieder gänzlich andere Typen und Schanigärten das Bild der Stadt prägen.

„In der Stadt treffen sich [social distancing] vor allem junge Migranten und kinderreiche, sozial schwache Familien, welche die Parks und freie Flächen schon in Vor-Corona-Zeiten ‚als **verlängertes Wohnzimmer** genutzt haben' (Irmtraud Voglmayr).

Denn unterschiedliche Milieus haben unterschiedliche Zugänge zum öffentlichen Raum: Für Jugendliche aus der Arbeiterschaft, oftmals mit Migrationshintergrund, ist der öffentliche Raum einerseits ein Ort der Erholung von der Enge ihrer Wohnung zu Hause. Andererseits aber auch ein Ort der Aneignung und der Sozialisation.

100 S. Brünzels in Becker 2001, S. 173 - 174

Denn die Qualität des öffentlichen Raums liegt in seiner Heterogenität. Ähnlich wie in der Schule treffen dort Menschen aufeinander, die ansonsten kaum zusammenkommen. ‚Das **ermöglicht Begegnungen** die in einem Dorf oder einer ‚Gated Community' nicht möglich wären. Insofern sei der öffentliche Raum zwangsläufig mit vielfältigen, städtischen Leben verbunden. Doch das produktive Chaos, das urbane Gebiete [...] trotz fortschreitender Kommerzialisierung auszeichnete, ist nun für längere Zeit dahin (Christoph Reinprecht)."[101]

Die Beobachtung ist nicht neu. Vor allem die beengte Wohnverhältnisse der Mehrkindfamilien haben **unterprivilegierte Bevölkerungsgruppen** in Zeiten ohne Telefon und Handy auf die Straße getrieben, wo sich Jugendliche an den Straßenecken trafen, Kinder zum Spiel jedenfalls ‚hinaus' gehen mussten und die Senioren den Abend auf der Bank und im Tratsch ausklingen ließen.

Mit der Zunahme des Wohlstands und der Wohnflächen (1950 in Arbeitervierteln 11m² pro Bewohner, Josefstadt 70 m²- Hofratswitwen, heutiger Schnitt 33 m²/Bewohner) verlagerten sich die sozialen Kontakte in die eigenen vier Wände. Ein Trend, der durch den Anstieg der Wohnkosten und der damit verbundenen Verkleinerung der Wohnflächen (Neubauten mit 50% Zwei-zimmer-Wohnungen ist Normalität) nicht linear weitergeführt werden kann. Der **Öffentliche Raum** gewinnt für das **soziale Leben** wieder mehr Bedeutung!

Zusammenfassend können folgende Trends festgestellt werden:[102]

- Anteile der älteren Menschen und der Kinder an der Gesamtbevölkerung nehmen zu
- Anzahl der +75-jährigen nimmt zu: Anforderung an Barrierefreiheit
- Anzahl marginalisierter Menschen wie Wohnungslose oder BettlerInnen nehmen zu
- Das Bevölkerungswachstum hält an - die Heterogenität (ethnisch, Lebensstile) nimmt zu
- Steigende Unsicherheit und Nutzungskonflikte im öffentlichen Raum nehmen zu
- Das zivilgesellschaftliche Engagement - Verantwortung für das Wohnumfeld zu übernehmen nimmt zu
- Kommerzielle Nutzungen des öffentlichen Raums (Gastro, Handel) nehmen zu - verstärkt durch Klimawandel
- durch Bevölkerungszuwachs, Immo-Boom und Schließung der letzten Baulücken sowie Nachverdichtung (Dachgeschoßausbau) nimmt der Druck auf den öffentlichen Raum zu

Marginalisierte Gruppen

> *‚Wo sollen sich marginalisierte Gruppen aufhalten?' sollte gegenüber der Frage ‚Wo sollen sich margina-lisierte Gruppen nicht aufhalten' bevorzugt werden.*
>
> Katharina Miko 2012

Die Wertung der Mehrheitsgesellschaft, wer in die Kategorie der „Marginalisierten" fällt, geschieht von einem Standpunkt der herrschenden Kultur aus. „Denn selbst die Theorie des elaborierten und restringierten Kodes, die immerhin auf die klassenbedingten Ursachen der **Wahrnehmungsunterschiede** verweist, argumentiert von diesen Standpunkt aus, da die Unterscheidung impliziert, dass die ‚klassenspezifischen Unterschiede auf eine Mitte als Bezugspunkt hinzu orientieren' wären, der die Unterschicht sich durch Aufholen ihrer Defizite anzupassen hätte. Eine objektive Darstellung müsste dagegen, die **‚Sozialisation der Arbeiterklasse'** nicht a priori als minderwertig, sondern als anders begreifen."[103]

101 I. Brickner – V. Gaigg 2020, S. 9
102 Stadt Wien – MA 18 (Hsg.) 2018, S. 15-17, ergänzt
103 Urs Jaeggi in Bollerey et al. 1975, S. 44

Berlin ,Kunsthaus' Tacheles

Der Umgang mit der Ausgrenzung sozialer Randgruppen – ist für die Kommunalpolitik schwierig, weil die überwiegende Mehrheit entweder für direktes Verdrängen wie am Karlsplatz oder anderen Drogenhotspots ist oder zumindest indirekt der Aufenthalt verleidet wird, indem keine oder nur wenige Sitzgelegenheiten angeboten werden (Wien-Mitte). Eine Sonderform ist die spezielle Ausgestaltung von Bänken als **,Hostile Design'**, die z.B. das Liegen verunmöglicht

„Hostile Design trifft eine Vielzahl von Menschen. Jugendliche, Skateboarder, Ältere (Liebespaare, Touristen, Studierende, Lesende, Geschäftsfrauen], jeden der sich im öffentlichen Raum nicht brav und normgerecht bewegt. Die Wohnsitzlosen trifft es am Härtesten und somit jene Menschen, die situationsbedingten psychischen Belastungen leiden. Dann noch durch Dornen auf den Boden und an Mauern mit einer ,Ratte der Lüfte' gleichgesetzt zu werden ist Gift für das Selbstbewusstsein."[104]

Solche und ähnliche Maßnahmen werden auch von den Sicherheitskräften gefordert – wie das Alkoholverbot an ,Hot spots' wie den Praterstern. Die **aufsuchende Sozialarbeit** als Lösungsweg kann die Ausgrenzung nicht beseitigen – die Auswüchse aber erträglich – zumindest für die Mehrheit der Stadtbewohner – machen. Doch diese Personengruppen und der verständnisvolle Umgang mit ihnen ist **Wesen der Urbanität** – das Verdrängen ist provinzielles Spießertum.[105]

Obwohl es nicht populär ist und man damit keine Wahlen gewinnen kann, sind **öffentliche Räume für marginalisierte Menschen** vorzusehen:[106]

- Ausreichend Raum bedeutet, dass unterschiedliche Nutzungsgruppen ohne gegenseitige Verunsicherungen den öffentlichen Raum gleichzeitig nutzen können
- NutzerInnen sollen in der Nutzung des öffentlichen Raums durch Angebote unterstützt werden (etwa Toiletten, Bänke, Unterstände, barrierefrei Gestaltung etc.)
- Marginalisierte Menschen nutzen den öffentlichen Raum nicht nur, sie sind auf ihn angewiesen
- Räume schaffen deren Nutzung nicht vorgegeben ist und die nicht beaufsichtigt und kontrolliert werden
- Räume ermöglichen, die für ,nicht anerkannte' Nutzungen (Jugendliche, Obdachlose, etc.) verwendet werden können (keine Durch- und Zugänge oder Spielplätze) sondern eigens zugedachte Flächen.

104 M. Novotny 2020b
105 s.a. Herterich 1986, S. 118
106 Katharina Miko 2012, S. 96

Kinder und Jugendliche

> *„Kinder wollen nicht abgeschoben werden: ‚Wichtig ist, dass auf der Straße etwas passiert. Kinder spielen lieber auf der Straße als auf speziellen Spielplätzen. Wo auf der Straße ein Lastwagen Sand ablädt oder wo es einen Arbeitsplatz gibt, an dem Menschen ihr Handwerk ausüben, gerade dort wird man Kinder antreffen."*
> Uschi Kose und Lilli Licka 1995, S. 10

Kinder suchen die Nähe von Erwachsenen, wollen nicht abgeschoben werden in Spielghettos, sondern dort sein, wo was los ist, wo das **‚richtige' Leben** stattfindet. Es muss ein gangbarer Kompromiss zwischen Schutzbedürftigkeit und Notwendigkeit des Erlernens von Selbstverantwortung und Umgang mit der Erwachsenenwelt gefunden werden. Kinderspielplätze als **verinselte Schonräume** sind dafür ungeeignet."[107]

„Spielplätze sind notwendig und sinnvoll, aber nicht als singuläre Einrichtungen, sondern als eine von mehreren Spielmöglichkeiten. Spiel ist spontan und kann nicht aufgeschoben werden, bis endlich die Fläche erreicht ist, die zum Spielen vorgesehen ist. Spiel braucht außer Platz auch noch Freunde und Bekannte, die mitspielen und Material und Anregung."[108]

Der Hilferuf ist seit nahezu 50 Jahre gültig – wir machen aus den **Kindern ‚Spielbeamte'**: „Für die Kinder ist in den Städten kein Raum. Allenfalls werden ihnen qualitativ und quantitativ völlig unzureichende Gettos zugewiesen, die ihnen ebensowenig nützen wie sie für die Planer ein jedermann sichtbares Alibi bedeuten. So finden Einübung von Unterordnung und Anerkennen von ‚Sachzwängen', wie sie in Elternhaus und Schule - *non scholae, sed vitae discimus* [nicht für die Schule, sondern fürs Leben lernen wir] geschehen, die gleichzeitige Einübung von Konkurrenzverhalten, das in allen vertikalen Gesellschaftsstrukturen eine **sozialdarwinistische Auslese** trifft, ihren scheinbar entpersonalisierten und daher ‚objektiven' Niederschlag in den Sachzwängen, die städtischen Strukturen festschreiben."[109]

In der **‚zonierten Stadt'** wird vor allem das Leben berufstätiger Erwachsener, vor jeder Umtriebigkeit, vor jedem Lärm geschützt. „Ein Stadtquartier ist aber nur dann robust und vital, wenn in ihm Kinder und Jugendliche um die Ecke - und nicht nur innerhalb speziell für sie vorgesehenen, pädagogisch gestalteter und betreuter Inseln - Räume zur **Entfaltung ihrer Bedürfnisse** finden."[110]

Und Inge Mata Hülbusch[111] relativiert den Ruf nach ‚Urbanität' und stellte die Frage: „Was haben die Kinder davon? Was bedeutet ‚Urbanität' für eine Mutter mit kleinen Kindern im Alltag? .....Wenn wir, als Mütter, für unsere Kinder die Möglichkeit der Sozialisierung ohne Zwang durch Erwachsene schaffen d.h. ohne ständiges Ausführen, Behüten, Einsperren ihnen die Chance geben im Rahmen ihrer (begrenzten) Möglichkeiten sich selbst Freunde zu suchen, die Umgebung zu erfahren, sich zu betätigen und dabei zu lernen, an der Erwachsenenwelt teilzunehmen.' In Hülbuschs Augen bewirkt **Urbanität die Isolation von Frauen mit Kindern**. Sie wünscht sich den Abbau der Desintegration, an der dieses Gestaltungsprinzip mitverantwortlich ist."

Nicht nur die Freiraumplaner, sondern Mütter und Väter sehen mit eigenen Augen, wie fadisiert die Kinder die Spielgeräte frequentieren und sehen, dass die aufgeweckteren Kleinen trotz aller Sicherheitsvorkehrungen den ‚Kick' suchen und sich nicht zuletzt da-

107 U. Kose und L.Licka 1995, S.10
108 aao. S. 8
109 Dieter Beisel in Glaser 1974, S. 184
110 Gabriele Steffen in Feldtkeller (Hsg.) 2001, S. 198
111 I.M. Hülbusch, Innenhaus und Außenhaus - Umbauter sozialer Raum, Gesamthochschule Kassel, 1978 in Loidl-Reisch 1995, S. 103

bei verletzen. Sie haben nicht gelernt mit den **Fährnissen der Umwelt** umzugehen. Das zu vermeiden erfordert sichere und damit uninteressante Spieleinrichtungen: **Haftungsfragen** verändern den Spielplatz! „1980 beginnt in den USA die die große Haftungsfrage und verändert damit die gesamte Gesellschaft. Plötzlich geht es nicht mehr um den sozialen, körperlichen, pädagogischen Wert von Spielorten, sondern nur darum, ob die Fallhöhe eingehalten ist und sich das Kind den Kopf einklemmen kann oder nicht. Von da an bestimmen jene Firmen den Markt, deren standardisierte Produkte die strengen Normen und Vorschriften erfüllen.“ .[112]

Auch wenn der Wunsch „Nur keine Käseglocke über die Kinder“ laut erschallt, sind die Adressaten nicht die Spielplatzplaner und die verantwortlichen der Verwaltung, sondern die **Gesellschaft und die Justiz**. Wer einmal hier zur Verantwortung gezogen wurde, wird Spielgeräte nur mit der Feuerzange anfassen.

Den Worten von Jakob Dunkl und Karin Wölfl [113]kann nur gefolgt werden: „Die Stufen, Rampen und das erhöhte Podest werden von den Kindern wundervoll angenommen. Manchmal habe ich das Gefühl, dass Kinder intuitiv Architektur viel besser annehmen können als Erwachsene. [...] Meine persönliche Erfahrung zeigt, dass Kinder die am wenigsten dürfen, sich am häufigsten verletzten[114], während es unter denjenigen, die gelernt und geübt haben, mit den **kleinen Gefahren des Alltags** umzugehen, kaum Unfälle gibt.

Lange Zeit war man in der Architektur und in den Bauvorschriften der Meinung, dass potenzielle Gefahrenstellen nach Möglichkeit zu vermeiden sind. Diese Auffassung verändert sich nur langsam. Heute gibt es die Tendenzen, keine Käseglocken über die Kinder zu stülpen, sondern wieder ein gewisses Maß an Selbstverantwortung zuzulassen.“

Ein wesentliche Erkenntnis hat Richard Senett[115] beobachtet: „Die Kinder auf dem Spielplatz lösen sich im Spiel aus den **Bindungen an ihr Zuhause** und ihre Familie; sie meiden die hübschen Plätze, die die Erwachsenen für sie zurecht gemacht haben. [...] Die Kinder auf den ‚heißen' Spielplätzen tun so, als hätten sie keine Eltern, als wären sie völlig frei.“

Jugend

> *„Kinder sind so etwas wie ein Frühwarnsystem in Städten. Dort, wo viele Kinder draußen zu sehen sind, kann man darauf schließen, dass es ein gesundes Viertel ist.“*
> Tim Gill, Stadtforscher 2021[116]

Die Stadtplanung hat für die Bedürfnisse der Jugend kein Verständnis und vor allem keinen Platz. Während Kinderspielplätze für Kinder bis 12 Jahren keine Probleme bereiten – aber auch kaum selbst für diese Altersgruppe etwas Interessantes und Herausforderndes bieten, gibt es für Jugendliche **kein adäquates Angebot**. Obwohl die Wiener Bauordnung ab 50 Wohneinheiten eine 500 m² großen Spielplatz vorschreibt wird diese Vorschreibung umgangen, wo für 1500 Wohneinheiten auch nur – aufgeteilte 500m²-Spielplätze nahe an den Wohnzimmerfenstern bereitgestellt wird. Oder es wird ein Indoor-Mehrzweckraum mit 50 m² als Ausgleich angeboten, der für alles verwendbar ist, nur nicht für Jugendliche. Die Klagen der Kommunalpolitik, die mit den Folgen wie **‚Jugendvandalismus'** konfrontiert wird, werden seitens der Verwaltung und der Bauträger nicht gehört: Jugendliche stören bloß!

112 Gabriela Burckhalter in W. Czaja 2020d, A8
113 W. Czaja, J. Dunkl und K. Wölfl in Loicht 2020, S. 21ff
114 deren Eltern dann einen ‚Sündenbock' suchen
115 R. Senett 1991, S. 249
116 T. Gill "Urban Playground: How Child-friendly Planning a Design Can Save Cities" zit. in Zeit-Magazin 30.9.2021

Gabriele Steffen hat es positiver in der Tübinger Erklärung ‚Kinder brauchen Stadt' formuliert: Jugendliche brauchen **‚annehmbare' Treffpunkte**: Plätze, Brunnen, Treppen, Plastiken, Ecken, Nischen. Sie brauchen ferner mitgestaltbare Konsum- Kulturangebote, z.B. Eisdielen, Cafés, Reparaturwerkstätten. Sie sollten auch unverbindlichen **Zugang zu Arbeitsstätten** und beruflichen Ausbildungsstätten haben."[117]

Warum sollen wir mit Kindern und Jugendlichen über Raum sprechen? Weil der Raum Kinder und Jugendliche formt und in den Gesprächen in Jugendparlamenten die Teilnehmer erstaunlichen Realismus zeigen (bereits konditioniert?) und keine utopischen Pläne haben. Es können und sollen bei Neubauanlagen auch Relikte, bestehende Topografie und ‚wildgewachsene' Erlebnisräume[118] übrigbleiben und damit eine neue Jugendidentität bilden.

„Die Stadt wird von den jungen Menschen aufmerksam und bewusst wahrgenommen. Raum wird als sozialer Raum verstanden, wo Aneignung und Nutzung, Grenzen, fremde Bedürfnisse anerkannt werden. Auch das Experimentieren und Hinterfragen von Rahmenbedingungen und Machtverhältnissen bietet Ansätze, Raum neu zu denken. Nicht zuletzt wird dadurch **Mitsprache und Beteiligung** der Jugendlichen - auch in anderen Lebensbereichen - gestärkt."[119]

Ohne auf geschlechterspezifische Unterschiede näher einzugehen, sollen zwei wesentliche Aspekte angeführt werden: Der **unterschiedliche „Streifraum"** zwischen Mädchen und Burschen und das geschlechterspezifische Raumverständnis.

„Die häusliche Inanspruchnahme der Mädchen zähle zu den Ursachen, da der Streifraum der Mädchen aber nur halb so groß ist, wie die der Jungen, gleichzeitig ihre zeitlichen Verpflichtungen nur um 15% über den der Jungen lägen, müsste man annehmen, ‚dass den Mädchen wesensmäßig das Herumstromern nicht so liegt wie den Jungen'." [120]

„Fasst man Raum nicht nur als Anordnung der Dinge, sondern auch als **Konfiguration der Menschen**, so erscheint nicht länger das Handeln der Jungen als raumkompetenter als das der Mädchen, sondern die Geschlechter eignen sich unterschiedliche Aspekte der Konstitution an. Die Mädchen werden Fachfrauen für die Einbeziehung von Menschen in die Raumkonstruktion, die Jungen Fachmänner für an sozialen Gütern (Gebäuden) orientierte Räume."[121]

117 G. Steffen in Feldtkeller (Hsg.) 2010, S. 118
118 M. Georgiou – wildwuchs S. 69
119 S. Gstöttner –Was schafft Raum? o.J., S. 6
120 Muchow/Muchow 1935, S. 16 zit. in M. Löw 2017, S. 247
121 M. Löw 2017, S. 253

4.2 Ökonomie und Handel

„Denn die Geschichte lehrt, dass die Stadt als soziales System und zentraler Ort des gesellschaftlichen Austausches trotz ihres Gestaltwandels und trotz aller Versuche planerischer Lenkung geblieben ist, was sie immer war: getreues Abbild der Produktions- undEigentumsverhältisse, die in ihr und über ihr herrschen."

Peter Becker und Gert Selle 1975[122]

Makroökonomie und Stadtgestalt

„Sind Varietät und Diversifizierung nicht die Melodie, nach der die Ökonomie tanzt, ob uns das nun gefällt oder nicht? Pfeifen es nicht die Spatzen von den Dächern, wie ‚innovativ' wir doch seien und sein müssen?"

Stanislaus von Moos NZZ 2011, S. 3

Wie ein roter Faden zieht sich die **Ohnmacht der Stadtgestaltung** gegenüber der Ökonomie und schwankt zwischen einer ‚Anpassungsplanung', die dem Drängen der Wirtschaft und ihrer Randbedingungen schlussendlich nachgibt und der Forderung progressiver Stadtplaner nach Setzung von Grenzen: gemäß den Konjunkturzyklen wird im Tief die Wirtschaft mit Anreizen gelockt und im hoch, wenn die Auswüchse zu viel werden, kommen restriktive Auflagen ins Spiel, wie Klaus Novy[123] es darstellt:

„Planungspolitisch haben Großprojekte als keynsianisches Vehikel, als „Trägerraketen" der Stadtentwicklung ihren Sinn in der Depression. Im Boom muss Planungspolitik private Dynamik im Sinne öffentlicher Entwicklungsziele und lokaler Identitäten steuern, kanalisieren und manchmal dämpfen. **Planer sind wieder gefordert**, die Anwälte der Allgemeinheit, der Öffentlichkeit, der Gesamtstadt, ihrer Identität und Schönheit zu sein. Denn der Boom bedroht noch mehr als die Stagnation den Lebensquell europäischer Charakterstädte."

E. Pook hat 1974 die Abhängigkeit des Planers von der Wirtschaft gültig dargestellt:[124]

Restriktionen im Tätigkeitsfeld des Stadtgestalters:

1. Städtische Planung ist eine Partialplanung und umfasst nur Teilbereiche, weil die Primärentscheidungen **privatwirtschaftlicher Unternehmerinitiativen** untergeordnet werden. Zwischen den sozialpolitischen Zielsetzungen und den tatsächlichen Ergebnissen gibt es eine erhebliche Diskrepanz
2. Die Bauwirtschaft als privatwirtschaftlicher Sektor ist gekennzeichnet, dass durch die **Befriedigung gesellschaftlicher Bedürfnisse** wie des Wohnens - der Warencharakter der Architektur im Vordergrund steht. Die Frage der Gestaltung ist dabei nur relevant, inwieweit diese verkaufsfördernd bzw. werbewirksam ist.
3. Die marktwirtschaftliche Entwicklung der nicht vermehrbaren Grund- und Boden-Frage hat zu einer **Eigentumsverteilung** geführt, die über Bauherrnmonopole direkten Einfluss auf die Stadtgestaltung hat.

„Die kritische Theorie sollte den Planern und Forschenden bewusst machen, wie weit sie selbst und ihre Arbeitsergebnisse in die Kapitalverwertungszusammenhänge integriert sind."

Es ist die Aufgabe verantwortungsvoller Stadtpolitik, rechtzeitig Maßnahmen zu ergreifen und **beim Auftreten unerwünschter Entwicklungen** planerisch und legistisch einzugreifen. Der langjährige Leiter der übergeordneten Stadtentwicklung in

122 in Andritzky et al. 1975, S. 55
123 K. Novy 1990, S. 2484
124 E. Pook, TU Hannover in _Städtebauliches Institut der Universität Stuttgart 1974, S. 132

Wien, Georg Kotyza sieht die Gefahr des Aushandelns im Einzelfall: „Angesichts der Unsicherheit langfristiger Entwicklungen muss jedoch klar sein, dass die Verbindlichkeit mit zeitlicher Distanz abnehmen muss und von Zeit zu Zeit ein nachjustieren der Pläne erfolgen muss. Denn selbstverständlich ist es eine Binsenweisheit, dass es keinen „Endzustand" einer Stadtentwicklung gibt, wie ihn ein Plan vorzugeben scheint. **Eine Stadt ist nie ‚fertig'**, auch wenn es tatsächlich gelänge, den Plan in die Wirklichkeit umzusetzen.[...]

Wenn Werner Nohl 1974 die **‚Monotonisierung der Stadtgestalt'** [125] feststellt, dass diese nicht nur einer auf Gewinnmaximierung entsprechenden Wirtschaftsweise entspricht, „sondern einer durch ausgeprägte Herrschaftsstrukturen gekennzeichnete Gesellschaftsordnung" – dann hat sich bis heute nicht viel geändert:

„'Wir sind jetzt schon in der Situation, dass **Städte immer uniformer werden'** sagt der Wiener Stadtforscher und Historiker Peter Payer. Sie würden einander im Erscheinungsbild dank Mc Donald's, Hard Rock Café, H&M oder Zara immer ähnlicher werden. ‚Es ist zu beobachten, dass die Finanzstarken bleiben oder ihre Konkurrenten aufkaufen', erklärt Payer die Entwicklung, die durch die Corona-Krise deutlich beschleunigt wurde. Es ist also letzten Endes die Kraft des Kapitalismus, die die Individualität einer Stadt auf die Dauer erodieren lässt - sofern die Stadtverwaltung nicht gegensteuert."[126]

Wolf Jobst Siedler (Die gemordete Stadt) schiebt die Schuld an der Fehlentwicklung nicht mehr den Architekten und Planern, sondern den **Bürokraten und Politikern** zu, um dann einen ‚völlig undefinierten Zeitgeist schuldig zu sprechen'[127] – sein Kritiker Rudolf Stegers empfiehlt doch statt dem Zeitgeist die **Grundbücher einzusehen** und schließt resignativ: Noch immer siegt das Konservative...

Die Vermarktung des Stadtbildes

Einem an der sinnlichen Wahrnehmung orientierten Städtebau kann es nicht darum gehen Bilder zu entwerfen, die ikonisch wirken, sondern er muss städtebauliche Situationen entwerfen, die eine bildhafte Wirkung entfalten können.
Anne Brandl, 2013 S. 202

„Die Auffassung von der Stadt als Bild und die damit einhergehende Gestaltungsstrategie der Schaffung von **vermarktbaren Bildern**, die in ‚einem medialen Bildkreislauf, einer ‚Industrie des Sichtbaren, erfolgreich zirkulieren können' sind charakteristisch für eine sogenannte ikonische Architektur und einen ikonischen Städtebau. Das Adjektiv ikonisch verweist darauf, dass im Mittelpunkt Bilder stehen, die ‚sich aus dem globalen Bilderstrom herausheben und ein Massenpublikum eher emotional als intellektuell beeinflussen.' Entscheidend ist jedoch, dass es dabei nicht mehr um eine sinnliche Wirkung im Rahmen einer alltäglichen Wahrnehmung geht, sondern um eine Attraktivitätssteigerung und **Erhöhung des Marktwertes** der sich im ‚globalen Wettbewerb befindlichen Städte' (Sewing 2003, S.6)."[128]

Auch Hanns Adrian beklagt 1982 den **Verlust des ‚sinnlichen Erlebens'** in den Städten:[129] „Unsere Städte sind in erschreckendem Umfang der Wahrnehmung durch die Sinne entzogen.[...] Der Traum der Ladenzentrenbauer ist es, Straßen zu überdachen, damit niemand mehr die Sonne, den Regen, den Schnee spürt und die Leute mit Musik verblöden. Die sinnliche Wahrnehmung beschränkt sich auf das Schwitzen - im Sommer wegen

125 W. Nohl – Freiraumstimulation in Städtebauliches Institut der Universität Stuttgart 1974, S. 52
126 P. Payer in Hahn 2020, S. 7
127 R. Stegers – Das sentimentale Berlin, Ästhetik und Kommunikation 1986, S. 105
128 A. Brandl 2013, S. 202
129 H. Adrian-Packeis über den Städten 1982, S. 28

der stehenden Luft und im Winter wegen des Mantels den man anhat.'Trotzdem ist es ein Faktum, dass die Menschen lieber in einen überdachten Einkaufszentrum mit bekannten ,Ikonen' mit einem feststehendem Angebot einkaufen und wenn sie nicht zu groß geraten (etwa 25.000m² Verkaufsfläche maximal), traditionelle Einkaufsstraßen in ihrer Entwicklung durch ,Fühlungsvorteile' stützen und nicht mit ihnen in Konkurrenz treten.

Ein weiteres Phänomen spricht Siedler-Niggemeyer[130] an, dass das Urbane einen gewissen Stau, eine **Reibung, ein Gedränge** braucht um zu leben: „Den *Verkehrsfluss regulieren* ist ein Ideal, dass wider den Geist der Stadt ist, die aus dem Hin und Her lebt: Stoßendes Gedränge macht auf lebendige Städte aufmerksam, und nur jener Boulevard lädt zum Flanieren ein, der menschenerfüllt ist. Die Wirtschaftswelt, die sich auf solche Erscheinungen versteht, rechnet mit weiter abnehmenden Besucherzahlen bei halbleeren Verkaufsräumen. [...] Die Kalkulation besteht zu Recht: Halbleere Vergnügungs- und Gaststätten betritt man nicht."

Auch das gilt nur für gelegentliche Besuche – **für touristische Zwecke**, für den Alltag der Wohnbevölkerung ist das nur lästig und konfligiert massiv, weil auch das Angebot unbrauchbar und überteuert ist - wie beispielsweise am ,Wiener Naschmarkt'.

Konkurrenz der Metropolen

> *„Internationale Konzerne steuern heute die städtische Entwicklung, überall nach demselben Marketing-Konzept und mit derselben Ästhetik. Daraus entsteht die Paradoxie: Je mehr die Städte untereinander in Konkurrenz treten, desto ähnlicher werden sie einander."*
> Hartmut Häußermann 1990[131]

„Metropolen rivalisieren um die Ansiedlung von Konzernzentralen, Hauptquartieren der Finanzindustrie oder hochrangigen Regierungs- und Verwaltungssitzen. Als Bestandteil dieses Konzepts betreibt man die bauliche Aufwertung bestimmter Stadtviertel, fördert die Expansion von Büroflächen und organisiert Festivalprojekte wie Messen oder Weltausstellungen. Auch unternehmen die Kommunen große Anstrengungen, Touristenströme und einkommensstärkere Bevölkerungsgruppen anzuziehen. Insbesondere die **Zentren** sollen der Öffentlichkeit **als ,Visitenkarte'** präsentiert werden. Urbane Kultur und ,Lebensqualität' entwickeln sich damit zu einer wichtigen Kapitalanlage der Städte."[132]

Gerade Wien – die ,Welthauptstadt der Musik' und oftmalige Siegerin der Städte um die **,Lebenswerteste Stadt'** ist ein Garant für diese erfolgreichen Bestrebungen. Die negativen Auswirkungen – und im Umkehrschluss – die entgehenden positiven ökonomischen Effekte werden erst durch den erzwungenen Corona-Lock-Down deutlich. In der ,freien' Konkurrenz' der Individuen, im Wettbewerb der Ideen, die als Voraussetzung jeglicher Innovation gelten, ist Wien relativ gut aufgestellt.

Seit der **Neoliberalismus zur Leitideologie** unseres Gesellschaftssystems geworden ist und der Prozess der Inwertsetzung sich anschickt, die letzten weißen Flecken auf der Landkarte der Menschheit zu erobern, finden sich auch die Städte im Wettbewerbssystem wieder: sei es der Wettbewerb um Investitionen, um LeistungsträgerInnen, TouristInnen, Kreative, Megaevents. [...] Als jüngste Entwicklung setzt der Neoliberalismus an, die letzten Winkel des Privaten in Wert zu setzen - aus Gastfreundschaft wird *Airbnb*, aus Mitfahrgelegenheiten *Uber*, aus Nachbarschaftshilfe *Leihdirwas."*[133] (Sharing Economy

Selbst Stadtviertel werden zur Verkaufsförderung vermarket – JP-Immobilien hat dafür

130 Siedler–Niggemeyer 1964/1993 S. 79
131 H. Häußermann in H. Swoboda 1990, S. 53
132 K. Ronneberger in J. Becker 2001, S. 29-30
133 C. Laimer –E. Rauth 2015, S. 5

eine eigene **'Viertelszeitung' als Marketinginstrument** herausgegeben (Modenapark, Arsenal u.a.) – und andere Stadtteile veröden.

Man darf nicht ruhen. Durch den Konkurrenzdruck der Einkaufszentren über den Stadtgrenzen ist eine Aufwertung und Besinnung auf die vermeintlichen Stärken der Stadt und der touristischen Ausrichtung durch Romantisierung, Musealisierung (Welterbekultur) und Eventisierung von in die Defensive geratenen Stadtzentren dringend erforderlich geworden: „Die Stadtzentren werden [...] kunstvoll gepflastert und verkehrsberuhigt, postmodern dekoriert mit gläsernen Pavillons, Bänken, Kübel und schmiedeeisernen Laternen möbliert und passagenweise überdacht. Die Städte betreiben eine Art **Kathedralenpolitik**. Sie konzentrieren ihre Anstrengungen auf das Stadtzentrum [...] Was aber die Stadtzentren erkennbar machen soll, lässt den **Rest veröden** - vertieft sich das Gefälle zwischen Metropole und Provinz, Stadtzentrum und Stadtteil: Jene die haben, werden bevorzugt. Und die kulturellen Inhalte verengen sich auf die Großveranstaltungen für einen international gängigen Geschmack."[134]

Auf der anderen Seite wird der ‚Overtourismus'[135] massiv beklagt und alle möglichen Restriktionen ins Auge gefasst (Hallstatt, Venedig, Bercelona, Dubrovnik) – eine Entwicklung, der durch die Corona-Krise und die Beschränkung der Reisefreiheit als ‚Lustkiller' nicht nur die Spitze, sondern auch die Geschäftsgrundlage genommen wurde.

Als Schreckgespenst einer überzogenen Entwicklung – sozusagen der **Endpunkt des Overtourism** wird immer wieder „Disneyland" an die Wand projiziert – eine amerikanische Parodie auf den ‚Alten Städtebau': „Disneyland extrahiert Eigenschaften von Urbanität, um ein stadtähnliches Gebilde zu schaffen, in dem die Wahlmöglichkeiten schon vorgegeben sind und die Verhaltensmuster strengstens reglementiert werden, in dem jede Art von Teilnahme kommerzialisiert ist, wo Individualität sich nur in der Art des Zusehens und des Konsumieren äußern kann und worin Raum und Architektur feste, unverrückbare Bedeutung haben müssen. Genauso wie die Shopping Malls und die Siedlungen des **New Urbanism bietet Disneyland** ein fußgängerfreundliches Ambiente, das nur durch lange Autofahrten[136] zu erreichen ist. Natürlich gibt es niemanden der in Disneyland wirklich wohnt. und wer hier angestellt ist, muss die Szenerie ‚bevölkern' und die Freude am Stadtleben ‚darstellen'."[137]

Stadtsanierung und Ökonomie

> *„Das Grundprinzip des kapitalistischen Systems der ‚schöpferischen Zerstörung' (Joseph Schumpeter, 1942) also die Vernichtung von Gebrauchswerten zur Erschließung neuer Absatz- d.h. Akkumulationschancen, kommt in einer Sanierung also gewissermaßen paradigmatisch zum Ausdruck."*
> Ulfert Herlyn 1976, S. 79

Philipp Oswalt spricht dem Staat die Fähigkeit ab, „neue Entwicklungen zu erkennen. Demgegenüber reagieren private Investoren sehr viel aufmerksamer auf gesellschaftliche Veränderungen, weil sie ihre Gebäude vermieten müssen."[138] Das scheint so, liegt aber eher an der Unbeweglichkeit des ‚Tankers', der Verwaltung – wo Private ohne jeglichen Ballast schneller agieren können.

134 Stadt Wien – MA 18, Wien polyzentral 2016, S. 57
135 Fremdenverkehrszeitschrift ‚public' 1/2020
136 Victor Gruen 1973 ironisch zur Mobilität: ‚Wir bewegen uns nicht deshalb fortdauernd, weil es uns Freude macht, sondern weil wir, wie die alten Nomaden, zur ewigen Jagd und Flucht gezwungen sind', so meint er nichts anderes als: Mobilität kann kein Selbstzweck sein! Wir fliehen vor verpesteter Luft, vor Lärm [...] immer weiter und sind gezwungen uns mit Hilfe komplizierter technischer Apparate zu bedienen, je mehr wir dem Verkehr entfliehen, desto mehr Verkehr erzeugen wir." zit. in Glaser 1974, S. 154
137 M. Sorkin 2007, S. 25
138 P. Oswalt in arch+ 1991, S. 52

Die neuzeitlich als „**Urban Commonings**" angesprochenen Investitionen in die Infrastruktur kann auch ein lukratives Investment sein, wie zwei Beispiel zeigen:

Der New Yorker High Line Park obwohl von einer Initiative zweier Bewohner ausgehend, 115 Mio.$ Investment (größtenteils Sponsorschaft privater Firmen) ist ein gutes Geschäft: Veränderung der Flächennutzung, Erhöhung der Geschoßflächenzahl, private Investoren zur Realisierung von ‚deluxe apartment buildings'. Darüber hinaus striktes Reglement: Verbot des Geländersitzens, Fahrradfahren, Rauchen, Ansammlungen von mehr als 20 Personen und Alkoholkonsum.

Auch die Prinzessinengärten und Moritzplatz (6000 m²) in Berlin als Möglichkeit des städtischen Gärtnerns als Alternative zur neoliberalen, abstrakten, kommerziell ausgerichteten Stadt ist mittlerweilen ein touristischer Anziehungspunkt geworden.

Ökologie und Ökonomie

> *„Less aesthetics, more ethics"*
> Massimiliano Fuksas 2000[139]
> *Kehrtwende: nicht abreißen und neu bauen sondern umbauen, rückbauen und weiterbauen – je länger ein Gebäude lebt, desto ökologischer ist es.*
> Vittorio Lampugnani 2023[140]

Wolfgang Förster sieht schon seit der Architekturbiennale im Jahr 2000 einen Paradigmenwechsel:[141] Der Wahlspruch Massimiliano Fuksas: **‚Less aesthetics, more ethics'** ist im Widerspruch zur ‚Freiheit' des Marktes und des (privaten) Eigentums und es stehen die Wiederentdeckung der ‚Commons' sowie der ‚Sharing Economy' an. Wohnqualität wird sich immer weniger an der Maximierung der privaten Wohnfläche bemessen als ein Angebot an Gemeinschaftseinrichtungen und Dienstleistungen."

Neue Ansätze in der Ökologie im Städtebau stellt Wolf Werdegier in seiner Studie **‚Neue Stadtteile in Europa'** fest:[142]

1. **Ökologische Fragestellungen** – zwei unterschiedliche Ebenen:

   a) Anzustreben ist eine **hundertprozentige Recycling-Ökonomie** und der Verzicht auf fossile Brennstoffe: Bauformen mit starker **Wärmedämmung,** Energie- und Wasserkreisläufe und Gewinnung von Solarenergie

   b) Aus gesamtstädtischer Sicht ist die **Reduzierung des Autoverkehrs** essentiell - aus diesem Grund sind **dichtere Bebauungsformen** anzustreben, die eine Versorgung mit öffentlichen Verkehrsmitteln erlauben.

2. **Experimentelle Ansätze** sind gegen die überkommenen Strukturen der Bauträger, Wohnbaugesellschaften und andere Investoren durchzusetzen und sind explizit zu verlangen.

Für die Ökologie der Stadtgestalt kommt dem Bauwesen eine besondere Rolle zu, weil 71% des Gesamtgewichts der zu deponierenden Abfälle in Österreich auf Abbruchmaterial entfallen.[143]

Das beste Recycling muss es daher sein, gar kein oder so wenig wie mögliches Abfallmaterial anfallen zu lassen d.h. **Umnutzen statt Abbruch und Neubau.**

139 zit. in Förster 2020, S. 150
140 V. Lampugnani ‚Gegen Wegwerfarchitektur' Berlin 2023
141 aao. S. 150
142 W. Werdegier 1992, S. 232
143 lt. Stadt Wien – MA 18 2019, S.77

Folgende Gründe sprechen dagegen:

1. Umnutzungen wie der Umbau von Bürohäusern in Wohnbauten ist etwa **25% teurer** als Abbruch und Neubau (Maschineneinsatz, Fertigelemente, Handarbeit).
2. Umnutzungen müssen sich an bestehende bauliche Strukturen anpassen und gelten daher als **grundrisslich suboptimal** – vor allem wenn größere Flächen als das Minimum entstehen.
3. Niedrigere Raumhöhen, mehr Geschoße und geringere Wandstärken führen zu einer **höheren Liegenschaftsausnutzung**
4. Planer, Bauwirtschaft und Zulieferindustriehaben von Abbruch und Neubau unvergleichlich **höheren Gewinn** und weniger Risiko
5. **Bauphysik und Gebäudeinstallation** – vor allem von Bauten der 50er bis 70er Jahre sind nicht mehr zeitgemäß und aufwendig auszutauschen
6. **Mietrechtliche Gründe** sprechen für eine Auflösung der gebundenen Wohnungsmieten, die bei einem Neubau nicht mehr anfallen

Darauf gründet das Zitat: **„Stadtsanierung ist keine Sanierung der Stadt, sondern eine Sanierung der Bauwirtschaft"**[144]

Dieter Bökemann[145] leitet die Bevorzugung des Abbruchs aus der Alterungsfunktion, der **‚Halbwertszeit' der Gebäude** ab: „Ein großer Teil des gründerzeitlichen Baubestandes ist in die Jahre gekommen und unterliegt dem physikalischen Verfallsgesetz. Danach verlieren Bauten nach einer typen- und abnutzungspezifischen Alterungsfunktion, die durch die ‚Halbwertszeit' gekennzeichnet sind, die Hälfte ihres Gebrauchswerts. Das sind für Gewerbe- und Industriebauten 10 -30 Jahre, für Wohnhäuser zwischen 20 und 40 Jahre und für Systeme der Infrastruktur 30 bis 50 Jahre."

Diese aus den Bewertungsrichtlinien abgeleiteten Werte gelten in der Realität nicht einmal für die gründerzeitlichen Massenwohnbauten - geschweige denn für die mehr als 100 Jahre alten noblen Jugendstilhäuser, die mit heutigen Mitteln nicht mehr hergestellt werden könnten. Selbst die die 70 Jahre alten Wiederaufbaugebäude zeigen eher funktionelle, aber **keine 'physikalischen Abnutzungsmerkmale'**. Siehe auch Potyka-Zabrana 'Pflegefall Althaus', wo über die Lebensdauer rund 1% der Errichtungskosten für die Erhaltung jährlich aufzuwenden ist (anfangs eher weniger - nach 50 Jahren die Wende - dann eher mehr).

Roland Schachel, der Hüter der Wiener Schutzzonen über zwei Jahrzehnte vergleicht **Bauwerksalter mit Menschenalter** und kommt zu dem Schluss:[146]

"Häufig unterliegen wir einem Fehlschluss: Die Leute meinen, dass Bauwerke, die in ihrer Jugend neu waren, in ihrem Alter auch alt sind. Ebensowenig ist alles alt, was schon da war, ehe wir da waren. Es gibt gar nicht wenige Wohnhäuser in Wien, die wenigstens dreihundert Jahre stehen und rüstig sind. Ein **Menschenjahr** könnte man daher **etwa vier Häuserjahren** gleichsetzen. Demnach wäre die große Masse des gründerzeitlichen Hausbestandes jetzt in den erwartungsfrohen Zwanzigern. Andererseits würde man von einem rüstigen Senior nicht die sportliche Fitness seines Enkels verlangen und sollte demnach auch alte Häuser nicht so ungeniert sportiv herausfordern, wie das die an der Verwertung orientierte Revitalisierungspraxis heute tut."

Die Probleme liegen wo anders, sieht Richard Senett: „Die Gebäude, die heute in Großstädten errichtet werden, sind in ihrer Form **weit weniger flexibel** als die Häuserzeilen, Crescents und Blocks der Vergangenheit. Für einen Wolkenkratzer rechnet man gewöhnlich mit einer Lebensdauer von vierzig bis fünfzig Jahren, obwohl die Stahlkonstruktion viel länger stehen könnte; aber die Versorgungstrakte, die elektrischen

144 D. Beisel in ‚Werk und Zeit' 8-9/1973 zit. in Andritzky et al. 1975, S. 80
145 D. Bökemann in Mayerhofer 1987, S. 65
146 R.L. Schachel – Zwei Jahrzehnte Schutzzonen in Wien, Wehdorn 1992, S. 46

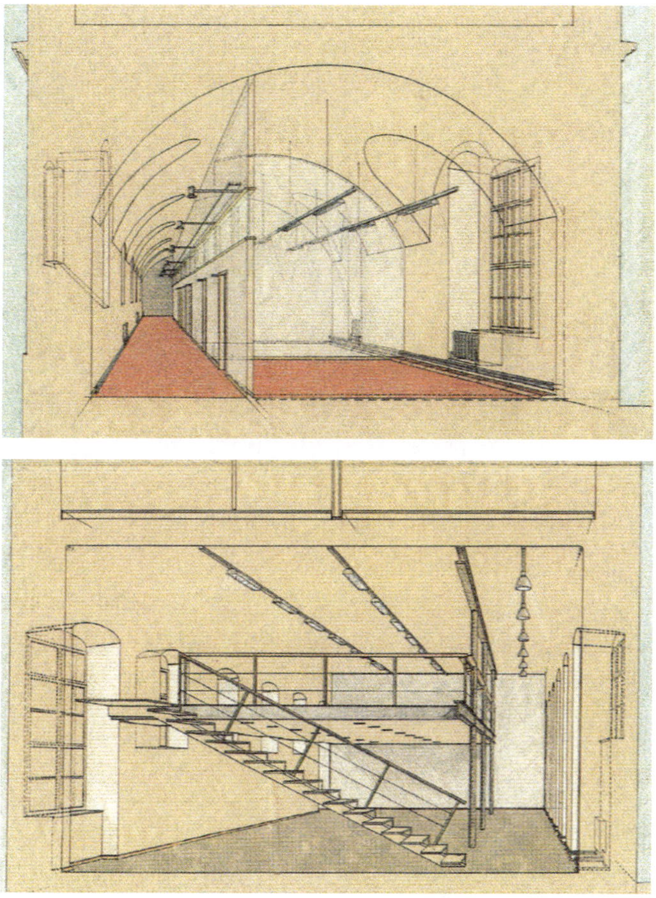

Wien, Altes AKH, Innen

Anlagen, die sanitären Installationen sind so geplant, das das Gebäude **nur dem einen Zweck** dienen kann, zu dem es ursprünglich errichtet wurde."[147]

Die gründerzeitliche, ja selbst die barocke Baustruktur mit ihrer Außenmauer - Mittelmauerkonstruktion ist wesentlich flexibler als die heute angewandte Schottenbauweise mit Stahlbetonscheiben – wo ein Umbau nicht unmöglich, aber eher aufwendiger ist.

Ein **Musterbeispiel für Flexibilität** ist das Alte Allgemeine Krankenhaus mit einer schlichten 7m tiefen Dippelbaumdecke (halbe Baumstämme) und einem einseitigen, gewölbten Außengang, die als Kaserne und Krankenhaus ihre Dienste tat und nun Universität genutzt wird. Technisch war nur ein Stahlrahmen zur Unterstellung der 25cm durchhängenden Decken erforderlich – aber keine bauphysikalischen Maßnahmen! (Planung Kurrent–Zeininger-Kopper-Potyka-Frank-Zabrana)

Immobilienwirtschaft

> *„Der Hochhausboom resultiert vor allem aus den astronomischen Bodenpreisen in den Metropolen und den Run auf das ‚Betongold' nach der Finanzkrise 2008"*
> Maik Novotny 2010[148]

„Die Prinzipien der **Aufteilung von Grund und Boden** prägen einen Siedlungsraum nachhaltiger als man vermuten möchte. Parzellen überziehen lückenlos Stadt und Land. Ohne nachbarschaftliche Vereinbarungen bleiben die Grundstücksgrenzen unverändert. Sie sind ein stabilisierendes Element in der Stadtentwicklung."[149]

147 R. Senett 1991, S. 132
148 M. Novotny in Wohnenplus 2010, S. 10-13
149 H.E. Lindemann – Stadt im Quadrat 1999, S. 27

Es gibt dafür genug Beispiele, wo römische Ausfallstraßen und Feldwege über Jahrhunderte strukturbestimmend waren und sind – unabhängig von geradlinigen Führungen. Wo Parzellierungen und Platzanlagen aus der Biedermeierzeit spielend 200 Jahre unverändert überdauerten und Grundstücksgrenzen von Palastgärten Verwaltungsgrenzen wurden.

Wenn Immobilienverwerter nach den drei **Kriterien für die Preisbildung** gefragt werden, so lautet die Antwort meist: Lage, Lage, Lage!

Dieter Bökemann:[150] „Der Anteil des Grundstückswertes am Preis der Realitäten (Grundstücks- + Gebäudewert) kann innerhalb von großen Städten zwischen 5% in schlecht erschlossenen Stadtrandlagen und über 50% in Citylagen variieren. Während der Gebäudewert vom Eigentümer durch Erhaltungs- und Verbesserungsmaßnahmen beeinflusst werden kann, ist der **Wert des Grundstückes** eine vorgegebene und vom Eigentümer nicht veränderbare Größe.

Beeinflusst wird der Grundstückspreis durch exogene Kriterien wie Sozialstruktur oder **Infrastrukturmaßnahmen** der öffentlichen Hand und der möglichen Ausnutzbarkeit (Widmung und Bebauung). Letztere wird seitens der Stadtplanung und politischer Beschlüsse festgelegt und folgt, generellen Regeln und vor allem dem Gleichheitsgrundsatz (was dem Nachbar erlaubt wurde, kann auch ich beanspruchen).

Durch Umwidmungsmaßnahmen kommt es in der Regel zu einer **Bodenwertsteigerung** für den Liegenschaftseigentümer. Diesen Mehrwert für Gemeinschaftsinvestitionen abzuschöpfen wurde jahrzehntelang in Fachkreisen verlangt – bloß die Ansicht der Rechtsmittelwahrer sprach dagegen. Nachdem der Umwidmungsboom immer stärkere Ausmaße annahm und die Grundstückspreise spekulativ ‚durch die Decke gingen' hat die Stadt Wien nicht nur das Instrument der **Vertragsbauordnung** (sog. § 1a-Verträge nach der BOfW) legalisiert, sondern auch ein ebenso lange umstrittene Ausweisung von Liegenschaftsteilen für **Sozialwohnungen** bei Um- und Neuwidmungen zum Beschluss erhoben.

Wesentlich für die Erklärung des Veränderungsdrucks - und der konkreten Investitionsentscheidung – „sind der sogenannte **‚rent gap'** und der **‚value gap'**. Unter ‚rent gap' versteht man die Differenz zwischen der potentiellen (=Rente bei theoretisch höchstwertiger Nutzung) und der tatsächlichen Bodenrente (=Rente bei gegebener Nutzung) eines Grundstückes. Unter ‚value gap' versteht man die Differenz zwischen den Investitionswert eines Gebäudes in vermieteten Zustand und dem Verkaufswert des Gebäudes, wenn es von allen Nutzungen frei ist. In beiden Argumentationslinien kommt somit der suboptimalen Rendite gegenüber dem maximalen Grundstückswert bzw. Gebäudewert zentrale Bedeutung zu: je größer die **Renditelücke** ist, umso größer ist der Druck zur Aufwertung."[151]

Was kann die öffentliche Hand noch dagegen unternehmen?

Neben den schon angesprochenen Instrumenten der Vertragsbauordnung und Vorbehaltsflächen für Sozialwohnungen ist es vor allem die **Ankaufspolitik größerer Liegenschaften**, wo stadteigene Gesellschaften – in Wien der Wohnfonds – Liegenschaften ankaufen und mit Auflagen (Vier-Säulen-Modell in Bauträgerwettbewerben) an gemeinnützige oder gewerbliche Bauträger und Einrechnung der Erschließungskosten weitergeben.

150 D. Bökemann1990, S. 34
151 P. Rode 2010, S. 114

Eine kleinräumigere Variante dazu wurde in der Tübinger Südstadt angewandt, wo parzellierte Liegenschaften eines ehemaligen Kasernengeländes seitens der Stadt direkt an Nutzer und Nutzergruppen abgegeben wurden.[152]

Das Prinzip dahinter ist das **Priorisieren des Gebrauchswerts** gegenüber dem Tauschwert – im Namen der Diversität, der sozialen Gerechtigkeit und der Nachhaltigkeit.[153] Das damit verbundene Problem ist der Vorwurf der Bevorzugung von Nutzergruppen gegenüber dem scheinbar ‚objektiven' Wert, den der Bestbieter über die ‚unsichtbare Hand des Marktes' entrichtet.

Verdichtung und Nachverdichtung

Am Beispiel Berlins hat die Baudirektorin Regula Lüscher Regulierungsmaßnahmen verteidigt: „Den sozialen Zusammenhalt aufrechtzuerhalten hat im Wesentlichen damit zu tun, dass bezahlbarer Wohnraum zur Verfügung steht, und das war bis jetzt kein Problem für Berlin. Mit einer höheren Verdichtung wird der Boden knapper und die Immobilienpreise steigen. Und darum muss Berlin da einfach politisch eingreifen und Steuerungsmechanismen einführen."[154]

In ihrer Studie **‚Urbanität durch Wohnen'** haben Christoph Luchsinger und Christoph Lammerhuber den Ruf nach der ‚dichten Stadt' hinterfragt und das **wirkliche Motiv** dargelegt:

Von einer neuen Gründerzeit ist die Rede, von den Vorzügen der dichten Stadt und der Notwendigkeit, neue Baugründe zu mobilisieren, eine stärkere Einbeziehung marktwirtschaftlicher Kräfte wird ebenso gefordert wie niedrigere Mindeststandards im Wohnbau (Wohnrecht) und schließlich gewinnen auch die (relativ) kostengünstigen Kleinwohnungen wieder an Charme. Spitzt man die unterschiedlichen Forderungen auf einen einzigen Punkt zu, geht es darum, die Ressource Baugrund stärker zu nutzen als bisher, **mehr Nutzflächen pro Grundstück** zu realisieren und das heißt zu verdichten."[155]

Ganz eindeutig haben die Autoren auch dem Begriff der **‚Nachverdichtung'** zur Wohnraumversorgung eine **Absage** erteilt:

„Wenn Institutionen, Regeln, Übereinkünfte nicht nur soziale Gedankengebilde sind, sondern sich ganz ‚mit Stofflichen' beschweren, um Haltbarkeit zu zeigen und mit vollem Ernst im Sozialen aufzutreten, dann kommen mit der baulichen Nachverdichtung für günstigen Wohnraum nicht nur der Bodenpreis und die Renditeerwartungen des Anlagekapitals als materielle Anhäufung in das Wohnumfeld, sondern auch die politische und ökonomische Macht- und Hilflosigkeit der Kommunalverwaltung gegenüber Marktzwängen und spekulativen Veranlagungen.

Aus diesen Überlegungen heraus kann **Nachverdichtung** des sozialen Wohnbaus einer bestimmten Epoche zum Zweck der Wohnraumversorgung als solche **kein politisches Ziel** sein."[156]

Die Kommunalpolitik ist gut beraten, solche – durchaus angesprochene und diskutierte – Verdichtungsmaßnahmen sowohl in Gründerzeitvierteln (Abbruch und Neubau sowie extensive Dachgeschoßausbauten) als in den eher locker bebauten Stadtrandsiedlungen der 60er bis 80er Jahre sehr gut zu überlegen. Die dort Wohnenden haben ein **Recht auf die Unversehrtheit** ihrer Umwelt und sollen nicht in die Arme populistischer Demagogen getrieben werden. Intensive Einbindung der Betroffenen und die

152 A. Feldtkeller et al. 2001, S. 33
153 J. Hohn 21019, S. 196
154 R. Lüscher in Stadt Wien MA 18, 2014, S. 61
155 C. Luchsinger und C. Lammerhuber 2013, S. 11
156 aao. S. 37

Vornahme wirklicher Verbesserungen wie die Schaffung von Außenräumen, Mietergärten und andere Gemeinschaftseinrichtungen sollten vorrangig betrieben werden.

Ein Sonderfall der Immobilienwirtschaft stellt das ideologie-belastete Wohnungseigentum dar. Seit der Wiederaufbauzeit, wo über den sogenannten ‚Prinke-Fonds' einfach ausgestattete Eigentumsbildung in breiter Form begründet wurde – wird heute das Prinzip der **‚Vorsorgewohnung'** – Wohnungseigentum als Geldanlage und nicht für den Eigenbedarf propagiert.

Willi Kainrath hat 1988 das **Wohnungseigentum** so charakterisiert:[157] „Wohnungseigentum ist nichts anderes als **vervielfachtes Bodeneigentum**. Jeder weiß, wie sehr das atomisierte Haus- und Grundeigentum heute die Stadtentwicklung erschwert. Wie sollte sich die Situation verbessern, wenn statt Hunderten nun Tausende von Marktbeteiligten als einzelne Konkurrenten auftreten, deren Organisationsgrad gleich Null ist, deren ‚natürliches' Interesse nur darin besteht, den Eigenschutz auf Kosten des Nächsten durchzusetzen."

Besonders krass wirkt sich die Schaffung von Wohnungseigentum in schlecht erhaltenen Gründerzeit-Häuser aus, wenn Erhaltungsarbeiten anstehen und Mietwohnungen und Eigentumswohnungen gemischt auftreten. Eine Folge davon ist der **schlechte Erhaltungszustand** – auch von Wiederaufbau-Eigentumshäusern, die für das nun kritische Baualter das Schlechteste befürchten lassen.[158]

Einzelhandel und Geschäftslokale

> *„Der inhabergeführte, kleinteilige und betrieblich nicht organisierte Einzelhandel kann dem veränderten Kundenverhalten und der Konkurrenz der flächenintensiven Betriebsformen nicht wirklich etwas entgegensetzen"*
> Tilman Sperle, Stuttgart 2010

„Weder hinsichtlich der verfügbaren Flächen noch bezogen auf Ausstattungsmerkmale scheinen viele Geschäftslokale den Anforderungen an zeitgemäße und konkurrenzfähige Strukturen zu entsprechen. [...] Parallel dazu gewinnt der Erlebniseinkauf an Bedeutung. Geschäfte haben vor allem dann wirtschaftlichen Erfolg, wenn auch das Umfeld ‚stimmt' und damit den Vorstellungen einer konsumorientierten Zielgruppe entspricht. [...] Die **Lagewerte differenzieren** sich zunehmend [...] aus. Handels- und Dienstleistungsbetriebe sind abhängig von hochfrequentierten und gut an das Verkehrsnetz angebundene Standorte. Beruhigtere Zonen und von Wohnen dominierte Bereiche der Stadt verlieren für diese Betriebe an Standortattraktivität. Deutlich wird dies an den Mieten...."[159]

Günter Strobl (Standard) interviewte den Zukunftsforscher Andreas Reiter (Dezember 2020)[160] und kommt zu dem Schluss: Die Stadt verändert sich total. Die Apotheke und Lebensmittelgeschäfte bleiben – sonst kaum etwas.

Die Gastronomie verwandelt sich in Schnellimbiss wie Döner oder Nudelboutiquen. Ein paar coole, kleine Firmen produzieren im Hinterhof – beim Flanieren sieht man nichts mehr.

Es eröffnen sich aber auch **neue Chancen**:[161] „Wo große Ketten sich zurückziehen, öffnet sich der Raum für kleine Händler und Start-Ups, für Werkstätten und alternative Fertigungsformen, die nicht nur neue Arbeitsplätze bieten, sondern der Kommune

157 Kainrath 1988, S. 69
158 s.a. H. Potyka - R. Zabrana – Pflegefall Althaus, Reparaturzyklen von Wohnhäusern, Wien 1985
159 Stadt Wien MA 18 (Hsg.) Perspektive Erdgeschoß 2011, S. 7
160 Standard Portfolio – Handy ade–Chip juchhe, Dez. 2020S. 22-23
161 H. Rauterberg aao. S. 21

auch eine neue Unabhängigkeit bescheren. Noch sind die Pläne nicht ausgereift, doch die Absicht dahinter ist bereits überdeutlich: Die Stadt will sich frei machen von der **Übermacht globaler Konzerne**."

Kann der Prozess des Geschäftesterbens überhaupt noch aufgehalten werden?

Nur mit sehr rigiden und mutigen Eingriffen seitens der Politik. Es gab in der jüngeren Vergangenheit schon zwei Wellen, die zum **Geschäftesterben** beigetragen haben: Die Euro-Einführung 2002 und die Registrierkassenverpflichtung 2016. Dazu kommt der steigende Onlinehandel, befeuert durch die Corona-Krise.

Einerseits sehe ich eine gewisse Sehnsucht nach Kleinhandel, nach Repariergewerbe, nach Bäckereien, Gemüsegeschäften, Fleischereien. Andererseits ist es an der Zeit das **Stadtparterre neu zu denken** und für neue Funktionen zu öffnen. Infrage kommen Ateliers, temporäre Nutzungen, Kombinutzungen wie Wohnen und Gewerbe.[162]

Noch ein Wort zu der Rolle von innerstädtischen Einkaufszentren – über die im Weichbild der Städte gelegenen autozentrierten Shopping Center braucht nicht weiter der Stab gebrochen werden. Roland Gruber in R. Abel 2019, S.317:

Innerstädtische Shopping Malls dienen zwar zur Realisierung von Kapital, wie Klaus Ronneberger feststellt, sind aber keineswegs homogene „Kommerz-Räume".[163] „So nutzen etwa Jugendliche die **‚Kathedralen des Konsums'** als Treffpunkte zum ‚abhängen', verbringen Familien dort einen Teil ihrer Freizeit oder nutzen bei schlechterem Wetter ältere Menschen Passagen für ihren täglichen Spaziergang. Auch wenn die Urban Entertainments Center nicht dem Bild des traditionellen Stadtverständnisses entsprechen, verschließt sich neuen Formen der Alltagspraxis und verklärt überkommenen Formen der bürgerlichen Öffentlichkeit."

Gewerbe und Arbeitswelt

Das Gebiet der Arbeitswelt und des Gewerbes wird aus der Sicht der Stadtplanung nur als Randfunktion behandelt und wenn dann in eher verklärter, unrealistischer Sicht – wie das Postulat nach Nutzungsmischung oder die ‚Viertelstundenstadt'.

Der Wunsch nach Nutzungsmischung oder gar der Schutz des produzierenden Gewerbes, wie das im STEP-Konzept 2025 ‚Produktive Stadt' die Grundtendenz ist – geht von einem **überkommenen Begriff der Arbeitswelt** aus, wo der ‚kleine' nicht-emittierende Betrieb im Hinterhof Nischenprodukte herstellt. Das gibt es und wird es immer geben – kann aber kein Modell sein.

Jane Jacobs sieht 1963 die kleinteilige Betriebsstruktur in der Großstadt als Garant der Vielfalt: „Die kleineren Fertigungsbetriebe [...] müssen einen begrenzten Markt beliefern und zwar an Ort und Stelle, denn sie müssen auf die raschen Veränderungen ihres kleinen Marktes reagieren können. Ohne Großstädte gäbe sie einfach nicht. Abhängig von einer riesigen Vielfalt anderer Unternehmen, tragen sie selbst zur Erweiterung dieser Vielfalt bei. Dieser Punkt ist wichtig: **Die Mannigfaltigkeit der Großstadt** gestattet und fördert wiederum größere Mannigfaltigkeit."[164]

Seit den 60er und 70er Jahren sind ‚kleine' Handwerksbetriebe aus den innerstädtischen Wohnvierteln verschwunden – wie Schlosser, Glaser, Tischler – Installateure sind die nächsten. Das zur Viertelstundenstadt.

162 Angelika Psenner im Gespräch mit W. Czaja im Standard-Album am 31.1.2021
163 K. Ronneberger – Konsumfestungen und Raumpatrouillen in J. Becker 2001, S. 31
164 J. Jacobs 1963/1975 S. 92

Die Realität ist, dass mit **steigenden Bodenpreisen** die gewerblichen Immobilien in ,guten' Mischlagen ein zu großer Anreiz entweder zur Absiedlung in Gewerbeviertel am Stadtrand oder zur Aufgabe des Gewerbes – je nach Alter der Betreiber – sind.

Durch das starke Stadtwachstum sind selbst Gewerbeflächen der 70er Jahre vom Wohnungsmarkt ,bedroht' wie beispielsweise der Erdberger Mais in Wien, wo die Mischung mit Wohnen zunehmend Probleme bereitet. Und nicht durch die Emissionen der Betriebe, sondern durch die immer größeren Einheiten der **Zu- und Auslieferungs-LKW's**, die zu ungewöhnlichen Zeiten massive Störungen verursachen.

Ein grundsätzliches Gewerbeproblem sind Emissionen und sind sie auch noch so gering und eher charmant (siehe Identität!). Die Wohnbevölkerung wird – angestachelt durch Medien, die Konflikte und Skandale zur Aufmerksamkeitssteigerung brauchen – **immer intoleranter**. Wenn ein Tischler, ein Schlosser, eine Kaffeerösterei oder ein Bäcker ganz **spezifische Gerüche** verbreiteten und auch ganze Stadtviertel charakterisiert haben, wie noch als Relikt die Firma Henkel in Erdberg, wo regelmäßig Waschpulverwolken durchs Grätzel ziehen, dann gibt es das bald nicht mehr. Strenge, um nicht zu sagen schikanöse Auflagen der Verwaltung[165] entsprechen dem ,Zeitgeist'.

Ein weiterer Grund für die Nichtannahme von Gewerbeflächen in Neubauten sind die **Miethöhen und das Wohnungseigentum**. Es ist verständlich, das die Mieten in Gründerzeithäusern – oft im Hintertrakt - wesentlich niedriger sind als im Neubau (s.a. Quersubventionierung). Das ist auch Grund, warum sich neu erbaute ,Gewerbehöfe' – ein städtebauliches Element der 70er Jahre, nicht durchsetzen konnten. Heute wird als Anreiz für Mischnutzungen das Angebot einer 5,- €/m²-Miete andiskutiert.

Bauträger, die das eingesetzte Kapital in kurzer Zeit ,umschlagen' müssen und das über den Weg von Eigentumswohnbauten machen (siehe Anlegerwohnungen), müssen auch die Erdgeschossflächen in Eigentum verkaufen. Bloß keine betriebliche Nutzung funktioniert mit **Eigentum der Betriebsfläche**. Konsequenz ist Abkehr von Betriebsflächen und die antiurbane Unterbringung von Nebenräumen wie Einlagerungsräume, Garagen, Müllräume und Fahrradabstellräumen in den Erdgeschoßen.

Ein anderes Missverständnis ist das Städtebauliche **Ziel der ,Viertelstundenstadt'**, wo in fußläufiger Entfernung arbeits- und Einkaufsstätten die erzwungene Mobilität reduzieren sollten. Doch gerade die Stadt und noch mehr die Metropolen leben vom Angebot an Shopping-Flächen, Unterhaltungsmöglichkeiten, medizinischen Angeboten und vor allem Arbeitsgelegenheiten die nicht ,um die Ecke sind'! Die **hochspezialisierte Ausdifferenzierung**, die Vielfalt des Angebots an allem und jedem ist konstitutiv für die Großstadt.[166]

Ein spezielles Hemmnis für die Wiedernutzung von Gewerbebrachen (5% der gewerblich gewidmeten Flächen sind leerstehend oder werden nicht genutzt)[167] sind **überzogene Ertragserwartungen** durch die zukünftige Nutzung. „Die Annahme der renditeträchtigeren Bebaubarkeit ehemaliger Gewerbeanwesen setzte die gemeindliche Bauleitplanung unter Hochzonierungsdruck. [...] Gehen die Betriebe in Konkurs und die Grundstücke in Bankeigentum über, bleiben die Erwartungen bestehen [oft durch spekulative Beleihungspraxis] und werden gegenüber der gemeindlichen Planung offen und obstruktiv geltend gemacht. Es fragt sich aber, ob und wie sich die planerischen Dispositionsspielräume über Gewerbebrachen mit Bankeinfluss von Fällen ohne diesen Einfluss unterscheiden."[168]

165 Solche weltfremden Auflagen behindern auch Straßencafés und Schanigärten

166 Der durchschnittliche Arbeitsweg beträgt in Wien 30 min und variiert von 20 min im 1. Bezirk bis 40 min im 13. Bezirk, im gleichen/angrenzenden Bezirk arbeiten 73% im 1. ,55% im 3. und 28% im 20. Bezirk – Quelle Statistik Austria, zit. in MA 23, Stand 2018

167 Bollinger 1986 in Bundesforschungsanstalt für Landeskunde und Raumordnung 1986, VII, S. 144

168 aao. S. 228

War es in den 80er und 90er Jahren gängige Praxis, dass bei Mischnutzungen der tertiäre Sektor das Wohnen ‚quersubventionierte' – durch lukrative Vermietung an Banken, Supermärkte und Versicherungen, so ist das heute als ‚Wunschdenken' zu bezeichnen: Das Erzeugen von anders nicht erzielbarer Notwendigkeit durch **‚quersubventionieren' von geeigneten Geschäftslokalen** aus der Wohnungsnutzung (analog der Garagen) funktioniert nur, wenn Nutzer (z.B. Wettbüros) dafür gefunden werden."[169]

Ein Problem der vielgeforderten **Gastronomie** als Treffpunkt und identitätsstiftendes Element von Quartieren ist die Diskrepanz zwischen **Wunsch und Wirklichkeit**. Frei finanziertes Wohnen lehnt Gastro-Nutzungen als den Kaufpreis mindernd (Abluft, Lärm vor den Lokalen) ab und hohe Mieten können auch nicht realisiert werden. Auch im Altbau werden Gastro-Nutzungen eher verdrängt, insbesonders bei hochpreisigen Dachgeschoßausbauten, wo die Gastro-Abluft die Terrassennutzung beeinträchtigt.

Der **tertiäre Sektor** – Verwaltung und Administration – einst die ‚Cash Cow' der Stadtentwicklung ist seit geraumer Zeit ein **Krisensektor** geworden. Die Digitalisierung von Verwaltungsabläufen und die Reduzierung der erforderlichen Arbeitsflächen haben massive bauliche und städtebauliche Auswirkungen:

Personaleinsparung von mindestens 25% und Flächeneinsparung von ebenso etwa 25% reduziert die erforderlichen Flächen des tertiären Sektors – aber auch der hoheitlichen Verwaltung - um die Hälfte. Nachdem an den bisherigen Prestige-Standorten in der City oder in City-Randgebieten die Flächen kaum reduziert werden können, werden unter der Begründung eine **neue, zeitgemäße Arbeitswelt** zu benötigen, neue Unternehmenssitze angestrebt. Der Vorteil ist auch, dass damit gleichzeitig eine neue Unternehmensstruktur gebildet werden kann, die im baulichen Bestand aus Beharrungsgründen große interne Schwierigkeiten bereiten würde. Aus den aufgegebenen Firmensitzen werden unter Abbruch und Neubau Hotels oder in guten Lagen Luxuswohnungen wie beispielsweise im Modenaviertel des 3.Bezirks.

Wie kann die Zukunft aussehen? Günter Tengel hat die Zukunft der Arbeitswelt so skizziert:

Aus den 10 Thesen für Human Resources in Europa 2030:[170]

„Unternehmen werden sich in Caring Companys, in langfristig denkende Branchen, die wie ein **Zuhause für Mitarbeitende** [‚Die Familie'] sind, in den ländlichen Regionen und in Flexible Companys, in denen Projektarbeit und schneller Tausch, permanentes Abwerben und Abstoßen der Mitarbeiter stattfindet, im urbanen Bereich aufteilen."

Weitere Trends sind **‚Public home offices'** auch Co-Working-Spaces, wo in Kleinstädten unter 100.000 Einwohnern in den entleerten Zentren verstärkt wieder Leben einzieht.[171] Auch in Beiträgen zu städtischen Wohnhausanlagen (Bauträgerwettbewerbe ‚Village im Dritten') werden solche Flächen in den Erdgeschoßen von Smart-Wohnungen solche Flächen angeboten, weil in den engen Grundrissen auch kein Platz für Home-Office bleibt. Public-Home-Offices kann auch ein Beitrag zur Belebung von Altbau-Erdgeschoßflächen mit Synergieeffekten und neuen Nachbarschaften in einer ‚Viertel-Stunden-Stadt' sein, wo **flexible (oft prekäre) Arbeitsplätze** in Wohnortnähe, aber nicht ‚zu-Hause' eine Zukunftsvision darstellen könnte: Eine neue Art der Nutzungsmischung!

169 Interview Harald Kopertz, CEO der AURIC Immo der Bank Austria zit. in M. Wasner 2020, S. 165
170 G. Tengel – ‚Sag mir, welche Zukunft kommt' in Standard-Management Jänner 2020, M1
171 s.a Zeitschrift Kommunal, Roland Gruber - Co-Working belebt Gemeindezentren 04/2021, S. 16ff

4.3 Gesetzlicher Rahmen - Legistik

Bauordnungen - Raumordnungen

„Man braucht keinen Anwalt einzuschalten, um ein geplantes Bauvorhaben zu anzufechten. Unsere geltenden Bauvorschriften sind immerhin Werkzeuge der Demokratie. Das heißt, sie sind dazu da, dass man sie anwendet. Und das Planungssystem ist, bei allen Unzulänglichkeiten, die es haben mag, letzten Endes zu unserem Nutzen gemacht. Wir müssen nur lernen, uns seiner zu bedienen. Schließlich waren es entschlossene Bürgerinitiativen und nicht die Fachleute, die den Moloch des Städtebaus [...] eingedämmt haben."

Charles - The Prince of Wales 1989

Bauordnung

Vittorio Mezzoni della Stella, Bürgermeister von Siena:

„Bei uns gibt es seit **700 Jahren städtebauliche Bestimmungen.** Das erste entsprechende Dokument, von dem wir wissen bezieht sich auf die Form der Fenster und den Abstand zwischen den Häusern - und das **stammt aus 1295**. Das heißt, seit sieben Jahrhunderten sind in Siena alle baulichen Maßnahmen und Eingriffe in das Stadtbild durch die kommunalen Behörden geregelt worden."

Wenn auch von alters her der **Grundsatz der „Baufreiheit"** gegolten hat, desto notwendiger ist mit zunehmender Dichte der Besiedlung der **Bauwille des Einzelnen** in die **Gemeinschaft zu integrieren:** dieses Bedürfnis reicht in Frühzeit menschlicher Kultur zurück – die Notwendigkeit einer Ordnung des Bauens. **„Bauordnung bedeutet somit die Einschränkung der Baufreiheit** zugunsten der Allgemeinheit."[172]

Die **Wiener Bauordnung,** die eine solche Bezeichnung verdient, „ist jene von 1859 für die Altstadt und die 1850 eingemeindeten Vorstädte, die einem **rein formalen Ordnungsprinzip** folgend, für die neuen Straßen eine Mindestbreite von acht Klaftern (15,17 m) und eine maximale Gebäudehöhe von 13 Klaftern (24,65 m) vorschrieb. (1 Klafter = 1,896484 m). Eine verhängnisvolle Rolle spielte die Bestimmung, dass die **Straßenzüge möglichst geradlinig** angelegt werden sollten. Weder topografische noch funktionelle Gesichtspunkte fanden Berücksichtigung. [...]

Das für Wien so charakteristische Vor- und Zurückspringen der Häuserfronten in den inneren Bezirken geht somit zum guten Teil auf die Bauordnung von 1859 zurück."[173]

"Mit der Novelle der Bauordnung 1893 traten zumindest **einheitliche Normen der Bauhöhe und Straßenbreite** für das ganze damalige Stadtgebiet in Kraft. Gleichzeitig stiegen auch die Bodenpreise in den Vororten sprunghaft an, und entsprechend wuchs auch die Stockwerkszahl der Neu- und Umbauten schlagartig. In dem gestaffelten Verlauf der Straßenfronten und im **Auf und Ab der Stockwerkszahl** wirkt somit bis heute die Eingemeindung in den westlichen Vororten nach."[174]

Eine Übersicht über die die Baugestalt beeinflussenden Regelungen von 1782 – dato, das sind Bauhöhen in Abhängigkeit von den Bauhöhen (Bauklassen), Mindestraumhöhen, Bebauungsregeln zeigen in den **Abänderungen die Ursachen für „Bauliche Restflächen".**

172 A. Buff – Bauordnung im Wandel 1971, s. 11
173 H. Bobek – E. Lichtenberger 1978, S. 45
174 aaO, .S. 49

ENTWICKLUNG DER WR.BAUORDNUNG in ihren stadtgestalterischen Auswirkungen (vereinfacht)

BAUORDNUNG	GELTUNGSBEREICH	MINDEST-STRASSENBREITE	MAXIMALE GEBÄUDEHÖHE	MAXIMALE GESCHOSSANZAHL	MINDEST RAUMLICHTE	AUSNUTZBARKEIT
1. BO f.WIEN 1829	Wien u.Vorstädte	9,48 m		4	3,18 (2,84)	85 % d.GST.FLÄCHE 12 m² MIN.LICHTHOF
2. BO f.WIEN 1859	Wien u.Vorstädte	15,17 m	24,65 m	-	3,18 (2,84)	
3. BO f.WIEN 1868	Bezirke 1-9	15,17 m	24,65 m	4	3,18 (2,84)	
4. BO f.WIEN 1883	Bezirke 1-9	16,0(12,0)m*	25,00 m	4	3,00	
BO-Novelle 1890 Bauzonenplan 1893	Wien	16,0(12,0)m*	25,00 m	5-6 (4)*	3,00 (2,60)*	
BO-Novelle 1899 1901	Zone 1- 1.- 9.Bez. Zone 2-11.-19.Bez.	24,0-33,0 m (10,0)m*	1,50xSTR.BR 1,25xSTR.BR	6 5	3,00 (2,60)*	
5. BO f.WIEN 1929	Baukl. V - 1.Bez. Baukl.IV 2-10.Bez.		20-25m 1) 17-20m 2)3)	7 5	2,80 (2,60)** (2,50)	45° Lichteinfall Für Fenster in Aufenthaltsräumen
	Novellen kleineren Umfangs wurden vernachlässigt					
BO-Novelle 1976	Baukl. V Baukl.IV		21-26m 1) 16-21m 2)3)		2,50	45° Lichteinfall Für Fenster in Aufenthaltsräumen

*VORSTÄDTE bzw. NEBENSTRASSEN

1)bzw.2,0xSTR.BR
2)bzw.STR.BR.+3,0(2,0)m
3)bzw.STR.BR. $15{,}0m \times \frac{1}{0{,}866} + 2{,}0m$

**ERLEICHTERUNGEN FÜR KLEINWOHNUNGEN

Wiener Bauordnung von 1782 - 1976 und die Beeinflussung der städtebaulichen Struktur

Verunstaltungsverbot

Einen besonderen Stellenwert in allen Bauordnungen nimmt das sogenannte Verunstaltungsverbot ein. Schon im 19.Jahrhundert im Zeitalter des Liberalismus, der aus sich heraus zum Fortschritt und damit zum optimalen Ergebnis führt, durfte nur unter zwei Prämissen eingegriffen werden: **Gefahrenabwehr und Verunstaltung**, wie das schon im Preußischen Landrecht von 1794 postuliert wurde.[175]

„Wenige Faktoren des materiellen Baurechts sind ihrer Natur nach so undefinierbar wie Gestaltungsfragen. Das liegt nicht nur an der Sache selbst, sondern auch an dem beurteilenden Personenkreis, der vom ästhetisch vorgebildeten Fachmann über den Juristen bis zum interessierten Bürger reicht. **Praktisch glaubt jedermann, hier mitsprechen zu können,** und hat damit keineswegs immer unrecht. [...]

Der Versuch einer einheitlichen Sprachregelung wird in der **Baugestaltungsverordnung vom 10.11.1936** gemacht. Die Formulierung, dass alle Bauten Ausdruck anständiger Baugesinnung und werkgerechter Durchbildung sein und sich in die **Umgebung einwandfrei einfügen** sollen, ist dehnbar und lässt viele Beurteilungen offen. Die Unsicherheit ist umso größer, als für Gestaltungsfragen auch die Kompetenzen vielfältig sind."[176]

„**Gestaltungsfragen** waren und sind **materiell immer umstritten**, sie sind zudem auch sprachlich schwer definierbar. die Musterbauordnung (1959) lehnt sich fast wörtlich an die Gestaltungsverordnung von 1936 an. Aus den Forderungen nach werkgerechter Durchbildung, einwandfreier Zuordnung von Baumassen, Bauteilen, Werkstoffe und Farbe wird eine wesentliche Konsequenz gezogen: Die Gestaltung soll nach dem Empfinden **sachkundiger und erfahrener Betrachter** beurteilt werden."[177]

Kommentar zur Baugestaltungsordnung 1936: „Maßgebend sei im Einzelfall eines in ästhetischen Fragen gegenüber **aufgeschlossenen Durchschnittsbetrachters** d.h. nach dem natürlichen, artgemäßen Schönheitssinn des gesunden, unverbildeten deutschen Menschen."

175 G. Albers in Städtebauliches Institut der Universität Stuttgart 1974, S. 93
176 A. Buff 1971, S. 83
177 aaO, S. 98

Grundsatzurteil des Bundesverwaltungsgerichtes 1955: ‚Verunstaltung sei bereits jede Störung der architektonischen Harmonie, also die bloße **Unschönheit**', was voraussetzt, dass ‚ein hässlicher, das ästhetische Empfinden des Beschauers nicht bloß beeinträchtigender, sondern **verletzender Zustand** vorliegen müsse'. Maßgebend sei dabei ‚das Empfinden jedes für ästhetische Eindrücke offenen Betrachters', des sogenannten **‚gebildeten Durchschnittsmenschen'**.[178]

Balkonien im Village 1030

„Die auf eine ‚anständige Baugesinnung' und ‚deutsche Baukultur' ausgerichtete Gestaltungsverordnung hat wieder der **‚liberalistischen' Verunstaltungsverhinderung'** Platz gemacht, nach der der ‚gebildete Durchschnittsmensch' (und nicht der ‚Kunstsachverständige') entscheidet, was gut oder schlecht (bzw. verunstaltet) ist."[179]

„Ein anderer Weg, der heute sehr oft von den Planungsbehörden gegangen wird, ist, defensiv darüber zu wachen, dass Schönheit entsteht, oder dass wenigstens das Unschöne unterbleibt. Ein großer Teil des rechtlichen Instrumentariums, mit dem heute Städtebau betrieben wird, hat eindeutig **restriktiven Charakter**. Es wird also versucht, [...] im Zuge des Genehmigungsverfahrens auf die Gestaltung Einfluss zu nehmen, was allzu leicht zu einer **Geschmacksdiktatur** führt. Bestenfalls entsteht dabei eine Art fader ‚Scheinharmonie'."[180]

Die Regelung des **Verunstaltungsgebots ist im § 85 der BOfW** festgehalten. Roland Rainer hat die alte Regelung, wo von Neubauten die Angleichung im Baustil, Bauform und technischer Gestaltung verlangt wurde, heftig kritisiert und die Neuformulierung „dass sich Neubauten **maßstabsgerecht der Umgebung einzuordnen haben**"[181] findet sich in der Neufassung in der Schutzzonenbehandlung wieder.

Der § 85 Äußere Gestaltung von Bauwerken im Wortlaut siehe MB - F

Eine weitere gestaltwirksame Regelung in der Bauordnung Wiens ist die **Freigabe von Balkonen über der Baulinie** seit der BO-Novelle 2013, die bis 2,5m-Ausladung bei entsprechender Straßenbreite bis zu einem Drittel der Fassadenlänge vorragen dürfen. Bisher – und noch in manchen Bebauungsplänen enthalten ist eine Ausladung von 0,6 – 0,8m in Abhängigkeit von der Straßenbreite zur architektonischen Gliederung – war quasi ein besseres französisches Fenster gestattet. Die neue, nun sich auswirkende Balkonhype, wird nicht nur von Sabine Pollak[182] als **‚Metastasen'** angesprochen.

178 Institut für Landes- und Stadtentwicklungsforschung in NRW (ILS) 1979, S. 96
179 N. Gormsen in Städtebauliches Institut der Universität Stuttgart 1974, S. 13
180 E. Heiss – K. Glotter, Städtebau con amore 1997, S. 23
181 R. Rainer 1990, S. 47
182 S. Pollak im Gespräch mit W. Czaja – Agonie auf Balkonien im Standard 24.10.2020

Ausnahmeregelungen

Besondere Beachtung sollten auch die Ausnahmemöglichkeiten der BOfW finden, die immer wieder zu Diskussionen und zu einer Vielzahl von Novellierungen führte. Es sind dies die §68, 69, 71 und 72 der Wiener Bauordnung.

Der § 68 ist eher harmlos und liegt im Dafürhalten der MA 37-Baubehörde, wo **technische Regelungen** bei wirtschaftlicher Unzumutbarkeit bei Umbauten, nicht eingehalten werden müssen.

Schon eher weniger harmlos ist der berüchtigte § 69, wo die **Bestimmungen des Bebauungsplanes** nicht eingehalten werden müssen – früher hieß es „geringfügig überschritten" werden durften. Da die Geringfügigkeit in Abhängigkeit vom Gesamtumfang des Vorhabens abhängig war, wurde dieser Passus von den Oberstgerichten aufgehoben und der § 69 neu formuliert und von der MA 37 interpretiert.

Es liegt in der Beschlussfassung des Bezirks-Bauausschusses, die Gründe die für die Abweichung sprechen mit jenen die nicht entsprechen, abzuwägen und zu entscheiden.

Die Prüfung der Voraussetzungen ist gegenüber der eher lockeren Handhabung nun **sehr restriktiv** geworden und wird kaum mehr angewandt.

Weitere angewandte Ausnahmen sind **„Bauten vorübergehenden Bestandes"** nach §71, die jederzeit von der Öffentlichen Hand widerrufen werden können – bloß in der Regel nicht widerrufen werden und der § 71a für **„Bauten langen Bestandes"**, wo nach 30 Jahren Bauten, die nicht dem Bebauungsplan entsprechen, ohne Einbeziehung der Anrainer, genehmigt werden können bzw. für Sonderbaubewilligungen (§71b), die 10 Jahre Gültigkeit haben.

Der Wunsch nach Genehmigungen für ‚Zwischennutzungen'[183] ist mit dieser Palette von Ausnahmen und guten Willen der Beteiligten jedenfalls erfüllbar und bedarf keiner besonderen Regelungen.

Raumordnung – Bauleitplanung

Im § 1 der Wiener Bauordnung – der nach einer Aufhebungsdrohung des Verwaltungsgerichtshofes aller Flächenwidmungs- und Bebauungspläne erst in einer Novellierung eingefügt wurde, wird die Besonderheit, die **gemeinsamen Flächenwidmungs- und Bebauungspläne** in einem genannt. Obwohl in der Ursprungsbauordnung die beiden raumordnerischen Planwerke getrennt geführt wurden und dem Flächenwidmungsplan im § 4 BOfW noch zugestanden wird, „in großen Zügen darzustellen, nach welchen Grundsätzen der geordnete Ausbau der Stadt vor sich gehen soll und die Bebauungspläne zu verfassen sind; [aber] die Flächenwidmungspläne begründen unmittelbar weder Rechte noch Verpflichtungen." Der letzte Halbsatz stellt den Tatbestand einer sogenannten **‚kalten Bausperre'** dar: Ich weiß, dass ich bauen dürfte, ich weiß auch die mögliche Nutzung – aber ich weiß nicht wie ich bauen darf.

Im Stadtentwicklungsplan 1994 wird dem Bebauungsplan als Grundlage der Stadtgestaltung eine höhere Gewichtung eingeräumt:

"Die für die Stadtgestalt besonders wichtige Festlegung der Größe der Baumassen und ihrer Anordnung erfolgt im Bebauungsplan. Der Bebauungsplan ist daher nicht nur ein Instrument zur rechtlichen Festlegung der Nutzungsmöglichkeiten von Grundstücken, sondern auch das **wichtigste Instrument der Stadtgestaltung**. Versäumnisse, die auf der Ebene des Bebauungsplans entstehen, können nicht mehr auf anderen Ebenen (z.B. bei der Detailgestaltung des Straßenraums oder der Fassaden) behoben

183 Wiegand et al. 2018, S. 63

werden. Der Bebauungsplan soll in Zukunft auch dort als Gestaltungselement eingesetzt werden, wo dies bisher nur unzureichend oder gar nicht erfolgte wie z.B. in Betriebsbaugebieten."[184]

Interessant ist der Vergleich mit dem deutschen Bundesbaugesetz unter dem Gesamtbegriff der Bauleitplanung, wo auch aus der Flächenwidmung nur die Vorbereitung des Bauleitplans und erst aus dem Bebauungsplan die Verbindlichkeit erwächst

Richtlinien und Erlässe

Gestaltwirksam werdende Richtlinien öder Erlässe betreffen hauptsächlich ortsrechtlich erlassene Bauvorschriften bzw. **Gestaltungssatzungen** und sind keine Erfindungen unserer Zeit. „Seit dem Mittelalter kennen wir den Gestaltungssatzungen vergleichbare Fassadenverordnungen. [...] Der Baumeister, der seine Ordnungsvorstellungen durchsetzen wollte bedurfte der Stütze durch politische Macht.

Es entspricht nicht der historischen Wahrheit, Stadtgestalt als **quasi ‚naturgesetztes Wesen'** interpretieren zu wollen. Stadtgestalt ist weder mit Harmonie und Stabilität als Kriterium ‚gewachsen', ‚ewig waltenden Regeln, ehernen oder sanften Gesetzen' folgend, noch den ‚immer gleichen schöpferischen Urwurzeln' entstammend, ‚wodurch das menschliche Geschlecht geleitet wird' - was je traditionelle Stadtbaukünstler zu Beginn unseres Jahrhunderts immer wieder zu unterstellen versucht haben."[185]

Auch Viktor Frh. von Malchus[186] sieht in Ausschöpfung des **rechtlichen Instrumentariums** wie

- Verbesserung der inhaltlichen Qualität der Bebauungspläne durch konsequente Verwendung von textlichen Festsetzungen und erläuternden Darstellungen
- Erlass von Gestaltungssatzungen soweit die Festsetzungen nicht in den Bebauungsplänen festgehalten werden können
- Bauberatung und Baugestaltung bei der Sanierung und Entwicklung innerstädtischer Bereiche

Eine Einschränkung für den Einsatz von Richtlinien und Erlässen spricht H. Geuder[187] in Kommentar zum Wiener Baurecht an, den **Gleichheitsgrundsatz**.

Freie Formen von Gestaltungsregelungen

Nachdem Gestaltungssatzungen eher in **Kleinstädten oder Innenstädten** von Mittelstädten ein adäquates Mittel zur Bindung der Gestaltung wie Dachneigungen, Deckungsmaterial, Ausschluss von Fassadenmaterialien, Fensterteilungen, Farbgebung etc. darstellen, sind bei Stadterweiterungen freiere Formen im Einsatz:

Dazu zählen Masterpläne, Planungshandbücher, Partituren, Leitfäden und Weißbücher, die nicht mehr die vorerwähnten Gestaltungselemente beinhalten. Inhaltlich werden jene Elemente behandelt, die **bauplatzübergreifend** zur Abstimmung unterschiedlicher Bauträger in Erweiterungsgebieten dienen wie Bolzplätze, Jugendspielplätze, Feuerwehrzufahrten, Gemeinschaftsgaragen und prinzipiell die Ausgestaltung von Freiflächen mit ihren übergreifenden Ansprüchen wie Nachbarschaftsgärten, Hundeauslaufzonen, Nachbarschaftstrefforte u.a.m. Geregelt können auch Bepflanzungstypen und die Oberflächenformen werden. Primär geht es aber um die Kostentragung der Herstellung und Erhaltung von Privatstraßen (§53 BOfW) und Parkanlagen, die nicht der Öffentlichen Hand anheimfallen.

184 Stadt Wien - STEP 1994 S. 185
185 K.J. Krause – Institut für Landes- und Stadtentwicklungsforschung des Landes NRW (ILS) 1979, S. 92
186 V. Frh. von Malchus in Institut für Landes- und Stadtentwicklungsforschung des Landes NRW (ILS) 1979, S. 27
187 H. Geuder und G. Fuchs – Baurecht 2019, Teil II, S. 45

Planungshandbuch „Village im Dritten" 2020

Langfristig ist die Übernahme von § 53-Straßen und Parkflächen ohne den Zusatz „Öffentliche Zwecke" an die Kommunen immer Ziel von Bauträgern, um die laufenden Erhaltungskosten zu senken.

Alle die angesprochenen Formen sind nicht legistisch gebunden, aber in anderer Form sanktioniert. Nachdem in der eher überschaubaren Szene für Großwohnungsanlagen immer dieselben Akteure zusammenarbeiten müssen, gibt es in der amikalen Durchsetzung keine Probleme.

Sonstige legistische Einflüsse

Mietrecht

"Während man nach dem 1. Weltkrieg in anderen europäischen Städten schrittweise zu einer freien Bewirtschaftung des Wohnungsmarktes überging, erhob man in Österreich und vor allem im sozialistischen Wien den **Mieterschutz** und damit die Zwangsbewirtschaftung der Wohnungen zu einer Dauerinstitution. Damit wurden u,a. die Forderungen verwirklicht, die schon vor dem Kriege die Loslösung des Wohnungswesens aus der kapitalistischen Wirtschaft und den Einbau in eine kollektivistische Bedarfsdeckungswirtschaft forderten.[...]

Das immer wieder erneuerte Mieterschutzgesetz aus 1917 zog zwangsläufig eine ganze Kette von weiteren Maßnahmen nach sich, die eine völlige Umkehr der Prinzipien und Organisationsformen der liberalistischen Wohnungswirtschaft der Gründerzeit herbeiführten."[188]

Als Kurzkommentar ist davon auszugehen, dass der Kategoriemietzins kaum mehr zur Anwendung kommt – beim Richtwertzins sind es die Zu- und Abschläge, vor allem der **Lagezuschlag die die Miethöhe** bestimmen – der jedenfalls (mit Ausnahme der Innenstadt) etwa 50% der ‚angemessenen' Miethöhe beträgt. Mieten in Neubauten nach dem 30. Juni 1953 und Eigentumswohnungen, die nach dem 8. Mai 1945 gebaut wurden, fallen aus der MRG-Regelung heraus ebenso wie Wohnungen die größer als 130 m² sind und Dachausbauten nach 1953.

Gekündigt darf nur einvernehmlich bzw. gerichtlich - auch bei Eigenbedarf nur unter Beistellung einer gleichwertigen (auch in der Miethöhe!) Ersatzwohnung. Folgewirkungen sind:

- nur mehr **befristete Mietverträge**
- **Verstöße gegen das Mietrecht** – geschätzt werden rund 50% aller Vermietungen
- wegen des ‚rent-gap', der Mietlücke werden Wohnhäuser nicht saniert, weil auch sanierte Wohnungen unter den Richtwert fallen – sondern **Abbruch und Neubau**
- **Ausmietungsstrategien** der Vermieter

188 H. Bobek –E. Lichtenberger 1978, S. 133

Aber auch

- **lange Mietdauer**, dadurch Identifikation mit dem ‚Grätzl'
- **soziale Mischung** im Wohnhaus und im Stadtviertel
- **gebremste Gentrifizierung** und geringerer Verdrängungsdruck

Wiener Wohnbauförderung

Die Wohnbauförderung ist in Österreich Länderangelegenheit und daher sehr unterschiedlich angelegt. Beispielhaft soll hier nur die Wiener Wohnbauförderung angesprochen werden, ohne auf zu viele Details einzugehen. Zum Unterschied von anderen Bundesländern überwiegen in der Förderung die Mehrparteienwohnhäuser in der Form **genossenschaftlicher Mietwohnungen** (mit Eigentumsoptionen). Im Gegensatz zu deutschen Förderungsmodellen dominiert in Wien die Objektförderung und selbst die Subjektförderung wird vorwiegend im Rahmen von **geförderten Neubauten** eingesetzt wie Eigenmittelersatzdarlehen, Annuitätenzuschüssen u.a.

Die Fördermittel werden grundsätzlich
für die Neuerrichtung von Wohnraum
für die Sanierung von bestehenden Altbauten
die direkte finanzielle Unterstützung von Menschen mit niedrigem Einkommen
verwendet

Die zu fördernden Neubauten werden entweder über **Bauträgerwettbewerbe** (Planer und Bauträger gemeinsam) nach einem Vier-Säulen-Bewertungsmodell nach den Kriterien Architektur, Ökonomie, Ökologie und soziale Nachhaltigkeit ausgewählt. Kleinere Projekte werden im Grundstücksbeirat überprüft und zur Förderung freigegeben.

Um eine soziale Durchmischung zu gewährleisten, wird bei jedem Neubau ein Drittel der Wohnungen über die Wohnberatung Wien nach Prüfung der Randbedingungen mit einem Wohn-Ticket vergeben.

In der Wohnhaussanierung begeht Wien den Weg der **‚sanften Stadterneuerung'**, wo die Mieter während der Sanierung in den eigenen vier Wänden bleiben können – auch im selben Haus umziehen oder sich an den Standardanhebungen beteiligen können. Zu unterscheiden sind hier Sockelsanierungen und Blocksanierungen. Bei der **Sockelsanierung** werden allgemeine Hausteile revitalisiert, leere Wohnungen standardisiert und schrittweise Verbesserungen vorgenommen.

Bei der **Blocksanierung** werden hausübergreifende Maßnahmen, wie Aufwertung der sozialen Infrastruktur, Verbesserung des Grünraumangebots sowie ein Mix aus Arbeitsplätzen und Wohnraum geschaffen.

Im Rahmen der Wohnbauförderung können 25% der Gesamtfläche für **Nichtwohnzwecke** gefördert werden.

Die Wohnbauförderung steht auf der Nachfragerseite jeden österreichischen und EU-Bürger offen, der die Einkommensrichtlinien nicht überschreitet, die für zwei Personen 81.300 €/Jahr und für vier Personen 102.690 €/Jahr betragen. Das zeigt, dass hier keine soziale Ghettoisierung, sondern eine **Mittelstandsförderung** programmiert ist.

Die Kosten der Wohnungen betragen in etwa 50 €/m² Eigenmittel und 10,00 €/m² Gesamtmiete oder 500 €/m² und 8,50 €/m² mit Eigentumsoption nach 5 Jahren Wohndauer. Eine Reihe von Ersatzdarlehen stehen als Subjektförderung zur Verfügung.

Die Randbedingung im Wohnbauförderungsgesetz Wiens, dass der **Anteil der Grundkosten** 280 €/m² Wohnfläche nicht übersteigen darf, führt zu einer Grundstücksknappheit für den geförderten Wohnbau, der einerseits als 50%-igen Anteil bei Umwidmungen von Bahnarealen, Betriebsgrundstücken und Kasernen als Vorbehaltsfläche für den geförderten Wohnbau an den Wiener Wohnfonds zu übertragen ist. Und andererseits die kleineren Liegenschaften dem frei finanzierten Wohnungsbau überlassen, wo die Grundkostenanteile sich schon an die 800 - 1000 €/m² bewegen.

In Gesamtzahlen ausgedrückt werden von etwa 10.000 bis 13.000 Wohnungen, die in Wien jährlich gebaut werden, etwa 7.000 – 9.000 Wohnungen gefördert – Zahlen die einer gewissen **Schwankungsbreite** unterliegen und sich 2021 aufgrund der stringenten Förderungsbedingungen (gestiegene Grund- und Baukosten) gedreht haben.

Steuerrecht

Im Steuerrecht ist vor allem die Versteuerung von Immobilien-Verkaufserlösen in der Höhe von 30% innerhalb einer 10-Jahresfrist zur Abwehr von Spekulationsgewinnen bedeutsam. Dieser Steuersatz wird auch zur Abschöpfung von Widmungsgewinnen angewandt. Ansonsten beträgt der Steuersatz beim Verkauf 4,2%.

Üblicherweise wird die Besteuerung der Spekulationsgewinne durch das Konstrukt einer Immobilien-GesmbH umgangen, wobei nicht die Liegenschaft, sondern die GesmbH den Besitzer wechselt.

Andere steuerliche Bestimmungen sind nur marginal gestaltwirksam.

Arbeitsstätten

Die Anwendung des **Arbeitsstättengesetzes** für gewerbliche Objekte kommt bei Mischnutzungen zum Tragen. Das sind neben sanitären Auflagen und Fluchtwege, die Raumhöhen, Lüftung und die Sicht ins Freie.

Bei den Fluchtwegen sind es vor allem **gewendelte Stiegen in Altbauten**, die der Arbeitsinspektion verpönt sind. Die Raumhöhen verlangen bei körperlicher Arbeit – dazu zählen auch Pflegedienstleistungen mind. 2,80 m Lichte Raumhöhe – bei großflächigen Werkstätten etc. sind das 3,00m, die auch bei Großraumbüros zum Tragen kommen. Bei den üblichen Altbauten ist das kein Problem – bei Bauten der letzten 70 - 80 Jahren kann es Schwierigkeiten geben.

Eine weitere Hürde ist bei körperlichen Tätigkeiten vorgeschrieben: **Luftwechsel**, die nicht über die Fenster allein erfolgen können und mechanisches Be- und Entlüften erfordern, ist nicht nur platzraubend, sondern in der Gastronomie bei Überdachführung entsprechend aufwendig.

Öffentlicher Raum

Für die Organisation des Öffentlichen Raums gilt die **Straßenverkehrsordnung (STVO) 1960**, die auf eine Verordnung des Jahres 1938 zurückgeht. W. Czaja[189] thematisiert den § 78, der das unbegründete Stehenbleiben am Gehsteig untersagt und der daraus schließt, dass das urbane quirlige Stadtparterre, das wir regelmäßig auf den Renderings neuer Stadterweiterungsgebiete präsentiert bekommen, eine Utopie bleibt. Doch ganz so heiß wird die Suppe nicht gegessen...die Gefahr der **Einschränkung der Gehsteige** droht durch andere Maßnahmen wie

189 W. Czaja im Standard v. 31.1.2021, S. A8

Schanigärten

‚Schanigärten' sind **mobile Gastgärten** die korrespondierend mit der Länge des Lokals mit einer auf das ‚örtliche Stadtbild abgestimmte Stadtmöblierung'[190] auf Gehsteigen oder in der Parkspur von Straßen temporär aufgestellt werden können. Die Dauer der Aufstellung ist vom 1. März bis 30. November und in Ausnahmefällen in der ‚kleinen Winteröffnung'. Probleme bereitet oft die Einhaltung der Restgehsteigbreite (mind. 2 m), die durch ‚wachsende' Schanigärten beeinträchtigt wird und vor allem in Geschäftsstraßen viel zu schmal ist: Wenn ein Verkehrszeichen oder ein Lichtmast den Gehsteig weiter einengt, wird es kritisch.

Eine weitere Grenzüberschreitung besteht darin, mit Markisen oder oft sogar festen Überdachungen regelrechte Einhausungen vorzunehmen. Es gibt für solche Vorgangsweisen den **Begriff der Kommodifizierung**.

In Wien gab es 2017 3500 bewilligte ‚Schanigärten', die eine Gebrauchserlaubnis (Entgelt) und die Bewilligung des lokalen Bezirksamts brauchen. Die Stadtbildpflege (MA 19) und die Verkehrsorganisation (MA 46) entscheiden hier gemeinsam mit der Bezirksvorstehung. Untersagt kann nur aus Verkehrs- oder Gestaltungsrücksichten werden.

Feuermauer mit typografischen Elementen

Werbung

Welchen Stellenwert die Werbung in der Stadtgestaltung und in der ‚mental map' einnimmt, wurde an anderer Stelle ausführlich beschreiben: In der Hierarchie, der der visuellen Eindrücke wird klar, dass der **kommerzielle Zeichenkomplex** (Namen, Schriftzüge, Schaufenster, Werbetafeln) alle anderen städtischen Elemente bei weitem überragt und zu ‚Trägern' degradiert.[191]

Die Sorge um die typografische DNA Wiens war ausschlaggebend für die Gründung des Vereins ‚Stadtschrift' von Birgit Ecker und Roland Hörman – rund 90 komplette Schriftzüge konnten gerettet werden, darunter viele Schreibschriften mit außenliegender Neonbeleuchtung, wie sie für das Wien der 50er und 60er Jahre typisch waren.

Abgesehen von der Direktwerbung der Geschäfte gibt es eine Reihe von **Angeboten der Werbewirtschaft**, von denen hier einige angesprochen werden sollen:[192]

- Klassisches Plakat
- Fassadenwerbung an Feuermauern (temporär oder Projektionen)
- Gerüstwerbung mit oder ohne ‚Spiegelung' – d.i. fotografische Nachbildung der Fassade
- Megaboards in Dreiecksform oder ‚Rolling Boards'
- Werbeflächen an Bus, Straßenbahnen, U-Bahnen und Taxis
- City Lights Werbetafeln freistehend oder in Haltestellen integriert
- Dachwerbung
- Lichtmastwerbung

190 Schanigartenleitfaden der Stadt Wien, MA 19, 2019
191 s.a. Schmidt-Brümmer 1976, s. 30
192 Möglichkeiten der Außenwerbung –Megaboard – www. megaboard.at

Fazit – Conclusio

4.1 Politisch-gesellschaftliche Einflüsse

- *Gute Baukultur ist auch ,schön und berücksichtigt ästhetische Maßstäbe und eine Kultur des ,Lernens'.*
- *Planungskultur ist ein wesentlicher Teil der Baukultur und verbindet hohe Lebensqualität mit Klimaschutz, nachhaltige Bauweisen und Nutzungen*
- *Gute Baukultur soll Neues und Ungewöhnliches nicht verhindern, sondern ermöglichen*
- *m Planungsprozess sind Top-down und Bottom-up-Strategien im **Gegenstromprinzip** als gleichwertig anzusehen*
- *Stadtbilder, die bewusst geplant werden, dienen entweder der **Darstellung der Herrschaft** oder deren Verschleierung (nach Julius Posener).*
- *Architektur hat immer einen Ausdruck – die Strukturen sollen aber anpassbar sein und den **Ausdruck auch verändern** können.*
- *Einheitlichkeit – ein Oberschichtziel – kann und darf nicht als Leitbild der Stadtgestaltung gesehen werden.*
- *Die Stadtgestaltung und das Stadtbild muss auch **Raum für ,Gefühle'** bieten – eine ,Heimat' (E. Bloch) erlauben.*
- *Die **,ortlose Stadt'** ist kein Versagen der Fachexperten, sondern Ausdruck politischer, ökonomischer, sozialer und technologischer Entwicklungen*

Partizipation

- *Der Begriff der ,Bürgerbeteiligung' schließt a priori ein Drittel der BewohnerInnen aus – ebenso wird die Arbeitswelt ausgeblendet. Es sollte **,Beteiligung der Öffentlichkeit'** heißen.*
- *Durch plebiszitäre Elemente soll der Tendenz zur Zuschauer- oder Stimmungsdemokratie entgegengewirkt werden – Utopien, Visionen und Ideologien sind hier fehl am Platz.*
- ***Räumlich gezielte Mitwirkung** (Betroffenheit) ist anzustreben – mit der Ausweitung des Raumes (Betroffenheitsverdünnung) wird eher über Ideologien abgestimmt (Politik-Paket).*
- *Um den Oberschichten-Artikulations-Bias in Grenzen zu halten, sind **unkonventionelle Formen** der Beteiligung von Unterprivilegierten (Kinder, Jugendliche, Senioren, Migranten u.a.) einzusetzen wie Agenda-Gruppen, Jugendparlamente, Vereine etc.*
- *Ziel sollte letztendlich die **Selbstbestimmung der Betroffenen** über ihre ,Umgebung' sein – ein schwer erreichbares Ziel, aber die Richtung soll vorgegeben sein.*
- *Die Beteiligung der Öffentlichkeit an Gestaltungsfragen, die über den Mehrheits- und Durchschnittsgeschmack hinausgehen soll, verlangt eine intensive Vorbereitung und Einschränkung von Sachzwängen.*
- ***Sonderformen der Beteiligung**, wie Bürgerinitiativen, Planungszellen und ,Advocacy Planning' können als Mischformen mit den ,klassischen' Beteiligungen in den Planungsprozess eingebunden werden.*
- *Die Einbindung Betroffener in die Freiraumplanung ist als ,Pilotprojekt# eher einfacher umzusetzen und kann als Ausgangspunkt und Impulsgeber einer weiterreichenden Beteiligung an der Gestaltung der Umwelt evozieren.*

Gentrifizierung

- *Grundsätzlich sind Investitionen in vernachlässigte Stadtgebiete nach den Prinzipien der **,sanften Stadterneuerung'** ein legitimes politisches Ziel.*
- *Neben rechtzeitigen **Begleitmaßnahmen** der Öffentlichen Hand (Schutzzonen, Abbruchbremse, Milieuschutz) sind Widmungsgewinne zu minimieren – und/oder in Schutzmaßnahmen zu investieren.*
- *Jedenfalls sind bei Anzeichen von Gentrifizierungstendenzen die **Sozialarbeit** wie Gebietsbetreuung, Mieterschutz, Jugendarbeit zu **intensivieren**.*

Soziale Mischung

- *‚Soziale Mischung' ist nicht als wahlloser Gemeinplatz, sondern auf die* ***Bedürfnisse*** *der zu ‚mischenden' Bevölkerungsteile auszurichten: nicht jede Mischung in kleinteiliger Körnigkeit ist sinnvoll.*
- *Um das Entstehen funktionierender Nachbarschaften zu fördern, sind die Anzahl der Wohneinheiten pro Erschließungskern (Stiege, Lift) zu begrenzen – oder andere* ***zwanglose Treffpunkte*** *einzurichten (‚Bassena'- Nachfolge).*
- *Homogenität auf Viertelsebene wie eine ‚Kohortenbesiedlung' gleichaltriger Familien, sollte vermieden werden – jede radikale Segregation eines Quartieres führt zu* ***sozialer Instabilität****.*
- *Durchmischung soll nicht nur einseitig in sozial schwachen Gebieten stattfinden (mit der Tendenz zur Gentrifizierung), sondern auch in Oberschichtvierteln wie* ***Sozialwohnungen in ‚guten Lagen'****.*
- *Zu beachten ist: Soziale Integration ist in eher homogenen Vierteln leichter möglich als unter großer sozialer Distanz.*
- *Ungebremster Sozialdarwinismus führt zur Herausbildung sozialer Ghettos, die für Mittel- und Oberschichten kein Problem darstellen – für sozial Schwache aber zu* ***Problemvierteln*** *degenerieren.*

Soziale Gruppen

- *Gestaltvorstellungen haben für die Konstitution sozialer Milieus zentrale Bedeutung:* ***sozialästhetische Differenzierung***
- *Der öffentliche Raum und seine soziale Aneignung ist ein wesentlicher Indikator für ‚Belebtheit' und ‚Urbanität' als* ***verlängerter Wohnraum****.*
- *Der* ***Umgang mit marginalisierten Gruppen*** *ist Kennzeichen für die integrative Kraft einer Gesellschaft.*
- *Die Gegenbewegung ist die* ***‚Kommodifizierung'****, der Ausschluss unerwünschter Gruppen, durch ein restriktives Hausrecht und Privatisierung des öffentlichen Raums wie Gastgärten, Malls, Passagen, Einkaufszentren).*
- *Besonderes Augenmerk sollte auf* ***Freiräume für Kinder und Jugendliche*** *gelegt werden: keine kleinräumigen abgezäunten Spielflächen und mehr informelle, robuste, naturnahe und selbstverwaltete Flächenbereitstellung in Form von Brachen oder Reserveflächen.*
- *Jugendvandalismus ist Ausdruck einer ‚verlorenen Genration' vor allem in migrantischem Milieu.* ***Treffpunkte****, die sich von konventionellen Plätzen unterscheiden sind anzubieten - coronabedingt wurden solche Gelegenheiten wie Uferzonen und Stiegenanlagen formlos generiert.*
- *Gendergerechte Einrichtungen und Schutz vor Mobbing und Vandalismen sind bei neuen Anlagen mit intensiver Betreuung (keine Parkwächter!) zu gewährleisten.*

Ökonomie und Handel

- ***Wirtschaftlicher Boom*** *bedroht die Städte und die Stadtgestalt mehr als eine Stagnation.*
- *Der Zusammenhang der Stadtplanung und –gestaltung als Förderung der Kapitalverwertung ist in das Bewusstsein der Planer und Planerinnen gerückt werden: Grundbuchseinsicht statt ‚Zeitgeist'.*
- *Das ökonomische Ziel des Stadtbildes ist seine* ***verkaufsfördernde Vermarktung****, also Inszenierung.*
- *Nicht nur Städte konkurrieren untereinander mit Inszenierungen – auch* ***Stadtviertel*** *werden als* ***Marketinginstrumente*** *idealisiert und der historische Konnex als ‚Identität' vermarket.*
- *Infrastrukturinvestitionen über die Anlage neuer U-Bahn-Linien hinaus wie Märkte, Grünzüge, Parkanlagen, Nachbarschaftsgärten werden als* ***lukratives Aufwertungsinstrument*** *eingesetzt*
- *Stadtsanierung, die dem ‚Markt' überlassen wird, ist eine Sanierung der Bau- und Immobilienwirtschaft. Nachhaltig ist nicht die Recyclingfähigkeit des Abbruchmaterials, sondern die* ***Weiterverwendung bestehender Strukturen*** *(Umbau statt Abbruch und Neubau)*
- *Bodenwertsteigerungen durch kommunale Infrastrukturinvestitionen und Widmungsgewinne sind tendenziell der Allgemeinheit (‚Mehrwert') zuzuführen*

- Der Ruf nach Nachverdichtung –,Urbanität durch Dichte' stellt kein politisches Ziel dar und kann und darf nur im Einvernehmen mit der ansässigen Bevölkerung erfolgen - Mehrwertgedanke.
- Wohnungseigentum ist nichts anderes als **vervielfachtes Bodeneigentum** und führt zu einer ‚Versteinerung' der Stadt durch Inflexibilität.
- Die **Nutzung der Erdgeschoße** ist entscheidend für die Alltagstauglichkeit (‚Urbanität') eines Quartiers – entsprechende legistische Vorkehrungen wie Mindestgeschoßhöhen und Untersagung urbanitätswidriger Nutzungen wie Garagen und Lagerräume sind erforderlich.
- Die ‚klassische' Erdgeschoßnutzung durch Kleinhandel und Gewerbe muss sich auf die **veränderten Rahmenbedingungen** einstellen und in Richtung persönliche Dienstleistungen, Kreativszene, IT-Branche, Gastronomie, Reparaturen und gesundheitsspezifische Angebote einstellen.
- Nutzungsmischung unterliegt dem Gewerberecht und ist vor allem im Wohnungseigentum gegen schikanöse und ausufernde Beeinträchtigung zu bewahren.

4.3 Gesetzliche Rahmen - Legistik

Bauordnungen – Raumordnung

- Dass Bau- und Raumordnungen für eine geordnete Stadt- und Ortsentwicklung notwendig sind, ist unbestritten – jedoch **Ausnahmen sollen ermöglicht** werden: ‚Das Gute ist der Feind des Besseren'.
- Die Handhabung von Bauordnungen bezüglich der Stadtgestalt ist primär auf die Abwehr von ‚Unschönen' – das Verunstaltungsgebot' ausgerichtet. **Geschmacksdiktatur** führt zu einer Art der ‚Scheinharmonie'.
- Anstelle von 'Angleichung' und ‚Vermeidung von ‚Verunstaltung' soll **Maßstabsgerechtigkeit** und ‚kritische Rekonstruktion' treten.
- In den üblichen Raumordnungszielen wird Städtebau kaum und das Stadtbild nur beiläufig erwähnt – die technischen Sachzwänge dominieren und lassen sich konziser ausjudizieren.
- Neben den strikten Baugesetzen und Raumordnungsregelungen gibt es noch eine Reihe von Richtlinien, gestaltungsregeln und nicht gesatzte Gestaltungsmoden von Behörden und deren Beauftragte, die wenn überhaupt in **Handbüchern, Partituren und Leitfäden** verkommen, die oft der reinen Willkür ähneln und eine falsch verstandenen ‚Einheitlichkeit' frönen.

Sonstige legistische Regelungen

- Das Mietrecht mit dem zentralen Teil des **‚Mieterschutzes'** – ein rechtliches Unikat – übt einen wesentlichen Einfluss auf die Stadtgestalt und die Identifizierung der Bewohner mit ‚ihrem Grätzl' aus.
- Die Forderung nach einer ‚zeitgemäßen Anpassung' des Mietrechts bedeutet eine marktkonforme Aufweichung und Verdrängung der alteingesessenen Wohnbevölkerung – eine Lösung die einer ‚Versteinerung' entgegenwirkt **ohne direkte Verdrängungseffekte** auszulösen wird schwer zu erreichen sein.
- Die **Wohnbauförderung** als Grundlage ‚leistbaren Wohnens' hat durch den Vorbehalt in einer neuen Widmungskategorie wieder an Bedeutung gewonnen und durch deren Qualitätskriterien (‚4 Säulen') wesentlich höhere Qualität hervorgebracht als der ‚freie Wohnungsmarkt'.
- Das Mietrecht mit dem zentralen Teil des ‚Mieterschutzes' – ein rechtliches Unikat – übt einen wesentlichen Einfluss auf die Stadtgestalt und die **Identifizierung der Bewohner** mit ‚ihrem Grätzl' aus.
- Die Forderung nach einer ‚zeitgemäßen **Anpassung' des Mietrechts** bedeutet eine marktkonforme Aufweichung und Verdrängung der alteingesessenen Wohnbevölkerung – eine Lösung die einer ‚Versteinerung' entgegenwirkt ohne direkte Verdrängungseffekte auszulösen wird schwer zu erreichen sein.
- Die Wohnbauförderung als **Grundlage ‚leistbaren Wohnens'** hat durch den Vorbehalt in einer neuen Widmungskategorie wieder an Bedeutung gewonnen und durch deren Qualitätskriterien (‚4 Säulen') wesentlich höhere Qualität hervorgebracht als der ‚freie Wohnungsmarkt'.

5. Einflüsse des baulichen Bestandes

5.1 Stadtbildpflege

„Der Fehler ist, dass der Fortschritt immer auch mit dem alten Sinn aufräumen will.“
Robert Musil

„Gegen die Verhässlichung unserer Umwelt gibt es starke und einflussreiche Bewegungen: den Heimatschutz, den Landschaftsschutz, den Naturschutz, die Denkmalpflege. Merkwürdig: Alle diese Bewegungen sind nicht heute gegründet, sondern von unseren Großeltern. Die **Gründungszeit der Schutzbünde** fällt in die Jahre zwischen 1900 und 1910. Offenbar muss damals der Eindruck, alles werde hässlicher, noch weit stärker gewesen sein als heute.“[1]

Einen Begriff des offensichtlichen ‚Demolierungswahn“ der Hochgründerzeit gab die Ausstellung „Alt-Wien. Die Stadt die niemals war“ im Wien-Museum:

Ausstellungsplakat Alt-Wien

„Der Begriff „Alt-Wien“ hatte schon im Vormärz einen wehmütigen Klang – wohl deshalb, weil die angeblich idyllische Biedermeier-Epoche in Wirklichkeit eine Zeit großer baulicher Dynamik war. Alte Gebäude und Ensembles wurden, etwa um Verkehrs- und Wohnraum in der beengten Stadt zu gewinnen, ohne weitere Umstände abgerissen. Nach der **Beseitigung der Stadtmauern** um 1860 konnte Wien endlich expandieren. Entlang der Ringstraße entstand eine „Neu-Wien“ genannte Regelstadt, zugleich kam es auch in der Innenstadt zu großflächigen Demolierungen. Am Graben oder in der Kärntnerstraße wurden fast alle alten Gebäude durch neue ersetzt. Was Planer und Investoren „Regulierung“ und „Verschönerung“ nannten, war für Andere Grund für Trauerreden auf das unwiederbringlich zerstörte Wien und für Polemik gegen „Zerschönerer“ und „Barbaren“.[2]

„Wir haben es offenbar mit zwei Bewegungen zu tun, was die Sache sehr kompliziert: einerseits mit der Veränderung des konkreten Raums, wie immer dieser auch mess- oder darstellbar sei, und andererseits mit der Entwicklung und **Veränderung unserer Landschaftswahrnehmung** - und daraus nun unser Nachdenken: Könnte es sein, dass unsere Wahrnehmung in dem Sinne veraltet ist, dass sie mit der Veränderung der [Stadt-] Landschaft heute nicht mitgekommen ist?“[3]

Nach dem ersten Weltkrieg schützte die mangelnde wirtschaftliche Dynamik vor unwiederbringlichen Verlusten - ein Phänomen, dass oft dem **Schutz der Bausubstanz** mehr geholfen hat als eine prosperierende Gesellschaft wie die ‚goldene‘ Stadt Prag oder Rothenburg ob der Tauber.

1 L. Burckhardt et al. 2015, S. 98-99
2 W. Kos – Vorwort zur Ausstellung ‚Alt-Wien. Die Stadt die niemals war“
3 L. Burckhardt aaO. S. 98-99

Plakat ‚Wien wird modern' 1954

„Einer noch von der Heimatschutzarchitektur der Diktaturepoche 1933 -1945 geprägten unmittelbaren Nachkriegszeit folgte das modernistische Pathos der fünfziger Jahre - **‚Wien wird Weltstadt'** hieß der dominierende Slogan der Gemeinderatswahlen von 1954, illustriert durch eine Hochhaus-Skyline und Stadthalle.

Dekorfeindlichkeit führte damals zu sinnlosen Fassadenabräumungen4 und zum Ersatz der gründerzeitlichen Straßenmöblierung. Lampen, Parkzäune, Wartehäuschen etc. wichen ‚modernen', aber meist exemplarisch **hässlicheren Nachfolgeobjekten**. Nach einer Übersteigerung der Modernisierungstendenz im technokratischen Größenwahn der sechziger Jahre kam es zur Ratlosigkeit der siebziger Jahre, verbunden mit einer kräftigen Nostalgie- und ‚small is beautiful'-Tendenz, die bis Mitte der achtziger Jahre reichte. Sie gewährte eine Art ‚Atempause' für das Stadtbild Wiens.[5]

Dichotomien

„Vereinfachend lassen sich die beiden seither dominanten Ansätze zur Neukonzeption einer zeitgemäßen Stadt mit den Begriffen **‚Typologische Stadt' und ‚Kontextuelle Stadt'** bezeichnen. (.....) Gemeinsam ist das neue Interesse an den ‚Regeln des Territoriums', an der Präsenz der historischen Stadt und an der semantischen und syntaktischen Beziehung ihrer Elemente als Erkenntnisquelle für den städtebaulichen Entwurf.

Geht man diesem städtebaulichen Diskurs weiter nach, so erweist sich die Vorstellung einer ‚kontextuellen' Stadt als eine Integration raumbetonender und moderner Stadtmorphologien als ausgewogene Durchdringung von Baukörper und Raum, Le Corbusiers plastische Architekturen akzeptierend, Sittes räumliche Fassungen reaktivierend".[6]

Die **„klassische" Sicht der Denkmalpflege** sieht Wilfried Lipp 1993 in Dehio'schen Trennung von ‚objektiv-historischen Interesse' vom ‚subjektiv-ästhetischen Wohlgefallen' – eine Polarisierung, die sich bis heute fortsetzt. Die „Alleinherrschaft der historischen Materialität" und die Verdammung ästhetischer Belange und Sehnsüchte aus der Denkmalpflege, „da diese so in Randbereiche verdrängt würden." Seit dem Verlust des Glaubens an die einer objektiven Geschichtsschreibung ist demnach jedes Werturteil abhängig vom jeweiligen historischen, sozialen und persönlichen Kontext.

Lipp geht mehrfach auf die Auswirkungen der Postmoderne auf die Ansichten und Methoden der Denkmalpflege ein, und konstatiert ein „Ende des Allmachtsanspruchs der Wissenschaften", eine damit gesteigerte Verbundenheit mit der Pluralität, und nicht zuletzt einen **„Ästhetisierungsschub"**, der sich in einer Aufwertung der Schauwerte äußert.[7]

4 H. Stimann et al. 2005 „Das Lineament der klassischen Moderne war dann wieder begradigt, formal entschlackt und bereinigt vom ‚dekorativen Schleim' (Sigfried Gideon) der vorangegangenen Historismen - Neue Sachlichkeit eben."

5 Klein et al. 2005, S. 23

6 T. Will S. 90

7 Stephanie Herold – nicht weil wir es für schön halten, 2018, S. 7-8 2018

Den Stellenwert der Details sieht Dieter Wildemann8 in der Informationstheorie als methodischen Ansatz für die Stadtbildpflege. „Mit wissenschaftlichen Methoden etwa zur Ermittlung der Gestaltwerte der Fassaden der Gründerzeit kann herausgearbeitet werden, dass die von einer **gestaltreichen Architektur** ausgehende Reizflut einem Informationsstrom für den Betrachter gleichkommt. Eine solche Vielfalt potentieller semantischer Informationen fungiert als Schlüsselanreiz der subjektiven Einbildungskraft und induziert Phantasie, während moderne Fassaden - oft bereits bis auf die Grundordnung reduziert - dem Auge keinerlei Anreiz mehr bieten."

Mülltheorie der Kultur[9]

Die Mülltheorie der Kultur nach Jaspersen und Thompson beschreibt Lucius Burckhardt, dass nicht die Materialien, nicht die Konzepte und nicht die Gestaltungen und keineswegs nur ein bestimmtes und normativ vorgegebenes Verhältnis von Entwurf, Material und Gestaltung werthafte Größe und Bedeutung enthalten. Bedeutung und Größe stecken nicht in dem nach einem Entwurf gestalteten Material, sondern in unseren Umgang, in unserem **Gebrauch der gestalteten Ideen**, Vorstellungen und Gedanken. Stile liegen nicht in den Produktformen, sondern in den Köpfen der Betrachter und jede Generation schreibt ihre eigene Stilgeschichte.

In der **Mülltheorie der Kultur** heißt zum Beispiel, dass etwas als Jugendstil 1960-1970 völlig neu erlebt und gepriesen wurde, was zwischen 1930 und 1960 auf den Müll gelandet war und was man, wenn auch nicht gleich in Spitzenqualitäten, praktisch kostenlos überall hätte aufsammeln können, wenn man gewusst hätte, dass es wertvoll sein würde."

Nur diejenigen Produkte bekommen **Ewigkeitswerte,** die einmal das **Stadium der Wertlosigkeit** durchgemacht haben - die einmal das Stadium des Weggeworfenwerdens durchgemacht haben.[10]

Stadtbilder und Silhouetten

> *„Ich muß den Ästheten eine niederschmetternde Mitteilung machen:*
> *Alt-Wien war einmal neu."*
> Karl Kraus 1919

Friedrich Achleitner fragt:11 „Gibt es das Stadtbild und wenn, wie entsteht es? Jenes Stadtbild, das in die Baugesetze Eingang fand, von dem der Denkmal- und Ensembleschutz spricht, Stadtbild als Entscheidungsgrundlage oder Handlungsaufforderung. ein Bild das nicht verändert oder gestört werden darf oder das eben verändert werden muss. [...] Ich traue diesen Begriff nicht, er scheint mir ein Konstrukt aus unterschiedlichsten Konstellationen zu sein, das die Entscheidungswillkür fördert, die Gutachtertätigkeit belebt und dort auftritt, oder benutzt wird, wo **Argumentationsnotstände** entstehen. Oder handelt es sich um einen Begriff, der mehr meint als ein Bild, etwa die ästhetischen Gesetzmäßigkeiten einer Stadtstruktur oder überhaupt das sichtbare einer lokalen Baukultur?"

*Es ist sicher das beide Aspekte wie schon Wilfried Lipp, Georg Dehio zitierend gesagt hat, der historisch-wissenschaftliche Aspekt und die ästhetisch-kulturelle Wertigkeit bilden die historische Ablesbarkeit die Sophie Wolfrum als Palimpsest[12] begreift:[13] "Historische Schichten sind in europäischen Städten allgegenwärtig. auch die verschie*denen großen Wachstums-

8 D. Wildemann in Institut für Landes- und Stadtentwicklungsforschung des Landes NRW –ILS 1979, S. 73-74
9 S.a. D. Franck und G. Franck – Abschnitt 8.3, S. XX
10 L. Burckhardt 1985, S. 22 und 368
11 F. Achleitner in H. Swoboda 1990, S. 188
12 Palimpsest – Wiederbeschriebene Manuskriptseiten, dessen ursprüngliche Inhalte durchscheinen
13 S. Wolfrum und A. Janson, 2016, S. 107

schübe der Industrialisierung und der Moderne haben kein weißes Blatt beschrieben. Die Kulturlandschaft, die einst diese Städte umgab, ist immer noch in Spuren lesbar. Stadt als Palimpsest zu begreifen, ist seit der Postmoderne, seit Rossi und Venturi, in der Urbanistik state of the art. Zumal gegenwärtig die Aufgaben in der Transformation des Bestandes liegen und die räumliche Referenz an ältere historische Schichten nicht nur in der Fachwelt geschätzt wird."

Auch **Veränderung und Sinnverlust** des historischen Stadtraums und von Stadtsilhouetten muss nicht nur Verlust bedeuten, sondern kann Raum geben für kulturelle Überformungen.14 Ein gutes Beispiel ist die Schleifung der Wiener Stadtbefestigung, die Chance für ein völlig neues Kapitel der Architekturgeschichte, eine stadtstrukturell lebenswichtige Verbindung mit den Vorstädten und nachdem ersten Weltkrieg eine neue Sinngebung der Republik für die Bauten des Kaiserreichs und des Neuen Geldadels finden musste.

Einen ganz anderen Aspekt über den tieferen Sinn der Denkmalpflege evoziert Gerhardt Kapner, der ‚Soziologe der Künste' der im baulichen Denkmal eine ‚emotionale Wärmeflasche' sieht:[15]

„......bei allen Diskussionen über Erhaltung oder Vernichtung denkmalpflegerisch relevanter Bausubstanz die Argumentation sich meist auf das Dilemma einpendelt, eine subjektive Meinung stehe hier gegen eine andere, Emotion gegen Emotion, Standpunkt gegen Standpunkt. Da ist es dann eine Lebensfrage der Stadtbilderhaltung, wenn sie anhand wissenschaftlicher Untersuchungsergebnisse in der Lage ist, zu fragen, ob all die Architektur, ganz abgesehen von ihrem kunsthistorischen Rang, nicht etwa psychische Auswirkungen auf ihre Benützer hat, die - sozusagen im medizinischen Verstand - als notwendige ***Therapie für Großstadtbewohner verschreibbar*** *wären. Gibt sie mehr Geborgenheit als die programmatisch nüchterne, auf Zwecke orientierte Architektur, die vielfach im 20. Jahrhundert programmiert wurde? Wirkt sie - man gestatte den Vergleich - sozusagen als ‚emotionelle Wärmeflasche' auf die frostige, eingefrorene zwischenmenschliche Beziehung der Bewohner von Millionenstädten und hat die Wissenschaft Sonden, um zu prüfen, nachzuweisen, ob das der Fall ist?"*

Das führt zu dem Schluss Lucius Burckhardts,[16] die Denkmäler nicht vor den Menschen zu schützen, sondern **mit den Menschen schützen**: „Irgendwo hat das Museumsgut, Empfänge, Kammerkonzerte, Tagungen, wissenschaftliche Akademien ihre Grenze, können sie als Alibi der Gebäudebrachlegung nicht mehr herhalten. Dann ist der Moment gekommen, in welchem man sich überlegen muss, wie der historische Gebäudebestand nicht vor den Menschen sondern mit dem Menschen geschützt und neuen, konservierenden Nutzungen zugeführt werden kann.

Ganz besonders betrifft diese Forderung Ensembles und ‚Kulturstätten' als Ganzes, wo ein **denkmalpflegerischer Glassturz** das städtische Leben zum Erliegen bringen kann. Gerade in Wien hat dieser Aspekt besondere Relevanz. Bereits 2000 wurde die Diskussion über die Bewahrung der historischen Stadtsilhouette anlässlich der Entwicklung von ‚Wien-Mitte' mit aller Vehemenz geführt, das schließlich zum **‚Wiener Memorandum' 2005**[17] über den ‚Umgang mit historischen Stadtlandschaften' geführt hat. Hier wurden die Anerkennung – Anerkennung und Integration zeitgenössischer Architektur - gegen Entkernung und reine ‚Fassadierung' –, und die Einhaltung von Maßstab und Proportionen das Wort gesprochen und die Rolle der Sichtachsen, Panoramablicke und Silhouetten unterstrichen wurde.

14 S.a. T. Sieverts 1986, S. 129
15 G. Kapner 1973, S. 152
16 L. Burckhardt 1985, S. 179
17 Wiener Memorandum 2005, UNESCO-Konferenz im Mai 2005

Blick vom Belvedere, Oskar Laske 1940

Diese Diskussion wiederholt sich 2020 in unvergleichlich schärferen Dimensionen für die Bebauung des **Hotels ‚Vienna Intercontinental'** aus den 60er Jahren, wo unter Einbeziehung des 10.000 m² großen Areals des Wiener Eislaufvereins unter dessen Bewahrung eine ‚zeitgemäße' Entwicklung stattfinden sollte. Stein des Anstoßes war ein in einem mehrstufigen internationalen Verfahren gekürter Beitrag des brasilianischen Architekten Isay Weinfield, der ein 70m hohes Hochhaus vorschlug. Und das im berühmten ‚Canaletto-Blick' vom Belvedere – wo die ICOMOS als Berater der UNESCO-Welterbekommission die Parole **‚No millimeter more'** als das alte Intercont ausgab.

Gerade der ‚sorglose' Umgang der zeitgenössischen Architektur, war es der das ‚Wiener Memorandum' Tür und Tor öffnete und damit in die Kritik der Denkmal- und Stadtbildschützer geriet. Eine Entwicklung, die dem Dresdner Elbtal mit der ‚Blauen Brücke' den Status des Welterbes kostete.

5.2 Objekt- und Denkmalschutz

„Gott schütze uns vor Staub und Schmutz,
vor Feuer, Krieg und Denkmalschutz!"
Unbekannter Hausbesitzer zitiert v. Gerald Pohl[18]

Der Schutz baulicher Denkmäler war immer schon Gegenstand der Auseinandersetzung von Traditionalisten und Erneuerern, wobei eher die Umgestaltung aus wirtschaftlichen und technischen Gründen im Vordergrund stand. Ausnahmen waren kriegerische Ereignisse – beispielsweise das Niederbrennen der Vororte in den beiden Wiener Türkenbelagerungen, das Auslöschen von Identität oder absolutistische Machtdemonstrationen.

Der Denkmalschutz in unserem Sinn regte sich nach der französischen Revolution (‚Revolutionsarchitektur'), den napoleonischen Kriegen und den europäischen Freiheitsbewegungen zu Beginn des 19. Jh. Als **Begründer der ‚wissenschaftlichen Denkmalpflege'** und indirekt als Impulsgeber des ‚Historismus' gilt Eugène Violett-le-Duc (1814 – 1879), der neben seinen wissenschaftlichen Arbeiten (Wörterbuch der französischen Architektur des 11. Bis 16. Jahrhunderts) auch ein Reihe von Restaurationen, Rekonstruktionen und Nachempfindungen öffentlicher Gebäude vornahm, die bis heute umstritten sind. Beispielsweise hat er der Kathedrale Notre-Dame in Paris einen Vierungsturm aufgesetzt – der dem jüngsten Brand der Kirche zum Opfer fiel.

In Österreich wurde der Denkmalgedanke schon 1850 aufgenommen, wo Franz Josef I. ein Dekret für die Einrichtung der **K.k. Central-Commission zur Erforschung und Erhaltung der Baudenkmale** (dem Vorläufer des heutigen Bundesdenkmalamtes) erließ. 1853 nahm die Kommission ihre Arbeit auf, 1873 wurden ihre Kompetenzen wesentlich erweitert, ab diesem Jahr verfügte die Institution auch über ein eigenes Budget. 1911 wurde unter dem Protektorat des Thronfolgers Franz Ferdinand ein Staatsdenkmalamt errichtet. Bis zum Ende der Donaumonarchie kam es zu 72 Gesetzesentwürfen. Aufgrund des Widerstandes von Kirche und Adel gelang es aber nicht, ein Denkmalschutzgesetz zu beschließen. Am 1. Dezember 1918, kurz nach dem Ende des Ersten Weltkriegs trat in Österreich ein Ausfuhrverbot für Kunstgegenstände in Kraft, das einen extremen Ausverkauf an Kulturgütern im hungernden Land vermeiden sollte. Es war der Vorläufer des heute noch bestehenden Denkmalschutzgesetzes von 1923. Mit diesen beiden Rechtsnormen wurde aus der beratenden Kommission eine Behörde.

Wesentliche Rechtsquelle ist das **Denkmalschutzgesetz** von 1923 in der Fassung der mit 1. Januar 2000 in Kraft getretenen Novelle (Bgbl Nr. 170/1999). Diese integrierte unter anderem das Ausfuhrverbotsgesetz. Nach der Novelle endet übrigens die vorläufige Unterschutzstellung kraft gesetzlicher Vermutung bei öffentlichen Gebäuden mit 31. Dezember 2009 (Novellierung von § 2). Der neue § 31 Abs. 1 macht zudem explizit klar, dass eine **Erhaltungs- bzw. Instandsetzungspflicht** für Denkmäler nicht vorgesehen ist (Österreich hat bis heute die 1985 beschlossene internationale Konvention von Granada des Europarats nicht ratifiziert und kennt deswegen keinen „aktiven Denkmalschutz", d. h. eine unbedingte Erhaltungspflicht).

Das **Bundesdenkmalamt (BDA)**, eine selbstständige, allerdings dem **Bundesministerium für Unterricht, Kunst und Kultur** weisungsgebundene Behörde, ist nach dieser Novelle auch nicht mehr Anwalt des Denkmalerhalts. Dem *Denkmalbeirat* kommt nur beratende und sachverständige Funktion zu.[19]

18 G. Pohl zit. in Welterbe wien, Sonderheft der ‚Presse' 3/2021
19 Quelle: Wikipedia – Stand 2/2021

Das Denkmalschutzgesetz aus 1999 hat in seinem §1 die Inhalte und Objekte umrissen: Es gibt nun eine Liste von denkmalgeschützten Gebäuden und Gebäudekomplexen, sowie als Anhang eine Liste geschützter Park- und Gartenanlagen (in Wien 11 Objekte!) – wesentlich aber sind die Bescheide des BDA, wo – nicht immer erschöpfend und wissenschaftlich aufgearbeitet – die konstituierenden Merkmale und die geschützten Teile des baulichen Denkmals angeführt sind.

Zum Vergleich: In Deutschland ist der Denkmalschutz Ländersache und weist je nach Bundesland unterschiedliche Systeme der Rechtswirksamkeit des Denkmalschutzes auf.

Bauliche Schutzzonen

Selbst die vielgeschmähte Charta von Athen aus 1933 hat eindeutig Stellung für die Erhaltung der „architektonischen Werke der Vergangenheit" genommen:

„Die architektonischen Werte der Vergangenheit, sowohl einzelne Bauten als auch städtische Ensembles, müssen erhalten bleiben. Sie werden erhalten bleiben, wenn sie einem allgemeinen Interesse entsprechen und wenn ihre Erhaltung nicht zur Folge hat, dass ihretwegen ein Teil der Bevölkerung weiterhin in ungesunden Verhältnissen leben muss."

Der ‚Rationalist' Aldo Rossi [20]vertritt die Bedeutung des Baudenkmals als Agglomerationskern in der Stadtlandschaft. „Damit stellt sich die Frage nach dessen eigentümlichen Charakter als konstituierendes Element der Stadt. Als diese Eigentümlichkeit, die zu allen anderen typischen Merkmalen städtebaulicher Phänomene hinzutritt, erweist sich seine Schönheit, das heißt sein **Charakter als Kunstwerk**. Damit erhalten solche Baudenkmäler eine Bedeutung, die wichtiger ist als ihr Milieu- und Erinnerungswert. Diese künstlerische Bedeutung ist der Grund dafür, dass sie niemals zerstört worden sind. [...] Im Gegensatz zu dem, was viele Architekturtheoretiker glauben, ist diese künstlerische Bedeutung auch das wichtigste Merkmal der Stadt und stellt den einzigen Fall dar, in dem die Gestalt Ausdruck der Gesamtstruktur eines städtebaulichen Tatbestandes ist."

Die Bedeutung des **städtebaulichen Ensembles**, das über den Ursprung des ‚Loi de Malraux' 1962 weit hinaus geht, über die kunstgeschichtliche Bedeutung hinausgewachsen ist, wird heute so umfassend ausgelegt, dass man das Ensemble als wesentliche, gliedernde Einheit im Städtebau anerkennt, die geeignet ist, die städtebauliche Struktur visuell zu verdeutlichen und Orientierungsaufgaben zu erfüllen.[21]

Mit der im Jahre 1972 beschlossenen Altstadterhaltungsnovelle wurde die Stadt Wien unabhängig vom Denkmalschutz in die Lage versetzt, Schutzzonen festzulegen und damit charakteristische Ensembles vor Abbruch oder Überformung zu schützen. Bis heute wurden 135 Schutzzonen festgelegt, über 15.000 Häuser umfassend. Das entspricht ungefähr **acht bis neun Prozent der Wiener Bausubstanz**.[22]

Schutzzonen werden im Flächenwidmungs- und Bebauungsplan dargestellt. Es handelt sich um jene Bereiche, in welchen die Erhaltung des charakteristischen Stadtbildes zu gewährleisten ist. Primär geschützt wird das äußere Erscheinungsbild eines Objektes. Bei Errichtung eines neuen Gebäudes innerhalb einer Schutzzone ist darauf zu achten, dass es sich in das Ensemble und in das Stadtbild einfügt. Dabei ist eine zeitgemäße, qualitätsvolle Architektur anzustreben.[23] Bestimmungen dazu finden sich im § 7 der Bauordnung für Wien.

20 A. Rossi 1998, S. 57
21 s.a. F. Heigl 1985, S. 23
22 Stadt Wien, MA 19 in wien.gv.at
23 aaO

Gründerzeit

„Alter Baubestand sollte so lange als besonders wertvoll betrachtet werden, bis der Nachweis erbracht ist, dass im konkreten Einzelfall kein besonderer aktueller oder potentieller Wert vorliegt.»
Reinhard Breit, 1987[24]

Reinhard Breit forderte schon 1987 eine **„Beweislastumkehr"** beim Abbruch des „Alten Baubestandes“:[25] „Ein 'hohes Alter' eines Gebäudes ist kein Wert an sich. Alter ist aber nicht reproduzierbar; wenn Gealtertes unter Umständen wegen seiner Alters-Eigenschaften besonders hoch bewertet wird, so muss in einem umfassenden Planungsprozess zwangsläufig davon ausgegangen werden, dass alles andere Alte ebenfalls heute oder in Zukunft von vielen als hoher Wert betrachtet wird.[...]

Alter Baubestand sollte [daher} so lange als besonders wertvoll betrachtet werden, bis der Nachweis erbracht ist, dass im konkreten Einzelfall kein besonderer aktueller oder potentieller Wert vorliegt."

Sehr ähnlich hat Lucius Burckhardt 1985 aus sozialen Gründen argumentiert:[26] „Die Einteilung in Baudenkmäler und übrige Bauten rettet einige Gebäude und gibt den **Rest zur Zerstörung** frei. Die Freigegebenen mögen kunsthistorisch nicht ganz so wertvoll sein wie die Erhaltenen, wenigstens in unseren heutigen Augen, sie dienen aber vielen Leuten zur Wohnung und gerade solchen, die billige Wohnungen brauchen, und diese Häuser bieten oft mehr Wohnwert als teurere, neue Gebäude. Denken wir uns also ein neues Modell: eine Pflege nicht für die Denkmäler, sondern für den Baubestand. Im Prinzip wären dann alle errichteten Gebäude geschützt. Es bestünde auch eine Unterhaltspflicht und eine Pflicht zur Nutzung. Ob ein Gebäude abgebrochen werden darf, wird nach Kriterien seiner Wohnlichkeit bestimmt, was sowohl Erhaltungszustand, Umweltqualitäten als auch bauliche Bedeutung einschließt."

Nachgebildetes wärmegedämmtes Deko, Nachgebildete Gründerzeit Wien 9

Auch C. Abrihan hat 2013 die flächendeckende Unterschutzstellung der Gründerzeitbauten gefordert:[27] „Die Gründerzeit ist für die Stadt Wien weitgehend stadtbildprägend. Ein Verlust oder eine Reduzierung dieser Bauten würde automatisch auch einen Charakterverlust und somit Qualitätsverlust in der Stadt nach sich ziehen. [...] Es wird dringend empfohlen über die Möglichkeit einer **flächendeckenden Unterschutzstellung** im Sinne der Ressourcenschonung, der nachhaltigen Erhaltung des Bestandes und der Sicherung des Nutzungsmix im urbanen Kontext nachzudenken."

24 R.Breit in R. Mayerhofer 1987 S. 51
25 R.Breit – Über den Umgang mit bestehenden Werten' in R. Mayerhofer 1987, S. 51
26 L.Burckhardt 1985, S. 253
27 C.Abrihan 2013, S. 81

Die Schutzzonen schützen primär Ensembles zur Erhaltung des charakteristischen Stadtbildes. Der **Abbruchboom** führte 2018 zu einer Sofortmaßnahme, wo alle Bauten, die vor 1945 errichtet wurden von der MA 19 auf ihre Wirkung auf das örtliche Stadtbild geprüft und freigegeben werden müssen. Leider wurde der Aspekt in der generellen Unterschutzstellung der Bauten vor 1945 in Wien 2018 nur aus ihrer ‚Wirkung auf das örtliche Stadtbild' beschränkt.[28]

Im Zuge dieser Bauordnungsnovelle wurde auch der Ensemblegedanke der Schutzzonen insofern aufgeweicht, als auch **Einzelbauten als Schutzzonen** ausgewiesen werden können. Also ein ‚contradictio in adjekto' des Schutzgedankens, der einer argumentativen Prüfung nicht standhält.

Bauten der Nachkriegszeit

> *„Die geschichtliche Hinterlassenschaft aus der unmittelbaren Vergangenheit ist schon vom Generationenverständnis her grundsätzlich einer mangelnden Wertschätzung ausgesetzt und wird dadurch leichter zur Verfügungsmasse für das heutige Baugeschehen."*
> Deutsches Nationalkomitee für Denkmalschutz [29]

Nach der Entdeckung und Neubewertung der fünfziger Jahre....... gilt das Augenmerk auf die bauliche **Hinterlassenschaft der sechziger Jahre**. Durch ihren ‚Bauwirtschafts-Funktionalismus' mit bis dahin nicht vorstellbaren Großstrukturen und Bauvolumina haben sie einerseits zu breiter Kritik an der ‚Unwirtlichkeit unserer Städte' und schließlich zum Europäischen Denkmalschutzjahr 1975 geführt. Auf der anderen Seite aber macht die jetzt notwendige Auseinandersetzung mit diesem Erbe seine bisher vielfach verkannten architektonischen und städtebaulichen Qualitäten erst seit kurzem deutlich und rückt die sechziger Jahre immer stärker ins Blick- und Aufgabenfeld der Denkmalpflege."[30]

„Die Frage nach dem kulturhistorischen Wert der Architektur der sechziger und siebziger Jahre spaltet nicht nur im Denkmalschutz die Meinungen. einerseits liegt das vermeintliche Lebensgefühl dieser Jahre ‚voll im Trend' - vom Abba-Look bis zu orangeroten Kunststoffmöbeln. Andererseits kann man vielen Entwürfen dieser Jahre aber auch nicht absprechen, dass sie eklatante städtebauliche, soziale und funktionale Mängel aufweisen.

Auch wenn Denkmalämter mit großem Engagement die Erhaltung dieser Bauten als schützenswerte Kulturdenkmäler vertreten, ändert das nichts an der Tatsache, dass die zeittypisch groben Betonbauten immer schwerer Mieter finden und sich die riesigen Großraumbüroflächen nach der Abwanderung [der Erstnutzer] kaum wirtschaftlich umnutzen lassen."[31] Es sind neben grundrisslichen Mängeln und bauphysikalischen Unzulänglichkeiten die **Sichtbetonoberflächen des 'Brutalismus'**, die Kennzeichen der Epoche aber auch Schwachpunkte sind, die den Verlust der Bausubstanz beschleunigen:

„Die mangelnde Baupflege [für öffentliche Bauten der sechziger Jahre]) hat schon jetzt bei zahlreichen Gebäuden zu so gravierenden Bauschäden geführt, dass sie sich bald nur noch unter erheblichen Substanzverlusten beheben lassen. Wenn jedoch kaum mehr als der entkernte Rohbau übrigbleibt, wird auch das Leitbild eines konservierenden Denkmalschutzes ad absurdum geführt. Hinzu kommen die zahlreichen zeittypischen bauphysikalischen und konstruktiven Mängel. [...] Dabei erweist es sich als fatal, dass der damals favorisierte Sichtbeton **nicht in ‚Würde' altern** kann. Jeder

28 Abbruchunternehmer: „Ich reiße heute genau so viel alte Häuser ab wie früher. Nur jetzt gibt es mehr bürokratische Zwischenschritte" zit. von F. Zoidl im Immobilien-Standard Mai 2021
29 Deutsches Nationalkomitee für Denkmalschutz zit. in R. Lange 2003
30 R. Lange 2003, S. 5
31 aaO S. 11-12

Fachmann weiß vielmehr: ‚Sichtbeton entwickelt sich in seinem morphologischen Prozess' - vielleicht steht am Ende [des Dekarbonisierungsprozesses] die Ruine.[32]

Damit ist nicht nur eine Verwitterung der Oberflächen vorprogrammiert, was die Gebäude für landläufige ästhetische Vorstellungen unansehnlich macht, sondern im Lauf der Zeit treten auch immer stärkere Bauschäden auf."

Die Stadt Wien hat die **Bewertungsmethodik** der Bauten von 1945 bis 1979 gemeinsam mit der Stadt Brünn wissenschaftlich aufgearbeitet und dabei ein Bewertungsschema entwickelt, das als Grundlage jeglicher Bewertung historischer Bausubstanz dienen kann. In der Bearbeitung von BWM-Architekten und dem Architekturkritiker und –historiker Jan Tabor entstand eine umfassende Bewertungs-Check-List, die in der Umsetzung und Durchsetzung ihre Praxistauglichkeit unter Beweis stellen muss.[33]

Milieuschutz

Der Milieuschutz als Erweiterung des baulichen Schutzes zum Schutz der sozio-kulturellen Eigenheiten eines ‚Milieus' stößt insofern an seine Grenzen, weil Lebensstile weder verordnet noch bewahrt werden können.

Wie kann trotzdem ein bestimmtes ‚Milieu', ein Grätzl, seine Eigenart bewahren? Das Wesentlichste ist der Mieterschutz, der nur auf die Wohnsubstanz bis 1945 angewandt werden muss - Epochen nachher und vor allem betriebliche Mietgegenstände fallen heraus. Der **erschwerte Abbruch und Neubau** ist zumindest ein Fortschritt - die Umwandlung von Miet- in Eigentumswohnungen ist bewilligungspflichtig und impliziert bauliche Auflagen.[34] Die Zusammenlegung von Wohnungen um aus der 130 m²-Grenze des Mieterschutzes zu entkommen, scheitert am Marktmechanismus.

Die noch größere Gefährdung eines ‚Milieus' – natürlich nicht im Cottageviertel der Altreichen – ist die Umwandlung von Betriebsflächen (ein Kennzeichen des Arbeitermilieus) durch frei finanzierte teure Wohnhausanlagen. Die Folgen werden im Abschnitt Gentrifizierung beschrieben und enden letztlich auch im ‚Auslaufen' des Milieus – die politisch erwünschte Aufwertung eines Stadtteils!

Milieuschutzgebiet Prenzlauer Berg und Kollwitzplatz

Milieuschutzgebiete in Berlin oder in Hamburg haben primär das Ziel, die Verdrängung der Altmieter durch Sanierung, Mieterhöhungen und anderen Schikanen zu verhindern: „In Milieuschutzgebieten kann die Modernisierung und Aufwertung von Wohnungen - auch die selbstgenutzten - verboten werden. [...] Als Zweck der Milieuschutzgebiete wird die Erhaltung der Zusammensetzung der Wohnbevölkerung aus besonderen städtebaulichen Gründen angegeben. Mit Einführung des Milieuschutzes [in deutschen Groß- und Kleinstädten] werden in diesem Gebiet der Rückbau, Änderungen, Nutzungs- und Grundrissänderungen von Wohnhäusern genehmigungspflichtig. [...] Die Regelungen können bis ins kleinste Detail gehen, wie zum Beispiel die Anzahl der Steckdosen pro Raum."[35]

32 aaO S. 11
33 BWM Architekten und J. Tabor zit. in M. Wehdorn, 2012
34 s.a. Stadt Wien – MA 21 (Hg.) 2018, S. 65
35 M. Eicken, Milieuschutz – Reine Willkür? 2020

Schutz von Gärten und Parks

Mit der Novelle 2000 wurden zwar auch 56 ausgewählte Gärten und Parks in Österreich angeführt (Anhang 2 zum Denkmalschutzgesetz DMSG), bei denen nun vor Veränderungen an baulichen und pflanzlichen Elementen die Zustimmung des Bundesdenkmalamtes eingeholt werden muss. Österreich war damit das letzte Land in Europa, das **schützenswerte Gartenanlagen** in sein Denkmalschutzgesetz aufnahm. Die Unterschutzstellung ist allerdings an die Zustimmung der jeweiligen Garteneigentümer gebunden, die bisher nur in etwa der Hälfte der Fälle vorliegt (Stand: 2006).

In Wien sind beispielsweise nur 11 Parks/Gärten – große Palaisgärten wie Schönbrunn Belvedere und Pötzleinsdorf im Anhang zum Denkmalschutzgesetz angesprochen, aber nicht in denkmalpflegerischen Diskurs umgesetzt (Problemfall Stöckl im Belvedere).

Die **Gefährdung** – auch anderer – **historischer Parkanlagen** besteht in Folgendem:

- mangelhafte Bestandsaufnahmen – der natürlichen (Bäume), topografischen (Höhenlagen) und baulichen (Terrassen, Stützmauern, Brunnenanlagen) Gegebenheiten
- Unterlassung von Pflegemaßnahmen – Verwilderung des Naturbestands, Verfall der baulichen Einrichtungen
- Verbauung – beginnend an den Rändern als Erhaltungszugeständnis für die zugehörigen Palais (Hotels, Nebengebäude, Tiefgaragen
- Intensivierung der Nutzung durch Freizeitanlagen, Biergärten, Versorgungsbauten wie Ausschank, Garderoben etc.
- Untersagung oder sehr eingeschränkte Zugänglichkeit – daher auch keine finanzielle Unterstützung der Öffentlichen Hand

Ein weiteres Problem führt der bekannte Schweizer Landschaftsplaner Guido Hager an, indem sich die Behandlung historischer Gärten ausschließlich in der Rekonstruktion eines historischen Zustands beschränkt:[36]

"Die Charta von Venedig aus dem Jahre 1964 führt unter Artikel 9 aus, dass 'die Restaurierung [...] einen Ausnahmecharakter behalten' solle und da aufhöre, 'wo die Hypothese beginnt'. Darüber hinaus soll sich jede als unerlässlich anerkannte Ergänzung 'von der bestehenden Komposition abheben und den Stempel unserer Zeit tragen'. Die jüngere Charta von Florenz (1982) die eigentliche Gartencharta hält unter Artikel 13 fest: 'Der Ersatz oder die Restaurierung gefährdeter Gartenbestandteile hat entsprechend den Prinzipien der Charta von Venedig zu geschehen'.

Mit jedem Hinzufügen entstehen **Brüche zwischen Altem und Neuem**. Aber die Welt ist voll von Brüchen und wir müssen lernen, sie auch im historischen Garten zu kultivieren, ohne dabei den Garten als gestalterische Einheit aus den Augen zu verlieren."

Und weiter: "Die meist versteckten Qualitäten alter Gärten sind nicht sehr publikumswirksam. ein Vorher-nachher-Effekt wird verlangt und dieser kann nur über das schlechte Vorher und das gute Nachher geschehen. Und 'gut' meint in der Denkmalpflege meist 'historisch'. Dieser Begriff bringt uns insofern in Verlegenheit, als sich etwas Historisches nicht neu herstellen lässt. Auch wenn es alt aussieht ist es höchstens eine Kopie. Das bedauerliche Ergebnis bedeutet, dass Alt und Neu nicht mehr voneinander zu unterscheiden sind."[37]

36 G. Hager 2009, S. 14
37 aaO. S. 12-13

5.3 Bauliche Alt-Neu-Hybride

Großflächige Rekonstruktionen

„Die meisten Architekten verzichten heute auf exaltierte Gesten und hehre Utopien.
*‚**Das Neue soll im Alten nisten**‘ lautet jetzt die Zukunftsdevise. Und gerade in Paris wird sie besonders ernst genommen.“*
Hanno Rauterberg 2020, S.21

Seit Jahrhunderten gibt es flächige Sanierungen, deren Höhepunkt im Industriezeitalter unter Auslöschung dörflicher Siedlungskerne erreicht wurde. Bis in die 60er Jahre wurden die unter ‚Beseitigung städtebaulicher und hygienischer Missstände‘ aber auch aus sicherheitspolizeilichen Gründen[38] **„Assanierungen“** betrieben – Kahlschlagsanierungen. Beispiel dafür die Assanierung des Judenviertels um die Pariser Straße in Prag um 1900 (beschrieben von R. Wurzer)[39] oder die Assanierung Alt-Erdbergs beginnend 1923, unterbrochen 1930 – 1958 und dann 1956 weitergeführt.

Erdberg 1918 Assanierung Zustand 1970

Tafel zum Assanierungsbeginn

Ähnlich wurde die Assanierung von Lichtental im 9. Wiener Gemeindebezirk in den 60er Jahren vorgenommen – die Brüche blieben aber. Bei Sanierungen wie am Spittelberg in den 70er Jahren aber auch die vorangehende Sanierung des Blutgassenviertels der 50er Jahre im Nahbereich des Stephansplatzes begann der Ensembleschutz zu greifen. Während in Erdberg ausschließlich kommunale Sozialwohnungen gebaut wurden (‚Gemeindebauten‘) – waren im Blutgassenviertel und am Spittelberg gemeinnützige Bauträger tätig, deren Tätigkeit wir heute als **Gentrifizierung** bezeichnen würden.

Die nachfolgende Entwicklung beschreibt Dietmar Steiner 1992: "Erstes Anzeichen für das **Ende der alten Urbanität** waren zunächst die alten Instrument die versagten: Flächenwidmungspläne und Bebauungspläne: Festlegungen von Nutzungen und Funktionen. Sie alle folgten einem Idealbild der Stadt, deren Entwicklung sich auch an diese Regeln hält. Es waren demnach Regeln für ein Spiel, das nicht stattgefunden hat. Deshalb wurden diese Regeln in den 80er Jahren weitgehend außer Kraft gesetzt, von den neuen 'Großen Projekten'. Abstrakte Regeln wurden von den konkreten Maßnahmen überrollt.

Doch schon seit den 70er Jahren, als die 'Grenzen des Wachstums' deklariert wurden. entdeckte sich die europäische Stadt wieder in ihrer gebauten Erscheinung und deren

38 Polizeibericht 1954 in Alt.-Erdberg, die Verbrechensstatistik zit. in Klusacek-Stimmer – Erdberg S. 97
39 ÖGRR-Nachrichten

Konsistenz. Der Denkmalschutz, der Ensembleschutz begann die historische Stadt mit einem **'Zeitfilm' der Konservierung** zu überziehen. Immer mehr historische Gebäude werden geschützt, oder werden vielmehr in alten Formen neu gebaut."

Eine Stadt hingegen, deren Aufbau die sozialen und technischen Gegebenheiten der Zeit konsequent berücksichtigte, macht auf die Dauer sichtbar, dass sie zerstört wurde und wie: zeigt deutlich ihre Narben und Brüche."[40]

Die „Stadt soll ein lesbarer historischer Text sein"[41] – aber wie soll das bei flächiger Zerstörung praktisch umgesetzt werden? Es gab nur drei Alternativen:

1. Die **Rekonstruktion** – zur Wiedererlangung der Identität, wie die Altstadt und das Stadtschloss von Warschau oder die Lange Gasse in Danzig
2. Der schnelle und vereinfachte – Wiederaufbau, mit der **teilweisen Rekonstruktion** unter Wiederverwendung von Bauelementen wie in Nürnberg
3. Die Zerstörungen zum Anlass zu nehmen und strukturelle, zeitgeistig **großflächige Stadtumbauten** vorzunehmen wie in der Frankfurter Altstadt

Dass mit der dritten Variante nun massive Unzufriedenheit hochkocht, mag an zwei Beispielen illustriert werden, die **Wiederherstellung von Teilen der Frankfurter Altstadt** (‚Dom-Römer-Projekt') und dem **Berliner Stadtschloss.**

Als passender Abschluss zu diesem Thema uns als Verbindung zur ‚Schönen Stadt' soll die Meinung des damaligen deutschen Bundeskanzlers Gerhard Schröder erwähnt werden, der auf die Frage in der ZEIT 1990 - warum er sich für den Wiederaufbau des Berliner Stadtschlosses einsetze, lakonisch antwortete: **„Und zwar einfach, weil es schön ist"**.[42]

Abbildungen Danzig Lange Gasse 1942 und 2000

Vereinfachter Wiederaufbau Nürnberg

40 C.K. Haugk 1988, S. 99
41 R. Thiessen 1982, S. 99
42 zit. in C. Rhede-Bauers, Weil es schön ist in ‚Die schöne Stadt' 2017, S. 353

5.4 Prinzipien für den Umgang mit Denkmälern

Als Grundlage, auf die in Denkmalfragen immer referenziert wird, steht die Charta von Venedig, die 1964 von der ICOMOS verabschiedet wurde.

Folgende Grundsätze sollen im Umgang mit Denkmälern oder schutzwürdigen Ensembles Beachtung finden:

- Die Analyse historischer Bausubstanz darf nicht zum Selbstzweck werden[43]
- Denkmalschutz kann oft ins Gegenteil umschlagen."[44]
  Auch in Hallstatt hat der überschießende Denkmalschutz das Gegenteil – einen Aufstand der Betroffenen – bewirkt.
- **Der kontextuellen Stadt sind zwei Grundzüge eigen**
  1. Die Integration von und moderner Stadt durch Wiedereinführung des urbanen Raums und die Anerkennung des freistehenden Baukörpers (der modernen Stadt).
  2. Diese Synthese ist kein dominantes Ordnungsprinzip (wie es sowohl das traditionelle als auch das moderne Stadtmodell aufweist, sondern die Anerkennung des Komplexen, Ambivalenten, Fragmentarischen, der hybriden Form als Abbild soziokultureller Vielfalt zwischen Masse und Raum.[45]
- **Rekonstruktion, Restauration und Interpretation in der Denkmalpflege**
  Friedrich Kurrent: Hüten wir uns vor Nachahmung, Täuschung, Tarnung und visuellen Betrug. Nicht die Unterordnung, sondern die Einordnung soll Maxime unseres Handelns sein.
- **Zwischen Beharrung und radikaler Veränderung muss es eine evolutionäre Entwicklung geben,** Erich Raith, TU-Wien:[46]
  Das sind zwei todeszentrierte Szenarien: die Erstarrung und die radikale Veränderung. Dazwischen muss es einen dritten Weg der Weiterentwicklung geben. einen evolutionären Weg, der in der Lage ist, mit den vorhandenen baulich-räumlichen Ressourcen intelligent umzugehen.
- **Forcierung nutzungsneutralerer Bauformen**
  In dem Augenblick, wo wir sagen alle unseren Baulichkeiten müssen für eine bestimmte Funktion maßgeschneidert werden, handeln wir uns das Risiko ein, dass wir alles wieder wegreißen müssen, wenn sich die Funktion ändert: Nutzungsneutralität im Sinne Lampugnanis ist gefordert.
- **Maßstab als wesentliches Gestaltungsmerkmal**
  auch in einem der ersten Stadterneuerungsviertel in Paris in den 70er Jahre bestimmend gewesen: Das Marais-Viertel mit dem Place des Vosges im Mittelpunkt, das eine ‚Gentrifizierung' im heutigen Sinn durchgemacht hat.
- **Städtebauliche Leitbilder müssen eine gewisse Mehrdeutigkeit besitzenund sind auf teilräumlicher Ebene eher konsensfähig**
  „Städtebauliche Leitbilder auf teilräumlicher Ebene sind eher konsensfähig, überschaubar und mit weniger Kompromissen umzusetzen als umfassende Leitbildkonzepte mit integralem Anspruch und in größerem Maßstab. Beispiel Emscher Park: Man hat sich nicht unter Druck setzen lassen, ein Leitbild für die gesamte Region zu formulieren, [...] Ein solches Vorgehen verfängt sich in den Fallstricken des geschlossenen Modells: es überfordert nicht nur das Wissen, sondern auch die Konsensfähigkeit der Akteure."[47]

43 F. Bollerey et al. 1975 s. 13
44 K. Batur 2015, S. 19-20
45 T. Will 1990 in ARCH+ S. 88-97
46 Stadt Wien, MA 18 2014, S. 26
47 aaO S. 458

Place des Vosges im Marais-Viertel (Paris)

- **Vielfalt durch den Wandel der Zeit - das bedeutet vor allem auch Disharmonie**
„Vielfalt bedeutet vor allem auch Disharmonie. Die Regelhaftigkeit der Stadt erlaubt das Umprägen, Umdeuten einer Behausungsstruktur durch einen Anderen - Häuser stehen dann aus verschiedenen Perioden, an verschiedenen Baulinien, mit verschiedenen Standards nebeneinander [48]."
- **Umkippen des Stadtbildes -dann gibt es keine Regenerierungsfähigkeit mehr**
Das durch den Extrakt von Generationen Stadtbaukunst entstandene individuelle Gesicht kann sich nicht mehr behaupten. Der sich mit dem Namen verbindende Begriff dieser Stadt hat aufgehört zu bestehen."[49]
- **Die Mischung von Alt und Neu hat in den Diskursen der Stadterneuerung keinen Platz**
„Die Neubauten im dichten Stadtgebiet sind häufig gestalterisch so ‚bescheiden', dass sie gegenüber den bestehenden Altbauten mit einigen verbliebenen Nutzungen, Resten alter Portale, Aufschriften und historistischem Fassadendekor ästhetisch beträchtlich abfallen." [50]
- **Schönheit und Hässlichkeit bedeuten gemeinsam Identität**
Selbst dort, wo das Erscheinungsbild wenig befriedigt, sollte die Veränderung behutsam erfolgen, denn Schönheit oder Hässlichkeit haben gemeinsam örtliche Identität zu bedeuten."[51]
- **Die architektonischen Werte der Vergangenheit müssen erhalten bleiben.**
„Die architektonischen Werte der Vergangenheit, sowohl einzelne Bauten als auch städtische Ensembles, müssen erhalten bleiben. Es hat aber verheerende Folgern, neue Bauten in alter Umgebung unter dem Vorwand der Ästhetik in Stilarten der Vergangenheit auszuführen. Das Festhalten an solchen Gepflogenheiten oder ihre Neueinführung sollte in keiner Form geduldet werden."[52]
- **Verpackungsgestaltung als Mittel im Städtewettbewerb**
„Auch die Gemeinden und Städte setzen ‚Verpackungsgestaltung' ein als Mittel im Konkurrenzkampf um Bürger, Betriebe und Kaufkraft. ‚Abschreibungsdesign' hat das Werner Durth genannt."[53]

48 H. Czech in H. Swoboda 1990, S. 210
49 D. Wildemann in ILS 1979, S. 69
50 R. Kohoutek 2016, S. 173
51 D. Prinz 1988, S. 12
52 J. Lehmbrock et al. – Profitopolis 1979, S. IV/2
53 T. Sieverts 1986, S. 130

Wien St. Marx

- **Moderne Architektur wird in sozialen Medien geprügelt**
  „Moderne („degenerierte") Architektur wird in sozialen Medien mit wahllosen Rundumschlägen geprügelt: Meist mit einfachen aber wirkungsvollen Rezept, zwei Bilder nebeneinanderzustellen, die einen vermeintlichen Kulturverlust illustrieren: Links Stein, rechts Beton. Links Ornament, rechts sachlich glatt. Links gut, rechts böse: ein paar Bilder und Schlagworte genügen dem Trigger für die Erregung."[54]
- **Geschichtsbewusstsein ohne billige Kopien und Dekoration**
  „Geschichtsbewusstsein verkommt mitunter zur Bequemlichkeit, alte Gebäude oder Bücher als billige Diskontläden für Formen und Gedanken misszuverstehen. Wirkliche Erneuerer pflegen einen sehr lockeren Umgang mit der Geschichte, sie entlehnen was ihnen zukunftsträchtig zu sein scheint, und verwerfen anderes rigoros. Sie kramen einzelne Elemente aus der Rumpelkammer der Geschichte und stellen sie in völlig neue Zusammenhänge."[55]
- **Historisierendes Vokabular funktioniert nur in spezifischen Kontext**
  „Anhand von Fallbeispielen ist eine Differenzierung in besondere und in kontextuelle Gestaltung sinnvoll. So funktioniert historisierendes bzw. wientypisches Vokabular nur in spezifischem Kontext und stellt dafür eine wichtige Referenz dar. Passt die Geschichte, die Funktion oder der Charakter des Ortes nicht zu diesem Kontext, entsteht eine Abschwächung des identifaktorischen Gehalts. So wirkt für besondere Orte auch eine ‚besondere' Gestaltung identifikatorisch. Allerdings fungieren ‚besondere' Gestaltungen ohne gestalterische Einbindung in das Umfeld als Solitäre mit begrenzter Strahlkraft"[56]

54 M. Novotny im Standard-Architektur ‚Architektur als Mittel der Rechten in einem Kulturkampf' v. 5.1.2024
55 W. Kainrath et al. 1984, s. 244
56 OPK – Offenes PlanerInnenkollektiv 2016, S. 90

Fazit – Conclusio

5.1 Stadtbildpflege

- *Bewegungen gegen die* ***‚Verhässlichung' unserer Umwelt*** *wie den Heimatschutz, Natur- und Landschaftsschutz und Denkmalschutz gibt es erst seit Ende des 19. Jahrhunderts*
- *Unsere Wahrnehmung hat Schwierigkeiten, mit der Veränderung des räumlichen Stadtbildes mitzukommen.*
- *Das Stadtbild – ob es bewahrt werden soll oder verändert wird – obliegt jedenfalls wechselvollen Einflüssen und verharrt nur in Epochen der Stagnation in* ***‚sanftem Verfall'****.*
- ***Mangelnde wirtschaftliche Dynamik*** *ist beste Schutz erhaltenswerter Bausubstanz: bei boomender Immobilienwirtschaft sind legistische Eingriffe erforderlich.*
- *Die entgegengesetzten Pole sind* ***Heimatschutz und Modernität*** *– beides birgt Gefahren*
- *Der Denkmalschutz ist nach Dehio in das objektiv-historische Interesse und das subjektiv-ästhetische Wohlgefallen polarisiert.*
- *Die* ***Mülltheorie der Kultur*** *besagt, dass nach der Mode des Neuen die Kultur schließlich im Müll landet und erst nach diesem Stadium der Wertlosigkeit, die Ikonen der Epoche nach dieser Metamorphose Ewigkeitswert bekommen.*

5.2 Objekt- und Denkmalschutz

- *Stadtbilder und der Schutz überkommener Bausubstanz haben nicht nur objektiv-historische Aspekte, sondern sind auch auf die* ***psychische Wirkung*** *der Bewohner hin zu bewerten.*
- *Bauliche Schutzzonen: Die Bedeutung städtebaulicher Ensembles die über die baukünstlerisch-historischen Aspekte hinausgehen, sind verantwortungsvoll aber nicht rigoros kunsthistorisch zu bewerten und* ***Weiterentwicklungen zuzulassen****.*
- *Die schon in den 80er Jahren geforderte* ***‚Beweislastumkehr'*** *für Bauten vor 1945 ist nun tatsächlich umgesetzt worden – wird aber so radikal gehandhabt, dass andere Mechanismen der Vernichtung greifen (Verfall und Abbruchreife).*
- *Auch* ***Bauten der Nachkriegszeit*** *weisen verkannte Qualitäten auf –umfangreiche Bewertungsverfahren konnten ihre Praxistauglichkeit noch nicht nachweisen (Betonproblematik).*
- ***Energetische Sanierungsverfahren*** *gefährden das Erscheinungsbild des Althausbestandes (Bauphysik, Photovoltaik) und gehen schon so weit, Dekor durch Kunststoffteile nachzuempfinden.*
- *Der vieldiskutierte Milieuschutz ist schwierig zu argumentieren und schützt oft Objekte und Strukturen, die* ***keine realistische Überlebenschance*** *haben.*
- *Der* ***Schutz von Gärten und Parkanlagen*** *bewegt sich zwischen schleichender Gefährdung und historisierender Wiederherstellung – beide Aspekte gilt es vermeiden und eine zeitgemäße und funktionelle Weiterentwicklung anzustreben.*
- *Neben den wenigen ikonischen Anlagen sind auch jene Bereiche zu schützen, wo der Baumschutz nicht greift oder in Kauf genommen wird (Nachverdichtung) oder durch Niveauveränderung und Tiefgaragen unterlaufen wird.*

5.3 Bauliche Alt-Neu-Hybride

- *Die ‚Assanierungen' sprich* ***Kahlschlagsanierungen*** *der Wiederaufbauzeit sind überwunden – die Kahlschläge der inneren Stadterweiterung bezüglich des Reliefs und der Vegetation werden zumindest am Papier immer mehr geächtet, bauliche Reste werden für Kultur- und Jugendzentren erhalten.*
- *Die* ***bauliche Widerherstellung*** *alter, verschwundener Strukturen mag aus patriotischen Gründen noch angehen, sollte aber nicht die Regel sein, obwohl diese ausnahmslos mehrheitsfähig ist.*

- *Die Charta von Venedig aus 1964 der ICOMOS spricht eine eindeutige Sprache: Erhaltung, Pflege und nützliche Funktionen stehen jedenfalls vor Rekonstruktion und der* ***Auslöschung historischer Spuren*** *- vor allem aus ungeliebten Epochen.*
- *Wenn Eingriffe in bauliche Denkmäler oder Ensembles notwendig sind, sollen diese in Form* ***interpretierender Intervention*** *erfolgen – Täuschungen und visueller Betrug soll vermieden werden.*

5.4 Prinzipien für den Umgang mit Denkmälern

- *Die Komplexität, das* ***Fragmentarische des Stadtbildes*** *ergibt sich aus der Synthese des urbanen Raums – des Bestands - und der neuen freistehenden Baukörper.*
- *Der* ***Interpretation und Einordnung*** *in der Denkmalpflege ist der Vorzug vor Rekonstruktion zu geben*
- ***Nutzungsneutralen Bauformen*** *ist stets der Vorzug vor ‚maßgeschneiderten' Projekten zugeben. Die Flexibilität und Anpassbarkeit ist ein wesentlicher Beitrag zur Kreislauftheorie: Umbauen statt Abbruch und Neubau*
- *Die* ***Berücksichtigung der Maßstäblichkeit*** *und die Begrenzung der Bauhöhe sollte der oberste städtebauliche Grundsatz sein.*
- *Auch städtebauliche Leitbild brauchen eine* ***Mehrdeutigkeit und Ambivalenz*** *und sind eher in Teilräumen konsensfähig.*
- ***Vielfältigkeit*** *bedeutet auch* ***Disharmonie*** *– Harmonie kippt leicht in Spannungslosigkeit und Monotonie. Schönheit und Hässlichkeit können gemeinsam örtliche Identität schaffen.*
- *Auch wenn die architektonischen Werte -auch der jüngsten Vergangenheit – erhalten bleiben müssen, sind billige Kopien und reine* ***Dekoration*** *aus der Rumpelkammer der Geschichte* ***abzulehnen.***

6. Konstituierende Elemente

„Für den Theoretiker Sitte sind Plätze, Straßen, öffentliche Gebäude und Denkmäler, nichts als Verwirklichungen jener im ‚Städtebau' noch ungenannten, aber dennoch gegenwärtigen Grundbegriffen des Raumgestaltens, die da heißen: Wege, Grenzlinien, Bereiche, Brennpunkte, Merkzeichen."

Daniel Wieczorek 1989, S. 38

Wenn Sorkin 2007 anmerkt, dass Kevin Lynch mit seiner fundamentalen Kritik gegen die Fixierung des Urban Design auf vornehmlich architektonische Fragen ein Außenseiter geblieben sei, dann mag das in der zeitgenössischen Umsetzung der Stadtgestaltung wohl richtig sein. In der **Theorie und der Analyse** der stadtgestalterischen Elemente, ist Lynch bis heute von allen maßgeblichen Stadtgestaltern anerkannt worden. Beispielhaft mögen hier Ulrich Conrads 1974[1], Michael Trieb 1974[2], Justus Dahinden 1975[3] genannt werden.

Kevin Lynch: Das Stadtbild und seine Elemente[4]
ergänzt und erläutert (Trieb, Dahinden)

1. Wege

Straßen, Spazierwege, Wasserwege, Eisenbahnen - entlang dieser Bewegungslinien unterschiedlicher Bedeutung sind die anderen Umgebungselemente mit einer dichten Bildfolge angeordnet

2. Grenzlinien (Ränder)

sind jene Linearelemente die vom Beobachter nicht als Bewegungslinien gewertet werden - sie können sowohl unüberwindbare Barrieren als auch Säume oder Nähte darstellen und zwei Gebiete verbinden

3. Bereiche

sie werden als zweidimensionale Gebiete wahrgenommen, in die der Beobachter ‚hineingeht' und deren jedes auf Grund ihres individuellen und unverwechselbaren Charakters erkennbar ist und größere Einheiten in Bereiche gliedern, in denen sich der Bürger mit der Stadt identifiziert

4. Brennpunkte

sind die strategischen Punkte einer Stadt, sie sind die intensiv genutzten Zentralpunkte, Ziel und Ausgangspunkt von ‚Wanderungen'. Das können Knotenpunkte, Straßenkreuzungen aber auch Verkehrsunterbrechungen sein. Sie sind Mittelpunkt von Bereichen und Knotenpunkte von Bewegungslinien

5. Merk- oder Wahrzeichen

sie sind ‚optische' Bezugspunkte, in die der Beobachter nicht eintreten kann, sie sind äußere Merkmale: Gebäude, Schilder, Warenhäuser oder auch Anhöhen. sie können sowohl aus der Nähe (Fassaden, Schilder, Plakate) als auch in der Stadtlandschaft wirken: Hochhäuser, Türme, Kuppeln, Hügeln

6. Überlagerungen (nach M. Trieb)

Die Stadtbildelemente existieren in Wirklichkeit nicht getrennt voneinander, sondern überlagern und durchdringen sich und sind in sich differenziert

1 U. Conrads 1974, S. 144
2 M. Trieb 1972, S. 130-137
3 J. Dahinden 1975, S.380
4 K. Lynch 1960/1998, S. 60-64

7. Grünraumelemente (nach H. Potyka)

Die ,grünen' Elemente wie Alleen, Großbäume, Grünräume fallen aus der Systematik heraus, sind aber konstituierende Elemente der Stadtgestalt

Kevin Lynch fordert

die Gestaltung oder Umgestaltung von Städten einem **,visuellen Plan'** folgen sollte,[5] der beginnend mit einer ,Untersuchung der bestehenden Form und dem Vorstellungsbild, das die Öffentlichkeit hat - mit den Methoden des Mental mapping - herangezogen wird. Werner Durth[6] sieht die methodischen Ansätze Lynchs wie Wieczorek als ,Neuformulierung' der Sitte'schen Prinzipien:

„Eine folgenreiche Erweiterung methodischer Ansätze wurde durch das ,Bild der Stadt' von Kevin Lynch ausgelöst. Zwar empfiehlt Lynch in seinem höchst einflussreichen Buch noch, in der Stadtbild-Analyse ,die **Bedeutung von der Form zu trennen'** und stellt fest: ...'Sinn' ist ebenfalls eine Beziehung, die sich aber ganz und gar von räumlichen und strukturellen Beziehungen unterscheidet' - so wirken seine Gestaltungsempfehlungen mit Forderung nach Einprägsamkeit, Ablesbarkeit und Greifbarkeit wie eine Neuformulierung stadtbau-künstlerischer Prinzipien (C.Sitte) auf **gestalttheoretischer Grundlage** -, doch sind nicht die praxisbezogenen Empfehlungen das Richtungsweisende dieses Ansatzes, sondern die Untersuchungen der individuellen Stadt-Vorstellungen, aus denen sie gewonnen wurden."

Erhebt man die Methode Lynchs zum ausschließlichen Prinzip einer gestaltbezogenen Stadterneuerung, so dürfte das Ergebnis eine **falsch verstandene Großartigkeit** und Monumentalität des Stadtbildes sein, welche sich auf die Feinkörnigkeit und den Erlebniswert historischer Strukturen nur zerstörerisch auswirkt."

Eine weitere kritische Stimme zu Lynch's Ansatz kommt von Anne Brandl, die eine **Betonung der physischen Elemente** in ihrer Form und Gestalt, aber nicht die Erlebnisqualität des Raums sieht, sondern nur seine Wahrnehmungsqualität.[7]

Die große Wirkung des architekturpsychologischen Aspekts die von Stadtbildern ausgeht, sieht auch Gerhardt Kapner. Er kritisiert aber auch das „Fehlen historischer und soziologischer Relativierungen", das nur für eine „bestimmte Gesellschaftsschicht oder nur für eine bestimmte Stadt stimmen mag."[8]

5 K. Lynch 1960/1998, S. 136-138
6 W. Durth 1988 S. 47
7 A. Brandl 2013, S. 138
8 G. Kapner in aufbau 1975, S. 429-431

6.1 Wege und öffentlicher Raum

Vom Schulweg an erspürt man entlang solcher Wege die Feintopografie von Orten, und lernt auf völlig undramatische Weise ‚die Stadt' zu lesen."

Wolfgang Kos 1993 - Pflichtwege, Kürwege[9]

Öffentlicher Raum

„Öffentlicher Raum als jederzeit für jedermann zugänglichen Raum hat [...] noch nie in irgendeiner Stadt existiert. Er ist immer auch exklusiver Raum, verschiedene Städte in verschiedenen historischen Epochen unterscheiden sich vor allem darin, wer auf welche Weise aus welchen Räumen ausgeschlossen wird."

Walter Siebel-Wehrheim 2003[10]

Die Stadt Wien – MA 18 hat in ihrem ‚Fachkonzept für den Öffentlichen Raum' die Bedeutung für die Stadtgestaltung umrissen: „Die Gestalt einer Stadt, wie sie auf uns wirkt, was sie uns anbietet, ist stark geprägt vom Aussehen und Ausstattung der öffentlichen Räume. Sie sind ein Spiegel für den Zustand des urbanen Gemeinwesens. [...] Für alle Menschen der Stadt -für manche besonders - hat das Auswirkungen auf ihre Lebensqualität, auf ihre Chancen auf Teilhabe, auf ihren Alltag."[11]

Der öffentliche Raum – das **Netz der Straßen und Wege** bestimmt seit alters her die Gestalt der Stadt – „Wege sind langlebig und bestimmen die Stadtentwicklung über Jahrhunderte. an ihren Rändern wechselt die Bebauung, verändern sich die Nutzungen. Die verfügbare Verkehrsfläche ist bleibt unverändert, ist eingespannt zwischen privaten Grundstücken und Gebäuden. Die teuren Leitungsstränge unter der öffentlichen Straßenfläche zwingen Planungsüberlegungen in die historischen Straßenachsen. [...]

Die zum Teil durchgreifende **Korrektur des Verkehrsnetzes** beim Wiederaufbau zerstörter Städte war eine geschichtliche Ausnahme und nur durchsetzbar, wenn gravierende Verkehrsprobleme nicht anders lösbar erscheinen - und ist auf die Dauer kein durchsetzbares Konzept - wie nicht realisierbare Planungen der Zeit unmittelbar nach dem Zweiten Weltkrieg beweisen."[12]

Die Permanenz der Stadtstruktur, den sichtbaren Zeichen der Vergangenheit sind ihre Achsen, an denen die Stadt wächst wird nicht von heutigen, sondern von früheren Voraussetzungen bestimmt – wir müssen uns vor Augen halten, das die Vergangenheit – im Gegensatz zur Zukunft – zum Teil in der Gegenwart erfahrbar ist.[13]

Der öffentliche Raum ist ein wichtiger **Bestandteil europäischer Urbanität.** Das Ringen um die freie und gleiche Zugänglichkeit ist ein zentrales Merkmal der Stadterzählung – ein Kampf um Inklusion, Exklusion und Verdrängungsprozesse.[14]

Im 3. Baukulturreport des österreichischen Bundeskanzleramtes wird dem Bedeutung getragen und postuliert:[15] „Gute Baukultur macht qualitativ hochwertigen und quantitativ angemessenen öffentlichen Raum verfügbar und sichert die Zugänglichkeit von nutzbaren Freiflächen. So werden Zonen gemeinsamen Aufenthalts geschaffen, in denen sich unterschiedliche Interessen verwirklichen lassen. Im Sinne gelungener Baukultur fördert der öffentliche Raum das **gemeinschaftliche Zusammenleben** einer diversifizierten Gesellschaft."

9 zit. in M. Wagner (Hsg.) 1993, S. 16
10 W. Siebel-Wehrheim ‚Öffentlichkeit und Privatheit in der überwachten Stadt' Wolfrum - Jansen 2016, S. 83
11 Stadt Wien –MA 18, Fachkonzept für den Öffentlichen Raum 2018, S. 39
12 H.E. Lindemann –Stadt im Quadrat 1999, S. 47
13 s.a. a. Rossi 1998, s. 30
14 s.a. K. Hassmer und J. Wittrich 2019, s. 125
15 3. Baukulturreport des Österr. Bundeskanzleramtes 2017, S. 134

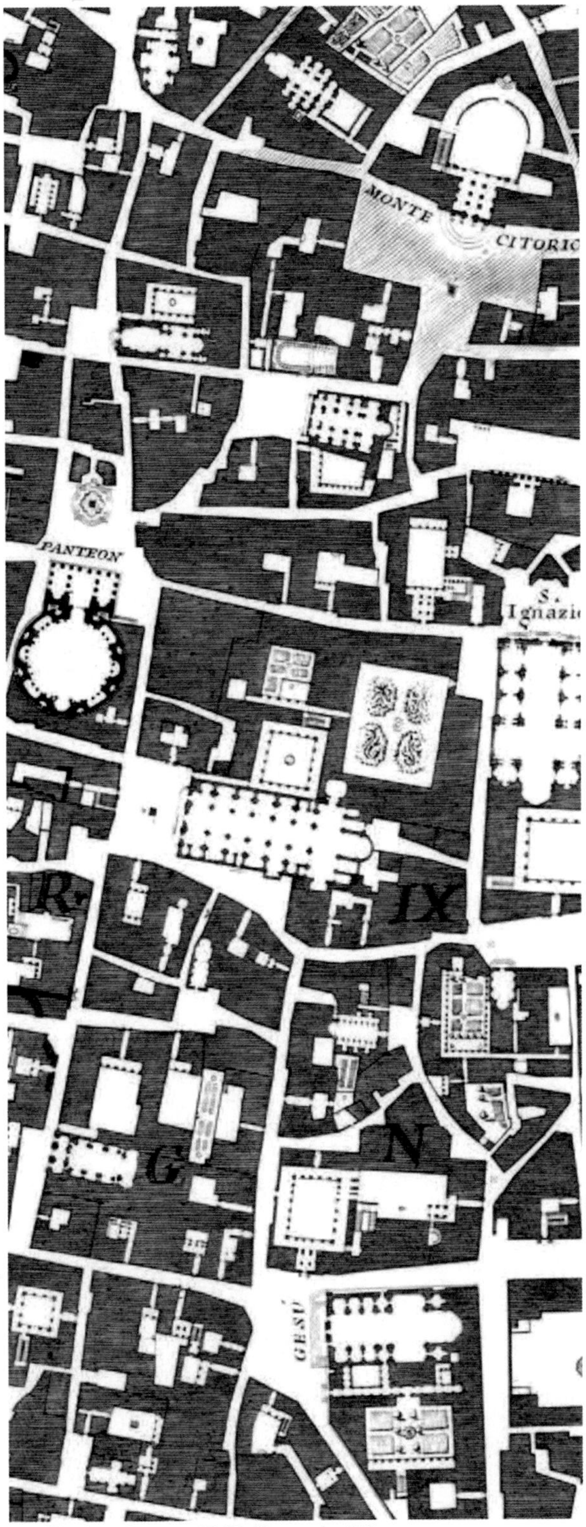

Nolli-Plan Roms 1748 (Ausschnitt)

Die ‚Negativraumstruktur' ist das wirkungsvollste Entwicklungs- und Steuerungselement der Stadtplaner. „Während Art, Dichte und Höhe der Bebauung innerhalb weniger Jahrzehnte wechseln können, bleibt die **Netzstruktur der Straßensystems** oft über Jahrhunderte bestehen und überdauert Erdbeben und Kriege."[16]

Selbst die Postmoderne von Venturi und Scott Brown stellen die Überlagerung von öffentlichen, halböffentlichen und privaten Räumen anhand eines Nolli-Plans für Las Vegas dar: „Der 1748 von Giambattista Nolli für Rom erarbeitete Stadtplan führt die rechtlich-juristische Dimension des öffentlichen Raumes und seine Wahrnehmungsdimensionen zusammen, indem er öffentlich zugängliche (Innen)Räume von Kirchen ebenso weiß darstellt wie Straßen und Plätze. Es kommt hier nicht nur zu einer Verschmelzung von städtebaulichen Außenraum und architektonischen Innenraum, sondern vor allem zu einer **Erweiterung des Verständnisses** von öffentlichem Raum und um die Wahrnehmungsperspektive."[17]

Im Gegensatz zum europäischen Stadtbegriff besteht im islamischen Kulturbereich eine andere Auffassung über die Stadt. „Im Abendland war und ist die Stadt eine kleine künstliche Welt, ein kleines Universum. Die öffentlichen Plätze, aber auch die Straßen, sind Orte des Geschehens und jede Stadt hat ihre eigene Identität. Der Großteil der Anhänger Mohammeds waren Nomaden. Sie wohnten nicht in Städten und konnten diesen auch nichts abgewinnen. [...] Die Gläubigen werden davor gewarnt, auf ihre Städte stolz zu sein. Dementsprechend haben die **Plätze keine repräsentative Aufgabe**. Die Straßen sind oft Sackgassen, nur Zugänge zu den Häusern. Die Orientierung ist deshalb für Außenstehende sehr schwierig."[18]

16 M. Treibe 1974, S. 167
17 A. Brandl 2013, S. 155-156
18 J-K. Grütter in Abel und Rudolf 2019, S. 197

Raumbegriff

„Die Straße ist tot – ich habe Raum um das Haus geschaffen"

Le Corbusier 1933[19]

Es ist mittlerweilen offenbar, dass die Tradition der modernen Architektur eher Objekte entwickelt hat als Räume, dass sie sich eher mit den **Problemen des gebauten Körpers** beschäftigte und nur wenig mit denen des unbebauten Zwischenraumes.

Die Moderne hat ihre Fehler gemacht, hat viele Facetten ausgeblendet oder bewusst unterbewertet. Doch die neue (alte) Stadttheorie - mit ihren vorwiegend ästhetischen Begründungen und ihren gründerzeitlichen Reminiszenzen - birgt die Gefahr in sich, von einem Extrem ins andere zu fallen und die städtische Komplexität und (mögliche) Ganzheit wieder zu verfehlen. Denn im Umkehrschluss ist zu befürchten, dass die **Hochschätzung des Öffentlichen Raumes** in der derzeitigen Diskussion den Gebäuden selbst nur Nebenrollen zuweist."[20]

Als Stadtraum nicht mehr als „System von Straßen und Plätzen aufgefasst wurde, der aus der Masse der Gebäude gleichsam herausgeschnitten wurde – sondern einen einzigen zusammenhängenden Raum als Teil der Landschaft ringsum als plastische Baukörper gruppiert waren"[21], war das **Ende der ‚Alten Stadt'** gekommen. Der neue Städtebau hat keine Stadträume mehr schaffen können. Selbst Walter Gropius, der in seinen Neuen Städten wie der Berliner ‚Gropiusstadt' den Raumbegriff Gestalt werden ließ, postuliert: „Begrenzter Raum, sei er offen oder eingeschlossen, ist das künstlerische Gestaltungsmittel der Architektur. Harmonische Beziehung zwischen den Baumassen und Hohlräumen, die sie umgrenzen oder einschließen, ist wesentlich für die architektonische Wirkung. Dies mag selbstverständlich erscheinen, ich habe aber gefunden, dass sich viel Menschen dieser wichtigen Beziehung nicht bewusst sind, dass es **selbst ausgebildete Architekten** gibt, die nicht wissen, dass die offenen Räume zwischen Gebäuden, wie Straßen, Plätze und Höfe, ebenso bedeutungsvoll sind, wie die Baumassen selbst."[22]

Was war und ist das Kennzeichen des herkömmlichen Stadtraums?

Georg Franck[23] beschreibt die geordnete Stadtstruktur in **drei Ebenen, drei ‚Faltungen':** „Die hochgradig geordnete Stadtstruktur lässt sich in drei Ebenen beschreiben: die erste ‚Faltung' besagt, dass die Innenräume jedes Gebäude den Bauraum lückenlos füllt (geschlossenen Bauweise). Die zweite ‚Faltung' besagt, dass alle Außenwände von Innenräumen, die Innenräume des Außenraums bilden. Es bleiben daher keine undefinierten Resträume übrig. Als dritte Regel folgert, dass diese Innenwände die hierarchisch gegliederten Fassaden sind (Platz – Hauptstraße - Nebengasse-Hof). Jener Teil der Innenwände zur Straße ist eine Gemeinschaftsaufgabe - die individuelle **Architektur muss sich ‚zu benehmen wissen**'. Diese wird durch Ämter, Kommissionen und Beiräte ‚überwacht', kann auch peer-to-peer-Aufgabe oder als Allmende definiert werden, wenn die Obrigkeit nur als Vermittler auftritt."

Das sieht auch der Praktiker Andreas Feldtkeller in der Entwicklung der Tübinger Südstadt – ein Vorzeigeprojekt des kleinräumigen, gemischten Städtebaus:[24] Wesentlich für das Gelingen des ‚Projekts Stadt' sind neben den funktionalen, sozialen und politischen Aspekten die bewusste und konsequente **Anwendung von räumlichen Gestaltungselementen**, die ein urbanes Leben und den öffentlichen Raum

19 zit. in W. Finke 1977, S. 12
20 R. Kaltenbrunner ‚Stadt bauen, Stadt denken' in H. Stimmann 1995, S. 155
21 Stadtbauamt Wien ‚Soziales Grün in Wien' im aufbau 24 aus 1963 zit. in C. Luchsinger 2013, S. 27
22 W. Gropius 1956, S. 35-36
23 G. Franck zit. in H. Hahn2014, s. 53
24 M. Feketics, L. Schenk und M. Schuster in A. Feldtkeller 2001, s. 102

erst ermöglichen: Ohne Raumbildung gibt es keinen ‚öffentlichen Raum‘. Platz und Straße sind wie Gefäße, ohne deren Vorhandensein das öffentliche Leben buchstäblich wegfließt. [...] Ohne Straße und Platz, ohne die Differenzierung zwischen öffentlichen und privaten Bereichen, kann ‚Stadt‘ nicht funktionieren.“

Diesem **römischen Gestaltungsprinzip**, wo Häuser entlang einer Straßenzeile aneinandergestellt wurden um eine einheitliche Begrenzungswand zu bilden, folgte der europäische Städtebau seit der Renaissance bis ins 20. Jahrhundert. „Dies führte zu einer Loslösung der Fassade vom Gebäude dahinter. „Die Fassade erhielt eine doppelte Funktion: zum ersten als äußerer Abschluss der Räume des Gebäudes, zum Zweiten als Teil der Begrenzungswand eines öffentlichen Freiraums. Diese Doppelfunktion rechtfertigt gelegentlich die Forderung der Stadtbildpflege, die Fassade als gestalteten Teil des Straßenraumes zu erhalten, wenn auch das Gebäude dahinter aufgegeben werden muss.“[25]

Im Gegensatz dazu sieht Colin Rowe in der **‚Collage City‘** den öffentlichen Raum objekthaft. „Er prägte damals den Begriff der pochés, [in Anlehnung an pochierte Eier] mit dem er die Gebäudemasse bezeichnete, in der sich das einzelne Gebäude so vollkommen zurücknimmt, dass es in der städtebaulichen Textur aufgeht und als Individuum nicht mehr existiert. Aus diesem pochés sind nun die wichtigen Räume figural herausgeschnitten. Das pochés entwickelt sich mehr oder weniger zufällig. Dabei **bilden sich Resträume**, die man in der Moderne immer vermieden hat. Und es gibt eine klare Hierarchisierung der Räume, während man in der Moderne latent jeden Raum gleich wichtig genommen hat.“[26]

Diese Zufälligkeit weisen G. und D. Franck entschieden zurück und stellen fest:[27] „Auch **‚gewachsene‘ Strukturen** sind auf insofern planmäßige Art gewachsen, dass sie nur wachsen konnten, solange sie funktioniert haben. Straßen- und Platzräume entstehen nicht von selbst, sondern dadurch, dass sie festgelegt und von Bebauung freigehalten werden. [...]

Berlin Friedrichstadt-Passagen

25 F. Hueber und B. Nezval 2008, S. 24
26 zit. in H. Kollhoff, ARCH+ 1990, S .41
27 C. und D. Franck 2008, S. 248

Der Entwurf und die Festsetzung von Straßen- und Platzräumen stellen notwendige, können aber **keine hinreichenden Voraussetzungen** für städtebauliche und mithin architektonische Qualität herstellen. [...] Das Vorschreiben von Baufluchten, Traufhöhen und Bauweisen reicht aber nicht hin, um die Art von Kooperation anzustiften, die nötig ist um Ensembles entstehen zu lassen, die das Zeug zum Klassiker haben."

Einen Blick in die Zukunft zeigt die zunehmende **Privatisierung des Öffentlichen Raums**, der auch Kommodifizierung benannt wird – halbprivate Räume, die öffentlich zugänglich sind, privat gebaut und erhalten werden und wo natürlich das Hausrecht der Eigentümer gilt:[28] „Was uns vom Shoppingbummel als Mall bekannt ist, wird zunehmend auch zur Vorlage unsere nächtlichen Ausgeh- und Vergnügungsumgebung: Halbprivate Räume, sogenannte Business Improvement Districts (BID) breiten sich aus. Hinter diesem rechtlichen Konzept entpuppen sich öffentlich zugängliche aber von den Geschäftsleuten der Umgebung gepflegte und bewirtschaftete Orte, auf deren privatisierten Grund **eine Art Hausrecht** gilt.

Für die Stadt hat es den Vorteil, dass **Ausgaben für die Ausstattung** und die Pflege des Gebiets von den ansässigen Geschäftsleuten bezahlt werden, was die klammen städtischen Kassen entlastet. Darüber hinaus bedienen sich die Städte in der Anwerbung von Investitionskapitals der Einkaufs- und Gastronomieangebote. Folglich hat die **Kommodifizierung der Stadt** und ihres öffentlichen Raums einen hohen Stellenwert.[29]

"Die steigende Kommodifizierung[30] öffentlicher Räume greift aber Kreativität und Urbanität in ihren Grundfesten an. das fängt damit an, dass sich KünstlerInnen und Clubbetreiber die Mieten nicht mehr leisten können, da sie plötzlich in **Konkurrenz mit internationalen Mitbewerbern** stehen. Auch informelle Angebote wie Straßenmusik sind unter den Regeln der BID nicht mehr so leicht möglich, da hinter den Fassaden der Theater professionelle Bezahlangebote auf die Leute warten."

Stadtmöblierung

> *„Die Mikroarchitekturen, Stadteinrichtungsgegen-stände und Grundelemente sind nicht nur Dinge die den Stadtraum ergänzen oder verstellen, verschönern oder verunstalten und seinen Charakter entscheidend mitbestimmen."*
>
> Vittorio Lampugnani 2019a, S. 9

Pissoir aus Berlin

Aufmerksame Beobachter wie Vittorio Lampugnani sehen die wichtige Rolle, die die Stadtmöblierung für die Bildung der Identität spielt – die **Gegenstände des Alltags** prägen das Bild der Städte und machen sie unverwechselbar:

"Schauen sie sich einmal eine Fotografie eines Pariser Boulevards an. sie werden, selbst wenn sie diesen speziellen Boulevard nicht kennen, sofort erraten, in welcher Stadt er sich befindet - selbst ohne Wahrzeichen. Zunächst dank der Architekturen, welche die Straßen und

28 Jonas Gläßer in J. Luxner 2016, S. 19
29 s.a. §53-Privatstraßen S. 8-13
30 In allen Zielkatalogen werden „konsumfreie Aufenthaltsbereiche" gefordert, aber eher spärlich umgesetzt.

Plätze säumen. [...] Doch nicht minder hilfreich für die Identifikation der Städte, zu denen die Bilder und die wiedergegebenen Freiräume gehören, sind andere kleine, scheinbar belanglose Dinge: [...] Der Raum, der sich so ausdifferenziert betrachten lässt, ist nicht leer. Nicht nur Menschen und Fahrzeuge bevölkern ihn, sondern auch zahllose kleine Architekturen: U-Bahn-Eingänge, Haltestellen, Kioske, öffentliche Toiletten, Telefonzellen, Wartungsbauten etc. Klein, aber deswegen nicht weniger prägnant und bedeutsam."[31]

Kleine, oft als **unbedeutend erscheinende Dinge** haben große Wirkung wie die über Jahrzehnte dominierende Papierkorbmodell Wiens aus Quadrat-Blech von Josef Hoffmann, abgelöst durch ein zeitgeistiges Modell von Boris Podrecca – nun prägen die orangefarbenen Kunststoff-Allerweltsbehälter ‚das Bild der Stadt'.

Papierkörbe

J. Hoffmann, B. Podrecca

MA 48-Design

An der Wucherung der ‚Requisiten' erhebt sich berechtigte Kritik: "Im 20. und im frühen 21.Jahrhundert hat die Ausstattung des Stadtraums noch weiter zugenommen. Er ist zu einer Bühne geraten, **vollgestellt mit Requisiten**, die den Rahmen für die affektierte Inszenierung der Wohlfühlstadt und des globalisierten Konsums abgeben.[32] So Lampugnani. Auch in Wien, wo eine Zeitlang große Anstrengungen unternommen wurden, die Stadt mit qualitätvoller Möblierung von Stardesignern wie Hans Hollein, Liugi Blau oder Boris Podrecca auszustatten, sind diese Bemühungen langsam wieder eingeschlafen.

Es gab und gibt noch viel zu tun, sieht auch der Stadtplaner Georg Kotyza: "Ebenso wichtig oder vielleicht noch wichtiger als die Gebäude sind jedoch die Räume zwischen ihnen. Hier offenbart sich das Dilemma der alltäglichen Stadtgestaltung. Während die amtliche Stadtbildpflege bei Bauwerken oft das Ärgste verhindern oder zumindest ein geordnetes Rückzugsgefecht liefern kann, wird sie von der behördlichen Stadtgestaltung der wuchernden Verkehrstafeln, Fahrbahnteiler, Schaltkästen, Wegweiser, Streusandbehälter und 'Möblierung' aller Art vollends überrollt. Sie sind die eigentlich **bestimmenden Merkmale** des Stadtbildes geworden."[33]

Auch Roland Rainer[34] hat den ‚**Verschönerungswahn'** der Stadtverwaltungen kritisiert, den Stadtraum mit Blumenkübeln zu ‚verschlimmbessern':

"Allerdings verliert inzwischen auch der historische Stadtraum seine Wirkung, seit unsere Konsumgesellschaft die Exkremente ihrer Wegwerfwirtschaft massenhaft über den öffentlichen Raum zu streuen begonnen hat. Seither ist er Abstellgelegenheit für Abfallkübel, Reklamen, Sandkisten, Telefonhäuschen usw. und die Gartenämter trachten Versöhnung - 'Verschönerung' - zu stiften, indem sie noch Betontöpfe mit Blu-

31 V. Lampugnani 2019, S.7
32 aaO. S. 12
33 G. Kotyza in H. Swoboda 1990, S. 167
34 R. Rainer 1990, S. 43, Vortrag am Institut für Formgebung, Wien, Oktober 1988

men dazustellen, wo man früher einen Baum in die Erde gepflanzt hat und die Frauen die Blumen auf dem Balkon selbst gepflegt haben.[...] 'Weniger wäre mehr gewesen' - nichts bestätigt dieses Wort besser als der jetzige **Zustand unseres Stadtraumes**. Allein durch eine großzügige Entrümpelung könnte ihm ein wenig geholfen werden.

Ein schönes Bespiel aus der ‚Verordneten Gemütlichkeit' von G. Angress und E. Niggemeyer: Eine Platane, (4,0m hoch bis 30 cm Stammunfang) kostet gleichviel wie jährlichen Erhaltungskosten von sechseckigen Beton-Pflanzschalen ('Dywidag-Muttern').[35]

Pflanzschale in Wien 3, Rochusplatz und Stadtbaum am Rochusplatz

Diese ‚Verschönerungen', die auch nicht vor der Verhüllung von Reststoffplätzen mit **‚Almhüttenutensilien'** halt machen, sollen die – missverstandene - Wertschätzung der Politik für ein Grätzel dokumentieren. Es gibt genug andere Ausdrucksmöglichkeiten, die Wertschätzung auszudrücken wie beispielsweise in der Pflege der Baumscheiben, die vermehrt zu unkrautüberwuchernden Schotterwüsten absinken und zu einem Faktor von ‚Disorderphänomenen' zu werden.[36]

Was kann die Straßenmöblierung umfassen? Vittorio Lampugnani stellt in seinem Buch **‚Bedeutsame Belanglosigkeiten'** eine beispielhafte Gliederung der Elemente vor:[37]

Mikroarchitekturen - Kiosk, öffentliche Toiletten, Telefonzellen, Haltestellen, U-Bahn-Zugänge

Objekte - Denkmal, Brunnen, Bank, Stadtbeleuchtung, Stadtuhren, Poller, Abfallkorb, Straßenschild, Hausnummernschild, Ampel, Wegweiser, Litfaßsäulen, Hydranten, Reklamen, Streusandboxen, Altstoffsammelstellen

Elemente - Schaufenster, Einfriedung, Bodenbelag (Gehsteige, Fahrspuren), Schachtdeckel, Baumscheiben, Grünelemente

- **Abspannungen zwischen Häuserfronten**, die in Kreuzungsbereichen und bei Straßenbahnoberleitungen zu einem ‚Baldachin' ausarten können – verschärft durch dicke Fremdkabel, die besonders störend sind und
- Masten, die in Platzsituationen bei großen Platzwandabständen eingesetzt werden, aber auch als Charakteristikum in Hauptstraßen (Mariahilfer Straße) dienen können. Es treten zwei Probleme auf: die **unterschiedliche Lichtpunkthöhe** für die Fahrbahnen und die Gehsteige und die engen Abstände in Straßenbahnbereichen, die in der Perspektive oft wie Wände wirken (Schwarzenbergplatz).

35 G. Angress und E. Niggemeyer 1985, S. 78
36 S.a. OPK – Offenes PlanerInnenkollektiv 2016, S. 93
37 V. Lampugnani 2019, Bedeutsame Belanglosigkeiten – Kleine Dinge im Stadtraum

Diese unterschätzten Wirkungen sollten nicht ausschließlich nach technischen Gesichtspunkten, sondern besonders sorgfältig in ihren Dimensionen – unter Einbeziehung gestaltaffiner Experten – gewählt werden.

Abspannungen Wien 3 Rennweg

Mastwirkungen am Fasanplatz

Neue Entwicklungen

Der Trend den ‚schnellen' Autoverkehr durch organisatorische, verkehrsrechtliche und gestalterische Maßnahmen zu verlangsamen und damit auch zu reduzieren, führen zu maßgeblichen Auswirkungen auf die Stadtgestalt. Seien es nun Baumpflanzungen, Fahrbahnverschwenkungen, Reduzierung von Parkraum, Parklets als mobile Einrichtungen zur **Wiedergewinnung des Straßenraums** für Fußgänger, Gehsteigvorziehungen (‚Ohrwascheln') und anderes mehr, das in Wien beispielsweise in der Aktion ‚Flaniermeilen' zum Einsatz kommt.

Wien Thalia-Straße neu

Das **Konzept des 'Streifraums'** (Martha Muchow, 1935) entspricht besonders den kindlichen Bewegungs- und Nutzungsart. Kinder erweitern ihren Lebens- und Erfahrungsbereich konzentrisch um ihren Wohnort, wo im Inneren das durchstreifte Netz enger als in den größeren Entfernungen vom Wohnort ist. Dieser Raum wird nicht zielstrebig durchquert, sondern durchstreift und entspricht damit dem Flanieren. Das Konzept der 'Bespielbaren Stadt' gibt Kindern die Möglichkeit des freizügigen Umherstreifens."[38]

38 aaO. S. 12

Sicherheit

> *"Unter der scheinbaren Unordnung der alten Stadt herrscht, wo immer sie gute Funktionen hat, eine wunderbare Ordnung, welche die Sicherheit der Straßen und die Bewegungsfreiheit den Straßen gewährleistet. Es ist eine sehr komplexe Ordnung..."*
>
> Jane Jacobs 1963/1975, S. 44

In der Beurteilung der Sicherheit sind grundsätzlich die Orte der begangenen Delikte aus der Polizeistatistik und für den Planer ist das relevantere Datum, das Unsicherheitsgefühl in ‚Angsträumen' maßgeblich. Gemeint sind damit nicht jene Stadtbereiche, die man eher meidet (‚Coping Strategie' s. Definitionen), sondern jene Räume, in denen man sich unsicher fühlt. Das sind schlecht beleuchtete Wege und Gehsteige unter Bäumen, Sackgassen ohne Autoverkehr, isolierte Fußwege oder Fußgängerzonen außerhalb von Geschäftsöffnungszeiten – allgemein Bereiche mangelnder sozialer Kontrolle.

Die Orte der Delikte wie Diebstahl und Raub sind beispielsweise in einer Punktekarte der Polizei nicht in **potentiellen Angsträumen**, sondern in den Bereichen größerer Menschenansammlungen wie U-Bahn-Stationen zu finden.[39]

Breckner/Bricocoli bringen den Begriff der ‚Nicht-Orte' ins Spiel, die mit hoher Nutzerfrequenz und geringer Aneignungsqualität neuralgische **Knotenpunkte der Unsicherheit** im Öffentlichen Raum darstellen. „Hier fühlen sich die Menschen weniger verantwortlich für das soziale, materielle und regulative Geschehen als im eigenen Wohnumfeld, laufen möglichst schnell aneinander vorbei, ohne auf ihre unmittelbare Umgebung zu achten oder nützen diese **schwer kontrollierbaren Räume** für kriminelle Aktionen (Taschendiebstahl, Raub, Terror)."[40]

Lucius Burckhardt[41] stellt sich die Frage, ob Sicherheit etwas mit der Kriminalstatistik zu tun hat: Wir sprechen ja nicht von Gewaltverbrechen, sondern von der leisen Unsicherheit, die uns daran hindert, um Mitternacht noch einmal mit einem Brief zum Postkasten [oder in die Parkgarage] zu gehen und dann noch ein Glas Bier zu trinken.

Objekte des ‚Hostile Design' Poller Wien-Mitte und Bank mit Zwischenlehnen in Busstation

Die Sicherheit, die man früher in der Stadt empfinden konnte, rührte von der Anwesenheit einer **Vielzahl von Passanten** her. Heute befinden sich die meisten Menschen,

39 Am Beispiel des 3. Bezirkes – persönliches Gespräch mit dem Bezirkshauptmann Oberst Bauer 2017
40 I. Breckner und M. Bricocoli in K. Sessar –Großstadtängste 2007, S. 33
41 L. Burckhardt 1985, S. 103

die nachts unterwegs sind, in Autos." Siedler, Niggemeyer in der ‚Gemordeten Stadt':[42]

Nächtliche Heimkehrer im Hansaviertel sehen immer so aus, als ob sie eigentlich wo anders hinwollten.

Was spricht gegen den öffentlichen Raum als Aufenthaltsort? Durch Verweilmöglichkeiten und möglichst **hohe Nutzungsqualität** kann die Anwesenheit von Personen und somit die Belebung gesteigert werden – das Unsicherheitsgefühl nimmt ab.[43] So der Konsens der Stadtplanung zum Thema öffentlicher Raum.

Es kommt aber in ‚konsumfreien Zonen' mit hoher Aufenthaltsqualität zu einem ‚Rebound-Effekt' – der **Aneignung durch die ‚marginalisierte Szene'**. Die Politik ist gefordert und geht den Weg des geringsten Widerstandes – die Ausstattung mit ‚Hostile design'.

Straßen

> *„Die Straßen und ihre Bürgersteige sind die wichtigsten öffentlichen Orte einer Stadt, sind ihre lebenskräftigsten Organe. Was kommt einen, wenn man an eine Großstadt denkt, als Erstes in den Sinn? Ihre Straßen. Wenn die Straßen einer Großstadt uninteressant sind, ist die ganze Stadt uninteressant; wenn sie langweilig sind, ist die ganze Stadt langweilig."*
>
> Jane Jacobs 1963

Jane Jacobs hat schon 1963 die Bedeutung der Straße gesehen und gefunden, „die Idee, die **Straßen nach Möglichkeit abzuschaffen** und ihre soziale und wirtschaftliche Rolle im Leben der Großstadt auf ein Minimum zu reduzieren, ist die unheilvollste und destruktivste Idee in der ganzen orthodoxen Stadtplanung. Dass sie noch dazu so häufig im Mantel nebelhafter Mythen über die Sorge um das Kind in der Großstadt daherkommt, ist bittere Ironie."[44]

Joseph Rykwert hat die sozialen Kosten des Straßenverlustes 1983 ausgeführt:[45] „Die Erwartung des täglichen, menschlichen Kontakts, den die Straße in einer einzigartigen Weise, und zwar in **Form von Austausch** bietet, ohne welchen die Gemeinschaft zusammenbrechen würde, wird unterbunden um den Preis einer zunehmenden Entfremdung der Bewohner von ihrer Stadt. Die Kosten dieser Entfremdung sind nicht leicht zu schätzen. Sie verstärkt den sozialen Stress und erzeugt nutzlosen Raum und infolgedessen eine urbane Verödung, zu deren Folgen auch die steigende Kriminalität gehört. Die Gemeinschaft bezahlt mit einer Verarmung des Lebens, mit der Zerstörung öffentlichen und privaten Eigentums und mit steigenden Kosten für die Aufrechterhaltung der Ordnung. Jede Kostenkalkulation einer Straßenerneuerung (und dies gilt auch für die Stadterneuerung allgemein) allein mit Rücksicht auf ihre steuerliche Effizienz ist nicht nur sozial, sondern auch **ökonomisch kurzsichtig**."

Straßen in herkömmlichen Sinn sind in der zeitgenössischen Stadtplanung nicht mehr gefragt – die **straßenlosen Bereiche** werden immer größer. Hilfskonstrukte wie Feuerwehrzufahrten (mind. 4 m breit!), ‚Promenaden' als Erschließung der Baulose oder Formen der Bündelung von Fußwegen zur sozialen Kontrolle und Belebung der sonst öden Stadtteile sollen dazu dienen, die Straße als Ort der Kommunikation und des sozialen Austausches zu ersetzen.

Der renommierte Freiraumplaner Guido Hager[46] beklagt das Fehlen einer übergeordneten Idee: „Straßen erscheinen heute, von Einfallachsen hin bis zu Quartierstraßen,

42 W.J. Siedler und E. Niggemeyer 1964/1993 S. 11
43 K. Miko 2012, S. 70
44 J. Jacobs, Tod und Leben... 1963/1975, S. 65
45 J. Rykwert – Von der Straße lernen, 1983, S. 183
46 G. Hager 2009, S. 74

meist **ohne übergeordnete Idee**. Eine nachvollziehbare Hierarchie fehlt. So wie das Gebaute oft als graue Masse ohne Identität erscheint, wechseln sich Baumfragmente von den Vororten einer Stadt bis hin zum Zentrum ab. [...] Politisch gibt es kaum Möglichkeiten, gestalterische Ideen auf diese großflächigen städtebaulichen Ideen einzubringen. Sie wurden aber bis heute auch kaum von den Fachleuten eingefordert."

Verkehrsorganisation

Joseph Rykwert hat die Straßen nach ihren Funktionen in zwei Grundtypen und vier Untergruppen eingeteilt:[47]

Die **zwei Grundtypen** sind die Straße (street, strada) als ein für den öffentlichen Gebrauch bestimmter Bereich und die Straße (road, ride, rue, ulica) als Bewegung zu einem Bestimmungsort.

Die Grundtypen können weiter unterteilt werden:

1. *Terace, row, arcade, embankment oder gallery* (aber auch *Allee, Boulevard, Damm* - Alleegesäumte großzügige Straße, oder *alley* als enger Durchgang - alle durch ihre physische Umgebung konstituiert
2. Fußwege als *path, track, Pfad, Weg, Parade, Promenade, Korso und Mall* - die durch ihre Fortbewegungsart definiert werden
3. *Straße, Hauptstraße, Highway, high street, main street, Durchgangsstraße, Verkehrsader, Hauptverkehrsstraße, Sammelstraße* - mit Priorität für den Autoverkehr
4. Dazu kämen noch Straßentypen nach verkehrsrechtlicher Definition wie *Fußgängerbereiche, Begegnungsbereiche, Wohnstraßen, Fahrradstraßen*

Nach der Art der Verkehrsorganisation gibt es **zwei grundsätzliche Straßensysteme:**[48]

1. Die Mischung von Verkehrsarten oder Konfrontation

ist die ältere Art mit unterschiedlicher Geschwindigkeit der Bewegung umzugehen nach der Doktrin je geringer das Verkehrsaufkommen und je geringer der Geschwindigkeitsunterschied desto besser funktioniert die Mischung - erst mit dem Aufkommen des Automobils mit seiner hohen Geschwindigkeit und der zunehmenden Mobilität wurden die **Grenzen des Systems** aufgezeigt. Mit Aufkommen der Wohnstraßen (Woonerf-Bewegung) bis zu verkehrsberuhigtem Bereich und Begegnungszonen und Radfahrstraßen gibt es differenzierte Arten der Verkehrsorganisation - problematisch ist die **Führung des Öffentlichen Verkehrs**, der entweder auf eigenen Flächen mit dem Trend zur Verödung oder sich geschwindigkeitsmäßig anpassen muss.

2. Die Separierung oder Trennung der Verkehrsarten

Durch Trennung und Sortierung mit eigens zugewiesenen Routen bzw. Flächen aber auch zeitliche Staffelung (wie z.B. den Lieferverkehr in Fußgängerzonen) - wobei der Bordstein die erste verkehrstrennende Maßnahme war. An Maßnahmen des 20. Jahrhunderts sind die hierarchische Gliederung und das Radburn-Prinzip der ‚interlocking finger' zu nennen. Die Trennung setzt eine gewisse Mindestverkehrsmenge (auch von Fußgängern bzw. Radfahrern) voraus, um soziale Kontrolle auf öffentlichen Flächen zu gewährleisten. Nachteilig wirkt sich der Flächenverbrauch, Ausfließen der räumlichen Gestalt und die **verminderte soziale Kontrolle** aus.

Ist ein abgetrennter Gehsteig notwendig? – der Randstein (Bordstein) trennt den Gehsteig mit seiner Mindestbreite von 2,5 m – die nicht überall eingehalten werden kann - von der für den ‚Verkehr' vorbehaltenen Fläche. „Erst ab einer Breite von 4 m wird urbanes Stadtleben gefördert. Laut Straßenverkehrsordnung, welche sich an die STVO von 1938 anlehnt, ist der Straßenraum ausschließlich für den Verkehr und nicht für

47 J. Rykwert 1983, S. 184-185
48 Paul A. Mäcke –Möglichkeiten der Verkehrsplanung zur Verbesserung der Umwelt in ILS 1979, s. 59

Aufenthalt bestimmt. ‚Die verkehrsfremde Nutzung ist bewilligungspflichtig und das **‚unbegründete Stehenbleiben'** auf Gehsteigen ist verboten. Erst seitdem ist das Parken privater Autos im öffentlichen Raum gestattet. Dieser Passus sollte gestrichen werden"[49] fordert die Stadt Wien MA 21 im Masterplan Gründerzeit.

Langsam **kehrt sich das Prinzip um**: Aus dem öffentlichen Raum wird die Fahrspur herausgeschnitten (je breiter desto höher die gefahrenen Geschwindigkeiten – in Einrichtungsfahrbahnen läuft der Verkehr noch schneller!) – was übrig bleibt sind Parkplätze, Radwege, Grünstreifen oder Fußgängerbereiche. Der Begriff ‚Gehsteig' sollte der Vergangenheit angehören.

Vittorio Lampugnani leitet von den reduzierten Geschwindigkeiten die Forderung ab, die Details der Fassaden sorgfältiger und kleinteiliger zu gestalten:[50] „Heute sind sich alle einig darüber, dass die Städte zugunsten des **Langsamverkehrs** umgerüstet werden müssen. Behrens ‚überschnelle Gefährte' rasen nicht mehr durch die Straßen unserer Großstädte, sondern schlängeln sich durch lauschige Quartierstraßen, und werden angehalten dem Fußgängern Vortritt zu gewähren. Und als moderne Flaneure kämpfen wir gegen die Eile an.

Davon scheinen unsere Häuser nichts gemerkt zu haben. Weiterhin gebärden sie sich kubisch und karg, zeigen einheitlich glatte Oberflächen und unvermittelt eingeschnittenen Fensteröffnungen, versuchen zuweilen durch **spektakuläre skulpturale Verrenkungen** oder plakative Elemente auf sich aufmerksam zu machen. Ob minimalistisch oder ikonisch, sie setzen sich für rasante – im Austerben begriffene – Städte in Szene. Fußgänger oder Radfahrer findet an den abstrakt abrasierten Fassaden keine Wohltat und kein Trost. Dafür muss er sich in die Altstadt oder in die Gründerzeitviertel begeben, wo er noch Details und Schmuckformen findet, die seinen Weg kurzweilig gestalten."

Nach dem Langsamfahren kommt in der ‚Klimakrise' noch das abgasfreie, feinstaublose Fahrzeug für eine Zukunft die (fast) ohne Autos auskommt. Doch Achtung: auch hier lauert der **‚Rebound-Effekt'**:[51] Schweizer Untersuchungen scheinen zu bestätigen, dass mit den umweltfreundlichen Autos mehr und auch kürzere Strecken gefahren werden als mit den Herkömmlichen. Was bleibt davon?

Nutzungskonzepte

„Wir haben herausgefunden, dass die Menschen doppelt so viel Zeit auf der Straße verbringen als in Parks."

Martha Schwartz 2009[52]

„Eine Straße, an beiden Seiten begleitet von Hochhausscheiben gleichen Typs. Dem Fuß dieser Häuser vorgesetzt ist eine zweigeschossige ‚Flucht' von Läden und Büros, gegliedert nur in zurückgesetzte Passagen und aufgesetztes Geschoss oben.[53] [.....] Wenn man 200 Meter gegangen ist, wird man ein Hochhaus weniger zählen. [...] Weniges lenkt ab, kaum etwas unterhält. Das **Ziel, das Ende der Straße**, ist immer zwingend vor Augen.

Diese Straße ist nicht für Menschen gemacht, sondern für Menschen in Autos. ‚Die Stadt der Geschwindigkeit ist die Stadt des Erfolges' notierte Le Corbusier 1925. Und er meinte das sarkastisch."[54]

Diese städtebauliche Figur kommt noch hin und wieder in städtebaulichen Wettbewerben vor, ist aber nicht mehr ‚State of Art'. In der Seestadt Aspern (Planer: Tovatt

49 Stadt Wien, MA 21 2018, S. 62
50 V. Lampugnani NZZ 14.2.2019,
51 H. Rauterberg 2020, S. 21
52 M. Schwartz im Gespräch mit A. Nussbaum in 91° More than architectur 2009, S. 43-44
53 Dieser Bebauungstypus ist auch im Wien der 70er Jahre unter dem Begriff ‚Breitfuß' im 15. Bezirk zu finden
54 U. Conrads 1974, S. 71

architects) ist der Straßenzug der ringförmigen ‚Sonnenallee' großzügig angelegt und erlaubt flexible Nutzungen: „Neben einem 7m breiten Gehbereich wurde ein 8m breiter Streifen - die Ruhezone - geplant. Hier wurden Baumgruppen gesetzt und Bänke aufgestellt. aber rund ein Drittel der Fläche wurde als ‚weiße Fläche' mit einer wassergebundene (Sand)-Decke ausgestattet. Dies ermöglicht später eine **einfache Umgestaltung** beispielweise für Holzdecks oder das Setzen weitere Pflanzen (Beete)."[55]

In den beengteren Straßen der gründerzeitlichen Stadtviertel mit schmalen Gehsteigen sollten Parkplätze sukzessive entfernt und stattdessen dem Gehsteig in Form einer (punktuellen) Gehsteigverbreiterung (Parklets) zugeschlagen werden. „Der permanenten Vereinnahmung des öffentlichen Raums durch privates Gut würde so Einhalt geboten werden. Vor allem Schrägparkanlagen verschlingen besonders viel Platz und ragen oft in den Gehsteig hinein und sollten hinterfragt und sukzessive reduziert werden."[56]

Dieser eher **‚fromme Wunsch'** hält der realen Parkplatzsituation nicht stand, wo gerade unter den Beifall der Anrainer in den 90er Jahren die Schrägparkplätze geschaffen wurden. Kein Bezirkspolitiker kann es wagen, ohne einen Aufstand zu riskieren, Schrägparkplätze zu eliminieren.

Bei breiteren Gehsteigen kann die Idee **‚Pflanzstreifen'** entlang der Fassaden zu gestatten und damit eine Fassadenbegrünung zu erleichtern aufgegriffen werden – Einbauten (meist Telekabel und Strom) sind dabei zu beachten. Auch Zugänge für Souterrainnutzungen könnten in diesen Bereich untergebracht werden. „Bei Neubauten bedeutet dies, zu einem frühen Planungszeitpunkt entsprechende Gehsteigbreiten einzuplanen sind bzw. bei Umgestaltungen diese Pflanzstreifen in die Gestaltungskonzepte zu integrieren sind. Gute Beispiele dafür gibt es in anderen europäischen Städten wie in Rotterdam und Kopenhagen."[57]

Straßenführung

> *„Mag es sich um eine spontan entstandene oder um eine geplante Stadt handeln, immer sind ihr Plan und ihre Straßenführung kein Zufallsprodukte. In beiden Fällen gehorchen sie bestimmten Regeln, in einem Fall freilich unbewusst. Ein Ansatzpunkt für diesen Plan muss aber immer vorhanden sein."*
>
> Pierre Lavedan, Géographie des Villes, 1959[58]

Wenn auch die Bauordnung Wiens aus 1859 und noch 1893 „Straßenzüge möglichst gerade angelegt werden sollen" (s.a. Pkt. 9.2) wird die Diskussion Biegungen, Knicke und Unregelmäßigkeiten im Straßenverlauf zur Gliederung einzusetzen, seit Camillo Sitte geführt und es ist noch kein endgültiger Befund unumstritten.

Le Corbusier teilt in seinem ‚Städtebau' (Urbanisme) 1929 **‚krumme' Straßen** dem Fußgänger und **‚gerade' Straßen** dem Autofahrer und Eisenbahnbenützer zu."[59] Rob Krier findet schon bei den technisch orientierten Römern, dass mit erstaunlichen Phantasiereichtum z.B. „Straßenknicke, die sich aus den Gegebenheiten der Stadtstruktur ergaben, mit Portalarchitekturen als Gelenk besonders hervorgehoben wurden. [......] Durch diese Maßnahme ist der Straßenraum in **übersichtliche Abschnitte** unterteilt, im Gegensatz zum sozusagen endlosen Kontinuum des übrigen Straßennetzes."[60]

55 Stadt Wien – MA 18 Fachkonzept Öffentlicher Raum, 2018, S. 72
56 Stadt Wien – MA 21 Masterplan Gründerzeit, 2018, S. 63
57 Stadt Wien – MA 19, Fachkonzept Öffentlicher Raum 2018, S. 35
58 P. Lavedan zit. in A. Rossi 1998, S. 62
59 zit. in a. Brandl 2013, S. 91
60 R. Krier 1975, S. 7

Der Nächste, der sich explizit für ,eine in weicher Biegung gekrümmte Straße' ausspricht und den Vorteil in ,allmählich immer neuen Gebäudeansichten sieht' ist der Italienische Renaissancearchitekt Leon Battista Alberti in seinen ,Zehn Büchern über die Baukunst' aus 1480.[61]

Auch Jane Jacobs sprach sich für **Unterbrechungen im Straßennetz** aus: „Viele städtische Straßen brauchen optische Unterbrechungen, die den Blick in die Ferne abschneiden und gleichzeitig die Dynamik der Straße optisch erhöhen und feiern, indem sie ihr einen Rahmen, eine Geschlossenheit geben.

Alte Stadtteile mit unregelmäßigem Straßennetz verfügen häufig über derartige Unterbrechungen. Sie haben aber dafür den Nachteil, dass sie als Straßensysteme **schwerer zu erfassen** sind; man verläuft sich leicht in ihnen und verliert das Muster aus dem Sinn."[62]

Wer hat sich noch nicht in Venedig verirrt und ist im Kreis gegangen?

Die **stadtökologische Wertigkeit** steht bei Cordula Loidl-Reisch im Vordergrund:[63] „Krummziehung und Brechung von Straßen in Altstädten bringt kleinklimatische Vorteile, da hierdurch beispielsweise der Wind gestaut und gebrochen wird, sodass stärkere Stürme nur über die Dächer hinwegfegen, während sie in regulären, nach dem Rastersystem angelegten Stadtteilen durch die geraden Straßen stürmen. Im mit Wind gesegneten Wien lässt sich das genannte Phänomen gut beobachten, wo alte und neue Stadtteile nebeneinander stehen (vgl. Sitte, S. 146)"

Joseph Rykwert[64] sieht den Straßenverlauf als **Folge der technischen Einbauten**, die koaxial verlaufen: „Die Lösung politischer Fragen im Vorfeld hat zur Folge, dass die Schaffung auch nur minimaler dauerhafte ,sozialer' Einrichtungen (Straßenentwässerung, Randsteine, Kanalisation) umständliche formale Entscheidungen vonseiten der Behörden einschließt, in dem Sinne das Kanalisation und Straßenverlauf koaxial sind. Der Privatbereich wird deshalb sehr häufig durch die Straßenkanalisation bestimmt, und infolgedessen ist alle interne Planung, ob nun von Behörden oder Spekulanten oder auch einzelnen Eigentümern, von der anfänglichen Entscheidung über die Verlegung der Versorgungsleitungen abhängig."

Eine den Straßenverlauf bestimmende Größe ist das **Relief**. Selbst in Rastersystemen, die wie in der Gründerzeit keine Rücksicht auf Hangneigungen und Unregelmäßigkeiten genommen hat, ist die geneigte Straße oft der **einzige Anhaltspunkt für die Orientierung** und zumindest eine Begrenzung des Sichtfeldes.

Zur Erinnerung: Es gibt **keine ebenen Straßen oder Plätze**, was der Entwässerung geschuldet ist, die mit einer Mindestneigung von 2% auszustatten ist. Auch wenn es wenig klingt, so sind höhere Neigungen durchaus merkbar. Bei Gehsteigabschrägung aufgrund der Barrierefreiheit in Eckbereichen erreichen die Neigungen bereits 4% und bei mehr 6% ist die Straße schon nicht mehr barrierefrei und für Rollstuhlfahrer nur mehr schwer zu befahren. Stärkere Neigungen haben den Effekt, zum Ziel geführt zu werden oder in der Gegenrichtung einen nicht unerheblichen Widerstand überwinden zu müssen.

Gerade in Wien mit seinen nicht unerheblichen Höhenunterschieden und den eingeschnittenen Tälern der Wienerwaldbäche erreichen die **topografischen Randbedingungen** eine nicht zu unterschätzende Größenordnung – die beispielsweise bei der Tal- und Bergbahn der Gürteltrassierung augenfällig wird.

61 zit. in Lässig-Linke-Rietdorf-Wessel 1971, S. 10
62 J, Jacobs 1963/1975, S. 174
63 C. Loidl-Reisch 1995, S. 119
64 J. Rykwert 1983, S. 196

Gestaltungsfragen des Straßenraums

Das breite Feld der Gestaltungsfragen kann in diesem Rahmen nicht erschöpfend behandelt werden – jedoch Fragen der Straßenbreite, Kriterien der Bewertung und Proportionen sollen dieses Thema abrunden.

Proportionen

„Die Straße bildet einen nach der Tiefe gerichteten Raum, dessen Länge ein Vielfaches der Breite beträgt. Für den Straßenraum soll die unterste Grenze nach Otto Wagner, Moderne Architektur, 1902) bei 1:5 und die Oberste nach J. Stübben, Der Städtebau, 1924) 1:30 betragen.

Wenn das Verhältnis darüber liegt, wird die Straße durch Monumente etc. unterteilt (Champs Elysées, Paris) oder geknickt (Ringstraße Wien) in überschaubare Räume unterteilt - wenn dies nicht der Fall ist (Newski-Prospekt, Leningrad) wird die Straße **nicht mehr räumlich erfasst**."[65]

Mariahilfer Straße, historische Aufnahme um 1900

Höhensprünge in der Landstraßer Hauptstraße

Straßenbreite

Bei der Straßenbreite gibt es einen Grenzwert von etwa 80 m. Bis zu dieser Breite kann der Betrachter - auch wenn er sich auf einer Seite bewegt, beide seitlichen Begrenzungen sehen. Bei größeren Breiten fällt der Straßenraum auseinander.

Der Grund liegt in den Sehbedingungen des menschlichen Auges - das von der Horizontalen einen Winkel von 27° sieht - der Raum wird erst ab einem Verhältnis 1:5 (O. Wagner) als solcher wirksam.

65 H. Schmidt – Einführung in Lässig, Linke, Rietdorf, Wessel 1971, S. 15

Als Untergrenze der Straßenbreite gilt das Verhältnis Breite zu den Wänden von 1:1 - größere Breiten werden durch Alleen gegliedert.[66]

Bewertung der Straßenräume

Friedrich Moser sieht zwei grundsätzliche Kriterien, die Gestaltqualität und die Einheitlichkeit:[67]

Gestaltqualität

unterschieden nach Erhaltung der ursprünglichen Fassaden >76%, 50–75%, <50%

Einheitlichkeit

nach Traufenhöhe, Baualter und Geschlossenheit des Straßenraums

Beide Kriterien sind nicht ausreichend, um die Komplexität eines Straßenraums zu bewerten, sondern bilden nur die ‚Einheitlichkeit' ab. Eine Bewertung muss wesentlich differenzierter sein um beispielsweise ‚gewachsene' Hauptstraßen wie die Landstraßer oder die Meidlinger Hauptstraße zu bewerten, die beide nicht durchgehend erhaltene Fassaden aus der gleichen Errichtungszeit, durchgehende Traufenhöhen und damit fehlende Geschlossenheit aufweisen würden. Das ist aber nicht der Fall, weil gerade wechselnde Traufenhöhen und Vor- und Rücksprünge **charakteristisch und identitätsbildend** sind und sich nicht negativ auf die Bewertung auswirken.

Einen Hinweis, wie mit uneinheitlichen, zu vielfältigen Straßenraum-Begrenzungen umgegangen werden kann, liefert Jane Jacobs:[68] "Dann gibt es wieder Straßen, die ungeachtet des Vorhandenseins oder Fehlens von optischen Akzenten eine ganz andere Planungshilfe brauchen: sie müssen im Gegenteil, gerade wenn sie über eine große Vielfalt verfügen, **künstlich vereinheitlicht werden**. [...] Eine Methode um gewissen Straßentypen mehr Einheitlichkeit zu geben, gründet sich auf der Tatsache, dass irgendein besonders wirksames, an sich unauffälliges Planungselement viel Durcheinander im Detail binden kann.[...] Für solche Fälle gibt es einfache Methoden wie: Bäume an dem Straßenstück zu pflanzen, das eine Einheit werden soll, oder gewisse Strecken mit einer besonderen Art des Pflasters , mit kraftvollen einfachen Mustern oder mit Markisen mit starken Farben zu versehen."

Straßenverbeiterungen

Roland Rainer hat 1962 erklärt, dass Straßenverbreiterungen **nirgends zum Erfolg geführt** haben und „werden es in der Zukunft erst recht nicht. Wir wissen, dass viele Fluchtlinien wenige Meter hinter den Fronten der kostbaren historischen Bauten der Stadt liegen, so das jedem Neubau die Gefahr für das alte Straßenbild entsteht, ohne dass durch diese geringfügige Verbreiterungen ein ernstlicher verkehrstechnischer Vorteil erreicht würde."

Eine Erkenntnis die bereits Josef Stübben 1890 sah und der mit Baulinien und Straßenverbreiterungen eher vorsichtig umging und die Charakteristik von Straßen und deren Abweichungen von der Geraden als sein Credo verfolgte.

Die Konsulentengruppe Raumplanung (Hugo Potyka) hat im Auftrag der Stadt Wien die **Auslösung und Folgen von Straßenverbreiterungen** in Wien untersucht und konnte nachweisen, dass außer hohen Ausgaben der Stadt kein nennenswerter öffentlicher Nutzen daraus entstünde:[69]

- Vielfach erfolgt die Verbreiterung einfach, weil von alten in Klaftern umgerechnete Straßenbreiten (11,38 - 15,17 - 18,60) auf **runde Metermaße** übergegangen werden soll

66 aaO S. 16
67 F. Moser 1985, S. 25-26
68 J. Jacobs 1963/1975, S. 198-199
69 H. Potyka 1972 S. 15ff zit. in R. Zabrana, Städtebauliche Restflächen, Wien 1988, S. 27

- Die Verbreiterung erfolgt auch um eine bauklassenmäßige Bebauung zu gestatten, die zumindest den **Bestimmungen über den Lichteinfall** genügt, oder auch - weil diese eigentlich als nicht ausreichend angesehen werden - um bessere Belichtungsverhältnisse zu gewährleisten
- Schließlich erfolgen Verbreiterungen um bestimmte - vom Verkehrsreferat der Stadtplanung erarbeitete - **Straßenprofile unterbringen** zu können. Jedenfalls kann ohne Eingehen in Planungsalternativen gesagt werden, dass durchgehende Straßenprofile bei Straßen unterer Ordnung unsinnig sind.
- Jedes Zurückrücken der Baulinie bedeutet, dass die Verwaltung ein Stück Privatgrund ankaufen, die **Gehsteig- und Fahrbahnführung** umgestalten, die Straßeneinbauten verlegen (bestimmte Leitungen dürfen nur unter dem Gehsteig geführt werden) und erhöhte Straßenerhaltungskosten tragen muss.[70]

Es zeigt sich überdies, dass der Zeitraum bis zur **durchgehenden Realisierung** einer Straßenverbreiterung so groß ist, dass der Anlass und die Grundlagen, deretwegen verbreitert werden soll, nicht mehr oder weitgehend verändert, gelten. Wie an mehreren Überlegungen dieser Untersuchung gezeigt wird, kann bis zur nächsten Änderung des Bebauungsplanes, die sinnvollerweise spätestens nach 15 Jahren erfolgen muss, keine der vorgesehenen Verbreiterungen ohne Eingreifen der öffentlichen Hand - also Enteignung statt Einlösung im Neubaufalle - verwirklicht werden konnten.

Höfe, Wege und Durchgänge

"Alle interessanten Wege führen aber über jenes Milieu hinaus, das mir vertraut ist. Irgendwo gibt es immer Ecken, hinter denen plötzlich alles anders ist. Vertrautheit ist nur erträglich, wenn ihr Abwechslung folgt."

Wolfgang Kos 1993[71]

Innenhöfe – Hinterhöfe

„Die Höfe in der Gründerzeit sind charakterisiert durch Mauern und Fragmentierung. Im Kern geht es darum, in den Höfen Aufenthaltsqualität zu schaffen - die Begrünung ist dabei nur eines der möglichen Instrumente."

Thomas Proksch 2018[72]

Wenn heute mehr Aufmerksamkeit der gründerzeitlichen Bausubstanz zuteil wird, sind damit primär die Straßenfassaden als Erscheinungsbild des ‚Grätzels' gemeint. Das wird schon dadurch unterstrichen, dass das **einzige Kriterium** für die Erhaltung der gründerzeitlichen Bausubstanz das **„Stadtbild"** ist. Die Substanz als solches – ob Substandard oder großbürgerlich, ob Gartenhof oder enger Hinterhof, ob Ausrichtung auf Bahnstrecken oder auf ruhige Innenhöfe wird, nicht angesprochen.

Kohoutek[73] sieht 2016 die Innenhöfe als **Indikator für soziale Rangunterschiede**: „Mehr noch als die Hausfassaden sind die Innenhöfe ein ziemlich präziser Indikator für sozialräumliche, also letztlich ökonomische Rangunterschiede. auch bei den Häusern der 'Vorstadt', deren Fassaden einigermaßen instandgehalten worden sind, herrscht in vielen Höfen das **nackte Grauen** von Verwahrlosung, abgestelltem Müll, ewiger Baustelle etc., während bei anderen die BewohnerInnen mit kleinteiliger Pflege und Begrünung sowie mit Maßnahmen der besseren Nutzbarkeit des Innenhofes begonnen haben."

70 W. Kainrath, Die alltägliche Stadterneuerung 1984
71 W.Kos ‚Pflichtwege und Kürwege' zit. in M. Wagner 1993, S. 18
72 T. Proksch in Stadt Wien – Masterplan Gründerzeit 2018, S. 66
73 R. Kohoutek 2016, S. 171

Das **Erscheinungsbild der Innenhöfe**, der ‚Städtischen Rückseiten' spielt bei Janna Hohn[74] eine ‚entscheidende Rolle' und stellt lakonisch fest, dass die städtischen Rückseiten nicht dem gewohnten Bild der Stadt entsprechen. Dem ist so: Wenn bei den Straßenfassaden noch eine gewisse Rücksicht auf den Nachbarn oder dem Gesamteindruck herrscht – oder von den Bauämtern erzwungen wird, sind an den Rückseiten, den Innen- und Hinterhöfe die bloße **Maximierung der Profitinteressen** als Stadtbildner tätig. Keinerlei Rücksicht auf Lichteinfall, ungedeckte Feuermauern, Werkstattabluft, Ausblicke, Begrünung. Welch ein Unterschied, den Kohoutek anspricht, zu ganzen Stadtteilen wie das Cottageviertel, wo nicht nur ein eigener Verein über die Rücksichtnahme wacht. Nein, bei jeder Bauverhandlung treten die Anrainer mit einem oder mehreren Anwälten und Sachverständigen auf, um ihre Interessen zu bewahren und durchzusetzen:

Das wahre Bild der Stadt zeigt sich in den Höfen!

Wenn Karl Hülbusch, der ‚Guru der Stadtvegetation' 1981 meint, die „die gängigen Verschönerungsmaßnahmen im Blockinnenhöfen wären ein „**Verwischen der Spuren** des Wohnverhaltens", eine „Vertreibung aus dem Alltag und der Geschichte", dann kann das nur als zynisch qualifiziert werden, von jemanden, der in einem Villenvorort zu Hause ist. Auch seine Kollegin Luise King war der Meinung: „Für den Blockinnenhof gilt: Solange es keinen Konsens über die Art, keinen Einfluss auf die Qualität der Veränderung gibt - und keine zwingenden Gründe für eine Veränderung vorliegen - ist es besser, den Status quo zu erhalten, den Veränderungsprozess also aufzuhalten."[75]

Glücklicher Weise geht man in Wien einen anderen Weg. Mit der **Blocksanierung, der ‚Sanften Stadterneuerung'** wie ihn das ‚Planquadrat' vorgezeigt hat, kann aus trostlosen Hinterhöfen von abqualifizierten Häusern und Bewohnern eine lebenswerte Zukunft und ein würdiges Dasein geschaffen werden.

Im Masterplan Gründerzeit (Stadt Wien –MA 21)[76] sieht das große Potential für ein Verbesserung des Mikroklimas in den Höfen: „Die dicht bebaute Gründerzeit stellt zwar per se eine nachhaltige Struktur dar (kompakte Bebauung, effiziente Nutzung von Infrastruktur), jedoch wirkt sich vor allem der hohe Versiegelungsgrad negativ auf das Mikroklima (Hitzeinseln, Versiegelung) aus. Zudem ist der unterirdische Aspekt der Versiegelung auch zu berücksichtigen: die vorgeschriebene Versickerungsfläche (von 10% der Grundstücksfläche die 500m² übersteigt) erscheint zu wenig, um das Wachsen einer für das Mikroklima **wirksamen Vegetation** zu gewährleisten.

Gerade das Entsiegeln von Höfen und Begrünen von Fassaden stellen kleine, kostengünstige Maßnahmen mit einer verhältnismäßig großen Hebelwirkung dar."

Die dazu notwendigen Instrumente sieht Robert Schediwy[77] in **Miteigentümergemeinschaften und Zutrittsservituten**, die „die ständige Gefahr der Verbetonierung durch Garagen und Gewerbetrakte hintanhalten und die Häuser und Wohnungen aufwerten kann." Diese Sicht grenzt an Naivität – die Miteigentümergemeinschaften sind ‚totes Recht' und können nur über Kommunalisierung oder bestenfalls genossenschaftlichen Grundbesitz aktiviert werden. Schediwy verwendet auch den Begriff ‚Hofgärten'. Das ist insofern interessant, weil das Planquadrat 4, 1971 unter dem Arbeitstitel **„Gartenhöfe"** angelaufen ist.

Teile der Gartenhöfe, die Rückseiten der Häuser sollten durch geeignete Maßnahmen dem erdgeschoßigen Wohnen zugeschlagen werden – Voraussetzung ist die Einrichtung von ‚Pufferflächen', um Störungen hintanzuhalten, die solche Projekte zu Fall zu bringen.

74 J. Hohn 2019, S. 34
75 L. King – Veränderungsprozesse zit. Vortrag K.H. Hülbusch, TH Darmstadt 1981, S. 75
76 Stadt Wien – MA 21 ‚Masterplan Gründerzeit' 2018, S. 67
77 R. Schediwy 1981, S. 66

Das Grün im Hinterhof als kostbare Ressource inmitten der Stadt erhält auch deswegen nur wenig Anerkennung, weil sich in einem Mehrparteienhaus klare Verantwortlichkeiten schwer verwalten lassen. Eine **Zuordnung des Hinterhofs** zu einer Wohnung im Erdgeschoßbereich kann auch zu einer Innenhofpflege und -begrünung und damit zu einem indirekten Vorteil für die gesamte Hausbelegschaft führen. Besonders für ältere und mobilitätseingeschränkte Personen [und Kinder] könnten hier barrierefreie qualitative neue Wohnmodelle entstehen."

Wege und Durchgänge

Nicht nur die Kopenhagener Stadtverwaltung auch in anderen europäischen Städten steht die Förderung des Zu-Fuß-Gehens an vorderster Stelle von umweltfreundlicher Mobilität – in ihrer Bedeutung noch vor dem Radfahren: „Das erklärte Ziel der Kopenhagener Stadtverwaltung ist, den Fußgängerverkehr um 20% auszuweiten. Die Gründe sind vielfältig:[78]

Klima - das Zufußgehen verbraucht keine fossile Energie

Verkehrsdichte - beim Gehen braucht man weniger Platz

Gesundheitspolitisch - durch gehen bleibt man schlank und lebt gesünder

Lebensqualität - fördert den Blickkontakt zu anderen Menschen und gehört zu den Grundbedürfnissen einer Gemeinschaft

Wenn beispielsweise in einem Wiener Stadtbezirk – dem 3. Bezirk Landstraße – 55% aller Arbeitswege im gleichen oder angrenzenden Bezirk absolviert werden, dann kann die angestrebte ‚Viertelstundenstadt' umweltfreundlich nur durch eine **Erhöhung des Fußweganteils** im Modal Split erreicht werden.

Wie können wir dieses Ziel erreichen? Wolfgang Kos[79] sieht in ‚Pflicht- und Kürwegen' den Anreiz, auch kurze Strecken über Fußwege zurückzulegen und Neues zu versuchen: "Die Pflichtwege - sind sie einmal internalisiert - werden von der StädterInnen schnell durch Kürwege ergänzt, durch Alternativwege, die je nach Maß von Neugierde und Abenteuerlust gewählt werden: Umwege, Schauwege, Risikowege. Die **'Wegregie' unterliegt oft Stimmungen**: ist der Kopf voll mit Gedanken und Ideen, wird man die regelhafte Eintönigkeit des Gewohnten bevorzugen, ist der Kopf leer und die Seele schwer, wird man nach Auslagen, städtischen Lesematerial und zerstreuenden Sensationen Ausschau halten (oder umgekehrt)."

Sackgassen sollen als „Angsträume" vermieden werden und zumindest als Fußwege fortgesetzt werden: [80]"Erst wenn die Umgebung so beschaffen ist, dass sich die Möglichkeit bietet, von ihr abzusehen, entlässt sie den Einzelnen auch aus dem Zwang, mit ihr in Beziehung zu treten. [...] Die Sackgasse ist ein typisches Beispiel für einen nichtöffentlichen Raum. Sie erlaubt Anwesenheit nur dann, wenn man mit den Anliegern in Kontakt treten will und kann. Die bauliche Form der Sackgasse führt zur **Okkupierung öffentlichen Raums** durch die Anlieger. Diese würde sich zum Beispiel dann ändern, wenn sie nach hinten durch einen Fußweg weitergeführt würde."

Ein weiteres Mittel wird von Wolfrum und Janson[81] etwas hochtrabend „als Durchdringung von Körper und Raum angesprochen" – die Inkorporation, die Einverleibung, durch die ein Bauwerk vom Körper eines anderen umfasst wird. Als Beispiel wird das Tempietto von Bramante in Florenz genannt. Etwas banaler und bodenständiger könnte die Hinterhofarchitektur wie beispielsweise die ‚Hofmühle' in der Schönbrunner Straße' oder **Durchgänge in Häuserblöcken** angesprochen werden.

78 Tina Saaby – Stadtarchitektin Kopenhagen zit. in Stadt Wien-MA 18 2014, S. 56-57
79 W. Kos in M. Wagner 1993, S. 16
80 Häußermann und Siebel 1992, S. 45
81 Wolfrum –Janson 2016, S. 73

Dann sind wir bei der zeitgeistigen **'Porosität' der Stadt**, die Durchlässigekeit und Diffundierbarkeit, ihrer Möglichkeiten und Vorteile für die Entwicklung unseres Gemeinwesens.

Jane Jacobs war die Erste, die anhand von Beispielen nachwies, wie durch lange Häuserblöcke **'Verschattungszonen'** entstehen, in den kein Leben mehr herrscht: „Die Vorteile kurzer Baublöcke sind kürzere Wege und die Belebung ansonsten öder, langer Seitenstraßen. Anstelle einer Konzentration der Straßenschäfte in der Sammelstraße, haben auch in den Zubringerstraßen kleinere Geschäfte Überlebenschancen und damit lernen die Passanten auch andere Wege -die gleich lang sind - und damit ihr Quartier kennen."[82]

Landstraßer Fußwegplan

Sobald ein Hindernis auftritt – wie große undurchdringliche Häuserblöcke, Gewerbeflächen, Kasernen oder andere großflächige öffentliche Einrichtungen nicht durchlässig sind, **entstehen 'tote Orte'**. Sie bewirken ein Nachlassen des Fußgängerverkehrs und ein Nachlassen der Straßenbenützung – Geschäfte sperren zu und Unsicherheit entsteht: Das Kennzeichen 'toter Orte'.[83]

Als Lösung schlug Jacobs – etwas unrealistisch - Durchbruchsgassen vor. Eher einfachere, machbare Lösungen liegen in **Durchgängen und 'Durchhäusern'** – eine wienerische Spezialität, die beispielsweise auch am Prager Wenzelsplatz zu finden ist.

Im Fachkonzept 'Öffentlicher Raum' der Stadt Wien-MA 18[84] wird diese Forderung aufgenommen:

„Um die feinmaschige Durchwegung von Stadtvierteln sicherzustellen (empfohlen sind im Handbuch Gender Mainstreaming 150 Meter Blocklänge), ist es notwendig, auch auf privatem Grund Durchgänge vorzusehen, die der Öffentlichkeit zur Verfügung stehen. diese sind in erster Linie als öffentliche Durchgänge bzw. Fußwege im Bebauungsplan auszuweisen [...] wobei Möglichkeiten zur rechtlichen Verbindlichmachung zu prüfen sind.

Roland Rainer Rainer verband die Durchgangsidee mit der **„Entkernung"** von Häuserblöcken in der Diktion der 60er Jahre:[85] "Insgesamt müssen die Verkehrsräume der modernen Stadt ein sehr differenziertes Adernetz bilden, indem sehr verschiedenes Blut sehr verschieden schnell fließt, ohne sich gegenseitig zu behindern. [...] Wenn Fußwege durch das entkernte Innere der alten Baublöcke geführt werden, kann ein von den Fahrstraßen unabhängiges, **ungestörtes Fußgänger- und Radwegenetz** im Grünen entstehen."

82 J. Jacobs 1963/1975, s. 110 ff
83 J. Jacobs 1963/1975, S. 149
84 Stadt Wien-MA 18 2018, S. 30
85 R. Rainer in H. Swoboda 1990, S. 179

Mögliche Konflikte und ihre Vorkehrungen spricht Cordula Loidl-Reisch an:[86] "Belastungen und Konflikte ergeben sich zwischen Fußweg-Nutzern und Anrainern (Lärm, Verunreinigung, Sicherheit) vor allem dort, wo ‚Pufferzonen' zwischen öffentlichen Fußwegverbindungen und angrenzenden Privatgrün fehlen. De Schließung und die Verhinderung derartiger Verbindungen sind die Folgen. Nur entsprechende Widmungen, die auch den berechtigten Wunsch der Anrainer nach ‚Pufferzonen' Rechnung tragen, führen zum erwünschten Ergebnis, nämlich der Verwirklichung der ‚Stadt der kurzen Wege'.

Das in Ansätzen realisierte Beispiel einer Verbindung der Öffnung von Innenhöfen und damit ihre öffentliche Zugänglichkeit mit einem vom Fahrverkehr der Hauptstraßen unabhängigen Fußwegenetz stellt der Autor anhand des 3. Wiener Gemeindebezirks dar, die mit dem ‚Walk space award' des Verkehrsclubs Österreichs (VCÖ) ausgezeichnet wurde (s.a. MB – F)

Sequenzen und Orientierung

„Sich in einer Stadt nicht zurechtfinden, heißt nicht viel. In einer Stadt sich aber zu verirren, wie man in einem Walde sich verirrt braucht Schulung."

Walter Benjamin 1963, S. 55

„Der Schrecken der Verirrten rührt von der Notwendigkeit des mobilen Organismus her, sich an seiner Umwelt zu orientieren."

Kevin Lynch 1960[87]

Die Erkenntnis Walter Benjamins, dass „der oberflächliche Anlass, das Exotische, Pittoreske nur auf Fremde wirkt",[88] kann durch Untersuchungen im Weißgerberviertel[89] unterstrichen werden. Weder die Abfolge der ‚Hundertwasser-Stätten' noch die Jugendstilbauten wurden von Einheimischen genannt, sondern der kreisrunde Radetzkyplatz und der Platzraum mit der Kolonitzkirche.

Als Einheimischer zum Bild einer Stadt zu kommen, erfordert andere, tiefere Motive. Motive dessen, der ins **Vergangene statt in die Ferne** reist. Immer wird das Stadtbuch des Einheimischen Verwandtschaft mit Memoiren haben, der Schreiber hat nicht umsonst seine Kindheit am Ort verlebt."[90]

Selbst Camilo Sitte, dem man seine ‚künstlerische Sicht' vorwarf, schränkte ein:[91] "Ein Straßennetz dient immer nur der Communikation, niemals der Kunst, weil es niemals sinnlich aufgefasst, niemals überschaut werden kann, außer am Plan [...] künstlerisch wichtig ist nur Dasjenige, was überschaut, was gesehen werden kann, also die einzelne Straße, der einzelne Platz."

Diese statische Sicht hat Albert Erich Brinckmann in verschiedenen Veröffentlichungen von 1911 - 1921 als zu ‚bildhaft' gesehen: "Brinckmanns Fußgänger muss sich durch den Stadtraum bewegen, da die räumliche Anschauung, das heißt das Erleben eines Raums nach seiner Körperlichkeit ebenso wie die plastische Anschauung auf einer Bewegungsvorstellung beruht. [...] Eine Straße muss in **Bewegungsabschnitte gegliedert**, Straßenecken können durch Richthäuser, die aus der Bauflucht springen, betont werden, sodass sich eine Abfolge unterschiedlich dimensionierter Räume ergibt. An verschiedenen Beispielen zeigt Brinckmann, dass der bauliche Rhythmus einer Straße je nach Laufrichtung divergiert, mithin **beide Richtungen** bei der Gestaltung berücksichtigt werden müssen: Sittes statisch-bildhafte Raumauffassung wird somit

86 C. Loidl-Reisch 1995, S. 119-120
87 K. Lynch zit. in U. Conrads 1974 S. 145
88 W. Benjamin 1929
89 OPK – Offenes PlanerInnenkollektiv 2014
90 P. Szendi im Nachwort in Benjamin 1963, S. 79
91 C. Sitte 1901/1965, S. 97

zwar überwunden, andere die Großstadt dominierende Fortbewegungs- und Wahrnehmungsformen, die Anfang des 20. Jahrhunderts die Stadt bereits wesentlich mehr prägen als diese zu Sittes Zeit der Fall war, werden jedoch vernachlässigt."[92]

Auch Sigfried Giedion (1965) hat die **Notwendigkeit des Standpunktwechsels** zur Raumerfassung so ausgedrückt: "Die Essenz des Raumes, wie er in seiner Vielfalt erfasst wird, besteht in den unendlichen Möglichkeiten seiner inneren Beziehungen. Eine erschöpfende Beschreibung von einem einzigen Augenpunkt aus ist unmöglich. Sein Aussehen wechselt mit dem Punkt. von dem aus er gesehen wird."[93]

Wichtiger aber ist die Tatsache, dass die Erfassung bestimmter Wesenszüge eines städtebaulichen Gefüges - etwa eines Stadtgrundrisses - ganz einfach auf die Bewegung des Betrachters, auf das Durchschreiten angewiesen ist. [...] Die Aufnahme solcher **Raumsequenzen**, wie sie als ‚Wege' auch bei Kevin Lynch in seinem ‚Bild der Stadt' eine Rolle spielen, ist ein besonders wichtiges Kapitel der städtebaulichen Bestandsaufnahme. [...]

Will man diesen Aspekten dem Rahmen der Bestandsaufnahme gerecht werden, so erfordert das allerdings die Erarbeitung geeigneter Kategorien ihrer Erfassung und - was ein Problem eigener Art bedeutet - zu ihrer zweckmäßigen Darstellung."

Michael Trieb hat Notationssysteme für die ‚urbane Sequenzchoreografie' entwickelt – beklagt aber die fehlende Einigung darüber, welche Inhalte einer ‚allgemeingültigen Notierungssymbolik bedürfen.'[94]

Wichtiger als die grafische Erfassung ist aber der **Aufbau sequenzorientierter Stadtgestalt**, wie sie Kevin Lynch fordert:[95] „Die Einprägsamkeit der städtischen Umwelt zu erhöhen, bedeutet: Erkennen und Aufbau des sichtbaren Bildes zu erleichtern. Die vorher isoliert betrachteten Elemente - Wege, Grenzlinien, Merkzeichen, Brennpunkte und Bereiche - sind die Bausteine aus denen eine ablesbare, klar differenzierte Struktur im städtischen Maßstab entstehen kann. [...] Die Wege sind sicher die stärksten Ordnungsmittel. [...]

Die Bewegungslinie sollte eine eindeutige Richtung haben. Das menschliche Gehirn wird durch häufige Wiederholung von Wendungen oder durch allmähliche, zweideutige Kurven, die schließlich zu größeren Richtungsänderungen führen, verwirrt. Die ununterbrochenen Windungen der venezianischen Gassen oder die Straßen in Olmstedts romantischen Plänen [...] verwirren rasch alle außer den sehr anpassungsfähigen Beobachtern."

Alle diese angesprochenen Elemente, Akzente und Merkzeichen durchbrechen die ‚positiven' Kriterien der Stadtgestaltung wie Einheitlichkeit in Baualter und Traufhöhe, Geschlossenheit, gemeinsame Merkmale – es ist geradezu das Gegenteil, was die **Komplexität und die Orientierbarkeit** verlangen. Jede Unterbrechung – in Maß und Ziel – ist willkommen, jede Baulücke, jedes vor- oder rückspringende Gebäude, mit aus der Zeit herausfallende Entstehungszeiträumen, Feuermauerbemalungen und Aufschriften allgemein – sind jene Elemente, die die Stadtgestalt wenn auch nicht immer schön – aber interessant machen: die Würze in der faden Suppe des ‚grauen Alltags'.

Denn der „öffentliche Raum bestimmt die Lesbarkeit und Orientierung im Stadtsystem, definiert durch Stadtgestalt und konkrete Sequenzabfolgen."[96]

92 A, Brandl 2013, S. 70
93 S. Giedion, 1965, S. 280 zit. in M. Löw 2017, S. 203
94 M. Trieb 1974, S. 101
95 K. Lynch 1960/1998, S. 114-115
96 Schwarz-Viechtbauer und Schwarz 2008, S. 7

Auch hier erinnern Frequenzabfolgen Ernst Heiss an **musikalische Metapher**:[97] "Bei guter Gestaltung entstehen immer wieder rhythmische Sequenzen, abwechslungsreich, spannend und einprägsam. Denken sie an den kompositorischen Aufbau einer Symphonie, ihrer Gliederung in schnelle und langsame Sätze. [...], oder an Jazzmusik mit ihren erregt pochenden Grundrhythmus, der von **freien, synkopierten Improvisationen** umspielt wird."

Kevin Lynch verbindet die zwei grundsätzlichen Arten der Gliederungen des Stadtgefüges mit Anklängen an musikalische Abfolgen:[98]

1. **Hierarchisches Grundprinzip**. Quartier - Stadtteil - Bezirk - Teilstadt - Gesamtstadt - Stadtregion, wobei jedes Teilzentrum das nächsthöhere Zentrum ergibt (wie in der ,gegliederten Stadt') – die **Gegenposition ist das Halbgitter** nach C. Alexanders ,The city is not a tree'.
2. **Ein oder zwei dominierende Elemente** (Küsten, Flussläufe, Boulevards), die eine Vielzahl kleinerer Elemente verbinden (Sequenzen in zeitlicher Abfolge) die auch musikalisch gedeutet werden können (Overtüre - Akte/Arien - Finale) oder eher jazzartig entsprechen (Chorus – Soli / Improvisationen - Chorus). Letzteres kann richtungslos durchschritten werden.

Wolfgang Kos hat in seinem Beitrag im Sammelwerk „Bewegung"[99] die Thematik der Routinewege und der Touristenpfade thematisiert, ein Phänomen, das bereits eingangs angesprochen wurde: "Routinewege unterscheiden sich grundsätzlich von touristischen Routen, auf denen man von Highlight zu Highlight wandert, von Bild zu Bild, und damit das komplexe Phänomen Stadt auf einige Ansichtskarten, auf wenige 'Motive' reduziert. Der übliche Weg durch die eigene Stadt erschließt dagegen **Normalität; jene Serialität** (Fähigkeit sich sichtbare Informationen zu merken und zu beschreiben) des Urbanen, die ArchitektInnen und StadtmanagerInnen, die so gerne in Solitären und Prunkzeichen denken, so leicht entgleitet, seit Trophäenbau so viel zählt und Stadtbau so wenig."

Sünnhof Landstraßer Hauptstraße

Den Unterschied in der Wahrnehmung sieht auch Horst Schmidt-Brümmer[100], wenn der ,Orientierungszwang' in der eigenen Stadt wegfällt und je nach Mobilitätszweck das **zeitgerechte Erreichen des Ziels** oder das ,Flanieren' im Vordergrund steht. Dann können auch ästhetische Gesichtspunkte eine große Rolle spielen, die Hermann Knoflacher anspricht:

"Ohne genau zu wissen was Stadtästhetik ist, nur unter der Annahme, dass ein Park für den Fußgänger attraktiver wäre als eine stark befahrene Straße, ergaben empirische Beobachtungen, dass durch eine ästhetisch und verkehrsplanerisch hochwertiges Umfeld der Widerstand gegen Fußwege um 70% reduziert werden kann. Das bekannte Phänomen, dass

97 E. Heiss und K. Glotter 1997, S. 42
98 K. Lynch 1960/1998, S. 133-135
99 W. Kos in M. Wagner 1993, S. 1
100 H. Brümmer und A. Schulz 1976, S. 18

Durchhaus Haydn-Hof Wien 6

man lieber einen längeren Weg geht, wenn er schön ist, als einen kurzen, der hässlich ist, war plötzlich zu einer berechenbaren Größe geworden, die außerdem in weiteren Forschungsarbeiten auch theoretisch untermauert werden konnte."[101]

Wie beispielsweise die Bemühungen des Verfassers im 3. Wiener Gemeindebezirk ein Netz von Durchgängen und Fußwegen [102]aufzubauen, Früchte trug: der **Fußgängeranteil im Modal Split** der Landstraße betrug mit 37% den höchsten Wiener Wert (Der Durchschnitt liegt knapp bei30%).

Ein mit den Durchgängen (öffentlich oder in Privatbesitz verbleibend ist der Wunsch des Autors nach einer Benennungsmöglichkeit und damit zur **Adressbildung**. Beim Trend immer größere straßenlose Quartiere zu bilden, kommt es zu Problem mit der Stiegenbezeichnung. Waren es in der Zwischenkriegszeit die großen Superblöcke wie der ‚Karl-Marx-Hof' mit 98 Stiegen oder der ‚Rabenhof' mit 78 Stiegen, sind es heute ähnliche Probleme, die nur mit Hilfskonstruktionen wie Hausnamen (Anton, Lotte, Berta) oder römischen Zahlen wie im Arsenal (Objekte I - XXVII) annähernd gelöst werden. Wie einfach wäre es, **Durchgänge benennen** zu dürfen um für Besucher, Hilfsdienste, Feuerwehr und Postzustellung klare Verhältnisse zu schaffen. Und die Bewohner wohnen lieber am Ida-Pfeiffer-Weg 15 als auf Stiege 17/Tür46!

Öffentlichkeit/Privatheit in den Erdgeschoßen

„Die Möglichkeit in bestehende Nutzungsstrukturen einzugreifen sind für die öffentliche Hand begrenzt. Das Grundrecht auf Eigentum, das Sachlichkeitsgebot und der Gleichheitsgrundsatz bilden dabei die verfassungsrechtlichen Schranken, die bewirken, dass Nutzungszwänge oder -gebote gegen den Willen der Grundeigentümer nur schwer umsetzbar sind."

Arthur Kanonier 2011[103]

Die Nutzung der Erdgeschoßzone - so wichtig sie auch für das Leben der Stadt, für die Urbanität auch sein mag - der Problembereich der Trennung oder allmählichen Übergang von **Öffentlichkeit und Privatheit** steht dabei an vorderster Stelle.

Ein absolutes Gebot steht dabei an erster Stelle: unabhängig von den Eigentumsverhältnissen, muss **Klarheit über die ‚Zuständigkeit'** der Flächen und Räume herrschen. Das mag wohl ‚spießig' klingen, ist aber die Voraussetzung für ein Funktionieren

101 H. Knoflacher – Der Mangel an Ästhetik als Verkehrsproblem in R. Mayerhofer 1987, S. 101
102 s. S. 8-24 im Detail
103 A. Kanonier in Perspektive Erdgeschoß –Stadt Wien MA 18 2011, s.141

des Spannungsverhältnisses Öffentlichkeit – Privatheit, mit allen ihren Halböffentlichkeiten, beschränkter Öffentlichkeit oder Gemeinschaftsflächen aller Art.

Hans Stimmann sieht in der Trennung Öffentlichkeit – Privatheit, die **Dialektik der europäischen Stadt**: „In der Konkretisierung heißt das, bei jedem Projekt zwischen eindeutigem öffentlichen Vorne und privatem Hinten der Häuser, zwischen öffentlichen Straßen, Plätzen, Parkanlagen und privaten Höfen und Gärten zu unterscheiden."

Das gilt im Großen, wo **Zuständigkeiten** zwischen Gebietskörperschaften Festlegungen bedürfen oder Bezirksgrenzen, die meist in Straßenmitten verlaufen und Kosten des Straßenerhalts einer fairen Teilung bedürfen und reicht im Kleinen bis zu Gehsteigausräumungen oder die Fragen der Erhaltungspflicht in Durchgängen.

Bedeutung der Erdgeschoßzonen

> *„Der Begriff Stadtparterre umschreibt das Zusammenspiel von Erdgeschoßen, Fassaden, Portalen, Gehsteigen und Diffundierungsräumen zwischen drinnen und draußen. Das Stadtparterre umfasst auch die Innenhöfe der Gebäude, es ist also das Parterre der gesamten öffentlichen Stadt."*
>
> Angelika Psenner 2021[104]

"Die Kostbarkeiten der Vorstadt sind dann allmählich verschwunden. Die kleinen **Kaffeehäuser** wurden durch 'Espressos' abgelöst, die meisten der zahlreichen **Eckgasthäuser** existieren nicht mehr. Eingestreut hatte es gutbürgerliche Gasthäuser gegeben, in denen die lokale Oberschicht der Gewerbetreibenden und der Geschäftsleute verkehrte. Einige Lokale der neuen Gastronomie experimentieren mit einer Belebung des Viertels. Was ist der Virus vergangener Zeiten gegen den Bazillus von Neuheiten in der Vorstadt: neuen Geschäftsportalen, Auslagengestaltungen, Automatensalons und den 'Kreativen', die leerstehende Erdgeschoßlokale in ihren Besitz nehmen?"[105]

Wiener Geschäftsportale

"Die meisten Geschäfte und Essensausspeisungen waren klein und hatten direkte Zugänge von der Straße aus. Das heißt: Überall dort, wo wir heute im Erdgeschoß bestenfalls Fenster vorfinden, wenn diese nicht schon längst zugemauert und Garageneinfahrten zum Opfer gefallen sind, gab es große, gläserne Portale - oft sogar mit Markisen und Baldachinen. Die Stadt der Fußgängerinnen und Fußgänger war voller Türen."[106]

So schilderten Rudi Kohoutek und Wojciech Czaja **das nahezu verschwundene Straßenbild von ‚damals'**, als die Erdgeschoße noch eine überragende Bedeutung für die Funktionsfähigkeit der Stadt und das Stadtbild hatten. Werden wir bald das gleiche Bild in den gründerzeitlichen Bereichen haben wie in den Stadterweiterungsgebieten?

104 A. Psenner im Gespräch mit W. Czaja in Standard-Album 31.1.2021, S. A8
105 R. Kohoutek 2016, s. 10-11
106 W. Czaja 31.1.2021 S. A8

Die Stadt Wien beschäftigte sich im Werkstattbericht 121 der MA 18 mit den Erdgeschoßzonen. Philipp Rode sieht in der **Interaktion der Gebäudenutzung** und dem Öffentlichen Raum das entscheidende Kriterium:[107]

„Soll die Erdgeschoßzone als Möglichkeitsraum begriffen werden, so muss sie vorerst für Nutzungen verfügbar gemacht werden. Dabei stellt die Interaktion mit dem öffentlichen Raum ein wesentliches Kriterium dar. Die Gestaltung des öffentlichen Raums wirkt auf die Attraktivität der Erdgeschoßzonen, woraus aber nicht geschlossen werden kann, dass allein die Neugestaltung des öffentlichen Freiraums auch eine Aktivierung der Erdgeschoßzonen nach sich zöge. [...]

Ebenso wenig wie Stadt als fertiges Produkt gedacht werden kann, ist ein Gebäude, seine Erdgeschoßzone und der öffentliche Freiraum als statische Umgebung zu verstehen, die - einmal hergestellt - wie geplant funktioniert und genutzt wird. Mangelnde Nachfrage, fehlende soziale Dichte und Entleerungsprozesse werden im Planungsprozess entweder ausgeblendet (meist in der Wettbewerbsphase) oder antizipiert, indem statt attraktiver Erdgeschoßnutzungen Radabstellplätze, Müllräume, Garagenabfahrten und Erschließungsräume platziert werden. Damit wird nicht nur die Erdgeschoßzone auf **Lager- und Logistikfunktionen degradiert**, sondern auch der Freiraum zum Verkehrsraum abgestuft."

Robert Temel sieht in seinem **,Lob der Erdgeschoßzone'**[108] in der Reduzierung des Autoverkehrs so lange keine ,neue Nutzungsschicht' einen Anreiz zur intensiveren Nutzung der Straße gibt. „Die Erdgeschoßzone verbindet (und trennt) nicht nur öffentlichen Raum und Wohnen, sondern auch öffentlichen Raum und halböffentlichen Hof sowie Hof und Wohnen, sie ist die **Schaltstelle** zwischen diesen drei Bereichen. Eine bessere Nutzbarkeit der Höfe als wohnungsbezogene Freiraum verbessert auch die Situation der Erdgeschoßzone. In diesem Sinne ist die **Erdgeschoßzone halböffentlich** - rein private Verfügung über diesen Bereich kann zeitgemäßer Stadtentwicklung hinderlich sein, ein Stadthaus ist keine ausschließliche Privatangelegenheit, sondern bestimmt die gesamte Stadt mit."

Das Ziel, die Verantwortung der Erdgeschoßzone aus dem privaten Bereich als ,halböffentlich' zu transformieren bleibt leider **reine Deklaration**. Sowohl die Hauseigentümer, aber noch mehr die Bewohner wehren sich vehement gegen jede Form von mehr Öffentlichkeit. Nicht einmal absperrbare Türen von den Hausgärten zum Gemeinschaftsgrün konnten realisiert werden – bloß im kommunalen Grundbesitz konnte die Öffnung – ohne Zäune - umgesetzt werden, weil die Bewohner erst später kamen und dann nicht mehr gefragt wurden.[109]

Ähnliche Probleme gibt es bei den Durchgängen, die wohl verrechtlicht werden können (Flächenwidmungsplan), aber nach der (erzwungenen) Errichtung seitens der Baubehörde ,mangels Zuständigkeit' nicht mehr verfolgt werden. Der langsame Schließungsprozess ist ein Kampf der **Anrainer gegen die Hausbewohner** (im Eigentum der Hausmitbesitzer).

Wenn auch Angelika Psenner im Masterplan Gründerzeit[110] die Durchlässigkeit der Erdgeschoßzone beschwört und die negativen Folgewirkungen mangelnder Durchlässigkeit der Stadt zuschreibt, fehlen die geeigneten **Instrumente zur Durchsetzung**: „Die visuelle und haptische Durchlässigkeit des gründerzeitlichen, in der Regel halböffentlichen Erdgeschoßes belebt den Straßenraum und hat oft den positiven Nebeneffekt eines gesteigerten Sicherheitsgefühls (indirekte Beleuch-

107 P. Rode in Perspektive Erdgeschoß – Stadt wien MA 18 2011, S. 138-139
108 R. Temel in Perspektive Erdgeschoß, Stadt Wien MA 18, 2011, S. 192-193
109 Planquadrat 4 1974 ff
110 A. Psenner ,Das Wiener Gründerzeitparterre' Stadt wien, MA 21 2018, S. 60

tung bei Nacht). Garagen, Lagerräume und Leerstände brechen den ursprünglichen räumlichen Zusammenhang des Stadtparterres - derartige Unternutzungen wirken sich auf ganze Straßenzüge aus. Die negativen Folgewirkungen müssen dann von der Stadt getragen werden.

In ihrer Definition des Stadtparterres sieht sie daher folgerichtig „das Zusammenspiel von Erdgeschoßen, Fassaden, Portalen, Gehsteigen und **Diffundierungsräumen** zwischen drinnen und draußen. Das Stadtparterre umfasst auch die Innenhöfe der Gebäude, es ist also das Parterre der gesamten öffentlichen Stadt." Und damit folgt das ‚Stadtparterre' dem Nolli-Plan Roms aus 1748.[111]

Reaktivierung der Erdgeschoßzonen

> *„In der Nutzung der Erdgeschoßzonen verhält sich der urbane Bedeutungsüberschuss umgekehrt proportional zur Miethöhe."*
>
> Rudolf Zabrana 2021

Weitere Vorschläge für eine Reaktivierung der Erdgeschoßzonen sind:

- Vernetzung der unterschiedlichen Institutionen und der Stakeholder zu intensivieren [112]
- Mischung aus ökonomisch verwertbaren Flächen und frei bespielbaren Flächen durch die Bewohner[113]
- Flexiblere Grundrisse (keine Scheiben) und Geschoßhöhe von mindestens 3,50m
- Mietendeckel von 5,- €/m² (lagebedingt) oder reine Umsatzkopplung (etwa 6%) – bei manchen Objekten bereits eingeführt wie ‚Albatros' in Erdberg
- Untersagung von antiurbanen, logistischen Nutzungen wie Garagen, Fahrradabstellräume, Einlagerungsräume
- Programmierung von Erdgeschoßen in Hochhäusern als integraler Teil des öffentlichen Raums[114] mit dem Stadtraum zu ‚verschmelzen' [115]

111 s. Abbildung S. 8-3
112 Perspektive Erdgeschoß S. 41
113 aaO. Wohnfonds Wien S. 41
114 C. Luchsinger et al. – Fachkonzept Hochhäuser, Stadt Wien MA 21, 2015, S. 37
115 „Die Verbindung von Sichtbarkeit und Isolation ist kennzeichnend für die Beziehung, die [moderne] Gebäude heute auf der Ebene des Erdgeschoßes unterhalten. Meist bestehen die Wände des Erdgeschoßes aus riesigen Glasscheiben, und es gibt nur wenige, kontrollierte Eingänge. auf diese Weise ist das Gebäude deutlicher von der Straße getrennt als ältere Gebäude mit Fenstern, die sich öffnen lassen, und dies, obwohl nach Giedions Worten eine optische ‚Verschränkung' zwischen Innen und Außen zustande kommt. [...] Sehen zu können, was man nicht hören, berühren, spüren kann, verstärkt das Gefühl, das, was sich im Inneren befindet, sei unzugänglich." Richard Senett 1991, S. 146

6.2 Grenzen und Barrieren

"Menschen ziehen Grenzen um das Chaos der Welt zu ordnen, soziale Zugehörigkeit zu unterscheiden,
Sicherheiten herzustellen, Räume zu definieren. die Stadt ist voll von solchen verborgenen Grenzen sozialer Räume, von Räumen der Macht, Vorherrschaften und Abwehr, sozialer Distinktion und Ritualen. Für Eingeweihte sind sie erkennbar, und sie haben so ihre kommunikative Wirkung"

Sophie Wolfrum und Alba Janson 2016[116]

Die **Rolle von Grenzen oder Barrieren** im Stadtgefüge können höchst unterschiedlich sein und können trennen oder verbinden, können eine Bereicherung des Stadtbildes sein wie etwa Wasserläufe oder Ufer oder negative Auswirkungen auf das Stadtgefüge haben wie Schnellstraßen oder Bahnlinien, aber auch große Industriegebiete oder andere großflächige Einrichtungen wie Krankenhäuser, Ver- oder Entsorgungsanlagen, Friedhöfe oder Ähnliches.

Grenzen oder Barrieren gliedern die Stadt in **überschaubare Einheiten**[117] und sind nicht unbedingt schädlich. Wenn jedes durch eine Grenze voneinander verschiedenen Gebiete groß genug ist, um einen lebensfähigen Stadtteil abzugeben, kann das Aufteilen sogar sehr nützlich sein, es kann ein Mittel zur Orientierung und Charakterisierung sein. Schwierig wird es erst, wenn die Bezirke in schwache, funktionsunfähige Gebiete zerstückelt werden.

Für gewöhnlich neigen Grenzen dazu in nahegelegenen allgemein genutzten Gebieten Leerräume zu bilden; Grenzen jeder Art zerschneiden die Stadt in Stücke. Sie **trennen die 'Nachbarschaften'** der gewöhnlichen Stadt und verhalten sich somit entgegengesetzt zu kleinen Parks oder Straßen, die die Gebiete und Nutzungen zu beiden Seiten miteinander verknüpfen. Diese Leerräume sind **Anziehungspunkte für Rotlichtviertel**, Border Vacuums' oder Stadtrandzonen und kommen dem Phänomen der ‚Städtischen Rückseiten' deutlich näher.[118]

Gerhard Held schlägt in ‚Die Eigenlogik der Städte' folgende Differenzierung vor: „Grundsätzlich setzt das **Territorium** als räumliches Strukturprinzip **auf Ausschluss**, die **Großstadt auf Einschluss**. Das eine braucht die Grenze und erhöht auf diese Weise die Homogenität im Inneren, das andere verneint die Grenze und erhöht die Dichte und die Heterogenität."[119]

Das Ziel der Großstadt ist also nicht die Abgrenzung, sondern im Gegenteil die Ausdehnung mit ‚weichen Rändern anstelle von hermetischen Grenzen'. Die ‚weichen Rändern' dienen der Vervielfältigung in **Form fraktaler Strukturen** um den doppelten Vorzug von Stadt und Land, geschütztem Wohnraum mit weitem Blick zu vereinen[120] (Kurt Tucholsky – Ja das möchste...). Die Fraktale ist jene geografische Figur, die sich in sich immer wieder vervielfältigen kann und damit die Ränder – die am begehrtesten sind, zu maximieren.

Die **Gegenfigur sind geschlossene Ortsgebiete**, wie sie in statischen oder schrumpfenden Gesellschaften zu finden waren wie beispielsweise in der ehemaligen DDR.

116 S. Wolfrum und A. Janson 2016, S. 83
117 s.a. Christopher Alexander, der Stadtteile durch Barrieren gliedert um ihre Identität zu stärken.
118 s.a. J. Hohn 2019, s. 38
119 zit. in Wolfrum-Janson 2016, S. 77
120 aaO. S. 85

Richard Sennett sieht in der amerikanischen Stadtentwicklung die physische Grenzbildung zum Auseinanderhalten gesellschaftlicher Gruppen: "Angesichts der Feindseligkeit zwischen verschiedenen gesellschaftlichen Gruppen in der Stadt, geht der erste Impuls des Planers dahin, die miteinander in Konflikt liegenden, dissonanten Kräfte gegeneinander abzuschotten und im Inneren Wände, statt durchlässiger Grenzen zu errichten. So dienen beispielsweise Schnellstraßen und Autoverkehr dazu, verschiedene soziale **Territorien voneinander abzugrenzen**; auch die funktionale Mischung ist zu einem Mittel geworden, Grenzen abzudichten. [...]

Überfuhr am Donaukanal

Erdberger Steg (J. Zeininger)

Simone de Beauvoir-Passarelle, Paris – D. Feichtinger

Nur wenn sie eine Grenze überschreiten, vermögen sie andere so zu sehen, als sähen sie sie zum ersten Mal. Diese Erfahrung von Anstoß, Verschiebung und Widerstand machen wir in der Kunst - in der Struktur unserer Städte hat sie keinen Anhaltspunkt."[121]

Kevin Lynch schlägt Maßnahmen vor, wenn **stark kontrastierende Gebiete** – beispielsweise mit starken sozialen Unterschieden dicht gegenüberstehen und sich nicht sichtbar unterscheiden: „ist es anzustreben die beiden Seiten zu differenzieren und dem Beobachter das Gefühl von ‚Innen' und ‚Außen' zu geben. Es kann diese zum Beispiel durch kontrastierende Baustoffe, durch eine fortlaufende konkave Linie oder durch Bepflanzung erzielt werden. Die Grenzlinie kann auch durch Gefälle verschiedenster Art, durch bestimmte, in Intervallen auftauchende Objekte oder durch voneinander unterschiedene Endpunkte einprägsamer gemacht werden."[122]

121 R. Senett 1991, S. 255
122 K. Lynch 1960/1998, S. 119

Das wird dann nicht notwendig sein, wenn wie in Wien oder anderen europäischen Städten, die **Sozialstruktur mit unterschiedlichen Baustrukturen** korrelieren und die Unterschiede für einen subtilen Beobachter ins Auge fallen.

Wenn positive Grenzen oder Barrieren wie Großgrünflächen oder Wasserläufe besonders herausragende Lagen bilden, können Gebiete aufgewertet werden oder zumindest das Potential dazu haben, eine wirksame Orientierung, lange Perspektiven und besonders attraktive Lagen herausbilden.

Nahtstellen oder wie es Kevin Lynch formuliert, **Säume, sind Grenzen**, die verbinden und eigentlich eine Art Rückgrat sind – wo beispielsweise Verwaltungsgrenzen verlaufen wie in der Mariahilfer Straße.

Das Gegenteil sind die **Barrieren durch Bahnlinien**, vor allem in der zur Anlagezeit bevorzugten Hochlage (Viadukte oder Dämme), deren Emissionen besonders schlechte Wohnlagen schaffen. Eine Besonderheit sind auch noch die ‚Städtischen Rückseiten' die unattraktiven Hofansichten und Feuermauern, die dem Bahnreisenden die ‚Hinterseite' entgegenstrecken.[123]

Bahnanlagen in den Vororten der Großstädte sind ein beliebtes Reservoir der ‚inneren Stadtentwicklung' geworden, wo die Bahnanlagen ins Umland abgesiedelt werden und die Bahngesellschaften **hohe Grundstücksgewinne** lukrieren. Wiener Beispiele sind die Areale des Nordbahnhofs, Nordwestbahnhofs, Hauptbahnhofes und des Aspangbahnhofs.

Problematisch sind die Ränder dieser ehemaligen Lagen, die sich durch Industrie, Gewerbe und ‚tote Gebiete' auszeichnen, denen nun hochwertige Baustrukturen mit hohem Grünraumanteil entgegengestellt werden. Differenzierte Strategien zur Lösung sozialer Probleme werden eingesetzt müssen, um die neu zugezogenen sozialen Schichten mit den Alteinwohnern **konfliktfrei zu integrieren** (Schulen, Gastronomie, Nahversorgung, Parkbenutzung u.a.m.).

Grenzüberwindung und Brücken

Ein besonderes Problem – aber auch städtebauliche Chance – ist die **Überwindung der Grenzen und Barrieren**. Jedenfalls sind Brücken, Brückenköpfe und geräumige Durchlässe Anhaltspunkte für höherwertige städtebauliche Entwicklungen.

Wenn, wie das oft aus historischen Gründen der Fall ist, Hauptverkehrsstraßen oder Bahnlinien entlang von Großgrünflächen oder Wasserläufen und Uferlinien verlaufen, stellen sich oft große städtebauliche Herausforderungen, weil diese Barrieren, die attraktiven Ufer- oder Parkrandbereiche vom Hinterland abtrennen und der ‚Ertrag' der Lage nicht lukriert werden kann. Zu erinnern ist an die die Begleitstraßen entlang des Donaukanals oder die Situation in Bregenz, wo wohl die Autobahn getunnelt wurde aber die Bahn und der Bahnhof massive Störungen verursacht.

Eine besondere Situation ergibt sich in Wien an der Nahtstelle des Donaukanals mit der Großgrünfläche des Praters, wo dicht bebaute Gründerzeitviertel wie das Weißgerberviertel oder neu bebaute ehemalige Industrieflächen wie in Erdberg kaum Grünflächen aufweisen und ein großer Überwindungsdruck des Wasserlaufes auftritt.

In der Gründerzeit wurde diese **Barriere mittels Rollfähren** – Überfuhr genannt - überwunden wurde, von denen ein bis in die 90er Jahre zumindest fallweise in Betrieb war und nun an mehreren Stellen durch Fußgänger- und Radfahrerbrücken ersetzt wurde. Nostalgiker weinen diesem Unikum bis heute noch nach – doch wer auf die Benützung angewiesen war und die Uferböschungen mit Kinderwagen – natürlich

123 S. Abschnitt 11.2 Restflächen

nicht barrierefrei – zu überwinden hatte, erinnert sich mit Schaudern an die ‚Überfuhr', wenn sie überhaupt in Betrieb war.

Einen besonderen Stellenwert in der Überwindung von Wasserläufen, Bahnstrecken und Hochleistungsstraßen nehmen **Brücken** ein. Ungeachtet der technischen Machbarkeit bewegen sich die Brückenkonstruktionen zwischen dem ‚Brett' und ausdrucksstarken Hänge- oder Bogenbrücken, die ihrerseits **Akzente im Stadtbild** markieren und ‚Land marks' darstellen.

Anhand zweier Fallbeispielen soll dieses Spannungsverhältnis angesprochen werden: Die Wiener Reichsbrücke und das Polcevera-Viadukt in Genua – beide wurden nach Einsturzkatastrophen in schlichter Form wieder aufgebaut.

Die Frage erhebt sich, ob das **Unterspielen der Brückenfunktion** und ihrer möglichen Akzentuierung dem Zeitgeist, dem mangelnden politischen Mut oder dem gestalterischen Wahlspruch Mies van der Rohes: ‚less is more', geschuldet war.

Dass es auch anders geht, zeigt die Fußgängerbrücke ‚Passarelle Simone de Beauvoir' in Paris vom Grazer Architekten Dietmar Feichtinger, wo eine schlichte Aufgabenstellung (Wettbewerb 1998) in einem **gestalterischen Kunststück** in der Rangordnung der Seine-Brücken bestehen konnte.

Zäune und Mauern

Eine Randbemerkung, die wohl keine städtebaulichen Auswirkungen zeitigt, aber komplexe Situationen abbildet sind **Zäune und Mauern**, die Grundstücke oder Zuständigkeiten ab- oder potenzielle Benutzer ausgrenzen. „Zäune und Mauern üben eine große Anziehungskraft für Kinder aus. [...] Möglicherweise liegt das daran, dass Zäune den Eindruck des Verbotenen vermittelt und dazu anregen, durch- oder drüber zu schauen. Dieses Aufeinanderstoßen verschiedener Bereiche macht Zäune und Mauern zum beliebten Aufenthaltsort und verleiht ihnen eine Schlüsselstellung, an der man den Überblick behält."[124]

Damit sind wohl nicht jene Zäune gemeint, die in größeren Neubaugebieten die Grundstücke der unterschiedlichen Bauträger abgrenzen. Selbst wenn in vielen Flächenwidmungsplänen die Aufstellung von Zäunen untersagt wird, finden findige Hausverwalter und Hausbesorger unter dem Beifall der Bewohner Mittel und Wege, ihre Liegenschaften mit **Maschendraht zu umzäunen**. Abgesehen von dem furchtbaren Eindruck, den die Zaunorgien machen, ist auch die Kommunikation in größeren Wohnhausanlagen nicht mehr möglich, die Zusammenkunft von Kindern unterbunden und kurze Wege werden unnötigerweise verlängert. Vorbildlich sind hier die Wohnhausanlagen der Stadt Wien aus der Zwischenkriegszeit, wo es bis heute gelungen ist solche Entwicklungen zu unterbinden.

124 U. Kose und L. Licka 1995, S. 30

6.3 Bereiche und Stadtviertel

„Ich habe die kleinen gemütlichen Stadtviertel, die ruhigen Ecken gegen Autobahnen, Flughäfen, die perfekte Organisation, eine Form des modernen Lebens verteidigt, weil ich nicht glaube, dass geometrische Linien die Menschen liebenswürdig machen."

Jaques Tati „Mon Oncle" 1958

Die Projekte des ‚großen Stadtplans' von O.Wagner, T. Gernier oder H.P. Berlage Ende des 19. und zu Beginn des 20.Jh. sind nur einige Beispiele für das Hauptinstrument für die Erweiterung der bestehenden Stadt und die Planung der neuen Großstadt. In der zweiten Hälfte des 20. Jh. wurde dieser Ansatz zunehmend kritisiert, weil der ‚große' Stadtplan als zu allgemein, zu schematisch und als unzureichend angesehen wurde, weil er lokale Gegebenheiten nicht berücksichtigte (J. Jacobs, K. Lynch). Als Reaktion darauf begannen italienische Architekten wie C. Aymonino von der ‚Stadt der Teile' zu sprechen, während O.M. Ungers von der **‚Archipelstadt'** als alternativen Ansatz sprach. In Frankreich sprach man vom ‚projet urbaine' – von einzelnen Großprojekten. Im späten 20. Jahrhundert setzte sich die Idee des ‚kleinen Stadtplans' durch und ließ den großen in Vergessenheit geraten.[125]

Die Idee des Stadtarchipels oder der **‚Stadt in der Stadt'** wurde 1977 von Oswald Matthias Ungers eingeführt, um die Stadt als ein Ökosystem aus verschiedenen Stadtteilen und nicht als eine einheitliche singuläre Struktur zu betrachten. Die unvermeidlichen Widersprüche, **Kontraste und Ungereimtheiten** innerhalb einer Metropole seien vielmehr ein Zeichen für ein lebendiges städtisches Umfeld. In den Nachkriegsjahren wurden die Unzulänglichkeiten der modernistischen Planung deutlich, vor allem in Großstädten, wo monotone Reihen auf Effizienz getrimmter Wohnblöcke zunehmend die äußeren Ringe der historischen (europäischen) Stadt bestimmten.[126]

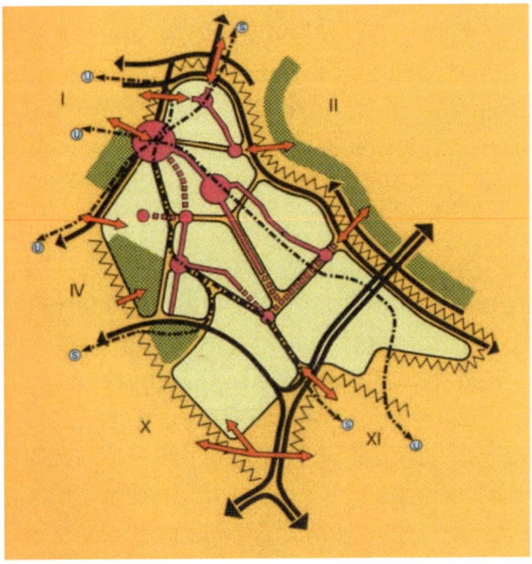

Stadtvierteln im 3. Bezirk

In Italien entwickelte Aldo Rossi die **‚analoge Stadt'**, die die Präsenz der Stadtgeschichte durch eine Reihe historischer Fragmente im urbanen Gefüge aufscheinen ließ und in den USA setzte Robert Venturi auf die ‚Komplexität und die Widersprüchlichkeit' in der Architektur.

Quartier

Zur Vermeidung des differenziert belasteten Begriffes der **Nachbarschaft** sollte eher der heute geläufige Begriff Quartier – in Wien Grätzl oder auch Stadtteil – verwendet werden. H.P. Bahrdt hat schon 1967 den Begriff ‚Wohnquartier' bezüglich eine Campus-Schule mit 16.000 Einwohner verwendet, „die dann nicht mehr Nachbarschaft sondern ‚Wohnquartier' genannt werden sollte. Das Wort ‚Nachbarschaft' erweckt hier falsche Assoziationen."[127]

125 Tom Avermaete - Große Pläne, große Herausforderungen' in Du 12/2021 S.17-18
126 Lara Schrijver – Der Stadtarchipel: Umarmung der Unterschiede in Du 12/21 S. 40-43
127 H.P. Bahrdt 1967/1971, S. 103

Das ‚Offene PlanerInnenkollektiv' geht von der ‚identitätsstiftenden Wirkung des öffentlichen Raums' als Grätzlbildner aus, und folgert weiter:[128]

„Auf der Ebene der Stadtentwicklung und -planung sowie der Stadtteilplanung bilden vor allem die Bezugsgröße, die äußere Struktureinheit und die innere Entwicklungsstruktur relevante **Faktoren der Identitätsbildung**. Dafür sind die Überschaubarkeit eines Grätzels und seine wahrnehmbaren Grenzlinien relevant. Im Inneren des Grätzels ist eine Strukturierung über stadtplanerische Elemente der Achse, der Kreuzung und des Knotens zur Orientierung sinnvoll. Diese Struktur kann über funktionelle Bezüge differenziert werden, sodass ein bedeutungsvolles Raumnetz mit unterschiedlichen Typen öffentlicher Räume entsteht, die miteinander korrespondieren. Zur Steigerung der **identifikatorischen Bedeutung** sollen die Attraktoren sowohl notwendige als auch optionale oder soziale Faktoren umfassen."

Hugo Potyka und Rudolf Zabrana[129] haben mit einer Arbeitsgruppe Bezirksentwicklungsplanung im Auftrag der Stadt Wien MA 18 eine Systematik entwickelt, die von sozial homogenen Stadtteilen - Stadtvierteln eines Bezirkes in der Größenordnung von 4.000 bis 16.000 Bewohnern – unabhängig von den Pflichtschulen – ausgeht. Die Indikatoren waren auch durch Barrieren abgegrenzte Stadtviertel die sozial weitgehend homogen waren und eine Struktureinheit bildeten. So bestand der 100.000 Einwohner große Bezirk Landstraße aus 10 Stadtvierteln, mit denen sich auch die Bewohner identifizieren konnten.

„Was angesichts „großer" Debatten, die auch überregionale Wirkung erzielen (Berliner Schloss, Ulmer Münster-Platz, Frankfurter Altstadt, Wiener Heumarkt), nicht vergessen werden sollte: Identitätsbildung findet sehr viel häufiger „im Kleinen" statt, in **überschaubaren urbanen Räumen**. Ein zunehmend wichtiger Faktor sind hierbei die Quartiere oder Grätzl, die oftmals schon aufgrund historischer Zusammenhänge [...] ihren eigenen baulichen Charakter haben und sich auch sonst in verschiedenster Weise voneinander unterscheiden können. „[130]

Sie sind deshalb so wichtig, weil sie häufig der unmittelbare **Bezugspunkt für die Identitätsbildung** sind. Hier leben, arbeiten, kommunizieren die Menschen miteinander, hier entsteht am einfachsten ein Wir-Gefühl, hier lässt sich - schlicht wegen des engeren Rahmens - Stadtentwicklung leichter an den Bedürfnissen der Menschen orientieren. Was nicht zuletzt daran liegt, dass ihre Entwicklung in vielen Fällen von den Menschen in ihren Quartieren selbst getragen wird.

Als Maßstab für Wohnquartiere wird oft der Begriff ‚**Überschaubarkeit**' verwendet, den schon H.P. Bahrdt verworfen hat (Überschaubar für wen? – die Kontrollfunktion bloßstellend) – Großstädte bestehen nicht aus einem formlosen Häuserbrei, sondern es sind gewachsene manchmal eher zufällige Strukturen, die meist sozial bedingt sind.[131]

Axel Buether[132] spricht in ‚Die Sprache des Raums' die ästhetischen Qualitäten von Stadtteilen an, warnt aber vor dem Rückfall in überholte Formensprachen:

„Die ästhetische Attraktivität von Städten, Quartieren und einzelnen Immobilien ist heute ein wichtiger Standortfaktor für Unternehmen und Arbeitnehmer, der soziale, kulturelle und wirtschaftliche Konsequenzen für jedes Gemeinwesen hat. Wir sollten daher beginnen, die Raumstrategie der **Szenografie auf den Städtebau** und die Architektur unserer Zeit anzuwenden, zumal es einzelne gelungene Beispiele bereits

128 OPK 2016, S. 3
129 H. Potyka –R. Zabrana Systematik der Bezirksentwicklungsplanung Stadt Wien MA 18, 1979
130 ABES 2019, S. 7
131 S.a. Senator für Bau- und Wohnungswesen Berlin 1980, S. 137
132 A. Buether inn A. Abel und B. Rudolf 2019, S. 74

gibt. Eine Rückkehr zu tradierten Formensprachen wäre lediglich Zeichen mangelnden Willens, sich mit der Qualität menschlicher Raumwahrnehmung auseinanderzusetzen und die hieraus folgenden Raumstrategien anzuwenden."

Eine **Stufe im Maßstab kleiner** spricht Jane Jacobs[133] mit der Straßenbekanntschaft an, „die ein Wunder vollbringt an Gleichgewicht zwischen den Willen der Menschen, ihr Privatleben im Wesentlichen zu verteidigen, und ihrem gleichzeitigen Wunsch nach verschiedenen Graden von Kontakten mit den Menschen um sie herum, die sie entweder genießen oder in Notfällen in Anspruch nehmen können. Dieses Gleichgewicht entsteht weitgehend aus kleinen Einzelheiten, die, mit Feingefühl gehandhabt, so selbstverständlich akzeptiert werden, dass man sie normalerweise auch selbstverständlich findet."

Solche **Straßenbekanntschaften** entstehen auf nahegelegenen Kinderspielplätzen und beim Hundeäußerln, wo wahre ‚Nachbarschaften' entstehen und wo niemand den Namen des Anderen kennt, aber den der Hunde oder der Kinder. So gibt es dann eine ‚Frau Lady' und einen ‚Herrn Adele'. So wird die Privatsphäre geschützt, aber die Kommunikation funktioniert.

Jane Jacobs spricht auch die politische Durchsetzungskraft von Bezirken an und fordert eine **gewisse Mindestgröße:** "Die Bezirke müssen dazu beitragen, die Kräfte einer Großstadt dorthin zu lenken, wo sie von Straßennachbarschaften [Grätzeln] gebraucht werden. Andererseits müssen die Bezirke dafür sorgen, dass die Erfahrungen des wirklichen Lebens in den Straßennachbarschaften der Politik und den Absichten der Gesamtverwaltung zugänglich gemacht werden.

Um diese Funktionen zu erfüllen. muss ein **wirksamer Bezirk groß genug sein,** um als eine Macht auf das Gesamtleben der Großstadt Einfluss nehmen zu können. Die 'Ideal'-Nachbarschaft aus der Planungstheorie ist für diese Rolle gänzlich ungeeignet. Ein Bezirk muss so groß und mächtig sein, dass er im Rathaus Gewicht hat. Nichts anderes hat Sinn."[134]

Ein Thema kommt von Seiten der Immobilienentwickler: eine Bewertung, eine **Zertifizierung von Stadtteilen**, um Zuschläge der Miethöhe (Mietendeckel, Mietenbremse, Mietenspiegel, Lagezuschlag) rechtfertigen zu können. Der Deutsche Städtetag erteilt diesen Bestrebungen eine klare Absage:

"In jüngster Zeit wird u.a. anlässlich von Initiativen internationaler Immobilienentwickler und -finanzierer im Zusammenhang mit der Umsetzung der Leipzig Charta ('Referenzrahmen') Auf Bund-Länder-Ebene sowie bei wohnungswirtschaftlichen und kommunalen Spitzenverbänden über die Frage einer *Zertifizierung* nicht nur von Gebäuden, sondern auch von bestehenden bzw. neu gebauten *Stadtteilen* diskutiert. Die methodischen Grenzen einer Reduzierung komplexer sozialer und räumlicher Strukturen auf eine 'einfache' Bewertungsskala wie sie Zertifizierungen eigen sind, sowie die Risiken einer Stigmatisierung von Stadtteilen durch nur scheinbar transparente Bewertungssysteme, liegen auf der Hand. Eine Bewertung nur der baulichen Ergebnisse von Stadtentwicklungskonzepten wäre völlig unzureichend."[135]

133 J. Jacobs 1963/1975, S. 49
134 aaO. S. 84
135 Deutscher Städtetag 2013, S. 20

Indikatoren und Steuerung

Ein Fremder ist einem Ort oft näher als seine Bewohner.

Daniel Libeskind in ‚Der Zeit' 2024

Zeittypisch werden in den 70er Jahren die sozialen Indikatoren zur Charakterisierung von Wohngebieten entdeckt und gleichberechtigt den physisch-räumlichen Komponenten gegenübergestellt: „Das Wohngebiet wird demnach, ebenso wie das System Stadt konstituiert durch räumlich-physische und soziale Komponenten. Es konstituiert sich erst durch die **Beziehung von Menschen und Raum**, ebenso erfährt es seine individuelle Prägung durch die jeweilige topografisch-bauliche Eigenart und die Struktur und die Verhaltensweise seiner Bewohner. An diesem Modellgegenstand ist ‚machbar' nur ein Teil der einen Seite, nämlich für das bauliche und städtebauliche Moment. Das geografische Moment ist vorgegeben, die sozialen Verhaltensweisen sind keineswegs induzierbar, sie können allenfalls angeregt, unterstützt und auch behindert werden durch die baulichen und städtebaulichen Maßnahmen."[136]

Auch Lucius Burckhardt[137] sieht die **Lesbarkeit der Stadtteile** durch seine sekundären Maßnahmen: „Bloße Gestalthaftigkeit, verbunden mit existenzieller Bedeutungslosigkeit, schafft keine Lesbarkeit. Interpretierbar werden solche Stadtteile oder Baulichkeiten vielmehr durch sekundäre Merkmale, die auf den gesellschaftlichen Hintergrund hinweisen. so wird beispielsweise eine Wohnstraße mit - für den Kenner auffallenden Gebäuden, etwa aus dem 19. Jahrhundert, von befragten Passanten danach beurteilt, welche Wagen vor den Häusern geparkt sind [ob ausreichende Parkmöglichkeiten bestehen] oder ob die Vorgärten ordentlich gehalten oder etwa vernachlässigt und mit Abfällen bedeckt sind. Und in der Tat sind es die **sekundären Merkmale**, die etwas über die gegenwärtige gesellschaftliche Bedeutung dieser Straße sagen."

Die Aussage kann durch empirische Untersuchungen unterstrichen werden, wo die Bewohner des ‚Hundertwasserviertel', diese Ikonen im Alltag genauso wenig zur Kenntnis nehmen wie ein herausragendes Jugendstil-Ensemble. Straßen, Plätze sowie Bahnviadukte werden dagegen als für ihr Grätzel konstituierend wahrgenommen.[138]

Wie gewinnen wir die **Erkenntnisse über Verhaltensweisen** in Stadtteilen? Durch Befragung und Beobachtung in seiner natürlichen Umwelt können Verhaltensmuster (behavior settings) und Bewegungsmuster (activity) für ganze Stadtteile und damit subjektive Landkarten (mental Mapping) nach Kevin Lynch gewonnen werden.[139]

Eine unter Planern verpönte Quelle, um sich nicht mit Lokalpolitikern anlegen zu müssen, sind die **sehr kleinräumigen Wahlergebnisse**, die in Wahlsprengel mit etwa 1000 Personen (2-3 Häuserblöcke) grafisch aufbereitet werden können und ein sehr schnelles Lagebild der Sozialstruktur abgeben und in Zeitreihen ein sonst kaum vermitteltes dynamisches Bild zeichnen helfen.

Ein anderer Gradmesser sind das **Kulturphänomen der Graffitis**, die nach der ‚Broken-windows-Theorie' den beginnenden Verfall von Stadtvierteln vermeintlich signalisieren sollten – saubere, gepflegte Stadtviertel sind der ultimative Gradmesser für eine intakte Gesellschaft.[140] Wie sind dann die Graffitis in Bobo-Vierteln oder auf Universitätsgebäuden zu bewerten?

136 N. Schmidt-Relenberg 1968, S. 190
137 L. Burckhardt 1985, S. 98
138 s.a. Offenes PlanerInnenkollektiv 2014.
139 L. Kruse in Glaser 1974, S. 49
140 S. Niedermayr in Wailand und Weh 1998, A. 196

Der Deutsche Städtetag unterstreicht die Rolle der teilräumlichen Ebene, wie Stadtviertel auch genannt werden, um dem Gegenstromprinzip das Wort zu reden:[141] "Anstelle der klassischen Hierarchie formeller Planungsschritte und -ebenen bewähren sich in der Stadtentwicklungsplanung *flexible und offene Steuerungskreisläufe.* Dabei gibt es keine 'Einbahnstraße' von den Leitbildern und Leitlinien über Konzepte zur Projektebene, sondern einen **iterativen Gegenstrom** bei dem häufig von der operativen bzw. teilräumlichen Ebene wertvolle Anstöße und Korrekturen für die Ziel- und Strategieebene ausgehen."

Um mit Jane Jacobs zu schließen, soll eine Planungsstrategie angesprochen werden, die seit mehr als 50 Jahren gleich geblieben ist: „Unter zahlreichen Verwaltungs-Fachleuten kursiert der Glaube, dass städtische Probleme, die längst dem Begriffsvermögen und der Kontrolle entzogen sind, besser gehandhabt werden können, wenn man die **betroffenen Gebiete** und ihre Probleme einfach **noch größer macht** und sie dann 'auf breiter Basis' in Angriff nimmt. Das ist aus der allgemeinen Hilflosigkeit heraus nichts als Flucht nach vorn. 'Eine Region' hat einmal jemand trocken und bekümmert festgestellt, 'ist ein Gebiet, das ganz bestimmt größer ist als das letzte Gebiet, für dessen Probleme wir keine Lösung finden konnten'."[142]

Stadterhaltung und Stadterneuerung

> *"Stadterhaltung ist keinesfalls nur eine Aufgabe der Architekten und der Urbanisten. Es ist eine Aufgabe der Städter. Es erfordert ein Bekenntnis zur Heimat, zum Grätzel, ein Bekenntnis zur Stadt."*
>
> Manfred Wehdorn 1992, S. 47

Nach Jane Jacobs[143] soll die **funktionelle Planung für Stadtviertel** folgende Ziele verfolgen:

- Lebendige und interessante Straßen zu fördern
- Das Gewebe dieser Straßen so kontinuierlich wie möglich über die Teilgebiete legen
- Parks und öffentliche Gebäude so anzulegen, dass diese Gewebe verdichtet und die Nutzung vervielfacht wird - und keine Trennfunktionen ausüben
- Die funktionelle Eigenart von Gebieten zu stärken.

Sehr ähnlich hat Friedrich Moser[144] die Aufgabe der Stadtgestaltung als wichtigen Beitrag der Stadterneuerung gesehen:

"Stadterneuerung heißt nicht: Flächensanierung, Abbruch und Wiederaufbau, Erfüllung der Bauklassen und Ausnutzung maximaler Dichten. Stadterneuerung heißt primär

- Rückgewinnung von städtischen Lebensräumen
- Rekonstruktionsversuch menschlicher Heimat
- Berücksichtigung unterschiedlicher Gestaltqualität
- Erhaltung der Charakteristik von Stadtvierteln, Bereichen, Platz- und Straßenräumen
- Gliederung und Gestaltung der Bereiche, Platz- und Straßenräume unter Beachtung der Orientierung, Identifikation und Maßstab.

Hartmut Häußermann und Walter Siebel sehen **Erneuerungsmaßnahmen** eher skeptisch und sehn die Vorteile von ‚abgeschriebenen' Stadtvierteln:[145]

141 Deutscher Städtetag 2013. S. 16
142 J. Jacobs 1963/1975, S. 205
143 aaO. S. 87
144 F. Moser in Wien aktuell 4/1980, S. IX
145 H. Häußermann und W. Siebel 1992, S. 35

"Die Nutzungsvielfalt und die soziale Mischung in einem Stadtteil, der **ökonomisch abgeschrieben und verwertet ist**, ist wohl kaum vergleichbar mit derjenigen, die sich unter heutigen Finanzierungs- und Kalkulationsbedingungen herstellen würde. Der Charme eines Stadtteils wie Berlin-Kreuzberg, Bremer-Ostertor oder München-Haidhausen ergibt sich aus dem Neben-einander von Ungleichzeitigen, von höchst rentablen und wenig rentablen Nutzungen, aus der Existenzmöglichkeit für ökonomisch schwache Nutzungen und widerständige Kulturen. Dass sich diese aus der 'Rückübertragung' der stadtplanerischen Entscheidungen an die **'bürgerliche Selbstverwaltung'** ergeben könnte, ist dagegen blanke Illusion. Wenn 'die Parzelle' diese Hoffnungen erfüllen soll, muss sie ökonomisch subventioniert und sozialplanerisch *inszeniert* werden.

Ein etwas neueres Beispiel ist die Südstadt Tübingens, wo der Nutzungsmischung in einem „neuen/-erneuerten Stadtteil die Kernkompetenz darstellt und damit ‚der Fremde' inkludiert wird:[146]

„Stadtteile, in denen gearbeitet und gewohnt wird, sind **durchgängig belebte Stadtteile**, ihre Urbanität ist nicht auf die Ladenschlusszeiten beschränkt. Dies hat direkte Auswirkungen auf das Sicherheitsempfinden des Einzelnen, aber auch auf die Toleranz gegenüber Fremden: in einem gemischten Stadtteil ist der Unbekannte nicht zunächst Eindringling in eine Siedlung, [...] sondern Passant, Kunde, Teilnehmer am öffentlichen Leben."

Zwei **Wiener Aufgabenbereiche der Viertelssanierung** sollen hier angesprochen werden:

Stadtteile am Wiener Westgürtel

„Die Neugestaltung des Gebietes und den westlichen Teil des **Wiener Gürtels** soll, unterstützt durch andere Projekte, dazu führen, aus dem URBAN-Gebiet einen auch in baulicher und architektonischer Hinsicht attraktiven Stadtteil zu machen. Über diesen ästhetischen und städtebaulichen Ansatz wird der Gürtelbereich zu einem neuen Imageträger der Stadt Wien und verspricht damit auch in wirtschaftlicher Hinsicht eine Renaissance zu erleben."[147]

Die Zielvorstellung, die Eugen Antalovsky beschreibt, ist **nicht einmal in Ansätzen zur Umsetzung** gekommen. Der Westgürtel ist nach wie vor unverändert – in den Gürtelbögen sind Clubs und Nachtlokale eingezogen, was zur Rotlicht- und Nachtschwärmerszene des Gürtels passt. Verkehrslösungen konnten keine umgesetzt werden und die angrenzenden Stadtteile werden seitens der Gebietsbetreuungen auch ohne Gürtelmaßnahmen betreut und punktuelle Maßnahmen wurden umgesetzt. Vielleicht ist es auch besser so – die Bevölkerung wurde nicht ausgetauscht oder verdrängt.

Das Fasanviertel im 3. Wiener Gemeindebezirk

"Das Fasanviertel" ist ein **äußerst dicht bebautes Teilgebiet** des 3. Bezirks, in dem selbst kein einziger größerer Freiraum liegt. Neben dem Mangel an Freiräumen ist das Viertel durch die mangelhafte städtebauliche und stadtgestalterische Qualität des Straßenraums, gekennzeichnet durch die Rasterstruktur ohne spezielle Orientierungs- und Identifikationsfaktoren, geprägt."

Die zutreffende Beschreibung Karin Schwarz-Viechtbauer[148] wird noch durch das **mangende Problembewusstsein** der Bewohner bestärkt, die umgeben von den Großgrünflächen des Botanischen Gartens, des Belvedereparks und des Schweizergarten, keinen Mangel an Grünflächen empfinden. Es gibt keinen Platz und nicht einmal eine

146 A. Feldtkeller et al. 2001, S. 57
147 E. Antalovsky 1998, S. 12
148 K.H. Schwarz und K. Schwarz-Viechtbauer 2008, s. 26

Luftbild Wien 3 - Fasanviertel 2020

belebtere Kreuzung – bloß der Parkplatzmangel ist so evident, dass selbst Gehsteigvorziehungen in Kreuzungsbereichen zum Anraineraufstand führen. Mühsam konnte ein Schulvorplatz verkehrsberuhigt und baumbepflanzt werden und in der vor sich hin darbenden Geschäftsstraße, der Fasangasse, konnten eine **Flaniermeile** mit 7 Bäumen ausgestattet werden. Notwendig wäre, zumindest einen Häuserblock zu schleifen und Luft in eines der dichtest bebauten Stadtvierteln Wiens (GFD knapp unter 6,0!) zu bringen. Es gibt keinerlei Akzente oder Merkzeichen – selbst umfangreiche Kriegsschäden haben im Wiederaufbau keine Verbesserung gebracht. Interessant ist die **soziale Schichtung**: von der oberen Mittelschicht am botanischen Garten über eine indifferente Mittelschicht und oberen Unterschicht bis zu einen migrantischen Bereich im Osten an der lärmenden Schnellbahn.

6.4 Brennpunkte und Plätze

"Im 'modernen Städtebau', nicht erst seit den 50er Jahren, sind Platzräume zu Platzflächen degeneriert. Ähnlich wie bei den Straßen-Räumen, die zu Straßen-(Erschließungs-) Flächen geworden sind, fehlt meistens das bestimmende Merkmal eines Platzes, nämlich die raumbegrenzende und raumbildende Bebauung sowie die prägende Nutzung."

Gerhard Curdes 1995, S. 122

Zentren - Brennpunkte

Es gibt eine **polyzentrische Hierarchie** der Brennpunkte in größeren Städten, die in höherer Hierarchiestufe auch Zentren genannt werden.

Beginnend mit der kleinsten Form auch Mikrozentren genannt: das können Straßenbahnhaltestellen, kleine Straßenerweiterungen mit Sitzgelegenheiten oder eine bestimmten Geschäftsbesatz sein, die als Indikator für diese Stufe dienen: Würstelstände[149], Apotheken, Banken, Taxistandplätze

Anhand dieser Beispiele kann geschlossen werden, dass Brennpunkte und Merkzeichen stets mit **Aktivitäten** verbunden sind: „Jeder Bewohner kann sich nur mit der Umwelt befassen, indem er auswählt, indem er auf einzelne Elemente und Ausschnitte achtet. Besonders einprägsame, gut ablesbare und auffällige **‚Merkzeichen' und ‚Brennpunkte'** der Stadt begünstigen das, meist vollzieht sich eine orientierende Auswahl dadurch, dass mit örtlichen Gegebenheiten jeweils Tätigkeiten verbunden werden, dass ihnen praktische Bedeutung zukommt."[150]

Die nächsthöher Hierarchiestufe sind **Grätzlzentren, Stadtteilzentren** am Schnittpunkt von Verkehrslinien, U-Bahn-Stationen, Marktplätze. Sie können wie Perlenschüre an Geschäftsstraßen liegen, können Mittelpunkt eines Grätzls sein, aber auch am Rande von Stadtteilen zwei oder drei Stadtteile versorgen und verbinden.

Bezirkszentren sind größere Plätze, die auch für Veranstaltungen geeignet sind, haben höherwertige Verkehrsverbindungen, oft auch Standort öffentlicher Gebäude oder Amtshäuser. Was für Stadtteilzentren gilt, ist auch für Bezirkszentren entscheiden: sie müssen nicht mittig liegen und können auch mehrere Bezirke miteinander verbinden.

Übergeordnete Zentren, Stadtzentren konzentrieren sich nicht auf einen Ort, sondern sind flächige Gebilde, die mit ‚Tentakeln' ausgreifen und so die Zentralität – verbunden mit Merkzeichen, Akzenten, ja Wahrzeichen - weiter erhöhen. Auch hier gilt das Gesetz der Aktivitäten zum Unterschied von Plätzen. Brennpunkte/Zentren sind **fokussierte Aktivität**. Plätze können damit zusammenfallen, es ist aber keine Bedingung: es gibt schöne, lauschige, stille Plätze abseits überschäumender Aktivitäten.

Die Bedeutung von Zentren jeglicher Hierarchie, kann nicht überschätzt werden: „In der Stadt als Marktplatz kommen nicht nur abstraktes Angebot und Nachfrage zusammen, sondern auch Menschen. Dafür braucht es **Plätze, Zentren, Landmarks**.[151] Sie helfen sich zu orientieren, schaffen Identifikation und das Gefühl der Zugehörigkeit.

149 C. Loidl-Reisch 1995, S. 127 „Würstelstände können eine Freiraum durchaus prägen. sie haben ganz spezielles, eher improvisiertes Aussehen. Besonders beliebt für schnelle und billige Nahrungsaufnahme. Sie sind wichtige ‚großstädtische' Motive, auf die man auch in Stadterweiterungsgebieten als gastronomische Pionierausstattung nicht verzichten sollte.

150 H. Becker und K.D. Kern in H. Glaser 1974. S. 55

151 H. Stimmann 2005, S. 48 „Wende 1989: .....großstadtfeindliche Haltung und Verteidigung des Status Quo einer polyzentrischen Stadt ohne gemeinsames Zentrum. die passenden Aspekte aus der Vorwendezeit stammenden Stadtidee und erklärten sie zum Leitbild des wiedervereinigten Berlin [als ‚offene' Stadt]

Dafür bedarf es einer übergreifenden Planung, nicht zu verwechseln mit vermeintlicher Quartiersentwicklung von Investoren durch Großbauvorhaben.

Die geplante Stadt mit **funktionierenden Mikrozentren** ist geprägt von kurzen Wegen, technischer und sozialer Infrastruktur, Nahversorgung und öffentlicher Mobilitätsinfrastruktur. Unzureichende Infrastruktur fördert die Entstehung von informellen Siedlungen: bewohnt von Städtern, deren Beweggründe sich nicht erfüllt haben."[152]

Gerade die Immobilienwirtschaft, die selbst wenig Aktivitäten für zentrale Funktionen setzt oder wenige Möglichkeiten zu deren Entwicklung anbietet, ist an funktionsfähigen **Zentren als Marketinginstrument** interessiert.

Auch Roland Barthes[153] sieht gerade in rasterförmigen Stadtstrukturen, die Notwendigkeit Zentren zu definieren: „Die rechtwinkeligen, netzförmigen Städte bereiten uns, so sagt man, ein tiefes Unbehagen: Sie verletzen in uns eine kineastische Empfindung der Stadt, wonach jeder urbane Raum ein Zentrum besitzen muss, in das man gehen und aus dem man zurückkehren kann, einen vollkommenen Ort, von dem man träumt und in Bezug auf den man sich hinwenden kann oder abwenden, mit einem Wort sich finden kann."

Die Bedeutung, **Zentren in neuen Stadtvierteln** zu entwickeln unterstreicht Wolf Werdegier:[154] „Stadtwachstum soll kein rein quantitatives Phänomene sein. Größere Städte besitzen mehr Qualitäten, Funktionen und höherwertige Einrichtungen als kleinere. Die Zentralitätsstufe der Bezirke, in denen sich diese Entwicklungsgebiete befinden, muss deutlich zunehmen. Es stellt sich die Frage, welchen Beitrag zur Qualität der Gesamtstadt ein neuer Stadtteil leisten sollte."

In der Euphorie der **Entwicklung neuer Stadtteile** – vor allem in Gebieten der ‚Inneren Stadterneuerung' – darf allerdings die Anbindung an die bestehende Stadt und ihrer Strukturen nicht unbeachtet bleiben. Es gibt dort bereits Infrastrukturen, die nicht um jeden Preis niederkonkurriert werden dürfen.

Kevin Lynch plädiert dafür, Brennpunkte durch verschiedene Maßnahmen besser wahrnehmen zu können:[155] „Die erste Voraussetzung für eine bessere Wahrnehmung [von Brennpunkten] besteht darin, durch die einzigartige, aber in sich einheitliche Beschaffenheit von Wänden, Boden, Beleuchtung, Bepflanzung, Topografie, Dachlinien oder andere Einzelheiten eine **gewisse Identität** zu erreichen. [...] Die Intensität der Nutzung verstärkt natürlich die Identität des Ortes und manchmal schafft allein diese Intensität sichtbare Formen, die einmalig sind." Das Problem dabei ist, dass hoheitliche Maßnahmen nur **Impulse** sein können – die Wirtschaft muss ‚den Ball aufnahmen' um längerfristig wirksam zu werden.

Eine neue Entwicklung, die im bebauten Gebiet neue Zentren schafft und je nach Lage und Anbindung an bestehende Geschäftsstraßen diese stärkt – aber auch durch Konkurrenz und längere Öffnungszeiten – ‚umbringen' kann: "Gerade innerstädtische Knotenpunkte des öffentlichen Verkehrs werden zu Einzelhandels- und Dienstleitungsstandorten - zu "Bahnhof-Cities" ausgebaut, wobei oftmals die eigentliche Bestimmung von **Bahnhöfen und Verkehrsknotenpunkten** in den Hintergrund tritt. Als 'Shoppingmall mit Gleisanschluss' bezeichnet Dietmar Steiner diese Entwicklung und prognostiziert, dass 'die neuen Bahnhöfe zu neuen Zentren' werden, und das Gewicht der Stadt verschiebt sich dorthin'.[156]

152 W. Reicht in Immobilienwirtschaft 1/2020, s. 10
153 R. Bartes zit. in K. Wohlhage in ARCH+ 10/1990 S. 56
154 W. Werdegier 1992, S. 206
155 K. Lynch 1960/1998, S. 122
156 Stadt Wien MA 18. Wien – polyzentral 2016, S. 59-60

Ein gegensätzliches Beispiel für so eine Entwicklung ist der neue Wiener Hauptbahnhof, wo dessen Einkaufszentrum keine positive Wirkung auf die die Innere und Äußere Favoritenstraße ausübt. Dazu kam noch die neue Einkaufsmall am Columbusplatz, was die Fußgängerzone von Passanten ‚befreit' hat – ein toter Stadtteil.

Funktionen von Plätzen

Entstanden aus der Aufweitung von Straßen, ab dem 16. Jahrhundert gezielt angelegt, können **folgende Funktionen** abgeleitet werden:[157]

- Handelsplatz (Marktplatz)
- Schmuckplatz
- Repräsentationsplatz
- Zentrale Funktionen (‚Core')

Zum **Handelsplatz, den Markt** in seiner ursprünglichen Form kann nur insoweit etwas gesagt werden, dass die Steigerungsstufe des Markts geschlossene Hallen wie die Tuchhallen in Krakau (Sukiennice) oder Ypern, oder Markthallen bis zur Markthal in Rotterdam von Winy Maas.

Die Urheimat der **Repräsentationsplätze** und der Stadtplanung im großen Stil ist Rom. „Päpste haben die mutigen Schritte zu Wiederbelebung einer ruinierten Stadt unternommen. Die Gegenreformation des 16. Jahrhunderts orientierte sich am Theater. Sie schuf mit ihren Tempeln und öffentlichen Plätzen raffinierte Bühnen, um die Gläubigen zu bezaubern und die Skeptiker zu gewinnen. Größe, prunkvolles Ornament und Illusion wurden miteinander kombiniert, um die Emotionen unmittelbar anzusprechen."[158]

"Eine besondere Aufgabe erfüllen die Plätze im Zusammenhang mit großen gesellschaftlichen Bauwerken: Kirche, Schloss, Rathaus, Theater und Museum. Der davor liegende Freiraum erreicht - erst einmal durch Gewährung einer für die Betrachtung nötiger Distanz - eine größere **Wirkung des hervorzuhebenden Bauwerkes**. Durch das Einbeziehen des Baues in größere Raumeinheiten und -folgen hebt der Platz zugleich die städtebauliche Bedeutung des so betonten Monumentes. Daraus geht auch hervor, weshalb die Denkmäler - Obelisken, Triumphbögen, Säulen, Brunnen und Standbilder - in der Regel im Mittelpunkt des freien Raums stehen."[159]

Das mit dem Mittelpunkt wird von C. Sitte als nicht mit dem antiken Ideal vereinbar abgelehnt;[160] die Aufstellung in der Mitte ist Kennzeichen eines absolutistischen, symmetrischen Grundrisses, wo Merkzeichen nur in der Mitte bzw. im Schnittpunkt von Achsen stehen können. Demokratische und **Stadtgesellschaften freier Bürger,** die Personenkult und Monumentalismus ablehnen, stellen Brunnen oder Denkmäler in Randbereichen auf.

Schmuckplätze, die ohne öffentlichkeitswirksame Bauwerke angelegt wurden, sind ein Kennzeichen biedermeierlichen und gründerzeitlichen Städtebaus, wo Plätze die Block-Parzellen-struktur auflockern halfen, wie in Peter Josephs Lenné in Berlin.

Plätze als Zentren – ‚Core' als Kern der Stadt – wie das in der CIAM-Tagung 1951 in Hoddeson formuliert wurde, ist jener Platz, *‚where people may gether together for leisurly intercourse contemplation'.* Ein ‚Core' sei der Ausdruck des kollektiven Geistes einer Gemeinde, er mache eine Stadt menschlich und verleiht ihr Bedeutung und Gestalt. Der ‚Core' sollte nicht aufgrund privatwirtschaftlicher Interessen entstehen, sondern

157 s.a. F. Heigl 19985, S. 94-102
158 M. Webb1990, S. 130
159 F. Rothstein 1967,S. 5
160 C. Sitte 1901, S. 26

von der Kommune gebaut und vom Autoverkehr frei gehalten werden." [161]

Gerhard Curdes[162] sieht in Plätzen die ‚Kulmination des Gemeinschaftslebens in allen städtischen Kulturen: „Mit dem Begriff 'Platz' verbindet sich die Erwartung eines durch Städtebau und Gestaltung akzentuierten Raumes. Der Titel 'Platz' wird allerdings auch allen erdenklichen Schnittpunkten verliehen, die sich aus dem städtebaulichen Kontext durch Nutzungsangebote, Beanspruchungen durch besondere Erlebnisse oder durch Denkwürdigkeit hervorheben."

In ‚Zerfallsmomente der Stadt' sieht Mathias Töpler Plätze als Einrichtungen an, die **dem Zerfall entgegenstehen**: „Der Platz zieht das an, was in der Stadt an verschiedenen Orten anwesend ist. Was getrennt blieb führt er zusammen. Er erinnert Euch an das, was nicht zum Platz kommen kann: die Quartiere der Stadt. Er ist das Tor zu ihnen. Die von ihm abgehenden Straßen, seine Aufgabe fortführend, holen das Ferne aus den Richtungen näher. Er ist Ausgangspunkt und Zielpunkt. Der Platz spannt sein Netz und fängt, besser lockt alles an. Der Platz wird zum Subjekt, freilich zu einem, das ohne die ihm umgebenden Viertel und die dort lebende Menge keines wäre."[163]

Um diese Funktionen zu erfüllen müssen Plätze eine Raumwirkung aufweisen, die durch Platzwände entstehen, halbwegs zu einander passenden Elementen bestehen und Menschen anziehen, belebt sein.

Raumwirkung

Die **Grundformen des Platzes** – unter den Proportionen C. Sittes von 1:1 bis 1:3 – sind:[164]

- Geschlossener Platz (mit versetzten Zufahrten)
- Teilweise geschlossene Platz (mit teilweise versetzten Zufahrten
- Offener Platz (mit Durchfahrten an den Platzrändern)

Roland Rainer verteidigt den Mut zur Leere, die den Menschen Raum gibt:[165]"Schon das Hinzufügen der vielen technischen Einzelheiten, die Verbreiterung der Straßen, die Hinaufzonung der Häuser zerstört die Raumwirkung auch der schönsten alten Plätze. Solange ein Platz aus einer Addition verschiedenartiger, von den verschiedensten, voneinander unabhängigen Dienststellen geschaffener Elemente entsteht, wird er kein Raum. wohl aber ist Raum sofort da, wenn diese Elemente fehlen und Menschen an ihre Stelle treten. Zur Entstehung von Raum gehört auch der Mut zu Leere, **Horror vacui** verhindert Raum."

Diesen Mut, im ‚modernen Städtebau' Plätze zu Platzflächen zu degenerieren, kritisiert Gerhard Curdes und moniert das **Fehlen der raumbildenden Bebauung** – übrigens auch bei den Straßen (-räumen) und das Fehlen der ‚prägenden Nutzung'.[166]

Menschen

Doch wie in der Stadt auch, sind Menschen der entscheidende Faktor für das Funktionieren eines Platzes: „Eine in den Vereinigten Staaten erfolgreiche Strategie bei der Schaffung öffentlicher Räume besteht darin, zunächst durch **sogenannte 'Erreger'** Orte zu schaffen, die Aufmerksamkeit auf sich ziehen und diese dann durch weitere Gestaltungsmaßnahmen zu entwickeln. Derartige 'Erreger ' können beispielsweise durch Kunst geschaffen werden. Der traditionelle Vorstellungsbegriff des Platzes ist der eines ästhetisierten Ortes. [...] Diese - legitime - Absicht sollte allerdings offen deklariert werden."[167]

161 E. Führ in ARCH+ 10/1990 S. 95-96
162 G. Curdes 1995, S. 121
163 M. Töpler in R. Thissen 1982, S. 97
164 s.a. F. Heigl 1985, S. 94-102
165 R. Rainer 1990, S. 77, Vortrag an der Deutschen Akademie für Städtebau, Berlin 1/1988
166 G. Curdes 1995, S. 122
167 Diskussionsbeitrag in den 4. Wiener Architekturgespächen zit. in K. Plöckinger 2000, S. 43

Eine andere Überlegung – die multifunktionale Nutzung eines Platzes – hat H.P. Bahrdt angesprochen, wo auch dem Funktionalismus eine Absage zu erteilen ist:[168] „**Multifunktionalität** zu verschiedenen Tageszeiten trägt nicht nur zur Entfaltung einer lebendigen Quartiersöffentlichkeit bei, sondern spart auch Platz. Wer innerhalb eines Quartiers eine **strikte Funktionstrennung** der öffentlichen Flächen durchführt, d.h. er pedantisch Wohnstraßen, Ladenstraßen, Kirchplatz, Grünanlagen zum Spazierengehen, Sport- und Spielplätze, Zufahrtsstraßen zu Gewerbebetrieben usw. trennt braucht für die Stoßzeiten der jeweiligen Nutzungsart sehr viel Platz, wenn er keine Überfüllung wünscht."

Eine Lanze für die Begrünung von Stadtplätzen bricht Cordula Loidl-Reisch:[169] „Aufenthaltsorte können sich flächig ausdehnen oder auch linear erstrecken: „immer gilt für sie: **Stadtgrün ist Kommunikationsort** ersten Ranges. Typisch für sie ist das gezielte, bewusste Aufsuchen durch den Nutzer, dann aber die ‚ungerichtete' Bewegung und eine recht hohe Verweildauer: ‚die Menschen sind gesellig und brauchen ein Ereignis, ein Merkzeichen, einen Hafen. Bei einem Baum könnte man sagen, er bietet Schatten und Schutz - doch ein Ankerplatz ist noch mehr als eine rein nützliche Attraktion. er ist fest gebaut, unbeweglich und wird durch Nutzung zu einem Sammelplatz für alle (Cullen, Alexander: ‚activity pockets, pedestrian density')

Die Menschen auf Plätzen hat William Whyte studiert und hat durch seine Zeitraffer-Filme eine Menge Mythen ausgeräumt, nach denen Stadtplaner und Architekten gemeinhin leben und kommt zu dem Schluss: "Es ist wirklich harte Arbeit einen schlechten Platz anzulegen". Er beobachtete, dass die **Zugänglichkeit und die Platzierung** der Sitzgruppen für die Popularität eines Platzes wichtiger sind als die Form, die Größe und das Design. Er stellte fest, dass die **Menschen die eigentliche Attraktion** auf einem Platz sind und dass sie sich so nahe wie möglich dort zusammenfinden, wo am meisten los ist. Whyte kam auch zu dem Schluss, dass 'der beste Weg, mit unerwünschtem Publikum umzugehen, darin besteht, den Platz für alle anderen Nutzer möglichst attraktiv zu machen' anstatt ihn einzuzäunen."[170]

Dimensionen und Proportionen

> *„Ebenso wie die Form der Plätze steht auch die Größe derselben in dem Verhältnisse einer gewissen, nicht streng durchgeführten, aber doch deutlich merkbaren Übereinstimmung mit den dominierenden Gebäuden."*
>
> Camillo Sitte 1901

Und Camilo Sitte führt weiter aus: Ein zu kleiner Platz lässt monumentale Bauwerke meist nicht zur vollen Wirkung gelangen; ein zu großer dagegen ist entschieden noch misslicher, denn im Verhältnis zu diesem nehmen sich selbst die gewaltigsten Bauwerke klein aus."[171]

Zu den **Unregelmäßigkeiten alter Plätze** merkt Sitte an: „...bekannt ist es, dass diese Unregelmäßigkeiten [alter Plätze] durchaus nicht unangenehm wirken, sondern im Gegenteil die Natürlichkeit steigern, unser Interesse anregen und vor Allem das Malerische des Bildes verstärken. Weniger bekannt dürfte es sein, bis zu welchen Grenzen sogar diese Unregelmäßigkeiten ausarten dürfen, bevor sie als solche bemerkt werden oder gar unangenehm auffallen, denn hierzu gehört eine genauere Vergleichung mit dem Plan."[172]

168 H.P. Bahrdt 1967/1971 S. 137
169 C. Loidl-Reisch 1995, S. 121
170 M. Webb 1990, S. 216
171 C. Sitte 1901, S. 48
172 aaO. S. 56

Und Sitte konstatiert eine gewisse **‚Agoraphobie‘**, „eine nervöse Krankheit, die ‚Platzscheu‘. Zahlreiche Menschen sollen darunter leiden, d.h. stets eine gewisse Scheu, ein Unbehagen empfinden, wenn sie über einen großen leeren Platz gehen sollen. [...] Von allerschädlichstem Einflusse sind zu große Platzausmaße auf die sie umgebenden Bauwerke. Diese können dann gleichfalls nie groß genug sein [...] und die Wirkung bleibt weit zurück...[173]

Um nicht im Abstrakten zu bleiben: es gibt nichts Unangenehmeres, als den Schwarzenbergplatz überqueren zu müssen: Wind, Wetter, Wasser von Hochstrahlbrunnen, Sonne, Hitze schlagen unbarmherzig zu und Sittes Agoraphobie bekommt Anschaulichkeit. Der Platz war vorher schon wenig attraktiv – hat aber durch die Umgestaltung des katalanischen Architekten Jose Arribas nicht gewonnen. Die Mode der 80er Jahre, **‚Barcelona-Plätze‘** zu gestalten und nach Wien zu übertragen, schlug gehörig fehl: die einzige Attraktion war die landebahnähnliche Beleuchtung – doch die hat inzwischen den Geist aufgegeben. Was blieb ist Tristesse!

Um nun auch in Platz-Dimensionen konkreter zu werden, hat Gerhard Curdes die Plätze zoniert und er unterscheidet drei fundamentale Zonen:

- **Randzone** vor den Gebäuden (etwa 3-5m)
- **Erschließungszone** für den Fahr- und Lieferverkehr, temporär
- **Freie Verfügungszone** - jene Fläche die übrig bleibt

Die Proportionen von Plätzen und ihre Eigenschaften hat Hans Schmidt in der Einführung des Standardwerks ‚Plätze und Straßen‘ Lässig-Linke-Rietdorf-Wessel 1971, schlüssig dargelegt:[174]

Der Raumeindruck eines Platzes bewegt sich zwischen den Grenzen des Engen, Geschlossenen und des Weiten, Offenen. Dabei gelten sinngemäß die Beobachtungen von H. Maertens (1877). Unter der Annahme der Betrachter befände sich am Platzrand und der Blickwinkel von der Horizontalen beträgt 27° - ergeben sich **folgende Raumeindrücke**:

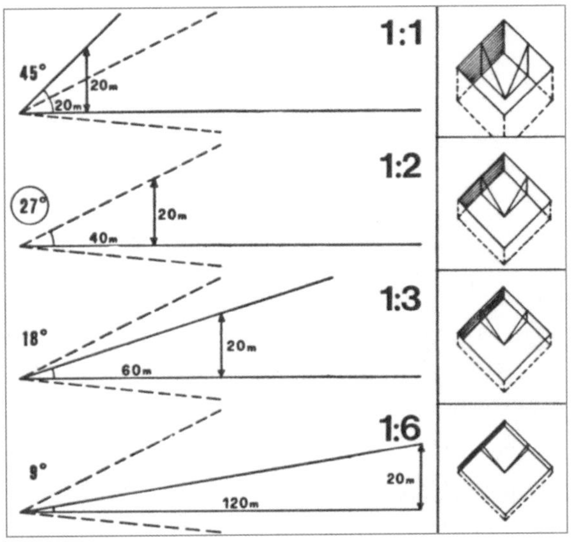

Sehbedingungen nach H. Maertens

Verhältnis 1:1 Der Beobachter überblickt die Wände nur bis zur Hälfte - kann höchstens als Vorplatz dienen.

Verhältnis 1:2 Der Betrachter überblickt die Wand in voller Höhe. Der Raum wirkt geschlossen, aber als Platz bereits sehr eng.

Verhältnis 1:3 Der Betrachter überblickt zugleich mit der Höhe der Wand einen Ausschnitt des Himmels. Der Raum wirkt nicht völlig geschlossen - die optimalen Bedingungen für einen Platz.

Verhältnis 1:6 Das Verhältnis zwischen Platzwand und Ausschnitt des Himmels hat sich umgekehrt. Der Platz wirkt bereits sehr weit. Wird das Verhältnis weiter reduziert, so geht der Eindruck des Platzes verloren.

Auch L.B. Alberti hält eine Höhe der Platzwand für günstig, ‘welche ein Drittel der Breite des Forums beträgt oder wenigstens nicht weniger als zwei Zwölftel’. **Also von 1:3 bis 1:6!**

173 aaO. S. 53
174 Vorwort Hans Schmidt in Lässig-Linke-Rietdorf-Wessel 1971, S. 31

Platzgestaltung

> *"Moskau - Auch gibt es keine westliche Stadt, die in ihren riesenhaften Plätzen so dörflich gestaltlos und immer wie von schlechtem Wetter, tauendem Schnee oder Regen aufgeweicht daliegt. Kaum einer dieser weiten Plätze trägt ein Denkmal. Dagegen gibt es in Europa beinahe keine, dem nicht im neunzehnten Jahrhundert die geheime Struktur durch ein Denkmal profaniert und zerstört worden wäre."*
>
> Walter Benjamin –Städtebilder 1963 S. 25

Den Befund Walter Benjamins hat Camillo Sitte schon Jahrzehnte vorher vorweggenommen und die Sucht, Denkmäler, Brunnen und andere **Merkzeichen in der Platzmitte** aufzustellen, kritisiert: "Zu der antiken Regel, die Monumente am Rande der Plätze herum zu stellen, gesellt sich also die weitere echt mittelalterliche und mehr nordische: Monumente, besonders aber Marktbrunnen, auf den toten Punkten des Platzverkehres aufzustellen. [...] Beiden Fällen gemeinsam ist die Vermeidung der Verkehrsrichtungen, der Platzmitten und überhaupt der Mittelachsen und eine überaus günstige künstlerische Wirkung."[175]

Rudolf Stegers sieht[176] in ‚Das sentimentale Berlin', dass der Platz von dem lebt, was sich in seinen **Rändern** tut und nicht in der Platzmitte: „Das ästhetische Missverständnis meint den Glauben, Bänke und Brunnen allein verwandelten eine brache Fläche in einen Platz, wo doch selbst ein flüchtiger Blick auf Londons Trafalgar Square, Roms Piazza San Pietro und Moskaus Krasnaja Ploschtschad zeigt, dass ein Platz nicht von dem zehrt, was in seiner Mitte steht, sondern von dem was seine Ränder säumt. Der psychische Mangel meint die Angst vor leeren Karrees und Rondelle, welche stets Gefahr liefen, die Gefühlsödnis der Passanten zum Bewusstsein zu bringen, ein Horror vacui innen, den außen plätschernde Wasser und spielende Glocken bloß notdürftig übertönen können"

Immer wieder ertönt der Ruf nach ‚lokaler Identität', die aber offensichtlich schwer herzustellen ist und tiefer gehen muss - komplex und ambivalent - und nicht vordergründig ‚schlicht und ergreifend'. Katharina Miko[177] sieht die Identität durch **Unterscheidung von der Umgebung** zu erlangen: "Lokale Identität bedeutet, sich in gestalterischer, sozialer, wirtschaftlicher und kultureller Hinsicht von den Plätzen der Umgebung zu unterscheiden. Diese identitätsstiftenden Faktoren beeinflussen ihrerseits das Image des Platzes, da der Fächer der erzählten Geschichten verbreitert wird. Dabei wird oft deutlich, dass der Blick auf die eigene Identität vor Ort von innen und außen durchaus unterschiedlich sein kann.

Werner Durth[178] sieht in der **Buntheit der ‚sanierten' Häuserblöcke** der Satellitenstädte keinen Fortschritt: „Inzwischen hielt die bunte Maskerade auch Einzug in die Zentren und entsprechend wollen die sich Einwohner trüber Satellitenstädte ihre ‚Bimsblocktristesse' (H.P. Bahrdt) wenigstens wegmalen lassen, wenn es ihnen schon nicht wie manchen privaten Bauherrn möglich ist, in der Gestalt des Eigenheims ihre ‚Wunschträume mit ihrer Identität zu verwechseln'".

In interdisziplinären ExpertInnen-Workshops wurde das Thema ‚Image und Identität' als besonders wichtig für die subjektive Sicherheit betrachtet: Platzgeschichten und der ‚Ruf des Platzes' sind ein wichtiger Faktor für Sicherheitsgefühle im öffentlichen Raum.[179]

175 C. Sitte 1901/1965, S. 26
176 R. Stegers in ‚Ästhetik und Kommunikation e.V. 1986, S. 104)
177 K. Miko 2012, S. 81
178 W. Durth 1988. S. 28
179 K. Miko 2012, S. 80

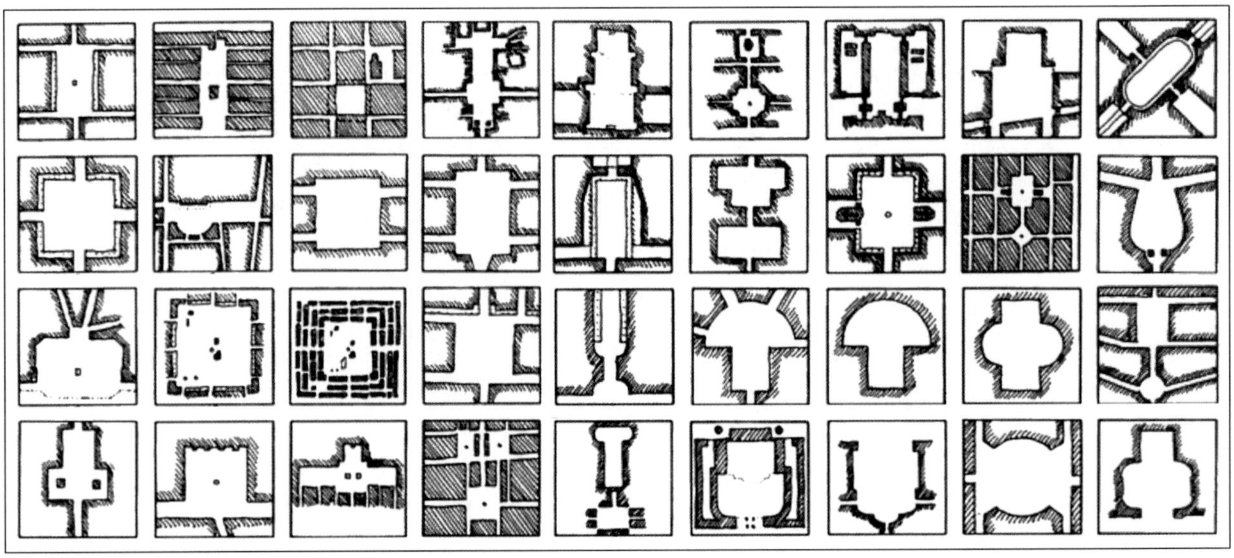

Rob Krier'sche Platzformen

Das Image eines Platzes setzt sich zusammen aus dem Ruf, den ein Platz bei den NutzerInnen hat, und jenem, den etwa die Medien vermitteln. 'Image' ist das Produkt von Bildern, angereichert durch Haltung oder Wunschträume, also durch Schein oder Sein.

Jane Jacobs wies darauf hin, 'dass offene Plätze mit der gleichen **Inbrunst verehrt** werden, mit der Wilde ihre magischen Fetische verehren'. Plätze sind kein Allheilmittel gegen den Verfall von Städten, sondern ihr Charakter von ihrer Umgebung abhängig ist - und zögen ihre Umgebung in Mitleidenschaft, wenn man sie vernachlässigt'. Ein Wiener Beispiel ist der Reumannplatz, der seine Umgebung widerspiegelt und als Brennpunkt ganzer Stadtteile steht.

Die 1975 gegründete PPS (Project for Public Spaces) betonen die Notwendigkeit das Publikum für seine Plätze zu interessieren und eine Verbindung zwischen den Plazas und ihrer Umgebung zu schaffen, ferner die Wichtigkeit von Sicherheit, vorbeugender Pflege und einer guten Mischung der Nutzungen.[180]

Beklagt wird allgemein, dass der **zeitgenössische Städtebau** keine Plätze mehr zusammenbringt. H.P. Bahrdt hat schon 1967 die großen, weitläufigen Plätze kritisiert, die dem Maßstab und der „anheimelnden kleinen Öffentlichkeit des Quartiers nicht entsprechen". Eine **funktionelle Spezialisierung** hat auch er **abgelehnt**: „Eine funktionelle Spezialisierung - etwa in ‚Kirchplatz', Platz für Kulturbauten, Platz für Geschäfte und einen Wochenmarkt usw. - ist jedoch abzulehnen. Gerade hier ist eine vielfältige Mischung geboten."

Und Rob Krier, der Nostalgiker unter den Städtebauern beklagt folgerichtig: „Es gibt **keine neuzeitlichen Platzanlagen** öffentlichen Charakters, die Stadtplätzen wie der ‚Grand Place' in Brüssel, der Place Stanislas in Nancy, der Piazza del Campo in Siena, der Place Vendôme und Place des Vosges in Paris, der Placa Major in Madrid der Placa Real in Barcelona etc. vergleichbar wären.

Dieser Raumtyp bleibt also neu zu erfinden. Das kann aber nur geschehen, wenn er erstens mit sinnvollen Funktionen ausgerüstet werden kann und zweitens im Stadtgefüge am richtigen Standort mit dem entsprechenden Einzugsbereich geplant ist." Und damit dies nicht nur Leerformeln sind hat Rob Krier eine Palette von Platzformen vorgeschlagen, die auch er keineswegs als erschöpfend sieht:

180 Zit. in M. Webb 1990, S. 216

Konsumfreie Zonen?

Eine der hochgespielten Schlüsselfragen in der Nutzung des öffentlichen Raums und der Plätze ist der Ruf nach konsumfreien Aufenthaltszonen der die Gesellschaft zu spalten droht. Jede Attraktivierung von öffentlichen Plätzen führt zwangsläufig zur **Verdrängung marginalisierter Gruppen**. Wobei der Begriff der Attraktivierung diese Verdrängung wohl nicht offen ausspricht, aber implizit beinhaltet. Welcher Platz wird attraktiver, wenn ihn marginalisierte Gruppen in Besitz nehmen?

Es gibt auch massiven medialen Druck, die unbefriedigenden Situationen zu bereinigen, d.h. zu verdrängen, bis die Probleme woanders ‚aufkochen'. Politik und Exekutive werden hier massiv von jenen kritisiert, die abseits von den ‚Hot spots' ihren Lebensmittelpunkt haben. Ob die stillschweigende Strategie der Sozialpolitiker zum Erfolg führt, die marginalisierten Gruppen kleinteiliger aufzudröseln und damit für die Mehrheitsbevölkerung erträglicher zu machen, bleibt ungelöst. Vor allem deswegen, weil diese Gruppen **Konzentrationstendenzen** zeigen und damit die Strategien unterlaufen.

Doch der kritischen Sicht soll auch hier Raum gegeben werden:[181]

"Mit der Attraktivierung von öffentlichen Plätzen werden die jeweiligen raumbezogenen Normensysteme angehoben und zuvor tolerierte Nutzungen häufiger oder intensiver problematisiert. Soziale Gruppen, die mit ihrem Verhalten (oder auch aufgrund ihrer bloßen Anwesenheit) diesen gesteigerten Erwartungsanforderungen nicht entsprechen (bzw. entsprechen können), werden als **Störung der angestrebten sozialen Ordnung** identifiziert." immanent in sich."

„Doch Nachtleben entsteht oft außerhalb der regulierten städtischen Tourismuspolitik und fernab der Marktlogik. Ein Beispiel dafür ist die sogenannte **Mediterranisierung** - die Zunahme der Nutzungsansprüche an den öffentlichen Raum durch das Nachtleben. Das bedeutet zunächst, dass die Aufenthaltsdauer im öffentlichen Raum zunimmt. [...] Da Kioske [oder fliegende Händler] Getränke zu verhältnismäßig geringen Preisen anbieten, entstehen häufig zentrale Orte mit urbanen Qualitäten, an denen sich unterschiedliche soziale Gruppen treffen und somit durch diese Art der des Nachtlebens gesellschaftliche Integration leisten."[182]

Am Schicksal von solchen **‚integrativen Zonen'** am Beispiel des Yppenplatzes berichten Katharina Hasmmer und Judith Wittrich:[183] „Der öffentliche Raum scheint nur so lange nützlich, als er ins Bild passt, sich den Funktionen des Konsumierens fügt und diese im besten Fall mit besonderem Flair aufwertet. Dort wo sich die Atmosphäre des öffentlichen Beisammenseins als verwertbare Komponente in die Konsumstruktur einweben lässt, wird sie assimiliert. Dort, wo öffentliche Nutzungsweisen die glatte Atmosphäre des Konsums stören, wird sie möglichst unsichtbar gemacht.

Kehrt man drei Jahre später auf den Platz [Yppenplatz] zurück, findet man keine fixen öffentlichen Bänke und Tische und keine Holzwand mehr vor. An Stelle der ehemaligen festen Sitzgelegenheiten befinden sich jetzt aus Paletten selbst gefertigte Sitzbänke. Sie sind mit einer Kette an daneben befindlichen Baum fixiert. Auf einem Holzschild findet sich der Spruch ‚Banken retten'."

Das **‚Fachkonzept öffentlicher Raum'** beinhaltet einige Ansatzpunkte, wenn es um Platzum -und Platzneugestaltungen geht. Jedoch scheinen die angeführten Maßnahmen noch kein Garant für eine ausgewogene Entwicklung. Die Gestaltungsmatrix bietet hinsichtlich Aufenthaltsqualität eine gute Handlungsanleitung mit definierten Mindestkriterien."[184]

181 M. Diebäcker 2019, S. 149-150
182 J. Gläßler im Magazin ‚Gemeindezeitung' 4/2016. S. 20
183 K. Hasmmer und J. Wittrich 2019, S. 133
184 aaO. S. 137-138

6.5 Merkzeichen

„Die gelungene oder fehlende Gliederung, Akzentuierung des Stadtraumes ist für alle Lebensalter ein wichtiges Erlebnis. Denn aus der Gestaltpsychologie wissen wir, dass einen Umgebung Markierungspunkte anbieten muss, um als vertraut zu wirken"

Alexander Mitscherlich 1971 – Thesen, S.44

Merkzeichen und Akzente sind wohl die wichtigsten Elemente zur Schaffung einer komplexen und vielfältigen Stadtgestalt und Gliederung des Stadtraums. Josef Lehmbrock hat in seiner 1971 aufsehenerregenden Ausstellung ‚Profitopolis' diesen Aspekt besonders hervorgehoben:[185] „Die gelungene oder **fehlende Gliederung des Stadtraums** ist für alle Lebensalter ein wichtiges Erlebnis. Denn aus der Gestaltpsychologie wissen wir, dass eine Umgebung Markierungspunkte anbieten muss, um als vertraut zu wirken. [....] Um volle symbolische Bedeutung zu erlangen, müssen sich solche Markierungspunkte in irgendeiner Form mit den Lebensvollzügen einer städtischen Bevölkerung verknüpfen.

Kevin Lynch zitiert in seinem schönen Buch ‚The Image of the City' eine Bewohnerin von Jersey City. ‚Das ist es' sagt sie, ‚was ich in Jersey City so bedauere. **Es gibt nichts**, worauf ich jemand, der an irgendeinen fremden Ort hierherkäme, aufmerksam machen könnte: Ich möchte so gerne, dass sie das sehen; es ist so wunderschön!" [186]

Kevin Lynch' besonderes Anliegen: „**Die Erleichterung der Orientierung** ist die ursprüngliche Funktion des Umweltbildes und wahrscheinlich die Grundlage, auf der sich weitere Gefühlsassoziationen bildeten. Aber das Image hat nicht nur seinen unmittelbaren Wert als Landkarte zur Ermittlung der Bewegungsrichtung; im weiteren Sinn kann es als Bezugssystem dienen, innerhalb dessen das Individuum agiert und an dem sich sein Wissen orientiert."[187]

Einen Widerspruch in den Thesen Kevin Lynchs ortet Lucius Burckhardt zwischen der mangelnden Bedeutung der Architektur als Merkzeichen und der Aufforderung ausdrucksvolle Bauten zu schaffen, an denen man sich orientieren kann. Es ist wohl beides: „Formen plus Nutzung, d.h. an den Zeichen des Alltags und nicht an den Zeichen der Ästhetik."[188]

Auch Lampugnani vertritt die These, dass in der monotonen Umwelt vornehmlich **Repräsentationsbauten** der Kultur ein ‚kontemplatives Moment' einführen sollten und ‚Ordnung schaffen.'[189]

Thesen zur Schaffung von Merkzeichen

Beständige Elemente auch im Wandel zu erhalten:

„Es wäre wichtig zu wissen, wie man eine gewisse Kontinuität auch im Wandel beibehält. Ebenso wie zwischen den einzelnen Orientierungsebenen Querverbindungen erforderlich sind, so braucht man beständige Elemente, die die Umwandlung überdauern. Das kann schon durch die Beibehaltung eines alten Baumes, die Spur eines Weges oder irgendeiner örtlichen Eigenart erreicht werden."[190]

Die Lage von Merkzeichen hervorheben

„Alle Unterbrechungen im Verkehrsfluss - Knoten oder Entscheidungspunkte - sind Orte intensiver Wahrnehmung. Interviews zeigen, dass ganz gewöhnliche Gebäude

185 J. Lehmbrock und W. Fischer 1971, S. 159
186 Zit. in aaO. S. 159
187 K. Lynch 1960/1998, S. 145
188 L. Burckhardt 1985, S. 57
189 V. Lampugnani in neue Heimat Monatshefte 8/1979 S. 16
190 K. Lynch 1969/1998, S. 105

an solchen Punkten klar im Gedächtnis haften bleiben, während an sich auffallende Bauwerke innerhalb einer fortlaufenden Straßenzeile im Verborgenen bleiben.[191]

Visuelle Merkmale – ein ästhetischer Mehrwert

„Neben Orientierungsmerkmalen und Warenangeboten gibt es noch eine besondere Art visueller Merkmale, die man als 'ästhetischen Mehrwert' einer Stadt bezeichnen könnte: Kunstobjekte, Pflasterungen, Wandmalereien, restaurierte Fassaden, Grünanlagen, Baumpflanzungen oder neue Brunnen. Im Zuge der Kritik an einem 'leeren Funktionalismus' des Städtebaus sind sie gelegentlich als vielversprechende Ansätze für ein sich wandelndes Verhältnis zur städtischen Umwelt interpretiert worden." [192]

System von Merkzeichen als Bezugspunkte

„Merkzeichen können als außerhalb des Betrachters befindliche Bezugspunkte angesehen werden. Sie treten in allen Größenordnungen auf. Bei den Personen, die mit der Stadt gut vertraut waren, konnte man eine Neigung beobachten, sich zur Orientierung weitgehend auf ein System von Merkzeichen zu verlassen und eher auf Einmaligkeit und Spezialisierung als auf Kontinuität zu achten."[193]

Zeichen, Dominante und Akzente

Als Zeichen ist ein Merkzeichen herkömmlicher Definition, jedoch unterschiedlicher Bedeutung zu verstehen.[194]

Außenzeichen - am Rande der Stadt liegend Zeichen wie Stadteinfahrten, Tore etc.
Binnenzeichen - im Inneren der Stadt liegende Merkzeichen, die vornehmlich der Orientierung dienen.

Hierarchie der Zeichen – Gegenüberstellung von Begriffen

W. Ostwald[195]	Franz Heigl[196]	Hugo Potyka[197]	Wirkungsbereich
Dominante	Makro-Zeichen	Akzent 1. Ordnung	Gesamtstädtisch wahrnehmbar
Subdominante	Meso-Zeichen	Akzent 2. Ordnung	Teilräumlich wahrnehmbar
Akzente	Mikro-Zeichen	Akzent 3. Ordnung	Umgebungsnahe wahrnehmbar
Zeichen	Individual-Zeichen	Merkzeichen	Unmittelbar wahrnehmbar

Probleme bei der Schaffung von Akzenten[198]

1. Wenn eine Straße keine **funktionale Abwechslung** bietet, kann eine optische Betonung nur eine 'Affektation der Planung' sein. Ästhetik allein schafft noch keine Urbanität, *kann aber einen Impuls setzen.*
2. Nicht alle städtischen Straßen brauchen bauliche Akzente - es könnte sogar **langweilig** werden. *Das gilt auch für Baumpflanzungen – nicht jede Straße, wie gewundene Straßen – braucht Bäume.*
3. **Straßenunterbrechungen** sollten funktionell gesehen keine Sackgassen sein, insbesondere der *Fußgängerverkehr kann schnell eine Art Amputation empfinden – daher Fußwege in Sackgassen weiterführen um Angsträume zu verhindern.*

191 aaO. S. 121
192 Schmidt-Brümmer und Schulz 1976, S. 22
193 K. Lnych 1969/1998, S. 96-97
194 F. Heigl 1985, S. 15-19
195 W. Ostwald zit. in F. Heigl
196 F. Heigl 1985, S. 15-19
197 H. Potyka
198 Grundlage J. Jacobs 1963/1975, S. 196 (Ergänzungen kursiv)

4. **Optische Akzentuierungen** beziehen ihr Gewicht als Ausnahme von der Regelhaftigkeit. Zu viele Unterbrechungen wie Plätze, Arkaden etc. bergen die Gefahr der Zerstückelung in sich *und können in Unordnung ausarten.*
5. Ein **unterbrechender Akzent** fällt naturgemäß ins Auge - ist der Akzent aufgebläht oder banal, sollte er lieber erst gar nicht existieren.

Hochhäuser

> *„Das Hochhaus ist der brauchbare Turm. Des Hochhauses Übel sind längst bekannt. Die Kleinkinder verkümmern in den Wohnungen, die Jugendlichen delinquiren in dessen Schatten, die Vereinsamung schleicht durch die Korridore und im Lift fährt die Angst mit. Das Hochhaus hat als Schreckbild die alte Mietskaserne längst überholt. Gibt es einen einzigen Film mit einem glücklichen Hochhaus?*
>
> *Trotzdem: Zigaretten verkaufen sich besser mit der Skyline als Hintergrund. Der aufgeklärte urbane Lebemann haust nie in einem Cottage. Das Young Upward Moving People hat keine Zeit zum Rasenmähen. Kurz, das Hochhaus ist ein Stadtbewohner. Und das wäre bereits ein Grund, die Hochhäuser zu lieben."*
>
> Benedikt Loderer – Der brauchbare Turm 1994[199]

Am Hochhaus scheiden sich die Geister – vor allem in einem ständigen auf und ab. Zweifelsfrei sind hohe Häuser und Hochhäuser **‚der Akzent der Stadtgestaltung'** – ungeachtet, ob Wohnen im Hochhaus – möglichst hoch oben - als erstrebenswertes ‚urbanes' Wohnziel oder als Inbegriff der Entwurzelung und Energieverschwendung verteufelt wird.

Wien hat eine Reihe von **Hochhauskonzepten** entwickelt (H. Potyka, Wolf D. Prix, Christoph Luchsinger) die trotz gutem Willen am **‚Gleichheitsgrundsatz'** scheitern müssen und Hochhauszonen daher nicht ‚verortet' werden dürfen. Aber es gibt Hilfskonstrukte, die hier behandelt werden. Zuerst die technisch-rechtliche Seite, was Hochhäuser überhaupt sind und was sie dürfen – oder nicht dürfen.

Technisch-rechtliches und anderswo

Das Entstehen der Hochhäuser Ende des 19. Jahrhunderts war von den technischen Randbedingungen abhängig: die des Stahlbaues, der **schlanke Stützen** ermöglichte und von der **Entwicklung der Aufzüge**, die schnell und sicher jegliche Höhenunterschiede überwinden konnten. Und vom steilen Anstieg der Grundstückswerte in den Zentren von New York und Chicago:

„Die Höhe der Gebäude hing unmittelbar vom Wert des jeweiligen Grundstücks ab, wenn auch der Wunsch nach Reklame oder vermeintliche Konkurrenzzwänge die Bauten über die wirtschaftlich bestimmte Höhe hinauftreiben konnten. Der **Wert der Grundstücke** wiederum war abhängig von der Höhe der Mieten, die man in dem Gebiet einnehmen konnte. 1903 führte das unterschiedliche Mietniveau zwischen Chicago und New York dazu, dass in New York Bauland für Bürohäuser viermal teurer war; infolgedessen fielen die Gebäude natürlich höher aus."[200]

Die Bedeutung und Übersummenhaftigkeit der Hochhäuser schildert Robert A.M. Stern:[201] "Die unglaublichen Bürohäuser der City waren nicht einfach nur hohe Gebäude. sie waren vielmehr etwas für New York Typisches: Wolkenkratzer. Ich definiere Wolkenkratzer nicht einfach nur als hohe Gebäude, vielmehr ragt über deren Grundfläche ein

199 B. Loderer in Marco Meier – Du 11/1994 – Hochhaus und Pavillon S. 84
200 M. Girouard 1987, S. 323
201 R.A.M. Stern in R. Burnes, J. Sanders – New York 2002, S. 391

Turm gen Himmel, der für alle Zukunft von anderen Bauten unbehindert bleibt. [...] Jedes dieser Gebäude wurde zum Markenzeichen. [...] Es wird also noch etwas freigesetzt: dieser Impuls, aus diesen Geschäftsgebäuden **Stadtdenkmäler** zu machen."

„Für mehrere Jahrzehnte blieben Hochhäuser fast ausschließlich den beiden Städten (New York und Chicago) vorbehalten, in denen sie „erfunden" wurden. Zwei Kräfte standen ihnen entgegen: die Wirtschaft und die Gesetzgebung.

In Europa waren London, Paris und Berlin - die drei wichtigsten Finanzzentren, die sich überhaupt Wolkenkratzer leisten können - zugleich Hauptstädte, und dieser Umstand führte dazu, dass Hochhäuser gesetzlich verboten wurden. Lange Zeit war es undenkbar, dass Dome, Paläste, und öffentliche Gebäude von kommerziellen Gebäuden in den Schatten gestellt werden sollten.

Wiener Regelungen

In Wien galten bis 2006 alle Gebäude, die höher als 26 m (Bauklasse V) waren, als Hochhäuser und wurden mit einer untersten und obersten Höhenangabe versehen (z.B. Bauklasse VI 45-60 m).

Seitdem gelten gem. § 7 Abs. 1 der Wiener Bauordnung **Gebäude mit mehr als 35 m** als Hochhäuser. Aufgrund der Richtlinien aus dem Brandschutz (OIB-Richtlinien) gelten erhöhte Anforderungen bereits ab 22 m Fluchtniveau, und ab 32 m Fluchtniveau werden zusätzliche Bestimmungen schlagend. Es ist deshalb zwischen **Hohen Häusern** (26 - 35 m Höhe) und **Hochhäusern** (über 35 m) zu unterscheiden.[202]

Darüber hinaus gelten die umfangreichen Hochhausrichtlinien der Stadt Wien aus 2002, die in 10 Punkten festgehalten sind, wobei als wesentlichster Punkt der soziale und öffentliche Nutzen nachzuweisen ist und eine Beteiligung an der Beseitigung von Defiziten der sozialen und freiräumlichen Infrastruktur vorgesehen ist.

Positive Rolle der Hochhäuser

> *"Grundsätzlich ist davon auszugehen, dass die Stadt Hochhäuser braucht. Hochhäuser sind Symbole, in denen die Stadt sich selbst darstellt. Es muss daher an ein solches Gebäude ein hoher Anspruch gestellt werden, eine nur durchschnittliche Qualität reicht hier nicht aus!"*
>
> Leopold Dungl 1998[203]

Hugo Potyka hat in seinem **Hochhauskonzept 1972** die Gründe für das Bürohochhaus evoziert: "Die Einzelinitiative wird im Wesentlichen davon ausgehen, dass getrachtet wird, Grundstücke wirtschaftlich zu bebauen - es kann sich auch um **Prestige-Bauten** handeln. So ist beim Bürohausbau bekannt, dass niedrige und breitgelagerte Baukörper für die innere Organisation und Flexibilität besser geeignet sind. Trotzdem werden in zentraler Lage - und nicht nur dort - Bürohochhäuser zur besseren Ausnutzung teurer Grundstücke und zur Prägung des Firmenimages bevorzugt."[204]

Inzwischen ist nicht mehr das Bürohochhaus, sondern das **Wohnhochhaus** en vogue und dessen Beweggründe sind neben der Grundstücksausnutzung die Nachfrage nach **Hochhausappartements** – der Aussicht und damit des Sozialprestiges wegen.

Christoph Luchsinger hat in seinem Hochhauskonzept für Wien 2015, Hochhäuser als **Bereicherung des Stadtbildes** gesehen: "Grundsatz von Hochhausentwicklungen in der konsolidierten Stadt ist Respekt und Zurückhaltung gegenüber der Qualität des Bisherigen. Die Bereicherung des Stadtbildes durch **Akzentuierung des Höhenreliefs** in

202 s.a. C. Luchsinger 2015, S. 13
203 L. Dungl im Impulsstatement zum 2. Wiener Architekturgespräch 3.12.1998 in K. Plöckinger 2000, S. 17
204 H. Potyka – ‚Hochhauskonzept für Wien' 1972 in R. Mayerhofer 1987, S. 122

räumlich markanten Situationen - stadtstrukturellen Schnittstellen, Stadtkanten, Aktivitätspolen, innerstädtischen Entwicklungsgebieten etc. - kann durchaus erwünscht sein."[205]

Den Respekt und die Zurückhaltung fordern auch D. und G. Franck[206] ein, auch wenn sie dabei einen Balanceakt sehen: „Der Balanceakt, den wir von einem Hochhaus in städtebaulicher Gesellschaft erwarten, besteht darin, dass die Architektur der dominanten Erscheinung gerecht wird, ohne dass die Umgebung verlieren würde und ohne dass wir, die wir die Dominanz erleben, kleiner gemacht würden. [...]

Ob die Umgebung gewinnt oder verliert, hängt von der Einfügung des Gebäudes in den **städtebaulichen Zusammenhang** ab. Diesen Zusammenhang muss es erst einmal geben - und die Anpassung gilt als Zeichen der Schwäche, die Restitution des städtebaulichen Zusammenhangs als Nostalgie.

Die ‚archaische Faszination' und letztlich das spekulative Moment sieht Petra Hagen Hodgson trotz aller Angriffe im Vordergrund: „Der Wolkenkratzer hat die moderne Stadt nicht nur mit einem neuen, kühnen Bautypus beschenkt, sondern sie auch gleichermaßen bedroht. Denn mehr als jedes andere Gebäude greift er in den bestehenden **städtischen Organismus** ein: maßstäblich, verkehrstechnisch, klimatechnisch, ökologisch, ökonomisch, soziologisch. Durch das Hochhaus hat sich das auf den menschlichen Maßstab bezogene Bild der Stadt und ihrer Straßen ebenso gravierend verändert wie durch das Automobil. [...]

Auch wenn das Hochhaus zu Recht oder Unrecht schweren Angriffen ausgesetzt war, scheint die archaische Faszination durch den Turm jedoch nicht abzureißen - zumal an Wolkenkratzern riesige Summen Geld verdient, aber auch verloren werden können."[207]

Regula Lüscher, die Senatsbaudirektorin Berlins findet den Bautyp Hochhaus als Zeichen von Metropolen:[208] „Wenn man also einen **Ensemblewirkung** als Städtebauer sucht, dann sollte man tunlichst darauf verzichten, an der Stelle Hochhäuser planungsrechtlich zuzulassen. Ich finde es umgekehrt nicht ein Problem, wenn man sich an gewissen Stellen für Hochhäuser entscheidet. Jede Metropole braucht solche Orte. Sie sind Ausdruck der Metropole. Das müssen Orte sein, die extrem gut erschlossen sind, die eine ganz **hohe Zentralität** haben, die sehr belebt sind. Das sind meistens Orte, die nicht gemütlich und schön sind, im schöngeistigen Sinn. Es sind pulsierende Orte."

Auch die Nachfolgerin von Regula Lüscher, Petra Kahlfeldt, ist im Gegensatz zum langjährigen Amtsvorgänger Hans Stimmann Hochhäusern nicht abgeneigt: „Es wird **mehr Hochhäuser** geben"[209]

In Wien verlief die Hochhausentwicklung wellenförmig: nach den ersten ‚kleinen' Wohnhochhäusern' aus den 60er Jahren und den drei Großblöcken von Alt-Erlaa in den 70er Jahren hatte das Wohnen in Hochhäusern jahrelang eine Randstellung. „Von vereinzelten Projekten abgesehen sind in Wien relativ wenige Spuren des weltweiten Hochhausbooms auszumachen, diese gilt für die Architekturmoderne und den Wiederaufbau ebenso wie für die Periode der Stadterweiterung und Suburbanisierung, als in vielen europäischen Städten vor allem im sozial geförderten Sektor der Hochhausbau boomte und für lange Zeit das Bild von Wohntürmen als potenzielle „slums in the sky" (Lynsey Harley) prägte. Wie in anderen Metropolen Europas erfährt seit der Jahrtausendwende auch in Wien das Wohnhochhaus als urbane Wohnform **erhöhte Aufmerksamkeit**" sieht Christian Reinprecht in seiner Studie ‚Wohnen in Hochhäusern' aus 2014.[210]

205 C. Luchsinger 2915, S. 23
206 D. und G. Franck
207 P.H. Hodgson in Marco Meier in Du 11/1994
208 R. Lüscher in Stadt Wien MA 18, Stadt der Zukunft 2014, S. 62
209 T. Timm im Zeit-Feuilleton 20.1.2022 S. 48
210 C. Reinprecht i.A. der MA 50, Wohnbauforschung 2014, S. 1

Auch Maik Novotny ortet ein ‚völliges Tabu'.[211] „Zu tief saß anscheinend das Trauma der Großsiedlungen der Nachkriegszeit, denen die Fehler der modernen Stadtplanung angelastet wurden. Nachdem es in den 70er Jahren eine Rückbesinnung auf die ‚gewachsene , Stadt gab, war die Ära des Wohnhochhauses vorbei, wie es schien für immer. Aufgrund der stagnierenden oder rückläufigen Bevölkerungszahlen schien ohnehin keine Notwendigkeit der Verdichtung zu bestehen. Soziologen und Stadtforscher behaupteten sogar, das Wohnen ab einer gewissen Höhe sei per se nicht für den Menschen gemacht.

Doch kann dem etwas abgewonnen werden? Gerade in den 70er Jahren gab es eine Reihe von Untersuchungen und Studien über **Wohnzufriedenheit** und Verhaltensänderungen – ein Faktencheck:

Verhalten und Wohnzufriedenheit

Macht das Hochhaus krank? Fragt Hermann Zinn in ‚Wohnen im Hochhaus und kommt zu folgendem Ergebnis: „Hochhäuser werden für eine Fülle negativer Erscheinungen verantwortlich gemacht, die sich bei näherem Hinsehen unhaltbar herausstellen: Luxusverwahrlosung, Negativismus und andere psychische Seuchen (Piperek, Wien o.J) ebenso wie erhöhte Kriminalitätsraten[212] und Selbstmordhäufigkeit - die in neuen Siedlungen mit **einseitig sozialer Zusammensetzung** unabhängig von der Bauform häufiger vorkommen.

Dagegen ernst zu nehmende Zusammenhänge wie der Verdacht, dass sich **Infektionskrankheiten** schneller ausbreiten als in flacheren Wohnformen nicht ganz unberechtigt (Meschede 1970) - wo sich Viren über die Eingangshallen und die wie Kamine wirkenden Stiegen-. und Aufzugsschächte in die oberen Geschoße verteilt wurden.

Problematisch scheint die **Benachteiligung von Familien** mit Kindern im Hochhaus:

Am wenigsten mobil sind freilich die jungen Familien mit kleinen Kindern bis zu 10 Jahren, und diese Gruppe ist es auch, für die das Hochhaus besonders ungeeignet erscheint. Die negativen Auswirkungen des Hochhauses auf die Kinder lassen sich mit schwedischen Untersuchungsergebnissen belegen (Zinn, Kindergerechte Wohnungen, Bern 1973):[213]

- Die Erkenntnisse der Entwicklungspsychologie unterstreichen, dass **Kinder** bis zum Alter von 10–12 Jahren in ihrem Verhalten sehr stark von der räumlich-baulichen Umwelt geprägt werden.
- Mit zunehmender Wohnhöhe (Grenze bei drei - vier Geschoßen) wird der **Sicht- und Rufkontakt** der Mütter zu den Kindern schwieriger
- **Kinder aus Flachbauten** 'pendelten' doppelt so oft als Kinder aus höheren Geschoßen von der Wohnung zum Spielplatz
- Kleinkinder verlassen selbstständig wesentlich öfter die Wohnung aus den **unteren Geschoßen** - Kinder aus oberen Geschoßen halten sich weniger im Freien auf.

211 M. Novotny , Zuhause im Turm' in Wohnenplus 1/2010, S. 10-13
212 G. Fellenberg 1991, S. 262-263
213 zit. in Andritzky, Becker, Selle 1975, s. 256-257

Wohnen im Hochhaus

Die Tendenz ist deutlich: Wohnen im Hochhaus ist begehrt von vielen, aber nicht ideal für alle."

Maik Novotny 2010

In einer Umfrage des Immobilienportals findmyhome aus 2010 stehen 79% der Befragten Wohntürmen positiv gegenüber, 52% können sich vorstellen in einen solchen zu wohnen - mit deutlichen demografischen Unterschieden: ‚Der typische Fan von Wohntürmen ist **männlich, Single, ohne Kinder'**. 57% der Männer und 41% der Frauen sprechen sich für das Wohnen im Wohnturm aus - bei Personen ohne (58%) oder mit nur einem Kind (54%) ist der höchste Zuspruch zu verzeichnen. auch Seniorenpaare, die ihre Wohnfläche reduzieren oder im Alter zentrumsnäher und urbaner wohnen wollen, fühlen sich in der Höhe wohl.[214]

In einer Untersuchung[215] – Bewohnerbefragung – von fünf Hochhäusern der letzten Zeit in Wien gaben mehr als die Hälfte an, gerne im Hochhaus zu wohnen – (Spreizung 43 - 63%), Wenig überraschend sind die **Bewohner der oberen Stockwerke** mit 72% wesentlich zufriedener als die Bewohner im unteren Drittel mit 43%.

Fazit: Das Wohnen im Hochhaus ist primär auf **soziale Mittelschichten**, Materialisten, Kreative und Individualisten ausgerichtet, deren soziale Netzwerke über die Stadt verteilt sind und die dadurch weniger auf Kontakte in der unmittelbaren Nachbarschaft angewiesen sind. Sie fühlen sich im Turm besonders wohl.

Denn im Hochhaus mangelt es vor allem an Treffpunkten und Räumen für diese Nachbarschaft - Begegnungen finden bestenfalls im Lift statt und die **Anonymität** führt zu einem erhöhten Unsicherheitsgefühl, das die Isolation noch verstärkt. Eine fixe, professionelle Hausbetreuung kann das subjektive Sicherheitsgefühl fördern und zudem eine vitale Vernetzungs- und Informationsfunktion erfüllen, was sich wiederum positiv auf die Wohnzufriedenheit auswirkt.

Maik Novotny kommentiert die Ergebnisse 2020 und kommt zu dem Schluss:[216] „Ich bin durch Roland Rainer sozialisiert worden, für den Hochhaus absolut tabu war. Aber die **horizontale Verdichtung**, wie sie Rainer propagierte ist in Wien nie angekommen. Zudem hat sich die Gesellschaft inzwischen verändert, es gibt unterschiedliche Lebensentwürfe [...] Problematisch finde ich es, wenn zehngeschoßige Häuser mit Blockrandbebauung kombiniert werden. Wohnqualität und Privatheit bleiben da schnell lauf der Strecke."

Warum ist das Hochhaus die ideale Wohnform für kinderlose Mittelständler?

Roland Günter[217] sieht die Kürzung des Wohnens auf den Innenraum – dahinter steckt eine Ideologie, wer andere Menschen als Konkurrenten fürchten muss, versucht sich durch den Rückzug in die Isolation zu entlasten. Und Hermann Zinn möchte die ‚soziale Distanz' nicht mit Kontaktunfähigkeit verwechseln:[218] „Denn der Städter hat nicht weniger enge Freunde und lose Bekannte als der Landbewohner. Bloß wählt er diese unter einer **Vielzahl möglicher Bekannter** aus, während der Landbewohner durch die räumliche Nähe zu wenigen Nachbarn in Bekanntschaften und sozialen Verpflichtungen geradezu hineingezwungen wird. [...] Die 'soziale Verantwortungslosigkeit' des Städters, seine Weigerung sich Fremden gegenüber zu engagieren, garantiert eine wesentlich höheren Grad an Toleranz und Achtung gegenüber der Eigenatmosphäre anderer.

214 zit. M. Novotny in Wohnenplus 1/2010, S. 11
215 C. Reinprecht TU Wien 2010 zit. in M. Novotny aaO., S. 11
216 M. Novotny in Wohnenplus 1/2020 – Marta Schreieck – hoch oder quer, S. 27
217 R. Günter in M. Andritzky et al. 1975, S. 93
218 M. Andritzky et al. 1975, S. 255

Die meisten Städter schätzen ihren **privaten Wohnbereich** möglichst sicher vor dem Einblick und vor sozialen Kontrollen anderer zu wissen. Hier liegt der wichtige Grund, warum auch das Hochhaus von einem Teil seiner Bewohner als besonders geeignete Wohnform gelobt wird."

Kritische Sicht

> *„Unsere Hochhäuser dienen nicht der Orientierung im Stadtkörper, ihre Stellung diktierte die Spekulation und die Gelegenheit. Eine Frage noch: Was hat das Siedlungsbild nachhaltiger zerstört, die Hochhäuser oder die Einfamilienhalden?"*
>
> Benedikt Loderer - Der brauchbare Turm 1994[219]

Die Kritik an Hochhäusern ist vielfältig und gibt es solange es Hochhäuser gibt - eine Auswahl der häufigsten Vorwürfe mag die Bandbreite abbilden und sind keineswegs ungerechtfertigt –zum Unterschied von eher esoterischen Einwänden, denen hier kein Platz eingeräumt werden soll.

Hochhäuser sind das Symbol des ‚Wirtschaftswunders
"Wenn etwas aus der Form der Städte ablesbar ist, dann ist es das 'Wirtschaftswunder', die Unordnung und Ratlosigkeit, das heillose Gewirr von Werten und Ansprüchen, das unsere pluralistische Gesellschaft kennzeichnet. Wer sich am meisten durchzusetzen vermag, der baut das **höchste Hochhaus**, und einer schreit lauter als der andere: 'Schaut her, hier bin ich, ich baue doppelt so viel auf meinen Grund als ihr bauen dürft und viermal so hoch.'[220]

Die Hochhausdiskussion reduziert komplexere Problemstellungen
„Dabei liegt sein Versagen (des Hochhauses) gar nicht einmal am Bautypus selber, sondern an viel umfassenderen **gesellschaftlichen Frage** nach dem öffentlichen Raum. Angesichts des allmählichen Verfalls des öffentlichen Lebens ist man sich heute über dessen Wesen und seine architektonische Beeinflussung jedoch weniger einig denn je. Das emotional beladene Feindbild Wolkenkratzer läuft Gefahr, komplexe Problemstellungen zu reduzieren."[221]

Der Blick auf die Hochhäuser verstellt die Sicht auf die umgebende Bebauung
Kritisch wird angemerkt, dass die **Projektion von Macht** etc. auf das Symbol Hochhaus und die daraus resultierende Abwehrhaltung den Blick auf andere Entwicklungen verstellt - etwas jene im Bereich der Bauklasse V (26m Höhe bzw. der 35m-Hochhäuser), wo zunehmend höhere Bebauungsdichten entstehen."[222]

Willkürliche Hochhausstandorte werden mit ‚Akzentuierung' begründet
„Wenn ein Bauherr inmitten normaler Wohnhäuser ein Hochhaus errichten wollte, ist das meist damit begründet worden, dass solcherart in einer als ‚einförmig' bezeichneten Umgebung eine **‚städtebauliche Dominante'** entstehen solle. Und oft genug ist sie auch weit ab von allen Bebauungsschwerpunkten - auf billigem Bauland - am Stadtrand entstanden. Denn diese Art von zufälliger, willkürlicher und oft ins Chaos führender 'Abwechslung' im Stadtbild wird mit dem Wohlbefinden der Bewohner der Hochhäuser und ihrer Nachbarn allzu teuer erkauft.[223]

Städtebaulich falsche Hochhausstandorte nach dem Willen von Investoren
"Problematisch erscheint in der gegenwärtigen Situation, dass Hochhäuser an von Investoren gewählten, zum Teil jedoch **städtebaulich falschen Standorten** an-

219 In M. Meier – Du 11/1994 –Hochhaus oder Pavillon, S. 84
220 E. Heiss und K. Glotter 1997, S. 19
221 M. Meier – Du 11/1994 –Hochhaus oder Pavillon, S. 33
222 K. Plöckinger 2000, S. 18
223 R. Rainer 1978, S. 174

gedacht werden. Bei einem grundsätzlichen Bekenntnis zum Hochhaus, sowohl hinsichtlich seiner Berechtigung als Bauform, wie auch seiner potentiellen, stadträumlichen Attraktivität, besteht jedoch Skepsis gegenüber vereinzelt in die Stadtlandschaft gesetzten Hochhausprojekten."[224]

Hochhäuser sind windsensibel und teuer in der Erhaltung

„Ein auffällig oft geäußertes Manko am Wohnen in Wohnhochhäusern war der durch den Wind verursachte Lärm in den Gebäuden. Weil die diesbezügliche Wohnpraxis in Österreich eher bescheiden ist, wurde mit **spürbaren Windverhältnissen** in diesem Ausmaß nicht wirklich gerechnet - ein Wermutstropfen für die an und für sich zufriedenen BewohnerInnen. Was ebenso auffällig ist: In der Erhaltung sind Hochhäuser sehr teuer. Das ist ein langfristiger Kostenfaktor, der für die BewohnerInnen womöglich noch ein Thema sein könnte."[225]

Einseitig homogene Sozialstruktur

International wurden solche Hochhäuser im Zusammenhang mit dem sozialen Wohnbau errichtet und dem entsprechend leben in Ländern wie Holland, Frankreich oder Schweden in diesen Bauten einkommensschwächere Schichten. In Wien sind es hingegen die **Mittelschichten**, die das Wohnen mit Ausblick reizt, erklärt Reinprecht, der erhöhten Anonymität in Wohnhochhäusern ebenso als Anreiz nennt, wie ein oft herrschendes besseres Sicherheitsgefühl und bemerkenswerter Weise den durch den Ausblick resultierenden Naturkontakt. Ganz generell ist in den Wohnhochhäusern eine Neigung zum Individualismus zu beobachten.[226]

Der Traum von der Schlankheit

"Architekten träumen vom schlanken Hochhaus, von der 'Nadel'. Dazu lässt sich, vergröbert sagen: je schlanker ein Hochhaus, desto unpraktischer für die Nutzer - außer bei Höhen über 200 m. Will man bei 100 m Höhe einen **Schlankheitsgrad von 1 : 10**, der trotzdem noch recht 'pummelig' wirkt, dann kommt man auf einen Grundriss 10 x 10 m! Und in der seitlichen Ansicht ist das Verhältnis sogar 14,14 : 100 also 1 : 7!.[227] Die ‚Dicke' der Hochhäuser vor allem in der Schrägansicht hat daher vor allem **wirtschaftliche Gründe**!

Die Wiener Monster haben andere Eigenschaften: Sie sind nicht hoch und schlank, sondern breit und massig. Sie überragen - in den innerstädtischen Bereichen - die alte Stadt in den wenigsten Fällen um vieles, aber doch ausreichend, um sich im Stadtbild breitspurig in Szene zu setzen. Und sie stehen in der Peripherie wie hochkant gestellte Koffer in den Wiesen beziehungsweise dem sozialen Abstandsgrün, das zwischen ihnen frei gelassen wurde."[228]

Nebeneinander statt Raumbildung

Architekten unterliegen immer wieder der Versuchung eine Gruppe von Hochhäusern so anzuordnen, dass zwischen ihnen ein 'spürbarer' Raum entsteht. Im städtebaulichen Modell mag so etwas vermittelbar sein - in natura wirkt das als ein 'Nebeneinander' ohne Raumbildung.[229]

Hochhäuser sind Ausdruck der ‚Corporate ego-konkurrenz' und kein Beitrag zur Urbanität

„Die einander gegenseitig in Größe, Form, Farbe und Verkleidung **überbietende Solitäre** berauben der Stadt ihre Urbanität. Denn sie sind hermetisch abgeriegelte, monofunktionale Einzelobjekte, Aushängeschilder für die jeweilige ‚corporate identy',

224 K. Plöckinger 2000, S. 20
225 C. Reinprecht in Gespräch mit J. Luxner 2016, S. 12-13
226 aaO.
227 E. Heiss und K. Glotter 1997, S. 110
228 H. Sterk in J. Maurer 1988, S. 173
229 E. Heiss und K. Glotter 1997, S. 110

die oft einfach nur groß sind, ohne eine maßstäbliche oder funktionale Beziehung zur Straße, zum Ort, zur Stadt zu haben. Sie sind von einer spektakulären, atemberaubenden Schönheit, zugleich aber auch laut, brutal und allein für den flüchtigen Blick aus dem vorbeirauschenden Auto auf den Umgehungsstraßen der Down Town konzipiert."[230]

Hohe Bauten erfordern große Abstände

„Ich möchte nur zu bedenken geben, dass zum Beispiel hohe Bauten bei uns auch **große Abstandsflächen** erfordern, die die Hochbauten zum Selbstzweck stilisieren, ohne dass die gewonnene Bodenfläche entsprechend genutzt werden könnte. Leere Grünflächen zwischen Hochhäusern sind ebenso kommunikationshemmend wie die Bauten selber."[231]

Auch 35-Meter Hochhäuser brauchen größere Freiräume

„'Diese Obergrenze [35m, die ein Hochhaus definiert] hat sich schon eingeschlichen' stimmt Gregor Puschner (Wohnfonds-GF) zu. ,Wichtig ist aber, wie das Quartier und das Umfeld funktionieren. Dichte in der Höhe zu produzieren ist gut, wenn sie den Fußabdruck reduziert und damit größere Freiräume ermöglicht."[232]

Gesichtsverlust der Städte

"Es gleichen sich die Hochhäuser von Chicago, Hannover, Wien oder Singapur wie ein Ei dem anderen. Die Egalisierung, der **Gesichtsverlust aller Stadtbilder** ist in vollem Gange."[233]

Hochhäuser sollen funktionell bedingt sein – und flexibel

„Natürlich darf es auch [...] hohe Häuser geben, wenn ihre Funktion das wirklich verlangt, wenn ihre Sinnhaftigkeit in der Stadt das ermöglicht. Die Kathedralen des Mittelalters waren ja auch gewaltige Maßstabsbrüche in der Stadt."[234]

Kein nennenswerter Flächengewinn bei größeren Höhen

Man wird bemüht sein müssen, ein großes Maß von Wohnqualität und Privatheit auch bei hoher Dichte zu erreichen, eine nennenswert intensivere Ausnutzung als bei den heute üblichen städtischen Wohngebieten hoher Dichte ist allerdings weder wahrscheinlich noch erwünscht. Hier trifft man häufig auf **falsche Vorstellungen**: die oft beklagte Ausuferung der Städte hat ihre Ursachen im geringsten Teil darin, dass man etwa viergeschoßig baut, statt zehn- oder zwanziggeschoßig; der Flächengewinn durch eine Steigerung der Geschoßzahl in diesem Bereich ist ganz unerheblich."[235]

Das Hochhaus ist Chiffre dafür, nur zu nehmen

„Das Hochhaus ist, vor allem anderen, soweit Chiffre, ein Sonderangebot an diese in uns lauernde Leidenschaft für eine heroisches Coming-out. Hochhaus, das steht für Zukunft, Moderne, Metropole, Superstadt, 21. Jahrhundert, Freiheit der Imagination, ungezähmte Architektur, wirtschaftliche Dynamik. [...] Dass diese Chiffre eine Fälschung ist, das sich zugeben, ist eine Anstrengung. Das Hochhaus ist ein Instrument, ein sehr konsequentes Instrument, in einem Feld von Interessen, die nur nehmen (Natur, Stadt, Leben), aber nichts geben. [...] Das Hochhaus ist nur ein lustbesetztes **glitzerndes Mobil des Verschleißes**, an dem wir alle mittun, wie das Auto auch. [...] Weil das so ist, ist der fremde Blick auf das Hochhaus (wie auf das Auto) so schwer, ist es als Chiffre so erfolgreich."[236]

230 W. Werdegier 1992, S. 245
231 R. Krier 1975, S. 150
232 M. Novotny in Standard-Album 27.6.2020, s. A8
233 R. Rainer 1990, s. 122, Vortrag 2. 10.1983 in Universität Klagenfurt
234 V. Lampugnani in Stadt Wien MA 18 2014, Stadt der Zukunft, S. 14
235 G. Albers 1972, S. 111
236 M. Meier – Du 11/1994 –Hochhaus oder Pavillon, D. Hoffmann-Axthelm S. 47

Hochhauskonzepte

Als Vorarbeit zum Hochhauskonzept 1972 hat Hugo Potyka (unter Mitarbeit des Autors) sämtliche über die Umgebung ragende Bauten von Industrieschornsteinen bis dominante Feuermauer, Kirchtürme und Hochhäuser aufgenommen, im gleichen Maßstab händisch dargestellt und kartiert.

Im Hochhauskonzept selber wurden unterschiedliche Standortmodelle wie U-Bahn-Stationen, Stadtautobahnknoten, Brückenköpfe den Beschränkungen (Sichtachsen, Richtfunkstrecken, Schutzgebiete) gegenübergestellt und in einem vereinfachten, aber topografisch realistisch dargestellten Stadtmodell simuliert – damals gab es noch keine Computersimulationen. Die Ergebnisse waren nur meritorisch, das Grundproblem – den **Gleichheitsgrundsatz** – musste ausgeklammert werden:[237]

Als Lösung der ungleichen Behandlung der Liegenschaftseigentümer, schlug Potyka eine **finanzielle Abgeltung des Mehrwerts** vor, die sich schließlich in der aktuellen Hochhausdebatte sowohl als nachweisbaren Mehrwert und finanzielle Beteiligungen am Ausbau der Infrastruktur (Vertragsraumordnung nach § 1a der BOfW) niederschlug.

Der Begriff der stadtgestaltwirksamen ‚Hohen Häuser' ist relativ und von seiner Umgebung abhängig: "Im Rahmen der Bebauungsplanung müssen vor allem in den Stadtrandgebieten auch andere höhere Bauten kritische Berücksichtigung finden, die ex lege nicht als Hochhaus klassifiziert sind. So wären in der Bauklasse III (16 m) jedenfalls Bauten der Bauklasse V (26 m) als herausragende Bauten anzusehen.... Überhaupt haben die Hochhausdefinitionen der Bauordnungen wenig Relevanz [für das Stadtbild], da sie vor allem auf Sicherheitsaspekte (Brandbekämpfung großstädtischer Feuerwehren, Entfluchtung) abgestimmt sind."[238]

Hogo Potyka kommt als Ergebnis der Studie zu einer Zonierung der Hochhausgebiete in drei Kategorien:[239]

- **Passive** Hochhauszonen (Verbotszonen)
- **Aktive** Hochhauszonen - aus stadtgestalterischen Gründen erwünschte Zonen
- **Indifferente** Zonen - Einzelprojekte nach festgelegten Kriterien

Diese Kategorien gelten auch im aktuellen Hochhauskonzept mit wechselnden Abgrenzungen.

Coop Himmelb(l)au (Wolf Dieter Prix) und Synthesis haben 1991 eine Hochhausstudie vorgelegt, die mit neueren technischen Mitteln, im Wesentlichen zu ähnlichen Ergebnissen kam, wie Potykas Hochhausstudie. Beschlossen wurden beide Konzepte nicht, und Prix ortet darin eine **Emotionalisierung**, die einer sachlichen Behandlung im Wege steht:[240]

Notwendig erscheint allem voran eine **Entideologisierung** der Hochhaus-Diskussion in Wien. Zu erwarten ist, dass sich das Hochhaus weiter etablieren wird. Die Stadt wird sich also mit dieser Entwicklung auseinandersetzen müssen."

In der Diskussion über Hochhäuser vertrat der damalige Planungsstadtrat Görg die Auffassung, dass die Konzepte des **‚Solitärs' dem ‚Cluster' gegenüberstehen**, wobei Letzterem der Vorrang eingeräumt werden sollte, und die Chance zur Schaffung multifunktionaler, kleinräumiger, lokaler Zentren genutzt werden könnte.[241]

Gestützt auf die Aussagen eines internationalen Vergleichs von Hochhauskonzepten (S. Tillner aaO.) sieht der Architekturkritiker Reinhard Seiß auch die Cluster als zukün-

237 H. Potyka –Hochhauskonzept für Wien 1972 in R. Mayerhofer 1987, S. 120 -126
238 aaO. S. 120
239 aaO. S.126
240 Wolf D. Prix – Impulsreferat im 2. Wiener Architekturgespräch 1998 in K. Plöckinger 2000, S. 17-18
241 B. Görg im 2. Wiener Architekturgespräch 1998 in K. Plöckinger 2000, S. 20-22

ftiges Modell von Hochhauslagen:[242] „London und Paris konzentrieren ihre Hochhäuser an einigen ausgewählten Standorten und die Investoren akzeptieren es, in diese Sonderzonen gelenkt zu werden. Ohnehin bevorzugen die meisten Firmen - laut einem internationalen Vergleich der Wiener Architektin Silja Tillner - **Hochhausgruppen** gegenüber Einzeltürmen. Der Stadtplanung wiederum ermögliche ein so genanntes Cluster die Bündelung von Planungsleistungen und Infrastrukturen sowie die Ausgestaltung einer Übergangszone von der hohen Bebauung zur umliegenden, niedrigeren Struktur."

Zukunft der Hochhäuser

> *"Aus den topografischen, morphologischen, atmosphärischen, naturlandschaftlichen, funktionalen, sozialen und ökologischen Qualitäten ergibt sich: Wien benötigt Hochhäuser nur unter den Voraussetzungen, dass diese außerordentlich Mehrwerte für die Allgemeinheit beisteuern."*
>
> Christoph Luchsinger 2015[243]

Die Bedeutung der Hochhäuser wird im Fachkonzept Hochhäuser des STEP 2025 unterstrichen und ihnen die **Funktion eines ‚Leittyps'** eingeräumt:

"Hochhäuser sind Leittypen des modernen Städtebaus und bilden einen klaren Kontrast zur herkömmlichen Stadt, in der Hochpunkte gleichbedeutend waren mit außerordentlichen Funktionen und Bedeutungen. Als Prototypen von ökonomisch aufgeladenen, manchmal verdichteten, manchmal individuellen, vereinzelten Bauweisen sind Hochhäuser heute oft Projektionsflächen für großstädtische, an internationalen Vergleichsbeispielen orientierten **Entwicklungs- und Modernisierungsszenarien**."[244]

Maik Novotny sieht in seinen Beitrag im ‚Wohnenplus' kein Ende des Hochhausbooms im immer stärkeren Wandel der Städte in den 2020er Jahren:[245] „Offensichtlich ist: Ein Ende des Turmbaus ist vorerst nicht abzusehen. Das Hochhaustrauma darf als aufgearbeitet gelten, und das Wohnen in der Höhe als rehabilitiert. Nicht nur als Wertanlage, sondern auch für Mittelschicht, Paare und aktive Senioren. Der **leistbare soziale Wohnbau** jedoch wird unter der 35-Meter-Marke bleiben." Wenn auch aufgrund erhöhter bautechnischer Aufwendungen und den Kostenbeschränkungen im sozialen Wohnbau, das Wohnhochhaus eher die Ausnahme als die Regel sein wird."[246]

Die entscheidenden Fragen beim Hochhaus sind die des **‚Mehrwerts'** – ‚Hochhäuser müssen der Stadt etwas zurückgeben':

- Wer hat das Vorschlagsrecht, was die Stadt am Standort braucht?
- Wem kommt der Mehrwert zugute?
- Wer entscheidet über den Mehrwert?
- Wie wird der Mehrwert qualitativ und finanziell bewertet?

Tatsächlich sind die von Investoren meist vorgeschlagenen ‚Mehrwerte' **pekuniär eher unbedeutend**, wenn sie mit dem umlegbaren Grundstücksanteilen pro BGF in Beziehung gesetzt werden. Für den Investor sind das in der Regel ‚Peanuts' und längst eingepreist. Ein Scheitern einer Hochhausbebauung aus diesem Grund ist in Wien noch nie eingetreten. Die Ausarbeitung von speziellen, konkreten Konzepten unter Einbeziehung der Bezirke wäre hier unumgänglich.

242 R. Seiß 2007, S. 68-69
243 C. Luchsinger et al. In Fachkonzept Hochhäuser 2015, s. 16
244 aaO. S.6
245 M. Novotny – ‚Zuhause im Turm' in Wohnenplus 1/2010, S. 13
246 B. Steger im Interview mit M. Novotny in Wohnenplus 1/2020, S. 14

Maik Novotny in Wohnenplus 2020:[247] „Hochhäuser können nicht nur das Ergebnis stadträumlicher Überlegungen sein, sondern sind immer auch eng mit der Frage verbunden, was sie der Stadt in einem sozialen und kulturellen Sinne zurückgeben. Das Hochhauskonzept verlangt daher die Definition von speziellen, **ganz konkreten Mehrwerten** für die gesamte Umgebung, die über eine Hochhausentwicklung generiert werden können. [...]

Nach dem der Wiener Gemeinderat beschlossen hat, dass die Widmungskategorie **‚Geförderter Wohnbau'** auch bei Hochhäusern zur Anwendung kommen soll, ergibt sich dadurch der Anspruch, auch in diesem Fall das bewährte Vier-Säulen-Modell des Geförderten Wohnbaus zur Anwendung zu bringen. Nicht nur, aber auch bei Wohnhochhäusern ist die Entwicklung einer **urbanen Sockelzone** eine grundsätzliche Notwendigkeit, die wesentlich für das Gelingen eines Stadtquartiers ist. Wesentlich sind auch qualitätssichernde Maßnahmen für den Gestaltungswettbewerb."

Ein konkretes Beispiel war die Anfrage eines Investors bei der Bebauung des Postbus-Areals an der Erdberger Lände an den Bezirk, ob ein Hochhausstandort denkbar wäre. Als die Antwort war, ja, wenn eine Fußgängerbrücke über den Donaukanal in den Prater finanziert wird, war das Interesse schnell abgekühlt.

Neben der ‚Mehrwertdiskussion' gibt es noch andere Anforderungen an Hochhäuser und deren Standorte:

- **Hochhäuser zur Orientierung an die Peripherie und nicht im Zentrum**

  Dazu die Stadtarchitektin von Kopenhagen,Tina Saaby: „ Das Verstehen des Standorts hat viel mit der Identität zu tun. Typisch für Kopenhagen sind der Maßstab und die vielen fünf- bis sechsgeschoßigen Backsteinbauten. Außerdem ist das Stadtbild geprägt von den Kirchtürmen und anderen Türmen. [...] Deshalb errichten wir auch keine Hochhäuser in der Innenstadt, so dass der Blick auf die Türme nicht versperrt wird. [...]

  Aber Hochhäuser können auch wichtig sein - vielleicht nicht die Hochhäuser an sich. Vielmehr ist es wichtig, dass ein Stadtteil über einen **Bau mit Symbolkraft** verfügt. Es ist wichtig, dass sich die Leute orientieren können und wissen, wo sie sind und in welche Richtung sie gehen müssen. In diesem Sinn können Hochhäuser in neuen Stadtteilen sehr nützlich sein, da sie uns bewusst machen, wo wir sind."[248]

- **Konzept der vertikalen Verdichtung, das ‚Vertical Village'**

  Das Resultat ist, neben der optischen Verarmung [durch uniforme Hochhäuser] des städtischen Umfelds solcher Bauten, ein negativer Effekt auf die soziale, demografische und ökonomische Entwicklung der Stadt. Um solchen Tendenzen entgegenzuwirken hat das niederländische Architektenbüro MVRDV (Rem Koolhaas) vor einigen Jahren das **Konzept des „Vertical Village"** ausgearbeitet.

  Es soll urbane Verdichtung ermöglichen und zugleich den dörflichen oder typischen Kiez-Charakter bewahren. Eine wichtige Anforderung an die bauliche Umsetzung ist dabei die Kombination aus individueller Ausgestaltbarkeit und Bezahlbarkeit. Als mögliche Lösungen kommen digitales und modulares Bauen in Betracht."[249]

  Durch die Unterteilung von Hochhäusern mit **Gemeinschaftsgeschoßen** kann die Höhe gegliedert, die Höhe fassbar gemacht und auch Begrünungsmaßnahmen von dort ausgehen.

247 M. Novotny – ‚Zuhause im Turm' in Wohnenplus 1/2010, S. 14
248 Stadt Wien MA 18. Stadt der Zukunft 2014, S. 58
249 ABES 2019, S. 37

- **Anforderung an Hochhausprojekten nach Nutzungsmischung**

  Es gilt nicht nur in Wohnhochhäusern eine Nutzungsmischung zu verlangen, wie im Fachkonzept Hochhäuser der Stadt Wien 2015,[250] sondern Mischnutzungen auch in Bürohochhäusern anzudenken. Wohl treten technische Probleme bei der Umsetzung auf, sind aber bei gutem Willen lösbar:

  "Die Herstellung der **funktionalen Durchmischung** erweist sich als eine nicht ganz einfache Aufgabe, die nur auf der Ebene des Gesamtprojekts zu bewältigen ist. Funktionale Durchmischung bedeutet meist das Auftreten sehr unterschiedlicher Besucherströme, die nur schwer in einem Gebäude zu organisieren sind. Multifunktionaliät ist jedoch die Voraussetzung für den wirtschaftlichen Erfolg einer Investition."[251]

  Nachdem zwei voneinander **unabhängige Fluchtwege** bei Bauhöhen ab 22 m vorzusehen sind, lässt sich die Erschließung unterschiedliche Nutzungen wie Wohnen und Büros unabhängig voneinander realisieren. Das Problem liegt eher im Psychologischen: die Begegnung des profanen Alltags wie z.B. mit Kindern ist dem abgehobenen Büroalltag nicht zuzumuten und kein ‚Mainstream'. Hier ist noch ausgehend von alternativen Konzepten des Co-Working Überzeugungsarbeit zu leisten.

- **Wohnhochhäuser zeichnen sich in der Fassade ab**

  "Im Gegensatz zum Bürohochhaus zeichnet sich die Nutzungsstruktur im Wohnhochhaus in der Fassade ab. So sind **individuelle Außenräume** und die natürlich zu belichtenden Erschließungsbereiche nur zwei Faktoren, welche aus Hinsicht der qualitativen Grundanforderungen des Wohnhochhauses nach außen hin in Erscheinung treten. [...]

  Um Hochhäusern mit **identitätsstiftenden Merkmalen** zu versehen, werden in Anlehnung an die Umgebung Ziegelfassaden, Kupferdächer, umlaufende Balkone, Grünflächen in Leergeschoßen, ornamentale Effekte mit Licht- und Schattenwirkung, versetzte und verdrehte Baukörper und andere Alleinstellungsmerkmale angewandt.[252]

- **Soziale Exklusion als Funktion des Kaufpreises**

  "Ob das Wohnen im Hochhaus als etwas Attraktives und Natürliches wahrgenommen wird, hängt im Wesentlichen von zwei Faktoren ab" sagt Christoph Reinprecht. "Erstens geht es darum ob diese Wohnform wie etwa in New York oder Hongkong Teil der städtischen Identität ist, und zweitens stellt sich Frage, welche soziale Inklusion oder Exklusion die Architektur und die strukturelle Beschaffenheit eines Wohnhauses verkörpern. [...] Oft sind sie Fremdkörper im architektonischen und gesellschaftlichen Gefüge einer Stadt."[253]

  Und „die **Preisgestaltung** in einem Wohnhochhaus hat mit Realität nicht mehr viel zu tun, das ist ein ganz eigener Kosmos" (Soziologe Christoph Reinprecht) und erreicht **‚galaktische Sphären'** jenseits von 15.000 € pro Quadratmeter.[254]

  Ein möglichst hoher Anteil leistbaren Wohnens im Hochhaus bietet die Chance, Wohnen im Hochhaus auch breiteren Bevölkerungsschichten zugänglich zu machen - eine soziale Staffelung jedoch, also leistbares Wohnen im unteren Bereich zur Mitfinanzierung der Errichtungskosten durch öffentliche Mittel und frei finanziertes Wohnen im oberen Bereich, ist nicht willkommen – aber die Realität.

250 C. Luchsinger 2015, S. 21: „Zentrale Anforderungen an Wohnhochhausprojekte sind Forderungen nach Nutzungsmischung und -flexibilität, nach sozialräumlichen Mehrwerten und der Sicherstellung adäquater und sorgfältig konzipierter Freiräume - und selbstverständlich hochwertiger architektonischer Ausarbeitung in allen Maßstäben."

251 K. Plöckinger 2000, S. 21

252 s.a. V. Czaja in Standard EXPO-Real, 2021,S. E 12

253 a.a.O. S. E 12

254 a.a.O. S. E 12

Das Nestroy'sche Prinzip **‚Zu ebener Erde und im 1. Stock'** ist allerdings der Regelfall und nur durch hoheitliche Einflussnahme im Rahmen des Wiener ‚Vier-Säulenmodells' zu unterbinden. So sind Kaufpreise von 10.000 €/m² oder 20 €/m² Miete kaum mehr dem ‚Mittelstand' zuzurechnen – der ohnehin sehr breit verstanden wird.[255]

- **Umfeldverbesserung durch Wohnhochhäuser – mit ‚offenen' Erdgeschoßzonen?**

Wenn im Fachkonzept Hochhäuser als Umfeldverbesserung die „öffentliche Zugänglichkeit und Durchlässigkeit der Sockelzone die Regel sein sollte"[256], ist die kritische Sicht Roland Rainers zu unterstreichen:[257] *„...Leben und Glück bringt man am besten in eine moderne Stadt, wenn man sie aus hohen Türmen erbaut, die auf Säulen (oder Pfeilern) vom Boden abgehoben sind, damit die Fußgänger in den dadurch geschaffenen neuen offenen Räumen, Parks und Spielplätzen unter den Häusern zirkulieren können.*

FALSCH. Was die Bodenflächen der Städte brauchen, sind nicht weite und offenen Räume, sondern e**nggegliederte Räume** mit vielen Ladengeschäften, Restaurants, Theatern und Märkte. Die sicherste Methode Städte umzubringen, besteht darin, dass man ihre Straßen in große, ausgedehnte Flächen verwandelt. Jane Jacobs war eine der ersten, [...] die darauf hinwies, aber noch immer werden Städte aus Glastürmen und Pfählen erbaut, mit nichts auf der Grundfläche als zugigen ‚Plazas' und scheußlichen Skulpturen und manchmal einen Brunnen oder einer Bank, die um 4 Uhr schließt."

Offenen Erdgeschoßzone: Karree St. Marx – E. Prohaska

Dem kann nur beigepflichtet werden: wer die Ödnis, durch Betonplatten und **‚**Architektenschotter' gestaltete, offene Erdgeschoßflächen im ‚Karree St. Marx' oder den Eingangsbereich des T-Mobile-Gebäudes in St.Marx erlebt hat, muss diese übliche Forderung hinterfragen. Es sind **‚Un-Orte**' ohne jeglicher Aufenthaltsqualität und nach der ‚Defensible-Space-Theorie' von Newman ein typischer halböffentlicher Raum, ein **Niemandsland**.

Sonstige Akzente und Merkzeichen

"Optische Straßenbelebungen, die schön sind, sind Glücksfälle. Wenn wir uns jedoch in unseren Städten zu feierlich um Schönheit bemühen, landen wir leicht beim Pompösen. Schönheit gibt es nicht geschenkt, aber man kann verlangen, dass bauliche Akzente anständig und interessant sind."

Jane Jacobs 1963, S. 197

Die Bandbreite ‚Sonstiger Akzente' reicht von Kulturbauten als ‚Landmark' im Städtewettbewerb bis zu kleinen eher unscheinbaren Merkzeichen wie Feuermauerbemalungen und dominante Einzelbäume. Gemeinsam ist den Merkzeichen, je nach Größenordnung, Funktion und Umgebung, sinnstiftende und identitätsbildende Wirkung und Steigerung der Komplexität des Stadtbildes.

255 bei Selbsteinschätzungen zählt sich kaum jemand zur Unter- oder Oberschicht, da es immer noch jemand gibt der unter oder ober ihm steht.
256 C. Luchsinger 2015, S. 40
257 R. Rainer 1978, S. 186-187

1943 haben Sigfried Giedion, José Luis Sert und Ferdinand Léger ihre ‚Nine Point of Architectur' verfasst, die sich auch mit ‚Monumenten' beschäftigt haben (Auszug):[258]

1. *Monumente sind menschliche Wahrzeichen, von Menschen geschaffen als Symbol für ihre Ideale, Ziele und Handlungen. sie sollen über die Zeit hinaus, in der sie geschaffen wurden, fortbestehen und ein* ***Erbe für künftige Generationen*** *darstellen. Sie bilden ein Bindeglied zwischen Vergangenheit und Zukunft.*

4. *...Aus den sogenannten Monumenten neueren Datums sind mit wenigen Ausnahmen* ***leere Hüllen*** *geworden. sie repräsentieren in keiner Weise den Geist und das kollektive Fühlen der modernen Zeit....*

6. *Ein neuer Schritt liegt vor uns. Veränderungen der gesamten wirtschaftlichen Struktur der Nationen, können zur Entstehung eines* ***Gemeinschaftslebens*** *in der Stadt führen, das bisher praktisch vernachlässigt worden ist.*

7. *Das Volk wünscht, dass die Bauten, die sein* ***soziales und gemeinschaftliches Leben*** *ausdrücken, mehr als funktionale Erfüllung bieten"*

Welch ein Unterschied zur heutigen Sicht auf die **‚artifizielle Innovation'**, wie sie Vittorio Lampugnani kritisch sieht:[259] „Die neuen Vorzeigebauten sind nicht mehr Projektionsflächen individueller Lebensprogramme oder Befindlichkeiten, sondern folgen der Maßgabe der artifiziellen Innovation und der Überraschung der Überraschung willen. Diese wird in erster Linie von den großen institutionellen Bauherren verlangt, die **Architektur als Werbung** einsetzen. Sie muss auffallen und anders sein als alles andere. Dafür muss sie sämtliche Konventionen sprengen, darunter auch jene der Stadt. Diese Übervorteilung wird von den Medien nicht gerügt, sondern geschätzt und belohnt. [...] Je sensationeller das architektonische Werk, das sie präsentiert, umso süffiger die Publikation. sie profitiert von der Extravaganz und der Visibilität ihres Sujets."

Doch Lampugnani bleibt nicht unwidersprochen:[260] „Im Spätherbst des Jahres 2011 spielte sich im Feuilleton der Neuen Zürcher Zeitung ein Schlagabtausch zwischen Vittorio M. Lampugnani und Stanislaus von Moos ab, an dem die Konturen eines Kulturkampfes abzulesen waren. Lampugnani kritisierte in seinen gewohnt soignierten Duktus zeitgenössische ‚Architektur-Skulpturen' als **‚Gesten ohne Sinngehalt'**. In seinem flammenden Plädoyer für die Einordnung kritisierte er unter andern Aldo Rossis Kontinuum von Häusern, wo nur die Monumente herausragen dürften. Lampugnani schälte einen klaren Gegensatz zwischen E- und U-Architektur heraus und er machte genauso klar, welche von beiden er bevorzugte.

Der Kunsthistoriker Stanislaus von Moos antwortete mit ebenso pointierter Schärfe, indem er Lampugnani zu den ‚Berufenen' zählt, die ‚aus höherer Warte' urteilen. Von Moos will das Normale, das manchmal Verquere, das Misslungene und da und dort Protzige nicht pauschal in der **Mülltonne der ästhetischen Geschmacksurteile** werfe."

Hans Stimmann, der Senatsbaudirektor von Berlin, wo ein besonders starker ‚Baudrang' die letzten Jahrzehnte dominierte, war als ‚Bremser' verrufen und formulierte: "Das Besondere an sich (als nur besonderes, ohne Bezug, als **selbstreferentielle Erscheinung** aus dem Geist seiner selbst) ist ohne jeden Wert. Wenn diese von der Kritik gehätschelte Kind unserer Zeit, das Besondere - nicht nur in der Architektur, hier aber am eindrücklichsten, nicht zugleich seinen dialektischen Gegenpart, die Regel, das Normale reflektiert, [...] enden wir im **'ästhetischen Spekulantentum'**, wie es Mies van der Rohe einmal bezeichnet hat (Material zur elementaren Gestaltung, 1923)." [261]

Sie - (die nicht im Typus begründete Form) - sucht im Grunde das rauschhafte Erlebnis, das von den Feuilletons gehätschelte Spektakuläre, **das Ereignishafte**, das nur

258 Zit. in K. Frampton 1983, S. 181
259 V. Lampugnani 2011, S. 3
260 A. Abel und B. Rudolf 2019, S. 342
261 H.Stimmann et al. 2005, S. 234

von **kurzer Dauer** ist. Im Grunde muss dieser Rausch vom nächsten sofort wieder abgelöst werden - generiert von anderen Formen -, damit das auf sich selbst und auf die beschleunigte Kapitalakkumulation bezogene System überhaupt funktioniert." [262]

Ein nicht unwesentlicher Hinweis von Aldo Rossi gibt der Vergänglichkeit gerade der großen, monumentalen Baukomplexe Raum:[263] „In allen europäischen Städten gibt es große Bauwerke oder ganze Baukomplexe, die einen wesentlichen Teil der Stadt ausmachen, aber nur ausnahmsweise ihre **ursprüngliche Funktion** beibehalten haben. [...] Wenn man ein solches Baudenkmal besucht, ist man überrascht von der Vielzahl an Funktionen, die anscheinend in keinerlei Zusammenhang mit seiner Gestalt stehen. Gleichwohl ist es gerade diese Gestalt, die uns beeindruckt, die wir erleben und durchwandern."

Kulturbauten und andere baulichen Akzente

> *"Es war und ist nie das Ziel, herausragende Architekturleistungen wie in einem Museum zu kollektionieren, um sie an den Straßen und Plätzen wie in einer Skulpturensammlung aufzustellen. Nein, von jeder neuen Architektur, von der Innenstadt bis zur Peripherie, wurde und wird ein Beitrag zum Städtischen erwartet."*
>
> Hans Stimann 2005, S. 121

Waren es früher Kirchen, Paläste und Rathäuser die gesellschaftliche Macht abgebildet haben, sind es heute Kulturbauten, die ohne Verdacht zu erwecken, monumental und innovativ sein dürfen und geradezu ein wirksames Instrument im Wettkampf der Städte nach internationaler Anerkennung und wirtschaftlicher Erfolge im globalisierten Tourismus. Wenn dazu noch die Ausprägung einer gesteigerten Identität oder gar die Ausbildung neuer Kulturformen und Kulturinteressierter kommt, darf man diesen Trend auch kritisch sehen.

Vladimir Vukovic bringt die Tendenz der „Akzentuierung" auf den Punkt:[264] **„Bilbao-Effekt der Spektakelarchitektur:** Wolf Prix von COOP Himmelb(l)au unterstreicht die Bedeutung von ikonischen ‚Signature buildings', „denn die Gesellschaft braucht dreidimensionale Symbole". Es werden seit den 90er Jahren immer mehr exzentrische und kostspielige Prestigeobjekte für Firmen oder Institutionen gebaut, die keine Rücksicht auf den gegebenen Stadtkontext nehmen. Die Verfasser werden dagegen als „Stars" gefeiert"

Merkzeichen im Detail

> *„Nur das Unerwartete macht glücklich, aber es muss auf viel Erwartetes stoßen, das es zerstreut."*
>
> Elias Canetti, Alle vergeudete Verehrung, 1951

Nach den ‚großen' Akzenten sollen auch andere Merkzeichen mit begrenzter Raumwirkung angesprochen werden, die aber trotzdem nicht unterschätzt werden dürfen, Fenster, Türen, Beleuchtung, Materialität und Gliederung sind nur einige Elemente und Randbedingungen, die in den entsprechenden Abschnitten behandelt werden. Beispielhaft sollen zwei Elemente kursorisch erwähnt werden – Balkone und Grünelemente.

Balkone

Dietmar Eberle sieht Balkone als omnipräsent, die ihre Aufgabe als **Kommunikationselement** nicht mehr erfüllen können. Basierte seine Ausrichtung in der Gründerzeit noch auf gesellschaftliche Aspekte (also eine Ausrichtung auf die Straße oder den

262 aaO. S. 496
263 A. Rossi 1998, S. 17
264 V. Vukovic ‚Polarisierung des Städtebaus' 2023 in K. Semsroth ‚Über die Schönheit der Stadt' S.237ff

Platz), so reckt er sich nun als Ort der privaten Freizeit der Sonne entgegen. Von den 20er Jahren bis heute werden die Balkone nach dem Sonnenstand und nicht nach der Straße ausgerichtet."[265]

Wenn auch die Wiener Bauordnung Balkone an der Straßenfront seit 2013 gestattet, gibt es Stimmen, die diese Entwicklung als ‚Metastasen' und ‚Krätze' [266] bezeichnen. Tatsache ist, dass die Immobilienwirtschaft Wohnungen ohne Außenraum als schwer vermarktbar ansieht.

Darüber hinaus scheint es in jüngsten Wohnbauwettbewerben als seien die Balkone –eingeschnitten oder aufgesetzt – das einzige Gestaltungsmittel. Das **‚Aufreißen' der Fronten** mag in Garten- und Hofbereiche unproblematisch sein – straßenseitig ist die Wirkung fatal. Abgesehen davon, dass die Nutzung dieser Balkone überwiegend als Abstellfläche für Fahrräder, Bierkisten und andere wohnungsfremde Gegenstände zu dienen scheint. Dazu kommt noch, wenn baulich keine entsprechenden gestalterisch abgestimmten Vorkehrungen getroffen werden, **Sichtschutz** in allen möglichen Formen und Farben angebracht werden. Wenn auch von wohlmeinenden Soziologen gemeint wird „die Architektur müsse das aushalten", ist der visuelle Eindruck bloß chaotisch und nicht mehr ‚komplex'.

Grünelemente

Wenn auch die Grünelemente eingehender im Abschnitt 8.3 behandelt werden soll hier erwähnt werden, dass Bäume auch zu städtischen ‚Landmarks' werden und Räume definieren können.[267] C. Loidl-Reisch beklagt zu Recht, dass bei großen städtebaulichen Wettbewerben wie beispielsweise bei den Aspanggründen (Village im Dritten) solche Merkzeichen, die die alltägliche Identität des Ortes ausmachen, in den **Wettbewerbsunterlagen** nicht einmal dokumentiert werden. Entscheidungen der Jury tendieren dann zum ‚großen Wurf', der zunächst einmal ‚Tabula rasa' vorsieht, kleine örtlich vertraute Strukturen vernichten, anstatt diese sensibel in ein neues Ganzes einzubeziehen.[268]

Konkret erwähnt sollen Großbäume als Versammlungsort (Dorflinden), als Hinweis auf Gasthausgärten/Biergärten (Kastanien) oder Obstbäume am Dorfrand (‚städtebaulicher Vorgarten') werden.

Stadtmöblierung

Auch **Elemente der Stadtmöblierung** können neben der Eigenschaft als Merkzeichen, als Treffpunkt (Rendezvous-Platz) dienen und so überlokale Bedeutung erlangen wie Mastuhren, Brunnen oder Denkmäler. Landstraßer Hauptstraße: bei der Umgestaltung 1990, setzt der Planer (Heinz Marschalek) eine Uhr auf einen Schrägmast – seitdem trifft man sich bei der **‚schiefen Uhr'.**

‚Schiefe Uhr' in der Landstraßer Hauptstraße Wien 3

265 E. Tröger und D. Eberle 2015, S. 194
266 S. Abschnitt 9.2. Bauordnungen
267 M. Novotny 11.12.2019
268 C. Loidl-Reisch 1986,

HKA Rottenburg

Dächer und Giebel

Auffallend ist, dass in jüngster Zeit Dächer und Giebel vermehrt zur **Akzentuierung** von Altstadtbereichen und sogar von Bauten im Freiraum als ‚Landmark' eingesetzt werden. Nachdem lange Zeit das Steildach eher eine **Ausnahmeerscheinung** war, erhebt sich die Frage, was das Umdenken bewirkt hat – ist es mehr als Mode?

Der Baukulturkoordinator Niederösterreichs, Markus Bogensberger, hat eine schlüssige Erklärung: „„Im Prinzip haben Architektinnen und Architekten in den vergangenen 70 Jahren versucht dem **‚konservativen' Steildach** den Kampf anzusagen und Flachdächer zu etablieren", sagt Bogensberger und kennt auch den Hintergrund: In der Nazizeit war das Flachdach verpönt, und **‚heimattreues Bauen'** war oft per Zwang vorgeschrieben. „Die Flachdächer stellten nach dem Krieg ein sichtbares Ausbrechen aus dieser fatalen Ideologie dar."

Nun sehe man aber langsam, dass bestimmte Bauformen sich tatsächlich ‚schwerer in ein harmonisches Landschaftsbild eingliedern' so Bogenberger. Das Flachdach gehört dazu - und der Experte vergleicht es mit Lärm: ähnlich wie laute Musik kann es im Landschafts- oder Stadtbild auch visuelle Reize geben, die eine gewisse **Grundharmonie stören** - ‚das geht über das Private hinaus' sagt Bogensberger -, etwa auffällige Werbungen, schrille Farben und besonders in hügeligen Gegenden große Baukörper und Flachdächer.[269]

Markus Grob (Dächerstreit Flachdach/Steildach, Hamburg 2015) möchte mit weit verbreiteten Vorurteilen aufräumen: 'Es gibt auch moderne, tolle Häuser mit Steildach -und altväterische Häuser mit Flachdach". Die landläufige Meinung ist oft umgekehrt. Als Vorteile des Steildaches ist die Pufferzone bei Kälte- und Hitzeperioden und die technisch bessere Widerstandskraft gegen Schnee und Starkregen - hat aber keine Retentionswirkung.[270]

Dächer hatten ausgesprochene **semantische Bezüge**, die heute nicht gedankenlos profaniert werden sollten:

269 zit. B. Redl in Standard – Immobilienstandard 8.8.2020
270 zit. F. Zoidl in Standard-Album 27./28.3.2021, S. A8

Speicherinsel Danzig

- **Walm- oder Zeltdächer** - weisen auf herrschaftliche Gebäude wie Meiereien, Vogteien, Forsthäuser etc. hin
- **Türme - Kirchtürme** mit steilen oder frei geformten Turmhelmen - profane Türme mit flacheren Dächern (Tortürme u..ä.)
- **Hohe und steile Dächer** - Öffentliche Gebäude, Lagergebäude und Mauthallen

Innerstädtische Dachzonen

Dächer sind ein Bestandteil des Hauses[271] und als solche beim Ausbau auf das darunterliegende Gebäude abzustimmen. Auch hier gilt das für die Balkone gesagte: ein wildes Wuchern, das mit allen Gestaltungsregeln bricht und die Ausnutzung mit mehrgeschoßigen – oft nahezu unbrauchbaren - Grundrissen an die erste Stelle reiht. Es galt und gilt noch immer das **Gestaltungsgesetz des ‚Draufsetzens'** unabhängig von dem was drunter ist.

Die Folge sind zu hohe, unproportionale Dächer, zu große mehrgeschoßige ‚Gaupen', eingeschnittene Terrassen und damit fehlende abgestimmte Gliederung der Dachzone. Von übrigbleibenden Restflächen (ungedeckte Feuermauern) durch das ‚Ansteilen' selbst in Schutzzonen gar nicht zu sprechen.

Es ist erforderlich, wesentlich sensibler vorzugehen und seitens der Behörde (MA 19) die vermeintlich ‚fortschrittlichen' Gestaltungsgrundsätze aufzugeben.

271 s.a. C. Alexander 1977

Fazit - Conclusio

- *Die das Stadtbild **konstituierenden Elemente** sind nach Kevin Lynch: Wege (Straßen), Grenzlinien (Ränder), Bereiche, Brennpunkte ((Plätze) und Merk- oder Wahrzeichen – ergänzt durch Grünraumelemente und Überlagerungen.*
- *Kritik an der **Überbewertung der ‚physischen' Elemente** und der Orientierungshilfen gipfelt darin, dass dies zu einem ‚großstädtischen Wildwachstum', zu falsch verstandener Großartigkeit und Monumentalität – letztendlich zulasten der Erlebnisqualität, dem Menschen führt.*

6.1 Wege und öffentlicher Raum

- *Der öffentliche Raum – das **Netz der Straßen, Wege und Plätze** bestimmt die Gestalt der Stadt und ist äußerst langlebig.*
- *Die durchgreifende Korrektur des Verkehrsnetzes (Haussmann, Assanierung und Wiederaufbau der Nachkriegszeit) hat dem Ausdruck, der Identität meist nicht gut getan – Räume werden zerstört, es entsteht kein neuer Raum und **Identitäten verschwanden**.*
- *Die Moderne hat den Raumbegriff mit der ‚offenen Stadt' ad absurdum geführt –Straßen und Plätze sind nicht mehr erkenn- und definierbar: **‚Ohne Raumbildung gibt es keinen öffentlichen Raum'**.*
- *Auch ‚gewachsene' Strukturen sind insoweit planmäßig gewachsen, als sie funktionieren mussten und sind **nicht von selbst** erstanden.*
- *Die **Möblierung des öffentlichen Raums** spielt eine wichtige Rolle für die Identität von Stadtvierteln und ganzen Städten und macht sie unverwechselbar.*
- *Der Trend zur Verbannung des Autoverkehrs oder zumindest seine Verlangsamung führt zu gänzlich **anderen Ausdrucksformen** des öffentlichen Raums – eine andere Maßstäblichkeit durch den Vorrang des Fußgänger- und Radverkehrs ergibt ein anderes Straßen- und Stadtbild.*
- *Große Vorteile dieser Entwicklung sind für Kinder und Jugendliche zu sehen, deren Streifräume schon als verloren geglaubt waren und nun wiedergewonnen werden können.*
- ***Sicherheit** im öffentlichen Raum ist nur **durch Frequenz** von anderen Mitbenutzern gewährleistet – ein Mindestmaß an sozialer Kontrolle ist für das Wohlfühlen notwendig – und wenn es Autofahrer sind.*
- *Die **Ausgestaltung der Straßen** soll nach ihrer Hierarchie – und ihrer Benützungsgeschwindigkeit **differenziert** werden: Baumarten, Unterpflanzung, Bodenbeläge, Verweilplätze mit Bänken, Beleuchtung, Streckenführung u.a.m.*
- ***Umkehrung des Prinzips der Straßenverkehrsordnung**: Flächen für Fußgänger sind Restflächen des Autoverkehrs – nun wird die Fahrspur aus dem Straßenraum herausgeschnitten und alle anderen Flächen stehen dem Fußgänger zur Verfügung.*
- *Die verlangsamte Wahrnehmungsgeschwindigkeit fordert eine **detailwirksamere Maßstäblichkeit** und Gliederung des öffentlichen Raums und der raumbildenden Elemente.*
- *Die **Straßenverbreiterung** durch die Zurücknahme der Baulinien – ausgelöst durch die Vergrößerung der Bauhöhen – ist **zu vermeiden**, da Vor- und Rücksprünge wohl die Komplexität des Stadtbilds erhöhen, aber zur Verunklarung des Raums neigen.*

Höfe, Wege und Durchgänge

- *Die Fußgängerstadt von Morgen braucht eine wesentlich **engmaschigere Wegestruktur** abseits vorhandener Straßen – Durchgänge durch größere Häuserblöcke und Innenhöfe sind mit Park- und Grünflächen zu einem Netz von Fußwegen zu verknüpfen.*
- ***Interessante Fußwege** und Blockinnenräume attraktivieren den Fußgängerverkehr, verkürzen die Wege und schaffen eine umfassende soziale Kontrolle.*

- *Die Sicht auf die* ***‚Rückseiten' der Randbebauung*** *und der Höfe –auch Gartenhöfe – wertet ganze Stadtviertel auf und vermittelt Alternativen zum lärmenden Großstadtverkehr.*
- *Das Ziel im Wiener Fachkonzept ‚Öffentlicher Raum' mit einem Richtwert der* ***Maschengröße von 150m*** *für die Durchlässigkeit der Stadtstruktur ist zu unterstreichen und zumindest in den Bebauungsplänen zu verrechtlichen.*

Sequenzen und Orientierung

- *Die Wahrnehmung der Stadtgestalt erfolgt nur in Ausnahmefällen (Tourismus) von einem Standpunkt aus – im Alltag bewegt man sich im Raum und nur aus den verschiedenen Blickwinkeln, aus der* ***Bewegung heraus*** *kann der Raum in seiner Dreidimensionalität erfasst werden.*
- *Die städtebauliche Bestandsaufnahme der Stadtgestalterfordert daher die* ***sequenzbasierte Notation*** *in den Hauptbewegungslinien – die Erfassung des ‚fließenden' Raums.*
- *Wenn der Orientierungszwang der Alltagswege wegfällt, können ästhetische Merkmale und Details, aber auch* ***kleinste Veränderungen*** *an Bedeutung gewinnen.*

Öffentlichkeit und Privatheit in den Erdgeschoßen

- *Die Trennung von Öffentlichkeit und Privatheit ist die Dialektik der europäischen Stadt' (H. Stimmann)*
- *Die strikte Trennung der Öffentlichkeit von der Privatheit soll nur durch wenige Elemente wie* ***Schwellenbereiche und Durchgänge*** *mit begrenzter Zugänglichkeit (z.B. des Nachts) durchbrochen werden – die Zuständigkeit muss klar sein.*
- *Unklare Verhältnisse erzeugen eine* ***Verhaltensunsicherheit****, weil man sich im öffentlichen Raum anders verhält als im Privaten.*
- *Die Erdgeschoßzonen sind das ‚Gesicht der Stadt' auf Augenhöhe und ihre Nutzung ist entscheidend für* ***urbane Zonen*** *oder unattraktive Bereiche*
- *Die viel beschworene Halböffentlichkeit bleibt reine Deklaration und wird von den Betroffenen vehement abgelehnt – und wird auch nur in sozial schwachen Gebieten begehrt. In Mittel- und Oberschichtvierteln gilt das* ***private Gut*** *als ‚heilig' und* ***steht nicht zur Diskussion****.*
- *Eine Belebung der Erdgeschoßzonen kann durch* ***legistische Maßnahmen*** *(Arbeitsstättenrecht, Garagengesetz, Gewerbeordnung) erleichtert werden und die Flexibilität fördern helfen.*
- *Eine entscheidende Rolle für die* ***Nutzung der Erdgeschoßzonen*** *stellt das* ***Mietrecht*** *dar (Kündigungsschutz und Mietendeckel wie im Wohnrecht). Die Mietkosten verhalten sich umgekehrt proportional zu einer notwendigen und lebhaften Nutzungsstruktur.*

6.2 Grenzen und Barrieren

- *Grenzen können verbinden oder trennen, stellen im Regelfall ihrer* ***Überwindung eine Bereicherung*** *der Stadtgestalt dar und gliedern die Stadt in überschaubare Bereiche –Stadtviertel.*
- *Nicht durchlässige Grenzen bilden wie großräumige Strukturen* ***‚Verschattungszonen'*** *mit verminderter Fußgängerfrequenz, die unattraktive ‚städtische Rückseiten' hervorrufen wie Fabriken, Kasernen, Bahnanlagen, Großspitäler u.ä.)*
- *Zu unterscheiden sind* ***attraktivitätssteigernde Ränder*** *wie Uferbereiche oder topografische Grenzen und störende Barrieren wie Hochleistungsstraßen und Bahnanlagen.*
- *Wesentlich für den Zusammenhalt einer Stadt sind Einrichtungen zur* ***Überwindung von Barrieren*** *wie Brücken und (eher negativ besetzte) Unterführungen (Angsträume).*
- *Die Überwindung von Barrieren und die daraus entstehen* ***‚Brückenköpfe'*** *stellen eine städtebauliche Chance dar, die höhere und dichtere Entwicklungen zulässt und verträgt.*
- *Die Ausdehnung der Städte erfolgt nach dem* ***Prinzip der ‚Fraktale'*** *– ein Maximum von attraktiven Randsituationen pro Flächeneinheit.*

- *Grenzen haben eine wichtige Funktion zur* ***Identitätsbildung von Stadtvierteln****, die das Zusammengehörigkeitsgefühl verstärken und die soziale Homogenität unterstreichen.*
- *Besondere Bedeutung haben Brücken in der Überwindung stark trennender Barrieren wie Flüsse, Täler, Bahnanlagen und verlangen in ihrer* ***Gestaltung eine besondere Signifikanz*** *–die aber sehr oft aus ‚technischer und wirtschaftlicher Notwendigkeit' unterspielt werden.*

6.3 Bereiche und Stadtviertel

- *Die Bezeichnungen für* ***abgrenzbare Bereiche*** *beinhalten implizit einen Zugang zu einer bestimmten ‚Stadtkultur' – vom neutralen ‚Stadtteil' über das lokale ‚Grätzel', die soziologisch unbestimmte ‚Nachbarschaft' bis zum trendigen ‚Quartier'.*
- *In der Stadtstruktur können je nach Abgrenzbarkeit und/oder der Sozialstruktur (bedingt von der Wohnungsstruktur) Stadtviertel die in sich* ***geschlossen und homogen*** *sind und ineinander fließende,* ***kaum abgrenzbare Stadtbereiche*** *unterschieden werden.*
- *Historische Bezeichnungen von Altortskernen haben nur* ***nostalgische Bedeutung****, sind aber weiter in unterschiedlicher Sozial- oder Gebäudestruktur ablesbar oder zumindest interpretierbar.*
- *Größenordnungsmäßig sind* ***‚überschaubare' Stadtteile*** *zwischen 4.000 und 16.000 BewohnerInnen – abhängig von der Besiedlungsdichte – anzusetzen. Die Größenordnung entspricht in etwa der fußläufigen Erreichbarkeit.*
- ***‚Nachbarschaftliche' Kontakte****, die für das Wohlfühlen in einem Stadtteil verantwortlich sind und über die enge Nachbarschaft des Wohnhauses hinausgehen entstehen in Kinderspielplätzen, Parks, Schulbekanntschaften, Hundehalter, Einkaufen, Vereine wie Agendagruppen, Nachbarschaftsgärten u.a.m.*
- *Immobilienentwickler haben Wohnquartiere schon instrumentalisiert und setzen Bewertungsskalen sowohl als* ***Marketinginstrument*** *aber auch zur Stigmatisierung von Stadtteilen ein.*
- *Die* ***‚Lesbarkeit' von Stadtvierteln*** *unterscheidet sich massiv von touristischen Merkmalen und Wahrzeichen. Brennpunkte des Alltags, Geschäfte, Zeichen oder die geparkten Autotypen charakterisieren ganze Straßenzüge oder Quartiere.*
- *Für Planer können sehr schnelle und aussagekräftige Bewertungen über die ‚verpönten' kleinteiligen* ***Sprengelwahlergebnisse*** *getroffen werden, die sonst über aufwendige Korrelationsanalysen mit unterschiedlichsten (meist fraglichen) Kriterien erarbeitet werden müssten.*
- *Die* ***Nutzungsvielfalt*** *und die* ***soziale Mischung*** *ist in einem ökonomisch abgeschriebenen Stadtteil wie es die Gründerzeitviertel sind, nicht vergleichbar mit Neubauquartieren, wo kaum differente Nutzungs- und Sozialstrukturen auftreten (Kohortenbesiedlung).*

6.4 Brennpunkte und Plätze

- *In größeren Städten gibt es eine* ***Hierarchie von Brennpunkten*** *oder ‚Zentren' – beginnend mit Mikrozentren bei Umsteigeknoten von Tram und Bus über Bezirkszentren, die schon markante Bauten, Plätze, Massenverkehrsmittel und Geschäftsbesatz aufweisen. Darüber steht das eigentliche, nicht nur punktuelle Stadtzentrum – die ‚City'.*
- *Diese Brennpunkte –ungeachtet ihrer Stellung in der Zentrenhierarchie stellen durch ihre Personenfrequenz* ***Orientierungsmarken*** *dar und schaffen Identität –weil kein Brennpunkt dem anderen gleicht.*
- *Brennpunkte sollen vor allem in* ***Stadterweiterungsgebieten*** *durch verschieden Maßnahmen besser wahrnehmbar sein wie durchgehende Bodenbeläge, Raumbildung, Bepflanzung, Attraktoren, ÖV-Verknüpfung.*
- *Im Regelfall sind die Brennpunkte* ***nicht inselförmig angeordnet****, sondern greifen mit den Tentakeln der Geschäftsstraßen und anderen öffentlichkeitswirksamen Einrichtungen wie Schulen, Kirchen, Krankenhäuser, Amtsgebäude bis zum nächsten Brennpunkt aus.*

- *Brennpunkte der* ***höheren Hierarchiestufen*** *sind meist Plätze, wiewohl das keine hinreichende Bedingung ist wie beispielsweise die Mariahilfer Straße oder die Landstraßer Hauptstraße.*
- *Plätze sind auch als* ***Vorplätze zu repräsentativen Gebäuden*** *zu finden wie Theater, Kirchen –müssen aber kein Brennpunkt sein wie der Rathausplatz ohne Events.*
- *Die Anlage von Plätzen als städtischer Festplatz oder auch für politische Kundgebungen folgt gestalterischen Regeln, die sich im Verhältnis der* ***Platzdimensionen*** *zu der Höhe der raumbildenden Bebauung ausdrücken.*
- *Das Wesentliche von ‚urbanen' Plätzen sind jedoch nicht die Platzwände, sondern die* ***umgebenden Nutzungen und die Menschen****, die einen Platz erst zu einem Brennpunkt machen.*
- *Eine besondere Schlüsselfrage in der Nutzung von Plätzen ist die Inanspruchnahme von* ***‚unerwünschten' Gruppen****, die durch die Forderung von konsumfreie Aufenthaltszonen manifestiert wird.*

6.5. Merkzeichen

- *Merkzeichen und Akzente sind wohl die* ***wichtigsten Elemente*** *zur Schaffung einer vielfältigen und komplexen Stadtgestalt.*
- *Merkzeichen auf allen Ebenen erleichtern die* ***Orientierung****, erzeugen Gefühlsassoziationen und damit eine Identifizierungsmöglichkeit der StadtbewohnerInnen mit ‚ihrer Stadt'.*
- *In Abhängigkeit von ihrer* ***Wahrnehmbarkeit*** *können die Merkzeichen von den Individualzeichen über Akzente, Subdominanten bis zur Stufe der gesamtstädtisch wirksamen Dominanten unterschieden werden.*

Hochhäuser

- *Hochhäuser – ungeachtet der Nutzung sind ein* ***Streitpunkt der Stadtgestaltung*** *und der Stadtentwicklung: Immobilienentwickler sehen das Hochhaus als Erfolgsnachweis – Anrainer (auch Hochausbewohner) als das Letzte, das sie wollen. Dazwischen stehen die Politik und die Fachexperten und entwickeln Hochhauskonzepte.*
- *Entscheidend für Hochhausstandorte ist der jeweilige Mehrwert für den Grundeigentümer, wo der* ***Gleichheitsgrundsatz enge Grenzen zieht****. Und der vielbeschworene Mehrwert für die Öffentlichkeit im Regelfall in keinem Verhältnis für den Mehrwert des Grundeigentümers steht.*
- *Das Hochhaus ist jedenfalls ambivalent und hat als Schreckbild schon die Mietskaserne überholt – als Machtdemonstration und Überlegenheitssymbol der Modernität gibt es kaum etwas Bezeichnenderes:* ***das Hochhaus gehört zur Stadt****.*
- *Hochhausstandorte sollen sorgfältig nach deren Bedeutung ausgewählt werden,* ***nicht inflationär gewidmet*** *werden und nicht isoliert stehen, sondern in* ***Clusterform*** *angeordnet werden.*
- *Um den Gleichheitsgrundsatz gerecht zu werden, sollen der* ***kapitalisierte Mehrwert*** *gegenüber der umgebenden Bebauung ausgewiesen werden und an die Öffentliche Hand zur Bedeckung der Folgekosten (Verkehr, Schulen, Grünflächen) abgeführt werden.*
- ***Bürohochhäuser sind unfunktionell*** *weil die relativ kleine Grundrissfläche die persönliche Kommunikation durch die Überwindung von Höhenunterschieden erschwert. Flachbauten mit 4 -6 Geschoßen sind wie im Wohnhaus optimaler.*
- *Wohnhochhäuser sind sowohl in der Errichtung als auch im Betrieb* ***wesentlich teurer*** *als andere Wohnformen und kommen daher für ‚leistbares Wohnen' nicht in Frage.*
- *Die übliche Finanzierungsform: Oben die hochpreisigen Apartments frei finanziert und Unten die kleinen ‚preiswerten' Sozialwohnungen erinnern an Nestroys ‚Zu ebener Erde und im 1.Stock' und weisen damit eine kleinräumige soziale Mischung auf, die* ***mehr Probleme aufwirft*** *als die Hochglanzprospekte versprechen.*

- *Die geltenden Wiener Regelungen verweisen neben der* ***Standortprüfung*** *den Nachweis des sozialen und öffentlichen Nutzens – den Mehrwert und die Beteiligung an der Beseitigung von infrastrukturellen Defiziten – mit eher deklamatorischen Charakter.*
- *Wiener Hochhauskonzept: ,eine* ***Bereicherung des Stadtbildes*** *durch Akzentuierung des Höhenreliefs kann durchaus erwünscht sein' – bloß den Standort gibt nicht die Stadt vor, sondern der Immobilienentwickler.*
- *Eine besonders fatale Wirkung hat die* ***undifferenzierte Freigabe der Bauhöhen bis 35 m*** *bewirkt: die umfangreichen Restriktionen wie der Nachweis der maximalen 2-Stunden-Beschattung, baukünstlerische Wettbewerb, Einzugsbereich hochrangiger Verkehrsmittel und Mehrwertnachweis entfällt völlig.*
- *Der* ***typische Bewohner von Hochhäusern*** *ist männlich, Single und ohne Kinder – auch Senioren die zentrumsnah und urbaner wohnen wollen sind die Zielgruppe. Das Wohnen im Hochhaus ist primär auf soziale Mittelschichten, Kreative und Individualisten ausgerichtet, deren soziale Netzwerke über die ganze Stadt verteilt und daher nicht auf die Nachbarschaft angewiesen sind.*
- *Die Grundforderung nach* ***nutzungsmäßiger Durchmischung*** *(Büro + Wohnen) ist machbar und sollte jedenfalls gefordert werden – abgesehen von ,offenen' Erdgeschoßzonen, die Unorte der Sonderklasse darstellen, Windpfeifen und Verlegenheitsflächen generieren und keine Aufenthalts- und Empfangsqualität bieten.*

Sonstige Akzente und Merkzeichen

- *Die* ***Bandbreite der sonstigen Akzente*** *reicht von Kulturbauten als ,Landmark' bis zu auffälligen Feuermauerbemalungen oder markante Baumgruppen*
- *Neue Vorzeigebauten folgen der Maßgabe artifizieller Innovation und der Überraschung der Überraschung wegen – von der Architektur wird verlangt als Werbung einsetzbar zu sein und sämtliche Konventionen zu sprengen:* ***,Gesten ohne Sinngehalt'****.*
- *Das Besondere an sich ist ohne jeden Wert, endet im* ***,ästhetischen Spekulantentum'*** *(M. v. Rohe) und sucht ein rauschhaftes Erlebnis von kurzer Dauer, das vom nächsten Rausch abgelöst werden muss.*
- *Fragwürdig sind jene Hüllen der* ***Spektakelarchitektur****, die entweder für ihre Funktion ungeeignet sind – oder noch ärger, die Hüllen auf einen Inhalt warten, den sie zeigen vorgeben.*
- *Waren es früher die Kirchen, Paläste und Rathäuser, die gesellschaftliche Macht abgelöst haben, sind es heute die Kulturbauten und die Stätten anderer Events wie Sportbauten die als urbanes Instrument im* ***Wettkampf der Städte*** *eingesetzt werden.*
- *Sehr wohl gesellschaftliche Bedeutung reflektieren die* ***Bauten der großen Medienhäuser*** *– und im Kleinen oft elitäre Golfklub-Häuser*
- *Besondere Aufmerksamkeit haben Verkehrsbauwerke an sich gezogen: waren es früher die Glasdächer der Bahnhofshallen oder noch in den 60er Jahren die Stazione Termini in Rom, sind nun die* ***Großflughäfen die Ikonen*** *unserer mobilitätsdominierenden Epoche.*
- *Banken und Geldwirtschaft –in den 80er Jahren noch Prestigebauten und Zeichen der wirtschaftlichen Prosperität, sind* ***Verwaltungsbauten*** *heute wesentlich* ***bescheidener****.*
- *Nicht so spektakulär sind auffallende* ***Details im Wohnbau wie Balkone****, die sich umlaufend wie ,Metastasen oder Krätze' um die Häuser winden und die Belichtung signifikant verschlechtern – als Ausgleich dient dann die raumhohe (energieeffiziente) Verglasung.*
- *Grünelemente können durchaus markante Zeichen setzen – brauchen allerdings Zeit um sich entfalten zu können: besser als Neupflanzungen wäre die* ***Berücksichtigung vorhandener Vegetation****, der mit vielerlei Tricks, wie dem Ablauf der Lebenserwartung zu Leibe gerückt wird.*
- *Ein besonders markantes Gestaltungselement, das schon lange nicht mehr so dominant eingesetzt wurde, sind* ***Steildächer und Giebel****, die in der Moderne bisher verpönt war und nun Gebäude verfremden, die im Dach nur Signalwirkung verströmen.*

7. Randbedingungen der Stadtgestalt

7.1 Bauliche und atmosphärische Dichte

„In den bisherigen Überlegungen wurde deutlich, dass Dichte keinen spezifischen Inhalt besitzt. Dichte kann als ein klassischer leerer Signifikant betrachtet werden. Alles hängt davon ab, wer ihn mit Bedeutung füllt und wer in der Lage ist, diese Bedeutung durchzusetzen."

Christoph Luchsinger und C. Lammerhuber 2013

Grundsätzliches zur ‚Dichte'

Roland Rainer hat in der Vorstellung seines ‚Städtebaulichen Grundkonzeptes' am 30. Juni 1961 als Wiener Stadtplaner elf Grundsätze für die künftige Stadtentwicklung, von denen sich die ersten beiden mit der Dichte beschäftigt haben und der Dritte eine ‚Entmischung' gefordert hat:[1]

1. Auflockerung zu dicht bebauter Stadtgebiete

aus volksgesundheitlichen, wirtschaftlichen und auch städtebaulichen Notwendigkeiten

2. Verdichtung der zu locker verbauten Stadtgebiete

wirtschaftlichere Nutzung des auch die Auflockerung immer knapper werdenden Baulandes

3. Entmischung von gemischt genutzten Wohngebiete

wegen zunehmender Lärm- und Geruchsbelästigung in Gemengelagen

Rainers Grundsätze waren ganz der Tradition der 1957 erschienenen **‚Die gegliederte und aufgelockerte Stadt'** verhaftet, die er gemeinsam mit Johannes Göderitz und Hubert Hoffmann herausgebracht hat und den Städtebau der 60er Jahre stark beeinflusste.

Thomas Hahn in der 'Neuen Wiener Dichte' 2014:[2] „Wenn auch kein Beleg für die Verwendung des Schlagworts **‚Urbanität durch Dichte'** gefunden werden kann, geistert dieser Konnex als städtebaulicher Leitsatz seit den 30er Jahren herum.

Walter Gropius forderte auf dem CIAM-Kongress 1930 in Brüssel Wohnformen die ein ‚relatives Maximum an Luft, Sonne und Pflanzenwuchs mit einem Minimum an Verkehrswegen und Bewirtschaftungsaufwand' verbinden: das Wohnhochhaus. Im Umkehrschluss führe der Flachbau zur ‚Auflösung und Verleugnung der Stadt'. Auch für Gropius bestand das Ziel, die Städte dabei ‚aufzulockern'. Gropius sieht auch keine gesundheitliche Umstände, sondern soziale Bedingungen für die Erfüllung seiner Thesen und er fordert statt starrer Höhenvorschreibungen, Ausnutzungsfestlegungen der baulichen Dichte als Bedingung.

In den 80er Jahren folgte das **Leitbild der ‚kompakten Stadt'**, wodurch ein ökologischer Aspekt Einzug im Städtebau gehalten hat: ‚Stadt der kurzen Wege', nach Dichte, Kompaktheit und funktionaler Durchmischung - wobei dieser Diskurs ein durchaus ökonomischer war und ist: die Erschließungskosten für die Kommune nehmen mit steigender Dichte genauso ab wie der Schadstoffausstoß und der Energieverbrauch (Haas & Bott, 2005). Die Herausforderungen für das verdichtete Wohnumfeld werden dabei ebenso ausgeblendet, wie der mit den Renditen stark steigende Bodenpreis.

Wenn sich auch fast alle Autoren – und ‚Dichte' kommt in nahezu jeder städtebaulichen Literatur vor – einig sind, dass das Maß der baulichen Dichte keine Rückschlüsse

1 R. Rainer – Planungskonzept für Wien, 1962, S. 17
2 T. Hahn 2014 S. 40-42

auf die städtebauliche Qualität oder auf die Urbanität erlaubt,[3] kann es als Zielvorgabe dienen und Hinweise auf das Potential der Stadträume gestatten. Jedenfalls ist die bauliche Dichte eine Größe, wenn es darum geht ein Grundstück zu verwerten.[4]

Abgesehen von den unterschiedlichen Maß- und Bezugszahlen der baulichen Dichte gibt es noch den Begriff der nicht messbaren atmosphärischen, sinnlichen Dichte[5] und der visuellen Dichte[6], die am ehesten einem **Maß der Komplexität** nahekommt.

Christoph Luchsinger spricht das Konzept der ‚kompakten' Stadt an, die keine Wiederaufbereitung der ‚Urbanität' durch Dichte darstellt und neben der baulichen Dichte ein ‚hohes Maß an Nutzungsmöglichkeit bei hinreichender sozialer und kultureller Dichte' – weitere nicht messbare Dichtebegriffe, die bloß beschreibbar und erlebbar sind.[7]

Die Verwendung des Begriffs ‚Dichte' im gesellschaftlichen Kontext ist relativ und kontrovers und reicht von der negativen Konnotation der ‚Ballung' und ‚Ballungsgebiete', wie ihn gerne Raumplaner verwenden, bis zur ‚Gartenstadt':

„Die Relation zwischen Gesellschaft und Bevölkerungstheorie beschäftigte schon Philosophen und Soziologen wie Karl Marx, Stein, Ratzel und Durkheim, wurde aber auch in der Physik (Newton) zum Gegenstand. Prinzipiell sind Dichtewerte mit Vorsicht zu betrachten, weil es unterschiedliche Parameter sowohl im Nenner als auch in der Bezugseinheit gibt: Siedlungsdichte, Bewohnerdichte, Wohndichte, Belegungsdichte, Brutto-/Nettodichte, Innen- und Außendichte, Geschoßflächenzahl, Geschoßflächendichte und Baumassenzahl. Es ergeben sich also Dichtewerte, die aber für sich genommen keine Aussagekraft haben und erst im Einbetten in einen wertenden oder **vergleichenden Kontext** Erkenntnisse liefern können. Die Normierung einer Dichteangabe zur ‚guten', ‚schlechten' oder ‚optimalen' Dichte ist eng verbunden mit der Rechtfertigung einzelner Leitbilder im Städtebau."[8]

Mit dem **‚Ballungsgebiet'** sind wieder die „negativen Auswirkungen der Industrialisierung als Ursprung von Seuchen und Krankheiten, Morallosigkeit, Sündhaftigkeit, politische Instabilität, Revolution und Gewaltpotential verbunden worden. Daraus wurde in der Nachkriegszeit der Nährboden für den Nationalsozialismus abgeleitet (‚Volk brauchte Raum') - es wurde im Zähler bloß die Bevölkerung durch Quadratmeter ersetzt: Geschoßflächendichte.

Mühsam setzt sich unter soziologischen Einfluss, die Erkenntnis durch, dass eine **gewisse Mindestdichte** für städtisches Leben (‚Urbanität durch Dichte') erforderlich sei, ehe auch diese These verworfen wurde (H.P. Bahrdt)"[9]

Hans Paul Bahrdt schreibt im ‚Humanen Städtebau' 1969 treffend: „Der Begriff ‚Verdichtung' ist zum Schlagwort vieler Avantgardisten geworden und es ist zu befürchten, dass manche von ihnen, die meinen Verdichtung führe automatisch Urbanität herbei, ohne es zu merken, zu **ideologischen Handlangern** von Geschäftemachern werden, die sich wie die Spekulanten der Gründerzeit von möglichst hoher Bebauungs- und Besiedlungsdichte eine größtmögliche Rendite erhoffen."[10]

3 T. Sieverts in und K. Plöckinger 2000, S. 28, 31, Stadt Wien MA 18, Wien polyzentral 2016, S. 102
4 C. Lammerhuber und C. Luchsinger 2013, S.
5 D. Eberle und E. Tröger 2015, S. 39
6 T. Sieverts im Impulsstatement zum 3. Wiener Architekturgespräch 1999 in T. Plöckinger 2000, S. 28
7 C. Lammerhuber und C. Luchsinger 2013, S. 17
8 T. Hahn 2014, S. 27-28
9 aaO. S. 27-28 S. 17-18
10 J. Lehmbrock – Städtebau-Anmerkungen eins Architekten' in Profitopolis 1971, S. 142

Auflockerung

„Ich glaube, dass wir in der Stadt nicht so sehr an Defizit an Dichte oder Anonymität haben, sondern eines in die andere Richtung. Die große Nachfrage nach solchen Projekten zeigt mir, dass es Bedarf gibt und dass Menschen Verantwortung für ihre direkte Umgebung wahrnehmen wollen"

Bernhard Steger 2020[11]

Der gegenwärtige Flächenwidmungs- und Bebauungsplan erlaubt bei voller Ausnutzung - die bei Neubauten die Regel ist - sehr hohe Geschoßflächendichten zwischen 3,5 - 5,0. Bezogen auf die Geschoßfläche ergibt sich sogar gegenüber der gründerzeitlichen Ausnutzung oft ein **beträchtlicher Zuwachs**, wenn auch die Wohndichten wesentlich geringer sind. Die laufende Verdichtung wird dabei früher oder später zu Mangelerscheinung in der Infrastruktur führen (Bildung, Freiflächen, Stellplätze). Besonders fatal wirken sich hohe Widmungen (Bauklasse IV) bei kleinen Baublöcken aus, welche schon durch den Straßenverkehr in besonderem Maße beeinträchtigt sind."[12]

Im geschichtlichen Rückblick war in der Bauordnung von 1883 eine Geschoßflächendichte von etwa 3,40 möglich. „Diese Bebauungsdichte ist zwar erschreckend, aber keineswegs unrealistisch. Es gibt in Wien - in der Regel innerhalb des Gürtels - eine Reihe von Gebieten die heute noch **Geschoßflächendichten von über 4,50** aufweisen (Kleindienst, 1980: Fasanviertel, Teile von Erdberg, Inner-Favoriten)[13] und auch Flächenwidmungs- und Bebauungspläne, die für große Bereiche Dichten von über 4,50 für die Zukunft fortschreiben."[14]

Auch wenn die durchschnittliche ‚Lebensdauer' eines Flächenwidmung- und Bebauungsplanes 10 -15 Jahre beträgt kommen ‚Rückwidmungen' eher selten vor – und bilden ‚totes Recht': Dachgeschoße dürfen auch in Bauten die nicht dem Bebauungsplan entsprechen, auf den Bestand ‚draufgesetzt' werden – oft sogar zweigeschoßig.

Das sieht auch Thomas Hahn:[15] „Aus der Großstadtfeindschaft entwickelte sich das Leitbild der aufgelockerten Stadt (Roland Rainer), das bis in die 60er Jahre Gültigkeit besaß und sich in den noch heute gültigen Bebauungsplänen widerspiegelt. Die Idee der Auflockerung durch ‚Entkernung' - also den Abbruch der Hintertrakte von H-Traktern - konnte kaum umgesetzt werden und scheiterte vor allem an der Tatsache dass kein Hausbesitzer freiwillig die Hälfte seiner Immobilie und damit seiner Einnahmen vernichtet."

Wenn auch die ‚Blocksanierung' bei diesen Bestrebungen Erfolge zeitigt, ist der Schlüssel von **liegenschaftsübergreifenden Maßnahmen** – und die sind bei einer Entkernung notwendig – der Grundbesitz.

Nachverdichtung

Schon Jane Jacobs befasste sich mit dem Problem der Nachverdichtung und stellt sogar Richtwerte zur Diskussion:[16]

„Wenn ein Bezirk durch Nachverdichtung in die ‚Zwischendichte' hineinwächst, kann sich kann vielfältiges Leben entfalten. An sich hat eine in Zahlen ausgedrückte Antwort weniger Sinn als eine funktionelle Antwort; zur Not könnte man unverbindlich 250 Wohnungen auf den Nettohektar als Richtzahl für den Punkt nehmen, in dem meist

11 B. Stege in Architektur Journal Wettbewerbe, 10/2020, S. 45
12 Kleindienst und Kuzmich 1977, S. XI
13 und in diesen Gebieten ist keine nennenswerte ‚Urbanität' feststellbar!
14 W. Kainrath et al. 1984, S. 135
15 T. Hahn 2014, S. 29
16 J. Jacobs 1963/1975, S. 126-127

die Gefahr der ‚Zwischen-Dichte' gebannt ist. Für eine allgemeine Regel wird jedoch diese Norm als zu niedrig empfunden werden.[...] Beliebte Stadtbezirke mit hoher Dichte verfügen stets über beträchtliche Abweichungen unter ihren Quartieren [...] mit 310 - 500 Wohnungseinheiten je Hektar Nettobauland, ohne dass eine Standardisierung eingetreten wäre."

Den Aspekt einer altersbedingten Kreislaufwirtschaft sieht Dieter Bökemann:[17] „Aus der Gebäudestatistik ist bekannt, dass die Nutzungsdichte eines Gebäudes in der Regel zum Zeitpunkt seines ersten Bezugs am höchsten ist und dass sie danach abnimmt. Diese Aussage gilt auch für ganze städtische Gebiete. Die **Abnahme gebietlicher Nutzungsdichte** ist oftmals begleitet von der Umnutzung einzelner Gebäude und Standorte, dies vor allem weil sich so mit dem Schrumpfen der Kaufkraft oder wegen des Verlustes an Arbeitskräften bestimmter (Versorgungs-) Betrieben die wirtschaftliche Basis entzieht. Andererseits wird der Wandel der innerstädtischen Flächennutzung dadurch veranlasst, dass anspruchsvollere und wirtschaftlich stärkere Nutzer die schwächeren mit geringeren Ansprüchen von ihrem Standort verdrängen."

Vorschläge zur ‚sanften Nachverdichtung' ohne Maßstabssprengung [18] [19] [20]

- Dachgeschossausbau in privaten Wohnhäusern
- Aufstockung und DG-Ausbau in kommunalen Wohnhäusern/Wohnhausanlagen
- Wohnhäuser auf Dachflächen von Gewerbebauten
- Aufstockung bzw. Abbruch/Neubau von ‚Zahnlücken' - niedriger neben hoher Bebauung
- Bebauung ‚grüner' Brachen wie Kasernen/ehemalige Spitalsareale/Bahnareale
- Maßnahmen gegen Leerstehungen und Air-bnb-Vermietungen
- Rückwidmung von Büroeinbauten (passiert aus Markträson)
- Keine Trennung der Widmungskategorien Arbeit, Bildung und Wohnen (Home-Office, Home Schooling)
- Mangelnde Parkplätze durch Entfall der Stellplatzverpflichtung, mangelnde Grünflächen durch Zusammenfassung von ‚Wohnstraßen' oder Auflassung von ganzen Häuserblöcken (‚Superblock')

Doch den baulichen Nachverdichtungen wird oft **Widerstand entgegengesetzt**. Das beginnt bei Dachgeschoßausbauten in Eigentumshäusern, die oft nur nach langwierigen Verfahren gerichtlich durchgesetzt werden können und endet bei baulichen Verdichtungen von Stadtrandsiedlungen:

„Wenn im STEP 2025 der Bestand der Bauten aus den 50er bis 70er Jahren als zu monostrukturiert für Wohnen kritisiert wird, führen Nachverdichtungen genau diese weiter. Mindestens genauso schwer wiegt die Neubewertung und Redefinition dessen, was als konvertierbar angesehen wird. Hier gilt es angesichts des historischen Hintergrunds und den unterschiedlichen Interessenlagen in kritischer Distanz zu bleiben und die Forderung nach Verdichtung immer wieder zu hinterfragen. Nicht zuletzt setzen auch die bestehenden sozialräumlichen Nutzungen einer Konvertierung von Freiflächen in Bauland Widerstand entgegen."[21]

Die verständlichen Widerstände der ansässigen Bewohner gegen ‚Nachverdichtung' müssen sehr ernst genommen werden, da **immenser politischer Sprengstoff** (‚Tretminen') darin verborgen sind. Als Begleitmaßnahmen müssen eingesetzt werden:

- Ergebnisoffene, frühzeitige und laufende Information
- Einrichtung von Ansprechpartnern (Ombudsstelle)

17 D. Bökemann in R. Mayerhofer 1987, S. 6
18 T. Hahn S. 88-89
19 D. Hoffmann-Axthelm in W. Werdegier 1992, S. 281-282
20 D. Wildemann in ILS 1979, S. 71
21 C. Lammerhuber und C. Luchsinger 2013, S. 19

- Berücksichtigung der Interessen der Anrainer (‚keine Hochhäuser')
- Merkbare Verbesserung (Infrastruktur, Grünraum, etc.) für die Anrainer
- Durchlässigkeit – keine ‚gated communities'
- Sensible Nutzung von Verkehrsfragen (Parkplätze, Lärm)

Auch wenn die **Frage der Gestaltung** mangels öffentlicher Ausdrucksmöglichkeit oft nicht angesprochen wird, ist sie doch latent vorhanden und sollte gleichberechtigt neben den oben angeführten Problemen behandelt werden:

„Die ‚post-oil-city' ist die Stadt, die den täglichen Pendelverkehr zu Fuß, mit dem Rad oder mit öffentlichen Verkehrsmitteln bewältigt - sie ist die Stadt der kurzen Wege. Kurz werden die Wege nur durch kompakte Bauweise. Eine Rückkehr zu kompakter Bauweise bedeutet Nachverdichtung im baulichen Bestand. Solche Nachverdichtung ist eine gestalterisch heikle und städtebaulich riskante Angelegenheit. Typischerweise geht sie mit einer **eklatanten Verunstaltung des Stadtbildes** einher. Also ist sie damit gerade noch nicht erledigt, dass die Rechtsplanung höhere Baudichten gewährt. Sie wird zu kranken und verstörenden Stadtbildern führen, wenn nur im Einzelfall das höhere Baurecht realisiert wird.

Das Ziel der ‚walkable city' ruft nach einem Städtebau, der sich als Gegensatz zur Aufstellung einzelner Baukörper versteht. Die Nachverdichtung verspricht eine städtebauliche Katastrophe zu werden, wenn sie nicht mit einer Wiederbelebung des Städtebaus als einer Architektur in Gesellschaft verbindet."[22]

Kennwerte der Dichte

„Man kann immer wieder erleben, dass Besiedlungsdichten und Ausnutzungsziffern miteinander verglichen werden, wo kein Vergleich zulässig ist. Ein wegen der verschiedenartigen Größenordnung der Objekte aufgelockertes Baugebiet kann dann als stark verdichtet erscheinen und umgekehrt.

Was eine Dichtezahl jeweils besagt, ist erst dann verständlich, wenn die **Größe der Einheit** bekannt ist, auf der sie sich bezieht. Je größer die städtebauliche Einheit, desto größer ist zwangsläufig auch der Anteil nicht bebauter Flächen und der Gebäude, die nicht bewohnt sind."[23]

Damit die nun dargestellten Dichtewerte vergleichbar sind, werden hier folgende Bezugseinheiten verwendet:

GFD = **Nettogeschoßflächendichte**, Geschoßfläche pro jeweiligen Bauplatz/Parzelle

Brutto-GFD = **Bruttogeschoßflächendichte**, Geschoßfläche auf größere Einheiten bezogen inkl. Erschließung, Grünflächen, öffentliche Einrichtungen etc. Das Verhältnis Netto zu Brutto ist etwa 1,0 zu 2,0 (d.h. i.M. 25% - 40% der Fläche für Erschließung und weitere 25% für Parks, Schulen etc.)

GRZ = **Grundflächenzahl,** Maß der bebauten zur unbebauten Fläche -liegenschaftsbezogen

Wohndichte = **Einwohner je Hektar Grundfläche**. Umrechnungsschlüssel 40 m² BGF/EW entspricht etwa 30 m² Wohnfläche.[24] Die durchschnittliche Wohnnutzfläche in Wien ist mit 33 m² (2019) relativ hoch. Zu Beginn der 60er Jahre waren es noch im Schnitt 22 m² und bewegt sich von 16m²/EW in gründerzeitlichen Migrantenquartieren bis 70m²/EW in der Josefstadt – der Heimat der ‚Hofratswitwen'.[25]

22 T. Hahn 2014, S. 57
23 H.P. Bahrdt 1967/1971, S. 133
24 G. Kleindienst und F. Kuzmich 1977, S. 11
25 s.a. F. Leeb in W. Czaja 2020, 100 x 18, S. 179

Bei einer Annahme von 40 m² BGF pro Bewohner (etwa 30 m²NGF/Bewohner) und ohne Wohnnutzung im Erdgeschoß ergeben sich folgende Wohndichten:

Bauklasse III, GFD 3,90 - 487 Bewohner, ergibt eine Wohndichte von 812 Bewohner/ha
Bauklasse IV, GFD 4,88 - 635 Bewohner, ergibt eine Wohndichte von 1060 Bewohner/ha

Zum Vergleich: Wohnhausanlagen der Zwischenkriegszeit wie Karl-Marx-Hof: 576 Bew/ha bei Besiedlung, 1971: 266 Bew/ha

Die **Geschoßflächendichte bei Blockrandbebauungen** ist von folgenden Parametern abhängig:[26]

- **Blockgröße** - z.B. 46 x 130 m = 6000 m²
- **Blockform** - Seitenverhältnis 1:1 bis 1:2 - die geringsten Dichten bei quadratischen Blöcken
- **Trakttiefe** - Altbau 12m, Neubau 14 -16 m
- **Bauklasse** (Geschoßanzahl) - III-5G+D, IV-7G+D

Die durchschnittliche Geschoßflächenreserve beträgt etwa 30 - 40 % Zuwachs gegenüber dem Bestand, wie dieses Beispiel zeigt:

Die Geschoßflächendichte im Altbau beträgt **3,00,** die GRZ 0,61, die Wohndichte ist 456 EW/ha. Bei Neubau der Bauklasse IV[27] und 14m Trakttiefe **4,50,** die GRZ 0,69 die Wohndichte ist 673 EW/ha

Wenn Schmidt-Relenburg[28] die **Dichte städtisch-lebendiger Wohngebiete mit 500 EW/ha** ansetzt, ist dieser Wert in einem gewöhnlichen Rasterviertel mit Blockrandbebauung – ohne jeden Urbanitätsanspruch - erfüllt.

Pietro Hammel hat 1972 europäische Brutto-Dichtewerte verglichen und kommt zu einem ähnlichen Ergebnis (zum Vergleich Brutto:- Netto 1:2-2,5):[29] Die optimale Dichte liegt in unseren Breitengraden bei 1,5, das Maximum bei einer Brutto-Ausnutzungsziffer (d.h. inkl. Straßen, Freiräume etc.) bei 1,8 – 2,0.

Als Beispiele sind angeführt: Amsterdam ohne Vororte 0,9, Pariser Arrondisments von 1,5 - 2,0, in Basel, München und Chicago sind die Werte von 0,9 nur in den echt städtischen Quartieren vorzufinden. Hamburg weist ca. 0,55 fürs Wohnen und 1,0 in den Bürovierteln auf.

„Selbstverständlich kann man in **bestimmten Ausnahmefällen** eine höhere Dichte zugestehen, aber man darf die Probleme, die eine Zunahme über 1,0 brutto (2,0 – 2,5 netto) hinaus aufwirft, nicht unterschätzen."[30]

Den verdichteten Flachbau hat Hugo Potyka und der Autor 1970 anhand ausgeführter Beispiele untersucht und kamen zu dem Ergebnis, dass Nettodichten über 1,0 nicht mehr mit dem Bebauungstyp ‚verdichteter Flachbau' erreicht werden können:

Freistehende EF-Häuser (550m² Parzellen)	10 WE/ha	30 EW/ha
Teppichsiedung - eingeschossig	15 - 20 WE/ha	45 - 60 EW/ha
Teppich - zweigeschossig	30 - 33 WE/ha	90 - 100 EW/ha
Hangteppich	30 WE/ha	90 EW/ha

Eberhart Tröger und Dietmar Eberle haben in ‚Dichte Atmosphäre' 2015, 9 Dichtekategorien vom Einfamilienhausgebiet bis zur dichten Citylage mit **Bruttodichten zwischen 0,4 bis über 2,7** unterschieden. Zum Vergleich hochgerechnet 0,4 + 15% Erschließung bis über 2,7 + 25% d.s. 0,5 - 3,4. Der Knackpunkt ist der maximale verdichtete Flachbau mit etwa 1,0, darüber beginnt der Geschoßwohnungsbau! Ab einen

26 G. Kleindienst und F. Kuzmich 1977, S. 3
27 Bauklasse IV nicht ausnutzbar – 19,17 m Bauhöhe 6,5 Geschoße
28 N. Schmidt-Relenburg 1968, S. 220
29 P. Hammel 1972, S. 74
30 G. Kleindienst und F. Kuzmich 1977. S. 13

(vergleichenden) Dichtefaktor von 1,8 -2,0 (je nach Erschließung) wird die Bebauungsstruktur geschlossener, die privaten Außenräume schrumpfen zugunsten öffentlicher Flächen. „Versteht man Urbanität als städtebauliche und architektonische Manifestation, eines dichten gemischten, gesellschaftlichen Lebens, so beginnt in dieser Kategorie das wirkliche Stadtleben, das entsprechende öffentliche Aktionsräume und Bühnen benötigt."

Zum Vergleich: Konkrete Werte aus Wien:[31]

Anlage	Typ	GFD	GRZ	EW/ha
Aspern-Biberhaufenweg	Verdichteter Flachbau I	0,82	0,33	205
Aspern-Pilotenweg	Verdichteter Flachbau I	0,56	0,24	140
Traviatagasse	Verdichteter Flachbau II	1,00	0,35	250
Am Schöpfwerk	4-10 gesch. Stadtrand	1,65	0,45	413
Bohmannhof	5-6 gesch. Stadtrand	1,25	0,40	312
Rabenhof	Superblock Rotes Wien	1,95	0,39	486
Per-Albin-Hansson-Nord	3 gesch. Nachkriegs WHA	0,52	0,19	130
Theodor-Körner-Hof	Innerstädtische WHA	2,07	0,30	516
Spittelberg	Altstadt-Sanierung	2,52	0,67	630
Breitenfurterstraße	3 gesch. WHA Stadtrand	1,09	0,30	273
‚Wohnen Morgen'	6-7 gesch. Innerstädtisch	3,20	0,48	800

Gerhard Kleindienst zieht daraus das Resümee „Wie die Analyse vieler Wiener Siedlungsanlagen zeigt, hängen **städtebauliche Qualität und Wohnwert** nicht unmittelbar von einer bestimmten Geschoßflächenzahl ab. Die Vorgabe einer niedrigen Bebauungsdichte durch Struktur- und Flächenwidmungspläne garantieren nicht automatisch hohen Wohnwert, ebenso wenig wie hohe Dichte Urbanität. Der Wiener Stadtrand mit all seinen Formen zwischen Verhüttelung und Hochhausstrukturen - bei überwiegend niedrigen Bebauungsdichten - belegt dies zur Genüge."[32]

Im STEP 1994 sieht die Stadt im Einzugsbereich von **Stationen** leistungsfähiger **öffentlicher Verkehrsmittel ‚Höhere Dichten'** als den Durchschnitt von 0,5 bis 2,0 als zweckmäßig an. „Wobei höhere Dichten nicht automatisch mit höheren Gebäuden einhergehen müssen. In Einzelfällen sind aus stadtgestalterischen Gründen (z.B. zur Verdeutlichung neu entstehender Zentren oder als Orientierungspunkte an stadtstrukturell geeigneten Standorten) auch höhere Häuser möglich."[33]

Das erinnert an das berühmte **Hamburger Dichtemodell** - der Autoren Till Krüger, Peter Rathmann, Joachim Utech - Verlag Bertelsmann, 1972 mit Verdichtungen in konzentrischen Kreisen um Massenverkehrsstationen (bis 600m) „Das Ergebnis [des modernen Städtebaus] waren die Dichtemodelle für den Städtebau, die nur deshalb in dieser Form realisiert werden konnten, weil schnelle Verkehrssysteme mit massenhafte Kapazität die seinerzeitige Komplexität lebenswerter Städte immer schneller zerstört haben."[34]

Als Abschlussbemerkungen zu den Dichtewerten darf davon ausgegangen werden, dass mit einer GFD von 1,0 der Geschoßwohnungsbau beginnt und mit einer GFD von 2,0 und darüber nur als **notwendige, aber nicht hinreichende Bedingung**, die städtische Urbanität angesehen werden kann.

31 A. Voigt 1997, S. 76 – 180 und Kleindienst-Kuzmich 1977
32 G. Kleindienst 1991, S. 11
33 STEP 1994, Stadt Wien 1994, S. 122
34 H. Knoflacher in M. Wagner 1993, S. 9

Das unterstreicht auch die Einführung einer neuen Widmungsart im NÖ. Raumordnungsgesetz, wo unter dem Zusatz ‚nachhaltige Bebauung' eine Mindestdichte von 1,0 gilt und die Gemeinden ihre Bebauungspläne bzw. Geschoßzahlen daran orientieren müssen. In den gewerblichen Gebieten Bauland Industriegebiet und Gewerbegebiet wird mit dem Zusatz ‚verkehrsbeschränktes'....ein Grenzwert mit 199 Fahrten/ha festgelegt. Dieser Wert gilt auch für ‚alte' Widmungen. Bei Überschreitungen ist die zugehörige Fläche zu vergrößern bzw. der Betrieb einzuschränken.[35]

Wirkung der Dichte

> *„Das ist das Schicksal unserer Reformer. Sie verteidigen sich immer nach rechts und wissen nicht, dass sie bereits im rechten Flügel stehen"*
>
> Jörn Janssen 1970[36]

Reinhard Seiß, ‚Wer baut Wien' 2007[37]: „Bezüglich der Dichte und Enge manch gegenwärtiger Wohnbauten ist ohne Übertreibung ein Rückfall in die überwunden geglaubte Gründerzeit festzustellen. Die als **unmenschlich kritisierten Zinskasernen** des ausgehenden 19. und beginnenden 20. Jahrhunderts wiesen (und weisen zum Teil noch) eine Geschoßflächendichte von bis zu 4,5 auf. Aktuelle Wohnanlagen bringen es auf 4,7 bis 5,4! [...] Dabei handelt es sich hier noch um mehr oder weniger konventionelle Blockrandbebauungen und nicht um Hochhausviertel wie in den Wohnparks Alte Donau oder Wienerberg City, deren Dichte jene des mittelalterlich strukturierten 1. Bezirks übertrifft.

Urbanität wird in Wien gemeinhin mit gründerzeitlichen und vorgründerzeitlichen Stadtteilen assoziiert, resultiert jedoch nicht bloß aus deren baulichen Kompaktheit, sondern vor allem aus ihrer **funktionalen und gesellschaftlichen Vielfalt**. So ist es heute nicht mehr als ein Vorwand, von einer neuen Urbanität zu sprechen, wenn Bauplätze ohne Rücksicht auf die Belichtung und die Besonnung der Wohnungen bis aufs Äußerste ausgereizt werden und die Restflächen kaum noch brauchbare Freiflächen ergeben."

Die Realität liest sich anders als die Zielformulierungen, wo bei einer Dichte von 2,0 das ‚Ende der Fahnenstange' postuliert wird – aber **‚die Verhältnisse, die sind nicht so'**. Bloß das hat sich in den letzten 60 Jahren nicht geändert. Schon Roland Rainer schreibt 1957 in seinem ‚Städtebaulichen Grundkonzept':[38]

„Wer weiß, wie heute in Wien Baugründe gekauft und nach welchen Gesichtspunkten und unter Einsatz welcher Mittel ihre Verbauung über das zulässige Maß betrieben und durchgesetzt wird, der wird nur wenig positive Unterschiede zwischen unserer angeblich so fortschrittlichen Zeit und der berüchtigten Gründerzeit finden.[...] Seither sind die **dichtesten Baugebiete noch dichter**, die Straßenfronten noch höher, die freien Flächen und Erholungsgebiete noch spärlicher geworden."

Und sein Assistent und spätere Leiter der Wiener Stadtplanung, Georg Conditt (im aufbau 1957, S. 400)..."Und dies geschieht im **Namen der Ästhetik** zur Verdeckung der bloßgelegten Feuermauern, im Namen der Wirtschaftlichkeit der besseren Ausnützung der unterirdischen Einbauten und vorwiegend mit öffentlichen Mitteln"

35 G. Pomaroli – Raumdialog 4/2020, S. 11
36 H.G. Helms und J. Janssen 1970, S. 81
37 R. Seiß 2007, S. 75
38 zit. in H. Bobek und E. Lichtenberger 1978, S. 188-189

Was wird der dichten Bebauung heute noch vorgeworfen?
Es sind die ‚irreführenden Rückschlüsse' und der ursächliche Zusammenhang zwischen hoher Bebauungsdichte und **städtebaulichen Missständen**, die in Wirklichkeit viel zu komplex sind, um einfache Antworten daraus schließen zu können.[39] Doch auch differenzierte Antworten geben keine ausreichenden Gründe für höhere Dichten – sondern eher weitere qualitative Argumente für eine Ablehnung:

Dichte steht in der Wahrnehmung hinter Lärm, Verkehr und Grün[40]
„Das Ergebnis der Dissertation *Die Wahrnehmung und Bewertung von dichtverbauten Stadtquartieren* von Husemann 2005 lautet, dass Dichte vor allem im Zusammenhang mit Toleranz gegenüber dem Verkehr, der Lärmempfindlichkeit und der subjektiven Bedeutung von Grün steht. Daher wird dem Lärm grundsätzlich eine höhere Priorität als der baulichen Dichte zugeordnet, wodurch genau genommen der Verkehrsberuhigung für die Wahrnehmung verdichteter Stadtquartiere höchste Priorität erlangt. Insgesamt kommt Husemann zu dem Schluss, dass **‚objektive Dichte'** bei der subjektiven Dichtebewertung eine eher **untergeordnete Rolle** spielt."

Großstädtische Mannigfaltigkeit ist keine Funktion der Bevölkerungskonzentration[41]
„Die Wirkung hoher und geringer Wohnungsdichten kann man nicht erfassen, wenn man allein von der These ausgeht, die Beziehung zwischen einer Bevölkerungskonzentration und der Erzeugung großstädtischer Mannigfaltigkeit sei eine direkte, mathematisch zu errechnende. [...] Dessen ungeachtet ist jedoch die dichte Konzentration von Menschen *eine* der notwendigen Voraussetzungen für städtische Mannigfaltigkeit.[...] Einer der Gründe dafür, warum geringe städtische Dichten üblicherweise einen guten Ruf haben, auch wenn er keineswegs durch Tatsachen gerechtfertigt wird, und warum hohe städtische Dichten in einen genauso wenig gerechtfertigten schlechten Ruf stehen, ist der, dass hohe Wohnungsdichte und die **Überbelegung von Wohnungen** oft miteinander verwechselt werden."

Dichte schafft kein Heimatgefühl[42]
„Die anonyme Raumstapelung bei Wohnblöcken kann keine Heimatbezüge bewirken. Die abstrakte Schachtel kann das Identitätsbedürfnis des Menschen nicht befriedigen. Die Vertrautheit mit dem architektonischen Raum und die innere Bindung an das Objekt lassen sich nicht durch soziale Dichte erkaufen. Negative Auswüchse der 60-er Jahre sind genauso schlecht zu bewerten wie Beispiele bekannter Architekten (Alvaro Siza in Berlin oder Aldo Rossi in Mailand). Zu viele Leute auf engem Territorium begründen **keine Zugehörigkeitsempfindung**, im Gegenteil. Bei der gleichförmigen Rasterstruktur gibt es keine Möglichkeit zur Unterscheidbarkeit zu gelangen. aber nur am Unterschied bildet sich Signifikanz als Zeichen der Individualität."

Wenn die Abstände zu groß werden, lässt die Beziehung nach
„Es hängt mit der Dichte zusammen, dass die **Wirksamkeit von Beziehungen** und Kräften nachlässt, wenn die Abstände zwischen den Baukörpern zu groß werden. Wenn dann auch durch andere Elemente keine räumliche Struktur geschaffen wird, wirkt der Raum gestaltlos. [...] Es wäre jedoch ein Irrtum, zu glauben, durch die rein quantitative Erhöhung der Bebauungsdichte könne dem abgeholfen werden. Wenn auch seit den frühen 1960er Jahren das Motto ‚Urbanität durch Dichte' kursiert, muss sehr wohl bedacht werden, dass Dichte allenfalls eine notwendige Voraussetzung, aber keine hinreichende Bedingung für eine prägnante städtebauliche Raumbildung ist."

39 s.a. T. Hahn 2014, S. 35
40 aao. S. 14
41 J. Jacobs 1963/1975, S 122-123
42 J. Dahinden in R. Mayerhofer 1987, S. 153

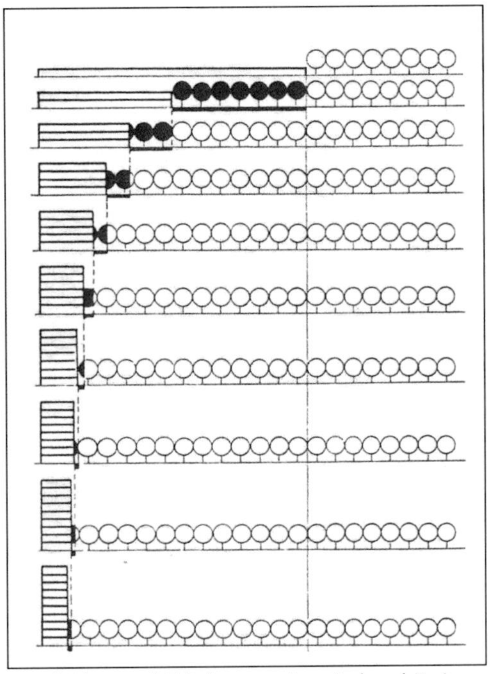

Bauhöhe und Flächengewinn Roland Rainer 1957

Der wohl wichtigste Vorwurf an hohe bauliche Dichten ist der nur vermeintliche ‚Flächengewinn durch Geschoßhäufung':

In den Ballungsräumen Deutschlands sind 60% aller Wohnungen mit einer Dichte von 0,2 und nur 10% mit einer Dichte von mehr als 1,0 bebaut. Wenn wir den Wert der GFZ von 0,2 auf 0,8 hinaufschrauben, dann haben sie 90% der möglichen Flächenersparnis hereingeholt. Setzen sie aber den GFZ von 1,0 auf 2,0 hinauf dann sparen sie im Freiraum nur 10% der bebauten Fläche."[43]

Nicht fehlen darf hier die Grafik **‚Flächengewinn und Geschoßhäufung'** aus der ‚Gegliederten und aufgelockerten Stadt' von Göderitz, Rainer, Hofmann aus 1957:[44]

Dichte ist an sich kein Negativum: sie hat ebenso positive wie problematische Wirkungen indirekter Art. Die Balance zwischen **Vorteilen und Nachteilen** hängt dabei ab:[45]

1. Von der Größe des Verdichtungsraumes - wenn in Gehreichweite große Freiräume sind,
2. Vom Grad der Verdichtung
3. Von der Struktur und Gestaltung des Verdichtungsraumes

Vorzüge der Verdichtung sind:

- Erheblich niedrigere Kosten der technischen und sozialen Infrastruktur
- Kürzere Wege für Nahversorgung und persönliche Dienstleistungen
- Günstige Erreichbarkeit wesentlicher sozialer Kontakte - Größere Chancen neuer Sozialkontakte und Anschluss an Sekundär-Gruppen
- Niedrigere Kriminalität durch höhere soziale Kontrolle – ‚es ist immer jemand da'
- Größere Chancen in beruflichen und sozialen Kontakten (Mobilität - Hägerstrand-Syndrom)
- Gelegenheit zur Bildung differenzierter sozialer Gruppierungen (Normabweicher, Deviationskultur, Fachwissenschaftler etc.)
- Umfang und Differenziertheit der psychischen und sozialen Stimulation: Urbanitätsvorteil
- Abschirmung durch Anonymität - Schutz der Privatheit auch von sozialen Außenseitern

Als Nachteile zu hoher Verdichtung können gelten:

- Mangel an individuellen Aktivitätsraum vor allem für Kinder und Jugendliche, aber auch (nicht voll im Bewusstsein) für Erwachsene
- durchbeengte Wohnverhältnisse wird die geistige Entwicklung von Kindern behindert - die Folge ist ein gereizte Familienklima und ein autoritärer Erziehungsstil[46]
- Mangel an Identifikationsraum - auch Primärgruppen-Identifikationsraum
- Anonymität und Vandalismus in Bereichen geringer sozialer Kontrolle

43 K. Ganser - Freiflächensicherung und Landverbrauch im suburbanen Raum zit. in C. Loidl-Reisch 1992, S. 54
44 R. Rainer 1978, S. 184
45 Grundlage: Vorlesung E. Gehmacher 1970, ergänzt
46 H. Zinn in Andritzky et al. 1975, S. 253

- Sozialer Stress durch dauerndes Zusammentreffen mit ‚Fremden' vor allem mit Personen die zu Abwehrreaktionen führen (als erlerntes Sozialverhalten)
- Überstimulation und Belästigung durch Lärm, Immissionen, Verkehr, Betriebsamkeit

Konsequenzen

> *„Im öffentlichen Raum wird die Dichte der Bebauung räumlich spürbar. Hier kommen die Elemente der Stadt in einem gemeinsamen Raum zusammen. Hier findet das gemeinschaftliche städtische Leben statt. Und hier entsteht die Atmosphäre eines Quartiers oder einer ganzen Stadt."*
>
> Dietmar Eberle 2015, S. 35

"Nicht jeder in unserer Gesellschaft möchte inmitten einer hohen baulichen und sozialen Dichte leben. Dichte und Individualisierung stehen prinzipiell in einem phobischen Verhältnis zueinander. Unser liberalisierter Lebensstil verlangt nach einem angemessenen **Abstand zu den Nachbarn**, um keinen sozialen Dichtestress zu verursachen."[47]

Wie dicht soll gebaut werden?

„So dicht wie möglich, so dicht es die angestrebte Qualität und Funktion erlaubt" findet der Wiener Stadtforscher Gerhard Kleindienst „Auch am Stadtrand sollen innerstädtische Dichten möglich sein, gibt es doch heute keinen zwingenden Grund mehr für den hierarchischen Aufbau der Bebauungshöhen zum Stadtzentrum hin. Davon abgesehen ist dieses alte städtebauliche Prinzip in Wien längst aufgegeben,[48] durchbrochen zugunsten des ‚peripheren Chaos', dem unvermittelten Nebeneinander der verschiedensten Bauformen und Bauhöhen am Stadtrand. Hier kann eine klare städtebauliche Linie und ein Bekenntnis zur Verdichtung zu einer Beruhigung, besserer Orientierbarkeit und Identifizierung führen."

Auch hier **zwei gegensätzliche Positionen**, die von unterschiedlichen Ausgangslagen geprägt sind. Die Wiener Situation, die von Willi Kainrath 1984 ausgedrückt wurde, ist noch immer gültig: "Die wahrscheinlich wichtigste Maßnahme zur Ermöglichung besserer städtebaulicher Gestaltung in Wien ist die **drastische Verringerung der Bebauungsdichte**. [...] Der geltende Bebauungsplan (Stand 1979) lässt großflächig Dichten zwischen 2,5 und 3,5 - in manchen Gebieten bis über 5,0 zu. Insgesamt weist der Bebauungsplan für das dichtbebaute Stadtgebiet von Wien eine Geschoßflächenreserve von nahezu der Hälfte (48%) des derzeitigen Baubestandes auf (Kainrath 1979, S. 65 f). Im Stadtentwicklungsplan für Wien - Siedlungsstruktur (1981) soll die Bebauungsdichte als Leitbild grundsätzlich unter 3,0 liegen - nur im Bereich von Hauptzentren darf sie auch höher ausfallen."

Der langjährige Leiter der MA 21 - Flächenwidmungs- und Bebauungsplan) und ehemaliger Mitarbeiter von Roland Rainer - Friedrich Pohl - forderte noch 1965 für innerstädtische Gebiete Geschoßflächendichten von 1,0 (der aufbau 12/1965, S. 598). Um an diese Zielvorstellung anzuknüpfen, sollte dieser Wert wohl nicht zum starren Dogma werden, aber immerhin eine bessere Orientierung als die Dichte von 5,0!

Gerd Albers sieht 1982 auch niedrigere Dichten als zielführend an:[49] "Die Dichte im Quartier muss niedrig genug sein, um die Wohnqualität zu sichern, insbesondere die Privatheit der Wohnung und einen angemessenen Anteil nutzbarer - also nicht von Autos beanspruchten - Freiflächen. Dies schließt nach meinem Eindruck Geschoßflächendichten über 1,5 weitgehend aus, kann häufig sogar deutlich geringere

47 E. Tröger und D. Eberle 2015, S. 35
48 auch durch die Polyzentrale Stadtstruktur im Fachkonzept Zentren 2019
49 G. Albers in neue heimat Monatshefte 1/1982 S. 60

Ausnutzung fordern. Die Reduzierung der Dichte findet allerdings ihre Grenze an stadtstrukturellen Erwägungen, vor allem hinsichtlich der Flächeninanspruchnahme und Infrastrukturausstattung. Alle sonstigen **Erwartungen**, die an erhöhte Dichten geknüpft worden sind und manchmal noch werden - Urbanität, Vielfalt sozialer Kontakte, Spontaneität der Begegnungen - halte ich für **stark ideologisch gefärbt**."

Im Gegensatz dazu stellt Robert Sander in dem Standardwerk des deutschen Städtebaus – ‚Ohne Leitbild?' ‚Mischung und Dichte' in den Mittelpunkt seiner Überlegungen:[50]

Mischung und Dichte als Ziele der Stadtentwicklung

In fast allen neueren Stadtentwicklungskonzepten deutscher Städte werden **Funktionsmischung und städtebauliche Dichte** als Leitziele für die Stadtentwicklung formuliert. Dabei wird nicht auf eine gleichförmige Durchmischung und Verdichtung des gesamten Stadtgebietes gesetzt, sondern auf den Erhalt und Stärkung der Zentren, sowie im Kernbereich als in den Stadtteilen (polyzentrische Strukturen).

Vitorio M. Lampugnani hat 2021 über die städtischen Dichten resummiert:[51]

„Zum Plädoyer für städtische Dichte stehe ich nach wie vor vorbehaltslos. Unabhängig davon, ob wir mehr oder weniger Wohnraum brauchen. Wir müssen immer dicht bauen. Um die Landschaft zu schonen, aber auch, weil es eine **kritische Masse** braucht, damit eine Stadt gut funktioniert. Wichtig ist allerdings auf die Qualität der Dichte zu pochen. Als reine Ziffer, die nicht mit Verortungen, Typologien und Stadträumen verknüpft wird, ist Dichte bedeutungslos. [ ] Grundsätzlich ist nichts dagegen einzuwenden, wenn wir bestimmte Dichten festlegen. Das Problem ist, dass jede Dichteziffer, sobald sie definiert ist, vom Entwickler auch komplett ausgeschöpft wird. Spielräume bleiben keine mehr. Guter Städtebau braucht diese aber zwingend."

Zusammenfassend sollen folgende Maßnahmen als Konsequenz zu hoher und niedriger Dichten angeführt werden:[52]

1. Die Bebauung darf **nicht zu hoch sein** (Blickkontakt bis ca. 5 - 6 Geschoße)
2. Die **Parzellen dürfen nicht zu groß** sein um monotone Architektur zu verhindern
3. **Bauliche Nettodichten** unter 1,0 sind ebenso zu vermeiden wie Dichten über 3,0 – die nur mit Ausgleichsmaßnahmen und im hochrangigen ÖV-Einzugsbereich stattgegeben werden dürfen
4. Eine **funktionale Durchmischung** von Wohnen und Arbeiten ist anzustreben
5. Allfällige **Verdichtungsreserven** liegen im Bereich des öffentlichen Raums (Mindestbesatz an Passanten) und im Gewerbebereich
6. **Straßen sind notwendig**, die im EG mit Geschäften oder Dienstleistungen ausgestattet sind
7. Zur Qualität des öffentlichen Raums: Besteht ein **geschlossener Straßenraum**? Gibt es historische Bauten oder Bäume?
8. Räume müssen ein **Mindestmaß an sozialer Kontrolle** ermöglichen - Straßen und Höfe sollen von den Wohnungen aus überblickbar sein.

Nahezu alle diese **Qualitäten entstehen nicht von selbst**, sondern müssen durch gezielte Planung, zum Teil auch durch finanzielle Unterstützung gefördert werden.

50 R. Sander in H. Becker 1998, S. 477
51 Vittorio Magnago Lampugnani - Erfahrungen und Möglichkeiten in Du 12/21 S. 76–81
52 Basierend auf W. Werdegier 1992, S. 202-203, ergänzt und bearbeitet

7.2 Raster, Block und Parzelle

Raster, Block, Parzelle im Zeitenlauf

> *„Im modernen Städtebau kehrt sich das Verhältnis zwischen verbauter und leerer Fläche gerade um. Früher war der leere Raum (Straßen und Plätze) ein geschlossenes Ganze von auf Wirkung berechneter Form; heute werden die Bauparzellen als regelmäßig geschnittenen Figuren ausgeteilt, was dazwischenübrig bleibt, ist Straße oder Platz!"*
>
> Camillo Sitte 1889 S. 97

„Am Anfang jeder Stadtgründung stand immer eine Autorität.", so Heinz Lindemann. „Sie entschied über den Standort einer neuen Besiedlung, sie zeichnete den Stadtgrundriss und bediente sich dabei in der Regel geometrischer Formen. Der einfache Grundriss beruhte auf der **Geraden und dem rechten Winkel**. Das damit definierte Raster konnte im Gelände mit einfachen Mitteln vermessen werden. Es kann daher nicht überraschen, dass wir in vielen Kulturkreisen das Straßenraster als geplante Grundform antreffen."[53]

Wenn Hippodamus als ‚erster Stadtplaner' angesprochen werden kann, dann insoweit, als er der Urheber war, der Städte am Reißbrett **ohne Rücksucht auf Topografie** oder architektonische Realität geplant hat – „der Vater der Tapetenmusterplanung", wie das Sybille Moholy-Nagy nannte.[54]

Wenn die mittelalterliche Stadt als gewachsen und organisch angesprochen wird, hat Aldo Rossi die ‚rationale Keule' geschwungen: „Denn wer behauptet, die mittelalterliche Stadt sei ‚organisch', gibt damit seine **vollständige Unkenntnis** der politischen, religiösen, wirtschaftlichen und räumlichen Struktur der mittelalterlichen Stadt zu erkennen, während die Charakterisierung des Stadtplans von Milet als rational zwar richtig, aber so allgemein gehalten ist, dass sie kein konkretes Wissen über den Stadtplan vermittelt und außerdem dazu führen kann, das nur bestimmte, einfache geometrische Formen rational seien."[55]

Für die **Überwindung der mittelalterlichen Stadtgrundrisse** steht Mitte des 19. Jahrhunderts Eugene Haussmann. Seine Blockform, die durch die erneute Zerschneidung der sternförmigen Maschen seines Netzes entsteht, ist zwangsläufig dreieckig und hebt sich deutlich vom traditionellen Pariser Baublock ab , der bei Neuparzellierungen fast ausschließlich viereckig und orthogonal angelegt war.

Die Wiener Bauordnung von 1859 nahm erstmalig den „unheiligen" Satz auf, **„die Straßen 'möglichst geradlinig'** anzulegen (§7), und drückte damit einen anerkannten Planungsgrundsatz der Gründerzeit aus. Er kehrte in allen kommenden Bauordnungen wieder und verschwand in Wien erst 1929. Mit diesem Paragraphen wurde die Rasterbebauung der Gründerzeit gesetzlich verankert."[56]

Elisabeth Lichtenberger sieht die Aufhebung der Grundherrschaft im Gefolge der Märzrevolution 1848 und die Zuständigkeit der Gemeinden, die nun für die Parzellierung zuständig waren. „Die neu entstandenen Großgemeinden beauftragten zuerst Privatgeometer mit der **Anfertigung von Parzellierungsplänen**, später schalteten sich Baugesellschaften ein. [...] Im allgemeine fand das mehr oder minder abgewandelte Schachbrettsystem Anwendung. Die Tendenz, möglichst viele Grundstücke und möglichst viel Straßenfront zu gewinnen, führte zu einer Aufschließung mir verhältnismäßig kleinen Baublöcken und gedrungenen, nicht zu tiefen Parzellen."[57]

53 H.E. Lindemann 1999, S. 9
54 S. Moholy-Nagy 1968, S. 179
55 A. Rossi 1998, S. 29
56 W. Kainrath et al. 1984, S. 125
57 H. Bobek und E. Lichtenberger 1978, S. 209

Camillo Sitte sieht 1889[58] ‚drei Hauptsysteme des Städtebaus und etliche Unterarten' und relativiert dabei auch das 'künstlerische' im Städtebau: Die Hauptsysteme sind das **Rechtecksystem, das Radialsystem und das Dreiecksystem**. Die Unterarten sind meist Bastarde dieser drei. [...] Das Ziel welches bei allen dreien ausschließlich ins Auge gefasst wird, ist die Regulierung des Straßennetzes. Die Absicht ist daher von vornherein eine rein technische... ein Straßennetz dient immer nur der Kommunikation, niemals der Kunst, weil es niemals sinnlich aufgefasst, **niemals überschaut werden kann**, außer am Plan. [...] Das ist eben künstlerisch gleichgültig, weil unfassbar. Künstlerisch wichtig ist nur dasjenige, was überschaut, was gesehen werden kann, also die einzelne Straße, der einzelne Platz."

Sitte, der die ‚alten Städte' und ihr Straßennetz im „Wesentlichen ein Product ihrer geschichtlichen Entwicklung unter, fast möchte man sagen, instinctiver Mitwirkung uralter künstlerischer Traditionen" als Vorbild sah, ignorierte - was ihm immer vorgeworfen wurde - alle anderen Aspekte, insbesonders die sozialen und ökonomischen Hintergründe (s. A. Rossi und E. Lichtenberger). Und schließt dann: „Der moderne Aufschwung des Städtebaues brachte uns das geometrische Quadratnetz der Straßenzüge."[59]

Doch Camilo Sitte war nicht der Einzige, der den ungewöhnliche Umfang (Zeitalter der Industrialisierung) der nach dem geometrischen Schema entstandenen Stadterweiterungen in der zweiten Hälfte des 19.Jahrhunderts kritisierte, die **Monotonie der Stadtbilder** beklagte und deren ästhetische Verarmung im Vergleich zu gewachsenen Altstädten begründete:[60]

Camillo Sitte (1889) - Der Städtebau nach seinen künstlerischen Grundsätzen

Karl Henrici (1904) - beklagte die langweiligen Straßen Haussmans und äußerte Verständnis für die aufwendigen Dekorationen

Josef Stübben (1890) empfahl geschwungen Trassen in bewegten Gelände, nicht jedoch in der Ebene

Raymond Unwin (1910) gerade Straßen führen leicht zu einer steifen Formalität und Einförmigkeit, auch wenn sie zweckmäßig seien

Der Schritt vom 'ästhetischen zum organischen Städtebau' Fritz Schuhmachers gelang erst in den ersten Jahrzehnten des 20. Jahrhunderts Der **Zuschnitt des Baublocks** wurde nicht mehr allein als formaler, sondern auch als **sozialer Typ** erkannt. Die Städtebauer des 20 Jahrhunderts hielten wohl am Blockraster fest, interpretierten die Bebauung jedoch freier: Otto Wagner, Tony Garnier, Hendrik Berlage, Ludwig Hilbersheimer, Bruno Taut, Ernst May.

Abgegangen vom geometrischen Blockraster wird nach theoretischer Vorarbeit der CIAM erst in der Nachkriegszeit mit Göderitz, Rainer, Hofmanns *'Gegliederten und aufgelockerten Stadt'* (1957) und der *'Organischen Stadt'* (1959) eines Bernhard Reichows.

Im Wien der Jahrhundertwende nehmen sich die regelmäßigen Rasterblöcke in Otto Wagners Großstadtvisionen als Gegenvorschlag zu Sittes ‚künstlerischen' und mittelalterlich inspirierten Städtebau aus. Sittes Prinzipien waren aber wichtige Anregungen für den k**ommunalen Wohn- und Siedlungsbau** im ‚Roten Wien': Siedlungen 'Schmelz', 'Freihof', 'Lockerwiese' usw. sowie die Superblockanlagen 'Sandleiten' und 'Rabenhof'".[61]

Ein weiteres wichtiges Vorbild der kommunalen Wohnbauten des ‚Roten Wien' war die Amsterdamer Schule (H. Berlage, M. de Klerk, P. Kramer), wo sich Fassaden, Eckbetonungen und Plätze als funktionale Markierungen von ‚normalen' Häuserblöcken

58 C. Sitte 1889, zit. in A. Rossi 1998, S. 20
59 C. Sitte 1889, S. 8
60 H.E. Lindemann 1999, S. 13ff
61 H. Weihsmann 1985, S. 103

Rabenhof Wien 3 – Lageplan

im Raster, abhob. Der strenge Modernismus (S. Giedion u.a.) sah darin herablassend eine reine ‚Fassadenarchitektur‘.[62]

Die Stadtplanung der Moderne ging davon aus, es reiche ringsum belichtete und belüftete Gebäude in die Gegend zu stellen. Sie sah die **Parzellenteilung als alten Zopf** an, den es abzuschneiden galt, ohne sich klar zu machen, welche Leistungen das System erbrachte, die zu erbringen die neuen Zeilenbauten und Wohnmaschinen nicht imstande waren. Das freie Bauen auf der Wiese (oder auf den kriegszerstörten Trümmerflächen) wurde als Befreiung empfunden. Erst eine Generation später wurde klar, dass man zwar das Wohnungsproblem halbwegs gelöst, die **Stadt aber abgeschafft** und der Organisationsfähigkeit der Bewohner die Basis entzogen hatte.“[63]

Heinz-Eckhart Lindemann sah die Gründe für die **Abschaffung der Parzellen** im Verschwinden der ‚mittelständigen‘ Bauherren,[64] die den Hausbau als langfristige Geldanlage und den Mietertrag als ‚Rente‘ ansahen. In unserer schnelllebigen Zeit fiel so etwas Unflexibles total aus dem Fokus. Selbst wenn heute der Mietertrag von Immobilien durchaus attraktiv erscheint, werden ‚Vorsorgewohnungen‘ nur von Bauträgern angeboten. Der Kauf oder gar der Bau von Wohnhäusern, ist in der Hand von mehr oder weniger **anonymen Gesellschaften**, die größere Einheiten wirtschaftlicher bebauen können. Der Wunsch nach Blockstrukturen wurde im modernen Städtebau erhört – der nach kleinteiliger Parzellierung verhallt...

Wie kommt es damals und auch noch heute, die Topografie zu ignorieren, jegliche Zwischenräume zu egalisieren und jeden Winkel bis zum Letzten auszunützen? Otto Kapfinger sieht den Hauptgrund in den **technischen Möglichkeiten**:[65]

“Parallel zum Anwachsen der Schnelligkeit verlief die **Einebnung der Topographie**. In den alten Städten, ihren Wegsystemen und Parzellierungsformen, verlangte jede kleinste Höhendifferenz eine gestalterische Antwort. Jede Mulde, jede Biegung, jede Steigung, jede Schwelle gab Anlass zur räumlichen Wertung und baulicher Definition. Aus dem Relief der Landschaft erwuchs als dessen geformte Steigerung die Bauplastik der Städte.

Die technischen Mittel erlauben es dem Planer heute, sich über die Verhältnisse des Geländes hinwegzusetzen. Die großen Maschinen tragen den Boden ebenso leicht ab, wie sie ihn anderswo zusammenschieben.“

62 P. Panerai et al. 1985, S. 85
63 D. Hoffmann-Axthelm 1990, S. 2489
64 H.E. Lindemann 1999, S. 28-29
65 O. Kapfinger in H. Swoboda 1990, S. 197-198

Block und Parzelle

> *"Für die Römer hatte das Gitterschema eine tiefe emotionale Bedeutung, während die Amerikaner es erstmals zu einem ganz neuen Zweck einsetzten: dazu, die in ihrer Umwelt vorfindliche Komplexität und Vielfalt zu leugnen. In neuerer Zeit diente das Gitternetz als ein Planschema, das die Umwelt neutralisiert.*
> *Es ist ein protestantisches Zeichen für die Stadt."*
>
> Richard Senett, Civitas 1991, S. 71

„Drei Komponenten bilden das städtebauliche Grundelement Baublock:[66]

1. Die **Straße** als stadt- oder quartierbezogenen (öffentlichen) Bereich mit bewusst geformten Raumbegrenzungen und Raumabschnitten. Bei einer Verdichtung Haus an Haus ist der orthogonale Parzellenschnitt zwangsläufig.[67]
2. Die meist geschlossene **Randbebauung der Parzellen** mit engen räumlich-funktionalen Beziehungen der Gebäude sowohl zur Straße als auch zum Hofbereich
3. Der **Hof,** dessen Ausbildung entweder
   a) wohnungs- oder hausbezogen
   b) haus- oder blockbezogen
   c) quartiersbezogen (beschränkt öffentlich) sein kann. Der innere Bereich (Hof) ist im allgemeinen nicht stadtbezogen d.h. öffentlicher Raum und damit die Polarität Straße - Hof/blockbezogener Innenbereich aufgehoben wird."
4. Durch die Zuordnung aller Nutzungen zum Straßensystem wird die Orientierung in der Stadt erleichtert und eine Integration aller städtischen Nutzungen gewährleistet.

Wenn der Stadtraum auch heute diese Qualitäten aufweisen soll ergeben sich **folgende Konsequenzen**:

1. Für die Integration der großflächigen Industrie- und Gewerbegebiete ist der **Baublock nicht geeignet**. Lediglich kleinere nichtemittierende Dienstleistungs- und Gewerbebetriebe können in die normale Wohnbebauung integriert werden.
2. Durch besondere äußere Bedingungen wie ungünstige Himmelsrichtungen oder die Lage an Hauptverkehrsstraßen werden größere **Teile des Baublocks ungeeignet** für die Wohnbebauung. Hier bietet sich die Ausweisung von Folgeeinrichtungen und Büronutzungen an.

Der Baublock ist das Grundelement eines räumlichen Organisationssystems für die Stadt, bei dem der öffentliche Straßenraum als ein durchgehendes Kommunikationsnetz alle Nutzungen der Stadt integriert. Unter diesen Umständen hat der Baublock einen **Totalanspruch für die Stadt**."[68]

Nutzungsmischungen und Flexibilität – das sind auch jene Forderungen, die an die Zukunft der Stadt gestellt werden. Am Beispiel der Gründerzeitquartiere und ihrer Parzellierung im Baublock sehen Gerhard Curdes und Dietmar Eberle diese Anforderungen erfüllt:

"Der Baublock ist wegen seiner größeren Tiefe und seinen inneren Reserve- und Pufferflächen jenes Element, welches Nutzungsmischungen am ehesten zulässt. Diese können bei Bedarf niedrig bebaut werden, ohne dass an der Randbebauung irgendetwas geändert werden müsste. Wegen dieser Eigenschaften sind **Baublöcke Elemente mit dem größten Potential an 'Urbanität'**.[69]

66 T. Finke 1977, S. 8
67 s.a. K.E. Lindemann 1999, S. 27
68 T. Finke 1977, S. 17
69 G. Curdes 1995, S. 92

"Die Gründerzeitquartiere zeigen als Reißbrettplanungen auf Basis eines Straßenrasters wohl die am **flexibelsten nutzbare städtebauliche Struktur**, die sich verändernden Bedürfnissen immer wieder anpasst und abhängig von der jeweiligen Bewohnerschaft völlig unterschiedliche Charaktere annehmen kann."[70]

Dem steht die Kritik entgegen, die den Baublock als etwas Altes, Überholtes und Rückschrittliches begreifen. **Was ist beim Block das Neue?**

Hans Stimann, der Berliner Bausenator, der an den alten Strukturen festhielt:[71] "Dieser Paradigmenwechsel von den 'Stadtlandschaften als gebaute Utopie einer vergangenheitsfreien Zukunft' (A.R. Burelli) hin zur **Wiederaufnahme der Tradition** einer 'europäischen Stadt' wurde vielfach als Provokation verstanden.

Bei einem Großteil der in Berlin planenden und bauenden, auf Expressivität und auf das freistehende Objekt eingeschworenen Architekten, Architekturkritikern, Verkehrsplanern, Shopping-Mall-Betreibern, Stadttheoretikern und beamteten Stadtplanern in Ost und West stieß der Paradigmenwechsel auf energischen Widerstand.

Dimensionen

Die Größe der Baublöcke ergab sich (im 19.Jh.) nicht mehr aus der Grundeinheit der Bürgerhäuser. Die Abmessungen des Baublocks wurden vielmehr das unglückliche Ergebnis einer Rechnung, bei der die städtische Verwaltung aus **rein fiskalischen Erwägungen** die Kosten für den Straßenbau möglichst niedrig halten wollten, während auf der anderen Seite der Grundbesitzer durch möglichst dichte Bebauung den Höchstbetrag an Miete herauszuwirtschaften bestrebt war.

Blockparzellen im Ausmaß von 150 x 200 m (,Berliner Block') wurden mit 5-6 geschossigen Häusern umbaut, wobei zusätzlich Gewerbebetriebe aller Art, Fabriken, Schulen die nicht mit Wohngebäuden ausgefüllten Restflächen belegten. Als Freiflächen blieben oft Hinterhofketten mit Korridorcharakter (Spielen verboten!) und die Straßen. [...] Der verbindende Hof weicht isolierten Hinterhöfen."[72]

Im Allgemeinen sind die **Blöcke kleiner und variieren in der Breite** zwischen 50 und 60 m, in einigen Fällen sind sie auch etwas schmäler, Breiten unter 40 m sind dagegen charakteristisch für arme Quartiere. In „besseren" Vierteln können die Baublöcke auch etwas breiter werden.[73]

Die Länge der Baublöcke zeigt viel größere Unterschiede und ist nicht so zwingend wie die Breite. Vor allem in mittelalterlichen Städten liegen Maschen von verschiedener Länge nebeneinander und tragen dazu bei, das Straßenbild abwechslungsreich und lebendig zu gestalten. Allerdings dürfen die Maschen nicht zu lang werden: vermutlich sind 200 m (vgl. Jane Jacobs!) das Maximum - wobei die Längen von 75 bis 120 m den Regelfall abbilden.

Der egalitäre Entwurf Ildefons Cerdas für Barcelona[74]

1859 wurde Cerda mit der Ausarbeitung des Stadtplans für Barcelona beauftragt, der gleichförmige Blöcke mit 113 x 113m mit abgeschrägten Ecken wegen der Kurvenradien der Dampfeisenbahn vorsah.

Den Todesstoß versetzte den Plan Cerdas jene **kapitalistische Spekulation**, gegen die sich Cerda seit jeher aufgelehnt hatte. Die Grundstückspreise kletterten im Nordosten in astronomische Höhen – die soziale Segregation holte die egalitär konzipierte Stadt ein. Vor allem die Bebauungsform und die Bebauungsdichte entfernten sich

70 E. Tröger und D. Eberle 2015, S. 182
71 H. Stimmann et al. 2005, S. 56
72 T. Finke 1977, S. 10
73 s.a. P. Hammel 1972 S. 136-137
74 Vittorio M. Lampugnani – Utopie ohne Pathos in Du 12/2021 S. 21-25

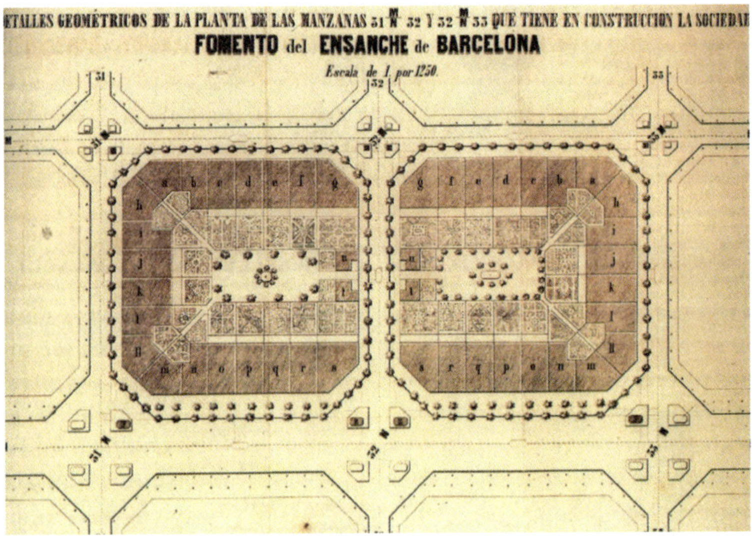

I. Cerda – Barcelona's Blöcke

vom Grundkonzept um ‚Lichtjahre': Die **Baumasse verfünffachte sich**, die Bauhöhen die drei – viergeschoßig angelegt waren wuchsen auf acht bis zehn Geschoße und die Gärten – ein zentrales Element wurden von der Bebauung verschluckt und verschwanden schließlich ganz.

Im Vergleich der Block- und Parzellengrößen in Wien, Berlin und Barcelona fallen die Größenunterschiede besonders auf:

	Blockgröße	Parzellengröße
Wien-Fünfhaus	68 x 124 m	18 x 34 m Ecken 24 x 24 m
Berlin-Kreuzberg	120 x 200 m, vereinzelt 200 x 260 m auch 110 x 110m	19 x 48 m
Berlin-Potsdamer Pl.	50 x 50 (Hilmer & Sattler) – Höhe 35m!	
Barcelona	113 x 113 m	12,5-17 x 36 m

Gerhard Kleindienst und Franz Kuzmich haben die Dimensionen der Wiener Häuserblöcke zusammengefasst:[75]

Bauweise: geschlossenen Blockrandbebauung - zur Gänze überbaut

Baublockstruktur: Baublöcke sind klein, meist kleiner als 1 ha, hoher Anteil an Erschließungsflächen, geringer Anteil Freiflächen

Blockform: meist 1:3 - 1:2, längere Seite 100 -120 m, kürzere Seite 45 - 60 m

Parzellenformat: zwischen 18 - 21 m breit, 30 m tief

Dichten: Geschoßzahlen liegen bei 3 - 4 (Altbauten) bis 5 - 7 (Neubauten) ergibt Dichten von 1,0 - 4,0 GFD

Ausnahmen und Durchbrechungen

> *"Die hippodamische Stadtstruktur hat eine robuste Gestalt mit geradlinigen Korridoren, wo der Schluss naheliegt, dass sie langweilig wären. Mitnichten!*
>
> Heinz-Eckhardt Lindemann 1999, S. 59-60

In den älteren Quartieren sieht man vielfach umgebaute Fassaden, Veränderungen im Dachbereich und Aufstockungen, Neubauten in der alten Flucht, unterschiedliche Architektursprachen, überspielt Baulücken in der perspektivischen Verkürzung. Selbst architektonische Sonderformen, sogar Hochhäuser neben niedrigen Gebäuden bin-

75 G. Kleindienst und F. Kuzmich 1977, S. IX

det der geradlinige Korridor: es entsteht Lebendigkeit. [...] Die Architektur der letzten Jahre hat mit dem Winkel gespielt und mit guten Projekten das Stadtbild bereichert. sie mögen ermutigen, in ein Raster **Störlinien [und Unterbrechungen]** einzufügen - jedoch mit Augenmaß."[76]

Das Stadtgefüge manifestiert sich in seinen Rändern: „Der Block kam ins Blickfeld, insofern sich an seinen Rändern manifestiert, was uns besonders interessiert: Restparzellen, Zwischenräume, verlorene Mitten, Eckpunkte und Brachen. Die Stadt auch als Aspekt chaotischer Selbstorganisation und Brennpunkt permanenten kulturellen und sozialen Wandels. Momente einer Art Verwirrung sind jedem Stadtbild abzulesen."[77]

Rudolf Kohoutek sieht das auch am Beispiel Wiens:[78] „Dass man jedenfalls dieses 'dichte Wien' zu Fuß in allen Richtungen durchqueren kann und immer wieder neue, überraschende Raumsituationen, Plätze, Grünflächen, Lokale und auch **Ausnahmen vom rechtwinkeligen Straßen- und Baublock-Raster** der Gründerzeit findet, sind Qualitäten, die man erst allmählich zu schätzen lernt."

Willi Kainrath blickt in die Planungsgeschichte Wiens zurück:[79]
Die Planer der sechziger Jahre waren sich des **Schematismus ihrer Planungen** wohl bewusst und hatten Vorschläge entwickelt, um diesen zu mildern. Die Pläne sollten als Schemadarstellungen verstanden wissen, die vom jeweiligen Bauträger an die örtlichen Besonderheiten angepasst bzw. mehr oder weniger modifiziert werden könnten.

Der damalige Stadtplaner Georg Conditt hatte einen Novellierungsentwurf der Bauordnung ausgearbeitet, unter welchen **Bedingungen von den Fluchtlinien abgewichen werden konnte:**

- Die bauliche Ausnutzbarkeit und der Lichteinfall der **Nachbarliegenschaften** dürfe nicht vermindert werden
- das **mögliche Bauvolumen** dürfe nicht überschritten werden und
- eine aufeinander abgestimmte **Anordnung der Baulichkeiten** gewährleistet bleibt.

Nach Conditts Abgang 1970 wurden diese Vorschläge nicht mehr weiterverfolgt.

Die Absicht, **Abweichungen vom Bebauungsplan** legistisch zu fassen zieht sich aber trotzdem wie ein ‚roter Faden' durch die Wiener Bauordnung:

In den 70er Jahren konnten geringfügige Abänderungen – mit Einverständnis der MA21-Flächenwidmungs- und Bebauungsplan - durch den Bezirk zu genehmigt werden. Diese praktische Regelung wurde vom VGH aufgehoben, weil keine öffentliche Auflage im Verfahren vorgesehen war. Danach wurde der **berüchtigte § 69 BOfW** mit diversen Einschränkungen nach den Entwürfen des genialen Juristen Karl Schiller entwickelt – der nun wieder Bestimmungen für geringfügige Abweichungen (trotz Widerstand der Planungsadministration) beinhaltete. Wie so oft – auch hier – werden **gute Absichten missbräuchlich verwendet** – und nach verschiedenen Novellierungen gibt es den § 69 noch immer.

76 H.E. Lindemann 1999, S. 59-60
77 M. Meier in du 1994, Vorwort S. 17
78 R. Kohoutek 2016, S. 209
79 W. Kainrath et al. 1984, S. 169

Abweichungen vom starren Block:

Blockauflösung – Mailand, Grafon

Blockauflösung – Paris, h20-architects

Hat Raster, Block und Parzelle Zukunft?

"Solange die Bemühungen um den Bau von 'neuen Städten' so schlecht ausfallen wie bisher, sollte man vielleicht zurückfinden zu den historisch bewährten Formen des Stadtbaues: Stadtgrundriss und öffentliche Räume festlegen, Parzellierung, Bebauung durch viele Träger/ Eigentümer, vielfältige, variable Nutzungen, Blockrandbebauung usw."

Klaus Novy 1990[80]

Der Raster muss kein Dogma sein - "Straßengitter und rechtwinklig geschnittene Baublöcke können keine zwingende **Vorgabe für den städtebaulichen Entwurf** und für die Stadtentwicklung sein. Niemand kann wollen und wird akzeptieren, dass gewachsene Stadtorganismen mit 'krummen Straßen' verurteilt werden und utopische Pläne über alte Stadtgrundrisse gezogen werden.[...] So kann der regelnde Vorteil des Straßengitters auch mit geschwungenen Linien der Straßenführungen erreicht werden, wenn diese - wie im Raster - miteinander vernetzt sind. So bewahrt der schiefwinkelige Baublock wesentliche Vorteile des rigiden Blockrasters."[81]

So kann auch wieder Camillo Sitte zu seinem Recht kommen – übrigens die **Neuen Stadtteile** der Deutschen Bahn AG von Gerkan, Marg und Partner – *21er Projekte für Stuttgart, Frankfurt und München* – greifen alle auf das Stadtbauschema des Blockrasters zurück und basieren auf neue Stadtachsen mit angegliederten Blockrastern.[82]

Rem Koolhaas ist ein Anhänger des Rasters und sieht darin **‚nie erträumte' Freiheiten**, ein ‚dreidimensionale Anarchie, die durch die straffe zweidimensionale Ordnung des Rasters erst ermöglicht wird:[83] „Der Raster definiert ein neues **Gleichgewicht zwischen Planung und Unbestimmtheit**. So kann die Stadt gleichzeitig geordnet und fließend sein, eine Metropole des geordneten Chaos."

80 K. Novy, Neue Wege der Planungskultur, in H. Swoboda 1990, S. 65
81 H. E. Lindemann 1999, S. 84-85
82 s.a. H. E. Lindemann 1999, S. 63
83 R. Koolhaas in ARCH+ 10/1990 S. 61

„Das Prinzip Parzelle muss heute rein strukturell gedacht werden, auf der Ebene seiner Aufhebung durch die Moderne. Wenn es wieder zum Grundprinzip der Stadt werden kann, dann innerhalb einer Verteilungslogik, die nicht hinter die Moderne zurückfällt, sondern aufgeklärt (nicht enttäuscht) über sie hinausgeht."[84]

Auch Wolf Werdegier folgert, „dass ‚funktionierende Städte kleinteilig gewachsen sind. **Wichtigster Baustein** in diesem Wachstum **ist die Parzelle** - groß genug um wirtschaftlich bebaubar zu sein, klein genug um der Stadt maximale Flexibilität und Anpassungsfähigkeit bieten zu können. Der Aufbau der Stadt in Blöcken, die durch eins Straßennetz verbunden sind, und die Aufgliederung dieser Blöcke in Parzellen, wird als die wichtigste Voraussetzung für eine vielfältige Nutzung und ein abwechslungsreiches Straßenbild betrachtet."[85]

Thomas Sieverts sieht das Ziel der inneren Beweglichkeit und Flexibilität des Stadtgefüges, warnt aber von zu kleinteiligen, starken Eigentumsformen.[86] Anstelle alter Eigentumsrechte sollen **beweglichere Verfügungsrechte** und Planungsverfahren treten, die ohnehin stattfindende Transformationen in eine vorher bestimmte Entwicklungs- und Gestaltungsrichtung lenken können. [...]

Es geht nicht mehr um das Prinzip 'form follows function' sondern um das Prinzip, robuste Stadträume, Infrastruktur und Gebäude zu schaffen, die eine weite Kapazität für unterschiedlichen Gebrauch mit einer ebenso robusten gestalterischen Prägnanz verbinden!"

Beispielhaft sollen auch wechselnde Leitbilder um nicht zu sagen Moden realisierbar sein: „Heute sind dies kleinteilige Mischung und hohe Baudichte als vermeintliche Vorausssetzung der ‚Stadt der kurzen Wege'. Nun ist es Verkehrsberuhigung und [Klimarettung]. Morgen werden es andere Ziele und Moden sein. Im **neutralen, robusten Rastergrundriss** und im Rechtsrahmen sollen sie alle planbar und durchsetzbar sein."[87]

„Statt Verdichtung und Nachverdichtung sollten wir lieber von Urbanität sprechen"[88] so der Leiter der Bebauungsplanung in Wien. Die Spielräume der Bebauungsplanung sind vor 15 Jahren nicht so ausgenützt worden wie heute: es darf ein bisschen mehr sein, wenn es besser wird." Inzwischen ist der problematische Zusammenhang „Urbanität durch Dichte" hinlänglich bekannt.

Aus der praktischen Umsetzung im Musterbeispiel von **Tübingen-Süd** konnte ein klassisches Blockrandkonzept umgesetzt werden, von dem die Mitinitiatoren Andreas Pätz und Cord Soehlke berichten: "Im Entwicklungsbereich wird das **Konzept der Blockrandbebauung** vorgelegt, das sehr gute Voraussetzungen zur Schaffung städtischer Strukturen bietet, da es den öffentlichen streng vom privaten Raum trennt und in den Innenhöfen 'halböffentliche' Bereiche entstehen lässt, die den Bewohnern der jeweiligen umliegenden Bebauung vorbehalten sind.

Mit einer Bevölkerungsdichte von etwa 150 - 200 Einwohnern je Hektar (Brutto-Bauland)[89] liegt das Tübinger Projekt deutlich über den in süddeutschen Wohnungsbau üblichen Werten, ist jedoch gleichzeitig noch weit von den Verhältnissen gründerzeitlicher Stadtgebiete entfernt."[90]

84 D. Hoffman-Axthelm 1998, S. 202
85 W. Werdegier 1992, S. 224
86 T. Sieverts in KIT-Karlsruher Institut für Technologie 2015, S. 17
87 H.E. Lindemann 1999, S. 72
88 Bernhard Steger im Interview – Architektur-wettbewerbe Oktober 2020, S. 45
89 und liegt damit etwa bei einer Dichte von GFD 2,0
90 A. Feldtkeller et al. 2001, S. 63

Liegenschaftsübergreifend sollte Gründerzeitblöcken erhöhte Aufmerksamkeit zuteil werden, wie das im Masterplan ,Gründerzeit von der Stadt Wien-MA 21 ausgedrückt wurde:[91]

Wien 10 - Altes Landgut

Der gründerzeitliche ,Wiener Block' ist durch eine klare Trennung des geregelten Straßenraums von der eher ungeregelten Hofbebauung gekennzeichnet. Das Zusammenspiel zwischen Straßentrakt und Hof stellt die Grundpfeiler für eine langfristige Transformation im Sinne einer vielfältigen, urbanen und auch sozial gerechten Stadtentwicklung dar.

Willi Kainrath steht dem skeptisch gegenüber und vertritt die ,Teilöffentlichkeit':[92]

„Der ursprüngliche Gedanke der Moderne - das Aufbrechen der starren Blockstruktur ist unserer Zeit durchaus angemessen. Die **Auszehrung der Übergangselemente** wie Läden, Portale, Hausflure, Vorgärten usw.) hat die Situation der Trennung von Öffentlichkeit und Privatheit noch verschlechtert - auch wenn konventionelle Soziologen wie Hans Paul Bahrdt oder Jane Jacobs auf dieser schroffen Trennung beharren.

Das Interesse von Bürgerinitiativen, Selbsthilfegruppen, Wohngemeinschaften und neue Formen der direkten Demokratie sprechen gerade solche Zwischenformen einer Teilöffentlichkeit an."

Folgende Maßnahmen sind zu empfehlen:

- Erhöhung der Straßentrakte bzw. Dachgeschoßnutzung in Abhängigkeit von den Belichtungsregeln (Schutzzonen!)
- Betonung der Ecke mit einer maßvollen Überhöhung z.B. an Plätzen
- Betonung von Platzsituationen (Erhöhung) unter Berücksichtigung der Belichtung
- Hervorspringende Häuser (meist schützenswert) bewahren. aus dieser Situation ergeben sich oft „identitätsstiftende Räume, die erhalten werden sollten."
- Innenhöfe: Transformation durch logisches Schließen von Baulücken und Anbau an bestehende Feuermauern unter Berücksichtigung von Frei- und Grünräumen.

Aus den Erfahrungen des ,Planquadrats' darf ergänzt werden:

- Ankauf von Liegenschaften durch die Öffentliche Hand oder Kooperationspartnern, wie Gemeinnützige Genossenschaften
- Brüche und Restflächen wie Feuermauern akzeptieren – Außenräume schaffen
- Verkehrsorganisation überdenken wie Wohnstraßen und Begegnungszonen – Konzept des Superblocks (Barcelona) oder des Supergrätzls (Wien-Favoriten)
- Bewohner mobilisieren und einbinden (mithilfe der Agenda 21)
- Blöcke organisatorisch öffnen, Durchgänge initiieren, Private zur Teilnahme motivieren
- Selbstverwaltung unter medialer Teilnahme organisieren

91 Masterplan Gründerzeit – Stadt Wien, MA 21, 2018, S. 51-57
92 W. Kainrath et al. 1984, S.249

7.3 Bebauungsformen und Erneuerungen

"So gibt es kaum eine Bauform, die nicht nach einer gewissen Zeit - wenn sie sich durchgesetzt hatte - zur Zielscheibe der Kritik geworden wäre. Die Zeit der Jahrhundertwende bedachte die gründerzeitliche Blockbebauung - die heute gelegentlich eine romantisierende Verklärung erfährt - mit dem gleichen kritischen Vokabular wie die dreißiger Jahre den Zeilenbau oder wie die Gegenwart den Wohnungsbau der Nachkriegszeit: seelenlos, langweilig, einfallslos, anonym, steril.

Gerd Albers 1972 S. 91

Eine lebende Stadt ist nie fertig und nicht endgültig determinierbar. „Kleinräumige Veränderungen wie durchgreifender radikaler Stadtumbau sind ein fortwährender Prozess; dieser beschleunigt sich in unserer schnelllebigen Zeit. Die Städtebauer suchen solche Entwicklungen mit Rechtsplänen zu steuern. Auf Dauer aufhalten können diese den Modernisierungsprozess jedoch nicht. [...] Viel besser ist es, wenn sie ihren Plan eine Form geben, der den Wandel erträgt."[93]

Der Schluss daraus ist, das **Unfertige zum Prinzip** zu machen und Reserveflächen zu bewahren. Im 19. Jahrhundert, das schon im Ansatz stecken blieb, trägt dieses Fragment den Ansatz zur Abrundung in sich: „Man merkt dem einzelnen Haus den geschlossenen Baublock an seinen Feuermauern an. In der Moderne dagegen ist das Unfertige, Unausgewogene immer ein fertiges Resultat. Die Versuche, die sogenannte ‚Gestaltlosigkeit' zu verbessern, die Siedlungen durch Ein- und Zubauten zu ‚urbanisieren' – noch einmal Urbanität durch Verdichtung – wären verfehlt, wenn sie alte Geschlossenheit erreichen wollten; sie sind aber legitim, indem altes Unfertiges in **neues Unfertiges** verwandelt wird."[94]

Das Unfertige für eine geforderte Austauschbarkeit und Anpassungsfähigkeit, setzt die Errichtung von Zu- und Umbauten voraus. Die heutige Praxis der maximalen Ausnutzung und noch mehr machen spätere, kleinteiligere Maßnahmen unmöglich. Die Konsequenz sind nutzungsneutralere Bauten mit nicht mehr Spezialisierung als unbedingt notwendig. Darüber hinaus sind Reserveflächen vorzuhalten, die mannigfaltig ‚zwischengenutzt' werden können. Das bedeutet eine **Begrenzung der Bebauungsdichte** – aber nicht am ‚oberen Level'.[95]

Wer nun daraus schließt, die ‚gewachsenen' Städte hätten diese Forderungen implantiert und damit die uns bekannten ‚reizvollen' Stadtbilder geschaffen wird von Erika Spiegel enttäuscht:

„Wer heute die Bauordnungen und Statuten toskanischer Städte des hohen Mittelalters und der beginnenden Renaissance liest, in denen von der Bauflucht über die Treppen, Loggien und Erker alles vorgeschrieben und gemaßregelt wurde, was irgend das geordnete Bild der Stadt fördern oder hindern konnte, dem schlägt daraus ein so elementarer, funktional nicht begründbarer Ordnungswille entgegen, wie er dem landläufigen Verständnis der ‚gewachsenen' Stadt kaum entspricht. Krumme Gassen, unregelmäßige Plätze, schiefe Fassaden waren nicht Ausdruck irgendwelcher Neigungen zum ‚Spontanen' oder ‚Ungeplanten', die heute damit verbunden werden, sondern allein des **technischen und organisatorischen Unvermögens**, dem rechten Winkel zum Siege zu verhelfen. Keines der Idealstadtmodelle, keine der städtebaulichen Utopien [...] verzichten auf strengste Ordnung, Symmetrie und Regelhaftigkeit."[96]

93 H.E. Lindemann 1999, S.44
94 W. Kainrath 1988, S. 214
95 s.a. M. Andritzky et al. 1975, S. 273
96 E. Spiegel 1972, S. 192

Zwei grundsätzliche Axiome bilden den Rahmen der Entwicklung:

1. **Die Bodenpreise sind eine Funktion der Bebaubarkeit** und damit hoheitlich festlegbar – allerdings nicht mit einer **Anpassungsplanung,** die hohe Bodenpreise als Mindestdichte und Mononutzungen vorgibt.[97]
2. **Der architektonische Zeitgeist mit seinem künstlerischen Hang zum Autismus** fügt sich nicht zu einem städtebaulichen Kontinuum zusammen, sondern folgt dem globalen Kapitalismus und zerstört mit seinen Großformen die ruhige Normalität der Stadt.[98]

Stadterneuerung und Stadterweiterung sind kein Gegensatz – beides ist vonnöten:

- „Es darf kein Missverständnis über die Dringlichkeit der Stadterneuerung aufkommen. Nur sollte das **Konzept der Stadterneuerung** von dem Druck befreit werden können, quantitativ effektiv zu sein, den zunehmenden Flächenansprüchen genügen zu müssen. Solch einer notwendigerweise ‚brutalen' Stadterneuerung sollte einer ‚sanften' Stadterneuerung' Platz machen."[99]
- **Stadterweiterung ist keine Schande**. Sie sollte bewusst aufgenommen werden zur Weiterentwicklung über die derzeitigen (und veränderbaren) Stadtgrenzen hinaus. „Allgemeingültig ist, dass Stadterweiterungsprojekte nicht nur zum Zeitpunkt ihrer Eröffnung eine Insellage besitzen, sondern diese auch über die Zeit behalten. Es ist ein zumindest soziologischer Irrtum zu glauben, dass es städtebauliche Figuren gibt, welche die isolierte Lage eines neuen Projekts aufheben könnten. **Der Rekurs auf die Parzellenstruktur** ist eine verständliche ideologische Position, weil sie [...] an die Stadterweiterungen der zweiten Hälfte des 19.Jahrhunderts anknüpfen möchte. Doch dazwischen liegt wie ein fremder und trennender Keil die Geschichte und die Spur der Stadt des 20. Jahrhunderts."[100]

Typologie und Formen der Bebauung

„Es gibt keinen Bautyp, den ich überall einsetzen kann - in der Landschaft, in der Innenstadt, im Dorf auf der Bergkuppe, im Tal. Der große Fehler, den man heute macht, dass man Dinge nicht mehr das werden lässt, was in ihnen steckt, sondern ihnen eine Ideologie überstülpt."

Hans Kollhoff, 1990[101]

Jürgen Pahl – Stadtgestalt zwischen Tradition, Verwahrlosung, Nostalgie und neuer Orientierung: „An die Stelle der umfassenden Ideologie auf deren Grundlage Stadtgestalt produziert und wahrgenommen wurde, hätte tatsächlich die Typologie zu treten, **typische Elemente und Strukturen**, die in ihrer Vielfalt die pluralistische Gesellschaft konstituieren und folglich auch pluralistische Stadtgestalt."[102]

Was kann eine Typologie bieten:

Der Reiz unregelmäßiger Fassadenfolgen

Gerade in Hauptstraßen mit ihrer hohen Veränderungswahrscheinlichkeit und wechselnden Nutzungen gehören Häuser mit unterschiedlichen Breiten und Höhen zum unverwechselbaren Bild einer ‚lebendigen' Straße – ‚ein bewusstes Spiel mit der Unordnung'.[103]

Lage von Eingängen im Baublock

Die Tendenz von Großformen zu einem 'Gebäudeblock' führt zu einer Verödung der Umgebung weil wegen der Zugangskontrolle nur ein Zugang auf einer Seite geschaf-

97 s.a. Kainrath et al. 1984, S. 250
98 s.a. V. Lampugnani 201, S. 2, K. Novy 1990, S. 2487
99 W. Kainrath, H. Potyka, R. Zabrana 1980, S. 165
100 D. Steiner in W. Werdegier 1992, S. 258-259
101 H. Kollhoff in ARCH+ 10/1990, S. 42
102 J. Pahl in Institut für Stadtentwicklungsforschung in NRW - ILS 1979, S. 108
103 s.a. M. Trieb 1974, S. 169

Wien 7 Sofienspital – ,Nachverdichtung

fen wird, drei Seiten veröden. Innere Zugänge - wie beispielsweise auch beim 'Superblock' der Stadt Wien der 20er Jahre lassen die **Umgebung im urbanen 'Schatten'** – wenn auch durch die Porosität von Durchgängen gemildert.[104]

Gemeindebauten der Zwischenkriegszeit: Durchbrechung des Rasterschemas

" Man durchbrach bewusst das Rasterschema des Straßennetzes und riegelte unter Umständen durch weitläufige Baufronten im Regulierungsplan vorgesehene Quergassen ab." [105] Die **Durchlässigkeit** wurde dadurch aber nicht vermindert – selbst bei Baulücken wurden durch Rücksprünge Vorgärten, ,Grüne Inseln' und oft sogar Höfe gebildet.

In neuen Vierteln stehen oft Gebäude im Mindestabstand nebeneinander

Dicht bauen ist wichtig. Auch das Spannungsverhältnis Enge und Weite ist ein beliebtes städtebauliches Element geworden. Wenn aber fensterlose Hausfronten im Abstand von 5, 6 m zueinander stehen (Seestadt Aspern) dann kann nicht mehr vom ,Öffentlichen Raum' gesprochen werden – weil auch die dann erwartete Weite fehlt.[106]

Es gibt noch immer neue monofunktionale Wohnviertel

In Bereichen großflächiger innerer Stadterneuerung gibt es noch immer reine Wohnviertel, wo an den Rändern Nahversorgung untergebracht ist – eine Nutzungsmischung Wohnen und Arbeiten ist nach wie vor eine Ausnahme.

Hohe Häuser werden als Abwechslung eingesetzt und bilden keine ,Cluster'

Das Instrument ,hohe Häuser' bis 35 m Bauhöhe wird städtebaulich inflationär als Abwechslung sonst gleichförmiger Bauhöhen eingesetzt. Grünflächen dienen als Abstandsgrün, wo nicht die Funktionalität im Mittelpunkt steht. Die **Bauhöhe markiert keine Zentralität** und erscheint willkürlich (Village im Dritten, Wildgarten)

Unterschiedliche Wirkung von Balkonen und Loggien

Dier Unterschied zwischen Balkonen und Loggien ist bedeutend, denn Loggien bleiben Räume innerhalb des Gebäudevolumens und können in diesem Sinn kein exponiertes Hinaustreten in den öffentlichen Raum ermöglichen und sich mit diesem verzahnen. Dies stärkt die Trennung zwischen Privatheit und Öffentlichkeit und vernachlässigt soziale wie kommunikative Aspekte. [...] Um diesen Funktionswandel der Balkone nachzukommen, werden die kleinen Klopf- und Küchenbalkone auf den Hofseiten durch

104 s.a. G. Curdes 1995, S. 93-95
105 H. Bobek und E. Lichtenberger 1978, S. 145
106 s.a. B. Redl, Standard 10.10.2020

2 m-tiefe Aufenthaltsbalkone ersetzt. Diese können nun tatsächlich als Außenwohnräume dienen, da sie vom Straßenleben geschützt in der Ruhe der Innenhöfe liegen. Der kleinere Balkon zur Straße hin bewahrt dagegen Haltung und bleibt Loge im Theater des öffentlichen Straßenlebens." Und er gliedert die Fassaden und markiert die Wohnräume.[107]

‚Musterbücher' als Kurzschluss der Stadtplanung?

Im 'Pattern Language' argumentiert Christopher Alexander folgendermaßen: „Statistisch bevorzugte, überlieferte, aus der Zeit genommenen und an keine spezifische Kultur gebundene Formen und Zeichen für eine gesellschaftliche Übereinkunft, besser noch, Zeichen für Brauchbarkeit und Zufriedenheit. Das Urban Design lieh sich solche Argumente aus, um **bestimmte Formmuster** bestimmten Organisationsmodellen aufzupfropfen, was zu einem gigantischen, konzeptionellen Kurzschluss geführt hat. [...]

Und hinter alldem zeichnet sich ein Schatten ab, der Schatten einer Figur, die alle amerikanischen Utopien des 20. Jahrhunderts in sich vereinigt: Disneyland."[108]

Stadterneuerung der Gründerzeitviertel

> *„Sanierung kann kein fremdes Stadtmodell an die Gegend herantragen. Sie muss ihre Kriterien aus der Gegend selbst gewinnen."*
>
> Klaus Duntze 1975[109]

Beginnend mit dem unmittelbaren Wiederaufbau, der das Ziel hatte, Kriegszerstörungen zu beheben, Wohnraum wiederherzustellen und die kleinteilige Eigentümerstruktur zu schützen, war" die wichtige Neuerung das im August 1948 beschlossene **Wohnhaus- Wiederaufbaugesetz**, dessen Fondsmittel vor allem aus einem zehnprozentigen Aufschlag auf Lohn- und Einkommenssteuer gespeist wurden. Aus diesen Mitteln konnten unverzinsliche Darlehen mit einer Laufzeit von 75 Jahren angefordert werden; beantragen durften solche Zuschüsse Privatpersonen gleichermaßen wie Gemeinden. ‚Die Bedingungen des Fondsgesetzes sind günstig und sehr modern gehalten' [110]

Das prägende Thema der Nachkriegszeit war jedoch jenes der **Stadtsanierung - damals auch Assanierung** genannt. Nach dem Blutgassenviertel, das noch relativ behutsam ‚saniert' wurde, betraf es die Assanierung Alt-Erdbergs bis die Pläne zur Sanierung des Spittelbergs durch massive Proteste verhindert wurde. Aus ‚gesundheitlicher' Sicht waren Dichten ab einer GFD von 2,0 unerwünscht und als ‚Slum' ausgewiesen. Diese Haltung findet sich noch bei Roland Rainers Kriterien der wohnlichen Stadt, 1978 wo noch die Kriterien Gesundheitsschäden (die ‚Wiener Krankheit' TBC), psychische Schäden, Entwicklungsstörungen (Rachitis), Isolierung und Kriminalität (Polizeibericht Erdbergs) angeführt wurden.[111]

Zum **Thema Strategie**: "Strategie ist, die vorhanden Mittel, unter Berücksichtigung der Bedingungen und Machtverhältnisse, auf ein Ziel hin berechnend zu organisieren. Aber diese Bedingungen, Machtverhältnisse und Mittel sind nicht vorgegeben, sie werden vielmehr gleichzeitig durch die Strategie produziert und konstituiert."[112]

In der Stadterneuerung heißt das, dass all die zu beseitigenden Missstände erst durch die **Erhebung zum Stadterneuerungsgebiet** ins Bewusstsein gerückt werden – was nicht bedeutet, dass es die vermeintlichen ‚Übelstände' nicht schon vorher gibt.

107 E. Tröger und D. Eberle 2015, S. 195-196
108 M. Sorkin 2007, S. 24-25
109 K. Duntze in Andritzky et al. 1975, S. 90
110 D. Klein et al. 2005, S. 31
111 T. Hahn 2014, S. 31
112 K. Batur 2015 S. 11

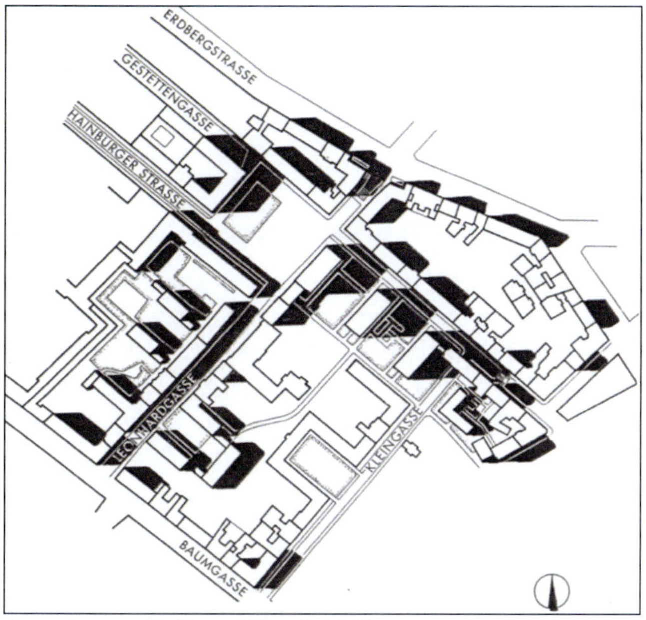

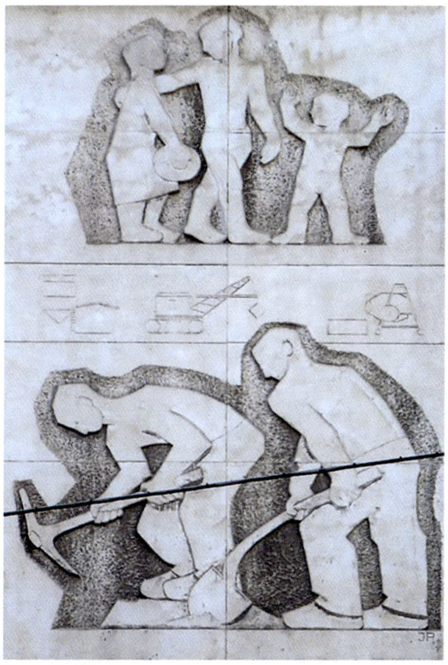
Assanierung Erdberg Wien 3 1960

Als gelinderes Mittel der Stadterneuerung durch Sanierung oder gar Assanierung – die eine Kahlschlagsanierung umschreibt – tritt auch der **Begriff der ‚Stadtreparatur'**[113] auf, wo ein großteils intaktes Bau- und Nutzungsgefüge durch ‚Reparatur' wieder in eine bessere Funktion gebracht werden soll. Das Prinzip der ‚Sanften Stadterneuerung', wo einzelne störende Elemente beseitigt werden aber alles andere ‚repariert' wird, fällt in diese Kategorie.

Im Unterschied zum **früheren Einzeleigentümer**, der die Wohnungen in seinem Zinshaus vermietet und das Haus langfristig an die nächste Generation weitergibt, vollzieht sich ein Wandel zu einerseits zahlreichen Wohnungs- und Miteigentümern (hervorgerufen durch die Refinanzierungsnotwendigkeit der kleineren Bauträger) oder es geht an das Portefeuille einer Immobilienfirma. Das Problematische an diesem Modell ist, dass durch die rechtlichen Rahmenbedingungen und der Marktlogik, der Abbruch und Neubau den gründerzeitlichen Bestand mit der Zeit eliminiert wird. Damit geht auch ‚leistbarer' Wohnraum verloren, weil der Neubau nicht mehr dem Mietrechtsgesetz und der Mietzinsbeschränkung unterliegt.[114]

Selbst die **vordringende Verschönerungswelle** trägt nur selten zur Ausweitung der Möglichkeiten konkreter Aneignung bei und ist nur Vorbote weiterer Verdrängung, löst schützende Sozialbeziehungen auf und schafft ‚unklar definierte lokale Situationen' findet Werner Durth.[115] Soll man jetzt die von D. Bökemann[116] beschriebene Annahme, dass die Erneuerung eines Hauses auch den Wert benachbarter Gebäude erhöht, was Hauserneuerungen auch dort rentabel macht", begrüßen oder bedauern? Es gilt jedenfalls legistische Regelungen (Mieterschutz) zu bewahren, um die Verdrängung alteingesessener Bewohner zu verhindern.

Vor allem auch, in der Widmungspraxis eher **unter dem Bestand zu widmen** um nicht hier Anreize zur ‚Verwertung' der Liegenschaft zu fördern, die Willi Kainrath zu Recht befürchtet:[117] „Und das Schlimmste ist, dass die gegenwärtige Sanierungspraxis zu einer Verschlechterung der städtebaulichen Struktur führt. Die Häuser werden

113 s.a. G. Curdes 1995, S. 149
114 s.a. Masterplan Gründerzeit – Stadt Wien MA 21, 2018, S. 3
115 W. Durth 1988, S. 198
116 D. Bökemann 1990, S. 33
117 W. Kainrath 1988, S. 179

durchwegs höher, denn nur bei Abbruch von niedrigen Häusern ist die Sanierung rentabel. Dadurch entstehen Bebauungsdichten, die sich unwürdig an die schlechtesten Beispiele der Gründerzeit anschließen. Die **Erhöhung der Wohndichten** verschlimmert dazu noch die Verkehrssituation, denn die vermehrte Anzahl jüngerer Familien bedeutet auch ein Mehr an Autos."

Strukturverbesserungen von Großwohnungsanlagen

> *"Ein wesentliches Defizit des Bestandes der 50er bis 70er-Jahre ist ihr schlechtes Image. Im Rahmen der Stadterneuerung sind Interventionen auch hinsichtlich ihrer Eignung für eine Imagekorrektur zu bewerten. Darüber hinaus sollen auch konkrete bauliche, symbolische und narrative Einsätze entwickelt werden, die helfen, das Image der Wohnanlagen zu verbessern."*
>
> Christoph Lammerhuber und Christoph Luchsinger[118]

Und weiter der Befund Lammerhuber/Luchsinger:

Drei wesentliche Imageaspekte werden eher nebenbei behandelt:

- Sozial- und Altersstruktur (Kohortenbesiedelung)
- Monotones Erscheinungsbild (Käs' mit Löchern)
- Erreichbarkeit mit Öffis oder Fahrrädern schwierig – daraus resultiert ein Stellplatzdefizit – weil das Auto im Modal Split dominiert

Tut man den Stadterweiterungsgebieten der Nachkriegszeit unrecht? Regula Lüscher im IBA Symposium 2012:[119]

„...auch die Stadterweiterungsgebiete der Nachkriegszeit, insbesondere die Großwohnsiedlungen, sind sehr urban und städtisch [...] Was macht diese Orte überhaupt städtisch? Müssen wir das gleiche Bild oder das gleiche Ziel verfolgen, wie in den Strukturen des 19. Jahrhunderts? Oder ist es eben nicht gerade die Herausforderung zu zeigen, dass diese Orte mit ihrer Weite und ihrer Offenheit auch ein Teil städtischen Lebens und städtischer Vorstellung sein können?"

Georg und Dorothea Franck sehen in der Inszenierung der Innenstädte ein Vorbild. „Warum also nicht in dieser Hinsicht vom Museumsbetrieb des Städtebaus lernen? Warum nicht die **Strategien der Touristikindustrie** in Strategien zur Sanierung der alternden Neubaugebiete übersetzen?"

Auffallend ist in letzter Zeit, dass sich immer mehr Reportagen in Qualitätsmedien mit den Großwohnungsanlagen und ihrer Bewohner befassen und ein **nahezu verklärtes Bild dieser Stadtviertel** zeichnen wie Hamburg-Steilshoop (,Rau, hart, herzlich – SZ 2017, ,Besser als sein Ruf' - Hamburgerimmobilien 2016, ,Diese besondere Nähe – Die Zeit –Magazin 2021) oder Köln-Chorweiler. Seien es die 50-Jahr-Feier oder werden mehr Wohnungen frei und müssen vermietet werden?

Doch was wirft man diesen Stadtvierteln eigentlich vor und ist es – wenn schon nicht mit den klassischen Mitteln der Stadtgestaltung behebbar – ein anderes eigenständiges Image zu verpassen?

Der Ursprung des Erweiterungsgebiets-bashing hat wie alle Übel des Städtebaus der Moderne, Le Corbusier und das CIAM: "Auch sein für die Ville Radieuse typischer *redent*-Block[120] [...] wurde schließlich ganz fortgelassen. Diese Änderung führte zur Entwicklung der freistehenden Scheibe als Grundtyp für den Wohnungsbau und fiel mit

118 C. Lammerhuber und C. Luchsinger 2013, S. 77
119 aaO. S. 54
120 redent – verschönern, geschönt

Comic Asterix und die Trabentenstadt

seinen Projekten für die Städte Nemours in Nordafrika und der Bata-Stadt Zlin in Mähren zusammen. Beide Vorschläge waren für steil abfallendes Gelände konzipiert, für das sich die freistehende Scheibe vorzüglich eignet. Das Schachbrettmuster des Gesamtplans, das mit den Steilhängen angemessen kontrastierte, wurde zu einer Formel, die bald überall **ohne Rücksicht auf die Topografie** Anwendung fand."[121]

Willi Kainrath ortet in den freistehenden, isolierten Baukörpern den **'Zerfall der Stadt'**: "Isolierte Baukörper, meist an sich schon einfallslos, standen beziehungslos, spannungslos und öde da, sodass zwischen ihnen keine Räume mehr entstehen konnten. Der öffentliche Raum wurde endlos und gleichförmig, er hörte auf, Platz, Straße, Hof zu sein, gewann aber auch keine neue Qualität: er wurde zum Rest, zum Überbleibsel zwischen Gebäuden, zum Sperrmüll über unverwerteten Grundstücksflächen, einem Abfallprodukt der ausschließlich auf Bauvolumen orientierten Kapitalverwertung - Abstraktion von vormals konkretem städtischen Raum, **Ausdruck der Entfremdung**. Das ehemals integrierte städtebauliche Gefüge zerfällt in Bauvolumen und unbebauten Raum ohne Zusammenhang und gegenseitige Bezugnahme."[122]

Mit anderen Worten fasst Klaus Semsroth zusammen:[123] „Durch die freie, offene und informelle Situierung der Baukörper....verliert der städtische Raum seinen Zweck als abgegrenzter Bereich oder bergende Hülle für unterschiedliche Funktionen." Es kommt zur **Raumverneinung und zur Raumleere** - zur raumlosen Stadt (S. Giedion, S. 18 u. 66 - Ravensburg 1965)

Dem katastrophalen städtebaulichen Befund folgt der emotionale Aspekt, den Stefan Reiß-Schmidt und Felix Zwoch in Worte fasst: **„Trabantenstädte sind geschundene Orte**, die sich zwischen quer und senkrecht zur alten Straßenflucht gestellten Zeilen, zwischen Abstandsgrün und Müllcontainern verlieren und an einfallslos minimierten, vielstöckig aufeinander geschichteten Wohnungen ersticken. Ihre Bewohner wissen nicht, wo sie eigentlich wohnen, und ihre Straßen und Plätze verdienen ihre Namen nicht, weil sie eigentlich nur Rückseiten haben.

„Die Menschen die hier wohnen haben keine Geheimnisse. Hier gibt es keine durch Leidenschaft ruinierte Direktoren, keine unverstandenen Wissenschaftler, keine übersehenen großen Männer, keine Menschen die aus unbekannten Ländern kommen, die ein abenteuerliches Leben hinter sich haben. In der Stille des Vormittags kann

121 K. Frampton 1983, S. 157
122 W. Kainrath et al. 1984, S. 231
123 K. Semsroth in Wien, Stadtraum 1992

man sich keine Frau vorstellen, die an der Seite ihres Liebhabers läge, keinen Armen der einen Glücksbrief empfänge. **Die Sternstunden im Leben**: es gibt sie hier nicht!"

Auch der Stadtgestaltung wird der **‚Verlust der Komplexität'** befunden, und selbst die ‚Formtuberanzen' der Stararchitekten seien nicht mehr als ‚Sahnehäubchen', findet H.E. Lindemann.

Durch welche Maßnahmen kann diese Bausubstanz den – Anschluss an die gesellschaftliche Entwicklung finden: Mehrfamilien-Wohngebäude aus den Perioden 1945 - 1960 (39%) und 1961- 2000 (21%) weisen zusammen einen Energiebedarf von 60% aller Mehrfamilien-Wohngebäude auf. Bei den notwendigen Klimaschutzinvestitionen - meist Dämmfassade und Dachdämmung sowie Zentralisierung der Raumheizung sollten auch folgende Maßnahmen, die zur Gestaltungsverbesserungen beitragen mit überlegt werden:

- **Außenraumzubauten** (Loggien, Balkone) die auch Ausgangspunkt für Vertikalbegrünungen sein könnten - auch in Form von einer ‚zweiten Außenhaut' (‚Wohnregal'
- Außenliegende **Verschattungsmaßnahmen** und Vergrößerung von Fenstern (Parapetausbruch)
- **Wärmedämmfassaden** mit passender Gliederung und ohne Verkleinerung der Fensterflächen und des Lichteinfalls
- **Barrierefreiheit** in den Eingangsbereichen unter Neugestaltung der Eingänge (Vordächer etc.)
- Neuaufteilung der ‚herrenlosen' **Grünflächen** mit Mietergärten, Nachbarschaftsgärten, Stadtwildnis, Abenteuerspielplätzen, Hundezonen etc.
- **Aufzugszubauten** gestalterisch behandeln (Glas/Stahl) anstelle von Betonröhren
- **Photovoltaik** im Dachbereich und Heizungszentralen unter Neugestaltung der Dächer (Dachausbau, Terrassengeschoße, Dachbegrünung)
- **Vorsichtige 'Nachverdichtung'** mit den Bewohnern abstimmen - allfällige Aufstockungen und Dachgeschoßausbauten/Photovoltaik
- **Gründerzeit:** einpacken nur bei fehlender Fassadengliederung - sonst Innendämmung freistehender Feuermauern/Dachboden- und Kellerdecke. Fenster - 'Dauerlüftung' anstelle von 'Tresorfenstern'

Gestalterisches **Ziel ist mehr Vielfalt** in den eintönigen Fassaden der Nachkriegsbauten (Käse mit Löchern) und abwechslungsreichere Formen verbunden mit ökologischen und funktionellen Verbesserungen (s.a. R. Zabrana - Verbesserungen von Großwohnsiedlungen der Nachkriegszeit, Studentenwettbewerb 1986)

Zwei aktuelle Beispiele zum ‚Refurbishment'[124] von Wohnhausanlagen der Nachkriegszeit belegen, dass die Bemühungen nicht aussichtslos sind und legistische (WGG – Wohnungsgemeinützigkeitsgesetz), WEG (Wohnungseigentumsgesetz) und MRG (Mietrechtsgesetz) sowie finanzielle Möglichkeiten erarbeitet werden müssen.

Hnilica/Jäger haben das Problem im „**Moderne weiterdenken** – Konzepte zum intelligenten Umgang mit der Architektur der Nachkriegszeit" mit folgendem Ergebnis analysiert:[125] „40% aller Bauten Deutschlands sind zwischen 1950 und 1975 errichtet worden - weder flächendeckender Abriss noch behutsame Konservierung sind realistische Strategien: ‚Bauen im Bestand' wird die Aufgabe der Zukunft sein. Sieht aus wie ein Umbruch – ist aber die Rückkehr zur Normalität. Heinrich Klotz ‚Das schlimmste Kapitel der neueren Baugeschichte' hilft nicht weiter! (Die Sechziger,Düsseldorf 1987)....und sehen folgende Strategien, die sie mit Beispielen unterlegen: Weiterbauen – Anverwandeln – Punktuell korrigieren – Runderneuern –Reprogrammieren – Downcyceln – Zwischennutzen – Umnutzen – Umbauen – Reste verwerten

124 Refurbishment – Werterhaltung von Immobilien
125 S. Hnilica und M. Jäger 2010

Bordeaux – Lacaton & Vassal

Pritzker Preisträger 2021 A. Lacaton und P. Vassal

Lacaton & Vasall haben sich zuletzt auf die Sanierung vor allem auf die Sanierung von alten, ungeliebten Wohntürmen und Wohnblöcken aus den Sechziger- und Siebzigerjahren spezialisiert. Ihr Motto: Man entferne die alten Fenster, breche die Betonbrüstungen ab , baue raumhohe Terrassentüren ein und stelle vor das Haus ein Stahlregal, das man anschließend mit Glas oder Polycarbonat verkleidet. (Paris, Bordeaux, Smart-wohnkultur in Österreich. Saint-Nazaire).[...]

> ...ein **wertvolles Gegenmodell** zu der zur Unsitte gewordenen Während in Frankreich dem Lebensraum Priorität eingeräumt wird, halten wir unbeirrt an zynisch gewordenen Bauvorschriften und Förderrichtlinien fest und schrumpfen unsere Wohnungen auf Flohgröße.[126]

Energetische und ästhetische Sanierung einer Wohnsiedlung in Bozen

Bozen ist ein Teil eines Forschungsprojekts, das darauf abzielt, das Gesicht von Wohnquartieren radikal zu verändern und dabei neue Energielösungen zu implementieren.

> In ihrem Konzept verfolgen die Architekten deshalb das Ziel, gleichzeitig mit der an allen Außenfassaden angebrachten neuen Dämmschicht die bislang gesichtslose Gebäudegruppe zu neuem Leben zu erwecken und ihre ein ganz eigenes, individuelles Erscheinungsbild zu verleihen. Es wurde ein Geschoß anstelle des flach geneigten Daches aufgesetzt, die Baukörper durch Aufzüge und Loggien erweitert, Erker angesetzt und die Fassade camoufliert.[127]

Ausgangslage

Sanierung Bozen

126 W. Czaja – ‚Urbillig und Urschön' in Standard-Architektur 20.3.2021, S. A8
127 Area architetti.ass in ark-architektur-raumkonstruktion 1/2020, S. 64-67

Zwischenstadt und Stadterweiterung

„Land ist dort, wo man mehr Menschen kennt als man nicht kennt. Die Stadt ist das Gegenteil."

Erich Raith128

Dietmar Steiner, der damalige Direktor des Wiener Architekturzentrums AZW ortet 2014 den ‚Zug zurück in die Stadt': „Die Speckgürtelgeneration, die so in den 60ern/70ern hinausgezogen ist, deren Kinder jetzt weg sind, die sitzen jetzt in ihren Landvillen herum und sind einigermaßen wohlsituiert und denen ist schrecklich fad. Es gibt kaum eine deutsche Stadt, wo jetzt nicht privat finanzierte Appartementtürme in die Städte reingesetzt werden, für Leute, die ja aus der Stadt gezogen sind und jetzt doch das städtische Angebot, sei es jetzt kulturell, sei es wegen der Begegnung, sei es des Flanierens wegen, einfach vermissen. Es gibt wirklich den **Zug zurück in die Stadt**."[129]

sReal und die Raiffeisen Immobilien dagegen haben im Oktober 2020 – wohl auch unter dem Eindruck der Corona-Pandemie – den **gegenteiligen Trend** ausgemacht:

"Drei Viertel der Österreicher sind der Meinung, dass es während der Krise besser ist, in einem ländlichen Gebiet zu leben. Diese Bewertung verläuft analog zur Größe des eigenen Wohnorts. so sind in Orten bis 5000 Einwohner 93 Prozent von den Vorteilen der ländlichen Region überzeugt, in der Großstadt Wien nur 55 Prozent - aber immer noch eine Mehrheit. 33 Prozent jener Städter, die das Landleben in der Krise für vorteilhafter halten, überlegen folglich aufs Land zu ziehen – 9 Prozent haben bereits ganz konkrete Pläne dafür."[130]

"Der **Zug aufs Land** ist aber nur eine Seite der Medaille. Die Gemeinden können sich ja freuen, da die Einwohnerzahl über die Höhe der Ertragsanteile und damit auch über die Budgetmittel entscheidet. Die andere Seite der Medaille ist, dass es einen starken Druck auf die Gemeinden gibt, mit dem verfügbaren Grund sparsam umzugehen. Die Empfehlungen der Raumordnungskonferenz ÖROK sind da relativ klar: Grundsätzlich soll sich die Raumordnung an folgenden Zielen ausrichten: Der Grundsatz der nachhaltigen Entwicklung verpflichtet die kommunale und überörtliche Raumordnung, neben ökonomischen Interessen ökologische und soziale Aspekte stärker zu berücksichtigen. Dabei sind einerseits kompakte Siedlungsstrukturen anzustreben, andererseits problematisch hohe Siedlungsdichten in urbanen Bereichen zu vermeiden."[131]

Bloß die drei Viertel derer, die sich ‚Wohnen am Land' wünschen haben sich kaum eine verdichteten Flachbau oder gar einen stimmungsvollen Altbau im Ortszentrum vorgestellt, sondern sehen in der **Wunsch-Wohnform das freistehende Einfamilienhaus**, den ‚Baulandfresser' schlechthin. Vom Mobilitätsverursacher – vornehmlich mit dem PKW ganz zu schweigen. Nachdem es bei diesem ‚Traum' bleibt, ist die „Zwischenstadt" – wie sie Thomas Sieverts nennt, das leistbare Ergebnis: "Die größte professionelle und politische Herausforderung besteht in der Kultivierung der **'Stadtentwicklung ohne Stadt'**, wie Wolfgang Christ (Wertstrukturen in der Stadtplanung -1997). Die 'Zwischenstadt' anschaulich nennt." Die Merkmale in griffiger Weise: 'Der Raum bleibt auf der Strecke', 'Teile der Stadt verschwinden im Netz', 'Autistische Zentren', Leere in den alten Zentren', 'außerhalb der alten Stadt herrscht Funktionalismus pur' ohne 'Gestaltanspruch' mit 'Wegwerfmentalität' in einem 'Raum ohne Eigenschaften'.

An diesen Orten lässt sich der Verlust von 'Heimat' besonders deutlich zeigen, denn diese Stadtgebiete - konzipiert als Wohnanlagen für eine blühende, seinerzeit gut ver-

128 zit. von Bernhard Steger Oktober 2020
129 D. Steiner in ‚Stadt der Zukunft', Stadt Wien-MA 18, 2014 S. 46
130 D. Dettling in baukommunal – Sonderbeilage 10/2020, S. 22-26
131 aao. S. 24

dienende und ziemlich homogene Industriegesellschaft aus Facharbeitern und Angestellten ohne Arbeitslosigkeit, mit klar formulierter Arbeitsteilung auf stabilem Wohlstandsockel - sind inzwischen häufig zu einer Ansammlung vergleichsweise preiswerter Wohngelegenheiten für arme, sozial und kulturell heterogene Bevölkerungsgruppen ohne berufliche oder gesellschaftliche Perspektiven verkommen. Diese Wohnanlagen haben auch ihre kleinteilige Infrastruktur mit Kneipe, Kino, Eckladen [Post, Bank, Polizei).

"Übrig geblieben sind **amputierte Stadtteile**, denen ihr Elend freilich äußerlich bis heute noch kaum anzusehen ist, die aber sozialen Sprengstoff von morgen bilden werden."[132] Damit die Alternative einer geordneten Stadterweiterung zum Tragen kommt, hat Gerhard Kleindienst die Kriterien dafür 1991 aufgelistet die 30 Jahre später immer noch nicht selbstverständlich und wesentlich dichter sind, als Kleindienst das als Kriterium angesehen hat:[133]

1. Sparsamer Landverbrauch - maßvolles Übereinanderstapeln auch von Nichtwohnflächen[134]. Räumliche Ausdehnung folgt einem inneren Ordnungsprinzip, das nicht mehr der Euklid'schen Geometrie folgt, sondern den Formen der fraktalen Geometrie, die ein Maximum an Rändern generiert.[135]

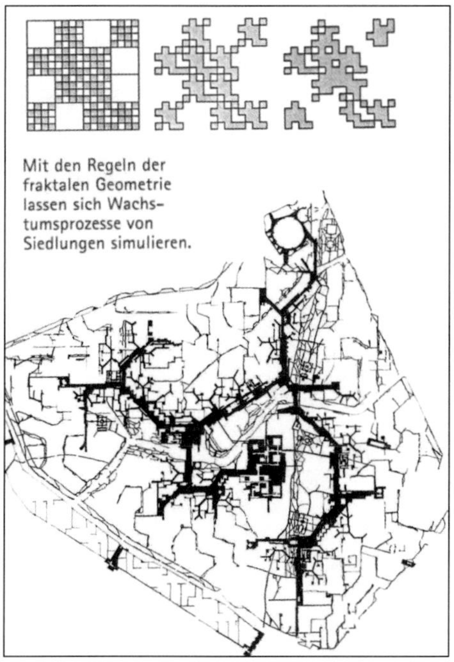

Fraktale – G. Candilis

2. Optimale Geschoßanzahl - soziale Infrastruktur soll den Erdgeschoßlagen vorbehalten bleiben. Verdichteter Flachbau bis 3 Geschoße - höhere Geschoßzahlen in lokalen Zentren mit guter Verkehrsanbindung, wobei die unteren Geschoße betrieblichen Nutzungen vorbehalten bleiben sollten. Im Allgemeinen sollte mit 3-5 Geschoßen das Auslangen gefunden werden. *(In der Seestadt Aspern sind 6-8 Geschoße die Regel)*

3. Geringer Versiegelungsgrad und hoher Vegetationsanteil - sparsame Wegeführung und Oberflächenentwässerung - keine Autoabstellflächen - natürliche Spielplätze - hochwüchsige Laubgehölze - Dachbegrünung zu Retensionszwecken

4. Private Freiräume von Mietergärten bis Terrassen/Loggien, Dachgärten

5. Keine herkömmlichen Parks - kein pflegeintensives nicht nutzbares Abstandsgrün und Zierparks sondern 'naturbelassene' Flächen mit autochthoner Vegetation wie Feldgehölzstreifen, Ufervegetation, Wasser als Abstandsmittel und Klimafaktor

6. Funktionsmischung mit mindestens 30 Arbeitsplätzen pro 100 Einwohner mit einem Geschoßflächenanteil von mindestens 10% - *(Die Wohnbauförderung erlaubt 25%)*

Alle diese Kriterien prägen entscheidend die Bebauungsformen: WIE gebaut wird, ist für die Qualität der Stadtgebiete wichtiger als die Dichte.

132 T. Sieverts 1998, S. 178
133 G. Kleindienst 1991, S. 12-14
134 Über eine besondere Aufregung in Hamburg berichtet Hanno Rauterberg in der „Zeit" am 18.2.2021 unter "*Aus dem Häuschen"* die Absicht der Stadtregierung, *keine Einfamilienhausgebiete* mehr auszuweisen, die als ‚aus des Traums von Häuschen im Grünen' seitens der Opposition bezeichnet wurde. Der Wiener Stadtforscher Robert Temel: ‚Es werden Bilder auf beiden Seiten aufgebaut, die mit der Realität nichts zu tun haben. Geschoßwohnbau [und verdichteter Flachbau] wird als *Käfighaltung und Plattenbau* tituliert und die Einfamilienhäuser werden mit Townhouses gleichgesetzt, um die es gar nicht geht. das wahre Gegenbild zum Einfamilienhaus ist auch nicht die Großsiedlung der 70er, sondern das *urbane Wohnen.* Aber das eignet sich weniger gut als Feindbild." M. Novotny, Standard-Album A8 13.2.2021
135 P. Frankhauser- Fraktales Stadtwachstum in ARCH+ 1991, S. 84-87

7.4 Urbanität

"Jede Epoche, jede Gesellschaft und jede Stadt entwickeln ihre eigene Urbanität. Urbanität ist eine historische Kategorie und deshalb bedarf ihr Gehalt der Reformulierung in einer jeweils neuen bestehenden Situation."

Hartmut Häußermann und Walter Siebel 1992

Historische Entwicklung des Begriffs ‚Urbanität'[136] [137]

Der Begriff Urbanität ist in der ersten Hälfte des 1. Jahrhunderts v. Chr. aufgekommen. es war vor allem **Cicero,** der in seinen Reden und Schriften die Begriffe 'urban' und Urbanität ('urbanitas') eingeführt hat und bedeutet demnach 'der Stadt eigen' und 'urbanitas' eine gewisse 'Bildung' sowie 'stadtmäßiges Denken' und Benehmen im Sinne einer **besonderen Feinheit der Umgangsformen** (Salin 1960).

Als Schlüsseltext der Stadtsoziologie gilt Louis Wirths 1938 erschienener Essay *Urbanism is a Way of Life,* indem er versucht, eine soziologische Definition von Stadt und eine Theorie der Urbanität zu formulieren. Wirth sieht eine überlegene Stellung der Stadt in unserer Zivilisation und hebt die Elemente der Urbanität hervor:

Einen anderen entscheidenden Punkt markiert die Eröffnungsrede Edgar Salins am 11. Deutschen Städtetag 1960. Ab diesen Zeitpunkt fanden **soziologische Betrachtungsweisen** in die städtebaulichen Debatten Eingang, den H.P. Bahrdt in seiner ‚Modernen Großstadt (1981) aufgriff und als Verhaltensstil beschreibt, der durch die Polarisierung von Öffentlichkeit und Privatheit bestimmt wird.

In den 60er Jahren wurden der Zusammenhang zwischen Urbanität und Dichte ausgiebig diskutiert, wobei die Erkenntnis, dass zu geringe Dichte Urbanität verhindere auch im Umkehrschluss dazu führen könne, dass eine Erhöhung der Dichte ausreiche, um Urbanität herbeizuführen.

1970 meldete sich Salin erneut zu Wort und lehnte die 'Urbanität' als Leitbild eines funktionalistischen Städtebaus vehement ab: **„die Urbanität ist tot**, und es ist Lug und Trug zu meinen, dass sie sich wieder schaffen ließe, wenn das Zeitalter der Massen andauert, Hochhäuser gebaut und Verkehrslinien gezogen werden - Urbanität ist immer eine Zeit der Wenigen, ist eine Zeit des Bürgertums - eine Lebensform, die heute nirgends gedeihen kann."

Siebel und Häussermann sehen 1987 die Urbanität nur noch in einem sozialpsychologischen Sinn: 'Urbanität ist eine **Kategorie des Verhaltens** und der emotionalen Befindlichkeit geworden. sie realisiert sich am reinsten im Konsum'. Dagegen wendet sich Herterich (1988), die Urbanität nur erweitertes Konzept der Ökonomie ansieht und fordert einen demokratischen Dialog, eine **Konfrontation mit dem Fremden**, eine Kultur des Widerspruchs und der **Akzeptanz von Komplexität**.

Die Dichtendiskussion ebbt in den späten 70er und 80er Jahren ab und wird erst wieder heute virulent, weil die Immobilienwirtschaft auf immer höhere Dichten drängt und diese mit den Argumenten der 70er Jahre verteidigt

„Der Begriff Urbanität verknüpft bestimmte Charakteristika mit einem bestimmten örtlichen Kontext, wodurch die Definition von 'urban' unscharf und sehr allgemein wird. ein weiteres Problem der Abgrenzung ergibt sich daraus, dass die **Bedeutung von 'urban'** in der deutschen Sprache nicht gleichzustellen ist mit Englischen *urban* oder Französischen *urbain(e).* Während im Englischen wie auch im Französischen der Begriff unmittelbar für das Städtische und für die Stadt verwendet wird, bedeutet 'urban' und 'städtisch' im Deut-

136 P. Neumann 2002
137 T. Hahn 2014, S. 38-40

schen durchaus unterschiedliches. Hier wird 'urban' eher als eine Idee von Kompaktheit und Dichte (!), als Lebensweise in Verbindung mit dem Typus der europäischen Stadt, als eine Art Spannungsverhältnis, als konzentrierte und produktive Kraft verstanden:"[138]

Dietmar Steiner sieht in der ‚Stadtplanung jenseits der Stadtplanung als erstes Anzeichen das **Versagen der alten Instrumente** wie die Flächenwidmungs- und Bebauungspläne, deren Regeln außer Kraft gesetzt wurden und Großprojekte die Festlegung überrollten. Steiner sieht im wachsenden Denkmalschutz und Ensembleschutz die Stadt mit einem ‚Zeitfilm der Konservierung überzogen' und die europäische Stadt entdeckt sich wieder.[139]

Wolfgang Kaschuba stellt 2003 die **Mythologisierung der Stadt und des Urbanen in vier Modellen vor:**[140]

1. **Literarisierung in Romanen** und Reiseliteratur - auch in der Lokalisierung und Regionalisierung von von Handlungs- und Schauplätzen
2. **Touristische Modellierung** der Stadt -Touristen als kollektive ‚City-Builder' durch die Verbreitung von Städtischen Image privater Bilderflut
3. **Medialisierung der Stadt** - Walter Benjamin beklagt in seinem „Passagen-Werk" das deutsche Städte nicht so einen **eingängigen Stadtplan** haben wie Paris. Und er weist auf die Rolle des modernen Stadtplans hin, als Ausgangspunkt städtischer Bildentwürfe: Ausgangspunkt ist die Stadtvedute (Canaletto, Guardi), Idealstädte, dann die Ansichtskarte, Wahrzeichen als Anstecknadel (T-Shirt, Taschenmotiv) bis zu TV-Serien (in den Straßen von...)
4. **Die ‚Biografisierung' der Stad**t - sie erhält mythischen Charakter und ‚tribalisiert' deren Einwohner (der Pariser, der Berliner, der Wiener). Vor dem Hintergrund des historischen Werdens wird die Stadt selbst zum Akteur – erscheint als Individuum und verbindet die Stadt mit ihren Helden (Liverpool - Beatles, Manchester mit United oder City)"

Metropolen sind gekennzeichnet durch Urbanität und werden gleichgesetzt mit einer Zivilisation der besonderen Art, mit städtischen Umgangsformen, Verfeinerung und Bildung. „Urbanität heißt umgehen können mit den **Widersprüchen der Stadt**, ihren Kontrasten und Gegensätzen, mit jenem Maß an Kaltschnäuzigkeit, dass die Provinzler für Arroganz halten"[141]

Wenn der europäischen Stadt die Vorstellung des Urbanen zugrunde liegt, dann ist es Handel, bürgerlicher Stand und Bildung – es ist die **städtische Bürgerlichkeit**, einer Vorstellung des ‚besseren Lebens'. „Denn nur dadurch wird dieses Städtische tastsächlich zum Gegenpol des Ländlichen durch die kulturellen Orte und Zeichen von Bürgerlichkeit."[142]

„Die **ikonenhaften Weltstädte** wie New York, Paris, London, Peking oder auch Berlin werden von vielen Städten aus der zweiten und dritten Reihe nun **zitiert und imitiert**, indem sie auch ihre Innenstädte in einer neuen und ambitionierten Form zu ‚urbanisieren' und zu ‚kulturalisieren' versuchen, die auf identitäre Wirkungen sozialer Vergemeinschaftseffekte angelegt ist. Und diese performative Strategie folgt auch in Essen oder Baden-Baden inzwischen ganz dem metropolitanen Code der popkulturellen Megaevents und exklusiven Solitärarchitekturen, der Historisierung und Inszenierung von Quartieren, des Urban Beach und des Urban Gardening - alles vielleicht etwa kleinformatiger, kostengünstiger und angestrengter, aber wohl mit kaum weniger emotionalisierender, kollektivierender und identifizierender Wirkung."[143]

138 aaO. S. 37
139 D. Steiner in W. Werdegier 1992, S. 251-252
140 W. Kaschuba – Tagungsbericht des Symposiums ‚Urbanität und Identität zeitgen. Städte', Zürich 2003, S. 7-8
141 E. Sens – Der Traum von der Metropole in Ästhetik und Kommunikation 61/62-1986
142 W. Kaschuba aaO. S. 2
143 aaO. S. 5

Erwartungen an die Urbanität

"Wenn wir die Anziehungskraft der Städte zu begründen versuchen, erkennen wir, dass nicht die Anhäufung von Menschen, Sachen und Institutionen allein Städte attraktiv machen; städtische Attraktivität besitzt als zusätzliche Dimension 'Vielfalt'. Erst durch die Vielfalt der Tätigkeiten und Rollen, Regelungen und Gebäuden wird der 'Soziotyp' Stadt attraktiv."

Dieter Bökemann 1987[144]

Viktor Gruen hat 1975 in ‚Ist Fortschritt ein Verbrechen?' die Frage, was wir von der Urbanität erwarten – alles im allen: Gemütlichkeit:[145]

Urbanität schafft maßgerechten Wohlstand, aber darüber hinaus Wohlbefinden und Wohlbehagen. Sie befriedigt nicht nur durch ihre Rationalität die Vernunft, sondern auch durch ihre Atmosphäre das Gemüt. In einem gewissen Sinn ist deshalb Urbanität auch gleichzusetzen mit *Gemütlichkeit."*

Die Urbanität ist **nicht das Gebaute**, sondern die **Lebensart** der Menschen.

Die Stadt als Lebensart, die Urbanität kennzeichnende Eigenschaften findet sich am leichtesten in der Reflektion an den **Gegenbegriffen ländlich – provinziell** aber auch bürgerlich, wenn auch oft mit dem Zusatz ‚kleinbürgerlich'. „Die Stadt ist für den urbanen Menschen kein Gebrauchsgegenstand, sondern ein Ort aktiver Identifikation. So wird erkennbar, dass 'Urbanität' nicht die Eigenschaft einer gebauten Sache sein kann, sondern dass es sich dabei um eine Daseinsweise, Verhaltensart, um eine bestimmte **Form sozialer politischer Existenz** handelt."[146]

"Die wiedererstarkte Faszination der Stadt ist letztlich Ergebnis des allgemeinen Wertewandels, der seit den siebziger Jahren stattgefunden hat. Nicht die renovierten Fassaden sondern die veränderten Einstellungen der Leute haben die Städte wiederbelebt."[147]

Dem Schreckbild des Funktionalismus wird von seinen Kritikern (Mitscherlich 1965, Berndt 1968, Horn 1968, Lorenzer 1968) die Forderung nach Urbanität entgegengehalten, die in konkreten Forderungen mündet:[148]

- **Bereicherung des visuellen Angebots** und der ästhetischen Erlebnismöglichkeiten durch mehr Form, Farbe und Abwechslung im Stadtbild
- Forderung nach sinnfälliger und sinnvoller **Strukturierung der Stadtgestalt** zur Erleichterung der Orientierung
- Forderungen nach einer Umwelt, die **vielfältig emotionale Bindungen und Möglichkeiten** affektiver Besetzung vorbereiten hilft.

Diese Forderungen nach Vielfalt, Abwechslung, Mannigfaltigkeit (Jane Jacobs) und Verschiedenartigkeit mündet in die **Widersprüchlichkeit von Ordnung und Chaos**. „Urbanität enthält ein widerständiges, ein chaotisches und anarchisches Element. Gerade das Ungeplante, das Nicht-gewollte, das Überraschende und Fremde sind wesentliche Elemente einer urbanen Situation.

Urbanität ist immer auch gegen das Glatte, **gegen die geordnete Stadt** gerichtet. [...] Die Anonymität von Großstädten ist Voraussetzung dafür, dass abweichendes Verhalten (Deviation) seine Nischen findet, in denen es sich unabhängig von formellen staatlichen und informellen sozialen Kontrollen ausleben kann."[149]

144 D. Bökemann, Stadtentwicklung Woher, wohin? IFOER 1987 zit. in A. Voigt 1997, S. 34
145 V. Gruen 1975, S. 213
146 C. Farenholtz 1972, s. 199
147 Arthur Fischer, Frankfurter Meinungsforscher zit. in Perchinig und Steiner 1991, S. 38
148 H. Häußermann und W. Siebel 1992, S. 29
149 aaO. S. 10

Der urbane Mensch

> *„Vielfalt und Veränderlichkeit sind die besten Voraussetzungen für den einzelnen Städter, aber auch für die städtische Gesellschaft als Ganzes. Je mannigfaltiger die Möglichkeiten, desto menschlicher wird die Stadt."*
>
> Pietro Hammel 1972, S. 22

Wolf Jobst Siedler hat im Vorwort der ‚Verordneten Gemütlichkeit' 1985 das Verschwinden der Städter und den Zeitgeist für den **Niedergang der 'Atmosphäre'** der Metropolen ausgemacht:

"Die Sehnsucht gilt heute dem Städtischen, und der Begriff der Urbanität ist zu einem Losungswort geworden, das sich alle Parteien zurufen. Aber darüber geht nun noch einmal verloren, was sie uns kostbar machte - jene Atmosphäre der Metropolen, die auch einen besonderen Menschentypus hervorgebracht hatten: den Städter. Das Verschwinden dieser Figur, das beim Anblick der Menge auf den Boulevards aller Weltstädte deutlich wird, ist vielleicht weniger die Schuld der Baubehörden als die Epoche, und so ließe sich denn sagen, dass die Irrtümer der Planer die **Wahrheiten des Zeitgeistes sind**."[150]

Seit Walter Benjamin ist das Urbild des ‚urbanen Menschen' der Flaneur,[151] der aus der Touristenperspektive wiedererstanden ist und der unbelastet von Arbeit und Hast seine Umwelt wieder schätzen lernt. Zwei Aspekte sind damit untrennbar verbunden: der Flaneur ist ein maskuline Zuschreibung, von der es gar keine weibliche Form gibt (Flaneuse?) und die positive Besetzung zielloser Tätigkeiten wie flanieren, promenieren, schaufensterbummeln, spazieren – sind im Alltag eher ungewöhnlich.

"Die deutsche Umgangssprache hält für Personen die sich erkennbar ohne festes Ziel in der Öffentlichkeit der Stadt aufhalten, eine ganze **Reihe von Rollenbezeichnungen** parat, die alle mehr oder minder negative Konnotation führen:Eckensteher, Herumtreiber, Straßenmädchen, Penner, Müßiggänger, Stadtstreicher - zu diesem Wortfeld gehören auch die Verben 'lungern', 'streunen' und 'strolchen'.[152]

Und gerade die ausgeblendeten Frauen – oder gibt es eine Städterin? – geben aus ihren Alltag Hinweise für eine gebrauchsfähige Stadtstruktur ,die Wege, Tätigkeiten, Kommunikation, Einkauf, Kinderbetreuung etc. miteinander verbinden und die geringsten Weg- und Zeitaufwand nach dem Prinzip der kürzesten Verbindung kreieren.[153]

Dagegen richtet man Schutzzonen ein, die Kindern, Müttern und Greisen vorbehalten sind; ‚Oasen der Unwirklichkeit' in denen zugewiesen wird, wo man zu spielen, zu kaufen und zu ruhen hat. Damit es auch klar zu erkennen ist, wie man sich zu verhalten hat, gibt es ein **inflationäres Angebot von Ver- und Gebotstafeln**, Hinweis- und Warnschilder, Zäune, Türen und Absperrungen, die jeder Gestaltungsabsicht Hohn sprechen.[154]

Dabei ist gerade das lebendige Treiben von Leuten, die etwas vorhaben oder auf Essen und Trinken aus sind, schon eine Attraktion für andere Leute. „Diese Feststellung, dass nämlich der **Anblick von Leuten** wieder andere Leute anzieht, ist etwas, was Stadtplaner und Städtebauer unbegreiflich zu finden scheinen. Sie gehen von dem falschen Axiom aus, dass Großstadtmenschen den **Anblick von Leere** suchen, von überschaubarer Ordnung und Ruhe. Nichts könnte weniger zutreffen."[155]

150 W.J. Siedler in G. Angress und E. Niggemeyer 1985, S. 5
151 S.a. W. Durth 1988, S. 28-29
152 H. Schmidt-Brümmer und A. Schulz 1976, S. 16
153 s.a. Petra Rau in A. klotz 1992, S. 9
154 s.a. W.J. Siedler und E. Niggemeyer 1964
155 J. Jacobs 1963/1975, S. 33

'Urbanitätskiller'

> *"Die Verfeinerung durch die Stadt, also die Urbanisierung, setzt all das voraus: Geschmackliche Sensibilität, intellektuelles Raffinement, emotionale Differenziertheit - die städtische Zivilisation Europas hat auch mit Unordnung, Lasterhaftigkeit, Undurchschaubarkeit, Anrüchiges zu tun. Als Stadt funktioniert die Stadt nur, wenn sie nicht mehr funktioniert."*
>
> Wolf Jobst Siedler und Elisabeth Niggemeyer 1964[156]

„Ric Burns und James Sanders in New York, 'Die Stadt und der Erdkreis' zitiert den Urbanisten William H. Whyte: „Jeder, so scheint es, ist für die Erneuerung unserer Großstädte... aber das heißt nicht, das die Großstädte auch gemocht würden... Die meisten derzeitigen Baumaßnahmen.... werden von Leuten veranlasst, die Großstädte nicht mögen. Und sie haben nicht einfach nur etwas gegen den Lärm und den Schmutz und die Enge. Nein, sie haben etwas gegen die **Vielgesichtigkeit einer Großstadt**, ihrer Dichte, ihre Vitalität und Dynamik, ihr geschäftiges Treiben... Das Ergebnis sind nicht Städte... sondern vielmehr Anti-Städte.[157]

Doch was sind Elemente, die Urbanität verhindern, ja dass Urbanität gar nicht entstehen kann:

Funktionstrennung
Die schon mehrfach angesprochene 'saubere Trennung' der Stadtfunktionen, die Folge sind Schlafstädte, Bürowüsten, die nach Büroschluss ausstreben, Fußgängerzonen die nach Geschäftsschluss öde und leer sind

Gemeinschaftsräume kontra Gastrokultur
Es gibt keine Orte in Siedlungen, wo man sich treffen kann – vor allem nicht in den sogenannten Gemeinschaftsräumen, deren Zutritt an strenge Regeln gekoppelt ist. Bars, Espressi, kleine Beiseln und Konditoreien gibt es nicht. Und die Vereine – so es diese gibt – verpflegen sich aus dem Supermarkt und nicht im Extrazimmer des Gasthauses.

die Arbeitswelt ist ausgeblendet
Wo können Kinder heute zusehen, wie etwas Handwerkliches oder auch Kreatives entsteht? Die Bereiche Wohnen – Spielen – Arbeiten werden strikt getrennt

Warum muss die Stadt still und geruchsfrei sein?
Wo ist der Geruch des Bäckers, des Kaffeerösters, des Schokoladefabrikanten? Alle werden aus den Wohnvierteln verbannt. Jens Dangschatt moniert: 158 „Verwaltungsgerichte haben den BürgerInnen-Begehren immer wieder Recht gegeben, die Stadt so zu ordnen, dass die Urbanität in monostruktureller Friedhofsruhe versinkt. Politiker und Verwalter sind erstarrt vor vorauseilendem Gehorsam.

Nein: Stadt ist laut, schnell, auf- und anregend, überraschend, befremdend, aber auch heimelig, vertraut und sicher, Stadt ist auch nicht autofrei (aber auch nicht immer dem 'Stehzeug' geopfert) und nicht immer ökologisch korrekt. Es stinkt mal hier, es kracht mal dort und ist bisweilen auch fremd - interessant oder Angst einflößend."

Urbanität ist nicht Inszenierung, sondern misst sich an der Alltagstauglichkeit
"Der Begriff der Urbanität umfasst mehr als anregende Inszenierung städtischer Räume und eine Vielfalt kultureller Angebote. Urbanität meint immer auch ein **Bild vom wirklichen Leben**. Sie bemisst sich auch an den ökonomischen, sozialen und politischen Chancen für ein humanes Leben, die eine Stadt jedem ihrer Bürger eröffnet."[159]

156 W.J. Siedler und E. Niggemeyer 1964/1993, S. 79
157 W.H. Whyte in R. Burns und R. Sanders 2002, S. 495
158 J. Dangschatt in A. Feldtkeller 2001, S. 216
159 H. Häußermann und W. Siebel 1992, S. 6

Auch in der Arbeiterbewegung gab es das ‚Dorf ohne Klassen'

"War die soziale Kontrolle im Dorf und die Überhöhung einer ständisch-feudalen Sozialordnung am Land das Gegenmodell der Konservativen gegen die 'Hure Babylon', so beantwortete die Arbeiterbewegung das reale soziale Elend der Städte mit der nicht minder **antiurbanen Sehnsucht** nach der organischen Gemeinschaft der Klasse in einer gemeinsamen, ein 'Dorf ohne Klassen' evozierende Alltagskultur."160 Die autarken Wiener Superblocks haben diesen Anspruch verwirklicht – von ihnen ging keine Urbanität nach außen aus, wenn auch das innere der ‚Nachbarschaft' lebendig und vielfältig war. In einer als feindlich empfundenen Umwelt, wurde dieses Modell als ‚wehrhaft' und als eigene Gemeinschaft – wenn auch nicht als Dorf – empfunden.

Zentralität und ‚Orte'

> *"Wer Urbanität plant, macht sie kaputt"*
>
> Der Urbanist. 2012[161]

Die Ausbildung von Zentren und damit der Urbanität ist eine Funktion der Erreichbarkeit und damit der Mobilität. Bis 1850 stand die Fußgängerstadt innerhalb der Stadtmauern im Mittelpunkt. Die Altortskerne der Vorstädte und Vororte waren wohl Vorläufer der polyzentralen Stadtentwicklung, die nach Auflösung der Stadtmauer eher an Bedeutung verloren haben. Die Straßenbahnstadt bis in die 80er Jahre konnte die Polyzentralität nicht entscheidend fördern. Erst die U-Bahn stellte ein **Gleichgewicht** zwischen den **Bezirks- und Einkaufzentren** und der City her.

Die außerhalb der Stadt entstandenen Einkaufs-, Design- und Outlet-Zentren brachten den tradierten Einkaufsstraßen und der City massive Einbußen, die durch das Online-Shopping noch getoppt wurde: die **‚ortlose' Stadt** steht am Horizont.

Nicht überall kann Zentralität/Urbanität fokussiert werden: **Abgestufte Zentralität** in einer polyzentralen Stadt - beginnend mit Mikrozentren - Minizentren - Viertels-/ Quartierzentren - Hauptzentren, die nicht unbedingt punktuell definiert sind, sondern auch Straßenzüge mit Verdichtungen sein können („Perlenketten")

Zentrale Urbanität braucht **gefasste Räume** um begeh- und belebbar zu sein: 30 m breite Straßen, „ausrinnende" Platz-Gegenden können diese Funktion nicht erfüllen - Verengungen, Raumsteigerungen sind nicht nur „romantisierende" Rückwärtsgewandtheit, sondern humane, greifbare „Brennpunkte" (Kevin Lynch)

Den Verlust der Örtlichkeit beschreiben Alain Bourdin et al. in ihren Buch ‚Die ortlose Stadt' als die „Verlagerung vieler Bestandteile urbaner Lebensweise ins Virtuelle", die **keiner Ortsanbindung mehr bedürfen** um sich urban zu fühlen.[162]

Dieter Hoffman-Axthelm sieht den Verlust der Örtlichkeit als definitiv an, weil das Netz gesellschaftlichen Zusammenhangs – Wohnort und Arbeitsplatz, aber auch ‚Restbestände' wie Landschaft, Körperlichkeit, Menschenmengen sich medial abspielt. **„Alles Wichtige läuft auf der medialen Ebene** - die Überlebensorientierung, Beruf, Geld, politische Haltung, aber auch die entsprechende Entlastung, das Programm der Genüsse, die Orientierung auf dem gesellschaftlichen Markt der Moden, Codes, Termine."[163]

Bereits 1975 prognostiziert Rudolf Hillebrecht den ‚Verlust der Stadtzentren' durch das Nachlassen der Nachfrage des Städters nach seinem Zentrum: „Den Verlust der Kontaktgelegenheiten der ‚K's wie Kaffees, Kneipen, Klubs, Kinos, Kabaretts und Kel-

160 B. Perchinig und W. Steiner 1991, S. 13
161 in: Das Magazin - TamediaAG Zürich 12.5.2012
162 J. Luxner 2016, S. 15
163 s.a. D. Hoffmann-Axthelm 1998, S. 241-242

lerlokalen. Man könnte die Reihe der ‚K'-Lokalitäten noch vermehren, so um Kirchen in den Stadtzentren, für die Nachfrage sich auf die hohen Feiertage beschränkt."[164] Dieser Verlust tritt überall dort auf, wo der Städtetourismus nicht dieses Nachlassen ausgleicht. Fast wie in einem Experiment konnte man in den Corona-Zeiten diesen Verlust spüren, wo **kein Städtetourismus** das ‚Zentrum' belebt hat.

Henri Lefebre setzt 1968 den Verlust der Urbanität noch früher mit Ende des 19. Jahrhunderts an und sieht eine ‚Urbanisierung ohne Urbanität' in seinem Werk ‚Le droit á la ville' (Das Recht auf Stadt) vor.[165] Sein Blick in die Zukunft hat sich schon mancherorts erfüllt: wo Hochhauscluster eine polyurbane Zentralität markieren, der keine zentralen Einrichtungen folgen. Es bleibt die unerfüllte Hoffnung von nahezu autonomen Stadtteilen – deren **Autonomie unvollständig** ist: der Traum von der ‚gegliederten Stadt' wäre gleichzeitig der Tod der Stadt.

Die Hoffnung liegt in den großen Arealen der **‚inneren Stadterweiterung'**, wo in neuen zentrumsnahen Stadtteilen eine neue Zentralität mit allen ihren Kontaktgelegenheiten geschaffen werden kann und die ‚polyzentrische Stadtentwicklung' einen Sinn bekommt:

„ Europäische Metropolen zu Beginn des 21. Jahrhunderts zeichnen sich durch einen Bedeutungsgewinn der Innenstädte aus, der auch als Reurbanisierung bezeichnet wird. [....] Im Zuge der Deindustrialisierung wurden Flächen von unterschiedlicher Größe in der Innenstadt frei. Dies veränderte die Planung gravierend, da sich innovative Möglichkeiten für Neuplanungen ergaben, der Fokus der Stadtplanung entfernte sich von Agglomerationsräumen hin zu den **Transformationsräumen** in der Innenstadt, wie ehemalige Hafenanlagen, Güterbahnhöfe, Industrieareale usw. Die politische Strategie lautet ‚Innenentwicklung vor Außenentwicklung'."[166]

Urbanität durch Dichte?

> "Was ist eine Stadt? Erst unlängst hat sich wieder gezeigt, dass bei uns auch angesehen Fachleute der Meinung sind, das Wesen der Stadt bestehe aus dichter, hoher Bebauung - nur sie sei 'städtisch'. Aber erschöpft sich das Wesen des 'Städtischen', der 'Stadt' wirklich nur in einem dicht, hoch, massiv und unveränderlich gebauten 'Gehäuse' - der 'steinernen Stadt'?"
> Roland Rainer 1990 [167]

Auch wenn sich die Kritik an dem Schlagwort ‚Urbanität durch Dichte' bereits ‚abgearbeitet' hat – ist die Wirkung implizit immer noch vorhanden. Unter dem Begriff der 'Mantelbevölkerung' – jene Anzahl von Menschen, die eine Einrichtung zum Überleben braucht – bekommt gerade unter dem Eindruck einer ‚Viertelstunden-Stadt' neue Nahrung: das **Konzept einer gegliederten, polyzentralen Stadt** (siehe Göderitz-Rainer-Hofmann,1957), die ohne Urbanität auskommt.

Ohne die bisherigen Widerlegungen zu wiederholen kann kurz zusammengefasst werden:

Urbanität ist nicht von der Bebauungsdichte abhängig
"Urbane Vielfältigkeit und anregende städtische Atmosphäre sind von Bebauungsdichten weitgehend unabhängig: positive Beispiel für urbane Atmosphäre lassen sich von den Wolkenkratzern Manhattans über bürgerliche Gründerzeitviertel bis zu Reihenhäusern in Chelsea [oder in Blankenese Hamburgs]."[168]

164 zit. in B. Christoph 2012, S. 41-43
165 R. Hillebrecht 1975, S. 60
166 J. Hohn 2019, S. 44
167 R. Rainer – ‚Die Stadt – Leben oder Gehäuse' in H. Swoboda 1990, S. 169
168 W. Kainrath et al. 1984, S. 247

Aus Hoffnungsgebieten wurden Problemzonen
"Beginnend mit den 60er Jahren sollte unter Beibehaltung der Leitlinien der 'Gegliederten und aufgelockerten Stadt' (Göderitz/Rainer/Hofmann, 1957) aufgrund einer hohen baulichen Dichte eine neuartige sinnliche Verdichtung des städtischen Lebens und eine städtische Atmosphäre im Grünen erreicht werden. Die aus dieser zunächst gut gemeinten Haltung resultierenden **Satellitenstädte** entwickelten sich jedoch relativ rasch zu **Problemzonen**. Eine rein zahlenmäßig erfassbare Dichte kann also noch keine funktionierende Atmosphäre erzeugen."[169]

Gesellschaft durch Dichte?
„Sie suchten die verlorengegangene Urbanität mit dem Motto ‚Gesellschaft durch Dichte' wieder einzufangen……. das Zusammenwohnen vieler auf engem Raum würde zu neuen städtischen Aktivitäten führen. Dachte man. Doch die hochgespannten Erwartungen erfüllten sich nicht. Auch Dichte kann Leere erzeugen."[170]

Urbanität braucht Raum und Menschen
"Das Schlagwort 'Gesellschaft durch Dichte' bezeichnet in typischer Weise den überhöhten Anspruch, denn es ist falsch anzunehmen, dass eine derart starke Wirkung des gebauten Raumes auf das Verhalten des Menschen besteht bzw. dass man von bestimmten räumlichen Anordnungen her 'sicher' bestimmte soziale Verhaltensweisen erwarten kann. Es ist vielmehr darauf hinzuweisen, dass 'Urbanität' nur entstehen kann als ein *Wechselverhältnis von* ***Menschen und gebautem Raum***. [...] Mit anderen Worten: *Die urbane Stadt bedarf des urbanen Menschen.*"[171]

Die Nachbarschaft als Heilsbringer
Die Kritik richtet sich gegen ein zentrales Element der gegliederten und aufgelockerten Stadt: **gegen die Nachbarschaft**. [...] durch die Organisation der Großstadtbevölkerung in überschaubare Siedlungseinheiten und lockerer Bebauung im Grünen, erhoffte man sich die Bändigung der Massen, deren Lenkbarkeit und gleichzeitige Unkontrollierbarkeit man für die Katastrophen der vergangenen Jahrzehnte verantwortlich machte.[...] Es blieb die Annahme, dass zu hohe Dichte zersetzend auf das Sozialverhalten der Menschen wirkt, ein immer wiederkehrendes Argument gegen zu hoch empfunden Dichtezumutungen.[172]

Solitäre leisten keinen Beitrag zur Urbanität
„Die einander gegenseitig in Größe, Form, Farbe und Verkleidung überbietende Solitäre berauben der Stadt ihre Urbanität. Denn sie sind hermetisch abgeriegelte, monofunktionale Einzelobjekte, Aushängeschilder für die jeweilige ‚corporate identy', die oft einfach nur groß sind, ohne eine maßstäbliche oder funktionale Beziehung zur Straße, zum Ort, zur Stadt zu haben. Sie sind von einer spektakulären, atemberaubenden Schönheit, zugleich aber auch laut, brutal und allein für den flüchtigen Blick aus dem vorbeirauschenden Auto auf den Umgehungsstraßen der Down Town konzipiert."[173]

Urbanität ist nicht planbar – aber kleinere Einheiten helfen dabei
„Die Erkenntnis, dass Urbanität nicht eigentlich planbar ist, dass sie - unter entsprechenden Voraussetzungen - in Abhängigkeit von Anforderungen der Gesellschaft als Funktion der Zeit entsteht, hat weitreichende Konsequenzen für die Planung. [...] Ein Ansatz zur Lösung des scheinbar Unvereinbaren wurde insofern gefunden, dass die anzustrebenden Quantitäten mittels **kleinerer Einheiten** als bisher üblich, erreicht werden sollen."[174]

169 E. Tröger und D. Eberle 2015, S. 173
170 U. Conrads 1974, S. 34
171 N. Schmidt-Relenberg 1968, S. 210
172 C. Lammerhuber und C. Luchsinger 2013, S. 16
173 Petra Hagen Hodgson in M. Meier in du 1994, S. 32
174 A. Klotz und O. Frey 1992, S. 16

Nicht großstädtischer Lebensstil, sondern die Alltagtauglichkeit

Wenn davon auszugehen, dass die polyzentrale Entwicklung die verfeinerte, intellektualisierte und distanzierte Lebensweise in den Stadtvierteln nicht abbilden muss, steht die Alltagstauglichkeit an erster Stelle - kurze Wege, Vielfalt der Nutzungen und der Gesellschaft, Aufenthalt im öffentlichen Raum.[175]

Konstituierende Merkmale der Urbanität

> *"Das Beispiel der unterschiedlichen Perspektiven von Touristen und Ortsansässigen auf dieselben Phänomene der Multikulturalität und des Anarchischen der Stadt verweist auf den Aspekt der Widersprüchlichkeit. Urbanität ist grundsätzlich widersprüchlich."*
>
> Hartmut Häußermann und Walter Siebel 1992, S. 11

Die Karriere des Begriffs lässt weiterhin erkennen, dass sich die Komplexität des Begriffs im Wesentlichen auf die unterschiedlichen Grundmerkmale von Urbanität zurückführen lässt (s.a. Definitionen):[176]

- Urbanität als **Kategorie menschlichen Verhaltens**, als Lebensweise oder Lebensstil
- Urbanität als **historische Kategorie** eines bestimmten Organisationsmusters gesellschaftlicher Entwicklung
- Urbanität als Eigenschaft **räumlicher oder baulicher Strukturen**

Wolfgang Kaschuba geht in seiner ‚Urbanen Identität' tiefer und macht die Urbanität an **vier wesentlichen Punkten** fest:[177]

„1. Die neue Welt aus Eisenbahn, Straße und Flugzeug, aus Fabrik und Hochhaus, aus Druckmaschine und Fotografie: **Technik als eine wesentliche Bedingung des kulturellen Wandels**. Denn ohne Stadtplan, später dann Luftbild und Foto können Kunst, Architektur und Stadtplanung keine komplexe Stadtlandschaft entwerfen. [...] Und ohne die massenhafte Wirkung von Text-, Bild- und Tonträgern gibt es keine Kulturindustrie, die erst ein wirkliches ‚Bild der Stadt' verbreiten kann.

2. Es besteht eine neue Qualität in der **Vielfalt der Stadtgesellschaft**. In einer Vielfalt allerdings, die weniger von innen, als vielmehr von außen kommt. Ohne Migration gibt es keine Großstadt und keine Urbanität.[178] So wird dies zu ihrem Spezifikum: **die permanente Herausforderung durch migrantische Gruppen** und Kulturen, das permanente Bemühen um deren Integration, die freilich nie völlig gelingt, die nie zu sozialer und kultureller Homogenität führt, sondern Urbanität immer als ein offenes Mischungsverhältnis erhält: Die ‚urban fantasies' die Großstadt mit ‚Dschungel' oder ‚Babylon' gleichsetzen.

3. Die soziale Figur und **kulturelle Rolle des Fremden**. (Georg Simmel in seinem ‚Exkurs über den Fremden'): der zum Unterschied vom Wanderer, der kommt und wieder geht, bleibt in der Stadt. Fremdheit als Alltag und Normalität. Hierher gehören auch die Fremden als kapitalistische Gründer und kulturelle Innovatoren (Werner Sombart, Der moderne Kapitalismus, 1928). Es ist dieser Zugewinn an externer Kompetenz und externer Kultur, der die Stadt letztlich ‚urban' werden lässt. Dieses Neue kommt in die große Stadt.

175 s.a. Feldtkeller et al 2001, S. 34
176 P. Neumann 2002,
177 W. Kaschuba 2003, Symposion ‚Urbane Identität' an der ETH-Zürich 2003
178 ‚Ohne Migration gibt es keine Urbanität, sondern nur Bürgerlichkeit' – Heinrich Mann, Professor Unrat 1905

4. Geht es nicht nur um die Zerissenheit und Überwältigung sondern auch um die **Vorstellung von einem neuen Leben und von neuer Freiheit**. Max Weber und Georg Simmel beschreiben das Motiv der ‚freien Stadtluft' - weniger als die der ‚Bürger' als die der ‚anderen'. Die Stadt als Entwicklungslabor des Individuums in seinen modernen Selbstentwürfen, Loyalitäten und Sozialbeziehungen.

Es existiert offenbar ein urbanes Selbstbild, das die städtischen Distanzen und Differenzen überwölbt. Eine Identität, die offenbar gerade deshalb funktioniert, weil sie nur eine Idee, nur ein Bedürfnis, nur ein Bild lokaler Einheit in sich trägt. Letztlich also spielt sich Urbanität in den Köpfen der Menschen ab: **Sie ist immer mehr ‚Kultur' als ‚Struktur'**."

Weitere zentrale Aspekte der Urbanität sind **Ambivalenz und Widerspruch**, die auszuhalten für das städtische Leben konstitutiv sei.[179] Das Bild der urbanen Stadt ist vom einem prinzipiellen Widerspruch geprägt: die Stadt als ‚Dienstleistungsmaschine' einerseits und die ‚Stadt als Heimat' andererseits, als Ort, wo man zu Hause ist, ein Ort der Aneignung und Identifikation.[180]

Hannes Swoboda, ehemaliger Planungsstadtrat von Wien, hat in seinem Vorwort zu Häußermann-Siebels ‚Urbanität' 1992, zur Urbanität in neuen Stadtteilen und zum Heimatbegriff eine kausale Verbindung hergestellt: [181]

„Menschen in neuen Stadtteilen werden vor allem dann ein neues Urbanitätsgefühl entwickeln und Urbanität empfinden, wenn sie bereit sind und in die Lage versetzt werden **selbst gestalterisch tätig** zu werden. Die von Habermas als reale Utopie erhoffte 'Totalität des gelungenen Lebens' kann ihren Ort in der Stadt finden und haben wenn Entfremdung, Segregation, Einsamkeit, Verlorenheit und Anonymität überwunden werden und 'Heimat' im Sinne eines individuellen und kollektiven Wohlbefindens entsteht. **Heimat** ist im Bloch'schen Sinne nicht als romantischer Mythos zu verstehen, sondern als **ein Ort, wo das Glück zu Hause ist**, wo die Totalität des gelungenen Lebens gelingt."[182]

Städte wurden erfunden, um auf Migration zu reagieren:
Der türkische Soziologe Erol Yldiz [183]bezeichnet **Migration als eine der wichtigsten Ressourcen der Großstadt**. Will man als solche attraktiv bleiben und im globalen Wettbewerb bestehen, muss man lernen mit der Diversität umzugehen. Wie machen sich Unterschiede auch im Stadtbild bemerkbar? Es macht einen Unterschied, ob ich einen Einwanderer signalisiere, dass ich ihn in seinem neuen Land willkommen heiße - oder ob ich ihn nur vorübergehend als Gast akzeptiere. Und so macht es auch einen Unterschied, wie sich die Migranten in die **Gestaltung der Urbanität** einbringen. Wenn ich auf Dauer willkommen bin, lasse ich mich anders nieder, als wenn ich weiß, dass meine Teilhabe an der Stadt bald ein Ende haben könnte."

„Urbanität wächst in der Vielfalt der Stadt, sie gedeiht in der sozialen Mischung, dem ungleichzeitigen Nebeneinander, zwischen den Nischen der Außenseiter und der mondänen Welt. Urbanität lebt in den öffentlichen Räumen und auf den Plätzen, dem Boulevard, dem Square, der Piazza. Die Gegensätze in der Metropole aber bedeuten auch, dass die große Stadt **nie heile Welt sein kann**, nicht einfach sauber und gut. Nur insofern haben die Großstadtverächter Recht; die große Stadt ist immer Maßstab und Moloch zugleich. zu ihr gehört das Chaos, die Instabilität, aus der heraus erst das Neue entstehen kann."[184]

179 H. Häußermann und W. Siebel 1987, S. 7 u. 11 zit. in E. B. Christoph (Hsg.) 2012, S. 90
180 s.a. H. Häußermann und W. Siebel 1992, S. 40
181 aaO. S. 4
182 s.a. Ute Burckhardt-Bodenwinkler –‚Urbanittä' in 3420 Aspern development AG 2013, S. 9
183 E. Yldiz im Gespräch mit W. Czaja in P. Illetschko 2016, S. 29
184 E. Sens in Ästhetik und Kommunkation 1986, S. 22

Urbanität, Großstadt und Zentralität ist **untrennbar mit dem Nachtleben** verbunden Die europäischen Großstädte haben im Zuge ihrer Entwicklung neben einer flächen- und bevölkerungsmäßigen Expansion auch die zeitliche Ausweitung des städtischen Lebens in die Nacht vollzogen. Während die Ausdifferenzierung der Lebensstile dafür sorgte, dass gewisse Bevölkerungsschichten nächtlichen Aktivitäten nachgingen, war es besonders die Industrialisierung und die massive Bevölkerungsentwicklung, welche die Produktion - etwa über die Schichtarbeit - und viele Versorgungsaufgaben in die späteren Stunden vorrücken ließ."[185]

Auch der Aspekt der umgangssprachlich mit dem **Nachtleben verbundenen Halbwelt** als Merkmal des urbanen Lebensstils darf nicht unerwähnt bleiben, ist es geradezu konstituierend für die Nischen, Grenzüberschreitungen, des Überraschenden und des gesellschaftlich Geächteten, die Großstadt und Urbanität erst ausmachen.

Zukunft der Urbanität

> *„Urbanität: das ist eben auch ‚Gefühl', es ist Abneigung, vor allem aber auch Zuneigung! Gerade angesichts der ‚Krise der großen Städte' wird auch die lokale Notgemeinschaft offenbar zum Identitätsangebot. Fast wie bei Fußballklubs kurz vor dem Abstieg: auch da kommen die Fans zuhauf, entdecken ihre Liebe in der Verzweiflung neu. [...] Denn wir wollen wirkliche ‚Fans' und ‚Amateure' sein, Liebhaber der großen Städte:* ***‚Urbanizer'.***
>
> Wolfgang Kaschuba 2003[186]

„Gewiss sind wir uns einig darüber, dass ‚Urbanität' einen **Diskursbegriff der Moderne** verkörpert, der mehr Metapher ist als eine analytische Kategorie." sieht Wolfgang Kaschuba.[187] „ Benutzt wird er gerne, seitdem die Moderne sich ihre Gesellschaft zunehmend als eine urbane und metropolitane vorstellt, seitdem darin vor allem auch ein symbolischer Bedeutungsüberschuss vermutet wird, der den urbanen Raum und seine Kultur als sehr viel mehr erscheinen lässt, denn nur die Summe seiner Teile."

Vielleicht noch vor 10 Jahren dachten manche Stadtforscher, wie es in Mode war, dass die neuen Informations- und Kommunikationstechnologien das **Ende der Urbanität** bedeuten, der Raum unwichtig wird und „Orte sozusagen einfach verschwinden".[188]

Doch es kam anders: **Menschen sind in die Städte gezogen** und in jene Quartiere, die dicht besiedelt sind und jene Atmosphäre bieten, die sich nicht virtuell simulieren lässt. Die Virtualisierung des Urbanen aber bedeutet nach Alain Bourdin, „die weitgehende Akzeptanz eines Oberflächenrealismus, in der die städtische Wirklichkeit mit dem Visuellen zusammenfällt. Paradoxerweise ist sie deshalb wenig fantasievoll und imaginär. Das private Verhalten der Stadtbewohner hat konsequenterweise jede öffentliche Konvention in Frage gestellt."[189]

185 J. Gläßler in J. Luxner 2016, S. 18
186 W. Kaschuba 2003, Symposion ‚Urbane Identität' an der ETH-Zürich 2003, S. 13
187 aaO. S. 2
188 H. Rauterberg 2020, S. 21
189 A. Bourdin 2014, S. 10-11

Was können wir für die Zukunft der Urbanität mitnehmen? Die einfachsten Voraussetzungen hat uns Jane Jacobs unter dem **Begriff der Mannigfaltigkeit** mitgegeben:[190]

Im Prinzip der Notwendigkeit von untereinander abhängigen, feinkörnig gesäten, verschiedenartigen Nutzungen, die sich gegenseitig sowohl wirtschaftlich wie sozial gesehen, stützen.

Um diese Mannigfaltigkeit zu erzeugen sind vier Voraussetzungen unerlässlich:

- Der Bezirk ...als Ganzes muss **mehr als einer primären Funktion dienen**, möglichst mehr als zweien. Diese müssen die Gegenwart von Menschen sichern, welche sich nach verschiedenen Tagesplänen und zu verschiedenen Zwecken auf den Straßen bewegen, aber gemeinsam viele Dienste in Anspruch nehmen.
- Die **Baublöcke müssen kurz sein**,[191] das heißt es muss zahlreiche Gelegenheiten für Längs- und Querverkehr geben
- Der **Bezirk muss Gebäude mischen**, deren Alter und Zustand verschieden ist.
- In einem Bezirk müssen **genügend Menschen konzentriert sein**, ganz gleich aus welchen Anlass sich diese Menschen dort aufhalten, dazu gehören auch die Bewohner des Bezirks.

Walter Siebel schließt aus der Kritik an der Urbanitätsdiskussion die Anforderungen an eine Neue Urbanität:[192]

Kritik an der Urbanitätsdiskussion

- Soziale Selektivität - Urbanität ist die **Lebensweise des bürgerlichen Mannes**. Frauen und Proleten haben keinen Anteil an ihr
- Systematische Lücken: die **Rolle des Chaotischen, des Anarchischen** bleibt unberücksichtigt: anonym und gleichzeitig identifizierbar
- die Kategorie ist historisch erschöpft und **hat keinen sozialen Träger** und ist nicht verallgemeinerbar

Urbanität enthält rückwärtsgewandte Elemente und muss daher neu formuliert werden:

- Polyzentralität statt Zentralstadt
- Überwindung des Stadt-Land-Gegensatzes mit einem geänderten Verhältnis zur Natur
- Umgang mit Zuwanderern - kein erzwungene sondern freiwillige kleinräumige Segregation anstelle forcierter 'Integration'[193]
- Berücksichtigung neuer Arbeitszeitmodelle mit mehr zusammenhängender Freizeit oder Homeoffice
- Rückgewinnung des öffentlichen Raums
- möglichst kleinteilige Nutzungsmischung

190 J. Jacobs 1963, S. 95 zit. in N. Schmidt-Relenberg 1968, S. 209
191 oder zumindest als Durchgänge ausgebildet werden
192 W. Siebel in A. Klotz 1992, S. 19-21
193 K.P. Liessmann: Integration ist nicht unbedingt inkludierendes Miteinander sondern ein sich wechselseitig tolerierendes Nebeneinander. Stad Wien MA 18 – Stadt der Zukunft 2014, S. 21

7.5 Atmosphäre, Milieu und Identität

"Unser Ausgangspunkt für die Erzeugung einer wissenschaftlich validierbaren Erklärung ist das Verständnis vom Erkennen als wirksame Handlung, das heißt als eine Handlung, die es einem Lebewesen in einem bestimmten Milieu erlaubt, seine Existenz darin fortzusetzen, indem es dort seine Welt hervorbringt."

Humberto R. Maturana und Francisco J. Varela 2015[194]

Stadtimage

„Den Charakter einer Stadt, ihre Atmosphäre, die bestimmenden Lebensstile, ihre Wahrzeichen und Symbole des Alltags wie der besonderen Festtage, die Unverwechselbarkeit eines Ortes, das ist es was wir als **Identität einer Stadt** [...] bezeichnen. Diese Elemente verlieren ihre Selbstverständlichkeit und Gewissheit und werden Gegenstand des Nachdenkens von Öffentlichkeit, Politik und Planung, wenn sie durch Wandel in Frage gestellt werden."[195]

Bei der Erhebung des Stadtimage ist zwischen dem **Eigen-Image** – dem Image der Bewohner – und einem **Fremd-Image** von in verschiedener Entfernung lebenden Personen zu unterscheiden.[196] Der Unterschied kann signifikant sein und betrifft vor allem Akzente und Charakteristika, die eher von Fremden aufgenommen werden und alltagstaugliche Elemente, wie Einkaufsstraßen und Plätze.

Durch die Image-Pflege von Fremdenverkehrsämter und Medien verwischen sich die Grenzen zwischen ‚Heimischen' und ‚Touristischen'. „Auch die Imagepflege produziert in erster Linie Bilder, die den Betrachter dazu bewegen sollen, die umworbene Stadt nicht als Tourist, sondern als zukünftiger Bewohner, als 'Standort' zu wählen."[197]

„Die heutige Großstadt" schreibt Fritz Schumacher,[198] „ja die heutige große Stadt, ist in ihrem Wesen nach nicht mehr ein Gebilde, das sich einen einzigen Grundgedanken fügen kann. Sie setzt sich zusammen aus Distrikten, die in ihrem soziologischen Charakter ganz verschieden sind, ja man kann diese Differenzierung als einen Zug ihrer Eigenart bezeichnen"

Diese kleinteilige Differenzierung betrifft im Regelfall nicht ganze Bezirke, sondern **Stadtteile oder Grätzel**, die jene Eigenschaften aufweisen, die eine Identifikation erst möglich machen.

Identifikation mit einem Stadtteil

„Begriffe wie ‚Abbild der Gemeinsamkeit', ‚gemeinsames Darstellen', **gemeinsame Einstellung** auf dieselben Sinngebilde oder ‚Übereinstimmung von inneren und äußeren Strukturen' umschreiben bei Lorenzer (Architektur als Ideologie, 1966) diese symbolisch vermittelte Interaktion: Identifikation.

Dieser Identifikationsvorgang scheint nun einerseits die Voraussetzung für eine produktive Aneignung der Wirklichkeit zu sein, andererseits enthält sie regressive Momente in ‚angstvoll jeder Veränderung scheuenden Festhalten an einer gewohnten Umwelt'. Erikson (Identität und Lebenszyklus, 1966) hält daher ‚Umkristallisierungen' für notwendig, um durch den Aufbau und die Ablösung von Identifikation den menschlichen Lebenszyklus in Wechselbezug zum gesellschaftlichen Wandel stets modifizieren zu können."[199]

194 H. Maturana und F.J. Varela 2015, S. 36
195 Regina Bittner in BM f. Verkehr, Bau- und Stadtentwicklung 2010, S. 4)
196 M. Trieb 1974, S. 114
197 H. Schmidt-Brümmer und A. Schulz 1976, S. 67
198 F. Schumacher - Vom Städtebau zur Landesplanung, Tübingen, 1951 zit. in A. Rossi 1998, S. 33
199 S. Herlyn – ‚Die bauliche Umwelt im Bewusstsein des Stadtbewohners' in Städtebaul. Institut Stuttgart 1974, S. 21

Identifikation produziert ein Image – das nicht für alle Personengruppen gültig sein kann, da es Personentypen gibt, die aufgrund ihrer Herkunft und Individualität, ihre angeborenen und erworbenen Fähigkeiten nicht überschreiten können oder wollen. Die Umwelt sollte daher so **ambivalent und komplex gestaltet** sein, dass sie die unterschiedlichen Bedürfnisse der dort Wohnenden bzw. der Zuziehenden befriedigt.[200]

In ausufernden Städten sind Zentren am ehesten in der Lage Identität zu stiften. Als Rückgrat der Siedlungsstruktur kommt ihnen eine Schlüsselrolle in der Stadtentwicklung zu:

„Trotz eines verhältnismäßig geringen Flächenanteils bleibt kaum ein Ort stärker im Gedächtnis haften. Damit **prägen sie das Gesicht und das Außenbild einer Stadt** und jene ihrer Stadtteile. Diese Bedeutung wird ablesbar in herausragenden Bauten und Nutzungen wie in charakteristischen öffentlichen Räumen. Als Abbilder ihrer Stadt wird diese hier sichtbar und erlebbar."[201]

Bindung an das Wohngebiet

„Ortsbezogenheit ist eine Funktion des kulturellen Normensystems; sie ist erworben und wird erst zum soziologischen Phänomen durch die soziale Bewertung des Milieus, welches dem Ort seine Bedeutung verleiht. Die wichtigste Voraussetzung lautet aber, dass diese grundlegenden, erworbenen, sozial definierten und mehrdimensionalen Einstellungen durch soziale Kontakte unterstützt und verstärkt werden."[202]

„Ähnlich wie mit der städtischen Identität verhält es sich auch bei Heimatgefühlen, die mit einer bestimmten Stadt oder einem Stadtteil verbunden sind. Zumindest sind die Voraussetzungen ganz ähnlich, was etwa das subjektive Empfinden und die soziale Konstruiertheit anbelangt. **Heimatgefühl wie Identität** müssen darüber hinaus gleichermaßen ständig geprüft werden: die historische Dimension der Stadtentwicklung deutet bereits an, dass sich Stadt, Identität und Heimatgefühl in ständiger Veränderung befinden."[203]

Das differenzierte **Verhalten in der ‚Nachbarschaft'** beschreibt H.P. Bahrdt: „Immer wieder wird betont, dass der beste Nachbar derjenige sei, von den man am wenigsten merkt.[...] Auch da wo man mit dem Nachbarn ein Schwätzchen macht, geschieht dies bevorzugt im Treppenhaus - aber man vermeidet den Besuch in der Wohnung des Nachbarn. [...] Bei näherem Hinsehen zeigt sich freilich, dass es keineswegs nur ‚negatives' nachbarliches Verhalten gibt, d.h. dass unter guter Nachbarschaft nicht nur ‚gekonnte Distanz' verstanden wird. Freilich werden positive Beziehungen mit großer Nüchternheit und äußerster Vorsicht eingegangen. Eine gute Gelegheit, seine Nachbarn überhaupt kennen zu lernen sind Hausversammlungen, wo gemeinsame Anliegen behandelt werden und sich unverbindliche Kontakte ergeben."[204]

Zuzügler leben auch in einem städtischen Wohngebiet oft längere Zeit sehr isoliert und leiden auch manchmal unter der Isolierung. **Kontaktbringer sind Kinder** – sowohl über den Kindergarten und Schule und Spielplätze - wo die Eltern eingebunden sind, aber auch Nachbarschaftsgärten, wo beim gemeinsamen ‚garteln' und den Festen die Hemmschwellen für Zuzügler abgebaut werden. Eine eigenartige Kontaktmöglichkeit ist die der Hundebesitzer, die regelmäßig mit ihren Hunden ausgehen müssen und sich so eine **‚Hundefreundschaft'** ergibt. Darüber hinaus kennt der Hundebesitzer seine Umgebung und jeder kleinste Veränderung sehr intensiv und wäre als ‚Schlüsselperson' bestens geeignet.

200 s.a. K. Lynch 1960/19988, S. 109
201 Fachkonzept ‚Wien – polyzentral', Stadt Wien MA 18, 2016, S. 7
202 E. Bodzenta et al. 1981, S. 153
203 ABES Fachbeiträge 2019, S. 6
204 H.P. Bahrdt 1967/1971, S. 104

Man verlangt von einem neuen Stadtquartieren oft zu viel, nämlich ähnliche affektive Bindungen wie in alten und vertrauten Quartieren. Es ist nicht die bauliche und künstlerische Qualität, sondern einfach die Tatsache des **Vertrautseins über Jahre** und Jahrzehnte hinweg (siehe Abschnitt Wohndauer und Identität), dem eigenen Werdegang – „eine emotionelle Patina, die kein noch so gut durchdachtes und gestaltetes Neubauquartier besitzen kann, solange es nicht selbst gealtert ist."[205]

Ein Beleg dafür sind Bewohneraussagen, die in vielgelästerten Stadterweiterungsquartieren der 60er Jahre nach nunmehr 60 Jahren schon in der zweiten und dritten Generation dort leben und schon ein ‚Heimatgefühl', eine Bindung an ihren ursprünglich bloß zugeteilten Stadtteil entwickelt haben. Es ist mehr als ein sich ‚Abfinden' mit den weniger attraktiven Eigenschaften. Es entwickeln sich **Identifikationsphänomene**, die mit den negativen Zügen der Umgebung versöhnen und ausgleichende Gemütsbedingungen entstehen lassen.

Erich Bodzenta hat in den frühen 80er Jahren ein transnationales Forschungsprojekt **‚Bindung an das Wohnviertel'** entscheidend mitgestaltet und hat eine Reihe noch immer gültiger Erkenntnisse dokumentiert:[206]

„Bindungen bestehen zwischen Personen an einen Ort und von Personen und einem Ort, ebenso wie zwischen Personen und dem ökonomischen, sozialen und kulturellen Geschehen an einen Ort. Das Konzept betrifft bestimmte soziale Kategorien (Hausfrauen, ortsfeste Berufe) und Gruppen wahrscheinlich mehr und kann in spezifischen Abschnitten des Familienzyklus bedeutungsvoller sein als in anderen und oszilliert lebenslang zwischen Sesshaftigkeit und Mobilität.

Bindungen an das Wohnviertel sind durch **bestimmte Sozialfaktoren** mitbestimmt:

- weniger schichtspezifisch als **berufsbedingt**
- **mehr alters- als geschlechtsbedingt** (Kindheit, Schule, Alter)
- korreliert mit **ökonomischer Leistungsfähigkeit** (Wohnungskosten)

Es gibt aber Erkenntnisse der Arbeit, die nicht empirisch belegt werden können:[207]

- die **Bindung an einen Raumteil (Ort)** enthält ein irrationales Element, das mit den traditionellen Mittel der empirischen Sozialforschung nur schwer greifbar ist
- **Gefühle der Bindung an Ortsteile** auf verschiedenen lokalen Bezugsebenen **sind mobilisierbar**
- Der **Zeitfaktor (Gewöhnung)** für diese Bindungsgefühle wesentlich ist
- **Sozialkontakte** je nach lokaler Fixierbarkeit unterschiedliche Wirkungen ausüben
- ein **Einstellungstransfer** zwischen v**erschiedenen lokalen Ebenen** stattfindet
- **‚Ortsbezogenheit'** wie das Gegenkonzept **‚Entfremdung'** nur aktualisierbar sind, wenn die Kontinuität des Lebensvollzugs unterbrochen wird (Schulwahl, Partnerwahl etc.)

Darüber hinaus gibt es noch **weitere belegbare Phänomene**:

Nach Gebietstypen sind die höchste Bezirksverbundenheit in **Oberschichthaushalten** und in homogenen Vierteln des **sozialen Wohnbaus** zu finden und korrelieren stark mit der Wohnzufriedenheit - unabhängig von den Testgebieten.[208]

Die **Zielgebiete von Umziehenden** bewegen sich überwiegend keilförmig – wegen der radialen Wiener Hauptstraßenstruktur – nach innen und nach außen, je nach **Status der Gebiete.** Das Durchmessen von Stadtviertel mit Öffis (Schulweg, Arbeitsweg) schafft offenbar eine Vorvertrautheit, auch wenn dort nicht gewohnt wird.[209]

205 G. Albers 1972, S. 89-90
206 E. Bodzenta et. al. 1981 S. 29
207 E. Bodzenta et al. 1981, S. 185
208 aaO. S. 51
209 Arbeiten des Instituts für Stadtforschung (IS)

Lucius Burckhardt spricht von einem ‚psychologischen Wohnortgefühl'; für die Entstehung dieser Bindung können vier **Bestimmungsfaktoren** angeführt werden (Zusammenfassung):[210]

- Die **rational-existentielle Bindung** - man hat das Gebiet gewählt, weil man keine andere Wahl hatte oder weil es im Sinne der gesamtem Existenz 'vernünftig' war. Mit zunehmender Freiheit der Standortwahl gehen die existentiellen Bestimmungsfaktoren zugunsten anderer zurück.
- Die **emotional-ästhetische Bindung** - man zieht in ein Wohngebiet und/oder bleibt in ihm weil man es als schön empfindet und es liebt: bauliche Schönheit, Tradition, bevorzugte Lage udgl. - es können für Außenstehende völlig unverständliche Motive sein
- Die **personale und gruppenspezifische Bindung** - mit dem Wohngebiet ist ein bestimmtes Bewusstsein verbunden: Sozialbeziehungen zu Bekanntschaft, Verwandtschaft, Nachbarschaft und soziale Schichtung (Sozial- und Prestigefaktoren) - je homogener die Bewohnerschaft, desto bedeutungsvoller werden diese Faktoren.
- Die **habituelle Bindung** - sie entsteht durch Gewöhnung mit im Laufe der Zeit, ohne den Grund der Bindung genau angeben zu können - man hat hier immer gelebt und kann sich kaum etwas anderes vorstellen, verfolgt damit bewusst ein Tradition.

Wenn nicht eines der Bestimmungsfaktoren zutrifft, wird der einzelne das Bestreben haben, das Gebiet zu verlassen.

Atmosphäre und Image

"Es ist der Habitus, der das Habitat macht"

Pierre Bourdieu 1991, S. 32

Atmosphären sind die in der Wahrnehmung realisierte Außenwirkung sozialer Güter und Menschen in ihrer räumlichen (An)Ordnung. Luhmann (1998, S. 181) spricht von der Atmosphäre als der 'Sichtbarkeit der Unsichtbarkeit des Raums'.[211]

Die **Machbarkeit von Atmosphären** und seine gesellschaftliche Arbeit ist **Inszenierung**. Man inszeniert Waren, Politik, Firmen und ganze Städte. Auch die Selbstinszenierung von Menschen ist ein wesentlicher Teil der Alltagswelt (Gernot Böhme 1995, Jürgen Hasse 1997).[212]

Die Wirkungsweisen von Atmosphäre werden aber nicht von allen Menschen gleichermaßen wahrgenommen, sondern die **Wahrnehmung** von Räumen ist immer **sozial vorstrukturiert**.

„'Repräsentative Selbstdarstellung' die Lust am Zur-Schau-Stellen der eigenen Individualität, kann der **spezifischen Territorialität** nicht entbehren. Der funktionalistische Städtebau hat aber den Raum, der diesem Bedürfnis gerecht wird, beseitigt. Die räumliche Separierung der verschiedenen städtischen Funktionen, vor allem die Trennung von Straßen und Gebäuden, hat ihn verschwinden lassen. Die Räume der Stadt, wie sie der Selbstdarstellung von Menschen würdig sind, die sich von Herrschaft und Zwang frei wissen, sind erst zu schaffen."[213]

Die Realität ist, dass schon die Bezirksangabe ein wesentlicher **Faktor in der Immobilienverwertung** ist. Als Beleg dafür ist der Wunsch der Immobilienbranche, den Teil der Hauptbahnhofbebauung in Wien, der zum Schweizergarten und damit zum 3. Bezirk orientiert ist, auch dem 3. Bezirk zuzuordnen sein sollte. Die traditionelle Bezirksgrenze schlägt das Gebiet aber dem 10. Bezirk zu, das nur teilweise durch die Bezeichnung ‚Quartier Belvedere' kompensiert werden konnte.

210 L. Burckhardt in N. Schmidt-Relenberg 1968, S. 197-198
211 M. Löw S. 205
212 zit. aaO. S. 209
213 H. Berndt 1978, S.229

Aus den Wohnungsanzeigen kann das Stadtviertel gebrandet werden, wo die Geschäfte gehen und wo sie stocken. Bloß die übliche Auswertungen der Anzeigen zeichnen ein falsches Bild in Abhängigkeit vom Wohnungsangebot: nur dort kommen Wohnungen am Markt, die nicht bereits ,unter der Hand' weitergegeben werden. „Die genannten **Mietforderungen und Angebote** bezeichnen, welche Einkommensgruppe in welchen Vierteln den Kopf zur Ruhe betten darf. Damit ist auch die Wohngeographie der Berufssparten statistisch beschrieben, und fernere Daten in den Annoncen vermitteln noch detailliertere Auskünfte. Familienbeschaffenheit, Verkehrsgewohnheiten und nicht zuletzt auch die moralischen Ansichten des jeweiligen Wohnbezirks werden offenbar."[214]

Ein Musterbeispiel ist das Rotlichtviertel der Leopoldstadt um den Praterstern, das durch die **Gentrifizierung um den Karmelitermarkt** zu einer begehrten Gastroszene und nachgefragtem Wohnquartier geworden ist.

Was ist nun diese Identität, diese Atmosphäre? Ulrich Hatzfeld sieht das komplexe, gedankliche Konstrukt:[215]

„Identität im urbanistischen Zusammenhang meint, sich selbst - als Individuum, als Gemeinschaft oder als Stadtgesellschaft - in einer Stadt wiederzufinden, sie als das Eigene zu verstehen, anzuerkennen und sich anzueignen und sich in den baulichen Strukturen selbst zu erkennen. In der Nutzung wird aus dem Begriff Identität, der ein komplexes gedankliches Konstrukt darstellt, ein politischer Begriff, aus dem ein fachpolitisches Programm für unsere Städte, ihre Erneuerung, ihren Umbau, ihre Entwicklung erwachsen könnte. [...] Mit Identität sind wohl in einfachster Lesung gemeint: Städte mit Eigenschaften, eine gebaute Umwelt mit Qualitäten, **ein Stadtbild, das sich von anderen unterscheidet**, ein Image, das sich im Wettbewerb der Städte und Regionen."

„Durch die atmosphärischen Wirkungen der Raumsituationen auf unsere emotionale Stimmung ist es unmöglich, eine Raumsituation unvoreingenommen und wertneutral wahrzunehmen. Dabei spielt es keine Rolle, ob wir uns in einem realen oder imaginierten Raum aufhalten. Worauf es ankommt, ist die suggestive Kraft der Bildwelten, Klangwelten, Geschichten oder Musik. Diese Erkenntnis nützt Architekten, Planern Bauherrn, Investoren und anderen Planungsbeteiligten ganz konkret, wenn sie Wettbewerbsergebnisse verstehen und bewerten, Meinungsbildungsprozesse initiieren und moderieren oder Entscheidungen im Entwurfs- und Planungsprozess treffen und verantworten müssen."[216]

„Für Prozesse der raumbezogenen Identität ist es in einem weiteren Schritt wesentlich, welche Bedeutung mit einem wahrgenommen Bild verknüpft ist. Diese Verknüpfung ist nicht beliebig, sondern hängt von kulturellen Kontext sowie von der Beschaffenheit des wahrgenommen Raums ab. (Vgl. Raith, 2000, der darin einen kulturellen Gedächtnisspeicher sieht). In diesem Zusammenhang wird auch von einem ,kollektiven Gedächtnis' (vgl. Assmann 1988) gesprochen, auf das sich Personengruppen, ja ganze Gesellschaften beziehen und damit gemeinsame Referenzbilder etablieren. Darin ist auch das kommunikative bzw. das Alltagsgedächtnis von sozialen Gruppen beinhaltet."[217]

Auch wenn kulturelle Ladungen geschichtlichen Veränderungen unterliegen, bleibt die Identitätsbildung wesentlich an die materiell-baulichen Gegebenheiten gebunden.

214 H.G. Helms und J. Janssen 1970, S. 17
215 U. Hatzfeld – ,Baukultur im Dialog' in BM f. Verkehr, Bau und Stadtentwicklung 2010, S. 3
216 A. Buether – ,Die Sprache des Raums' in A. Abel und B. Rudolf 2019, s. 73
217 Offenes PlanerInnenkollektiv 2016, S. 9

Raum und Identität

> *"Die Ergebnisse zeigen, dass der öffentliche Raum in seiner Struktur, Gestaltung und Ausstattung für das umgebende Grätzl eine wesentliche identitätsstiftende Wirkung besitzt. Diese Bedeutung sollte bei zukünftigen Planungsprozessen auf Stadtteilebene stärker und differenzierter berücksichtigt werden."*
>
> Offenes PlanerInnenkollektiv 2016, S. 3

Der Mensch geht von einem tradierten Raumgefühl aus, das sich von Kindheit an in konzentrischen Kreisen bewegt. Diese Vorstellung geht auf die fußläufige Erkundung und Erfassung des Territoriums zurück, das heute abseits der Realität liegt.

Tatsächlich gibt es selbst in der Kindheit schon unterschiedliche **Räume in Insellagen**, die durch verschiedene Verkehrsmittel verbunden sind. Dies gilt noch mehr für die Alltagswelt der Erwachsenen wo unterschiedliche Aktivitätsräume durch Verkehrsmittel (U-Bahn, Schnellstraßen) verbunden sind, die unbekanntes Territorium durchqueren und die "Inseln" miteinander verbinden. Diese Aktivitäten sind durch die Raum-Zeit-Theorie nach Hägerstrand begrenzt.[218]

„Auf der Ebene der Stadtentwicklung und -planung sowie der Stadtteilplanung bilden vor allem die Bezugsgröße, die **äußere Struktureinheit** und die **innere Entwicklungsstruktur** relevante Faktoren der Identitätsbildung. Dafür sind die Überschaubarkeit eines Grätzls und seine wahrnehmbaren Grenzlinien relevant. Im Inneren des Grätzls ist eine Strukturierung über stadtplanerische Elemente der Achse, der Kreuzung und des Knotens zur Orientierung sinnvoll. Diese Struktur kann über funktionelle Bezüge differenziert werden, sodass ein bedeutungsvolles Raumnetz mit unterschiedlichen Typen öffentlicher Räume entsteht, die miteinander korrespondieren. zur Steigerung der identifikatorischen Bedeutung sollen die Attraktoren sowohl notwendige als auch optionale oder soziale Faktoren umfassen."[219]

"Auf der Ebene der **Gestaltung des öffentlichen Raums** fungieren in Bezug zu den übergeordneten Ebenen die Faktoren der Raumkonfiguration, der Raumgliederung mittels Mikrotopografie und Vegetation, die Oberflächengestaltung und der Ausstattung identitätsbildend. Wesentlich ist, dass durch das gleichgewichtige Bearbeiten aller dieser Faktoren."[220]

Allerdings verleiht nicht nur die besondere Gestaltung dem Raum Identität, sondern seine Nutzbarkeit und Adaptierbarkeit. Dieses Kriterium trifft in besonderem Maß auf die Möblierung und die vegetative Ausstattung des öffentlichen Raums zu.[221]

Das OPK-Offene PlanerInnenkollektiv sieht nach Untersuchung von drei Stadtteilen in Wien einen dreistufigen Prozess in der Aneignung von Raum und Identität:[222]

I. **Den Raum Identifizieren:** Eigenschaften, Unterschiede, Erfassen, Wahrnehmung der Gestalt, Raumkonfiguration, städtebauliche Struktur, Topografie, Erdgeschoßzonen, Bereiche/Teilräume, Oberflächen, Vegetation, Ausstattungselemente, Grenzen, Barrieren, Landmarks, abstrakter Raum durch Maßzahlen, Kategorien, Klassifikation

II. **Mit dem Raum identifiziert werden:** Kategorisierung von außen, kognitive Bewertung, geschichtliche Entwicklung, historisch geprägte Bauten, 'Kollektives Gedächtnis', Sozialstruktur, Vermarktung der Immo-Wirtschaft, Image (-wandel), Branding, aber auch Stigmatisierung, Adressbildung- und Ablehnung

218 s.a. M. Löw 2017, S. 112 ff
219 OPK – Offens PlanerInnenkollektiv 2016, S. 3
220 S.a. E. Tröger und D. Eberle 2015, S. 156
221 aaO. S. 3
222 aaO. S. 13

III. **Sich mit dem Raum identifizieren:** mit Worten, Ideen, Objekten - soziale Prozesse, optionale und soziale Funktionen wie Nachbarschaft, Kommunikation, gemeinschaftliche Aktivitäten, Aneignungsprozesse, Partizipation, Verschönerungsgruppen

Ästhetik und Wohnzufriedenheit

„So ergaben Bewohnerbefragungen in westdeutschen Großwohnsiedlungen überwiegend Raten der Wohnzufriedenheit um die 80%. Diese Einstellung hat viele dieser Befragten später dennoch nicht davon abgehalten auszuziehen, sobald bessere Wohnmöglichkeiten realisierbar waren."

Ingrid Breckner und Massimo Bricocoli 2007[223]

„Auch in extremen städtischen Problemgebieten Europas stellten Forscher immer wieder hohe Identifikationen mit dem Wohnumfeld fest. Erklärungen für diese Befunde liegen im **psychischen Selbstschutz der Menschen** in schwierigen Lebenslagen, die sich ihren räumlichen Alltag nicht durch Selbststigmatisierung erschweren; sie arrangieren sich irgendwie mit den Gegebenheiten, um sie so lange auszuhalten, bis eine Handlungsalternative realistisch wird."[224]

„Die Bewohnbarkeit, das vertraute Gelände eines Hauses, eines Viertels einer Stadt ist nicht von bestimmten Menschen abhängig. Je mehr sich der mobile Mensch von heute, ein **moderner Nomade** sich mit vielen Orten identifiziert, umso stärker wird die Verbindlichkeit. Es geht um die Erschaffung von solchen Situationen und nicht etwa um weiße Flecken, um einen uneingeschränkten Freiheitsraum der ‚persönlichen Gestaltung', der sich bei näherem Zusehen dann doch auf Neckermann-Katalog, Schöner Wohnen oder Werkbundlinie zurückführen lässt. Die Künstler haben den Wert, sich ein ‚Nest' zu setzen, schon immer erkannt, sie bevorzugen das alte Großbürgerhaus."[225]

Der Betrachter hat ein Wiedererkennungserlebnis, wenn er Wiederholungen bemerkt, Kombinationen formaler Aspekte entdeckt und Gemeinsamkeiten feststellt. Das **Erlebnis des Wiedererkennens** führt zur Möglichkeit einer Identifikation mit einem bestimmten Gebiet.[226]

"Das traditionelle Gegenargument [zur Relevanz ästhetischer Aspekte in der Planung] Ästhetik sei eine bloß subjektive und daher starken Modeströmungen und Wandlungen ausgesetzte Einstellung, die keine Relevanz für das Wohlbefinden der Bewohner hätte, lässt sich falsifizieren. Misst man Bindung an das Wohngebiet etwa mit einer Skala, die verschiedenen Aspekte zusammenfasst - ob man im Gebiet (Bezirk) gerne lebt, ob man bleiben will, ob es schwerfiele wegzuziehen, ob man sich wohlfühlt etc. - so korreliert diese Skala hoch mit der **ästhetischen Bewertung des Wohngebietes**. Natürlich hat auch die Dauer des Wohnens einen Einfluss auf die Stärke der Bindung an das Wohngebiet, ist allerdings geringer als der Einfluss der ästhetischen Bewertung."[227]

Man glaubt mit der grenzenlosen Anpassungsfähigkeit des Menschen rechnen zu können: Haben Menschen lange genug in einem bestimmten Milieu gewohnt, sind sie so gut angepasst, finden sich zurecht und sind ‚zufrieden' – eine Funktion der ‚kognitiven Dissonanz'. Dazu kommt die Mietrechtsituation in Österreich mit ihrer ‚Versteinerungsfunktion', die jeden Umzug massiv materiell bestraft. „Wohnzufriedenheit kann daher als Funktion der **Anpassung, Wohndauer und der sozialen Integration** ge-

223 I. Breckner und M. Bricocoli in K. Sessar 2007, S. 29
224 aaO., S. 29
225 J. Lehmbrock und W. Fischer – Profitopolis 1971, S. 143
226 F. Spengelin und L. Kistler 1977, S. 12
227 W. Schulz – ‚Fragmente zur Ästhetik städtischer Wohnumwelt' in H. Swoboda 1990. S. 231

sehen werden"[228] – die materielle Komponente ist für Soziologen nicht greifbar, aber das wirkmächtigste Argument.

Als konkrete Datenlage kann die Untersuchung der Wohnzufriedenheit in 91 Bezirksteilen in Wien von Gert Freisitzer die Verbindung mit Image und Sozialstruktur – nicht jedoch mit der Ästhetik – belegen: „Die Zufriedenheit mit dem Ansehen, dem Image und die allgemeine Wohnzufriedenheit korreliert signifikant - ist aber sehr unterschiedlich: zwischen einem Minimum von 30 und einem Maximum von 100 (Noten 1 und 2 in %). Besonders schlecht schneiden die gürtelnahen Bereiche des 5., 12., 15., 16., 17. und 18. Bezirks sowie der 11. und 20. Bezirk ab."[229]

Wohndauer und Identität

> *"Im Laufe der Zeiten wechseln viele Menschen ihre Arbeitsplätze und die Örtlichkeiten ihrer Arbeitsstätten, sie wechseln und erweitern ihren Freundeskreis und ihre Interessen; die Größe ihrer Familie, ihr Einkommen ändert sich nach oben oder nach unten. Sie leben eben und existieren nicht nur wenn sie in Bezirken mit mannigfaltigen Möglichkeiten wohnen, in Bezirken, in denen viele kleinste Zellen einen Wandel der physischen Bedingungen angepasst werden können, dann können sie trotz aller Wechsel von Tätigkeiten oder Interesse dort wohnen bleiben.*
>
> Jane Jacobs 1963, S. 89-90

Eher schwach ausgeprägt ist in der Theorie der **Zusammenhang zwischen Wohndauer und Identifikation**, obwohl davon auszugehen ist, dass unter einer Wohndauer von 5 Jahren keine Identifizierung stattfinden kann – es sei denn, man hat den Wohnort schon anderweitig näher kennengelernt.

Der eher praktisch veranlagte Soziologe Erich Bodzenta, hat diesen Zusammenhang untersucht und beschrieben:

„Die konkreten **Bedingungen der Wohnumwelt** beeinflussen die Bereitschaft, sich mit dieser Umgebung zu identifizieren: die Personen die in älteren Häusern wohnen, identifizieren sich mit dem Wohnort stärker als Bewohner neuer Häuser - analog auch mit der Größe der Häuser.

In einem Wohnviertel mit geringerem Sozialprestige wächst die Identifikation mit der Wohndauer - im guten Viertel ist sie schon anfänglich vorhanden und verstärkt sich nicht mehr.

Das Image oder Sozialprestige, hier Atmosphäre genannt, ist erst bei einem Ortswechsel relevant und wird sozusagen ‚aktiviert', aber im Lauf der Zeit ‚vergessen' und irrelevant. Atmosphäre weicht sozialen Motiven der Verbundenheit mit einem Ort."[230]

Kevin Lynch hat 1960 konstatiert, dass die **Amerikaner immer häufiger umziehen** und eine „einprägsame", sprich gleich aussehende Umwelt es ihm erlaubt, sich schnell heimisch zu fühlen.[231] 30 Jahre später kommt Felicity Barringer zu dem Schluss, dass es jahrelang ausgemacht galt, dass Amerikaner im Gegensatz zu den Europäern, so oft umziehen, dass sie nur schwer in einer Gemeinschaft Wurzeln schlagen können. Das ganze Land, so heißt es, ziehe im Schnitt alle fünf Jahre einmal um. Diese Zahl dürfte etwas überholt sein. Seit einigen Jahren scheinen die Amerikaner nämlich weniger häufig umzuziehen."[232]

228 aaO. S. 222
229 G. Freisitzer in Werkstattbericht der Stadt Wien MA 18, 2015, S. 19
230 E. Bodzenta et al. 1981, S. 187
231 K. Lynch 1960/1998, S. 133
232 Felicity Barringer in The New York Times, 1991 zit. in A. Etzioni 1995, S.142

Jane Jacobs sieht einen Effekt, der auch hierzu konstatieren ist, dass „die Mieter der teuren Apartments, von denen die meisten so oft wechseln, dass man nicht mitkommt, haben nicht den leisesten Begriff davon, wer sich um ihre Straße kümmert und in welcher Weise. Eine Nachbarschaft in der Großstadt kann eine ziemliche **Anzahl dieser Zugvögel absorbieren** und schützen, wie es eine funktionierende Nachbarschaft tut. Aber wenn eine Nachbarschaft nur aus Apartment-Bewohnern besteht, dann werden sie allmählich die Straßen weniger sicher finden....

Ein Beispiel aus dem Planquadrat, wo durch die Mobilisierungsmaßnahmen des ORF von jedem Haus Mieter dabei waren und sich engagiert haben – war es bloß das Studentenheim, von dem sich in 5 Jahren niemand blicken ließ.

Einen Gradmesser für die **Dynamik von Städten** sehen E. Tröger und D. Eberle die Fluktuationsraten von vier Vergleichsstädten im Zeitraum 1996 – 2006 an:[233]

Berlin - als wandlungsfähigster und durch internationales Publikum geprägter Ort weist 54% an Zu- und Wegzügen auf

München - die aufstrebende und ständig wachsende Metropole liegt mit 52% an zweiter Stelle

Zürich - hat trotz dynamischer Entwicklung eine Fluktuationsrate von 42% und

Wien - bildet mit 25 % das 'beschauliche' Schlusslicht

Bloß die Schlussfolgerung, die städtische Dynamik damit abzubilden trifft nicht zu, sondern ist eher ein **Abbild der Mietengesetzgebung** zwischen Neoliberalismus in Deutschland/Schweiz und Reglementierung wie in Wien. Beispielsweise liegt die Wohndauer in genossenschaftlichen Wohnbau (25% des Wiener Wohnungsbestandes) für 50% der Bewohner bei 30 und mehr Jahren!

Auch Josef Steinbach teilt den Befund, wo die Regulierung der Wohnungsmärkte und das System des sozialen Wohnungswesens in einem außerordentlichen Maß die Immobilität der Bevölkerung begünstigt. Daher sind in vielen Fällen **'gekoppelte' Alterungsprozesse** der Bausubstanz und der Wohnbevölkerung zu beobachten, die die manchmal auch mehr oder minder gleichzeitig in 'Verjüngungszyklen' umschlagen." (Kohortenzyklus)[234]

Die Frage erhebt sich, ob die Immobilität verbunden mit einer Identifikation der Wohnquartiere verbunden auch mit ‚Fehlbelegungen' günstiger ist, als eine erzwungene Mobilität mit ‚marktgerechten' Mieten.

Doch wie ist die Situation in Wien wirklich? Elisabeth Lichtenberger hat die Werte der Jahrhundertwende mit der Zwischenkriegszeit verglichen und hat die ‚Versteinerung des Wohnungsmarktes' nachgewiesen:[235]

"Das Schlagwort von der 'Versteinerung des Wohnungsmarktes' trifft zweifellos zu, wenn man die Mobilität der Wohnungen in der Gründerzeit mit den Verhältnissen der Zwischenkriegszeit vergleicht. So haben im **Jahrfünft von 1926 bis 1930** 50.536 Altwohnungen (Wohnungen vor 1917) den Besitzer gewechselt. Das bedeutet, dass der jährliche Wohnungswechsel nicht einmal 2% des Wohnungsbestandes erreichte, während dieser Wert in der **Spätgründerzeit** 33% umfasst hatte."

Dieser Wert ist bis 1980 um etwa das Doppelte gestiegen - die mittlere Verweildauer pro Wohnung betrug rund 20 Jahre - das entsprach einem jährlichen Wohnungswechsel von 4%. Bei einer Umzugshäufigkeit von 180.000/Jahr aus 2020 (Wr. Zeitung 11.10.2020) steigt der Wert auf etwa 10% des Wohnungsbestandes und die **mittlere Verweildauer sinkt auf 8 Jahre**! Dieser Wert wird durch die Darstellung genossen-

233 E. Tröger und D. Eberle 2015, S. 69
234 J. Steinbach et al. 2000, S. 17
235 nach Erhebung der Sozialbau im persönlichen Gespräch

schaftlicher Bauten relativiert: dort liegt der Mittelwert bei **19 Jahren Verweildauer** (4%) - wobei der Wohnungswechsel in den ersten 10 Jahren stärker ist (70%) und bei 30% die Verweildauer 40 Jahre und mehr beträgt (2% des Bestandes).

Fazit: Der Wohnungswechsel ist durch die Miethöhe bzw. Mietgesetzgebung und den Änderungen im Familienstand bedingt. Bis zum Alter von 35 Jahren ist die Umzugshäufigkeit relativ hoch und sinkt danach stark ab.

Das Milieu

> *„Das Milieu wird nur von uns Planern und Architekten gesehen. Aber wer im Milieu lebt, findet es gar nicht schön im Milieu zu leben; es ihm eine zwar unangenehme, aber die einzige existenzbietende Umwelt - Milieu besteht also aus kurzen Wegen, bestimmten Bevölkerungsschichten, billigen Mieten, eben aus der Möglichkeit, das Leben fristen zu können."*
>
> Christina Thürmer-Rohr 1985[236]

Alexander Mitscherlich hat 1965 für den ‚mobilitätssüchtigen' Städter angeregt, ein Milieu zu schaffen, in dem er konstant Fuß fassen kann und dauerhafte Beziehungen zu Menschen und zu Dingen, zum Beispiel zu seinem Haus - und wenn es auch ein Hochhaus sein sollte - herzustellen vermag. Das Bereitstellen des Komforts bringt noch keinen **community spirit, keinen Stadtgeist** hervor: man muss die Menschen kennen, die es zu behausen gilt - wie sie gerade in unseren Städten geworden sind -, um daraus die Winke abzuleiten, derer man bedarf, um nicht an ihnen vorbei irgendwelchen Phantasien nachzuhängen, die verwirklicht man sie, von den Bewohnern nicht mehr ‚angenommen' werden. So sind manche Gemeinschaftshoffnungen reiner Architekturplanung gestrandet."

Gerhard Schulze hat 1994[237] auf der Basis einer breit angelegten Untersuchung das Verhältnis städtischer Milieus zum Raum betrachtet und ist zu der Erkenntnis gekommen, dass die 'Bodenhaftung sozialer Milieus weitgehend verloren gegangen ist.' Da sich durch den Anstieg der Mobilität, durch die Entkonventionalisierung sozialer Beziehungen und durch eine Steigerung des Lebensstandards die Wahlmöglichkeiten vergrößert haben, hätte sich die Sesshaftigkeit und der Zusammenschluss von Milieus an Orten aufgelöst.

Schulze unterscheidet daher die 'Umgebung', den traditionellen Raum und die neu herausgebildeten Räume als milieuneutrale 'Szenerien' zu betrachten. Szenerien sind jene Orte, wo man mit größter Wahrscheinlichkeit seinesgleichen findet - **Raum als Szenerie zur Selbstdarstellung**. Szenerien haben geringe räumliche Ausdehnung - wenn Umgebungen zu Szenerien schrumpfen, bleiben weite Flächen übrig: milieuneutrale Zonen.

Doch über welche Milieus sprechen wir – nur die des traditionellen Arbeitermilieus oder der Halbwelt? Die **Quantifizierung der Milieus** in Deutschland von 1982 -1996 hat Berthold Bodo Flaig unternommen:[238]

236 C. Thürmer-Rohr zit. in L. Burckhardt 1985, S. 292
237 G. Schulze 1994 S. 41 und 47 zit. in M. Löw 2017 S. 254ff
238 B.B. Flaig et al. 1997, S. 72

Entwicklung von 1982 -1990

Konservativ gehobenes Milieu	von 8.7%	auf 7,4%	stagnierend
Kleinbürgerliches Milieu	von 28,3%	auf 23,5%	fallend
Traditionelles Arbeitermilieu	von 9,8%	auf 5,4%	fallend
Traditionsloses Arbeitermilieu	von 9,2%	auf 12,8%	steigend
Aufstiegsorientiertes Milieu	von 20,3%	auf 26,7%	steigend
Technokratisch-liberales Milieu	von 9,1%	auf 8,7%	stagnierend
Hedonistisches Milieu	von 10,4%	auf 13,1%	steigend
Alternatives Milieu	von 4,0%	auf 2,3%	fallend

Resümee: **Während die traditionellen Milieus (Kleinbürger, Arbeiter) schrumpfen, wachsen die Milieus, die den modernen Mainstream bilden.**

Es sind nicht nur die Entwicklungen in den Milieus, die in Bewegung sind, sondern auch die räumliche Bindung nach der Kreislauftheorie und den Kohortenzyklen, die nicht starr sind – daher stellt sich die Frage nach dem Sinn des Milieuschutzes. **Was ist eigentlich zu schützen?**

Hamburg hat das Konzept, seine Milieuschutzgebiete nicht durch eigene Rechtsinstrumente, sondern durch „wirkungsvollen Einsatz der vorhandenen Gesetze, Aufklärung und Überzeugung, die sich auf ‚freiwilliger Ebene' als die wirkungsvollsten Instrumente erwiesen."[239]

In einer ‚Empirica-Studie' wurden 31 Gutachten zu Milieuschutzgebieten untersucht: „Die verwendete Methodik beinhaltete zahlreiche Probleme hinsichtlich der Repräsentativität und der Zuverlässigkeit der Befragung sowie der Aussagekraft der verwendeten Indikatoren – **Zusammenhänge** werden nicht belegt, sondern **behauptet**; die zuständigen Ämter entscheiden."[240]

Bemühen um lokale Identität

> *"Identität ist nicht einfach machbar. Sie ist mehr als ein durch Stadtmarketing zu erzeugendes Image oder eine durch geschickte Werbung aufzubauende Corporate Identy. Identität setzt Konsistenz und Übereinstimmung mit sich selbst voraus, ein inneres stimmiges Bild von sich."*
>
> Sophie Wolfrum und Alban Janson 2016, S. 61- 62

„Identität ist „sozusagen Janusköpfig". Konsistenz als Bedingung der Identität muss vieles ausgrenzen: [...] Die Gegenspieler von Identität sind Differenz und das Andere. [...] Im warmen Mantel der Identität sperrt sich die städtische Gesellschaft gegen Neues, Fremdes und Veränderung und hat damit doch etwas von Stagnation und Starre an sich." [241] [Milieuschutz]

„Aus dem Bemühen um lokale Identität hat sich in den letzten Jahren eine regelrechte **urbane Charakterologie** entwickelt. Es ist ein kulturelles 'Pace-Branding' das im Stadtmarketing und im Feuilleton betrieben wird, in Reiseführern und Internet-Blogs, aber auch über Fernseh-Tatorte und Stadt-Raps, über Foto-Safaris und Stadtführungen. Städte werden so zu kollektiven Akteuren gemacht, zu lokalen Gemeinschaften und Kulturen und ihre Einwohner damit gleichsam zu 'Eingeborenen', zu eher scheuen Vertretern eines Stammes, der sich aus seinen einst weiten urbanen Jagdgründen in verdecktere Reservate zurückzieht, um dort nun den Immobilienhaien und Sanieren,

239 Hartmut Schierke – ‚Milieugebiete in Hamburg' in M. Wehdorn 1992, S. 109
240 M. v. Eicken ‚Milieuschutzgebiete – reine Willkür?' 2020, S. 21
241 S. Wolfrum und A. Janson 2106, S. 61-62

den Trophäenjägern und Touristen zu entkommen.[...] Oft leider vergeblich, denn gerade dieser Rückzug in die 'Eigenart' von Kiez und Viertel macht die Besucher und Investoren nur noch neugieriger, weil er den Einheimischen urbane Authentizität wie **subkulturelle Exotik** verleiht. Sie passen sich damit ungewollt selbst in das touristisch-ökonomische Beuteschema ein - Kultur neigt gerne zu **Bumerangeffekten**."[242]

Der Wunsch nach Identität ist in Wirklichkeit ein Wunsch nach Einheitlichkeit und Konformität. Die ernsthafte Frage drängt sich auf, ob es sich bei der Identität um die Angleichung oder nicht doch eher um Unterscheidung bedarf. „Die Frage, ‚was ist deine Identität' lautet in Wirklichkeit ‚wem bist du gleich'[243] – **„Identität ist ein Euphemismus für Konformität"**[244]

Trotzdem: Identität kann nicht geschaffen werden, wenn nur das Gewohnte, Vertraute wiederholt wird. Das Ergebnis wird dann im besten Fall unauffällig oder belanglos sein.[245] Aber angesichts des heute Gebauten ist das Unauffällige schon ein Wert an sich.

Oder wie Richard Neutra das Sinneserleben anspricht - das buchstäblich „unter die Haut geht": „...Da gibt es viele Gerüche, deren wir jede Stunde unseres Lebens gewahr werden und die uns organisch zu schaffen machen. Viele dieser Sinneseindrücke sind unbekannt und kaum sprachlich zu erfassen. Alle sind oft unbewusste Raumdaten und Zeitdaten. [...]

Zeit-Raumerlebnis hat in unserer irdischen Szene unsagbar viel zu tun mit all **den Sinneseindrücken**, die auf uns eindringen. Immer bezieht sich organischer Dynamismus in uns mit unerhörter Feinheit auf 'sinnliche Einnahme'. Selbst unsere Haut ist nicht Barriere, sondern Membrane zwischen äußerem und innerem Naturgeschehen."[246]

Dimensionen städtischer Identität als Summe unterschiedlicher Faktoren:[247]

- **Wir-Gefühl der Bewohner** - zusammen mit dem Bewusstsein für den eigenen Charakter der Stadt (Stadtteil)
- Städtische Identität ist sozial konstruiert - es sind die Menschen, die ihre Vorstellungen entwickeln und inszenieren - und zwar nicht nur in baulicher Form. Daraus ergibt sich, dass die Identität **niemals homogen, sondern vielfältig und konkurrierend** mit anderen Entwürfen ist.
- Umgekehrt braucht es einen gewissen sozialen Konsens, um überhaupt von einer städtischen Identität sprechen zu können. Also auch hier die Widersprüche in sich, die **Komplexität, die eine Identifikation erst möglich macht**.
- Identität entsteht auch auf der **Ebene der Funktion der Stadt** (des Stadtteils) ebenso wie über das Vorhandensein einzigartiger architektonischer Leistungen (Geschichte, Symbole, Bauten)
- Identitätsbildung erwächst nicht [nur] aus baulichen Höhepunkten, sondern [auch] aus der **Offenheit gegenüber variablen urbanen Nutzungen**."

Voraussetzung für die Identitätsbildung im Zug der Stadtplanung - um Identität zu schaffen, zu verändern, zu verstärken oder zu bewahren - wegen der starken sozialen Verankerung - immer eine **aktive, selbstbestimmte Öffentlichkeit**. Ein neuer Identitätsentwurf wird nur dann akzeptiert, wenn dieser gemeinsam mit den Vorstellungen der BewohnerInnen entwickelt wurde.

242 W. Kaschuba 2015, S. 3
243 L. Wieseltier in Zeit – 17.2.1995
244 H. Becker 1998, S. 128
245 J. Springer in BM für Verkehr, Bau und Stadtentwicklung 2010, S. 5
246 R. Neutra 1977, S. 33
247 Grundlage: ABES 2019 S. 5-6, Stadtentwicklungsplan 1994 S. 200 und eigene Ergänzungen

Die **kognitive Wahrnehmbarkeit** der „Imageability" oder Lesbarkeit der Stadtlandschaft nimmt auch in der stadtplanerischen Forschung von Kevin Lynch einen zentralen Stellenwert ein. Seine These ist, dass eine lesbare Stadt von einfach auszumachenden Stadtteilen, Orientierungspunkten und Wegenetzen (s. Abschnitt 9) gebildet wird.

Dabei werden ‚öffentliche', gemeinsame mentale Bilder produziert, welche für ein Individuum notwendig sind, um sich in seiner **Umwelt zurecht zu finden** und mit Gruppenmitgliedern zu kooperieren. Nach Lynch benötigt ein funktionierendes Bild zunächst die Identifikation eines Objekts, die Unterscheidung von anderen und seine Wahrnehmung als separate Einheit."

Kann Image und Identität geplant werden?

> *„Identitäten von Städten, Regionen oder Quartieren entstehen nicht am Reißbrett. Architektur und Städtebau, Planung ganz generell kann aber, da sind sich alle Diskussionsteilnehmer ‚Identität bauen', zu den Möglichkeiten einer Identitätsbildung wesentlich beitragen."*
>
> nach Uwe Altrock 2010[248]

Wenn die Architektur und der Städtebau einen wesentlichen Beitrag zur Imagebildung, zur Schaffung einer Atmosphäre und zur Grundlage einer Identifizierung leisten kann – woraus kann der bestehen?

Ausgehend von den eher theoretischen Überlegungen in diesen Abschnitt sollen **beispielhafte Anregungen** dazu beitragen:

Die Bindung an Ort, und Raum ist eine entscheidende Determinante der Sozialstruktur

Auch in der modernen Gesellschaft haben, trotz wachsender technischer Hilfen (zumindest aus ökonomischen Gründen im weitesten Sinne, wahrscheinlich aber auch aus mentalen) Ort und Raum, eine wichtige Bedeutung für das soziale Leben. Territorialität oder **Bindung an das räumliche Milieu** ist eine entscheidende Determinante der Sozialstruktur. Personale Identität setzt Identität des Ortes voraus.[249 250]

Sanfte Stadterneuerung statt Flächensanierung

"In die Gesamtstrategie der Stadterneuerung fügt sich auch die sanfte Stadterneuerung ein, die Stadt als attraktiver Lebensraum durch **Verbesserung der städtebaulichen Struktur** (Wohnen, Hofentkernung, Grün, Straßen/Plätze/Öffentlicher Raum), nicht durch eine grundsätzliche Auswechslung der Baustruktur nach anderen städtebaulichen Entwurfskriterien (Flächensanierung), **Erhaltung des Charakters der Stadtteile** und ihres 'Milieus' als Lebensraum und Identifikationswert für die Bewohner ist ein wichtiges Ziel der Stadterneuerung." [251]

Struktur kann durch Verkehrswege erkennbar gemacht werden

"Struktur und Gestalt eines Quartiers oder einer ganzen Stadt lassen sich an der Erschließung durch die Verkehrswege in Form eines markanten Weggerüsts und in einer visuellen Hierarchie der Wege erkennen."[252] Das müssen keine Hauptstraßen sein, sondern durch eine markante Gestaltung und **neuartige Verkehrsorganisation** können Achsen gebildet werden wie Fußgängerzonen, Fahrradstraßen, Spielstraßen, Durchwegungen, Alleen u.a.m. Achtung: Bauhöhen sind von den Straßenbreiten abhängig und Straßenbreiten von mehr als 20 m sollen nur sehr sparsam eingesetzt werden!

248 zit. in BM für Verkehr, Bau und Stadtentwicklung 2010, S. 14
249 E. Bodzenta et al. !981, S. 152
250 A. Brandl 2013, S. 174
251 Stadtentwicklungsplan 1995, Stadt Wien 1994 S. 183
252 S. Wolfrum und A. Janson 2016, S. 112

Die Parzelle als historische Speichereinheit soll nicht verschwinden.

„Das einzelne Grundstück ist der **Träger der Erinnerungen** der Bewohner. Es fungiert als Speichereinheit des historischen Gedächtnisses einer Stadt. Trabantenstädte sind nicht nur im Prozess und zum Zeitpunkt ihrer Herstellung geschichtslos und erinnerungslos, sie bleiben es auch, was noch viel schlimmer ist. Es fehlt ihnen die bewusst eingesparte Organisation in diskrete Einheiten, die Erinnerbarkeit und das Haften von Erzählungen das Identitäten möglich macht.[253]" Zusammenlegungen sollen sparsam angewandt werden und nur unter Schaffung von Durchlässigkeit – Großstrukturen in der kleinteiligen Stadtstruktur sind zu vermeiden!

Über regionale Identifikation kann soziale Kohäsion und Sozialkapital erzeugt werden[254]

Es ist daher relevant, vor Planungsmaßnahmen, die Eigenschaften und Merkmale von Orten zu analysieren, die identifikationsbildend wirksam sein könnten. Als zentrale Maßnahme ist der kleinräumige Maßstab –und nicht die große Linie, die nur im Modell 1:500 erkennbar ist –zu beachten.

Charakter und Atmosphäre von Stadträumen sind komplexe Qualitäten

Die es zu erkennen, zu schützen und weiter zu entwickeln gilt. Durch das einfühlsame Aufgreifen der Merkmale eines Ortes im architektonischen und städtebaulichen Konzept lässt sich dessen Charakter anschaulich machen.

Städtebauliche Elemente für die Schaffung von Atmosphäre und Identität

Ein einfaches Beispiel aus dem ‚Roten Wien' ist die Wohnhausanlage ‚Rabenhof' von Schmid/Aichinger aus 1927, wo selbst bei einer Flächensanierung die geschwungene Form der Rabengasse beibehalten wurde und die zentralen Einrichtungen der Anlage darauf ausgerichtet wurden (Wohnturm, Kino, Vorplatz, Soziale Einrichtungen, Bibliothek etc. Selbst der Platz an der Baumgasse ist dem vorübergehenden Erhalt des Gasthauses ‚Zum müden Wanderer' geschuldet, dass erst später erworben und abgebrochen worden ist.

Andere Elemente sind **topografische Anomalitäten** wie Steilhänge, Gruben, Geländekanten die als Grünzüge und Abenteuerspielplätze attraktiv ausgestaltet werden können. Ein ‚Killerargument' ist hier die ‚barrierefreie Ausgestaltung' die zu zikkuratähnlichen, unverhältnismäßig kostenintensiven Anlagen führt – unter Eliminierung sämtliche naturräumlicher Elemente.

Bauliche Spolien können als Gemeinschaftsräume, Kulturaktivitäten und Gastroeinrichtungen dienen wie ‚Alte Chirurgie' im AKH, Remisen und Busbahnhöfe, Nebengebäude des Schlachthofes in St. Marx, Badner-Bahn-Areal in Meidling, Lohner-Werke und Gösser-Halle im Neuen Landgut.

Wesentliche **Bedeutung als Identitätsbildner** können **Grünelemente** darstellen sowohl ‚Wildnisse' (siehe ‚Stadtwildnis in St. Marx), **Baumgruppen oder Einzelbäume**. Problematisch ist dabei die geforderte Standfestigkeit – die durch Zugversuche, den Baum erst umbringen, oder die Pauschalbewertung nach Alter (‚Lebensdauer bereits abgelaufen') oder Wertigkeit (‚Götterbäume sind wertlos') – Obstbäume erst recht! Das berüchtigte ‚St. Pöltner Urteil', wo der Baumeigentümer für sämtliche Schäden – auch Naturgewalten wie Stürme etc. – haftet, ist mittlerweilen relativiert worden.

Und dort wo partout nichts ist, können Topografie, Wasserläufe und Grünelemente vorgegeben und vor **Beginn der Bauarbeiten** eingerichtet werden – um die Bebauung danach auszurichten: ein alter Traum der Landschaftsplaner!

253 s.a. P. Rode 2010, S. 105
254 s.a. P. Rode 2010, S. 705

7.6 Nutzungsmischung

„Tatsächlich unterliegt das Stadtbild einer gewissen Trägheit. [...] Auf ganze Stadtteile bezogen, hält jedoch keine Bebauung mittelfristig einem Veränderungsdruck stand. Die Nutzung ist also der eigentlich bestimmende Faktor im Stadtbild."

Gerd Curdes 1995, S. 99

„In der Analyse eines Stadtteils wird gewöhnlich die **Nutzungsstruktur der Bebauungsstruktur** gegenübergestellt. Dabei liegt die Versuchung nahe, beide als gleichwertig aufzufassen, wenn nicht sogar die Bebauung aufgrund ihrer physischen Präsenz als dominierenden Faktor angesehen wird." Das Stadtbild mit allen seinen Veränderungen wird jedoch von der Nutzungsstruktur gebildet.[255]

Und Jane Jacobs sieht das Vorurteil, dass großstädtische Mannigfaltigkeit das Erscheinungsbild der Städte als Durcheinander generiert. Orte, die Homogenität ausstrahlen, sehen besser aus und eignen sich für eine ‚ästhetische' Gestaltung.

„Diese **Gleichheit** tritt als das auf, dass sie ist: monoton, öde und **eine Art Ordnung, wenn auch langweilig**. Es ist eine andere Art der Unordnung, hat keine Bewegung und weist keine Orientierungsmerkmakle auf – eine andere Art des Chaos. An Stelle lebendiger Vielfalt finden wir dort absichtsvolle Formspielereien an den Gebäuden vor, dessen künstlich verschieden Gemachtes nur von dem Wunsch zeugt, anders zu erscheinen."[256]

Die Nutzungstrennung ist **keine Erfindung des Funktionalismus**: in der Haussmann'schen Stadt wurde die Arbeitsstätte aus dem ‚privaten' Wohnblock ausgeschlossen. Mit dem Haussmann'schen Block beginnt der Innenbereich des Blocks mit seinen funktionalen Eigenschaften und vielfältigen Verflechtungen zu verschwinden.[257]

Das setzt sich nahtlos in den hochwertigen Wohn- und Villenvierteln wie im ‚Cottage' fort, wo keine Durchmischung angesagt ist – aber auch bis dato nicht verlangt wird. In den pauschal als ‚Arbeitervierteln' bezeichneten Gebieten galt das natürlich nicht, weil die Fabriksarbeiter in Gehentfernung wohnen mussten.

Roland Rainer hat in seinen städtebaulichen Grundkonzept 1962, noch die Entmischung von gemischt genutzten Wohngebieten aus folgenden Gründen gefordert:[258]

- **Lärm- und Geruchsbelästigung**
- Den Betrieben fehlt **Verkehrs- und Entwicklungsraum**
- Der **Wohnwert** der Gebiete wird **stark herabgesetzt**
- als Lösung kommen kleinräumig, blockweise Entmischung, Schaffung von Werkstättenhöfen und die **Absiedlung störender Industriebetriebe** in Frage
- **nicht störende Betriebe** können zwischen Wohngebieten **eingestreut bleiben**, sofern die Verkehrsprobleme bewältigbar sind (Lieferfahrzeuge)

Die Forderung nach ‚Entmischung' von störenden Betrieben in Wohnvierteln hat Elisabeth Lichtenberger schon 1978 widersprochen, „weil es dem Prinzip der Durchmischung widerspricht und sich nicht durchhalten lässt." [259]

Inzwischen haben sich im Gefolge von Jane Jacobs 1961 erschienen opus magnus, indem sie die **Funktionsmischung als Voraussetzung** für ein funktionierendes Stadt-

255 G. Curdes 1995, S. 99
256 J. Jacobs 1963/1975, S. 131-132
257 s.a. Panerai et al. 1985, S. 42-43
258 R. Rainer 1962, S. 9 und 17
259 H. Bobek und e. Lichtenberger 1978, S. 345

leben bezeichnete, die Soziologen A. Mitscherlich (1965)[260] und H.P. Bahrdt (1967)[261] dieses Themas bemächtigt und forderten das ‚Zusammenrücken' von Wohn- und Arbeitsbereich'. Klaus Duntze beklagt 1975 den Entfall der **wohnortnahen Frauenarbeitsplätze** und die fehlende Einführung der Kinder in die Lebens- und Arbeitswelt am Beispiel Berlin-Kreuzbergs.

In jüngster Zeit nahmen sich auch die Journalisten dieses Themas an wie Martin Stierli in der Neuen Zürcher Zeitung 2008, wo Jane Jacobs modellhafte Darstellung des sozial und funktional durchmischten New Yorker ‚Village' herausstrich, den modernistischen Städtebau für die Erosion des ‚Urbanen' verantwortlich zeichnete und J. Jacobs Beitrag als ‚Große Erzählung' und Umsetzung ‚postmoderner Grundsätze' sah.[262]

Und Wojciech Czaja vergleicht das Straßenbild der Jahrhundertwende mit heute: "Die meisten Geschäfte und Essensausspeisungen waren klein und hatten direkte Zugänge von der Straße aus. Das heißt: Überall dort, wo wir heute im Erdgeschoß bestenfalls Fenster vorfinden, wenn diese nicht schon längst zugemauert und Garageneinfahrten zum Opfer gefallen sind, gab es große, gläserne Portale - oft sogar mit Markisen und Baldachinen. Die **Stadt der Fußgängerinnen und Fußgänger war voller Türen**."[263]

Doch Nostalgie ist nicht zielführend, meint Hans Werner Bonny:[264] „Die heute in Aussicht genommene Funktionsmischung ist - angesichts veränderter Produktionsverfahren, Wohnformen und sozialen Strukturen - mit der klassischen, vielfach auch verklärten Form der Funktionsmischung des 19. Jahrhunderts nicht zu vergleichen. Sie ist den Unternehmen und Haushalten in seinen Eigenschaften unbekannt. Die neue **Funktionsmischung ist damit eine Produktinnovation** - ähnlich wie eine neue Maschine oder Technik – aufzufassen. Damit entstehen die Fragen: Wer wird eine solchen Standort nutzen und wie groß ist sein Marktpotential? In welchem Umfang werden die Haushalte und Unternehmen gemischt genutzte Standorte tatsächlich nachfragen? Welchen Marktanteil hat ein gemischt genutzter Standort angesichts alternativer monofunktionaler Standorte?"

Die Nutzungsvielfalt in den alten Zentren und in den Suburbs ist mit der Zeit entstanden und hat sich auch kontinuierlich verändert. Selbstorganisation braucht Zeit und die Möglichkeit zu Nutzungsveränderung.

Cedric Price:[265] „Die Veränderung gebauter Strukturen und noch mehr die Veränderung ihrer visuellen Erscheinung beschleunigt sich immer mehr. Man kann Geschichte nur dort spüren, wo der **Kontrast zwischen Alt und Neu** zu sehen ist. Wenn keine Veränderung gezeigt wird, wenn man ein Schloss so konserviert wie es gebaut wurde, wird die Geschichte getötet."

Auch unter den Stadtplanern und den fortschreitend ‚humanen' Produktionsmethoden' – vor allem deren Auslagerung - nahm diese Forderung immer mehr Raum ein und durfte in keinem ‚Leitbild' fehlen:

260 A. Mitscherlich 1965, S. 79
261 H.P. Bahrdt 1967, S. 114
262 M. Stierli, NZZ, 1.11. 2008, S. 2
263 W, Czaja im Gespräch mit Angelika Psenner im Standard-Album 31.1.20021, A 8
264 H.W. Bonny in H. Becker 1998, S. 243
265 C. Price im Gespräch mit Philipp Oswalt in ARCH+ 1991, S. 52

Leitbild: Nutzungsmischung

> *"Aktuelles Leitbild Nutzungsmischung: Trotz gegenläufiger Entwicklungstendenzen ist Nutzungsmischung zur Zeit das für den Städtebau am häufigsten proklamiertes Leitbild. Gegen die tatsächlichen Entmischungstrends, gegen Marktwiderstände sowie planungsrechtliche und organisatorische Restriktionen stehen bei vielen Projekten Bemühungen, nutzungsverflochtene Quartiere zu realisieren."*
>
> Heidede Becker 1998, S. 16

In fast allen deutschen und österreichischen Stadtentwicklungskonzepten werden Funktionsmischung und städtebauliche Dichten als Leitziele für die Stadtentwicklung formuliert (siehe Abschnitt 7.1 Bauliche Dichten).

In Wien wurde 2017 das **Fachkonzept „Produktive Stadt"** beschlossen, das sich zum Ziel gesetzt hat, den produzierenden Bereich in neuen Mischformen von Arbeiten und Wohnen mit modernen Logistiklösungen zu bewahren und damit zu den ‚sortenreinen' industriell-gewerblichen Gebieten, eine immer wichtiger werdende Ergänzung zu bieten.

Gewerbliche Mischgebiete: [266]**Arbeitsquartier mit integriertem Wohnen** - nicht umgekehrt.

"Die Integration von Wohnen ins Arbeitsquartier bedingt, dass

1. die **Formen des Wohnens**
2. die **Entwicklung und Positionierung der Gebäudetypologien** und
3. die **mengenmäßige Beschränkung des Wohnens** auf bis zu 50% der Gesamtkubatur je Entwicklungsgebiet dazu beitragen, dass die Betriebe in ihrer Funktion und Entwicklung von der Wohnnutzung nicht eingeschränkt werden: Integrieren statt verdrängen."

Es werden drei Typen von Betriebszonen unterschieden:[267]

1. Industriell-gewerbliches Gebiet
Ausschluss von Wohnen

2. Gewerbliches Mischgebiet
mindestens 50% der Kubatur gewerblich nutzbar (kein Hotel und Nahversorger)

3. Integrierte Einzelstandorte
alles Übrige – je nach Widmung bzw. gleichflächig Gewerbe wie Bestand bei Umwidmungen

Das **Potential für Mischstrukturen** weist Hanns Werner Bonny 1998 – das seitdem sicher noch gewachsen ist - wie folgt aus:[268]

„Etwa ein Drittel bis zur Hälfte der Unternehmen, die einen Standort suchen, können als Potential für einen gemischt genutzten Standort gelten. Die Betriebe haben in der Regel deutlich weniger als 50 Beschäftigte und die Grundstücksgröße ist für mehr als die Hälfte der Betriebe kleiner als 2500 m².

Warum ist Mischnutzung und Nutzungsvielfalt so wichtig geworden:

- als **Voraussetzung für Urbanität** und städtische Lebensqualität[269]
- ein breites Angebot städtischer Funktionen ist **Grundvoraussetzung für eine verringerte räumliche Mobilität**[270]
- der **unterschiedliche Arbeitsrhythmus** von verschiedener Gewerbe bereichert den Alltag[271]

266 M. Rosenberger et al. ‚Fachkonzept Produktive Stadt' Stadt Wien STEP 2025, 2017 S. 78
267 aaO. S. 63
268 H.W. Bonny in H. Becker 1998, S. 253
269 Stadt Wien – STEP 1994 S. 119
270 G. Curdes1995, S. 14
271 Stadt Wien – STEP 1994 S. 119

- Abgeschottete Industrie- und Gewerbebereiche leisten keinen **Beitrag zur urbanen Durchmischung und Durchlässigkeit**[272]
- **Monofunktionalität verfällt zu ‚grauen' Zonen'** (Jane Jacobs), verfällt der sozialen Erosion und verödet mit abnehmender sozialer Kontrolle[273]
- mit zunehmender Wohnbevölkerung sind auch Arbeitsplätze mit **differenzierten Ansprüchen erforderlich**
- Nutzungsmischungen prägen die Stadtgestalt und bilden jene **Komplexität und Ambivalen die Unverwechselbarkeit** gewährleistet

Formen der gewerblichen Durchmischung

Prinzipiell sind fünf verschiedene Formen der gewerblichen Durchmischung (‚Körnigkeit') als Durchmischung zu verstehen:

1. Mischungen **innerhalb eines Gebäudes** – Wohnen, nicht störendes Gewerbe (im Erdgeschoß) und Dienstleistungen sowie Freie Berufe (Modell vorindustriell)
2. Mischungen **innerhalb einer Parzelle** – Handel, Dienstleitung und wohnen im Straßentrakt und Gewerbe im Hoftrakt (Modell Ende des 19. Jahrhunderts)
3. Parzellenweise **Mischungen im Block** – Residualmodell von ‚verbliebenen' Gewerbebetrieben neben monofunktionalen Neubauten
4. **Blockweise Mischungen** von Gewerbeblocks oder Gewerbehöfen neben Wohnblöcken mit geringeren Durchmischungen
5. **Größere Einheiten,** die bereits in Richtung **Funktionstrennung** gehen, aber innerhalb eines Grätzels oder Stadtteils, Wohnen und Arbeitsplätze anbieten.

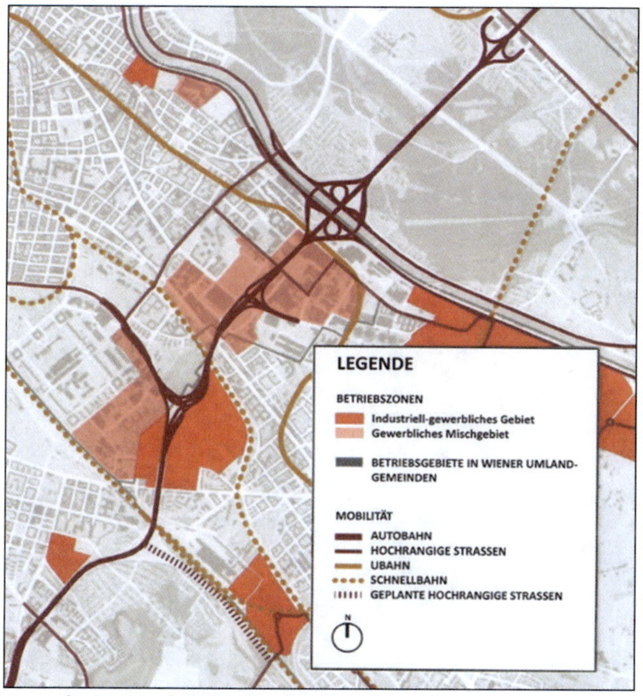

Ausschnitt Produktive Stadt Wien 2017

Jane Jacobs sieht auch den Unterschied zwischen bestehenden Altbauten und Neubauten - eine wesentliche existentielle Kategorie von Standortentscheidungen, deren Gültigkeit zeitlos ist:

„Nur Unternehmen, die gut geführt sind, einen großen Umsatz haben oder von der öffentlichen Hand unterstützt werden, können sich im allgemeinen die hohen Kosten für bezugsfertige neue Gebäude leisten: markengebundene Kettenläden und Kettenrestaurants, Banken, Supermärkte usw. Aber nachbarschaftlich genutzte Bars, kleinere oder exotischere Restaurants und **bescheidenere Unternehmen brauchen ältere Gebäude.** Vielleicht ist es anders noch deutlicher: Hunderte gewöhnliche Unternehmen, die für die Sicherheit und das öffentliche Leben auf den Straßen und in den Bezirken wichtig sind, können in alten Gebäuden gut existieren, werden aber unerbittlich ruiniert, sobald sie die hohen Mieten in einen Neubau leisten müssten. Selbst Unternehmen, die sich Neubauten in Großstädten leisten können, brauchen alte Gebäude in ihrer unmittelbaren Nähe. Sonst sind sie nur Teil einer gleichgeschalteten Umgebung, die wirtschaftlich

272 W. werdegier 1992, S. 214
273 H.P. Bahrdt 1967/1971, S. 115

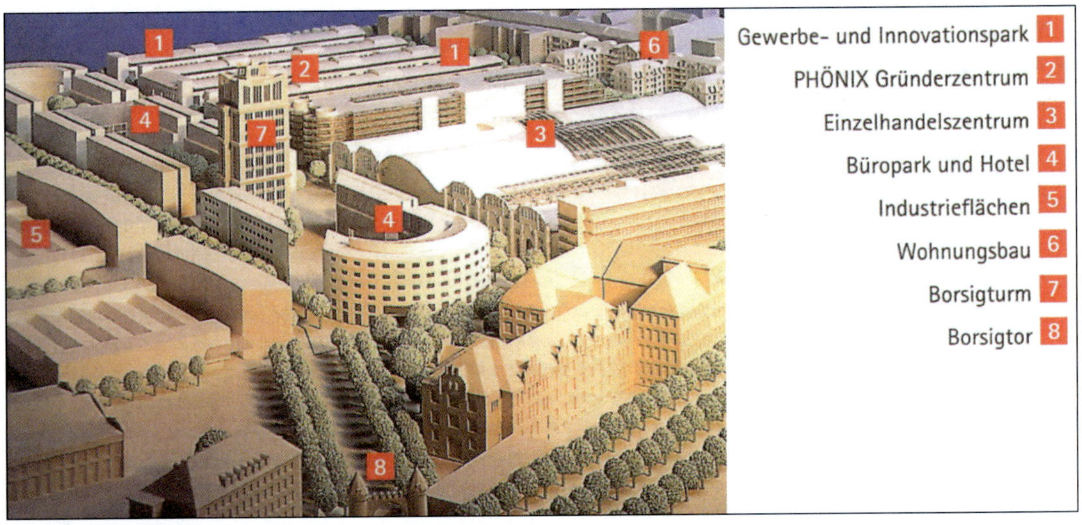

Borsig-Areal Berlin

Berlin Tacheles - Neu (Herzog d Meuron) Berlin

Markthalle Rotterdam (MVRDV - Winy Maas)

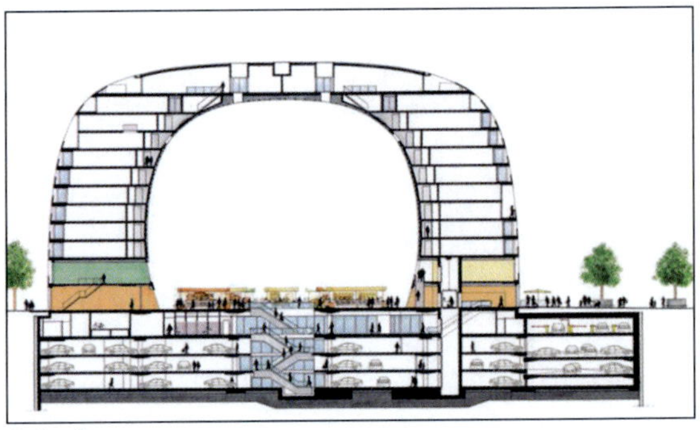

Schnitt

zu begrenzt und damit in ihrer Funktion zu beschränkt ist. Wenn Mannigfaltigkeit gedeihen soll, müssen Gebäude hoher, mittlerer und niederer Rendite gemischt sein."[274]

Wenn Mischung und Dichte anerkannte Ziel der Stadtentwicklung sind, gehen über die ‚Körnigkeit' die Meinungen weit auseinander:[275]

Auf der einen Seite stehen die Protagonisten der ‚Parzelle' und der ‚kritischen Rekonstruktion der Stadt', die in einer möglichst kleinteiligen Nutzungsmischung an die Städtebautradition des 19. Jahrhunderts anknüpft (Tübingen - Feldtkeller).

Diesen Ansätzen stehen Projekte gegenüber, die von vornherein ihre Ansprüche an die Feinkörnigkeit reduziert haben, teils weil sie das Konzept für unzeitgemäß oder zumindest als unrealistisch halten - teils weil großflächige Nutzungen vorgesehen sind und Nutzungsmischungen nur auf Block- oder Quartiersebene erlauben (Beispiel Berlin - Borsig-Areal)

Christoph Luchsinger[276] relativiert die ‚vorschnelle' Bewertung von Wohnvierteln mit nur wenigen Arbeitsplätzen als Problemzonen, oder liegen andere Gründe vor? Arbeitsplätze und Gewerbe sind kein Allheilmittel, wenn anderes nicht stimmt...

Die Nutzungen Wohnen und Arbeiten lassen sich nicht so ohne weiteres, wie von manchen Planern proklamiert wird, via Top-down-Ansatz wieder zusammenführen:[277]

„Diese Perspektive lässt außer Acht, dass die Funktionstrennung nicht ausschließlich aus den gesetzlichen Immissionsschutzabständen und den technisch-funktionalen Erfordernissen der Nutzung entstanden sind. Die Trennung entstand auch aus einer Vielzahl **freiwilliger Standortentscheidungen der Nutzer** und ist eine aktive Ausnutzung spezieller Standortvorteile..... Die Haushalte und die Unternehmer wählen nur dann .... einen Standort in enger Nachbarschaft zueinander, wenn dieser ihre Interessen nicht verletzt und dieser neue Standort Vorteile bietet.

Ein Indikator für die Schwierigkeiten geplanter Mischnutzung im Neubau sind zwei Stimmen aus 1998 und 2020, die **Änderungen als Anpassung an die Nachfrage** beschreiben:

Robert Sander 1998:278 „Bei fast allen Projekten gab es zwischen ursprünglicher Konzeption und aktueller Umsetzung **erhebliche Veränderungen**: Unabhängig von Standort und Konzept mussten die Ansprüche an die Breite des Nutzungsspektrums und Feinkörnigkeit der Mischung nach und nach reduziert werden. Die realisierte Nutzungspalette ist kleiner als geplant, die gebaute Nutzungsmischung ‚gröber' als geplant. [...]

Die Gründe sind vielfältig: begrenzte Marktpotentiale und umfangreiche alternative Standortangebote, dominante Verhandlungsposition großer Investoren, Defizite im Projektmanagement, veränderte Förderbedingungen im Wohnungsbau und die angespannte Situation kommunaler Haushalte."

Manfred Wasner 2020:[279] "Bei größeren Projekten gemischter Nutzung sind **wesentliche Änderungen** zwischen planrechtlicher Festsetzung und der Übernahme hergestellter Räume die **Regel und nicht die Ausnahme**. Das Änderungspotential der erfassten Developments schwankt von 0% bis 31% und beträgt im Durchschnitt etwa 16% der verwertbaren Nutzflächen.

Die Änderungen erfolgen zu etwa 55% wegen fehlender Nachfrage nach einer festgesetzten Nutzung wie Büros, Retail, Freizeitzentren und Kinos. Zu weiteren 30% erfolgen sie wegen geänderten Bedarfs der Stadt Wien wie Pflegeeinrichtungen, Schulen, Kindergärten.

274 J. Jacobs zit. H.P. Bahrdt 1967/1971, S. 168-169
275 H. Becker 1998, S. 481
276 C. Lammerhuber und C. Luchsinger 2013, S. 28
277 H. Bonny 1998 zit. in W.L. Schönwandt 2002, S. 107
278 R. Sander –‚Funktionsmischung' in H. Becker, S. 487
279 M- Wasner 2020, S. 128

Störungspotential

Der Grundmotiv der Funktionstrennung war die Mischung von Betriebs- und Wohnstätten, die in ‚Arbeitervierteln' zu katastrophalen Zuständen und vor allem **Lärm- und Geruchsbelästigung**, die volksgesundheitlich zu einem Hauptproblem wurde als die industrielle Produktionsweise immer größere Emissionen verursachte. Ein städtebauliches Problem, das in ‚guten Wohnlagen' nicht auftrat. So sind die Westlagen (Westend) in Mitteleuropa begehrter als die Ostlagen, in Abhängigkeit von der Hauptwindrichtung des Westens wo ‚gute Luft' aus der freien Landschaft oder gar von Wäldern (Wienerwald, Reichswald) Immissionen schon vor der Industrialisierung hintanhielt. Es ist nicht von ungefähr, dass **emittierende Großindustrie vornehmlich im Osten** der Städte konzentriert angesiedelt wurde.

H.P. Bahrdt hat Kriterien für Arbeitsstätten in Wohnquartieren – noch immer gültig - zusammengefasst:[280]

„Für die Entscheidung welche Arbeitsstätten, die **nicht der unmittelbaren Versorgung** des Quartiers dienen, untergebracht werden können, gelten folgende Kriterien:

1. **Beeinträchtigen** sie durch Lärm, Rauch, Gestank oder die Erzeugung übermäßigen Autoverkehrs die **Wohnfunktion**?
2. Tragen sie tatsächlich zur **Lebendigkeit und Vielfalt** des Quartiers bei
3. Überschreiten sie eine **bestimmte Größe** und ist damit die **Gefahr ‚grauer Zonen'** durch ‚Sperrriegel' gegeben?
4. Die Zahl der Betriebe bzw. der Flächenbedarf ist zu begrenzen, weil die **Fußwege durch zu große Quartiere** zu lang werden, um noch fußläufig bewältigt werden zu können.

Eine maßvolle Durchmischung von Wohnquartieren mit Arbeitsstätten kann allerdings nicht den verständlichen Wunsch erfüllen, die Arbeitswege der Bewohner eines Quartiers dadurch zu verkürzen, dass man ihnen genügend Arbeitsplätze in unmittelbarer Nähe ihrer Wohnungen verschafft. **Diese Hoffnung ist eine Illusion!**"

Dieser gedankliche ‚Kurzschluss' ist deshalb wesentlich, weil in romantisierenden Vorstellungen immer eine Reduzierung der Mobilität herbeigeredet wird, die durch freie Wahl des Wohn- und Arbeitstandortes in der Realität nicht stattfindet – und dem Wesen der Stadt widerspricht (s. Baum oder Halbgitter in Definitionen).

Ein rein technoide Ansatz greift in der Realität zu kurz, wie das beispielsweise K. Plöckinger aus dem 3. Wiener Architekturgespräch dokumentiert:[281] „Die **Toleranz** der Stadtbewohner gegenüber (insbesondere nachträglicher) funktioneller Mischung hat jedoch **deutlich abgenommen**. So ist es in Deutschland kaum noch möglich, öffentlichen und privaten Wohnbau zu mischen. Mit Protest der Bewohner ist etwa auch bei der Einmietung von Dienstleistungsbetrieben in Wohngebieten zu rechnen."

Die mangelnde Toleranz schlägt sich pekuniär in der Wertigkeit von Miet- und Eigentumswohnung nieder, wo es **für Mischnutzungen teils massive Abschläge gibt** – ein Erklärungsansatz, warum Mischnutzung hoheitlich verordnet werden muss und nicht dem freien Markt überlassen werden kann.

Welche sind neben den angesprochen sozialen Gründen andere **immer wieder erwähnten Beeinträchtigungen**:

- **Lärm- und Geruchbelästigung durch Gastronomie** – laute Lüftungsanlagen und Geruchsbelästigungen für teure Dachterrassenwohnungen
- **Lärmbelästigung von Gasthaus- und Schanigärten**, vor allem die Sperrstundenregelung (22 oder 24 Uhr?)

280 H.P. Bahrdt 1967/1971, S. 152
281 K. Plöckinger 2000, S. 32

- **Kundenverkehr bei freien Berufen** (Anwälte, Ärzte) mit unkontrollierten ‚Fremden' im Haus und kurzgeschlossenen Torsprechanlagen
- **Lieferverkehr bei Supermärkten** und anderen Betrieben außerhalb von üblichen Öffnungszeiten (Sonn- und Feiertagszustellungen, Frühverkehr)
- **Entsorgungsprobleme** bei gemeinsamen Müllsammelräumen
- **Nicht getrennter Wasserverbrauch** von Gewerbebetreiben
- rational nicht erfassbare **psychologische Vorbehalte**

Nicht außer Acht lassen darf man Belästigungen, die von **Kultur- und Sporteinrichtungen** ausgehen, wo im Gefolge nach Veranstaltungsende massive Belästigungen auftreten und ganze Stadtviertel entwerten können.[282] So traten bereits Anrainerproteste bei Verkündung der Standortwahl für die neue „Eventhalle" in St. Marx, die ein Diffundieren der Besucher mit allen ihren Problemen in die Wohnquartiere befürchten.

Instrumente für Nutzungsmischungen

In Gründerzeitvierteln in zentralen Lagen mit attraktiven räumlichen Voraussetzungen (Raumhöhen, Atmosphäre, Zugänglichkeit) sollen gewerbliche Nutzungen erhalten bleiben.[283]

R. Graff und M. Walters[284] sehen in der „Erhaltung und Weiterentwicklung der noch bestehenden Gemengelage - aber auch im Neubau von Mischgebieten" einen entscheidenden Beitrag zur Einlösung stadtökonomischer und stadtökologischer Entwicklungsziele, insbesondere dem haushälterischen Umgang mit dem Boden. „Dies erfordert aber eine spezifische Annäherung an die **kleinteilige und komplexe Natur von Mischgebieten**, auf einem Mittelweg zwischen ungehemmter Nutzungskonkurrenz mit all ihren, für die Lebensqualität abträglichen Folgen auf der einen, und rigider Überreglementierung auf der anderen Seite."

Die Überreglementierung betrifft das Planungsrecht nur am Rand, entscheidend sind die gewerberechtlichen Prozesse, wo beispielsweise alle Anrainer - auch selbsternannte – Parteienrecht haben und die das Arbeitsstättenrecht, wobei die Vorgaben noch mehr nach Betriebsgrößen zu differenzieren sind.

Einen nicht zu vernachlässigenden Aspekt spricht Harald Kopertz (CEO der AURIS Immo der Bank Austria) im Interview mit Manfred Wasner an:[285] "Wenn es sich vermeiden lässt, werden Immobilieninvestoren in Anlagen ihres Kerngeschäftes investieren und nicht in Anlagen mit Nutzungsmischung. Das **Vorhalten der Kompetenzen** für alle angebotenen Nutzungen im eigenen Betrieb ist zu aufwändig. Es wären auch vergleichbare Kompetenzen bei planenden und prüfenden Stellen der Gebietskörperschaften vorauszusetzen, um im Einvernehmen zu einem wirtschaftlich tragfähigen Ergebnis zu kommen."

Welche planerischen Instrumente können nun eingesetzt werden, um das Ziel einer gewissen Nutzungsmischung erreichen zu können:

- Eines der wichtigsten Instrumente im Vorfeld von Betriebsabsiedlungen ist die **Ausweisung von Vorbehaltsflächen für den sozialen Wohnbau** mit einer Limitierung des Grundkostenanteils. Das reduziert die Grundkostensteigerung und die Attraktivität von Betriebsstättenabsiedlungen.
- Ein weiteres Instrument mit gleicher Wirkung ist die parzellenscharfe Ausweisung von **Vorbehaltsflächen für gewerbliche Betriebe** im Rahmen des Fachkonzepts „Produktive Stadt"

282 s.a. Gabriele Steffen – ‚Robuste Quartiere' in Feldtkeller 2001, S. 194
283 Stadt Wien, MA 18 –Masterplan Gründerzeit, s. 64
284 R. Graff und M. Walters, stadtbauwelt 48/1990, S. 2495"
285 M. Wasner 2020, S. 167

- In der Flächenwidmung sollen ‚reine Wohngebiete' sparsamer angewandt werden und die **Störungstatbestände toleranter** gefasst werden. Die Widmungspraxis fast ausschließlich **‚Gemischte Gebiete'** zu widmen wurde in den 70er Jahren aufgegeben und nunmehr ausschließlich Wohngebiete ausgewiesen. Der Grund dafür – die Verdrängung von Wohnungen durch Büros - ist durch die Ausweisung von Wohnzonen und das Überangebot an Büroflächen inzwischen weggefallen.
- In den Bebauungsplänen können für den Neubaufall – aber auch im Bestand (Abbruch und Neubau!) **größere Geschoßhöhen im Erdgeschoß** (z.B. 3,50m) und Geschäftsviertelwidmungen anders zu definieren sein. Bisher sind bloß Wohnungen untersagt (das könnte auf etwa 50% der EG-Fläche eingeschränkt werden). **Untersagt werden sollten Nebenräume** wie Einlagerungsräume und Garagen; Fahrradabstellräume können untergebracht werden – wenn Mindestfensterflächen geschaffen werden.
- Im **Rahmen einer Vertragsbauordnung** (§ 1a der BOfW) können sowohl räumliche, quantitative und finanzielle Regulierungen für gewerbliche oder künstlerische Aktivitäten vereinbart werden wie Geschoßhöhen bis zu 5,00 m und/oder eine Mietobergrenze auf 15 Jahre von 5 €/m² (Beispiel ‚Albatros-Gründe' in Erdberg)
- **Erleichterungen im Gewerbe- und Arbeitsstättenrecht** wurden schon angesprochen (Überreglementierung)
- Da ideale **Nutzungsmischungen schwer definierbar** sind, soll ein gewisser Flächenanteil für künftige Entwicklungen offengelassen werden - als Reserveflächen oder für nur vorläufige Zwischennutzungen."[286]

Ökonomische Hintergründe

"In Großstädten können sich funktionsfähige Straßen und Bezirke kaum ohne alte Gebäude entwickeln - keine Baudenkmäler oder aufwendig renovierte Gebäude, sondern einfache, gewöhnliche alte Gebäude."

Jane Jacobs 1963/1975, S. 114-115

In Kreisen der Betroffenen (nicht der Experten) sind in Neubauten nur wenige für Nutzungsmischungen relevante Branchen unterbringbar – es herrscht das Prinzip „je interessanter und lebendiger die Branche ist, desto weniger Miete kann bezahlt werden"[287]

„Die Funktionsmischung in den meisten **Neuplanungsprojekten** beschränkt sich nahezu ausschließlich auf Wohnen, Dienstleistungen sowie wohnungsnahe private und öffentliche Versorgungseinrichtungen. [...] Von einer Nachbarschaft von Wohnen und verarbeitenden Gewerbe schrecken Investoren auch dann zurück, wenn das Gewerbe wohnverträglich ist. Sie fürchten, dass die räumliche Nähe **weder von Betriebsinhabern noch von Mietern akzeptiert** würde. An manchen Standorten stehen dem allerdings die Bodenpreise entgegen."[288]

Dazu ein reales Beispiel:

Wohnen GFD 2,5x 0,7 x 500 €/m² (Mittel aus frei finanziert und gefördert) = 875,-€/m² Grundanteil

Nettomiete 10,-€/m² (gemittelt) – **25 €/m² Mietertrag** pro m² Grundfläche

Gewerbe GFD 1,0 x 0,9 x 200 €/m² = 180,-€/ m² Grundanteil

Nettomiete 5,- €/m² - **5 €/m² Mietertrag** pro m² Grundfläche

Ergebnis: die Wohnnutzung bringt sowohl dem Verkäufer als auch den Bauträger den **rund fünffachen Ertrag** gegenüber einer gewerblichen Nutzung (ausgenommen Supermärkte).

286 Stadt Wien – STEP 1994, S. 120
287 eigene Erkenntnis
288 R. Sander in H. Becker 1998, S. 480

„Nun wird aber gerade der Ausweisung als Mischgebiet entgegengehalten, dass sie die Fluktuation der Nutzungen zulässt, so dass in Verbindung mit der Bodenpreisstruktur, je nach Konjunktur innerstädtischer Verdrängungsprozesse weiter fortschreiten: **Wohnen auf Kosten des produzierenden Gewerbes**, Dienstleistungen auf Kosten aller anderen Nutzungen.“[289]

Zum Unterschied von den 70er und 80er Jahren, wo Nicht-Wohnnutzungen wie Büros die geförderten Wohnungen **quersubventioniert** haben, hat sich die Situation heute umgekehrt. Der CEO der AURIS-Immo der Bank Austria, Harald Kopertz:[290] "Insoweit Nutzungsmischung eines Developments von einer Nicht-Wohn-Nutzung ausgeht und ergänzende jeweils tragfähige Wohn-, Retail- und Gewerbenutzungen gesucht und angeordnet werden, ist diese jedenfalls ein Vorteil für die Lebensqualität, die sich auch wirtschaftlich abbilden lässt.[...] Die Idee, dass Verwaltungs-, Gewerbe- und Retailnutzung das Wohnen 'quersubventionieren' kann, hat sich als **Wunschdenken** erwiesen. Das Erzeugen von anders nicht erzielbarer Notwendigkeit durch 'quersubventionieren' von geeigneten Geschäftslokalen aus der Wohnungsnutzung (analog der Garagen) funktioniert, wenn Nutzer dafür gefunden werden."

Eine Anmerkung zur ökonomisch-rechtlichen Abgrenzung:

Gemeinnützige Wohnbauvereinigungen dürfen gem. Wohnbaugemeinnützigkeitsgesetz (WGG) Gewinne nicht ausschütten, sondern 'vortragen' und in der Körperschaft belassen und sind daher grundsätzlich auch von der Einkommenssteuer befreit. Mehr als ein **Drittel der Nutzfläche** einer Liegenschaft mit anderen Nutzungen als zu Wohnzwecken, ist gemeinnützigen Bauvereinigungen **grundsätzlich untersagt**. Mischnutzungen - aber auch frei finanzierte Wohnungen - darüber hinaus sind nur mit abgeteilten Anteilen und Partnern möglich.[291]

Neue Formen der Funktionsmischung

> *"Nutzungsmischung ist ein nahes Nebeneinander widersprüchlicher Aktivitäten. Doch heute ist für die Nähe nicht mehr die räumliche Entfernung, sondern die zeitliche Distanz entscheidend. In den Peripherien hat die Geschwindigkeit der Fortbewegung die städtische Dichte ersetzt.*
>
> Philipp Oswalt 1991[292]

Warum sollen Haushalte und Unternehmen sowohl aus betriebswirtschaftlichen als auch aus ihrer sozialen Disposition eine **multifunktionale Nutzungsmischung** einer monofunktionalen Struktur - als Zeichen einer neun Stadtstruktur – vorziehen?

Für die privaten Haushalte sind dies emissionsmindernde Technologien, personalorientierte Arbeitsplätze, kurze Arbeitswege und der Zugang zu vielfältigen Nutzungen. Für die Unternehmen bestehen die Vorteile darin, dass das Arbeitskräfteangebot im Umfeld größer wird, kommunikative Synergieeffekte mit anderen Unternehmen größer werden (Externalisierung von Leistungen) und das Corporate Image innerstädtischer Standort besser ist.[293]

„Immer mehr Konsumenten wollen - etwa aufgrund des Wunsches nach sozialer Gerechtigkeit, nach **Qualität und der Einhaltung ökologischer Standards** - genau wissen, von wem und wo ihre Produkte hergestellt werden. Für einen Großteil der Bevölkerung bedeutet ‚lokal' dabei zudem auch ‚in der Stadt'. Es bietet sich an, die-

289 R. Graff und M. Walters 1990, S. 2493
290 H. Kopertz in M. Wasner 2020, S. 169
291 M. Wasner 2020, S. 169
292 P. Oswalt im Gespräch mit C. Price in ARCH+ 1991, S. 53
293 H.W. Bonny in H. Becker 1998, S. 247-248

se zumeist kompakt organisierbaren Nutzungen wie Kleingewerbe, Handwerk etc. in gewerblichen Mischgebieten anzusiedeln. Einerseits ist dies aufgrund des benötigten Flächenausmaßes möglich, andererseits sind diese Betrieb zumeist emissionsarm und können gleichzeitig Synergieeffekte mit angrenzenden Nutzungen nicht betrieblicher Natur erreichen."[294]

Welche neuen Formen der Funktionsmischung können ansatzweise Anwendung finden:

Triebkraft des kreativen Milieus

„Die als ‚kreatives Milieu' benannte Gesellschaftsschicht gilt als eine entscheidende produktive Triebkraft in der Entwicklung der europäischen Stadt. Besonders in den etwas heruntergekommenen Arealen größerer Städte, wo günstige Mieten, verlassenen Hinterhöfe und brachliegende Gewerbebauten locken, wird durch Kreativität neue Nutzung initiiert. Die daraus resultierende **kulturelle Durchmischung** von Bevölkerungsgruppen an bestimmten Orten hat ihre Vorbilder im beginnenden 20. Jahrhundert in der ‚Kreuzberger Mischung' Berlins und der ‚Melange' in Wien. Durch den **Wandel hin zu einer Dienstleistungsgesellschaft** entstanden neu bespielbare, innerstädtische Industriebrachen, die bevorzugt von den Kreativen genutzt wurden und noch immer eine magische Anziehung ausüben."[295] Nach dem Mauerfall war es der ‚Prenzlauer Berg' in Berlin und in Wien der Jahrtausendwende das Yppen- und das Brunnenmarkt-Viertel.

Nutzung von Leerständen in den Erdgeschoßzonen

"Gerade für die 'jungen Kreativen' sind **Leerstände in den Erdgeschoßzonen** die am meisten genannten Wunschstandorte, vor allem für die Startphase. Vom Unternehmensberater Dr. Dell wurde der Slogan **'Gründerstraßen'** statt 'Gründerzentren' formuliert. [...] Clusterbildung ist ja zu einem gängigen Begriff geworden, und der darf ruhig konkret räumlich gesehen werden. Geschäfte und Nahversorgung sind nicht mehr die einzig denkbaren Nutzungen in Erdgeschoßen, die in vielerlei Hinsicht nutzbaren Stadtraum versprechen.[...]

Beleuchtete und genutzte Erdgeschoße sind jedenfalls interessanter, ermöglichen auch Blickkontakte, und manchmal Gesprächsaufnahme mit Menschen und Einsichten in unterschiedliche Berufsalltage bzw. animiert zu Freizeitangeboten, Mitarbeit oder auch der Organisation eigener Nutzungsideen.[...] Die täglichen Wege werden einfach psychologisch kürzer. 'Verordnete' Kommunikation/Integration/soziale Interaktion/Toleranz sind recht schwierig, aber zufällige Begegnungen in kommerziellen und nichtkommerziellen Raum- und Betätigungsangeboten fördern quasi beiläufig ein Wohnumfeld mit Vertrauen, Gesprächssituationen und Kennenlernen durch den gemeinsamen Alltag."[296]

Zusammenfassung von 'gepoolter' EG-Nutzung:

Die Sorge vieler Vermieter dass Nutzungen junger Leute mit zu viel Risiko (Nachaktivität, Zahlungsausfälle, Unzuverlässlichkeit) könnte durch eine **'Zwischenutzungsagentur'**, die von der öffentlichen Hand geführt, eine befristete Mietdauer (5-10 Jahre) garantieren helfen kann und eine Starthilfe für junge Kreative sein könnte.

294 M. Rosenberger et al. STEP 2025, Fachkonzept ‚Produktive Stadt' 2017, S. 39
295 T. Hahn 2014, S. 38
296 Jutta Kleedorfer ehem. Projektkoordinatorin für Mehrfachnutzung, Stadt Wien MA 18, 2011, S. 214-215

Wohnen für Homeworkers

In Wien 21, Donaufelderstraße haben die BUS-Architekten (Spinadel, Blazica, Lalics) 1993 ein Wohnprojekt für Homeworker umgesetzt, das gerade jetzt Zukunft haben kann: "Dieses Pilotprojekt wird die Möglichkeiten der 'Homeworkers' auf der Ebene des urbanen Fragments behandeln. Die Wohnung wird als Ort der Vernetzung verstanden. Der andere Rhythmus des sozialen Lebens der 'Homeworkers' könnte ein wichtiger Schritt zur Vitalisierung von reinen Wohngebieten werden."[297]

Gemanagte Einkaufsstraßen

"In der Seestadt Aspern befindet sich seit 2015 die **erste gemanagte Einkaufsstraße** Österreichs. eine eigene Gesellschaft, ein Joint Venture aus der Spar-Tochter SES und der Wien 3420 Aspern Development AG, mietet dort Geschäftsflächen von den Bauträgern an und vermietet sie an Händler Dienstleister und Gastronomen weiter. Das funktioniert ganz passabel in der 'roten Zone' - den Hauptstraßen. In der ‚blauen Zone' müssen die Bauträger selbst vermieten - wo es aber 'verbotene Branchen' gibt." Wie beispielsweise Konkurrenten des Gesellschafters ‚Spar' – ein verbesserungswürdiges Modell!

Ein weiteres Beispiel für gemanagte Einkaufsstraßen: Im Nordbahnviertel in der Bruno-Marek-Allee wo die gemanagte Einkaufsstraße eine **Auflage an die Bauträger** ist.

Guerilla-Urbanismus: stadt statt strand

"In Hannover - Stadtteil Linden - haben zwei Vereine 2009 eine brachliegende Gewerbefläche besetzt und in Eigenregie zu einem informellen Kleingewerbepark mit Bar, Bibliothek, Schneiderei, Tischlerei, Tattoo-Studio, Fahrradwerkstatt und diversen anderen Einrichtungen ausgebaut. Das einst temporäre Projekt hat inzwischen eine Nutzungsvereinbarung erwirkt und wird in **touristischen Reiseführern** heute als **Sehenswürdigkeit** angeführt. Der gemeinnützige Verein stadt statt strand unter der Leitung von Laura Bruns hat in Zusammenarbeit mit dem Bundesinstitut für Bau-, Stadt- und Raumforschung sogar eine *Freiraumfibel - Wissenswertes über die selbstgemachte Stadt* mit hilfreichen Tipps und Tricks zum legalen Besetzen und benützen von urbanem Raum herausgegeben."[298]

Stadt statt Strand, Hannover

297 A. Sarnitz 2000, S. 97
298 W. Czaja in 100 x 18, Stadt Wien –MA 18, 2020, S. 44

7.7 Höhenentwicklung

Wir müssen unsere Städte verdichten - was sie, wenn wir intelligent verdichten, nur urbaner und kraftvoller macht. Am geeignetsten hierfür ist nach wie vor der vier - bis sechsgeschoßige Block mit öffentlicher Front und geschütztem und zuweilen grünen Innenhof. Doch unter Umständen, bei großer Grundstücksnot, ist auch der Mut zum Hochhausturm erforderlich."

Vittorio Lampugnani 1993, S. 147

„In der ersten Hälfte des 19. Jahrhunderts war die Altstadt bereits dicht und hoch verbaut, während in den Vorstädten ein ausgeprägtes Gefälle der Bauhöhe mit viergeschoßigen Häusern in den Vorstadtkernen bis zu ebenerdigen Häusern an der Linie (Gürtel) bestand."[299]

Elisabeth Lichtenberger zeichnet das Bild einer **monozentrischen Stadt – mit polyzentrischen Ansätzen**. Mit jedem historischen Sprung wie Eingemeindung der Vorstädte nach dem ringstraßenbau (1860) und der Vororte (1890) und der Entsprechung in der Bauordnung wurden die Reserven rasch aufgefüllt. In der Zwischenkriegszeit stagnierten die Bauhöhen – aber die Geschoßzahlen wuchsen durch die **Verringerung der Raumhöhen**.

In der polyzentralen Stadt wiederholt sich die Geschichte mit umgekehrten Vorzeichen: wie Kainrath 1984 vorschlägt,[300] stagniert oder sinken unter denkmalpflegerischen Auflagen die zentralen Bauhöhen, während die randständigen Zentren – aber nicht nur dort – wachsen..

Mit den steigenden Geschoßzahlen und Bauhöhen wuchs auch seit den 70er Jahren, nach dem Abflauen der ersten Hochhausentwicklungen,[301] die Kritik daran. Der prominenteste Kritiker war Roland Rainer der neben dem mangelnden Flächengewinn (s. Darstellung in 10.1)[302] eine Reihe anderer Vorwürfe aufzählte:[303]

Die seither in immer rascherer Folge in verschiedenen Ländern, vor allem in USA, England und in der BRD erschienen **zahlreichen Publikationen** über die Auswirkungen verdichteter und überhöhter Wohnbebauung auf die körperliche und seelische Gesundheit der Bewohner, auf Kommunikation und Sozialverhalten, auf Kriminalität, über Brandgefahr, Versagen technischer Einrichtungen, Bewohnerängste usw. scheinen aber einer großen Zahl von Architekten und Baufachleuten einschließlich der Bauherren noch nicht genügend bekannt bzw. was wichtiger ist, von ihnen noch immer **nicht zur Kenntnis genommen** worden zu sein."

Gerhard Kleindienst und Franz Kuzmich haben 1977 festgestellt,[304] dass der gegenwärtige Flächenwidmungs- und Bebauungsplan bei voller Ausnutzung – was bei Neubauten die Regel ist - Gechoßflächendichten von 3,5 -5,0 erlauben – was weitaus höher ist als in der vielgelästerten Gründerzeit. Wenn auch die Wohndichte durch geringere Belagszahlen niedriger ist, prognostizieren sie Mangelerscheinungen in der sozialen und technischen Infrastruktur (Schulen, Freiflächen, Stellplätze) – **Befürchtungen**, die inzwischen in **unterschiedlicher Intensität eingetreten** sind.

299 H. Bobek und E. Lichtenberger 1966/1978 S. 210
300 W. Kainrath 1984, S. 256
301 A. Mitscherlich 1965, S. 11: „Die Unwirtlichkeit unserer wiedererbauten, unentwegt in die Breite wie an der Peripherie;"
302 s.a. G. Albers 1972, S. 111
303 R. Rainer 1978, S. 9
304 G. Kleindienst und F. Kuzmich 1977, S. XI

Höhensprünge Wien 3 Rennweg und Schlachthausgasse

Eine wesentliche Größe in der **Höhenentwicklung** ist die Geschoßhöhe bzw. Lichte Raumhöhe, die von 2,40 m bis 3,00 m in der Vorgründerzeit, 2,80 bis 4,00 m in der Gründerzeit, 2,70 m im ‚Roten Wien' und eine Mindestraumhöhe in der Bauordnung von 1930 bis dato von 2,50m schwankte. Schließlich ist die Raumhöhe ein entscheidender Faktor für die Grundstücksausnutzung - bei **vorgegebener Bauhöhe**. In der Hochgründerzeit wurde die Geschoßanzahl limitiert - die durch die Einführung von Tiefgeschoßen (Souterrain) und Halbgeschoßen (Mezzanin) listig erhöht wurde. Nun wird die Frage virulent, ob zusätzlich zur Bauhöhe nicht auch die Geschoßanzahl oder die Nutzfläche in den Bebauungsplänen limitiert werden sollte.[305]

Die Immobilienwirtschaft hat diese Frage bereits beantwortet: Wo in Neubaugebieten die Wohnflächen limitiert werden, werden die Raumhöhen als Verkaufsargument leicht angehoben (2,60m statt 2,50 m) - im dicht bebauten Stadtgebiet wird das je nach **Dachgeschoßsituation** (ein - oder zweigeschoßig) die Raumhöhe nur fallweise angehoben und die Erdgeschoße - wenn kein Wohnungen vorgesehen sind, weiter abgesenkt: Dachgeschoßflächen verkaufen sich teurer als Erdgeschoßflächen!

Je nach Stockwerkslage wirken helle Wohnungen in den oberen Geschoßen größer als in den unteren Lagen. Dem haben hochgründerzeitliche Wohnhäuser Rechnung getragen, wo im 1.Stock bespielweise 4,0 m Raumhöhe vorgesehen waren, die sukzessive bis in den 4. Stock auf 3,00 m abnahm. Das galt natürlich nicht für Gangküchenwohnungen der Arbeiterhäuser.

Ein ähnliches - aber umgekehrtes - Phänomen ist bei den ‚hohen Häusern' heute zu beobachten, wo die Wohnungen **nach oben zu größer werden**, obwohl sie heller sind und dadurch größer wirken und kleinere, dunklere Wohnungen (‚Smart-wohnungen') in den unteren Geschoßen angeordnet werden.[306]

Zu den **limitierten Geschoßanzahlen** hat Willi Kainrath, das Argument der daraus resultierenden unterschiedlichen Gesimshöhen relativiert, ja als Stadtgestaltungselement und Komplexitätszuwachs verteidigt:[307]

305 s.a. W. Czaja im Gespräch mit dem Planungsdirektor T. Madreiter, der dazu gemeint hat: ‚Wer optimieren will, tut das um jeden Preis' in W. Czaja, 100x18, 2020, s. 38
306 s.a. T. Hahn 20114, S. 33
307 W. Kainrath et al. 1984, S. 247

Gesimsanpassung ,Rotes Wien' – Göllnergasse 25

Rabenhof/Kohl-Hof

"Es wird immer wieder behauptet, dass die hohen modernen Gebäude deshalb notwendig seien, damit sie an die schon vorhandenen spätgründerzeitlichen Häuser auf **Gesimshöhe anschließen** können. Diese sei, so heißt es da, der architektonischen und städtebaulichen Einheitlichkeit halber erforderlich. Doch abgesehen davon, dass solche 'ästhetischen' Argumente nicht wirklich ernst gemeint und nur vorgeschoben sind, um die politischen und ökonomischen Interessen zu kaschieren, die auf hohe Grundstücksausnutzung drängen, zeugen sie von einem **geringen Verständnis der städtebaulichen Gestaltung**. [...] Nur wo noch Reste von niedriger, alter Bausubstanz übrigblieben, ist das Stadtbild erträglich."

Ein Hinweis dazu sei gestattet: die Wohnhausanlagen der Stadt Wien der Zwischenkriegszeit, die in bereits durch Gründerzeitbauten ,angerissenen' Häuserblöcken errichtet wurden, mussten sich mit teils abenteuerlichen Höhensprüngen an die **Gesimshöhen der Nachbarhäuser ,anpassen'**. Ob das dem Ziel des komplexen Stadtbildes dienlich war, bleibt dahingestellt.

Die Rolle der 35 m hohen Häuser und der Hochhäuser wurden im Abschnitt 9.5.1(Akzente) behandelt. Zur Höhenentwicklung allgemein sei E. Tröger und E. Baumschlager zitiert die neben Le Corbusiers Hochhausutopien im Städtebau der 20er Jahre wie in Hellerau und in Wohnsiedlungen des Bauhauses, hohe Häuser zur Markierung von zentralen Einrichtungen sparsam verwendet wurden – „im neuzeitlichen Städtebau bekommen höhere Häuser dagegen keine besondere Funktion, sondern sind nur der Abwechslung oder der **höheren Ausnutzbarkeit** geschuldet."[308]

Wie hoch sollen wir, dürfen wir bauen?

Eine Reihe hochrangiger Städtebauer - abgesehen von den bekannten Hochhausgegnern wie Gerd Albers, Hugo Potyka, Roland Rainer, Vittorio Lampugnani oder Lucius Burckhardt - haben sehr eindeutig für eine **,humane' Höhenentwicklung** von Wohnhäusern Partei ergriffen:

Eberhart Tröger und Dietmar Eberle - Dichte Atmosphäre, 2015

"Unter den Gegebenheiten der mitteleuropäischen Abstandsregelungen, die auf gute Belichtungen aller Häuser ausgerichtet sind, ist eine Entwicklung ganzer Stadtteile in große Höhen aufgrund der dann wachsenden gegenseitigen Beschattung kaum möglich. Dies gilt vor allem für Wohnbebauungen. Der Blockrand mit seinen vier- bis maximal sechs Etagen bietet hingegen eine **geeignete Struktur für eine Verdichtung** in der Fläche. Während die Vorderhäuser ihre Höhe behalten, sind bei der Bebauung der Höfe weitere Höhenstaffelungen möglich. das Maß der Ausnutzung dieser Hofbebauungen lässt eine graduelle Verdichtung zu, ohne das Straßenbild ändern zu müssen."

Wolf Werdigier in ,Anwachsen' - Beiträge zur Stadtforschung - 1992

Eine möglichst **starke Beziehung der Bevölkerung** zu ihrer Wohnumgebung und positive Sozialkontakte sind wesentliche Voraussetzungen für ein positives soziales Klima und Wohnzufriedenheit im Stadtteil. Diese Beziehung wird immer wieder im Zusammenhang mit den Bebauungsformen gebracht, die eine bestimmte Geschoßhöhe nicht überschreiten dürfe (4-5 Geschoße).

Willi Kainrath, Friedl Kubelka-Bondy, Franz Kuzmich - Die alltägliche Stadterneuerung 1984

"Auf das Zusammenspiel beider Gestaltungselemente [Bauhöhe und Freiflächen) ist zu achten: auf die Absenkung der üblichen Gebäudehöhen und auf das engere Zusammenrücken der Gebäude. Die geringere Gebäudehöhe verspricht mehr Nähe zu dem von Mensch und Natur gesetzten Maß: Ein Haus sollte nicht viel höher sein als **mittelgroße Bäume** [d.s. 12 -16 m]. Die enger aneinandergerückten Gebäude sollten wieder genauer bestimmte und erlebbare Stadträume formen."

Marta Schreieck im Interview mit Maik Novotny - 2020

„Generell ist zu erkennen, dass bei Mietern und Eigentümern Anlagen mit **weniger Einheiten pro Haus** und kleinteiligere Objekte beliebter sind als große Blöcke.[...] Aus meiner Sicht ist die Umsetzung von mehrgeschoßigem Wohnbau im Höhenbereich von **fünf bis acht Geschoßen** mit vereinzelten Schwerpunktstandorten eine erstrebenswerte Zielsetzung, da sowohl ein diverses Stadtbild geschaffen als auch ein vielfältiges Angebot an Wohnraum für die unterschiedlichsten Bedürfnisse geboten wird."

Die Bandbreite liegt zwischen vier- und sechs Geschoßen, teils bei 8 Geschoßen mit vereinzelter Schwerpunktsetzung - Hochhäuser nur dort wo eine städtebauliche Markierung angebracht ist.

308 E. Tröger und D. Eberle 2015, S. 155

7.8 Farben und Materialität

"Reine, kräftige Farben sind wunderbar, aber falsch angewendet sind sie viel schlimmer als gar keine."

Bruno Taut - Wiedergeburt der Farbe, Vortrag am 1. Deutschen Farbentag, Hamburg 1925[309]

„Ich will auch nicht jene suppenartigen Konglomerate damit treffen, die auch 'Farbe' sein möchten, die aber in Wahrheit nichts anders als die auf ein Haus gestrichene Angst vor der Farbe und vor Grau zugleich sind, die an verwässerte Tinte, Limonade, Cremesauce, Leder und die Auslagen der Seifengeschäfte erinnern. [...] Man muss mit aller Deutlichkeit sagen, dass **starke Farben zusammen immer noch keine Farbigkeit sind**, ebenso wenig wie starke Töne deshalb eine Musik sind.[...]

Die wichtigste allgemeine Formel, die man vielleicht aussprechen kann, ist die, dass die **Buntheit niemals Farbigkeit** ist. Buntheit kann farbloser sein als ein reines Grau und wenige klare Töne, sauber verteilt und richtig disponiert, können unendlich viel farbiger wirken als die Anwendung vieler schreiender Farbtöne."

Stadtgestaltung durch Farbe

„Es gibt vier maßstäbliche Zusammenhänge in denen Farbe empfunden wird:[310]

- Der **Maßstab** der ganzen Stadt oder **des Stadtquartiers**
- den **Maßstab der Straße, die Häuser nebeneinander** oder gegenüber, die enge oder Weite die das Licht und damit eine Farbstimmung hervorruft
- den **Maßstab des Hauses**, **wo Vordergrund- und Hintergrundfarbe** zusammen ein Farbmuster bilden und
- der **Maßstab des Details**, der Fensterornamente, der Läden, des Hausschmucks

Hinzu kommen vier Blickrichtungen im Vorübergehen - von vorn, von der Seite, von unten und von oben und mit welchem Interesse er beobachtet: als Besucher, als Fremder, als Fachmann/Architekt oder als Nutzer und Bewohner."

Farbgebung ist geeignet, die Proportionen, Gliederung und Akzentuierung des städtebaulichen Raums zu modifizieren:[311]

- **Zusammenfassung mehrerer Objekte** zu einer größeren Einheit durch gleichartige Farbgebung bestimmter Bauglieder
- **Gliederung**: Dominanter Farbton der Grundfläche, subdominante Farbe gleichartiger Bauglieder, Hervorhebung von Akzenten (Tore, Fenster)
- **Steuerung der Gehlinie von Passanten**, die trachten entlang gleicher Farben geführt zu werden
- **Interpretation des Straßenraumes** durch Betonen einer Richtungskomponente (Sequenzen)
- **Schaffung von Orientierungspunkten und Akzentuierung**

Farben können räumliche Sequenzen akzentuieren, aber auch Geschehnisse kommentieren, sie können ein Gefühl der Kontinuität verstärken, verhindern oder sich diesbezüglich neutral verhalten. Farben sind nicht raumdefinierend wohl aber raumbegleitend und können daher, mit optischer Betonung orientierungswirksam (visuelle Leitsysteme) eingesetzt, die emotionale Einstimmung auf einen Ort verstärken. Farbqualitäten einer Stadtgestalt sind schwierig zu klassifizieren [...] weil das Farbensehen nicht nur durch den Sehapparat bedingt ist, sondern verhältnismäßig tief mit dem Gesamterleben verbunden ist.[312]

309 zit. in Düttmann et al. 1980, s. 13-14
310 Johannes Uhl - Stadtraumtypen und Farbmuster in M. Düttmann et al. 1980, S. 94
311 F. Heigl 1985, S. 112-119
312 K.J. Krause 1974/74, S. 58

Die Hervorhebung **‚räumlicher Sequenzen'** in der ‚Straßenwanderung" hat Hans Pölzig 1921[313] angesprochen: "Farbe......wenn es gelingt, nicht bloß als gleichberechtigt, sondern geradezu als Hauptfaktor unserer Straßenwanderungen durchzusetzen, so wäre unendlich viel gewonnen. [...] Allein die Farbe kann, mit rhythmischem Gefühl, aber mit Entschiedenheit angewandt, die Straßenbilder unserer modernen Städte gliedern."

Bruno Taut schließt sich dem an:[314] **„Der ödeste Straßenzug kann durch Farbe noch gewinnen"**:

"Es ist kein Grund vorhanden, an alten Gebäuden und Städten, selbst an den hässlichsten, die Notwendigkeit der farbigen Lösung zu leugnen. Wenn ein Straßenzug noch so öde, noch so dumpf in seiner Erscheinung und noch so hässlich in seinen Formen ist, die Farbe wird ihm wenigstens ein **Stück Lebensfreude** geben. Diese Wirkung auf das Gemüt ist nun seit den letzten Jahren oft genug ausgeprobt und steht über allen Zweifel."

Farbbeispiele Bruno Taut
Falkenberg, Hufeisensiedlung, Onkel Toms Hütte

Soll Farbe den Warencharakter der Stadt manifestieren oder soll Farbe den visuellen Erlebnis- und Orientierungsgehalt der Stadt erhöhen? Es ist wohl beides, wie das Beispiel aus der Landstraßer Hauptstraße zeigt: die ungewohnte Farbgestaltung von Oskar Putz einer Passage verursachte Kopfschütteln und Proteste. Doch bald war der Durchgang als ‚Blaues Haus' ein Begriff im Bezirk.

„Die **farbige Provokation**, das Neue, Ungewohnte, Abwechslungsreiche soll das glatte Wahrnehmungsfeld aufrauen, soll die Umwelt überhaupt wieder wahrnehmbar machen.

Je stärker diese visuelle Provokation die Wahrnehmung anregt, umso stärker wird der Wunsch, selbst gestalterisch aktiv zu werden. Der Entwurf eigener gedanklicher Bilder wird angeregt und damit als Möglichkeit auch der Entwurf von Bildern der Freiheit."[315]

313 zit. in F. Heigl 1985, S. 112
314 Bruno Taut - Wiedergeburt der Farbe, Vortrag am 1. Deutschen Farbentag, 1925 zit. in Düttmann et. al 1980, S. 14
315 Aus „Die Mappe", Bd. 57, München 1937/38, S. 32 zit. in M. Düttman et al. 1980, S. 27

Blaues Haus –
Landstraßer Hauptstraße 71
O. Putz

Gründerzeit
Haidingergasse Wien 3

Die Farbigkeit auf Gründerzeitfassaden

„In jedem Fall unterliegt die jeweilige äußere Gestaltung oder Bekleidung von allen Baulichkeiten dem Farbempfinden der jeweiligen Zeit"

Friedmund Hueber 2008

„Während man bei zweifarbigen Barockfassaden oft beobachten kann, dass der Sockel und die anderen tektonischen Elemente dunkler gefärbelt sind als die Nullfläche, sind bei zweifarbigen Fassaden des Historismus zur Unterstreichung der Tiefe des Sockels und die Architekturgliederung meist heller als der Hintergrund – die Nullfläche. Späthistoristische Architektur mit starker plastischer Gliederung verlangt immer Einfarbigkeit. Auch im Zweifelsfalle ist Einfarbigkeit der Mehrfarbigkeit vorzuziehen"[316] – so das **apodiktische Verdikt** Friedmund Huebers und Bettina Nezvals.

Weißes Volkstheater

Danach wird nun – meist in Weiß, **nahezu jedes Gebäude gefärbelt**, auch wenn selbst Hueber/Nezval finden, dass je nach Gliederung schattiert werden könne[317] und der Putz der tektonischen Glieder wie Sockel, Säulen und Gebälk, immer den Naturstein imitierten.[318] Nun gibt es außer Carraramarmor in unseren Breiten keinen weißen Stein.

316 F. Hueber und B. Nezval 2008, S. 38
317 aaO. S. 46
318 aaO. S. 40-44

Künstlerhaus

Das Künstlerhaus aus der frühen Hochgründerzeit wurde auf Weisung des Bundesdenkmalamtes einfarbig mit Romanzement gefärbelt - ein rötlicher Ockerton. Nach Übernahme durch die Albertina hat dessen Direktor vehement unter Hinweis auf den Musikverein Zweifarbigkeit eingefordert und richtigerweise eine bisher unberührte Ecke mit dem originalen Farbton – zweifarbig – gefunden. Nun leuchtet das Künstlerhausmit einem Vanilleton und etwas abgesetzt die ‚tektonischen' Zierglieder.

Industrielle Fassadenfarben neigen zur Verflachung

"Die industriellen Fassadenfarben garantieren einen bestimmten Farbton über jeden Quadratzentimeter des Baues, wodurch die Fassade eine Regelmäßigkeit und Strenge erhält, die ihr die natürliche Wirkung nimmt. Auch wirkt diese strenge Farbmonotonie der Plastizität der Fassadengliederung entgegen. Die **Fassade wird flach**, wird langweilig und eintönig. Ist man auf unsere Chemiefarben angewiesen, kann der monotonen Erscheinung einfarbiger Fassaden durch Schattierung entgegengewirkt werden." [319]

Fazit: Das Hauptgebäude der Technischen Universität musste in den letzten 40 Jahren dreimal neu gefärbelt werden, weil keine ‚industriellen Farben' gestattet waren.

Materialgerechtigkeit war dem Historismus fremd

"Es kann nicht oft genug betont werden, dass das **Streben nach Materialgerechtigkeit** dem Historismus fremd war. Der historistische Baumeister und Architekt versuchte, die vorgegebene Fassade mit einem *konstruktiv wirkenden Tragsystem nach dem historischen Formenkanon,* den historischen Regeln, entsprechend zu gestalten. Die vielen unterschiedlichen Farbschichten auf dem heutigen Fassadenbestand beweisen jedoch, dass sich auch die Farbstellung im Laufe der Zeit mit den **jeweiligen Modeströmungen** geändert hat." [320]

So wurde der Fassadendekor im frühen Historismus aus Terrakotta gebildet, dann in Zementguß und mit größeren Konsolen etc. in Blech (‚Galanteriespenglerarbeiten') nach Musterbüchern appliziert.

„Historistische Fassaden verlangen eine Farbgebung, welche in den Steinen der umgebenden Landschaft vorkommt. Daher entsprechen ein tiefes Blau, ein kräftiges Grün, intensive Farben (wie die Nullflächen des Musikvereins?) die in Kalktechnik nicht herstellbar sind, nicht dem **historistischen Gestaltungsprinzip**.[321]

Um doch Farbe in die Nullflächen zu bringen wurden andere Materialien verwendet wie Klinkerziegeln oder Fliesen. Aber auch kalkulierter Schatten bildet Farbe. „**Schatten ist niemals farblos** und je mannigfaltiger das Spiel des Schattens am Bau ist, umso vorsichtiger muss man diese Wirkung mit dem eigentlichen Farbton abstimmen, damit sich diese Effekte nicht etwa stören oder gar aufheben."[322]

319 F. Hueber und B. Nezval 2008, S. 46
320 aaO. S. 48
321 aaO. S. 40-44
322 Fritz Schuhmacher 1901 zit. in M. Dütmann et al. 1980, S. 13

A. Wimmer
Euro-Gate Wien 3

Buntheit und Chromophobie

„Farbe hat in der Architektur nichts zu suchen", erklärte Max Bill. „Er befürworte jede Farbe, wenn sie nur weiß sei."

Max Bill (1908 – 1994)

Weiß ist Funktionalität und Sachlichkeit, Weiß ist die Farbe der Moderne – so der Befund einer repräsentativen Erhebung, die nach Farbassoziationen zu verschiedenen Begriffen fragte.[323] Dem entspricht die gängige Vorstellung dass moderne und funktionalistische Architektur nur die Nicht-Farbe Weiß verträgt.[324]

Der Kontrast dazu ist folgerichtig die Buntheit und die **Farbangst der Moderne**. Konrad Paul Liessmann in der ‚Philosophie der modernen Kunst':

"Wenn der Kitsch auch nicht alle Farben der Empfindungen hervorrufen mag, dann ist doch sein Bekenntnis zur Farbigkeit höchst auffällig. Kitsch ist bunt, und seine Palette ist so gestaltet, dass man sie bestenfalls einem kindlichen Gemüt durchgehen ließe. Die moderne Kunst, die Avantgarde, mag keine Farben, die nicht aufeinander abgestimmt sind. In den großen monochromen Werken dominieren Schwarz, Rot und Weiß, in der Architektur und im Design kühles Chrom, durchsichtiges Glas, glattes Metall und blanker Beton. Der schottische Künstler rund Essayist David Batchelor (geb. 1955) spricht dann auch von der nahezu **pathologischen 'Chromophobie'**, einer Farbangst der Moderne."[325]

Die **Postmoderne** dagegen hat **keine Farbangst** mehr. Auffallend ist der Unterschied in der Farbigkeit zwischen frei finanzierten Wohnhäusern und im geförderten Wohnbau. Während bei letzteren "an der Fassade geklotzt" wird, um sich in den Großstrukturen zu unterscheiden und auf einen menschlichen Maßstab runterzubrechen (Verena Mörkl) - stehen im frei finanzierten Wohnbau der **Konsens mit den KäuferInnen** im Vordergrund. Und die mögen es nicht bunt.

Ein heikler Aspekt ist die Farbgestaltung der Fensterlaibungen, weil das einfallende Licht die Farbe der Laibungen annimmt. Wer will schon im **Schlafzimmer knallrot oder giftgrün**? (Wohn-psychologin Barbara Perfahl). Die Abhilfe: weiße Laibungen - auch wenn es dann wie aus dem Dekorkarton geschnitten aussieht.[326]

Rüdiger Lainer verwendet oft kräftige Farben - er wünscht sich, dass "die Farben in den Straßenraum ausstrahlen, und die, die das Gebäude nutzen fröhlicher werden."

323 Eva Heller, Wie Farben wirken, Hamburg 2004
324 K. Simons, Farbe und Architektur in Detail Heft 12 aus 2003
325 K.P. Liessmann 2013, s. 262
326 F. Zoidl in Immobilienstandard 10./11.7.2021

R. Lainer
Wien 10 Tarbuk-Gründe

Lainer: Ist ein Gebäude ein Solitär, könne man mit intensiveren Farben arbeiten - in größeren Ensembles müsse man koordiniert vorgehen, um eine Kakophonie zu vermeiden. Ein bisschen mehr Farbe wäre sicher besser gewesen."

Ein Bauträger: "Die Leute mögen **gelb, weil es freundlich ist**" - aber nicht das Ockergelb Schönbrunns, sondern meist das verwaschene Vanillegelb oder ein krachendes Neongelb mit einem Stich ins Grüne. Eine besonders heikle Farbe ist Grün. Die Farbreflexe eines Wohnblocks in Euro-Gate (Arch. Albert Wimmer) beschäftigen noch heute die Anwohner.

W.J. Siedler und E. Niggemeyer persiflieren die Moderne und den ästhetischen Perfektionismus:[327] "Der weiße und also Neuheit vorspiegelnde Putz der früher [Bauernhäusern] vorbehalten war und heute beim Vorkommnis des Besitzerwechsels auch alte Villen an Bungalows angleicht, signalisiert ein Wohngefühl, dass Misstrauen gegen den Ablauf der Zeit hat.

Wiedner Gürtel – Farbinstallation

Superblock Nordbahnhof

Dies empfindet der Architekt von empfindlicher Bewusstseinsstruktur, wenn der Bewohner das Zimmer betritt: Er leidet beim Wiedersehen des Hauses, in das das Leben eingezogen ist. Die geheime Tendenz des Mustergültigen geht heute auf das Unbewohnte, und die Menschenleere der *suburban areas* entspricht dem ästhetischen Perfektionismus der Planungsdiktatur."

Fällt es nicht auf, dass die **Architekturfotografie** – gleich ob Interieur oder Exterieur – keine Menschen im Bild haben will? Also maßstabslos ist – und enttäuscht, wenn das Bild sich von der Wirklichkeit krass unterscheidet.

327 W.J. Siedler und E. Niggemeyer 1964/1993, S. 169

Dass Farbe nicht ‚fein' sei, ist **keine Errungenschaft der Moderne** - bereits Winckelmann beklagte 1764 die *barbarische Sitte des Bemalens von Marmor und Stein* als bedauerliche Ausrutscher: „In seinen Augen hatte man es dann mit einer primitiven Frühform zu tun oder mit einem Künstler, der nicht auf der Höhe seiner Zeit war.

Weißenhof-Siedlung Stuttgart

Werkbund-Siedlung Wien

Diese Einstellung - wie sie etwa auch Goethe in seiner einflussreichen Farbenlehre von 1810 zum Ausdruck gebracht hatte: **Buntheit und Farbigkeit seien mit Primitivität gleichzusetzen** - war lange Zeit in der Architektur vorherrschend. Der Architekturhistoriker Adolf Behne (1885 - 1948) vermerkte dazu ironisch: *Farbe ist nicht 'fein'. Fein ist Perlgrau oder Weiß, Blau ist ordinär, Rot ist aufdringlich, Grün ist krass...... die Farblosigkeit ist das Kennzeichen der Bildung."*[328]

Roland Rainer bei der Eröffnung im der Ausstellung ‚Siedlung der 20er Jahre heute' im BerlinerBauhaus-Archiv 10/1984:[329]

"Josef Frank hat sich übrigens ganz ähnlich wie Taut auch sehr um Farbe bemüht. Er hat die nur aus Einfamilienreihenhäusern bestehende Wiener Werkbundsiedlung in Pastelltönen färbeln lassen, um ihnen den **Charakter einer Architektur-Demonstration**, etwa im Sinne der Weißenhof-Siedlung (in Stuttgart) zu nehmen."

Dass eine **ganze Stadt eine dominante Farbe** aufweisen kann, hat Friedmund Hueber in Wien um 1900 festgehalten: „Grellbunte Fassaden galten als provinziell. Die Farbe der etablierten kaisertreuen Gesellschaft um und nach 1900 war ein kräftiges Grau. Wien wurde zu einer grauen Stadt. Aus diesem Grau versuchten die neuen Architekturströmungen herauszufinden."[330]

Henry Miller hat in den ‚Stillen Tagen von Clichy" dem **Pariser Grau, der Grisaille**, ein literarisches Denkmal gesetzt:[331] "Schon vor Jahren, als ich durch die Straßen von Paris ging und die in den Schaufenstern ausgestellten Aquarelle betrachtete, war mir aufgefallen, dass das was allgemein 'Paynes Grau' genannt wird, hier völlig fehlte. Ich erwähne das nur, weil Paris bekanntlich vor allem eine graue Stadt ist. Ich erwähne es, weil die amerikanischen Maler beim Aquarellieren dieses spezielle Grau übermäßig und geradezu manisch verwenden. In Frankreich ist die Skala der Grautöne offenbar unbegrenzt."

Materialität

Wenn schon keine edlen Materialien in der Hoch- und Spätgründerzeit verwendet wurden, suchte man zumindest in der Farbgebung diesen Eindruck zu erwecken. „Gegenüber der Buntfarbe in München war **Wien traditionell zurückhaltender**, meist einfärbig, 'steinfarbig' mit Grau-, Gelb- bis Brauntönen."[332] Um Blendwirkungen zu ver-

328 C. Janicek – Oskar Putz, 2009, S. 37
329 R. Rainer 1990, S. 37
330 F. Hueber und B. Nezval 2008, S. 40-44
331 H. Miller – ‚Die stillen Tage von Clichy' 1971 zit. in M. Düttmann et al. 1980, S. 129
332 F. Hueber und B. Nezval 2008, S. 36

meiden, gab es in der Wiener Bauordnung um 1885 Weißverbot gegenüber von Schulen, wie seit 1825 in Bayern.

Wo nicht imitiert wurde – bei den großen repräsentativen Bauten, sprechen uns die Materialien unterschiedlich stark an, wollen berührt werden, bringen uns auf ‚Tuchfühlung' mit der Architektur oder halten uns auf Distanz. **„Mehrere Sinneswahrnehmungen wirken meist zusammen** und werden oft durch Assoziationen ergänzt[...] Das Sehen gibt visuelle Reize an die haptische Wahrnehmungsfähigkeit weiter. Oberflächen lassen sich nicht nur berühren, sie können auch mit dem Auge als Erweiterung des Tastsinns abgestastet werden."[333]

Die Kritik Hans Stimmanns an den Nurglasfassaden mag wohl populistisch sein, muss aber zumindest anlassbezogen diskutiert werden:[334] "Ausschließlich aus gläsernen, sich gegenseitig spiegelnden oder die konstruktiven Elemente bzw. haustechnischen Ausstattungen demonstrativ zeigenden High-Tech-Gebäuden kann keine Stadt im europäischen Verständnis entstehen. **Zur Europäischen Stadt gehören auch Fassaden mit Fenstern und Eingängen**, Sockelzonen und Dachabschlüssen, die den Übergangsbereich zwischen Haus und Stadt, zwischen privat und öffentlich markieren. Die Kritik des breiten Publikums an der Eiseskälte glatter, langweiliger, nichtssagender Fassaden zur Straße hat mit der Hilflosigkeit und Ignoranz vieler Architekten zu tun, sich dieser Themen anzunehmen."

Auch die Moderne bietet **haptische Wahrnehmungen** – vor allem in der Ära des ‚Brutalismus' in Form von Sichtbeton – der nun nach 40 -50 Jahren zu so massiven Bauschäden geführt hat, dass sie sich nur unter erheblichen Substanzverlusten beheben lassen. Wenn jedoch kaum mehr als der entkernte Rohbau überbleibt, bleibt die ‚Authentizität', die der Denkmalschutz fordert, auf der Strecke. Dabei erweist es sich als fatal, dass der damals favorisierte Sichtbeton nicht in 'Würde' altern kann. Jeder Fachmann weiß vielmehr: 'Sichtbeton entwickelt sich in seinem morphologischen Prozess - vielleicht steht am Ende die Ruine.[335]

Damit ist nicht nur eine Verwitterung der Oberflächen vorprogrammiert, was die Gebäude für landläufige ästhetische Vorstellungen unansehlich macht, sondern im Lauf der Zeit treten auch immer stärkere **konstruktive und bauphysikalische Schäden** auf." Die Konsequenz ist dann nicht mehr die Ruine, sondern der Abbruch, ein Schicksal dass die Deutsche Botschaft in Wien von Ralf Gutbrod, ereilte.

Wenn die Moderne mit viel Glas, Stahl und Beton gleichgesetzt wird, kommt nun immer mehr Farbe hinzu:

Deutsche Botschaft (R. Gutbrod)

„Freilich: Farbe ist nicht gleich Farbe.

Unüberlegte Farbkonzepte können die Architektur verschandeln - sie geradezu zerstören. An teils abenteuerlichen Experimenten mit Farben mangelt es nicht, jedoch an solchen mit konzeptuellen Ansprüchen. Wenn aber Architektur und Farbe das gleiche Niveau haben, wenn Architekt und Farbgestalter eine perfekte Symbiose eingehen, entstehen nicht nur sehr gute, sondern oft auch zukunftsweisende Lösungen."[336]

333 S. Wolfrum und A. Janson 2016, S. 100-101
334 H. Stimann et al. 2005, S. 119
335 s.a. R. Lange 2003, S. 11
336 C. Janicek 2009, S. 40

Ist Farbe zeitgemäß?

Formulierungen wie **'Unsere Städte müssen bunter werden'.** Fassaden-Wettbewerbstitel wie 'Farbige Stadt', Aktion 'Schöneres XY' kündigen an, was sich seither an Hausfassaden, Brandmauern, Bunkern, Hochstraßen, Unterführungen, Parkhäusern, Bahnhöfen und anderswo bestätigt. Die Rede von 'Schmuckstücken', 'heiteren Akzenten', 'herausgeputzten' Fassaden und 'Farbflecken' verrät diese neu entstandene Zeichenwelt als Niederschlag kosmetischer Oberflächenoperationen: 'face-lifting'"[337]

Die **Forderung nach mehr ‚Buntheit'** – nicht ‚Farbigkeit' ist auf fruchtbaren Boden gefallen. Mittlerweile gibt es schon Städteführungen zu Feuermauer-Bemalungen und Wettbewerbe, Schulkinder bemalen Schaltkästen, Hydranten, Durchgänge und Unterführungen und auch Bauträger in den Städten sehen sich mit mehr Farbigkeit seitens der Planer konfrontiert.

Maik Novotny hat diesen Trend unter ‚Neonvillen und Curryhäuser' angeprangert: "Österreich, so der subjektive Eindruck, wird immer gelber, vor allem in den östlichen Bundesländern. Ein Dorf im Mostviertel, mittendrin ein Bauernhof in nachleuchtenden Farben, oben Zitrone; unter Orange. eine Villa am Hang nahe Wien, übersät mit weißen Ornamenten in Zuhälterbarock, der Putz in kreischendem Neongelb. Ein warnwestenfarbenes Haus am Ortsrand im Weinviertel, kilometerweit sichtbar. Eine Siedlung im Südburgenland , hinter der Thujenhecke eine Wand in Textmarker-Neon. Aber auch Wien ist nicht verschont: Auswurfgelb in Aspern, Eidottergelb am Nordbahnhof, ein gigantischer Käse in Liesing. Lemon Curry?"[338]

Die **Farbpalette der synthetischen Farben** ist schier unerschöpflich und bringt Farben hervor, die in ephemeren Situationen wie im Bühnenbild zum Aufrütteln der Zuseher verwendet werden können, aber auf Hauswänden, wo sie mindestens 10 Jahre unser Auge ‚erfreuen', sollten solche Auswüchse verhindert werden können.

Der ehemalige Landesbaudirektor von Niederösterreich, Michael Maxian, mit dem Problem konfrontiert: "**Farben sind immer Moden unterworfen**, heute mehr denn je. Früher gab es eine gemeinsame Tradition, die sich aus der Funktion ergab. Heute wählt man vielleicht aus dem Wunsch nach gesellschaftlicher Anerkennung heraus sogar eine Farbe, die man gar nicht mag, weil man eben auffallen will.

Niemand baut absichtlich schiach" konstatiert Michael Maxian, "aber erstens gibt es heute **keinen Konsens mehr, was schön ist**. Und zweitens geht es beim Ortsbild auch nicht um Schönheit, sondern um Angemessenheit. In der heutigen individualisierten Gesellschaft will sich kaum noch jemand an ein **Ortsbild anpassen**."[339]

Michael Trieb führt 1979 das Beispiel Freiburgs an, wo auf Rechtsinstrumente weitgehend verzichtet wurde und eine **‚legere' Beratung** anstelle dessen mit gutem Erfolg eingesetzt wurde: „Besonders hinsichtlich der Farbgebung ist man der Ansicht, dass Farbgestaltung wohl eine der kurzfristigsten Maßnahmen sei und die Zeitentwicklung auch die Geschmacksfrage beeinflusse: 'Eine Stadt muss auch mal eine **gewisse Zufälligkeit, Hässlichkeit** an den Tag legen, die wiederum Lebendigkeit erzeugen kann...'[...] Gleichzeitig besteht nach Ansicht der Stadtgestalter die Notwendigkeit, Impulse zu geben, zu experimentieren und auch bewusst zu provozieren. [...] Mit der Freiheit des Hausbesitzers tritt oft der umgekehrte Effekt ein."[340]

337 H. Schmidt-Brümmer und A. Schulz 1976, S. 24-25
338 M. Novotny im Standard-Album 15.8.2020, S. A8
339 aaO. S. A8
340 M. Trieb et al. 1979, S. 146-147

7.9 Licht, Beleuchtung und Klang

„Die Wahrnehmung und noch mehr die Vorstellung von Räumen geht über die physikalischen Prozesse hinaus: Geruch, Geräusch, Haptik, Beleuchtung und Farben generieren Vorstellungen, die jenseits euklidischen Sehens liegen."

Martina Löw 2017, S. 79

Licht

Wer hat sich in dunklen Straßen, die in Ost-West-Richtung verlaufen und mit Ausnahme des Hochsommers immer im Schatten liegen, nicht unwohl gefühlt? Die Nord-Süd-gerichtete Straße mit ihren **wechselnden Lichtverhältnissen** ist sicher lebendiger und anregender, und weist interessantere Freiraumqualität auf, weil sie zweimal am Tag das besonders schöne lange Licht der Morgen- und Abendsonne bekommen.

Natürliches Licht hat enorme Auswirkungen auf das Erscheinungsbild und damit auch auf die Atmosphäre, die Aufenthaltsqualität und bringt Plastizität an den Gebäuden hervor (oder lässt sie vermissen. Das gilt auch für Teile von Plätzen – jahreszeitlich unterschiedlich. Südseiten von Straßen- oder Platzbegrenzungen mit weitem Gegenüber müssen jedoch Schattenbringer aufweisen (Bäume, Arkaden etc.) weil sie sonst **im Sommer zu unerträgliche Hitzeinseln** werden.

Nachmittags- und Abendsonnenbereiche können von immer mehr Menschen genossen werden und sollten im städtischen Kontext als große Bereicherung für die StadtbewohnerInnen angestrebt werden.

Grundsätzlich sollte beachtet werden: [341]

- Das Licht muss eine **deutliche Richtung haben** - senkrecht auffallendes Licht hat keine Richtung - **der günstigste Winkel** liegt zwischen 35° und 60°
- Symmetrische Objekte sollen **asymmetrisch beleuchtet** werden.
- **Schlagschatten** sollen einen **deutlichen Rand** haben
- Uneinheitliche Beleuchtung kann zu **neuen räumlichen Gebilden** führen

Beleuchtung: "Das Licht ist in jeder Form eines der **stärksten Gestaltungsmittel in der Architektur**, daher ist eine enge Zusammenarbeit zwischen Lichtingenieur und Gestalter durchzusetzen - was beiden Teilen und der Stadt zugutekommt. Folgende Kriterien sind anzuwenden:[342]

- **Lichtfarbe** (mit LED-Leuchtmittel Lichttemperatur variabel einsetzbar)
- **Lichtintensität**
- **Räumliche Verteilung** (Lichtpunkthöhe, Abstände, Leitwirkung)
- **Form der Beleuchtungskörper** (Kandelaber, Masten, Abspannung)"

Die Lichtintensität soll keinesfalls möglichst ‚hell' sein, sondern ist zu **differenzieren**, und **zeitlich beschränkt** einzusetzen, um ‚Lichtmüll' aus energetischen und tierschützerischen Gründen zu vermeiden. Nachträgliche Anpassungen sollen ermöglicht werden (Leerrohre), Hauptwege und Plätze sind so zu gestalten, dass sie übersichtlich und einsehbar sind und **'Angsträume' vermieden werden.**[343]

W.J. Siedler und E. Niggemeyer haben in ‚Der gemordeten Stadt' einen **Feldzug gegen die Peitschenlampe** geführt: "Die fortschreitende Helligkeitszunahme ist eines der Signa der letzten fünfzig Jahre, und die *Peitschenlampe* ihr Symbol. Die Elektrizität,

341 K.J. Krause 1973/74, S. 57
342 E. Heiss und K. Glotter 1997, S. 78
343 s.a. K. Miko – ‚Planen - aber sicher' 2012, S. 96

Wien, Kärntner Straße 1974

Amsterdam 2018

die viel Gefährliches in sich begreift und nicht nur Schläge austeilt, sondern auch als Hinrichtungsmethode dient, ist eines der wichtigsten Charakteristika der Gegenwart, weshalb denn Lenins Wort, dass **Sowjetmacht Sozialismus plus Elektrifizierung** sei, zu den großen Worten der Zeit gehört.[344]

Sinnvoller als die Verdammung der Leuchten und der Helligkeitszunahme ist die Notwendigkeit einer **hierarchischen Gliederung** durch die eingesetzten Lichtfarben und der Lichtintensität. Je nach Bedeutung soll das Licht weißer und heller werden – wobei die gelben Natriumdampflampen glücklicherweise der Vergangenheit angehören.[345]

Es gibt Räume, die mit weniger Licht auskommen, und mit einem warmen, weichen Lichtton versehen und Bereiche wie zentrale „Plätze die mit Licht ausgegossen"[346] werden. Dazwischen sind viele Abstufungen denkbar, die jene angesprochen Hierarchie umsetzen helfen.

Ein besonderes Anliegen ist die **Akzentuierung durch Licht**, wie sie bei Baudenkmälern und Brücken angewandt wird. Auch hier soll dezenteren Abstufungen das Wort geredet werden und nicht selbstbespiegelnd grottenbahnähnliche Lichtkonzepte einzusetzen, um die Nachbarn zu übertrumpfen, wie Fensterbeleuchtungen oder andere indirekte, nicht der Tektonik entsprechende Effekte.

Klang und Geräusch

In jüngster Zeit ist die **Klangraumplanung** unter UrbanistInnen stärker in den Fokus gerückt. Die ideale Stadt ist dabei **keineswegs eine stille Stadt**. Der Mensch braucht wohlige Geräusche wie Geplauder in Cafés als Klangteppich, sonst fühlt er sich unwohl. [...] Wo sich Städte mit konfektionierten Ketten [visuell] immer mehr ähneln, ist der Klang ein Identitätsmarker. So wie ein Geruch."[347]

So sind in Wiens Zentrum die Fiaker und der Klang der Pferdehufe mit abnehmenden Rollgeräuschen der Autos charakteristisch. Oder die lautlosen Fahrräder, die bestenfalls klingeln wie in Kopenhagen oder in Amsterdam. George Gershwin hat dem damaligen Zeitgeist entsprechend, im ‚Amerikaner in Paris' dem **Großstadtlärm ein musikalisches Denkmal** gesetzt.

"Wissenschaftler forschen schon seit Jahren an Schallschutztechnologien, um Städte leiser zu machen. Der Schlüssel ist die Stadtplanung: Durch natürliche Elemente wie Springbrunnenanlagen oder Gründächer, [Vertikalbegünungen], die den Schall schlucken, kann der Lärm reduziert werden. Auch eine verwinkelte Bauweise [Komplexität!] nach dem Vorbild der Superblocks in Barcelona, die die Geschwindigkeit von Autos und damit das Verkehrsaufkommen verringern, hilft beim Lärmschutz."[348]

In Zukunft mit zunehmenden Radverkehr und nahezu lautlosen Elektroautos und –bussen, wird eine Soundplanung erforderlich sein, verbunden mit drastischer Geschwindigkeitsreduzierung, um Unfälle zu verhindern. Der **Großstadtlärm der Wiederaufbauzeit** mit dem Autoboom und seinen charakteristischen Geräuschen wird bald der Vergangenheit angehören und durch das Klirren der Gläser und Bestecke aus den Gastgärten ersetzt werden.

344 W.J. Siedler und E. Niggemeyer 1964/1993, S. 73
345 s.a. F. Heigl 1985, S. 121
346 E. Heiss und K. Glotter 1997, S. 18
347 A. Lobe in Standard-Forschung spezial 7.10.2020, S. 10
348 aaO.

Fazit – Conclusio

7.1 Bauliche und atmosphärische Dichte

- *Wenn auch die bauliche Dichte keine Rückschlüsse auf die städtebauliche Qualität oder Urbanität erlaubt, kann es als Zielvorgabe und Potential* ***den Stadtraum entscheidend beeinflussen****.*
- *Zu hohe Dichten sind heute keine gesundheitliche Implikation sondern ein s****ozialer Mangel****: der Schlachtruf der 60er Jahre ‚Urbanität durch Dichte' ist eine* ***Parole der Immobilienverwerter*** *geworden.*
- *Abgesehen von der messbaren baulichen Dichte gibt es noch den* ***Begriff der atmosphärischen, sinnlichen Dichte*** *und der visuellen Dichte, der Komplexität.*
- ***Großstädtische Mannigfaltigkeit und Atmosphäre*** *ist keine Funktion der Bevölkerungskonzentration, sondern der Nutzungsvielfalt*
- *Eine ‚Auflockerung', die in den 60er Jahren gefordert wurde (R. Rainer) ist bei bestehenden Widmungsdichten von 4,5 - 5,0 durchaus verständlich, aber als heutige* ***Zielvorstellung stillschweigend geduldet****.*
- *Das* ***Thema ‚Nachverdichtung'*** *birgt politischen ‚Sprengstoff' und ist nur in intensiver Abstimmung mit der ansässigen Wohnbevölkerung durchsetzbar – wenn ein ‚Mehrwert' vermittelt werden kann.*
- *Anzustreben sind* ***Bruttodichten*** *(inkl. Erschließung und Freiräume)* ***von etwa 1,0 – das Nettobaulanddichten von 2,0 -2,5*** *entspricht. Höhere Dichten sind nur punktuell um U-Bahn-Stationen (Hamburger Dichtemodell) oder in zentralen Lagen vertretbar.*
- ***Höhere Dichten*** *müssen nicht automatisch mit* ***größeren Bauhöhen*** *einhergehen – 4-6 Geschoße können auch punktuell verdichtet angeordnet werden –wenn kompensatorische Freiflächen ausgewiesen werden.*
- ***Objektive Dichtewerte*** *spielen eine* ***eher nachrangige Rolle*** *– Wohngebäude mit 10 und mehr Geschoßen (‚Hohe Häuser') in engem Abstand werden subjektiv als ‚zu dicht' empfunden.*

7.2 Raster, Block, Parzelle

- *Der* ***hippodamische Raster*** *ist eine Grundform der städtebaulichen Erschließung, die im Mittelalter nur bei Stadtgründungen angewandt wurde – und erst im 19. Jahrhundertmit dem Höhepunkt der Gründerzeit kulminierte.*
- *Der Schritt vom* ***geometrischen über den ästhetischen*** *(C. Sitte)* ***zum organischen Städtebau*** *(F. Schumacher) erfolgte erst im 20. Jahrhundert, wo anfangs der Raster verblieb, aber als sozialer Typ (de Klerk) durchbrochen wurde.*
- *Im Siedlungsbau wurde die organischen Formen in* ***Weiterentwicklung der Gartenstadtidee*** *ohne Unterbrechung bis heute angewandt.*
- *Die* ***Abschaffung der Parzellenteilung*** *ging mit dem Übergang von privaten ‚Bauherrn' zu anonymen Gesellschaften einher – wo Großformen ökonomisch günstiger zu errichten waren und sind (‚Economies of scale').*
- *Die Forderung nach Vielfalt in Nutzung und Stadtgestalt setzt eine* ***Revitalisierung der Parzelle*** *- in veränderter Form als Konzession an veränderte Eigentums- und Verfügungsinteressen voraus.*
- *Selbst bei großflächigen Neubaugebieten – auch der ‚inneren Stadterweiterung' – ist eine* ***blockartig aufgelöste Grundform*** *mit der klaren Trennung von Öffentlichkeit und Privatheit eine übliche und anzustrebende Struktur.*
- *Wesentlich ist bei der Anwendung der Grundform des Rasters die* ***Anpassung an die Topografie****, die Aufgabe der Orthogonalität und die Nutzung von Gelegenheiten zu* ***Durchbrechungen und Abweichungen****.*

- *Wenn auch die vielfach geforderte ,Kleinteiligkeit' und ,Maßstäblichkeit' als städtebauliche Leitlinie Geltung bekommen soll, muss auch eine* ***andere Verfügungsgewalt*** *damit einhergehen und anstelle des zersplitterten Wohnungseigentum – wieder* ***gemeinschaftliche Wohnformen*** *an deren Stelle treten (Wohngruppen, Genossenschaften).*

7.3 Bebauungsformen und Erneuerung

- ***Eine lebende Stadt ist nie ,fertig'.*** *Dem Wandel und der Veränderung ist Raum zu geben und das* ***,Unfertige' zum Prinzip*** *zu erheben.*
- *Die heutige Praxis der maximalen Ausnutzung macht* ***nutzungsneutrale Bauten*** *und nachträgliche Anpassungen und Erweiterungen unmöglich: die Stadt erstarrt!*
- *Zwei Axiome sind Rahmenbedingungen der Stadtentwicklung:*
  - *Die* ***Bodenpreise*** *sind eine* ***Funktion der Bebaubarkeit*** *und*
  - *der architektonische Zeitgeist und der* ***Hang zum Autismus zerstören mit ihren Großformen die ,ruhige Normalität' der Stadt***
- *Stadterneuerung muss von dem Druck befreit werden,* ***quantitative Zuwächse*** *zu generieren – die* ***,sanfte Stadterneuerung'*** *soll als Leitbild dienen.*
- ***Stadterweiterung*** *– auch die ,innere Stadterweiterung'* ***ist keine Schande*** *und notwendig, um den Druck auf die bebaute Stadt zu nehmen.*
- *Dem* ***bestehenden Typischen*** *sollte beim Bauen in der Stadt – das sich nicht den herrschenden Moden unterwirft – mehr Raum eingeräumt werden.*
- *Es gibt eine Reihe von Aspekten und Elementen, die sinnvoll eingesetzt, einen* ***Beitrag zur Komplexität des Stadtbildes*** *bewirken: Unregelmäßige Fassadenfolgen, Betonung der Eingänge, Durchbrechung des Rasterschemas und der Baulinien, Vermeidung von zu engen abständen und Monofunktionalismus, ruhige Höhenentwicklung und* ***Akzentuierung von hervorragenden Orten.***
- *Stadterneuerung – vornehmlich von Gründerzeitvierteln – soll eher eine* ***,Stadtreparatur'*** *im Sinne einer ,Sanften Stadterneuerung' unter* ***Akzeptanz und Bewahrung der Sozialstruktur*** *und nicht die Verdrängung der BewohnerInnen unter den Vorwand einer ,Verbesserung'.*
- ***Strukturverbesserungen von Großwohnungsanlegen*** *der Nachkriegszeit sind auch ohne Abbrüche umsetzbar: bauphysikalische Sanierung, aufzugszubauten, vorgesetzte Außenwandschichtungen mit nutzbaren Außenräumen, Aneignungsmöglichkeiten der Freiflächen, Verbesserung der Wohnungsstruktur u.a.m.*
- *Dem überwiegenden Wunsch nach freistehenden Einfamilienhäusern, der zum* ***,Flächenfraß' der Zwischenstadt*** *führt, ist durch ein* ***verbessertes Freiraumangebot*** *und* ***,menschliche' Bauhöhen*** *in den Vororten entgegenzuwirken.*
- *Das* ***,fraktale' Wachstum*** *mit dem Trend nach ,Baufreiheit' ist teils legistisch (Flächenwidmung) und durch Förderungsumkehr für die Nutzung bisher leerstehender Gebäude in den Ortskernen entgegenzuwirken.*
- *Leitbild sollte die Hinwendung* ***von der ,Siedlung' zur ,Vorstadt'*** *sein und vom verdichteten Flachbau zu mehrgeschoßigen Wohnform – mit entsprechenden Außenräumen – sein.*

7.4 Urbanität

- *Urbanität im ursprünglichen Sinn bedeutet einen* ***,städtischen' Lebensstil, ein Verhaltensmuster*** *und nicht eine kompakte, dichte Stadtstruktur wie sie die Immobilienwirtschaft und die Kommunalpolitik verstehen möchte.*
- ***Metropolen*** *sind der Inbegriff der Urbanität, deren* ***unterschiedliche Lebensart*** *auch inszeniert wird und als identitätstiftend im Städtewettbewerb als Marketinginstrument dient.*

- *Urbanität mit seiner **Forderung nach Vielfalt, Abwechslung und Mannigfaltigkeit** enthält ein widerständiges und anarchisches Element, das **Fremdes und Überraschendes** implizit einschließt. Das Glatte, Geordnete und zu Erwartende ist gegen die Urbanität gerichtet – deviantes, abweichendes Verhalten und Anonymität sind Voraussetzungen für eine ‚urbane' Stadt.*
- *Als ‚Urbanitätskiller' ist primär die Funktionstrennung anzusehen, die **Ausblendung der Arbeitswelt aus dem Alltag**, Gemeinschaftsräume anstelle von nutzungsneutraler Gastronomie und **‚monostrukturel-ler' Friedhofsruhe**. Stadt ist schrill, laut, befremdend, nicht autofrei und nicht immer ökologisch korrekt.*
- ***Urbanität ist nicht Inszenierung**, sondern misst sich an der **Alltagstauglichkeit** und ist authentisch: ein Bild vom ‚wirklichen Leben'.*
- *Die **Tendenz zur ‚ortlosen Stadt'**, durch medialen und technologischen Übergewicht gegenüber persönlicher Präsenz – verstärkt durch die coronabedingte Entwicklung ist durch die Verbindung von Kontakträumen wie ‚fußläufige Stadt' und die **dezentrale und kleinteilige Infrastruktur** entgegenzuwirken.*
- *Urbanität bedeutet auch **gesellschaftliche Vielfalt – ohne Migration und Zuwanderung gibt es keine Großstadt und keine Urbanität**: Fremdheit als Alltag und Überraschung als Normalität.*
- *Urbanität kann nie die ‚heile' Welt sein und gedeiht zwischen den **Nischen der Außenseiter und der mondänen Welt**.*
- *Das prognostizierte Ende der Urbanität, das Verschwinden der ‚Orte' ist nicht eingetreten – selbst die pandemiebedingte Wunsch nach dem ‚gesunden' Landleben entspringt nicht der Realität: **die Städte wachsen und bieten jene Gelegenheiten, die im ruralen Raum nicht angeboten werden können**.*

7.5 Atmosphäre, Milieu und Identität

- *Grundsätzlich sind Charakter, Atmosphäre und Image einer Stadt vom **Eigen-Image**, dem Empfinden der Bewohner und das von Fremdenverkehrsämtern und dem Tourismus produzierte **Fremd-Image** zu unterscheiden.*
- *Die Stadt ist nicht mehr ein gemeinsames Gebilde, wie es das Fremd-Image vermittelt, sondern setzt sich in kleinteiliger **Differenzierung aus unterschiedlichen Stadtteilen und Grätzeln** zusammen, die auch unterschiedliche Imaginationen herausbilden.*
- *Unentschieden ist, was stärker ist: **der 'Genius loci' des Raumes** oder die **Summe der Identität seiner BewohnerInnen**, deren Verdrängung auch die Atmosphäre grundlegend ändert. Wahrscheinlich ist beides mit unterschiedlicher Gewichtung maßgeblich.*
- *Die Identifikation der Menschen mit einem – ihren – Stadtteil ist ein **Prozess, der Zeit zur Aneignung braucht** und der über die bloße Gewöhnung hinausgeht.*
- *Die **Bindung an ein Wohnquartier setzt jedenfalls eine längere Wohndauer** (auch eine Funktion des Mietrechts) und dem Wunsch nach einem Verbleiben im Quartier voraus.*
- *Die **Machbarkeit von Atmosphäre** – inszeniert – und die Selbstinszenierung der Bewohner schafft die Unterscheidung in ‚gute' und ‚schlechte' Wohnlagen.*
- *anstelle der Raumaneignung – mit fortschreitenden Lebensalter – in konzentrischen Kreisen treten durch die **Mobilität die Raumwahrnehmung in räumlichen Inseln**, die durch Verkehrswege mit mehr oder minderer Wahrnehmung verbunden sind.*
- *Das **Wiedererkennungserlebnis und die Relevanz ästhetischer Aspekte** von Wohnvierteln ist ein wesentlicher Bestandteil des Wohlfühlens und ebenso wirksam wie die **soziale Integration** und die materielle Komponente (Miethöhe).*
- *Wenn auch der Wohndauer, als Identifizierung durch Anpassung, keine alleinige Bedeutung zugemessen wird, so ist bei einer **Wohndauer unter 5 Jahren kaum eine Bindung an das Wohnviertel** zu erwarten.*
- *Kritisch zu sehen ist eine **‚erzwungene' Mobilität – auch Immobilität** – über die Mietverhältnisse, die eine Identifikation verunmöglicht oder zumindest erschwert.*

- ***Das Milieu*** *– ein soziologischer Begriff –* ***das zu einem großen Teil in Bewegung geraten ist*** *und sowohl im Ober- als auch im Unterschichtmilieu zulasten eines unbestimmten Mainstreams seinen Charakter verliert.*
- *Auch die* ***Identitätsbildung*** *bedarf einer starken sozialen Verankerung und kann nur über die* ***BewohnerInnen selbst und nicht über die physische Gestalt*** *ausgedrückt werden.*
- ***Image und Identität können kaum geplant – eher inszeniert – werden****, sondern sind durch ‚sanftes' und einfühlsames Vorgehen (Vereine, Viertelzeitungen, Veranstaltungen) zu ermöglichen und zu fördern.*

7.6. Nutzungsmischung

- ***Das Stadtbild*** *mit all seinen Veränderungen* ***wird primär von der Nutzungsstruktur gebildet*** *– die Bebauungsstruktur, der physische Bestand, tritt dagegen zurück.*
- ***Nutzungsmischungen*** *prägen die Stadtgestalt und bilden jene* ***Ambivalenz und Komplexität****, die Unverwechselbarkeit, Atmosphäre und Identität gewährleistet.*
- *War in der beginnenden Moderne und in der* ***Nachkriegszeit die ‚Entmischung'*** *störender Betriebe in den Wohnvierteln ein legitimes städtebauliches Ziel, ist nun die* ***Nutzungsmischung ein außer Diskussion stehendes Leitbild****.*
- *Die* ***Realität sieht dagegen anders aus****: trotz kaum vorhandener Emissionen, wird weder von der BewohnerInnen als auch den Bauträgern eine Nutzungsmischung auf der eignen Liegenschaft angestrebt – in der* ***näheren Umgebung aber gewünscht****.*
- *Es gibt je nach ‚Körnigkeit'* ***unterschiedliche Mischungskonzepte*** *–eines ist jedoch sicher: ohne* ***Eingriffe der Öffentlichen Hand*** *mittels Geboten und Förderungen sind Mischnutzungen schwer durchsetzbar.*
- *Obwohl das Störungspotential gewerblicher Nutzungen wesentlich geringer ist als in der vielgeschmähten Gründerzeit, ist die* ***abnehmende Toleranz der BewohnerInnen*** *ein wesentlicher Hinderungsgrund für eine Nutzungsmischung am freien Immobilienmarkt.*
- *Im Zuge der Vertragsraumordnung (§1a BOfW) können entsprechende* ***Auflagen wie Geschoßhöhen und Höchstmieten*** *die Ansiedlung von nichtemittierenden Gewerbe, Kreativwirtschaft und Start-ups wesentlich erleichtern.*
- *Weitere Möglichkeiten der Schaffung ‚neuer' Nutzungsmischungen sind die* ***Heranziehung leerstehender Erdgeschoßlokale, gepoolte und gemanagte Einkaufsstraßen*** *und die Kombination Arbeiten + Wohnen (Wohnateliers, Lofts).*

7.7 Höhenentwicklung

- ***Die monozentrische Stadt*** *mit der glockenförmigen Höhenentwicklung – die höchsten Bauten im Zentrum, der City und abnehmender Bauhöhe bis zu den Vororten* ***wird durch eine polyzentrale Stadtstruktur abgelöst****.*
- *Die glockenförmige* ***Höhenentwicklung der Idealstadt*** *sollte wieder Richtschnur für ‚normale' Bauhöhen sein: welche Attraktion weisen 10-geschoßige Wohnhäuser am Stadtrand auf?*
- *Die gründerzeitliche abnehmende* ***Geschoßhöhe*** *mit der Stockwerkszahl (fehlende Lifte) wird heute* ***aus ökonomischen Gründen umgekehrt****: die unteren preiswerteren Geschoße sind niedriger als die die teuren oberen Geschoße bis zum Penthouse.*
- *Die* ***‚Normalhöhen' sollen jedenfalls 4 -6 Geschoße nicht überschreiten*** *– abgesehen von der Markierung von Zentren mit sehr guter – öffentlicher – Verkehrserschließung. Dafür reichen die ‚Hohen Häuser' bis 35 m Bauhöhe – es müssen keine 120 m sein!*

7.8 Farben und Materialität

- ***Farbgebung** kann zur Gliederung, Proportionalisierung und Akzentuierung eingesetzt werden und **ist jedenfalls geeignet, den Raum zu modifizieren**.*
- *Die Wirkung von Farben wurde lange Zeit nicht nur unterschätzt, sondern **deren Einsatz vermieden: Die ‚weiße' Stadt der Moderne** mit ihren hohem Abstraktionsniveau, ist abgesehen vom hohen Erhaltungsaufwand, ein mediterranes Element und steht einer Aneignung und Identifizierung entgegen.*
- *Nicht nur im mehrgeschoßigen – geförderten - Wohnbau wird immer mehr Farbe eingesetzt, während **im frei finanzierten Wohnbau das saubere ‚Weiß' noch immer dominiert**.*
- ***Buntheit ist keine Farbigkeit** und kann den gegenteiligen Effekt und **strikte Ablehnung bewirken** – ohne jene positiven Wirkung der ‚farbigen Provokation' hervorzurufen, die nach einer Gewöhnungsdauer in eine ‚Aneignung' übergeht.*
- *Mangelnder Mut zur Farbe tritt auch bei Gründerzeitbauten auf, wo zumindest eine **dezente Mehrfarbigkeit oder wenigstens eine Schattierung angebracht wäre** und selbst Monumentalbauten wie das Volkstheater im strahlenden ‚Weiß' ihre Akzentfunktion einbüßen.*
- *Farbe ist nicht gleich Farbe – **die modernen Industriefarbenneigen zur Verflachung**, weil keine Nuancierung mehr auftritt oder der Farbton im Einfamilienhausbau so schrill und künstlich wirkt, das so eine Verfremdungseffekt auftritt, der der Funktion nicht angemessen ist.*
- *Wenn nach dem Motto **‚Unsere Städte müssen farbiger werden'** jede Zurückhaltung für untergeordnete Gestaltungselemente wie Feuermauern, Schaltkästen, Hydranten, Beleuchtungsmaste und Unterführungen fällt und diese ‚bepinselt' werden, **dient das nicht der Komplexität des Stadtbildes, sondern grenzt ans Chaotische**.*
- *Der Einsatz unterschiedlicher – auch fremder – Materialien wie Stein, Holz, Glas, Sichtziegel und vor allem Sichtbeton sind neben der stadtgestalterischen und haptischen Wirkung auch der Erhaltungsaspekt zu sehen: **‚edle' Materialien altern und werden immer schöner**, ‚unedle' Materialien bauen bis zur Zerstörung ab. Im Besonderen gilt das für **Betonoberflächen der 70er Jahre**, die nun ‚zerbröseln' und kaum restauriert werden können.*

7.9 Licht, Beleuchtung, Klang

- ***Natürliches Licht hat enorme Auswirkungen auf das Erscheinungsbild** und damit auf die Atmosphäre des öffentlichen Raums - auch hinsichtlich der Beschattungswirkung **in immer heißer werdenden Klimabedingungen**.*
- ***Beleuchtung und künstliches Licht ist eines der stärksten Gestaltungsmittel der Architektur**, die diese unterstreichen und nicht verkitschen darf.*
- ***Lichtfarben und Lichtintensität** sind im öffentlichen Raum **bewusst einzusetzen** und damit auch die Hierarchie und die Orientierbarkeit zu unterstreichen.*
- *die **Leuchtmittel** wie Maste, Beleuchtungskörper, Abspannungen üben einen nicht zu unterschätzenden **Einfluss auf das Erscheinungsbild des öffentlichen Raums** aus und sollten nicht nur sparsam, sondern auch bewusst eingesetzt werden.*
- ***Klang, Geräusch und Gerüche** sind durch den Überhandnehmenden Autoverkehr zur **Bedeutungslosigkeit degradiert worden** – mit der Wiedergewinnung des öffentlichen Raums durch umweltfreundliche und leise Verkehrsmittel können diese unterschätzten Elemente **wieder an Bedeutung gewinnen**.*

8. Freiraum und Temporäres

8.1 Frei- und Grünräume

„Der Wunsch nach einem pflegeleichten Garten ist genauso absurd wie der nach einem pflegeleichten Kind. Die meisten von uns finden es glücklicherweise wichtiger, dass ihr Kind eine eigene Identität entwickelt. In der medienregierten Welt brauche ich mehr Bodennähe, da nützt ein pflegeleichter Garten wenig."

Guido Hager 2009, S. 199

Horst Wagenfeld sieht in der Gestaltungsfunktion des Freiraums im Beziehungsgefüge Stadt, „keine entbehrliche Zutat und bloße Verschönerung. Sie vermag zu individualisieren und durch Überhöhen und Einbeziehen naturräumlich vorgegebene Strukturen zu charakterisieren. Freiräume können im besonderen Maße zu einer **Unverwechselbarkeit** der Städte beitragen. Unverwechselbarkeit ist aber eine Vorbedingung für Identifikation und Heimatgefühl."[1]

Und Roland Rainer sieht im dekorativen Aspekt des Stadtgrüns die Ursache für deren Geringschätzung: „Wahrscheinlich hat daher nichts mehr zur heutigen Geringschätzung der Vegetation in den Städten beigetragen, als die deutlich ästhetisch orientierte, auf dekorative Aspekte abzielende Garten- und Grünflächengestaltung, die ihre Aufgabe vielfach nur in einer **städtebaulichen Kosmetik** sieht, die ‚Grün auflegt'. Wer sagt uns aber, dass die heutigen Spielereien mit Plattenwegen, Mäuerchen, Lämpchen und Staudenrabatten, eines Tages genauso belächelt werden wie heute die Gartenzwerge?"[2]

Unter dem Begriff der Freiraumplanung fühlen sich die Landschaftsarchitekten bemüßigt, bei Platzgestaltungen nicht mit Grünraumelementen, sondern mit formalen Plattenbelägen und baulichen Baumeinfassungen **Architekten Konkurrenz** zu machen und keine räumlichen Qualitäten zu schaffen, sondern zweidimensionale Bilder produzieren – und damit die Nutzer zu provozieren: Wo bleibt das Grün stellt sich die Frage?

„Die neue Gartenarchitektur wurde als Gegenprogramm zur ‚kritischen Rekonstruktion' des Städtebaus verstanden und förderte in landschaftsplanerischen Wettbewerben internationale **Trends der ‚Land-Art-Bewegung'**. Auf der Strecke blieb oft die öffentliche Akzeptanz der gebauten Wettbewerbsergebnisse. [...]

Gerade öffentliche Orte müssen aber **Orte unterschiedlicher Gruppen** und Schichten sein. Deswegen soll die Gestaltung eines öffentlichen Parks gleichermaßen künstlerisch anspruchsvoll wie selbstverständlich wirken, sodass sie von den Nutzern und späteren Generationen angenommen werden kann, ohne den Text der Preisgerichtsitzung zu kennen."[3]

„Am stärksten fühlt sich das breite Publikum bei der Materialfrage angesprochen und zwar weniger bezüglich der Pflanzen als vielmehr bei Belägen und Ausstattung, **Material und Nutzung** sprechen eine leicht verständliche Sprache, der Raum nicht. Alles, was nicht bekannt ist, stößt zunächst auf Ablehnung, braucht Erklärungen und kann dann begriffen werden."[4]

Die Landschaftsarchitektur hat in den letzten Jahren begonnen, bei Freiräumen zu unterscheiden in ‚typologische' Gestaltung, wo der Bestand, der Topos keine entscheidende Rolle spielt und in jene Freiräume, mit starkem Relief und wertvollen Baumbe-

1 H. Wagenfeld in Institut für Landes- und Stadtentwicklungsforschung des Landes NRW (ILS) 1979, S. 85
2 R. Rainer –‚Lebensgerechte Außenräume' 1972 im Sammelband 1990, S. 60
3 H. Stimmann et al. 2005, S. 466
4 G. Hager S. 79

stand – wo der Topos dominiert. Wie immer gibt es kaum die Extreme, sondern viele Übergangsformen.[5] Diese beiden Faktoren –**Topos und Typus**, das Besondere und das allgemein Verbindliche – sind die ureigenen, der Architektur immanenten Quellen der Form. Während der Typus grundsätzlich immer verfügbar ist und sich in den verschiedensten Situationen anwenden lässt, repräsentiert der Topos das Besondere, das ortsgebundene Einmalige."[6]

Eine grundlegende Frage zur Gestaltqualität städtischer Grünräume, hat Ralph Gälzer mit **‚Was ist das Naturschöne'** aufgeworfen: „Was ist das ‚Naturschöne', das die Bewohner an ihren Grünräumen lieben - das gepflegte vielfarbige Blumenbeet im ‚englischen' Rasen oder der bunter Falter im Brennnesseldickicht? Die Antwort dürfte, wie so oft, in der Mitte liegen. Es gibt beide Auffassungen nebeneinander, und das ist ganz offensichtlich nicht nur eine Generationenfrage."[7]

Max Liebermann-Villa in Berlin Wannsee

Nun ist es nicht neu, dass **Sommerblumenrabatte** ökologisch betrachtet, den Wert von Kunstblumen aufweisen[8], und auch blühende Stauden ein ‚Passepartout' aus Rasen, Hecken oder Mauern benötigen, um zur Geltung zu gelangen.[9] Man lernt daher, **„alles was gepflegt ist, ist verboten**. Das exerzieren uns ja die Gärtner und die Grünplaner vor: Was gepflegt ist, da darf man nicht drauftreten. Dieser disziplinierende Charakter der Umweltgestaltung durch die Mächte der Ordnung ist für Kinder ein Hindernis, aber einem anderen Bevölkerungsteil, z.B. älteren Menschen ein Bedürfnis. Diese Ordnung signalisiert eben auch, dass man hier nicht von Kindern belästigt wird, dass man nicht einen Fußball an den Kopf bekommt, weil diese Gartenanlage mit schönen und wertvollen Blumen bestückt ist: dass hier jemand aufpasst, damit keine Bälle geworfen werden." [10]

Problematisch wird diese Auseinandersetzung mit der prinzipiell anzustrebenden **Selbstorganisation der Bewohner**, wenn wie im Planquadrat, Wegeinfassungen mit Strauchrosen bepflanzt (‚vergärtnert'), und von ballspielenden Kindern ‚geknickt' wurden. Auch hier ist die Wahrheit ein Kind der Zeit: war es in den 60er Jahren denkbar, dass im Burggarten die Rasenflächen als Liegewiesen dienen?

Cordula Loidl-Reisch sieht in den konträren Positionen ein Gestaltungsprinzip – das der ‚kontrastreichen Verknüpfung': „Formale Elemente und Naturformen - werden über

5 C. Loidl-Reisch in L. Licka und K. Grimm ‚Strömungen und Tendenzen österreichischer Landschaftsarchitektur' 2015, S. 90 - 107
6 T. Valena 1990, S. 12
7 R. Gälzer in R. Mayerhofer 1987, S. 82
8 G. Fellenberg 1991, S. 160
9 J. Reif et al. 2014, S. 84
10 L. Burckhardt 1985, S. 293-294

das **Mittel des Kontrastes** verknüpft: wilde, naturnahe Einheiten werden von streng formalen Elementen überlagert und ergeben reizvolle neue Gesamterscheinungen. Die Erhaltung des Vegetationsbestandes ist hierbei möglich und kann hohen ökologischen Wert haben - der Pflegeaufwand variiert. Die Anwendung dieses Gestaltungsprinzips lässt viel Spielraum, was die Nutzbarkeit betrifft - erfordert aber relativ große Areale."[11]

Interessant ist die Argumentation Guido Hagers, der das **Schöne mit der Wildheit der Natur** in Beziehung setzt: "Mit Ästhetik verbanden Generationen das Schöne. Die ursprüngliche Bedeutung des Begriffes, wie ihn Alexander Gottlieb Baumgarten um 1750 geprägt hat, beinhaltet jedoch jede Empfindungsfähigkeit, also das **Sinnliche schlechthin**. Die Abwesenheit von Sinnlichkeit wird in der Anästhetik (Ausblendung, Wahrnehmungsverweigerung) bewusst, in der Nichtästhetik ist sie unbewusst ausgelassen. Anästhetik ist für uns besonders hilfreich beim Gestalten mit und in der Natur. Natur beinhaltet immer auch das wilde, Unbezähmbare."[12]

Gerade im Freiraum kann das Unplanbare nicht verordnet werden – der Naturgarten lebt von der **Veränderlichkeit in der Dimension der Zeit**. „Vollkommenheit ist unmenschlich, Vollständigkeit ist Chaos. Anstelle der nostalgisch-oberflächlichen Harmonisierung, ist Authentizität gefordert."[13]

Ralph Gälzer hat die **Elemente einer Gliederung** städtischer Grünräume zusammengestellt:[14]

- durch **pflanzliche Elemente** - Bäume, Sträucher, Blütenstauden
- durch **Höhenunterschiede – Topografie**, auch geringste Höhenunterschiede wie Spielhügel
- durch **Materialität der Oberflächen** – Wege, Plätze hierarchisch gegliedert, Rasen, Bodendecker
- durch **Sonderausstattungen** wie Spielplätze, Fitnessparcours, Sportanlagen
- durch **bauliche Elemente** - Mauern, Bänke, Pergolen, Traillagen aber auch Gebäude (Follies, Pavillon, Plastiken) - aber auch Zäune und Einfriedungen
- durch **wasserbauliche Elemente** - Flussläufe, Bäche, Teiche, Wasserbecken, Brunnen, die im Folgenden beispielhaft behandelt werden.

Stadterweiterungsgebiete

> *"Stadtentwicklung - und das heißt im Klartext Stadterweiterung - geht immer zu Lasten von Freiraum. Eine der vorrangigsten Aufgaben für die Entwicklungskonzeption einer 'neuen Stadt' ist daher die Sicherung und Definition der übergeordneten Frei- und Grünräume."*
>
> Karl Glotter 1992[15]

Was verstehen wir überhaupt unter Freiraum?

„Die Häuser und die Bäume bilden den **Freiraum in unseren Städten,** grenzen ihn ein, bestimmen seine Größe. Freiraum steht im Gegensatz zum nicht freien Raum, nämlich den Raum der für die Bebauung genutzt ist.

Freiraum ist also ein vom Menschen außerhalb der Bebauung erlebter Raum. Der funktionale Inhalt des Freiraums ist sehr vielfältig. Er reicht von der Freizeitnutzung über ökologische Funktionen bis hin zur Nutzung durch den Verkehr."[16]

Willi Kainrath hat 1988 das Problem der mangelnden Grünraumausstattung in Stadterweiterungsgebieten angesprochen: „**Planmäßige Vorsorge** für eine großräumige

11 C. Loidl—Reisch 1995, S. 105
12 G. Hager 2009, S. 116
13 aaO. S. 119
14 R. Gälzer in Mayerhofer 1987, ergänzt
15 K. Glotter in A. Klotz 1992, S. 12
16 H .Wagenfeld in Institut für Landes- und Stadtentwicklungsforschung des Landes NRW (ILS) 1979, S. 82

Grünausstattung **gibt es nahezu nicht**. Dort, wo solche Konzepte versucht wurden, blieben sie Papier. Die bürgerliche Gesellschaft war bis heute nicht imstande, die Erhaltung und Gestaltung von unbebauten Flächen nur annähernd so wichtig zu nehmen wie die bebauter Siedlungsgebiete. Das Bild ist in allen europäischen Großstädten ähnlich, und auch Wien fügt sich in das Bild.“ [17]

Die Situation im dichtbebauten Stadtgebiet ist noch ärger, die Sepp Kratochwill beschreibt: „Dem Vernehmen nach konnten die Bauträger innerhalb ihrer Bauplätze nirgends ausreichend große, den **Gesetzen entsprechende Spielplätze** ausweisen. So sollen diverse Bauträger ernsthaft vorgeschlagen haben, sich an den Errichtungskosten von Spielplätzen in den angrenzenden öffentlichen Parkbereichen zu beteiligen - eine glatte Beugung der Bauordnung und der Anwendungsrichtlinien.“

Was Sepp Kratochwill beschreibt ist die Regel nicht nur im dicht bebauten Stadtgebiet, wo ab 50 Wohnungen ein 500m² großer Kinder- und Jugendspielplatz vorgeschrieben ist, der unter Zustimmung des örtlichen Bauausschusses durch einen 60m² großen Mehrzweckraum ersetzt werden kann. Die Baubehörde fragt nicht einmal, sondern setzt die Zustimmung stillschweigend voraus – daher gibt es diese Spielplätze nicht.

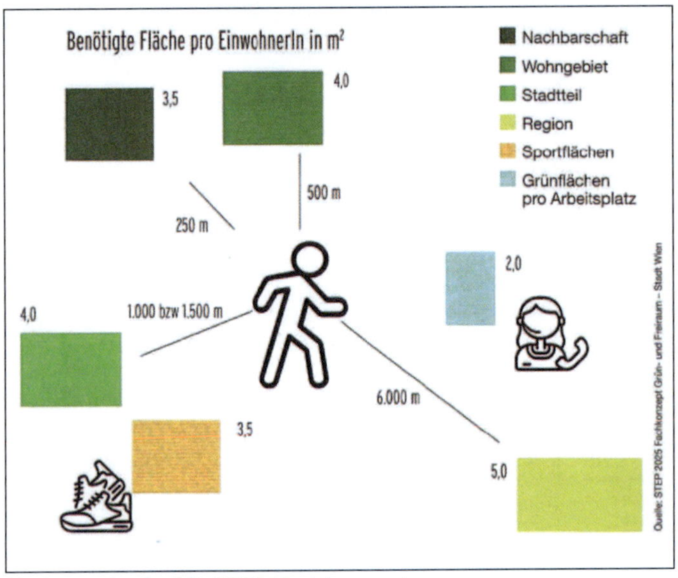

Freiraumbedarf lt. STEP-Fachkonzept

Die Stadt Wien schreibt im Fachkonzept STEP 1995 ‚Grün- und Freiraum‘ in der ‚Nachbarschaft‘, auf eigener Liegenschaft 3,5 m² pro Bewohner vor – und im Wohnquartier und im Stadtteil je weitere 4 m². Diese Werte werden im Bauverfahren, weil nicht in der Bauordnung verankert, **auch nicht annähernd erfüllt**. Selbst im Bauen auf der ‚grünen Wiese‘ wird die Bauordnung so interpretiert, dass Kinder- und Jugendspielplätze von mehreren Bauträgern angerechnet werden können. Das Ergebnis: bei drei Hochhäusern mit insgesamt 1500 Bewohnern reicht ein 500 m²-Spielplatz - geteilt auf zweimal 250 m², aus. Laut STEP sollten hier mehr als 5000 m² zur Verfügung stehen!

Und die 4+4 m² Stadtteilgrün pro Bewohner, wird so interpretiert (Village im Dritten, Nordbahnhof, Nordwestbahnhof), dass mit der Freifläche der **notwendige Abstand von Hochhäusern** (2-Std.-Schatten) erfüllt wird und das nutzbare Grün – Abstand von Wohnzimmerfenstern lt. Spielplatzverordnung 15m – wieder nicht erfüllt werden kann. Übrig bleiben **Jugendliche, Hundebesitzer und Nachbarschaftsgärtner**, die bloß als Störenfriede empfunden werden.

Städtebaulich begründet wird diese Tradition mit dem **Freiflächengewinn durch Hochhäuser** – die durch Roland Rainer hinreichend widerlegt wurden

Um die Bedeutung des Freiraums und der Freiraumgestaltung zu unterstreichen schreibt die Stadt Wien in den Unterlagen zur Einreichplanung im §63 (5) der Bauordnung die Vorlage eines Gestaltungskonzepts vor:

17 W. Kainrath 1988, S. 129

„Dem Ansuchen um Baubewilligung ist bei Neubauten ab der Bauklasse II ein Gestaltungskonzept für die gärtnerisch auszugestaltenden Flächen des Bauplatzes und die nach dem Bebauungsplan zu schaffende Begrünung von Dächern anzuschließen. Dieses Gestaltungskonzept hat auch einen Plan zu enthalten, aus dem der vorhandene und künftige Baum- und andere Vegetationsbestand, die Bereiche unterirdischer einbauten, die Höhe der Erdüberdeckung und andere wesentliche Merkmale der Grünbereiche ersichtlich sind."

Diesen Ansprüchen wird die **Umsetzung in der Praxis** nicht gerecht, weil der Baubehörde (MA 37) keine Fachkompetenz zukommt und die Einschaltung einer Vidierungspflicht durch das Stadtgartenamt aus Gründen der Verwaltungsvereinfachung nicht nachgekommen wurde. Wesentlich effizienter wird die Freiflächenplanung im geförderten Wohnungsbau gehandhabt, wo **Freiflächenplaner vorgeschrieben** sind und im Grundstücksbeirat, dem auch ein Landschaftsplaner angehört, diese Aspekte bewertet werden.

Gartendenkmäler

Die Gartendenkmäler – Großgrünflächen im dicht bebauten Gebiet – blieben wegen ihres Denkmalcharakters als ‚Residualflächen' (Robert Schediwy) erhalten – wenn auch vor und nach dem Ersten Weltkrieg eine Reihe von Palaisgärten parzelliert wurden und Parkreste erhalten blieben (Palais Modena, Arenberg u.a.).

Roland Rainer 1962: "Nur wenn die Grünflächen ebenso von Funktionen erfüllt sind wie die Baugebiete, ebenso sorgfältig durchgeplant und durchgestaltet werden, wird man sie vor der Gefahr schrittweiser späterer Bebauung bewahren. Bis vor 100 Jahren haben die **Gärten und Parkanlagen** in Wien eine bedeutende Rolle in der Kulturgeschichte der Stadt gespielt, zu ihrem Ansehen entscheidend beigetragen. Wien war damals eine der berühmtesten Gartenstädte der Welt. Es besitzt heute noch kostbare Reste alter Gartenkunst und eine wunderbare Landschaft ringsum. Dieses Erbe verpflichtet!"[18]

"Alle diese [Palast-] Gärten sind lange vor der Großstadt und außerhalb ihrer Grenzen niemals für die Erholung großstädtischer Bevölkerung, sondern als Rahmen **gesellschaftlicher Repräsentation** entstanden. Wenn sie trotzdem von den Großstädtern so besonders gern aufgesucht werden, dann vermutlich wegen ihrer klaren, großzügigen und doch **sehr differenzierten Räumlichkeit**, die wir mit all unseren öffentlichen Grünräumen und Gartenschauen nicht mehr erreicht haben. Das Fehlen von 'Raum' ist aber die Hauptursache der 'Unwirtlichkeit' der modernen Stadt, wie Mitscherlich schon ganz richtig bemerkt hat."[19]

Guido Hager problematisiert den Umgang mit historischen Gärten und deren Rekonstruktion:[20]

"Die Charta von Venedig aus dem Jahre 1964 führt unter Artikel 9 aus, dass 'die Restaurierung [...] einen Ausnahmecharakter behalten' solle und da aufhöre, 'wo die Hypothese beginnt'. Darüber hinaus soll sich jede als unerlässlich anerkannte Ergänzung 'von der bestehenden Komposition abheben und den **Stempel unserer Zeit** tragen'. Die jüngere Charta von Florenz (1982) die eigentliche Gartencharta hält unter Artikel 13 fest: 'Der Ersatz oder die Restaurierung gefährdeter Gartenbestandteile hat entsprechend den Prinzipien der Charta von Venedig zu geschehen'.

Mit jedem Hinzufügen entstehen Brüche zwischen Altem und Neuem. Aber die Welt ist voll von Brüchen und wir müssen lernen, sie auch im historischen Garten zu kultivieren, ohne dabei den Garten als gestalterische Einheit aus den Augen zu verlieren."

18 R. Rainer 1962, S. 10
19 R. Rainer 1990, S. 63
20 G. Hager 2009, S. 14

Schottergärten – Mode oder Sackgasse?

„Der immer häufiger beobachtete und heftig kritisierte Trend zum Schottergarten, als brachiale und endgültige Entsorgung von Flächen durch Abdeckung mit Kies, Splitt oder grobsteinigem Gerümpel, ist eine Antwort auf die nicht mehr zu bewältigenden Herausforderungen der Beschleunigungsgesellschaft."

Jörg Pfennigschmidt 2017

Warum wird einem **Gartendetail so viel Raum** eingeräumt? Weil die Sucht, Kies- oder Schottergärten anzulegen in immer mehr Gartenämtern auftritt und weil deren Wirkung auf das Stadtbild so besonders verheerend ist. Begonnen hat dieser Trend schon vor mehr als 10 Jahren mit den **Bruchschotter-Gabbionen**, die als Stütz- und Gartenmauern eingesetzt wurden. Nun ist der Schotter auch in der Ebene angekommen.

In den 70er Jahren gab es für jene Flächen die mit Erkern etc. überbaut waren, und wo kaum Licht oder Wasser hinkam, das Gestaltungselement des „Architektenschotters" – damals milde belächelt – inzwischen durch Betonplattenbeläge ersetzt.

Dann kam die Zeit der Bodendecker – Cotoneasterwüsten – als Brutstätte von Ratten und noch viel mehr, der daumenhohe Rasen, der Thujen und der kaum wachsenden Koniferen.

„Nun verspricht der **‚gesteinigte' Schottergarten** angesichts stetiger und nicht zu kontrollierender Veränderungen der Welt dem Besitzer wohltuenden Stillstand und versichert ihm, dass ohne jegliche Dynamik an dieser Front Ruhe eingekehrt ist."[21]

„Die Umwandlung in eine komplett mineralische Ausgestaltung [...] wird landesweit mit dem Hinweis auf Pflegeleichtigkeit vorangetrieben. Nie wieder Unkraut, nie wieder Rasen mähen, nie wieder irgendwas. Eine Fläche wird komplett entsorgt. Und das im wortwörtlichen Sinn, denn man muss sich um diese Fläche keine Sorgen mehr machen."[22]

Doch das Unkraut ist stärker als der Schotter:
„Zunächst halte ich den Schottergarten für ein temporäres Ereignis, das sich recht schnell von alleine erledigen wird. Denn der Keim seines Niederganges ist schon in dem allem zugrunde liegenden Versprechen angelegt, dieser **Quatsch wäre pflegeleicht**. Mitnichten, liebe Schotterbürger! Das Leben wird siegen und so wird der Wind feinste Spuren von Humus zwischen eure öden Steine wehen. Und nach ein paar Jahren keimt der erste Löwenzahn, die erste Quecke, die erste Miere. Habt ihr denn wirklich geglaubt, mit einem lächerlichen Vlies und einer dünnen Schicht Steinchen Pflanzen stoppen zu können, die schon Millionen Jahre einen erfolgreichen Existenzkampf hinter sich gebracht haben?"[23] „Wer einmal Wurzelunkräuter per Hand aus Kies- und

Schottergärten und Gabbionen (Schotterrasen, Steingarten, Gabbionen)

21 J. Pfennigschmidt 2017, S. 178
22 aaO. S. 90
23 aaO. S. 91

Gabbionen als Sitzflächen?

Schotterflächen beseitigt hat, wird die Steinwüsten verfluchen. Denn die Schicht aus Steinen, die das Aufkommen von Wildkräutern verhindern soll, wird spätestens dann zum Fluch, wenn die Unkräuter dann doch aufgelaufen sind. Dann schützen die Steine nämlich die Unkräuter, statt den Garten vor den Unkräutern."[24]

"Es waren auch ausgebildete Gärtnerinnen und Gärtner [Landschaftsplaner], die Folien und mineralische Schüttungen auf pflanzenbefreite Flächen ausbrachten, die die vorher Gärten waren. [...] Ganz offensichtlich herrscht bei einigen gewerblichen Anbietern [und Gartenämtern] ebenfalls noch der Aberglaube vor, Kies- und Schotterschüttungen seien pflegeleicht - leider hat in der Branche in den letzten Jahren die durchschnittlich vorhandene **Pflanzenkompetenz** abgenommen..."[25]

In besonders abschreckenden Anlagen wurden mehrere solcher Elemente wie Gabbionen mit Schottergärten kombiniert. Es sind echte ‚Unräume' die so entstehen; Flächen ohne jede Aufenthaltsqualität oder Ästhetik. Weshalb diese Grundstücke so abschreckend wirken, wird besonders deutlich, wenn man daneben einen ‚wirklichen' Garten sieht. Dann sticht einem ins Auge, **wie tot die Kombination** aus Kies, Schotter, Granit, Beton, Metall und Kunstpflanzen wirkt."[26]

Passend dazu ein Facebookeintrag eines Gartenbaubetriebs in Würzburg:

> *Rückbau von Schottergärten mit anschließender professioneller Gestaltung ihres Gartens! Sind auch Sie falsch beraten worden und haben nun einen vermeintlich pflegeleichten* ***Suizidalgarten****? Mit viel Liebe und einem Auge fürs Detail wurde ein halber Steinbruch in ihren Garten abgekippt? Wir helfen Ihnen, diesen einschließlich der Pömpel-Thujas und Deko-Amphoren wieder loszuwerden, und verwandeln Ihren Garten in eine pflegeleichte, grüne Oase!"*

Es gibt sogar schon Online-Seminare (Philipp Dahlmann, Dortmund –‚Rettet den Vorgarten') mit mehr als tausend ‚bekehrte Gartenbesitzer' oder eine Facebook-Seite **‚Gärten des Grauens'** von Ulf Soltau, Berlin mit mehr als 95.000 Followern.[27]

Doch es ist nicht alles so aussichtslos – es geht auch anders:

Wer einmal den Garten der englischen Gartenkünstlerin Beth Chatto im südenglischen Elmstaed besucht hat, kommt nicht mehr auf den Gedanken, Kiesgärten und Steinschüttungen in einen Topf zu werfen.

„Der **Kies tritt in den Hintergrund**, die Pflanzen spielen die Hauptrolle und schaffen eine warme, mediterrane Atmosphäre. Der Eindruck ist so stark, dass der Garten zu einer über die Landesgrenzen hinaus bekannten Attraktion geworden ist."

Auch hierzulande gibt es gute Beispiel von Kiesgärten, die mit Fachwissen und Engagement auch nach geraumer Zeit ansehnlich geblieben sind: Katrin Lugerbauer – Wilde Wiesen gestalten (Ulmer 2021).

24 T. Wendebourg 2020, S. 52
25 aaO. S. 52
26 aaO. S. 17
27 Zeit-Magazin v. 19.8.2021, S. 52

Ökologie und Vernetzung

> *„Es hat sich herumgesprochen, dass die Bauindustrie mehr CO^2 produziert als der globale Flugbetrieb, da können ein paar gepflanzte Zeichen der Reue nicht schaden.*
>
> Hanno Rauterberg 2021, S. 47

Jane Jacobs war der Auffassung, dass im Allgemeinen zu große Erwartungen an die Großstadtparks gestellt werden. "Weit entfernt davon, irgendeine wichtige Eigenschaft ihrer Umgebung zu verändern, weit entfernt davon, das Niveau ihrer Nachbarschaft von sich aus zu heben, werden die **nachbarschaftlich genutzten Parks** selbst direkt und drastisch davon beeinflusst, wie diese Nachbarschaft sich zu ihnen verhält."[28]

"Um den Nachteilen kleinflächiger Insellagen entgegenzuwirken, sollten bestehende Grünflächen auf keinen Fall durch Baumaßnahmen verkleinert oder von Straßenzügen durchschnitten werden. Außerdem sollten die in einer Stadt vorhandenen Freiflächen, soweit dies möglich ist, miteinander vernetzt werden. Man versteht darunter die Verbindung solcher **Areale durch Grünstreifen** mit einem möglichst breiten Artenspektrum an Pflanzen."[29]

Auch wenn der Anspruch verständlich ist, kann in einer Großstadt die Vernetzung nur in Ansätzen gelingen, wie diese im Fachkonzept Grün- und Freiraum (Stadt Wien-MA 18) vorgestellt wurde: 12 Freiraumtypen werden durch Fuß- und Radwege zusätzlich verbunden. Die Stadtwege verbinden die Wohnquartiere und Arbeitsplätze mit dem öffentlichen Verkehr und erhöhen damit ihre Bedeutung für die alltägliche Lebensqualität.

Beispiel: Die Umsetzung des Konzepts der Landstraßer Durchgänge und Grünwege biete sich als **Netzwerkschluss** in Form niederschwelliger Maßnahmen mit hoher Wirksamkeit an."[30]

Robert Schediwy regt an, durch eine Intensivierung kleiner Schritte positive Ansätze einer Innenstadtdurchgrünung fortzusetzen, wie das ‚Planquadrat' in der Margaretenstraße, Sanierungsgebiet Ottakring oder ein Fleckchen Grün statt einer alten Markthalle im dichtest bebauten Bezirk Neubau. Auch öffentliche Institutionen hüten ja ihre Vorbehaltsrechte gegenüber der Allgemeinheit. Das gilt etwa immer noch für den Sternwartepark und den Bundesbesitz des Theresianumparks. Ein massives Vorgehen gegenüber einzelnen „beati possidentes"[31] würde hier gewiss auch die politische **Zustimmung der Öffentlichkeit** erhalten können."[32]

Einen konkreten Vorschlag macht Hermann Czech, der von einer Gehentfernung von 3-5 Minuten ausgeht, innerhalb dessen ein Grünraumangebot erreichbar sein sollte. Das entspricht einer Entfernung von etwa 500 m untereinander.[33]

Öffentlich zugängliche Freiräume stehen bisher im Mittelpunkt des Interesses – oft macht die Hierarchie der Freiräume öffentlich – halböffentlich – privat die spezifische Nutzbarkeit des Freiraums aus (vgl. Christopher Alexander ‚Hierarchy of open space').[34]

Ökologische Anforderungen bedürfen in der Umsetzung keine besondere Formensprache, aber eine Reihe funktioneller Anforderungen, wie ein hoher Anteil an Randzonen - aber auch die ‚Pflasterritzenvegetation', die an Orten wo scheinbar nichts wachsen kann, ihre Triebe ausstrecken. Öffentliche Grünflächen und Parkanlagen

28 J. Jacobs 1963/1975, S. 69
29 G. Fellenberg 1991, S. 139
30 Stadt Wien, MA 18 und knollconsult 2015, S. 26 und 80
31 ‚beati possidentes' – Das Glück der Besitzenden
32 R. Schediwy 1982, S. 50
33 H. Czech et al. 2011, s. 326-330
34 s.a. C. Loidl-Reisch 1995, S. 117

unterscheiden sich in der Artenvielfalt kaum von den artenärmsten Gebieten der Innenstädte. Dagegen können **innerstädtische Brachflächen**, Gleissaumbereiche, Bahnreliktflächen und auch extensiv gepflegte öffentliche Freiräume als wesentliche Rückzugsgebiete und ökologisch wertvoll betrachtet werden.[35]

Neben den unbestreitbaren ökologischen Wirkungen von Baumpflanzungen wie die Verdunstungsleistung und die CO²-Aufnahme ist auch die Beschattungswirkung – der **'Überschirmungsgrad'** und seine kleinklimatische Bedeutung für die Kühlung gerade in Zeiten des Klimawandels besonders zu berücksichtigen: „Vollends unersetzbar aber ist der Baum als Schattenspender, der in vielen Bereichen, vor allem im Süden, Leben erst möglich macht."[36] Im Stadterweiterungsgebiet Seestadt Aspern in Wien wurde der Überschirmungsgrad zur Beschattung von Stadtstraßen ebenso festgehalten wie im Nachhaltigkeitsbewertungssystem BNB-AA für Außenanlagen per Erlass auf Bundesebene und in einigen deutschen Bundesländer vorgeschrieben.[37]

Eine besondere Art ökologisch angepasster Bepflanzung ist das **'Blackbox Gardening'**, aber auch das 'Guerilla Gardening', wo anstelle vieler Pflanzen, die nach einem Plan an 'endgültige' Standort gesetzt werden, werden geeignete Arten in Form von Samen oder wenigen Initialpflanzen eingebracht. Mit der Zeit suchen sich deren Abkömmlinge Stellen, an denen sie sich dauerhaft erhalten können.[38]

Wasser in der Stadt

> *„Das Leben verarmt ohne Bezug zum Wasser - wir haben 'vergrabene' Wasserläufe, die aus zu öffnen gilt. Wasser bildet Grenzen und ist auch ein Attraktor als Uferpromenaden, lange Perspektiven, Brücken als Aktivitätsknoten"*
>
> Christopher Alexander/Hermann Czech 2012

Die Wienerinnen und Wiener hatten historisch bedingt immer Angst vor dem Wasser – und zwar von der Donau und den Wienerwaldbächen.

Die Donau und ihre Altarme

Die Donau am Übergang von Gebirgsfluss zum mäandrierenden Steppenfluss war nur in Niederwasserzeiten in Furten überquerbar und führte katastrophale Hochwasserereignisse herbei – wie das legendäre Märzhochwasser von 1830.

Nach langem planerischem Vorlauf wurde nach der Regulierung des früheren Hauptarms – des heutigen Donaukanals – mit den Maschinen des Suezkanals - der Donau von 1870 bis 1875 ein **neues, lineares Bett** gegraben. Die Hochwassergefahr sollte durch ein 450 m breites Überschwemmungsgebiet, das 'Inundationsgebiet' und einen linksseitigen Damm – den Hubertusdamm gebannt werden.

Dass dem nicht so war, haben die Hochwässer von 1897, 1899 und 1954 eindrucksvoll bewiesen, wo der Hubertusdamm an seine Grenzen gestoßen war und vor allem die rechtseitigen Gebiete (Handelskai und große Teile der Leopoldstadt) unter Wasser standen.[39]

Als Lösung wurden nach Wettbewerben (das „Wiener Modell") die **Donauinsel und die 'Neue Donau'** – das Hochwasserentlastungsgerinne von 1972 – 1987 implementiert und hat sich inzwischen vollinhaltlich bewährt. Nicht nur als Hochwasserschutz, sondern als Freizeitparadies mit einem mehr als **30 km langen 'Strand'**.

35 s.a. C. Loidl-Reisch 1992, S. 36 und 1986, S. 118
36 J. Kräftner 1980, S. 27
37 TU-Berlin und LABAR Landschaftsarchitekten 2016: www.nachhaltigesbauen.de/bewertungssystem
38 s.a. J. Reif, C. Kress und J. Becker 2014, S. 11
39 S. Hohensinner und A. Hahmann 2015

Mäandrierende Donau und Regulierung von 1870

Danach wurden 1986 ein mehrstufiger interdisziplinärer Wettbewerb ‚Chancen für den Donauraum' seitens der Stadt Wien ausgeschrieben, wo die Gruppe um Hugo Potyka (mit Ralph Gälzer, Rainer Mayerhofer, Ernst W. Heiss und Rudolf Zabrana) drei erste Preise gewann. In der Fortführung war ein Thema, mit dem diese Gruppe beauftragt wurde, **‚Wohnen am Wasser' und ‚Wasser in der Stadt'**. Ohne ins Detail zu gehen wurden hier machbare Vorschläge für den Bereich des Nord- und Nordwestbahnhofes und Bebauungsvorschläge am rechten Donauufer vorgelegt – das nun in Teilen (‚Donau-Marina) umgesetzt wird.

‚Wohnen am Wasser' aus dem Wettbewerb ‚Chancen für den Donauraum'

Wienerwaldbäche

Das Wiener Stadtgebiet wird durch Wienerwaldbäche durchzogen, die für die lebhafte Topografie – Einschnitte in die Schotterterrassen – verantwortlich sind. Der Wienerwald – geologisch eine Flyschzone ohne Versickerungspotential war der Grund für die regelmäßig **wiederkehrenden Hochwässer** u.a. des Alserbachs, des Ottakringerbachs und vor allem des Wienflusses. Die Bäche weisen in Trockenperioden kaum nennenswerte Wasserführungen auf, die bei Starkregen binnen kürzester Zeit anschwellen und **verheerende Überschwemmungen** produzieren konnten.

Ab Mitte des 19. Jahrhunderts wurden die Bäche verrohrt und im Mischsystem des Kanalnetzes als Vorfluter verwendet. Die letzte und aufwendigste Regulierung war die des Wienflusses (1900), die gemeinsam mit der Stadtbahn (heute U 4) in ein strenges Korsett gezwängt und von der Pilgramgasse bis zum Stadtpark eingewölbt wurde.

Es gab einige Vorschläge, die steinernen Begrenzungen aufzulösen und zu renaturieren – oder im eingewölbten Bereich Öffnungen anzuordnen und Rad- und Fußgängerpromenden zu errichten. Geblieben sind von all dem die eher **hilflosen Versuche** die Gewölbezwickel um den Schwarzenbergplatz zu zeigen und zu begrünen.

Neue Vorschläge

Zum Thema ‚Wasser in der Stadt gab es anlässlich der Wien-Wahl 2020 von den NEOS Vorschläge für die **‚blaue Infrastruktur'** als ‚Neue Wasserflächen für Wien':[40]

1. **Neue Bäche für Wien**
   - Der Alserbach etwa 3000 m entlang der Alszeile bis zur Rötzergasse
   - Ein neuer Brigittenauer Bach nach Stilllegung der Nordwestbahn auf deren Trasse vom Einlaufbauwerk in Nußdorf bis zum Stadtentwicklungsgebiet Nordwestbahnhof
2. **Künstliche Wasserrinnen** in der Altstadt etwa am Spittelberg, tiefer Graben oder Argentinierstraße alles mit anderen Projekten (wie Radweg) zu kombinieren
3. **Neue Teiche und Brunnen** in anderen Bezirken

Zu den Wasserrinnen in Altstadtbereichen entdecken nach den schon mittelterlichen ‚Stadtbächen' wie in Freiburgs ‚Bächle' auch andere Städte wie Forchheim (‚Rinnla' – 15.5 km), Bayreuth, Rostok und die Hersbrucker ‚Wassergasse'. Alles das mutet wie selbstverständlich an und **ohne Geländer** - Zwischenfälle sind ganz selten. Bloß die Bürgermeinung ist anfänglich skeptisch, dann aber mit der Zeit **stolz auf ihre ‚Bäche'**.

Wasserrinnen in Altstädten

Rostock Schnickmannsstraße

Hersbrucker Wassergasse

40 NEOS-Wahlprogramm 2020

Bayreuther Bächle

Zum Thema Brunnen und Teiche in der Stadt, werden wohl immer wieder Vorschläge unterbreitet, schon seltener umgesetzt und nur wenige erhalten. Der Grund liegt in der **gesplitteten Verwaltung** zwischen den Bezirken und der MA 31 ‚Wiener Wasser' und in der Kostentragung. Notwendig wäre eine zentral finanzierte Einsatztruppe, die Brunnen und Wasserläufe wartet – die immer wieder von Spaßvögeln malträtiert werden und ‚Überschwemmungen' verursachen.

Ein weiterer Grund der mangelnden Umsetzbarkeit liegt in den überschießenden Vorschreibungen verschiedener Verwaltungsdienststellen wie Wasserqualität, Sicherungsmaßnahmen u.a.m. die wesentlich reduziert sein müssten, um zumindest ansatzweise **Schwammstadt-ähnliche Ideen** umsetzen zu können.

Brunnen in Wien

Muhrbrunnen

In Wien werden 55 Denkmal- und Monumentalbrunnen verwaltet – die fast ausschließlich historisch überkommen sind. In den 80er Jahren gab es eine Reihe neuer Trinkbrunnen des Gestalters Hans Muhr – künstlerisch gestaltete moderne Brunnen sind selten.

Ein **Beispiel aus Nürnberg** – eine realistisch thematische Anlage ‚Das Ehekarussell' mag dies unterstreichen.

Unter den Eindruck der Erderwärmung und klimatischer Einflüsse wurden in Wien 1100 Trinkbrunnen, 50 mobile Trinkbrunnen (‚Brunnhilde') und 100 Sprühnebelduschen (‚Sommerspritzer') eingerichtet. [41]Die stadtgestalterische Wirksamkeit reicht von ‚Stadtmöblierung' bis zum Platzmittelpunkt der **Monumentalbrunnen**.

Ehekarussell-Nürnberg

Wels - Stadtplatz

41 Stadt Wien – MA 41'Wiener Wasser'

Wasser als Element der Stadtgestaltung

Wasserflächen gewinnen in der laufenden Klimadiskussion immer mehr an Gewicht, sind aber auch in der Stadtgestaltung ein dominantes und unverwechselbares **Gestaltungselement**. Wasser kann sowohl Grenze als auch Attraktivitätselement – jedenfalls aber ein hochrangiges Orientierungsmerkmal – sein.

Nicht nur deutsche Städte entdecken das Wasser als perfekte Möglichkeit qualitätvoller Quartiersentwicklung, wo nicht mehr benötigte Hafen- und Lagerflächen ideale Randbedingungen für Wohn- und Geschäftsquartiere abgeben wie in den Londoner Docklands, der Hamburger Speicherstadt, in Barcelona, Rotterdam, Amsterdam, Kopenhagen und Berlin.

Kopenhagen, Bauen am Wasser

Nach dem Vorbild der Wiener ‚Seestadt Aspern' ist die Verbindung von natürlichen oder künstlich geschaffenen Wasserflächen ein perfekter **Motor der Quartiersentwicklung**. So in Mönchengladbach (Seestadt MG+) wo 1000 Wohnungen in zentraler Lage errichtet werden oder das Projekt Grand Zentral in Düsseldorf mit ebenfalls 1000 Wohnungen und der Dortmunder 'Phönix-See' mit 2000 Wohnungen. In Mainz entstehen auf dem Gebiet des ehemaligen Hafens bis 2025 1400 Wohnungen und 4000 Arbeitsplätze. Das ehemalige Kesselhaus dient als Kunsthalle.[42]

Berlin, Spree und Blick zum Dom

Seestadt Mönchengladbach

42 T. Pollerhof in Immobilienstandard 10.10.2020

Barbara Hammerl in einer Expertenrunde der Lobbyisten-Zeitschrift ‚Zement + Beton': „**Wir brauchen mehr Grün** im öffentlichen Raum, klimaaktive Baumpflanzungen nach dem Schwammstadtprinzip, begrünte Gleiskörper, Pocket Parks etc. - kombiniert mit Information und Sensibilisierung von Bauträgern, Planern, Hausverwaltungen und Bürgern, um die Vorteile einer begrünten Stadt zu erläutern. Dazu kommt noch die ‚blaue Infrastruktur': Wasserflächen, Freilegen von unterirdischen Bächen, Regenwassermanagement, Entsiegelung und zusätzliche Wasserflächen für Regenwasser zu gewinnen."[43]

Eine abschließende Bemerkung zum ‚Wasser in der Stadt' – wohl nicht gestaltwirksam aber im berühmten Zitat von Karl Kraus enthalten, was er sich von der Stadt erwartet: **‚Straßenspülung'**, wie sie noch in Paris praktiziert wird. In den frühen Morgenstunden plätschert dort Seinewasser im ‚Rinnsal' um den Staub und Schmutz durch Wasserkraft zu entfernen.

Relief

> *„Der dänische Landschaftsarchitekt Ib Asger Olsen sagt, dass Städte dann interessant werden, wenn es eine Art landschaftlichen Widerstand in ihnen gibt, mit dem sie umgehen müssen. Wasserflächen, Küste, Topografie oder Wald. Wenn es diesen Widerstand noch nicht gibt, kann man ihn herstellen!"*
>
> Björn Wiström 2019[44]

Das Relief, das Geländemodell, gehört zu den wesentlichen Vorgaben der Stadtgestaltung –sowohl großräumig als auch im Detail. Selbst die Rastervierteln der Gründerzeit bieten dort, wo es ein erkennbares Gefälle gibt, einen gewissen Anhaltspunkt für die Orientierung – die erst auffallen, wo es keinerlei Geländeunebenheiten gibt. Geringste Höhenunterschiede bieten gliedernde Anhaltspunkte für ganze Stadtviertel und schaffen gerade dort Aussichtspunkte – wenn man sie nur in der Stadtgestaltung berücksichtigt. Ein Musterbeispiel ist die Johnstraße im 15. Bezirk – ein gnadenloses Rasterviertel – die durch den achsialen Ausblick auf Schönbrunn und die Gloriette ein machtvolles Orientierungsmerkmal bildet.

Wien hat **drei reliefmäßig bedeutsame Elemente** aufzuweisen:

- die **Hügelkette** vom Laaerberg, Wienerberg, Grüner Berg (Gloriette), Wienerwald bis Kahlenberg und Leopoldsberg und über der Donau den Bisamberg (‚Wiener Pforte')
- die **Terrassenlandschaft**, von den Sedimenten der Donauablagerungen (Schotter, Aulehm) die sich von den Hügelketten bis zur Donau abstuft und
- Die Berücksichtigung der Randbedingungen des Reliefs stellt ein Hauptaufgabe der generellen Stadtgestaltung dar, wobei es immer wieder einen **Bedarf an Aussichtspunkten** gibt[45] – seien es Türme, Terrassen, Sichtschneisen und daraus resultierenden Stadtsilhouetten

Die **Beseitigung topografischer Besonderheiten** des Reliefs attackiert Johann Kräftner:[46] „Jede topografische Besonderheit wird penibel beseitigt oder von Anfang an jedes Dutzendgrundstück in die engere Wahl gezogen, das sie erst überhaupt nicht besitzt.

Nicht nur blinde Zerstörungswut, die jede markante Lage verwischt und alle Bäume von vornherein beseitigt, zeugt von herrschender Gefühllosigkeit und überall anzutreffendem Unverständnis, sondern auch der fehlende Blick von Bauherrn und Architekten dafür, was Gelände und Bepflanzung als Vorgaben anbieten könnten."

43 B. Hammerl in M. Pech ‚Kluge Konzepte sind gefragt' in Zement + Beton 2/2020, S. 6-8
44 B. Wiström im Interview von M. Novotny im Standard 11.12.2019
45 s.a. Czech et al. 2011, S. 338
46 J. Kräftner, 1980, S. 14

Auch Ernst W. Heiss kritisiert das **'gedankenlose Glattbügeln'** eines bewegten Geländes – aber ebenso das 'Hügeln' weiter, ebener Flächen: „Die Erde, auf der unsere Grünanlagen entstehen, lässt sich formen, liebevoll modellieren, als Hügel oder Mulde, konvex oder konkav, und dieses Modellieren kann je nach Anlass oder je nach Handschrift des Entwerfenden in weich verschliffenen Formen oder terrassiert, mit gebauten Kanten, erfolgen. Man wird sich dabei bemühen, in der Natur vorhandene Bewegungen des Geländes aufzugreifen oder funktionelle Anlässe für Höhenunterschiede nutzen."[47]

Nach Valena[48] lassen sich **vier Grundhaltungen zum Relief** erkennen:

- eine betonende
- eine dem Relief folgende
- eine das Relief schwächende
- oder eine das Relief ignorierende Haltung

Biotopkartierungen sollten durch **Schichtenliniendarstellungen** ergänzt werden (GIS-Kartierung mit Höhenpunkten und 1 m-Schichtenlinien der Stadt Wien-MA 41), die sehr klar das Relief von Stadtgebieten zeigen.

Topografische Karte Wien 3 (Relief) - Ausschnitt

47 E.W. Heiss und K. Glotter 1997, S. 45
48 T. Valena 1990, S. 14

Grünelemente

Bäume als Solitäre

„Bäume schaffen urbane Orte und stärken räumliche Zusammenhänge in unseren Städten. Sie sind oft der verbindende Maßstab zwischen Mensch und Architektur. sie verbessern die Lesbarkeit der Stadt, indem sie das städtische Gefüge hierarchisieren und gliedern."

Guido Hager 2009, S. 73

Den Wert der Bäume für die Stadtgestaltung hat schon Camillo Sitte 1901 angesprochen:[49]

„Alleen und Gärten: Ohne Zweifel enthalten diese einen wichtigen hygienischen Faktor. Ebenso unbestritten ist der **Reiz landschaftlicher Schönheiten** inmitten einer grauen Stadt und die unter Umständen vortreffliche Contrastwirkung von Baumgruppen und Architekturen. Es frägt sich aber, auf das wieder am rechten Fleck angewendet wird. Vom hygienischen Standpunkt scheint die Antwort sehr leicht. Je mehr Grünes, desto besser, damit ist Alles gesagt. Nicht so vom künstlerischen Standpunkt, denn da handelt es sich viel mehr darum wo und wie das Grüne angewendet wird.

Der **ökologische Wert** eines ausgewachsenen Baumes ist wohl unbestritten - in seiner Dimension aber noch nicht ins allgemeine Bewusstsein der Planer durchgedrungen. Aloys Bernatzky hat in ‚Profitopolis' 1979 den **Wert eines Baumes** quantifiziert:[50] „Bäume vergrößern die Bodenoberfläche auf der sie stehen um das Zehnfache. Eine 100 Jahre alte Buche, 25 m hoch mit einem Kronendurchmesser von 15 m, bedecke eine Bodenoberfläche von 160 m². Der Baum verarbeitet in der Stunde 2,35 kg Kohlendioxid und gibt 1,71 kg Sauerstoff ab. Der im Holz dieses Baumes festgelegte Kohlenstoff stammt aus dem Kohlendioxid von 40 Millionen Kubikmetern Luft. Um sein Kronenvolumen mit rund 2700 Kubikmetern zu ersetzen müsste man 2700 Jungbäume mit je einen Kronenvolumen von 1 Kubikmeter pflanzen. Wenn der Anschaffungswert des Jungbaums mit 200,- € angesetzt werden kann, ist der Wert des Altbaumes mit einer halben Mio. € zu bewerten."

Das soll nur ein Hinweis sein, mit dem Baumbestand nicht zu leichtfertig umzugehen - wenngleich es fraglich ist, um Einzelbäume, so wertvoll sie auch sein mögen, herumzubauen'. Das geänderte Mikroklima bringt gerade ältere Bäume um, die sich nicht mehr umstellen können.

Eine kritische Stimme des Denkmalpflegers Robert Schediwy, unterstreicht dies: „In einer Zeit, in der die Unwirtlichkeit unserer Städte zum Schlagwort geworden ist, besinnt man sich auf das Grün als Symbol des ‚anderen Lebens', **überfrachtet dieses Symbol** vielleicht sogar mit allen Sehnsüchten, die der modernen Existenz unbefriedigt geblieben sind. Der Kampf um die Erhaltung einzelner Bäume wird so zuweilen mit einer Inbrunst geführt, die zur realen Bedeutung des Objekts im Widerspruch steht."[51]

Auch Camillo Sitte nimmt in der Auseinandersetzung zwischen Architektur und Bäumen eindeutig Stellung: „Wie störend von Werken der Architektur die **Anpflanzung von Bäumen** ist, [...] zeigen uns Winteraufnahmen, damit das kostbare Bauwerk wenigstens zwischen den blattlosen Zweigen hindurch nothdürftig zur Erscheinung kommt."[52]

Der gestalterische Wert von Bäumen wird selbst von Le Corbusier in seinem ‚Städtebau' unterstrichen: „Die Zellen der Wohnungen werden sich auf 20, 40, 60 Stockwerke ausbalancieren. Der einsame Mensch mit seinen 1,75 m Höhe als unveränderliche

49 C. Sitte 1901/1965, S. 106
50 In J. Lembrock und W. Fischer, 1979, S. 219
51 R. Schediwy1982, S. 7
52 C. Sitte 1901/1965, S. 108

Maschine wird sich in den Straßen seiner Stadt aus derartigen Riesenbauten beunruhigt fühlen. Füllen wir also die peinliche Leere dieses allzu großen Zwischenraums aus, indem wir zwischen den Menschen und seine Stadt ein Proportionsmittelding einschieben, das im Verhältnis zu beiden stehen: Bäume müssen gepflanzt werden"[53] und wo man baut **müssen Bäume gepflanzt** werden.[54]

Eine generelle maßstabsbildende Funktion des Baumes ist nicht nur menschenabhängig, sondern vor allem in der Stadtgestalt selbst zu sehen: „Der Baum in der Siedlung besitzt die Fähigkeit, den **Maßstab eines Gebäudes**, eines Hofes, einer Straße oder eines Platzes entscheidend mitzubestimmen beziehungsweise zu verändern und erlangt neben dem Bauwerk als raum- und platzbildendes Element seine eigentliche architektonische Bedeutung."[55]

Die Frage nach der Baumart sollte neben gestalterischen Fragen – es gibt formbildende Bäume wie Linden, Ahorne und Platanen und ‚locker' geformte Bäume wie Birken oder Gleditschien – auch die der Abgas- und Hitzeresilienz gestellt werden. Es gibt hier Baumarten, die beiden Ansprüchen gerecht werden, wie der Zürgelbaum (Celtis), die für ganze Stadtviertel prägend sein können.

Johann Kräftner unterstreicht dies in seinem Werk „Der architektonische Baum":[56] „Zum Scheitern verurteilt sind allerdings all die Versuche, Eichen, Linden, Kastanien und Nussbäume, die wir seit jeher mit dem **Begriff ‚Baum'** verbinden, durch die dünn emporschießenden Stämme schlanker Birken oder allerlei Nadelbäume zu ersetzen"

Bei Solitärpflanzungen kann auch außerhalb von Parkanlagen eine größtmögliche Artenvielfalt angestrebt werden, die dazu beiträgt das Stadtbild zu gliedern und erlebnisreicher zu gestalten, mit Orientierungspunkten zu versehen und dadurch Kleinräume zu schaffen, die es den Bewohnern erleichtern, engere Beziehungen zu ihrem Wohnumfeld zu herzustellen.[57] Hier können **attraktive Solitärbäume** mit auffallenden Blüten oder Früchten – wie Magnolien, Maulbeeren, Zierkirschen, Roßkastanien, Trompetenbäume (Catalpa) oder Paulownien, eine weit über das engere Umfeld hinausragende Bedeutung erfüllen.

Ein Grünelement, das hier eher geringer geschätzt wird, ist der Wald, wo wir zusammenhängende Forstflächen verstehen. Es können aber auch durchaus Waldstücke sein, wie in Skandinavien, wo **Fragmente von Wäldern** einen reizvollen Kontrast zu dem höhenmäßig angepassten Gebäuden abgeben. Ein Grund dürfte hier die rigide und streng abgegrenzte Forstgesetzgebung sein, die solche Übergänge erschwert.

Alleen und ‚Straßenbegleitgrün'

> *Für das Stadtbild sind - neben Einzelbäumen und Baumgruppen - vor allem auch Alleen wichtig. Sie haben in Wien eine lange Tradition und sollen auch weiterhin besonders gefördert werden. Insbesondere in Neubaugebieten, wo sie wesentlich zur räumlichen Strukturierung der Straßen beitragen können.*
>
> Ralph Gälzer 1980 [58]

Roland Rainer stellt 1962 die **Attraktivät ganzer Stadtteile** und der Bepflanzung her:[59] „Die Erfahrung zeigt, dass das Ansehen und die Beliebtheit eines Stadtteils in hohem Grade von seinem Baumbestand abhängt. Die alten Bäume und die gepflegten, dichten

53 zit. in A. Brandl 2013, S. 93
54 ‚Le Corbusier zitiert 1927 einen alten türkischen Spruch' - J. Kräftner 1980, S. 12
55 J. Kräftner, 1980, S. 18
56 aaO. S. 14
57 s.a. G. Fellenberg 1991, S. 179
58 R. Gälzer und H.J. Hansely 1980, S. 33
59 R. Rainer 1962, S. 158

Hecken machen die westlichen Stadtteile so beliebt und anziehend, während die landschaftlich ebenso schön gelegenen östlichen und südöstlichen Bezirke wegen ihres Mangels an Bäumen und Sträuchern, wegen ihrer Versteppung, als deklassiert gelten. [...]

Es geht dabei nicht nur um ‚Schmuck', um ‚Dekoration', es geht nicht darum mit Grün städtebauliche Kosmetik zu treiben, sondern es geht um eine Reihe wichtiger **städtebaulicher Funktionen**, die allein durch Bepflanzung und durch sie auf die wirtschaftlichste und beste Weise erfüllt werden könnten."

Schmuck und Dekoration kritisiert auch Camillo Sitte am Städtebau Otto Wagners als ‚ornamentale Geste':[60] „Kann es denn Abgeschmackteres geben, als die freie Naturform eines Baumes, die ja gerade in der Großstadt uns die freie Natur vorzaubern soll, in gleicher Größe, in mathematisch haarscharf gleichen Abständen - und noch obendrein in schier endloser Länge immer wiederholt aufzustellen? Man bekommt ja förmlich Magendrücken vor beklemmender Langeweile. Und das ist die Haupt-Kunstform unserer Städtebauer geometrischer Observanz!"

Alleen können heterogene Bebauung zusammenfassen und gliedern helfen und ‚zusammenwachsen'. „Eine rigide Separierung von konzentrierten Baumassen und freier Natur- und Kulturlandschaft, wie sie in der Gartenstadtutopie oder in der Charta von Athen angedacht wurde, erübrigt sich, wenn Straßen, Plätze und Parks ein starkes Kontinuum herstellen. Auf diese Weise [...] kann eine vielfältig zusammengesetzte Stadtlandschaft entstehen."[61]

Johann Kräftner unterstreicht die Möglichkeit, die **raumbildende Eigenschaft von Alleen** gegen Defizite der baulichen Erscheinung einzusetzen:[62] „Dieses Vermögen der geschlossenen Baumreihe, einen Bewegungsraum zu formieren, müssten wir uns heute bedienen, wenn unterschiedliche, zumeist auch noch qualitätlose Architekturen entlang einer Straße zwar eine räumlich noch einigermaßen intakte Situation ergeben, aber durch die erdrückende Vielfalt trotzdem kein ästhetisch befriedigendes Straßenbild entstehen kann."

Die Frage des Artenreichtums und der der ‚richtigen' Artenwahl ist von vielen Parametern und letztendlich vom gestalterischen Entwerfen abhängig. Ein **stimmiges Bepflanzungskonzept** – auch als Orientierungshilfe kann in Neubauvierteln mit monotonen Fassaden ausgleichend wirken. Bei abwechslungsreicher Architektur sollte eine einheitliche Bepflanzung den Gesamteindruck erträglich machen.

Die Parameter der Bepflanzung sollen weder uniform oder schematisch gestaltet werden und nicht persönlichen Vorlieben überlasen werden. **Zu berücksichtigen sind**:[63]

- Das lokal herrschende **Stadtklima**
- Die **Bodenqualität** und die Grundwasserentfernung
- Die **Bodenverdichtung** (Baumscheibe geschützt oder betretbar - sogenannter Igel)
- **Einbauten und Mindestabstände** – allfällige Schutzverrohrung
- Berücksichtigung der täglichen **Besonnungsdauer**
- **Bewässerung** – fixe Leitungen oder Baumbags
- Art und Umfang der **Immissionsbelastung**
- Die örtlich **vorherrschende Architektur**
- **Abstand** zu den Fassaden (Beschattung)
- Die **Bauhöhen** und **Straßenbreiten** (Kronengröße)

60 C. Sitte, ‚Städtebau', im Anhang ‚Großstadtgrün' S. 210 zit. in C.E. Schorske 1982, S. 94
61 E. Tröger und D. Eberle 2015, S. 207
62 J. Kräftner 1980, S. 23
63 G. Fellenberg 1991, S. 175-176, ergänzt

- Berücksichtigung **ökologischer Gesichtspunkte** (Artenmischung, Lebensgrundlage der Fauna)
- Berücksichtigung von Gehölzen mit **hoher Klimawirksamkeit**
- Kombination mit entsprechender **Unterpflanzung**

Wenn Baumpflanzungen nicht möglich sind, gibt es Alternativen zur Begrünung wie Blüh- und Decksträucher, Kleinbäume, nicht geschnittenen Hecken, Bodendecker, Rasenstreifen, Stauden und letztendlich die aufwendigste Form – Blumenrabatten.

Alles das kann unter dem Begriff **‚Straßenbegleitgrün'** subsummiert werden: „Straßenbegleitgrün ist florale Sättigungsbeilage. Es füllt den Raum, wird nicht eigentlich wahrgenommen und dementsprechend erwartet auch nix dolles. Füllstoff. Eine Ecke in der Stadt, zwischen Irgendwas und Irgendwo, ohne Bedeutung und Funktion, wird, nur um ein amtliches **‚Wir kümmern uns'** vorzutäuschen, mit struppigem Grün garniert. Kein Mensch erhebt hier den Anspruch, diese armseligen Gehölze auch nur entfernt als Pflanze zu sehen, als Leben, Duft, Farbe, Bewegung und Entwicklung."[64]

Beim ‚Kampf um den Boden' bedeutet das auch, dass bei hohen Dichten auch mehr Grünraum gebraucht wird, dessen Potential maximiert werden muss. Was die Größe betrifft, kommt es auf die Funktion an: Wenn ein Grünstreifen 10 m breit ist, kann man sich in der Mitte schon wie in einem Wald fühlen, bei 30 m ist Platz für ein Wegenetz. Man könnte auch die Mechanismen der Stadtplanung umdrehen und zuerst die Grünflächen und Wälder anlegen und dann bauen.Das wäre das anzustrebende Prinzip von **Gartenschauen**, wo **zuerst das Grüngerüst** - mindestens 5 Jahre - anwachsen kann, und erst dann gebaut wird.

Gebäudebegrünung

„Die Ökologisierung ist zu einem Statussymbol geworden. Mit dem schönen Grün zieht auch die Gerechtigkeitsfrage auf neue, drängende Weise in die Stadt. Das ist der Preis dafür, dass die klimafreundliche Gestaltung nun nicht mehr nur in den Hundertwasser-Nischen der Alternativkultur gedeiht.

Hanno Rauterberg 2021, S. 47

„Wenn alle Menschen, die eine gewisse Sehnsucht nach Grün befriedigen wollen, am Abend oder am Wochenende ins Auto steigen und aus der Stadt hinausfahren, so Blanc, dann macht das die **globale Ökologiediskussion** mit einem Schlag kaputt. [65]Es sind daher genau diese kleinen Dosen städtischen Grüns, die das urbane Klima verbessern können. Egal ob es sich dabei nur um eine blühende Feuermauer oder um Urban Gardening mit Tomatenstauden und innerstädtischen Miniaturkartoffelacker handelt."[66]

Dieses Problem hat auch Willi Kainrath 1984 angesprochen und nicht die großen Aktionen, sondern einfach umzusetzende Maßnahmen angesprochen:[67] „Die Keller-, Erdgeschoß- und Dachgeschoßräume bieten sich als erste für besondere Gemeinschaftsnutzungen und damit für möglicherweise architektonisch neuartig zu gestaltende Elemente an. Freiräume wie Balkone, Terrassen, Höfe, Vorgärten, [Außentreppen, Nachbarschaftsgärten] werden sicher an Bedeutung gewinnen, wenn ein **‚erweitertes Privatleben'** Platz greift. [...] Das neu erwachte Interesse am Umgang mit den Kleinformen der Natur (Blumen, Hausgemüse, Topfgärten, dem auf Mauern rankenden Grün) wird sich ebenfalls städtebaulich niederschlagen müssen und sichtbar zu Tage treten."

64 J. Pfenningschmidt 2017, S. 30
65 Dieses Paradoxon hat auch Victor Gruen 1973 angesprochen – Wo gerade das eintritt vor dem man flüchten wolle
66 Der Botaniker Patrick Blanc im Gespräch mit W. Czaja in P. Illetschko 2016, S. 47)
67 W. Kainrath et al. 1984, S. 249

Mit ‚kleinen Dosen' gibt man sich heute nicht mehr zufrieden – es müssen schon ganze Hochhäuser sein, die von ‚Kopf bis Fuß' eingehüllt werden (Bosco verticale), wo Friedensreich Hundertwasser als Vorläufer mit seinem ‚Verschimmelungsmanifest' und dem ‚Hundertwasserhaus' (1985) vor Neid erblassen würde.

Prinzipiell sind **vier Arten der Begrünung** zu unterscheiden:

- **Bodengebunden** mit Rankgerüsten, Grillagen etc. bis etwa 8 – 10 m Höhe[68]
- Fassadenbegrünung von Balkonen oder **vorgeblendeten Gerüsten** in Pflanztrögen hochwachsend und/oder hängend
- **Flächige Fassadenbegrünung** mit Pflanzschalen und automatischer Bewässerung
- **Dachbegrünung** intensiv oder extensiv, begehbar, benützbar (Dachgärten) oder nur begrünt
- **Kombination** der Arten

Die **zentrale Frage bei Begrünungen aller Art ist die Bewässerung**. So kann bei fehlender zentraler Bewässerung und individueller Betreuung von Fassadenbegrünungen (Berankungen, dezentrale Behälter) von einer Überlebensquote von bis zu 30% ausgegangen werden - 70% haben demnach keinerlei Beschattungs- und Verdunstungswirkung. Bei zentraler Bewässerung (Kaskade oder Pumpe) können bis etwa 50% überleben. Diese Quoten sind nur bei organisierter Pflege steigerbar, die eine Erhöhung der Betriebskosten um 5 -15% bewirken.[69]

Es gibt aber noch andere, nicht leicht lösbare Probleme:

- **Beschädigung der Fassade**: Die vermeintlichen Putzschäden fallen in den Bereich der ‚Legendenbildung', Kletterpflanzen haften nur oberflächlich und können nur in Schadstellen (Risse) eindringen. Im Gegenteil:[70] Die Haltbarkeit des Putzes wird um das Dreifache verlängert. Vorgeblendete Rankgerüste können solche Befürchtungen zerstreuen.
- **Ungeziefer** wie Ameisen u.a. – ja, Begrünungen sind lebendig und man muss damit leben und umgehen
- **Vogelnester** – so nett das klingt, wenn es aber Tauben sind, hört sich die ‚Sucht nach Grün' auf
- Letztendlich die **Pflege**: Kletterpflanzen wachsen – mitunter recht schnell und üppig wie Veitchii oder Knöterich und müssen daher regelmäßig zurückgeschnitten werden – infolgedessen Folge die Pflanzen noch mehr wuchern

Richtige und regelmäßige Pflege ist daher das Um und Auf. Daher sollte die Frage, wie das gelöst werden soll und wer sich darum kümmert, vorab geklärt werden.[71]

Welche spektakulären – stadtgestalterisch sehr wirksame Beispiele als Akzente und Merkpunkte - können hier angeführt werden?

Düsseldorfer KÖ-Bogen II

„In Düsseldorf wurde kürzlich der KÖ-Bogen II eröffnet, ein Geschäftshaus inmitten der Stadt, das man auf den ersten Blick für einen Weinberg halten könnte, bepflanzt in strenger Reihung. Doch sind es keine Reben, es sind Hainbuchen, die das Gebäude überziehen: 35.000 Bäumchen. die Architekten nennen es Land Art, wo bis vor kurzem noch eine Hochstraße durch die City donnerte."[72]

Begrünter Flak-Bunker in Hamburg

„In Hamburg ist man derweil dabei, oben auf einem Flakbunker eine weitläufige Grünanlage zu errichten. Der monströse Klotz, Denkmal kriegerischen Größenwahns, verwandelt sich in einen Stadtgarten mit Hotel, Sporthalle und vielen Bäumen: Bäume als

68 Die bodengebundene Vertikalbegrünung mit Kletterpflanzen kann durch Gerüstkletterpflanzen (Schlinger, Ranker, Spreizklimmer) oder Selbstklimmer (Wurzelkletterer oder Haftscheibenranker) erfolgen

69 Freiraumplaner Thomas Knoll im persönlichen Gespräch März 2021

70 R. Doernach 1982 und F. Trillitsch 1982, Senator f. Stadtentwicklung, Berlin

71 s.a. F. Zoidl 2020, S. 14

72 H. Rauterberg in ‚Die Zeit' 11.2..2021 S. 47

Hundertwasserhaus Wien 3

Flak-Bunker Hamburg

Bosco verticale – Mailand

MDRV – Wonderwoods Amsterdam

MDRV – Grüne Villa,

Düsseldorfer KÖ-Bogen

Touristenattraktion." Fünfzig Jahre nach Hundertwassers ‚Verschimmelungsmanifest': „Die sterilen Wände der Häuserschluchten, unter deren Aggressivität und Tyrranei wir täglich leiden, werden wie grüne Täler, wo der Mensch frei atmen kann."[73]

Amazons begrünte Doppelhelix: Green building als Greenwashing

"Die Öffentlichkeit wird eingeladen, Amazon als Landschaftsgärtner kennen- und schätzen zu lernen, der steile Park soll allen offenstehen. Zudem will man einen Zwei-Milliarden-Dollar-Wohnungsbaufonds auflegen, um für erschwingliche Mieten zu sorgen - ganz so, als solle mit der ökologischen auch eine soziale Stabilisierung einhergehen. Als werde man hier, im Schatten der Hausbäume, vergessen können, wie desaströs sich Amazon auf den Einzelhandel auswirkt und wie wenig der Konzern für Arbeitnehmerrechte übrig hat."[74]

Vertikale Landwirtschaft in den Städten

"So experimentiert man vielerorts mit vertikaler Landwirtschaft, wo gleich auf mehreren Etagen das Gemüse angebaut wird und der Ertrag je Quadratmeter bis zu 400-mal höher ausfällt als auf dem flachen Land. Das spart lange Anfahrtswege und damit CO_2, außerdem trägt es mit dazu bei, dass die Metropolen sich im Sommer weniger aufheizen. Wo Pflanzenwachsen, kann kein Beton die Wärme speichern."

Welcher Energieeinsatz notwendig wird und wie das Zeug schmeckt kann schon vorweggenommen werden, weil in den meisten Supermärkten alles was wächst, das ganze Jahr über angeboten wird.

Ökologisierung als Statussymbol

Mit der überschießenden Begrünung ist die Ökologie zum Statussymbol geworden – und ist nicht mehr in den Hundertwassernischen der Alternativkultur zu Hause. Die baumbestanden Terrasse und der mediterrane Dachgarten sind zum Prestigeobjekt verkommen – das bedeutet, dass die Wohnung um 5 -10% teurer ist und die Betriebskosten fürs Wässern, Schneiden, Stutzen kommen noch dazu – während die weniger Wohlhabenden in der Hitze der Sozialbaukiste verkommen.

Nichts ist besser als richtige Baum am richtigen Ort

"Der Kampf gegen die Klimakatastrophe ist der wichtigste, den es gibt. [...] Wenn es der Kühlung dient: Nur her damit! Es wird schon nicht der kulturelle Reichtum der Architektur hinter Efeu und Knöterich verschwinden.

Aber die Fassadenbegrünung kaschiert mehr als erwärmtes Gemäuer, sie ist eine **Ablenkungsstrategie**. [...] Fragt man Landschaftsplaner nach den besten Mitteln gegen urbane Hitzeinseln bekommt man fast immer dieselbe Antwort: Nichts ist besser als der richtige Baum am richtigen Ort! "[75]

73 aaO. S. 47
74 aaO. S. 47
75 W.Caja - M. Novotny in Der Standard 10.4.2021 A 8

New York- High Line

Paris – Promenade Planteé

Urban commoning

„Je weniger Grün bei den Wohnungen und je weniger intensiv, ungestört und persönlich es genutzt werden kann, umso größer wird der Bedarf an Grünflächen sein, die die Öffentlichkeit zur Verfügung stellen, anlegen, pflegen und erhalten muss"

Roland Rainer 1962, S. 161

Die grundlegende Idee der ‚commons' ist die Selbstbestimmung, Selbstorganisation und Gestaltung der sozialen und physischen Umwelt.[76]

Die wohl spektakulärsten Beispiele des Common Green sind der New Yorker high Line Park und der Prinzessinnengarten in Berlin.

Der New Yorker High Line Park obwohl von einer Initiative zweier Bewohner ausgehend, 115 Mio. $ Investment (größtenteils Sponsorschaft privater Firmen) ist ein gutes Geschäft: Veränderung der Flächennutzung, Erhöhung der Geschoßflächenzahl, private Investoren zur Realisierung von ‚Deluxe apartment buildings'. Darüber hinaus striktes Reglement: Verbot des Geländersitzens, Fahrradfahren, Rauchen, Ansammlungen von mehr als 20 Personen und Alkoholkonsum.

Die Nutzung **stillgelegter Bahntrassen** im dicht bebauten Stadtgebiet sind auch in Paris umgesetzt worden und in Berlin in planerischer Überlegung

Auch die **Prinzessinengärten und Moritzplatz** (6000 m²) in Berlin als Möglichkeit des städtischen Gärtnerns als Alternative zur neoliberalen, abstrakten, kommerziell ausgerichteten Stadt ist mittlerweilen ein touristischer Anziehungspunkt geworden.[77]

Eine Nummer kleiner sind die **Wiener Projekte**, von denen Ralph Gälzer 1987 schon gesagt hat, dass **‚Aneignung'** auch auf einem anderen Weg als die Nutzung erfolgen kann, nämlich dadurch, dass der Nutzer den städtischen Grünraum selbst plant, baut und pflegt, ein Modell dass noch viel zu wenig Eingang in die Praxis des Grünwesens unsere Städte gefunden hat.[78]

Gewiss, es ist ein dornenvoller Weg von der Artikulation der Wünsche und Anliegen über ihre Umsetzung in einen Plan bis zur Ausführung in praktischer Arbeit, und dieser Prozess ist ohne **tatkräftige Hilfe von Fachleuten** nicht möglich."[79]

Hanns Adrian hat 1982 in ‚Packeis über den Städten' prognostiziert:[80] "Das 'Sozialgrün' in den Nachkriegswohngebieten ist oft nur eine **Nutzungsbrache**! Mir scheinen Versuche in den Abstandsflächen wieder **Hausgärten** anzulegen Schritte in die richtige Richtung zu sein. Warum sollte nicht ein großer Teil der nutzlos herumliegenden Flächen privat genutzt werden? Gärten sind allemal schöner als das pflegeleichte **'Hausmeistergrün'**!"

76 s.a. Definitionen Abschnitt 4
77 T. Schneider in derivè 61/2015, S. 27-32
78 Ralph Gälzer hat hier das Projekt Planquadrat 4 angesprochen (s. Abschnitt NN)
79 R. Gälzer in R. Mayerhofer 1978, S. 78
80 H. Adrian in neue heimat – Monatshefte 1/1982 S. 34

Pionieroase Wien

Urban Gardening am Donaukanal

Berlin – Prinzessinnengarten

Wenn es auch an die vierzig Jahre gedauert hat, scheint sich hier ein Umdenken anzubahnen – in Wien wurden mithilfe der Agenda 21 und dem **Verein gartenpolylog** mehr als 100 **Nachbarschaftsgärten** angelegt und erfreuen sich großer Beliebtheit. Auch in solchen Bastionen der Beharrung, wie die Grünanlagen der Gemeindebauten, greift der Gedanke des ‚ökologischen Pioniergartens' um sich:

„Mieterbeirat Floigl: „Ein wichtiger Teil unserer Arbeit hier ist die Bewusstseinsbildung. [...] Der Begriff der Schönheit tauchte immer wieder auf, wenn es um die Grünflächen geht erzählt er: ‚Manche finden ein glattrasiertes Fußballfeld schön, andere eher eine wuchernde Gstetten. Viele Skeptiker sind aber umgeschwenkt, weil sie entdeckt haben, welch **unglaubliche Schönheit** in der botanischen Vielfalt steckt, die sich entwickelt, wenn das Gras seltener gemäht wird. [...] Es gibt hier verschiedene Zonen, die unterschiedlich intensiv bearbeitet- oder eben gar nicht bearbeitet werden."

Die **„Pionieroase"** ist Wiens erste Wohnhausanlage, die es schafft, die Auflagen des „Nationalpark Gartens" zu erfüllen.

8.2 Brüche im Stadtbild

"Es gibt zwei Möglichkeiten, Aufmerksamkeit auf ein materielles Objekt zu lenken, genau wie in der Sprache: durch Betonung oder Diskontinuität. Die Betonung neigt zur Übertreibung - die Diskontinuität, die Brüche neigen zum Chaos."

Richard Senett 1991, S. 29

Gerhard Kapner, der Kunstpsychologe vergleicht die **Brüche des Stadtbildes** – vor allem an der Peripherie – **mit der Psychoanalyse**:[81] "Den Effekt der Lockerung, der Erschütterung, scheint ein Stadtbild, vor allem im grotesken, phantastischen Konglomerat der Stadtränder - und sei es mit ihren Müllhaufen [und Brachen] - haben zu können: es bringt das Geröll der Erinnerungsschichten ins Rutschen und lässt die tieferen Gesteinsadern früherer Erlebnisse ans Tageslicht treten. Die Methode ist dieselbe wie in der Analyse: es werden Assoziationsabläufe in Gang gesetzt, - eben durch die Herausforderung der scheinbaren Unvereinbarkeit der gesehenen Dinge."

Es gibt sogar ein Angebot an alternativen Stadtrundfahrten, die den Betrachter 'treffen' und den Assoziationsablauf in Gang setzen: **Vienna Ugly Tours**, Graffiti Tours, Obdachlosen Tours, Vienna Greeters.

Selbst Brüche werden in ein ästhetisches Bezugsnetz transformiert, sieht Friedrich Achleitner in Seinem Essay ‚DAS STADTBILD gibt es nicht': "Der erste Schritt zur Wahrheit ist der 'kühle Blick' auf die Verhältnisse, die Wahrnehmung der Brüche, der Konflikte, kurz aller wirkender Kräfte einer Stadt. Dass die kulturelle Betrachtung dieser Phänomene schon lange eine **eigene Ästhetik** entwickelt hat, ist nicht verwunderlich: Schließlich haben wir die Fähigkeit, mit Distanz alles in ein ästhetisches Bezugsnetz zu transformieren. So betrachtet sind auch die 'dekonstruktivistischen' und 'fraktalen' Sehweisen Harmonisierungen mit einer neuen ästhetischen Grammatik."[82]

Riccardo Bofill, der Planer monströser Banlieu-Architekturen, reflektiert seine Arbeiten und stellt **‚Obsessionen' für das ‚Verbotene'** fest: „Natürlich lieben wir alle den Zerstörungsaspekt der Dinge, dieses Element in einer Stadt ist stets aufregend und packend, denn es ist auch eine Erinnerung an das Verbotene, die Entdeckung einer Magie, die zu einer bestimmten anderen Welt gehört. Es ist sehr suggestiv, weil es einem immer wieder klar macht, dass Architektur anders aussehen könnte. Ich glaube, dass Architektur die Obsessionen der Leute respektieren muss, ihre verborgenen Empfindungen. Wir können aus den Bildern [der 'Mauern'] architektonische Räume schaffen, denn sie sind sehr viel inspirierender als die Architektur, die man heute baut. Sie sind ästhetischer und sie sind verboten. Wenn man eine Stadt baut, muss man ernsthaft sein – ein ernsthaftes Geschäft für ernsthafte Leute, keine Spielereien. Ah! **Die Menschheit träumt** und sieht in diesen Träumen sehr viel schönere Städte. Magritte bedeutet ihr viel mehr als Mies van der Rohe."

Eine Obsession, die Bofill mit dem Planungsdirektor von Wien, Thomas Madreiter teilt: "Ich bevorzuge die **Rückseiten der Stadt**, die Brüche. Zum Beispiel wo? Die Erdberger Mais ist ein wunderbares Beispiel für einen Systembruch. Aus meiner Perspektive ein wunderbarer Ort."[83]

Und Otto Kapfinger verklärt in der ‚Großstadtarchitektur – Eine neue Gründerzeit für Wien' die Bruchstellen durch den **Blick auf die Fragmente** der Stadt: [84] "Koolhaas (OMA) wie Rowe-Koetter (Collage Ccity) stehen für eine veränderte Haltung bei den

81 G. Kapner 1984, S. 78-79
82 F. Achleitner in H. Swoboda 1990, S. 192
83 T. Madreiter im Gespräch mit W. Czaja in 100 x 18, Stadt Wien, MA 18, 2020, S. 37
84 O. Kapfinger in H. Swoboda 1990, S. 200-201

jüngeren Architekten, für eine Korrektur des städtebaulichen Anspruchs. Nicht mehr der große Wurf, auch nicht mehr die kleinteilige Reparatur, das beflissenen Gemütlichmachen der Altbausubstanz steht im Vordergrund, auch nicht mehr die Rekonstruktion bewährter Bautypologien des 19. Jahrhunderts. Vielmehr gilt der kalte, nüchterne Blick auf die Fragmente, die **Bruchstellen und Hinterhöfe**, die Rückseiten des urbanen Alltags unserer Zeit, auf jene Aspekte der Stadt also, die noch oder schon wieder der informellen Aneignung, physisch wie soziologisch wie ästhetisch, offenstehen, die noch nicht vom Tourismus überlaufen, aber auch nicht durch die 'Tyrannei des Intimen', durch abgezirkelte Grätzelmentalität, dem urbanen Flaneur allzu kleinbürgerlich besetzt erscheinen."

Wien und Berlin verbinden die Brüche, das Unerwartete und die Auflösungstendenzen, die Bettina Erasmy ortet: "Aber was Berlin auf jeden Fall ist: eine **Stadt mit Auflösungstendenzen**. Einerseits. Die sich verflüchtigt. In wechselnden Moden, Vorgaben, wechselnde Entwürfe und Vorstellungen über sich selbst. Sich verflüchtigt in Grünflächen, Brachen, unbebauten Raum."[85]

Woiciech Czaja sieht Ähnliches in Wien, mit Entwicklungen, die keiner Logik zu folgen scheinen: „...Wien war und ist ein komplexer Mikrokosmos, ein heterogener Haufen von Menschen, Macher, ProtagonistInnen, Plänen. Projekten, Entwicklungen, Träumen, Albträumen, Unfällen, Zufällen, Wendungen, Überraschungen, Krisen, Konjunkturen und oft **unvorhersehbaren Brüchen**, die keiner Logik zu folgen scheinen - all das ist Stadt."[86]

In der Charta von Machu Picchu 1977 in Analogie der Charta von Athen 1933, heißt es im Pkt. 11: *„Die architektonische Formensprache muss erneuert werden, indem eher die Kontinuität des Stadtgewebes und das 'Nicht-Vollendete' als in sich geschlossene Einzelobjekte angestrebt werden."*[87]

Dazu ist es eine Voraussetzung, das ‚**Nicht-Vollendete**', die Brüche und Provokationen zu beschreiben und festzuhalten und „**Traditionen und Kontroversen** freizulegen, die im Stadtraum wirksam sind."[88]

Restflächen im Grund- und Aufriss

Restflächen im Stadtraum

> *„Ungestaltete Restflächen sind ein Merkmal der anonymen Stadt, die einer 'Gestaltung' nicht wert sind - monumentale Plätze und Straßenzüge im Kernbereich der Städte werden durchgestylt, Restflächen dürfen dort nicht auftreten und gelten als ein Ärgernis ersten Ranges."*
>
> Rudolf Zabrana 1986

Es gibt ein Gestaltunggefälle der Großstädte von den Zentren bis an die Peripherie. Die Wiener Ringstraße, ‚Unter den Linden' in Berlin oder die Champs-Élysées in Paris weisen keine ungestalteten Restflächen auf. Für lebendige Hauptstraßen mit Gebäuden aus mehreren zeitlich unterschiedlichen Epochen ist das geradezu ein **Kennzeichen für Dynamik und Prosperität**.

Doch das ist nicht alles im Erscheinungsbild der Städte – es bleiben immer Zwischenräume. Dietmar Steiner in ‚Stadtplanung jenseits der Stadtplanung': „Trotz aller reizvollen neuer Bauten bleibt doch der **‚Raum dazwischen'**, das Alltägliche, das Normale einer Stadt, ungelöst. In diesem Raum dazwischen eröffnet sich das Drama, hier

85 B. Erasmy in E. Tröger und D. Eberle 2015, S. 211
86 W. Czaja in Vorwort von 100 x 18, Stadt Wien MA 18, 2020, S. 3
87 Zit. in A. Voigt 1977, S. 47
88 S.a. R. Kohoutek 2016, S. 176

stoßen sie aufeinander, die unterschiedlichen Zeiten. Die Zeiten der alten, der bewahrenden Stadt, die sich inzwischen total für den Tourismus selbst veranstaltet, die Zeiten der globalen, überall gleichen Informations- und Konsumindustrie, die Zeiten der mobilen reichen Bürger und der immobilen Armen.[89]

Auch Dieter Hoffmann-Axthelm ist auf der Suche nach der wirklichen Stadt auf die Nischen, Spielräume und Provisorien gekommen:[90] „Der Restbestand, der zwischen Bauform und Gebrauch überschüssige, als gebaute Stadt unsichtbare und als gelebtes Leben nicht beachtete **Potential an Unstimmigkeit** ist das Gebiet, das die Neuankömmlinge, Veränderer, Sonderlinge als Nische entdecken.

Wer auf der Suche nach dem Provisorischen in der Stadt ist, tut also gut, von der gebauten Stadt, von Architekturformen gar nicht zu viel zu erwarten, vielmehr sich mit Skepsis zu rüsten. So sehr die Leidenschaft des Auges an der gebauten Stadt hängen mag, an Gebäudeformationen, und öffentlichen Räumen, so wenig ist das Gebaute schon die wirkliche Stadt. [...] Städte bestehen nicht nur aus Hochhäusern oder Blöcken, sondern aus dem Zusammenspiel von **Bauform und ausfüllenden Leben**. Zwischen Hochhaus und Block liegt die ganze Stadt."

Die Wirkung städtebaulicher Restflächen auf das Stadtbild soll metaphorisch angesprochen werden:

Ohne Mauern ist eine Stadt nicht existent – Antoine Grimbach 1977[91]
Das Ziel der modernen Architektur ist die Transparenz, man leugnet die Existenz von Mauern. Doch die Mauer ist das, was das Haus aufrecht erhält. Mauern existieren, sie haben eine Gegenwart, sie sind materiell, man kann sie berühren, sie sind der Stoff, aus dem die Stadt besteht. Deshalb sind die modernen Städte nun nicht-existent.

Die Stadt ohne Geheimnis – Ernst W. Heiss 1997[92]
"Heute können wir beobachten, dass mehr und mehr die Räume der Geborgenheit und Intimität verloren gegangen sind: alles liegt offen, aufgerissen da - und auch die letzten Resträume und Zufluchtsorte werden 'wirtschaftlich' erschlossen. Zu einem Siedlungsgebilde, das den Namen Stadt verdient, gehört, dass ein Grundstock an weitgehend unberührten, geheimnisvollen Räume - quasi als Rückzugsbereiche der Seele - erhalten bleibt.

Feuermauern als subtile Erotik – Rudolf Zabrana 1986[93]
Die freigelegte, sichtbare Feuermauer ist etwas Intimes, nicht zum Herzeigen gedacht – eine subtile Erotik der Stadt.

Die Rolle der Eisenbahn und die ‚schöne Seite' – Werner Düttmann 1980[94]
Die Eisenbahn, denen einem Erdbeben gleiche Dynamik über die Städte hereinbrach, die ganze Stadtquartiere zum Einsturz brachte und mehr Flächen fraß als später die Autobahn, die Unordnung schuf und Chaos, schuf zugleich eine neue Dimension, Berlin zu sehen. Berlin von hinten. Berlin, das seine 'schöne' Seite seit eh und je der Straße zugewandt hatte, ob diese nun im Norden oder im Süden der Fenster lag, in denen der Bürger mit dem Ellenbogen auf den Kissen lagen, um zu sehen, ob etwas geschehe, dieses Berlin gab die Eisenbahn nun von hinten zur Besichtigung frei.

Das ‚Hinterteil' der Städte – Rudolf Zabrana 1986[95]
Manche Stadteinfahrten der Eisenbahnen sind ein Katalog städtebaulicher Restflächen - die Stadt zeigt dem Ankommenden ihr wahres Gesicht, ihre hässliche Seite, ihr Hinterteil.

89 D. Steiner in W. Werdegier 1992, S. 255-256
90 D. Hoffmann-Axthelm in M. Meier, du 1994, S. 46
91 A. Grimbach zit. in D. Schaewen 1977, S. IX
92 E.W. Heiss und K. Glotter 1997, S. 12
93 R. Zabrana 1986 - Manuskript
94 W. Düttmann in Senator für Bau- und Wohnungswesen, Berlin 1980, S. 15
95 aaO 1986 - Manuskript

Restflächen als Orientierungsmerkmal

Ungestaltete Restflächen treten in topografisch oder verkehrsmäßig ausgezeichneten Lagen aus der Anonymität hervor und werden zu einem unverwechselbaren Orientierungsmerkmal.

Städtebauliche Restflächen

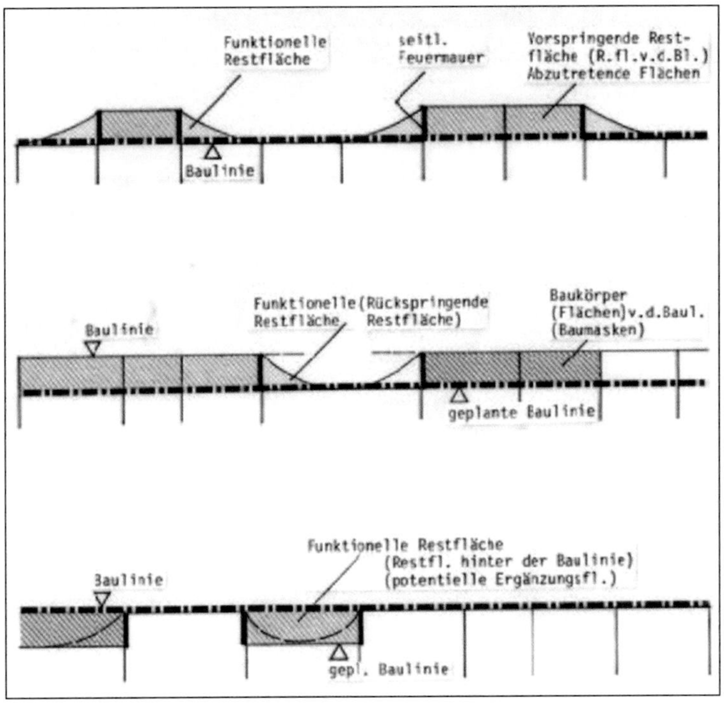

Ergänzungs- und Abstandsflächen im Grundriss

Vorbemerkung

Der Abschnitt geht im Wesentlichen auf die Diplomarbeit ‚Städtebauliche Restflächen im Grund- und Aufriss' aus 1988 (IFOER an der TU-Wien) zurück, ergänzt durch nicht verwendete Manuskriptseiten und Aktualisierungen – ausschnittsweise und stark gekürzt.

Begriffsbestimmungen und Abgrenzungen

PLOAP - ‚Piece left over after planning'[96] – die kürzeste und treffendste Definition von Restflächen, die übertragen so lauten könnte: ‚Nach Planung und Implementierung übrigbleibende Flächen im Grund- und Aufriss'.

Grundriss: Nicht selbständig bebaubare Grundstücksfläche

Aufriss: Im weiteren Sinn - Nicht gestaltete, öffnungslose, sichtbare Flächen eines Baukörpers, auch anwendbar auf bewusst gestalterisch eingesetzte ungestaltete Flächen Im engeren Sinn – nur vorübergehend (temporär) sichtbare und darum nicht gestaltete Flächen eines Baukörpers

Bei Änderung der Straßenbreiten treten je nach der Lage der neuen Baulinien sowohl Restflächen im Grundriss als auch im Aufriss auf.

Restflächen im Aufriss gem. ÖNORM 8300 Brandschutz[97]sind auch politisch in aller Munde

Brandwand Wand gegen Ausbreitung von Bränden innerhalb eines Gebäudes

Feuermauer Außenwand gegen das Übergreifen von Bränden auf das Nachbargrundstück an der Grundstücksgrenze, die anbaufähig ist.

Grenzmauer Außenwand gegen das Übergreifen von Bränden auf das Nachbargrundstück an der Grundstücksgrenze, die nicht anbaufähig ist.

Brandmauer Außenwand gegen das Ausbreiten von Bränden innerhalb eines Grundstücks, das Trauf- oder Firstlinien nicht schneidet.

96 PLOAP – Geflügeltes Wort der 60er Jahre, Herkunft nicht bekannt

97 s.a. Franz Krzizek ‚System des Österr. Baurechts 1976 und Musterbauordnung der Forschungsgesellschaft f.d. Wohnbau, 1961

Entstehung von Restflächen

Das Entstehen von Restflächen im Grund- und Aufriss war und ist in Abhängigkeit der geltenden Bauordnungen[98] bzw. diese wieder von gesellschaftlichem und vornehmlich ökonomischem Druck:

Wenn die Bauten höher werden, müssen auch die Straßen nachziehen und so entstehen sowohl im Grund - als auch im Aufriss Restflächen bzw. ungedeckte Feiermauern. Eine Reihe von anderen Gründen kommt in der Tiefe der Parzellen dazu: die schmalen langen mittelalterlichen Parzellen, werden in den Neuparzellierungen durch Blockparzellen abgelöst, was bei geschlossener Bebauung Anbaumöglichkeit an die Grundstücksgrenzen erlaubt.

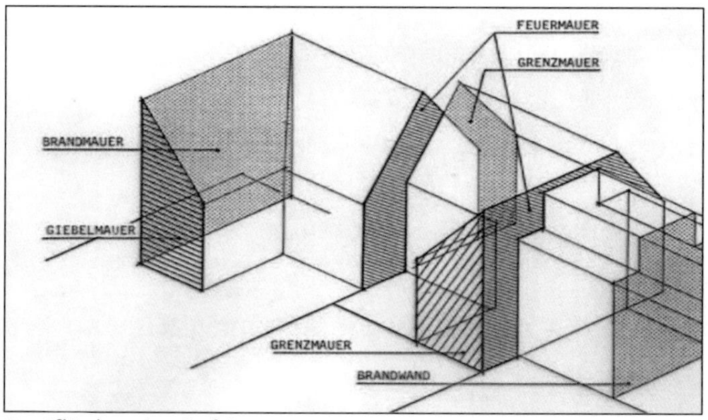

Restflächen im Aufriss

Die vordergründige Begründung der Straßenverbreiterung bei Höherzonungen greift zu kurz, weil die Belichtungsverhältnisse dadurch nicht besser werden und auch die nächste Höherzonung und Verbreiterung evozieren. Besonders gestaltwirksam werden diese Effekte an den **Hoffronten** - weil man sich an der Straßenfront noch weitgehend zurückhält - gibt es hofseits kein ‚Halten mehr'.

Weitere Restflächen entstehen durch die Vergrößerung der Trakttiefen, die in der Gründerzeit in der Regel 12m betrugen und sukzessive bis 16m angehoben wurden, weil die Nebenräume durch die mechanische Entlüftung in den Dunkelzonen untergebracht werden konnten.

Lebensdauer von Restflächen

Sowohl die Entstehung als auch die Lebensdauer von Restflächen ist von einer gewissen Inzidenz, einer Zufälligkeit umgeben. Der Lebensdauer von Restflächen kommt in der Stadtgestalt große Bedeutung zu, weil Restflächen per se als ephemere, vorübergehende Erscheinung gelten, dies aber in Abhängigkeit von einem Faktorenbündel nicht zutrifft.

Hinsichtlich der Lebensdauer (entspricht der Sichtbarkeit) von Restflächen ist grundsätzlich von zwei Typen auszugehen:

1. **Baulücken** d.s. selbstständig bebaubare Flächen innerhalb einer geschlossenen Bebauung, nach deren Bebauung keine oder nur unbedeutende Restflächen verbleiben.
2. **Sichtbarbleibende Restflächen**, die nur nach Abbruch der bestehenden, Restflächen bildenden Bebauung eliminierbar sind.

Während im ersten Fall bloß der Zeitpunkt der Lückenschließung, d.h. Bebauung die Lebensdauer determiniert, ist im zweiten Fall die Restnutzungsdauer der Bausubstanz ausschlaggebend.

Die Baulückenbebauung ist im Wesentlichen nur von den **Verwertungsabsichten** des Liegenschaftseigentümers abhängig[99], während im Fall einer bestehenden, aber von der überwiegenden Bebauung bzw. vom Bebauungsplan abweichenden Bebauung sich der Fall etwas komplexer darstellt.

98 S. Entwicklung der Bauordnungen in Wien s.S. 7-15
99 Allfällig auch von einem direkten oder indirekten Bebauungsverbot

Baulücke Berlin Knesebeckstraße – Berlin Kollwitzplatz

Wahrscheinlichkeit der Baulückenbebauung in Abhängigkeit von:

- **Verwertungsabsicht** des Eigentümers (Erbschaft, Finanzbedarf, Nachfrage)
- **Eigentümerstruktur** (Öffentliche Hand, Institutionen, Mitbesitzer)
- **Höhe des Angebots** (Nachfrage, Konjunktur, Lage, Zinslandschaft – ‚Betongold')
- **Ertragsdifferenz zu Zwischennutzungen** (Lager, Parkplatz, Gelegenheitsverkauf)
- unpassende Widmung – **Warten auf Umwidmung**

Wahrscheinlichkeit eines Abbruchs und Neubebauung in Abhängigkeit von:

- **Restnutzungsdauer** des Bestands
- **Rechtliche Randbedingungen** wie Denkmalschutz, Schutzzone, Stadtbildrücksichten
- **Eigennutzung** als Erwerbszweig
- **Bilanzstütze** eines Betriebsgrundstückes
- unpassende **Widmung** (z.B. Betriebsbaugebiet statt Wohnen)
- **Höhe des Angebots** eines Bauträgers
- **ungenügender Verkaufserlös** für Betriebsverlagerung
- Schlechter **baulicher Zustand** (positiv für wirtschaftliche Abbruchreife)
- **strukturelle Überalterung** (unpassende Grundrisse/Raumhöhen)
- zu hohe **Freimachungskosten gemäß Mietrecht**
- zu **geringe Grundstücksgröße** – Arrondierung angestrebt

Die Stadt Wien hat 1995 eine Arbeitsgruppe (SRZ – Stadt- und Regionalforschung GmbH – Heidrun Feigelfeld) mit der Erstellung eines, Baulückenkatasters für das dichtbebaute Wiener Stadtgebiet beauftragt'. Mit der klaren Zielrichtung der **Baulandmobilisierung** (Vorwort STR Hannes Swoboda).[100]

Die Untersuchung umfasste nicht nur ungenutzte Baulücken im engeren Sinn (typische Gstetten), sondern auch geringfügig bebaute, betrieblich oder für Wohnen genutzte Liegenschaften. Die Baulücken umfassten 1427 Liegenschaften, von denen 72% lt. gültigem Flächenwidmungs- und Bebauungsplan für eine Wohnnutzung geeignet wären.

An Erkenntnissen sind bemerkenswert: In **Relation zum Erhebungsgebiet** machen die Baulücken 2,5 - 3% der Wohnbauwidmungen aus

- die 1025 Liegenschaften mit 50 bis 60 ha Grundfläche bieten **Raum für 12.000 - 23.000 Wohnungen**
- **innerhalb des Gürtels** befinden sich nur 160 Baulücken (13%)
- **87 % der Baulücken** befindet sich in den **Randbereichen** des dicht bebauten Stadtgebiets
- Rd. **400 Liegenschaften** (28%) sind **ungenutzt**
- **Betriebsflächenreserven** sind nur 159 Fällen (13%) vorhanden
- **Automobilaffine Bereiche** (Stellplätze, Garagen, Autohandel, Gewerbe) machen 24 % aus.

100 M. Schopper et al. Stadt Wien – MA 18, 1996, S. 2-5ff

Aus den gewonnenen Bestandsaufnahmen wurde eine Datenbank generiert, die fortgeführt werden sollte – ob das der Fall ist, konnte nicht eruiert werden. Die Themen Bestandteil der **Komplexität der Stadtgestalt** oder mögliche Zwischennutzungen für die Wohnbevölkerung, die über Parkplätze hinausgehen, wurden nicht erwähnt.

Auch in Deutschland führten (Stand 1995) 122 größere und kleinere Städte Baulückenkataster, vornehmlich zur Information der Verwaltung als Baulandreserve.

Die **Bestandsdauer der Baulücken** konnte in einer Pilotstudie des Autors über den 3. Bezirk von 1998 – 2019 verfolgt werden:[101] von 80 Baulücken sind 52, d.s. 65 % fast ausschließlich mit Wohngebäuden bebaut worden und 4 neu entstanden. Es kann davon ausgegangen werden, dass diese Zahlen auf das Stadtgebiet im Zeichen der Nutzung der letzten Baulandreserven (‚Betongold') umgelegt werden können.

Willkürliche alte und neue Restflächen

Salesianerinnen vom Belvederegarten Wien 3

Ketzergasse Wien 23

Hofhaus Pramergasse Wien 9

101 R. Zabrana ‚Initiative Althäuser' i.a. der Sozialbau 1998, unveröffentlicht

Umgang mit städtebaulichen Restflächen

> *Sichtbare Feuermauern sind die Opposition gegen den allesgestaltenden Einfluss der professionellen Gestalter.*
>
> Rudolf Zabrana in Abwandlung eines Aphorismus von Oskar Kokoschka

Es erhebt sich die grundsätzliche Frage, ob die Verhinderung von Restflächen ein ausreichender Grundsatz der Stadtgestaltung sein kann.

Willi Kainrath vertrat vehement die Ansicht, dass **Vor- und Rücksprünge sowie Höhensprünge** ein **konstituierendes Merkmal** der Stadtgestalt seien und zu erhalten sind:

"Die gesetzlich vorgeschriebenen Straßenbreiten änderten sich zu ganz bestimmten Zeiten. Das hatte unmittelbare Auswirkungen auf die Bautätigkeit. Nach jeder Änderung mussten die Baulinien zurück gerückt und somit die Straßen verbreitert werden. So kam es, dass Gebäude aus verschiedenen Bauperioden des 19. Jahrhunderts unterschiedlich weit in den Straßenraum hineinragten, je nachdem ob sie nach 1829, 1859, 1866 oder 1883 errichtet worden waren. Diese Besonderheit bescherte Wiens Bebauung eine charakteristische Form, nämlich die Freilegung eines Stücks der seitlichen Feuermauer älterer - meist auch niedrigerer - Gebäude durch das Zurückspringen der jüngeren, meist höheren.

Es wäre heute richtig, diese städtebauliche Charakteristik zu erhalten. Sie hat immerhin dazu geführt, dass die **Trostlosigkeit der 'möglichst geradlinigen' Straßen** gebrochen wurde, und stellt unseres Erachtens ein schützenswertes Element städtebaulicher Ensembles dar. Leider aber wurde die Tradition des späten 18. Jahrhunderts insofern fortgesetzt, als bis vor kurzem nahezu alle Bebauungspläne auf der Verbreiterung und Begradigung der Straßen - auch der Abgelegensten - beharrten."[102]

"Es wird immer wieder behauptet, dass die hohen modernen Gebäude deshalb notwendig seien, damit sie an die schon vorhandenen spätgründerzeitlichen Häuser auf **Gesimshöhe anschließen** können. Diese sei, so heißt es da, der architektonischen und städtebaulichen Einheitlichkeit halber erforderlich. Doch abgesehen davon, dass solche 'ästhetischen' Argumente nicht wirklich ernst gemeint und nur vorgeschoben sind, um die politischen und ökonomischen Interessen zu kaschieren, die auf **hohe Grundstücksausnutzung** drängen, zeugen sie von einem geringen Verständnis der städtebaulichen Gestaltung. [...] Nur wo noch Reste von niedriger, alter Bausubstanz übrigblieben, ist das Stadtbild erträglich."[103]

Willi Kainrath im persönlichen Gespräch (1975): „Was ist an ungedeckten Feuermauern problematisch? Wenn man so will, sind sie ein **Zeichen der Wahrheit**, die sich im Stadtbild manifestiert."

Schon Camillo Sitte beklagte, dass nach der rechtwinkeligen Parzellierung bloß „unregelmäßige Zwickel für Straßen und Plätze übrigbleiben"[104] und bei Lucius Burckhardt klingt es ähnlich: „Wir lernen nirgends den Umgang mit Aufgaben, die Reste ergeben, den **Umgang also mit der Realität**. Und weil wir dieses nicht gelernt haben, gibt es in Wirklichkeit lauter Restflächen. Die autogerechte Straße krümmt sich schiefwinkelig zwischen den schnurgrad angelegten Gebäudefronten; zum Glück gibt es Gärtner, die diese klothoide Trigonometrie zu bepflanzen wissen.

102 W. Kainrath et al. 1984, S. 126
103 aaO. S. 247
104 C. Sitte 1901/1965, S. 93

Feuermauerabbildungen aus Stadterneuerungsgebieten 1985
Spittelberg Wien 7, Assanierung Erdberg Wien 3, Blutgassenviertel Wien 1, Planquadrat Wien 4

Wo immer der einzelne Entwurf ohne Rest geplant ist, ergibt sich an der Nahtstelle zum anderen, ebenfalls perfekt geplanten Entwurf ein Rest. Planen für die Realität wäre ein Entwerfen, das die Existenz dieser Reste schon einschließt [...] - zurück also zur heilen Welt? - Ganz im Gegenteil: Abkehr von der Vorstellung, dass die **heile Welt restlos machbar sei**.[105]

Eine besondere Fundgrube ‚klassischer' Restflächen und Feuermauern sind Stadterneuerungsgebiete, wo ‚städtebauliche Missstände' zu konstituierenden Gestaltmerkmalen werden:

Blutgassenviertel: sparsam gegliederte, bucklige, feinnervige Feuermauern mittelalterlich scheinender Hinterhofromantik

Alt-Erdberg: dank einer Kahlschlagsanierung blieben nur wenige Restflächen.....

Lichtental: Die Dominanz der Feuermauern steht für eine ‚Versteinerung' einer Entwicklungsphase - ein Zeugnis des Scheiterns einer Idee

Spittelberg: Mächtige Feuermauern als Passepartout für Barockfassaderln

Planquadrat 4: Feuermauern dominieren die Stadtgestalt – stören aber nicht

Selbst der Autor hat 1986 noch im Überschwang seiner „Städtebaulichen Restflächen' postuliert: „In einer funktionierenden, pluralistischen Demokratie, dürfen die - aus welchen Gründen auch immer - gewachsenen Brüche in der Bebauung und Stadtlandschaft nicht negativ besetzt und vorsätzlich zum Verschwinden gebracht werden. **Restflächen im Stadtbild sind Ausdruck unserer gesellschaftlichen Freiheit**."

Dass diese Meinungen, so eindeutig und sachlich richtig sie auch sein mögen, weder politisch noch populistisch mehrheitsfähig sind, ist dem Autor bewusst, wie in der ‚Broken Windows Theorie' (George Kelling und James Wilson 1982) augenfällig wurde: Die Akzeptanz von Verwahrlosung (z.B. in Form von zerbrochenen Fenstern oder Graffitis) stellt den Anfang einer Negativspirale dar, die schlussendlich zur Kriminalität führt. Deswegen sei bereits bei den ersten Anzeichen einer Störung des ästhetischen oder ordnungspolitischen Empfindens gegen die TäterInnen vorzugehen bzw. die Verwahrlosung zu beseitigen.[106]

Abrisswände - Feuermauerbemalungen

> *Die als ephemere Erscheinung angesehenen und daher ungestalteten Restflächen überdauern oft Generationen und Erregen oft mehr Aufmerksamkeit als all die angestrengten Gestaltungsversuche der 'Urban Designer'.*
>
> Rudolf Zabrana 1986

Eine Anmerkung: Die österreichische Bezeichnung **Feuermauer** entspricht der deutschen Bezeichnung **Brandmauer**, die lt. ÖNORM Brandabschnitte im Inneren eines Gebäudes bezeichnet und daher kaum das ‚Licht der Welt' erblicken.

Nach der künstlerischen Behandlung im Abschnitt 9 (Kunst am Bau und im öffentlichen Raum) sollen jene ‚nichtkünstlerischen Aspekte' angesprochen werden, die prinzipiell überwiegen:

„Der gewohnte Ausstellungsort der Malerei sind Museen und Galerien. Durch diese Einrichtungen versucht der Künstler, sein in relativer Privatheit hergestelltes Kunstwerk einem begrenzten Publikum (3-5% der Bevölkerung) bekanntzumachen. Spätestens seit Anfang der siebziger Jahre wurden bei uns Beispiele aus den USA bekannt, wo Künstler mit öffentlich sichtbaren von Hauswänden nicht nur den Arbeitsraum ins

105 L. Burckhardt 1985, S. 326
106 s.a. C. Laimer in Wien 3420 Aspern Development AG, 2013, S. 82

Freie verlegten, sondern, wichtiger noch, den direkten Kontakt mit einer **größeren Zahl an Stadtbewohnern** suchten. War - grob gesagt - für einen Teil das Hauptanliegen, die Kunst für die allgemeine Öffentlichkeit erreichbarer werden zu lassen und zugleich das Stadtbild zu verbessern, so wollte ein anderer Teil in erster Linie für ein lokales, oft unterprivilegiertes Publikum arbeiten, um Wandmalereien als dessen Sprachrohr einzusetzen."[107]

Grundsätzlich sind zu unterscheiden:[108]

- **Dekorativ** realistische oder abstrakte **Sujets**
- **Örtlich gebundene** oder historische **Inhalte**
- **politisch-gesellschaftliche Inhalte**
- **Werbebotschaften**

Sinnliches Betrachten anstelle sozialer Inhalte

„Ebenso einseitig wie das Postulat einer ‚Zweckfreiheit der Kunst' wäre es allerdings, nur nachbarschaftsbezogene bzw. inhaltliche Wandbilder zu fordern. Es hieße nicht nur die verändernde Wirkung von Kunst zu überschätzen, sondern auch zu vergessen, dass die sozialen Bedingungen die (guten) Absichten relativieren. Auch die gemeinschaftsbildenden Prozesse bei der Schaffung kollektiven Wandbildes können sich angesichts der Tatsache, dass in vielen Großstädten heute Nachbarschaft oder Gemeinde eher ein quantitativer als ein qualitativer Begriff ist, bald wieder verflüchtigen.

Nur inhaltliche Wandbilder hieße aber auch die Erwartungen eines großen Teils der Stadtbewohner an Kunst zu vernachlässigen (sinnliche Erkenntnis ja, aber auch sinnliches Betrachten und Vergnügen!). Erwartungen, die zeitgenössische Kunst selten oder überhaupt nicht berücksichtigte. Daran ändert auch die in diesem Zusammenhang mitunter zitierte Aussage nicht viel, dass das Kunstwerk als Kunstwerk überhaupt nur für denjenigen existiere, der die Mittel besitzt, es sich anzueignen bzw. zu entschlüsseln."[109]

Partizipation und Beteiligung

„Eine Möglichkeit, die **Stadtteilbewohner mitwirken** zu lassen, ist dadurch gegeben, wenn der Künstler im Entwurfsstadium die Diskussion mit den betreffenden Bewohnern sucht, um eventuelle Anregungen, Einwände etc. mit in den endgültigen Entwurf einfließen zu lassen.

Partizipation und Kooperation stellen sicherlich Auftraggeber, Künstler und Stadtbewohner vor neue Situationen, Aufgaben und Probleme in zeitlicher, finanzieller und bewusstseinsmäßiger Art, die theoretisch leichter zu formulieren als praktisch zu lösen sind."[110]

Die ‚Murals' durchbrechen ‚Privacy' und ‚Property'

„Die bemalten Wände reagieren auf die Ausschließlichkeit der formalen Medien. Sie unterlaufen ständig jene stillschweigenden Annahmen, die die TV-Gesellschaft immer voraussetzt und nicht antastet: die auf den privaten Innenraum und das persönliche Eigentum beschränkte Konzeption der Freiheit. Das spontane und gewaltlose ‚Up against the wall' mit Farben, Texten und Figuren rührt tatsächlich an zwei **fundamentale Mythen der Gesellschaft**, an Privacy und Property."[111]

‚Ghostletters' - Hässliche Zeugen des kommerziellen Verfalls

„Mögen Designer, Künstler oder Historiker diese Überreste auch interessant und optisch ansprechend finden, die Mehrheit sieht in ihnen nur hässliche Zeugen kommerziellen Verfalles. Derart unterschiedliche Sichtweisen beschränken sich zwar nicht

107 V. Bartelmeh 1981, S. 3
108 s.a. H. Schmidt-Brümmer und A. Schulz 1976, S. 24
109 V. Bartelmeh 1982, S. 8
110 aaO. S. 5
111 H. Schmidt-Brümmer und F. Lee 1973, S. 33

Wien 4, Phorusgasse 2 - Eduardo Kobra

auf Ghostletters, das Fehlen der Originalschriftzüge begünstigt sie aber. Ghostletters werden im Falle von Renovierungsarbeiten **eher weniger Beachtung** finden."[112] Die ephemeren Ansichten können nur fotografisch festgehalten werden oder sind Bestandteile der ,Verfallsästhetik' und des ,Shabby-Looks' (s. Pkt. 14.2.1). Ein Sonderfall sind ,Abrisswände' – Freilegungen im Zuge eines Abbruchs, Katastrophen oder Kriegszerstörungen. Sind **Abrisswände** in ,normalen' Zeiten kurzzeitig sichtbar und können nur fotografisch festgehalten werden – so sind kriegszerstörte Abrisswände oft Jahrelang sichtbar und ein Zeichen des Verfalls.

Brandwände als Berliner Tradition

Brandwände gehören seit den Gründerjahren und dem S-Bahn-Bau zum Bild der Stadt. Viele neue Brandwände entstanden durch **Kriegszerstörungen** und Abrisse, die so nie geplant waren. Ein kleiner Teil wurde von Berliner Künstlern bemalt und erzielten eine neue, oft verblüffende Wirkung. Es ist eine Berliner Tradition Giebel- und Brandwände für Reklamezwecke zu nutzen.[113]

Feuermauern auch heute noch als Werbeträger

„Dafür sind die **Modekonzerne**, vor allem in Mailand, auch städtebaulich aktiv geworden. Sie folgen dem Beispiels Donna Karans, die mit ihrer gewaltigen DKNY Feuermauer im New Yorker Soho eine der wichtigsten und meistfotografierten Landmarks Manhattans geschaffen hat. In Mailand begannen zunächst Missoni und dann Armani mit strahlenden artifiziellen Models auf ähnlichen hausgroßen Plakaten zu werben, die überraschenderweise einen **größeren Orientierungswert** innerhalb der Stadt besitzen, als jede noch so strahlende neue Architektur."[114]

Mauern in Marseille

„Mauern. - Zu bewundern die Disziplin, der sie in dieser Stadt unterworfen sind. Die besseren im Zentrum tragen Livree und stehen im **Solde der herrschenden Klasse**. sie sind mit schreienden Mustern bedeckt und haben sich in ihrer ganzen Länge vielhundertmal dem neuesten Anis, den ,Dames de France', dem ,Chocolat Menier' oder Dolores del Rio verschreiben. In den ärmeren Vierteln sind sie politisch mobilisiert und stellen ihre geräumigen roten Lettern als Vorläufer roter Garden vor Werften und Arsenale."[115]

112 T. Koch et al. – Ghostletters Vienna 2017, S. 112
113 s.a. S. Endlich in Neue Heimat Monatshefte 4/1982, S. 52-55
114 D. Steiner 2016, S. 239
115 W. Benjamin 1963, S. 41

Wien 7, Westbahnstraße 40 - Saddo

Wien 6, Lindengasse 50 - Rotkäppchen & Goliath

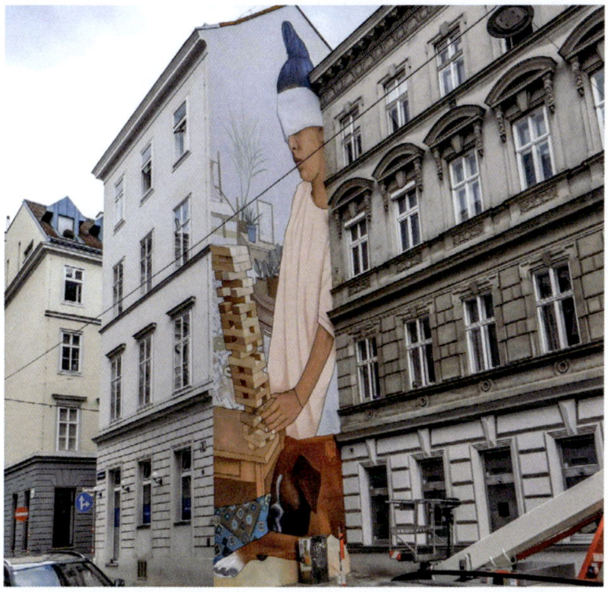

Wien 3, Strohgasse 31 – Artez

Wien 5, Mauthausgasse 7 – ripoffcrew

Wien 7,Siebensterngasse 20 - LADY AIKO

Wien 6, Hofmühlgasse 12 - Mantra

Umgang mit städtebaulichen Restflächen

Sichtbare Feuermauern und Höhensprünge sind die Metapher für das Wachsen und Vergehen der Stadt - aber auch Ausdruck des rücksichtslosen Durchsetzens - die Kehrseite der Medaille.

Rudolf Zabrana 1986

Die Gleichsetzung ungedeckter Feuermauern mit ‚Störung' und ‚Verunstaltung' schlägt sich in einem **OGH-Erkenntnis** aus 1926 nieder: „Eine Straße oder Gasse wird durch einen Bau offenbar verunziert, wenn dort, wo die geschlossenen Bauweise unbestritten besteht, ein Gebäude nicht an die Straßenregulierungslinie heranrückt und dadurch für eine nicht absehbare Zeit die Feuermauern der angrenzenden Häuser fortgesetzt ungedeckt bleiben würden." (Slg. 14.167/26).

Die ausführlich dargestellte Gegenposition (s. Kainrath) geht vereinfacht davon aus, dass im monotonen Stadtbild eines Rasterviertels, jede Unterbrechung, jeder Vor- oder Rücksprung, jeder Höhensprung ein **Gewinn für das Stadtbild** darstellt und ‚ungedeckte Feuermauern' der Ausdruck der ‚Wahrheit' im Städtebau sind.

Dieser Auffassung kann nur sehr bedingt gefolgt werden: Wenn die Notwendigkeit einer Steuerung der Bautätigkeit im Sinne einer Bebauungsplanung, eines Eingreifens für eine gestaltete Stadt außer Diskussion gestellt wird – so kann die **Außerachtlassung der ‚Vierten Dimension'** – der Zeit, bei der Entstehung von Restflächen nur kontraproduktiv sein.

Wenn als operationales Ziel, die Hervorhebung und Gestaltung einzelner Restflächen angesehen werden kann, so muss der Umkehrschluss lauten, die alltägliche Aufgabe zu sein hat, das Entstehen von **Restflächen im Regelfall** zu verhindern. Nicht weil Restflächen ‚hässlich' sind, sondern weil sie un-gewöhnlich, außer-gewöhnlich sind, ein Provisorium, einen offenen Übergang darstellen und Ungewissheit verbreiten. Und, wenn **‚Planung die Reduzierung von Ungewissheit ist'**[116], dann schließt sich der Kreis.

Neben der ‚Alltagsaufgabe' der Vermeidung von Restflächen gibt es vornehmliche Problemfelder:

- **Bauen in Ensembles/Schutzzonen**
- **Begleitarchitektur von Baudenkmälern**
- **Beruhigung ‚chaotischer' Stadtbilder**

Abgeleitet von einer Zielformulierung als Vorgriff von Pkt. 14 ist zu schließen, dass Extreme wie eine total ‚durchgestylte' Stadt wie in den Stadterweiterungsgebieten, als auch das beziehungslose Überangebot an Komplexität in Erneuerungsgebieten zu vermeiden sind. H.H. Nolte in ‚Die schöne Stadt' 2017: ‚Schönheit findet sich nicht in idealen Vorstellungen, sondern in der **Architektur des Wachsens** und im **Umgang mit Brüchen!'**[117]

Aus dem jeweiligen Gebietscharakter können durch Gestaltanalysen Maßnahmen abgeleitet werden. Generell ist zu unterscheiden:

- Gebiete, die **keine gestalterischen Mängel** aufweisen und/oder deren Ausdruck es zu bewahren gilt, wie Schutzzonen oder Milieuschutzgebiete
- Gebiete, wo durch ein Überangebot an Komplexität und Restflächen, eine **Beruhigung und/ oder eine Akzentuierung** durch Erhaltung einiger weniger Restflächen abgebracht ist
- Gebiete, deren **Monotonie – meist Gestaltarmut** durch Gleichzeitigkeit und Wiederholung ohne Vielfalt, durch **Restflächen in Grund- und Aufriss** durchbrochen werden könnte

Es gibt aber nicht nur gestalterische Ansprüche an Restflächen, sondern auch nicht zu unterschätzende funktionelle Forderungen:

116 F.W. Scharpf ‚Planung als politischer Prozess' Frankfurt 1973
117 H. H. Nolte, Alle Schönheiten der Stadt in ‚Die schöne Stadt' 2017, S. 36

Im Aufriss

- Witterungsschutz
- Wärmedämmung
- Belichtung - Besonnung
- Belüftung
- Außenraum - Balkon
- Aussicht -Grünblick
- Werbeträger

im Grundriss

- ruhender Verkehr
- Begrünung - Baumpflanzung
- Gastgarten
- Verkaufsfläche - Ausräumung
- Kommunikation
- Straßenmöblierung

● unbedingter Einsatz
○ bedingt einsetzbar
✕ vereinzelt, in Ausnahmefällen

Zielmatrix Gebietstyp	Vermeidung	Akzentuierung	Gestaltung
Gemischte Schutzgebiete	○	○	●
Einheitliche Ensembles	●	✕	●
Alte Ausfallstraßen	✕	●	○
Monumentalensembles	●	✕	○
Erneuerungsgebiete	○	●	○
Monotone Stadtrandsiedl	✕	●	○
Chaotische Vorstädte	●	✕	●
Altortskerne	○	✕	●
Superblock	●	✕	●
Gründerzeitstraßen	●	✕	●
Blockinneres, Höfe	○	✕	●
Kleinteilg.Blockinneres	●	○	✕
Gewerbl.Mischgebiete	✕	●	✕

Matrix – Feuermauerbewältigung

Bewältigung von städtebaulichen Restflächen„

Die inzidente Architektur ist eine Architektur des Irrationalen, des Zufälligen und Beiläufigen, des Naiven und Dilettantischen."

Günther Feuerstein, Inzidente Architektur 1953

Wenn die Instrumente der Bebauungsplanung ausgeschöpft sind und dennoch Handlungsbedarf besteht kann das Repertoire wie folgt dargestellt werden, sollte aber aufgrund des Mitteleinsatzes eine **Mindestlebensdauer von 5 Jahren** aufweisen (Ausnahme Murals)

Baulücken

Neben den noch zu behandelnden Zwischennutzungen (Spielplatz, ‚Pocket-Park', Parkplatz etc.) kann auch bei einer Bebauung die Lücke akzentuiert werden, wie das oft bei Gemeindebauten des ‚Roten Wien' praktiziert wurde: Rücksprünge und Begrünung der Restfläche, Anlage von Höfen oder die Straßenhöfe der Gründerzeit.

Feuermauern

- Überbauung (Erker, Balkone, Blumentröge)
- Fensterdurchbrüche
- Fassadierung oder zumindest eine Gesims-‚Wiederkehr' (um-die-Ecke-Führen)
- Bekleidung (Witterungsschutz, Wärmedämmung, Gliederung)
- Bepflanzung (Rankgerüste) und Vorpflanzung hochwachsender Bäume
- Bemalung (Murals)
- Kombinationen

Bei allen diesen Maßnahmen sind rechtliche (Nachbareigentum!) und behördliche Genehmigungen zu beachten.

Feuermauergestaltung Fassadierung Dorotheum Wien 1

Begrünung Planquadrat

Trompe d'œil

Zwischennutzung - Mehrfachnutzung

"Heute ist es die größte Kunst, eine Fläche - Giebelwand, Straße oder Platz freizuhalten: von Autos, Pollern, Blumenkübeln und vor allem, was uns so als Kunst angeboten wird."

Jan Rave, Berliner Architekt (*1934 †2004)[118]

Es gibt genug Flächen, die freigemacht wurden, aber keine Nutzung aufweisen. Die Gründe für die Nichtnutzung bzw. Nichtbebauung sind:

- **Reserveflächen der öffentlichen Hand** – das Euro-Gate Areal im 3. Bezirk wurde vom Kaiser Franz-Josef der Technischen Hochschule geschenkt – und erst nach mehr als 100 Jahren als Wohnviertel bebaut
- **Bedenken der Eigentümer**, dass gut angenommene Zwischennutzungen nicht mehr wegzubekommen' sind
- **Bauvorbereitungen**, die mindestens 3 Jahre dauern (Behördenlauf, Mittelbereitstellung)
- **Zwischenverkäufe – auch spekulativ**
- Unpassende Widmung – **überlange Widmungsdauer**
- **Haftungsfragen**, die den Eigentümer treffen
- **Opportunitätskosten** gegenüber konkurrierenden Nutzungen wie Parkplätze

Die Stadt Wien hat ein Referat **‚Einfach – mehrfach' eingerichtet**, um Hilfestellung für die Zwischennutzung von unbebauten/ungenutzten Liegenschaften zu stellen. Dessen langjährige Leiterin Jutta Kleedorfer:[119]

„Mit dem strategischen Projekt ‚einfach - mehrfach' hätte die Stadt Wien eine Möglichkeit auch fremden Grundbesitz [unter der Bedingung der nichtkommerziellen Verwendung also z.B als Spielgelände] temporär zu übernehmen und wie ihre eigenen Gründe zu versichern [ein Entgegenkommen der Wiener Städtischen Versicherung]; allerdings unter der Bedingung, dass eine **grundverwaltende Dienststelle** {Stadtgartenamt, Forstamt, Sportamt) die Verantwortung übernimmt und die Sicherheit gewährleistet.

Und hier liegt der Hund begraben! Welchen **Sicherheitsstandard** wenden wir auf so einem Gelände an? Den eines Spielplatzes in einen innerstädtischen Park? Der lässt sich auf einem verwilderten Trümmergrundstück nicht erzeugen, ausgeschlossen, und es wäre auch unglaublich schade. Alles Besondere des Ortes müsste weg- oder ausgeräumt werden, vor allem die Bodenunebenheiten, die bekletterbaren aber zum Teil schon sehr morschen Bäume, der ganze ‚Mist' [aus der Sicht der Kinder die ‚Schätze'], das wilde, stellenweise fast undurchdringliche Gebüsch."

Aber es gibt Lösungen wie sie von den Landschaftsplanerinnen ‚Koselicka' aufgezeigt werden: „Die Gstetten- oder Bauspielplätze sind aufgrund der Haftungsfragen an Betreuung (z.B. Verein Kids Company) gebunden. Dies bestimmt ihre Öffnungszeit und Dauer. **Betreuung schafft Regeln** bzw. eine Struktur, die sehr unterschiedliche Kinder zusammenbringen kann, da sie Kindern, die in öffentlichen Freiräumen selten anzutreffen sind, eine Gelegenheit bietet hinauszugehen und andere kennenzulernen."[120]

Die von Kindern am meisten geschätzten Areale sind **Verwilderungsorte**, die nicht geplant, sondern durch Zufall entstanden sind. Diese Orte zwischen Ödland und Naturschutz sind für Planer kaum zu akzeptieren und widersprechen ihren Berufsethos.[121]

118 zit. in G. Angress und E. Niggemeyer 1985, S. 175
119 J. Kleedorfer – Spielräume in wildwuchs, 2003, S.121
120 U. Kose und L. Licka 1995, S. 62
121 S.a. B. Lötsch 1984 zit. in C. Loidl-Reisch 1986, S. 51

Der Landschaftsplaner Sepp Kratochwill: „Auch 1945 waren nicht alle Baulücken begehrt [...] manche zu groß, bestenfalls für **gefährliche Streifzüge** geeignet, auf schon ausgetretenen Trampelpfaden zwischen mannshohen Artemisien und Götterbäumen. Vielen dieser ‚G'stettn' fehlte auch damals das ‚gewisse Etwas' [...] Nach den heute geltenden Sicherheitsbestimmungen und dem verweichlichten Sicherheitsdenken mancher Aufsichtspersonen wären solche ‚Spielplätze' heute - auch zum Glück für manches Kind - undenkbar.

All diese ‚Spielg'stettn' sind nicht, können nicht ident sein mit jenen G'stettn, die heute als Programm am Papier auch als **Öko-Reservatsflächen** verfasst und verkauft werden. Es fehlt Ihnen das Verbotene, die Gefahr, der mit ihr verbundene Reiz. Was soll die geplante ‚G'stettn' im Zeitalter der Normierung? Es bleibt das Wort als Hülse."[122]

Als **Mehrfachnutzung** sind sowohl zeitgleich nebeneinander zu nutzende Räume als auch eine Nacheinandernutzung zu verstehen - beispielsweise die Nutzung von Schulsportflächen außerhalb der Schulbetriebszeiten durch einen Anrainerverein.

In den 70er Jahren war das Stadtbild Wiens noch durch Baulücken geprägt. Durch den Verwertungsdruck sowie stark steigender Grundstückspreise, die von privaten Bauträgern im Gegensatz zur öffentlichen Hand bezahlt werden, sind Baulücken Mangelware geworden. Wenn auch Baulücken immer rarer werden, gibt es noch genug Restflächen, Unorte, die oft tolle Ausweichorte für anderenorts **‚unerwünschte Nutzungen'** sein können.

Im Fachkonzept ‚Öffentlicher Raum' wird die **Zwischennutzung** brachliegender untergenutzter privater oder öffentlichen Grundstücke gefordert. Damit kann das Angebot an Aufenthalts-, Spiel- und Bewegungsflächen kurzfristig erweitert werden, helfen den Nutzungsdruck im öffentlichen Raum lokal und temporär zu reduzieren und gleichzeitig kosteneffizient Freiraum zur Verfügung zu stellen. [...] Brachen auf öffentlichen Grundstücken sollen, wo es möglich ist, im Vorfeld von Bautätigkeiten (z.B. von Schulneubauten) für Zwischennutzung zugänglich gemacht werden."

Lösungsvorschlag: Neben der Projektkoordination für Mehrfachnutzung, Gebietsbetreuungen und Agenda 21 soll die neu gegründete Serviceagentur KREATIVE RÄUME WIEN die Umsetzung schaffen.[123]

Cordula Loidl-Reisch sieht einen neuen Freiraumtypus in Form von Baulückenparks[124] – die auch als **Pop-up-Natur mit Spontanvegetation** (Ute Rom) rasch begrünt werden könnte – und allerdings keine Zwischennutzung, sondern eher eine städtebauliche Reserve darstellen könnte:

Dieser Freiraumtypus entsteht im dicht bebauten Stadtgebiet dort, wo ein- oder mehrere Häuser abgerissen wurden - oft nur ein schmaler Fleck eingezwängt zwischen mitunter recht hohen Gebäuden. Charakteristisch ist der Blick auf ‚nackte' Feuermauern. Wegen des hohen Grünflächendefizits von hoher Bedeutung für die Stadtbewohner - wenn auch wegen der geringen Größe die Gefahr der Übernutzung besteht. die ökologische Bedeutung ist von der umgebenden Grünstruktur (Trittsteine?) abhängig.

Thomas Sieverts geht noch einen Schritt weiter und verbindet die **Baulückenparks als ‚Trittsteine'** für ökologisch zusammenhängende Vegetationsflächen um damit auch Verdichtungs- und Versteinerungstendenzen entgegenzuwirken.[125]

122 S. Kratochwill 1999, S. 32
123 Stadt Wien – MA 18 ‚Fachkonzept Öffentlicher Raum' 2018, s. 33
124 C. Loidl-Reisch 1995, S. 51-52
125 S.a. T. Sieverts 1986, S. 131

Stadträumliche Zwischennutzung

> *„Die Kunstwissenschaft hat ein Wort aufgegriffen, das in Opposition zur gängigen Seinslehre steht: ephemer. Ephemer sind Objekte, die vergehen. Weil ephemere Objekte vergehen, bleibt uns keine andere Wahl, als uns ihre Einzigartigkeit einzuprägen und sie zu überliefern. Sie wird mitgeteilt."*
>
> Philipp Ruch 2015, S. 100-101

„Der Stadtbesucher geht achtlos vorüber, der Bürger ärgert sich über die Unansehnlichkeit in der Stadt, die Kinder freuen sich: eine Holzhütte in einer Baulücke zwischen Unkraut und kleinen Bäumen, Blumen und behelfsmäßige Bänken. [...] **Ein Stück Niemandsland** zwischen Großapparaten und dörflichen Resten der alten Vorstadt, bei genauerem Hinsehen voll der Spuren einer gebrauchstüchtigen, spielerischen Aneignung, zerbrechlich und ständig vom Zerfall bedroht. [...]

Diese Gegenkultur hat eine eigene chaotische Schönheit der Improvisation, der Gebrauchsspuren und der Verwendung von der Konsumwelt ausrangierter Teile."[126]

Rudi Thiessen geht noch ein Stück weiter als Thomas Sieverts und fordert den Erhalt der Ödflächen: „Große Teile Berlins, insbesondere die Arbeiterquartiere im Berliner Norden, sind durchsetzt von Ödflächen. Immer die gleiche Frage: Was könnte diese gewesen sein. doch die Frage will zumindest eine Antwort nicht mehr: die praktische, die der Wiederaufbau wäre. **Die Ödflächen Ödflächen lassen** - nur das verrät sie nicht. Ein Abenteuerspielplatz der Geschichte und ein unentwegtes ‚zeig deine Wunden' der Stadt!‘"[127]

Welche Rolle können Zwischennutzungen in der Stadtgestaltung spielen? Dietmar Steiner sieht die Orientierungsfunktion, die sich stärker auf Aktivitäten als auf bauliche Elemente bezieht: „Wenn Stadtteile in ihrer Struktur so angelegt sind, dass eine möglichst sichtbare Nutzungsvielfalt erreichbar wird, eröffnen sich dadurch weitere und für das Stadtgestaltungserlebnis wichtige **Orientierungschancen**. So gesehen, ist die Anlage von Spielplätzen in Baulücken, abgesehen davon, dass sie einem dringenden Bedürfnis entsprechen würden, zu wünschen."

Wir leben, auf allen Ebenen, eine **Ästhetik der hermetisch geschlossenen Flächen**. Wenn es mal anders kommt (Naturkatastrophen, Unfall, Pandemien usw.) ist man fassungslos.

„In einer verregelten Welt ist es mit dem Provisorischen wie mit den aussterbenden Arten, denen man strenge Sicherheiten geben muss: Man muss ihm Raum zuweisen. Leichtigkeit, Spontanität, Veränderungsfähigkeit - alle Tugenden des Provisorischen brauchen ein festes Grundgerüst, auf das sie sich abstützen können, um - in seinen Zwischenräumen - ihren Salto machen zu können." Und man muss Fehler zulassen, um zu einer geeigneten Nutnutzung zu kommen, ist es wichtig in einer Zwischennutzung zu experimentieren und damit auch Fehler machen zu können. **Experimente beleben die Stadt!**[128]

„Ungenutzte Orte wie Brachen, Zwischenräume, Infrastrukturschneisen, Baulücken, leerstehende Objekte etc. sollen als neue Aneignungsorte mit dem Ziel des Austragens ‚gehegter' Konflikte geöffnet und umgewidmet werden. Dies kann am Stadtrand als Übersetzung städtischer Öffentlichkeit in die spezifischen Strukturen verstanden werden. Wichtig sind begleitende **Formen der Gemeinwesenarbeit** (hinausreichende Jugendarbeit, neudefinierte Gebietsbetreuung). Durch Zwischen- und Mehrfachnutzung kann ein differenziertes Nutzungsangebot geschaffen werden, das die soziale Dichte besser verteilt."[129]

126 T. Sieverts in TH Darmstadt 1981, S. 126
127 R. Thiessen 1982, S. 238
128 D. Hoffman-Axthelm in M. Meier – du 1994, S. 47
129 P. Rode 2010, S. 104

Als ‚ultima ratio' schlägt Ulrich Conrads[130] vor, ungenutzte Grundstücke **‚auf Zeit zu enteignen'** - wenn von der Stadt beauftragte Dritte bereit sind, auf diesen Grundstücken und Gebäuden temporäre Spielplätze, Jugendtreffs etc. einzurichten und zu betreiben. Das kann auch in der Form von **Vertragswidmungen** erfolgen, wenn der Eigentümer gewisse Mehrwerte lukrieren möchte.

Brachen

"In God's wildness lies the hope of the world, the great fresh unblighted, unredeemed wilderness, the galling harness of civilization drops off, and wounds heal ere we are aware."
"In Gottes Wildheit liegt die Hoffnung der Welt. Das scheußliche Geschirr der Zivilisation fällt ab und Wunden heilen, sobald wir uns dessen bewusst sind."

John Muir, Begründer des Nationalparkgedankens,
in Alaska, Fragment 1890[131]

Es gibt kaum ein Element der Stadt, das in den letzten 40 Jahren so einen **Wertewandel** mitgemacht hat, wie die ‚Brache'. Die Literatur der 70er und 80er Jahre sieht in der Brache bloß zu **verwertende Reserveflächen** und etwa seit der Jahrtausendwende steht nicht nur der ökologische Wert und die Verwilderung im Vordergrund: Die Brache ist fester Bestandteil der Stadtentwicklungspolitik, die es jedenfalls zu bewahren gilt, wenn auch die Realität eine ganz andere Sprache spricht. Manchmal schlägt diese Ansicht noch durch, wenn es im 3. Baukulturreport des Bundeskanzleramtes, 2017 noch unter Pkt. 5 ‚Risken' heißt:

„**5. Zunahme von Brache und Leerstand**
Brachen und Leerstände stellen eine bauliche **Manifestation akuter Unzweckmäßigkeit** dar und leisten der Ressourcenverschwendung durch die Behinderung sinnvoller Nutzung Vorschub. Können vorausschauende Planung und effektive Lenkungsinstrumente Brache und Leerstand nicht reduzieren, beeinträchtigt das die Baukultur."[132]

Tatsächlich ist die ‚Brache' nach wie vor **negativ besetzt**, wie Thomas Proksch im ‚wildwuchs' der Stadt Wien-MA 22 konstatiert:[133]

„Die Gstettn war für die meisten von uns ein wichtiges Lernfeld, ließ uns zu Stadtindianern und Naturforscher werden und war eine wichtige Projektionsfläche spielerischer Fantasien, Wünsche und Träume. Umso paradoxer erscheint es, wie selbstverständlich sich Stadtplaner, Architekten, Landschaftsarchitekten und Bauträger von ihrer eigenen Sozialisation gedanklich entfernt haben und zumeist nicht einmal den Versuch unternehmen, den **Archetyp „Stadtwildnis**" als Außenraumstruktur in städtischen Wohnumfeldern einzuführen bzw. zu billigen.

Die **negative planerische Stigmatisierung** der möglichen Wildnis vor der Haustür sitzt tief und wird - als vermeintliche Denkfalle - nicht hinterfragt."

Landschaftsplaner wie Maria Auböck[134] und Cordula Loidl-Reisch[135] haben den Wert der ‚Brache' schon in den 80er und 90er Jahren gesehen – ohne dass sie gehört worden sind. Auch das einflussreiche Pamphlet Luis Le Roys ‚Natur ausschalten – Natur einschalten' aus 1983, wurde wohl viel zitiert – die Brachen wurden aber nach wie vor ‚verwertet'.

130 U. Conrads 1974, S. 177
131 zit. in B. Wiström, Stadt Wien – MA 22, 2003, S. 11
132 3. Baukulturreport des Bundeskanzleramts 2017, S. 142
133 T. Proksch – Stadt Wien – MA 22, 2003
134 M .Auböck – ‚Wechselbäder im Brachland der Stadt' in H. Swoboda 1990, S. 46
135 C. Loidl-Reisch 1986, S. 17

Zwei Umstände haben zu dieser Entwicklung aktiv beigetragen:

1. Das **Bevölkerungswachstum** und der damit verbundene Wohnungsmangel und
2. die damit verbundenen **stark steigenden Bodenpreise**

Thomas Sieverts hat 1988 die ‚Kunst der Planung' angesprochen, und die Gelassenheit eingefordert, „**den Verfall und Stadtbrachen** in einem gewissen Ausmaß zuzulassen und in der Dimension der Zeit zu denken…ohne einen hohen gestalterischen Anspruch zu schmälern."[136]

Dieser gestalterische Anspruch ist auch eine Chance für die Peripherie, wo es geringeren Verwertungsdruck und nicht so **lückenlose Gestaltungsansprüche** gibt, wie in den innerstädtischen Bereichen. Elke Krasny in der ‚Perspektive Erdberger Mais' - ein relativ stadtnahes Gebiet mit geringen stadtgestalterischen Ansprüchen: „Die städtischen Ränder sind freigespielt von der Verpflichtung auf die Tradition, von der Verpflichtung auf historische Kontinuitäten. Daraus resultiert ihr anderes heutiges Potenzial. Sie sind weder räumlich so eng gefasst in den vorherrschenden Zuschreibungen noch so stark unter den Konstanzdruck des vorherrschenden Bildes. Zum anderen sind die Bilder, die die Gegend der südöstlichen Randgebiete Wiens prägen, rauer, härter, unbestimmter und dadurch potenziell deutungsoffener und **dem Neuen zugeneigter**. Das steigert das Potenzial für Veränderung."[137] Dieses Potenzial für Veränderung wird analog zur Ökologie durch Störungen ausgelöst[138] – Brachen sind nicht zuletzt solche Auslöser, wenngleich die Störung nicht immer als positiv empfunden wird.

Das Konzept der ‚Brache', der ‚G'stettn' ist bei den Immobilienverwertern und Bauträgern angekommen: Der Architekturpreis ‚Superscape', gestiftet von Jelitzka-Immobilien und der Wohnbaugenossenschaft der Gewerkschaft der Angestellten für ‚visionäre Zukunftsblicke' auf das Jahr 2050 wurde dem Konzept ‚Die anderen Räume' von Eva Herunter verliehen: „Es handelt sich im Wesentlichen um ein **Plädoyer für die gute, alte Gstettn**, also Stadtbrachen, die nach Ansicht der siegreichen Wiener Architektin ‚für die Stadt gesichert' werden und als unproduktive, unverplante Freiräume bestehen bleiben sollen."[139]

Entstehung von Brachen

Nicht jede verlassene Industrie- oder Verkehrsfläche ist ohne weiteres eine Brachfläche. Gerade bei einer gewerblichen oder industriellen Wiedernutzung bedarf es oft geraume Zeit, bis sich ein neuer Nutzer findet […] Wird aber eine ehemals industriell oder gewerblich genutzte Fläche oder eine verlassenen Verkehrsfläche **länger als fünf Jahre nicht genutzt**, ist sie jedenfalls als Brachfläche, d.h. als solche, für die Handlungsbedarf besteht, anzusehen"[140]

Wie kommt es zu Brachen vulgo ‚G'stettn'?

Wolfgang Maderthaner hat in der ‚Anarchie der Vorstadt' die gründerzeitliche Situation beschrieben:[141] „Aber nicht nur die Straße bildet so gesehen einen Ort der Territorialisierung und der Widersetzlichkeit, sondern auch jenen Randzonen zwischen Industrieanlagen und Zinskasernen, die im Zuge der baulichen Um- und Neugestaltung als der städtischen Nutzung noch entzogene Freiflächen in den Vorstädten entstanden waren. **‚Niemandsland'**, ob geplant oder zufällig entstanden, ob ursprünglich angeeignet oder im Zug der Verstädterung redefiniert, ist so ein komplexer sozialer Raum. Denn dieses Niemandsland ist nicht leer, sondern Fläche der Rekreation, der Freizeit

136 T. Sieverts in J. Maurer 1988, S. 194
137 E. Krasny ‚Jenseits der Brache' in H.P. Graner et al. 2016, S. 14
138 s.a. J. Rienesl –‚Wildnis zulassen' in wildwuchs, Stadt Wien – MA 22, 03, S. 203
139 JP-Immobilien und WBV-GPA 2020, S. 8
140 Städtebauliche Brachflächen 1986, S. 141 – 142
141 W. Maderthaner 1999, S. 146

und nicht reglementierter Alltäglichkeit. Es ist sohin Repräsentation von Kontrolle und Widerstand und ein **Ort zwischen Gesetz und Unordnung**." Solche Orte können die unterschiedlichste Gestalt annehmen: sogenannte Gstettn also unverbaute Bauplätze im Zug der Neuanlage von Straßenzügen und gemischten Wohn- und Fabriksvierteln, halbfertige oder fertiggestellte Zinskasernen, Parkanlagen oder, wie im Fall der Schmelz nur gelegentlich genütztes militärisches Übungsgelände; Abplankungen und Gärten; schließlich auch Bierschenken und Branntweiner. Sie sind der ‚Leerraum zwischen dem Stadtkörper und seinem zu groß geschneiderten Planungsanzug (Lucius Burckhardt)."

Nun gibt es doch **Gesetzmäßigkeiten für das Entstehen von Brachen** – zuvorderst der Lebenszyklus von industriell genutzten Flächen:[142]

„"Angesichts der wirtschaftlichen Aufwärtsentwicklung seit dem Ende des Zweiten Weltkrieges wurde oft vergessen, dass wirtschaftliche Aktivität, Produktionen, Produkte, Unternehmen und damit auch gewerblich-industriell genutzte Flächen **Lebenszeiten und Lebenszyklen** aufweisen:

Sie kennen eine **Jungphase** (Neuaufbau des Unternehmens, Neuerschließung und Neubesiedlung des Gebietes), gefolgt von einer **Wachstums- und Konsolidierungs- bzw. Ausreifungsphase** (Erweiterungen, Umbauten und anderes); diesen Phasen schließt sich - jeweils nach unterschiedlicher Zeitdauer - das **‚Ende des Unternehmens'** beziehungsweise der wirtschaftlich genutzten Fläche an (durch Betriebsschließung oder Verlagerung verursachter vorläufiger Leerstand oder endgültige Gewerbebrache) - dieses Lebensende kann, je nach konkreter Situation,

- zur endgültigen. langanhaltenden **Gewerbebrache** führen
- Raum geben für eine **wirtschaftliche Wiedernutzung** der Fläche
- oder in eine **Umnutzung** münden."

Neben den ‚natürlichen' Brachfallen von Industrie- und Gewerbeflächen hat der **Strukturwandel** an Bedeutung gewonnen:

- Veränderung der **Weltmarktlage** - Vordringen der Niedriglohnländer
- Veränderte **Konsumgewohnheiten** in teils gesättigten Märkten
- schlechte **verkehrliche Anbindung**
- **Flächenbegrenzung** bei Expansionswünschen
- **Nutzungskonflikte** mit näherrückenden Wohngebieten (Emissionen, Anlieferung)
- unflexible **Gebäudestrukturen** wie Stockwerksbauten
- neue **Produktionsweisen** (Elektronik) und Vertriebsarten (Online, Zentrallager, Just-in-time)
- **Niedergang** der grundstoffnahen **‚Altindustrie'** (Bergbau, Schiffsbau)
- **Abwanderung** der Massengüterherstellung (Haushaltsgeräte)
- verstärkte Bedeutung der **Innovation und Technologieanwendung** für die Sicherung von Marktpositionen

An übergeordneten Gründen für das **Anwachsen von Restflächen** sind zu nennen: „Die zweite Hälfte des 20. Jahrhunderts war in vielen europäischen Städten durch Bevölkerungsrückgang geprägt. Dies hatte zum einen mit dem einsetzenden Individualverkehr zu tun, zum anderen mit der zeitlich parallel stattfindenden Trennung der Funktionen und dem strukturellen Wandel. Betriebe und Bewohner ließen die Innenstädte zurück, um sich am Rande der Stadt (Urban Sprawl) niederzulassen. Dadurch entstanden großflächige ungenutzte Gebiete in der Stadt, und der wirtschaftliche Entwicklungsdruck kam zum Erliegen.

142 D. Bullinger – Gewerbebrachen 1985, S. 34

Erst in den späten 90er Jahren konnte eine Kehrtwende dieses Trends vermerkt werden. [...] Die Menschen zieht es wieder in die Innenstädte. Die Zukunftsprognosen gehen von einem anhaltenden Bevölkerungs- und Wirtschaftswachstum in den europäischen Metropolen aus. Es wird von einer **Reurbanisierung, Renaissance der Stadt** oder Aufwertung der Innenstadt gesprochen."[143]

Eine besondere Art der Brachen sind **'Planungsbrachen'** – jene Flächen die als Langfristplanung und Flächenvorsorge für geplante Infrastrukturen aller Art entstanden sind. Abgesehen davon, dass nahezu alle Arten der Planungsvorsorge nicht in Anspruch genommen werden, weil sich die Planungsparameter so schnell ändern und sich die Frage erhebt, was tun mit diesen Flächen?

„Jedenfalls sind die Städte – durch diese Brache der öffentlichen Hand zum Teil in gestalterisch und funktional entscheidenden Zonen entlang der Einfallsstraßen und der Innenstädte **'unwirtlich' geworden**."[144]

Erlebniswert der Brache

> *„Ich wünsche mir eingeplante freie Flächen, die Kinder und Jugendliche für sich erobern und nutzen können. eine neue Form der bekannten Wiener 'Gstettn', weil sie solche Freiräume für ihre Entwicklung brauchen."*
>
> Zitat aus Entwicklungsworkshop K. Miko 2012

Als Resümee der Tagung **'Freiheit macht Stadt'** kommen Thomas Sieverts et al.[145] zu der Feststellung, mehr planerische Zurückhaltung mit preiswerteren Gestaltungsmitteln für den Selbstorganisierten Alltag wäre besser – bloß die 'Verschönerungsmaßnahmen' in den Städten gehen allerdings in die entgegengesetzte Richtung. „Kinder und Jugendliche in dichteren Stadtquartieren sind auf die ungestalteten, die weniger intensiv genutzten Flächen angewiesen. Randzonen, Baulücken, Nebenstraßen und natürliche Freiräume geben kein geplantes Verhaltenskonzept vor, sondern bieten verschiedensten Gruppen die Chancen für **normenunabhängige Aktivitäten** und kreative Kontakte."

„Womit identifiziere ich mich mit meiner Stadt, meiner gebauten Umwelt, meines direkten Umfelds? Und wie wandelt sich das im Laufe des Lebens? Die beliebtesten Spielplätze aus der Kindheit sind generationsübergreifend die Ruinengrundstücke, die verwilderten Gärten, die alten Lagerhallen oder Industrieareale, weniger die kindgerecht angelegten Spielplätze mit TÜV-geprüften Spiel- und Freizeitgeräten.

Übertragen auf unser städtisches Umfeld sind somit **gestaltete Fußgängerzonen** mit Straßenmöblierungen nur **bedingt identitätsstiftend**. Wie soll denn auch Identitätsbildung entstehen, wenn bei allem Pluralismus die immer gleichen Muster städtebaulicher Problemlösungen sich im nahezu identischen Fußgängerzonendesign der Kommunen oder der gleichen Reihenfolge an Flag-Ship-Stores, Filialisten und Discountern widerspiegeln?

Identität bauen? Vielleicht nicht durch Bauen, aber durch **Zulassen und Zeigen der Übergänge** und Verwerfungen des Stadtraums als Spiegel unsere Gesellschaft'[146]

Aus verschiedenen Beobachtungen kann die **Erkenntnis zur Gewissheit** werden, dass Kinder lieber auf Brachen und Gerümpelplätzen spielen, weil es Fantasie und Selbständigkeit anregt.[147]

143 J. Hohn 2019, S. 4
144 H.E. Lindemann 1985, S. 33
145 T. Sieverts et al. in TH Darmstadt 1981, S. 208
146 S. Bürkle in BM für Verkehr, Bau und Stadtentwicklung 2010, s. 7
147 J. Göres – 'Lozziwurm und Rüsselrutsche' in Süddeutsche Zeitung 28.2.2020

Cordula Loidl-Reisch hat diese Beobachtung des Dänen Carl Theodor Sorensen (1893-1979) verifiziert: „Auf eigens für sie ausgewiesenen und normgerecht geplanten Spielplätzen verbringen Kinder nur einen bemerkenswert kleinen Prozentsatz ihrer Zeit, da diese üblichen Spielplätze nur eine eng **umgrenzte Zahl von Spielaktivitäten** zulassen, und überdies der Großteil der Spiele (44%) wenig kommunikative Einzelspiele sind.! (G. Schottmayer, 1972) So eignen sie sich am ehesten für Kinder mit Begleitpersonen, die das Gelände bequem überschauen können.

Gewöhnlich sind daher die von Kindern am meisten geschätzten Räume jene, die von Planern und anderen Erwachsenen vergessen wurden. Ironischerweise ist oft die Umgebung für Kinder die „beste", die der Macht der Natur überlassen wurde, also verwildert ist."[148]

Aus diesen Erlebnisräumen können Kinder eigen Regeln finden, eigene Fähigkeiten entwickeln und damit das Selbstwertgefühl, das Selbstbewusstsein und soziale Kompetenz stärken.

Urbane Mitte Gleisdreieck

148 C. Loidl-Reisch 1986, S. 49

Berlin Rütlibrache

Berlin Kreuzberg

Ökologischer Wert der Brachen

> *„Öffentliche Grünflächen und Parkanlagen unterscheiden sich in der Artenvielfalt kaum von den artenärmsten Gebieten der Innenstädte.... Innerstädtische Brachflächen, Gleissaumbereiche, Bahnreliktflächen und auch extensiv gepflegte öffentliche Freiräume können dagegen als wesentliche ökologische Rückzugsgebiete betrachtet werden."*
>
> Cordula Loidl-Reisch 1986, S. 118

Der ökologische Wert von Brachen oder Ruderalflächen ist jedenfalls höher als der gepflegter Parkanlagen – ist aber auch seitens der Stadtgestaltung wesentlich abwechslungsreicher und interessanter – **komplexer und ambivalenter** – als die herkömmlichen, als langeilig und steril empfundenen landschaftsarchitektonisch ‚behandelten' Freiflächen. „Dagegen wird die ungezügelte, in ihrer Existenz bedrohte Natur zum Gegenstand der Sehnsucht. [...]

Wenn aber die Stadtbrachen ein wirksames Instrument des Artenschutz sein können und zugleich die Richtung für eine neue Natursehnsucht weisen, dann spricht doch alles dafür, sie bewusster als bisher in die Struktur einer Stadt einzuplanen, sie also nicht nur als Restflächen zu betrachten und als **Zufallserscheinungen** zu begrüßen, sondern ihnen Raum (und fast ein Widerspruch in sich) Gestalt zu geben."[149]

Was ist der ökologische Wert von Brachflächen? Sie gehören zu den ungestörten Standorten in den Städten mit einem **sehr viel besseren Nährstoffangebot**. Nach den Gesetzen der echten Sukzession, d.h. dem darwinistischen Prinzip der Verdrängung der schwächeren Arten, kommen die kanadische Goldrute, der Rainfarn und das Wald-Reitgras zum Zuge. Danach siedeln sich Sträucher an wie der Schwarze Holun-

149 K. Klaffke 1985, s. 22

Berlin Tempelhof

der, Salweide, Buddleia (Sommerflieder), der innerhalb kürzester Zeit Pionierbaumgesellschaften folgen mit Ahornen, Robinie, Götterbaum und Essigbaum.

Eine ganz eigene Art von Pflanzengesellschaften kann sich an aufgelassenen Bahndämmen und Bahnhöfen entwickeln, die humusarme, trockene und im Sommer sich stark erwärmende Standorte darstellen - an ,Diätkost' gewöhnte Spezialisten. Auch hier sollen nicht mehr benutzte Gleiskörper als Reservate für Wildtiere und Wildpflanzen belassen werden.[150]

Pflanzensoziologisch bedeutet ,Verwilderung' lediglich die **Selbstausbreitung** kultiviert gezogener Pflanzen in ihrer Umgebung ohne menschliches Dazutun ausgedrückt: ,Kulturflüchter'.[151]

Wie können Brach- oder Ruderalflächen erhalten werden?

Jedenfalls droht die größte Gefahr durch Bebauung oder konventionelle Grünflächenpflege. Das darf nicht bedeuten, dass gar nichts gemacht werden sollte:

- Brachen müssen auch für ,geringwertige' Nutzungen von **Altlasten befreit werden**
- **Industrieruinen** müssen nicht kostspielig beseitigt, sondern **bloß gesichert werden**
- **Grobreinigen** - Baumaterial wie Ziegel oder große Steine belassen, **Müll einmal jährlich entfernen**
- Zentrale Flächen (Ballspiel) **einmal im Jahr mähen**
- **nicht zu betretende Flächen** mit Brombeeren, Schlehdorn oder Berberitzen **sichern**
- **Unebenheiten** weitgehend **belassen**
- **Wege** können **als Trampelpfade** sich an die Benutzung anpassen
- **Biotopkartierungen** - auch der Fauna - sind eine Grundlage für eine Bewertung und **Abwehr gegen alternative Nutzungen**

Verwertung von Brachen

> *„Je sparsamer wir mit jedem Quadratmeter umgehen, desto dichter und auch besser wird die Stadt. Es gibt nichts Störenderes als nutzlos brachliegende Grundstücke mitten in der Stadt. Wir können uns die alten Städte zum Vorbild nehmen: Jedes Stückchen Boden hat da seine Funktion und seine Bedeutung, nichts ist unbestimmt gelassen…".*
>
> Pietro Hammel 1972, S. 79

Trotz aller wortreich und ökologisch begründeter Vorzüge von Brachen, werden alle diese wertvollen **Flächen irgendwann ,verwertet' werden**. Das Ziel muss lauten, möglichst viele Defizite - auf allen städtischen Ebenen - zu erfassen und durch eine - auch stadtgestalterischen Ansprüchen genügende - entsprechende Nutzung beseitigen zu helfen.

150 G. Fellenberg 1991, s. 153-157
151 C. Loidl-Reisch 1986, S. 12

Warum ist Flächenrecycling von Brachflächen gesamtstädtisch bedeutsam?[152]

- **Verringerung** der Inanspruchnahme **neuer Gewerbeflächen** am Stadtrand
- Damit **Verringerung des Landschaftsverbrauchs** [und der Bodenversiegelung]
- **Verringerung der Erschließungskosten** und Nutzung vorhandener Infrastrukturen
- **Sicherung von Standorten** des produzierenden Gewerbes und synergetischer Nutzungen
- Reserven für **Betriebsverlagerungen** aus störenden Gemengelagen
- **Nutzung der Brachen für fehlende Freiräume** gründerzeitlicher Stadtviertel
- Ökologische Verbesserungen durch Erweiterung der Handlungsspielräume der Stadtplanung

Welche Qualitäten machen Stadtbrachen zur Gelegenheit einer positiven Stadtentwicklung?[153]

- Die Gebiete sind weder als Wohn- noch als Gewerbegebiet vorgeprägt und bieten sich für alle jene an, die einen **innerstädtischen Standort** bevorzugen
- Die Lage innerhalb des besiedelten Stadtgebietes lässt eine **Einbindung in vorhanden Strukturen** zu
- Allfällige **Zwischennutzungen** bewegen sich nach einer Schweizer Untersuchung im Bereich von 10% marktüblicher Preise
- Die vorhandene großräumliche Erschließung mit technischer, sozialer, kultureller und ökonomischer Infrastruktur spricht für **ökonomische Effizienz**
- Das Angebot längst abgeschriebener Gebäude erlaubt die **Unterbringung unrentabler Nutzungen** (Kultur, Pop-Up-Strukturen, Handwerk)
- Prägende Bauten und alter Baumbestand geben den Arealen eine **unwiederbringliche Eigenart**
- **Ökologische Inseln** können Ausgangspunkte einer grünräumlichen Vernetzung bilden
- Die ehemaligen schmutzigen, lauten aber zumindest trennende Areale bieten die Chance bisher vernachlässigte Stadtquartiere (graue Zonen oder Verschattungsbereiche) aufzuwerten und in die **Stadtstruktur zu integrieren**

Welche Probleme können bei der Umnutzung von Brachen auftreten?[154]

- kaum verlässliche Unterlagen über **unter Niveau liegende Anlagen** Keller, Fundamente, Luftschutzräume und Leitungen
- nicht erkennbare **Produktions- oder Lagerrückstände**, die kontaminierte Böden hinterlassen, wo die Beseitigung der ‚Altlasten' erhebliche Kosten als Sondermüll verursacht
- massive Schwierigkeiten bei der **Anlastung der Altlastenbeseitigung** (fehlende Aufzeichnungen, chemische Bestimmung, Schuldfrage bei mehreren Vornutzern)
- Versuche, die **Kosten für eine Verwertung** dem Verkäufer anzulasten schlagen meist fehl, weil dieser entweder im Konkurs ist oder die Flächen gar nicht mehr ihm gehören

Was sollte die Stadt unternehmen, um die Ziele zu erreichen und die Chancen zu nutzen?[155]

- Erfassung des **Reservepotentials** (Baulückenkataster)
- Erfassung der **Altlasten u.U. Probebohrungen** (Wien hat einen Altlastenkataster)
- Erfassung des **Baumbestandes und der Biotope**
- **Erwerb durch die Stadt** oder nahestehende Institutionen (Wohnfonds, Wien-Holding etc.)
- **restriktive Widmung**, die eine marktübliche Verwertung ausschließt

152 Bundesforschungsanstalt für Landeskunde und Raumordnung 1986, S. 235
153 Feldtkeller et al. 2001, s. 14-16 und D. Bullinger 1985, S. 36
154 A. Speer 1985, S. 42
155 Stadt Wien 1994 – Stadtentwicklungsplan 1994

Fazit – Conclusio

8.1 Frei- und Grünräume

- *Freiraumplanung darf sich nicht in zweidimensionaler Plangrafik oder ,Land-art' erschöpfen, sondern soll **flexible und nutzbare Freiräume** schaffen.*
- *Freiräume sind **primär mit Grünraumelementen** auszugestalten und nicht großflächig befestigten den ,Barcelona-Platz' als Vorbild zu nehmen, wo indirekte Leuchtmittel und Lichtständer Räume zu bilden haben.*
- *In der Freiraumgestaltung sollen der **Topos und das Relief dominieren** – wo kaum Greifbares vorhanden ist, kann Neues geschaffen werden.*
- *Das Gestaltungsprinzip der **,kontrastreichen Verknüpfung'** von naturnahen Bereichen und streng gestalteten Einheiten erzielt den größten ökologischen, gestalterischen und nutzbaren Ertrag.*
- *Der Naturgarten lebt von der Dimension der der **Veränderlichkeit in der Zeit** – diese ist nicht nur zuzulassen, sondern anzustreben: das Unplanbare kann nicht verordnet werden.*
- *der **Grünraum in Stadterweiterungsgebieten** darf nicht der Dichte geopfert werden – die im STEP-Fachkonzept ,Grün- und Freiraum' geforderten Mindestwerte 4 + 4 m² pro BewohnerInnen sind als Minimum strikt einzuhalten.*
- *die **Konfiguration** von Grün- und Freiräumen **ist auf die Nutzbarkeit abzustimmen** und nicht ausschließlich auf den 2-Stunden-Schatten der angrenzenden Hochhäuser auszurichten.*
- *Auch **Gartendenkmäler können sich weiterentwickeln** und sollen auch nutzbar sein - die Bewahrung von Schmuckgrün und historischer Rekonstruktion soll Ausnahme bleiben.*
- *Schottergärten und Stein-Gabbionen sind abzulehnen und **selbst Kiesgärten bedürfen eines höheren Pflegeaufwandes** und sorgfältige Gestaltung*
- ***Grün- und Freiflächen** sollen besser und sicherer zugänglich werden und mit einem Fußwegenetz – durch ,private' Innenhöfe und übergroße Häuserblöcke – **untereinander verbunden** werden.*
- ***Bäume als Schattenspender** und ,offene' Grünflächen sind zu Zeiten einer fortschreitenden Erwärmung unverzichtbare Elemente mit hoher Gestaltwirksamkeit.*
- *In Wien sollte nach Zähmung der Hochwässer das **Thema ,Wasser in der Stadt'** aus klimatischen und gestalterischen Gründen mehr Platz eingeräumt werden.*
- *Entsprechende verwaltungstechnische Widrigkeiten (Absturzsicherung, Hygiene)sind auf das **unbedingt erforderliche Maß** zu reduzieren und für die erforderliche Pflege und Reinigung spezialisierte Service-Teams einzurichten.*
- *Das **Relief als Element der Stadtgestaltung und Orientierbarkeit** soll unterstrichen und nicht egalisiert werden – wie durch Nivellierungen unter Vernichtung autochthoner Vegetation oder durch Überhöhungen in Tallagen.*

Grünelemente

- *Immer wo es nur irgendwie möglich ist, sind **erdgebundenen Bepflanzungen** ,Topfpflanzen' und Pflanzkübeln vorzuziehen*
- *Die maßstabsbildende und **ordnende Funktion von Baumpflanzungen** und Alleen können bauliche Fehlentwicklungen erträglich gestalten.*
- *In der Bewertung von BewohnerInnen sind **Grünelemente ein konstituierendes Merkmal ,guter' Wohnlagen** und gelten als unverzichtbar.*
- *Bei der Erschließung und Ausgestaltung von **Neubaugebieten** sollte die bisher geübte **Reihenfolge**, das Grün als letztes zu behandeln, **umgekehrt** werden: zuerst dann Grüngerüst anwachsen lassen und erst dann Straßen, Wege und die Bebauung darauf abzustimmen*

- *Die modisch angesagte* ***Gebäudebegrünung*** *sollte sorgfältig und nachhaltig geplant werden: Dachbegrünungen können das Regenwasser ‚rückhalten' aber keineswegs die soziale Funktion der Freiflächen am Niveau ersetzen.*
- *Das* ***‚Urban commoning', die Aneignung von Grün- und Freiflächen*** *durch die BewohnerInnen sollte städtebauliches und kommunalpolitisches Ziel sein und damit die ‚Einfamilienhauswünsche' und Wochenendausflugsfahrten minimieren helfen.*

8.2 Brüche im Stadtbild

- *Brüche im Stadtbild sind vornehmlich ein* ***Phänomen der Peripherie*** *– in Stadtzentren werden diese aus den ökonomischen Gründen der Bodenrendite kaum anzutreffen sein.*
- ***Brüche und Fragmente bedürfen einer alternativen Bewertung*** *– allein die Rückseiten und Höfe –selbst in zentralen Lagen – sind nicht harmonisch aufeinander abgestimmt und stellen eine Bereicherung des Stadtbildes in seiner* ***Komplexität*** *dar.*
- *Das ‚Vollendete' kann nur mehr bewahrt werden – die Stadt erstarrt – deshalb sind das* ***‚Unvollendete', die Brüche, ein wertvolles Element der Stadtgestalt.***

Restflächen im Grund- und Aufriss

- *Veränderungen der städtebaulichen Randbedingungen verursachen Restflächen im Grund- und aufriss, Vor- und Rücksprünge sowie ungedeckte Feuermauern prägen nicht unerheblich das Stadtbild und bilden die* ***Dynamik der Stadtentwicklung*** *ab.*
- *Diese Residualflächen, das Provisorische mit Ablaufdatum sind die* ***‚geheimen' und subtilen Elemente****, die eine Stadt erst lebenswert machen und Nischen für unangepasste Veränderung und Verhaltensweisen und damit einer stetigen Erneuerung bilden.*
- ***Die Lebensdauer von Restflächen*** *in Abhängigkeit von der baulichen Dynamik, der Qualität des Bestandes und nicht zuletzt vom Verwaltungshandeln kann kaum gültig vorhergesagt werden: die Restnutzungsdauer ist meist wesentlich länger als ökonomisch verbüchert und ist ein integrativer Bestimmungsfaktor der Stadtgestalt und ihres ‚Erinnerungsvermögens'.*
- ***Restflächen sind ephemer*** *und haben ein Ablaufdatum - doch* ***Spuren der Geschichte*** *sollen und* ***müssen im Stadtbild ablesbar sein****, vornehmlich im Bereich der Erneuerung überalterter Stadtviertel.*
- ***Nicht jede Feuermauer muss bemalt oder ‚gestaltet' werden****, der ‚Mural-Tourismus' treibt schon fragwürdige Blüten und betont jene Flächen, die eigentlich als unsichtbar gelten sollten. Dabei wäre Werbung ehrlicher als wesensfremde Bemalungen ohne jede Botschaft.*

Zwischennutzung

- *Nicht jede freie Fläche wird möglichst schnell bebaut.* ***Zwischennutzungen****, die sich oft über längere Zeiträume erstrecken können, sichern wertvolle Ressourcen für die* ***Ökologie und die AnrainerInnen.***
- *Es gibt schon eine Reihe von* ***Beispielen****, wo unter* ***Mitwirkung der Stadt*** *die Angst der Eigentümer vor unvorhergesehenen Entwicklungen und Verfestigungen genommen werden können wie Versicherungen, Rechtskonstrukte, Widmungszusagen u.a.m. – alles für Nutzungen, die über die üblichen Parkplätze hinausgehen.*

Brachen

- *Der ökologische Wert und die Vielfältigkeit der provisorischen Nutzungsmöglichkeiten von Brachflächen und Baulücken – die ‚Unordnung' und das Überraschende - sind* ***wertvolle Bestandteile der Komplexität von Stadtbildern****.*

- *Brachen sollen deshalb nicht nur als Baulandreserve gesehen werden, sondern eine flexible Stadtentwicklung sicherstellen, die für* ***nicht absehbare zukünftige Unwägbarkeiten*** *gerüstet ist.*
- *Bei allen Nutzungsüberlegungen sollen* ***genügend freie Flächen gewahrt bleiben****, die den Wert von Brachflächen auch in die Zukunft ‚hinüberretten' helfen.*
- *Der* ***unreglementierte Erlebniswert der Brachen*** *ist auch für die gesunde und soziale Entwicklung von Kindern und Jugendlichen unverzichtbar und extrem bedeutungsvoll.*
- *Der* ***ökologische Wert von Brachen*** *kann nicht durch gepflegte Parkanlagen ersetzt werden – braucht aber auch ein Mindestmaß an einfachen Pflegemaßnahmen.*

9. Kunst, Kultur und öffentlicher Raum

9.1 Kunst und Kultur

„Lebendiges Stadtgeschehen und reicheres Stadterlebnis sind immer das Ergebnis einer langen Entwicklung gewesen, niemals das eines von Künstlerhand in einem Zuge entworfen"

Julius Posener 1972, S. 187

Das kollektive Gedächtnis

Ein wesentliches Element der Stadt ist ihre **Funktion als ‚Gedächtnisspeicher'**, wie es Wolfgang Kaschuba 2005 ausdrückt:[1]

„Denn in die räumlich-topografische Ordnung der Stadtlandschaft sind noch andere ganz unterschiedliche Ordnungen der Geschichte, der Erinnerung, der Kultur eingeschrieben. Es sind Texte oder Kon-Texte eines kollektiven Gedächtnisses, das sich wieder über die einzelnen Teile wieder an das Ganze erinnert. [...]

Dieses Beharren also auf spezifischen Mischungen von Allgemeinem und Konkretem ist es letztlich auch das unsere Bilder der großen Städte in Europa bestimmt [...] Den jedes dieser Stadtbilder enthält einen ikonografischen Steckbrief mit charakteristischen Merkmalen aus Geschichte und Landschaft, aus Wirtschaft und Architektur, aus Medienkultur und Hochkultur, oft auch aus dem Sport- und Eventbereich. Es ist ein **‚Genius loci' oder ‚Genius urbi'** der von den Menschen offenbar in eine lokale Identität hineingelesen wird. [...]

Die Rede von der urbanen Identität ist stets auch ein Produktionsprozess einer lokalen Mythologie. Einer Mythologie die über Geschichtsbücher und Archive erfolgt, über Denkmäler und Museen, über Literatur und Ausstellungen, über Reiseführer und Filme, über Festivals und Internetauftritte. [...] Etwa das wohl älteste Modell ist die **„Literarisierung" der Stadt**. [...] Natürlich gilt diese Literarisierung nicht für alle Städte. Mit dem Beginn der Moderne kann man sogar davon sprechen, das sich diesbezüglich ein eigenes Bedeutungskriterium herausbildet, die man als die ‚Literaturfähigkeit' von Städten bezeichnen könnte und wird [...] damit gewissermaßen zur urbanen Champions League."

Ausgehend von einem weiteren Raumbegriff, den ‚Kulturellen Raum' entsteht eine räumliche Identität:

„Für Prozesse der raumbezogenen Identität ist es in einem weiteren Schritt wesentlich, welche Bedeutung mit einem wahrgenommenen Bild verknüpft ist. Diese Verknüpfung ist nicht beliebig, sondern hängt von kulturellem Kontext sowie von der Beschaffenheit des wahrgenommenen Raums ab. (Vgl. Raith, 2000, der darin einen kulturellen Gedächtnisspeicher sieht). In diesem Zusammenhang wird auch von einem ‚kollektiven Gedächtnis' gesprochen, auf das sich Personengruppen, ja ganze Gesellschaften beziehen und damit gemeinsame Referenzbilder etablieren. Darin ist auch das kommunikative bzw. das **Alltagsgedächtnis von sozialen Gruppen** beinhaltet.

Auch wenn kulturelle Ladungen geschichtlichen Veränderungen unterliegen, bleibt die Identitätsbildung wesentlich an die materiell-baulichen Gegebenheiten gebunden. [...] Räumliche Identität befindet sich demnach in einem Spannungsfeld aus Variation und Stabilität. von zentraler Bedeutung zur Erfassung dieser räumlichen Identität ist zudem, dass sie nur in Abgrenzung zu anderen strukturierten Territorien erfolgen kann (vgl. Gstöttner/Ruland 2008 und Löw 2010)" [2]

1 W. Kaschuba 2005, S. 6
2 OPK-offenes PlanerInnenkollektiv 2016, S. 9

Die Stadt als Bühne

> *„Der Planer wird zum Bühnenbildner, der Auftritte in wechselnden Szenen vorzubereiten hat. Dabei wird Urban Design zu einer Art Dramaturgie verstanden, die weniger an fachinternen Kriterien ästhetischer Tradition orientiert ist als am Geschmack eines anspruchsvollen und erlebnishungrigen Publikums, das auch den Schauspieler stellt."*
>
> Werner Durth, 1988, S. 38

Der französische Philosoph Alain Bourdin[3] sieht in der Ablösung der ‚Fragmentierung' der Stadt durch die Trennung des Wohn-Orts von der Stadt als Kulisse die Entstehung einer **‚ortlosen Stadt':** „Vorstellungen von Heterogenität, wie sie in der modernen Stadt bis dato hochgehalten worden sind, spielen in der ortlosen Stadt eine andere Rolle. Die **Fragmentierung der Stadt** war eine geographische gewesen. Es gab ärmere Stadtteile und Reichenviertel, gemischte Wohngegenden und viel soziale Wohnformen dazwischen. In den Nachbarschaften wurden Konflikte ausgetragen, was ‚hier' erlaubt ist und was nicht.[...]

Prägender für das Bild der heutigen Stadt ist, dass es eine **neue Trennlinie** zwischen den Stadtbewohnern und jenen gibt, für die die Stadt nicht mehr ein Wohn-Ort ist, sondern vielmehr nur noch eine Kulisse und Bühne für ein mobiles, extrem fragil-virtuelles urbanes Leben, in der die ‚Stadt' nur noch selektiv wahrgenommen, genutzt und erfahren wird. [...] **Die ortlose Stadt** ist deshalb potentiell ein **kulturell reaktionärer Raum,** in dem es nicht zur Aufhebung oder Angleichung von Differenzen kommen soll."

Dietmar Steiner [4]sieht gerade diesen ‚Nicht-Ort' gefüllt mit „Eindrücken, Erlebnissen, Gefühlen und Stimmungen. Alles wird durch Bilder ersetzt, jede Architektur des 'Ortes' hat ihre Bedeutung verloren, aber auch das Gegenteil davon stimmt nicht – **dieser Nicht-Ort ist nicht leer.**

Viele Architekten reagieren auf die ‚schlechte und belanglose Architektur' [des Nicht-Orts] durch eine übertriebene Bezugnahme auf kunsthistorisch und städtebaulich bearbeitete und akzeptierte Perioden der Stadtentwicklung. Mich interessiert die Stadt in einem viel umfassenderen Sinn: In allem was die Stadt ausmacht; die ganze räumliche Situation, Randsteine, Straßen, Häuser, Tafeln, Gerüche und Menschen, die Stadt als architektonische Skulptur."

Haben wir in der ‚ortlosen Stadt' wirklich etwas verloren oder bedeutet der mentale wie der politische Aufbruch unserer ‚zivilen ' Stadtgesellschaft nichts weniger als eine Art ‚urbaner Kulturrevolution'? sieht Wolfgang Kaschuba in seinem Essay ‚Urbane Identitäten:[5] „Denn Stadtgesellschaft und Stadtkultur habe sich nach der **tiefen Krise der Nachkriegszeit** zunächst wie Phönix aus der Asche erhoben, haben sich selbst neue Leitbilder, Kulturwelten und Lebensstile geschaffen. Und sie bauen nun die hektische Funktionswelt ‚Großstadt' allmählich um zur attraktiven Lebenswelt ‚Innenstadt', auf deutschen Marktplätzen draußen, nachmittags, öffentlich ganz entspannt Latte Macchiato und Aperol Spritz genießen zu dürfen. Das kommt - vielleicht nicht geschmacklich, aber unbedingt **mentalitär - einer Revolution wirklich sehr nahe."**

Wenn die überbordende Inszenierung der Stadt in der City beklagt wird – haben wir überhaupt keine Gegenmaßnahmen – zumindest als Forderung an die Stadtpolitik? Regina Bruckner hat im Gespräch mit dem Zukunftsforscher Frank Trentmann[6] diese Frage thematisiert:

3 A. Bourdin 2014, S. 11-12
4 Herzog - de Meuron,A usstellungskatalog Basel 1988, zit. in D. Steiner 2016, S. 139-140
5 W. Kaschuba 2015, S. 6
6 R. Bruckner – F. Trentmann in Standard 8.2.2021, S. 11

„Aber es gibt ja überhaupt keinen Grund, warum **alles immer im Stadtzentrum** stattfinden muss. Vor der Pandemie sind wir auch gern auf Reisen gegangen, ins Museum, in die Konzerthalle im Zentrum. Man setzte sich ins Auto [...] oder ins Flugzeug und bewegte sich dorthin. Der alltägliche Konsum in den letzten fünf bis zehn Jahren hat sich genau in die entgegengesetzte Richtung verändert, irrsinnig viel von dem, was wir im Alltag brauchen, was wir essen, was wir anziehen, die Bücher die wir lesen, kommen zu uns, häufig online bestellt. Warum müssen bestimmte Dienstleistungen im Konsum, zu denen wir immer hinpilgern, so zentralisiert sein?

Aber man kann schon erwägen, dass Städte, anstatt große zentrale Häuser und Institutionen mit viel Geld zu subventionieren, sich überlegen: wir wollen mehr **Unterhaltung in den Nachbarschaften** und auch in der Provinz. [...] Ich will nicht die Wiener Philharmoniker abschaffen, aber ich würde schon betonen, dass wir uns daran gewöhnt haben, dass bestimmte Formen von Konsum und Kultur einfach subventioniert werden, weil es so ist."

Konkrete Gedanken dazu: Übertragung im Fernsehen (wie es die Oper macht) - Gastspiele in den Bundesländern - polyzentrale Stadtstrukturen aufbauen - Bezirksmuseum vom Wien-Museum betreuen (Ankündigungspolitik) - Beispiel des Volkstheaters in den Außenbezirken – ‚Gemeindebautheater' im Rabenhof - Neue Oper auf der Platte (Rhetorik). Auch der anspruchsvollere Tourismus verlangt nicht die Konzentration im Zentrum, sucht neue Erlebnisse. Auch sollte die **erzwungene Mobilität der Stadtbewohner reduziert** werden – ein Besuch ‚seines' Theaters stärkt die Identität.

Auch die rasch wachsenden Ränder haben ein Recht auf Kultur und kulturelle Identität. Selbst in der Gründerzeit gab es dezentrale Kulturstätten wie Zirkusbauten, Varietés, das Thalia-Theater für Wagner-Opern und anderes mehr.

Bei Kleinstädten/Märkten gilt genau das Gegenteil – Zur Vermeidung des Donuts-Effekts sind Investitionen ins Zentrum und nicht am Rand vorzunehmen!

Umgang mit Kunst und Kultur

> *„Ohne die Hoffnung, die Welt zu verändern wird (nicht nur) Architektur philologisch, stagnierend und regressiv"*
>
> Vittorio M. Lampugnani 1979[7]

Ein der Schlüsselfragen des Umgangs mit Kunst und Kultur ist die Entstehung kanonischer Qualität, die Ikonen in Vergangenheit und Gegenwart. Georg und Dorothea Franck haben den Prozess schlüssig dargelegt:[8] „Beginnend mit **nicht zuviel Aufmerksamkeit,** aber auch nicht zuwenig: Ökonomie der Aufmerksamkeit. Was gemeinhin als Diskurs bezeichnet wird, ist kein Diskurs, weil keine gemeinsame Wertung angestrebt wird: es ist ein Markt der Meinungen, der die Nachfrage bedient: Es muss als eine Art Testbetrieb von der Fachöffentlichkeit rezipiert werden. Die nächste Phase sieht vor, dass das Werk **regelrecht in Mode kommt** und inflationistisch nachgeahmt wird - Sättigung und Überdruss machen sich breit. Die Sättigung vernichtet den Seltenheitswert - der Überdruss zersetzt den Neuigkeitswert, den das Werk einmal hatte. Nun entscheidet sich, ob das Werk Qualität hat und aus dem ‚Säurebad' der Inflation entsteigt. Dazu muss es eine Qualität haben, die von neuem Interesse erweckt. die Promotoren die hinter den Pushern der Mode standen, sind nun erlahmt. Was nun kommt ist ein **interesseloses Wohlgefallen** - die Qualität die daraus hervorgeht ist emergent: sie war nicht vorauszusehen, aber ist nachvollziehbar. Argumente (ein zielgerichteter, kontrollierter Prozess) ist das Gegenteil der Emergenz, die evolutionär und unkontrollierbar, nicht planbar abläuft - es kommt zur ‚kanonischen Qualität'."

7 V.M. Lampugnani in Neue Heimat Monatshefte 8/1979, S. 13
8 G. und D. Franck 2008, S. 44-47

Wenn die Dauer dieses Vorgangs mit drei Generationen also etwa 70 Jahren angesetzt wird, kann, in unserer schnelllebigen Zeit auch von zwei Generationen d.s. **50 Jahre als Mindestzeitraum** ausgegangen werden.

Abgesehen von den Ikonen, geht nicht nur Gerhard Curdes von der Bedeutung des ‚Mittelmaßes' aus, von dem unbedeutende und gerade berühmte Architekten Angst haben, dorthin abzugleiten, „das allein human ist". (Claessens) [9]

„Der **Begriff des Mittelmaßes** wird von Claessens als Metapher für Lösungen verwandt, die nicht auf der Linie der jeweiligen ‚Avantgarde' liegen. Gemeint ist mit Mittelmaß also nicht schlechte, unprofessionelle, rückschrittliche oder historisierende Architektur, sondern einen Architekturhaltung, die sich gegenüber der Aufgabe in einer umfassenden Weise verantwortungsvoll verhält und die deshalb häufig zu wenig spektakulären Ergebnissen führt. [...] **‚Großmannssucht garantiert noch keine Größe.** Vielleicht fehlen uns die Meister der kleinen Form - oder deren Förderer'"

Wenn die Forderung erhoben wird,[10] Künstler und Szenografen in stadtplanerische Prozesse einzubinden, weil Architekten ihre Raumkompetenz zunehmend an die Kulturwissenschaften verlieren, erhebt sich die Frage der Kunstvermittlung. Sind schon Architekten kraft ihrer **‚sozialen Imagination'** (Hugo Potyka) oft grenzwertig, was ihren aufklärerischen Willen und ihre Kompetenz betrifft, so ist diese Eigenschaft bei Künstlern gar nicht ausgeprägt. Und so erhebt sich bei Vittorio Lampugnani die Frage, ob man die Kunst erniedrigen oder die Massen aufklären soll:[11]

„Es ist eine Frage von gesellschaftlichem Optimismus, ob man davon ausgeht, dass die Korrelation zwischen Fortschritt und Entfremdung unabänderlich ist und somit die verheerenden Aspekte unserer Gesellschaft als notwendiger Preis für ihre Fortentwicklung akzeptiert, oder ob man hofft, diese Korrelation sprengen zu können. Ob man also mit anderen Worten meint, nicht die **Kunst erniedrigen zu müssen**, um sie den ‚tumben' Massen verständlich zu machen, sondern die Kommunikation herstellen zu können, indem man die Massen soweit befreit und aufklärt, dass ohne Schwierigkeiten die paar Stufen zur Kultur hochzusteigen vermögen. [...] Ohne die Hoffnung, die Welt zu verändern, wird (nicht nur) Architektur philologisch, stagnierend und regressiv."

Musik als Metapher zum Städtebau

Der **Zugang zur Musik** – Rhythmus, Harmonie und Improvisation – wird immer wieder mit dem Städtebau verglichen – als Teil eines einheitlichen Gesamtkunstwerks der jeweiligen Epoche:

„Musik bietet einen guten Zugang zum Städtebau der Moderne. Ohne dies hier näher zu erläutern, wird man akzeptieren, dass Barockmusik und barocker Städtebau zusammenpassen, dass die musikalische Klassik und Romantik die bürgerliche Stadt des 19. Jahrhunderts begleiten, dass um die Jahrhundertwende der Umbruch im Jugendstil und bei Gustav Mahler ähnlich vibrierte. Und so mag die städtebauliche Moderne mit den Eigenheiten der modernen Musik assoziiert werden: Klassische Harmonie und romantische Differenziertheit waren nicht mehr möglich; die inneren Widersprüche der Gesellschaft verlangten nach scharfen Dissonanzen..."[12]

Augenscheinlich wird diese Verbindung im **„Amerikaner in Paris"** von George Gershwin, wo der Stadt Paris mit ihren dissonanten Geräuschen, wie gestimmten Autohupen, aber auch mit eingängigen Harmonien ein musikalisches Denkmal gesetzt wurde.

9 D. Claessens, - Festschrift für Rainer Mackensen, Berlin 1994, S. 43ff zit. in G. Curdes1995, S. 35
10 s.a. Stefanie Bürkle im Podiumsgespräch, BM f Verkehr, Bau und Stadtentwicklung 2010, S. 13
11 V. Lampugnani 1979, S. 13
12 W. Kainrath 1988, S. 212

Auch Ernst W. Heiss[13] zieht auch diesen Vergleich und findet: „Die Gestalt wird wahrscheinlich weniger der klassischen, geschlossenen musikalischen Form gleichen als vielmehr **offenen Strukturen** ähneln - vielleicht dem Jazz vergleichbar, geprägt durch Grundrhythmus und Improvisation.

Den **Grundrhythmus** werden in den Städten der Zukunft - neben den natürlichen Elementen - vor allem die Verkehrs- und Kommunikationsnetze bilden, während die meisten Nutzungen als variable, als austauschbare Füllungen improvisiert werden könnten."

Claude Levi Straus geht in seinen „Traurigen Tropen" noch einen Schritt weiter und sieht die Stadt als **Kunstwerk zwischen Natur und Kunst**:[14] „Es ist daher nicht einfach im metaphorischen Sinne, indem man - wie das so oft geschehen ist - eine Stadt mit einer Symphonie oder einem Gedicht vergleichen kann, letzten Endes handelt es sich um Dinge der gleichen Beschaffenheit. Noch kostbarer vielleicht als das Kunstwerk liegt die Stadt an der Grenze zwischen Natur und Kunst..... Die Stadt ist Objekt der Natur und Subjekt der Kultur, Individuum und Gruppe, Traum und Erlebnis, sie ist das Menschliche schlechthin."

Eine Analogie zum **Verriss von Architekturkritikern** zu ‚gefälliger, schöner' Architektur ist die Einschätzung des berüchtigten Wiener Musikkritikers Hanslick, der eines der beliebtesten Violinkonzerte der Klassik von W.I. Tschaikowsky mit dem Epitheton ornans ‚stinkend' versah.

Stadtbaukunst

> *„Der Schönheitsverlust, der so deutlich empfunden wird, kommt nicht aus einem Defizit an Genie, sondern an Geschmack; die Zeit weiß noch, wie das Besondere, nicht aber mehr wie das Selbstverständliche auszusehen hat."*
>
> Gina Angress und Elisabeth Niggemeyer 1985[15]

Grundsätzlich anders sieht Umberto Eco die **„Architektur als Dienst"**, in dem Sinne, wie Stadtreinigung, Wasserversorgung, Öffentlicher Verkehr. Dienste sind, das heißt: Dienste, die mit immer raffinierteren technischen Leistungen eine vorgegebene Nachfrage befriedigen müssen.

In diesem Fall wäre die Architektur auch nicht Kunst, wenn das Spezifikum der Kunst (abgesehen von der ästhetischen Botschaft) darin bestehen soll, den Empfängern das zu liefern, worauf sie noch nicht gefasst waren."[16]

Dazu passt der berühmte Ausspruch Karl Kraus' aus 1911: „**Ich verlange von einer Stadt**, in der ich leben soll, Asphalt, Straßenspülung, Haustorschlüssel, Luftheizung und Warmwasserleitung. Gemütlich bin ich selbst. Was die Kultur anbelangt, die besitze ich bereits."

Daniel Wieczorek stellt in seinem Aufsatz „Camillo Sittes ‚Städtebau' in neuer Sicht", die einseitige Ausrichtung auf eine ‚Stadtbaukunst' richtig, wo die Stadt von Sitte als „alltäglichen Gebrauchsgegenstand" dargestellt ist:[17]

„Wegen die technischen Zwänge denen sie (die Stadtbaukunst) unterworfen ist, und wegen der materiellen Bedürfnisse, die sie zu befriedigen hat, entzieht sich die Stadtbaukunst viel leichter als die herkömmliche Architektur den **Normen des Akademismus.** [...] Ist Städtebau nicht jenem ‚angewandten', lange als minderwertig betrachteten Künsten vergleichbar, die erst Semper in ihre vollen Rechte einsetzte?"

13 E.W. Heiss in Heiss und Glotter 1997, S. 17
14 C. Levi-Strauss – Traurige Tropen 1955 zit. in A. Rossi 1998, S. 19
15 G.Angress und E. Niggemeyer –Die verordnete Gemütlichkeit 1985, S. 39
16 U. Eco und J. Trabant 2002, S. 330
17 D. Wieczorek 1989 S. 37

Sitte stellt dann auch die Stadt als einen **alltäglichen Gebrauchsgegenstand** dar, der sich deutlich von den Schöpfungen der Musik oder des Theaters unterscheidet, welche einzelnen Klassen vorbehalten sind." Sitte sieht den Unterschied zu anderen Künsten in der Zugänglichkeit und in der Gebrauchstüchtigkeit, nicht metaphorisch-inhaltlich – wenn auch die künstlerische Lösung nicht einfach aufgegeben werden darf:

„Selbst der Verzicht auf zahlreiche malerische Schönheiten und die weitestgehende Rücksichtnahme auf die Forderungen des neueren Bauwesens, der Hygiene und des Verkehrs sollten nicht so weit entmutigen, dass die **künstlerische Lösung einfach aufgegeben wird** und sich mit einer bloß technischen begnügt, wie bei dem Bau einer Landstraße oder einer Maschine; denn die erhebenden Eindrücke, welche künstlerische Formvollendung unablässig ausströmt, können auch in unserem vielbeschäftigten Alltagsleben nicht entbehrt werden."[18]

Zum Thema ‚Die Zukunft der Stadt - die Stadt der Zukunft' schrieb der Stuttgarter Professor Rolf Gutbrod[19] unter ‚Camillo Sitte – heute gültiger als zuvor':

„Waren nicht Maler wie Picasso, Grosz, Masareel **bessere Propheten als die Prognostiker?** Sie waren echte Künstler. ein bessere Antwort auf die klagen über die Trostlosigkeit des von uns in den letzten 20 Jahren Gebauten werden wir nur geben können, wenn jede Stadt als Eigenwesen begriffen, ihre Planung wieder als künstlerische Aufgabe gesehen wird und die Einfügung in die jeweils einmalige Topographie im weitesten Sinne des Wortes ihr individuelles Profil bestimmt. Ich spreche nicht allein von den Bauwerken, sondern mehr von den ‚Zwischenräumen' in den Städten, in denen auch heute Stadtbaukunst wirksam werden muss".[20]

Doch an Camillo Sitte, das Synonym für die ‚Stadtbaukunst des 19. Jahrhunderts' scheiden sich die Geister. Udo Kultermann formuliert das vom Zeitgeist aus, mit dem die Kunst im allgemein harmonieren müsse und stellt den Ersatz der Schönheit und Gestaltung der Kunst durch visuelle Vielfalt, Umweltfreundlichkeit, Mitwirkung und Sensibilität der Öffentlichkeit fest. „Die **neue urbane Ästhetik** muss mit anderen sozialen Aktivitäten konfrontiert werden, so wie es immer in früheren ästhetischen Systemen beschrieben war, die immer mit ihrem Zeitgeist harmonierten."[21]

Werner Durth kritisiert die eindimensionale Produktion von Bildern als Rückgriff auf das 19. Jahrhundert: „Während nach der *Unwirtlichkeit unserer Städte* und deren *Verordnete Gemütlichkeit* beklagt wird, werden mit großer **Publizität Rekonstruktionsversuche** baulicher, räumlicher und sozial-kultureller Erscheinungsformen der bürgerlichen Städte des 19. Jahrhunderts mit ihren architektonisch akzentuierten Platzanlagen, Boulevards und Passagen als die eigentlich zukunftsweisenden Alternativen zur alternden Modernität der letzten Jahrzehnte unseres Jahrhunderts vorgestellt - mit der unterschwelligen Polemik gegen die noch nachklingenden Ansprüche auf gleichwertige Lebensbedingungen in unterschiedlichen Räumen."[22]

Und Schmidt-Relenberg sieht in dem „neuen Trend, in dem Städtebau vorwiegend als **künstlerisch-ästhetische Tätigkeit** verstanden wird, eine **einseitige Betrachtungsweise** ohne jegliche Bezugnahme auf die sozialen Gegebenheiten seiner Zeit. Städtebau wird bei ihm [C. Sitte] zur dekorativen Kunst, die überhaupt keinen Bezug zu den Erfordernissen und Funktionen der Stadt als soziales Gebilde hat."[23]

Eine Kritik des Einzelgänger-Kults und ein Versagen der Architekturkritik sehen D. und G. Franck in der singulären Betrachtung des Bauwerks und fordern den Bezug auf

18 C. Sitte, Der Städtebau nach seinen künstlerischen Grundsätzen, 1965, S. 119-120
19 dessen bauliche Manifestation in Wien, die Deutsche Botschaft erst kürzlich abgebrochen wurde
20 R. Gutbrod in R. Hillebrecht 1975, S. 77-78
21 U. Kultermann – Neue Heimat Monatshefte 1979, S. 29
22 W. Durth 1988, S. 241
23 N. Schmidt-Relenberg 1968, S. 28

den kollektiven Effekt: [24] „Und dieser kollektive Effekt wird umso wichtiger, je mehr der Bauwerke schon da sind. In einer verbauten, von Bauten überfüllten und durch Bebauung entstellten Umwelt versagt der fachöffentliche Diskurs, wenn er der Reparatur - beziehungsweise Rehabilitation - des architektonischen Raums nicht höchste Priorität einräumt."

Bausünden

Ist es ein Fortschritt, wenn ein Kannibale Messer und Gabel benutzt?

Stanislaw Jerzy Lec – Unfrisierte Gedanken 1982

Die gerade aufpoppende Literatur über grafisch schön schaurig aufgemachte „Bausünden* fällt eigentlich unter ‚negative Ästhetik' und unterscheidet sich grundlegend vom ‚shabby look', der Ruinensehnsucht oder den ‚Orten des Vergessens'. Turit Fröbe[25] unterscheidet **gute und schlechte Bausünden**. Das geht der Nierentisch- und Eissalonarchitektur der 50er und 60er Jahre so, die jetzt erst wieder entdeckt wurden, als das meiste – und auch gute – von ihnen verloren ging. Damit sind wir bei den guten Bausünden, „die für jedermann leicht identifizierbar sind, während die schlechten von einer derart penetranten Langeweile und Belanglosigkeit sind, dass sie häufig übersehen werden."

G.Böhm Wallfahrtskirche in Neviges

Erweiterungsbau des Albrecht-Dürer-Hauses in Nürnberg

„Wenn man sich also dafür entscheidet, die guten Bausünden zu erkennen, ließen sich damit auch automatisch alle jene Bauten retten, die für Bausünden gehalten werden, weil sie vielleicht gerade nicht mehr dem Zeitgeschmack entsprechen, in **Wirklichkeit aber gute Architektur sind**. Gleichzeitig kann sich eine grundsätzlich positive Haltung gegenüber der guten Bausünde auch auf die Produktion guter Architektur auswirken, weil die Architekten und Planer wieder ungestraft auf eine charaktervolle Moderne setzen können.[26]"

Gute Bausünden sind als **Beitrag zur Komplexität des Stadtbilds** zu schützen, meint Franziska Zoidl – die im Gegensatz zur Meinung Turit Fröbes, schwer zu finden seien. „Eine gute Bausünde habe einen hohen Wiedererkennungswert, sie erfordere Mut und Gestaltungswillen. Und es müsse es sich dabei um ein Unikat handeln. Die Bausünde könne genauso nur in dieser einen Stadt, an diesem einen Ort stehen."[27]

24 D. und G. Franck 2008, S. 266-267
25 T. Fröbe 2013, S. 8
26 aaO. S. 10
27 F. Zoidl im Immobilienstandard 10.11.2019

Menschliches

Schmutz: Nach der Reinigung des Augiasstalles breitete sich unter dem dort stationierten Vieh eine Herdenkrankheit aus. Die Tierärzte verneinten jeden Zusammenhang zwischen den beiden Ereignissen. Herkules meinte auf Befragen, man soll doch froh sein, dass die Epidemie erst nach der Reinigung des Stalles ausbrach."

Lucius Burckhardt 1985[28]

Richard Sennet[29] beschreibt, das erst in der beginnenden und mehr noch in der modernen Industriegesellschaft die „isolierende Trennung und Ungleichheiten zwischen Menschen verschärfte." Davor waren die Wohnungen der Mittelschicht – von der Unterschicht nicht zu reden – eher klein und unwirtlich. **Das Leben spielte sich im öffentlichen Raum ab**. Der vorerwähnte Vorgang „griff über auf die Gestaltung des häuslichen Raumes - die *èmigration intérieure* gewann immer mehr an Terrain, während die ‚Gemeinschaft' schrumpfte."

Der Aphorismus von Lucius Burckhardt macht Sinn in der Diagnose Matthias Töplers, der in seinen **‚Zerfallsmomente der Stadt'** die Trennung der Funktionen Arbeit, Freizeit und Wohnen als „schmerzlichste Erfahrung für die Bewohner" bezeichnet.

Gipfelt sie doch in der Isolierung. „Isolierung heißt radikaler Ausschluss der Möglichkeit der Teilnahme. Erhoffte Spontanität geht in täglich erlebten Immergleichen hilflos unter. Trennung heißt auch Monotonisierung, Beseitigung der polaren Vielfältigkeit.

Monotone Langeweile ist in der traditionellen Stadt selten. Offenes (das Übersichtliche, dass den Blick freigibt oder das Ferne heranholt) und das Geschlossenen (das Winkelige, das den Durchblick erschwert; das Versteck), also: das Sichtbare und das Unsichtbare, das Helle und das Dunkle, das alles sind polare Gegensätze, aber **integrale Bestandteile der traditionellen Stadt**.[...] Die Anti-Stadt hat andere Ideale; sie lässt dem Individuum und seinen Träumen keine Chance, privatisierte Öffentlichkeit und veröffentlichte Privatheit ist ihr Signum."[30]

Macht gute Architektur anständig? Michael Sorkin[31] verneint das: „CIAM und CNU (Congress for New Urbanism) sind der Ansicht, es gäbe nur eine ‚korrekte' Architektur und verabscheuen Abweichler, Subjektivität und Eigensinn. Sie behaupten sie können die Krise der Stadt lösen, aber die Krise ist vornehmlich als eine der Formen definiert. Sie haben soziale Gerechtigkeit im Sinn, bieten aber keine entsprechenden Theorien an. Sie sind überzeugt, dass allein mit Architektur eine soziale Umschichtung zu bewerkstelligen sei, dass **gute Architektur anständig mache** und sehen Architektur als eine Art Mühle, in der Menschen zu glücklichen Arbeitern oder Bewohnern geschrotet werden."

Außerhalb der Städte ist es die zunehmende Individualisierung nach der viele Menschen streben – aber trotz allen Bemühens meist „Bausünden" produzieren. Der Baukulturkoordinator Niederösterreichs, Markus Bogensberger,[32] „sieht darin ‚gewisse' Probleme. Denn sich eingliedern, nicht aufzufallen – das ist nicht immer eine gebräuchliche Haltung unter Bauherrn"

28 L. Burckhardt – die Kinder fressen ihre Revolution, zit. in Arnold Klotz (Hsg.) 1992, S. 8
29 R. Senett - civitas 1991, S. 49
30 R. Thiessen 1982, S. 86-87
31 M. Sorkin 2007, S. 30-31
32 zit. in Redl 2020a, S. A8

9.2 Kunst im öffentlichen Raum

„was der geist zur not noch packt ist abstrakt.
was man gar nicht mehr versteht ist konkret."

Basler Nationalzeitung 1944 zit. in Marlene Lauter[33]

„Die im Sprachgebrauch übliche Bedeutung des Wortes ‚konkret': ‚gegenständlich, fassbar, bestimmt' - im Gegensatz zu ‚abstrakt'. ‚Konkret' bezieht sich jedoch nicht auf etwas von der Malerei dargestelltes, sondern auf diese selbst. Für die **Theoretiker der konkreten Kunst** enthält auch ein abstraktes Bild immer noch die **Abbildung eines Gegenstandes**, selbst wenn dieser durch Reduktion, Abstraktion und Transformation nicht mehr erkennbar und damit für den Betrachter gegenstandslos geworden ist. Ein konkretes Bild hingegen ist weder Abbild äußerer Welten noch Expression innerer Zustände, sondern besteht lediglich aus bildimmanenten Mitteln, nämlich Farbe, Fläche und Linie sowie den gestalterischen Prinzipien der geometrischen Konstruktion. Das Bild bedeutet nur sich selbst und ist daher ‚konkret' per se."[34]

Konrad Paul Liessmann schließt aus der Hegel'schen Ästhetik (S. 142), dass „Die Kunst, die ihre kultischen und religiösen Funktionen abgestreift hat oder abstreifen musste, ist danach nicht mehr, was sie einmal war. Ihre Freiheit verurteilt sie zur Unverbindlichkeit. ‚Was durch Kunstwerke jetzt in uns erregt wird, ist außer dem unmittelbaren Genuss zugleich unser Urteil, indem wir den Inhalt, die Darstellungsmittel des Kunstwerks und die Angemessenheit und Unangemessenheit beider unserer denkenden Betrachtung unterwerfen.[...]. Dem Prozess der Ästhetisierung der einst kultischen Künste alles unterworfen sein kann, was vor den Augen des aufgeklärten europäischen Betrachters seine ursprüngliche Funktion verliert, seiner Erscheinungsweise aber attraktiv genug ist, um mit Wohlgefallen betrachtet zu werden. **Entfunktionalisierung** ist die Voraussetzung für **Ästhetisierung**, das gilt für Gebrauchsgegenstände so gut wie für Kultobjekte."[35]

Damit ist die Entfunktionalisierung der ‚Kunst am Bau' und der ‚Kunst im öffentlichen Raum', gleichbedeutend mit der zeitgenössischen Kunst überhaupt, klargestellt. Wenn eine **Funktion** bleibt, ist es die **des ‚Wohlgefallens'.**

Stella Rollig sieht die Verbindung zwischen den beiden Bereichen: „Kunst am Bau und Kunst im öffentlichen Raum: Die beiden Bereiche, deren Prosperieren nicht zuletzt als Zeichen der Funktionstüchtigkeit und Wohlbestalltheit gelesen wird, haben tatsächlich auch einiges gemeinsam. Es handelt sich um **ungeschützte Kunst,** ihrem unfreiwilligen Publikum auf Gedeih und Verderb ausgesetzt und ohne institutionelle Absicherung durch Museen, Galerien oder Ausstellungshäuser. Ebenso wie ihre Rezipienten haben sich auch ihre Auftraggeber ihre Befassung mit Kunst meist nicht ausgesucht. Es sind Politiker, Bauträger, Manager."[36]

Die Folge davon ist eine Verlagerung der Interessen der Künstler: „Kunst wird nicht mehr für die Öffentlichkeit, sondern für verschiedene Nutzer, **verschiedene Öffentlichkeiten** geschaffen."[37]

„Das kann man von einem Künstler heute durchaus verlangen: Wenn er nicht **mindestens zwei Ebenen** liefert, ist er sowieso verloren. Er braucht eine populär lesbare Ebene, die auch auf dem Markt bestehen kann und er braucht eine Ebene, die die qualifizierten Benutzer anerkennen und dazwischen noch alle möglichen Abstufungen."[38]

33 M. Lauter , Konkrete Kunst in Europa nach 1945, Ostfildern, 2002, S. 86 zit. in C. Janicek 2009, S. 11
34 C. Janicek 2009, S. 11
35 K.P. Liessmann 2013, S. 41
36 S. Rollig in M. Weiland 1998, S. 96
37 C. Büttner aaO., S. 56
38 W. Grasskamp aaO., S. 89

Die populär lesbare Ebene hat es so an sich, dass sie hart am Kitsch vorbeischrammt – der aber ästhetisch nobilitiert wird, weil als echter Kitsch nur gilt, was tatsächlich massenhaft existiert. „Dort, wo sich der Künstler der Gegenwart sich der **Formensprache des Kitsches** bedient – und sich mit kindlicher Unschuld paart – entsteht nicht echter Kitsch, sondern Kunst, die mit dem Kitsch als Material arbeitet."[39]

Nachdem sozusagen alles erlaubt ist, erhebt sich die Frage, ob über die ‚wohlgefällige Betrachtung' hinaus, die Kunst noch andere Funktionen in der Stadtgestalt erfüllen kann?

„Kunst im öffentlichen Raum strebt als Prozess **Verhaltensauffälligkeit**, als Objekt Sichtbarkeit und als Kommunikator die Herstellung von Öffentlichkeit an. Je verhaltensauffälliger, sichtbarer und kommunikativer diese Kunst aber ist, desto eher wird sie auch als Problem, als Störung oder Belästigung wahrgenommen. Kunst im öffentlichen Raum sollte somit, wie Brigitte Franzen schreibt ‚ein Laborversuch an der Realität sein' und in diesem Sinn zur kritischen Auseinandersetzung mit den Bedingungen, Möglichkeiten und Grenzen der Gegenwartsgesellschaft anregen."[40]

In der ‚Smart-City-Rahmenstrategie' der Stadt Wien wird die Forderung nach **Fakten und Fantasie**, mit Wissenschaft und Kunst gleichgesetzt: „Kunst ist fantasievoll, kreativ und radikal. Die Kunst erschließt neue Blickwinkel, Perspektiven, Brüche, Zugänge und Dinge im Verborgenen und erweitert die Lösungsspielräume für die Smart City Wien."[41]

Kann und soll Kunst am Bau und im öffentlichen Raum, diese Ansprüche erfüllen?

> *„Wenn man im öffentlichen Raum etwas wahrnimmt, das man nirgends zuordnen kann, dann ist es Kunst"*
>
> Bonmot eines Wiener Kulturpolitikers 2020

„ ‚Ich steh vor einem Denkmal und denk mal ....' heißt es in einem Schlagertext, ‚wie das so üblich ist an nichts Bestimmtes...'

Schinkel-Denkmal – Berlin 1869

Es ist üblich, sich zu **Denkmälern nichts zu denken**, sie nicht einmal wahrzunehmen, es sei denn als nichtssagende Stadtdekorationen. Weil dieses Nichtvorhandensein im immer-schon-üblichen wurzelt, muss man sich im denk-mal-Sinn eigentlich Entgleisungen wünschen."[42]

Es wird aber immer schwieriger in der Fülle von **Ungewöhnlichen und Provokativen**, an die sich die Öffentlichkeit mittlerweilen gewöhnt hat, noch Aufsehen zu erregen, weil wie Walter Grasskamp findet „die Demokratie mit Kunst im öffentlichen Raum generell nicht anders als im Dissens umgehen kann, egal ob es sich um politische Erinnerungsmale oder um inhaltlich-politisch nicht definierte Kunst handelt."[43]

„Dutzende Kunstprojekte ließen sich aufzählen, die sich eher einer sozialarbeiterischen Interaktionsform für ‚Minoritäten' wie Obdachlosen, Aids-Kranken. Häftlingen. Arbeitslosen, [Migranten] und Bewohnern heruntergekommener Stadtviertel ver-

39 K.P. Liessmann 2013, S. 265
40 Kunsthalle Wien – Wem gehört die Stadt 2009, S. 192
41 Stadt Wien MA 18, 2019,
42 M. Wailand und V.H. Weh 1998, S. 186
43 W. Grasskamp aaO. S. 87

Aspanggründe Wien 3 Deportierte Nachbarn – Prinz POD

schrieben haben: ein existierender Kanon von ‚Public Art'. Die Kritiker an diesen Vorgängen nennt diese Art von Kunst ‚Sozialkitsch' oder ‚Sozialpornografie', die durch Aufwertung abgewohnter Quartiere **das Geschäft des Immobilienmarkts** betreiben.[44]

Eines ist sicher, das Zielpublikum sind nicht die ‚Minoritäten' sondern jene „Bobos" die sich am Schicksal der Randgruppen delektieren und ‚mutig' finden, sich gerade dort aufzuhalten oder gar niederzulassen.

Für Wolfgang Förster – dem Kurator für die Wiener IBA 2022 – ist die Gründung einer städtischen Gesellschaft für die ‚Kunst im öffentlichen Raum – KÖR', die Reaktion auf die Postmoderne wie Leon Kriers Gemeindebau in der Breitenfurter Straße. Eine Institution, die sich vorrangig mit künstlerischen Interventionen auf öffentlichen Plätzen, darunter auch in vielen neuen Wohnhausanlagen beschäftigt.[45]

Kunst im öffentlichen Raum – KÖR[46]

„Die Institution KÖR Kunst im öffentlichen Raum wurde im Jahr 2004 auf gemeinsame Initiative der Geschäftsgruppen Kultur, Stadtentwicklung und Wohnen gegründet. Aufbauend auf den Erfahrungen und Erfolgen der ersten Funktionsperiode 2004 – 2007 erfolgte im Juli 2007 die Umwandlung des Fonds in eine GmbH.

Die Aufgabe der KÖR ist die **Belebung des öffentlichen Raums** der Stadt Wien mit permanenten bzw. temporären künstlerischen Projekten. Dadurch soll die Identität der Stadt und einzelner Stadtteile im Bereich des Zeitgenössischen gestärkt sowie die Funktion des öffentlichen Raums als Agora – als Ort der gesellschaftspolitischen und kulturellen Debatte – wiederbelebt werden. KÖR versteht Kunst im öffentlichen Raum nicht als Dekor, sondern als Angebot zur Auseinandersetzung mit Inhalten und radikalen ästhetischen Setzungen sowie als symbolische Markierung bislang kulturabstinenter Territorien"[48].

Die Stadt Wien dotiert den KÖR mit etwa 800.000 € jährlich (Stand 2008) und entspricht damit ähnlichen Einrichtungen in München, Zürich oder Hamburg.

44 O. Machart aaO. S. 52
45 W. Förster 2020, S. 172
46 Kunsthalle Wien 2009, S. 41

Warten auf Vögel Wien 3– Josef Bernhardt

Mirror Grid Wien 3 - Gerold Tagwerker

Denkmal für ermordete Reichstags-Abgeordneten - Berlin

Holocaust-Denkmal - Berlin - Eisenmann

9.3 Kunst am Bau

„Es gibt in der Architektur kaum einen Bereich, der so leidenschaftlich umkämpft ist, wie die Fassade, die visuelle Oberfläche der Entwürfe. Dem Bau hier noch mit Kunst zu kommen, ist prekär.“

Hermann Czech 199[47]

„ ‚Kunst am Bau‘ ist ein Anachronismus. Schon die **plumpe Kombinatorik** dieser Begriffsplastik macht deutlich, wie stark sie sich Historischem von Kunst und Architektur verdankt, die ihre repräsentativen Funktionen in den Mittelpunkt stellen, um sie gleichzeitig für die Gegenwart zu zementieren. Denkmalskunst und Herrschaftsarchitektur sind die immer noch präsenten Partner dieser symbiotischen Paarbildung, wobei unklar bleibt, welche Disziplin als Wirtstier und welche als Parasit fungiert.“[48]

Kunst am Bau – ein ungeliebter Zweig der angewandten Kunst, der seitens der etablierten Kunst mit Verachtung gestraft wird und von den Rezipienten, den Passanten kaum beachtet wird:

„Jeder kennt sie, kaum wer nimmt sie wirklich wahr: ‚Kunst am Bau‘. Kunst am Bau ist in **erster Linie angewandte Kunst**. Sie wird für einen speziellen Ort gemacht, hat bestimmte Auftraggeber und muss sich mit einem spezifischen sozialen und planerischen Umfeld arrangieren.“[49]

Lucius Burckhardt steht der ‚Kunst am Bau‘ die Funktion zu, „**bestimmte Perspektiven** zu vermitteln, weil die Beschränkung des Blicks so weit verbreitet ist, dass die Leute kaum mehr die Distanz haben, sie aufzuheben. Das kann nur die Kunst vermitteln, ohne belehrend oder verletzend zu sein.“[50]

Wie kam es zur „Kunst am Bau“ und **dem schlechten Ruf, des Überflüssigen** und der Versorgungsfunktion notleidender Künstler der Nachkriegszeit?

Nach der Überfülle von ‚Kunst‘ als industrielle Serienfertigung der Gründerzeit propagierte die Moderne die **Reduktion auf das Wesentliche**. Die Gegenposition der totalitären Regimes der 30er Jahre ließ nicht lange auf sich warten. „Der faschistische Ständestaat kehrte zur Kunst am Bau im traditionellen Sinn zurück und setzte ebenso wie der Nationalsozialismus auf kitschige Darstellungen von Familienidyllen und tradierte Geschlechterrollen. Der kritische Umgang mit diesen Kunstwerken bildet heute einen eigenen Diskurs.“[51]

Nach Ende des Zweiten Weltkriegs, sucht man in der Peripherie, also dort wo ohnehin alles nackt ist, wieder Zeichen der Gemütlichkeit. „Die zunehmend als kalt, abweisend und menschenfeindlich erlebten und beispielsweise von Alexander Mitscherlich in seinem einflussreichen Buch *Die Unwirtlichkeit der Städte* als solche beschriebenen Städte, insbesondere die Gemeindebauten und andere Kommunalbauten, sollen behübscht und mit **identitätsstiftenden architektonischen Setzungen** versehen werden. Das ist der Anfang des Siegeszugs der Kunst am Bau.“[52]

Die Weigerung, seit Adolf Loos, weder Ornamente noch figurative, erzählerische Elemente auf den Fassaden zu dulden, wie es noch in der Anfangszeit der Wohnbauoffensive des ‚Roten Wien‘ üblich war, führt zur extremen Unanschaulichkeit der ‚modernen Architektur‘. Als Kompensation forderte diese Kargheit eine **Art ‚visuelle Streicheleinheit‘**, die diese ‚Gebäudebrosche‘ tatsächlich braucht.[53]

47 Hermann Czech in M. Wailand und V.H. Weh 1998, S. 80
48 Christian Muhr aaO., S. 74
49 Christian Muhr in M. Wailand und V.H. Weh 1998, S. 8
50 L. Burckhardt 2017, S. 1
51 W. Förster 2020, S. 168
52 Thomas Edlinger in Kunsthalle Wien 2009,'Wem gehört die Stadt', S. 18
53 s.a. Walter Grasskamp in M. Wailand und V.H. Weh 1998, S. 92

Kunst am Bau in Wien 3:

Pflüger – Wildganshof 1934
M. Hanusch – Lautenspielerinnen 1950
Gelles – Hanuschhof (1930/1946) Zeichnung R. Rogala
Brunnen- Haustiergruppe 1950
Pferde – Giselbert Hoke – Fiakerplatz 1960
Mosaik Alt-Erdberg 1960

Die **Vermenschlichung des Wohnbaues** wurde durch ins Grün gestellte Plastiken zur Markierung von Plätzen und Zugängen und Wandbilder (Mosaik, Sgraffito) mit der Darstellung von idealen Menschen, unschuldigen Kindern oder historischen Verweisen, hergestellt.[54]

Die Ergebnisse waren künstlerisch **mehr als „Retro"**, folgten dem Motto der diskursfreien Behübschung und führten zu einer totalen Ablehnung jeglicher ‚Kunst am Bau':

"Das Unzulängliche und zutiefst Fragwürdige einer **Fassaden-'belebung'** mit grafischen oder plastischen Elementen, die nicht tektonisch oder historisch abgeleitet sind, sondern Komplexität um ihrer selbst willen generieren wollen, dürfte allen Architekturschaffenden bewusst sein; darin ist der tiefste Grund zu sehen für das beständige Streben heutiger Architektur nach Abstraktion, Reduktion, Bereinigung und Beruhigung.[...]

Abstraktion braucht einen Bezugspunkt, von dem aus abstrahiert wird, d.h. die heutige Menschheit kommt nicht umhin, sich in reiferer Bewusstheit aus dem Fundus der Baugeschichte Leitbilder auszuwählen, mit denen sie sich metamorphisierend und abstrahierend aufs Neue auseinandersetzt." [55]

Thomas Sieverts kommt zu einer abschließenden Beurteilung und zeigt Lösungsmöglichkeiten auf: "Die **Idee des 'Gesamtkunstwerks'** ist heute nicht mehr realisierbar. 'Kunst am Bau' hat fast nie zu guten Ergebnissen geführt. Unsere Plätze sind vollgerümpelt mit schlechten Brunnen und Skulpturen, die den Gedanken nahelegen, jedes öffentlich ausgestellte Kunstwerk mindestens alle 10 Jahre zur Disposition zu stellen oder von vornherein nur für eine bestimmte Zeit aufzustellen."[56]

Diese Möglichkeit ist am gleitenden Übergang vom ‚Kunst am Bau' und dem Bau als Kunstwerk nicht möglich, weil uns diese Solitäre länger begleiten, wie D. und G. Franck monieren:

„Ausdruckskunst in Serie, das ist Unsinn oder Reklame. [...] Ausdrucksstarke, gestisch ausladende Formen sind gut, um sich von der Umgebung abzusetzen, sie sind aber nur bedingt gesellschaftsfähig. Sie tun sich schwer an Gegebenes anzuschließen, sich in bebaute Situationen einzufügen.[...] Sie favorisieren die Preisgabe des Städtebaus zugunsten der Ansammlung beziehungsloser Solitäre. In der Masse bedeuten sie die gleichmäßige **Verteilung hoher Entropie**.

De Implantate der ‚blob masters' fallen auf, reißen Beachtung an sich, können sich aber zu ihrer Umgebung nicht verhalten. Sie schwanken zwischen autistischer Selbstreferenz und arrogantem Protz."[57]

Problematisch ist auch die Zusammenarbeit von **Architekten und Künstlern**, die häufig an simplen Voraussetzungen scheitern. „Einerseits hatten nur wenige Künstler die Fähigkeit, Pläne zu lesen, andererseits hatten die Architekten kein Verständnis für die räumlichen Ansprüche der Künstler; außerdem halten sich viele **Architekten für befähigt genug**, nicht nur bau- sondern auch bildkünstlerisch tätig zu sein und empfinden die Mitarbeit von Künstlern als lästig und störend oder ganz und gar unnötig. Von den wenigen bedeutenden Architekten abgesehen, die tatsächlich mit ihrer Architektur eine baukünstlerische Qualität anstreben, wie Hans Hollein und Coop Himmelb(l)au,[58] werden oft genug aufdringliche, modische Dekorationen appliziert, die dann so aussehen wie die Eule von Justus Dahinden oder die Fassade des Bundesamtsgebäudes von Peter Czernin."[59]

54 S.a. Irene Niehaus in M. Wailand und V.H. Weh 1998, S. 32
55 H. Streck 2017, S. 6-7
56 T. Sieverts in KIT – Karlsruher Institut für Technologie 2015, S. 19
57 D. und G. Franck 2008, S. 125
58 Wenn umgekehrt sich Architekten künstlerisch betätigen, wie die Skulptur von Wolf. D. Prix am Karajan-Platz ist das Ergebnis auch nur modische Unverbindlichkeit.
59 Angelica Bäumer in M. Wailand und V.H. Weh 1998, S. 128

Eule TU-Bibliothek von Bruno Weber1980

Alban-Berg-Denkmal Karajan-Platz Wolf D. Prix 2016

Die rechtlich-finanzielle Situation – abgesehen von privaten oder institutionellen Investoren sieht so aus:[60]

Republik Österreich

Nach einem Ministerratsbeschluss vom 1985 ist für die künstlerische Ausgestaltung von staatlichen Hochbauten 1% der Bruttobausumme d.s. 0,67% des Nettobauaufwandes zu verwenden. Ein Beirat "Kunst und Bau" soll sich bereits im Vorentwurfsstadium damit befassen. Der Beirat entscheidet, ob ein begrenzter oder ein allgemeiner Wettbewerb ausgeschrieben wird - bzw. ein Künstler direkt beauftragt wird. Der Beirat bestimmt auch die allfälligen Mitglieder der Jury.

Land Wien

Es existieren keine gesetzlichen Regelungen und kein eigenes Budget für Kunst am Bau. Eine für den Wohnbau existierende Kannbestimmung wurde in den 80er Jahren aufgehoben. In Einzelfällen geht die Initiative vom planenden Architekten aus oder wesentlich häufiger im geförderten Wohnbau über Initiative der Bauträger.

Für den öffentlichen Raum wurde die ausgelagerte Institution "Kunst im öffentlichen Raum - KÖR" ins Leben gerufen, die seit den 90er Jahren diesen Bereich betreut und ein reiches Oeuvre geschaffen hat.

Zum Abschluss des Themas ‚Kunst am Bau' das Wort des ehemaligen Kulturstadtrates Peter Marboe, dem nichts hinzuzufügen ist:[61]

"Was Kunst am Bau nicht sein soll: **Behübschung mediokrer Architektur** nach gesetzlich festgelegten Promille-Sätzen der Bausumme; Beschäftigungstherapie für Künstler, Ruhekissen für Politiker. Kunst am Bau ist primär gute Architektur. Diese wirkt und steht für sich. Sie kann aber die Voraussetzung für eine weiterführende künstlerische Ausgestaltung, für einen Dialog für Architektur und Kunst bieten."

60 aaO. S. 204-206
61 P. Marboe in M. Wailand und V.H. Weh 1998, S. 16

9.4 Street Art

„Auf der Mauer, nicht von Dauer: Street Art ist schön, schiach, scharf, süß, allgegenwärtig und in Gefahr. die junge Kunstform wird immer mehr vom Markt und dessen finanziellen Interessen vereinnahmt."

Gini Brenner 2020

„Street Art, wie sie heute oft präsentiert wird, wird immer mehr zum Sell-out" - oft ginge es bei **Street Art-Festivals** nur vordergründig um die Kunst, dahinter winkt kräftiger Profit - für die Veranstalter, die Künstler selber sehen wenig bis keine Gage.[...]

Banksy: „Das hat mit der freien Idee von Street-Art ‚Ich gehe raus und setze mein Zeichen' - überhaupt nichts mehr zu tun." Der ursprüngliche Zugang von Street-Art ist ja großartig: Sie passiert im öffentlichen Raum, und jeder der sich draußen bewegt, kann sie jederzeit wahrnehmen und auch daran teilnehmen. Es geht darum, sich den öffentlichen Raum zurückzuholen - doch genau dadurch wird erst recht wieder Potential für dessen **Kommerzialisierung** geschaffen, Stichwort Gentrifizierung."[62]

„Street-Art ist nichts für die Ewigkeit, per definitionem."

„Die Street-Art-Bewegung ist längst im Mainstream angekommen, und das bestätigt sich im Fall Banskys auf mehreren Ebenen. Etwa auch auf dem Kunstmarkt, dem Vehikel der Kommerzialisierung schlechthin. Bansky, für den die Zerstörung seiner Kunst durch Übertünchen oder entfernen zum Alltag gehört, lieferte 2018 ein entsprechendes Statement: Keine Minute nachdem sein ‚Girl with Balloon' für rund 1,2 Millionen bei Sotheby's versteigert wurde, begann es sich selbst zu schreddern. [...] Bansky kritisierte [die Kommerzialisierung seiner Werke] indirekt über ein Zitat des bekannten Kunstkritikers Robert Hughes, wonach Kunst zum ‚speziellen Eigentum' jener geworden sei, die es sich leisten konnten."[63]

Murals

Wandmalerei oder ‚Murals' wurden erst in der ersten Hälfte der 70er Jahre von den USA nach Europa gebracht. In westeuropäischen Ländern fiel die Möglichkeit einer Wandmalerei dort auf besonders fruchtbaren Boden, wo sie als vermeintliches Gegengewicht zu einer gestaltlosen, unwirtlichen Umgebung gesehen wurde - was aber eher zu **dekorativen Ergebnissen** führte. Umgekehrt entstanden aber auch Wandbilder, die gerade die Ursachen dieser Gestaltlosigkeit - **fragwürdige Planungsvorhaben**, Häuserabriss, Grundstücksspekulation - kritisierten."[64]

„Wandmalerei bot sich dort an, wo durch neue kulturpolitische Überlegungen bei städtischen Kulturstellen und dem gleichzeitigen Wunsch eines Teil der Künstler nach mehr gesellschaftsbezogenem Wirken, auf eine Ausweitung des öffentlichen Kunstangebots hingezielt wurde, in das auch solche Stadtteile und Bevölkerungsgruppen miteinbezogen werden sollten, die bislang selten oder nie mit Kunst in Kontakt gekommen waren. Darüber hinaus wurden Murals unter aktiver Einbindung der Nachbarschaft – mit lokalem Bezug, Porträts bis zur Darstellung historischer Ereignisse auch zur Herstellung nachbarschaftlicher Beziehungen eingesetzt.[65]

62 G. Brenner, ‚Der öffentliche Traum' in Standard 6.8.2020, S. 14
63 Olga Kronsteiner in Standard 18./19.7.2020
64 V. Bartelmeh 1982, S. 5
65 V. Bartelmeh 1982, S. 4 und 6

Gestaltete Feuermauer Schulerstraße

Ghost Letters Nußdorfer Straße

Die Tatsache, dass die bisher entstandenen Wandmalereien **überwiegend gegenständlich** ausgeführt sind und inhaltlich den Erwartungen der Bevölkerung an die Kunst entgegenkommen bzw. entsprechen, lässt die positive Aufnahme der Wandmalereien bei den meisten Stadtbewohnern vermuten. Schwieriger wird jedoch die künstlerische Darstellung **sozialer bzw. politischer Themen**, insoweit sie sich mit einem Verständnis einer „Zweckfreiheit der Kunst" konfrontiert sieht. Gerade aber weil der Künstler mit Wandmalereien auf einen größeren Betrachterkreis trifft, sollte er auch zu Aussagen kommen, die der Erkenntnis, Kritik und Verbesserung der gesellschaftlichen und damit auch individuellen Lebenswirklichkeit dienen können.

Murals werden unterschiedlich gefördert: während in den USA private Initiative und Förderung durch Geschäftsleute, Unternehmungen und Stiftungen die ersten Murals ermöglichten, sicherten in Europa städtische Kulturbehörden die finanzielle und rechtliche Unterstützung.

Eine besondere Kategorie der Murals sind **Werbebotschaften**, die wohl keinen ‚künstlerischen' Anspruch haben, aber trotzdem ein Element komplexer Stadtgestaltung sind – das können Bemalungen, Bespannungen oder Projektionen sein, die vornehmlich auf ungedeckten Feuermauern platziert werden. Eine interessante, ephemere Art sind ‚ghostletters' – Bemalungen, die erst nach Abbruch an freigelegten Feuermauern auftauchen und nur kurz sichtbar – fotografisch festgehalten – sind.

Doch all das – im Gegensatz zu den Graffitis – muss genehmigt werden, wie Karin Kramer bedauert: „Wie alles in diesem Land und Staat lauern auch die Progressiven, die mit ihren Integrationsversuchen und ihrem wachen Gespür verstehen, Impulse ‚von unten' für das ‚Gemeinwohl' nutzbar zu machen. Da dürfen dann hin und wieder Schülerinnen und Schüler eine Schulwand bemalen (das Geld wird freudig aus der Elternspende genommen), da dürfen kleine Kinder eine Wand in ihren Kindergarten anpinseln (natürlich mit hübschen Schürzchen bekleidet), und auch Jugendheime haben manchmal die Chance ihren Wünschen und Kritiken Ausdruck zu verleihen. Wenn dann noch irgendein Stadtbaurat zufällig in eine Malorgie hineingerät und den Pinsel schwingt, dann hat man das Gefühl: Mensch, die Stadt könnte wirklich schöner aussehen, wenn da mal der Fantasie und der Spinnerei freierer Raum gelassen würde. aber das alles: NUR MIT GENEHMIGUNG! wer sich nun nicht daran hält, kann die offizielle Bereitschaft für mehr KUNST AM BAU gegebenenfalls mit der Erfahrung eintauschen: **KUNST IM BAU**!"[66]

Graffitis

„Die Bezeichnung Graffiti leitet sich vom italienischen ‚sgraffiare' ab, zu deutsch ‚kratzen', und bezeichnete ursprünglich eine besonders seit der Renaissance in Deutschland und der Toskana verbreitete Kratzputztechnik an Häuserfassaden (‚Sgraffito')".[67] Eine kostengünstige Technik, die auch in der **Wiederaufbauzeit für ‚Kunst am Bau'** eingesetzt wurde.

Mit der Zeit setzte sich Graffiti als ein Oberbegriff für diverse Mitteilungen durch, die ungefragt auf öffentlichen sichtbaren Flächen angebracht werden.

"Ein Zünglein an der diabolischen ästhetischen Waage des Stadtraums bilden Graffiti und andere Zeichen des **'Hier-sein-gewesen'-Seins**. Sie hängen zwar nicht direkt mit den Erscheinungsformen des Verfalls zusammen, finden sich aber häufig an solchen Orten, was damit zu tun haben wird, dass Graffiti - nachdem sie verboten sind - sich auf Orte und Gegenden konzentrieren, die von Zeichen des Verfalls, der Verschmutzung und von geringerer Fußgängerfrequenz und sozialer Kontrolle gekennzeichnet sind."[68]

66 K. Kramer – ‚Nehmt der Langeweile ihren Sinn, 1979, S. 3
67 Susanna Niedermayer – ‚Im Sprühnebel' in M. Wailand und V.H. Weh 1998, S. 16
68 R. Kohoutek 2016, S. 175

Graffiti: Mauerpark Berlin

Graffiti: Erdgeschoß Windmühlgasse Wien 6

Graffiti: PUBER Wien 7

"Demnach haben manche Menschen Angst vor den Graffitis, weil sie, eine schriftliche Äußerung der Unterklasse, offen deren Anwesenheit bezeugen: Wir sind da und wir sind überall. Mehr noch: Ihr anderen seid nichts - wir schreiben über euch hinweg. Doch die Graffitis selbst vermitteln nichts von dieser Botschaft [...] - sie vermitteln keinerlei Nachricht außer dieser einen: *feci*, **'Ich habe das gemacht'**, diese Spur ist meine."[69] Wenn man die Sprayer als lästiges Übel sieht, darf man den **ökonomischen Aspekt** nicht außer Acht lassen: "Die Sprayer und Skater von heute sind die FirmengründerInnen von morgen. Und heute Berlin. Die Stadt wird seit dem Fall der Berliner Mauer im Jahr 1989 jahrzehntelang geprägt durch Industriebrachen, insbesondere im Osten der Stadt, was für günstige Atelierflächen sorgte. Und sie war und ist geprägt durch wilde und zum Teil illegale Partys, was wiederum kreative Menschen aus ganz Europa anzog. 2015 flossen 2,1 Mrd. € Risikokapital in Berliner Startups (tagesspiegel.de v. 26.3.2018) - erstmals mehr als in London, Paris oder Stockholm.[70]

69 R. Senett 1991, S. 263
70 D. Wiegand et al. 2018, S. 21-22

Fazit – Conclusio

9.1 Kunst und Kultur

- *Die Funktion der Stadt und ihrer Stadtviertel als* ***‚Gedächtnisspeicher'*** *ist zu schützen und weiterzuentwickeln.*
- *Urbane Identität und lokale Mythologie – die* ***‚Literaturfähigkeit' von Stadtteilen*** *im Guten wie im Schlechten sind jedenfalls wirkmächtiger als ein monotoner Einheitsbrei ‚ohne Eigenschaften'.*
- *Die Stadt als Bühne – als Inszenierung – mit den Menschen als Darsteller ist Realität und verschleiert die dahinterliegenden Interessen. Anzustreben sind* ***autochthone Ausdrucksmittel*** *anstelle implantierter Kultur- und Einkaufstempeln, die vorhanden Strukturen zerstören oder nur mit* ***hohem Subventionsbedarf*** *überleben.*
- *In der Architektur ist anstelle einer* ***‚Spektakelarchitektur'*** *eine qualitätvolle, nutzbare Normalität, die nicht ‚durchschnittlich', sondern auch in kleinen Maßstäben ansehnlich ist.*
- *Architektur und Städtebau sind als* ***‚Dienst an der Gesellschaft'*** *zu begreifen – die zum Unterschied zu anderen Künsten nicht nur einzelnen Klassen vorbehalten sind.*
- *auch* ***Bausünden gehören zum Bild der Stadt*** *– nur daran sind auch ‚gute' Beispiel zu erkennen.*
- *Das Postulat, dass* ***‚gute Architektur' ‚anständig' mache****, ist zu hoch gegriffen – bereits das Unauffällige, Korrekte ist in Zeiten einer hemmungslosen Individualisierung ein hoher Anspruch.*

9.2 Kunst im öffentlichen Raum

- *Kunst am Bau und im öffentlichen Raum ist eine ‚ungeschützte' Kunst, die dem unfreiwilligen Publikum auf Gedeih und Verderb ausgesetzt ist und im* ***Regelfall durch künstlerische Laien ausgesucht*** *wurde und wird.*
- *Die unfreiwillige Perzeption des Publikums erfordert daher* ***zumindest zwei ambivalente Ebenen*** *mit allen ihren Zwischenformen: eine populär lesbare Ebene und eine Ebene die gegenüber dem qualifizierten Betrachter bestehen kann.*
- *Denkmäler im öffentlichen Raum werden meist als* ***nichtssagende Dekorationen*** *wahrgenommen – um überhaupt aufzufallen ist es daher erforderlich zu provozieren oder Ungewöhnliches zu platzieren.*
- *Problematisch ist das Auseinanderstrebens des Zielpublikums (Bobos und Kunstverständige) und des Aufstellungsortes (sozial schwache Gebiete) zu sehen. Notwendig wäre hier ein* ***kunstpädagogischer Diskurs*** *– der aber weder von den Verantwortlichen noch vom Künstler geführt wird.*

9.3 Kunst am Bau

- *‚Kunst am Bau' – ein ungeliebter* ***Zweig der angewandtem Kunst****, der seitens der etablierten Kunst mit Verachtung gestraft wird und von den Passanten kaum beachtet wird.*
- *Nach der seriellen skulpturalen* ***Überfülle des Historismus der Gründerzeit****, hat die* ***Moderne die Reduktion auf das Wesentliche*** *propagiert und damit die Gegenposition des Art Deco und des Faschismus herbeigeführt. Im Wiederaufbau sollte die ‚Kunst' über die Schmuck- und Trostlosigkeit der Architektur hinweghelfen und zur Versorgung bildender Künstler beitragen.*
- *Es werden jedenfalls* ***abseits der Applikationen von fragwürdigen ‚Kunstwerken'*** *nahe dem Kitsch, andere künstlerische Interventionen wie Farbgestaltungen, Gestaltung von Eingangs- und Gemeinschaftsbereichen und Freiplastiken zur Auseinandersetzung der BewohnerInnen mit der Kunst und zur kleinräumigen Identifikation anzustreben sein.*

9.4 Street Art

- *Die ‚Kunst am Bau' ist weitgehend durch die Street-art-Bewegung abgelöst worden und ist jedenfalls* ***‚nicht für die Ewigkeit' gedacht*** *– Träger sind meist Wandflächen und Feuermauern.*
- *Die ‚Murals', die aus den USA der 70er Jahre zu uns gekommen sind werden unterschiedlich gefördert und können von* ***politisch-gesellschaftlichen über künstlerisch-provokative bis rein dekorative Sujets*** *reichen.*
- *Die Bemalung von Wänden kann als* ***Merkzeichen dienen und ist ein Orientierungshinweis*** *und gestalterisches Highlight auf unterer Ebene.*
- *Eine besondere Spielart der Murals sind* ***Werbebotschaften****, wie sie bereits seit der Jahrhundertwende aufgetreten sind und wesentlich stärker das Stadtbild beherrscht haben, als das heute der Fall ist. Die wenigen Werbebotschaften, die heute vermittelt werden, können auch mit Bespannungen und Projektionen an den Rezipienten gebracht werden.*
- *Graffitis sind* ***überdimensionale Zeichen*** *–‚ich oder wir sind da und überall' – ohne bestimmte Botschaft und ohne künstlerischen oder dekorativen Ansatz.*
- *Nicht zu unterschätzen ist der emotionale Werbewert, die Provokation einer städtischen Gesellschaft, die weder ästhetische noch sinnhafte Botschaften vermittelt, aber eine* ***Atmosphäre der Freiheit, der Kreativität und unbändiger Wildheit*** *im Städtewettbewerb verbreitet.*

10. Populismus und Ästhetik

10.1 Populismus und Medien

‚Volkswille' und architektonische Leitbilder

> *„Das Haus hat allen zu gefallen, zum Unterschied vom Kunstwerk, das niemanden zu gefallen hat. Das Kunstwerk ist in die Welt gesetzt, ohne dass ein Bedürfnis dafür vorhanden wäre. Das Haus deckt ein Bedürfnis. Das Kunstwerk ist niemanden verantwortlich, das Haus einen Jeden."*
>
> Adolf Loos 1910[1]

„Die Misere des Städtebaus mit ihren rückwärtsgewandten Leitbildern der großen formenbestimmter Meister provozierte die Gegenbewegung, wo es pointiert hieß: **Spektakuläre architektonische Einzelleistungen dienen nur der historischen Leistung einzelner Architekten, stellen nicht aber unbedingt eine historische Leistung für die Gesellschaft dar.**

Infolgedessen wurden die bislang vorherrschenden **deduktiven Denkweisen** von der Stadt als **Gesamtkunstwerk** oder Stadtorganismus ersetzt durch gestaltpsychologische, soziologische und systemtheoretische Konzepte, die einen unmittelbaren Zusammenhang von Stadtgestaltung und den beobachteten städtischen Lebensvorzügen herstellen sollten. Später kamen noch **andere Disziplinen** hinzu wie Stadtgeographie, Umweltpsychologie etc.

Durch **interdisziplinäres Hintereinanderarbeiten** wurde versucht folgenden Forderungen gerecht zu werden:

- Ablösung aller deduktiven Denkweisen zugunsten einer vom konkreten Einzelfall her zu entwickelnden **induktiven Vorgangweise**
- Ablösung des intuitiven Erkennens des richtigen zugunsten rationaler Schlüssigkeit der Argumentation, ihrer Transparenz und **Nachvollziehbarkeit**
- Ablösung des individuellen Werturteils des professionellen Problemlösers zugunsten des gemeinsamen **Urteils vieler Bewohner**.

Alle diese Forderungen brachten im Laufe der Zeit eine **Reihe von Fehlgeburten** hervor, die zum Verständnis gegenwärtiger Stadtgestaltung und ihrer Standortbestimmung mitgedacht werden müssen."[2]

Als Folge wird das **Misstrauen gegenüber modernen Städten und Gebäude** immer größer und immer offener geben selbst Architekten zu, dass sie eigentlich lieber in alten statt in neuen Gebäuden wohnen. Und auch Städtebauer (Ch. Mäckler 2010) kommen zu dem Schluss: **‚Seit 60 Jahren sei Schönheit im Städtebau nicht vorgekommen'**[3]

„Es ist einfach zu bequem, zu sagen, diese Meinungen repräsentierten nur den **mangelnden Willen der Menschen**, die Vergangenheit und ihre eigene **Traditionsgebundenheit zu vergessen**. Ich selbst vertraue auf diesen Konservativismus. Gewöhnlich sind die Menschen willens mit der Zeit zu gehen. Ihr wachsender Widerstand, die moderne Stadt zu akzeptieren, drückt augenscheinlich die Sehnsucht nach etwas Bestimmten aus, etwas, das sich augenblicklich **unserem Zugriff entzieht.**"[4]

1 A. Loos zit. in F. Bollerey et al. 1975, S. 44
2 K.J. Krause in Institut für Landes- und Stadtentwicklungsforschung des Landes NRW (ILS) 1979, S. 88
3 zit. in C. Holl ‚Keine Antworten' in ‚Die schöne Stadt' S. 432
4 C. Alexander –Die Stadt ist kein Baum in Bauen + Wohnen 7/1967 S. 1

Colin Rowe sieht in seiner ‚Collage City' die populistische Strategien auch skeptisch:[5]

„Als Reaktion zum ‚totalen Management' werden Vorstellungen populistischer Strategien propagiert: **Ad-Hocismus, dezentraler Sozialismus** (nach dem Vorbild Schweizer Kantone), die Popvariante von **Townscape** und eher abgerückt von Architekten, Abarten des **Advocacy Planing**, mit einer ganzen Reihe dazugehöriger und angeblicher populistischer Strategien. Sie alle gehen (verglichen mit den Methodologien, die sie zu ersetzen versuchen) auf diese oder jene Art auf die schwer fassbaren Vorlieben der Leute ein. Und diese Haltungen möchten Handlungsmöglichkeiten anstelle von Raum ersetzen, Handeln anstelle von Geschaffenen, Beweglichkeit anstelle festgelegter Bedeutung und selbstbestimmte Wahl anstelle der Anordnung von außen.

Obwohl diese Haltungen viel dazu beigetragen haben einen **widerspenstigen Monolithen** zu zerlegen, haben sie zu einem Dilemma geführt, das ebenso unerträglich ist. Denn es bleibt sicher fraglich, ob ein **ausschließlich populärer Volkswille** letztlich lebensfähig ist. Gib ihnen, was sie wollen, ob soziologisch oder anders begründet, war als politisches Dogma nie uneingeschränkt zu vertreten. Diese oft bescheidenen und revisionistischen Vorschläge sind mit zwei unerfreulichen Doktrinen verbunden:

- **Was immer ist, ist schon recht** - eine Übelkeit erzeugende Vorstellung und
- **vox populi vox dei** - eine Annahme die im 20. Jahrhundert hinreichend falsifiziert wurde"

Stadtentwicklung zielt immer auf die **gegenwärtigen Probleme** ab und versucht diese möglichst nachhaltig mit Blick auf die Zukunft zu lösen. Das kann aber nur gelingen, wenn ein grundlegendes Verständnis für die gewachsenen baulichen Strukturen einerseits sowie die sozialen Zusammenhänge andererseits vorhanden ist. Das Problem dabei: lange Entwicklungslinien sind für die Bewohner der Gegenwart, selbst bei einer innigen Identifikation mit ihrer Heimatstadt oder ihres Viertels, nicht immer gänzlich nachvollziehbar.

Alfred Payrleitner ortet die ‚**Geschmacksbildung durch persönliche Beispielwirkung**' und postuliert, dass in „Fragen der Architektur das **kleinste gemeinsame Vielfache** als Gestaltungsprinzip zählt"[6]

In der gleichen Publikation berichtet Wolfgang Schulz, dass sich über **Geschmack nicht streiten ließe:**[7] „Das überraschende Ergebnis einer Bewertung von Stadtbildelementen anhand von Fotos war der **Konsens der Beurteilung.** Die von Architekten gerne verwendeten Argumente, dass sich über Geschmack streiten ließe, beziehungsweise ästhetische Qualitäten seien eine **subjektive Angelegenheit,** treffen ganz einfach auf den Großteil der zu bewertenden Stadtbildelemente nicht zu. **Die Bewohner wissen sehr genau was ihnen gefällt und was nicht**."

‚Begründungen der Schönheit waren für das reale Schönheitsempfinden – und gar das der Masse – ohnehin stets zweitrangig, wenn nicht gar bedeutungslos. Doch diese Unmöglichkeit kann nicht das **reale Vorhandensein konsensualer Schönheitsvorstellungen** negieren'[8]

Unterstrichen wird diese Haltung von einer Untersuchung Wolfgang Maderthaners[9] über die **Ästhetik von Brückenbauwerken**, die zusammengefasst eine eindeutige Ablehnung moderner Zweckbauten sieht:

5 C. Rowe et al. 1984, S. 140
6 A. Payrleitner – 'Für ein neues Oben und Unten' in H. Swoboda 1990, S. 151
7 W. Schulz - ‚Fragmente zur Ästhetik städtischer Wohnumwelt' in H. Swoboda 1990, S. 227
8 W. Sonne in ‚Vielfalt in der Einheit' in ‚Die schöne Stadt' 2017, S. 97
9 W. Maderthaner et al. 1989, S. 70-71

- **radikale Ablehnung moderner Zweckbrücken**, sowohl in ästhetischer als in ihrer Umweltwirkung
- in den Polaritätsprofilen sind es die **Einfügung in das Stadtbild**, aber auch Form. Ausdruck und Affekt die weit besser bei den historischen Brücken (wie der Zollamtssteg) abschneiden.
- in den historischen Beispielen wird ein **„Wahrzeichen" gesehen**, die modernen Brücken sind dagegen ein **‚Schandfleck'** mit den Eigenschaften eintönig, traurig, beunruhigend und beherrschend und keineswegs elegant und heiter.
- Die **Stilbrücken gewinnen mit der Zeit** und werden gleich wie die Modernen von Autofahrern und Unmotorisierten nahezu gleich wahrgenommen. Mit **steigendem Alter** wird die Ablehnung der modernen Brückenbauwerke im **Allgemeinen günstiger**.

Vor allem das große Gewicht, das der Integration dieser Bauwerke in das Stadtbild zugesprochen wird, sollte den Verkehrsplanern denken geben.

Es ist nicht allein die **‚Angst vor Veränderung'**, sondern auch die Ablehnung der ‚hohen Häuser' und der Hochhäuser – wie das Beispiel der Althan-Gründe zeigt, wo selbst der **‚Köder' von ‚leistbaren' Wohnungen** nicht ausreichte, dem Projekt seinen Segen zu geben. Die Folge war dann eine äußerst dichte Verbauung ohne ausreichenden Grün mit schlechter Belichtung und ohne Sozialwohnungen. Es ist fatal, aber der Regelfall ist, dass die **Ausnutzbarkeit vorgegeben** wird – und der Städtebau dann **jene Wunder vollbringen soll**, die er nicht leisten kann.

Als Instrument zur **Messung von qualitativen Eigenschaften** dient das ‚Semantische Differential', wo Gegensatzpaare jene Eindrücke abfragen, die meist vorhersehbar sind, aber von den ‚Experten' als ‚populistisch', ‚trivial' oder gar als ‚kitschig' angesehen werden:

modern	altmodisch	muffig	luftig
fremdartig	vertraut	aufgelockert	dicht
luxuriös	armselig	abwechslungsreich	langweilig
hässlich	schön	grau	farbig
praktisch	umständlich	nüchtern	überladen
übersichtlich	verwirrend	eindrucksvoll	nichtssagend
gepflegt	schäbig	öde	anziehend

Vom Populismus zum Kitsch

> *„Nachrichten zwischen menschlichen Operatoren haben ein gutes Gleichgewicht zwischen Originalität und Banalität. Ihre Originalität reicht aus, um den Empfänger Neues mitzuteilen und ihre Banalität ist genügend groß, um verständlich zu bleiben. Das ist die grundlegende Dialektik der Kommunikation."*
>
> Abraham A. Moles 1971[10]

Doch nun zu einem **Populismus der ‚höheren Art'** – der amerikanischen Architektur der ‚Postmoderne' eines Stern, Moore, Venturi, Eisenman, Jahn, Gehry. Kenneth Frampton:[11] „Van Jahr zu Jahr wurde der amerikanische Populismus zunehmend diffuser in seinen **eklektischen Parodien**, von Art Decó-Anspielugen bis zu Helmut Jahns typischem Wolkenkratzer, jenes Hochhaus mit Curtain Walls, das wie eine riesige **Wurlitzer-Orgel** aussieht. [...] Wie zynisch solche architektonischen Inszenierungen manchmal motiviert sind, hat Moore (Piazza d'Italia in New Orleans) offen zugegeben."

10 A.A. Moles 1971, S. 89
11 K. Frampton 1983, S. 247

Doch alle diese ‚-ismen' verschleißen, so auch die ‚Pop', „die ein Bekenntnis zum Verschleiß der Schönheit, ein Bekenntnis, dass Schönheit zeitgebunden ist und den Charakter eines **zeitlichen Ablaufs hat**," so Lucius Burckhardt.[12] „Die Pop-Welle hat in der Architektur unser Auge geschult für das Bauen des breiten Publikums: Schrebergärten sind also schön, Slums sind schön, in der **hohen Baukunst ist Komplexität schön**, Umbauten sind schön, und, ganz allgemein alles ist schön, wo Zeitabläufe zu erkennen sind und wo erkennbar ist, wie Zeit von Menschen bewältigt wird. Und auch dass es moderne Menschen in alte Bauten zieht, hat damit zu tun, Leute, die an der **Spitze ihrer Zeit standen**, hat es schon immer in **alte oder klassische Bauten** gezogen."

Abraham A. Moles definiert in der **‚Psychologie des Kitsches'** 1972, verschiedene idealtypische Beziehungen zur Umwelt, weist aber darauf hin, dass solche Unterschiede mit den gesellschaftlichen Verhältnissen korrespondieren. „Die Haltungen der Askese, des Genusses, der Zerstörung, des Erwerbs, der Entfremdung oder der **Kitschbeziehung zu ästhetischen Objekten** kommen je nach persönlicher Disposition und gesellschaftlichem Wertesystem mehr oder weniger zum Tragen. Die **Kitschhaltung korrespondiert mit der Entfremdung**." [13]

„Auf die **‚Verdrängung des Ornaments'** erfolgte, wie Alfred Lorenzer (1977) in ‚Architektur als Ideologie' bemerkte, doch nur eine Hinwendung zu **neuen Formen von ‚Kitsch'**. So wie die **Verdrängung von Gefühlen** die Sentimentalität fördert, sind durch die Verdrängung alles Ornamentalen an der Architektur Kitschformen entstanden wie die ‚haushohen, pseudofunktionalen Aluminiumblenden, die in der Fassade einen ‚Akzent' setzen sollen, gesprenkelte Mosaikwände, die an einen Blutwurstaufschnitt erinnern, aparten Farbtupfer...., die sich nur als Geschmacklosigkeit verhöhnen lassen."[14]

Konrad Paul Liessmann in ‚Schönheit' zum Begriff des Kitsches:[15] „Die leichte massenhafte Herstellung und der billige Vertrieb, definiert die eine die äußere Seite des Kitsches. Die andere, die innere Seite hat vielleicht am prägnantesten Theodor W. Adorno benannt: **‚Kitsch ist die Vortäuschung nicht vorhandener Gefühle'.** Alle Kritik am Kitsch entzündet sich dann auch am lügenhaften Charakter desselben, daran, dass der Konsument durch die Vorspiegelung von Kunst, wo nur das plakativ oder vermeintlich Schöne zu finden ist, durch die Vortäuschung von Erschütterung, wo nur ein falsches Sentiment erzeugt wird, betrogen wird."[...]

Kitsch wird zum **ästhetischen Wert** dann, wenn es gelingt, mit kindlicher Unschuld zu paaren. ‚Kitschkunst entführt die Betrachterinnen und Betrachter mit einem Augenzwinkern **wieder in die Welt der Kindheit'** (Gregory Fuller, 1992)

Dem Kitsch in der Architektur hat der Kunsthistoriker Heinrich Klotz mit seinen ‚Röhrenden Hirsche der Architektur' 1977 ein **Denkmal der ‚Alltagskultur'** und der ‚Erlebnisarchitektur' gesetzt.[16]

Und Hermann Czech hat das Hundertwasserhaus ‚vernichtet': „Hundertwasser erfüllt Wünsche auf sehr vordergründigem Niveau. Das hält genau acht Minuten: Man steigt aus dem Autobus aus, schaut sich um und steigt wieder ein. Seine Bauten sind ja nur die **Bühnenbilder einer Spontaneität.**"[17]

Damit sind wir in der Nostalgiewelle angekommen, in der das **„Metropolhafte durch das Provinzielle"** abgelöst wurde. „Man möchte die Stadt des alten Europa, aber man möchte sie ohne alles das, was die Stadt ausgemacht hat – das belebte Chaos,

12 L. Burckhardt 1985, S. 130
13 Zit. in F. Bollerey et al. 1975, S. 11
14 H. Berndt 1978, S. 195
15 K.P. Liessmann2009, S. 65-66
16 s.a. d. Steiner 2016, S. 185
17 H. Czech in V.H. Wailand 1998, S. 82

das unreglementierte Leben, die schmutzige Unordnung, das unansehnliche Grau."[18] Von herausgeputzten Altbaufassaden bis zum Scheinantiquariat eleganter Cafés und Boutiquen **wird „die gute, alte Zeit beschworen – ‚Denkmalschutz als Volksbewegung'** wird zu einer modischen ‚Vergangenheitswelle', die in einer breiten konservativen Strömung zur Rettung kulturellen Erbes ansetzt und im Treibgut der Flohmärkte zur Trödel-Bewegung verebbt."[19]

„Man muss auch in Kauf nehmen, dass auch sogenannte ‚schlechte Architektur' gebaut wird", resümiert Jens Dangschatt,[20] „und ein Plan auch seine Macken hat. Das ist eine wohltuende Gegenposition zu dem von vielen Städten (als Marketing) und berufsständischen Vertretern immer wieder geforderten ‚Nur an guter Architektur kann die Stadt genesen' - [...] zumal vor dem Hintergrund, dass über die **Klassengebundenheit von Geschmack**, wie sie in der ‚guten modernen Architektur' zum Ausdruck kommt, unter Architekten **selten reflektiert wird**."

Im Höhepunkt des Kitsches treffen sich die beiden großen Nationen, die USA und Russland.

Hovard Palace Hotel St. Petersburg

Lincoln Memorial 1922

18 G. Angress und E. Niggemeyer 19855, S. 217
19 s.a. W. Durth 1988, S. 11
20 J. Dangschatt im Nachwort zu W. Feldtkeller et al. 2001, S. 219

Cannon Renewal Project

Niklas Maak thematisiert in der FAZ 2020, den Wunsch Trumps, den klassischen Stil für Verwaltungsgebäude zu verwenden, um den **‚Respekt vor der Verwaltung zu fördern‘**[21]

Während sich die Prestigebauten der Olympiade in Sotschi 2014 oder die Wolkenkratzer in Moskau sich in zeitgenössischer Architektursprache an das Ausland richteten, sehen die **Vorlieben der Oligarchen** anders aus: Für ih re Privatpaläste setzen die Reichen und Mächtigen der Putin-Ära auf einen **nationalen Neoklassizismus** – wenn auch der Architekturhistoriker Maxim Atajanz beklagt, dass seit der Entstalinisierung niemand mehr weiß, wie man Häuser mit Säulen baut.[22]

Diese mehrheitliche Einstellung als Gegenreaktion zum Funktionalismus und der modernen Sachlichkeit hat Ferdinand Léger bereits 1933 konstatiert:[23]

"Vom künstlerischen Standpunkt aus ist die nackte Mauer vollwertig, aber vom **sozialen aus versagt sie**. Und wir hätten uns doch, meine Herren Architekten, über diese Mauer verständigen können. Sie wollen es nicht wahrhaben, dass die Farben dazu da sind, die toten Flächen zu zerstören, sie bewohnbar zu machen um ihnen ihre absolut architektonische Stellung zu nehmen.... In ihrem Lauf nach dem Absoluten hätten sie einmal zurückschauen sollen. **Sie sind allein. Sie haben keine Gefolgschaft."**

Dass sich an dieser Einstellung nichts geändert hat, sieht auch Wolfgang Schulz 1990:[24] „Nach dem Verlust individueller Selbstdarstellung sind funktionelle Aspekte in den Vordergrund getreten und die Zerstörung von Ornament und schmückenden Beiwerk gefordert. Als sicher kann jedenfalls gelten, dass die **Mehrheit der Bevölkerung ein anderes ästhetisches Empfinden besitzt**. Immerhin wurde das Konzept vom Primat der Funktion, von der 'Schönheit der glatten, ungegliederten, von allem Beiwerk entblößten Fassade' sogar in österreichischen Pflichtschullehrbüchern (samt Abbildungen!) verbreitet."

21 N. Maak in FAZ 7.2.2020: Gelten soll die Bestimmung für alle Gebäude der Bundesregierung, die über die General Services Administration (GSA) in Auftrag gegeben werden und mehr als 50 Millionen Dollar kosten. Wenn für ein Projekt ein anderer als der klassische Stil vorgeschlagen wird, liegt die Messlatte für die Genehmigung deutlich höher - das letzte Wort hat dann ein direkt dem Präsidenten unterstellter „Verschönerungsausschuss".

22 H.G. Höller in Standard 21.4.2020, S. 20

23 Fernand Léger, Vortrag vom 3. Mai 1933 in der ‚schweizerischen Bauzeitung' 24.6.1933 zit. Düttmann et al. 1980, S. 25

24 W. Schulz in H. Swoboda 1990, S. 223

Selbst in der **Landschaftsgestaltung** zeichnet sich die **Auseinandersetzung der Experten mit den Nutzern**, der ‚breiten' Bevölkerungsmehrheit, ab:

Bis vor wenigen Jahren wurde das Gestaltungsprinzip des gepflegten Romantik - der 'englische' Landschaftspark häufig angewandt. Der Wildnis wurde der 'Stachel' genommen. Weich geschwungene Wegeführungen, weite Rasenflächen, naturnahe Modellierung und lockere Baum- und Buschgruppen verbreiten den Hauch von Naturnähe und malerischer Romantik. Der ökologische Wert kann recht hoch sein - mit mittlerem bis hohem Pflegeaufwand. Im Lauf der Zeit verändert sich ein nach diesem Prinzip erstellter Freiraum und setzt 'Patina' an. Das Gestaltungsprinzip der 'gepflegten Romantik' erfreut sich breiter Akzeptanz, während es **kritischen Zeitgenossen zu 'lau' ist**. Daher gilt es gegenwärtig als nicht sehr aktuell und wird durch formal-geometrische, dekonstruktivistische und naturnahe Freiraumgestaltungen konkurrenziert.

Diese, nicht den **Bedürfnissen der Freiraumbenutzer** entsprechenden **rein formalen Konzepte** werden durch die Benützung überformt oder umgestaltet. Die Führung einer der größten Wohnbaugenossenschaften hat ‚gestanden', nach zwei Jahren die vom Grundstücksbeirat gefeierte Freiraumplanung grundlegend umgestaltet zu haben.

Gibt es einen guten Durchschnitt?

> *"Wenn eine 'geförderte' oder eine 'geduldete' Bürgerbeteiligung aber dazu führt, dass entscheidungsschwache Politiker keine autonomen, an Grundsätzen orientierten Entscheidungen mehr treffen, weil sie nur den Einzelinteressen folgen, die sich jeweils am besten artikulieren, wäre es besser, von Bürgerbeteiligung abzusehen."*
>
> Rudolf Edlinger und Hugo Potyka 1989, S. 25

Diese Auseinandersetzung lässt sich nicht leicht beantworten, **weil kein Planer ‚guten Durchschnitt', ‚Normales'** schaffen möchte und sei es eine noch so banale Aufgabe, sondern seine Berufung darin sieht, etwas außer-gewöhnliches der Nachwelt zu hinterlassen. Selbst wenn politisch Verantwortliche darauf drängen, nicht nur aus wirtschaftlichen Kalkül, sondern auch nutzerbedingt, die **gestellte Aufgabe zu erfüllen**, wird der Planer von den Bau-Ämtern ‚bestraft'. Das nächste Mal wird ein „Wettbewerb" der außergewöhnlichen Ideen ausgeschrieben und der verantwortungsvolle Planer kommt nicht mehr zu Zug.

Dorothea und Georg Frank verteidigen den **‚guten Durchschnitt'** und **nicht die ‚Mittelmäßigkeit':**[25] „Die Aggressionen, die einst die Abweichung von der Norm geerntet hatte, erntet heute die Verteidigung der Normalität. Natürlich hat Normalität mit dem sozialen Durchschnitt zu tun. Den Durchschnitt ernst zu nehmen, heißt nun aber nicht, die Mittelmäßigkeit zu preisen. Es heißt vielmehr, daran zu erinnern, dass das Niveau der Baukultur weniger eine Frage der Spitzen als des **guten Durchschnitts** ist."

Anderer Ansicht sind Hermann Hipp und Mirjana Markovic, die gerade den ‚Guten Durchschnitt' ablehnen:[26] „Von den wirklichen Defiziten der Baukultur [...] wird deutlich, dass es nicht um eine **g**estalterische ‚Einfügung, Unterordnung, Gliederung, Hierarchie - guten Durchschnitt' geht, als Gewähr für das **Normale in der Stadt**, sondern **ganz im Gegenteil:** Scharfe Positionen für lebendige Bedürfnisse der Menschen, Auseinandersetzung der konkurrierenden Interessen, Brüche und allenfalls **knirschende Kompromisse** sind angesagt."

25 G. und D. Franck 2008, S. 267
26 -H. Hipp und M. Markovic 1992, S. 33-34

Die treffendste und wohl pointierteste Darstellung hat der Schweizer Kulturkritiker Stanislaus von Moos 2011 dargestellt:[27]

„Anstand, Diskretion und dezente Zurückhaltung stehen im bürgerlichen Zusammenleben jedermann gut an. Eitelkeit, Gebrüll, **übertriebene Gestik sind Unarten der Parvenus**, Schmarotzertum ist ein gerichtlicher Tatbestand oder sollte es sein, **Exhibitionismus ein klinischer Befund**. Damit ist aber noch nicht gesagt, dass es im Städtebau immer und überall um Anstand, Diskretion, ‚wohltätige Ruhe' und gute Manieren gehen kann oder auch nur gehen soll. Oder dass die Herstellung von Ruhe und Ordnung im Visuellen das oberste Gebot der Stunde zu sein hat! Dafür haben wir - abgesehen davon, dass die Überlebensfragen anderswo liegen - nicht die richtige Gesellschaft und übrigens auch nicht die richtige Architektur. Von der Kunst ganz zu schweigen: Dort ist der Traum vom Edlen und Schönen ohnehin nur um den Preis der Verlogenheit und des Kitsches zu haben. Obgleich beides, **Verlogenheit und Kitsch**, ihrerseits **Gegenstände sind, von denen Kunst handelt und handeln muss**.

Der Schrebergarten als Symbol der Gestaltungsfreiheit

> *„Schrebergärten, so abseitig und skurril diese Thema sich auch im Rahmen der Städtebauproblematik ausnehmen mag, scheinen in der Tat das einzige breitere Aktionsfeld zu sein, an dem man das Verhältnis jener breiten Schichten von Betroffenen zur Umweltgestaltung ablesen kann, die ihre Gestaltungswünsche nicht in die öffentliche Diskussion einbringen."*
>
> Franziska Bollerey 1975, S. 32

„Die Schrebergartengestaltungen verraten in ihrer Gesamtheit einen hohen Grad an **Aufgeschlossenheit für ‚Schönheit'**. Auch wenn sich die Wahrnehmungsrepertoires weniger am bildungsbürgerlichen Kanon orientieren, so sind doch ausgeprägte ästhetische Bedürfnisse vorhanden. Das zeigt sich an dem **Hang zur Skurrilität** und zum Bizarren oder auch an der ausgeprägten **Farbigkeit** der Schrebergärten. In die gleiche Richtung deutet die intensive Sammlertätigkeit, die sich nicht nur auf klassische Antiquitäten beschränkt, sondern bei der aus der gesamten Umwelt vom Abfallprodukt der Arbeitswelt bis zum phantasieanregenden Naturfindling Verwertbares zusammengetragen wird."[28]

Die **unterschichtlichen Geschmacks- und Gestaltungsvorlieben**, die sich beispielsweise im Schrebergarten offenbaren werden immer wieder mit den Etiketten des **‚Kitsches' oder der ‚Trivialität'** behaftet. Auch wo keine so direkten Disqualifikationen ausgesprochen werden, ergibt sich doch eine Übereinstimmung zwischen den Erscheinungsformen unterschichtlicher Gestaltungen und den Definitionsversuchen einer Typologie von Kitsch-Prinzipien.

Abraham Moles (Psychologie des Kitsches, 1972) „zählt dazu zum Beispiel Materialimitation, Verzerrung von Dimensionen, Anhäufungen heterogener Elemente und Anti-Funktionalität - eine Kette von Merkmalen, die exakt die Prinzipien der Gartengestaltungen wie Verwertungskunst (Garbage-Kunst), Collagen-Ensemble und Spielzeugcharakter abdeckt, wenn man diese an herrschende Normen wie Echtheit, Originalität, Materialgerechtigkeit, Einheit und Harmonie von Proportionen, Stilen und Materialien und so fort misst."

27 St. V. Moos in der NZZ 3.12.2011, S. 6
28 F. Bollerey et al. 1975, S. 37

„Die Schrebergartengestaltungen zitieren zum Teil sehr eindeutig eine **heile Welt** oder eine **überhöhte, idealisierte Realität** - dies kommt besonders in der Vorliebe für Burgen und Schlösser, für romantische Landschaften oder im Bezug zur Märchenwelt zum Ausdruck."[29]

Das Bild der heutigen Kleingärten hat mit dem Gedanken des Moritz Schreber und hier gezeichneten Bild der **‚Schrebengartenidylle' als Hort der Gestaltungsfreiheit** wenig gemeinsam. Die damaligen Gartenlauben mit Gemüsebeeten und Obstbäumen und ein paar Blumenstauden wurden abgelöst durch bis zu 50 m² großen Häusern auf drei Ebenen – auf einer etwa 230 m² großen Parzelle mit einer 15 m² großen Terrasse bzw. ‚Wintergarten'. Die Fertighäuser haben die gleichen Gestaltungsmerkmale wie der funktionalistische Wohnbau – für Individualität ist kein Platz.

Die Obstbäume haben dem ‚Swimming-pool' Platz machen müssen, statt Gemüse und Blumen gibt es Rollrasen und einige wuchsträge Koniferen. Für Hecken ist kaum Platz – dafür gibt es Sichtschutzmatten bis 2 m Höhe.

Sepp Kratochwill fasst resignierend zusammen:[30] „Angesichts der daraus entstehenden Baulandverdichtung kann nicht mehr von Kleingartenanlagen im ursprünglichen Sinn gesprochen werden. Als **Teile von Grünsystemen** können sie aufgrund der kleinteiligen Parzellenstruktur in den meisten Fällen auch **nicht mehr bezeichnet** werden.

Kleingärten werden so zu unansehnlichen ‚Gartensiedlungen', die mit ihrer ursprünglichen Bedeutung und ihrer sinnhaften Beteiligung an **städtischen Grünstrukturen** nichts mehr gemein haben."

Mediales

> *„Zum Zwecke der Verhaltenssteuerung, der Meinungsbeeinflussung und nicht selten handfester Manipulation wird durch die neue Form medialer Ästhetisierung nicht mehr der Verstand in erster Linie hinters Licht geführt. Vielmehr zielt Ästhetisierung auf eine kalkulierte Blendung der Sinne.*
>
> Berthold Bodo Flaig 1997[31]

Die Oberflächlichkeit der Architekturkritik wurde von Vittorio Lampugnani angesprochen:[32]

„Jeder wohnt (in einer Wohnung) - jeder arbeitet (an einen Arbeitsplatz), kurz: jeder ist **ein potentieller Architekturexperte**.

Vertreten wird er in Entscheidungsgremien von **Politikern**, die meist ebensolche **„Fachleute"** sind wie jene deren Meinung sie repräsentieren, und in den Medien allzuoft von **Journalisten**, die das was sie äußern, bestenfalls sich **hastig angelesen haben**. Hier wie dort wird zwar bar jeglicher ernsthafte Kenntnis, dafür aber mit wichtiger Miene gefachsimpelt. Ergebnis ist eine Diskussion, die sich von einnehmenden Bildern und oberflächlichen Sensationen leiten lässt.

Dem fügt sich die architektonische Kultur: [...] So gebärdet sie sich entweder **schamlos gefällig oder scheinbar subversiv.**"

29 aaO. S. 39
30 S. Kratochwill 1999, S. 118
31 B.B. Flaig et al. 1997, S. 211
32 V. Lampugnani 1993, S. 142

Gefälligkeit: Postmodernismus, Fassade der Vielfältigkeit - dahinter Vereinheitlichung: malerisch, unterhaltsam und gemütlich.

Subversiv ist das andere Extrem: Selbstzerstörung der Welt eines Derrida oder Baudrillard ausgedrückt durch Zaha Hadid, Coop Himmelb(l)au, Bolles & Wilson - die Dekonstruktivisten."

Am Ergebnis der realen Ausprägungen des Städtebaus gemessen, ist das **Ergebnis der Fachbeiräte**, besetzt mit den bestausgebildeten, mit **fachlichem ‚Tiefgang'** ausgestatteten Experten nicht einmal den einnehmenden Bildern entsprechend, sondern in vielen Fällen schlicht unbrauchbar.

„Die öffentliche Meinung ist in Gestaltungsfragen wie in anderen Fällen fast ausnahmslos **ver-öffentlichte Meinung**. Der öffentliche Raum hat im Verlauf des ‚Prozesses der Zivilisation' auch seine politische Funktion weitgehend verloren, sodass die Artikulation von Interessen so gut wie ausschließlich über das Transportmittel ‚Massenmedien' erfolgt. Beinahe unnötig festzustellen, dass die **sozial Schwachen** sich auch in diesem Zusammenhang **kaum bemerkbar** machen können."[33]

Wer sind diese allseits **angesprochenen Medien?**

Nur wenige Printmedien weisen eine qualitätsvolle und regelmäßige Kommunal- oder Architekturberichterstattung auf - etwa wie die Neue Zürcher Zeitung, die Frankfurter Allgemeine Zeitung oder der Wiener ‚Standard'.

Die **Boulevardmedien** sind nur an **Konfliktaufmachern** interessiert - die TV-Medien verkürzen **ohne Tiefgang** oder Hintergrundberichterstattung.

Bürgerinitiativen sind oft vom Zugang zu den Medien abhängig, finden aber oft am Boulevard Gehör - am Schwierigsten wird es für die Entscheidungsträger, wenn sich Journalisten als Betroffene engagieren.

Welche **Strategien** werden angewandt: Einbeziehen (umarmen) oder engagieren! **Schwieriger ist oft das Aussitzen**.

Dass die direkte Demokratie medial abhängig ist, hat Rudolf Aeschbacher am Beispiel Zürichs erläutert: „Die Bedeutung und politische Einwirkungsmöglichkeiten der Medien sind in der direkten Demokratie bedeutend höher, wo mit viel Geld (Plakate, Inserate, ‚gekaufte' Leserbriefe, ‚beeinflusste' Journalisten) der Ausgang von **Volksabstimmungen beeinflusst wird**. Damit kann gelegentlich eine Entscheidung der direkten Demokratie auch zur Geldfrage werden."[34]

Bloß darf die Macht der Medien nicht überschätzt werden. Selbst der Boulevard weiß, dass **vorhanden Einstellungen verstärkt** werden, aber kaum von Grund auf geändert werden können: die **Leute lassen sich nichts einreden**. So wie der langjährige Kulturjournalist Harald Sterk meint, dass die Ablehnung moderner Architektur und Städtebau, die Städte zerstöre, sei ein subversives Werk der ‚Holzhammerformulierungen' der Medien.[35] Nein, da haben die ‚Verdächtigen' schon selbst aktiv mitgewirkt!

Auch Lucius Burckhardt zeiht dem Zeitgeist – was immer auch das ist – transportiert und manifestiert durch die Medien, **die Kraft Prägungen ‚umzudrehen':** [36]

„Es darf nicht geleugnet werden, dass ein Bedürfnis nach ‚expressiver Stadtgestaltung' besteht. Vielmehr sollte gezeigt werden, dass die Erscheinungsformen und die gelernten Vorprägungen einander ‚flexibel' zugeordnet sind. Dass Gotik schön, Unregelmäßigkeit im Städtebau künstlerisch sein kann, war jahrhundertelang unbekannt: das erste haben die **englischen Romantiker**, das zweite **Camillo Sitte** entdeckt. [...] Nur

33 H. Swoboda und L. Fischmann in B. Perchinig und W. Steiner 1991, S. 237
34 R. Aeschbacher in e. Antalovsky 1991, S. 41
35 H. Sterk in J. Maurer 1988, S. 170-177
36 L. Burckhardt 1972, S. 190

ein Teil der erhaltenen mittelalterlichen Bebauung gilt beim Publikum als schön oder als malerisch, andere Teile als unwürdig, nicht mehr in unsere Zeit passend, abbruchreif. Wenige oberflächliche Änderungen oder **ein Zeitungsartikel** genügen, um ein Gebäude oder eine Straße von der einen in die andere Kategorie zu befördern."

Den Gegensatz zwischen penibler Ordnung und pittoresker Unordnung und die daraus resultierende ‚Flexibilität' der öffentlichen Meinung thematisieren bereits W.J. Siedler und E. Niggemeyer in der ‚Gemordeten Stadt': [37]

Das Arsenal zukunftsfreudiger Rhetorik lässt kaum ein Vokabel vermissen, das in den **Umkreis der Reinlichkeit** gehört. Ordnung, Sauberkeit und Helligkeit - ein dem Kommunisten und Faschisten ähnliches Vokabular. [...] Es wäre jedoch ein Fehler, solche Einheits-Einengung nur auf Diktaturen zu beziehen, auch unsere politischen Systeme drängen auf die Planungsgewalt. Nur verelendete Regionen geben noch Raum für Unordnung und Pittoreskes; Besitzern von Eigentumswohnungen werden Markisenfarben vorgeschrieben etc. Hierher gehört der **Kampf der Planbeamten gegen das Malerische** im Stadtgebiet, das in seiner pariserischen Bouquinisten-Erscheinung noch gestern Maler und Musiker inspirierte, Kioske werden vereinheitlicht um die öffentlichen Räume ‚ansehnlicher' zu machen."

Bereits zur Zeit Marie Antoinettes wurden im Schloss Versailles Fensterläden wegen der Störung der **‚Einheitlichkeit' der Architektur** abgelehnt. Auch wenn Vittorio Lampugnani der Meinung ist, so etwas muss gute Architektur aushalten...

Thomas Sieverts stellt die berechtigte Frage, ob wir Experten nicht dort Probleme verorten, wo für die Betroffenen gar keine sind: [38] „Fast alle empirischen sozialwissenschaftlichen Untersuchungen neuerer und älterer Wohngebiete weisen ein außerordentliche hohe Wohnzufriedenheit auf. Bei diesen Befunden drängt sich die Frage auf, ob denn die postulierten Mängel und Bedürfnisse wirklich vorhanden sind, oder ob sie nur von einer Subkultur von Planern und einer bestimmten Schicht von Intellektuellen empfunden und über die ‚veröffentlichte Meinung' verbreitet werden.

Wenn auch die **Gewöhnung an die Verhältnisse** und die Reduktion der kognitiven Dissonanz dabei mitspielen mögen, sollten städtebauliche Maßnahmen nur in enger **Abstimmung mit den Betroffenen** verfolgt werden.

37 W.J. Siedler und E. Niggemeyer 1964/1993, S. 190
38 T. Sieverts in H. Glaser ‚Urbanistik' 1974, S. 76-77

10.2 Ästhetik und Schönheit

„Wenn wir nach dem Geist der Stadt fragen, gilt es nicht ‚verbalem' Städtebau - nämlich den Interpretationen der Gescheiten, der Intellektuellen - nachzugehen. Es gilt viel eher den Wegen der Kinder nachzugehen und ihren Erinnerungen. Und da findet sich plötzlich ein neuer Maßstab - und wir bestehen dieses Maß nicht - die Gleichgültigkeit bestätigt sich in Absurdität und abschreckend Hässlichen."

Christian Farenholtz 1972, S. 200

Ästhetische Kompetenz

In *Die Vertreibung des Menschen aus der Kunst* [39] geht Ortega y Gasset nicht von einem ästhetischen sondern von einem **soziologischen Befund** aus - der **Unpopularität der modernen Kunst:** „Die neue Kunst.....hat die Masse gegen sich und wird sie immer gegen sich haben. Sie ist wesentlich volksfremd, mehr als das, sie ist volksfeindlich. Jedes beliebige Erzeugnis der neuen Kunst ruft bei der Masse ganz automatisch einen merkwürdigen Effekt hervor. Er spaltet sie in zwei Parteien, eine kleine von wenigen Geneigten und eine große, zahllose von Feinden. [...]

Durch ihr bloßes Auftreten zwingt die neue Kunst den braven Bürger, sich als das zu fühlen , was er ist, braver Bürger, ein Geschöpf, das nicht fähig ist, **das Sakrament der Kunst** zu empfangen, blind und taub für die formale Schönheit... Die Masse, die daran gewöhnt ist, überall das große Wort zu führen, fühlt sich durch die neue Kunst in ihren Menschenrechten verletzt, denn die neue Kunst ist eine Kunst der Bevorrechtigten, des Nervenadels, der Instinktaristokratie."

Aus diesem Ausschluss aus der Kunstrezeption der Moderne resultieren Widerstandshandlungen:

„Wenn in **Widerstandshandlungen** gegenüber dem Geschmack des großen Architekten die **Geschmacklosigkeit ‚kleiner Leute'** triumphiert, so liegt darin kein Grund zur Rechtfertigung ästhetischer Bevormundung. Die mangelnde ‚ästhetische Kompetenz' des durchschnittlichen Zeitgenossen zeigt nur, dass durch die Herrschaft aufgezwungenen Formen, mochten sie auch noch so vollkommen sein, den Beherrschten immer äußerlich geblieben sind. Es ist darum nicht verwunderlich, dass Geschmacklosigkeit sich ausbreitet, wenn an **Geschmack nicht gewöhnte Menschen** ihre Umgebung zu gestalten beginnen. Der Änderungswille zeigt noch in entstellter Form den Wunsch nach individualisierter Umwelt."[40]

„Umberto Eco hat bezüglich ihrer Haltung zur Populärkultur die beiden Lager der **‚Apokalyptiker'** und der **‚Integrierten'** unterschieden. Während die ‚Apokalyptiker' die Gegenwart im kulturellen Zerfall sehen, begegnen die Integrierten, den massenkulturellen Phänomenen mit dem interessierten, teilnahmslos distanzierten Blick des Soziologen. Diese beiden Haltungen prägten die Städtebaudebatten der Zeit." [41]

Den Unterschied zwischen der Kunst im Allgemeinen und der Architektur als öffentliche Aufgabe spricht Vittorio Lampugnani an:[42] „Wir müssen den **Mythos der Innovation**, eine der verhängnisvollsten Erbschaften aus der Epoche der Avantgarden aufgeben. Wo Innovation bloße Attitüde ist, hat die Konvention das bessere Argument. [...] Die Konvention hat einen weiteren Vorteil: Sie macht Architektur verständlich. Was sich bruchlos aus der Tradition entwickelt, lässt sich auch durch sie erklären. **Ein altes Haus ‚liest' jeder**, wie auch jeder ein altes Gemälde versteht. Dort wie hier gibt es ein

39 Ortega y Gasset., Stuttgart 1978, S. 230 ff
40 H. Berndt 1978, S. 204
41 M. Stierli NZZ 1.11. 2008, S.3
42 V. Lampugnani 1993, S. 146

eingebürgertes Motiv, das der Autor individuell variiert. Ein modernes (besser modernistisches) Haus wie auch ein modernistisches Gemälde versteht nur der Eingeweihte. Das ist in der Kunst, die am liebsten irritiert, richtig. In der Architektur, die eine öffentliche Aufgabe wahrnimmt, geht es nicht an."

An dieser Frage scheiden sich die Geister: Soll die Kunstrezeption der Architektur und des Städtebaus ‚erlernt' werden – oder muss die öffentliche Umwelt für alle verständlich sein? Die Antwort gibt Amos Rapoport mit seiner ‚Komplexität und Ambivalenz': **Architektur und Städtebau muss beide Sprachen sprechen!**

Mit diesem Postulat können wir das U- und E-Problem der Kunstrezeption betrachten:

Ausgehend von den klassischen Kunstrezeption, die ein Vorrecht des Adels war und dem aufkommenden Bürgertum bildete sich mit der nachrückenden Arbeiterklasse ein neuer Pluralismus im Verständnis von Kunst und Kultur.

„Die neue Avantgarde brach zwar mit den Sehgewohnheiten und den konventionellen Schönheitsbegriffen, war jedoch gerade deswegen darauf angewiesen, dass sie von ‚wissenden' und ‚Unterrichteten' angemessen rezipierte wurde. Die Kunst wurde abstrakter, konzeptioneller, während im gleichen Maß die ‚Zugangscodes' derart verschlüsselt wurden, dass nur noch Experten darauf Zugriff hatten. In seinem brillanten Essay Avant-Garde und Kitsch bekräftigt 1939 der amerikanische Kunstkritiker Clement Greenberg die klare Unterscheidung. Er weist nach, dass Avantgarde-Kunst nicht einfach so betrachtet werden könne, sondern der Interpretation bedarf, also letztlich nur von einem geschulten Auge verstanden wird. Zeit und Muße für die ‚Ausbildung' des Auges hat jedoch nur die Bourgeoisie. Kitsch hingegen ist das Produkt einer sich zusehends kommerzialisierten Unterhaltungsindustrie, die auf den Massenmarkt ausgerichtet ist: **Gut ist, was möglichst viele Leute gut finden**."[43]

Warum das so ist versucht Heide Berndt mit Bordieu zu klären – die unteren sozialen Schichten haben den ‚falschen Schlüssel' in der Wahrnehmung ästhetischer Gebilde. Sie ordnen die Sprache des ‚überlieferten Bildungsgutes' unter die **K**ategorien des Alltagslebens ein. „Er liefert damit auch die Erklärung, warum diese Massen der ästhetischen Verschandelung ihrer Umwelt so teilnahmslos gegenüberstehen."[44]

Sigfried Giedion geht 1929 davon aus, dass **Abstraktion in der Architektur gelernt werden muss:**[45]

„Nachdem unsere Augen durch die abstrakten Maler aller Richtungen geschult wurden, erkennen wir ganz den Reiz, der etwa des abstrakten Gebilden der Eisenbrücken, des Eiffelturms, der Hochspannungsmasten ungesehen lag. Auch das sogenannte neue Bauen verlangt eine Augenschulung. Nicht naturalistische Reize (Fassaden) liegen ihm zugrunde. Ästhetisch nimmt es seine Wirkung aus dem Zusammenklang oder der Durchdringung abstrakter Flächen, die sich organisch aus der Erfüllung der verschiedenen Funktionen ergeben. Aber gefühlsmäßig kann man es erst erfassen, wenn die Augen fähig sind, den abstrakten Reiz der Konstruktionen zu genießen, die in der Technik und der Malerei unserer Zeit liegen."

43 R. Abel 2019, S. 339
44 H. Berndt 1978, S. 207
45 S. Giedion ‚Befreites Wohnen', Zürich 1929 zit. in A. Brandl 2013, S. 50-51

Auch 90 Jahre später ist es noch immer so, dass zur **vollständigen Rezeption moderner Kunst und Architektur einer Anleitung bedarf,** dass sie ein geschultes Auge erfordert, dass sie im Archiv des Gehirns ein ausreichendes Repertoire an konstruktiven und gestalterischen Möglichkeiten verlangt, diese Erkenntnis wächst nach und nach während des Lernprozesses. Das geschulte Auge allerdings mag mitunter auch zum Unverständnis gegenüber gestalterischen Experimenten führen, zum elitären Besserwissen. Es gilt daher, den eingeengten Blick zu weiten und die Augen offen zu halten."[46]

Bedarf nach Schönem?

„Schönheit folgt nicht der Funktion. Sie ist Funktion."

#Grafikdesigner Stefan Sagmeister 2021[47]

Braucht der Mensch Schönes? Gibt es so etwas wie ästhetische Bedürfnisse?

„Ästhetische Bedürfnisse und Funktionen der gestalteten Umwelt müssen nicht unbedingt aus ‚primären', allgemein menschlichen Bedürfnissen hergeleitet, sondern aus real vorhandenen Einstellungen und Verhaltensweisen rückgeschlossen werden. Solche **historisch und empirisch ableitbaren ästhetischen Bedürfnisse** tragen ihren Bedeutungsnachweis in sich selbst, wird doch in dem Wunsch nach einer wie auch immer gearteten Bedürfnisbefriedigung eine Funktion für das Individuum oder eine Gesellschaft, die diesen Wunsch äußert, offenbar.

Das soll nicht heißen, dass im Planungsprozess jeder noch so verquere Wunsch eines Betroffenen diktatorischen Einfluss gewinnen soll; Planer sollten sich aber überlegen, ob nicht nach dem Grundsatz vermeidbarer Frustrationen den Gestaltungsvorlieben Betroffener eine größere Toleranz entgegen gebracht werden könnte."[48]

„Mit dem Argument ‚Die Menschen wollen das so' lässt sich heute Zuspruch gewinnen, ob in der Architektur oder der Politik. Doch die populistische Instrumentalisierung von Geschmacksfragen wird dann gefährlich, wenn es um Lebensraum geht. **Der Mensch braucht Schönes**, aber er braucht auch leistbare Wohnungen, eine faire Bodenpolitik, und benutzbare Städte, die mehr sind als ein Schaustück. Mehr als nur historische Fassaden, hinter denen der Wohlfahrtsstaat in Trümmern liegt."[49]

Empirische Grundlagen zu **ästhetischen Vorlieben bei jungen Erwachsenen** fasst Rudolf Abel zusammen: [50]

- Natürliche Umwelten **werden künstlichen Umwelten** vorgezogen (Savannen-Hypothese-Buss 2004) - die Savannen-Hypothese besagt, dass Menschen Landschaften bevorzugen, die reich an Ressourcen sind, dem Schutz vor Gefahren dienen und weite Ausblicke ermöglichen. Besonders stark ist diese Bevorzugung bei Personen ausgeprägt, die in natürlicher Landschaft aufgewachsen sind.
- Es gibt einen starken Zusammenhang zwischen **Schönheits- und Vertrautheitsurteile** in Bezug auf Umweltinhalte: Die Menschen beurteilen Dinge als schön, die ihnen vertraut sind.
- Sobald Menschen etwas **wiederholt wahrnehmen**, verbessert sich die Einstellung gegenüber diesem Gegenstand (Mere-exposure-effect). Beispiel: Wer im Frankfurt der Nachkriegszeit aufgewachsen ist, hat das Bild der Giebel im Gedächtnis - wer heute dort lebt, hat die Hochhaussilhouette im Kopf.

46 U. Jonak in R. Abel 2019, S. 10
47 S. Sagmeister in Design de Luxe Issue 05 Sep/2021, S. 104
48 F. Bollerey et al. 1975, S. 10
49 M. Novotny – ‚Schönheit als Kampfzone' in Standard 12.1.2019, S. A8
50 R. Abel 2019, S. 161-162 zit. Kaplan (1992), Nüchterlein (Dresden 2005), Flury (Zürich 2005)

Allgemeine Ästhetik

„Auch Sitte ist sich des Allgemeingrades bewusst, den seine ästhetischen Grundsätze aufweisen müssen, damit sie auch in seiner Zeit eine Anwendung finden können. hinter der Vielzahl von Stadtlandschaften der Vergangenheit sucht er die unwandelbaren Strukturen und ‚verborgenen Mechanismen', das ‚Wesentliche', das man dann ‚bedeutungsvoll auf die modernen Verhältnisse' anwenden kann."

Daniel Wieczorek 1989, S. 37

Nach dem Kunsthistoriker Hans Sedlmayr – dem Verfechter des ‚Natürlichen', begann der **Verfall der Ästhetik** um die Jahrhundertwende, wie ihn der Philosoph Conrad Paul Liessmann beschreibt:[51] „Dass der Mensch aufhört, **Gegenstand und Maßstab ästhetischer Produktionen** zu sein, ist jener Sündenfall, den Sedlmayr der Moderne nicht verzeihen kann.[...] Lange vor dem Krieg hat sie den Alp sichtbar gemacht, der auf der europäischen Welt der Großstädte lastet. die Nachkriegszeit ist künstlerisch gesehen schon ihr Verfall, geistesgeschichtlich erscheinen jetzt die extremsten Ausartungen. Mit der **Farce der ‚neuen Sachlichkeit'** ist die banalste Form erreicht."[52]

Dass Sedlmayt hier nicht allein ist, sieht Peter G. Richter 2019 in ‚Warum hat es die moderne Architektur so schwer?': „Wie seit langem bekannt, werden ästhetische Beurteilungen von Affekten und Emotionen moduliert. [...] Ästhetische Urteile werden post hoc einer Begründung unterzogen, die nur scheinbar rational ist. Auf diese Weise können wenig bewusste, emotional basierte Einstellungen Diskussionen nachhaltig beeinflussen. Unter anderem ist die **Verwendung herabwürdigender oder abwertender Begriffe** in der Auseinandersetzung um zeitgenössische Architektur ein Hinweis auf diesen psychologischen Mechanismus. Beispielhaft dafür stehen die Worte ‚Betonsau', ‚Knusperhäuschen', 'Käs' mit Löchern' und ‚Schießschartenfenster'"

Schönheit und Stadtbaukunst postuliert ein Unbehagen an Städten und damit ein Unbehagen an aktuellen künstlerischen Schaffen, dass sich maßgeblich über eine Distanz zu mehrheitlichen Geschmacksurteilen bestimmt.[53]

Dorothea und Georg Franck setzen den **Schönheitssinn mit der Abwesenheit von Beliebigkeit** gleich: „Beliebigkeit, nicht Hässlichkeit ist das Gegenteil architektonischer Qualität. Schön und hässlich sind so eng aufeinander bezogen, dass das **Hässliche von heute zum Schönen von morgen werden kann**. Das Beliebige unterdrückt aber jeden Bezug zur Schönheit."[54] „Der Schönheitssinn kennt eine Art der Notwendigkeit. [...] Sie ist um es ganz technisch auszudrücken, das spürbare Zusammenstimmen, das die optimale Lösung eines lokalen Problems auszeichnet. Lokal ist ein Problem dann, dessen Lösung vom Kontext abhängt."[55]

Dieser Kontext tritt nicht nur in der Architektur auf, sondern auch in der Landschaftsplanung und in den damit verbundenen Ingenieurwissenschaften, wie im Straßenbau. Hermann Knoflacher beklagt den **‚Mangel an Ästhetik als Verkehrsproblem'**: „Besonders krass kommt dies in den Hochleistungsstraßen zum Ausdruck, die wohl den größten Mangel an ästhetischer Qualität aufweisen und bei denen man schon sehr früh das Problem der Ermüdung erkannt hat, ohne jedoch jemals auf den Zusammenhänge der Gestaltungsqualität zu kommen. Ästhetik bedeutet doch eine positive Reizung durch erfreulichen Anblick - bei unseren Autobahnen kann davon jedoch keine Rede sein."[56]

51 H. Sedlmayr ‚Verlust der Mitte', Salzburg 1948, s. S. 151ff
52 C.P. Liessmann 2013, S. 196
53 s.a. C. Holl, Keine Antworten in ‚Die schöne Stadt' 2017, S. 434
54 G. und d. Franck 2008, S. 16
55 aaO. S. 137-138
56 H. Knoflacher in R. Mayerhofer 1987, S. 98

Anders war das im frühen Autobahnbau (Paul Bonatz) oder bei der Anlage der Wachaubundesstraße (Franz Peydl), wo **perspektivische Sequenzen** den Trassierungselementen zugrunde gelegt wurden und die Anlage von Parkplätzen oder Raststätten vornehmlich auf Aussichtspunkten erfolgte. Damals wurden die ,Perspektiven' noch geometrisch-händisch konstruiert – das wäre heute digitalisiert um so viel leichter...

Diese Form der Ästhetik, in Bewegung und in Sequenzen zu entscheiden, kann als **,Aktionsästhetik'** bezeichnet werden, wie diese Udo Kultermann getan hat:[57] „Argumente auf dem Gebiet der Ästhetik müssen mit großer Vorsicht vorgebracht werden, aber man sollte nicht vergessen, dass das Erkennen unserer gegenwärtigen Umwelt, von entscheidender Bedeutung für uns alle ist. Eine neue städtische Ästhetik, die erst geschaffen werden muss, solle einen ,Aktionsästhetik' sein, die alle verschiedenen und sich gelegentlich widersprechenden Aktivitäten, die in der heutigen urbanen Wirklichkeit existieren, auf sich vereint."

Trotz allem, sollen ästhetische Kategorien, wenn sie als politische Entscheidungsgrundlage nachvollzogen werden sollen, objektivierbar und rational begründbar gemacht werden. „Keine Verwissenschaftlichung der Kunst, aber eine Verwissenschaftlichung der Ästhetik und damit auch der Kunstkritik. Wollen wir uns weder dem normativen Anspruch einzelner noch den zufälligen Nebenwirkungen baupolitischer oder bautechnischer Entscheidungen ausliefern, so bleibt meines Erachtens keine andere Wahl. Damit gewinnen alle Ansätze zu einer **Verwissenschaftlichung der Ästhetik**, so versponnen sie zurzeit noch anmuten mögen, eine **neue Legitimität.**[58]

Gábor Paál fordert einen **integrativen Ansatz:** „Ziel ist eine Ästhetik, die das ,entweder-oder' überwindet, die sowohl das Sinnliche' als auch das ,Sinnhafte' berücksichtigt. Alle wahrnehmungs- und Erkenntnisprozesse werden als potentiell ästhetisch betrachtet. Denn **,Schönheit' und ,Rationalität' sind keine Gegensätze**."[59]

Die Wissenschaft hat mit den vermeintlichen **Gegensatzpaaren** – ,Fühlen vs. Denken', ,Herz vs. Kopf', ,Emotion vs. Kognition' aufgeräumt. Denken ist praktisch immer von emotionalen Färbungen begleitet und viele kognitive Leistungen wären ohne emotionale Markierungen gar nicht möglich. (Damasio 1994 und 1999, Markowitsch 1996, Goodman 1995)[60]

Aus einer Richtung, von der man es nicht erwarten konnte, wird der Appell von Hassan Fahty, dem ägyptischen ,Lehmziegel-Architekt' zitiert, nämlich von Prinz Charles: „Nach Auffassung von Hassan Fahty darf **,Architektur für die Armen** nicht wie die Behandlung einer speziellen Krankheit angesehen werden'. Er plädiert für eine ,Architektur, die von Reichen und Armen gleichermaßen benutzt werden kann', die also nicht das **Privileg einer bestimmten Klasse** von Leuten ist. Ästhetik sollte in jeder Architektur eine Rolle spielen. ,Leider' stellt Fahty fest, ,billigt man den Armen keine Ästhetik zu. Armut wird zu Unrecht mit Hässlichkeit gleichgesetzt, was ein Fehler ist. Je billiger, je unaufwendiger das Bauvorhaben, desto mehr Sorgfalt und Aufmerksamkeit sollte auf die Ästhetik verwendet werden.'[61]

Dreißig Jahre später werden die ArchitektInnen Lacaton und Vassall für ihre einfachen, kostengünstigen, aber umso brauchbareren und **sorgfältig ausgeklügelten Umbauten** von Sozialquartieren mit dem **Pritzker-Preis 2021** ausgezeichent.

57 U. Kultermann ,Die Stadt als Kunstwerk' in neue heimat – Monatshefte 10/1979, S. 28
58 E. Spiegel 1972, S. 194
59 G. Paál 2020, S. 11
60 aaO. S. 59
61 The Prince of Wales 1989, S. 11

Sprechen über Schönes

> *„Einem Begriff seine Würde zurückzugeben, der für die Architekten, eingeschüchtert von Ingenieuren und Verwaltungsangestellten wie sie sind, seit langem tabu ist: die Schönheit. Die Schönheit, die identisch mit der Anmut des Unvollkommenen ist."*
>
> Walter Jens 1978[62]

„'Schönheit' gehört zu den gleichermaßen **umstrittenen wie unhintergehbaren Begriffen** der europäischen Kultur. [...] Und noch die Kritik und Destruktion des Schönen durch die Moderne zehrt vor dessen Dignität (Würde). Die Sehnsucht nach dem Schönen als Ausdruck einer unhintergehbaren Dimension der menschlichen Existenz kennzeichnet die Anstrengungen radikaler Avantgarden auch dann, wenn sie sich demonstrativ zu den nicht mehr schönen Künsten bekennen."[63]

Das sprechen über Schönheit und Hässlichkeit ist ein Tabu konstatiert Wolfgang Schulz in ‚Diskurs über Schönheit':[64] „Man stößt hier also auf den meines Erachtens bemerkenswerten Sachverhalt, dass **Ästhetik als Kriterium eines ‚rationalen Sachdiskurses'** gar nicht mehr vorgebracht werden kann. Vermutlich existiert ein **gesellschaftliches Tabu**, das Argument Schönheit als Zielkriterium in einer rational geführten Diskussion zuzulassen. Offensichtlich ist Hässlichkeit so alltäglich geworden, gewissermaßen eine permanent vorhandene Rahmenbedingung des modernen Lebens, dass das Sprechen darüber ausgeklammert wird."

In der wissenschaftlichen Praxis wie beispielsweise in der Denkmalpflege findet die Konfrontation mit den Begriffen ‚Schön und Schönheit' meist in der direkten Demokratie in der **Auseinandersetzung mit ‚Laien'** statt, die keine Scheu vor diesen Begriffen haben und damit bloß ihre Gefühle und Emotionen ausdrücken.

Doch auch Experten bleiben davon nicht verschont, drücken sich aber ‚qualifizierter' aus: Die französische Soziologin Nathalie Heinich (2006) konnte nachweisen, dass auch Denkmalpfleger in ihrer praktischen Arbeit von ästhetischen Urteilen beeinflusst sind. Die von ihr interviewten Forscher versuchten jedoch, dem vermeintlich **subjektiven Urteil auszuweichen** und durch **objektiv-wissenschaftliche Kriterien** zu ersetzen. Heinich spricht in diesem Zusammenhang von einer Selbstzensur seitens der Wissenschaftler.[65]

Johannes Holschneider hat die **Vermeidung von Gefühlstermini** bereits 1969 quantifiziert: „Es ist verblüffend festzustellen, dass das wichtige Vokabular der visuellen Stadtplanung der Gegenwart, wie es in den Arbeiten von Bacon, Cullen, Lynch dargestellt wird, nicht durch Gefühlstermini, sondern Begriffe der Ordnung, Quantität bestimmt wir (Ordnung 17%, Gefühl 3,5%). Wir können weiterhin erkennen, dass die Gefühlstermini in der Kunstsprache der Renaissance und des Barock offenbar mehr betont wurden, als jene Begriffe, die in die Gruppe der Ordnungstermini einzureihen sind (Gefühl 27,4%, Ordnung 9,3%). Wir bevorzugen anscheinend heute Begriffe wie ‚integriert', ‚gegliedert', ‚verflochten', ‚Struktur' und vermeiden Begriffe wie ‚edel', ‚fein', ‚schön'. Liegt hier ein **Aufgabenwandel unserer Sprache oder eine Bedeutungsverschiebung** ihrer Termini vor?"

62 W.Jens – Zeit Magazin 10/1978 zit. Vilma Sturm in J- Lehmbrock und W. Fischer, ‚Profitopolis' 1979, S. 181
63 C.P. Liessmann 2009, S. 7
64 W. Schulz in H. Swoboda 1990, S. 220
65 S. Herold 2018, S. 9

Es dürfte etwas von Beiden sein, dass Gefühle nur wissenschaftlich übersetzt ausgedrückt werden können – oder ins Kitschige abgleiten. Die Verwendung des Wortes ‚kitchy' im Amerikanischen ist im Übrigen nicht pejorativ abwertend, sondern amüsiert und nachsichtig, fast zärtlich. Dort sollten wir auch hinkommen.[66]

Schönheit als Bestandteil einer **durchsetzungsfähigen Argumentation** ist im Städtebau nicht ‚state of art' – aber wenn er verwendet werden soll, sind Erklärungen und ein **‚kontextuelles Gerüst'** erforderlich, um verständlich zu machen, wofür er in Anspruch genommen wird.[67]

Conrad Paul Liessmann findet, dass über **das Schöne heute wieder gesprochen** werden kann:[68] „Das Schöne kann auch in einer hässlichen Welt als deren Gegenentwurf als schmerzhafte Kritik an dieser aufgefasst werden. [...] Auch in der Kunst der Gegenwart kann mittlerweile wieder von Schönheit gesprochen werden, ohne dass man gleich dem **Kitschverdacht** ausgesetzt wäre. Darüber hinaus gewinnt Schönheit aber als Moment des Lebens und der Natur selbst wieder eine Bedeutung die die Destruktion des Schönen durch die Kunst der Moderne selbst als historische Episode erscheinen lässt."

Wahrnehmung des Schönen

„Die Schönheit ist keine Eigenschaft, die den Dingen an ihnen selbst zukommt, sie existiert lediglich im Geist dessen, der die Dinge betrachtet."

David Hume (1711 – 1776)[69]

„Das Schöne wird als **subjektiv wahrgenommen** und entsprechend **variabel verstanden.** Da sich das Subjekt im sozialen Raum bewegt, sind diese Vorstellungen nicht willkürlich, sondern bewegen sich in einem **gesellschaftlich konstituierten Rahmen**. Das Schöne stellt daher kein auf feststehenden Normen basierendes Phänomen dar, ist aber als Ergebnis kultureller Zuschreibungen an bestimmte soziale und zeitliche Kontexte gebunden - ein Prozess in dem die **S**ubjekte ihre eigene Position weiter modifizieren.

Dabei ergeben sich in der Verwendung des Begriffes verschieden spezifische Probleme: in unterschiedlichen Kontexten wird der Begriff unterschiedlich verwendet oder auch gemieden. Bildet das Schöne eine spezifische ästhetische Kategorie neben anderem, wie dem Malerischen, Pittoresken, Erhabenen, umschreibt der Begriff des Schönen **alltagssprachlich das als ästhetisch positiv Wahrgenommene**. Das ‚ästhetisch' kann als wissenschaftliche Umschreibung mit einem ‚gelehrtem Beiklang' empfunden werden."[70]

Da unser Gehirn kein einfacher Empfänger und Verarbeiter von Informationen ist, setzt die **Subjektivität bereits bei der Wahrnehmung** ein. Zwar bekommt es Reize von der ‚Außenwelt', doch werden diese Informationen in unserem Gehirn dermaßen stark gefiltert und modifiziert, dass das was wir wahrzunehmen glauben, zu einem großen Teil unsere eigenen Konstrukte sind: die zentrale These des philosophischen Konstruktivismus: (Varela 1990)[71]

Bei Camillo Sitte beruhte die künstlerische Wirkung auf das Seherlebnis, welches er sich jedoch **nicht als psychologischen, sondern als physiologischen Vorgang** erklärte. die zu entwickelnden künstlerischen Regeln waren in erster Linie Vorschläge für ein verbessertes Seherlebnis in der räumlichen Situation.

66 S. Horst ‚Kitsch' in Die Zeit-Feuilleton Nr. 19, 6.5.2021
67 C. Holl, Keine Antworten in Die schöne Stadt' 2017, S. 431
68 C.P. Liessmann 2009, S. 67
69 D. Hume ‚Über den Maßstab des Geschmacks' zit. in C.P. Liessmann 2009
70 G. Schweppenhäuser, 2007 zit. in S. Herold 2018, S. 11
71 G. Paár 2020, S. 27

Sitte verknüpft also **zwei Grundgedanken** in seiner städtebau-künstlerischen Theorie: die Anwendung von in Vergessenheit geratenen Regeln garantierte ihm **künstlerische Wirkung, und das subjektive Empfinden von Schönheit** galt ihm als Beweis des **objektiven Vorhandenseins** von Schönheit. Diese Verknüpfung war möglich, weil Sitte das Empfinden von Schönheit auf den physiologischen Vorgang des Sehens bezog auf dem allein für ihn das Schönheitsempfinden beruhte:

‚Künstlerisch wichtig ist nur dasjenige, was überschaut, was gesehen werden kann, also die einzelne Straße, der einzelne Platz'".[72]

„Die moralische Komponente des Schönen geht von der Epoche des deutschen Idealismus[73] – wo Friedrich Schiller davon ausgeht, dass die Befassung mit dem Schönen zwischen der **sinnlichen und vernunftbetonten Seite** des Menschen vermitteln könne und zu einer neuen Harmonie führen würde."[74]

Diese Grundgedanken wurden von John Ruskin und der **‚Arts and Crafts-Bewegung** bis in die Gegenwart (Bourdieu) weitergeführt, der die Codes zum Verständnis der Kunst als erlernbar darstellt.

Wie David Hume als Vertreter der Aufklärung, hat Immanuel Kant die Frage, ob etwas ästhetisch wahrgenommen werden kann, nicht an einen Gegenstand, sondern an das **wahrnehmende Individuum koppelt**, eröffnet er jene Entgrenzung des Ästhetischen, die erst die moderne Kunst des 20.Jahrhunderts selbst eingelöst hat.[...]

Das Vermögen einer ästhetischen Wahrnehmung im weitesten Sinne nennt Kant **‚Geschmack'.** „Kant schreibt: ‚Das Geschmacksurteil selber postuliert nicht jedermanns Einstimmung, es sinnet nur jedermann diese Einstimmung an.' Man will also, dass andere ähnlich oder genauso empfinden. Dass wir unseren Geschmacksempfindungen die **Form von Urteilen** geben - dieser Wein *ist gut* - drückt diesen Anspruch auf eine gewisse Verbindlichkeit und Gültigkeit unserer Urteile auch im Bereich des Alltags aus. Doch ist Kants ‚**Interesseloses Wohlgefallen** alles was uns zu ‚Schönen Stadt' einfällt? '[75]

Was sollte das für eine Stadt sein, die bei ihren Bewohnern 'interesseloses Wohlgefallen' auslöst? ‚Ein absoluter Schönheitsbegriff ohne soziale und kulturelle Vorprägung mag philosophisch unendlich faszinierend, aber auf die Stadt nicht anwendbar sein.'[76]

Ludwig Wittgenstein sieht in seinen ‚Ästhetischen Perspektiven' diese Phänomene von der **Zustimmung des Gegenübers** abhängig, die durch **Überredung** erzielbar erscheint.[77]

Ernst Bloch erklärt das **Unbehagen am Schönheitsbegriff:**[78] „Der Grundzug der bürgerlich-klassischen Ästhetik ist nicht Hoffnung (und durch sie erregter Wille), sondern Betrachtung (und durch sie stillender Genuss)." Reine Betrachtung beginnt bei Kant im Begriff des ‚interesselosen Wohlgefallen am bloßen Vorstellungsbild des Gegenstandes' (gleichviel, ob dieser materiell vorhanden ist oder nicht). **Das Sein bleibt dann zwar schrecklich, aber das Sehen ist selig.**

Schönheit wird **über die Sinne** – vornehmlich des Sehens – wahrgenommen, und die werden dabei durch Reize angesprochen: "Mäßige Reize in lebendigem Wechsel werden als angenehm empfunden, zu schwache Reize werden entweder gar nicht wahrgenommen oder sie erfordern hierzu eine Anstrengung; zu starke Anstrengungen verursachen eine Irritation oder sogar Schmerzen."[79]

72 H. Winter in Berichte zur Raumforschung und Raumplanung 1989, S. 45-47
73 F. Schiller, Über die ästhetische Erziehung des Menschen' 1795
74 S. Herold 2018, S. 12
75 C.P. Liessmann 2013, S. 21
76 H.H. Nolte, Alle Schönheiten der Stadt in ‚Die schöne Stadt', 2017, S. 235
77 s.a. C. Zahiri, Ästhetik und Städtebau in ‚Die schöne Stadt; 2027, S. 83
78 E. Bloch ;Das Prinzip Hoffnung' 1959, S. 946
79 E.W. Heiss und K. Glotter 1997, S. 21

Dass dabei die Wahrnehmung mehr registriert als der Intellekt begreift, bestätigt die Vorbehalte von theoretischer Seite. „Was soll sich der **V**erstand mit Auffassungsgaben abmühen, die er nicht versteht?“[80]

Das erklärt das **‚Theoriedefizit des Schönen‘**. Oder anders gesagt: „Was immer unser Leben bereichern mag, es geschieht ohne Gesetzmäßigkeit. In der Geschichte gab es Menschen, die nichts von Schönheit oder Kunst, [...] kurz den Zauber des Geistes wussten. Diese Ungeheuerlichkeit führte einige dazu, Schönheit als **Korruption der Wirklichkeit** zu betrachten. [...] Die Tatsache, dass **Schönheit im Leben ausbleiben kann, bedeutet nicht, dass sie auch ausbleiben darf**.“[81] **„**Und Schönheit beschränkt sich nicht auf Kunst oder auf besinnliche Momente, sondern sie ist existentiell. An einem Mangel an Schönheit kann man leiden.“[82]

Gábor Paál kommt einer Theorie schon näher und unterscheidet in der Art einer Meta-Emotion einen bewusst und positiv erlebten Zustand, zwei wesentliche Parameter:[83] Der erste Parameter der Empirischen Ästhetik sind die **‚kognitive Leichtigkeit‘** wie leicht erfassbare Objekte - erst die **wiederholte Betrachtung** macht komplexe Objekte vertrauter. Wenn etwas komplex aussieht, aber sich am Ende doch als leicht und einleuchtend erweist und in der Komplexität eine Einheit erkennbar ist, können besonders **starke ästhetische Erfahrungen** hervorgerufen werden.

Der zweite Parameter ist das **‚Bewegt sein‘**, das ästhetische Erleben, emotional bewegend.

Es handelt sich um jeweils unterschiedliche Arten von Schönheit.

Schönheit und Wahrheit

> *„So wird jenen, die die Wahrheit mehr lieben als die Schönheit, das letzte Geheimnis der Kunst immer verborgen bleiben“*
>
> Oscar Wilde, 1854 -1900, Aphorismen.

„Auf Platon geht unser ‚Wahres, Gutes und Schönes‘ zurück. **Das Wahre ist die Wissenschaft**. Hier geht es um die Wahrheit, um objektiv überprüfbare Fakten. **Das**

Wahlspruch Alte Frankfurter Oper

Schöne betrifft unser individuelles Empfinden, insbesondere für Kunst und Kultur. Das Gute jedoch, für Platon das wichtigste Element unter den Dreien, betrifft die Idee eines identitätsstiftenden, einigenden Wir-Gefühls über Religion, Ethik, Moral und Wertvorstellungen.

80 D. und G. Franck 2008, S. 13
81 P. Ruch 2015, S. 101
82 G. Paál 2020, S. 10
83 aaO. S. 37

Platons Ideenlehre geht davon aus, dass sich aus einer allumfassenden, göttlichen Idee, **dem Guten,** das mannigfache Erfahrbare entwickelt, die **anfassbare Wissenschaft und bewundernswerte Kunst.** Moralvorstellungen sind in diesem Sinne nicht erfahrbar und damit auch kaum bewertbar. Es bleiben Ideen, auf die wir uns gemeinsam einigen.

Das Wahre zeigte uns, wie das Gute aussieht. Doch ohne die Idee des Guten bleibt es leider bei alternativen Fakten. Nur weil ich die Wahrheit kenne, muss ich noch lange nicht danach handeln.

Die **Rolle des Schönen?** Gute Kultur zeichnet sich dadurch aus, Menschen mit unterschiedlichen Hintergrund (jung, alt, reich, arm, größerer und geringerer Bildung, männlich, weiblich) zusammenzubringen - das Schöne könnte Brücken bauen. Könnte."[84]

Spätestens seit dem 18. Jahrhundert und der dem Schönen an die Seite gestellten **Kategorie des Malerischen** auch die Vorstellung vom ‚schönen Schein', der eben nicht gleichbedeutend mit der Wahrheit ist, sondern diese vielmehr verschleiert.

Die Ausweitung des Begriffes ‚Ästhetisierung' verdeutlicht, dass sich die Diskussion nicht mehr von der Schönheit der Objekte geführt wird, sondern im Kontext moralische - politische und soziale - Komponenten implizit mitverhandelt werden (Illing 2007) die zu einer starken **emotionalen Aufladung** der Diskussion führen.[85]

Das Schöne als **Flucht vor der Wahrheit**, vor der Realität und in der Kunst in den Kitsch, sind jedoch ein Ausfluss einer elitären Arroganz, die davon auszugehen scheint, die Hochkultur sei gegen die Realitätsflucht gefeit. „Herbert Marcuse [86] hat dagegen gezeigt, dass die gesamte bildungsbürgerliche Kultur dazu tendiere, mit dem ‚Medium der Schönheit' die **Wahrheit zu ‚entgiften'**, das Glück der Menschen im Reservatbereich der Kultur anzusiedeln und damit affirmativ auf eine unerträgliche Realität zu wirken."

Theodor Adorno: ‚Ich weiß, wie verdächtig ihnen das Wort Ästhetik klingt. Sie werden dabei an Professoren denken, die mit zum Himmel erhobenen Blick formalistische Gesetze ewiger und unvergänglicher Schönheit aushecken, die meist nichts sind als Rezepte von **ephemerem und klassizistischem Kitsch**.'

Dem stellt Adorno gegenüber: ‚Schönheit heute hat **kein anderes Maß als die Tiefe,** in der die Gebilde die Widersprüch**e** austragen, die sie durchfurchen und die sie bewältigen, einzig, in-dem sie ihnen folgen, nicht indem sie sie verdecken.'[87]

C.P. Liessmann hat auch die Wahrheit relativiert und sie im Wesentlichen als eine Konvention dargestellt:[88] „Wer die Macht hat, hat die Definitionshoheit über die Macht, und wer die **Definitionshoheit über die Wahrheit hat, hat die Macht**.

Die Wahrheit ist die Erfindung eines Lügners. Warum? Nur der Lügner hat eine Vorstellung davon, dass es die **Wahrheit und ihr Gegenteil** gibt. Er beherrscht beides. Der Gegenbegriff zur Lüge ist eigentlich die Wahrhaftigkeit. Derjenige, der nur in der Wahrheit lebt, um die religiöse Formulierung zu verwenden, hat **keine Ahnung von der Wahrheit** – er kann nicht anders.

Der Konventionalitätscharakter der Wahrheit kommt vor allem im Politischen zum Ausdruck: Die Lügner sind erfolgreicher. [...] Ich würde sagen **Wahrhaftigkeit ist eine Moralfrage**. Nicht Wahrheit. Wahrheit ist eine wissenschaftliche Frage. [...]

84 M. Hübler, Die Wahren, Guten und Schönen 2017, Internetdokument
85 S. Herold 2018, S. 11
86 H. Marcuse ‚Über den affirmativen Charakter der Kultur' 1965 zit. in F. Bollerey 1975, S. 39
87 T.W. Adorno 1977 zit. in C. Holl, ‚Ohne Leitbild' in ‚Die schöne Stadt' 2017, S. 436
88 C.P. Liessmann 2019, S. 6-9

Wir haben ja die Sprache, unser Bewusstsein, unsere Kommunikationsmittel - und zwar von den ganz primitiven Zeichen bis zu den digitalen Maschinen - nicht erfunden, um uns gegenseitig die Wahrheit mitzuteilen, sondern **um uns gegenseitig zu täuschen**."

Das Schöne ist der Glanz des Wahren.
Augustinus Aurelius (354 - 430),
Bischof von Hippo, Philosoph, Kirchenvater und Heiliger

Das Schöne ist der Glanz der Waren.
Herbert Hrachovec, Philosoph, Oktober 1989[89]

Dass das Schöne nicht nur mit dem Guten, sondern mit dem Wahren eine Einheit bilden könnte, wie es die klassische Metaphysik behauptete, ist spätestens seit **Ausbruch** der Moderne gründlich bezweifelt worden. Ganz im Gegenteil: Das Schöne steht seit dem späten 18. Jahrhundert zunehmend im Verdacht, nur eine **falsche Harmonie**, eine **verlogene Ästhetik, eine doppelte Moral**, eben nur einen schönen Schein über unmenschliche und ungerechte Verhältnisse zu legen. Seit den großen kulturkritischen Strömungen der Moderne steht das Schöne unter Ideologieverdacht, wird das Versprechen der Schönheit als **Ablenkung von den realen sozialen Problemen und Widersprüchen** denunziert.[90] Das geht so weit, dass die ‚Schönheit der Stadt' als reaktionärer Kampfbegriff gesehen werden kann.[91] Und für Stephanie Herolds kann die Ästhetisierung als Loslösung vom ‚Wahren' niemals ein ‚schönes Objekt' ergeben.[92] Kurt Tucholsky (1919)[93] sieht den Widerspruch des Anspruchs mit der Realität: „Ich liebe das Gute, Wahre und Schöne, ja, ich verehre es. Aber mein lieber junger Freund, hart im Raume stoßen sich die Sachen! Man muss mit der Realität rechnen, **sich klug beugen wenns not tut**..."

Um nicht aus der Realität zu flüchten, sollen die schon vom französischen Philosophen Victor Cousin 1837, der in seinem Werk **'Das Wahre, das Schöne und das Gute'** die Ästhetisierung von allem und jedem ansprach und als Urvater der 'Postmoderne' gilt, zurückgegriffen werden:

Auf die Abneigung gegen das Unbestimmte, die Vielfalt, das Widersprüchliche, baut Venturi (Komplexität und Widerspruch, 1966, dt. 1978) die Gegenposition auf: ‚Die wahrscheinlichste Theorie vom Schönen setzt sich aus zwei entgegengesetzten, gleichermaßen notwendigen Elementen zusammen: der **Einheit und der Vielfalt**.'

Wenn als **Tugenden der Moderne:**
einfach - eindeutig - univalent - klar - wahr, gelten

wird dies in der **‚Postmoderne'** durch
ambivalent - - zwei- oder mehrdeutig - vieldeutig - komplex - vielfältig - widersprüchlich abgelöst.

89 zit. in B. Perchinig und W. Steiner 1991, S. 44
90 C.P. Liessmann 2009, s. 10
91 Sewing 2003 zit. in H.H. Nolte ‚Alle Schönheiten' in ‚Die schöne Stadt' 2017, S. 253
92 St. Herolds, Schön und Gut in ‚Die schöne Stadt' 2017, S. 202
93 K. Tucholsky als Peter Panter in ‚Interview mit sich selbst" in ‚Augen der Großstadt' 2006, S. 185

Schönheit und Gesellschaft

„In einer wirklich schönen Stadt lässt es sich auf die Dauer nicht leben - sie treibt einem alle Sehnsucht aus."

Elias Canetti

Auch Franz Heigl sieht in der ‚Ästhetischen Wertung' ein **Erstarren der Stadterscheinung**, „da funktionale in historisch-emotionale Wertung übergeht und historischer Bezug, unter nostalgischen Gesichtspunkten, als Ästhetik interpretiert wird. Der Prozess des Erstarrens beginnt, wenn die Wertung des Bestandes seinen ‚Austausch' nicht mehr gestattet, d.h. wenn die Meinung vorherrscht, die Entwicklung der Stadterscheinung habe ihren **Sättigungswert** (Kulminationspunkt) erreicht und gestattet nur geringe und **unerhebliche Modifikationen**."

Die **Diskussion über das Weltkulturerbe** in Wien geht in diese Richtung – obwohl alle Beteiligten beteuern, keinen ‚Glassturz' über die ‚Kern- und Pufferzone' stülpen zu wollen. Die Meinung in der Gesellschaft ist durchaus ambivalent: während die lautstarken Denkmalpfleger die konservative Mehrheit vertreten, fühlt sich die jüngere Generation unterrepräsentiert.

Nicht zu gering zu schätzen ist auch die Gefahr, hinter dem **Kampf um die Schönheit rechtsradikales Gedankengut** zu orten, wie Stephan Trüby, Professor an der Uni Stutggarte2018 in einen Beitrag in der FAZ nachwies: „Die Initiative für die Rekonstruktion der Frankfurter Altstadt geht auf zwei Personen mit Naheverhältnis zur Neuen Rechten zurück: ‚Es gibt einen falschen Konsens darüber, dass Architektur und Altstädte unpolitisch sind. Ich behaupte, dass hinter der Rhetorik einer angeblichen Schönheit, einer angeblichen Tradition einer angeblichen europäischen Stadt durchaus auch eine **rechtsradikale Kultur- und Architekturpolitik** stehen kann, die wir nicht unterschätzen sollten'.[94]

„Die **ästhetische Souveränität** einer Stadt stellt sich ohnehin nicht auf der Ebene der Spitzenleistungen her, und jedenfalls bevor die Architekten anfangen. Sie liegt in der Art und Weise, wie die Bewohner ihre Stadt sehen, wie bewusst sie sie sehen und wie sie ihre Sichtweise zu verteidigen wissen. Die moderne Bindung der **Schönheit an die Wahrnehmungsfähigkeit** der Benutzer ist zwar, angesichts ihrer medialen Verschränktheit von gezielten politischen und wirtschaftlichen Interessen usurpierbar, aber nie abzulösen. Es bleibt dabei, dass keinerlei Wunschbildlichkeit der Stadt (das ist eben Schönheit) gelingen kann, ohne die Tätigkeit der Stadtbenutzer. Architektonische Lösungen, die vorgeben, diese Schönheit wieder zu Monumenten verdicken, sie also von der Nutzung der Stadt durch ihre Bewohner ablösen zu können, haben medial Erfolg, aber sie verbrauchen sich, als Tautologien, gerade so schnell, wie die mediale Verwertung dauert."[95]

In eine ähnliche Kerbe schlug Hans Paul Bahrdt in seinen Beitrag in ‚Profitopolis', wenn er meint, dass „die **Einstellungsänderung zur Stadt** bei der Gliederung menschlicher Bezüge zu beginnen hat, und die **Flucht in die Raumästhetik** die fehlenden menschlichen Beziehungen trügerisch ersetzen soll."[96]

Wenn sich Bewohner mit ihrer Stadt nicht identifizieren können, befindet sich dieser in einer tödlichen Unzufriedenheit (Jane Jacobs) in der er mit seiner Umwelt hadert. Vielmehr hadert er nicht, lehnt sich nicht auf, und nimmt sie **ergeben als Teil der ‚Fürsorge'**, welche die Obrigkeit ihm angedeihen lässt.[97]

94 Zit. von M. Novotny ‚Schönheit als Kampfzone' in Standard v. 12.1.2019
95 D. Hofmann-Axthelm 1998, S. 246
96 H.P. Bahrdt in J. Lehmbrock und W. Fischer 1971, S. 37
97 J. Posener 1972, S. 185

Wir haben uns gewöhnt, die ‚Prärogative' der Stadtbaukünstler nicht in Zweifel zu ziehen – und es klingt beispielsweise 1962 so in **Hans Holleins ‚Absolute Architektur':**[98] „Heute, zum ersten Mal in der Geschichte der Menschheit, zu diesem Zeitpunkt, an den uns eine ungeheuer fortgeschrittene Wissenschaft und perfektionierte Technologie alle Mittel bietet, bauen wir was und wie wir wollen, machen eine Architektur, die nicht durch die Technik bestimmt wird, sondern sich der Technik bedient, reine, absolute Architektur.

Heute ist der Mensch Herr über den unendlichen Raum."

Wesentlich versöhnlicher klingt diese bei Michael Trieb, der den Wert der Schönheit für die Psyche des Menschen herausstreicht:

„Geht es nicht auch darum, dass der formale Teil der städtischen Umwelt auch **Möglichkeiten des ästhetischen Erlebens** anbieten muss? [...] Nicht nur Ästheten behaupten, dass die Schönheit der Umgebung, in der die Menschen leben, von entscheidendem **Einfluss auf ihre psychische Verfassung** ist.[...]

Schönheit im Sinn der Wertästhetik ist eine subjektive Erfahrung; Schönheit ist ein Wert, den wir einem Objekt beimessen, und soweit wir ähnlich konstituiert sind, mit verwandten Wahrnehmungsfähigkeiten und Erlebnisweisen, gibt es Gemeinsamkeiten, die aus einer kollektiven Subjektivität resultieren. So sind für die Stadtgestaltung **ästhetisch relevante Faktoren** kollektiver Subjektivität oft in **negativen Fällen** konstatierbar."

Was ist Schönheit?

> *„Alle charakteristischen Städte wirken viel anheimelnder, als die architektonisch-korrekten, ja die malerische Schönheit ist so entschieden siegreich über die bauliche, dass wir zuletzt jede Stadt schön nennen, die uns wie ein reizendes Bild berührt."*
>
> Theodor Fontane, 1870

„**Die Seele braucht Schönheit**. Schönheit nicht mehr zu fühlen ist eine Art Materialfehler der menschlichen Vorstellungskraft. Wir denken viel zu wenig darüber nach, was schön war. Wir sollten in uns gehen, darüber nachdenken, was schön war, was schön ist und wie man es erreichen kann. [...]

Die Schönheit ist es, die Menschen verzaubert und die Armseligkeit einer vermeintlich faktischen Welt aufbricht. Schönheit ist das Erdbeben unserer Existenz. [...] Danach langweilt es einen, was auf der Welt sicher ist. **Wir wollen wissen was möglich ist**."[99]

Christian von Ehrenfels (1859 - 1931), der **Begründer der Gestaltpsychologie**, kann das schöne als ‚geahnte Einheit in der Mannigfaltigkeit' bestimmt werden. „Diese Definition möchte entgegen klassischen Proportionen- und Harmonielehren die **Offenheit des Schönen betonen**. [...] Dies erklärt jene Besonderheit des Schönen, die darin besteht, dass man sich mit dem Schönen immer wieder beschäftigen kann, und immer wieder neue Aspekte dieser Einheit in der Mannigfaltigkeit darin entdeckt."[100]

Doch Schönes, wie jede Eigenschaft lebt nur in ihren Gegensätzen – und schön nicht empfunden werden kann ohne die Wahrnehmung des Beliebigen, des nicht Authentischen, des Hässlichen. Schönheit hat seit der **Romantik keinen zentralen Wert** mehr und wurde vom **Begriff des ‚Interessanten'** unterlaufen – auch wenn Friedrich Schlegel (1772-1829) dem Interessanten nur ‚provisorischen ästhetischen Wert' zubilligt. „Das was das Interessante so interessant macht, ist sein **völliger Mangel**

98 H. Hollein in Bauwelt Fundamente Bd. 1, Programme und Manifeste zur Architektur des 20. JH, 1964, S. 175
99 P. Ruch 2015, S. 105
100 zit. von C.P. Liessmann2009, S. 46

an ‚Allgemeingültigkeit'. Das Interessante gehorcht **keiner ästhetischen Norm**, es verkörpert kein Objektives, strebt nicht nach Vollkommenheit oder Harmonie, sondern besticht einzig und allein durch die exzessive Zeichnung seiner Besonderheit. [...] Interessant ist, was etwas Außergewöhnliches, Deviantes, etwas von der Norm abweichendes aufweist. Das Interessante setzt weniger als ein Gegenbegriff, denn als Folie das Gewöhnliche, Konventionelle, die Norm und das Mittelmaß heraus. In einem ästhetischen Sinn bedeutet das, das Abweichende muss in Erscheinung treten, sichtbar sein, auffallen."[101]

Harmonie**,** Gleichklang, Ausgewogenheit und Kohärenz – alles Begriffe die mit ‚Schönheit' in Zu*sammenhang gebracht werden - aber keine Spannung hervorbringen. Das Ergebnis ist schlicht fade.* **„Spannung entsteht nur wo Gegensätzliches Verbindung aufnimmt"**. Geschlossenheit um den Ausschluss von Gegensätzlichkeit erkauft, ist langweilig."[102]

Zu unterscheiden ist hier die ‚harmonische' Schönheit und die ‚malerisch-pittoreske' Schönheit. Nur letztere lässt Raum für den **Faktor Zeit als vierte Dimension**, das scheinbar Zufällige, Unregelmäßige und Abwechslungsreiche.[103]

Und nicht wie Mäckler-Brenner 2017 postulieren: ‚Schöne Städte waren immer nachhaltig und sind geprägt von zeitloser und anspruchsvoller Architektur'. Schönheit wäre demnach etwas, das einmal erzielt, nicht mehr geändert werden müsse (dürfte).[104]

Ähnlich verfehlt ist die Schönheits-Absicht und die Schaffung von ‚Gemütlichkeit', die zur Individualitätslosigkeit neuer Bebauungen führt. „Die Herrichtung zur Stadt der **Gemütlichkeit ist so wider ihren Geist** wie es gestern der Wille war, sie **f**unktionstüchtig zu machen. Wie der unaufhörliche Funktionswandel von Straßen und Plätzen zeigt, schafft sich die Stadt ihre rationalen Zonen so unabsichtlich wie ihre pittoresken Quartiere. [...]

Tatsächlich ist es das **Fehlen des Absichtsvollen**, das den alten Städten Europas ihre Aura gibt und den Plätzen und Straßen ihren unverwechselbaren Habitus."[105]

Eine Analogie – oder einen Gegensatz zum verwestlichten Konzept der **künstlichen Schönheit**, die einen Zustand der Perfektion vergöttert – der unnatürlich und unerreichbar ist, stellt das japanische Konzept des „Wabi Sabi" dar. ‚Wabi' drückt den Teil der Einfachheit, Vergänglichkeit, Fehler und Unvollkommenheit aus, während ‚Sabi' die Wirkung der Zeit auf eine Substanz oder ein beliebiges Objekt zeigt und ausdrückt und zusammen mit ‚Wabi Sabi' die Idee der ästhetischen Wertschätzung des Alterns, der Fehler und der Schönheit der Auswirkungen von Zeit und Unvollkommenheiten annimmt."[106]

Richard R. Powell fasst Wabi Sabi so zusammen: „Es nährt alles was authentisch ist, da es drei einfache Wahrheiten anerkennt: **Nichts bleibt, nichts ist abgeschlossen und nichts ist perfekt"**.[107]

Oder mit einem geflügelten Wort vom Stadtplaner Reinhard Breit aus den 70er Jahren zu schließen: **„Nix ist fix"**

101 aaO. S. 40
102 D. und G. Franck 2008, S. 239
103 St. Herolds, ‚Schön und gut' in ‚Die schöne Stadt' 2017, S. 175 (zit. Reynolds 1786) und 184
104 E. Merk, Die Schönheit der vierten Dimension in ‚Die schöne Stadt' 2017, S. 216
105 G. Angress und E. Niggemeyer 1985, S. 5
106 Sakura-Nachrichten ‚Kunst des Alltags' – Internetdokument Stand 10/2019
107 R.R. Powell ‚Wabi Sabi Simple, dams Media 2004 - Internetdokument

Architektur und Schönheit

Die drei Hauptanforderungen an die Architektur sind nach Vitruv: Firmitas (Festigkeit), Utilitas (Nützlichkeit) und Venustas (Schönheit).

Vitruv, 22 v. Chr.

„Ein Bau muss Nutzen, Dauer und Schönheit zugleich enthalten"

Vitruv zit. Ernst Bloch 1959, S. 819

Eine Definition der Architektur, die den **falschen Gegensatz** von **Ästhetik und Funktionalität** vermeidet, stammt von Walter Benjamin, 1936. Im *Kunstwerk*-Aufsatz wird die Architektur als die einzige Kunst bestimmt, die sowohl bewusst, durch Wahrnehmung, als auch unterbewusst, durch Gebrauch und Gewohnheit rezipiert wird: durch Gebrauch und durch Wahrnehmung. Oder besser gesagt: **taktisch und optisch**.[108]

„Die Qualität der Architektur ist kein Gegenstand der Architekturtheorie.

Es ist nicht schwer den Grund dafür zu sehen. Nicht, dass der Stellenwert der ästhetischen Qualität strittig wäre. Vielmehr verwickelt die Ästhetik in Fragen des Geschmacks. Geschmacksfragen aber gelten als nicht theoriefähig. Wer auf theoretische Reputation achtet, hütet sich vor Geschmacksfragen."[109]

Doch die **Verdrängung des Begriffs der ‚Schönheit' durch die schwammige ‚Qualität'** bleibt oberflächlich und kann alles bedeuten.[110]

Das erklärt, dass Fragen der Schönheit – besser der Ästhetik, wohl in der Gesellschaft und in den Boulevardmedien, nicht aber in Qualitätsmedien und in der Fachliteratur behandelt werden. Einer der Gründe sieht Georg und Dorothea Franck in der verbreiteten Meinung, „der Unterschied zwischen dem Bauen und der Architektur sei nur einer der Codierung, nämlich des Umgangs mit dem Bauwerk als Zeichen. [...]

Die Beziehung zwischen dem Zeichen und dem was es bezeichnet, hat etwas nicht hintergehbar Arbiträres [Willkürliches]. Die Qualität, die den Unterschied zwischen der **Architektur und dem einfachen Bauen** ausmacht, hat nun aber gerade mit dem Fehlen von Beliebigkeit zu tun. der Eindruck des Beliebigen ist der Tod jeder ästhetischen Qualität. **Eine Architektur, die unseren Geschmack nichts bietet, behandelt uns als sinnliche Idioten.**" [111]

Die **Architektur als Gesamtkunstwerk,** wo nichts verändert werden darf, die sich primär in sich selbst darstellt – sie ist gegenüber dem Gebrauch misstrauisch; was die Leute damit tun stört ihre Harmonie. „Und es gibt Architektur, die den Gebrauch eindeutig liebt, auch den unordentlichen, - eine Baukunst, deren Schönheit nicht allein im Objekthaften liegt, sondern im erfahrenen und genutzten Raum - und in dem Ausmaß, in dem der Raum körperliche und soziale Ereignisse stimulieren kann, begünstigen kann, zulassen kann."[112]

Gerade in der Stadtgestaltung kann nur letztere Auffassung ein lebendiges Stadtbild, eine lebende, sich verändernde, offene Stadt evozieren. Denn der Anspruch nicht nur der Architektur, sondern auch des Städtebaus kann nur einem Ziel dienen – auch wenn weder Architektur noch Städtebau die Gesellschaft unmittelbar verändern können – **mittelbar für Lebensqualität zu sorgen**.[113]

108 zit. in G. und D. Franck 2008, S. 21
109 aaO. S. 12
110 s.a. U. Altrock, S. Huning in Einführung: ‚Die schöne Stadt' 2017, S. 8 und 21.
111 aaO. S. 227
112 O. Kapfinger in ÖGFA vom 24.12.2019
113 s.a. T. Hahn ‚Neue Wiener Dichte' 2104, S. 12

Georg und Dorothea Franck sehen die **Gleichberechtigung der ästhetischen Qualität mit dem Gebrauchswert**: „Es gibt kein ästhetisch neutrales Bauen mehr. Alles Bauen, ob es gelingt oder nicht, ist zur Gestaltung - zur Baukunst - geworden. Das Problem der Kunst aber ist, dass sie nur gut oder schlecht sein kann. Die Baukunst hat das weitere Problem, dass man unpassende Bauten nicht wegstellen kann wie schlechte Malerei. Die Ästhetik hat in der Architektur daher eine Bedeutung gewonnen, die sie historisch nie hatte. Bis in die Moderne hinein wurde die **Ästhetik als schöne Zugabe zur Funktionalität** des Bauens gehandelt. Damit ist nun Schluss. Die ästhetische Qualität ist keine Nebensache mehr. Sie geht gleichberechtigt mit der Schutzfunktion und mit dem physischen Komfort in den Gebrauchswert der Architektur ein."[114]

Indikatoren der Ästhetik

> *„Schön ist eine Stadt, die Stimmungen verändern, Wohlgefühl erzeugen, Lebenskräfte geben und Lebensziele deutlich machen kann."*
>
> Paulo Coelho, Die Schriften von Accra 2012[115]

Es gibt sicher **keine gültigen Regeln** für eine ästhetisch wirksame Gestaltung – aber einige wenige Anhaltspunkte, die hier – nicht erschöpfend – angesprochen werden sollen.

Ordnung wird oft mit Eintönigkeit verwechselt

„Es werden einfältige Lügen über die Ordnung in den Städten verbreitet, die darauf hinauslaufen, dass Eintönigkeit gleich Ordnung sei. Es ist das einfachste in der Welt, ein paar Formen herauszugreifen, sie in eine reglementierte Einförmigkeit zu bringen und das dann als Ordnung anzubieten. Einfache Reglementierung ist in dieser Welt aber höchst selten mit echter funktioneller Ordnung zu vereinen."[116]

‚Schöne Architektur' wird oft nachträglich verdorben

„Wie oft können sie hören, dass einer der Architektenkollegen beschwert, die Bewohner hätten ihm ‚seine' - in den Zeitschriften auch so schön photographierte - Siedlung nachträglich durch allerlei Zutaten verdorben. Echte Schönheit ist nicht so labil, dass sie gleich zerfällt. Der Architekt sollte sich lieber fragen, ob nicht er etwas falsch gemacht hat, dass so etwas entstehen konnte."[117]

Weite und Grünelemente sind Indikatoren für ‚Gutes Wohnen'

Als Ergebnis einer Befragung in fünf unterschiedlichen Untersuchungsgebieten finden alle Befragten, unabhängig von Bildung und sozialer Herkunft. eine ästhetisch anmutende Wohnumwelt wichtig. Ein guter Indikator für eine positive ästhetische Einschätzung des eigenen Wohngebietes ist die Qualität des Ausblicks aus der Wohnung: die Weite des Blicks in den Raum und die Grünkomponente sind dabei besonders wichtig.

Wie lässt sich Schönheit im Städtebau produzieren?

„Schönheit hat es immer schon gegeben, weil die menschliche Idee der Schönheit davon abhängt, wie wir etwas wahrnehmen....das Ikonische hat ausgedient. Es können Gebäude entstehen, die ikonisch sind, indem sie zu wichtigen Bildern werden für ihre Zeit. Doch wenn das Ikonische eine Art Exzentrik meint, des noch nie zuvor Gesehenen: dann ist sicher nicht der Moment, sie triumphal anderen Exzentrischen gegenüber zu stellen."[118]

114 G. und D. Franck 2008, S. 11
115 zit. in M. Trieb, Das Geheimnis der Schönheit in ‚Die schöne stadt'2017, S. 104
116 J. Jacobs 1963/1975, S. 195
117 E.W. Heiss und K. Glotter 1997, S. 23
118 J. Herzog im ZEIT-Feuilleton v. 20. 4. 2023 ‚Man möchte da unbedingt rein'

‚Förderer der Schönheit'

Nachdem es keine allgemeingültigen einheitlich normative Definitionen der Schönheit geben kann, soll aus den **Regeln der Wahrnehmungs- und Gestaltpsychologie** begleitende Qualitäten abgeleitet werden, die den ‚Geschmack' der meisten Menschen ins ‚positive drängen' und hier ‚Förderer der Schönheit' genannt werden sollen:

1. Wenn zwei an sich **gegeneinander strebende Dinge** zusammen, ja als zusammengehörig wahrgenommen werden, dann erscheint ‚höchste Harmonie' (Heraklit), etwas das uns beim Anblick Freude bereitet.
2. Die alte Kunstformel (Winckelmann): **‚Mannigfaltigkeit in der Einheit'** (Beispiel: Schnee in Industriegebieten als ‚weiße Klammer')
3. Widerstand in der Wahrnehmung: **Alles Leben bedarf der Hindernisse** - Lebendiges benötigt zu seiner Entfaltung der Herausforderung und Störung (Hugo Kükelhaus - Mit den Sinnen leben, 1980)
4. Das Kontrastpaar **Kontraktion und Expansion** - Dynamik von Punktwolken, von dicht zu locker etc., Urform des Atmens und der Musik und darstellenden Kunst.

Gabor Paál unterscheidet die Elementarästhetik von der Erkentnisästhetik:[119]

„**Elementarästhetische Prozesse** beruhen auf vegetativen Wirkungen bestimmter Sinnesreize [...] Schönheit entsteht in dem Moment, in dem wir sie bewusst erleben und einem Objekt zuordnen.

Diese **Vorlieben sind stabil** wie Sonnenuntergänge, Brandungsrauschen, lodernde Kaminfeuer oder gewisse weibliche oder männliche Attribute –Ästhetik von unten.

Erkenntnisästhetische Prinzipien können zwar über lange Zeit stabil bleiben, unterliegen aber **gewissen Schwankungen**: Zeichen, Stilrichtungen, Moden und Lebenseinstellungen – Ästhetik von oben."

Recht auf Schönheit

‚Die Schönheit ist lediglich die Verheißung von Glück'. Sprichwörtlich ‚Schönheit ist nur ein Versprechen von Glück'.

Stendhal (Henri Beyle, 1783-1842)[120]

„Denn einen anmutigen Ort wird man nicht so leicht verlassen....denn ohne eine gewisse Schönheit kann das Leben der Menschen nicht lange bestehen"

Thomas von Aquin in De rigimine principium, 1265

„Das Planungsziel ‚Schönheit' kann nicht objektiv ‚bewiesen', gegen rechtliche Anfechtung abgesichert und ebensowenig verordnet werden. Jeder und jede Zeit beansprucht die Freiheit, in der Gestaltung die eigene Identität zu suche, was in der resignierten (oder pragmatischen?) Feststellung Ausdruck findet: **‚Jede Gesellschaft gestaltet oder verunstaltet ihre Umwelt so, wie sie es verdient**.'

Dennoch kann und darf Planung sich nicht darauf beschränken, nur funktionale oder den - kurzlebigen - Zeitgeschmack mit angepasstem Design zu bedienen, [...] auch die ‚ungestaltete' Planung nimmt Gestalt an - und der Planer würde - ungewollt - auch hierfür die Verantwortung tragen."[121]

119 G. Paál 2020, S. 49, 59, 62
120 H. Beyle ‚Über die Liebe' zit. in C.P. Liessmann 2009, S. 8
121 D. Prinz ‚Städtebau' 1988, s. 165

Kann ‚Schönheit' mit der **Last der Geschichte** überhaupt noch als Ziel dienen? Auch ‚Schönheit' ist nicht gegen Missbrauch gefeit – wir müssen die Motivation, die dahinter steht kritisch sehen: „Wenn Schönheit für die Darstellung der **völkischen Ideologie der Nationalsozialisten** oder wie im Konzept des **‚sozialistischen Realismus'**, zur Verklärung stalinistischer Herrschaftsansprüche missbraucht werden konnte, musste sie für eine demokratische Kunst radikal an Bedeutung verlieren. Vor allem unter politisch-moralischen Gesichtspunkten scheint eine an Schönheit orientierte Kunst geradezu **ein Verrat** zu sein, eine Lüge gegenüber einer Welt, die **alles andere als schön** ist." Theodor Adornos vieldiskutierte These, dass es barbarisch sei, nach Auschwitz noch Gedichte zu verfassen, geht in diese Richtung.[122]

Abgesehen davon gibt es Bedürfnisse – auch nach Schönheit – die es zu befriedigen gibt. Doch eine **Sättigung, eine Zufriedenheit stellt sich nie ein**, da unsere menschlichen Bedürfnisse unendlich sind: „Um leben zu können, bedürfen wir der Andeutung von Besserem. Wir suchen eigentlich nicht Zulänglichkeiten, von denen wir sagen können, dass sie Ansätze davon sind, wie es sein müsste; und allein dadurch ist es eigentlich fast schön.[123]

Auch Bedürfnisse können abgefragt werden – die Validität ist jedoch fraglich, da **sinnenhafte Bedürfnisse** rational nicht oder nur **sehr schwer erfassbar** sind.

Der postmodern-expressionistische Architekt Daniel Libeskind, von dem man sich so ein Statement nicht erwartete, fordert in einem Interview im Berliner Tagesspiegel 2015:[124] „**Wir müssen Schönheit haben**, Proportionen und Aktivitäten, die Entwicklung fördern, nicht nur ökonomisch, sondern auch mental. Das ist der Grund warum Menschen heute noch in Scharen nach Florenz oder in andere alten Städte fahren.....Schönheit ist etwas, worüber heute keiner mehr spricht. Schönheit verschwindet. Aber es gibt sie tastsächlich, die schöne Stadt, das schöne Gebäude,....**einen wunderschönen Sinn für Fantasie**."

Und Markus Karner sieht im ‚Vergleich des Malerischen Camillo Sittes mit dem Prägnanten Gernot Böhme':[125] „Der Begriff der **Schönheit im Städtebau** verstärkt sich wieder – man sorgt sich auch in der Kunst, in der Literatur und den Medien über die Abwesenheit des Schönen in gebauten Räumen. Eine Verschandelung Österreichs, einen ästhetischen Analphabetismus wird dem Städtebau (welchen?) vorgeworfen. Das **menschliche „Zentralbedürfnis"** (Stefan Sagmeister 2016) bleibt unbefriedigt zurück. [...] Obwohl der Wahrnehmungs- und Empfindungsinhalt subjektiv ist, ist Schönheit keine Glückssache, die von Zufällen abhängig ist, kein Genieblitz, sondern ist auf empirisch feststellbaren Raumqualitäten zurückzuführen.

Barbara Coudenhove-Calergi vermisst Schönheit, die sie als Menschenrecht ansieht:[126]

*„**Schönheit ist ein Menschenrecht**, verkündete vor Jahren der Autor und Journalist Günther Nenning. Nimmt man das wörtlich, stößt man heute bei jeder Autofahrt auf jede Menge Menschenrechtsverletzungen. Unser schönes Land wird von Jahr zu Jahr hässlicher. [...]*

Wie ein Krebsgeschwür breiten sie sich aus: Einkaufszentren, Lagerhallen, Produktionsstätten, scheinbar ohne Plan durcheinander aufgestellt. Hing'schissen sagen die Einheimischen. Währenddessen veröden die historischen Ortskerne. [...]

122 C.P. Liessmann 2009, s. 65
123 L. Burckhardt 1985, S. 296-297
124 zit. in Andreas Zeese S.161 in K. Semsroth, ‚Über die Schönheit der Stadt' Wien 2023
125 M. Karner in K. Semsroth ‚Über die Schönheit der Stadt' S. 197
126 B. Coudenhove-Calergi – Das Land wird hässlich, 2020 in Standard 4.5.2020

Gewerbegebäude müssen nicht schön sein, erwidern darauf manche. Sie sollen praktisch und zweckmäßig sein und nicht zu teuer, sie sind keine Architekturdenkmäler, sondern Ort wo gearbeitet wird. Sie sind Maschinen und keine Kunstwerke, einverstanden. Aber auch in der Vergangenheit gab es Fabriken und Arbeitsräume, Wirtschaftsgebäude und Produktionsstätten. Sie hatten und haben ihre eigene Schönheit. Viele stehen heute unter Denkmalschutz. Die Backsteinbauten, wo einst geschuftet wurde, dienen jetzt nicht selten als Museen [und Kulturstätten) und finden in Architekturführern Erwähnung. [...]

Es gibt heutzutage mehr Stadtplaner, Urbanisten, Architekturtheoretiker als je zuvor. Wieso fragt sich der Besucher, ist es all diesen begabten Leuten nicht gelungen, aus all den Agglomerationen Orte mit einem ‚Gesicht' zu machen? [...]

Höchste Zeit, dass irgendjemand hier das Menschenrecht auf Schönheit einfordert."

Doch die Frage nach Ernst und Unterhaltung, nach Schönheit und Verunstaltung ist keine rein ästhetische mehr – sie war es wohl nie – sondern eine **Haltung gegenüber den Realitäten der Welt**. „Akzeptieren wir, dass es verschiedene Ausprägungen des Lebens gibt und dass sich jede davon (im Rahmen der Rechtsordnung) ihre eigene Form suchen darf, sofern sie das möchte? Ertragen wir es, dass das Edle und Schöne auf Schritt und Tritt von den Unreinheiten des Alltags kontaminiert wird und lassen wir es zu, dass die Deutungshoheit keine eindeutige Adresse mehr hat? Oder ganz allgemein; Sind wir neugierig auf die Zukunft und vielleicht sogar froh, dass wir noch nicht alles wissen?

Verfall, Ruinen und ‚Shabby-Look'

Lost Place

Abbruch Wien-Mitte

10.3 Verfall, Ruinen und ‚Shabby-Look'

„Dich will ich loben: Hässliches,
du hast so was Verlässliches.
Das Schöne schwindet, scheidet, flieht -
fast tut es weh, wenn man es sieht.
Wer Schönes anschaut spürt die Zeit,
und Zeit meint stets: Bald ist's soweit.
Das Schöne gibt uns Grund zur Trauer.
Das Hässliche erfreut durch Dauer."

Robert Gernhardt 1997

„Von der zweiten Hälfte des 18. Jahrhunderts an setzt sich die Vorliebe für gotische Architektur durch, die im Vergleich zu klassischen Maßen nicht anders als unproportioniert und unregelmäßig erscheinen kann, und gerade die Neigung zum Unregelmäßigen und Formlosen führt zu einer neuen **Wertschätzung für die Ruinen**. Nun wird die Ruine gerade wegen ihrer Unvollständigkeit geschätzt, wegen der Zeichen, welche die unerbittliche Zeit an ihr hinterlassen hat."[127]

Die Romantik löst das **Schöne durch das Interessante** ab. Das Interessante gehorcht keiner ästhetischen Norm, es verkörpert kein Objektives, strebt nicht nach Vollkommenheit oder Harmonie, sondern besticht einzig und allein durch die **exzessive Zeichnung seiner Besonderheit**. Interessant ist, was etwas Außergewöhnliches, Abweichendes, Bizarres - etwas von der Norm abweichendes aufweist.[128] Nicht so Ungewöhnlich war sogar der Bau von Ruinen, wie die ‚Römische Ruine' in Schönbrunn aus Renaissance-Spolien des Neugebäudes oder der Landschaftspark des Schlosses Laxenburg mit ihrer ‚Rittergruft' und anderen Ruinen. Für Ruskin war ebenso wie für Sitte das Motiv des Malerischen, des Pittoresken, ein wichtiger Faktor eines Stadtbildes. Ruskin sah noch geprägt von den Idealen der Romantiker im ‚Pittoresquen' die Zufälligkeit, das Akzidentielle, das Unerwartete, das die Phantasie beflügelt. Er liebte Den Verfall und überwachsene Ruinen.[129]

In der Postmoderne, die den **Kult des Hässlichen und Ordinären** als Abbild der Gesellschaft und der **modernen Marktwirtschaft** sieht,[130] wird in Venturis ‚Learning von Las Vegas' (1972) der **‚dekorierte Schuppen'**, der nur zum Highway ein raffiniertes Bild bietet aber sonst der direkten Nachbarschaft eine völlig vernachlässigte Rückseite bietet, als Symbol gesehen. Moderne Outlet-Center haben dieses ‚Konzept' zur Perfektion gebracht.

Kazuo Shinohara hat in seinem Beitrag ‚Tokyo – Die Schönheit des Chaos' Jutako Kenchiku zitiert, der bereits 1964 zu der Auffassung kam, dass die heutige Stadt nur die **Schönheit der Unordnung** ausdrücken kann. „Doch die Menschen haben begonnen, städtisches Chaos nicht mehr als etwas Abzulehnendes zu betrachten, sondern eine wichtige Bedingung für städtische Vielfalt und Komfort. Meine Vermutung, dass Tokyo nur die Schönheit von Chaos ausdrücken kann, hat sich bestätigt."[131]

Ernst Bloch hat 1959 festgestellt, dass die neuen Gebäude und Straßen als Zeichen, dass sie schlecht gebaut sind, **nicht alt werden können**, sondern im Lauf der Jahre **nur verrotten**.[132]

127 U. Eco und F. Hausmann 2007, S. 285
128 s.a. C.P Liessmann 2009, S. 46
129 s.a. M. Schwarz in ‚Über die Schönheit der Stadt' (Hg. Klaus Semsroth) S. 147
130 s.a. K. Frampton 1983, S. 245-246
131 K. Shinohara in ARCH+ 105/106 aus 10/1990
132 E. Bloch ‚Prinzip Hoffnung' 1959, S. 449

Den ästhetischen Mehrwert des Verfalls beschreibt Rudolf Kohoutek:[133] „Die **Erscheinungsformen des Verfalls** [...] verdanken sich überwiegend einem Bündel von chemischen Prozessen, systemischen Nebenwirkungen, Fehlern und Zufällen, zuweilen auch destruktiven Interventionen. Moralisch sind es **Zustände der Unordnung**, Verwahrlosung, der Verschmutzung, einer Unschicklichkeit. An jenen Stellen, wo die sorgende Kraft der Pflege und Erhaltung nachgelassen hat, entstehen unerwartete Figurationen, die sich als Symptome, Spuren oder Indizien lesen lassen: **Rorschach-Test für den mentalen Zustand der Stadt**."

Und weiter:[134] „Die prekäre perverse Schönheit von Oxidationen, Rostflecken, Pissecken, noch nicht sanierte Hauseinfahrten oder dunklen Stiegenhäusern, durch jahrzehntelanges Anstreifen freigelegte Farbschichten aus gelegentlichen Übermalungen an Haustoren eröffnet zugleich eine **Archäologie des Alltags**. Übrig bleiben melancholische Metaphern der Beschädigung, des Absterbens, der Auflösung." Wie die Ghostletters, ephemere Darstellungen an durch Abbruch freigelegten Feuermauern und andere Spuren der Zeit.

„An dieser Stelle soll nicht unerwähnt bleiben, dass die **Verherrlichung des Verfalls** ungeheure Verbreitung findet: AmateurfotografInnen und Fotogruppen gehen auf die Jagd nach Bildern **verlassener Orte, kaputter Gebäude und Innenräume**. Im Internet finden sich hunderte Eintragungen zur Ästhetik des Verfalls und zu allen Arten von gegenwärtigen ‚Ruinen'. Die entsprechenden fotografischen Motive und Aktionen nennen sich u.a. **‚Ruin Porn', ‚Ruinophilia' oder ‚Urban Exploration'** (‚Urbex')."[135] Aber auch Coffee-Table-Books über ‚Lost Places' aus aller Welt und über ‚Geheimnisvolle Unterwelten – Keller-Labyrinthe-Fremde Welten.

Lost Places: Verlassene Gebäude, die auf den Henker warten:[136] „Oft sind deren Fenster eingeschlagen, die Fassaden mit Graffiti überzogen und das Areal, auf dem sie sich befinden verwahrlost. Sie stehen wie festgefrorene Häftlinge auf einem öffentlichen Hinrichtungsplatz, auf dem der Henker mit dem Beil zunächst in Ruhe abwartet. Die Gebäude verharren oft einige Jahre still in ihrem Verfallsprozess. wir wissen nicht, was letztendlich mit ihnen passiert. **Ihr Schicksal bleibt ungewiss**." Oder gewiss – nur der Zeitpunkt ist offen.

Der Endpunkt dieser Entwicklung sind moderne Ruinen – jene Bauten, die schon **vor ihrer Fertigstellung ‚aufgegeben'** wurden:[137] „ Der ‚Incompiuto Siciliano' hat keine rationale Haltung - im Gegenteil. nur eine leidenschaftliche Beziehung zum eigenen Land kann ein solches Phänomen entstehen lassen. Man könnte es etwas zynischer sagen: Ein Land, das mit so viel Schönheit gesegnet ist, **muss irgendwo das Gegenteil produzieren**.

Die Idee von Alterazioni Video, diese Ruinen nicht als Schande, sondern als Chance zu sehen, leuchtet ein. Doch funktioniert diese Neubewertung wirklich? Das Unvollendete als ‚Stil', die stummen Zeugen der Korruption als Coffee-Table-Book? Werden hier politisches Scheitern, das Plündern öffentlicher Gelder und ökologische Schadensfälle mit nonchalanter, theatralischer Geste ästhetisiert? [...]

Was wenn Architektur gar nicht das Match zwischen heiligem, für immer konserviertem Alten und umstrittenen Neuem ist, als das sie immer dargestellt wird, sondern ein Prozess? Was wenn wir jedes (wirklich jedes) Bauwerk als per se unvollendet ansehen? [...]

133 R. Kohoutek 2016, S. 169
134 aaO. S. 171-172
135 aaO. S. 170-171c
136 M. La Speranza 2019, S. 16
137 M. Novotny in Standard 8.2.2020

Manchmal lebt das Unvollendete länger als das vollendete.

Eugene Quinn, der durch das **‚Hässliche Wien'** führt: „Auch die düsteren Seiten machen eine Stadt aus. Die Vergangenheit einer Metropole darf nicht einfach vergessen werden, auch Wien besteht aus beiden Seiten - der süßen und der salzigen."[138]

Veränderungen entstehen, wenn Routinen nicht nur variiert, sondern durch neue Routinen ersetzt werden. Das Schaffen eigener institutionalisierter An(Ordnungen) ist ein zur Dominanzkultur gegenläufiges Geschehen, das als gegenkulturell bezeichnet wird. Das kann zur Veränderung gesellschaftlicher Strukturen führen, kann aber auch diese in der Übertretung bestätigen.[139]

Im **Pathos einer Gegenkultur** junger Menschen wird ein Kult des Hässlichen, der von der Kleidung (Shabby Look) bis hin zur räumlichen Ausstattung die **Protestbewegung in den Städten** bewegt.

Rudolf Kohoutek sieht im Verfall und der Verwahrlosung **‚die Geschichte der Stadt'** und die **‚Parabeln der Vorstadt':** Absterben der kleinen Läden, Verwahrlosung der Erdgeschoßzonen und Kellerabgängen, Reste alter Holzportale, die nicht mehr gebraucht werden, Feuchtigkeit, Abblätterungen, Schüchternes, aber zähes ‚kleines Grün' zwischen Ritzen und Fugen. Armut macht schön.[140] Oder zeitgemäßer das Wort Klaus Wowereits 2003: **„Berlin ist arm, aber sexy"**

„Die **Verfallszonen der Städte** werden zur Heimat, in die jene abgedrängt werden, die in der Konkurrenz um die noch wohnlichen Teile nicht mithalten können. So kommt es zu einer Polarisierung im Erscheinungsbild, in der Ästhetik der Städte; zu scharfen Kontrasten zwischen der Aura des Verfalls (die gleichwohl Nutzungsvielfalt und Zugänglichkeit für jene verspricht, die aus dem Markt der Möglichkeiten ausgesperrt sind) – und der **gestalterischen Aufwertung** jener Häuser und Quartiere auf der anderen Seite, in die zahlungskräftige Kunden nachzurücken bereit sind."[141]

Alles das wird in eine neue Gestaltungspolitik einzubeziehen sein, die Wechselbeziehung von nicht vorhersehbaren Phänomen und Überraschungen. Sogar **Widersprüche und Diskrepanzen**, die Synkretismen des Lebens werden einbezogen werden müssen. Wenn auch für Viele, auch Experten, Hinweise auf eine neue Ästhetik völlig chaotisch erscheinen, werden sie mit der vorherrschenden Realität verbunden werden müssen: „Die Gedankenwelt muss mit der des Lebens in eine Wechselbeziehung gebracht werden."[142]

„Etwas an sich Hässliches kann auf höherer Ebene als ‚schön' empfunden werden: *Paradoxie der Hässlichkeit* (Goodman1995, S. 235). Auch dem Kitsch liegt eine Paradoxie zugrunde, denn das Kitschige ist zwar schön – aber **zu schön um** (wirklich) **schön zu sein**"[143]

Auch die **Zerissenheit** kann durch **stilistische Brüche** wie Verletzen der Harmonie, Symmetrie, Balance und Erhaltungszustand zum Ausdruck gebracht werden. Innerhalb eines Objektes sind die Brüche erstmal nicht schön - doch indem die inneren Unstimmigkeiten zusammen mit den assoziierten Unstimmigkeiten ein in sich stimmiges Gesamtmuster bilden, wird auf die dargestellte 'Zerrissenheit' verwiesen.[144]

138 E. Quinn ‚Hässlichkeit trifft Entertainment' 2019 in studio 2/2019, S. 10-13
139 M. Löw 2017, S. 227
140 R. Kohoutek 2016, S. 9
141 W. Durth in neue heimat Monatshefte 1/1982 S. 38
142 U. Kultermann, neue heimat Monatshefte 1/1982 S. 29
143 G. Paál 2020, S. 12
144 ooA. S. 141

Fazit –Conclusio

10.1 Populismus und Medien

- *Die deduktive Denkweise von der* ***Stadt als Ganzes*** *– als Gesamtkunstwerk – wurde durch die gesplittete Vorgangsweise einzelner Disziplinen von der Soziologie bis zur Umweltpsychologie ersetzt.*
- *Die Zerlegung des ‚widerständigen Monolithen' Stadt führte zu einer* ***Überbetonung des ‚populären Volkswillen'****: vox populi vox dei*
- *Das Dogma* ***‚über Geschmack lässt sich nicht streiten'*** *und sei eine subjektive Angelegenheit trifft auf den Großteil der Stadtbildelemente nicht zu: Die Bevölkerung weiß ganz genau was ihnen gefällt und was nicht.*
- *Wie die Pop-Welle und die Postmoderne verschleißen sich* ***städtebauliche Moden*** *– sie sind zeitgebunden und haben ein Ablaufdatum*
- *So wie das* ***Verdrängen von Gefühlen*** *die Sentimentalität fördert, führt die Ablehnung des Ornaments zu neuen Formen von Kitsch: Bühnenbilder und Szenerie einer Spontaneität.*
- *Auch ‚schlechte' Architektur,* ***‚Bausünden' müssen ihren Platz haben*** *– nur daran lassen sich gute Beispiele messen. Abgesehen von der ‚Klassengebundenheit' moderner Architektur, die kaum reflektiert wird.*
- *Kein Planer gibt sich mit dem ‚Normalen', dem guten Durchschnitt zufrieden – doch Baukultur ist eine Frage des* ***Niveaus der Normalität*** *und nicht die Spitzen der Stararchitekten.*
- *Schrebergärten mit ihren* ***Hang zur ‚Schönheit'*** *zeigen in ihrer Gestaltungsfreiheit die ‚heile Welt', die oft in Kitsch ausartet: ‚kitchy' ist im angelsächsischen kein Verdikt, sondern fast zärtlich lächelnd zu verstehen.*
- *Die* ***Oberflächlichkeit der Architekturkritik*** *– vertreten von Journalisten und ihren ‚hastig angelernten Thesen, die ihrerseits von der Politik reproduziert werden, gebärden sich entweder schamlos gefällig oder subversiv.*
- *Nur wenige Print- oder Bildmedien weisen eine* ***qualitätvolle Kommunal- und Architekturberichterstattung*** *– der Boulevard ist nur an Konflikten interessiert und daher das ideale Medium von Bürgerinitiativen.*
- *Der mediale Einfluss auf die Meinungsbildung macht daher* ***plebiszitäre Entscheidungsfindung*** *von vornherein fraglich – auch wenn Medien nur vorhanden Einstellungen verstärken können –aber nicht ‚umdrehen'.*
- *Es stellt sich die Frage, ob ‚Experten' nicht auch dort* ***Probleme sehen, die sich den Betroffenen nicht erschließen****, die nur in einer ‚Subkultur' der Planer oder von einer bestimmtem Schicht von Intellektuellen empfunden werden.*

10.2 Ästhetik und Schönheit

- *Die* ***‚moderne Kunst'*** *ist per se ‚volksfeindlich' und* ***spaltet die Gesellschaft*** *in wenig Geneigte und in eine große, zahllose von bevormundeten Feinden.*
- *Die* ***Widerstandshandlungen*** *der ‚kleinen Leute' durch aufgezwungene Formen zeigen sich durch die Ausbreitung von ‚Geschmacklosigkeiten', wenn Menschen ihre Umgebung zu gestalten beginnen, wie im Schrebergarten.*
- *Wo der Mythos der Innovation bloße Attitüde ist , hat die* ***Konvention das bessere Argument*** *und macht Gestaltung verständlich und lesbar – Modernismen versteht nur der Eingeweihte.*
- ***Avantgarde-Kunst bedarf der Interpretation****, der Kenntnis der Zugangscodes, die schichtspezifisch unterschiedlich vermittelt werden:* ***Abstraktion muss gelernt werden*** *und bedarf einer Anleitung.*

- *Der Mensch braucht auch Schönes zur* ***Befriedigung ästhetischer Bedürfnisse****, wenn die Grundbedürfnisse wie leistbares Wohnen, auskömmliches Einkommen und benutzbare Strukturen erfüllt werden.*
- *Die* ***Schwierigkeiten in der Rezeption der Moderne*** *basieren auf den Affekten und Emotionen in der ästhetischen Beurteilung und gipfelt in der Verwendung herabwürdigenden Begriffen. Doch das ‚Hässliche' von heute ist das Schöne von morgen- bloß das Beliebige wird nicht schön.*
- ***Schönheit und Rationalität sind keine Gegensätze*** *– das Ziel ist eine Ästhetik, die das Sinnhafte mit dem sinnlichen verbindet.*
- *Die* ***Vermeidung von Gefühlstermini*** *macht auch in der Ästhetik nicht halt: Schönheit und Hässlichkeit sind im ‚rationalen Sachdiskurs' verpönt und werden nur mehr in der Auseinandersetzung mit Laien verwendet, die keine Scheu davor haben und damit ihre Emotionen ausdrücken.*
- *In der Welt der ‚Experten' werden ästhetische Urteile durch wissenschaftlich-objektive Bezeichnungen ersetzt –meinen aber dasselbe, was den Diskurs mit den Betroffenen den* ***Charakter des ‚Aneinander-vorbei-redens'*** *gibt.*
- *Seit Kant ist die ästhetische Wahrnehmung nicht an einen Gegenstand, sondern an das betrachtende Individuum gekoppelt, das sein* ***Geschmacksurteil als allgemein verbindlich*** *ausdrückt: ‚Das Haus ist schön' statt ‚gefällt mir gut'.*
- ***Schönheit wird über die Sinne wahrgenommen*** *und wird durch Reize ausgelöst: ist der Reiz zu schwach wird er nicht wahrgenommen – mäßige Reize werden als angenehm empfunden – und das Auslösen zu starker Anstrengungen verursacht Irritationen.*
- ***Das Schöne als Flucht vor der Wahrheit*** *– in der Kunst in den Kitsch – ist der Ausfluss einer elitären Arroganz, die meint dass Hochkultur gegen die Realitätsflucht gefeit sei.*
- *Die wahrscheinlichste* ***Theorie vom Schönen*** *setzt sich aus zwei entgegengesetzten, gleichermaßen notwendigen Elementen zusammen: der Einheit und der Vielfalt. Den Tugenden der Moderne – einfach, eindeutig und klar stehen in der Postmoderne ambivalent, vieldeutig und komplex entgegen,*
- *Hinter dem Kampf um Schönheit ist oft* ***rechtsradikales Gedankengut verborgen*** *– wie in der Denkmalpflege, wo jede Veränderung und Weiterentwicklung abgelehnt wird.*
- *In formalen Teil der städtischen Umwelt muss auch die* ***Möglichkeit des ästhetischen Erlebens*** *angeboten werden, die von entscheidenden Einfluss auf die psychische Verfassung ist (Kapner, Trieb) – Schönheit ist auch eine kollektiv-subjektive Erfahrung.*
- *Schönheit hat seit der Romantik keinen zentralen Wert mehr und wird vom Begriff des ‚Interessanten' unterlaufen.* ***Doch das Interessante hat keine Allgemeingültigkeit*** *– die Abweichung von der Norm, das Deviante muss in Erscheinung treten und Auffallen.*
- *Der japanische Begriff der Schönheit – das* ***Wabi Sabi verbindet das Unvollkommenen und Einfache*** *(Wabi) mit der Vergänglichkeit in der Zeit und des Alterns (Sabi): Nichts ist perfekt.*
- ***Fragen der Schönheit und der Ästhetik*** *werden in der Gesellschaft und im Boulevard behandelt, nicht aber in der Fachliteratur –bloß eine Architektur, die nichts bietet, behandelt uns als sinnliche Idioten.*
- *Moderne Architektur ist dem Gebrauch gegenüber misstrauisch:* ***wo gibt es in der Architekturfotografie Menschen****? Gerade in der Stadtgestaltung, der vielbeschworenen Urbanität lebt die Stadt von den Menschen, vom Gebrauch der physischen Gestalt.*
- *Das Planungsziel* ***‚Schönheit' kann nicht objektiv bewiesen werden****, gegen rechtliche Anfechtung gesichert oder verordnet werden: Jede Gesellschaft gestaltet oder verunstaltet ihre Umwelt, wie sie es verdient.*
- ***Sinnliche Bedürfnisse können nur schwer erfasst werden****, sind sie doch den wenigsten Menschen bewusst – auch wenn Schönheit ein Menschenrecht ist, das eingefordert gehört.*

10.3 Verfall, Ruinen und ,Shabby-look'

- *Der Trend nach der* **Ästhetisierung des Verfalls und Ruinen**, *der ,Lost places' ist seit der Romantik mit der Ablösung des ,Schönen' durch das ,Interessante' eingeleitet worden.*
- *Die Postmoderne hat dieses* **,Abbild der Gesellschaft'** *zu einem Kult erhöht: der ,dekorierte Schuppen', der nur verfallen kann.*
- *Das Chaos als Zeichen der Zeit und moderne Großstädte als Inbegriff der Urbanität und der Vielfalt, der Komplexität:* **der ,Rorschach-Test' des mentalen Zustands der Stadt**.
- **Im Verfall und der Verwahrlosung ist die Geschichte der Stadt ablesbar** *– die Schönheit des Wahren.*
- *Auch* **Zerrissenheit und stilistische Brüche** *sind oft im Detail erst einmal nicht als schön zu bezeichnen – aber in einem stimmigen Gesamtmusterwerden ästhetische Qualitäten freigesetzt.*

11. Komplexität im Stadtbild

„Nur in der Freiheit ist Harmonie möglich, denn sie lebt vom Unterschied. Die Komposition dieser Unterschiede erzeugt eine lebendige Harmonie. Die Diktatur duldet keine Unterschiede, geschweige denn Gegensätze. Sie erzwingt die Gleichmacherei, um Harmonie vorzugaukeln, aber was dabei entsteht, ist nicht Harmonie, sondern Monotonie, ödes Einerlei, Langeweile."

Rafik Schami 2019[1]

11.1 Maß der Komplexität

„Nicht wie im Chaos: zerquetscht, zerstampft.
Sondern: in Harmonie verstreut,
wo wir Ordnung in der Vielfalt wahrnehmen,
Und wo alles, voneinander abweichend,
dennoch zusammenklingt."

Alexander Pope (1688-1744)[2]

Komplexitäts- und Chaostheorie

Kultur entsteht beim Gehen von Umwegen. Erst das Irritierende und Unvorhergesehene lässt uns mit der Welt in Verbindung treten.

Hans Blumenberg (1920 -1996)[3]

Einleitend soll kurz auf die Komplexitätstheorie eingegangen werden, wie sie wissenschaftlich definiert ist:

„Die Welt ist bekanntlich komplex. Steuerung ist der **Aufbau von Komplexität** zur Bewältigung von Komplexität. Daher wird die Welt im immer komplexer - zumindest solange die Koevolution von Komplexität und komplexer Steuerung nicht zusammenbricht. Mit ihren zentralen Metaphern der **‚Ordnung am Rande des Chaos'** und der **‚Evolution am Rande des Chaos'** behauptet die Komplexitätstheorie gerade, dass ein solcher evolutionärer Drahtseilakt möglich ist. Mit Popper (1984) ist die Komplexitätstheorie darüber hinaus der Meinung, dass es von der Amöbe bis zu Einstein nur ein kleiner Schritt ist."[4]

Komplexitätstheorie *- Wikipedia:*
Die Komplexitätstheorie als Teilgebiet der theoretischen Informatik befasst sich mit der Komplexität algorithmisch behandelbarer Probleme auf verschiedenen formalen Rechnermodellen. Die Komplexitätstheorie unterscheidet sich von der ***Berechenbarkeitstheorie,*** *die sich mit der Frage beschäftigt, welche Probleme prinzipiell algorithmisch gelöst werden können.*

Führender Vertreter der Komplexitätstheorie ist Stuart Kauffmann – ‚At home in the Universe', 1995:

„Auf der Ebene der weltbildprägenden Metaphern ist der Komplexitätstheorie mit den Begriffen ‚Ordnung am Rande des Chaos' und ‚Evolution am Rande des Chaos' wahrlich ein großer Wurf gelungen, Genau der dialektischen Denkfigur entsteht eine Synthese, in der These und Antithese mit Hegel gesprochen in dreifacher Weise auf-

1 R. Schami ‚Die geheime Mission des Kardinals' 2019
2 zit. in J.Briggs und D.F. Peat 1990, S. 8
3 L. Wiesing, Philosphie der Wahrnehmung
4 P. Kappelhof 1999, S. 1-3

gehoben sind: Ordnung am Rand des Chaos ist weder eine starre Ordnung, noch eine chaotische Unordnung, verbindet aber in Form von Stabität und Flexibilität Elemente der beiden Zustände und hebt sie zugleich auf eine neue Ebene der Organisation."[5]

„Das Chaos ist ambivalent. Dabei ist übrigens die wissenschaftliche Rehabilitation des Chaosgedankens nicht völlig schockierend. Trotz seiner alltagssprachlichen überwiegend negativen Bedeutung, blickt hier und da ein Zipfel der **Sympathie für das Chaos** durch. Pädagogik und Psychologie werben für Chaos-Verständnis, wenn sie den Gedanken übertriebener Ordnung abwehren und empfehlen, öfter einmal ‚die Seele baumeln' und ‚alle fünfe gerade sein' zu lassen. Vor allem die Kreativität des Menschen verlange, dem disziplinierenden und rigiden Korsett der Ordnung immer auch wieder zu entkommen und mit Chaos zu experimentieren."[6]

„Ein neues Verstehen der Begriffe von **Ganzheit, Chaos und Veränderung** stellt das Herz der (wissenschaftlichen) Revolution dar. Der Chaosphysiker Joseph Ford nennt diese ‚eine wesentliche Verschiebung in der ganzen Wissenschaftsphilosophie und darin, wie der Mensch seine Welt anschaut'.

So scheint also in diesen paar kurzen Jahren der alte Zauber verblasst, ja aufgelöst zu sein, der die Welt des Chaos von der Welt der Ordnung trennte und die Wissenschaft findet sich mitten in einer Invasion räuberischer Eindringlinge. Oder ist das gar kein Raubzug? Vielleicht ist es etwas Nützliches und schöpferisches, eine moderne Auferstehung des alten Sinnes für Harmonie zwischen Ordnung und Chaos."[7] Ach Barabara Zibell[8] sieht den „Phasenübergang von einer Ordnung in eine höhere Ordnung mit höherer Komplexität: Anarchie und Chaos sind ein _Begriffspaar, das in weiten Kreisen der Gesellschaft auf Ablehnung stößt." Demzufolge ist die Ablehnung des Chaos in wichtiger Bestandteil des modernen Städtebaus – obwohl gerade der autistische Blick auf das eigene Projekt das Chaos hervorruft.

Komplexe Räume

> *„Irgendwie muss es auch noch ein bisschen wild bleiben. eine Stadt ist doch ein lebendiger Vorgang, und ich rege mich richtig auf, wenn ich in Städte komme, wo die Leute unglücklich sind, weil da irgendetwas noch nicht ganz in Ordnung ist. Ich bin froh, wenn nicht alles in Ordnung ist."*
>
> Werner Durth 1981[9]

„Die wichtigsten Faktoren, die das **Maß der Komplexität** bestimmen sind nach den Gesetzen der Gestaltpsychologie:[10]

- die Komplexität einer Situation steigt mit der **Zahl der unterscheidbaren Elemente**
- Komplexität steigt mit der **Verschiedenartigkeit der unterscheidbaren Elemente**
- die Komplexität nimmt in dem Maße ab, wie die einzelnen Elemente zu **Einheiten zusammengefasst werden** können (z.B. durch Form, Farbe, Nähe)."

Das Maß an Komplexität ist nach Dieter Hoffmann-Axthelm ein **Reifemaß** und unterscheidet seit jeher Städte von Dörfern. „Das Nebeneinander politischer Funktionen, von Grundbesitz, Handel, Produktion, intellektuellen Aufgaben, zwingt zur Diskussion, zu unterschiedlichen Vermittlungsebenen, die sich in der Karriere der Städte in dem Maß verfeinert, wie Austausch mit dem Umland und Fernhandel, landesherrliche, kirchliche und städtische Herrschaft, Handwerk und Verlagsproduktion, niede-

5 aaO. S. 6
6 J.Briggs und D.F. Peat 1990, S. 363
7 aaO. S. 15
8 B. Zibell 1993, S.5
9 W. Durth im Gespräch mit H. Schmeissner in Stadtbauwelt Nr. 72, 1981
10 zit. in W. Nohl, Städtebauliches Institut der Universität Stuttgart 1974, S. 56

re und höhere Bildung usw. auseinander treten. Schließlich ist es die **Komplexität städtischen Lebens** selber, die, als Problem der Integrierbarkeit, der Durchsetzung des Staates gegenüber steht.[11]

Manfredo Tafuri[12] sieht eine innere Spaltung, jener die im ‚Zerbersten' der urbanen Dimension, im Chaos ein neues Ordnungsprinzip zu finden versuchen und jene die darin eine ständige Bedrohung und einen tiefgreifenden Wertverlust sehen - und versuchen, das Auseinanderstrebende in eine regelmäßige Ordnung zu bringen.

Doch „die **Komplexität und Unübersichtlichkeit städtischer Phänomene** und Strukturen lässt sich nicht durch einfache, regelmäßige Ordnungen artikulieren. [...] Grundsätzlich sollte eine architektonische Ordnung nicht zu durchsichtig sein. Ihre Vorhersehbarkeit verschafft der Wahrnehmung zwar den Genuss der ständig erfüllten Erwartung, die durch die Modalitäten der Situation ausreichend kontingente Variation erzeugt. Dennoch wird in der Wahrnehmung das Interesse für die Komposition und für die Struktur verstärkt, wenn sie den Sinnen und dem Verstehen gerade nicht direkt offenliegt, sondern sich, zunächst noch nicht in allen Zusammenhängen erkennbar, erst über Umwege oder im Prozess erschließt.[13]

Klaus Kunzmann[14] schließt aus dem Überhang der **Analysen der Ist-Situation** in den Stadtbildanalysen wie sie von Tom Sieverts, Cordon Cullen, Kevin Lynch und anderen durchgeführt wurden – wo danach in der Gestaltung wieder die Intuition in den Vordergrund tritt. Auch wenn ex-post-Versuche unternommen wurden, Abwechslung, Harmonie, Komplexität, Ambivalenz und Urbanität als objektive Gestaltungsprinzipien hinzustellen, können daraus **keine objektivierbaren Ziele** und damit auch kein einheitliches Leitbild formuliert werden.

Es braucht nicht betont zu werden, dass diese Situation sich nicht geändert hat und auch nicht ändern kann – weil die die stadtgestalterischen Elemente in ihrer Komplexität gänzlich unterschiedlich rezipiert werden und daher kaum in allgemeingültige legistische Formen – vom Denkmalschutz und Schutzzonen abgesehen – gefasst werden konnten.

Die **Unterschiede in der Rezeption** wurden in empirischen Versuchen (D. de Jonge, Stuttgart 1974) nach ihrer Komplexität, getrennt nach Planer und Laien mittels semantischen Differentials gemessen. Die Ergebnisse waren eindeutig, schlüssig und sind noch immer relevant:

- Planer wie Laien halten das **komplexeste Wohngebiet für das angenehmste**, die am wenigsten komplexeste Siedlung für das unangenehmste

In den mittleren, uneindeutigen Fällen differiert das Urteil:

- die **Planer** bevorzugen das Wohngebiet mit einem **relativ einfachen Layout und relativ komplexer Architektur**
- die Laien bevorzugen das Gegenteil: eine **relativ komplexe Bebauungsform mit verhältnismäßig einfacher Architektur**

Auf diese Unterschiede in der Gestaltwahrnehmung hat auch Ernst Gehmacher hingewiesen:[15] „Die Gestaltwahrnehmung enthält **drei wesentliche Prozesskomponenten**, die sich als unabhängige Nutzendimensionen erweisen sollten:

1. **Die Perzeption der Gestalt** - das umso intensiver ist, je komplexer das Problem ist: Gestalt, die erst mit einiger Mühe gefunden werden, gewähren ein ‚Mehr' an Gestaltperzeption als ‚ins Auge springende' Gestalten.

11 D. Hoffmann-Axthelm 1998, s. 230-231
12 M. Tafuri in ARCH+ 105/106 aus 10/1990
13 S. Wolfrum und A. Janson 2016, s. 63
14 K. Kunzmann, Städtebauliches Institut der Universität Stuttgart 1974, s. 104
15 E. Gehmacher, Psychologie und Soziologie der Umweltplanung, Vorlesungsunterlage, um 1974

2. **Das ästhetische Evaluieren der Gestalt** - wobei die Kriterien zum Teil angeborenenVerhaltensmuster folgen, zum Teil aber als kulturelle Normen erlernt werden.
3. **Das Schaffen von Gestalten** - (Kreativität), welches immer ein Ergänzen ist - weil bei großen Kreationen selbstgeschaffen Gestalten immer wieder als Provokation zur Schaffung neuer Gestalten benützt werden.

Die Optimierung dieser drei **Bedürfnis-Dimensionen** Problemlösen, Evaluation (Ästhetik) und Kreativität weist **individuell enorme Differenzierungen** auf: es lässt sich kein optimaler Ästhetik-Mittelwert finden, der auch nur halbwegs den Ansprüchen eines hochentwickelten Künstlers und dem Geschmack eines kaum mit Kunst Befassten gleichermaßen entspricht.

Darauf, dass diese scheinbar festgefassten (Vor-)Urteile erschüttert werden können, hat Horst Schmidt-Brümmer hingewiesen:[16] „Wer sie der besonderen Beachtung [der Umwelt] für wert hält - und das gibt die erhobene Kamera eindeutig zu erkennen - spielt auf eine mögliche andere Lesart dieser Gegenstände (und Gebäude) an. Und sofern diese dem Zuschauer normalerweise nicht sofort eingängig sind, reagiert der so Irritierte durch Unterstellungen auf die Person. Sie bekommt die verursachte Erschütterung des Wahrnehmungs- und Bedeutungsgerüstes als mehr oder minder ausgesprochenen gesellschaftliche Sanktion zu spüren." Das Mindeste ist ein Nachprüfen des Blickwinkels und ein Erstaunen oder ein Kopfschütteln, das der Autor auch immer bei seinen Foto-Rundgängen geerntet hat. Ganz besondere Aufmerksamkeit zieht das Arbeiten mit Stativ nach sich. Welches Motiv ist diese Art der Auszeichnung wert?

Ordnung und Chaos/Vielfalt

„Das Schöne erweist sich als jenes Verhältnis von Chaos und Ordnung, das Redundanz ebenso vermeidet wie reine Unordnung und Kontinenz. Das Erste würde nur zu Langeweile führen, das Letztere zur Verwirrung."

Max Bense (1910 - 1990) in seiner ‚Aesthetica'

Die Formen des Schönen, wo immer sie auch anzutreffen sind, entstehen nach solchen Konzepten regelmäßig ‹auf der Schwelle von der Ordnung ins Chaos, vom Chaos in die Ordnung›, denn ‹alle schönen Formen sind Grenzfälle›

Cramer/Kaempfer 1992[17]

Es herrscht Übereinstimmung, in der Literatur der Stadtgestaltung, dass **Monotonie – auch Ordnung** genannt und **Vielfalt, die bis zum Chaos** gehen kann die extrem gegensätzlichen Erscheinungsqualitäten darstellen:

- **Monotonie -** reizarme städtische Umwelten, gekennzeichnet durch einen Mangel an vielfältigen und unterscheidbaren Strukturmerkmalen
- **Chaos -** diffuse Erscheinungsqualitäten durch reizübersättigte Umwelten, Unvereinbarkeit der Teile, Mangel an Zusammenhängen[18]

Man kann nun für jede Person eine optimale Präferenz als ein Mittelmaß an anregenden Reizen vermuten, welchen zwischen den beiden Extremen liegt und dem psychologischen Bedürfnis nach Komplexität und Ambivalenz gleichgesetzt: wünschenswerte Gestaltqualität der Stadtgestaltung.[19]

16 H. Schmidt-Brümmer und A. Schulz 1976, S. 68
17 M. Bense und Cramer/Kaempfer zit. in c.P. Liessmann 2009, S. 47
18 A. Rapoport und R. Kantor - Komplexität und Ambivalenz in der Umweltgestaltung - Stadtbauwelt 26/1970, S. 114 ff
19 K.J. Krause 1973/74, S. 41ff

- **Komplexität** - Grad an ‚entdeckbarer' Variation von Beziehungen der Elemente untereinander -begrenzt auf physische Komplexität im Sinne von Kompliziertheit der Gestaltung. Komplexität ist ein eigener Gestaltwert: Vielfalt an Formen, Farben, Texturen und natürlicher/künstlicher Umwelt.
- **Ambivalenz** - Grad an Mehrdeutigkeit, der von der Erscheinung mehr als eine Bedeutung zulässt und dem Betrachter eigene Strukturen zu projizieren hilft.

Julius Posener bezweifelt grundsätzlich, dass diese **mittlere Wahrnehmungsquote** messbar sei:[20] „Die These der ‚mittleren Wahrnehmungsquote' besagt: **Gestalt ist ‚good for you'** und muss einer mittleren Wahrnehmungsquote zwischen Monotonie und Chaos entsprechen, welche (wie Pappmaché und Hasch) **‚bad for you'** sind. Wir erkennen gern an, dass eine schematische Ordnung, die keine Ausnahme zulässt, bedrückt. Wir bezweifeln aber, dass eine mittlere Wahrnehmungsquote messbar ist - in der weiten Spanne zwischen Monotonie und Chaos."

Wenn es auch Methoden gibt, Präferenzen zu messen, so sind diese von Person zu Person unterschiedlich und selbst da entwicklungsfähig – aber auch in Gruppen (siehe vor) wie zwischen Experten und Laien, zwischen Fachstudenten und Studenten anderer Studienrichtungen nur annäherungsweise aussagekräftig. Die Kriterien sind zusammengefasst:

- Individuelle Persönlichkeit
- Bildungsstand
- Art der Bildung - Bildungsgang
- Fachbildung – Profession
- Betrachtungsdauer
- Betrachtungszweck (Alltag – Orientierung – Kunsttourismus)
- persönlicher Sättigungswert, der veränderbar ist (Learning by doing)
- gesellschaftliche Normen (Kunstkreislauf, Politik)

Ordnung im Chaos

Unordnung ist, wenn nichts am rechten Ort ist;
Ordnung ist, wenn am rechten Ort nichts ist.

Bert Brecht, 1930

Der Betrachter empfindet weder Chaos noch Monotonie als angenehm: er wünscht ein gewisses **Maß an Ordnung**, das jedoch nicht zu einem auf den ersten Blick ablesbaren Schema erstarren darf, sondern Raum für Abwechslung, Differenzierung, Überraschung bieten muss.[21]

„Die grundlegenden Zusammenhänge zwischen **Komplexität und ästhetischem Gefallen** hat Daniel Berlyn 1971 untersucht und den Zusammenhang in einer umgekehrten U-Kurve ausgedrückt: allzu simple Muster gefallen nicht und mit wachsender Komplexität wird das Muster interessanter und gefällt immer besser - bis zu einem bestimmten Punkt, an dem es anfängt uns zu überfordern.

In unserem Lebensalltag entspricht der Konflikt zwischen dem Wunsch nach Ordnung und Sicherheit und Anregung, Abwechslung und Spannung andererseits."[22]

Auch Pietro Hammel sieht die Notwendigkeit von Ordnung in einer chaotischen Welt: „Leider wird die städtische Vielfalt häufig als Durcheinander, Chaos und babylonische Verwirrung erfahren; sie scheint für Viele nicht in unsere saubere, tadellos geordnete Welt zu passen, Im Gegensatz zu dieser gängigen Auffassung steht die Tatsache, dass **Ordnung und Vielfalt** sich gegenseitig ergänzen, soll die Ordnung nicht zur Unifor-

20 J. Posener ‚Ist Stadtbaukunst noch zeitgemäß?' in Stadtbauwelt 35/1972, S. 184
21 A. Raporort, R.Kantor - Komplexität und Ambivalenz in der Umweltgestaltung (Stadtbauwelt 26/1970, S. 114 ff)
22 G. Paál, S. 116

mität und die Vielfalt zum Chaos pervertieren. Wir benötigen eine Ordnung im Sinne eines Zusammenhangs zwischen den verschiedenen Menschen, Dingen und Prozessen, um die Vielfalt als solche zu erkennen. Mit anderen Worten: Die Individualität der Teile kommt nur im Rahmen eines bestimmten Ordnungssystems zu ihrem Recht."[23]

Thomas Sieverts möchte im spannungsvollen Verhältnis zwischen einprägsamer Ordnung einer in dieser eingebetteten labyrinthhaften Unübersichtlichkeit - wenige große Orientierungslinien und Orientierungspunkte herausarbeiten.[24]

Der Ordnungsbegriff „sei aus der Position eines dominierenden Leitbildes der Stadtgestaltung zu entfernen, weil es auch **keine gültige Gesellschaftsordnung**" in unserer pluralistischen Welt gibt, findet dagegen Jürgen Pahl.[25]

Dass in unseren Städten – insbesonders in den ‚alten Städten' - eine innere Ordnung herrscht und Eintönigkeit mit Ordnung verwechselt wird, findet auch schon Jane Jacobs 1961: „Eine einfache Reglementierung ist in dieser Welt aber höchst selten mit echter funktionaler Ordnung zu vereinen. [...] Unter der **scheinbaren Unordnung** der alten Stadt herrscht ...... eine wunderbare Ordnung, welche die Sicherheit und die Bewegungsfreiheit der Straßen gewährleistet. **Es ist eine komplexe Ordnung**.

Das Gegenstück, die ‚offene Stadt' kritisiert Hans Stimmann und fordert rahmengebene Grenzen:[26] „Architektonischer Individualismus ohne **rahmensetzende Grenzen**, ohne Konvention und Erinnerung produziert in Verbindung mit wirtschaftlicher Freiheit nicht Stadt im Sinne einer Gesellschaft von benachbarten Häusern, sondern Stadtauflösung. Es bleiben Fragmente, und so gehört zu den Besonderheiten der aktuellen Berliner Identität, dass sie genau um die Schlüsselbegriffe einer ‚Stadt ohne Form' kreiste. Man beschwor das Fragmentarische, das Inkohärente, das Heterogene, das bestenfalls verbunden als Collage funktionierte."

Reduktion von Komplexität

> *„Nur das Unerwartete macht glücklich, aber es muss auf viel Erwartetes stoßen, das es zerstreut."*
>
> Elias Canetti, Alle vergeudete Verehrung, 1951

„Neue Zeiten verlangen nach einer neuen Baukunst. Der moderne Bürger ist bestenfalls summarisch gebildet und kann ein anspruchsvolles **ikonografisches Programm** nicht mehr verstehen. Außerdem nimmt er Architektur auf dem eiligen Gang durch die Stadt unaufmerksam und flüchtig wahr. Somit muss die neue Architektur stark vereinfacht sein und ihren Charakter aus wenigen einprägsamen Elementen erhalten. Sie muss das **Detail dem Ganzen unterordnen**, so wie Claude Monet und Edgar Degas malten. Sie muss impressionistisch werden."[27]

Moderne Architektur – die es ohnehin schwer hat, akzeptiert zu werden – „hat dann gute Chancen, wenn sie in dem in der Marktpsychologie gut belegten **Prinzip der optimalen Neuerung** verpflichtet ist, welches einen U-förmigen Zusammenhang zwischen Innovation und Akzeptanz beschreibt: zwischen den ablehnenden Zuschreibungen langweilig und schockierend liegt ‚anregend' in der optimalen Mitte. Aus psychologischer Sicht sind eher **kontextuelles Bauen** zu empfehlen als die Errichtung einzelner spektakulärer Bauten, weil bei diesen mit geringerer Akzeptanz und mehr Widerspruch zu erwarten ist.[28]

23 P. Hammel 1972, S. 84
24 T . Sieverts ‚Zwischenstadt' Bauwelt Fundamente 118, 1997, S. 103ff
25 J. Pahl in Institut für Landes- und Stadtentwicklungsforschung des Landes NRW (ILS) 1979, S. 105
26 H.Stimmann et al. 2005, S. 115
27 V. Lampugnani ‚Die Städte werden langsamer' in NZZ 4.2.2019
28 R. Abel 2019, S. 163-165

Große Chancen der Akzeptanz hat moderne Architektur auch dann, wenn natürliche Elemente integriert werden, wie begrünte Wände, grüne Stockwerke (Bosco verticale) etc. sowie vorgelagerte, begrünte Außenräume (Loggien, Terrassen)."

Turit Fröbe, die Jägerin der ‚Bausünde' sieht einen Zusammenhang der Spektakelarchitektur und der **‚guten Bausünde':** „Je mehr Ablehnung und Unverständnis beim Betrachter auslöst, je größer ihr Störfaktor im Stadtbild, desto wahrscheinlicher ist es, dass es sich entweder um die Spektakelarchitektur eines Stararchitekten oder um eine gute Bausünde handelt, die ebenfalls eine Bereicherung für ihre Stadt sein kann."[29]

Um das Verständnis für moderne Architektur zu verbessern, sieht Werner Durth die Berücksichtigung konventionell verfestigter Codes auf der Ebene der **Gebrauchs-Funktionen**, um die Nutzer der Bauten nicht zu überfordern – einen entsprechenden ‚kognitiven Konsens'.[30]

Es gibt auch ein Zuviel an optischen Reizen und bei einer Überdosierung tritt **Reizblendung** auf. „Sie ist auf die Dauer schädlich. Der Konsum von optischen Überangeboten bewirkt, dass komplementäre Wahrnehmungsinhalte, die ebenfalls wichtig wären, unterdrückt oder zumindest nicht mehr bewusstseinsbildend registriert werden. Die wahrnehmenden Sinnesorgane werden einseitig überfordert. Optische Angebote, die an der Schwelle zur Reizblendung liegen, führen mit der Zeit zum Verlust der Fähigkeit, Visuelles differenziert zu rezeptieren und kritisch zu werten."[31]

In komplexen Systemen – wie in der Chaostheorie – können schon kleinste Störungen zu großen Veränderungen führen. Beispielsweise in der Klimaforschung und in sozialen Systemen: 20-30% können stabil erscheinende Systeme zum ‚Kippen' bringen: **Prinzip der Selbstverstärkung**.[32]

Die **Reduktion von Komplexität** ist ein Vorgang, der den Betrachter dazu bringt, das Ungreifbare, auch ‚Atmosphäre' genannt sichtbar und erlebbar zu machen. „Diesem Effekt wäre zu große Nähe – Einzelheiten und Details lenken vom Sinngehalt des Ganzen ab – hinderlich."[33]

Karl-Jürgen Krause warnt vor den negativen Folgeerscheinungen stilbereinigter Stadtbilder nach den damals und noch heute gültigen Zielen der Komplexität und Vielfalt:[34]

- Gestaltpsychologisches Vorgehen nach der bevorzugten Wahrnehmung und Orientierungswirksamkeit (K. Lynch) verleitet zu **falscher Großartigkeit**
- Umweltpsychologischer Ansatz in der Forderung nach Komplexität und Vielfalt nach den Kriterien der Neuheit und Überraschung führt zur Legitimierung jedweden **städtebaulichen Wildwachstum**
- Die Architektur der ‚Werbung' nach R. Venturi ist zweifellos vielgestaltig und stimulierend; führt zu einer **gesichtslosen Modernität** mit orientierungswirksamen und erlebnisqualitativen Umwelt

Aber selbst der ‚Falscher Großartigkeit' geziehene Kevin Lynch relativiert den Wunsch nach **Geheimnissen und Überraschungen** – die wohl ihren Reiz haben, aber nur unter zwei Bedingungen:[35]

„Erstens darf man nicht Gefahr laufen, dass man ganz und gar den **Weg und die Richtung verliert** und sich nicht mehr auskennt; die Überraschung muss vielmehr in das Gesamtgerüst eingebaut sein, die Gebiete der Verworrenheit müssen im übersehbaren Ganzen klein bleiben.

29 T. Fröbe 2013, S. 7/8
30 W. Durth 1988, S. 179
31 J. Dahinden in ‚Die konstruierte Landschaft' in aufbau 11-12/1975. S. 383
32 s.a. S. Anderl u. U. Schnabel ‚Ganz schön wacklig –Theorie der Kipppunkte' in ZEIT-Wissen 1.2.2024
33 H.J. Helle – Der urbanisierte Mensch? in H. Glaser –Urbanistik 1974, S. 24
34 K.J. Krause 1973/74, S. 10
35 K. Lynch 1960/1998, S. 15

Und zweitens muss das **Labyrinth** bzw. das Geheimnisvolle an sich eine Form besitzen, die erforscht und **mit der Zeit begriffen** werden kann.

Vollkommenes Chaos ohne einen Hinweis auf Zusammenhang ist niemals erfreulich."

Eher skurill aus der Sicht der Geschichte, hört sich die Warnung von Hans Schmidt im Jahrbuch der deutschen Bauakademie aus 1961 an, dass beim ‚Plattenbau' der DDR, Vielfalt die Gefahr einer Zersplitterung, ja eines Chaos in sich birgt.[36]

Die **Forcierung der Spektakelarchitektur** unter dem Deckmantel der ‚Vielfalt' und der ‚Komplexität' unter Vernachlässigung des ‚guten Durchschnitts' sehen D. und G. Franck mit Besorgnis:[37] „Da die Architektur keine freie Kunst, sondern Gestaltung des Raums ist, in dem wir täglich leben, kommt es bei dieser Qualität nicht nur auf die Höhe der Spitzen, sondern auch - nein, vor allem auf das Niveau des Durchschnitts an. Die Qualität der gebauten Umwelt leidet, wenn es nur den großen Meistern und Originalgenies erlaubt ist, Architektur in bedeutender Qualität zu liefern. Alle Epochen architektonischer Hochkultur waren **Epochen des guten Durchschnitts**.

Der Abschlussapell soll dem Schöpfer der ‚Postmoderne', Robert Venturi gehören:[38]

„Eine Architektur der **Komplexität und des Widerspruchs** hat aber auch eine besondere Verpflichtung für das Ganze: ihre Wahrheit muss in ihrer Totalität - oder in ihrer Bezogenheit auf diese Totalität - liegen. Sie muss eher eine Verwirklichung der schwer erreichbaren Einheit im Mannigfachen sein als die leicht reproduzierbare Einheitlichkeit durch die Elimination des Mannigfachen. **Mehr ist nicht weniger!**"

36 zit. in H. Stimann 1995, S. 157
37 G. und D. Franck 2008, S. 223
38 R. Venturi 1978/1993, S. 22

11.2 Bedarf nach Komplexität

„Monotonie ist lebensfeindlich, und die Starrheit und Grunddisposition eines Bebauungsplanes übt penetrant diese negative Wirkung aus, auch wenn die Anlage noch so sehr mit Vor- und Rücksprüngen, Balkonen als Fassadendekoration, unterschiedlichen Anstrichen und ‚Kunst am Bau' behübscht wird."

Ernst W. Heiss1997, S. 49

Aus dem **Verschimmelungsmanifest** gegen den Rationalismus in der Architektur von Friedensreich Hundertwasser[39]

„Die Malerei und die Skulptur sind jetzt frei, denn jedermann darf heute allerlei Gebilde produzieren und nachher ausstellen. In der Architektur besteht jedoch diese grundsätzliche Freiheit, die als Bedingung jeder Kunst anzusehen ist, noch immer nicht, denn man muss erst ein Diplom haben, um Bauen zu können. Warum? [...]

Die materielle Unbewohnbarkeit der Elendsviertel ist der moralischen Unbewohnbarkeit der funktionellen, nützlichen Architektur vorzuziehen. In den sogenannten Elendsvierteln kann nur der Körper des Menschen zugrunde gehen, doch in der angeblich für den Menschen geplanten Architektur geht seine Seele zugrunde, Daher ist das Prinzip der Elendsviertel, d.h. der wild wuchernden Architektur zu verbessern und als Ausgangsbasis zu nehmen und nicht die funktionelle Architektur."

Was gibt es Chaotischeres, Vielfältigeres als die Elendsviertel der Millionenstädte der Dritten Welt? Die Freiheit des Bauens für Jedermann, der Wildwuchs, ist der Ausgangspunkt des **Bedarfs nach Komplexität**.

Es gibt in der städtebaulichen Literatur der letzten 50 Jahre ein Bündel an Argumenten, die für mehr Komplexität, für mehr Vielfalt und für mehr Sinnlichkeit im Städtebau sprechen:

Berücksichtigung ästhetischer Bedürfnisse und der Orientierungsfunktion (Werner Durth)

„Nach jahrzehntelanger Überbetonung der des technisch-instrumentellen Charakters räumlicher Strukturen, die inzwischen ‚wissenschaftlich' formulierte Artikulation sozialer und ästhetischer Bedürfnisse zu einer Art Über-Kompensation dergestalt führt, dass die Architektur der Stadt - nun als Zeichensystem, als Massenmedium, als Erlebnisgegenstand begriffen - vor allem auf ihren ‚Erlebniswert' hin untersucht werden sollte. Folgerichtig wurden die ästhetischen Qualitäten der gebauten Umwelt primär unter dem Aspekt möglicher Orientierungsfunktionen betrachtet."[40]

Bedarf nach ausgewogener Komplexität und Vielfalt (Hermann Zinn)

„Offenbar suchen wir im gebauten Raum, wenn wir uns darin bewegen wollen, unbewusst nach Merkmalen und Zeichen, die uns helfen, Übersicht, Orientierung und Sicherheit zu gewinnen. [...] Was wir suchen, ist offenbar ein ‚überschaubares Maß' an Komplexität und baulicher Vielfalt, das unerwartet und überraschend genug sein sollte, um unsere Aufmerksamkeit und Neugier zu wecken, ohne uns zu verunsichern."[41]

Für ein optimales Maß an Neuartigkeit (Gábor Paál)

„Analog zum ‚optimalen Maß' an Komplexität gibt es auch ein, jeweils individuell verschiedenes, ‚optimales Maß' an Neuartigkeit. Ein Objekt ist dann anregend, wenn es weder schon allzu bekannt noch allzu exotisch ist. [...] Komplexität ist eine Eigenschaft, die die Beziehungen innerhalb eines Musters charakterisiert; Neuartigkeit dagegen ist ein Maß für die Beziehung zwischen dem gerade wahrgenommenen Muster und anderen, bereits bekannten Mustern.

39 F. Hundertwasser in U. Conrads 1964/1971, s. 149
40 W. Durth 1988, S. 181
41 H. Zinn ‚Wohnen im Hochhaus' in M. Andritzky et al. 1975, S. 251-252

Beim Perspektivenwechsel handelt es sich um eine Kombination aus **Neuartigkeit und Komplexität.** Der Wechsel von einer Perspektive zur anderen bietet immer etwas Neuartiges. Zugleich verleiht er einem Muster ein gewisses Maß an Komplexität in Form von *Vielschichtigkeit* - Einzelmuster, die sich zu einem Ganzen ergänzen."[42]

Für eine beziehungsreiche Architektur (Robert Venturi)
„Ich freue mich über **Vielfalt und Widerspruch in der Architektur**. Die Zusammenhangslosigkeit und die Willkür nicht bewältigter Architektur lehne ich ab; ebenso wenig mag ich die erkünstelten Raffinessen pittoresker oder expressiv übersteigerter Architektur. Im Gegensatz dazu will ich über eine komplexe und widerspruchsreiche Architektur sprechen, die von dem Reichtum und der Vieldeutigkeit moderner Lebenserfahrung zehrt, einschließlich der Erfahrungen, die nur in der Kunst gemacht werden."[43]

Bedürfnis nach Anregung und Komplexität (Michael Trieb)
„Unbewusst und bewusst beurteilt der Passant die Straße, in welcher er geht, auch danach, wieviel Abwechslung, Anregung und Information sie ihm vermitteln kann, insbesonders bei wiederholtem Durchqueren. Diesem Beurteilungsmaßstab entspricht ein grundlegendes Bedürfnis des Menschen, die Möglichkeit zu haben, **in seiner Umwelt Neues erfahren zu können**, wenn ihm danach zumute ist.[...] Sobald das Neue fehlt, gibt es einen fühlbaren Verlust an Interesse; Interesse erfordert Unbekanntes, bei dem Lernen notwendig ist. Anhaltendes Interesse und erhöhte Wahrnehmung eines Beobachters sind nur dort gesichert, wo zum Verständnis der Umwelt ein gewisses Mindestmaß an geistiger Anstrengung vom Beobachter gefordert wird. Die Folge ist, dass die Umwelt ein Mindestmaß an Neuartigkeit, Verschiedenheit, Unsicherheit, Widersprüchlichkeit, Unerwartetheit, Mannigfaltigkeit oder Unvorhersehbarkeit für den Betrachter aufweisen muss, ein **Mindestmaß an Komplexität**. Komplexität der Umwelt beruht auf Vielfältigkeit und Vieldeutigkeit; beide hängen weniger von Stimulationen als solchen ab, sondern mehr vom Wechsel oder unterschiedlichen Zuständen.[44]

Bedarf an Sinnlichkeit (Vittorio Lampugnani)
„Es gehört mittlerweile beinahe zu den *faux pas* der Architekturdiskussion, im Zusammenhang mit Bauten von Sinnlichkeit zu sprechen. Vielleicht sollte man es aber wieder tun und zwar nicht nur im Zusammenhang mit den ‚röhrenden Hirschen', als seien sie die einzige Alternative zu den berüchtigten ‚weißen, kahlen Kisten', ja als seien die Guten unter ihnen nicht sinnlich."[45]

Die Ambivalenz ist Weg zur Komplexität der Stadt (Amos Rapoport und Robert Kantor)
„Das Bewusstwerden des Bedürfnisses nach Komplexität ist im Augenblick am besten an theoretischen Formulierungen und weniger an der aktuellen Arbeit zu sehen. Das Problem ist, wie man Komplexität in der Gestaltung erreichen kann, besonders wenn etwas so Mannigfaltiges, Kompliziertes und Allumfassendes wie die Stadt als Gestaltungsproblem, das heißt als *Kunstwerk* gesehen wird. Wir behaupten, dass ein Weg diese **Komplexität zu erreichen, die *Ambivalenz*** ist."

„Wenn Stadt das Leben in seiner unendlichen Komplexität einbeziehen muss, scheint der Schluss unvermeidlich, dass die Stadt gar nicht gestaltet werden kann, **kein ‚Kunstwerk' sein kann.** Wenn wir aber das Kunstwerk ambivalent machen können und die Widersprüche einschließen, können wir auch die notwendige Komplexität und Verschiedenheit erreichen."[46]

42 G. paál 2020, S. 117 und 118
43 R. Venturi 1978/1993, S. 23)
44 M. Trieb 1974, S. 125-126
45 V. Lampugnani – ‚Auf der Suche nach der verlorenen Theorie' in neue heimat Monatshefte 8/1979, S. 16
46 A. Rapoport und R. Kantor 1970, S. 114

Bedarf nach unfertigen Situationen und Mehrfachnutzung (Amos Rapoport und Robert Kantor)
„Es gibt also einen Bedarf nach unartikulierten, unfertigen Situationen. Die Nutzungen innerhalb solcher Stadtsituationen können sich ändern, und sie können wiederum im Lauf der Zeit als Folge der Mannigfaltigkeit, der Unvorhersehbarkeit und des Wandels der Nutzung an Interesse gewinnen. Bestimmte Anordnungen müssen diese Unerwartetheit der Nutzung, zu irgendeiner Zeit, und Nutzungsveränderungen, über eine ganze Zeitspanne hin, vorbereiten. Dies könnten Zonen von Mehrfachnutzung, einander durchdringende Bereiche, verschiedene Nutzung zu verschiedenen Tageszeiten sein - alles eher ambivalente als klar definierte Situationen, die höhere Wahrnehmungsquoten und mehr Interesse hervorrufen."

Normalität produziert keine Aufmerksamkeit (Gerhard Curdes)
„Die Abwendung vom Kontext führt zu einer künstlichen Autonomie der Bauparzelle und einer damit verbundenen Absonderung des Gebäudes. Seit es Architekturschulen gibt, hat der Begriff des Entwerfens und der damit verbundenen Künstlerauffassung des Architekten eine geradezu zerstörerische Überhöhung erfahren. In den Architekturschulen, in der Fachpresse und bei Wettbewerben werden die **formalen Neuerungen überbetont**. Die Architektur bekommt in der gelangweilten Gesellschaft einen Unterhaltungswert, der ihr nicht gut tut. Unsere medienorientierte Zeit setzt auf das Besondere und nicht das Unscheinbare, auf das Exaltierte und nicht das Einfache. Normalität produziert keine Aufmerksamkeit und somit auch keine Nachrichten."[47]

Heterogenität und Dichte vertragen sich (Martina Löw, TU-Berlin)
„Wenn es keine Heterogenität gibt in der Lebenspraxis, in der Vielfalt der Menschen, Gebäuden und Techniken, ist es keine Stadt. [...] Und wenn es einer Stadt gelingt, dass man Vielfalt gleichzeitig als Bezogenheit erfahren kann, dann ist das ein wichtiges Kriterium für Qualität. Wir neigen kulturell dazu stark auf die Homogenität zu vertrauen. Die am höchsten verdichteten Quartiere in Paris, London [und auch in Wien} sind allerdings die beliebtesten. Die funktionieren richtig gut, da wollen alle hin. Wir haben eine viel größere Fähigkeit und Leidenschaft für Dichte und Heterogenität, als wir das oft annehmen."[48]

Leistungsabfall bei Menschen in einer monotonen Umgebung (Gerhard Kapner)
„Die Impulse, die von den gebauten Signalen ausgehen, dirigieren den menschlichen Organismus zu Entwöhnungen, nicht zu Bereicherungen. Menschen die aus solchen Umgebungen kommen, aus einer verarmten, ‚sinnlich eingeschränkten Umgebung' (Kantor-Rapoport, 1970), haben im Experiment schwächere Leistungen erbracht als andere. **Monotonie** dürfte also von dem, was kreativ in einem Menschen denkbar wäre, **nichts oder zu wenig zur Entfaltung kommen lassen**." [49]

Das Bedürfnis nach mehr Komplexität in allen manieristischen Epochen (Robert Venturi)
„Das Bedürfnis nach einer komplexen Architektur, samt der ihr inhärenten Widersprüchlichkeiten, ist nicht nur eine Gegenreaktion auf die Banalität und seichte Gefälligkeit gegenwärtiger Architektur. Es ist diese eine Haltung, wie sie **allen manieristischen Epochen gemein ist**: es kennzeichnet eine große, durchgehende Strömung in der Kunst."[50]

Das Auge will nicht allzu schnell zufriedengestellt werden (Robert Venturi)
„Es ist die Einheit, die eine Kontrolle über die widerstreitenden Teile gerade noch aufrecht zu erhalten ermöglicht. Immer droht das Chaos, sein Bevorstehen, aber auch

47 G. Curdes 1995, S
48 M. Löw in Stadt Wien –MA 18 ‚Stadt der Zukunft' 2014, S. 42
49 G. Kapner 1984, S. 92
50 R. Venturi 1978/1993, S. 30

seine Vermeidung gibt Kraft. Bei einem wirklich vielschichtigen Bau oder einer städtebaulichen Situation, will das Auge bei seiner Suche nach der Einheit eines Ganzen nicht zu schnell, nicht zu leicht zufriedengestellt werden."[51]

Alltagsästhetik ist kein ‚ästhetisches Prinzip', sondern ein Bedürfnis (Berthold Bodo Flaig)

„Alltagsästhetik existiert dabei in den Köpfen in aller Regel nicht als konkrete Vorstellung ästhetischer Prinzipien (und ist deshalb auch unmittelbar nicht ‚abfragbar'), sondern als Bedürfnis - zum Beispiel das Bedürfnis nach Repräsentation oder das nach Gemütlichkeit, das sich sozusagen ästhetisch ‚niederschlägt'. [...] **Die Grundorientierungen eines Menschen** tendieren dahin, **ihren angemessenen stilistischen Ausdruck** zu finden."[52]

Abwechslungsbedürfnis im Freiraum - Mittel zur Zielerreichung (Werner Nohl)

- **Erlebniswirksamkeit** als wesentlicher Punkt städtischer Freiräume
- das **Abwechslungserlebnis** in Abhängigkeit von der motivierenden Situation und dem Benutzer
- **Abwechslung induzierende Dimensionen** motivierender Situationen:

- **Komplexität** (simultan erlebbare Reizfülle)
- **Disparität** (sukzessiv erlebbare Reizfülle im Vergleich Gegenwart und Vergangenheit)
- **Ambiguität** (sukzessiv erlebbare Reizfülle im Vergleich Gegenwart und Zukunft)

Komplexitätsniveau und ‚mittlere Wahrnehmungsquote'

„Zur guten Architektur gehört das Element des Überflüssigen. Wer sich mit Zweckmäßigkeit begnügt, verkennt die menschlichen Bedürfnisse"

Tamas Taveira zit. in Klaus Pracht 1992, S. 5

Amos Rapoport und Robert Kantor haben 1970 in ihrem Aufsatz ‚Komplexität und Ambivalenz in der Umweltgestaltung' Generationen von Städtebauern und Architekten beschäftigt und gelten neben Jencks und Venturi als die Schöpfer der theoretischen Grundlage der Postmoderne. Ihr Maßstab der erforderlichen Komplexität ist die **‚optimale Wahrnehmungsrate'**:[53]

„..Das psychologische Bedürfnis nach Komplexität und Ambivalenz soll dem Konzept der *optimalen Wahrnehmungsrate* gleichgesetzt werden. [...] Diese Konzepte sagen uns bisher wenig über Elemente, Regeln und Techniken, über die Beziehungen, die die optimale Wahrnehmungsrate, die nötige Fülle des Wahrnehmbaren erzeugen können. Wir sind noch nicht fähig, solche Äquivalente und Zuordnungen anzugeben, wir können noch keine Regeln für die Gestaltung angeben.»

„Der gesuchte Idealwert kann als jener **Komplexitätsgrad** definiert werden, den eine Person gerade noch verarbeiten kann. Ein Anwachsen dieses Idealwertes vollzieht sich während eines Kontaktes einer Person mit eine**n ‚Schrittmacher'**. Dies sind Reize, die einen etwas höheren Komplexitätsgrad als den gerade erreichten haben; deshalb besitzen Schrittmacher den optimalen Grad an Komplexität, Neuartigkeit etc.

Dieser Schrittmacherwert verändert sich laufend, er wird Idealwert und ein - noch komplexerer - **neuer Schrittmacher muss gefunden werden**."[54]

51 aaO. S. 161
52 B.B. Flaig et al. 1997, S. 88
53 A. Rapopport und R. Kantor 1970, S. 114
54 aaO. S. 117

Der Praktiker Julius Posener hat gerade die Aussage, dass Rapoport-Kantor „keine Regeln" angeben konnten zum Anlass einer Polemik genommen, die dem „Künstler völlige Gestaltungsfreiheit zurückgegeben haben":[55] ‚An Experimenten an Erwachsenen, Kindern und Tieren (wurde).... ein **Komplexitätsbedarf in der Wahrnehmung** nachgewiesen..., aus dem, als kontrollierbares Maß, ein Wahrnehmungsideal ermittelt wurde, eine mittlere Wahrnehmungsquote zwischen Monotonie und Chaos.'[...]

Unser Widerspruch bezieht sich auf das kontrollierte Maß, die mittlere Wahrnehmungsquote. Wir bezweifeln, dass sie messbar ist, meinen vielmehr, dass in dem Raum zwischen Monotonie und Chaos eine **weite Spanne von Wahrnehmungsquoten** Platz findet. Immerhin haben wir erfahren, dass der Stadtbaukünstler nunmehr von der Wissenschaft ermächtigt wird, gerade so viel an Wahrnehmungsreizen in seine Pläne ‚einzusetzen' wie sozialmedizinisch erforderlich; da aber wie gesagt, dieses Maß: Wahrnehmungsideal, mittlere Wahrnehmungsquote weder durch grobe Empirie noch durch den Tierversuch festzulegen ist, so hat der **Künstler** unter dem Regime der Wissenschaft **seine volle Freiheit** zurückgewonnen."

Definitionsgemäß kann es keine ‚mittlere Wahrnehmungsquote' über alle Rezipienten-Schichten geben, doch sollten die Betroffenen im Vordergrund stehen - also nicht unbedingt die Architekturkritiker, Hedonisten, bildungsferne Schichten, Migranten etc.

Es muss nicht unbedingt pädagogisch „Komplexität" geschaffen werden, sondern bloß **zugelassen und anders bewertet werden** (hässlich, unvollständig, chaotisch). D.h. bei Neubaugebieten nicht alles „fertig" zu bauen, sondern ein wenig - topografisch ‚vererbtes' oder Residualarchitektur - auch Trümmer und Ruinen belassen und nur sichern.

Wenn auch kein absolutes Komplexitätsmaß ermittelt werden kann, können Aussagen über die Beeinflussung des **Komplexitätsniveaus** getroffen werden:

Werner Nohl sieht mit steigender Komplexität die Dimension des Stimulus ansteigen:[56] „Die Sinnesorgane eines Menschen werden ständig von den unterschiedlichsten Reizen getroffen. Jedoch wird nur ein geringer Teil der Information, den das gesamte Reizfeld liefert, tatsächlich aufgenommen.[...] So erweisen sich die **Komplexität, die Disparität und die Ambiguität** als Stimulusdimensionen, die am deutlichsten motivierend auf das menschliche Zuwendungsverhalten wirken. Je komplexer d.h. je vielfältiger eine Reizanordnung ist, umso mehr Information kann ihr entnommen werden."

Und Ernst Gehmacher hat bereits in den frühen 70er Jahren die Frage nach dem Nutzen eines höheren Komplexitätsniveaus gestellt:[57] „Auch der ‚Kunstlose' gestaltet gern, nur sind die Produkte eben relativ wenig elaboriert, einfältig und von geringer Kompliziertheit. Das Optimum liegt hier für jedes Individuum auf dem eigenen **Komplexitätsniveau**; wie die psychologische Forschung nachweisen konnte, gilt auch hier: zu geringe oder zu große Beanspruchung führen zu unangenehmer Langeweile oder zur Überforderung (Überbelastung). Damit tritt aber, auf dieser höheren Funktionsstufe zum ersten Mal, eine völlig neue Problematik für das Modell der objektivierbaren Nutzenrechnung auf: die Frage nach dem **Nutzen eines höheren Komplexitätsniveaus**.[...]

55 J. Posener ‚Ist Stadtbaukunst noch zeitgemäß? in Stadtbauwelt 26/1970 S. 184
56 W. Nohl ‚Freiraumstimulation' in Städtebauliches Institut der Universität Stuttgart 1974, S. 57
57 E. Gehmacher Vorlesungsunterlage 1973 S. 93-94

Dass es gewichtige gesellschaftliche Normen, vor allem der **sozialen Oberschichten**, gibt, welche den Wert des höheren Komplexitätsniveaus auf allen Gebieten [...] betonen, dass sich viele Menschen um ein höheres Komplexitätsniveau bemühen und es für sich selbst hoch schätzen, lässt hier genau so wenig objektive Schlüsse zu, wie zu der Tatsache, dass eine Mehrheit aller Menschen gar **keine Sehnsucht nach einem höheren Komplexitätsniveau** zeigt."

Für die Gesellschaft insgesamt erscheint der Nutzen eines höheren Komplexitätsniveaus einsichtig - und damit mittelbar für die einzelnen Mitglieder. Ebenso ist es für jede Gesellschaft unentbehrlich, Menschen mit hohem Komplexitätsniveau in Führungspositionen zu haben. Ungelöst bleibt die Frage, ob das **Komplexitätsniveau eine eigene Bedürfnis-Dimension** sei. Es deutet nichts darauf hin, dass Menschen mit niedrigem Komplexitätsniveau ein weniger glückliches Leben führen.

Trotzdem könnte die Hebung des Komplexitätsniveaus eventuell als generelles Planungsziel angesehen werden - weil alle psychischen Prozesse zu einem höheren Komplexitätsniveau tendieren."

11.3 Umgang mit der Komplexität

> *„Das Problem des Planers liegt nicht in der Gestaltung der Fassaden oder der architektonischen Masse, sondern in der Erschaffung eines umfassenden Erlebnisses, das alles einbezieht."*
>
> Edmund E. Bacon 1968, S. 23

Im Umgang mit komplexen Systemen wird letztendlich die Intuition der Schlüssel zur Veränderung sein (Peter M. Senge 1983).[58]

Barbara Zibell hat 1993 in einem vielbeachteten Vortrag in Bern die **„Stadtentwicklung zwischen Chaos und Ordnung"** thematisiert und unterscheidet zwei unterschiedliche Ordnungsbegriffe: **statisch**, evtl. dreidimensional als gegeben oder Ergebnis einer gewünschten Ordnung und einer **dynamischen**, vierdimensionalen Ordnung im zeitlichen Ablauf.

Ottokar Uhl sieht in einer Neuen Stadtplanung, die Überwindung starrer Leitbilder (s.a. Ohne Leitbild ?, H. Becker 1998), die Beteiligung aller Betroffenen an den Entscheidungen, und die Erkundung und Überschreitung der jeweiligen Grenzen. Eine **Neue Stadtplanung** wird dadurch in erster Linie zu einem Prozess, in dem eine ständige Auswahl, Rückkopplung und Neuorientierung stattfinden kann. Eine Neue Stadtplanung ist aber auch lebensintegriert und damit gebunden an die jeweilige Situation, den jeweiligen Ort und an die jeweils Betroffenen. [...]

Wir sollten daher **nicht starre Pläne** für eine ungewisse Zukunft machen, sondern, uns überlegen, wie wir Bedingungen einer dynamischen, kreativen und offenen Stadtplanung schaffen, in der wir heute schon die Konsequenzen für ein mögliches Morgen erkennen können. Das bedeutet, wir müssen uns einlassen auf das große Abenteuer des **Unfertigen und des Unvollkommenen**."[59]

Wenn in der ‚Stadt der Zukunft' der Fokus auf die Bewahrung des Unverwechselbaren, der Identität gelegt wird und allen an der ‚Stadtwerdung' Beteiligten die Notwendigkeit vermittelt werden sollte, das ‚Wesen des Ortes zu verstärken',[60] sind starre Leitbilder nicht zielführend. Wie beispielsweise Gliederung, Auflockerung, Urbanität, Bewahrung – die Schlagworte von Experten darstellen, die die Betroffenen nicht berühren – aber in keinen Stadtentwicklungsplänen fehlen dürfen und sicherheitshalber auch keine operativen Hinweise geben.

Umgang mit Unregelmäßigkeiten

> *„Die Vielfalt ist das Präludium zur Monotonie. Willst du sie vermeiden, dann wiederhole deine Elemente... dann wiederhole deine Elemente... dann wiederhole deine Elemente...*
>
> Liugi Snozzi 1984[61]

Franz Heigl definiert Stadtplanung als[62] **„Änderung der Stadterscheinung** durch Setzen von Ereignissen. Ein Ereignis kann quantifiziert werden als Menge aller, an einer bestimmten, eng begrenzten Stelle auftretender Maßnahmen wie Form, Struktur, Größe etc.

Die Auffälligkeit eines Ereignisses ist als Differenz seiner Erscheinung zu jener der Umgebung zu verstehen, sie steigt mit der Zahl differierender Elemente und der Größe

58 Peter M. Senge in J. Briggs und D.F. Peat 1990, S. 309
59 O. Uhl ‚Eine Neue Stadtplanung' in A. Klotz 1992, S. 8
60 M. Kerbler im Vorwort ‚Stadt der Zukunft' Stadt Wien MA 18, 2014, S. 5
61 L. Snozzi, 1984 - Installation im Architekturmuseum Basel zit. in H. Stimmann 2005, S. 234
62 F. Heigl 1985, S. 14

ihrer Abweichungen. Interpretiert man große Auffälligkeit als Bedeutung, so erhält Bedeutung, was charakteristisch **jenseits von Normen und Normtoleranzen** liegt. Auffälligkeit kann daher niemals absolut, sondern nur relativ d.h. bezogen auf ein Vergleichsobjekt, ausgedrückt werden."

Für das Thema Umgang mit der Komplexität, bedeutet dies, Unregelmäßigkeiten nicht absolut zu setzen, sondern in Relation zur Umgebung einzusetzen bzw. zuzulassen. Oder wie es Ulf Jonak die Frage aufwirft, „Braucht Auffälliges um aufzufallen, nicht den Kontrast eines Unauffälligen, das unbemerkt bleibt? Liegt im **Unauffälligen und Unscheinbaren** nicht eine Form der Zurückhaltung, die auf ihre lautlose und heimliche Weise aufmerken lässt?' schreibt der Philosoph Bernhard Waldenfels (Frankfurt 2004)[63]

Jane Jacobs hat 1963 der **‚Abwechslung im Straßenbild'** Raum gegeben und gefordert: „Man kann einzelne Gebäude vor die vordere Baufluchtlinie verschieben und eine Arkade schaffen, unter welcher der Bürgersteig hindurchführt. Auch ein Platz auf einer der Straßenseiten, durch die das Gebäude gegenüber dann eine Betonung erfahren würde, tut den gleichen Dienst. Bezirke mit zahlreichen optischen Straßenakzenten werden eigentlich immer als ‚freundlich' empfunden und tragen dazu bei, dem Viertel ein Gesicht zu geben.[64]

Willi Kainrath hat seherisch schon 1984 einen anderen Umgang mit den Unregelmäßigkeiten der Stadt gefordert:[65] „Zukünftig wird der Autoverkehr soweit entschärft werden müssen, dass er als integraler Bestandteil des Lebens akzeptiert werden kann. Die Straßen können wieder schmäler sein, weil auch die Häuser niedriger, die parkenden Autos weniger werden. Gleichzeitig sollte endlich die planerische **Unart und Lieblosigkeit** aufgegeben werden, **alle Straßen zu begradigen** und alle historisch bedingten oder sonst wie möglichen Unregelmäßigkeiten zu beseitigen. Im Gegenteil: Man sollte alle Anlässe für die Differenzierung des Straßenquerschnittes freudig begrüßen."

Doch genau das **Gegenteil passiert**: im neuen Bahnhofsviertel werden ‚bequeme' Straßenquerschnitte mit 24,00 - 30,00 m Breite durchgezogen, die bloß der Höhe der angrenzenden Bebauung geschuldet sind. **‚Städtische Atmosphäre'** kann hier nicht aufkommen.

30 Jahre später fordert auch Rudolf Kohoutek einen neuen, planerischen Umgang mit Unregelmäßigkeiten ein: [66]"Es wird eine **neuer, planerischer Umgang mit den Qualitäten und Defiziten** der Bau- und Raumformen erforderlich sein. Dies betrifft im Besonderen die zahlreichen, zunächst oft unauffälligen kleinen baulich-räumlichen Sonderformen (Unregelmäßigkeiten des Straßenverlaufs, Rücksprünge, kleine informelle Platzbildungen, unterschiedliche Bauhöhen, durch Abwanderung von Betrieben freigewordenen kleine Parzellen mit Baumbestand etc.). Die Einebnung aller dieser ‚Ausnahmen ohne Regel' im Zuge der Nachverdichtung, Aufzonungen und Aufstockungen, Forcierung einheitlicher Traufhöhen etc. wäre eine kleine stadträumliche Katastrophe."

„Die bauliche Erhaltung der Vielfalt und Komplexität der historisch geschichteten Stadtstruktur" wird auch im STEP 1994 seitens der Stadt Wien gefordert und auch ein „Abgehen rein formaler baulicher Erhaltung in Richtung eines flexibleren Objekt- und Ensembleschutzes unter Erhaltung der Charakteristik eines Quartiers"[67]

63 Zit. in A. Abel und B. Rudolf 2019, S. 9
64 J. Jacobs 1963/1975, S. 195-196
65 W. Kainrath et al. 1984, S. 250
66 R. Kohoutek 2016, S. 209
67 STEP 1994, Magistrat der Stadt Wien, S. 182

Und Martina Löw (TU-Berlin) möchte die Beziehungen und Dichte in den Vordergrund stellen: „**Die Stadt muss dicht sein, auch anregungsreich**. Dichte meint für mich nicht einfach nur viele Menschen, sondern auch vielfältige Architekturen. Wir experimentieren nicht genug mit Architektur[...] Also vielfältige Bauformen, vielfältige Arrangements, Plätze, nicht standardisiert, überraschend. Und wir sollten von dem Individuumsdenken ein Stück wegkommen und stärker in Beziehungen denken. **Beziehungen** zwischen Gebäuden, Beziehungen zwischen Menschengruppen."[68]

Wenn auch architektonische Experimente – Spektakelarchitektur – nicht das erklärte Ziel sein sollten, kann mit neuen flexiblen Wohnformen den Anforderungen von heute und damit auch der Zukunft besser gedient werden.

Wahrnehmungshindernisse und Teilhabe zur Förderung einer ‚kreativen Wahrnehmung' fordert Alexandra Abel: „Unser Wunsch nach Kreativität bei der Wahrnehmung entspringt unserem Wunsch nach Teilhabe. Nur wenn wir selbst in dem Prozess der Wahrnehmung etwas hinzufü**gen** können, haben wir wirklich **Anteil an unserer Umwelt**, die uns umgibt. Schönheit und Perfektion sind uns zu wenig. Sie lassen unserer Wahrnehmung keinen Raum.[...]

Auch mehrdeutige Wahrnehmungsangebote erlauben diese kreative Wahrnehmung, so sie sich durch unsere eigenen Wahrnehmungsentscheidungen in etwas Sinnhaftes auflösen lassen. Wahrnehmungshindernisse fordern und fördern uns, weil wir aktiv werden müssen und dadurch bewusst erleben, was wir sowieso immer sind: Erschaffer unserer eigenen Wirklichkeit."[69]

Können solche Hindernisse geplant werden? – eher nicht, aber **zumindest temporär zugelassen** und damit der Faktor Zeit und Veränderung, die ‚lebendige Stadt' abgebildet werden: Wojciech Czaja in 100 x 18 – Wiener Stadtentwicklung: „Noch ist Disruption eine Variable. Doch wenn sich die Tendenz bestätigt, könnte die von Bürgern und Bürgerinnen bewusst herbeigeführte Störung und Irritation schon bald zu einer Konstanten in der Stadtplanung werden: ein **Blick in die Zukunft des Munizipalismus**."[70]

Kann Unplanbares geplant werden?

> *„In einer Welt, der das Chaos tatsächlich droht, wirkt artifizielles Chaos kaum schockierend. Es bleibt der erregende Nervenkitzel, der dem Kleinbürger das trügerische Gefühl vermittelt, eigentlich doch als Insider einer destruktiven Eleganz auftreten zu können."*
>
> Vittorio Lampugnani 1993, S. 142

Wojciech Czaja im Gespräch mit Rudolf Schicker (ehem. Wiener Planungstadtrat)[71]

Ein wichtiger Aspekt in einer lebendigen Stadt sind die Faktoren Chaos, Zufall und Zeit. Inwiefern lassen sich diese Variablen in die Stadtplanung einbeziehen?

Rudolf Schicker: „**Chaos und unerwartete Situationen kann man nicht planen**. Man kann sie aber ermöglichen. Bloß ist es so, dass Chaos und Unplanbarkeit leider nicht in die DNA dieser Stadt eingeschrieben sind. Was ich mir gut vorstellen kann, ist Chaos in einem vorgegebenen Rahmen - etwa in Form von **Selbstverwaltung und Selbstorganisation**, indem man gewisse Areale aus der Stadtplanung ausklammert oder zeitlich postponiert oder indem man die Planung des einen oder anderen Stadtviertel den BewohnerInnen und künftigen Nutzern überlässt und dafür Beratung zur Verfügung stellt."

68 M. Löw in ‚Stadt der Zukunft' Stadt Wien – MA 18, 2014, S. 43
69 A. Abel ‚Architektur und Aufmerksamkeit in A. Abel und B. Rudolf 2019, S. 42-43
70 W. Czaja in 100 x 18, Stadt Wien – MA 18, 2020, S. 42
71 aaO. S. 72

Klaus Novy hat im Sammelband ‚Wien' dem geplanten ‚Kaos' eine Absage erteilt: „Heute gehört es zum guten Ton des Planers, auch für Widersprüchlichkeiten und Härten, ja für ‚Kaos Stadt' auszusprechen, sich für überflüssig zu erklären, falls er nicht in den **naiven Fehler verfällt** - was weit verbreitet ist - Widersprüche und ‚Kaos' planen zu wollen. Stadt sei ‚ungemütlich', sei voller Brüche, Hässlichkeiten usw. heißt es zurecht. Doch darf man deshalb **Härte und Ungemütlichkeit zu Planungszielen** erklären? [...] Das Missverständnis reicht bis zum Dekonstruktivismus, der aus der neuen Sehnsucht nach Widersprüchlichkeiten und nach Unfertigem einen leeren Architekturformalismus macht."[72]

Prinzipiell – und das ist eines der Grundübel des ‚modernen Städtebaues' und der Stadterweiterungsgebiete – kann **in der ‚fertigen' Stadt nichts verändert werden**, nichts ‚angeeignet' werden. Gerade in den ‚alten' Stadtteilen, können wir auch die Entwicklung nur bis zu einem bestimmten Ausmaß steuern, aber nicht bestimmen. Anne Brandl formuliert das so:[73]

„Die Städtebaudisziplin kann durch bestimmte Gestaltungsmittel, Voraussetzungen für Räumlichkeit schaffen. Sie kann Räumlichkeit initiieren aber nicht herstellen, da sie auf die Subjektseite nur bedingt Einfluss hat. Einem an der **sinnlichen Wahrnehmung** orientierten Städtebau ist somit ein paradoxes Moment inhärent. Räumlichkeit bedarf nicht nur der gestalterischen Intention, Strukturierung und Gliederung, sondern auch des Zufalls, der Unbestimmtheit, des Unbekannten und des Situativen - des Menschlichen.

Gerhard Curdes stellt die interessante These auf, dass unter komplexen Zusammenhängen **‚richtiges Handeln' nicht mehr möglich ist** und entweder das Problemverständnis reduziert wird oder das Handeln unter dem Gesichtspunkt der Unsicherheit eingestellt wird.[74]

Ähnliches sehen auch Hartmut Häußermann und Walter Siebel in der **Begrenztheit der politischen Möglichkeiten**, die chaotischen Elemente der Urbanität zu fördern:[75] „Eine Politik, die es sich zum Programm machte, die chaotischen Elemente der Urbanität zu fördern und Anarchisches zu propagieren, fände wohl nur eine sehr schmale politische Basis. [...] Politik kann allenfalls Toleranz predigen und es zulassen, dass sich Gelegenheiten für die Nachtseiten der Urbanität entwickeln, aber im Zuge der Planung für Neubaugebiete wird sie kaum dafür Vorsorge tragen können."

Dass es Möglichkeiten gibt, **Unvollständiges zu ermöglichen**, wie es schon Rapoport/Kantor 1970 angeregt haben,[76] sind Projekte für Neu- und Altbauten, wo offene Gerüste in Abstand vor die Fassaden gestellt werden, die Erschließung, Abstellräume, Außenraum, Treffpunkt ('Bassena') und vieles anderes mehr – temporär und in Eigenregie - zuzulassen bzw. zu fördern (‚Wohnregal' oder Projekte von Lacoton-Vasall).

72 K. Novy ‚Neue Wege in der Planungskultur' in H. Swoboda 1990, S. 57
73 A. Brandl 2013, S. 206
74 G. Curdes 1995, S. 15
75 H. Häußermann und W. Siebel 1992, S. 18
76 A. Rapoport - R. Kantor 1970, S. 118: „Wenn es ein offenes Gerüst und eine unvollendete Gestalt gibt, dann wird ein Betrachter während einer bestimmten Zeitspanne die Umgebung auf eine viel komplexere Weise erfahren können. Es gibt also einen Bedarf nach unartikulierten, unfertigen Situationen. Bestimmte Anordnungen müssen diese Unerwartetheit der Nutzung, zu irgendeiner Zeit und Nutzungsveränderungen über eine ganze Zeitspanne hin vorbereiten."

Auch in der Freiraumplanung stellt Guido Hager fest, dass das **Unplanbare, das Chaotische nicht verordnet werden kann**: „Zum Beispiel indem der heute beliebte Naturgarten, der von seiner Veränderlichkeit lebt, als Fertigprodukt angeboten wird. Die Planung darf aber auch nicht alles Ungeplante unterdrücken. Die Vollkommenheit ist unmenschlich, Vollständigkeit ist Chaos. Und welches Bild ergibt sich daraus für den Park? [...]

Authentizität ist gefordert, anstelle einer nostalgisch-oberflächlichen Harmonisierung. Die Zukunft liegt in der Bewältigung der Gegenwart. Es gibt keine Rezepte, aber eine Tradition, Vorbilder, Auseinandersetzung und vielfältige Versuche."[77]

Sinnliches Stadterleben

> *„Es ist etwas mörderisches in der Ordnung;*
> *nichts soll da leben, wo man es nicht erlaubt hat."*
>
> Elias Canetti, Alle vergeudete Verehrung, 1970

Fritz Schuhmacher (1869-1947), langjähriger Hamburger Baudirektor - Nicht harmonische Endzustände interessierten ihn, sondern die **Prozesse, die Auseinandersetzungen,** der Kampf, der immer neue Kompromiss und Konsens. Im Zweifelsfall interessierte ihn die Dynamik der Ausgangssituation. Anschaulich und eindeutig geht das aus jenem Märchen Fritz Schuhmachers hervor, wo der Teufel aus dem Verkehr gezogen wird und danach das Leben in lieblicher Langeweile erstarrt, ‚Alles Gedeihen und Wohlstand ging rückwärts' bis Gott ihn wieder freilässt.[78]

Ein Komplementär dieser Erzählung ist die Bewertung der Erlebnisarchitekturen Dietmar Steiners, des langjährigen Direktors des Architekturzentrum Wiens:[79]

„Die Quintessenz der Erlebnisarchitektur ist das **Konzept von Disney World**. Disney World ist nicht nur einfach ein Vergnügungspark, sondern für amerikanische Verhältnisse ein urbanes Biotop einer gespielten Stadt, die keine reale Entsprechung mehr hat. Das ist der europäische Blick auf dieses Phänomen. [...]

Dabei, im direkten Vergleich der Erlebnisarchitekturen, zwischen Disney World und beispielsweise Wien, wirkt Disney World inzwischen viel authentischer und ehrlicher als Wien.

[...] Niemand, der eine nach wie vor authentische alte Stadt besucht, ist interessiert an ihren Brüchen und Widersprüchen. Er will **Erlebnis, Erlebnisarchitektur**, in der geschönten und geglätteten Kontinuität der an Highlights interessierten kulturindustriellen Konsumenten."

Anne Brandl sieht sowohl die Aufgabe der Stadtästhetik, eine sinnliche Stadt zu schaffen, als auch die **Gefahr vom Stadtmarketing** vereinnahmt zu werden. Doch wie man sich dem entziehen kann, bleibt offen:[80]

„Eine Stadtästhetik [...] ist in mehrfacher Hinsicht herausgefordert. Zum einen gilt es, durch stadträumliche Situationen eine materielle Gegenwelt des Sinnlichen, Unmittelbaren, Unvorhersehbaren, Brauchbaren, Aneignungsfähigen und Authentischen zu gesellschaftlichen Entwicklungen wie der digitalen Revolution zu schaffen.

77 G. Hager 2009, S. 119
78 H. Hipp und M. Markovic 1992, S. 24
79 D. Steiner ‚Steiners Diary' 2016, S. 190
80 A. Brandl 2013, S. 6

Zum anderen darf sich das städtebauliche Ziel eines sinnlichen Stadterlebens nicht in den Dienst einer global agierenden und ökonomisch argumentierenden Erlebnis- und Markenindustrie stellen. [...] Es geht um eine politische Haltung: es geht um Wahrnehmungsfreiheit statt emotionale Manipulation, um Solidarität statt ökonomischer Verwertbarkeit, um eine Verräumlichung von Markenwerten. **Kultureller Werte** statt einer Verräumlichung von Markenwerten, um einen Zugang zur Vielfalt städtischer Wahrnehmungsangebote statt um eine **Privatisierung der Wahrnehmung**, um Bildmacht statt um eine Macht über Bilder."

Das sinnliche Stadterleben ist mehrdimensional: „Während die historischen Theorien jeweils dem sie dominierenden Begriff zugeordnet sind und sich so Schwerpunkte im Wahrnehmungs- und Stadtverständnis im Verlauf des 20. Jahrhunderts ausmachen lassen, sind Räumlichkeit (Raum), Bildhaftigkeit (Bild) und Raumorte (Orte) gleichberechtigte, notwendige Qualitäten eines sinnlichen Stadterlebens. In der Stadtregion des 21.Jahrhunderts kann es nicht um ein Entweder-oder gehen. Für die Schaffung urbaner Qualitäten muss der zeitgenössische Städtebau sinnliche Wahrnehmungs- und Erlebensbedürfnisse befriedigen, verschiedene Wahrnehmungs-, Erlebens- und Gebrauchsmöglichkeiten sowie Gebrauchsweisen berücksichtigen. Deshalb bedarf es der **Schaffung städtebaulicher Situationen, die komplexe, plurale und sich überlagernde Wahrnehmungs-, Erlebens- und Gebrauchsmöglichkeiten eröffnen** und die uns unsere eigenen Sinne und Sinnlichkeit vergegenwärtigen."[81]

81 79 aaO. 193-19

Fazit – Conclusio

11.1 Maß der Komplexität

- ***'Ordnung am Rand des Chaos'*** *ist weder eine starre Ordnung, noch eine chaotische Unordnung, verbindet aber die Elemente* ***Stabilität und Flexibilität*** *und hebt sie in eine neue Ordnung.*
- *Die Komplexität steigt mit der* ***Zahl der unterscheidbaren Elemente*** *(Verschiedenartigkeit) und fällt in dem Maß, wie* ***Elemente zu Einheiten*** *zusammengefasst werden können.*
- *die angestrebte* ***Abwechslung, Harmonie, Komplexität und Ambivalenz*** *wird unterschiedlich rezipiert und können daher auch nicht legistisch gefasst werden – und die Erwähnung in Leitbildern ist rechtlich und praktisch nicht umsetzbar.*
- *Die drei Bedürfnis-Dimensionen:* ***Problemlösen, Bewertung und Kreativität*** *entziehen sich* ***optimalen Mittelwerten****: die Ansprüche eines hochentwickelten Künstlers oder Kritikers sind dem Geschmack eines/einer kaum mit der Kunst Befassten diametral entgegengesetzt.*
- ***Zwischen Monotonie und Chaos gibt es für jede Person einen (anderen) Mittelwert****. Abgesehen von der Schwierigkeit, diesen Wert zu messen, kann der Unterschied gering oder unüberbrückbar groß sein.*
- *Der* ***Zusammenhang zwischen Komplexität und Gefallen*** *lässt sich durch ein umgekehrtes „U" darstellen: mit wachsender Komplexität steigt das Interesse, kulminiert und fällt dann mit steigender Überforderung.*
- *Auch Ordnung ist in der Vielfalt notwendig, um diese überhaupt zu erkennen und in ein Ordnungsweniger großer Linien zu bringen:* ***in alten Städten herrscht ein komplexe Ordnung****.*
- ***‚Offene Stadt'*** *ohne rahmengebenden Bedingungen bedeutet in ihrer Fragmentierung eine* ***Zerstörung der Stadt****.*
- *Moderne Architektur tut gut daran,* ***kontextuelles Bauen in den Vordergrund*** *zu stellen, spektakuläre Bauten erzeugen mehr Widerspruch – können aber auch zur ‚guten Bausünde', zur Bereicherung der Stadtgestalt führen.*
- *Optische Überangebote, die zu einer* ***‚Reizblendung'*** *führen, werden entweder vom Rezipienten/ der Rezipientin in ihrer* ***Komplexität reduziert****, um aufgenommen zu werden oder* ***von vornherein abgelehnt****.*
- *Geheimnisse und Überraschungen sind nur dann positiv besetzt, wenn sie* ***nicht zum Verlust der Orientierung*** *führen und mit der Zeit* ***in ihrer Form ‚gelesen' werden können****.*
- *Eine Architektur der Komplexität und des Widerspruchs hat eine besondere Verpflichtung für das Ganze, die Einheitlichkeit im Mannigfachen:* ***„Mehr ist nicht weniger"*** *(Venturi)*

11.2 Bedarf an Komplexität

- ***Für mehr Komplexität, mehr Vielfalt und für mehr Sinnlichkeit sprechen****:*
  - Deckung ästhetischer Grundbedürfnisse
  - Bedarf nach einem optimalen Maß an Neuartigkeit
  - Perspektivenwechsel, der immer etwas Neuartiges bringt
  - Beziehungsreiche, narrative Architektur
  - Bedarf nach unfertigen Situationen und Mehrfachnutzung
  - Normalität produziert keine Aufmerksamkeit
  - Leistungsabfall des Menschen in monotoner Umgebung
  - Das Auge will nicht allzu schnell zufrieden gestellt werden
  - Alltagsästhetik ist kein ‚Prinzip', sondern ein Bedürfnis – auch im Freiraum
- *Der* ***gesuchte Komplexitätsgrad*** *ist jenes Maß, den eine Person gerade noch verarbeiten kann. Nachdem dieses Maß bei jedem Menschen, jeder Gruppe Gleichgesinnter unterschiedlich ist,* ***sollte der Komplexitätsgrad ambivalent sein****.*

- *Im Vordergrund sollten aber die* ***Betroffenen selbst stehen*** *und nicht die Experten, Hedonisten, bildungsferne Schichten u.a.m.*
- ***Komplexität*** *soll nicht pädagogisch aufgefasst werden,* ***sondern bloß zugelassen*** *und anders bewertet werden.*
- *Der Hang der sozialen Oberschicht, den Wert des höheren Komplexitätsniveaus zu betonen, lässt genau so wenig objektive Schlüsse zu, wie die Tatsache, dass eine Mehrheit gar* ***keine Sehnsucht nach einem höheren Komplexitätsniveau zeigt*** *– und trotzdem ein glückliches und erfülltes Leben führen kann.*

11.3 Umgang mit der Komplexität

- *Für eine ungewisse Zukunft sollen wir nicht starre Pläne verfolgen, sondern sich auf das* ***Abenteuer des Unfertigen und Unvollkommenen einlassen****.*
- ***Auffälligkeit*** *kann nie absolut gesetzt werden, sondern ist immer nur in Relation zur Umgebung zu sehen – und* ***braucht Unauffälliges, um aufzufallen****.*
- *Eine andere Bewertung von Unregelmäßigkeiten ist einzufordern: ein* ***flexibler Umgang mit dem Bau- und Objektschutz*** *unter Erhaltung der Charakteristik.*
- *Schönheit und Perfektion sind zu wenig: Wahrnehmungshindernisse und Teilhabe einer* ***‚kreativen Wahrnehmung'*** *fordern uns, weil wir aktiv werden müssen.*
- ***Chaos und Unerwartetes*** *kann man kaum planen und/oder politisch vertreten – man kann es aber* ***zulassen und ermöglichen****.*
- *Durch ein Zurücknehmen der Experten und* ***Selbstverwaltung und Selbstorganisation der BewohnerInnen*** *in der Gestaltung und im Management ihrer Umgebung kann Aneignung und diese Unerwartete geschehen (Planquadrat 4!)*
- ***In der ‚fertigen' Stadt kann*** *nichts verändert werden, sich nichts angeeignet werden, nichts (mit)bestimmt werden und auch keine Identität – somit* ***nichts ‚Menschliches' - entstehen****.*
- *Das* ***zukünftige Verhalten eines komplexen Systems*** *lässt sich nicht aus der Vergangenheit ableiten: anstelle von linearen Prognosen treten* ***Szenarien und Visionen*** *(B. Zibell)*
- *Wo* ***‚sinnliches Stadterleben' in Monotonie und Langeweile umschlägt****, kann es kein ‚Gedeihen', keinen Wohlstand und keine Bindung an das Quartier geben – das Verlassen ist vorprogrammiert.*
- ***Brüche und Unvollkommenheit widersprechen dem Stadtmarketing****, das nur geglättete und geschönte Erlebnisarchitektur vermarkten möchte. Es gibt aber auch schon eine* ***Vermarktung der Brüche****, wie die Wandbemalungen (Murals), der ‚Lost places', der ‚hässlichen' Stadt, des Subversiven.*
- *Für die Schaffung urbaner Qualitäten muss der zeitgenössische Städtebau* ***sinnliche Wahrnehmungs- und Erlebnisbedürfnisse befriedigen*** *und dafür braucht es die Schaffung komplexer und ambivalenter Situationen.*

12. Instrumente der Planung

Um Wiederholungen zu vermeiden, soll auf die bisherigen Ausführungen in den Abschnitten 6 -13 und das jeweilige Fazit bzw. Conclusio verwiesen werden.

12.1 Planungsorganisation

> *„Wenn man sagt, dass man einer Sache grundsätzlich zustimmt, bedeutet das, dass man nicht die geringste Absicht hat, sie in der Praxis durchzuführen."*
>
> Otto von Bismarck (1815 -1898)

In der Organisation der Planung können prinzipiell **zwei grundsätzliche Organisationsformen** und mögliche Zwischenformen unterschieden werden:

Die **Linienorganisation**, wo die Fachplanung zentralisiert abläuft und Koordination in der Verwaltungsspitze stattfindet. Problematisch ist hier, dass durch Informationsfilterung und ‚sachbezogenen Widerstand' die Abstimmung eher oberflächlich abläuft: Top down mit Parallelzuständigkeiten.

In der **Stabsorganisation** hat die Verwaltungsspitze mehr Einfluss auf den Stab und auf die Fachressorts - auf die der Stab im besten Fall sogar Weisungsbefugnis hat. (Top down)

Als **Zwischenform** wird eine Stabsorganisation empfohlen, wo die Mitglieder aus den Fachressorts entsandt werden und wechselnd, je nach Aufgabe und räumlicher Zuständigkeit optimal kommunizieren können:[1] **Kooperative Stadtentwicklungsplanung**.

Die Bezeichnung ‚kooperative Planung' wird in Wien projektorientiert aufgefasst, wo Stakeholder, Planungsdienststellen, freiberufliche Stadtplaner, Freiraumplaner und politische Vertreter Grundsätze einer Projektentwicklung workshop-artig erarbeiten (eher Bottom up).

Die modernste Form der Planungsorganisation ist die **Matrixorganisation**, wie sie im STEP 1994[2] unter ‚Beschleunigung von Planungsprozessen' gefordert wurde – aber nicht einmal ansatzweise implementiert wurde: „Einem historisch gewachsenem, hierarchisch organisierten Verwaltungs- und Zuständigkeitssystem stehen querliegende, vernetzte Erfordernisse der gegenwärtigen Planungsrealitäten gegenüber: Anstelle vertikaler Organisationsformen (Linienorganisation) sind horizontale Organisationselemente (Matrix- oder Stabsorganisation) gefordert."

Die Forderungen sind nicht neu: Lucius Burckhardt hat 1985 das Resultat organisationsoziologischer Befunde so zusammengefasst:[3] „Eines der Resultate der **Organisationssoziologie** ist diese, dass Entscheidungen mehr das Innenklima des Stabes und die Wünsche der Vorgesetzten berücksichtigen als fachliche Überlegungen und den Willen der Öffentlichkeit."

Als Lösungsmöglichkeit hat Jane Jacobs 1963 eine **Kompetenzverschiebung zu der Bezirksverwaltungen** vorgeschlagen, die wesentlich näher am Bürger und besser geeignet sei, komplexe Aufgaben zu erfüllen:[4] „Die Bezirksverwaltung als städtische Regierungsform ist **strukturell komplexer** als die jetzige, von ehemaligen kleinstädtischen Verhältnissen abgeleitete Verwaltungsstruktur. Die Verwaltungsstruktur einer modernen großen Stadt muss auch deshalb unbedingt komplexer sein, damit sie einfacher arbeiten kann. Paradoxerweise ist die heutige Struktur grundsätzlich zu simpel. [...]

1 W. Doni in H.Glaser 1974, S. 95
2 Stadt Wien STEP 1994, S. 193
3 L. Burckhardt 1985, s. 91
4 J. Jacobs 1963/1975, s. 208-209

Selbstverständlich kann eine Bezirksverwaltung niemals **‚reine Bezirksverwaltung'** sein und gewissermaßen doktrinär ohne Rücksicht auf die allgemeine Stadtverwaltung funktionieren. [...] Viele Gebiete, wie Wasserversorgung, Arbeitsämter, kulturelle Einrichtungen gehören in den umfassenden Rahmen der Stadtverwaltung - außerdem können die Bezirksverwaltungen jederzeit zu Rate gezogen werden."

Auch Pietro Hammel sieht in der Dezentralisierung bzw. Delokalisierung der Verwaltung ein doppeltes Ziel:[5] „Das **zentrale Organ** kann man auf diese Art ziemlich klein halten; es kann sich auf **wesentliche Dinge** konzentrieren und darf all die lästigen Detailfragen mit gutem Gewissen auf andere Instanzen abwälzen. In den Abteilungen, die in verschiedenen Stadtteilen ihren Sitz haben, besteht dagegen die Möglichkeit, in direkten Kontakt mit den Bürgern zu kommen und alle Probleme an Ort und Stelle zu lösen. Der Städter kann wieder mehr in das Geschehen einbezogen werden, und die Behörden werden weniger in einem luftleeren Raum arbeiten. Auf dieselbe Art und Weise können auch die politischen Parteien und alle öffentlichen und halböffentlichen Einrichtungen arbeiten."

Die Stadtarchitektin von Kopenhagen – Tina Saaby berichtet über die Änderung der Organisationstruktur:[6] „Kopenhagen hat die Organisationsstruktur der Stadtplanung von Grund auf geändert: **ressortübergreifende Teams** statt getrennte Fachabteilungen. Die Teams konzentrieren sich auf folgende Phasen: die Planung und Gestaltung des öffentlichen Raums, die Instandhaltung, die Nutzung, sowie die Entwicklung der Stadt im Allgemeinen. Wir orientieren uns jetzt eher an der zeitlichen Abfolge und nicht mehr am ‚Silodenken'. [...] Es arbeitet nun nicht jede Abteilung für sich, sondern ein Team mit Vertretern aus jeder Abteilung."

Nun hat Wien gute Voraussetzungen für eine **Dezentralisation der Verwaltung:** seit 1987 haben die Bezirke eine Reihe von Mitwirkungsmöglichkeiten in der Planung und für bestimmte Aufgaben ein eigenes Budget wie für Planung, Straßenbau- und Erhaltung, Schul- und Kindergartenerhaltung, Grünflächen, Fußgängerbereiche, Beleuchtung u.a.m. Aus Erfahrung kann auch gesagt werden, dass in der Regel auf der Bezirksebene mit den jeweiligen Fachabteilungen wesentlich besser und unkomplizierter kooperiert werden kann, als den hierarchisch geprägten ‚Weisungsbaum' zu durchlaufen. Der Hinweis auf den ‚Amtsweg' gilt als **gefährliche Drohung** und Verhinderungstaktik.

Es ist fraglich, ob bei einer Formalisierung dieser Vorgangsweisen, die Ergebnisse besser wären: der heutige Zustand ist komplex und ambivalent und entspricht eigentlich den Anforderungen. Bloß um Waffengleichheit – oder Augenhöhe - in Planungsentscheidungen herzustellen sollte jeder Bezirk einen **teilberuflichen Planer** – wie das manche Bezirke von sich aus getan haben[7] - einsetzen. Der neben fachlicher Beratung der Vorstehung und des Bauausschusses, die Aufgaben die gemäß der Wiener Stadtverfassung den Bezirken zustehen, erfüllen.

Ein Problem, dass sich nebensächlich anhört, aber die Grundlage vieler planerischer Entscheidungen sind **Haftungsfragen:** „Elementar im Umgang mit öffentlichem Raum als öffentliches Gut ist das Thema der persönlichen Haftung einzelner MitarbeiterInnen. Zur Absicherung werden oft Entscheidungen getroffen, die nachteilige Folgen für die Gestaltung und damit für die Aufenthaltsqualität von öffentlichen Räumen mit sich bringen.

Haftungsfragen sollen daher (österreichweit) diskutiert und neu definiert werden. Etwa soll zukünftig die Eigenverantwortung der NutzerInnen stärker verankert werden."[8]

5 P. Hammel 1972, S. 145
6 T. Saaby in Stadt Wien MA 18 2014, S. 55
7 Leider gibt es dafür weder Dienststellen noch Budget, so müssen fachlich versierte Bezirksräte oder engagierte Externe diese Aufgabe erfüllen.
8 Stadt Wien MA 18 – Fachkonzept Öffentlicher Raum 2018, S. 65

12.2 Instrumente

„Die Stadtplanung muss ihr Rollenverständnis im Sinne einer Konzentration auf das Wesentliche weiterentwickeln [...] Ganz nach dem Motto: Struktur first, Inhalt second. Eine solide, historisch gewachsene Stadt hält das schon aus."

Thomas Madreiter, Planungsdirektor Wiens, 2020[9]

Leitbilder

Die Leitbildplanung wurde im Abschnitt 5.4 Ziele der Stadtgestaltung behandelt - zusammenfassend in einer Zielhierarchie steht die Leitbildplanung an der Spitze der Hierarchie einer **‚Top down-Planung'**:

- Übergeordnete **Ziele oder Oberziele** entsprechen **Leitbilder**
- **Allgemeine Ziele** – sind begrenzt verortbar
- Detaillierte oder **operationale Ziele** oder Maßnahmen – sind meist örtlich gebunden

Ziele der Stadtgestaltung sind wenn überhaupt in den Katalogen der Leitbildplanung eher spärlich vertreten, allgemein gehalten und kaum messbar. Michael Trieb hat die **Ziele der Stadtgestaltung** als „Zielsetzung ist Wertung"[10] so gegliedert:[11]

- **Mentale Orientierung**
- **Emotionale Interdependenzen**
- **Mentale Stimulation**
- **Ästhetische Relevanz**

Die Attribute mental, emotional und ästhetisch deuten schon darauf hin, dass aus Leitbildern der Stadtgestaltung **sehr schwer operationale Ziele deduktiv abgeleitet werden können**.

Heidede Becker hat die Probleme der Leitbildumsetzung konkretisiert:[12]
„Städtebauliche Leitbilder gewinnen in dem Maße Profil, wie sie **praktikabel werden und ‚Gestalt' in der Stadt annehmen**. [...] Leitbilder erlangen ihre Daseinsberechtigung nur dann, wenn der Schritt vom Reden zum Handeln gelingt. Ansonsten bleiben sie theoretische Plan- und Programmziele, zwar ‚gute Absichten', im Grunde aber **‚anspruchslose Deklarationen'** (Jakob Maurer). Auch auf Konsens beruhende Leitbilder motivieren nur auf Zeit: das Engagement ebbt ab, schlägt in Resignation und Desinteresse um, wenn keine Konsequenzen daraus folgen. Deshalb müssen vor allem Leitbilder mit hohem Abstraktions- und Komplexitätsgrad handlungsbezogen interpretiert und für die Umsetzung ‚kleingearbeitet' werden."

Praktikable Leitbilder hat die Stadt Wien – MA 21 in ihrer Definition der **‚städtebaulichen Leitbilder'** (SL) eingeführt,[13] die einen ‚Flughöhe' unter dem ‚Stadtteilentwicklungskonzept' angesiedelt sind und ‚Qualitätsstandards für die städtebauliche Entwicklung auf lokaler Ebene/ Quartiersebene' vorgeben sollen. Es kann sich hier um eine neue Bezeichnung für den ohnehin erforderlichen **‚Motivenbericht' bei kleinräumigen Umwidmungen** handeln. Nachdem sogar zwei Ebenen höher der ‚Bezirksentwicklungsplan' lt. Stadtverfassung[14] in die **Bezirkskompetenz** fällt, müsste auch das ‚SL' darunter fallen.

9 T. Madreiter im Gespräch mit W. Czaja in 100 x 18, Stadt wien MA 18, 2020, S. 40
10 M. Trieb – Ziele der Stadtgestaltung in stadtbauwelt 35 aus 9/1972
11 M. Trieb in Städtebauliches Institut der Universität Stuttgart 1974, S. 113
12 H. Becker 1998, S. 454
13 Flyer und Internetauftritt der Stadt Wien – MA 21, 2021
14 Wr. Stadtverfassung § 103, Art.1, Zl.1 ‚Erstellung von Bezirksentwicklungsplänen'

Masterpläne

Im 3. Baukulturreport des österreichischen Bundeskanzleramtes wird die Einführung eines ***,mittleren Maßstabs'*** im Planungswesen gefordert: „Das Planungswesen in Österreich braucht einen durchgängigen, in allen Projekten verpflichtend zu verankerndem mittlerem Maßstab, der die Zusammenhänge auf Ebene der Stadt- und Siedlungsplanung abbilden kann. Diese mittlere Planungsebene ist zwischen der Raumplanung (1:5000) und Architektur (1:200) in dem im Städtebau üblichen **Maßstab 1:1000** einzuführen."[15 16]

Ob diese Ebene nun **,städtebaulicher Rahmenplan'** oder **griffiger ,Masterplan'** oder sperriger ,Stadtteilentwicklungskonzept' benannt wird ist sekundär. Wesentlich ist, dass alle jene Ziele und Maßnahmen, die im Flächenwidmungs- und Bebauungsplan – der oft den gleichen Maßstab aufweist – keinen Platz finden, festgehalten werden können.

Die als ,Kritische Rekonstruktion' bezeichnete Bebauungsplanung Berlins, für die der langjährige Senatsbaudirektor Hans Stimmann verantwortlich war, fand gewichtige Kritik: „Die Bedenken des ,Stadtforums' gegen die **,Kritische Rekonstruktion'** konkretisierten sich über ,Verdichtung', Vorgaben der Traufhöhen, der Blockrandbebauung, gegen ,dogmatische Handlungsanweisungen' und gegen den Widerstand von fünf bis sieben innerstädtische Hochhäuser.

Die ,Kritische Rekonstruktion' als Methode städtebaulicher Arbeit ohne städtebauliche Wettbewerbe war nicht nur wegen der inhaltlichen Bedenken umstritten, sondern die Planungsverwaltung hielte es für undenkbar, Angaben über Straßenbreiten, Gebäudehöhen und Wohnanteile ohne vorlaufende Wettbewerbe und Flächennutzungsplänen zu machen."[17]

Die Stadtbaudirektorin von Berlin – Regina Lüscher – hat in ihrem Beitrag zur ,Stadt der Zukunft' eine **Lanze für den Masterplan** gebrochen:[18] „Es müssen auf Arealen, die entwickelt werden, wieder Masterpläne gemacht werden. Diese Masterpläne müssen aber so sein, dass man weiter einen **Aushandlungsprozess** durchführen kann, dass sie flexibel sind. Sinn und Zweck von Planung ist, dass man weiß, wenn man von der Planung abweicht, warum man davon abweicht und diese Abweichung mindestens wieder die gleiche Qualität bringt, die ursprünglich in der Planung gedacht war. **Planung ist nicht da, dass man sie 1:1 umsetzt**. Sie ist da, um zu verstehen, wovon man mit guten Gründen abweicht oder eben nicht abweicht."

Ein wesentlicher Aspekt dieser Planungsebenen ist die **fehlende Rechtsverbindlichkeit**, denn nur sie erlaubt einen relativ unbürokratischen Aushandlungsprozess – und jene Flexibilität, die qualitätvolle Stadtgestaltung benötigt. Rudolf Scheuvens sieht den ,Plan' und den ,Prozess' als konstituierende Eigenschaft von ,Masterplänen an:[19] „Als informelle Planungsinstrumente besitzen Masterpläne keine Rechtsverbindlichkeit. Eine Sicherung und Umsetzung der getroffenen Aussagen ist, zumindest was den konkreten Projektbezug betrifft, unweigerlich mit der Rechtschaffung durch formelle Planungsinstrumente (v.a. Flächenwidmungs- und Bebauungspläne) verbunden. Ihre Wirksamkeit erhalten Masterpläne in erster Linie durch die Qualität des Planungsprozesses und die Art und Weise, wie Entscheidungen und Festlegungen im Zusammenspiel der AkteurInnen zustande kommen: Die **Dualität von Plan und Prozess** definiert die zentrale Eigenart von Masterplänen."

15 Bundeskanzleramts Österreich 2017, S. 209
16 S.a. H. Stimmann et al. 2005, S. 60
17 H. Stimmann et al. 2005, S. 57ff
18 R. Lüscher in Stadt der Zukunft, Stadt Wien MA 18, 2014, S. 63
19 R. Scheuvens et al. 2010, S. 13

Als **Qualitätssicherung** sieht Rudolf Scheuvens folgende Instrumente vor:[20]

- **Städtebaulich/architektonische Leitlinien - Koppelung** an die Weitergaben von Grundstücken
- **Gestaltungshandbuch - Design Codes** [Partituren, Weissbücher] laufen nicht zwangsläufig auf eine gute Gestaltung hinaus
- **Wettbewerbe** - Teil einer Planungskultur und eines begleitenden Qualitätsmanagements
- **Beiräte - kontinuierliche Beratung der Stadtverwaltung und der Entwicklungsträger** über längere Zeiträume

„Moderne Masterpläne verstehen sich mittlerweile weniger als produkt- und ergebnisorientierte Planwerke als vielmehr als **‚Partituren'** zu komplexen, strategischen Entwicklungsprozessen und als ‚Plattformen' der Kommunikation und Interaktion auf vielfältigen Planungsebenen mit diversen PartnerInnen."[21]

Wobei **‚Partitur' im musikalischen Sinn** gemeint ist, und das Grundsätzliche betont, von der unter Abstimmung mit Melodie, Takt und Rhythmus auch abgewichen werden kann und soll. Das kann von ‚Kadenzen', ‚Variationen' bis zu ‚Improvisationen' gehen.

Eigenschaften von Masterplänen sind nach Rudolf Scheuvens:[22]

- **Querschnittsorientiert** - eine gemeinsam gezogene Leitlinie von Politik, Verwaltung, BürgerInnen und Wirtschaft
- **Ergänzend und bereichernd** - weil vorgeschriebenen Verfahren nicht durchlaufen werden müssen, können Masterpläne ziel- und passgenau auf die jeweiligen Aufgaben abgestimmt werden.
- **Kooperativ** - öffentlich-private Zusammenarbeit
- **Partizipativ** - hochgradig partizipative und kommunikative Planungsinstrumente
- **Integrativ** - Übernahme übergreifender Koordinierungsaufgaben und diskursive Begleitung von Planungsprozessen
- **Motivierend und werbend** - mit konkreten und bildhaft nachvollziehbaren Aussagen werden Interessen geweckt und Impulse gesetzt.
- **Teamorientiert** - Ermöglichung einer teamorientierten Zusammenarbeit unterschiedlicher Disziplinen und Institutionen
- **Qualitätsbezogen** - Plattform eines offenen und qualitätsbezogenen Dialog und schafft einen enormen verfahrensbezogenen Reichtum

Als eine Vorstufe der Masterpläne sind in Wien die **Zielgebiete**, die ‚hot spots' der Stadtentwicklung zu sehen, wo diese Eigenschaften – allerdings in städtebaulich größeren Maßstäben (1:5000 -1: 10.000) – aber eher textlastiger als ‚klassische Masterpläne', seit mehr als 15 Jahren mit unterschiedlicher Intensität angewandt werden. Als Beispiel soll hier das Zielgebiet ‚Erdberger Mais' genannt werden, das bezirksübergreifend (3. und 11.Bezirk) ein sehr **heterogenes Entwicklungsgebiet** begleitet.[23]

Doch auch auf der Ebene der Stadtteilplanung, die eher den Zielgebieten als den Masterplänen entspricht, hat der Leiter der Wiener ‚Stadtteilplanung und Flächennutzung', Bernhard Steger programmatisch angekündigt: „Ich kann sicher auch für meinen Kollegen Christoph Hrcir (Leiter MA 21B) sprechen, dass wir auf den **Bereich Stadtteilplanung stärkeres Gewicht legen**, als es vielleicht in der Vergangenheit der Fall war. [...] Es ist wichtig, in funktional zusammenhängenden Stadtteilen, Leitplanken für die Entwicklung der nächsten 15 - 20 Jahre zu setzen."[24]

In diesem Sinn hat die Stadt Wien das Instrument eines **‚Stadtteilentwicklungsplanes'** (SEK) eingeführt, der sich zwischen dem Stadtentwicklungsplan (STEP) und dem

20 aaO. S. 47
21 aaO. S. 11
22 aaO. S. 14-18
23 H.P. Graner, R. Scheuvens et al. ‚Perspektive Erdberger Mais' Stadt Wien –MA 21, 2016
24 B. Steger im Interview mit R. Kanfer in Journal Architektur-Wettbewerbe 10/2020 S. 44

Flächenwidmungs- und Bebauungsplan eingezogen wurde. „Ein SEK macht dann Sinn, wenn es im Stadtteil mehrere absehbare Entwicklungen mit räumlich-infrastrukturellen Aus- bzw. Wechselwirkungen gibt."[25] Auf die Bezirkskompetenz (‚Bezirksentwicklungspläne'), die meist ‚übersehen' wird, sei hingewiesen.

Jedenfalls sollte vor jeder Abänderung des Flächenwidmungs- und Bebauungsplanes, die über den Rahmen ‚geringfügiger Abänderungen' hinausgeht, ein SEK mit vorgegeben Standards vorgeschaltet werden.

Ein etwas anderes Steuerungswerkzeug, das mehr Gewicht auf finanziell-rechtliche Belange legt als auf ein Design-Handbuch kam im Tübinger Südstadtprojekt als **‚Städtebaulicher Rahmenplan'** zur Anwendung:[26]

„Zentrales Steuerungswerkzeug für das Tübinger Südstadtprojekt ist ein Städtebaulicher Rahmenplan, ein Handbuch, in dem die wichtigsten Ziele, Verfahrensgrundsätze und die Regeln für die künftige räumlich-bauliche Organisation des Entwicklungsbereichs festgehalten sind.

Das ist weder ein üblicher Masterplan oder ein Designhandbuch (Partitur), die sich vorrangig der baulichen und weniger den gesellschaftlichen Erfordernissen annehmen; ist aber auch kein Flächennutzungskonzept und kein rechtlich verbindliches Instrument, sondern eine **bindende Vereinbarung zwischen Verwaltung und Politik** über die Regeln der Durchführung von Maßnahmen."

Bebauungspläne

Während in Österreich und im benachbarten Ausland die Flächenwidmung- und Bebauungsplanung getrennt sind, und in der Flächenwidmung die Nutzungsart und die Ausnutzbarkeit generell geregelt ist, und der Bebauungsplan die Bebauungsart im Detail regelt (siehe Abschnitt 5.2) – sind diese **beiden Ebenen in Wien zusammengeführt** worden.

Die Bauordnung von Wien unterscheidet zwar die beiden Ebenen Flächenwidmungspläne und Bebauungspläne in den §§4 und 5, wo es heißt:

§4 Flächenwidmungspläne

(1) Die Flächenwidmungspläne haben in großen Zügen darzustellen, nach welchen Grundsätzen der geordnete Ausbau der Stadt vor sich gehen soll und die Bebauungspläne (§ 5 Abs. 1) zu verfassen sind; die Flächenwidmungspläne begründen unmittelbar weder Rechte noch Verpflichtungen.[27]

Der §5 regelt den Inhalt der Bebauungspläne, wo die Festlegungen der Flächenwidmung jedenfalls enthalten sein müssen:

(1) Die Bebauungspläne haben darzustellen, ob bzw. in welcher Weise die von den Flächenwidmungsplänen erfassten Grundflächen und die darüber- oder darunterliegenden Räume bebaut werden dürfen bzw. welche Rechte und Verpflichtungen sich für die Eigentümer (Miteigentümer) der Grundflächen aus den Bebauungsbestimmungen ergeben.

In den §§1 (Raumordnungsgrundsätze) und 2 (Verfahrensbestimmungen) werden die beiden Instrumente immer nur gemeinsam erwähnt und es gibt tatsächlich nur wenige Flächen in Wien, die wohl über eine Flächenwidmung – aber keine Bebauungsbestimmungen verfügen. Mit Ausnahme weniger prominenter Flächen wie das Eislaufvereinsgelände (Heumarkt) bis 2017 und der Bereich Rennweg 100, treten solche **‚kalte Bausperren'** eher am Stadtrand auf, wo landwirtschaftliche Flächen und der Wald- und Wiesengürtel ohnehin nicht bebaut werden dürfen.

25 Flyer und Internetauftritt der Stadt Wien – MA 21, 2021
26 A. Pätz und C. Soehlke in A. Feldtkeller 2001, S. 50-51
27 Das bedeutet im Fachjargon eine ‚kalte Bausperre' – weil ohne Bebauungsplan kein Recht zu Bauen erwächst.

Der Vorteil der Zusammenlegung der Flächenwidmungs- und der Bebauungspläne liegt in einer Verfahrensvereinfachung bei einer Abänderung[28] – der Nachteil in der sogenannten **‚Anpassungsplanung'** – wo nicht die generellen Nutzungs- und Ausnutzungsregeln in der Flächenwidmung festgelegt sind und die Bebauung in einem einfacheren Verfahren angepasst und abgeändert werden kann. Die Folge ist eine gewisse Willkür in der Ausnutzbarkeit, Höhenentwicklung und Freiraumsicherung – weil ohnehin alles abgeändert wird.

Es gelten im Wesentlichen noch die Grundsätze der alten Regulierungspläne, die in der Bebauungsplanung keine Rücksichten auf Restnutzungsdauer oder Denkmalschutz bzw. Schutzzonen nehmen und die Baulinien gerade durchziehen. Salopp gesprochen hat ein langjähriger Leiter der Bebauungsplanung, die Eventualität einer Gasexplosion (nicht so unwahrscheinlich) oder Kriegsschäden als Grund gesehen, hier keine ‚Spompernadln' zu machen. Viel wahrscheinlicher ist jedoch der Abbruch geschützter Bausubstanz, wie die Entscheidungspraxis der Oberstgerichte zu befürchten lässt.

Aufbau und Inhalte von Bebauungsplänen[29]

Bereiche mit unterschiedlicher räumlicher Charakteristik können unterschiedliche Bestimmungsgrößen des Bebauungsplanrechts zugeordnet werden:

Nicht rechtsverbindliche Inhalte

- **Bereichscharakteristik** - historische Entwicklung
- **Rahmenbedingungen der räumlichen Entwicklung** ggf. Ziele und Maßnahmen
- ggf. **Gestaltungsmodell** als dreidimensionale Darstellung (Masterplan)

Rechtsverbindliche Inhalte

- **Plandarstellung**
- **Verordnungstext**

  Da die Erstellung eines **konventionellen Bebauungsplanes** in baulich weitgehend abgeschlossenen Bereichen (z.B. historische Altstadt) erfolgt, wird die Erstellung eines **‚verbalen' Bebauungsplanes** vorgeschlagen
- **Generelle Plandarstellung** ggf. mit Detaildarstellung/Rechtsbestand (Denkmalschutz, Schutzzonen)
- **Analyse und grafische Festschreibung des Bestandes**
- **Beschreibung der Bereichscharakteristik**
- **Festlegung von Rahmenbedingungen** der baulichen Entwicklung (Masterplan, städtebaulicher Rahmenplan)

Neue Wege der Bebauungsplanung

Was sind die Probleme der bestehenden Bebauungsplanung?

- Das Instrument ist zu **schwerfällig und zu starr** - geringfügige Anpassungen übersteigen den Rahmen der §69-Ausnahmen mit wechselnder Interpretation
- Die **Verfahren dauern zu lange** – die MA 21 möchte keine ‚Briefmarkenwidmungen' sondern möchte größere Gebiete widmen – scherzhaft meinte ein Leiter der Abteilung: „Widmungsanträge sind schon vererbt worden"
- Trotz öffentlicher Auflage ist die **Mitwirkung** selbst der Gemeinderäte und der Bezirke praktisch **nicht gegeben** – von den betroffenen Liegenschaftseigentümern, der Bewohner oder der Arbeitsbevölkerung gar nicht zu reden
- Die **Widmungsgebiete wurden immer größer** – die Verfahren dauern entsprechend länger und die Inhalte werden gleichgeschaltet.

28 Die Flächenwidmung sieht im Unterschied zur Literatur und Praxis keine quantitativen Beschränkungen vor.
29 nach A. Voigt 2005, S. 171, ergänzt

Gänzlich gegenteiliger Ansicht ist der Planungskritiker Reinhard Seiss, der für langfristige und generell gültige Bebauungsregeln auftritt und die **'Anpassungsplanung'** kritisiert:

„Einzug hielt eine politisierte 'Stadtplanung light', die vorgab, in schnelllebigen Zeiten wie diesen besser kurzfristig und punktuell agieren, als langfristig und gesamtstädtisch agieren zu wollen. Dass das Instrument des Bebauungsplans damals nicht gleich entsorgt wurde, was übereifrige Architekten tatsächlich forderten, ist wohl nur dem Umstand zu verdanken, dass man hierzulande ohnehin einen recht kreativen Umgang mit Bebauungsvorschriften pflegt - der maßgeblichen persönlichen oder wirtschaftlichen Interessen im Ernstfall auch gegen unliebsame Planungen zum Durchbruch verhilft."

Diese 'Stadtplanung light' wurde auch als **'kleiner Bagger' im Masterplan Gründerzeit**[30] als 'kooperative Projektentwicklung' in einem vereinfachten Verfahren zur Abänderung des Flächenwidmungs- und Bebauungsplanes vorgeschlagen. Dieser Vorschlag wurde in der Bauordnungsnovelle 2019 als 'geringfügige Abänderung des Flächenwidmungs- und Bebauungsplanes' aufgenommen – wird jedoch seitens der Behörde **restriktiv gehandhabt** und der Antragsteller hat keine Rechtsposition auf begründete Annahme oder Ablehnung. Im 'Masterplan Gründerzeit' wurde auch der 'stufenweise zu konkretisierende Bebauungsplan' als Lösungsmittel für Gründerzeitquartiere angesprochen.

Der Leiter der MA 21A - Bernhard Steger - darauf angesprochen entgegnete:[31] „Das Bessere ist immer der Feind des Guten. Ich habe nicht den Eindruck, dass die Dauer der Widmungsverfahren tatsächlich ein Hindernisgrund für Projektentwicklungen darstellt. Allerdings hat die Stadt Wien im Zuge der letzten Bauordnungsnovelle ein verkürztes Flächenwidmungsverfahren für geringfügige Abänderungen ermöglicht - 14 solcher Verfahren laufen zurzeit. Wir haben uns auch angeschaut, wie lange es zwischen Widmung und Baueinreichung bzw. Baubeginn dauert. **Das sind in der Regel vier Jahre**."

Wenn für die Einreichung ein halbes Jahr anzusetzen ist, braucht die Widmung, wenn sie überhaupt begonnen wurde dreieinhalb Jahre....

Zur Größe der Planungsgebiete hat sich Jane Jacobs schon 1982 geäußert:[32] „Die Stadterneuerung verlangt nicht nach großangelegten, umfassenden, straff organisierten Planungen, wie das bei U-Bahn-Netzen oder Raumfahrtprojekten der Fall ist. **Planungen in kleinen Schritten** sind besser für die Stadterneuerung geeignet als großangelegte Planungen.

Und weiters: „Mein letzter Einwand gegen großangelegte Planungen, richtet sich gegen deren **Inflexibilität**. Je höher die Planungsebene, umso starrer das Resultat. Wenn sich die äußeren Umstände wandeln, tun sich großangelegte Planungen sehr schwer mit der Anpassung. Auch dieser Mangel ist eine Folge ihrer allumfassenden Gründlichkeit und strukturellen Starrheit. [...]

Auch bei großangelegten Planungen werden Fehler gemacht, und wenn die Planungen zu umfangreich sind, können auch **umfangreiche Fehler** entstehen."

Dem braucht in ihrer Klarheit nichts hinzugefügt werden und es gibt nun zwei Ansätze für eine flexiblere, rasche Bebauungsplanung. Das sind einerseits der stufenweise zu realisierende Bebauungsplan und andererseits eine pragmatische Lösung unter Anwendung bestehender Planungs- und Bauordnungsinstrumenten.

30 Masterplan Gründerzeit –Stadt Wien–MA 21, 2018, S. 101-103
31 B. Steger in R. Kanfer im Interview in Journal Architektur Wettbewerbe 10/20202, S. 45-46
32 J. Jacobs 1982 in neue heimat – Monatshefte 1/1982 S. 50-55

Stufenweise zu konkretisierender Bebauungsplan

Eine Reihe von Stadtplanern haben bereits 1975 ein mehrstufiges Verfahren der Bebauungsplanung bzw. deren Umsetzung gefordert wie u. a. H. Adrian -T. Sieverts - ,Verfeinerter Flächenwidmungsplan' bzw. **,Stufenweise zu konkretisierender Bebauungsplan'**.[33]

Willi Kainrath hat 1984 diese Forderung aufgegriffen:[34] „Das Heil lässt sich nicht so sehr von der amtlichen Prüfung selbst wie vom Zwang zur Beschäftigung mit dem Städtebau bei gleichzeitig höherem Planungsspielraum erwarten. Die größere Gestaltungsfreiheit wäre so zu definieren, dass das vom Bebauungsplan vorgezeichnete Bauvolumen relativ niedrig gehalten wird und individuelle Abweichungen davon in erster Linie hinsichtlich der Form der Bebauung (also Vor- und Rücksprünge, Höhenstaffelung) und erst in zweiter Linie zugunsten einer Volumsvergrößerung eingeräumt werden. Das Bauvolumen sollte nur vergrößert werden dürfen, wenn sich daraus **städtebaulich bessere Lösungen** nachweisen lassen."

Auch Erich Raith verlangt in der ,Stadt der Zukunft' 2014 ein **mehrstufiges Planungsinstrument:**[35] Es gibt Entscheidungen die Top-down getroffen werden müssen, wo es Qualitäten - wie Sicherheit - geht, die nicht diskutiert werden müssen. Ein Problem ist so etwas wie die Wiener Bauordnung, die bis zum Abstand der Geländersprossen alles regelt. Als Vorbild dient so etwas wie die 10 Gebote, deren letztes Gebot die Planungsinstrumente der nächstniedrigen Stufe definiert. Das könnte ein mehrstufiges Modell sein - je weiter man nach unten kommt, umso stärker werden die Bottom-up-Komponenten.

Und Andreas Voigt lässt 2005 ein **zweistufiges konkretes Modell** als sinnvoll erscheinen:[36]

„In der **Grundstufe** werden die wesentlichen Gliederungs- und Gestaltungsgrundsätze der Stadtgestalt für bestimmte Teilräume festgelegt. Als rechtliche Festlegung regelt der Bebauungsplan Grundstufe die legistische Fassung des Bebauungsplanes.

Die **Hauptstufe**[37] Bebauungsplan fußt auf der Grundstufe. Sie dient der konkreten Ausformung der entsprechenden Planungsabsichten und ist somit im Anlassfall (Wettbewerb udgl.) zu erstellen. Der Hauptstufe liegen im Regelfall städtebauliche und baukünstlerische Projekte, für die eine **relative Realitätsnähe** vorliegt, zugrunde.

Die Bebauungsplanung ist als offener Prozess zu verstehen, der Beteiligungsmöglichkeiten und Gestaltungsvarianten eröffnet. An der Entscheidungsfindung sind politische und fachliche Entscheidungsträger, Experten und Betroffene beteiligt. die Vielzahl der Beteiligten rechtfertigt das Planen und Gestalten in Szenarien und Varianten."

Ein bewährtes Beispiel aus Salzburg beschreibt Reinhard Seiss:[38]

Das wesentlichste Instrument der **städtebaulichen Planung Salzburgs** ist dabei - neben der sogenannten Architekturbegutachtung - der zweistufige Bebauungsplan. Dieser enthält in seiner **Grundstufe** [...] **lediglich Mindestaussagen** wie die durchschnittliche mögliche Höhe, einen allgemeinen Dichtewert, die Baufluchtlinie zur Straße hin oder auch die zulässigen Nutzungen - was sowohl Anrainern als auch Investoren ausreichend Rechtssicherheit gibt.

Einen sogenannten **Aufbaustufen-Bebauungsplan** erarbeitet die Stadtplanung (im Wohnbau ab 2000 m² BGF und im Gewerbebau ab 15.000 m² Bauvolumen) erst nach

33 in Stadtbauwelt 45/1975
34 W. Kainrath et al. 1984, S. 251
35 E. Raith in ,Stadt der Zukunft' –Stadt Wien – MA 18, 2014, S. 28
36 A. Voigt 2005, S. 92
37 Der Begriff ,Hauptstufe' suggeriert den Oberbegriff- besser wäre der Salzburger Begriff ,Aufbaustufe'
38 R. Seiss 2019, S. 66

einem konkreten Projektantrag auf Basis eines Vorentwurfs - in dem Festlegungen getroffen werden, die in einem klassischen einstufigen Bebauungsplan niemals festzulegen wären. Die Festlegungen der Grundstufe stehen dabei aber nie zur Diskussion.

Auch die Stadt Wien geht ähnlich – in einem Verfahren - vor, wobei und das ist auch in Salzburg so, bei gewerblichen Bauten in dieser Größenordnung oft erst nach dem Rohbau und der endgültigen Vergabe, solche Formen wie die einer Mall und andere Entwicklungen - feststehen. Die Folge sind wieder Abänderungen, da der Vorentwurf nicht mehr als eine Absichtserklärung ist...

Mehrgliedriger Prozess mit bestehenden Instrumenten

Eine andere Form der Flexibilität von Bebauungsplänen schlägt der Autor mit geringfügigen Abänderungen bestehender Instrumente vor:

Aufbauend auf die **geringfügigen Abänderungen,** die bis 1985 in die Beschlusskompetenz der Bezirke fielen,[39] und den darauf ergangenen § 69 – um überhaupt bauen zu können – könnte ein dreigliedriger Stufenplan entstehen.

Die 1. Stufe wäre der **bisherige Bebauungsplan** für größere Gebiete, der etwa 10 -15 Jahre Lebensdauer hat und auf einen vorgelagerten Statteilentwicklungskonzept (SEK) – sowohl im Altbaubereich als in Neubauvierteln - aufbaut. Diese Grundstufe könnte genereller und restriktiver gefasst werden und bereits Baurechte beinhalten – wenn keine Ausnahmen erwünscht sind.

Eine 2. Stufe als **‚geringfügige Abänderungen'** fiele wieder in die Bezirkskompetenz (Vorberatung im Bezirksbauausschuss) wie bis 1985 mit einer vierwöchigen öffentlichen Auflage, sollte nicht mehr als drei Liegenschaften umfassen und etwa ein halbes Jahr in Anspruch nehmen (Bauverfahren selbst dauern im Schnitt 6 -9 Monate).

Die 3. Stufe stellen die **bisherigen Abweichungen** gem. den §§ 68 und 69 bzw. § 119 (Anforderungen an Wohnungen) dar, die in der Bauordnung und im Vollzug etwas gelockert werden könnten.

Gestaltungskonzepte

Gestaltungskonzepte sind als **eigenständige Instrumente** in kleineren Einheiten wie Hauptorte, Kleinstädte und Altstadtbereiche einsetzbar und bedürfen einer nachvollziehbaren, eindeutigen Grundlage, die bis ins Detail gehen wie z.B. Fassadenabwicklungen, Materialien, Dachneigungen, Proportionen, Höhensprünge etc.

Auf die fünf Kategorien der Stadtgestalt-Analyse im Abschnitt Theorie der Stadtgestalt wird verwiesen (K. Lynch, G. Cullen u.a.)

„**Gestaltungskonzepte** befassen sich mit qualitativen Vorstellungen und versuchen, diese fassbar, angreifbar zu machen. Sie lenken zu einer ganzheitlichen Betrachtungsweise und binden die privaten Interessen in einen größeren Kontext ein. Das Instrument ist in sich dynamisch, anpassungsfähig, daher notwendigerweise verwaltungsverbindlich.

Darüber hinaus kann ein Gestaltungskonzept u.a. folgende Wirkungen umfassen:

- Qualifizierte räumliche Vorstellungen größerer Einheiten (Dörfer, Stadtteile)
- Gestaltungsgrundsätze für Platz- und Straßenräume
- Gestaltbezogene Maßnahmen für definierte Probleme
- Setzung von Rahmenbedingungen für städtebauliche und baukünstlerische Wettbewerbe
- Grundlage für Sonderbauvorschriften wie Ortsbildsatzungen
- Grundlage für Ortsbild-, Milieu und Denkmalschutz

39 Die Aufhebung durch den VWGH erfolgte wegen fehlender öffentlicher Auflage

Gestaltungskonzepte erfordern eine **legistische Verankerung** und sind daher umfassend zu erläutern und zu begründen."[40]

Haas-Haus Wien 1(H. Hollein)

Bürohaus Neutorgasse (Rataplan)

Komod-Haus-Graz (Zaha Hadid)

Fraglich ist, wie mit massiven Abweichungen wie beim Haas-Haus in Wien, dem Komod-Haus in Graz oder dem Bene-Bürohaus in Wien, Neutorgassse mit einem **Gestaltungskonzept** umgegangen wäre.

Grundlage eines Stadtgestaltungskonzepts wäre jedenfalls ein K. Lynch-Plan, wo sowohl Akzente, Brennpunkte, Merkzeichen, Brüche, Feuermauern etc. dargestellt werden und aus der überschießenden, passenden und mangelnden Komplexität bzw. Vielfältigkeit geschlossen werden kann.

Weitere Konzepte sind aus Fassadenabwicklungen ganzer Straßenzüge zu gewinnen, wo sowohl Höhensprünge, Dächer, Gaupen, Erker und andere bestimmende Merkmale dargestellt werden können.

40 A. Voigt 1997, S. 199-200)

Inwieweit daraus umsetzbare Schlüsse gezogen werden können, ist eher in Neubauvierteln und Altstadtgebieten bzw. in der Bewertung städtebaulicher Wettbewerbe der Fall.

Gerrit Manssen kommentiert den Art 28 GG (Deutsches Grundgesetz) der Baugestaltung und gemeindlichen Selbstverwaltung:[41]

"Zur Förderung eines Gestaltungskonzeptes, oft als **'positive Gestaltungspflege'** bezeichneten Vorhabens werden den Eigentümern regelmäßig bis in letzte Einzelheiten Vorschriften für die äußere Gestaltung ihrer Grundstücke und Häuser gemacht, sei es die Farbe des Außenanstrichs, die Dachneigung, die Zulässigkeit und die Größe der Dachgauben, die Kleinteiligkeit der Fenster oder Art und Höhe der Einfriedungen, und zwar ganz unabhängig davon, ob die Gemeinde eher Einheitlichkeit oder Vielfalt in ihrem baulichen Erscheinungsbild anstrebt."

Vertragsbauordnung

Bereits Roland Rainer hat 1962 die **Abschöpfung des Wertzuwachses** bei Baulandwidmung gefordert: *„Wenn feststeht, wo [und wie] gebaut werden darf, dann wird es darauf ankommen, Bodenspekulation zu verhindern, jener Wertzuwachs, den ein landwirtschaftliches Grundstück durch die Umwandlung in Baugebiet erfährt, sollte gerechterweise weniger dem Besitzer zufallen, der zu dieser Entwicklung nichts beiträgt, als vielmehr der Gemeinschaft, die diese Umwidmung durch Straßenbau, Erschließung usw. bezahlt."*[42]

Eine unheilvolle Allianz von Politikern, die gerne die Wertzuwächse nach ihren Gutdünken verteilen wollten und Verfassungsjuristen, die Verträge im Rahmen von Widmungen kategorisch ausschlossen, haben diese Selbstverständlichkeit über Jahrzehnte verhindert.

Hans Kollhoff sieht demnach in der Stadtplanung ein **‚Stadtverhinderungsinstrument'**. „Stadtplanung ist weitgehend ein Stadtverhinderungsinstrument geworden. Bebauungspläne, Flächenwidmungspläne sind gewöhnlich zum Zeitpunkt ihrer Implementation anachronistisch und obsolet. Die auslösende politisch-ökonomische Energie ist verpufft und in einer Kettenreaktion von Kompromissen wird ein individueller Organismus auf seine Verpackung zurechtgestutzt. Brisante Projekte scheinen nur in planungsfreien Nischen realisierbar.[43]

Und auch Sophie Wolfrum und Alban Janson konstatieren die Dominanz von Prozess- und Aushandlungsverfahren:[44]„Stadtplanung wird von **Prozess- und Konfliktmanagement** dominiert. Die schwerfälligen Instrumente Flächenwidmungsplan und Bebauungsplan verlieren ständig an Einfluss, besiegeln nur mehr den eigentlichen Prozess des Aushandelns von Konsens in Stadtgesellschaften"

Michael Trieb sieht die Zielsetzung als dominant – die Verwaltungspraxis findet Mittel und Wege dem Tauschgeschäft (Bargaining) nachzukommen:[45]

„Viele Instrumente der Stadtgestaltungspolitik sind von dem Prinzip ‚Gibst du mir, so geb' ich Dir' getragen. Der **Handlungsspielraum der Verwaltung** ist oft größer als angenommen." Auch wenn manchmal das Wort ‚Erpressung' fällt und das ‚Koppelungsverbot' angesprochen wird gelten diese Auslegungen und Interpretationen als ‚Kavaliersdelikte'.

Wenn auch das Koppelungsverbot besagt, dass öffentlich-rechtliche Verträge nicht von vertragsfremden Gegenleistungen abhängig gemacht werden dürfen - herrscht

41 G. Manssen 1991, Regelung der Baugestaltung, Gesetzeskommentar in ‚Die Verwaltung' Nr. 24
42 R. Rainer 1962, S. 9
43 H. Kollhoff, in ARCH+ 105/106 aus 10/1990, S. 45
44 S. Wolfrum und A. Janson 2016, S. 8
45 M. Trieb et al. 1979, S. 177

hier ein großer Interpretationsspielraum [§ 69-Ausnahmen, § 1a-Verträge]. Hier gilt primär das ‚öffentliche Interesse', das glaubhaft dargestellt werden muss.

Kenner der englischen [und österreichischen] Verwaltungspraxis, die diesbezüglich von wenigen Hemmungen gekennzeichnet ist, sehen sich seit langem durch die dort erzielten Erfolge bestätigt."

Wenn dem so ist, ist es besser den **Aushandlungsprozess zu verrechtlichen** – nachdem erfahrungsgemäß die öffentliche Hand bei der bisherigen informellen Vorgangsweise in der Regel ‚draufgezahlt' hatte. Im Deutschen Baugesetzbuch wurden im § 11 die Vertragsbauordnung – die städtebaulichen Verträge – verankert:[46]

Folgende Voraussetzungen sind zu beachten:

- **Keine rechtswidrigen Klauseln** oder ein Verstoß gegen die guten Sitten
- **Koppelungsverbot:** kein über die gesetzlichen Bestimmungen hinausgehenden Gegenleistungen - Leistungen, auf die der Bauträger gesetzlichen Anspruch hat, dürfen nicht von Gegenleistungen abhängig gemacht werden.
- **Nicht vom Koppelungsverbot betroffen** sind **kausale Folgeleistungen**, die durch Umwidmungen verursacht werden.
- **Gebot der Angemessenheit**: kein Vertragspartner darf seine Machtposition missbrauchen und die Forderungen müssen in einem angemessenen Verhältnis zum Vorhaben stehen.
- daher sind **Pauschalbeträge, weil kein kausaler Zusammenhang** besteht, nicht zulässig
- vertraglich **vereinbarte Vorwegbindungen** sind nur in **bestimmten Grenzen** zulässig

Gegenüber einer Festsetzung im Bebauungsplan ist diese Vertragsform flexibler und beschränkt sich auf das erforderliche Maß der Restriktion.

In Wien wurde die Vertragsbauordnung 2014 in die Bauordnung eingeführt.

Längere Erfahrung mit der Vertragsbauordnung weist Innsbruck auf: Die Stadt Innsbruck verlangt bei Abänderungsanträgen des Bebauungsplans Architektur- oder Städtebauwettbewerbe, deren Ergebnisse bis ins Detail vertraglich abgesichert werden. Dieser **Projektsicherungsvertrag** - bisher wurden mehr als 100 solche abgeschlossen - ist ein **zivilrechtlicher Dienstbarkeitsvertrag** und geht wesentlich weiter als ein Bebauungsplan.[47]

‚Alte Instrumente'

Michael Trieb weist darauf hin, dass „einige der ‚alten Mitteln' der Stadtgestaltungspolitik auch in der Gegenwart noch eine Rolle spielen können:[48]

- Öffentliches Interesse durch gezielte **Öffentlichkeitsarbeit und Mitwirkungsangebote** wecken
- **Stadtbildverwaltung und Stadtbildpflegestellen** als Beratungs- und Hilfestellung nicht als bürokratischen Beirat des kleinsten gemeinsamen Nenners zu organisieren.
- **Stadtgestalterisches Steuerrecht** nicht nur nach wohnrechtlichen Grundsätzen (Abschreibung, Steuerbefreiung, Kredite, Zuschüsse)

Wenn es im ‚Masterplan Gründerzeit' heißt, dass es über den Bebauungsplan und die Bauordnung hinaus, kaum Einflussmöglichkeiten gibt,[49] ist diese insofern richtig als zwei wesentliche Maßnahmenbündel, das **Finanz- und Mietrecht** als Bundesangelegenheit, der Stadt nur begrenzte Möglichkeiten bieten.

46 zit. in T. Hahn, ‚Neue Wiener Dichte' 2014, S. 66-67
47 R. Seiss 2019, S. 66
48 M. Trieb et al. 1979, s. 47-48
49 Stadt Wien – MA 21 ‚Masterplan Gründerzeit' 2018, s. 59

Bauordnung

Nachdem in der Bauordnung nicht nur bautechnische, sondern auch eine Reihe von Maßnahmen als **'Totes Recht'** schlummern, sollte angesichts der auch lange Zeit verpönten Vertragsbauordnung und Ausweisung von Zonen für leistbaren Wohnraum' diese Mittel zumindest pilotartig angewandt werden. Geschärft und angepasst können diese noch immer werden.

Das sind exemplarisch:[50]

§§ 22-35 **Baulandumlegungen**

Vereinigung mehrerer Liegenschaften und zwangsweise Abteilung in Bauplätze

§§ 38-46 **Enteignungen** zulässig für

- § 39 **Herstellung von Verkehrsflächen** und Aufschließungsleitungen
- § 40 **Bauvorhaben auf Grundflächen für öffentliche Zwecke** (Schulen, Parks etc.)
- § 41 **Erhaltung, Ausgestaltung und Zugänglichkeit des Wald- und Wiesengürtels**
- § 42 Vermeidung von **selbständig nicht bebaubaren Grundflächen** (Ergänzungsflächen)
- § 43 **Bauordnungsgemäße Bebauung der Liegenschaften**

  Enteignungen sind nur gegen Entschädigung (wenn mehr als 50%-ige Beeinträchtigung) und haben sich auf den geringsten zum Ziel führenden Eingriff in fremde Rechte zu beschränken."

§ 51 **Anliegerleistungen** zur Herstellung von Verkehrsflächen

§ 129 Abs. 2 Der Eigentümer hat dafür zu sorgen, dass die **Gebäude und baulichen Anlagen in gutem**, der Baubewilligung und den Vorschriften der Bauordnung entsprechenden **Zustand erhalten werden**. In Schutzzonen sind auch die Gebäude und Anlagen und die baulichen Ziergegenstände **in stilgerechtem Zustand zu erhalten**.

Steuerrecht und Zuschüsse

Elisabeth Lichtenberger vergleicht die Ankurbelung der Bautätigkeit in der **Gründerzeit durch steuerliche Maßnahmen** und die Erwerbmöglichkeit von Liegenschaften durch jüdische Mitbürger:

„Bereits in der Frühgründerzeit wurde die Bautätigkeit von einer seit 1859 gültigen 18-jährigen Steuerbefreiung gewährt. Für die Neubauten am Glacis (Ringstraßenzone) wurde eine 25- bis 30-jährige Steuerbefreiung erlassen. Die große Neu- und Umbauwelle vor der Weltausstellung 1873 wurde 1868 durch die Ausdehnung der Steuerbefreiung auf die Vororte ausgelöst.

Um die Bautätigkeit nach dem Börsenkrach 1873 wieder anzukurbeln, wurde eine auf zwei Jahre befristete 25-jährige Steuerbefreiung bewilligt (1876) und die Verbrauchssteuer auf Baumaterial aufgehoben. Wenn auch später nicht so großzügig war, wurde 1893 für 1263 speziell bezeichnete Grundstücke, die der Regulierung der Hauptstraßen im Wege standen, eine 18-jährige Steuerbefreiung gewährt.

Dazu muss angemerkt werden, dass die ,Hauszinssteuer' 40% der Bruttomieterträge ausmachte und 4% des Gesamtsteueraufkommens der K.u.K Monarchie betrug!

Im Zeitalter des ,Betongolds' wird eine allgemeine Ankurbelung nicht sinnvoll sein und angesichts einer zu erwartenden Immobilienblase sind eher restriktive Maßnahmen – mit Ausnahme des sozialen Wohnbaues – erforderlich. Jedoch könnten für Investitionen und den Erhalt gründerzeitlicher Wohngebäude legistische (Mietrecht) und finanzielle Hilfen (Altstadterhaltungsfonds) angebracht sein.

50 Brazdovics, Kambach, Neckar – Die Bauordnung für Wien – Verwaltungsakademie 1990

Mietrecht

Über ein überfälliges **Universalmietrecht** soll hier nicht gesprochen werden – die weltanschaulichen Gräben sind allzu tief. Aber ein Detail sollte reformiert werden, um den Erhalt und die Verbesserung kostengünstiger und abgeschriebener Miethaussubstanz zu sichern.

Wohnungen in Gebäuden die vor 1954 errichtet worden sind, fallen jedenfalls unter den Kategoriemietzins – ungeachtet dessen, in welchen Zustand sich die Wohnung befindet. Es wird wohl nach Ausstattungsgrad von A (Zentralheizung, Bad) – D (Substandard) unterschieden, aber in welchem Zustand sich die Wohnung und/oder das Haus befindet, geht nicht in die Rechnung ein.

Selbst wenn ein Haus leer steht und ein **Generalrenovierung** ansteht, können danach nur die Kategoriemietzinse begehrt werden. Dass sich 80% der Vermieter nicht genau daran halten klingt verständlich. Dazu kommen nun ‚Mieterhilfen', die gegen eine saftige Provision bis zu einem Drittel des beklagten Mehrentgelts, den Differenzbetrag einklagen.

Der **Abbruch und Neubau** ist daher ökonomisch wesentlich lukrativer und kann nun bei ‚wirtschaftlicher Abbruchreife' auch in Schutzzonen angewandt werden.

Zwei Maßnahmen wären eine große Hilfe: Einen Kategoriezuschlag für Erstbezug nach Renovierung und eine Herabsetzung der Freigrenze für Wohnungsgrößen von 130 m^2 auf 90 m^2. Das ist noch keine allumfassende Lösung, aber ein erster Schritt, nicht mehr nur Kleinwohnungen anzubieten und Gründerzeithäuser auch wirtschaftlich erhalten zu können. In Härtefällen könnte die Subjektförderung aufgestockt werden.

Bewusstseinsbildung

Nicht zu unterschätzen sollte die **Öffentlichkeitsarbeit und Bewusstseinsbildung** werden. Unvergesslich bleibt die Aktion im Planquadrat wo Elisabeth Guggenberger und Helmut Voitl mit bühnenbildnerischen Mitteln binnen einer Woche in einem dem Abbruch geweihten Haus eine Wohnung aufgehübscht haben. Unter dem Motto ‚So schaut's aus in einem renovierten Haus' wurde zur Hauptsendezeit im Fernsehen gebracht und hat Altbauwohnungen salonfähig gemacht.[51]

Eine andere Aktion hat das Selbstbewusstsein der Bewohner gestärkt, wo liebgewonnene Erinnerungstücke ausgestellt wurden und sich eine respektvolle Nachbarschaft herausgebildet hat.

Eine Open-Air-Diskussion 1974 mit dem Fernsehdirektor als Moderator (damals Helmut Zilk) und dem Bürgermeister Gratz ohne Berührungsängste und eine Präsentation im MAK (Museum für angewandte Kunst) waren dann das ‚Sahnehäubchen' und die Keimzelle für eine bis heute andauernde Selbstverwaltung.

Es hat sich in der Teamzusammensetzung bewährt, eine Vielfalt an Personen und Meinungen und eben nicht nur Experten für alle möglichen Vorhaben zu vereinen. Das wesentlichste Element ist die **Betroffenheit, die stets eine Mehrheit** bilden sollte.

Ein anderes zeitgemäßes Beispiel ist der Stuttgarter Verein ‚Stadtlücken e.V.' dessen Motto ist: „Unorte – jede Stadt hat sie, möchte sie verändern und schafft es dennoch nicht, ihr Potential zu entfalten. In Stuttgart nimmt sich der Verein Stadtlücken e.V. seit 2016 genau solcher Lücken an und beweist wie sich Bürgerinnen und Bürger aktiv an der Stadtgestaltung beteiligen können.

51 E. Guggenberger und H. Voitl Planquadrat 1977, S. 85 und 148

15.3 Planungsverfahren und Analysen

„Es gibt zwei Arten von Realismus in der Planung. Die eine versucht, die Welt wie sie wirklich ist zu erkennen, ohne sie zu idealisieren. [...] Einen solchen ‚humanistischen Realismus' ist die andere Art gegenüberzustellen, die ‚opportunistischer Realismus' genannt werden könnte, denn ihr ist der ‚Erfolg' hauptsächliches Qualitätskriterium.

Willi Kainrath 1984, S. 243

Bestandserhebung

Es gibt im Wesentlichen vier Gruppen von Daten, die für die Stadtplanung und insbesondere für die Stadtgestaltung von Belang sind:[52]

1. **Aggregierte Daten**, die aus den geografischen Informationssystemen (GIS) abgerufen werden können (Sozialdaten, Bildung, Einkommen etc.)
2. **Detailangaben** aus dem **geografischen Informationssystem** (GIS), die den Datenschutz nicht tangieren und liegenschaftsweise/gebäudeweise abgerufen werden können wie Höhenentwicklung, Dachformen (3-D-Modell), Höhenschichtenlinien, Schwarzplan, Baualterspläne (meist zu aggregierte Daten!)
3. **Zu erarbeitende Daten** in **unterschiedlicher Aggregation** wie Grundbesitz, Wahlsprengel/Ergebnisse, qualitative Daten durch Begehungen wie Flanieren, Umherschweifen (dérive) und in einer aussagekräftigen Notation festzuhalten (Stadtbildanalysen, Lynchplan, Grünraum, Nutzungen, Geschäftsfronten, Arbeitsbevölkerung
4. **Qualitative Aussagen** von Schlüsselpersonen, Experten (Gebietsbetreuungen, Agenda 21, Bezirkspolitiker, ‚Local heros', Nutzungsbeobachtungen, Polaritätsprofile, Literaturstudium (nach Kapner), historische Quellen wie Bezirksmuseen, Amateurgruppen, Bildung von Fokusgruppen

Eines der wesentlichen Problemlagen bei der Bestandserhebung ist nicht der **‚Datensarg'** - möglichst viele leicht zugängliche und digital verarbeitbare Daten zu sammeln, sondern mit aussagekräftigen Daten ein charakteristisches Bild des Bearbeitungsgebietes zu zeichnen. Und nicht nur der Außensicht zu trauen, sondern mit verschiedenen Methoden die Bewohner zu Aussagen zu bringen wie Mental Maps, Polaritätsprofile, Q-Sorting mit Spielkarten. Immer wieder vergessen wird die **Arbeitsbevölkerung,** weil relativ schwer zu erfassen (Großzählungen liegen meist weit zurück, geben den Firmenstandort an, aber nicht den Arbeitsort).

Kaum herangezogen werden die **Wahlergebnisse**, die nicht stark aggregiert sind (1-3 Häuserblöcke), homogene Gebiete abdecken und auf dem ersten Blick eine Sozialraumanalyse erlauben.

Ein weiteres Hilfsmittel ist die **Darstellung der Gebäudehöhen** in Relation zu den Straßenbreiten, die eine schnelle Abschätzung der Komplexität bzw. des Komplexitätsbedarfs erlauben.

Ganz klar muss ausgedrückt werden: hoch aggregierte Daten erlauben generelle Aussagen, die in der Stadtplanung unbrauchbar sind, weil die Inhalte ohnehin für jeden aufmerksamen Beobachter auf der Hand liegen. Das Ziel der städtebaulichen Bestandsaufnahmen muss in der **geringst möglichen Datenaggregation** liegen – nur die erlauben auch Handlungsanweisungen.[53]

52 s.a. OPK –Offenes Planerkollektiv 2016, s. 17-18
53 s.a. G. Curdes 1995, S. 49

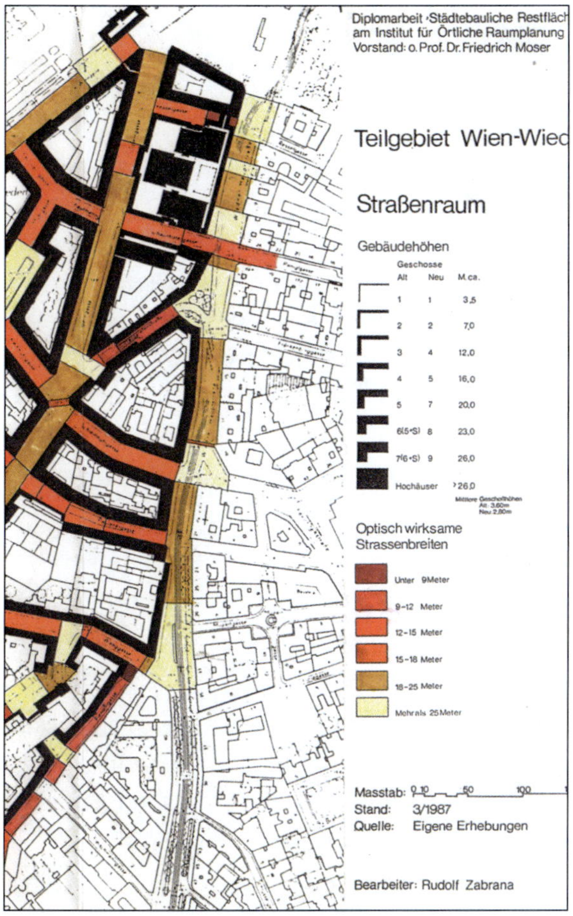

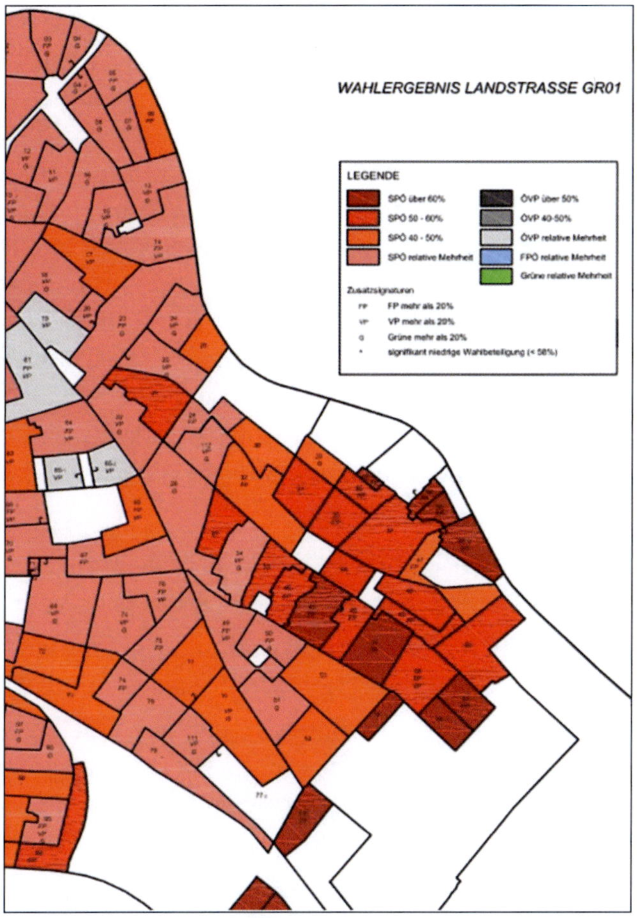

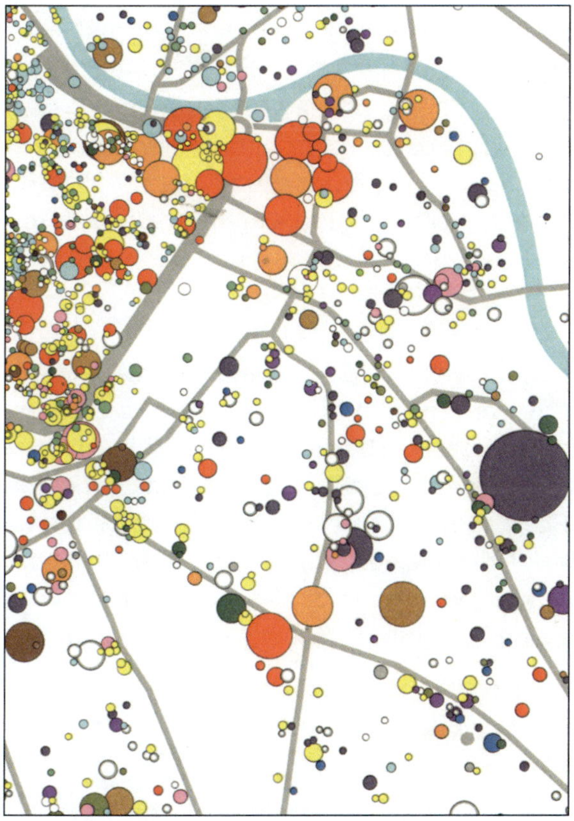

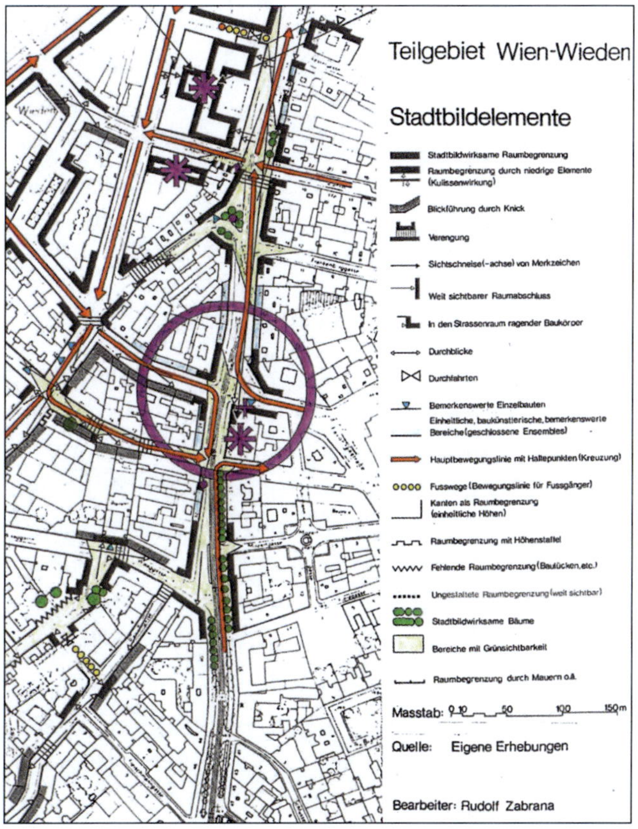

Kartenbeispiele: Straßenbreiten
Sprengelwahlergebnisse
Betriebsstätten
Stadtgestaltungselemente

Auch Klaus Trutzel sieht das Problem der Datenaggregation:[54] „Sind die Planungsinformationen der Stadtentwicklung auch generell **nicht auf Einzelfälle**, sondern (statistisch) auf Massenerscheinungen bezogen, so muss die Verdichtung doch problembezogen erfolgen, sollen wesentliche Fragestellungen, Selektionen, Differenzierungs-, Kombinations- und Verknüpfungsmöglichkeiten nicht durch vorzeitige Aggregation der Daten verschüttet werden. Gerade die schrittweise Suche nach Zusammenhängen verlangt, dass Daten immer wieder neu differenziert und verknüpft werden können. Diese Flexibilität ist allerdings nur gegeben, wenn die Daten **grundsätzlich als Individualdaten** zur Verfügung stehen. Aggregierte Daten können zwar rasch gewisse Grundinformationen liefern. Auch können sie die in übergeordneten Planungsstufen gewonnenen einheitlichen Basisinformationen enthalten. Die jeweils problembezogene Auswertung der Individualdaten ersetzen sie jedoch nicht."

Jane Jacobs schlägt vor, die Richtung eines **‚Neuen Denkens der Stadtplanung'** einzuschlagen:

- Die **tatsächlichen Vorgänge** zu beachten
- **Induktiv zu arbeiten**, von den Einzelheiten zum Allgemeinen vorzugehen und nicht umgekehrt
- Nach **‚nicht durchschnittlichen' Merkmalen** zu suchen, welche die Art und Weise verraten, wie sich die ‚durchschnittlichen' Faktoren verhalten."

Problemdarstellungen haben die Eigenschaft einen **‚Bias' des Gebietes** zu zeichnen, ohne auf das Potential, die Vorzüge und die Chancen des Gebietes einzugehen. Es erinnert an das Arzt-Syndrom, wo man enttäuscht wird, wenn einem nichts ‚fehlt' – oder die alte Weisheit: „Geh nicht zu deinem Fürst, wenn du nicht gerufen wirst".[55]

Michael Trieb sieht einen ständigen Wechsel des Planers von der Bestandserhebung, Analyse und Lösungsansätzen in Form iterativer Planungsschritte (muddling trough), weil es aus finanziellen, politischen und zeitlichen Gründen meist nur **Teile des Aufgabenspektrums** bearbeitet werden können.[56]

Das bedeutet, dass die stringenteste Ablaufplanung in der tatsächlichen Arbeit bloß ein Anhaltspunkt und eine Gliederung des Berichts darstellen. Zielformulierungen und Problembewusstsein bilden sich bereits bei einer – nicht nur gründlichen – sondern qualitativ ausgerichteten Bestandserhebung, die bereits auf die **Schlüsselprobleme** fokussiert ist.

Planungsverfahren

Das Grundschema der Planungsphasen nach Walter L. Schönwandt (basierend auf Heidemann 1992) ist deshalb hier gewählt worden, weil der ‚klassische' Verfahrensablauf wie er von Klaus Trutzel in Hermanns Glaser ‚Urbanistik'[57] vorgeschlagen wurde, mit der ‚Problemerkenntnis' und ‚Zielbestimmung' vor der Bestandsaufnahme beginnt. Programmatisch steht hier die Bestandsaufnahme (Erkenntnisse aus der Alltagswelt, ‚Umherstreifen' etc.) jedenfalls vor der Zielbestimmung und der Problemerfassung. Woher weiß ich von den Problemen, wenn ich noch gar nicht vor Ort war? Es ist hier Jane Jacobs zu folgen, dass mit einer ‚bottom-up-Strategie' zu beginnen ist.

Grundschema der Planungswelt in der Alltagswelt:[58]

1. **Gegebenheiten der Alltagswelt** die durch Planung beeinflusst werden soll (räumlich, sozial, wirtschaftlich, naturräumlich, politisch-administrativ)
2. **Ergebnisse** (Fortbestand-Wandel)

54 K. Trutzel in H. Glaser – Urbanistik 1974, S 105
55 D. Damyanovic 2012, S. 28
56 s.a. M. Trieb 1974, S. 203
57 K. Trutzel in H. Glaser 1974, s. 101-102
58 W.L. Schönwandt 2002, S. 47-53

3. **Verständnis der Sachlage** (Erkunden, Deuten)
4. **Herstellen von Anleitungen** (Varianten erzeugen und reduzieren)
5. **Verständigung über das Vorgehen**
6. **Eingriffe** (Standorte ausweisen, Anlagen errichten und erhalten, Verhaltensweisen steuern)

Und wieder mit 1. Gegebenheiten weiter fortfahren.

Für den engeren **Bereich der Stadtgestaltung** hat Friedrich Moser folgende Vorgangsweise - unter Abkehr von der bisherigen ‚passiven' Planung vorgeschlagen:[59]

- **Einsatz der bestehenden Instrumente** als Mittel zur Gestaltung
- **Erfassung aller** mit der Stadterneuerung und Stadtgestaltung zusammenhängenden **Probleme**
- **Auswertung aller bisher erarbeiteten Grundlagen**
- **Gliederung der Planungsraumes** in strukturähnliche Bereiche unter Beachtung unterschiedlicher Gestaltungsniveaus
- **Überprüfung und Erfassung aller Ziele** der Stadtgestaltung auf allen Planungsebenen
- **Information und Beteiligung der Betroffenen**
- **Erarbeitung von Sachbereichskonzepte**n unter Berücksichtigung der Möglichkeiten für die Stadtgestaltung
- **Erarbeitung von Rahmenbedingunge**n für die Erhaltung. Umgestaltung und Gestaltung der Stadt - bezogen auf Bereiche, Straßen und Plätze

Jürgen Pahl verstärkt diese Vorgangsweise durch die Forderung nach gesetzlicher Verankerung der **Stadtbild-Analyse** als Bestandteil der vorbereitenden Untersuchung nicht nur für Stadterneuerungsplanungen, sondern für **jeden Vorgang** der verbindlichen Bauleitplanung.[60]

Ein nicht zu unterschätzenden Handlungsfeld der Stadtgestalt ist der **öffentliche Raum**, dessen Einsatzfelder aus der Funktions- und Sozialraumanalyse generiert werden:[61]

- **Platz- und Parkgestaltung** (quantitativ und qualitativ, Zugänglichkeit)
- **Straßenplanungen**, -rückbauten und –umgestaltungen, Organisation
- **Quartiers- und Stadtentwicklungen** mit dem Schwerpunkt öffentlicher Raum
- Ausarbeitung von **Bedarfsplänen ‚Öffentlicher Raum'** als Grundlage für ‚städtebauliche Verträge' gem. 1a BOfW[62]

Walter L. Schönwandt hat auf **‚Metaphern und Analogien'** als Erklärungshilfe für schlecht strukturierte Sachlagen hingewiesen – das was landläufig als ‚Erfahrung' bezeichnet werden kann:[63]

„Wenn Planer nicht über geeignete Konstrukte als Wissensträger verfügen, die für die Bearbeitung einer Planungsaufgabe benötigt werden, so kann dieses Defizit auf verschiedene Weise behoben werden (Auflistung der Attribute, Skizze der Zusammenhänge, theoretisches Modell). Häufig wird jedoch eine andere Vorgehensweise angewandt. Fehlt es an entsprechendem Wissen, werden Konstrukte aus anderen, **ähnlichen Situationen auf die fragliche Situation übertragen**, und zwar mithilfe von Analogien und Metaphern. Die Anwendung von Metaphern und Analogien beim Planungsprozess besteht somit darin, eine unklare oder schlecht strukturierte Sachlage probeweise so zu strukturieren wie eine andere, besser bekannte.

59 F. Moser ‚Stadtgestaltung in Wien' in wien aktuell 4/1980, S. IX
60 J. Pahl in H. Glaser 1974, s. 68
61 D. Damyanovic 2012, s. 14
62 Stadt Wien –MA 18, Fachkonzept ‚Öffentlicher Raum' 2018, S. 28
63 W.L. Schönwandt – ‚Planung in der Krise' 2002, S. 114-116

Metaphern und Analogien zu verwenden hat eine **Reihe von Vorteilen:**

- Metaphern und Analogien sind eine nahe liegende Form des Wissenstransfers - **Lernen aus Erfahrung** (Learning by doing)
- Metaphern beziehungsweise Analogien liefern eine kompakte Darstellung eines Sachverhalts, **ohne dass alles im Detail beschrieben werden müsste**
- Metaphern und Analogien ermöglichen es, Dinge oder Situationen auch dann zu charakterisieren, wenn wir sie nicht präzise mit Begriffen beschreiben können
- Metaphern und Analogien sind oft der **erlebten Erfahrung näher und deshalb emotional, sinnlich und kognitiv lebendiger**....

Der **Nachteil** in der Anwendung von Metaphern und Analogien liegen auf der Hand: Das Benutzen von Metaphern und Analogien setzt voraus, dass die fraglichen Situationen gleich oder möglichst ähnlich sind. **Das ist aber fast nie der Fall**.

Konzepte, Lösungen und Szenarien

„Vielleicht ist das ein notwendiger historischer Vorgang, dass auf einer Phase der totalen Vernachlässigung öffentlicher Räume überkompensierend eine Phase des expressiven und überbetonten ‚Urban Design' folgte; nur ist es nun an der Zeit, diese Welle affiger Verunstaltung unserer Städte wieder einzudämmen und somit die Dinge auf das rechte Maß zurechtzurücken."

Ernst W. Heiss 1997[64]

Um dieses ‚rechte Maß' zu finden, sind nach der Bestandsaufnahme und deren Auswertung und Herstellung der Querverbindungen – landläufig als Analyse bezeichnet - Lösungsvarianten auszuarbeiten, die mit ihren Folgewirkungen auch als ‚Szenarien' oder ‚Simulationen' genannt werden können.

Ergänzt soll noch die Notwendigkeit der **Stadtgestalt-Analyse**, wo Anne Brandl [65]– auch gegen den Vorwurf, dass der Analyse in der ‚Mental map' Kevin Lynch's keine Lösungsvorschläge folgen – feststellt: „Die wesentliche Bedeutung von Lynchs Forschungen für die Städtebautheorie besteht darin, dass er nicht nur empirisch an städtebauliche Fragestellungen herangeht, sondern das **empirische Material für die Entwurfspraxis** nutzt; das Ziel nicht nur die Ermittlung eines kollektiven Vorstellungsbildes ist, sondern darauf aufbauend eine gestalterische Verbesserung der städtebaulichen Elemente."

Eine zentrale Forderung der Stadtentwicklung und der Stadtgestaltung ist der **Verzicht auf die einzig ‚richtige und alternativlose Lösung'** – die Planung in Varianten, die G. Curdes als ‚Einkreisung des Lösungsspielraumes sieht. [66] „Mit dem Verzicht auf die einzig richtige Lösung können auch andere Rücksichten ‚eingeschmuggelt' werden wie die Rücksicht auf Machbarkeit im Rahmen begrenzter Ressourcen, Zeit, Geld und methodisch legitimierbare Möglichkeiten.[67]"

Auf ein Problem, das mit der vielgeforderten ‚Flexibilität' einhergeht weist der ehemalige Stadtplaner von Karlsruhe, Harald Ringler, hin: „Eine große Gefahr birgt eine **gewollte Unschärfe in den inhaltlichen Aussagen**, begründet mit ‚Flexibilität' und mit einem Entgegenkommen gegenüber politischen Entscheidern und unwilligen Vertretern in den Verwaltungen. Anpassungen an nicht absehbare Umstände in der Zukunft müssen einem fundierten, auf Kontinuität ausgerichteten Konzept nicht abträglich sein."[68]

64 E.W. Heiss und K. Glotter 1997, S. 63
65 A. Brandl 20113, S. 128-129
66 G. Curdes 1995, s. 15
67 N. Luhmann 1992, s. 421 zit. in G. Curdes 1995, S. 15
68 H. Ringler in Karlsruher Institut für Technologie 2015, S. 185

Diese Klarheit in der planerischen Aussage ist vor allem bei stadtgestalterischen Entscheidungen maßgeblich und sollte nicht aufgrund zweidimensionaler Plangrafik erfolgen. Andreas Voigt sieht die Notwendigkeit **dreidimensionale Simulationen** als Entscheidungsgrundlage anzuwenden und sich nicht von geschönten Visualisierungen blenden zu lassen:[69] „Akzeptanzdefizite bei Planungsbetroffenen und Entscheidungsträgern sind wesentlich auf die **mangelnde Beachtung menschlicher Vorstellungs-, Wahrnehmungs- und Bewegungsmöglichkeiten** sowie die unzureichende Simulation von Planungsvorstellungen und -varianten zurückzuführen. Im besonderen Maß treffen diese Überlegungen für komplexe städtebauliche und stadtstrukturelle Großprojekte zu. [...] Dadurch entsteht jene Entfremdung, die im Stadterneuerungsgebiet eine Identifikation mit der ‚Wohnumwelt' beeinträchtigt und sie in Stadterweiterungsgebieten kaum ermöglicht. [...] [Deshalb] gewinnt die Weiterführung der zweidimensionalen Daten in die dritte Dimension ständig an Bedeutung. Zweidimensionale Darstellungen von Plänen lassen aufgrund **unzureichender Erkennbarkeit** der räumlichen Auswirkungen von Planungen nur zu oft Widerstände an Projekten aufkommen."

In der Umsetzung – konkurrierender Projekte in Wettbewerbs- oder Kooperationsverfahren ist es oft der Fall, Ideenwettbewerbe lange **vor der Festlegung der Aufgabenstellung** auszuschreiben und damit die Teilnehmer zu überfordern. Wenn in der Ausschreibung dann Kriterien genannt werden – ‚vergessen' die Fachjuroren diese oft und küren in der **Regel die „Durchbrecher"** – so als ob während eines Fußballspiels die Hands- oder Abseitsregel geändert wird.

Daher die Forderung – gegen die ‚Zunft', die schon 1972 von Hans-Eckhard Lindemann erhoben wurde:[70] „Entgegen den Wunschvorstellungen freiberuflicher Architekten und Planer muss nachdrücklich empfohlen werden, ein Wettbewerbsverfahren **möglichst spät im Planungsprozess** durchzuführen. Denn je präziser die Aufgabenstellung, desto besser sind die Ergebnisse bis in die Durchführungsphase hinein durchsetzbar. Besonders **realitätsnahe Arbeitsergebnisse** sind in einer Kooperation des Planers mit einem Bauträger zu erwarten."

Die Bauträgerwettbewerbe in Wien, die diesem System folgen, ziehen auch Kritik nach sich, zu **wenig Innovatives zu produzieren**, wie Maik Novotny aus einer Studie der MA 50 – Wohnbauförderung – zitiert: „Der große Vorteil des Systems (der Bauträgerwettbewerbe) ist, dass schon im Wettbewerb viele Faktoren genau festgelegt werden und Projekte so **schneller und zuverlässiger realisiert** werden können, birgt auch den Nachteil, dass der Spielraum für Innovationen und Ungewöhnliches beschränkt bleibt. Schon 2008 förderte eine umfassende Studie der MA 50 die Meinung zutage, ‚dass sich im Lichte einiger Highlights ein **guter architektonischer Durchschnitt** etabliert hat' und Themenwettbewerbe oft ‚nur irgendein Mascherl umgehängt bekommen haben' und ‚oft nicht sehr viel Innovatives herausgekommen ist'."[71]

Diese Interpretation ist grundsätzlich zurückzuweisen: Die Bauträgerwettbewerbe bilden die Grundlage für 'leistbares Wohnen' und haben bereits ein **wesentlich höheres Niveau** als der freifinanzierte Wohnbau – sie sind im besten Sinn ‚sehr guter Durchschnitt' aber keine ‚Spektakelarchitektur'. Dafür wären solche Aktionen wie das **‚Wohnen morgen'** aus den 70er Jahren geeignet, wo mit Sonderförderung des Bundes spektakuläre, zukunftsweisende Lösungen – in Wien Holzbauers Projekt in Wien 15, ehem. Remise Rudolfsheim im Stil des ‚Rationalsmo', 1974 Zeichen setzte.

69 A. Voigt 1997, S. 13-14
70 H.E. Lindemann 1972 , S. 196
71 M. Novotny Wohnen macht Stadt - 25 Jahre Bauträgerwettbewerbe in Der Standard 27.6.2020, S. A8

Auch aus stadtgestalterischer Sicht, darf nicht jede Bauaufgabe autistisch 'neue Maßstäbe' setzen, sondern hat sich dem gemeinsamen Ganzen unterzuordnen – und nicht anzupassen. In der Detailgestaltung bleiben noch immer unendlich viele Möglichkeiten ‚Innovatives' umzusetzen.

Ein relativ neues städtebauliches Verfahren ist das **‚kooperative Planungsverfahren'**, eine Art Vorstufe zum Masterplan: „Im kooperativen Planungserfahren sind möglichst alle wichtigen Stakeholder beteiligt, das heißt Eigentümer, Bauträger, Verwaltung, Politik, Bevölkerung, Planung etc. Im Unterschied zum traditionellen Masterplan wird nicht zu einem frühen Zeitpunkt im Entwicklungsprozess möglichst viel fixiert, sondern es werden erste strategische Festlegungen gemacht und ein schrittweiser Qualifizierungsprozess definiert. Das kooperative Verfahren ist ein lernendes Verfahren, das integral plant, mit Rückkopplungen arbeitet und größere Planungsspielräume bietet."[72]

Problematisch an dem Verfahren ist, dass die **Quantität vom Bauträger vorgegeben wird** (über den Liegenschaftspreis, der von der höchsten Bebauungsmenge ausgeht) und keine formellen Regeln herrschen – eine Art darwinistische gruppensoziologische Entscheidungsfindung. Die gepriesenen Handlungsspielräume kämen erst zum Tragen, wenn Bebauungsentwürfe unabhängig vom Liegenschaftspreis von Stimmberechtigten – unabhängig von der Planermehrheit – getroffen werden könnte.

Eine Lösung wäre das von Robert Temel angesprochene Konzeptverfahren, wo nicht nach Höchstpreis, sondern zu einem niedrigeren Fixpreis nach Qualitätskriterien zu verkaufen. Das ist insofern essentiell, weil die großen institutionellen Anbieter wie Bundesbahn, Landesverteidigung, verstaatlichte Betriebe u.a. vom Rechnungshof unter der Androhung der ‚Untreue' an den **Höchstbietenden verkaufen müssen**. Allerdings hat die Stadt mit der **Widmungshoheit** ein Regulierungsinstrument an der Hand – wo nach jahrelangem Brachliegen die Stadt ‚einknickt' wie beispielsweise bei den Aspanggründen, die 100 Jahre leerstanden!

Robert Temel: „Diese Methode wird seit einigen Jahren zunehmend in vielen deutschen Städten angewandt. **Konzeptverfahren** helfen dabei, Vielfalt zu erzeugen, die Kreativität und Innovationskraft von vielen zu nutzen, innovative Akteure zu beteiligen und zusammenzubringen, Nutzungen nicht von hohen Grundstückspreisen bestimmen zu lassen, hohe Qualitäten zu verlangen und zu erhalten sowie die Öffentlichkeit zu interessieren, zu aktivieren und zu beteiligen."[73]

Veränderbarkeit und Freihaltung von Räumen

> *„Städte entwickeln sich nicht nach den Partituren, die Architekten ihnen komponieren. Dieses schlichte und ernüchternde Faktum ist dem Städtebau des 20. Jahrhunderts über alle Leitlinien und Theorieansätze hinweg ein treuer Begleiter geblieben.*
>
> Angelus Eisinger 2015[74]

Im 1. Wiener Architekturgespräch ist der Städteplaner Kunibert Wachten in seinem Impulsreferat auf die Qualitätssicherung durch Veränderbarkeit eingegangen:[75] „Städtebauliche Konzepte erfordern ein gewisses Maß an Offenheit d.h. **Spielraum für Erweiterungen und Ergänzungen**, ohne dass dabei der Eindruck des Unfertigen entsteht. Eine Robustheit gegenüber Veränderungen muss gewahrt bleiben. Nur so können städtebauliche Konzepte eine langfristige Gültigkeit erreichen. Die Veränderbarkeit, als ein Bestandteil des ‚genetischen Codes' einer Stadt muss also

72 R. Temel – ‚Wie entstehen lebendige Quartiere' in wohnen plus 1/2020, S. 30-31
73 aaO. S. 31
74 A. Eisinger zit. in S. Wolfrum und A. Janson 2016, S. 59
75 K. Wachten in K. Plöckinger ‚Wiener Architekturgespräche 2000' S. 11

in der Planung mitgedacht werden. Große städtebauliche Projekte auf Flächen, die über eine lange Zeit der Öffentlichkeit entzogen waren sollten **systematisch öffentliche Räume** anbieten, um damit in einem sozialen Prozess das ausgegrenzte Gebiet in den umgebenden Stadtraum einzubringen."

Wie kann diese Offenheit, die Veränderbarkeit zu mindesten einen Zeitraum erhalten bleiben? Gabu Heindl auf diese Frage: „Damit ein städtischer Raum offen bleibt **muss er minimal besetzt sein**. Sonst sagt der Investor: Da ist ja gar nichts außer Hundstrümmerln. Er stellt also theoretisch einen Wertverlust des Orts her, um dann als Retter der Situation aufzutreten." Als Beispiel führt Heindl die Donaukanalplanung an „bei der wir 2011 mehr öffentliche Infrastruktur geplant und zugleich Flächen festgelegt haben, die von kommerzieller Nutzung frei bleiben sollten."[76]

Tatsächlich wird das zu wenig sein, um unbebaute Flächen offen zu halten. **Welche Möglichkeiten bieten uns die Instrumente Widmung und Grundbesitz?**

- **Grundbesitz der öffentlichen Hand** mit Zwischennutzung einfacher Kinderspielplatz als Impulsgeber für einen Park (Epk-Widmung) mit langsamen Aufkaufen der restlichen Liegenschaften (Modell 1060, Millergasse)
- **Privatbesitz und geringfügiger Betriebsbesatz** - Betriebsbaugebiet-Widmung und ‚Schutz des Betriebes' – Widerstand der Wirtschaftskammer gegen Umwidmung
- Nur Flächenwidmung ohne Bebauungsbestimmungen: **‚Kalte Bausperre'**
- **Öffentlicher-Zweck-Widmung** z.B. für Amtshauserweiterung oder Schulerweiterung ohne Inanspruchnahme (läuft nach 10 Jahren aus)
- **sehr restriktive Widmung** unter Hinweis auf Umgebung und/oder Schutzzone – Eigentümer ist verhandlungsbereit
- **Strukturwidmung über mehrere Grundstücke**, die nur in einem bebaut werden können (Methode der MA 21 in den 70er Jahren)
- Bei größeren **Liegenschaften in institutionellen Besitz** - Zwischennutzung mit Aussicht auf gewünschte Widmung und Paketförderung (Versicherung, Vereinsangebot - Agenda 21, Säuberung durch Bezirk)
- **Anlage eines Nachbarschaftsgartens** mit vertraglich vereinbarter Ablaufzeit
- bei **Vorhandensein von Bausubstanz** (Hallen, Werkstätten) – **Zwischennutzung als Start-up** mit der Stadt Wien als – Vertragspartner (Zwischennutzungsagentur)
- **Ein- und Ausfahrtenverbot in Hauptstraßen** um Parkplätze zu verhindern
- ein wichtiges Instrument ist die **zukünftige Widmung, die eine Verhandlungsangelegenheit ist** und meist nicht von heute auf morgen umgesetzt werden kann. Hier kann der Hebel für Zwischennutzungen angesetzt werden.

Hartmut Häußermann und Walter Siebel formulieren einen alten Wunsch der Freiraumplaner: „Offene Planung heißt, Raum zu lassen für **unvorhergesehene Entwicklungen**. Das beginnt damit, die Wege durch einen Park nicht vorab aus der Vogelperspektive des Planers zu zeichnen, sondern abzuwarten welche Trampelpfade von der Bevölkerung getreten werden und diese dann allmählich auszubauen. Es bedeutet auch, Räume für nicht geplante Aktivitäten offenzuhalten."[77]

Leider verlangt die Wohnbauförderung die Abrechnung in einem Zeitraum von einem Jahr nach Fertigstellung – wenn dann die Wege später gebaut werden, müssten die Kosten auf die Bewohner umgelegt werden. Oder der Bauträger zahlt aus den Reserven – wie das bei einer exaltierten Freiraumplanung mit Schottergärten der Fall war, und wo nach zwei Jahren der Krempel durch konventionelles Grün ersetzt wurde.

76 G .Heindl im Interview mit M. Novotny ‚Nicht genug gestritten' in Standard-Album v. 31.10.2020, S. A 10
77 H. Häußermann und W. Siebel 1992, S. 40

12.4 Inhalte und Regeln der Bebauungsplanung

„Es gibt keine Naturgesetzlichkeit, nach der die Zukunft wie die Vergangenheit sein muss."

Willi Kainrath 1984, S. 243

Exemplarisch sollen hier die Probleme, die Sozialarbeiter in älteren Stadterweiterungsgebieten gemacht haben, den Problemen gegenübergesellt werden, die professionelle Stadtgestalter sehen. Klar ist, dass die Stadtgestalt nicht der Sündenbock für alle Versäumnisse der Stadtentwicklung sein kann. Es zeigt aber die Relation und zum Teil auch die Abgehobenheit der professionellen Planer.

Der Städtebau-Kritiker Reinhard Seiss kommt der **Stadtgestaltung** schon näher: „In den meisten Städten Österreichs wird der Begriff Städtebau heute missverstanden, wenn nicht ignoriert - und hat der Bebauungsplan seine Funktion als langfristiger Rahmen für eine homogene dreidimensionale Entwicklung des Stadtkörpers verloren. So verwundert es nicht, dass Aspekte wie die Ensemblewirkung entlang eines Straßenzuges, sozial verträgliche Bebauungsdichten und die rücksichtsvolle Einbettung eines Neubaus in den umgebenden Bestand vielerorts unter die Räder gekommen ist."[78]

„Dabei scheint angesichts der großmaßstäblichen, monofunktionalen Komplexe, die den öden ‚Investorenstädtebau' unserer Zentren und damit auch den öffentlichen Raum zunehmend bestimmen, eine wirkungsvolle Bebauungsplanung wichtiger denn je - um von den Bauträgern endlich jene **Kleinteiligkeit und Nutzungsmischung** einzufordern, die eine allseits erwünschte Urbanität, die lebenswerte Städte ursächlich ermöglichen. Dies wäre nicht nur aus ästhetischer Sicht wünschenswert, sondern in Hinblick auf kürzere Wege und damit auf eine Autounabhängigkeit der Stadt von morgen auch von immenser ökologischer Bedeutung."[79]

Wie kann der **Bebauungsplan diese Probleme** lösen?

In den vorangegangen Abschnitten finden sich eine Unmenge an Vorschlägen und notwendigen Einstellungsveränderungen um jene Ziele, die Allgemeingut sind, zu erreichen. Bei den Maßnahmen scheiden sich die Geister.

Thomas Sieverts hat 1998 **drei Optionen der Stadtplanung** gesehen:[80]

1. **Weitermachen wie bisher**: unter dem Druck der Probleme und der neuen Realität passt sich das bestehende biegsame System selbst mit den alten Strukturen an. Die konservative Auffassung hat einen starken Selbsterhaltungstrieb im bestehenden politischen System
2. **Grundlegende Reform**: einerseits mit dem Aufbau neuer politischer und administrativen Regionalinstanzen um in kommunaler Selbstverwaltung tiefgreifende Veränderungen vorzunehmen. Andererseits wurde mancherorts die traditionelle Stadtverwaltung nach betriebswirtschaftlichen Maßstäben nach den Prinzipien eines modernen Managements für das Unternehmen ‚Stadt' unter Beschneidung demokratischer Kontrolle umorganisiert.
3. **Mischform**: in der weder das alte noch die neue Verwaltungsstruktur weitergeführt wird, sondern mit wacher Wahrnehmung auf die Ungewissheit der zukünftigen Entwicklung zu reagieren - Teilantworten auf Einzelprobleme zu finden und daraus Neues zu generieren. Eine solche Haltung erfordert die Verfolgung neuer Ziele und Aufgaben anstelle resignativer Verteidigung des Status quo.

Welche Möglichkeiten in einem Neuanfang oder einer Mischform der Organisationstruktur der Stadtplanung und damit auch der Stadtgestaltung verbunden sind – siehe im Abschnitt 12.1 Planungsorganisation.

78 R. Seiss 2019, S. 65
79 aaO. S. 66
80 T. Sieverts 1998, S. 175-178

Fazit – Conclusio

12.1 Planungsorganisation

- *Anstelle der praktizierten Linienorganisation im Top-down-Verfahren sollten **matrixartige, die horizontalen und vertikalen Organisationselemente** vernetzend, eingeführt werden.*
- *Im Rahmen der **Dezentralisierung sollten der Bezirksverwaltung** – unter personell-fachlicher Aufrüstung – mehr faktische Kompetenzen eingeräumt werden und damit ein intensiverer Kontakt mit den Betroffenen hergestellt werden.*
- *Anstelle von getrennten Fachabteilungen sollten **ressortübergreifende Teams die Organisationsstruktur der Planung** – unter Personalunion der vertikalen und horizontalen Elemente - bilden, wobei Wien durch die **gesatzte Dezentralisierung** gute Voraussetzungen aufweist.*

12.2 Instrumente

Leitbilder

- *Die Leitbildplanung durch Oberziele, wie sie in Stadtentwicklungsplänen (STEP) vorherrschend sind, kann qualitative, emotionale und ästhetische Ansprüche bestenfalls in **anspruchslosen Deklarationen** fassen: diese sind weder verortbar, praktikabel und damit auch nicht umsetzbar.*
- *Kleinräumige Leitbilder sind auch auf den zugehörigen **dezentralen politischen Einheiten**, wie sie die Bezirke darstellen, anzusiedeln und nicht nur in übergeordneten Fachabteilungen.*

Masterpläne

- *Zwischen den übergeordneten Einheiten des STEP/Zielgebieten und der Architekturplanung ist eine **Zwischenebene im städtebaulichen Maßstab 1:1000** als Grundlage für die Bebauungspläne (1:2000) einzuführen, wobei hier Maßnahmen einfließen und flexibel umgesetzt werden können, die im ‚starren' Instrument Bebauungsplan keinen Platz haben.*
- *Städtebauliche Wettbewerbe sollen eher sparsam als Instrument eingesetzt werden, in Aushandlungsprozessen – wie in ‚Kooperativen Planungsverfahren' – bessere Ergebnisse erzielt werden können.*

Bebauungspläne

- *Die in Wien praktizierte Zusammenlegung von Flächenwidmungs- und Bebauungsplänen sollte überdacht werden: in der Flächenwidmung sollte wie es im §4 BOfW heißt **‚in großen Zügen dargestellt werden, wie der Ausbau der Stadt erfolgen soll'** und vor allem die Ausnutzbarkeit festgelegt werden.*
- *Die **Bebauungsplanung sollte dagegen wesentlich flexibler** gehandhabt werden – ob durch Trennung in Haupt- und Grundstufe oder eine offenere Handhabung des § 69 ist dabei nicht entscheidend.*
- *Aus dargestellten Fallbeispielen kann geschlossen werden, dass sowohl zu detaillierte als auch allzu lockere Vorgaben mit **schwacher Argumentation** zu negativen Ergebnissen führen können.*
- *Das Planungsinstrument **Bebauungsplan sollte kleinräumiger eingesetzt** und damit auch kürzere Vorlauf- und Bearbeitungszeiten beansprucht werden – die Mittelwerte von vier Jahren sind nicht akzeptabel. Die rechtlichen Vorgaben mit dem ‚verkürzten Verfahren' gibt es bereits.*

Gestaltungskonzepte

- *Gestaltungskonzepte werden überwiegend als **Sonderform in Altstadtgebieten** und in Kleinstädten eingesetzt, sollten aber zur argumentativen Nachvollziehbarkeit der Stadtgestaltung auch in Neubaugebieten verbindlich werden.*
- *Planungshandbücher, Weißbücher oder Partituren können solche Aufgaben auch für die **Gestaltung des Öffentlichen Raums** übernehmen und architektonische Auswüchse in Grenzen halten.*

Vertragsbauordnung

- *Die Möglichkeit der Vertragsbauordnung sollte nicht als ‚geheime' Verabredung der Stadt mit Investoren abgehandelt werden, sondern ist offen zu legen und ein* ***Diskurs mit nachgeordneten Dienststellen*** *– insbesonders mit den Bezirken – zu führen.*

‚Alte' Instrumente

- ***Eine Reihe alter und ‚toter' Instrumente*** *in den Bauordnungen wie Baulandumlegungen, Enteignungen für öffentliche Zwecke, Baulandhortung sollte ‚fit'-gemacht werden und* ***exemplarisch angewandt*** *werden. Die ‚Bedenken' vor der Aufhebung im Rechtsweg ist mit juristischer und sachlicher Argumentation zu begegnen.*
- ***Auch andere ‚klassische' Instrumente*** *wie Steuererleichterungen, Subventionen, Leerstandsabgaben, Mietrechtsanpassung u.a.m. sind zu* ***evaluieren und entsprechend anzuwenden****.*
- *Einen wesentlichen Anteil an der Akzeptanz von Planungsinstrumenten hat die* ***Bewusstseinsbildung*** *aller Beteiligter, insbesonders der betroffenen Bevölkerung – unter Einsatz und Einbindung von NGO's.*

12.3 Planungsverfahren und Analysen

- *Der* ***Erhebung physischer Daten*** *– weil leicht zugänglich – wird* ***gegenüber qualitativen Aspekten*** *zu großer Raum eingeräumt. Dies auch deshalb, weil die qualitativen Aussagen wie Imagewerte und Grätzlbindung schwerer erhebbar und differenziert interpretierbar sind.*
- *Qualitative Aussagen können vornehmlich durch* ***Schlüsselpersoneninterviews*** *erhoben werden, wie mit Geschäftsleute, Vor-Ort-Planer (Agenda 21 und Gebietsbetreuungen), Bezirkspolitiker und ‚Local Heros' – aber auch* ***historische Abläufe über die Bezirksmuseen****.*
- ***Je kleinräumiger Daten erhoben werden können, desto aussagekräftiger*** *für eine Planung sind diese – hoch aggregierte Daten für ganze Stadtteile oder Bezirke besitzen für planerische Handlungsanleitungen keine Aussagekraft.*
- ***Politisch-ökonomische Daten*** *wie Grundbesitz, Wahlergebnisse oder Einkommensstrukturen werden trotz ihrer* ***hohen Aussagekraft*** *von Planern gemieden:* ***hoher Erhebungsaufwand gepaart mit einem kontroversiellen Diskurs*** *der Schlussfolgerungen begründen diese Skepsis.*
- *Sehr vernachlässigt wird in den Bestandserhebungen die* ***Arbeitsbevölkerung****, die in manchen Gebieten, wie im Wiener Bezirk Landstraße, quantitativ mit der Wohnbevölkerung gleich gezogen hat.*
- *Wenn Planer nicht über geeignete Wissenskonstrukte verfügen, werden oft* ***Analogien und Metaphern*** *ersatzweise herangezogen – doch in* ***differenzierten Situationen*** *sind diese fast nie gleich – und damit* ***fehl am Platz****.*
- *Planerische Aussagen sollten sich nicht nur in zweidimensionalen Darstellungen erschöpfen, sondern durch* ***dreidimensionales ‚Modelling'*** *– aber nicht durch geschönte Visualisierungen – helfen, eine breite Mitbestimmung auf ‚Augenhöhe' zu gewährleisten.*
- *Die Übung, bei städtebaulichen Wettbewerben die von den meist institutionellen Grundstücksverwertern und Bauträgern eine* ***gewünschte Quantität*** *vorzugeben oder gar nach dem Prinzip der höchsten* ***Ausnutzbarkeit*** *zu entscheiden, sollte entschieden entgegengetreten werden.*
- *Für den Ansatz, nicht alles ‚fertig' zu bebauen und* ***Freiheitsgrade offen zu lassen****, gibt es eine Reihe von praktikablen Möglichkeiten von befristeten Zwischennutzungen bis zum* ***Ankauf von ungewidmeten Restgrundstücken*** *durch die Öffentliche Hand.*

12.4 Inhalte und Regeln der Bebauungsplanung

- *Die Anwendung der angeführten* ***Regeln der Bebauungsplanung und Stadtgestaltung*** *ist als grundsätzlich anzusehen, kann aber mit entsprechender Argumentation und Kompensation – die sich nicht im Ökonomischen erschöpfen darf – durchbrochen werden.*

A. Definitionen und Begriffsbestimmungen

Die Begriffsbestimmungen sollen einerseits unübliche Begriffe vorstellen und die Lesbarkeit des fortlaufenden Textes nicht belasten und andererseits geläufige Begriffe mit unterschiedlicher Sichtweise klarstellen. Die Quellen werden angegeben und sind fallweise ergänzt worden.

Ambiguität – Disparität – Komplexität - Ambivalenz

Ambiguität – Mehrdeutigkeit – mehrere Bedeutungen *Komplexer Zeichen" Definition aus Webster's dictionary: Duplexität der Bedeutung - mehr als eine Bedeutung zulassend. Als Gegensatz ist der Gestaltungsbegriff der Geschlossenheit.

Disparität – Nebeneinander von Ungleichen, das nicht zusammengefasst werden kann.

Ambivalenz - In der gehobenen Umgangssprache gebräuchlicher ist das Adjektiv **ambivalent** (zwiespältig, doppelwertig, mehrdeutig, vielfältig). Im übertragenen Sinn wird mit Ambivalenz eine Haltung oder Vorgehensweise bezeichnet, die bisweilen mit dem Prinzip eines „sowohl als auch" unterschiedliche, auch gegensätzliche Theorien, Konzepte, Methoden etc. benennt. Wird oft synonym für Ambiguität verwendet.

Komplexität - Die Komplexität eines Systems steigt mit der Anzahl an Elementen, der Anzahl an Verknüpfungen zwischen diesen Elementen sowie der Funktionalität und Unüberschaubarkeit dieser Verknüpfungen (zum Beispiel Nicht-Linearität). Komplexität ist eng mit der Ambivalenz verbunden. Desto ambivalenter die Formen sind, umso größer ist die mögliche Komplexität. Der Begriff "Komplexität' ist selbst komplex und damit „autologisch" – Gegensatz wäre in Folge dessen „Trivialität" (Wikipedia 6/2020 und Rapoport-Kantor,1970, S.114)

Autopoiesis

„Autopoiesis (altgriechisch) - ‚selbst' ‚schaffen, bauen' ist der Prozess der Selbsterschaffung und Selbsterhaltung eines Systems.

In der Biologie stellt das Konzept der Autopoiesis einen Versuch dar, das charakteristische Organisationsmerkmal von Lebewesen und lebenden Systemen mit den Mitteln der Systemtheorie zu definieren. Der vom chilenischen Neurobiologen Humberto Maturana geprägte Begriff wurde in der Folge seiner Veröffentlichungen (Der Baum der Erkenntnis - 1987) aufgebrochen und für verschieden andere Gebiete wissenschaftlichen Schaffens abgewandelt und fruchtbar gemacht.

Das Produkt ihrer Organisation sind sie selbst, das heißt es gibt keine Trennung zwischen Erzeuger und Erzeugnis. Das Sein und Tun einer autopoietischen Einheit sind untrennbar und diese bildet ihre spezifische Art von Organisation. [...] Laut Maturana/ Varelo besitzt das Nervensystem keine unmittelbaren Bezug zur Außenwelt, sondern entwirft vielmehr sein eigenes Bild der es umgebenden Welt durch rekursive Operationen." (Luhmann 2020 – Autopoiesis, S.1-2)

Luhmann definiert soziale Systeme [...] nicht mehr als ‚offen' (d.h. im direkten Austausch mit der Umwelt) sondern als ‚autopoietisch oder operativ geschlossen' Die Wahrnehmung der Umwelt durch ein System ist daher laut Luhmann immer selektiv. (Luhmann, Ökologische Kommunikation, 1986).

Baukultur

„Baukultur entsteht überall dort wo Menschen ihren Lebensraum gestalten, Baukultur manifestiert sich in Gebäuden, Straßen und Plätzen ebenso wie in Verkehrs- und Infrastrukturbauten, Gewerbeparks und Dorfzentren. Sie lebt vom Zusammenspiel vieler Kräfte. Dazu zählen Nutzerinnen/Nutzer, deren tägliches Leben von der Qualität der Baukultur geprägt wird, die öffentlichen und privaten Auftraggeberinnen/Auftraggeber sowie die planenden Berufe - Architektur, Städtebau und Landschaftsplanung, Bauingenieurwesen und Raumplanung." (Baukulturelle Leitlinien des Bundes 2017, S. 9). Baukultur kann nicht definiert werden, sondern muss gelebt werden:

Blackbox Gardening

„Statt vieler Pflanzen, die man entsprechend eines Planes an einen ‚endgültigen' Standort setzt, werden jedoch geeignete Arten in Form von Samen oder wenigen Initialpflanzen in den (Garten) eingebracht. Mit der Zeit suchen sich deren Abkömmlinge Stellen, an denen sie sich dauerhaft erhalten können." (Reif Jonas et.al. 2014 – Blackbox Gardening S. 11)

Brachen

Flächen auf denen die direkte Beeinflussung und Nutzung durch den Menschen für mindestens eine Vegetationsperiode unterbrochen ist und sich demzufolge Spontanvegetation bilden konnte." (Voigt 2005 – Raumbezogene Simulation, S. 118) Eine Vegetationsperiode d.s. 180 Tage sind m.E. sicher zu kurz - die Definition mit 5 Jahren ist sicher zutreffender:

„Einen brauchbaren Ansatz [zur Definition von Brachflächen] bietet die in der Praxis in Großbritannien verwendete Definition für Brachflächen: ‚Land, das so geschädigt ist durch industrielle oder andere bauliche Inanspruchnahme, dass es ohne Behandlung nicht wieder vorteilhaft genutzt werden kann.'"

Nun ist nicht jede verlassene Industrie- oder Verkehrsfläche ohne weiteres eine Brachfläche. Gerade bei einer gewerblichen oder industriellen Wiedernutzung bedarf es oft geraume Zeit, bis sich ein neuer Nutzer findet [...] Wird eine ehemals industriell oder gewerblich genutzte Fläche oder eine verlassenen Verkehrsfläche länger als fünf Jahre nicht genutzt, ist sie jedenfalls als Brachfläche, d.h. als solche, für die Handlungsbedarf besteht, anzusehen" (Städtebauliche Brachflächen, 1986, S. 141 – 142).

Bricolage

das Verwenden von Überbleibseln menschlicher Bestrebungen: am Ort vorhandene Überreste, Fundstücke, gesammelte Stücke, Zitate, Spolien, imitierte Zitate und Pseudo-Anspielungen, Stilelemente als Versatzstücke für die Komposition (Rowe, Koetter et. al. 1984, Collage City, S. 150-151).

Brownfield Areas

Ein Brownfield ist ein Grundstück bzw. eine Industriebrache, dessen Erweiterung, Sanierung oder Wiederverwendung durch das Vorhandensein oder das potenzielle Vorhandensein eines gefährlichen Stoffes [Altlastenfläche, Altlastenverdachtsfläche] erschwert werden kann. (Brownfield 24 – Netzwerkplattform, 2020).

Collage City

Wenn die Vergewaltigung [der großen Städte durch den Sozialdarwinismus] unvermeidlich ist, mach mit und genieße. Sollte dieses zentrale Credo des Futurismus für das moralische Bewusstsein aber unannehmbar sein, sehen wir uns gezwungen, wieder nachzudenken. Davon handelt [der] Essay **‚Collage City'.** Er ist ein Vorschlag zur schöpferischen Desillusionierung, gleichzeitig ein Aufruf zur Ordnung und Unordnung, zum einfachen und Komplexen, zum Nebeneinander von dauernden Bezugnehmen und zufälligen Geschehen, von Privatem und Öffentlichem, von Erneuerung und Tradition, von rückwärtsgerichteter und prophetischer Geste." (Rowe, Koetter et. al. 1984, Collage City, S. 150-151)

Coping-Strategie

Coping-Strategie ist eine Bewältigungsstrategie und bezeichnet den Umgang mit schwierigen oder unangenehmen Situationen und gilt als Teil der ‚Urbanen Kompetenz', mit Unsicherheiten und potentiellen Konflikten umzugehen. (Miko 2012, S. 106-108). Praktisches Beispiel: Nachts einer Gruppe Jugendlicher aus dem Weg gehen oder in der Planung das Ausweichen von allem, was Politik betrifft – aber inhärent angewandt wird.

CO-Working

„Co-working" (engl. zusammenarbeiten) ist eine Entwicklung im Bereich neuer Arbeitsformen, FreiberuflerInnen, Kreative, kleinere Start-ups oder digitale Nomaden arbeiten dabei am selben Arbeitsort und können auf diese Weise voneinander profitieren - sie können unabhängig voneinander agieren und in unterschiedlichen Firmen und Projekten aktiv sein oder auch gemeinsame Projekte verwirklichen und Hilfe und neue MitstreiterInnen finden." (Wikipedia 2020)

Deduktion und Induktion

Zwei grundlegende Denkweisen der Antike: die platonische Tradition und die aristotelische Alltagsvernunft: Der **platonische Tradition** zufolge existiert das allgemeine vor dem Besonderen -zuerst ist die Idee. Ein solches Denken geht von Visionen, Modellen und Theorien aus - und unterliegt der Versuchung zur Ganzheit - die Welt umzugestalten - **die deduktive Methode.**

Die andere Denktradition geht auf **Aristoteles** zurück: Das Allgemeine existiert nur im Besonderen - die Idee ist nicht von ihrer praktischen Umsetzung zu trennen. Nicht die großen Entwürfe leiten dieses Denken, sondern Erfahrung und Alltagsvernunft. Seine Gefahr liegt darin, vor lauter Pragmatismus, die notwendigen Veränderungen zu versäumen - **die induktive Methode.** (Roedder 2015, 21.0, S. 391)

„Um es ganz deutlich zu sagen: Platonisch heißt **top-down**, formelhaft, engstirnig und vermasst, aplatonisch hingegen heißt **bottom-up**, aufgeschlossen, skeptisch und empirisch. (Taleb 2008, Der schwarze Schwan; S. 227)"

Dichtebegriffe

nach Voigt 1997, Gestaltung d. Bebauungsstrukturen Wiens S. 63-70, Bauordnung f. Wien

Bebauungsweisen - **Bauweisen**
offene Bauweise **-** mit beidseitigem Bauwich von mind. 3m
gekuppelte Bauweise - mit einer Seite angebaut, die andere Seite mit Bauwich
Gruppenbauweise - an mehreren Bauplätzen muss aneinander gebaut werden
geschlossene Bauweise - Anbaupflicht an beiden Grundseiten
Strukturen - im Bebauungsplan festgelegte, gemeinsam zu bebauende Struktureinheiten
Volumsbezug - Baumassenzahl (BMZ) Verhältnis des Bauvolumens Bruttorauminhalt (BRI) zur Grundstücksfläche - wird in Industrie- und Gewerbeflächen angewandt, weil größere Raumhöhen

Flächenbezug – Bruttobauland (samt Erschließung und Freiflächen) - Nettobauland (Liegenschafts-flächen) - Bruttogeschoßfläche - Wohnfläche

Dichtebegriffe

- Brutto/Nettowohndichte (BewohnerInnen je ha Fläche mit/ohne Erschließung
- Bebauungsgrad - Grundflächenzahl: Grundstücksfläche zu bebauter Fläche
- Geschoßflächenzahl (GFZ - Vorschreibung) - Geschoßflächendichte (GFD – Bestand) Verhältnis Geschoßfläche zur Liegenschaftsfläche Brutto/Netto
- Wohnungsdichte (WE/ha)
- Belegungsziffer - (Personen pro Wohnung)

Bevölkerung, Bewohner[1] - Wohnbevölkerung - Wohnfläche je EW - Arbeitsbevölkerung

Sonstiges: Geschoßzahl

Gestaltwirksam wird die Baumassenzahl bei gewerblichen Liegenschaften aber auch Kirchen, Museen, Bahnhöfe etc., während die Geschoßflächendichte bei Wohn- und Bürobauten maßgeblich ist.[2]

Dilettantismus – Paradoxie – Plagiate

„Will in Deutschland jemand etwas öffentlich sagen, so entwickelt sich im Publikum sogleich Misstrauen in mehrfacher Hinsicht: zunächst ob dieser Mensch überhaupt das Recht habe mitzureden, ob er kompetent' sei, sodann ob seine Darlegungen nicht Widersprüche und Ungereimtheiten enthalten, und schließlich ob es nicht etwa schon ein anderer vor ihm gesagt habe. Es handelt sich, mit drei Worten, um die Frage des **Dilettantismus**, der **Paradoxie** und des **Plagiats**.

Allen menschlichen Betätigungen wohnt nur so lange eine wirkliche Lebenskraft inne, als sie von **Dilettanten** ausgeübt werden. Dinge die dagegen berufsmäßig betrieben werden, hafte etwas im üblen Sinne Dilettantisches an: Einseitigkeit, Beschränktheit, Subjektivität, ein zu enger Gesichtswinkel. Der Fachmann ist fast nie in der Lage, eine wirkliche Revolution hervorzurufen. Die ganze Geschichte der Wissenschaft ist daher ein fortlaufendes Beispiel für den Wert des **Dilettantismus.**

Zunächst liegt es im Schicksal jeder sogenannten ‚Wahrheit', dass sie den Weg zurücklegen muss, der von der **Paradoxie** zum Gemeinplatz führt. Sie war gestern noch absurd und wird morgen trivial sein. Ferner wird man bemerken, dass gerade die größten Menschen gezwungen sind, sich fortwährend zu widersprechen. Der Widerspruch ist nämlich ganz einfach die Form, und zwar die notwendige Form, in der sich unser ganzes Denken bewegt - die Hegel'sche Dialektik. Hendrik Ibsen: „Haben sie denn noch nie bemerkt, dass bei jedem Gedanken, wenn man ihn zu Ende denkt, das Gegenteil herauskommt?"

Was die Frage des **Plagiats** anlangt, so ist das Geschrei über geistige Einwendungen eines der überflüssigsten Geschäfte der Welt. Auf ihm ruht der Fluch, der jedes gestohlene Gut zu einem freudlosen Besitz macht. Es gibt aber auch unbewusste Plagiate oder richtiger gesagt: Plagiate, die mit gutem Gewissen begangen werden, sowie man jeden Händler einen Dieb mit gutem Gewissen nennen könnte. Genau genommen, besteht die ganze Weltliteratur aus lauter Plagiaten. Gegen Leute, die etwas ganz Neues sagen, soll man misstrauisch sein; denn es ist fast immer eine Lüge. „Wenn wir nur bloß das gelten lassen, was noch nicht dagewesen ist, dann machen wir allen Extravaganzen die Tür auf und der größte Narr wird uns der Liebste sein" (Hermann Bahr)

Dissipative Strukturen

„Prigogine und seine Kollegen sehen überall selbstorganisierende Strukturen auftauchen: in der Biologie, in Wirbeln, im Wachstum von Städten und politischen Bewegungen und in der Entwicklung von Sternen. Er nennt diese Fälle von ‚Nichtgleichgewicht' und Selbstorganisation ‚dissipative Strukturen'.

Der Name leitet sich davon ab, dass Städte und Wirbel und Schleimpilze, um sich zu

1 Während die volums- und flächenmäßigen Dichtewerte relativ genau erfasst werden können, ist diese bei personenbezogenen Dichtebegriffen von der Erfassungsgenauigkeit (Eigenangaben, Dunkelziffern, Meldung, Staatsbürgerschaft) abhängig bzw. weist einen nicht unerheblichen Bias auf. Bei der Arbeitsbevölkerung werden beispielsweise Bauarbeiter am Firmensitz gemeldet, obwohl sie sich dort nie aufhalten.

2 Die normative Implementierung des Bebauungsvolumens (d.h. seine Fassung in rechtlich verbindliche Soll-Aussagen erfolgt durch eine ‚Kombination aus volums-, flächen- und linienbezogenen Bestimmungsgrößen' in Bebauungsplänen/Bauleitplänen, sonstiger Plandokumente, aber auch privaten Verträgen. Es bestimmt damit direkt bzw. indirekt den ‚Rahmen des bebaubaren dreidimensionalen (Stadt-) Raumes. (IFOER, TU-Wien 1997 zitiert bei Voigt 2005, S. 85)

entwickeln und ihre Gestalt zu behalten, Energie und Materie verbrauchen. Es sind offene Systeme, die Energie aus der Außenwelt beziehen und Entropie d.h. Abfallenergie, die sie in der Umgebung zerstreuen oder ‚dissipieren'. Natürlich kann die Entropie des einen Systems die Nahrung des anderen sein." (Briggs et. al. 1990 – Entdeckung des Chaos, S. 230)

Form – Gestalt – Formalismus

Form ist eine überwiegend quantitative Bestimmung von Dingen. Sie ist in allen Richtungen die Begrenzung eines Gegenstandes gegenüber dem, was nicht mehr zum Gegenstand gehört.

Gestalt hingegen ist mehr als Form - sie braucht die Form, um durch diese einen wesentlichen Inhalt, eine Wesenheit, eine Bedeutung sichtbar und damit als Information von einem Sender zu einem Empfänger transportierbar zu machen - zum Zweck der Kommunikation.

Formalismus entsteht, wenn Form in Ablösung von Gestalt für sich selbst gebraucht, also von der Wesenheit, von der Idee getrennt nur noch für sich selbst steht, keine Bedeutung, keine Wesenheit mehr transportiert. (Jürgen Pahl 1979 – Probleme der Stadtgestalt in ILS, S. 99)

Gegenstromprinzip

Das **Gegenstromprinzip** ist ein Grundprinzip im Bau- und Planungsrecht zur Raumordnung, das sich nach dem Raumordnungsgesetz (ROG) richtet und bedeutet die wechselseitige Beeinflussung von örtlicher und überörtlicher bzw. regionaler und überregionaler Planung gekennzeichnet ist.

In der Stadtplanung ist damit der wechselseitige Austausch und Beeinflussung von der Stadtentwicklungsebene bis zu den Betroffenen: **Top-down und Bottom-up** oder Induktion und Deduktion bedingen einander.

Hostile Design

Paradebeispiel: für ‚Hostile design' die Camden Bench. Sie wurde 2012 von den Designern Factory Furniture für den gleichnamigen Londoner Bezirk entworfen. Ein Klumpen aus hellem Beton, seltsam abgeschrägt und abgerundet, der das Paradox des feindlichen Designs verkörpert; eine Form die nur daraus resultiert, was diese Bank nicht sein darf: keine Fugen (Drogenverstecke), kein Raum darunter zum Abstellen von Taschen (könnten gestohlen werden!), keine geraden Kanten (Könnten von Skateboardern benutzt werden). Der Autor Frank Swain nannte sie ein perfektes Antiobjekt, denn ‚es ist eine Bank, die man für vieles benutzen kann, aber nicht als Bank." (Novotny, 2020 – Raus aus dem Wohnzimmer)

Halbverband und Baumstruktur

„Sowohl der Baum als auch der Halbverband stellen Denkweisen dar, wie eine große Ansammlung vieler kleiner Systeme zu einem großen und komplexen System wird. Allgemeiner sind beides Namen für Strukturen von Mengen.

Das Axiom des **Halbverbandes** lautet:

»Eine Ansammlung von Mengen bildet einen Halbverband, wenn und nur wenn zwei sich überschneidende Mengen zur Ansammlung gehören und dann auch die beiden gemeinsame Menge von Elementen zur Ansammlung gehört.«

Das **Axiom des Baumes** lautet:

»Eine Ansammlung von Mengen bildet einen Baum, wenn und nur wenn von jeden beliebigen zwei Mengen der Ansammlung entweder die eine vollständig in der anderen enthalten ist, oder beide gänzlich getrennt sind.«

Wir können an folgender Tatsache genau feststellen, wie viel komplexer ein Halbverband sein kann als ein Baum: Ein auf 20 Elementen aufgebauter Baum kann höchstens 19 weitere Teilmengen dieser 20 Elemente enthalten, während ein Halbverband auf der Basis dieser 20 Elemente mehr als eine Million verschiedener Teilmengen enthalten kann. Diese erheblich größere Vielfalt ist ein Kennzeichen für die große strukturelle Komplexität, die ein Halbverband im Vergleich zu der strukturellen Einfachheit eines Baumes haben kann. Dies Fehlen von struktureller Komplexität, das charakteristisch für Bäume ist, lähmt unsere Vorstellung von der Stadt. [...] Die Einheiten, die eine künstliche Stadt bilden, sind immer als Baum organisiert. (Ch. Alexander, 1967 – Die Stadt ist kein Baum)

Identität

„Identität im urbanistischen Zusammenhang meint, sich selbst - als Individuum, als Gemeinschaft oder als Stadtgesellschaft - in einer Stadt wiederzufinden, sie als das Eigene zu verstehen, anzuerkennen und sich anzueignen und sich in den baulichen Strukturen selbst zu erkennen. In der Nutzung wird aus dem Begriff Identität, der ein komplexes gedankliches Konstrukt darstellt, ein politischer Begriff, aus dem ein fachpolitisches Programm für unsere Städte, ihre Erneuerung, ihren Umbau , ihre Entwicklung erwachsen könnte. [...] Mit Identität sind wohl in einfachster Lesung gemeint: Städte mit Eigenschaften, eine gebaute Umwelt mit Qualitäten, ein Stadtbild, das sich von anderen unterscheidet, ein Image, das sich im Wettbewerb der Städte und Regionen gebrauchen lässt." (Hatzfeld 2010 –Baukultur im Dialog in Identität bauen, BMfVBST, S.3)

Image

„Die Interpretationen des Begriffes Stadtimage sind heute ebenso vielfältig wie die Vorstellungen über die Bedeutung des Images für die Stadtentwicklungsplanung. (Joachim Franke, Nürnberg, 1972)

„Image als das unscharf angegrenzte Gesamt der bei der wahrnehmungs- und vorstellungsmäßigen Konfrontation mit einem Gegenstand aktualisierten psychischen Gehalte" Zu diesen Gehalten gehören nach Franke unter anderem die Gefühle, die Erinnerungen, die Begleitvorstellungen, die Denkinhalte, die Erwartungen und die Aktionsbereitschaften. Dabei ist das Image, das als Stadtimage für die Planungspraxis interessant ist, ein ‚Kollektiv-Image', das den übereinstimmenden Teil des ‚Individual-Images', der subjektiven Images der einzelnen Individuen, von einer Stadt darstellt." (Trieb, 1974, Stadtgestaltung)

Kommodifizierung

„Was uns vom Shoppingbummel als Mall bekannt ist, wird zunehmend auch zur Vorlage unserer nächtlichen Ausgeh- und Vergnügungsumgebung: Halbprivate Räume, sogenannte Business Improvement Districts (BID) breiten sich aus. Hinter diesem rechtlichen Konzept entpuppen sich öffentlich zugängliche aber von den Geschäftsleuten der Umgebung gepflegte und bewirtschaftete Orte, auf deren privatisierten Grund eine Art Hausrecht gilt.

Für die Stadt hat es den Vorteil, dass Ausgaben für die Ausstattung und die Pflege des Gebiets von den ansässigen Geschäftsleuten bezahlt werden, was die klammen städtischen Kassen entlastet. Darüber hinaus bedienen sich die Städte in der Anwerbung von Investitionskapitals der Einkaufs- und Gastronomieangebote. Folglich hat die Kommodifizierung der Stadt und ihres öffentlichen Raums einen hohen Stellenwert.

Komplexität

siehe Ambiguität – Disparität – Ambivalenz - Komplexität

Komplexitätstheorie

„Die Welt ist bekanntlich komplex. Steuerung ist der Aufbau von Komplexität zur Bewältigung von Komplexität. Daher wird die Welt im immer komplexer - zumindest solange die Koevolution von Komplexität und komplexer Steuerung nicht zusammenbricht. Mit ihren zentralen Metaphern der ‚Ordnung am Rande des Chaos' und der ‚Evolution am Rande des Chaos' behauptet die Komplexitätstheorie gerade, dass ein solcher evolutionärer Drahtseilakt möglich ist. Mit Popper (1984) ist die Komplexitätstheorie darüber hinaus der Meinung, dass es von der Amöbe bis zu Einstein nur ein kleiner Schritt ist." Kappelhof 199 – Komplexitätstheorie, S. 1) 1

Konversion

„Der Begriff Konversion (auch Umnutzung oder Nutzungsveränderung) beschreibt in der Stadtplanung die Wiedereingliederung von Brachflächen in den Wirtschafts- und Naturkreislauf oder die Nutzungsänderung von Gebäuden. Er wird vor allem im Zuge der Umnutzung von ehemaligen militärischen Anlagen (Konversionsflächen) für zivile Zwecke verwendet. Im Laufe der Jahre fand der Begriff auch bei anderen Entwicklungsflächen (wie Bahn- oder Industrieareale) Anwendung." (Wikipedia 2020)

Metabolismus

„'Metabolismus' ist inzwischen zu einem vielfältigen Konzept der Stadt- und Umweltforschung geworden und der Begriff wird in seinen unterschiedlichen Anwendungsfeldern - Urbane politische Ökologie, ‚urban environmental history' und Humanökologie - empirisch verschieden ausgefüllt. Gemeinsam ist ihnen die Perspektive, Gesellschaft bzw. die Stadt als einen Stoffwechsel zu verstehen und die Austauschbeziehungen zwischen Gesellschaft/Stadt und Umwelt zu analysieren.

Gegenüber der älteren Metapher des ‚Kreislaufs' hat die Rede vom Metabolismus außerdem den Vorteil, keine geschlossenen Stoffkreisläufe zu suggerieren, setzt an deren Stelle die Transformationen von Technik, Gesellschaft und Umwelt." (Heike Weber -2017. Urbanisierung und Umwelt in Urbanisierung im 20. Jh., S. 31)

Metropole

„Metropole ist diejenige Großstadt, die nicht mehr zwischen Fremden und Einheimischen unterscheidet. Das entscheidet sich auf der untersten Ebene, der der Einwanderung. Eine Stadt in der Einwanderung und Anwesenheit verschiedener Sprachen, Ethnien, Kulturen, Teil der Normalität sind und die gelernt hat, die daraus entstehenden Spannungen aufzufangen und produktiv zu wenden, fungiert als Metropole. Ein anderes Kriterium, solange Kultur und nicht Statistik gemeint ist, gibt es nicht. [...] Metropole ist ebenso wenig zwangsläufiges Ergebnis von ausreichend Größe und Reichtum. Möchtegern-Metropolen erkennt man bereits daran, dass sie von der Metropole ständig reden." (Hoffmann-Axthelm 1998 –die dritte Stadt, s. 218)

Metrozonen

„Im Rahmen der IBA Hamburg 2010 wurde der Begriff der Metrozonen eingeführt, welcher sich klar von der Zwischenstadt (Sieverts 1999 – am Stadtrand) abgrenzt und die Rest-, Übergangs- und Zwischenräume der Inneren Stadt in den Blick rückt. Metrozonen sind Inseln in der Stadt, im Zwischenland von Infrastrukturtrassen, Industrie und Hafengebieten, Abstands-, Logistik- und Einzelhandelsflächen – Orte und Räume, die sich aus der Logik der dominierenden Nutzung quasi gesetzmäßig ergeben (Hellweg 2010).

Die Website der IBA Hamburg zählt Verkehrsschneisen, Brücken, Kanäle, neue Bürotürme, karge Industriebrachen, von Arbeitern verlassene Arbeitersiedlungen, wildes Grün und verlorene Gärten als Beispiele für Metroflächen auf (Janna Hohn, 2019 – Städtische Rückseiten, S. 38).

Der Begriff ‚Metrozonen' für ‚Städtebauliche Restflächen' ist irreführend, beschönigend und überzogen und hat mit dem Oberbegriff ‚Metro' nichts gemein.

Modebegriffe

Oft wird nur der sprachliche Ausdruck als Name für etwas genannt, das Konstrukt wird aber inhaltlich nicht weiter beschrieben. Wenn wir ein Wort, einen Namen für etwas gefunden haben, glauben wir manchmal, wir hätten die Bedeutung dessen erfasst, was das Wort bezeichnet. Dieses Phänomen ist die Basis für die einander ablösenden Modebegriffe in der Planung: auf das ‚umweltbewusste' folgte das ‚ökologische' Planen und auf die ‚behutsame' [oder ‚sanfte'] Stadtentwicklung die ‚nachhaltige'.

Der Modebegriff ‚Nachhaltigkeit' ist ein solcher sprachlicher Ausdruck, der wenn überhaupt, nur sehr vage definiert wird: Handelt es sich hier nur um Planungsrhetorik, die man nicht weiter ernst zu nehmen braucht?

„Auch Stadtplaner halten Sonntagsreden. Gelungene Sonntagsreden zeichnen sich dadurch aus, dass sie sowohl Redner als auch Zuhörer erbauen, gleichzeitig jedoch beide voneinander wissen, dass sie sie nicht ernst nehmen, ohne dieses jedoch auszusprechen." (Schönwandt 2002 – Planung in der Krise, s. 139-140)

Nutzungsmischung

„Aus immobilien-wirtschaftlicher Sicht kann von einer Mischnutzung (gemischt genutzte Immobilie) gesprochen werden, wenn mindestens zwei disparate, voneinander unabhängige Nutzungen mit relevanten Flächenanteilen in einem räumlich-baulichen Zusammenhang errichtet werden (Henckel et. al, S.333). Um von einer wirklichen Nutzungsmischung ausgehen zu können, müssen mindestens drei unterschiedliche Nutzungen wie Wohnen, Büro, Einzelhandel, Gewerbe, Freizeit, Kultur etc. vorhanden sein. (Wieland, Wiesbaden 2014, S. 98)"

Ein wesentlicher Faktor bei der Definition der Nutzungsmischung ist die ‚Körnigkeit' d.h. Mischungen vertikal übereinander bzw. auf der gleichen Liegenschaft (Feinkörnigkeit mit kleineren Einheiten) oder grobkörnig neben einander.

Organische Stadt

Erich Kühn hat in seinem Beitrag ‚vom Wesen der Stadt und des Städtebaus' (in Medizin und Städtebau, München/Berlin/Wien 1957, S. 203) dargestellt, dass der Begriff ‚Organismus' für das Stadtgefüge nicht zutrifft: „Mit Nachdruck muss betont werden, dass die Stadt kein organisches Gebilde, schärfer gesagt, kein Organismus ist. Das Bemühen, Organismen auch dort zu suchen, wo sie nicht vorhanden sind,.... ist zwar als Ausdruck einer allgemeinen Hinwendung zum Natürlichen verständlich; es liegt darin jedoch die Gefahr unzutreffender Schlussfolgerungen, der Vermengung wesensfremder Elemente" (Holschneider 1969 –Schlüsselbegriffe, S. 43).

Orte und Unorte

„Orte kann man nicht entwerfen. Orte sind Qualitätsattribute von Räumen, die den Charakter des von Menschen durch Gewohnheit, Gebrauch und Wahrnehmung geprägten Raumes in seinen verschiedenen Dimensionen umschreiben. Orte kann man nicht planen, es sei denn man versteht unter Planung die gleichzeitige Bereitstellung von Raum und von Möglichkeiten, diesen Raum bedürfnisorientiert zu gebrauchen und identitätsstiftend zu modifizieren. Hohe Ortsqualität entsteht durch eine Raumbereitstellung, die möglichst viele Freiheitsgrade des Gebrauchs ermöglicht und erlaubt. Am anderen Ende der Skala stehen Unorte, also Räume, welche Funktion oder Geschichte oder soziale Beziehungen oder alles zusammen vermissen lassen, welche also einen sinnstiftenden Gebrauch verunmöglichen oder beeinträchtigen. Unorte in der Stadt sind vergleichbar mit Unkraut, dessen Wert zwar potentiell vorhanden ist, aber erst noch erkannt und erschlossen werden muss." (Matthias Bürgin, 2012 - Feine Schritte statt große Würfe in Lange, S. 130)

Ortlose Stadt

„Der Kampf um die Bedeutungen von Orten ist vor allem ein aufgeladener symbolischer, der die Stadt wiederum als Bühne benötigt, auf der dramenhaft die Frage nach der städtischen Identität verhandelt wird. Das Leben in der ortlosen Stadt ist riskanter geworden für alle, die sich an dieser Dramatisierung des öffentlichen Lebens nicht beteiligen können.[...]

Die ortlose Stadt ist keineswegs als eine Apologie der schönen neue Welt des Internets misszu- verstehen. Vielmehr muss mit der sich durchsetzenden Ortlosigkeit die Frage nach der sozialen Kohäsion neu gestellt werden." (Bourdin 2014 – die ortlose Stadt, S.10).

Perzeption und Apperzeption

Leibnitz unterscheidet Apperzeption, Perzeption und petites perceptions. Er hat den Begriff Apperzeption für den seelischen Vorgang reserviert, durch den sinnlich Gegebenes mittels Aufmerksamkeit und Gedächtnis aufgefasst, angeeignet, ins Bewusstsein erhoben und in einen Bewusstseinszusammenhang eingeordnet wird. Im Unterschied dazu spricht er bei unklaren und vageren Wahrnehmungen von Perzeptionen und bei deren Vorstufen, den nicht klaren und meist nicht bewussten, körperlichen und sensorischen „Wahrnehmungen" von Petites perceptions. Loidl hat in einem Vortag an der TU-Wien (Grundlagen der Wahrnehmung, 1986) zitiert bei Zabrana – Restflächen, die Perzeption als objektiven Filter und die Apperzeption als den subjektiven Filter der Wahrnehmung bezeichnet.

Schwammstadt

Das Prinzip der Schwammstadt sieht vor, das idealerweise das gesamte Regenwasser von den Bäumen verstoffwechselt bzw. via Verdunstung an die Luft abgegeben wird. Ziel ist, dass 90% des Wassers im System bleiben. Die wasserführende Schwammschicht besteht aus einer rund 80cm hohen groben Schotterschicht in etwa 1,5m Tiefe, deren Hohlräume mit einem Substrat aus Sand, Kompost und Pflanzkohle gefüllt sind und damit Wasser speichern können.

Simulationen und Modelle

„(Raumbezogene) Modelle bilden einerseits die Grundlage für die (raumbezogene) Simulation und sind andererseits Zwischen- oder Endergebnis von raumbezogener Simulation. Modellbildung und Simulation bedingen einander, sind gleichsam ‚dual', bildhaft gesprochen sind es zwei Seiten einer Medaille. Modelle sind Voraussetzung und Mittel für die Simulation. Modelle beziehen sich auf den Weg von der Wirklichkeit, ohne diese völlig zu verlassen; Simulationen beziehen sich auf den Weg zur Wirklichkeit, ohne diese völlig zu erreichen" (Voigt 2005, Raumbezogene Simulation, S. 65).

Sharing Economy

Unter dem Begriff werden Geschäftsmodelle, Online- und Offline Plattformen, sowie Gemeinschaften zusammengefasst, die den Nutzern das Teilen von Gütern, Dienstleistungen oder Informationen erlauben. Statt etwas zu besitzen, rückt das Benützen in den Vordergrund.

Mit dem Aufkommen von Internet, Smartphone und leistungsfähigen, mobilen Datenverbindungen sind viele dieser Ausformungen erst möglich geworden.

Beispiele: wikipedia, Uber, Air-bnb, ‚Kleiderkreisel', ‚will haben', Immo-Scout

Nachteile: Verdrängung etablierter Branchen, prekäre Dienstverhältnisse, Kommerzialisierung, mangelnde Gewährleistung,

Vorteile: geringerer Konsum, haltbare Produkte, Sammlung von Nutzerdaten (Ionos – digital guide/online-Marketing)

Smart City

„Weder in der Literatur noch in der Praxis gibt es eine einheitliche Definition und/oder Abgrenzung des Begriffs. Die verbale Schwammigkeit ist aus strategischer Sicht durchaus bequem, denn die Diversität des Begriffs, bietet den Städten nicht zuletzt auch die Möglichkeit, sich weg von der reinen Technologiegläubigkeit hin zu einer nachhaltigen Stadtentwicklung zu bewegen und neue Themen in den Fokus zu rücken, die in einem enger und rein technologisch gefassten Begriff von Smart City wohl keinen Platz hätten." (G. Haindlmaier - Auf der Suche nach der wirklich smarten Smart-City, in Czaja 100x18, S.152). Als Beispiele werden genannt: Wien, Santander, Rotterdam und Singapur. Der Begriff ‚smart' in der Umgangssprache ist nicht ausschließlich positiv besetzt, er steht für glatt, gewandt, opportunistisch, schlau in abwertenden Sinn.

Soziale Milieus

Die übliche Einteilung der sozialen Schichtung in Ober-, Mittel- und Unterschicht nach Einzelkriterien wie Bildung, Einkommen und Arbeitslosigkeit greift für die Abbildung sozialer Realitäten oft zu kurz. In der Zielgruppenforschung hat sich daher die von der Sinus-Gruppe für 40 Länder entwickelten ‚Sinus-Milieus' als zweckmäßig erwiesen: Die Sinus-Milieus gruppieren Menschen in Gruppen Gleichgesinnter entlang zweier Dimensionen (Soziale Lage und normative Grundorientierung). Je höher ein Milieu in dieser Grafik angesiedelt ist, desto gehobener sind Bildung, Einkommen und berufliche Stellung; je weiter rechts es positioniert ist, desto moderner sind Wertorientierungen und Lebensstile. Die Überschneidungen der „Kartoffeln" zeigen an, dass die Übergänge zwischen den Milieus fließend sind.

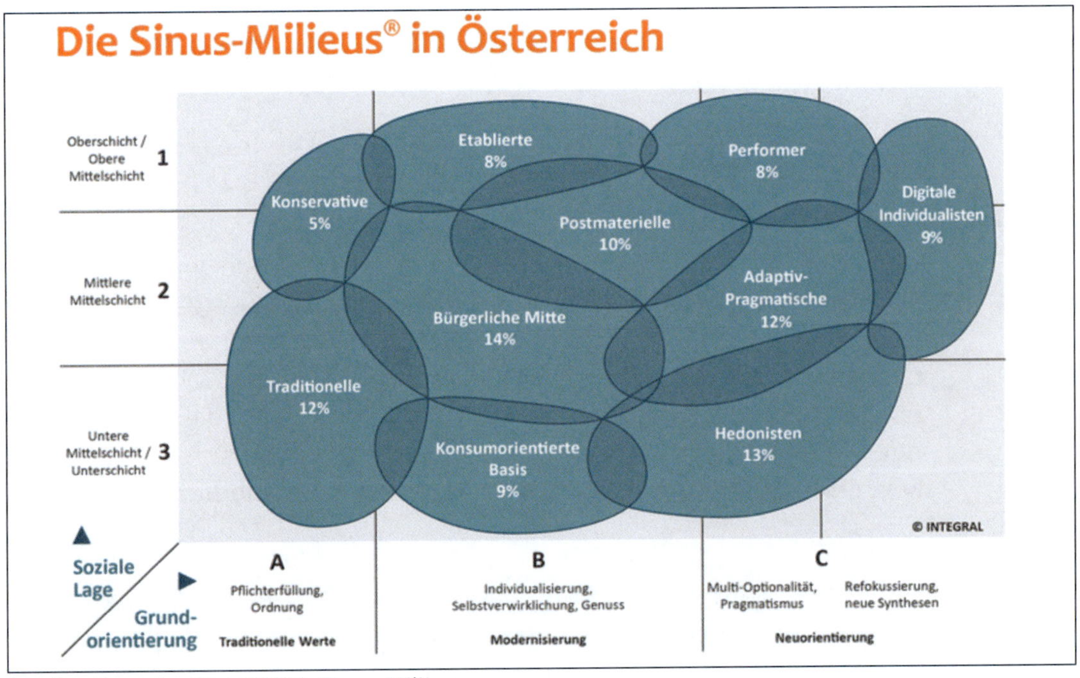

Quelle: Sinus-Institut (2020): Sinus-Milieus. https://de.wikipedia.org/wiki/Sinus-Milieus. Sinus- Institut. Heidelberg.

Spatial Turn – Spatial approach

‚Spatial turn' - von lat. spatium ‚Raum' und engl. turn ‚Wende', auch topologische Wende, Paradigmenwechsel in den Kultur- und Sozialwissenschaften seit Ende der 80er Jahre, der den Raum bzw. den geographischen Raum als kulturelle Größe wieder wahrnimmt. Ein Paradigmenwechsel liegt insoweit vor, als damit einhergeht, dass nicht mehr allein die Zeit im Zentrum kulturwissenschaftlicher Untersuchungen steht, wie das in der Moderne der Fall war, sondern ihr nun auch der Raum an die Seite gestellt wird. (Wikipedia 2020)

Sowohl in der Geographie als auch in der Planung ist es der sogenannte ‚spatial approach', bei dem der Raum als primär unabhängige Variable in Erklärungsmodelle eingeht. Nach der Ablöse durch handlungstheoretische Ansätze hat der weit verbreitete Einsatz Geographischer Informationssysteme (GIS) zu einer Wiederbelebung des ‚spatial approach' beigetragen." (Schönwandt , Jung 2007 – problems first , S. 777)

Stadtbild

„Stadtbild ist zumeist ein kulturgeographischer Begriff, der auch häufig im alltäglichen Sprachgebrauch Verwendung findet. Er bezeichnet die Wirkung und subjektive Wahrnehmung eines urbanen Raums durch die Gesamtheit seiner kulturellen und natürlichen Bestandteile. somit ist mit dem Stadtbild vor allem die optische Wahrnehmung einer Stadt in ihrer Gesamtheit gemeint. [...]

Im Gegensatz zur Skyline ist der Betrachtungswinkel auf das Stadtbild nicht vorgegeben. Das Stadtbild ist daher auch eine Gesamtheit aller Perspektiven. Begrifflich wird davon die grafisch dargestellte Stadtansicht wie die Vedute [oder das Großstadtbild] unterschieden." (Wikipedia)

„Dabei ist die entscheidende Ebene die der erlebten Umwelt, im speziellen Fall der Stadtgestaltung die des Stadtbildes, in der der Beobachter die wirksame Umwelt mit Bedeutungen versieht und je nach Handlungsabsicht bewertet. Das Stadtbild baut aber auf der wirksamen Umwelt auf, der Stadterscheinung." (Trieb, Stadtgestaltung, 1974, S. 66)

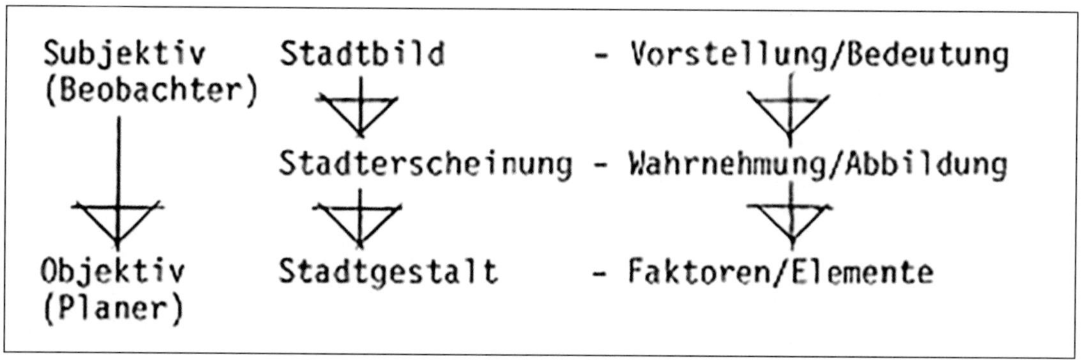

Städtebau

„Der Städtebau ......hat alle diejenigen baulichen Anlagen zum Gegenstande, welche dazu bestimmt sind, einerseits der städtischen Bevölkerung die Errichtung zweckmäßiger Wohnungen und Arbeitsstätten, den Verkehr untereinander und die Bewegung im Freien, andererseits dem Gemeinwesen die Errichtung der Baulichkeiten für Verwaltung ....und sonstige öffentliche Zwecke zu ermöglichen. Der Städtebau bereitet also ...den allgemeinen Boden vor, auf welchen sich die bauliche Einzelthätigkeit entfaltet." (J. Stübben, 1890 – Städtebau zit. In Schmidt-Relenberg 1968 – Soziologie und Städtebau)

„Städtebau eint die Dimensionen der Stadtplanung und hin zum Konkreten der Architektur auf der stadträumlichen Ebene, sein Schwerpunkt liegt dabei in der Gestaltung der öffentlichen Räume und ihrer architektonischen Begrenzungen. die Gestaltungsaufgabe setzt neben Kenntnissen des Hausbaues, der rechtlichen Randbedingungen, der öffentlichen Erschließung, aber auch die Vorstellung von der Schönheit der Stadt als Ergebnis wohlproportionierter Stadträume voraus.

Städtebau ist also mehr als nur ein Appendix der um räumliche Fragestellungen erweiterten Stadtplanung: er ist so etwas wie die **Mutter der Stadtplanung**." (H. Stimann, 2005 – Die Architektur des neuen Berlin, S. 114)

Stadtentwicklung

„Vor dem Hintergrund einer regional sehr differenzierten Wirtschaftsstruktur und Bevölkerungsdynamik erfüllt das Leitbild der der räumlich kompakten, nutzungsgemischten, sozial und kulturell integrierenden Europäischen Stadt wohl am besten die Anforderungen an eine nachhaltige Stadtentwicklung. Die Leipzig Charta zur nachhaltigen europäischen Stadt, die am 24. Mai 2007 auf dem informellen Treffen der europäischen Städtebauminister verabschiedet wurde, unterstreicht die Bedeutung der Städte für die Entwicklung Europas. sie empfiehlt eine Strategie der integrierten Stadtentwicklung, um knappe Ressourcen wirkungsvoll zu bündeln und der Ausgrenzung benachteiligter Stadtgebiete entgegenzuwirken. Mit der Toledo Declaration der EU-Städtebauminister vom 22. Juni 2010 wurde diese Strategie der integrierten Stadtentwicklung und -erneuerung bestätigt." (Deutscher Städtetag 2013, S. 5

„Für Stadtentwicklungsplanung und -konzepte gibt es keine eindeutige Definition, keine verbindliche organisatorische Zuordnung und keine gesetzlich vorgeschriebenen Verfahren. Die Unterschiedlichkeit der lokalen Bedingungen und Voraussetzungen schließt standardisierte Lösungen aus. Sie leisten die strukturierte Erarbeitung von Leitbildern, Leitlinien und Handlungsprogrammen und bietet - ergänzt durch ein systematisches Stadtentwicklungsmanagement - Instrumente für eine zielorientierte Umsetzung an." (ebend., S. 10)

Stadtgestalt

Stadtgestalt ist der Oberbegriff aller - den wahrnehmbaren Aspekt der Stadt realisierenden und sich gegenseitig beeinflussenden - Gestaltsysteme, die visuell, auditiv, haptisch, olfaktorisch wahrgenommen werden.

„Architekturtheorie kann die strikte Trennung von wissenschaftlichen und außerwissenschaftlichen (Popper) Problemstellungen und Lösungsansätzen nicht akzeptieren, da ihre architekturbezogenen Aussagen notwendig auf Handlungen (Analyse, Antizipation und praktische Realisation von Architektur gerichtet sein müssen." (TU Hannover E. Pook 1974 – in Universität Stuttgart-Probleme der Stadtgestaltung, S.123-124)

Stadtgestaltung

„Stadtgestaltung umfasst jenen Teilbereich des Städtebaus und der Stadtplanung, der sich mit der äußeren Erscheinung der gebauten, sinnlich wahrnehmbaren Umwelt und ihren vielfältigen (nicht nur ästhetischen) Wirkungen beschäftigt, wohl wissend, dass sehr enge Wechselbeziehungen bestehen zwischen Stadtgestaltung und den funktionalen, technischen und wirtschaftlichen Faktoren der Stadtplanung, aber auch zu den sozialen und politischen Verhältnissen einer Stadt." (N. Gormsen 1974, Universität Stuttgart –Probleme der Stadtgestaltung, s. 8)

Culemann sah eine Hauptaufgabe der Stadtgestaltung in einer funktionalen Gliederung des Stadtkörpers. Stadtgestaltung ist aber mehr als die Gestaltung von Straßenräumen und Wohnsiedlungen nach ästhetischen Gesichtspunkten und mehr als eine funktionale

Gliederung des Stadtkörpers. „Wenn man vom philosophischen Gestaltbegriff ausgeht, so umfasst das Gestalten der Stadt alle Tätigkeiten, die zum komplexen Gebilde Stadt führen". (K. Kunzmann 1974 in Universität Stuttgart S.94)

Stadtgestaltung bezieht sich vielmehr auf die veränderbaren Elemente der Umwelt, die unmittelbar sinnlich wahrgenommen werden, die eine Wirkung auf den Menschen ausüben, die für ihn Bedeutung gewinnen, Assoziationen und Gefühle in ihm wecken und ihn zu bestimmten Verhaltensweisen veranlassen." (ebend.)

Städtische Rückseiten

„Städtische Rückseiten sind innerstädtische Orte, welche sich aufgrund ihrer Nähe zu begrenzenden Strukturen, wie Bahnschienen, Flüssen oder Autobahnen, aber auch Güter- (Rangier-) -bahnhöfen, Hafenarealen oder großen Industriegebieten gebildet haben.

Städtische Rückseiten befinden sich meist in Nischen und Randräumen entlang dieser Infrastrukturgrenzen und waren oder sind noch beeinflusst durch Emissionen wie Lärm, Schmutz und Geruch sowie durch eine Abgeschlossenheit die von diesen Grenzen ausgehen.

Städtische Rückseiten beherbergen eine Vielzahl von ertragsschwachen, gewerblichen und produktiven Aktivitäten, die der städtischen Wirtschaft dienen sowie zum Funktionieren der Stadt beitragen." (J. Hahn 2019 – Städtische Rückseiten, S.38)

Jane Jacobs (1963) Border Vacuums (Grenzzonen) und Dana Böhms Stadtrandzonen (2011) behandeln auch das Phänomen ‚Städtische Rückseiten': Die Border Vacuums beschreiben Grenzzonen entlang von Infrastrukturelementen, geprägt durch den Verfall der Innenstädte."

Stadtmorphologie

„Stadtmorphologie ist ein Forschungsgebiet des Städtebaus und der Stadtgeographie. (Wikipedia, 2019)

Die Stadtmorphologie befasst sich mit den Siedlungs- und Stadtformen sowie mit den physischen Formungsprozessen innerhalb der Siedlungskörper. Gegenstand ist somit die Struktur der Bebauung, die Parzellenbildung als Grundlage für Bauten, die Gebäudetypologie und die Netze der Erschließung.

Drei Theorieansätze dominieren die Diskussion:

- **Figur und Grund** - Zusammenhang der überbauten Flächen (Figur) und den von Bauten frei gelassenen Flächen (Grund)
- **Gefügetheorie** - Linien und Verbindungen der einzelnen baulichen Elemente (Straßen, Wege, offener Raum)
- **Theorie des Ortes** - bewusster Umgang mit konkreten Orten, ihrer kulturellen Ladung und ihrer Entwicklungspotentiale

Stadtraum

„Will man den Begriff Stadtraum klarstellen, ohne ästhetische Wertmaßstäbe anzulegen, so ist man gezwungen, alle Arten von Hauszwischenräumen in Stadt- und Ortsarealen als Stadtraum zu bezeichnen. Geometrisch abgegrenzt wird dieser Raum von verschiedenartig aufgestellten Hausfassaden. Erst die klare Ablesbarkeit seiner geometrischen Grundmerkmale und ästhetischen Qualitäten lässt uns den Außenraum bewusst als Stadtraum erleben." (Krier 1975 – Stadtraum in Theorie und Praxis, s. 2),

Strategie und Taktik

„**Strategien** sind Top-down-Praktiken, sie gehen von einem Ort aus, der als angemessen angesehen werden kann und als Basis dafür dient, Beziehungen mit einem von ihr unterschiedenen Äußeren zu begründen (Certeau 1984).

Die **Taktik** dagegen ist eine Kalkulation, die sich nicht auf eine räumliche oder institutionelle Lokalisierung stützen kann.[...] Die Taktik hat keinen eigenen Ort, sie beruht auf der Zeit - also auf der Suche nach und der Ergreifung von Gelegenheiten. Das Taktische ist der Hauptcharakter von Alltagspraktiken (Certeau 1984).

„So ist beispielsweise die Stadterneuerung strategisch, während der Brauch des städtischen Raums durch Menschen taktisch ist. [...]

Die Strategie operiert in abstrakten Begriffen, ordnet die Praktiken hierarchisch an und hat langfristige Ziele. Dagegen hat die Taktik weniger einen übergeordneten Zweck, sondern vielmehr sehr kurzfristige Ziele und unabsehbare Konsequenzen."

Michel de Certeau - The Praktice of Everyday Life, Berkeley 1984 zitiert in Batur 2015 – Umkämpfte Interventionen, S. 9/14)

Sukzession

„Von Sukzession spricht man, wenn sich die Zusammenstellung der Vegetation an einem Ort im Lauf der Zeit ändert. In der Regel geschieht das, wenn ein Standort nach einer starken Störung - wie etwa einer Flut oder einer neuen Erdschicht - von Pflanzen neu besiedelt wird. [...] Pflanzen der frühen Sukzessionsstadien werden häufig als Ruderalflora bezeichnet." (Jonas et. al. 2014 – Blackbox Gardening, S.26)

Systeme

„Systeme haben - trotz aller Verschiedenheit -, immer zwei völlig verschiedene Strukturen: eine gestaltbestimmende physische Struktur und eine funktionsbestimmende Systemstruktur' (Bossel, 1998). Diese kann normalerweise nicht direkt ‚gesehen' werden, sie ‚muss aus den Elementen des Systems und ihren Verkopplungen geschlossen werden' (ebd.)"

Systembestandteile:

Wandler: - verwandeln Einwirkungen nach bestimmten Regeln in Auswirkungen
Zustände - Größen aus denen sich der Zustand eines Systems ergibt
Zustandsänderung - Zuflüsse oder Abflüsse, die den Zustand verändern
Zustandsraum - Abstrakter Raum möglicher Systemzustände
Parameter - Werte sind vom System unabhängig, exogene Parameter wie Wetter, Zinssatz etc.
(Voigt 2015 – Raumbezogene Simulation, S.23)

Theming – Testing –Typing

Dietmar Steiners Drei 'T' zu einer ‚Neuen Stadtplanung jenseits der Stadtplanung' zitiert in W. Werdigier 1992, S.258)

Theming - bedeutet die Sinngebung eines Projekts. Ohne Idee kann niemand darüber reden, sich etwas vorstellen. Kommunikation vollzieht sich nicht über abstrakte Regelwerke, sondern über konzentrierte Bilder, die nicht allein der Architekt liefern kann.

Testing - bedeutet die qualitative Analyse einer konkreten Situation. Testprogramme, die die Belastbarkeit eines Gebietes überprüfen.

Typing- bedeutet den Weg zur Festlegung einer städtebaulichen Figur. Typing bedeutet deshalb, dass man das Potential von Architekten durch Beschäftigung mit ihrem Werk und ihren Interessen kennt und sie danach einsetzt.

Topografie - Geomorphologie – Relief

Topografie (tópos gr. – Ort, gráphein gr. – zeichnen, beschreiben)ist jenes Teilgebiet der Kartografie bzw. Geografie, das sich mit der detaillierten Vermessung, Darstellung und Beschreibung der Erdoberfläche und mit ihr fest verbundenen natürlichen und künstlichen Objekte befasst. (Fischer Lexikon Geographie,1968). Die Topografie baut auf der **Geomorphologie** – der Lehre von der Form und Gestalt der Erdoberfläche (Sauer 2005, S.93f) - auf.

Die Struktur der der natürlichen Erdoberfläche eines bestimmten Gebietes ist das **Relief.** „Das Geländerelief wird im Laufe der Zeit durch andere topografische Elemente wie Gewässer, Vegetationsstruktur, Wege oder Bauten verändert bzw. konserviert und auch seine Wahrnehmung wird maßgeblich durch diese beeinflusst." (Krepelin-Thränert 2011, S.21)

In den praxisbezogenen angewandten Wissenschaften wie in der Raumplanung oder in der Architektur steht die Topografie oft für das Relief.

Typologie

„Die Typologie ist also - bei der Stadt wie bei einzelnen Bauten - die Lehre von nicht weiter reduzierbaren elementaren Typen. Beispiele dafür sind monozentrische Städte oder die Zentralbauten. Dabei ist kein Typus mit einer Form identisch, auch wenn alle architektonischen Formen auf Typen zurückzuführen sind. Diese Zurückführung ist eine notwendige logische Operation. Ohne sie ist es nicht möglich von Form zu sprechen, [...] auch wenn bei der Entwurfsarbeit freilich nur schwer von der Form zu unterscheiden ist." (Rossi 1998, Die Architektur der Stadt, S.21)

Umwelt

Eher verwirrend als orientierend bleiben trotz der Bemühungen um ein ‚strukturales Konzept' (Trieb, 1974) die subtilen Unterscheidungen und Wechselbeziehungen zwischen Außen-, Um- und Alltagswelt, zwischen effektivem und potentiellem Environment: eine **Inflation von Terminologien** verweist auf eine unüberschaubare Vielfalt immaterieller Dimensionen der räumlichen Umwelt, die auf höchst heterogene disziplinäre Systeme bezogen sind. Als Zeichensystem, Als Sprache, als gelebter, erlebter, orientierter, gestimmter Raum, als Wahrnehmungs-, Lebens- und Handlungsraum konzipiert, wird die räumliche Umwelt höchst problematisch: Auch die ‚Aspekte der Architekturumwelt' werden unterschieden in ‚mathematisch-geometrische' und ‚gelebte' Aspekte von Raum, Zeit und Materie. zwar besteht bei aller Verschiedenheit der theoretischen wie methodischen Ansätze weithin Einigkeit darin, dass sich in Umwelterlebnis und -vorstellung objektive Realität und subjektive Einstellungen und Wertmuster durchdringen, doch sind die Gewichte unterschiedlich gesetzt." (Durth 1988 - Die Inszenierung der Alltagswelt, S.40)

„Die Begriffsbestimmungen der Umwelt sind sehr vielfältig und reichen von philosophischen bis zu mathematischen Aspekten - einige seien im Folgenden genannt:

- **soziale Umwelt** als konditionierende Konfiguration sozialen Verhaltens
- **kommunikative Umwelt** als Mittel kommunikativer Interaktion
- **sinnliche Umwelt** als Objekt visueller, taktiler, akustischer und olfaktorischer Erfahrung
- **mathematische Umwelt** als topologisches und metrisches System
- **physikalische Umwelt** als Konfiguration physikalischer Elemente
- **operationale Umwelt** etwa als ökologisches, technologisches oder wirtschaftliches System (Trieb 1974 – Stadtgestaltung, S.68)

Umweltpsychologie

Der Begriff Umweltpsychologie (environmental psychology) oder Humanökologie wird in zwei Bedeutungen gebraucht:

In der weiten Bedeutung versteht man seit 1970 eine Wissenschaft, die sich mit den Mensch-Umweltbeziehungen - Erleben und Verhalten von Menschen in der (gebauten) Umwelt - beschäftigt. Dazu gehört neben der Psychologie, die Biologie, Kulturanthropologie, Medizin, Geografie, Soziologie, Architektur- und Planungswissenschaften, aber auch Wirtschafts- und Kommunikationswissenschaften. In diesem Sinne werden auch die Begriffe ,Human' und ,Sozialökologie' und ,Umweltwissenschaften' gebraucht.

Im engeren Sinn, bei besonderer Betonung von Architektur- und Designproblemen - auf die Bezeichnung ,Architekturpsychologie'. aus dieser Sicht wäre dann ,Urbanistik' jener Teil der Umweltpsychologie, der sich mit der städtischen Umwelt, ihren Bedingungen und Effekten beschäftigt -die sich am sinnvollsten unter dem Oberbegriff der ,Humanökologie' zusammenfassen ließe. (L. Kruse – Umweltpsychologie in Glaser 1974 - Urbanistik, S.46)

Urban Breeding Grounds

Als ,Urban Breeding Grounds' werden unterschiedliche Stadtviertel, relativ zentral gelegen, an innerstädtischen Bahnanlagen gelegen, Rotlichtviertel - als ,heruntergekommen' zu bezeichnen, die durch eine intensive Nutzung des öffentlichen Raums, mit vielfältigen ebenerdigen Aktivitäten, altem - zum Teil aufgelassenen Gewerbe, mit historischen teils wertgeminderten Baubestand und einer gemischten Bewohnerstruktur.

Die Viertel fungieren als Sprungbrett für ,Start-up-Betriebe', Migranten, Studierende. Solche Stadtviertel sind für diese Gruppen deshalb attraktiv, weil sie Nischen in den sozialen Milieus anbieten, in denen Laborsituationen und unkonventionelle Lebensstile möglich sind und neue - kooperative Arbeitsformen (Co-working) erprobt werden können. (Dvorak, Kerbler 2017 – Stadt der Zukunft, S.6-7)

Urban Commoning

Die grundlegende Idee der ,commons' ist die Selbstbestimmung, Selbstorganisation und Gestaltung der sozialen und physischen Umwelt. Übereinstimmend werden drei Aspekte als grundlegend für ,commoning' bezeichnet:

- die **Ressource** (materiell/physisch und immateriell/sozial)
- die **Institution** (das Praktizieren und die sozialen Beziehungen: Commoning)
- die **Gemeinschaft** (Community der Commoners).

Mit zunehmender Mitgliederzahl sinken das gegenseitige Vertrauen und das Zusammengehörigkeitsempfinden – die Anonymität steigt – es treten Kommunikationsprobleme auf, wobei der Grenzwert bei 150 Mitgliedern liegen dürfte. (Heinrich Böll Stiftung – www.boell.de)

Beispiele: Nachbarschaftsgärten (Urban gardening, ,Frag-nebenan'-Initiativen, Planquadrat 4

Urbanisierung

Der Begriff Urbanität ist eng verknüpft mit dem der Urbanisierung. Während sich Urbanisierung auf den Prozess der Verstädterung bezieht, bezeichnet Urbanität spezifische Ausprägungen und Qualitäten urbaner Erscheinungs-, Lebens- und Austauschformen. Diese stehen in einem dynamischen Zusammenhang mit Urbanisierungsprozessen und den durch sie ausgelösten Veränderungen. Damit steht die normative Konstruktion des ,Urbanitäts'- Begriffes, der auf das Wesen der Großstadt selbst zielt, in einem

Spannungsverhältnis zu den dynamisch-veränderlichen Qualitäten, die damit zugleich bezeichnet werden. In diesem Spannungsverhältnis ist die Faszination des Begriffes ebenso angelegt wie seine schillernde Unbestimmtheit." (C. Kress 2012 in B. Christoph - Urbanisierung im 20.Jh., S.87-88)

Urbanität

In der Literatur (Häußermann, Siebel 1992-Urbanität, S.9) lassen sich fünf Ansätze einer Definition unterscheiden:

1. **Sozialökologischer Ansatz**

   Aus einer Schule der amerikanischen Soziologie der zwanziger Jahre definiert ,Urbanität als Lebensform (Louis Wirth, 1974). Urbanität bezeichnet die Lebensform des Städters unter den Voraussetzungen Größe, Dichte und Heterogenität der Stadtbevölkerung

2. **Funktionalistischer Ansatz**

   Aus dem Sozialökologischen Ansatz lässt sich auch Sinne der Charta von Athen ein funktionalistischer Ansatz zur Definition von Stadtqualität herausarbeiten: Stadtkultur wäre gebunden an die vier Grundfunktionen Arbeiten, Wohnen, Erholung und Verkehr sowie deren Verknüpfung

3. **Sozialpsychologischer Ansatz**

   Das Gegenüber der Lebenssphären Öffentlichkeit und Privatheit ist das zentrale Kriterium. Je stärker diese Polarität ausgebildet ist, desto städtischer ist soziologisch gesehen das Leben einer Ansiedlung (Bahrdt, 1961)

4. **Politischer Ansatz**

   bindet Urbanität an die bürgerlichen Tugenden und an demokratische Selbstverwaltung der Gemeinde (Salin, 1960). „Urbanität ist Bildung, ist Wohlgebildetheit von Leib und Seele und Geist, aber sie ist auch fruchtbare Mitwirkung des Menschen als Polis-Wesen"

5. **Zivilisationsgeschichtlicher Ansatz**

   Jener Ansatz, der Urbanität als Emanzipation vom Naturzwang bindet. Städtische Siedlungsformen werden erst dann möglich, wenn die Landwirtschaft mehr produziert als die eingesetzte Arbeitskraft dort verbraucht. Urbanität ist die Befreiung der Abhängigkeit von Klima, Wind und Wetter durch feste Siedlungen, gepflasterte Straßen, Ofenheizung und künstliches Licht.

Verwilderung

Die reiferen Studien der Verwilderung haben wenig gemein mit ärmeren oder sehr unausgeglichenen Pionierstandorten und ähneln in ihrer Entwicklung eher der von Brachflächen (Brachflächen: früher landwirtschaftlich genutzte Bestände, die nicht mehr gemäht oder umgebrochen werden.) Anders als diese Brachen sind Verwilderungsbereiche aber meist mit typischen, anthropogenen Relikten durchsetzt (Bauwerken, Bodenversiegelungen, Hartflächen, Beeteinfassungen, Mauern,...) deren Verfall charakteristisches Element der Verwilderung ist." (Loidl-Reisch 1986 - Der Hang zur Verwilderung, S.11)

Wissenschaftszugang

Wissenschaft bietet im allgemeinen **zwei Wege**, sich der Natur wertend zu nähern:

Der erste Zugang ist der Weg der Analyse [naturwissenschaftlicher Weg], des Zerteilens in kleine und kleinste Bestandteile. Daran anschließend erfolgt die Synthese der gewonnen Erkenntnisse zu einer auf Ursache und Wirkung basierenden Erklärung. Es entsteht eine Rekonstruktion der erforschten Natur, der Beziehungen untereinander und vielleicht sogar von Beziehungen zwischen diesen Beziehungen.

Der **zweite Weg entspricht dem holistischen Ansatz:** Das Ganze soll als Entität erfasst werden. Dabei Verschmelzen der Erkenntnis- und der Erklärungsweg. Es wird nicht mehr analysiert und rekonstruiert, sondern es wird ‚erfasst' und ‚erkannt'. Es handelt sich also um ein Verstehen ganz anderer Genese." (Rienesl - Wildnis zulassen in wildwuchs,S.202)

Zwischenstadt

Der Begriff beschreibt eine Siedlungsstruktur, die weder der Stadt noch dem ländlichen Raum zugeordnet werden kann. Auch die Einordnung als Vorort trifft den Charakter dieser Gebiete nur unzureichend. Ein typisches Beispiel zwischenstädtischer Strukturen nach Sievert ist der Ballungsraum Frankfurt Rhein-Main.

Dem Großraum Wien entsprechend wäre die Südachse bis Wiener Neustadt.

Die Zwischenstadt besitzt mehr Eigenständigkeit als der Vorort und kann sich von der Kernstadt unabhängig machen. Wo die Definitionsgrenzen der Zwischenstadt liegen, ist nicht genau festgelegt. Sie besitzt meist keinen historischen Siedlungskern und ist in kurzer Zeit entstanden. Auch die Ausrichtung und Entwicklung der Zwischenstadt erfolgt relativ ziel- und planlos. Die Folge ist eine Verstädterung und Zersiedelung des ländlichen Raumes. (Thomas Sieverts et.al.: Zwischenstadt – inzwischen Stadt? Entdecken, Begreifen, Verändern. Müller und Busmann, Wuppertal 2005)

Weiterführende Literatur

Alban Janson und Florian Tigges Grundbegriffe der Architektur – Das Vokabular räumlicher Situationen, Birkhäuser, Basel 2013

IWU-Institut für Wohnen und Umwelt Planungsbegriffe aus den Bereichen Planen, Wohnen, Bauen, Stadt, Institut Wohnen und Umwelt GmbH, Darmstadt 1977

Johannes Holschneider Schlüsselbegriffe der Architektur und Stadtbaukunst, TU Aachen, Verlag Schnelle, Quickborn 1969

B. Veduten und das Bild der Großstadt

„Es ist schon recht, zu kopieren, was man sieht, weit besser aber ist es das zu zeichnen, was man in seinem Gedächtnis bewahrt hat. das ergibt eine Umsetzung, bei der die Vorstellungskraft mit der Erinnerung zusammenarbeitet. Man stellt nur das dar, was einen betroffen hat, das heißt das Notwendige."

Edgar Degas (1834 - 1917)[1]

Friedrich Achleitner sieht in seinem Essay „DAS STADTBILD gibt es nicht": [2] „Der Begriff des Stadtbildes ist ohne die lange Entwicklung der Landschafts- und Vedutenmalerei undenkbar, das heißt, er selbst signalisiert eine ganz bestimmte Tradition des Sehens, wobei es gefährlich ist, bei der Beurteilung einer Stadt von einem Bildbegriff auszugehen. Denn der nächste Schritt liegt nahe, dass wir nicht in Zusammenhänge, sondern in ein Bild eingreifen, es korrigieren oder konservieren: die Ästhetik des Bildes schafft eine unüberbrückbare Kluft zum Gegenstand, die Auseinandersetzung findet auf einer vorgestellten Scheinebene statt, sie wird Kosmetik und erreicht die eigentlichen Probleme nicht mehr."

Das von Achleitner dargestellte ‚Stadtbild' gibt es in der Malerei schon seit Mitte des 19. Jahrhunderts nicht mehr – weil nach der möglichst wahrheitsgetreuen Darstellung der Stadtlandschaft und Landschaft, mit Camille Corot die Idealisierung in zweierlei Hinsicht beginnt:

- mit der **Wahl des Sujets** oder Teil der Stadtlandschaft und
- mit den malerischen Mitteln, wo selbst in der ‚neuen Sachlichkeit' der subjektive Ausdruck nicht die Realität abbildet, sondern der **‚genius loci'** dominiert.

Denn seit dem **Aufkommen der Fotografie** Mitte des 19. Jahrhunderts kann nicht mehr die detailgetreue Wiedergabe das Ziel der bildenden Kunst sein, sondern der **Ausdruck, das Empfinden** – bei dem inzwischen auch die künstlerische Fotografie angekommen ist. Weil in der Bilderflut der vereinfachten Digitalfotografie und der Handyperfektion die reine Dokumentation bestenfalls in Coffee-table-books als Souvenir oder Geschenk nur noch Platz findet.

Das führt zu einer **Zweiteilung der Stadtfotografie und auch der Stadtbilder**, in die ‚Schönbilder' als Nachfahrer der Veduten – harmonisch, pittoresk und geglättet und der ‚Rinnsteinkunst' wo vor allem in der Zwischenkriegszeit bis heute die Brüche, das Fragmentarische, die Schneisen der Verkehrsstränge und die Peripherie, die Vorstadt und das soziale Elend des Molochs Stadt im Vordergrund steht.

„Wenn also - nach dem Befund der Literatur - die Funktion eines Stadtbildes darin bestehen kann, gleichsam **Psychotherapie am Stadtbewohner** zu betreiben bzw. im negativen Fall eine solche zu verhindern, so fragt sich, wie der Mechanismus aussieht, durch den dieser Prozess abläuft. Es soll der Stadtrand als Beispiel gewählt werden, insbesondere der Vorstadtbereich.

Um derlei Funktionen von Stadtbildern am Stadtrand aufhellen zu können, empfiehlt sich zunächst die Betrachtung von Phänomenen aus dem Bereich der bildenden Kunst, dem der Malerei. [...] Es treten wieder die beiden Elemente auf: Zufall und Wirklichkeit. Derartiges charakterisiert dabei Stadtrandszenarien auch im weiten Sinn: Fabriken stehen neben Resten dörflicher Häuser, Gaswerke neben Fischerhütten, verrostete Autowracks neben einer chromblitzenden Imbissstube, Stadtrandbilder entsprechen nicht nur den Forderungen des Dada in der Kunst, sondern sie werden in der Kunst eben deshalb geschätzt."[3]

1 E. Degas zitiert in Rewald, Geschichte des Impressionismus, 1946
2 F. Achleitner in H. Swoboda ‚Wien' 1990, S. 187
3 G. Kapner 18984, S. 71

Was bewirkte den künstlerischen Umschwung?

Wenn auch schon in wenigen Beispielen des Realismus in der 2. Hälfte des 19. Jahrhunderts das Elend des Industrie- und Landarbeiterelends von Millet bis Zille – thematisiert wurde, war es die **starke Dynamik auf sozialem, wirtschaftlichem, kulturellem und künstlerischem Gebiet** zwischen dem Ersten Weltkrieg und der Weltwirtschaftskrise 1929. Der Kollaps der Monarchien, die revolutionären Umbrüche und durch den ersten Weltkrieg befeuerte umfassende Technisierung der Welt und nicht zuletzt die Vielzahl der individuellen Kriegserlebnisse führten zu einer vollkommen gewandelten Welt. Die gesellschaftliche und politische Instabilität begleitet die 20er Jahre als Dauerzustand und führt auch zu neuen Spektren der Kunst.

„Die Entstehung der modernen Großstadt bedeutete eine **Revolutionierung der menschlichen Lebensorganisation.** An die Stelle architektonischer Eindeutigkeit, räumlicher Begrenzung und historischer Dimensionen traten Anonymität, Kollektivität und Flüchtigkeit als neue Erfahrungswerte. Gleichzeitig wurde die Darstellung der Großstadt zu einer zentralen Aufgabenstellung in Kunst und Literatur.“[4]

Nach den Ismen von Impressionismus, Expressionismus, Fauvismus, Kubismus und Futurismus beginnt eine Phase der künstlerischen Orientierungssuche. Die Sujets dieser fiebrig kreativen Zeit sind eng mit dem Diskurs um die Metropolen verknüpft: **die Vedute, das schöne Stadtbild wird durch das ‚Bild der Großstadt' abgelöst**. Die Großstadt als Inbegriff von Gegensätzen, von Brüchen, Fragmentierungen und Illusionslosigkeit, Gewalt auf der Straße, Elend und Verbrechen, aber auch Vergnügungen des ‚Großstadtdschungels' (Bert Brecht) zwischen Jazz, Varieté und Bordellen Der Stil wandelt sich vom **Expressionismus zur ‚Neuen Sachlichkeit'**.

„Anfangs geschah das im privaten Zusammenhang und im Sinne einer Fragmentierung: an die Stelle von Kathedrale oder Rathaus trat der Blick auf den Hinterhof und auf den Bauplatz. Um 1900 konnte sich das Großstadtbild in der deutschen Malerei dann als Gattung etablieren. Anregend wirkten dabei Impulse, die von der französischen Malerei des Impressionismus und vom literarischen Naturalismus ausgingen. An diese neu entdeckten Möglichkeiten knüpften auch die expressionistischen Künstler an, deren Beiträge den Höhepunkt der Großstadtmalerei markieren. Das Thema ‚Großstadt' verbindet sich dabei mit dem Anspruch auf Modernität und Avantgarde. Gründliche Einzelanalysen zeigen, dass die **‚Krise der Vedute'** zu Beginn des 20. Jahrhunderts in Bildlösungen transformiert werden konnte, die dem antinomen Wesen der Großstadt entsprechen.“[5]

Bernardo Bellotto, Der Arno in Florenz 1742

Johann Ziegler, Die Nikolaikirche in der Landstraße 1783

4 M. Pamberg 1995
5 aaO.

Veduten

Die Vedute (ital. Ansicht, Aussicht) war ursprünglich jede wirklichkeitsgetreue Darstellung einer Landschaft oder eines Stadtbildes. Bis ins 17. Jahrhundert war die Darstellung von Landschaften und/oder Stadtsilhouetten nur als Beiwerk von sakralen Motiven nachweisbar. Mit dem Aufkommen säkularer Bildthematik in den Niederlanden und dem **Italien–Tourismus** der englischen Aristokratie erreicht das Genre seinen Höhepunkt. Die bekanntesten Vertreter waren Gaspar van Wittel (Vanvitelli), Giovanni Antonio Canale gen. **Canaletto**, Bernardo **Bellotto,** Francesco **Guardi,** und Giovanni Battista **Piranesi.** Letzterer beschäftigte sich eher mit phantastisch-antiken Phantasiethemen – während Bellotto die zeitgenössische Wirklichkeit abbildete. Man beachte die unterschiedlichen Bauhöhen und Vor- und Rücksprünge am Arnoufer in Florenz, die trotzdem ein harmonisches Bild abgeben.

Carl Schütz, die Freyung in Wien, 1787

Die beiden Wiener Beispiele zeigen einen Kupferstich von **Johann Ziegler** mit dem malerischen Bild des Landstraßer Zentrums[6] mit umfangreicher Staffage und die Freyung von **Carl Schütz**, der in der Vedute auch die Bautätigkeit unterbringt.

Die charakteristische Silhouette Florenz' von **Camille Corot** aus 1825 deutet in seiner Lockerheit und Tiefe schon in die Zukunft...

Camille Corot, Italienstudie um 1825

Camille Corot und die Schule von Barbizon

In der Gegenüberstellung der malerischen Skizze und der Ausfertigung des venezianische Canal Grande mit der Piazetta fällt die schon **dynamische Perspektive** und die kräftigere Farbwahl auf, die sich in die früheren Italienstudie aus 1825 ausdrückt.

6 Die Nikolaikirche fiel dem Josephinismus zum Opfer

Camille Corot, Venise – Canal Grande

Die Pariser Ansicht der unregulierten Seine stellt schon den Übergang zum **Impressionismus und der Schule von Barbizon** dar, dessen Mentor Corot war und von 1830 bis 1870 bestand. Daraus sind solche bekannten Vertreter der Landschaftsmalerei wie Charles-Francois **Daubigny**, Camille **Pisarro** und Gustave **Courbet.**

Impressionismus

Nach der landschaftlich dominierten Plein-Air-Malerei und dem Wirken von Eugène Haussmann waren das flimmernde Treiben in den mächtigen Boulevards mit der neuen großstädtischen Bebauung im Mittelpunkt des Schaffens von Camille **Pisarro** und Gustave **Caillebotte** – während Maurice **Utrillo,** der Maler des Montmartre, schon eine kritischere Stadtsicht hatte. Paul Signac der Pointillist an der Schwelle der Impressionisten zur Expression wählt ein Vorstadtmotiv.

Als Nach- und Vorläufer kann Paul Hoeninger in Berlin angesehen werden, wo impressionistische Maltechnik auf großstädtisches Treiben trifft: **Berlin wird Weltstadt.**

Gustave Caillebotte, Vue de toits 1875

Camille Pisarro,
Winter Mornig Boulevard Montmartre 1897

Maurice Utrillo, Cabaret du Lapine-Agile und die Rue Saint-Vicente 1915

Paul Höniger, Der Spittelmarkt in Berlin 1912

Realismus

Am Übergang vom Impressionismus zum Expressionismus muss noch der Realismus eingeschoben werden, wo die Maltechnik bereits freier und offener - ohne die Form zu beeinträchtigen - und die Farbpalette intensiver wird. Nicht in diese Schubladen lässt sich die Wienerin **Tina Blau** stecken, die als Plein-Air-Malerin die Praterauen verewigt aber auch die Vororte reizvoll findet.

Max Beckmann, Berliner Vorstadthäuser 1906

Tina Blau, Aus der Wiener Vorstadt 1910

Vincent van Gogh, Hinterhöfe in Antwerpen 1885

Maurice Utrillo, Rue Ravignan 1911

Fensterblick

Eine Auffälligkeit ist den Realisten von Adolph Menzel bis Karl Hofer gemeinsam: die Ateliers der Künstler lagen in nicht in ausgezeichneten Gegenden – die Ansichten waren daher im besten Sinn realistisch – der Blick auf Dachlandschaften, Schornsteinen und Feuermauern faszinierte offensichtlich die Maler ein wahrhaftiges Bild der Stadt zu zeigen.

Carl Moll, Blick aus Mutters Fenster 1884

Adolph Menzel, Berliner Hinterhäuser 1847

Karl Hofer, Mann in den Ruinen 1937

Alfred Wickenburg, Blick aus dem Atelierfenster (Florenz) 1923

Adalbert Stifter, Blick über Wiener Vorstadthäuser und –gärten (3, Beatrixgasse) 1839

Expressionismus

Noch vor dem Ersten Weltkrieg und kurz danach führen die Überwindung der ‚Impression' zu vielfältigen Malstilen, die unter diesem Begriff zusammengefasst werden können, aber auch als Kubismus (Lyonel Feiniger) angesprochen werden können. Eine Sonderstellung nimmt hier Paul Cezanne ein.

Paul Cezanne, Dächer 1876

Ernst Ludwig Kirchner, Nollendorfplatz 1912

Paul Cezanne, Gardanne 1885

Edward Hoppers, Yonckers 1916

Ferdinand Léger, Dorflandschaft 1912

George Grosz, Metropole 1916-1917

Lyonel Feininger, Ober-Weimar um 1920

Egon Schiele, Krumau – Häuserbogen 1915-1916

Fauvismus

Neben der beginnenden Auflösung der Form sind es vor allem die überaus **kräftigen Farben**, die den Stadtansichten der Fauvisten ihre besondere Note verleihen. Auf der Suche nach dem Stil ist auch der ätzend scharfe Sozialkritiker George Grosz, der in seiner ‚Großstadt' zu einem starken Ausdruck findet.

Einen Sonderstatus nimmt hier auch Oskar Kokoschka ein, dessen expressionistische Formgebung mit starken flächigen Farben wie in der Dresdner Ansicht fauvistische Anklänge hat. In späterer Folge löst Kokoschka die Farbflächen kleinteiliger auf, die sich schon fast den Impressionisten nähert und seine repräsentativen großen Stadtveduten sind ideal für die Ausstattung von Bürgermeisterbüros: modern, aber noch erkennbar.

Andre Derain, Verkohlend-Kreuz-Brücke 1906

Joseph Floch, Vorstadt 1920

Wassily Kandinsky, Murnau Untermarkt 1908

Maurice Vlaminck, Straße in Marly le Roi 1906

Oskar Kokoschka, Dresden – Neustadt 1919

Lyonel Feininger, Village near Paris 1920

Neue Sachlichkeit

Das ‚Bild der Großstadt' – **die Brüche der Stadterscheinung** – zieht sich wie ein roter Faden durch die Jahrzehnte bis in die 80er Jahre. Die Themen sind sich sehr ähnlich – es dominiert die Vorstadt, das Hausen inmitten der Industrie, die in den Berliner Darstellungen von Gustav Wunderwald so charakteristisch für die **Epoche der Rücksichtslosigkeit**, die sich auch im Baulichen manifestiert.

Die österreichischen Vertreter Franz Windhager, Maximilian Reinitz aber vor allem Franz Sedlacek und Herbert Reyl-Hanisch überwinden die ‚Sachlichkeit' durch Witz, Karikatur und Mythos, die im besten Sinne ambivalent – mehrsinnig sind. Jüngere Vertreter wie Franz Zadrazil oder der einsame Chronist des Wiener Stadtbildes Arthur Vögel, die trotz eines im ersten Blick als Photorealismus erscheinen – aber dann eine Vielzahl von Facetten aufweisen, die ein Photo nie leisten kann.

Franz Sedlacek, Vorstadt 192

Rudolf Wacker, Alte Häuser 1928

Paul Kirnig, Stadt 1923

Gustav Wunderwald, Brücke über die Ackerstraße 1927

Frans Masareel, Building a City um 1920

Franz Windhager, Der Spaziergänger 1934

Gustav Wunderwald, Müllerstraße 1927

George Grosz, Auf dem Weg zur Arbeit 1912

Maximilian Reinitz, Peripherie in der Großstadt 1930

Lois Pregartsbauer, Bahndamm um 1930

Arthur Vögel, Wiedner Hauptstraße 1965

Franz Zadrazil, Pariser Feuermauern 1986

Nachkriegszeit / Restflächen

Eine Sonderstellung nehmen die **Nachkriegsbilder des zerstörten Berlins und Wiens** ein, wo nicht jedes Haus zerstört war, sondern ein Nebeneinander von Residualbebauung und Baulücken eine Dominanz von Feuermauern und Stadtbildbrüchen charakteristisch war. Im Zuge der ‚Wende' 1989 und noch mehr in unseren Tagen im Zeichen des ‚Betongolds' werden diese stummen Zeugen immer weniger.

Gerhard R. Hauptmann, Stehen gebliebene Häuser 1949

Oliver Reiland, Baulücke 2010

Walter Kollhof, Berliner Hinterhäuser 1967

Otto Schatz, Am Donaukanal 1946

Moderne

Unter dieser Sammelbezeichnung sollen hier Darstellungen gegenübergestellt werden, die sich einer **stilistischen Einordnung weitgehend entziehen** und von impressionistisch angehauchten Stadtbildern eines Wilhelm Thönys bis zu einer Aneinanderreihung von Großstadtelementen eines Otto Möller oder der Abstraktion von Paul Klee reichen. Gemeinsam sind den Bildern die Zeitlosigkeit und die Anerkennung die sich in den Auktionsergebnissen niederschlägt.

Paul Klee, Ansichten von Kairuan 1914

Otto Müller, Stadt 1921

Moritz Melzer, Brücke Stadt 1923

Kurt Philipp, U-Bahn-Bau 1980

Karl Korab, Sonnenseite 2000

Gerhard Hermanky, Blick aus dem Fenster 1980

Frans Masareel, Das Gesicht Hamburgs 1964

Zusammenfassung

Wenn dieses Streifen der Entwicklung von der Stadtvedute zum ‚Bild der Großstadt' auch nicht kunsthistorischen Ansprüchen genügen will, zeigen diese Beispiele den Rang und die **Wichtigkeit von Brüchen und Unvollkommenheiten** als integrativer Bestandteil der Stadtgestalt. Die Sicht des Künstlers geht sowohl in der Literatur als auch in der Malerei, den Dingen auf den Grund, blickt hinter die Kulissen und zeigt die **Wahrheit der Stadtgestalt** – wenn auch zugespitzt. Doch nur diese Elemente setzen Impulse, regen die Wahrnehmung an und sind daher in der Stadtrezeption unverzichtbar.

Quellen:

Ausführlich wurde dieses Thema in dem umfassenden Ausstellungskatalog des Centre Georges Pompideau behandelt: **Centre Georges Pompidou (Hg.) (1994): La ville – art et architecture en Europe** *1870 -1993, Paris*

Berlin-Museum - **Stadtbilder Berlin in der Malerei vom 17. Jahrhundert bis zur Gegenwart,** *1987 Verlag Arenhövel*

Bucerius Kunst Forum – Welt im Umbruch. Kunst der 20er Jahre, *2019 Hirmer-Verlag*

Bazin, *Germain et. al.* **Kindlers Malerei Lexikon in 6 Bänden**, *1964 – 1971 Kindler Verlag*

Chrastek, *Peter* - **Hagenbund und seine Künstler Wien 1900 -1938**, *2016 Wien-Museum*

Doppler, *Elke et. al.* – **Lust auf Kunst, Die Sammlung Jenö Eisenberger**, *2002 Wien-Museum*

Frodl, *Gerbert et al.* – **Meisterwerke der Österreichischen Galerie Belvedere Wien**, *2003 Österreichische Galerie Belvedere & Mazzota (Mailand)*

Gleis, *Ralph* – **O.R. Schatz & Carry Hauser im Zeitalter der Extreme**, *2016 Residenz-Verlag und Wien-Museum*

Huismann, *Philippe* – **Französische Aquarelle aus drei Jahrhunderten**, *1976 Pawlak Verlag Herrsching*

Jedlicka, *Gotthard* – **Der Fauvismus**, *1961 Büchergilde Gutenberg*

Leopold, *Rudolf (Hsg.)* – **Zwischen den Kriegen, Österreichische Künstler 1918 –1938**, *2007 Leopold Museum*

Oberhuber, *Oswald et. al.* – **Abbild und Emotion, Österreichischer Realismus 1914 – 1944**, *1984 Edition Tusch*

Roters, *Eberhard und* **Schulz**, *Bernhard* – **Ich und die Stadt**, *Mensch und Groß-Stadt in der deutschen Kunst des 20. Jahrhunderts, 1987 Nicolai'sche Verlagsbuchhandlung & Berlinische Galerie im Martin-Gropius-Bau*

Schmied, *Wieland et. al.* – **Neue Sachlichkeit und Realismus**, *1977 Kulturamt der Stadt Wien*

Schmied, *Wieland (Hsg.)* – **Malerei in Österreich 1945 – 1995, Die Sammlung Essl**, *Prestel 1996*

Schröder, *Klaus* – **Neue Sachlichkeit – Österreich 1918 – 1938,** *1995 Kunstforum Bank Austria*

Schröder, *Klaus et. al.* – **Österreichische Malerei der Zwischenkriegszeit,** *Die Sammlung der Österreichischen Nationalbank, o.J. Österreichische Nationalbank (ÖNB)*

Ferner Monografien der betreffenden Künstler und Internet-Quellen

C. Das Bild der Stadt in der Literatur

„... deshalb schlagen wir vor, indirekte Stadtbeschreibungen zu analysieren, Literatur, für die die Beschreibung städtischer Umgebung, ob negativ oder positiv, nicht die wichtigste Zielsetzung war."

A. Rapoport - R. Kantor, Komplexität und Ambivalenz[1]

„Wenn Rapoport und Kantor nämlich verlangen, durch **Analyse literarischer Texte** möge erhoben werden, wie Menschen auf ihre gebaute Umwelt reagieren - vielleicht sollte man vorsichtiger sagen: wie man zu einer bestimmten Zeit, nach dem Zeugnis eines bestimmten Autors zu schließen, reagiert hat -, so verlangen sie zugleich die Beachtung ‚indirekt' gemachter ‚Stadtbeschreibungen', also unbeabsichtigter und damit vielleicht ‚verräterischer', als es solche wären, die in derlei Beschreibungen ihre ‚wichtigste Zielsetzung' gesehen haben könnten. [...] Die beiden Autoren erwähnen in selben Aufsatz Äußerungen eines Autors über eine bestimmte Art von Architektur und quittieren sie mit der Bemerkung, **‚wie es oft der Fall ist, sah der Dichter das Problem zuerst.'**"[2]

Dies soll hier auch ansatzweise versucht werden, im Bewusstsein, **literaturwissenschaftlichen Methoden** damit nicht zu genügen.

Wenn also die Beschreibung der städtischen Atmosphäre, der sinnlichen Seite der Stadt, die analytisch-rationale Bestandsaufnahme zu kurz greifen muss, sind es **Literatur und Malerei als jene Betrachtungsarten**, die der menschlichen Psyche am nächsten stehen. Zu einer umfassenden Bestandsaufnahme sollten daher auch – wenn sie verfügbar sind - literarische und malerische (auch historisch-fotografische) Zeugnisse eingesetzt werden. Gerhard Kapner sieht hier die Peripherie (siehe auch den Exkurs A ‚Veduten und das Bild der Großstadt') als **‚wahrhaftiges Bild der Stadt'**.

„Wenn also - nach dem Befund der Literatur - die Funktion eines Stadtbildes darin bestehen kann, gleichsam **Psychotherapie am Stadtbewohner** zu betreiben bzw. im negativen Fall eine solche zu verhindern, so fragt sich, wie der Mechanismus aussieht, durch den dieser Prozess abläuft. Es soll der Stadtrand als Beispiel gewählt werden, insbesondere der Vorstadtbereich.

Um derlei Funktionen von Stadtbildern am Stadtrand aufhellen zu können, empfiehlt sich zunächst als Umweg die Betrachtung von Phänomenen aus dem Bereich der bildenden Kunst, dem der Malerei. [...] Es treten wieder die beiden Elemente auf: Zufall und Wirklichkeit. Derartiges charakterisiert dabei Stadtrandszenarien auch im weiten Sinn: Fabriken stehen neben Resten dörflicher Häuser, Gaswerke neben Fischerhütten, verrostete Autowracks neben einer chromblitzenden Imbissstube, Stadtrandbilder entsprechen nicht nur den Forderungen des Dada in der Kunst, sondern sie werden in der Kunst eben deshalb geschätzt."[3]

Es sind nicht die herausragenden Beiträge zur Baukunst und Architektur, wo die gerade Autoren der jüngeren Zeit keine besonders große Vorliebe dafür zu haben scheinen. „Die Neigung und wahrscheinlich auch der Bedarf des Dichters tendieren eher zu einem **Szenarium durchschnittlicher, anonymer Architektur**, die eine bessere Folie für den Ablauf eines Romans abgeben mag."[4]

Wolfgang Kaschuba sieht die in der Stadt als Ort des kollektiven Gedächtnisses – und die **‚Literaturfähigkeit' von Städten**: Neben der wirklichkeitsgetreuen Widerspie-

1 A. Rapoport - R. Kantor, Komplexität und Ambivalenz in der Umweltgestaltung, stadtbauwelt 26, 1970 S. 114-112
2 G. Kapner 1984, S. 11
3 aaO. S. 71
4 aaO. S. 14

gelung bei Eugene Sue, Victor Hugo, Émile Zola aber auch bei Heimito von Doderer, erweist sich der **historisierende, regionale Kriminalroman** (Regiokrimi, Heimat- oder Lokalkrimi) als **Verkaufsschlager**.

„Denn in die räumlich-topografische Ordnung der Stadtlandschaft sind noch andere ganz unterschiedliche Ordnungen der Geschichte, der Erinnerung, der Kultur eingeschrieben. Es sind Texte oder Kon-Texte eines kollektiven Gedächtnisses, das sich wieder über den einzelnen Teil wieder an das Ganze erinnert. [...]

Dieses Beharren also auf spezifischen Mischungen von Allgemeinem und Konkretem ist es letztlich auch, dass unsere Bilder der großen Städte in Europa bestimmt [...] Den jedes dieser Stadtbilder enthält einen ikonografischen Steckbrief mit charakteristischen Merkmalen aus Geschichte und Landschaft, aus Wirtschaft und Architektur, aus Medienkultur und Hochkultur, oft auch aus dem Sport- und Eventbereich. Es ist ein **‚Genius loci' oder ‚Genius urbi'** der von den Menschen offenbar in eine lokale Identität hineingelesen wird. [...]

Die Rede von der urbanen Identität ist stets auch ein Produktionsprozess einer lokalen Mythologie. Einer Mythologie die über Geschichtsbücher und Archive erfolgt. Über Denkmäler und Museen, über Literatur und Ausstellungen, über Reiseführer und Filme, über Festivals und Internetauftritte. [...] Etwa das wohl älteste Modell ist die **„Literarisierung" der Stadt**. [...] Natürlich gilt diese Literarisierung nicht für alle Städte. Mit dem Beginn der Moderne kann man sogar davon sprechen, dass sich diesbezüglich ein eigenes Bedeutungskriterium herausbildet, die man als die **‚Literaturfähigkeit' von Städten** bezeichnen könnte und wird [...] damit gewissermaßen zur **urbanen Champions League.**»[5]

In dem Sammelband ‚Imaging Vienna' sieht Monika Sommer einen kulturellen und emotionalen Mehrwert, ein Surplus, die weniger die gewachsene architektonisch-ästhetische Form der Stadt betrifft – eine Aufgabe des Denkmal- und Ensembleschutzes, „sondern die Art und Weise, wie die Menschen die Erfahrungen und die gesteigerte Komplexität des urbanen Lebens individuell und kollektiv fassbar, darstellbar und beschreibbar machen. [...] Dieser Surplus, der vom **sozialen System Stadt** generiert wird und von außen an die Stadt herangetragen wird, steht nicht in Opposition zur physikalischen Realität der Stadt, sondern penetriert sie." [6]

Auch Gerhard Kapner vertritt die Auffassung, dass es in der Dichtung nicht vorrangig um Kunst, sondern um **Biologie und Psychologie** geht.[7] „Nach ihr beginnt die Optik von Architektur nicht erst dort für den Städter wichtig zu sein, wo diese Architektur Kunst ist. Wenn den Bewohnern der Städte ein humanes Stadtbild garantiert werden soll, ein Stadtbild, das im obigen Sinn dem menschlichen Organismus und der menschlichen Psyche ‚optimale Wahrnehmungsraten' und optimale Assoziationsanreize bietet, dann genügt es nicht, sich dabei zu beruhigen, dass diese Konditionen in Fällen großer Baukunst erfüllt sind. Dazu ist keineswegs einzig und allein die Kunst gefragt, sondern oft sehr viel einfachere Dinge: Strukturen von Stadtbezirken, Gliederung von Fassaden, Materialien von Dächern, die ganze Landschaften bilden, Proportionen von Fenstern usw.

Das Auge atmet oft in Städten nicht weniger Giftiges ein als die Lunge. Dass man sich in beiden Fällen der Intoxination nicht bewusst ist, ändert nichts an ihrer Wirkung: man siecht mit der Zeit dahin."

5 W. Kaschuba, ‚Urbane Identitäten' 2003, S. 6
6 M. Sommer, ‚Imaging Vienna' 2006, S. 6 und 12-13
7 G. Kapner1984, S. 101

Monika Sommer unterscheidet zwei Arten von Stadterzählungen:[8]

Formative Stadterzählung - die Ikonisierung, die Sinn stiftet, ‚offiziellen Charakter' hat, stellt eine Verdichtung der Zeichenwelt dar und braucht Propagandisten: Die drei große Stadterzählungen Wiens sind

- **Wien als Musikstadt** (in der Ablösung von Paris im 19. Jahrhundert)
- **Das ‚Rote Wien'** (als eine der wenigen sozialen Gesamtkunstwerke)
- **Wien um 1900** (Schorske und Johnston als Geburt der Moderne in allen Wissens- und Kunstbereichen)[9]

und die

Alltagsbezogene Stadtemotion - das individuelle ‚mental mapping', das privat bleibt, milieugebunden und kleinräumlich ist, wobei nicht davon ausgegangen werden kann, dass die **elitengebundene Ikonisierung** den heterogenen Stadtbewohner übergestülpt werden kann.

Im Literaturmuseum der Österreichischen Nationalbibliothek wurde dem Thema ‚Wien. Eine Stadt im Spiegel der Literatur' 2019 eine Ausstellung gewidmet und in einem Begleitbuch festgehalten. Die Kuratoren der Ausstellung schreiben in ihrer Einleitung:10

„Was treibt uns an, eine Stadt über ‚Wortwege' erreichen zu wollen? Vielleicht liegt uns daran, dass die Zeichen eine Verbindung schaffen mögen zwischen ihr und uns selbst, vielleicht wollen wir uns wiedererkennen auf der Suche nach Gegenwelten, die den realen Städten voraus sein möchten und uns gerade deshalb Orientierung in unseren eigenen verschaffen. Es kann ein aufregendes, mitunter gefährliches Spiel sein, diesen Wegen zu folgen: **Texte führen in entlegenes Terrain**, dahin, wo Unbekanntes lauert, wo die Stadt vielleicht selbst etwas abgestoßen hat oder preisgeben will, wo ihre Gebiete überschrieben werden, sich auf ungekannte Weise überlagern und abgebrochen geglaubte Wege und Verbindungslinien wieder auftauchen. Wir können Gegenden durchqueren, die so in keiner Karte verzeichnet sind und, mit Robert Musil gesprochen, die wirklichen Zusammenhänge hinter den gewohnten entdecken. Dabei steigen wir nach oben oder nach unten, hinauf und hinunter in der Zeit, zu immer neuen Bildern der Stadt."

8 M. Sommer, 2006, S. 15-17

9 Friedrich Achleitner zitiert William Johnston, 1972, der der Wiener Philosophie, ja der ganzen Kultur der Stadt eine tiefe Skepsis gegenüber großen, geschlossenen Systemen und damit einen gewissen subversiven Hang zu Brüchen, Fragmentierungen und detaillierten Infragestellungen universaler Konzepte –zumindest von der Gründerzeit bis Roland Rainer gab es städtebauliche Regelwerke, die aber alle auf Wiener Boden gescheitert oder Stückwerk geblieben sind: der Fleckerlteppich. M. Sommer 2006, S. 45-46

10 B. Fetz et .al. 2019 S. 9-10

Literarische Beispiele

„Es ist in der Tat ganz erstaunlich, wie wenig sich - ein paar Ausnahmen zugegeben - Städtebilder verändern.»

Theodor Fontane (1819 - 1898)11

Émile Zola

‚Der Bauch von Paris', 1873, 3. Band des zwanzigbändigen Rougon-Macquart-Zyklus - S. 35

Zola beschreibt das Milieu des Einzelhandels und setzt sich erstmals mit der Lebenswirklichkeit der arbeitenden Klasse auseinander und beschreibt die **Atmosphäre der Les halles**:

„Ein heller Schein hinten in der Rue Rambuteau kündigte den Tag an. Die mächtige Stimme der Markthallen grollte lauter; für Augenblicke durchschnitten Glockenschläge aus einer entfernten Halle diesen rollenden und anschwellenden Lärm. Die beiden betraten eine der überdachten Straßen der Seefischhalle und der Geflügelhalle. Florent blickte hoch und betrachtete das hohe Gewölbe, dessen innere Holzverkleidung zwischen den schwarzen Kanten der Eisengerüste aufleuchtete. Als er in den großen Mittelgang einbog, musste er an eine seltsame Stadt denken mit ihren unterschiedlichen Vierteln, ihren Vorstädten, ihren Dörfern, ihren Promenaden und ihren Straßen, ihren Plätzen und ihren Kreuzungen, die aus einer gigantischen Laune heraus an einem Regentage ganz und gar unter einen Schuppen gebracht worden ist. Der in den Ausbuchtungen des Daches schlummernde Schatten vervielfachte den Wald der Pfeiler, dehnte die zarten Rippen, die sich abhebenden Emporen und die durchsichtigen Jalousien ins Unendliche; und über der Stadt bis in die Tiefe des Dunkels hinein war überall ein wuchern, ein Blühen, ein ungeheuerliches Entfalten von Metall, dessen spindelartig hochsteigende Stämme, dessen sich windende und einander umschlingenden Äste eine Welt mit dem anregenden Laub eines hundertjährigen Hochwaldes bedeckten. Ganze Viertel schliefen noch hinter ihren verschlossenen Gittern."

Joseph Roth

In **Stadtfeuilletons** beschreibt Roth von 1919 - 1929 Stadtszenen Wiens und Berlins

Wien - Proletarisierung der Häuser, 1919 in 'Der Neue Tag'[12]

„...Die Häuser sind alt, solide und bescheiden, zweistöckig aber nicht hochmütig, wie Menschen aus gutbürgerlicher Familie. Nur ein Haus ist just in der Mitte, das stolzer, adeliger als die anderen aus der schnurgeraden Häuserlinie etwas bauchig hervortritt, als ziemte ihm nicht, ganz in derselben Reihe mit den anderen zu stehen. ...Ich liebe dieses Haus um seiner Schönheit wegen, und ich wäre unendlich traurig, wenn eines Tages an einen Umbau gegangen würde..."

Berlin - Wenn Berlin Wolkenkratzer bekäme, 1921 in ‚Neue Berliner Zeitung' [13]

*„Seit einiger Zeitdenkt man daran, **Wolkenkratzer in Berlin** zu bauen. Die Veranlassung dazu böte die ungeheure Wohnungsnot und die Inanspruchnahme bürgerlicher Wohnungen [.....]*

Gegen die Errichtung von Wolkenkratzern spräche nur der Umstand, dass der Bau sehr teuer wäre. Manche die es verstehen wollen, behaupten, dass die Zeit für Wolkenkratzer heute, wenigstens für eine Weile vorbei sei."

11 Th. Fontane, Autobiographisches. Von Zwanzig bis Dreißig. Der 18. März. 3. Kapitel: Der 21. März, 1908
12 J. Roth, Trübsal einer Straßenbahn -Stadtfeuilletons. Jung und Jung, Salzburg und Wien, 2012, S. 29
13 J. Roth, Trübsal einer Straßenbahn -Stadtfeuilletons. Jung und Jung, Salzburg und Wien, 2012, S. 81

Robert Musil

In Robert Musils – ‚**Mann ohne Eigenschaften**', beschreibt er im Einleitungskapitel:[14]

*„Es soll auf den Namen der Stadt kein besonderer Wert gelegt werden. Wie alle großen Städte bestand sie aus **Unregelmäßigkeit, Wechsel, Vorgleiten, Nichtschritthalten**, Zusammenstößen von Dingen und Angelegenheiten, bodenlosen Punkten der Stille dazwischen, aus Bahnen und Ungebahntem, aus einem großen rhythmischen Schlag und der ewigen Verstimmung aller Rhythmen gegeneinander, und glich im Ganzen einer kochenden Blase die in einem Gefäß ruht, das aus dem dauerhaften Stoff von Häusern, Gesetzten, Verordnungen und geschichtlichen Überlieferungen besteht."*

Walter Benjamin

In Walter Benjamins Städtebildern fasziniert seine direkte und zugleich poetische Sprache, sein Denken in Bildern und seine Befassung der Alltagswelt:[15]

Marseille

*„**Mauern** – Zu bewundern die Disziplin, der sie in dieser Stadt unterworfen sind. Die besseren im Zentrum tragen Livree und stehen im Solde der herrschenden Klasse. Sie sind mit schreienden Mustern bedeckt und haben sich in ihrer ganzen Länge vielhundertmal dem neuesten Anis, den ‚Dames de France', dem ‚Chocolat Menier' oder Dolores del Rio verschreiben. In den ärmeren vierteln sind sie politisch mobilisiert und stellen ihre geräumigen roten Lettern als Vorläufer roter Garden vor Werften und Arsenale."*

*„**Vorstädte** – Je weiter wir aus dem Inneren heraustreten, desto politischer wird die Atmosphäre. Es kommen die Docks, die Binnenhäfen, die Speicher, die Quartiere der Armut, die zerstreuten Asyle des Elends: das Weichbild. Weichbilder sind der Ausnahmezustand der Stadt, das Terrain auf dem ununterbrochen die große Entscheidungsschlacht zwischen Stadt und Land tobt."*

Berlin

*„**Loggien** - Später entdeckte ich vom Bahndamm aus die Höfe neu. Und wenn ich dann an schwülen Sommernachmittagen aus dem Abteil auf sie heruntersah, schien sich der Sommer in sie eingesperrt und von der Landschaft losgesagt zu haben."*[16]

Im Nachwort Peter Szendis behandelt dieser die Rolle der Distanz in der Literatur:[17] „Benjamins Berlinbuch zeugt von der **Rolle der Distanz**. Es zeugt davon wie Kellers ‚Grüner Heinrich', der nicht in Zürich, sondern in der Fremde entstand, wie die in Italien geschriebenen ‚Buddenbrooks' oder der Roman Dublins, dessen Autor ihn nur auf dem Kontinent schreiben konnte, weil er der Ansicht war, der höchste Grad der Gegenwart sei die Abwesenheit. So fiel auch der Name Bovary, als Denkmal für die kleinbürgerliche Enge der französischen Provinz gemeint, Flaubert am Fuß einer ägyptischen Pyramide ein."

Als Analogie kann Edgar Degas in der Malerei angeführt werden, der auch seine Genrebilder nicht vor Ort malte....

14 R. Musil, ‚Mann ohne Eigenschaften' 1930 in der Ausgabe von Rowohlt 1952, S. 10
15 W. Benjamin, ‚Städtebilder' 1929, erschienen 1955 bei Suhrkamp, Ausgabe 1963, S. 42
16 W. Benjamin, ‚Berliner Kindheit um 1900', Nachlass 1963, S. 77
17 P. Szendis In W. Benjamin, 1963 Nachwort S. 81

Italo Calvino

Der postmoderne Italo Calvino beschreibt in seinen **‚Unsichtbaren Städten'** als Marco Polo dem Kublai Khan fiktive Stadtbilder- und er beschreibt die Kehrseite der Stadt Moriana:[18]

„Ist er nicht auf seiner ersten Reise, so weiß der Mensch bereits, dass Städte wie diese eine Kehrseite haben: Man braucht nur einen Bogen zu gehen und hat schon Morianas verborgenes Gesicht vor Augen, eine Fläche mit verrostetem Blech, Sackleinwand, nägelbespickten Balken, rußschwarzen Rohren, Haufen von Büchsen, Brandmauern mit verwaschenen Inschriften, Stuhlgerippen ohne Flechtsitze, Stricken, die nur dazu taugen, sich an einem morschen Balken aufzuhängen.

Es scheint, dass die Stadt von der einen Seite zur anderen perspektivisch weitergeht und ihr Repertoire von Bildern multipliziert; doch sie hat keine Dichte, sie besteht nur aus einer Vorderseite und einer Rückseite, wie ein Blatt Papier mit einer Figur hier und einer Figur dort, die sich nicht ablösen und nicht ansehen können."

Heimito von Doderer

Besonders ergiebig in der Beschreibung von Stadtbildern ist der heute schon fast vergessene Romancier Heimito von Doderer (1896-1966), der österreichischste Dichter Österreichs (Friedrich Torberg), Thronfolger für den verwaisten Thronsessel der deutschen Literatur (Spiegel 1965) und „der einzige deutsche Romancier, der an Thomas Mann heranreicht (Michael Maar).[19]

> *„Man soll nie glauben, dass man im reinigenden Bad des Chaos zu tief untertauchen könnte; getrost; leider getrost; die uns umschließende Korkweste falscher Ordnung treibt uns bald wieder an die Oberfläche."*
>
> Repertorium 1952

Die Dämonen, 1952

„Arglos geht man die späteren gleichförmigen Verbauungen entlang, bemerkt nach 100 Schritten, die man noch zwischen gleich hinauslaufenden hohen Fronten tut, dass da und dort die Häuser vor- und einspringen; auch sinkt plötzlich die eine Gassenseite herab bis auf ein oder zwei Stockwerke."

Die Dämonen, 1952[20] - Wien- Hauptzollamt

„Schon wurde es Zeit für ihn zu gehen; ich begleitete ihn bis zu den braunen Waggons der Lokalbahn [Wien-Preßburg]. Da stand ich nun, als der Zug abgefahren war, in einer nicht eben angenehmen Gegend, an der breiten Brücke über die vielen Gleisstränge, in der Nähe der Großmarkthallen....
Es war nun freilich längst ganz dunkel geworden, kein toter Sonntag-Nachmittag mehr, sondern ein belebter Abend. Die Brücke ließ weitaus über die erleuchteten Anlagen der Eisenbahn sehen, Bogenlampen tunkten allenthalben schlanken Schwanenhalses ihr strahlendes Licht herab in die zurückweichende Dunkelheit, darin auch einige grüne und rote Lichter saßen, in sich versammelt und ohne einen Schein rundum zu verbreiten."

Der Grenzwald, 1967 - Leopoldstadt

„Besonders in alten Stadtteilen und Gassen, wenn er solche betrat: Hier stand's zum Greifen, das sie wie halb untergegangene schiffe waren, die auf Grund geraten sind und deren Bug, nun ganz sichtbargeworden, in ungemäßer weise in den Himmel ragt, nicht vom Wasser mehr umschlossen, sondern von Luft umgeben, und also verrottend.....

18 I. Calvino ‚Die unsichtbaren Städte' 1984, S. 121
19 M. Maar, ‚Das Geheimnis großer Literatur', 2021
20 H.v.Doderer, 1952, S. 838

Die Strudlhofstiege 1951 - Lichtental/Alsergrund[21]

„Diese Gasse (Liechtensteinstraße) schien die Grenze zweier sehr verschiedenen Stadt-Teile zu sein, die einander über die geringe Breite hin als fremde anblickten. Und zwar der eine Teil auf den anderen von oben herabschauend: denn erstens stieg das Terrain, auf welchem die Häuser gebaut waren, nach links an, wie die ganze Gegend, und zweitens befanden sich auf dieser Seite *der Gasse neue billige Gebäude von vier und fünf Stockwerken, während die rechte Zeile meist aus einstöckigen Häuschen bestand, von denen wenige viel jünger sein mochten als 100 Jahre."*

Tagebucheintragungen,1966 - Landstraße

„Die Landstraße, also Wien III, woher ich ja stamme ist ein gemeiner, ordinärer und platter Bezirk, voll von unschönen Häusern und vorwiegend Anstalten für gemeine Bedürfnisse enthaltend, Markthallen und Schlachthöfe."

Ein Mord den jeder begeht, 1938/1959[22] – Donaukanal

„...das war der eine auslaufende Flügel einer Großstadt, welcher seine Häusermasse jenseits eines breiten und von Schiffen befahrenen Kanales unter dem Dunst bis an den Himmelsrand hinstreute. In der Tat war diese Häusermasse nicht in allen ihren Teilen zu geschlossenen Zeilen und Gassen gestockt, sondern vielfach aufgespalten, von unverbauten Feldern und Wiesenplänen unterbrochen, auf denen alte Bäume des Auwalds, Gebüsche und Jungholz standen. Manche Straße hatte nur auf einer Seite Häuser, die schon in einer geschlossenen Reihe hinliefen, die andere Seite war jedoch leer. Hier sah man über Schotterhaufen, Holzstapel und das Geländer welches sich rückwärts vor der absinkenden Böschung des Kanals hinzog, über diesen selbst weit hinüber zu der vielgeteilten Stadtmasse jenseits des Wassers, und auch entlang, wo dieses Langsam und glitzernd zwischen seinen zurückgelehnten Uferböschungen sich in einem Bogen nach links wandte. Dort stand der graugrüne Schaum der Baumkronen und dort traten die wissen heran. In der Ferne gab es Fabrikschornsteine, gereiht wie Pfeile in einem Köcher, und daneben noch die breiten und stumpfen Erhebungen der Gasometer, hinter deren von Gitterwerk überhöhtem metallischen Glänzen im Winter der Nebel, sommers das aufgekrauste Gewölk eines dampfigen Himmelsrandes lag."

Die Wasserfälle von Slunj,1963[23]- Donaukanalfähre

„Hier gab es eine Seilfähre über den Fluss, und sie war noch im Betrieb, trotz der eingebrochenen Dunkelheit. [....] Es standen schon Wartende auf der kleinen Landungsbrücke, als welche eine Art verankerter Ponton diente. Hier spaltete der Fluss die Stadtlandschaft auf, und mit ihm drang die Ferne ein, aus welcher er kam; und eröffnete den Bogen von vereinzelten Lichtern in der Dunkelheit. Als der Kahn herüber geglitten war und seine wenigen Fahrgäste entlassen hatte, schritt man drei Stufen in's Schiff hinab und bezahlte 10 Heller."

„Doderers Romane können heute noch jenen Touristen, die sich nicht bloß mit einem Bildungsprogramm begnügen wollen, als eine Schule des Sehens dienen: Die Örtlichkeiten bekommen ihre Aura wieder: es ist - im Gegensatz zu Musil - eben nicht mehr gleichgültig, wo man sich gerade befindet. Aussöhnung mit der Geschichte ist herstellbar: die Kräfte, die für die historischen Antagonismen sorgten, scheinen zum Stillstand gekommen und allesamt ins Recht gesetzt."[24]

Wesentlich bei Doderer ist die Gebrauchsarchitektur und nicht das Monumentale – selbst wenn eine zugegebenermaßen monumentale Stiegenanlage als Mittelpunkt einer Romanhandlung steht (‚Die Strudlhofstiege'). Gerhard Kapner zieht eine Linie zu den Originalschauplätzen anderer Romanhandlungen und stellt die Unterschiede fest:[25]

21 Hv.Doderer, 1951, S. 130
22 H.v.Doderer, 1938/1959, S. 5-6
23 H.v.Doderer, S. 211
24 W. Schmidt-Dengler – ‚Wien schweigt. schweigt Wien?' in H. Swoboda 1990, S. 124
25 G. Kapner 1973, S. 154

„Doderers Diktum - aus dem Roman über die Strudlhofstiege - dass **jede gute Architektur, für jedes Leben einen Hintergrund abgebe**, durch den es ‚Dignität und Dekor' gewinne, ist zunächst auf Gebrauchsarchitektur gemünzt und nicht auf monumentale: eine Stiege über die man gehen kann, eine Brücke, ein Haus, in dem man wohnt. Wenn auch Doderer feststellt, gute Gebrauchsarchitektur sei nicht schlechter als monumentale Architektur, [...], so agieren seine Figuren doch mehr vor der Kulisse der ersteren als vor der zweiten, wie vielfach in der Literatur. Dietmar Griesers Vergleich zwischen den **Schauplätzen einer Romanhandlung und ihrem realen Vorbild** (‚Vom Schloss Gripsholm zum River Kwai', Frankfurt 1973) macht das für viele ausländische Szenerien deutlich, wie etwa Stifte oder spätere Anthologien für Wien."

Erne Seder

Erne Seder, Schaustellerkind und bei den Großeltern in Erdberg aufgewachsen hat dem alten Erdberger Dörfel mit ihren Kindheitserinnerungen ein wunderbares Denkmal gesetzt und sich erst gegen Ende ihrer Karriere als Schauspielerin 1987 in **‚Der Vollmond stand über Erdberg'** minutiös erinnert:[26]

„Noch Jahre – als ich längst erwachsen war – hatte ich kaum eine Beziehung zum dritten Bezirk. Es wurde mir kaum bewusst, dass ich in Erdberg, genauer gesagt Alt-Erdberg, aufgewachsen bin. Lieber hätte ich die vornehme Gegend eines Nobelbezirks als meine Wiege gehabt – dort, wo vom Wienerwald abends der kühle Geruch nach Heu und Wäldern bis in die Schlafzimmer kommt, die Lichter nicht zweckbeleuchten, sondern glitzern, und man eine Adresse hat, die Image gibt.

So war ja Erdberg nicht. Es hatte nicht einmal den Ruf eines besonders harben Slangs seiner Bewohner wie andere Bezirke, die ‚Hieb' genannt werden. Es war einfach wie ein Dorf am Rande der Stadt, und man prahlte nicht mit der Gegend.

Das Erdberg meiner Kindheit roch an vielen Ecken nach Pferden, denn dort waren die Fiaker und Fuhrleute daheim. Die Tore zu den Stallungen waren im Sommer weit offen – wie die aufgeklappten Türen eines Weihnachtskalenders. Und mitten im Herzen des alten Erdbergs wohnten meine Großeltern. In der Gestettengasse, im letzten Eck, dort wo sie zu Ende war."

Gerhard Kapner benennt das **Phänomen der Kindheitserinnerungen**:[27] „Wenn manches in der Stadt vermag auf Menschen einzuwirken wie ein Psychotherapeut, nämlich unwissentlich in einem Menschen lebende Wunschschichten freizusetzen, so muss doch auch festgehalten werden, dass andere Partien einer Stadt gerade das Gegenteil bewirken können, nämlich den Zugang zu den Tiefen solchen Verlangens weiter versperrt zu halten und damit weiter Druck, Repression gegen dessen Stillung auszuüben, oder in tiefenpsychologischer Terminologie ausgedrückt, Verdrängung zu bewirken".

Peter Henisch

Beispiel eines bodengebundenen Schriftstellers, der die peripheren Bereiche der Großstadt und ihre Protagonisten porträtiert – letztlich Autobiografisch wie ‚Vom Baronkarl' (1972), ‚Die kleine Figur meines Vaters' (1975) und ‚Pepi Prohaska Prophet (1986).

Der Mai ist vorbei, 1978[28]

„Paul ließ den Theseustempel hinter sich, überquerte den Heldenplatz, den zu überqueren er eine gewisse Scheu verspürte. Dieses Zuviel an Geschichte, zwischen Burg- und Michaelertor, zwischen Volks- und burggarten, das ihn bedrückte! Er empfand wenn er den

26 E. Seder 1987, S. 18-19
27 G. Kapner 1984, S. 80
28 P. Henisch 1978, S. 151

Heldenplatz überquerte, immer wieder eine gewisse Beklemmung, es wurde ihm schwer, zu atmen. Auch kam es ihm vor, als gingen die Füße zäher als sonst.

Hier hatte er eine Ahnung was Platzangst war. Dabei war der Platz so schön: irgendein Kunsthistoriker, erinnerte sich Paul an die Zeit seines Kunstgeschichtsstudiums, hatte ihn einmal als den schönsten Platz der Welt bezeichnet. Die stolze Ausgeglichenheit seiner Abmessungen, die edle Harmonie seiner Proportionen wurde allseits gelobt. Der Heldenplatz das Herz Wiens, Wien das Herz Österreichs, Österreich das Herz Europas: Oh du lieber Schreck!"

Pepi Prohaska Prophet, 1986[29]

„Wir gingen, ich erinnere mich daran, als wäre es gestern gewesen, die mit Katzenkopfsteinen gepflasterte Haidingergasse Richtung Donaukanal und stiegen in die Überfuhr. Schon das war sehr aufregend: Der Kanal dessen Ufer im Vergleich zu heute noch natürlich (das heißt mit staubig grünem Gesträuch) bewachsen war, erschien mir als mächtiger Fluss. Und die Überfahrt mit dem an einem Drahtseil hängenden, nach Teer riechenden Fährboot kam mir unglaublich lang vor. Drüben der Auwald – damals so kurz nach dem Krieg, tatsächlich recht verwildert – war mir ein bisschen unheimlich. Ein Ort, an dem, wie ich gehört hatte ‚Kinderverzahra' ihr Unwesen trieben und Besatzungssoldaten auf Frauen lauerten, um ihnen, ich wusste nicht was, anzutun."

Ingeborg Bachmann

(1926 -1973) Eine der wichtigsten österreichische Schriftstellerinnen des 20. Jahrhunderts hat in ihrem autobiografischen Roman ‚Malina' ihrem Wohnort, der Ungargasse im 3. Bezirk große Bedeutung zugemessen: Das Ungargassenland.

Malina – 1980

„Es gibt, und das ist leicht zu erraten, viel schönere Gassen in Wien, aber die kommen in anderen Bezirken vor, und es geht ihnen wie den zu schönen Frauen, die man sofort ansieht mit dem schuldigen Tribut, ohne je daran zu denken, sich mit ihnen einzulassen. Noch nie hat jemand behauptet, die Ungargasse sei schön, oder die Kreuzung Invalidenstraße-Ungargasse habe ihn bezaubert oder sprachlos gemacht. So will ich nicht erst anfangen, über meine Gasse, unsre Gasse unhaltbare Behauptungen aufzustellen, ich sollte vielmehr in mir nach meiner Verklammerung mit der Ungargasse suchen, weil sie nur in mir ihren Bogen macht, bis zur Nummer 9 und 6, und mich müsste ich fragen, warum ich immer in ihrem Magnetfeld bin, ob ich nun über die Freyung gehe, sam Graben einkaufe, zur Nationalbibliothek schlendere, auf den Lobkowitzplatz stehe und denke, hier, hier müsste man eben wohnen! Oder am Hof! Selbst wenn ich trödle in der Inneren Stadt und vorgebe, nicht nach Haus zu wollen, mich eine Stunde lang in ein Kaffeehaus setzt und in Zeitungen blättere, weil ich insgeheim schon auf dem Weg und zurück sein möchte, und ich einbiege in meinen Bezirk, von der Beatrixgasse her, wo ich früher gewohnt habe, oder vom Heumarkt aus, dann ist es nicht wie mit dem Kranksein an der Zeit, obwohl die Zeit plötzlich mit dem Ort zusammenfällt, aber nach dem Heumarkt steigt mein Blutdruck und zugleich lässt die Spannung nach, der Krampf der mich in fremden Gegenden befällt, und ich werde, obwohl ich schneller gehe, endlich ganz still und dringlich vor Glück."

29 P. Henisch 1986, S. 20

Ernst Molden

Schriftsteller und Musiker, geboren 1967 lebt und arbeitet in Wien. Ausgezeichnet für seine sozialkritischen neuen ‚Wienerlieder'. Ernst Moden hat 2009 der Wiener Tageszeitung Kurier einige Beiträge über den 3. Bezirk Landstraße unter Dem Titel ‚Wien-Mitte' angeboten, die veröffentlicht und gut angekommen sind und wöchentlich fünf Jahre lang erschienen sind. Beispielhafte Titel waren: Erdgeschoße, Bahngasse, Alsergrund, Erdberg, Parkanlagen, Wien-Mitte, Stadtwildnis.

Wien-Mitte 2009[30]

„Der Blick aus dem Fenster geht über eine Schlucht in der die Eisenbahn fährt. Hier sind wir ‚down there by the train', wie Tom Waits singt, ‚down there where the train goes slow'. Willkommen in Wien-Mitte. Es gibt auf der Welt verschiedene Mitten. Meine Schwägerin wohnt in Berlin-Mitte. Die Schwägerin ist bald nach der Wende hingezogen, hat Hypes und Huren ausgesessen und lebt noch immer dort, in diesem mittlerweile wieder gelassener gewordenen Königsbezirk, der groß und gewachsen ist, alt und berühmt. Wenn die Schwägerin die Berliner Mitte als Adresse aufschreibt, weiß sie warum.

Der Mensch in Wien-Mitte lebt an der irgendwie geisterhaften Südostperipherie eines Zentrums, das ungleich berühmter ist, als die Mitte. Diese heißt nach einem weitgehenden unterirdischen Bahnhof, den mittigsten aller Wiener Bahnhöfe, daher dieser eigentlich total unwienerische Name, der auf das Grätzel übergegangen ist. Wien-Mitte ist nicht Erdberg, auch nicht wirklich Landstraße, wir nagen höchstens ein wenig um unteren, verdorbenen Ende diese großen Boulevards. Wien-Mitte hat auch nichts mit dem Diplomatenviertel am Rennweg zu tun, und schon gar nichts, darauf legen wir hier Wert, mit der Inneren Stadt. Wien-Mitte ist ein Geisterzentrum hinter dem Zentrum, eine Stadtgegend geprägt von den letzten überirdischen Ufern des Wienflusses, von einer seltsamen botanischen Phantasmagorie der Gründerzeit namens Stadtpark und bis vor Kurzem von jenem Bahnhof, der uns den Namen gab und uns nun weggerissen wurde."

Wien-Mitte 2014[31]

„Das große Hundstrümmerl von Wien-Mitte ist äußerlich fertig. Im ‚profil' erschien vor ein paar Wochen ein Essay von Alexander Bartl, in dem dieser das ‚städtebauliche Desaster' beklagt. Das hat mich beruhigt, dass auch Experten hier zu weinen beginnen und nicht nur Urbandilettanten wie ich. ‚Niemand, der auf seinen guten Ruf bedacht ist', schreibt Bartl, 'wird ernsthaft behaupten, die Anlage sei die neue Zierde der Stadt.' Das Bauwerk sei für ein Hochhaus zu niedrig und zu plump, für ein normales Haus zu hoch und zu fett, und es ginge in nichts eine Beziehung zur Umgebung ein. Und man weiß auch nicht, was man dran verbessern kann."

Arenbergpark[32]

„Ich schreibe schon seit vielen Jahren ein Wort besonders gern, nämlich smaragdgrün, fragen sie mich nicht warum, ich finde das Wort klingt herrlich, und es löst sofort Bilder in mir aus. Heute und hier geht es um den Arenbergpark, und da darf ich es wieder schreiben: smaragdgrün, Aaahh. Der Arenbergpark ist smaragdgrün. Wirklich wahr. [...] Das Smaragdgrüne seiner Optik setzt sich olfaktorisch und sauerstofftechnisch in seiner Atmosphäre fort. Die Frische seiner linden und buchen, seiner Götterbäume und Ahorne füllt die Lungen. Und das Angebot an Bankerln, an diesen klassischen geschwungenen Wiener Parkbankerln, ist wahrhaft verschwenderisch."

30 E. Molden, ‚Wien-Mitte – Ein Wochenbuch' 2014, S. 9-10
31 aaO. S. 232
32 aaO. S. 172

Alsergrund[33]

Ich fuhr hin, und da war wieder diese unverwechselbare Atmosphäre des 9. Bezirks, den ich in seiner steinernen Ehrwürdigkeit achte, vor dem ich mich aber auch immer ein wenig gruselt. Ich tue dem Neunten ja vielleicht unrecht – andererseits sagen nicht wenige meiner Freunde ‚Im Dritten?! Könnt ich nie leben!' - und auf ihre Art haben sie sicher recht. Ich selbst habe am Alsergrund im letzten Jahrzehnt des letzten Jahrhunderts zweimaliges scheitern hinter mir. Im Neunten arbeitete ich an einem Theater, ohne dafür geeignet zu sei. Im Neunten lebte ich dann wenig später mit einer Frau zusammen, ohne für sie geschaffen zu sein. Der Neunte erschüttert mich nachhaltig. Erst der Dritte, ein paar Jahre später, erdete mich wieder."

Stadtwildnis[34]

„Umfassend fündig werde ich dann in der Baumgasse. Dort nämlich verheißt mir meine Stadt-Wien-Liste das Naturdenkmal Nr. 752, den Donauprallhang. Was das ist, erforsche ich vorab: donauprallhänge sind überall dort entstanden, wo die Donau in ihrem früheren, wilderen Verlauf das Ufergelände nackert ausgezogen hat. Dort oft auf steilen Lößflächen, haben sich einzigartige Biotope mit typischer Flora und Fauna entwickeln können. Ich breche auf. Jenseits der ‚Schlachthaus' zweige ich von der Baum ab, ein Schild weist den Weg: 'Stadtwildnis'. Ich betrete das Gelände und packe es nicht. Das hier ist eine Gstettn! Nicht mehr, vor allem aber nicht weniger. Gstettn waren für mich die besten Spielplätze der Welt, no mans land, gesetzlos, gefährlich und total sexy. Auf Gstettn lernt man zu flüchten und anzugreifen. Man lernte zu rauchen und Allianzen zu schließen. Man lernte das Leben!"

Die kritische Wiensicht

Wien in der Literatur der 70 Jahre war auch ein Wunsch-, Zerr- und Schreckensbild, wie es dem Zeitgeist entsprach.[35] Die Protagonisten kommen mit wenigen Ausnahmen (Henisch, Qualtinger) aus der Provinz und bedienen die Großstadtangst. Als Beispiele können hier angeführt werden:

Zeitgenössische Wien-Bilder[36]

Peter Henisch - Vom Baronkarl - Peripheriegeschichten und andere Prosa, Wien 1972 (Vagabundengeschichten 1980 - Langen-Müller)

Helmut Zenker (2003) – Wer hier die Fremden sind

Gernot Wolfgruber (1978) - Niemandsland

Walter Buchebners Wien um 1960 - Saturiertheit und Verfettung im Wiederaufbau: ‚ihr seid mir zu schläfrig, mitbürger'

Thomas Bernhard - Billigesser 1980 - Im Mittelpunkt die WÖK (Wiener Öffentliche Küche) Alte Meister (1985) - Toilettenpassage und Wittgensteins Neffe (1982) - Kaffehausverriss

Elfriede Jelinek - Die Klavierspielerin 1983 - S. 18, Stadt der Peepshows

Die Wiener Gruppe **Friedrich Achleitner, Konrad Bayer, Gerhard Rühm und Oswald Wiener** - doch keiner hatte eine breitere Wirkung als **H.C. Artmann** ‚med ana schwoazzn dintn' 1958; ‚ringlschgüübsitzza und kindafazara' - Lustmörder

Das **populärste lyrische Wien-Bilderbuch** stammt von **Josef Weinheber** ‚Wien wörtlich' 1935: u.a. ‚Eh wir zum Gasschlauch greifen, fahren wir zum Opernball' Das liebenswert-Skurille ist ins bös-Makabre verkehrt - die phäakischen Typen sind in

33 E. Molden, ‚Wien-Mitte – Ein Wochenbuch' 2014, S. 172
34 aaO. S. 245
35 s.a. W. Schmidt Dengler in Perchinig und Steiner 1991
36 s.a. Daniela Strigl ‚Stadt im fetten Walfischbauch' in M. Sommer 2006, S. 122ff

Gauner und Verbrecher gewandelt. Die Kontinuität ist die fatalistische gottergebene Weinseligkeit.
Von der Altstadt in die Peripherie - von der City in den Prater:

Das **makaber böse, anrüchig ungemütliche, todessüchtige Wien**: Ernst Jandls, Helmut Qualtingers (Herr Karl 1961), Albert Drach, Georg Kreisler (Taubenvergiften 1959), Bronner-Merz-Wehle (Glasl vorm Aug' 1960)

Gerhard Roths ‚Archive des Schweigens'-Reise in das Innere von Wien Essays 1991

Marlene Streeruwitz 'Partygirl' (2002) Eva Menasse 'Vienna' (2005)

Unvergessen **Graham Greens ‚Dritter Mann'** mit Orson Welles als Harry Lime mit der Zither-Musik Anton Karas (1948) in der Regie von Carol Reed.

Zusammenfassung

„Überblickt man die Aussage der Literatur über die Rezeption von Architektur durch Städter, so dürfte sie folgendes zeigen: Eine Wichtigkeit der Optik von Architektur, die nicht erst einsetzt, wo Architektur Kunst ist, eine außerordentlich starke, emotionelle, nach Aussage der Belletristik **tiefenpsychologisch relevante Beziehung** zwischen Mensch und solcher Alltagsarchitektur, einen positiven Charakter dieser Beziehung, wenn die Stadt ungeregelt genug, einen negativen, wenn sie zu geregelt, zu monoton errichtet ist, zu redundant im Sinne der Informationsästhetik. [...]

Rechnet man die Extremformulierung in den geringen Spannungsgrad des Alltags, so würden beide Positionen wohl zu bedeuten haben, das der Dichter, wenn er ‚ungeregelt' als anregend empfiehlt, nicht die totale Regellosigkeit von Chaos anbieten und mit ‚geregelt' nicht Ordnung sondern die unfruchtbare ‚Überordnung' von bloßer Programmierung ablehnen will. **Wenn zwei Extreme angesprochen werden, so ist gemeint die Mitte zwischen beide**n. [...]

Beides will offenbar die Literatur nicht anraten, sondern was sie zum Ausdruck bringen möchte, ist, dass von beidem nicht jedes für sich, als vielmehr das eine nur als Korrektur des anderen betrachtet werden sollte: die Regellosigkeit ungeplanter Viertel nur, um an diesen Kontrast die phantasieverengende Wirkung der Monotonie sich ständig wiederholender Quartiere einerseits bewusst, andererseits als etwas zu Überwindendes klar zu machen. Der Schriftsteller verdammt die genormte Stadt nicht wirklich als reine Bienenwabe und schlägt den ungeplanten Stadtrand nicht ernsthaft für ein Leben auf den Abfallhaufen vor, sondern er erwartet von der Stadt das Kunststück, so zu sein, dass sich ihre Bewohner in ihr so leicht auskennen können wie in der Überschaubarkeit der ersten, aber doch so viel Abwechslung finden, wie in der zwanglosen Kombinationen der zweiten. Sie meinen **Ordnung, aber nicht Pedanterie**. Vielleicht wünschen sie ihre Umwelt wie ihren Schreibtisch: als Unordnung, in der man sich auskennt ... Das nicht der Regel Entsprechende erscheint dann als das Innovative, als Kreation, die selbst wieder zur Kreativität inspiriert, und nicht als negative Abweichung." [37]

Damit kann der Anspruch der Komplexitätstheorie als gesichert angesehen werden, **eine Stadtgestalt zwischen Monotonie und Chaos anzustreben**, wenngleich in der Literatur der zweiten Hälfte des 20. Jahrhunderts – wie in der abstrakten Malerei und im ‚Theater des Absurden' – **der Trend eindeutig den Extremen der Brüche, dem ‚schöpferischen Chaos' näher steht** und erst in der Postmoderne, durch Zitate wie in der Architektur, ästhetisierender erscheint.

37 G. Kapner 1984, S. 96ff

D. Entwicklung der Stadtgestalt am Beispiel Untere Wieden

„Die Komplexität der Stadt macht es ...erforderlich, sehr spezifische und auf kleinräumige Bedingungen zugeschnittene Lösungen zu erarbeiten. Die Stadt muss ein offenes und anpassungsfähiges System bleiben. Das bedeutet, dass es kein vorgefastes Bild oder eine übergeordnete Gestaltungsvorstellung geben kann.“

Markus Neppl 2017 in ‚Die schöne Stadt'

Das Stadtgebiet der ‚Unteren Wieden' bot sich als Testgebiet an, weil dieses schon in der Diplomarbeit ‚Städtebauliche Restflächen' des Autors intensiv untersucht wurde und nun 35 Jahre danach als **Beispiel der vierten Dimension** –Zeit – herangezogen werden konnte.

Nach der allgemeinen historischen und städtebaulichen Betrachtung wurden geordnet nach einzelnen Straßenzügen und Hofsituationen fotografisch gegenübergestellt: 1985-1987 in Schwarz-Weiß und 2021 in Farbe und die Entwicklung bewertet. Die Analysen und Lösungsvorschläge aus 1987 wurden mit der tatsächlichen Entwicklung verglichen, und die Prognosen verifiziert bzw. falsifiziert.

Ohne in Details einzugehen sollen hier nur schlaglichtartig einige markante Beispiele und das Fazit dargestellt werden.

Übersicht zum Beispielgebiet

Das Untersuchungsgebiet der ‚Unteren Wieden', dem die Arbeit ‚Städtebauliche Restflächen zugrunde gelegen war, wurde in der Betrachtung der Veränderungen und in Gegenüberstellung zu den prognostizierten Restnutzungsdauern, beibehalten.

Das Gebiet wird begrenzt durch die Strukturlinien des Wientals, der Wiedner Hauptstraße und dem Übergang zum 5. Bezirk – Margareten durch die Große Neugasse und die Kettenbrückengasse.

Ausgehend von den zwei historischen Straßenzügen der Wiedner Hauptstraße und der Favoritenstraße, der mittelalterlichen Margaretenstraße und der Schönbrunner Straße komplettieren die späteren tangentialen Straßenzüge der Schleifmühl-, Waag- und Preßgasse das Straßennetz. Der Straßenzug Rienößlgasse bis Mittersteig geht auf einen römischen Feldweg zurück – was die Langlebigkeit selbst von Feldwegen für die Parzellen- und Eigentumsstrukturen unterstreicht.

Das mittelalterliche Zentrum war an der Stelle des Rilkeplatzes gelegen und verlagerte sich etwa zur Paulanerkirche. Weiters war die Untere Wieden durch einen Seitenarm des Wienflusses, den Mühlbach – heutige Mühlgasse - geprägt, der die Bärenmühle, die Schleifmühle und die Heumühle versorgte.

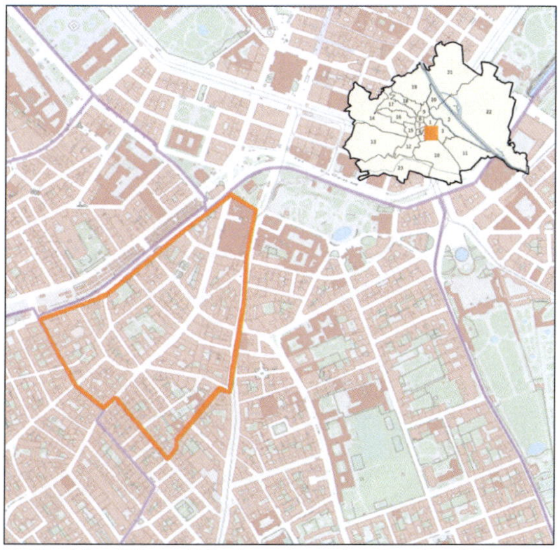

Teilgebiet Wien -Wieden, Lage im Stadtgebiet

Die Baulinien, die anhand historischer Pläne (Nagel und Huber 1770 bzw. 1780) nachzuweisen sind, stellen ‚gewachsene' Polygonzüge dar, die den Straßenraum ‚freischwingend' definieren und sowohl große und im Inneren unbebaute Häuserblöcke bilden und auch mit offenen Baukörperstellungen eine Fülle von verschiedengeformten Plätzen und platzartigen Erweiterungen bilden.[1]

Bis zum Ende der Gründerzeit wird der ein- bis dreigeschoßige Bestand durch großbürgerliche Miethäuser ersetzt, die Wien eingewölbt und als Prachtstraße projektiert, und die großen Blöcke mit Durchbruchstraßen kleinteiliger parzelliert. Der erste Weltkrieg unterbricht diese Entwicklung, die erst in den 30er Jahren mit Wiens einzigen privaten **‚Assanierungsprojekt', dem Operngassendurchbruch**[2], dem der Freihauskomplex - einst Wiens größtes Miethaus - zum Opfer fällt, zaghaft weitergeführt wird. Doch auch diese Entwicklung unterbricht der Zweite Weltkrieg, die erst Ende der 70er Jahre durch den ‚Freihaus-Neubau' der Technische Universität, dem Bürohaus der N-Ö. Landesregierung und der TU-Bibliothek 1987 abgeschlossen wird.

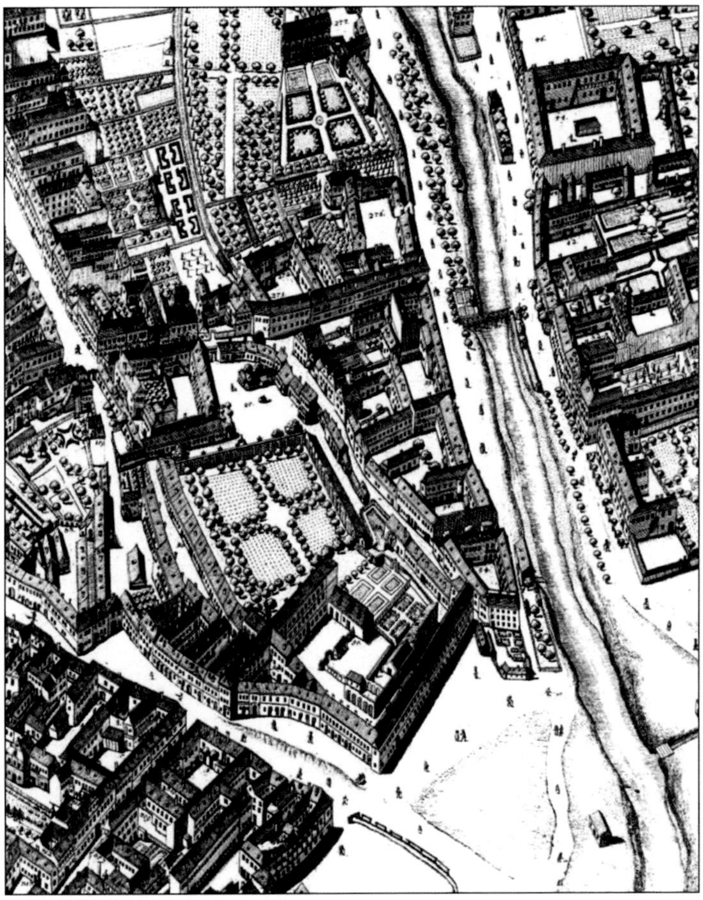

Untere Wieden - Daniel Huber 1773

Abgesehen von einzelnen Abbrüchen und Neubauten greift der Denkmal- und Ensembleschutz und kann zumindest ansatzweise die Identität des nun ‚Freihausviertel' genannten und ansatzweise gentrifizierten Stadtteil - mit dominanter Gastro- und Galerieszene - neu definieren.

Auffallend sind umfangreiche Aufstockungen und Dachgeschoßausbauten und um sich greifende Begrünungsmaßnahmen, deren Mittel- und Ausgangspunktpunkt das ‚Planquadrat' ist.

1 R. Zabrana, ‚Städtebauliche Restflächen' 1986, S. 113ff
2 Die verantwortlichen Architekten Schmid-Aichinger haben auch die städtische Wohnhausanlage ‚Rabenhof' und das RAVAG-Haus in der Argentinierstraße entworfen, ehe sich der politische Günstling Holzmeister ‚einmischte'.

Markante Beispiele

Wiedner Hauptstraße Dokumentation 1985

Wiedner Hauptstraße von der Resselgasse stadtauswärts

Wiedner Hauptstraße 2
vor Errichtung der TU-Bibliothek

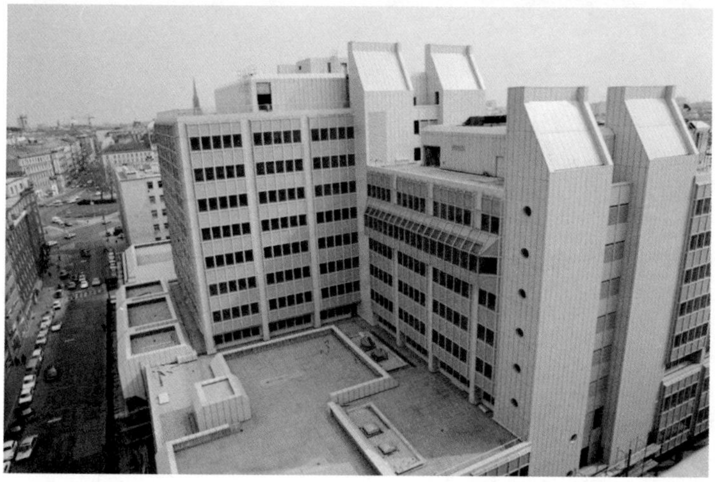

TU Freihaus kurz nach Fertigstellung

Schaurhofergasse zur Wiedner Hauptstraße

Schaurhofergasse - Wiedner Hauptstraße

Schaurhofergasse – Paniglgasse von oben

Hotel ‚Stadt Triest' Wiedner Hauptstraße 12

Wiedner Hauptstraße 30 – 32 ‚Gluck-Haus'

Wiedner Hauptstraße 7 und 9

Wiedner Hauptstraße 30 – 32 ,Gluck-Haus'

TU-Bibliothek Wiener Hauptstraße 2

Wiedner Hauptstraße 3 -11 von der Resselgasse

Wiedner Hauptstraße Rilkeplatz zum Hotel ,Stadt Triest'

Operngasse 25 – 21 stadteinwärts

Refurbishment Bürohaus Operngasse 17 – 21

Dachausbau Margaretenstraße 9 von der Operngasse

Einmündung der ‚Kleinen Margartetenstraße
Aufstockung und DG-

Operngasse 25 – 21 stadteinwärts

Margaretenstraße Dokumentation 1985

Margaretenstraße 23 – 30 stadtauswärts ‚Planquadrat'

Margaretenstraße 19 – Ecke Paulanergasse

Margaretenstraße Dokumentation 2021

Margaretenstraße 26 -28 stadtauswärts

Margaretenstraße 19 – Ecke Paulanergasse

‚Planquadrat' – Schikaneder-, Mühl- und Preßgasse

Das ‚Planquadrat' ein intensiv betreutes **Stadterneuerungsgebiet mit selbstbestimmtem Freiflächen Management** aus den 70er Jahren (siehe auch im Detail Abschnitt 6) hat in seiner Wirkung über den engeren Bereich des großen Häuserblocks ausgestrahlt, Baumpflanzungen in den Straßenräumen der Umgebung bewirkt (Margaretenstraße, Mühlgasse) und ganz allgemein eine geänderte Sicht auf den Althausbestand bewirkt.

Die baulichen Auswirkungen waren vor allem der Erhalt der inneren Gebäudestruktur und die nutzergerechte Umgestaltung der Freiflächen. Um keine Mythen aufkommen zu lassen: sowohl die Hauserhaltung (Mühlgasse 17 - 23, Margaretenstraße 34 - Stiege 2) als auch die Freiflächen sind im kommunalen Besitz. Der Impuls für die privaten Hausbesitzer ging weitgehend ins Leere - aber auch die Bewohner der privaten Häuser nehmen die Freiflächen dankend an, sind aber nicht bereit ihre Liegenschaften einzubringen – ja nicht einmal Zauntüren zu gestatten!

Gelungen sind in Einzelfällen **Feuermauerdurchbrüche** zu gewidmeten Parkflächen und Balkonzubauten.

Das Sensationelle ist die nun schon **40 Jahre anhaltende Selbstverwaltung** und die damit verbundene Begrünung des Freiraums. Im Gegensatz zu der Gründungsphase, wie sie in den SW-Fotos festgehalten ist, ist es dem Autor nicht gelungen Fotostandorte zu finden, die nicht eingegrünt sind: von Feuermauerbegrünungen, Fassadenbegrünungen sowie Baum- und Strauchpflanzungen bilden eine dichte grüne Oase, die man kaum im überhitzten dicht bebauten Stadtteil vermuten würde.

Interessant ist das gegensätzliche Erscheinungsbild dieses Bottom-up-Projektes zu dem **Top-down-Projekt der Heumühle**, das sauber und geradlinig, geordnet und gepflegt wirkt. Das Planquadrat ist dagegen kleinteilig, schon nahe an der Verwilderung, benutzbar und lebendig – wenn dort schon am Vormittag 20 -30 Kinder verteilt spielen und ihre Begleiterinnen ‚kommunizieren'.

Dokumentation 1985

Planquadrat -Blockinnenhof

Feuermauer Margaretenstraße 34 ‚Planquadrat'-Hof

Mühlgasse 27 und 25 Ecke Preßgasse

Mühlgasse 23 und 25 ‚Planquadrat'

‚Planquadrat' – Schikaneder-, Mühl- und Preßgasse

Dokumentation 2021

Begrünte Feuermauer im Hof Margaretenstraße 34 ‚Planquadrat'

Mühlgasse 27 und 25 Ecke von der Preßgasse

Begrünte Hofansicht Mühlgasse 25 und 23 ‚Planquadrat'

Heumühlgasse und Grüngasse

Die Heumühle, das älteste Gebäude der Wieden aus dem 16. Jahrhundert, war in einem katastrophalen Zustand – das Überleben nur eine Frage von Monaten, ehe sich ein Investor – nicht ganz uneigennützig – sich des Problems annahm. Aus der Heumühle wurde ein Kulturzentrum und der Preis dafür die Instandsetzung und zweigeschoßige Aufstockung das Althauses Heumühlgasse – Schönbrunner Straße.

Der die Heumühle umgebende Hof wurde neu gestaltet und mit einem öffentlichen Durchgang zur Grüngasse auch funktionell – mit darunterliegender Tiefgarage – versehen.

Die ‚Heumühle' von der Schönbrunner Straße

Dokumentation 1985

Innenhof Heumühlgasse 9

Die ‚Heumühle' im Hof des Häuserblocks

Dokumentation 2021

Die ‚Heumühle' und die Aufstockung Heumühlgasse 9

Preßgasse – Schäffergasse

Die besondere Situation des städtischen Wohnhauses erklärt sich durch eine Gasexplosion im Jahre 2019, die einen Totalabriss und einen Neubau erforderte, der inzwischen bereits realisiert wurde. Ein exemplarisches Beispiel für die Notwendigkeit eines nicht auf den Bestand bezogenen Bebauungsplan.

Dokumentation 1985

Schäffergasse 5 und Hofansicht des städtischen Wohnhauses Preßgasse 2

Dokumentation 2021

Abbruch nach Gasexplosion Preßgasse 2

Visualisierung des geplanten Neubaues Preßgasse 2/Schäffergasse 10 – 12

Rechte Wienzeile

An der Rechten Wienzeile blieben dank des Ensembleschutzes alle Althäuser entgegen der prognostizierten geringen Restnutzungsdauer erhalten – lediglich die Baulücke O.N. 13 wurde geschlossen.

Der Blick von der Preßgasse auf die raumbildenden Feuermauern im damals umstrittenen Park an der Rechten Wienzeile zeigt die Veränderungen der letzten 40 Jahre: Feuermauerdurchbrüche und Balkone sind gewachsen, ebenso das Grün. Die im Blickfeld gelegene Feuermauer an der Linken Wienzeile wird prominent für Werbung – sogar in Wien eine Ausnahmeerscheinung – für politische Botschaften herangezogen.

Dokumentation 1985

Baulücke
Rechte Wienzeile 11 – 13

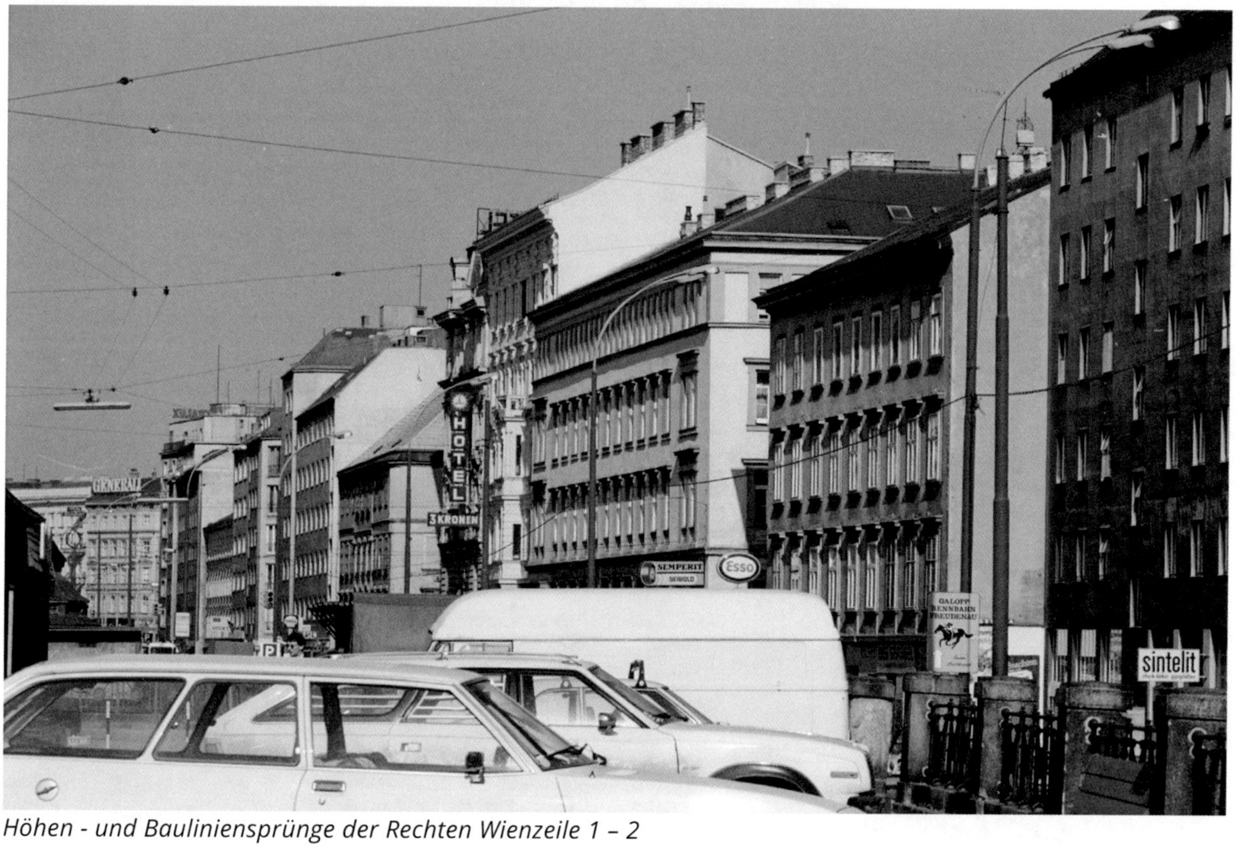

Höhen - und Bauliniensprünge der Rechten Wienzeile 1 – 2

Dokumentation 2021

Blick von der Preßgasse über den Naschmarkt zu den Feuermauern der Girardigasse

Feuermauerwerbung Linke Wienzeile 34

‚Begrünte' Wieden

Auffällig im Untersuchungsgebiet ist trotz der dichten Bebauung, die kaum eine Begrünung und Baumpflanzung erlaubt, die hochwirksamen Begrünungsmaßnahmen, die in den letzten Jahrzehnten getroffen wurden.

Dokumentation 1985

Hofansicht Kühnplatz 2 – 4

Kühnplatz 5 - 8 mit Garagenabfahr

Besonders schlagend ist diese Wirkung der Kevin Lynch folgenden Darstellung der Stadtgestaltungselemente zu entnehmen, wo die Bereiche mit ‚Grünsichtbarkeit' sich mehr als verdoppelt haben.

Mit etwas Fantasie und Hartnäckigkeit können selbst dort, wo anscheinend keine Möglichkeit einer Begrünung besteht, doch immer wieder Maßnahmen gesetzt werden. Und selbst im Untersuchungsgebiet ist das Potential noch immer nicht ganz ausgereizt.

Dokumentation 2021

Schäffergasse von der Waaggasse mit Feuermauerbegrünungen

Neu angelegter ‚Johannes-Diodato-Park' (Baulücke Schäffergasse 4 – 8)

Schäffergasse 6 und 3 -7

‚Grünoase' im ‚Planquadrat

Begrünter Zugang zur Heumühle – Grüngasse

Baumpflanzungen in der Mühlgasse und Kühnplatz

Begrünter Kühnplatz

Baumpflanzung in der Margaretenstraße – Preßgasse

Topfpflanzen vor der Margaretenstraße 35

Analyse

Restnutzungsdauer und Veränderungen 1987 – 2021

Plangrundlage: Restnutzungsdauer aufgrund analytischer Antizipation basierend auf einen Kriterienkatalog und die baulichen Veränderungen in 34 Jahren

Analyse: Die Prognose der Restnutzungsdauer anhand noch so zutreffender Kriterien lässt die Veränderbarkeit legistischer Festlegungen außer Acht – die nicht vorhersehbar sind. So ist durch die Ausweitung der Schutzzonen und seit 2018 die restriktiv gehandhabte Abbruch-Bewilligungspflicht von Bauten vor 1945 die **Restnutzungsdauer nicht mehr prognostizierbar**.

Ein weiterer Aspekt ist die **veränderte Wertschätzung von Bauten der Gründerzeit**, die mit fortschreitender Abbruchtätigkeit auf immer größere gesellschaftliche Widerstände gestoßen ist. Das Fazit dieser Entwicklung ist eine Verlangsamung der Stadtbildveränderung und eine merkbare Verbesserung des baulichen Erhaltungszustandes – auch im Inneren der Wohn- und Geschäftshäuser (Standardanhebung).

Veränderungen bis etwa 1990 betrafen Abbruch und Neubau – danach fast ausschließlich **Aufstockungen und Dachgeschoßausbauten**. Damals angestrebte ‚Entkernungen' im Blockinneren fanden aus wirtschaftlichen Gründen bis dato nicht statt. Ein Erkenntnis des Mitbestimmungsprojektes ‚Planquadrat' war die Beibehaltung von Hintertrakten und die Erhaltung biedermeierlicher und vormärzlicher Bausubstanz.

Merkbare Veränderungen fanden im öffentlichen Straßenraum statt, wo veränderte Verkehrsorganisation und Baumpflanzungen das Stadtbild und die Aufenthaltsqualität merkbar positiv beeinflussten.

Stadtgestaltungselemente Änderungen/Ergänzungen 1987 – 2021

Plangrundlage: Stadtbildelemente nach Kevin Lynch und Veränderungen bis 2021

Analyse: Die gravierendsten Eingriffe im Untersuchungsgebiet fanden vor 1987 statt:

- die **Neuorganisation des Verkehrs** anlässlich des U-Bahn-Baues, der Entfall der Straßenbahnlinien und Einbahnführungen des Individualverkehrs und
- der **Abbruch der letzten Reste des ‚Freihauses'** und der **Bau des Neuen Institutsgebäudes und der Bibliothek der TU** sowie des damaligen **Amtsgebäudes der Niederösterreichischen Landesregierung**

Im Untersuchungszeitraum von 1987 – 2021 waren baulich nur mehr Baulücken oder sehr schlecht erhaltene, wirtschaftlich abbruchreife Altbauten durch Neubauten ersetzt worden. Besonders spektakulär war die Gasexplosion, die ein städtisches Wohnhaus in der Preßgasse zerstörte und nun durch einen ‚begrünten' Neubau ersetzt wird.

Die eingangs beschrieben veränderte Wertschätzung der Bauten vor 1945 führte zu einer Reihe von Aufstockungen, Dachgeschoßausbauten und Erneuerung im Inneren von Häuserblöcken wie der ‚Heumühle' (Schönbrunner Straße 2), Hotel Triest (Wiedner Hauptstraße 12/Rilkeplatz) und Zentrale des ‚Roten Kreuz' (Geburtshaus Ch.W. Gluck Wiedner Hauptstraße 30-32).

Der Straßenraum wurde durch eine **Fortführung der Begrünungsaktionen und Baumpflanzungen** erheblich aufgewertet und die Bereiche des „Grünblicks" wesentlich vergrößert worden.

Im Inneren der Häuserblöcke sind mit zwei Ausnahmen keine baulichen Veränderungen zu konstatieren – streng gezogene ‚Innere Baufluchtlinien' sind das stärkste Argument zur **Erhaltung der betroffenen Bauteile**, weil deren Verlust erhebliche wirtschaftliche Einbußen zur Folge hätte.

Bauliche Entwicklung bis 2021
Abbruch
Neubau
Sanierung
Neubau, geplannt
Dachausbau
Aufstockung
Neue öff. Grünfläche
Baumpflanzung

Dissertation
Komplexität als Stadtbildelement

am IFOER der TU WIen

Testgebiet Wien-Wieden
Restnutzungdauer 1987

Restnutzungsdauer
Antizipation

0-15	kurz (bis 15 Jahre)
16-29	mittel (bis 30 Jahre)
30-50	lang (mehr als 30 Jahre)

Punktesummen

Kriterien

	Punkte
BAUALTER	
vor 1865	0
1865 - 1914	3/5/7
1915 - 1945	8
nach 1945	10
BAULICHER ZUSTAND	
schlecht	0
mittel	5
gut	10
SANITÄRE AUSSTATTUNG	
Typ C,D überwiegend	0
Typ C,D teilweise	5
Typ A,B überwiegend	10
Büro	8
Gewerbe	5
Lager	0
SCHUTZBESTIMMUNGEN	
Denkmalschuztz	20
Schutzzone	10
ex lege-Schutz (DSchG)	5
BEBAUUNGSBESTIMMUNGEN	
Übereinstimmung	10
kleinere Abweichungen	8
Innere Baulinie abweichd.	5
Vordere Baul. abweichd.	0

Masstab: 0 10 50 100 150m
Stand: 5/1987
Quelle: Eigene Erhebungen

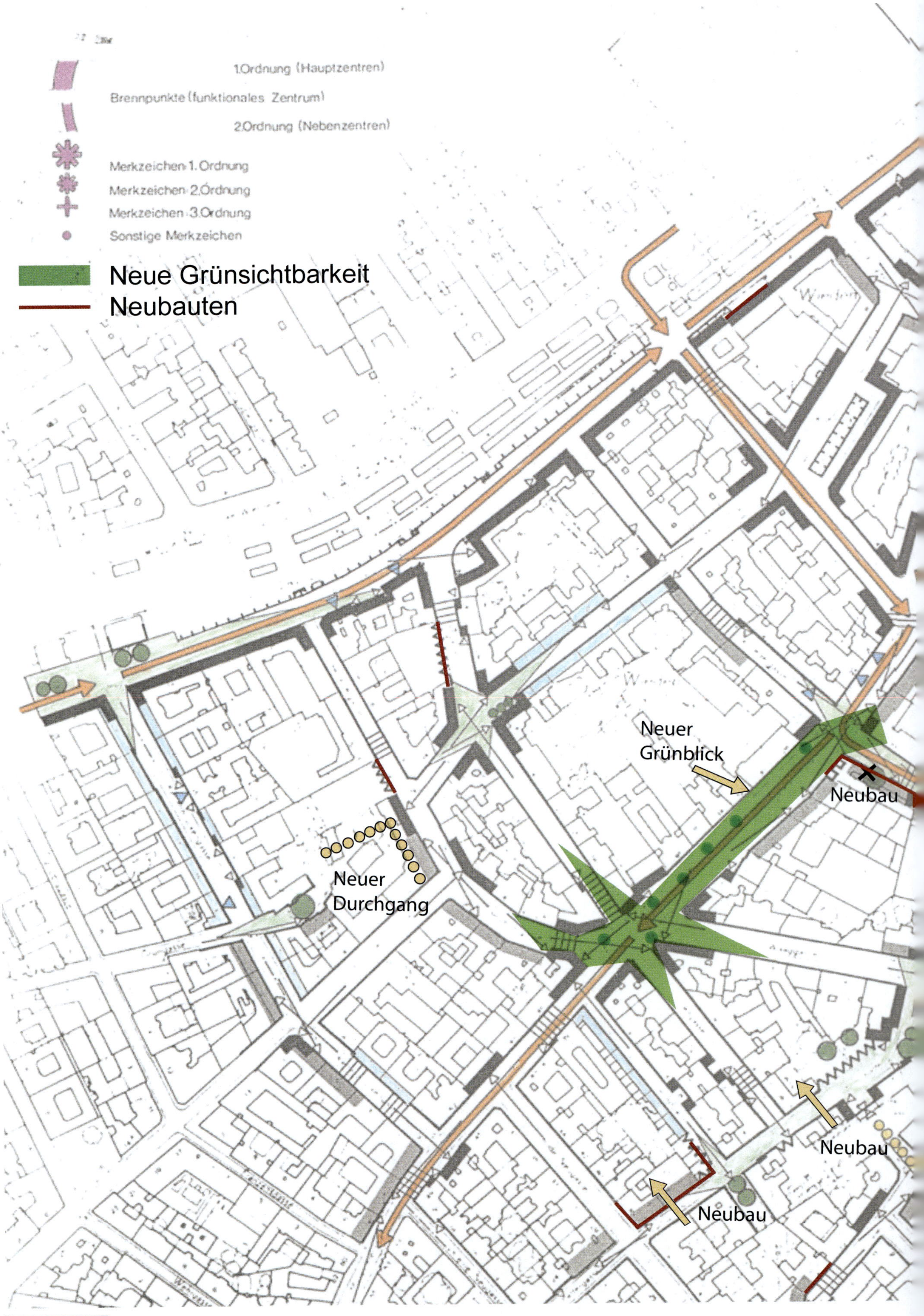
1.Ordnung (Hauptzentren)
Brennpunkte (funktionales Zentrum)
2.Ordnung (Nebenzentren)
Merkzeichen 1. Ordnung
Merkzeichen 2.Ordnung
Merkzeichen 3.Ordnung
Sonstige Merkzeichen
Neue Grünsichtbarkeit
Neubauten
Neuer Grünblick
Neubau
Neuer Durchgang
Neubau
Neubau

Dissertation
Komplexität als Stadtbildelement

am IFOER der TU WIen

Testgebiet Wien-Wieden
Restnutzungdauer 1987

Stadtbildelemente

- Stadtbildwirksame Raumbegrenzung
- Raumbegrenzung durch niedrige Elemente (Kulissenwirkung)
- Blickführung durch Knick
- Verengung
- Sichtschneise(-achse) von Merkzeichen
- Weit sichtbarer Raumabschluss
- In den Strassenraum ragender Baukörper
- Durchblicke
- Durchfahrten
- Bemerkenswerte Einzelbauten
- Einheitliche, baukünstlerische, bemerkenswerte Bereiche (geschlossene Ensembles)
- Hauptbewegungslinie mit Haltepunkten (Kreuzung)
- Fusswege (Bewegungslinie für Fussgänger)
- Kanten als Raumbegrenzung (einheitliche Höhen)
- Raumbegrenzung mit Höhenstaffel
- Fehlende Raumbegrenzung (Baulücken, etc.)
- Ungestaltete Raumbegrenzung (weit sichtbar)
- Stadtbildwirksame Bäume
- Bereiche mit Grünsichtbarkeit
- Raumbegrenzung durch Mauern o.ä.

Masstab: 0 10 50 100 150 m
Stand: 3/1987
Quelle: Eigene Erhebungen
Bearbeiter: Rudolf Zabrana

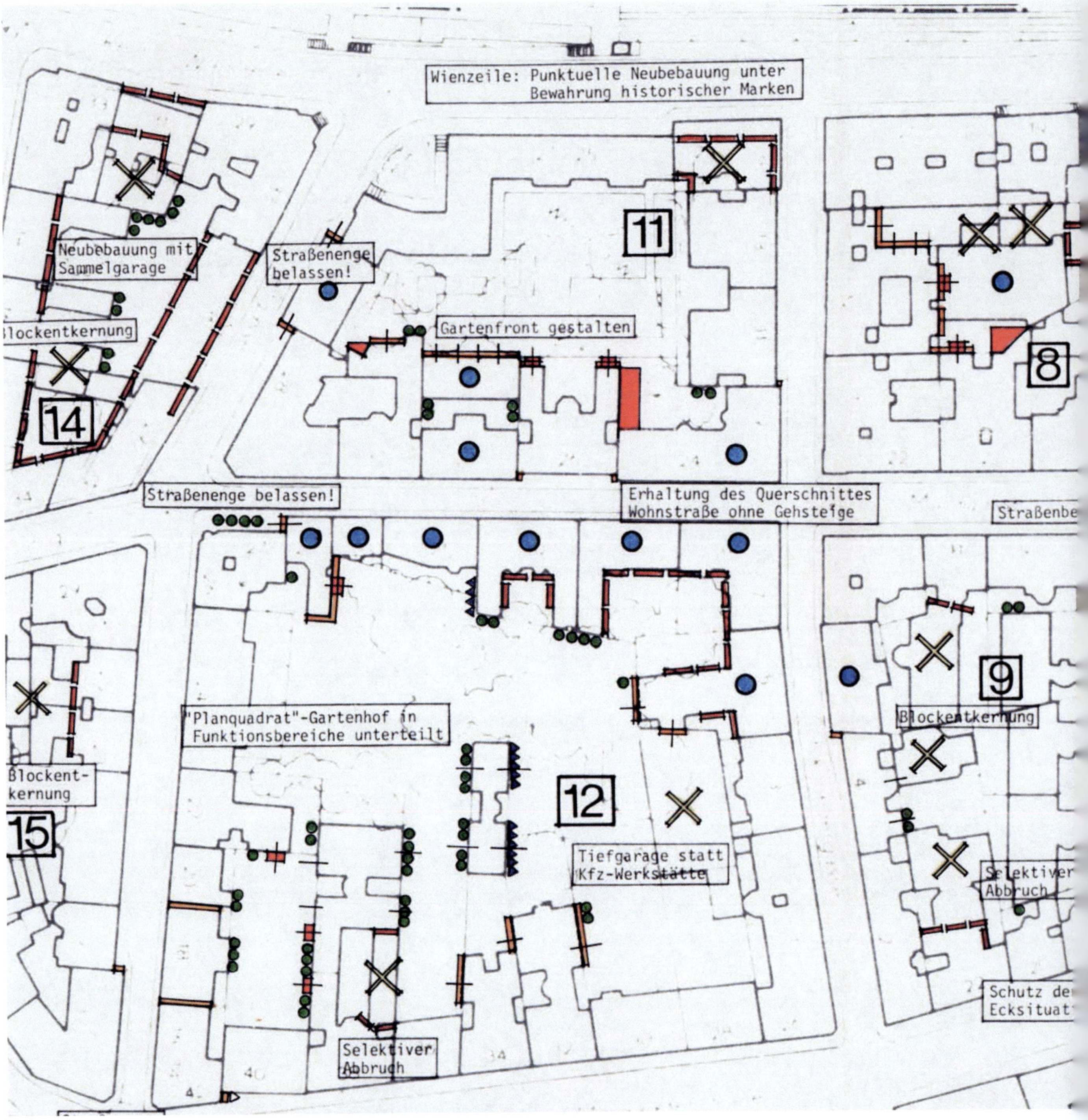

Die Ausnahmen waren:

- Das **Planquadrat**, wo mit erheblichen Mittel- und vor allem **Personaleinsatz der Stadt Wien** das Blockinnere begrünt und durchgängig gestaltet wurde, eine vormärzliche Hauszeile erhalten und der Freiraum der den Bewohnern zur Verwaltung überlassen wurde.
- Das **Gegenmodell eine privatwirtschaftlichen ‚Blocksanierung'** wurde rund um die Heumühle realisiert, wo durch eine massive Aufstockung der Blockränder Wiens ältester Profanbau – die ‚Heumühle' erhalten und einer kulturellen Nutzung zugeführt wurde und auch hier Durchgänge das Blockinnere erschlossen haben.

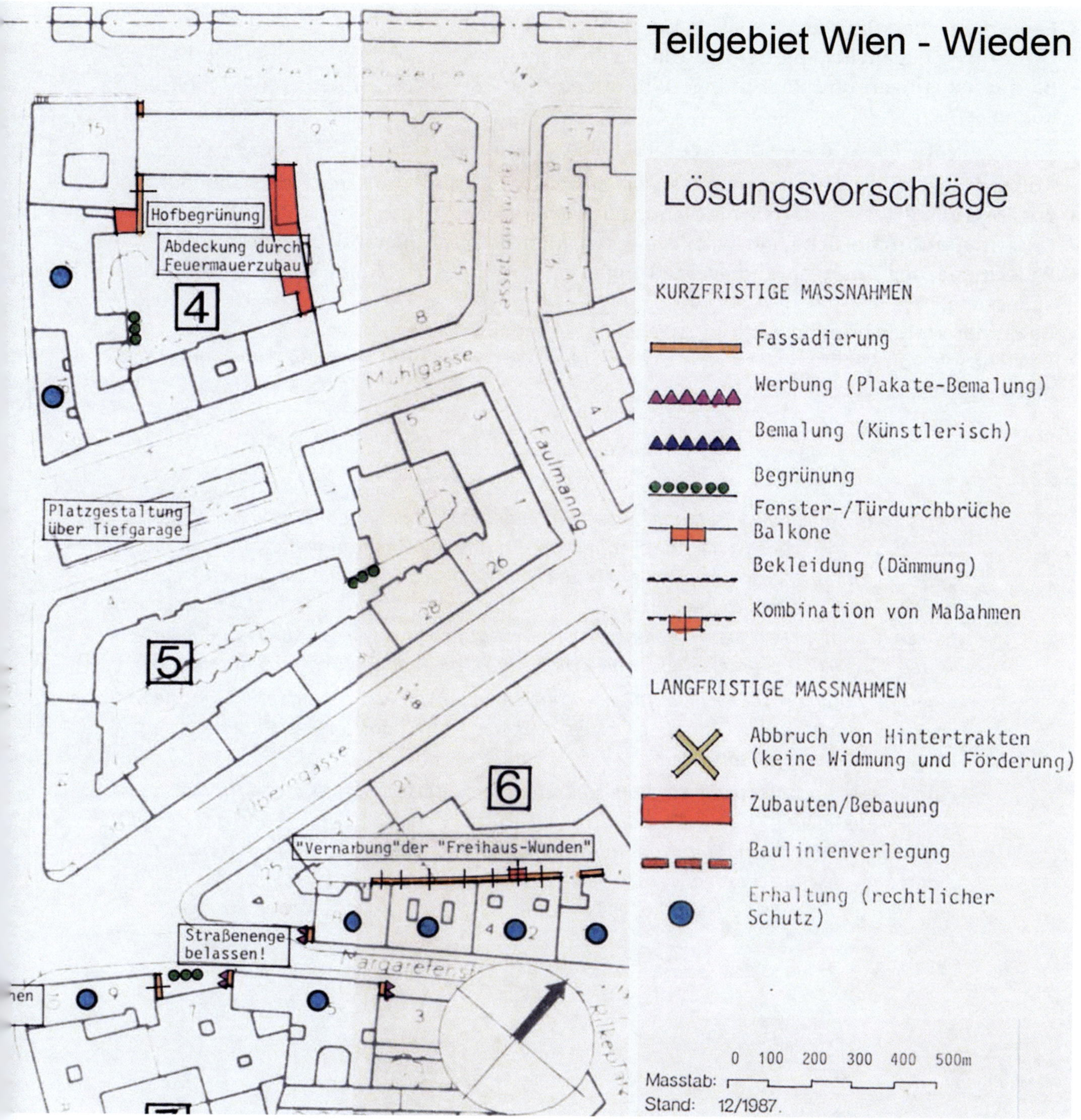

Lösungsvorschläge 1987

Plangrundlage: Engeres Teilgebiet des Untersuchungsgebietes

Vorschläge die im Wesentlichen realisiert wurden Durch die Tätigkeit des Autors in der Anfangs- und Umsetzungsphase des ‚Planquadrats' und der Umgebung, die als fokussierter Vorläufer später eingeführter ‚Gebietsbetreuungen' angesehen werden kann, konnten eine Reihe von Lösungsvorschlägen – auch in der näheren Umgebung - umgesetzt werden:

- **Rücknahme sämtlicher Straßenverbreiterungen**
- **verrechtlichter Schutz** erhaltenswerter Bauten aus dem Vormärz und der Gründerzeit
- **Balkonzubauten** auf Park-gewidmeten Flächen als Feuermauerdurchbrüche

- **Feuermauerbegrünungen** im ‚Planquadrat'
- **Öffentliche Zugänglichkeit der Grünfläche** im ‚Planquadrat' (allerdings mit Hundeverbot)
- **Baumpflanzungen und Begrünungen** im öffentlichen Raum (Margaretenstraße, Mühlgasse, Kühnplatz)

Vorschläge, die nicht umgesetzt werden konnten

- **Abbruch von störenden Hintertrakten** wie beispielsweise einer Tankstelle im ‚Planquadrat'
- **Zugänge von Privathäusern** in die Planquadrat-Grünfläche
- **Feuermauerdurchbrüche** und Balkonzubauten auf **privatrechtlicher Grundlage**
- **Feuermauerbegrünungen und –gestaltungen** an Privathäusern (Zubauten zur Feuermauerabdeckung)
- **Bau einer Wohnsammelgarage** im Zuge eines Wohnhausneubaues
- **Einrichtung von Wohnstraßen** (wie z.B. die Mühlgassse, wo nun nach Bewohnerentscheid eine Fußgängerzone realisiert wird)

Fazit

Voraussetzung einer Umsetzung selbst von kleinmaßstäbliche Planungsvorschlägen zur Strukturverbesserung ist die Anwesenheit vor Ort und die Einbindung Betroffener – die im üblichen Planungsgeschehen mit zwei – drei Jahren als Tätigkeitszeitraum nicht geleistet werden kann. Ein minimaler Planungs- und Umsetzungszeitraum von fünf – besser zehn Jahren - ist nur im Rahmen einer längerfristigen Beauftragung wie es Gebietserneuerungen wären, möglich. Das unterscheidet die Bauplanung, die Architektur vom Städtebau.

Eine Alternative ist die kleinräumigere Konzentration von kommunalen Planungsteams wie beim Städtebau des Bahnhofsviertels oder des Nord- und Nordwestbahnhofes – wie sie nur im Neubaufall tätig werden.

Eine weitere Voraussetzung sind die Eigentumsverhältnisse. Städtischer Grundbesitz ist die Voraussetzung für wirtschaftlich ‚unrentable' Maßnahmen – private Besitzverhältnisse mit Ausnahme von manchen institutionellen Trägern – handeln nicht einmal liegenschaftsbezogen, geschweige denn übergreifend. Es sei denn, dass im Zuge von Vertragslösungen erhebliche wirtschaftliche Vorzüge lukriert werden können.

Literaturverzeichnis

Abel, Alexandra; Rudolf, Bernd (Hg.) (2019): Architektur wahrnehmen (2. Aufl.). 2. Auflage - Neuauflage (Architekturen, Band 53).

ABES (2019): Die lebenswerte Stadt des 21. Jahrhunderts. Hg. v. ABES - Stadtmöblierung. Niederanven, Luxemburg (Dossier (Meta-Dossier), 25.10.2019).

ABES (2019): Stadtplanung, Stadtentwicklung und Identität. Was uns verbindet? Hg. v. ABES - Stadtmöblierung. Niederanven, Luxemburg (Fachbeiträge, 20.6.2019).

Abrihan, Cristian (2013): Wien - Dekorative Fassadenelemente in der Gründerzeit zwischen 1840 und 1918. Gestaltungsgrundsätze. Unter Mitarbeit von Edith Fuchs, Kerstin Jahn, Bettina Nezval. Wien: Stadt Wien MA 18 Stadtentwicklung und Stadtplanung; Stadt Wien Magistratsabt. 19 - Architektur und Stadtgestaltung (Werkstattbericht / Magistratsabteilung 18, Stadtentwicklung und Stadtplanung, 133).

Adrian, Hanns (1982) Packeis über den Städten. Entscheidungen heute für die Bürger von morgen. In: neue heimat - Monatshefte 1982 (1/1982)

Albers, Gerd (1982) Stadterneuerung oder der Wandel der Wertmaßstäbe im Städtebau. Problemabriss aus der Sicht eines Stadtplaners. In: neue heimat - Monatshefte 1982 (1/1982), S. 56–61.

Albers, Gerd (1972): Was wird aus der Stadt? Aktuelle Fragen der Stadtplanung. München: Piper (Serie Piper, 27).

Alexander; Christopher (1977): A Pattern Language. Towns, Buildings, Construction. Cary: Oxford University Press USA - OSO (Center for Environmental Structure Ser).

Alexander, Christopher (1967) Die Stadt ist kein Baum. In: Bauen + Wohnen 1967 (7/1967),

Alexander, Christopher; Ishikawa, Sara; Silverstein, Murray; Jacobson, Max; King, Ingrid F. (1995): Eine Muster-Sprache. Städte, Gebäude, Konstruktion. Hg. v. Hermann Czech. Wien: Löcker.

Altrock, Uwe; Huning Sandra (Hg.) (2017): Die schöne Stadt – Begriffe und Debatten, Theorie und Praxis in Städtebau und Architektur, Reihe Planungsrundschau Ausgabe 24, Berlin: Verlag Uwe Altrock,

Andritzky, Michael; Becker, Peter; Selle, Gert (1975): Labyrinth Stadt. Planung und Chaos im Städtebau ; ein Handbuch für Bewohner. Köln: DuMont Schauberg (DuMont aktuell).

Angress, Gina; Niggemeyer, Elisabeth (1985): Die verordnete Gemütlichkeit. Abgesang auf Spielstraße, Verkehrsberuhigung und Stadtbildpflege der gemordeten Stadt. Berlin: Quadriga Verl. J. Severin.

Antalovsky, Eugen (Hg.) (1991) Die Bürger und ihre Stadt. Direkte Demokratie in der Kommunalpolitik. Wiener Gemeinderatskommission Forum Stadtverfassung. Wien: Magistrat der Stadt Wien.

Antalovsky, Eugen (Hg.) (1998): Vienna urban.

Arbeiterkammer Wien (Hg.) (2019): Gentrifizierung in Wien. Perspektiven aus Wissenschaft, Politik und Praxis. Unter Mitarbeit von Mara Verlic Justin Kadi. Arbeiterkammer Wien (Stadtpunkte, Stadtpunkte Nr. 27).

Arbeitsgruppe Bezirksentwicklungsplanung 3 (1979): Systematik für die Bezirksentwicklungsplanung. Im Auftrag der MA 18. Unter Mitarbeit von Konsulentengruppe Raumplanung, Hugo Potyka - Rudolf Zabrana. Stadt Wien MA 18. Wien.

ARCH+ (Hg.) (1990) Chaos Stadt-Stadtmodelle nach der Postmoderne. Aachen: ARCH+Verlag GmbH.

ARCH+ (Hg.) (1991) Der Sprawl. Die Auflösung der Stadt in der Region. Aachen: ARCH+Verlag GmbH.

area architetti.ass (2020): Ästhetische und energetische Sanierung einer Wohnsiedlung in Bozen. In: ark-architektur-raum-konstruktion (1/2020)

Ästhetik und Kommunikation e.V (Hg.) (1986): Urbanität. ‚Wiederkehr des Intellektuellen'. Unter Mitarbeit von Eberhard Sens. Ästhetik und Kommunikation e.V. Berlin: Ästhetik und Kommunikation VerlagsGmbH (61/62 Jahrgang 16).

austrotherm (2021) Gründerzeitbauten - wertvoll, energetisch mangelhaft. In: Architektur Wettbewerbe 45. Jg. (355, 2 März/April 2021)

Avermaete, Tom (Hg.) (2021) Städtebau – Rückkehr des großen Plans – Du 12/2021-1/2022 Zürich

Bachmann, Ingeborg (1982): Malina. Roman. 4. [Dr.]. Frankfurt am Main: Suhrkamp (Suhrkamp-Taschenbuch, 641).

Bacon, Edmund N. (1968): Stadtplanung - Von Athen bis Brasilia. Zürich: Verlag für Architektur.

Bahrdt, Hans Paul (1967 // 1971): Humaner Städtebau. Überlegungen zur Wohnungspolitik und Stadtplanung // Überlegungen zur Wohnungspolitik und Stadtplanung für eine nahe Zukunft. 4. Auflage 1971 // 4. Aufl. Hamburg: Christian wegner Verlag; Wegner (Zeitfragen, Nr. 4 // 4).

Bahrdt, Hans Paul (1998): Die moderne Großstadt. Soziologische Überlegungen zum Städtebau. Hg. v. Ulfert Herlyn. Wiesbaden, s.l.: VS Verlag für Sozialwissenschaften.

Barthelmeh, Volker (1981): Kunst an der Wand. Wandmalerei in der Bundesrepublik Deutschland. 2. Aufl. Frankfurt/Main: Fricke.

Bartelmeh, Volker (1982) Wandbilder. USA/Westeuropa // USA, Westeuropa. Köln: Verlag Kiepenheuer & Witsch.

Bartels, Bettina; Erbsmehl, Christian (2014): Bewegungsverhalten von Fußgängern im Straßenverkehr. Hg. v. Forschungsvereinigung Automobiltechnik (FAT). Verkehrsunfallforschung TU Dresden (VUFO) (FAT-Schriftenreihe, 267).

Batur, Kamile (2015) Umkämpfte Interventionen: eine Kriegstopographie. Strategien und Taktiken der Stadterneuerung in Istanbul. Diplomarbeit. Technische Universität Wien, Wien. Fakultät für Architektur und Raumplanung.

Becker, Heidede (Hg.) (1998) Ohne Leitbild? Städtebau in Deutschland und Europa-Dokumentation und Auswertung einer Veranstaltungsreihe der Wüstenrot Stiftung und des Deutschen Instituts für Urbanistik. Wüstenrot Stiftung; Deutsches Institut für Urbanistik; Symposium: Perspektiven für das Städtische - zur Funktion und Bedeutung Städtebaulicher Leitbilder in Deutschland und Europa; Workshop 1: Neue Stadtteile in Europa - Leitbilder; Workshop 2: Aktuelle Pläne und Projekte - Leitbildorientierungen in der Bundesrepublik Deutschland; Workshop 3: Planung und Umsetzung Nutzungsverflochtener Stadtstrukturen. Stuttgart: Krämer.

Becker, Jochen (Hg.) (2001) bignes? Kritik der unternehmerischen Stadt. Size does matter, Image/Politik, Städtisches Handeln. Berlin: b-books.

Behrens, A.; Noth, V. (1981): Berliner Stadtbahnbilder. 2. Aufl. Frankfurt/M.: Ullstein.

Beispiele Stadtentwicklung und Akzente (2017/2019/2020). In: Zement+Beton 2017/2019/2020 (2-17, 2-19, 3-19, 2-20).

Benevolo, Leonardo (2007): Die Geschichte der Stadt. 9. Aufl. Frankfurt am Main: Campus Verl.

Benjamin, Walter (1963): Städtebilder. Nachwort von Peter Szendi. 11.-20.Tausend. Frankfurt am Main: Suhrkamp (edition suhrkamp).

Bernd Scholl (2020): Was das ‚Wiener Modell' mit dem internationalen Doktoranden Kolleg ‚Forschungslabor Raum' zu tun hat. In: Dillinger und Getzner: Kanonier: Zech (Hg.): 50 Jahre Raumplanung an der TU-Wien. Jahrbuch des Instituts für Raumplanung. Wien: NWV Verlag

Berndt, Heide (1978): Die Natur der Stadt. Frankfurt am Main: Verl. Neue Kritik.

Bernhardt Christoph (Hg.) (2012): Urbanisierung im 20. Jahrhundert. Themenschwerpunkt. ISSN 0340-1774. IMS - Institut für Geschichte Technische Universität Darmstdt. Berlin (Informationen zur modernen Stadtgeschichte, 2/2912).

Bezirksmuseum Landstraße (Hg.) (2010): Kleines Lesebuch für Heimitisten. Heimito von Doderer und die von ihm ungeliebte Landstraße. Mitteilungen des Bezirksmuseum Landstraße 2010 (Sonderheft 2010). Wien: Eigenverlag.

Bloch, Ernst (1959): Das Prinzip Hoffnung. Vierter Teil: Grundrisse einer besseren Welt. 8. Auflage. 3 Bände. Frankfurt: Suhrkamp (suhrkamp Taschenbuch Wissenschaft, Bd. 3).

BM für Verkehr, Bau und Stadtentwicklung (Hg.) (2010): Identität bauen. Positionen zum Wesen unserer gebauten und gelebten Umwelt. Baukulturwerkstatt „Identität bauen". Hörsaalruine des Berliner Medizinischen Museums der Charité, 20. Mai 20110. Thies Schröder Planungskommunikation, Berlin. Berlin: Hg. BM f Verkehr, Bau und Stadtentwicklung.

Bobek, Hans; Lichtenberger, Elisabeth (1978): Wien. Bauliche Gestalt und Entwicklung seit der Mitte des 19. Jahrhunderts. 2. Aufl. Graz: Böhlau (Schriften der Kommission für Raumforschung der Österreichischen Akademie der Wissenschaften, 1).

Bodzenta, Erich; Speiser, Irmfried; Thum, Karl (1981): Wo sind Großstädter daheim? Studien über Bindungen an d. Wohnviertel. Wien: Böhlau (Böhlaus wissenschaftliche Bibliothek).

Bökemann, Dieter (1984): Theorie der Raumplanung. Regionalwissenschaftliche Grundlagen für die Stadt-, Regional- und Landesplanung. München: Oldenbourg.

Bökemann, Dieter (1990): SANSTRAT - WIEN. Strukturanalyse zur Stadterneuerungspolitik. Unter Mitarbeit von Rudolf Giffinger, Günther Knötig, Leopold Riedl. Wien: Magistrat der Stadt Wien (Beiträge zur Stadtforschung, Stadtentwicklung und Stadtgestaltung, Band 23).

Bollerey, Franziska; Hartmann, Kristiana; Tränkle, Margret (1975): Denkmalpflege und Umweltgestaltung. Orientierung und Planung im Stadtbereich ; Stadtgestaltung zwischen Denkmalpflege und Schrebergarten. München: Moos.

Bourdin, Alain (2014): Die ortlose Stadt. Über die Virtualisierung des Urbanen. Unter Mitarbeit von Andrew Wood Frank Eckardt. Bielefeld: Transcript (Urban studies).

Brandl, Anne (2013): Die sinnliche Wahrnehmung von Stadtraum. Städtebautheoretische Überlegungen. Dissertation bei Prof. Vittorio Magnago Lampugnani. Unter Mitarbeit von Dr. Ulrike Sturm. Zürich: ETH Zürich, Research Collection.

Brandt, Jürgen (1972): Planungsfibel. Technische und gesetzliche Grundlagen für den Städtebau. 2., überarb. und erw. Aufl. München: Callwey.

Brazdovics; Neckar; Kambach (1990): Die Bauordnung für Wien. Skriptum zur Vorbereitung der Dienstprüfung. Wien: Magistrat der Stadt; Verwaltungsakademie (121).

Breidenbach Heinrich (2021) Ab durch die Mitte. In: Der Standard 2021, 22.04.2021, S. 27.

Breit, Reinhard (1975): Stadtgestaltung. In: der aufbau 1975 (11/12), S. 373–376.

Brenner, Gini (2020): Mehr als nur Fassade. Der Verein Stadtschrift hat sich der Bewahrung einzigartiger Fassadenbeschriftungen verschreiben. In: Der Standard 2020, 31.07.2020, S. 10.

Brenner, Gini (2020): Der öffentliche Traum. Auf der Mauer, nicht von Dauer: Street Art in Wien. In: Der Standard 2020, 06.08.2020, S. 14.

Brickner, Irene; Gaigg Vanessa (2020): Die Stadt als verbotener Ort für Arme und Alte. In: Der Standard 2020, 27.04.2020, S. 9.

Briggs, John; Peat F. David (1990): Die Entdeckung des Chaos. Eine Reise durch die Chaos-Theorie. Bertelsmann Verlag, Hrsg. Joachim Fest und Wolf Jobst Siedler. Wien - München: Hanser (Klassiker des modernen Denkens).

Brolin, Brent C.; Meerwein, Georg G. (1980): Das Versagen der modernen Architektur. Dt. Erstausg. Frankfurt/M: Ullstein (Ullstein-Bücher Sachbuch, 34031).

Brunbauer, Walter (1977): Das Recht auf Stadtgestaltung. Charta der Stadtgestaltung. Unter Mitarbeit von Günter Feuerstein, Coop himmelb(l)au. Wien: W. Brunbauer.

Bruckner, Regina (2021): Exotik kann es auch in der eigenen Region geben. Unterhaltung und Kultur kann auch zu den Konsumenten kommen. Interview mit Frank Trentmann. Wien. Der Standard.

Buff, Albert (1971): Bauordnung im Wandel. Historisch-politische, soziologische und technische Aspekte. München: Callwey.

Bullinger, Dieter (1985): Gewerbebrachen. Gründe, Bedeutung und Empfehlungen für die städtebauliche Behandlung. In: Stadt - Zeitschrift für Wohnungs- und Städtebau 1985 (1/1985 Kulturbrachen unser Schicksal?), S. 34 - 37/60.

Bund (1997): Baugesetzbuch. BauBG, vom (BGBl. I S. 2141, BGBl 1998 I S. 137).

Bundesforschungsanstalt für Landeskunde und Raumordnung (Hg.) (1986): Städtebauliche Brachflächen und Flächenreaktivierung. Unter Mitarbeit von Helmuth Güttler. Bonn: Selbstverlag (Informationen zur Raumentwicklung, Heft 3/1986).

Bundesinstitut für Bau-, Stadt- und Raumforschung (2016): Freiraumfibel. Wissenswertes über die selbstgemachte Stadt! Stand: Juli 2016, 1. Auflage. Bonn: Bundesinstitut für Bau- Stadt- und Raumforschung im Bundesamt für Bauwesen und Raumordnung.

Bundeskanzleramt Österreich (2017): Dritter Baukulturreport. Szenarien und Strategien 2050. Unter Mitarbeit von Renate Hammer (Ltg.) Christian Kühn, Robert Temel, Reinhart Seiß et. al. Wien: BKA.

Bundeskanzleramt Österreichs (2017): Baukulturelle Leitlinien des Bundes. vom Ministerrat am 22.8.2017 beschlossen. Wien: BKA.

Bundesministerium für Umwelt, Naturschutz, Bau und Reaktorsicherheit (25.05.2007): LEIPZIG CHARTA zur nachhaltigen europäischen Stadt. Dokument des informellen Ministertreffens der EU-Mitgliedsstaaten. Berlin.

Burckhardt, Lucius (1972): Was erwartet der Bürger von der Stadtgestalt? In: Stadtbauwelt 63. Jahrgang der Bauwelt (Stadtbauwelt 35), S. 184–190.

Burckhardt, Lucius (1985): Die Kinder fressen ihre Revolution. Wohnen, Planen, Bauen, Grünen. Köln: DuMont (DuMont-Dokumente).

Burckhardt, Lucius (2017): Landschaftstheoretische Aquarelle und Spaziergangwissenschaft. Berlin: Martin Schmitz Verlag.

Burckhardt, Lucius; Ritter, Markus; Schmitz, Martin (Hg.) (2015): Warum ist Landschaft schön? Die Spaziergangswissenschaft. 4. Auflage. Berlin: Martin Schmitz Verlag.

Burns, Ric und Sanders James (2002): New York. Die illustrierte Geschichte von 1609 bis heute. Unter Mitarbeit von Bildredaktion Lisa Ades. München: Frederking & Thaler.

BWM Architekten; Tabor, Jan; Wehdorn, Manfred (2012): Entwicklung einer Bewertungsmethodik der Architektur von 1945 bis 1979. EU-Projekt der Städte Wien und Brünn. Unter Mitarbeit von Team Brünn: Centrum Architektury. Hg. v. M. 19A Stadt Wien. Wien. Online verfügbar unter www.wien.gv.at/stadtentwicklung/projekte/international.

Calvino, Italo (1984): Die unsichtbaren Städte. Roman. München Wien: Carl Hanser Verlag.

Calvino, Italo; Kroeber, Burkhart (2012): Sechs Vorschläge für das nächste Jahrtausend. Harvard-Vorlesungen. Frankfurt am Main: Fischer (Fischer).

Centre Georges Pompidou (Hg.) (1994): La ville – art et architecture en Europe 1870 -1993, Paris

Chatto, Beth (2000): Der Kiesgarten. Gärtnern auf trockenem Standort. Stuttgart: Ulmer.

Christian, Reinhold (Hg.) (2009): Der gestaltete Raum. Räumliche Qualitäten und Präferenzen. Wissenschaft & Umwelt Interdisziplinär. 1 Band. Wien: Forum Wissenschaft & Umwelt (FWU).

Conrads, Ulrich (1974): Umwelt Stadt. Argumente und Lehrbeispiele für eine humane Stadt. Hamburg: Rowohlt.

Conrads, Ulrich (Hg.) (1964/1971): Programme und Manifeste zur Architektur des 20. Jahrhunderts. Gütersloh, Berlin, München: Bertelsmann Fachverlag, Berlin (Bauwelt Fundamente, Bd. 1).

Coudenhove-Kalergi, Barbara (2020): Das Land wird hässlich. In: Der Standard 2020, 14.05.2020, S. 23.

Curdes, Gerhard (1995): Stadtstrukturelles Entwerfen. Stuttgart: Kohlhammer.

Curdes, Gerhard (1997): Stadtstruktur und Stadtgestaltung. 2. Aufl. Stuttgart: Kohlhammer.

Czaja, Wojciech (31.01.2021): Die Stadt der Fußgänger war voller Türen. Ein Gespräch mit der Erdgeschoßforscherin A.P. Interview mit Angelika Psenner. Der Standard-Album A 8.

Czaja, Wojciech (Hg.) (2020): 100 x 18. Wiener Stadtentwicklung gestern, heute, morgen - Ein Jahrhundertgeschenk. Magistrat der Stadt Wien, MA 18. Wien: Stadt Wien MA 18 Stadtentwicklung und Stadtplanung.

Czaja, Wojciech (2020): Weil Hitler nie geboren wurde. Bloß kein Denkmal...... In: Der Standard - Architektur 2020, 06.06.2020, Album A 8.

Czaja, Wojciech (2020): Agonie auf Balkonien. Wie Metastasen poppen in Wien...... Versuch einer Analyse. In: Der Standard - Architektur 2020, 24.10.2020, Album A 10.

Czaja, Wojciech (2021): Almost. 100 Städte in Wien. Wien: Edition Korrespondenzen; Konnex.

Czaja, Wojciech (2021): Eine Stadt schickt sich in die Wüste. Die utopische Stadt ‚Neom The Line'. In: Der Standard - Album 2021, 20.02.2021.

Czaja, Wojciech (2021): Urbillig und urschön. Pritzker-Preis 2001 an Lacaton & Vasall. In: Der Standard - Architektur 2021, 20.03.2021, A 8.

Czaja, Wojciech (2021): Die neuen Gestalten hochpreisiger Globalisierung. Wohntürme als elitäre Fremdkörper in der Stadt. In: Der Standard - EXPO-Real 2021, 09.10.2021, E 12.

Czaja, Wojciech; Novotny, Maik (2021): Ranken oder Ränkespiele. Begrünte Fassaden. In: Der Standard - Architektur 2021, 10.04.2021, A 8.

Czaja, Wojciech (2019) Das Wunder an der Mur. In: Standard-Architektur (7.12.2019).

Czaja, Wojciech (18. Jänner 2020): Kinder des Kletterns. Ausstellung „The Playground Project", DAM Frankfurt. Wann wurde der Spielplatz erfunden? Wie hat sich dessen Architektur im Lauf der Zeit verändert? Warum schauen alle Spielgeräte heute gleich aus? In: Der Standard - Architektur 2020, 18. Jänner 2020, Album A 8.

Czaja, Wojciech (2020): Ein Außerirdischer mit Argusaugen. In: Immobilien-Standard 2020, 22.02.2020, S. 8.

Czech, Hermann Eine Strategie für das Unplanbare. In: Stadt Wien -MA 22 (Hg.): wildwuchs. Vom Wert dessen, was von selbst ist, S. 84-85.

Czech, Hermann; Alexander, Christopher; Ishikawa, Sara; Silverstein, Murray (Hg.) (2011): Eine Muster-Sprache. Städte, Gebäude, Konstruktion. 2., verb. Aufl. Wien: Löcker.

Dahinden, Justus Die konstruierte Landschaft. In: der aufbau 1975 (11-12), S. 376 ff

Damyanovic, Doris (2012): Raum erfassen. Überblick und Wegweiser zu Funktions- und Sozialraumanalysen für den öffentlichen Raum. Unter Mitarbeit von Gabriele Zimmermann. Wien: Stadt Wien MA18 Stadtentwicklung und Stadtplanung (Werkstattberichte / Magistratsabteilung 18, Stadtentwicklung und Stadtplanung, Nr. 128).

Der Standard (Hg.) (2021): Zurück in die Gründerzeit? Der Abriss alter Gebäude sorgt oft für Ärger. Der Standard - Immobilienstandard 2021 (März 20121). Wien: Der Standard.

Dettling, Daniel „Stadtflucht" als neuer Trend. Die Coronavirus-Pandemie. hat die Nachfrage nach Wohnraum im Grünen dramatisch erhöht. In: baukommunal 2020 (Sonderbeilage 10/2020), S. 22–26.

Deutscher Städtetag (2013): Integrierte Stadtentwicklungsplanung und Stadtentwicklungsmanagement. Strategien und Instrumente nachhaltiger Stadtentwicklung. Positionspapier des deutschen Städtetages. Unter Mitarbeit von Arbeitsgruppe der Fachkommission „Stadtentwicklungsplanung". Hg. v. Deutscher Städtetag. Deutscher Städtetag. Berlin und Köln (ISBN 978-3-88082-258-0).

Deutsches Institut für Stadtbaukunst (Hg.) (2019): Reform der städtebaulichen Gesetzgebung. Düsseldorfer Erklärung zum Städtebaurecht. Jubiliäumskonferenz in der Düsseldorfer Rheinterrasse. Düsseldorf, 8.-9. Mai 2019. Düsseldorf.

Diebäcker, Marc; Wild, Gabriele (2020): Streetwork und Aufsuchende Soziale Arbeit im öffentlichen Raum. Wiesbaden: Springer VS.

Diebäcker Marc (2019): Gentrifizierung und öffentliche Räume. Über das Zusammenspiel von Aufwertung, Sicherheit und Ordnung an urbanen Plätzen. In: Arbeiterkammer Wien (Hg.): Gentrifizierung in Wien. Perspektiven aus Wissenschaft, Politik und Praxis. Unter Mitarbeit von Mara Verlic, Justin Kadi (Stadtpunkte, Stadtpunkte Nr. 27), S. 141 - 151.

Dillinger; Getzner; Kanonier; Zech (Hg.) (2020): 50 Jahre Raumplanung an der TU-Wien. Jahrbuch des Instituts für Raumplanung. Institut für Raumplanung an der TU-Wien. Wien: NWV Verlag

Doderer, Heimito von (1951): Die Strudlhofstiege. Melzer und die Tiefe der Jahre. München: Biederstein.

Doderer, Heimito von (1973): Die Dämonen. Nach der Chronik des Sektionsrates Geyrenhoff ; Roman. 26. - 28. Tsd. München: Biederstein.

Doernach, R.; Heid, G. (1985): Das Naturhaus. Wege zur Naturstadt. 4. Aufl. Frankfurt a.M.: Krüger.

Kanfer, Roland (Oktober 2020): Besser geht immer. Bernhard Steger, Leiter der MA 21A,Innen -Südwest, Wien. Interview mit Dr. Bernhard Steger. Journal Architektur-Wettbewerbe.

Durth, Werner (1982) Stadterneuerung durch Gestaltung? In: neue heimat - Monatshefte 1982 (1/1982), S. 38–49.

Durth, Werner (1988): Die Inszenierung der Alltagswelt. Zur Kritik d. Stadtgestaltung. 2. Aufl. (1.Aufl. 1977). Braunschweig, Wiesbaden: Vieweg (Bauwelt-Fundamente Urbanistik, Soziologie, Baupolitik, 47).

Düttmann, Martina; Schmuck, Friedrich; Uhl, Johannes (1980): Farbe im Stadtbild. Handbuch in 6 Teilen für Architekten, Bauherren, Farbgestalter, für Stadtbewohner und Betrachter. Berlin: Archibook.

Dvorak, Wolfgang; Kerbler, Michael (2017): Stadt der Zukunft. Über partizipatives Bauen : Dokumentation einer Gesprächsreihe. Wien: MA 18 - Stadtentwicklung und Stadtplanung.

Ebenbauer, Alfred et.al. (Hg.) (1998): Architektur als Transformation. Universitätscampus Wien. Unter Mitarbeit von Hugo Potyka, Ernst Kopper, Friedrich Kurrent, Johannes Zeininger, Sepp Frank, Rudolf Zabrana. 2 Bände: Verlag Adolf Holzhausens Nachfolger GmbH (Band 2).

Eco, Umberto; Hausmann, Friederike (Hg.) (2007): Die Geschichte der Schönheit. 5. Aufl., [Nachdr.]. München: Hanser.

Eco, Umberto; Trabant, Jürgen (2002): Einführung in die Semiotik. Autorisierte dt. Ausg., 9., unveränd. Aufl. München: Fink (UTB Linguistik, Literaturwissenschaft, Philosophie, 105).

Edlinger, Rudolf; Potyka, Hugo (1989): Bürgerbeteiligung und Planungsrealität. Erfahrungen, Methoden u. Perspektiven. Wien: Picus-Verl. (Schriftenreihe Planen und Gestalten, 3).

Ehalt C., Heiss G., Stekl H. (Hg.) (1986): Glücklich ist wer vergisst...? Das andere Wien um 1900. Wien-Köln-Graz: Böhlau-Verlag (Kulturstudien, 6).

Eicken, Matthias von (2020): Reform der Städtebauförderung nimmt Gestalt an. In: Haus und Grund Nürnberg 2020, 2020, Jänner, S. 9

Eicken, Matthias von (2020): Milieuschutzgebiete - reine Willkür? Milieuschutzgutachten. In: Haus & Grund Nürnberg 2020, November, S. 21.

Elektrisches Nervensystem im Museums-Hotel. (2019) Kronasar -Erlebnishotel im Europapark Rust - Baden-Württemberg. In: green building 2019 (92 - September 2109), S. 77–79.

Endlich, Stefanie (1982) Die Kunst im Berliner Stadtraum. Allerhand ist in Bewegung geraten. In: Neue Heimat Monatshefte 1982 (4/82 ‚Stadt'), S. 52–55.

Engelhardt, Jürgen (1990): Frankfurt. Ein Jahrhundert Stadtgestaltung im Vergleich. München: Hugendubel (Stadt im Bild).

Ernst, Werner (Hg.) (1980): Regionalplanung in der Krise? Bundesforschungsanstalt für Landeskunde und Raumordnung. Bonn: Selbstverl. d. BfLR (1980,12, 1980,12).

Etzioni, Amitai (1995): Die Entdeckung des Gemeinwesens. Ansprüche, Verantwortlichkeiten und das Programm des Kommunitarismus. Stuttgart: Schäffer-Poeschel.

Farenholtz Christian (1972): Fragen zur Stadtgestalt. In: Stadtbauwelt 1972 (Stadtbauwelt 35, Bauwelt 38/39), S. 199 - 200.

Feistritzer, Gert (2015): Lebensqualität in 91 Wiener Bezirksteilen. Bezirksprofile der Zufriedenheit mit der Wohnumgebung (Werkstattbericht / Magistrat der Stadt Wien, Magistratsabteilung 18 - Stadtentwicklung und Stadtplanung, 157).

Feldtkeller, Andreas (Hg.) (2001): Städtebau: Vielfalt und Integration. Neue Konzepte für den Umgang mit Stadtbrachen. Stuttgart: Dt. Verl. Anstalt

Fellenberg, Günter (1991): Lebensraum Stadt. Stuttgart - Zürich: Teubner/Verlage der Fachvereine.

Feller, Barbara (2016): Baukultur Wien. Zehn Leitsätze und deren Vermittlung. Wien.

Fetz, Bernhard; Manojlovic, Katharina; Putz, Kerstin (2019): Wien. Eine Stadt im Spiegel der Literatur. Wien - Bozen: Folio Verlag.

Freundeskreis von Arthur Vögel e.V. (1976): Wien. 100 Zeichnungen von Arthur Vögel. Unter Mitarbeit von Gerhard Jax. München: Callwey.

Finke, Werner (1977): Der Baublock. Straße, Wohnung, Hof. Hg. Paulhans Peters. Unter Mitarbeit von Frank Popp, Konrad Schalhorn, Hans Schmalscheidt. München: Callwey (Entwurf und Planung, 31).

Fischer, Günther; Fromm, Ludwig; Gruber, Rolf; Kähler, Gert; Weiß, Klaus-Dieter (2014): Abschied von der Postmoderne. Beiträge zur Überwindung der Orientierungskrise. Wiesbaden, Basel: Vieweg+Teubner Verlag; Birkhäuser (Bauwelt Fundamente, 64). Online verfügbar unter http://www.degruyter.com/view/product/447659.

Flaig, Berthold Bodo; Meyer, Thomas; Ueltzhöffer, Jörg (1997): Alltagsästhetik und politische Kultur. Zur ästhetischen Dimension politischer Bildung und politischer Kommunikation. 3. Aufl. Bonn: Dietz (Reihe Praktische Demokratie).

Förderverein Berliner Schloss (Hg.) (2011): Das Beste vom Berliner Extrablatt 1998 bis 2011. Informationen zum Bau des Humboldtforums im Berliner Schloss. Berliner Extrablatt. Berlin: Förderverein Berliner Schloss.

Förster, Wolfgang (2020): 2000 Jahre Wohnen in Wien. Vom keltischen Oppidum bis zum Wohnquartier der Zukunft : Wohnen als Sozialgeschichte. Berlin: jovis-verlag.

Frampton. Kenneth (1983): Die Architektur der Moderne. Eine kritische Baugeschichte. Stuttgart: Deutsche Verlags Anstalt GmbH.

Franck, Georg; Franck, Dorothea (2008): Architektonische Qualität. München: Hanser (Edition Akzente).

Friedell, Egon (I/1927, II/1928, III/1928, IV, V 1931): Kulturgeschichte der Neuzeit. Die Krisis der westeuropäischen Seele - Von der schwarzen Pest bis zum Ersten Weltkrieg. 5 Bücher + Epilog. München: C.H. Beck'sche Verlagsbuchhandlung.

Friesenecker Michael, Franz Yvonne (2019): Durchs Reden kommen die Leute zusammen? Kommerzielle Veränderungsprozesse im Stadtteil und deren gemeinschaftsbildende Prozesse. In: Arbeiterkammer Wien (Hg.): Gentrifizierung in Wien. Perspektiven aus Wissenschaft, Politik und Praxis, Stadtpunkte Nr. 27. Unter Mitarbeit von Mara Verlic Justin Kadi (Stadtpunkte, Stadtpunkte Nr. 27), S. 101 - 113.

Fröbe, Turit (2013): Die Kunst der Bausünde. 1 Band. Berlin: Quadriga Verlag in der Bastei Lübbe AG.

Führ, Eduard Die CIAM-Debatte um den öffentlichen Raum. In: ARCH+ (Hg.): Chaos Stadt-Stadtmodelle nach der Postmoderne, 105/106 aus 10/1990. Aachen: ARCH+Verlag GmbH, S. 95–97.

Gabel-Hlawa, Bernd (2021): Umfrage: Männer ziehen öfter um als Frauen. Wie oft ziehen die Österreicher um? Hg. v. Immobilien-Redaktion. Wien (15.1.2021). Online verfügbar unter immobilein-redaktion.com/aktuelles/umfrage-maenner,,,,

Gälzer, Ralph: Hansely, Hans-Jörg (1980): Grünraum, Freizeit und Erholung. Probleme, Entwicklungstendenzen und Ziele. Stadtentwicklungsplan Wien: Stadt Wien Geschäftsgruppe Stadtplanung.

gaupenraub (2020): Wiener Schatten. Wien: Stadt Wien MA 18 Stadtentwicklung und Stadtplanung.

Gehmacher, Ernst (um 1970): Psychologie unsd Soziologie der Umweltplanung. Planungrelevante Grundbegriffe und Theorien der Sozialwissenschften. IFES - Institut für empirische Sozialforschung. Wien.

Georgiou, Maja (2003) Aus Respekt vor Wildwuchs in ökologischer und gesellschaftlicher Hinsicht. In: Stadt Wien - MA 22 (Hg.): wildwuchs. Vom Wert dessen, was von selbst ist.

Geuder, Heinrich; Fuchs, Gerald (2019): Wiener Baurecht 2019. Kommentar. 6. Auflage. Online verfügbar unter http://www.lindeonline.at/doc-id/ko-baur-wien-2019.

Giedion, Sigfried (2015): Raum, Zeit, Architektur. Die Entstehung einer neuen Tradition. Unter Mitarbeit von Reto Geiser. Neuausgabe. Basel: Birkhäuser.

Girouard, Mark (1987): Die Stadt. Menschen, Häuser, Plätze - Eine Kulturgeschichte. Frankfurt: Campus Verlag.

Glaser, Hermann (1974): Urbanistik. Neue Aspekte d. Stadtentwicklung. 16 Beiträge. Hrsg. von Hermann Glaser. München: Beck (Beck'sche schwarze Reihe, 115)).

Göres Joachim (2020): Lozziwurm und Rüsselrutsche. In: Süddeutsche Zeitung 2020, 28.02.2020.

Graff, Rainer; Walters Maximilian (1990): Mischung ist mehr. Nutzungsmischung und Nutzungsabsonderung. In: Stadtbauwelt 81. Jahrgang (Heft 48), S. 2492–2496.

Graner, Hans Peter (2019): Städtebauliche Entwicklung - Aspanggründe-Eurogate. Von der Idee zum städtebaulichen Leitbild. 1. Auflage: Stadt Wien MA 21.

Graner, Hans Peter; Allmeier, Daniela; Scheuvens, Rudolf (Hg.) (2016): Perspektive Erdberger Mais. Strategieplan für ein Stadtgebiet in Bewegung. Wien (Werkstattbericht / Stadt Wien, Magistratsabteilung 18 - Stadtentwicklung und Stadtplanung, 163).

Grauhan, Rolf Richard; Linder, Wolf (1974): Politik der Verstädterung. Frankfurt am Main: Athenäum-Fischer-Taschenbuch-Verl. (Fischer-Athenäum-Taschenbücher Sozialwissenschaften, 4030).

Gropius, Walter (1982): Architektur. Wege zu einer optischen Kultur. Dt. Erstausg. Frankfurt am Main: S. Fischer.

Grötschnig, Thomas (2017 und 2019): Vienna Murals. Street Art Giude Vienna. Wien: Thomas Grötschnig.

Gruen, Victor (1975): Ist Fortschritt ein Verbrechen? Umweltplanung statt Weltuntergang. Wien: Europa-Verl. (Veröffentlichungsreihe des Zentrums für Umweltplanung).

Gruen, Victor; Susman, Tracy (1973): Das Überleben der Städte. Wege aus der Umweltkrise: Zentren als urbane Brennpunkte. 1. Aufl. Wien, München, Zürich: Molden.

Gstöttner, Sabine (2016) Was schafft Raum? Architektur und Stadtplanung für junge Menschen : ein Vermittlungsprogramm - Evaluierung und Arbeitsmaterial. Unter Mitarbeit von inspirin und Lisa Magdalena Schlager (Werkstattbericht / Stadt Wien, Magistratsabteilung 18 - Stadtentwicklung und Stadtplanung, 160).

Hager, Guido (2009): Über Landschaftsarchitektur. Ostfildern: Hatje Cantz.

Hahn, Alexander (2020): Gegen den städtischen Einheitsbrei. Die Corona-Krise verstärkt die Vereinheitlichung von Großstädten durch Handelsketten und Systemgastronomie. In: Der Standard 2020, 08.06.2020, S. 7.

Hahn, Thomas (2014): Neue Wiener Dichte. Städtebau im Zeitalter der Stadt. Unter Mitarbeit von mit Beiträgen von Georg Franck, Florian Gottringer und Franco Patané. Wien: Sonderzahl Verlags GmbH.

Hammel, Pietro (1972): Unsere Zukunft: die Stadt. Frankfurt am Main: Suhrkamp (suhrkamp Taschenbuch, 59).

Hanschitz, Armin (2020): Lebenszyklen der Gebäude verlängern. Mit bestehenden Ressourcen richtig umgehen. In: Standard-Wohnen 2020, 04.03.2020, W 3.

Harner, Roswitha (2019): Verdrängung von Menschen mit niedrigem Einkommen. Der Diskurs zu sozialer Durchmischung aus Perspektive der Wiener Wohnungslosenhilfe. In: Arbeiterkammer Wien (Hg.): Gentrifizierung in Wien. Perspektiven aus Wissenschaft, Politik und Praxis. Unter Mitarbeit von Mara Verlic, Justin Kadi (Stadtpunkte, Stadtpunkte Nr. 27), S. 177 - 184.

Hammer, Katharina und Wittrich Judith (2019): Gentrifizierungsprozesse im öffentlichen Raum: Grenzziehungen und Exklusionsmechanismen. Stellungnahme zum Fachkonzept der Stadt Wien „Öffentlicher Raum". In: Arbeiterkammer Wien (Hg.): Gentrifizierung in Wien. Perspektiven aus Wissenschaft, Politik und Praxis. Unter Mitarbeit von Mara Verlic, Justin Kadi (Stadtpunkte, Stadtpunkte Nr. 27), S. 125 - 140.

Hasting, Julia (2006): 10 x 10_2. 100 Architekten, 10 Kritiker. Dt. Erstausg. Berlin: Phaidon-Verl.

Hauff, Volker (Hg.) (1988): Stadt und Lebensstil. Thema: Stadtkultur. Weinheim: Beltz (Psychologie heute Taschenbuch Politik und Psyche, 515).

Haugk, Klaus Conrad (1988): Wider den Formalismus in der Architektur. Bauen zwischen Gebrauchswert und Ästhetik. Stuttgart: Krämer (Archpaper).

Häupl, Michael (2003) Ordnung ist das halbe Leben - und die andere Hälfte? Perspektiven einer kommunalen Grünpolitik. In: Stadt Wien -MA 22 (Hg.): wildwuchs. Vom Wert dessen, was von selbst ist, S. 32 - 35.

Häußermann, Hartmut; Siebel, Walter (1992): Urbanität. Wien: Magistrat der Stadt Wien MA18 Stadtstrukturplanung (Beiträge zur Stadtforschung, Stadtentwicklung, Stadtgestaltung, 37).

Hegemann, Werner (1984): 1930. Das @steinerne Berlin ; Geschichte der größten Mietskasernenstadt der Welt. 3., unveränd. Aufl. 1979; Nachdr. Braunschweig: Vieweg (Bauwelt-Fundamente Stadtbaugeschichte, Baupolitik, 3).

Heigl, Franz (1985): Grundlagern der Bebauungsplanung. Städtebau 4. Wien: Manz.

Heigl, Franz (1985): Stadtgestaltung. Städtebau 6. Wien: Manz (Band 6).

Heiss, Ernst W.; Glotter, Karl (Hg.) (1997): Städtebau con amore. Wien: Österr. Kunst- u. Kulturverl. (Projektieren, Konzipieren, Konstruieren, Bauen, Sanieren, Demolieren, 6).

Helms Hans G., Janssen Jörn (Hg.) (1970): Kapitalistischer Städtebau. Analysen von lucius Burckhardt, Hans G. Herlms, Jörn Janssen, Jörg C. Kirschenmann, Peter Neitzke, Karla Krauß und Joachim Schlandt. 3. Auflage 1971. Neuwied und Berlin: Luchterhand (Sonderaugabe der Sammlung Luchterhand).

Hendel, Annekatrin (2019): Schönheit & Vergänglichkeit. Annekatrin Hendel (Regie). Film: Real Fiction.

Henisch, Peter (1978): Der Mai ist vorbei. Roman. Frankfurt a.M.: Fischer.

Herb, Ernst (2021): Der Schein eines Museums. Das M+ in Hongkong ist fertiggestellt. In: Der Standard -Architektur, 30.04.2021, Album A8.

Herlyn, Ulfert (1976): Sozialplanung und Stadterneuerung. Analyse der kommunalen Sozialplanungspraxis und konzeptionelle Alternativen. Stuttgart: Krämer (Beiträge zur Umweltplanung).

Herold, Stephanie (2018) „nicht weil wir es für schön halten". Zur Rolle des Schönen in der Denkmalpflege. Bielefeld: transcript-Verlag (Edition Kulturwissenschaft).

Herterich, Frank (1986): Unsere Stadt - clean, kleinkariert oder kosmopolitisch? In: Ästhetik & Kommunikation - Urbanität Jahrgang 16 (Heft 61/62), S. 115 - 126.

Herzog, Jaques (2023); ‚Man möchte da unbedingt rein' – Über den Wert der Schönheit. ZEIT-Feuilleton v. 20.4.2023

Hillebrecht, Rudolf (1975): Beiträge zum Städtebau. Schriftenreihe des Camillo Sitte Fonds Bd. 1. Technische Hochschule, Wien. Institut für Städtebau, Raumplanung und Raumordnung.

Hipp, Hermann; Marković, Mirjana (1992): Baukultur und Stadtgestaltung. Hamburg: Reim (Schriftenreihe des Bundes Deutscher Architekten, Hamburg, 7).

Hnilica, Sonja; Jäger, Markus (2010), Moderne weiterdenken –konzepte zum intellegenten Umgang mit der Architektur der Nachkriegszeit. Bielefeld transcript-Verlag

Høeg, Peter (2004): Fräulein Smillas Gespür für Schnee. Roman. Neuausgabe. Reinbek bei Hamburg: Rowohlt Taschenbuch Verlag (rororo, 23701).

Hoffmann-Axthelm, Dieter (1990): Warum Stadtplanung in Parzellen vor sich gehen muss. In: Stadtbauwelt 81. Jahrgang (48), S. 2488–2491.

Hoffmann-Axthelm, Dieter (1998): Die dritte Stadt. Bausteine eines neuen Gründungsvertrages. Erstausg., 1. Aufl., [Nachdr.]. Frankfurt am Main: Suhrkamp (edition suhrkamp, 1796 = N.F., 796).

Hohensinner, Severin; Andreas Hahmann (2015): Historische Wasserbauten an der Wiener Donau. Materialien zur Wiener Umweltgeschichte. Wien: IFF - Fakultät für interdisziplinäre Forschung (Materialien zur Wiener Umweltgeschichte).

Hohn Janna (2019): Städtische Rückseiten. Das Bindegewebe der Stadt. Dissertation. KIT - Karlsruher Institut für Technologie, Karlsruhe. IESL - Institut für Entwerfen von Stadt und Land.

Höller, Herwig G. (2020): Auf der Suche nach dem großen Stil. Imitationen des Neoklassizismus in Russland. In: Der Standard 2020, 21.04.2020, S. 20.

Holschneider, Johannes (1969): Schlüsselbegriffe der Architektur und Stadtbaukunst. Eine Bedeutungsanalyse. Zugl.: Aachen, Techn. Hochsch., Diss. Quickborn: Schnelle.

Hörmann & Schörghofer (Hg.) (2020): Portal 49. Museen. Herzog & de Meuron, David Chipperfield, Habermann - Decker u.a. Das Architekten Magazin von Hörmann und Schörghofer 2020 (Juli 2020). Steinhagen: Hörmann KG Verkaufsgemeinschaft.

Horn, Sigrid (2020): Es wird voll'gstopft und vollg'stopft. Eine Kampfansage und Wunschkatalog für 2020. In: Standard-Album 2020, 04.01.2020, A 8.

Horst, Sabine (2021): Kitsch! Ein Erklärungsversuch. In: Die Zeit - Feuilleton Nr. 19, 06.05.2021 (Österreich-Ausgabe), S. 60.

Hotzan, Jürgen; Urich, Florian (2004): dtv-Atlas Stadt. Von den ersten Gründungen bis zur modernen Stadtplanung. 3., aktualis. und erw. Aufl.; Orig.-Ausg. München: Dt. Taschenbuch-Verl. (dtv dtv-Atlas, 3231).

Hübler, Michael (2017): Die Wahren, Guten und Schönen - Fakten.

Hueber, Friedmund; Nezval, Bettina (2008): Farbgestaltung historischer Fassaden in Wien. Studie (Werkstattberichte /Stadtentwicklung).

Illetschko, Peter (Hg.) (2016): Stadt 4.0 - Wie wir leben werden. Standard-Forschung (Nr. 1 2016/2017). Wien: Standard Verlagsgesellschaft mbh.

Immobilienrendite AG (2019): Upcycling im Erdgeschoß. In: Immobilien-Standard 2019, 23.11.2019, S. 11.

Informationen zur Raumentwicklung (Hg.) (2003): Öffentlicher Raum und Stadtgestalt. Baukulturelle Maßstäbe für den Stadtumbau. Unter Mitarbeit von Helmut Ahuis. Öffentlicher Raum und Stadtgestalt. Chemnitz, 24.-25.Mai 2002. Deutsche Akademie für Städtebau und Landesplanung (DASL) (Informationen zur Raumentwicklung).

Institut für Bauforschung e. V., Hannover (1979): Städtebauliche Verdichtung und ihre Bewertung. Querschnittsuntersuchung von Demonstrativbauvorhaben. Unter Mitarbeit von Askan Blum, Egbert Bendisch, Ewald Wende. Bonn: BM f. Raumordnung, Bauwesen und Städtebau (Schriftenreihe des BM f. Raumordnung, Bauwesen und Städtebau, 01.067).

Institut für Landes- und Stadtentwicklungsforschung des Landes Nordrhein-Westfalen (ILS) (Hg.) (1979): Probleme der Stadtgestaltung. Veröffentlichung einer Vortragsreihe der Landesgruppe Nordrhein-Westfalen der Deutschen Akademie. Unter Mitarbeit von Viktor Frh. von Malchus. Institut für Landes- und Stadtentwicklungsforschung des Landes Nordrhein-Westfalen (ILS). 2. Auflage. 1 Band. Dortmund: Verlag für Wirtschaft und Verwaltung (Schriftenreihe des ILS - Stadtentwicklung-Städtebau, Band Nr. 2.028).

Institut für Stadtbaukunst an der Technischen Universität Dortmund (Hg.) (2014): Die Stadt zuerst – Kölner Erklärung zur Städtebauausbildung, TU Dortmund, Dortmund

Institut Wohnen und Umwelt (IWU) (1977): Planungsbegriffe. ein Leitfaden durch das Labyrinth der Planersprache. 335 Begriffe aus den Bereichen „Planen - Bauen - Wohnen - Stadt". Darmstadt: Institut Wohnen und Umwelt GmbH.

Jacobs, Jane (1982): Können großangelegte Planungen die Probleme der Stadterneuerung lösen? In: neue heimat - Monatshefte 1982 (1/1982), S. 50–55.

Jacobs, Jane (1963/1975): Tod und Leben großer amerikanischer Städte. 5. Auflage. Gütersloh: Bertelsmann Fachverlag, Berlin (Bauwelt-Fundamente, 4).

Jäggi, Max; Müller, Roger; Schmid, Sil; Schmid, Otmar (1976): Das rote Bologna. Kommunisten demokratisieren eine Stadt im kapitalistischen Westen. Zürich: Verl.-Genossenschaft.

Jahn, Barbara (2021): Mehr als tausend Worte. Fassaden sind das Gesicht der Architektur... In: Architektur Wettbewerbe 45. Jg. (355, 2 März-April 2021), S. 16–19.

Jahn, Harald A. (2014): Zwischen Wirtschaftskrise und Art deco. 2 Bände. Wien: Phoibos-Verl. (Das Wunder des Roten Wien, Bd. 1).

Jahn, Harald A.; Cormack, Sarah Homan (2019): Kenopsia. Wien: Phoibos Verlag.

Janicek, Christine (2009): Oskar Putz. Bilder und Farbkonzepte. Unter Mitarbeit von Oskar Putz. 1. Aufl. Wien: Gezeiten.

Janson, Alban; Tigges, Florian (2013): Grundbegriffe der Architektur. Basel: De Gruyter; Birkhäuser.

Jencks, Charles (1988): Die Sprache der postmodernen Architektur. Entstehung und Entwicklung einer alternativen Tradition. 3., erw. Aufl. Stuttgart: Dt. Verl.-Anstalt.

Jonas, Michael; Hassemer, Simeon (2020): Formen und Praktiken der Partizipation im kommunalen Wien. AkteurInnen, Beteiligungslagen und sozioökonomische Hintergründe. Stand Oktober 2020. Wien: Kammer für Arbeiter und Angestellte Wien (Stadtpunkte, Nr. 33).

JP-Immobilien und WBV-GPA (2020): Plädoyer für die Gstettn. Superscape-Award zum viertenmal verliehen. In: Der Standard - Immobilienstandard 2020, 10.10.2020, S. 8.

Jüngst, Peter (1995): Psychodynamik und Stadtgestaltung. Zum Wandel präsentativer Symbolik und Territorialität von der Moderne zur Postmoderne. Stuttgart: Steiner (Erdkundliches Wissen, 120).

Kähler, Gert (2014): Dekonstruktion? Dekonstruktivismus? Aufbruch ins Chaos oder neues Bild der Welt? Braunschweig, Basel: Vieweg; Birkhäuser (Bauwelt-Fundamente Architekturtheorie, 90). Online verfügbar unter http://www.degruyter.com/view/product/200940.

Kainrath, Wilhelm (1988): Verändert die Stadt. Texte 1971 - 1986. Unter Mitarbeit von Herausgegeben von Elisabeth Binder, Herbert Binder, Katja und Monika Kainrath, Walter Matzettner, Kurt Smetana und Peter Wünschmann. 1 Band. Wien: Picus Verlag Wien (Planen und Gestalten Hg. Hugo Potyka, 4).

Kainrath, Wilhelm; Kubelka-Bondy, Friedl; Kuzmich, Franz; Bondy, Friedl K. (1984): Die alltägliche Stadterneuerung. 3 Jahrhunderte Bauen und Planen in einem Wiener Außenbezirk. Wien: Löcker.

Kainrath Wilhelm, Potyka Hugo, Zabrana Rudolf (1980): Planquadrat 4. Versuch einer ‚sanften' Stadterneuerung. Stuttgart: Karl Krämer Verlag.

Kanonier, Arthur (2020): Raumplanung. Jahrbuch 2020. 50 Jahre Raumplanung an der TU Wien. Studieren - Lehren - Forschen. 1. Auflage. Hg. v. Thomas Dillinger, Michael Getzner und Sibylla Zech. Wien: NWV Verlag (Jahrbücher des Instituts für Raumplanung der TU Wien, 8).

ÖGFA - Österreichische Gesellschaft füt Architektur (.2019): Zum Tod von Anton Schweighofer 1930-2019. Wien.

Kapner, Gerhardt (1975): Architekturpsychologie als Voraussetzung der Stadtgestalt - wissenschftlich und literarisch betrachtet. In: der aufbau 1975 (11-12/1975), S. 429–431.

Kapner, Gerhardt (1973): Grundlagenforschung zur Stadtbild- und Denkmalpflege. In: der aufbau (Mai-Juni), S. 152–154.

Kapner, Gerhardt (1984): Architektur als Psychotherapie. Über die Rezeption von Stadtbildern in Romanen des 20. Jahrhunderts. Wien - Köln - Graz: Böhlau-Verlag; Böhlau.

Kappelhof, Peter (1999): Komplexitätstheorie und Steuerung von Netzwerken. In: Sydow J, Windeler A. und (Hrsg.) (Hg.): Steuerung von Netzwerken. Opladen, S. 1-13.

Kaschuba, Wolfgang (2003): Urbane Identität: Einheit der Widersprüche? Urbanität und Identität zeitgenössischer europäischer Städte Dokumentation des Symposiums am 11. November 2003 an der ETH Zürich mit Beiträgen von Wolfgang Kaschuba, Karl Schlögel, Gerhard Schulze und einem Vorwort von Vittorio Magnago Lampugnani, Fotos von Christian von Steffelin. Wüstenrot Stiftung [Hg.], Ludwigsburg 2005, ISBN: 3-933249-59-7 [Titel anhand dieser ISBN in Citavi-Projekt übernehmen]. Tagungsbericht Zürich 2003.

Kaschuba, Wolfgang (2015): Urbane Identitäten - oder Stadtkultur als Vogel Phönix. Hg. v. Bundesverband Wohnen und Stadtentwicklung e.V. vhw-FWS 1/Jänner - Februar 2015. Berlin.

Kiemstedt, Hans et al. (1975): Landschaftsbewertung für Erholung im Sauerland. Unter Mitarbeit von Forschungsgruppe am Institut für Landschafts- und Freiraumplanung der TU Berlin. 2 Bände. Dortmund: Verlag für Wirtschaft und Verwaltung (Schriftenreihe des ILS - Landesentwicklung, Band Nr. 1.008/I).

KIT - Karlsruher Institut für Technologie (Hg.) (2015): Auf dem Weg zum räumlichen Leitbild Karlsruhe. Unter Mitarbeit von Markus Neppl, Harald Ringler und Matthias Stippich. Karlsruhe. Karlsruhe: KIT Scientific Publishing.

Klaffke, Kaspar (1985): Ein Plädoyer für die Stadtbrache. In: Stadt -Zeitschrift für wohnen und städtebau (1/1985 Kulturbrachen unser Schicksal?), S. 21-23.

Kleedorfer, Jutta (2003): Spielräume. In: Stadt Wien -MA 22 (Hg.): wildwuchs. Vom Wert dessen, was von selbst ist, Bd. 2003, S. 121.

Klein, Dieter; Kupf, Martin; Schediwy, Robert (2005): Stadtbildverluste Wien. Ein Rückblick auf fünf Jahrzehnte. 3. Aufl. Wien: LIT.

Kleindienst, Gerhard (1991): Bebauungsformen für die Stadterweiterung. Beispiele und städtebauliche Kennwerte. Wien: Magistrat der Stadt (Beiträge zur Stadtforschung, Stadtentwicklung und Stadtgestaltung, Bd. 27).

Kleindienst, Gerhard; Kuzmich, Franz (1977): Bauliche Ausnutzbarkeit. Strukturprobleme des dicht bebauten Gebietes von Wien. Bd. 2. Wien: Stadt Wien MA 18 Stadtstrukturplanung.

Kleindienst, Gerhard; Kuzmich, Franz (1999): Bebauungsformen und Raumwärmebedarf. Städtebauliche und energetische Kennwerte anhand von Wiener Bebauungsbeispielen und einer Studie von Encom. Wien: Stadt Wien MA 18 Stadtentwicklung und Stadtplanung (Beiträge zur Stadtforschung, Stadtentwicklung und Stadtgestaltung, 66).

Kliem, Peter G.; Noack, Klaus (1984): Berlin, Anhalter Bahnhof. Frankfurt am Main: Ullstein.

Klotz, Arnold (1992): Planung als Prozess. Beirat für die Stadtentwicklungsbereiche. Unter Mitarbeit von Michael Wagner, Synthesis-IS im Auftrag der MA 18. Wien.

Klotz, Arnold (Hg.) (Hg.) (1992): Urbane Identität. Beirat für Stadtentwicklungbereiche. Unter Mitarbeit von Synthesis - IS. Stadt Wien MA 18. Wien (Wien wächst).

Koch, Tom; Gerersdorfer, Daniel; Doleschal, Stephan (Hg.) (2017): Ghostletters Vienna. Ghostletters Vienna. Falter Verlagsgesellschaft m.b.H. Wien: Falter Verlag.

Koepf, Hans (1972): Stadtbaukunst in Österreich. Salzburg: Residenz.

Kohoutek, Rudolf (2016): Wiener Grund. Vermessung einer Liebe zur Stadt : Fotografien und Texte. Zürich: Park Books.

Kollhoff, Hans (1990): Architektur contra Städtebau. Hans Kollhoff im Gespräch mit Nikolaus Kuhnert. In: ARCH+ (Hg.): Chaos Stadt-Stadtmodelle nach der Postmoderne, 105/106 aus 10/1990. Aachen: ARCH+Verlag GmbH, S. 41 - 45.

Koolhaas, Rem (1990): Delirious New York. In: ARCH+ (Hg.): Chaos Stadt-Stadtmodelle nach der Postmoderne, 105/106 ais 10/1990. Aachen: ARCH+Verlag GmbH, S. 59 - 67.

Koolhaas, Rem (2024): ‚Europäer streben nurnach komfort und sicherheit…“ Interview im Zeit-Feuilleton 6.6.2024

Kose, Ursula; Licka, Lilli (1995): Bespielbare Stadt. Basierend auf den Arbeiten „Alles geht spielend“ (1991) und „Der Weg ist das Spiel“ (1992), KoseLička, Stadt- und Landschaftsplanerinnen im Auftrag der Magistratsabteilung 18. Wien: Magistrat der Stadt Magistratsabt. 18 (Beiträge zur Stadtforschung, Stadtentwicklung und Stadtgestaltung, 56).

Kräftner, Johann (1980): Der architektonische Baum. Ein Buch über das Wechselspiel von Baum und Bauwerk in Landschaft, Park und Siedlung. Wien: Molden.

Kramer, Karin (Hg.) (1979): „...Nehmt der Langeweile ihren Sinn...“. Bilder & Texte ; Wandmalereien in West-Berlin & West-Deutschland. Berlin: Karin Kramer Verlag (Wandmalereien & Texte, 1).

Krasny, Elke (2010): Erdberger Mais. Wo Zukunft Stadt findet. Unter Mitarbeit von Wojciech Czaja, Robert Temel, Wolfgang Dvorak: Stadt Wien MA 18 Stadtentwicklung und Stadtplanung.

Kratochwill, Sepp (1999): Wiener Stadtlandschaften. Ein Plädoyer für Lebensqualität, 1945 - 2000. Wien: Österr. Kunst- und Kulturverl. (Projektieren, Konzipieren, Konstruieren, Bauen, Sanieren, Demolieren, Bd. 9).

Krause, Karl-Jürgen (1973/74): Stadtgestalt und Stadterneuerung. Hinweise für die Praxis. Bonn: Bundesvereinigung Deutscher Heimstätten e.V.

Krepelin, Kirsten; Thränert, Thomas (2016): Reliefstudien – die Gestaltung des Ortes in der freien Landschaft um 1800. Unter Mitarbeit von Technische Universität Berlin, Cordula Loidl-Reisch und Caroline Rolka.

Krier, Rob (1975): Stadtraum in Theorie und Praxis. Wiederauflagen 2005 und 2009. Stuttgart: Karl Krämer Verlag.

Kronsteiner, Olga (2020): Bansky aus der Retorte. Der berühmte Street-Art-Künstler Bansky begeistert Millionen. In: Der Standard - Agenda 2020, 18.07.2020, Agenda S. 8.

Kuder, Thomas (2016): Städtische Identität. Vielfalt in den Zentren von Klein- und Mittelstädten - sozialräumliche Integration städtischer Identität und gesellschaftlicher Teilhabe. Hg. v. Bundesverband für Wohnen und Stadtentwicklung e.V. - vhw. w.o. Berlin.

Kultermann, Udo (1979): Die Stadt als Kunstwerk. Die urbane Ästhetik sollte eine Aktionsästhetik sein. In: neue heimat - Monatshefte 1979 (10/79), S. 22–37.

Kunsthalle Wien (2009): Wem gehört die Stadt? Wien - Kunst im öffentlichen Raum seit 1968. Nürnberg: Verl. für Moderne Kunst.

Kurrent, Friedrich (1979): Neues Bauen in alter Umgebung. In: der aufbau 1979 (12), S. 460–465.

La Speranza, Marcello (2018): Verlassene Orte in Wien. Faszinierende Aufnahmen der besten Lost-Places-Fotografen. Unter Mitarbeit von Stefan Andert, Lukas Arnold, Lisa Bloderer, Thomas Keplinger und Bence Szalai. Erfurt: Sutton Verlag.

La Speranza, Marcello (2019): Lost Places in Wien. Die Faszination vergessener Orte.

Laimer, Christoph; Rauth, Elke (2015): Perspektiven eines kooperativen Urbanismus. In: dérive - Zeitschrift für Stadtforschung 2015 (Nr. 61), S. 4 - 6.

Lammerhuber, Christoph; Luchsinger Christoph (2013): Urbanität durch Wohnen. Eine neue Stadterneuerung. Erarbeitung von Kriterien zur Verbesserung der wohnraumversorgung bestehender Wohnanlagen. Unter Mitarbeit von Isolde Rajek und Manfred Schenekl. Hg. v. M. 50A Stadt Wien. Stadt Wien, Wiener Wohnbauforschung. Wien.

Lampugnani, Vittorio M. (1979): Auf der Suche nach der verlorenen Theorie. Bauen heißt nicht nur Hüllen schaffen... In: neue heimat - Monatshefte 1979 (8/1979), S. 10–17.

Lampugnani, Vittorio M. (1993): Die Provokation des Alltäglichen. Für eine neue Konvention des Bauens. In: Der Spiegel 1993 (51/1993), S. 142–147.

Lampugnani, Vittorio M. (2019): Bedeutsame Belanglosigkeiten. Kleine Dinge im Stadtraum. Berlin: Klaus Wagenbach.

Lampugnani, Vittorio M. (2019): Die Städte werden langsamer. Die urbane Architektur muss es ihnen gleichtun. In: Neue Zürcher Zeitung 2019, 14.02.2019.

Lampugnani, Vittorio M.; Schützeichel, Rainer (Hg.) (2015): Radikal normal. Positionen zur Architektur der Stadt. Ostfildern: Hatje Cantz.

Lampugnani, Vittorio M. (2011): Die Stadt im 20. Jahrhundert. Visionen, Entwürfe, Gebautes. 2. Aufl. Berlin,Wagenbach.

Lampugnani, Vittorio M. (2011): Gesten ohne Sinngehalt. In: Neue Zürcher Zeitung 2011, 05.11.2011, S. 1–7.

Lampugnani, Vittorio M. (2019): Die Städte werden langsamer. Die urbane Architektur muss es ihnen gleichtun. In: Neue Zürcher Zeitung (4.2.2019).

Lampugnani, Vittorio M. (2023): Gegen Wegwerfarchitektur. Berlin, Wagenbach

Landtag des Bundeslandes Wien (2018): Bauordnung für Wien. In: RIS Rechtsinformationssystem des Bundes.

Lange, Bastian (Hg.) (2012): Ortsentwürfe. Urbanität im 21. Jahrhundert. Unter Mitarbeit von Harald Saiko, Gottfried Prasenc. Berlin: jovis-verlag.

Lange, Ralf (2003): Architektur und Städtebau der sechziger Jahre. Planen und Bauen in der Bundesrepublik Deutschland und der DDR von 1960 bis 1975. 1. Aufl. Bonn: Dt. Nationalkomitee für Denkmalschutz (Schriftenreihe des Deutschen Nationalkomitees für Denkmalschutz, 65).

Lässig, Konrad; Linke, Rolf; Rietdorf. Werner; Wessel, Gerd (1971): Straßen und Plätze. Beispiel zur Gestaltung städtebaulicher Räume. Einführung Prof. Hans Schmidt. 2. Auflage. Berlin: VEB Verlag für Bauwesen.

Laufer, Nora (2020): Was Klimaneutralität bis 2040 bedeutet. In: Der Standard - Wirtschaft 2020, 28.01.2020, S. 15.

Le Roy, Louis G. (1983): Natur ausschalten, Natur einschalten. 2. Aufl. Stuttgart: Klett-Cotta.

Lebhart, Gustav (2016): Wien - Entwicklung der Privathaushalte in Wien und den 23 Wiener Gemeindebezirken. Wohnraumbelagsprognose 2015 bis 2035. Unter Mitarbeit von Klemens Himpele. Wien: Magistrat der Stadt Wien; MA 23 (Statistik Journal).

Lehmbrock, Josef; Fischer, Wend (Hg.) (1971): Profitopolis. oder: der Mensch braucht eine andere Stadt. Die Neue Sammlung, München. München: Staatliches Museum für angewandte Kunst, München.

Lehmbrock, Josef; Fischer, Wend (Hg.) (1979): Von Profitopolis zur Stadt der Menschen. Die Neue Sammlung, München. München: Die Neue Sammlung, Staatliches Museum für angewandte Kunst, München.

Lichtenberger, Elisabeth (2015): Die Stadt. Von der Polis zur Metropolis. 2nd ed. Darmstadt: Primus Verlag. Online verfügbar unter http://gbv.eblib.com/patron/FullRecord.aspx?p=2069211.

Licka, Lilli; Grimm, Karl (2015): Nextland. Zeitgenössische Landschaftsarchitektur in Österreich ; contemporary landscape architecture in Austria. Basel: Birkhäuser. Online verfügbar unter http://nextland.at.

Liessmann, Konrad Paul (2009): Schönheit. 1. Aufl. Wien: Facultas.wuv (Grundbegriffe der europäischen Geistesgeschichte, 3048).

Liessmann, Konrad Paul (2013): Philosophie der modernen Kunst. Erw. und aktualisierte Neuausg. Wien: Facultas.wuv.

Liessmann, Konrad Paul (2019): Das Pilatus-Projekt. Was ist Wahrheit? In: Addendum (5/2019), S. 6–9.

Lindemann, Hans-Eckhard (1972): Die Entwicklung der Stadtgestalt im Planungsprozess. Planentwurf - schöpferische Tätigkeit, Routinemaßnahme oder politischer Kompromiss? In: Stadtbauwelt 63. Jahrgang (Stadtbauwelt Nr. 35), S. 195–196.

Lindemann, Hans-Eckhard (1985): Brachland in der Stadt. Politischer, wirtschaftlicher und gesellschaftlicher Strukturwandel schlechthin hinterlassener brachgefallener Bauten und Flächen - ein Phänomen der ganzen Stadtgeschichte. In: Stadt -Zeitschrift für wohnen und städtebau 1985 (1/1985 Kulturbrachen unser Schicksal?), S. 26 - 33.

Lindemann, Hans-Eckhard (1999): Stadt im Quadrat. Geschichte und Gegenwart einer einprägsamen Stadtgestalt. Basel: Birkhäuser (Bauwelt Fundamente, 121). Online verfügbar unter http://www.degruyter.com/search?f_0=isbnissn&q_0=9783035602623&searchTitles=true.

Lippitsch, Doris (2009): Öffentlicher Raum. Ein Streifzug durch das Wien von heute. Wien: Bohmann Druck & Verlags GmbH.

Lobe, Adrian (2020): Wie soll die Stadt der Zukunft klingen? In: Der Standard - Forschung spezial 2020, 07.10.2020, S. 10.

Loicht, Stefan (2020): Gemeinsam eine bessere Stadt bauen. Ein Buch über soziale Projekte der WBV-GPA. Unter Mitarbeit von Anna Soucek, Wojciech Czaja, Sabine Pollak u.a. Wien: Selbstverlag WBV-GPA.

Loidl-Reisch, Cordula (1986): Der Hang zur Verwilderung. Die Anziehungskraft der Verwilderung und ihre Bedeutung als Träger illusionistischer Freirauminszenierungen. 1 Band. Wien: Picus Verlag Wien (Planen und Gestalten, Hg. Hugo Potyka, Band 2).

Loidl-Reisch, Cordula (1992): Stadterweiterung - Freiflächensicherung - Freiraumgestaltung. Dokumentation der Fachtagung am 20. November 1991. Wien: Magistrat der Stadt Magistratsabt. 18 (Beiträge zur Stadtforschung, Stadtentwicklung und Stadtgestaltung, 32).

Loidl-Reisch, Cordula (1995): Typen öffentlicher Freiräume in Wien. Ansätze zu einer Kategorisierung. Wien: Magistrat der Stadt Magistratsabt. 18 (Beiträge zur Stadtforschung, Stadtentwicklung und Stadtgestaltung / Magistrat der Stadt Wien).

Löw, Martina (2017): Raumsoziologie. 9. Auflage. Frankfurt am Main: Suhrkamp (Suhrkamp-Taschenbuch Wissenschaft, 1506).

Luchsinger, Christoph (2015): Fachkonzept Hochhäuser. Strategien zur Planung und Beurteilung von Hochhausprojekten. Unter Mitarbeit von André Krammer, Frank Schwenk, Barbara Maschat, Bernhard Steger. Wien: Magistratsabt. 21 - Stadtteilplanung und Flächennutzung (Werkstattbericht / /Stadtentwicklung Wien], 146).

Lugerbauer, Katrin; Hegmann, Joachim (2021): Wilde Wiesen gestalten. Naturalistische Staudenbeete für den Garten. Stuttgart: Ulmer.

Luhmann, Niklas (2020): Autopoiesis. Unter Mitarbeit von N-L. zu 25% sonst weitere 103 Autoren. Hg. v. Wikipedia.

Luxner, Johannes (2016): Die Dynamik der Stadt verstehen. In: ÖGZ- Österreichische Gemeindezeitung: Zeitschrift des Österreichischen Städtebundes 2016 (Nr. 4).

Lynch, Kevin (1960/1998): Das Bild der Stadt. 2. Aufl., Nachdr. Braunschweig: Vieweg (Bauwelt-Fundamente, 16).

Maak, Niklas (2020): Auf einmal wünscht Trump klassisch. Amerikas öffentliche Gebäude. In: Frankfurter allgemeine Zeitung - Feuilleton 2020, 07.02.2020.

Maderthaner Wolfgang, Musner Lutz (1999): Die Anarchie der Vorstadt. Das andere Wien um 1900. Frankfurt/New York: Campus Verlag.

Maderthaner, Rainer; Schmidt, Gerhard (1989): Stelzen und Pylonen. Verkehrsbauwerke im ästhetischen Urteil der Anrainer. Unter Mitarbeit von Oskar Mayr-Schmölzer. Wien: Verlag der Österreichischen Akademie der Wissenschften.

Magistrat der Stadt Wien (1992): Anwachsen. Neue Stadtteile in Europa; Beispiele für Wien? Wien: Magistrat der Stadt (Beiträge zur Stadtforschung, Stadtentwicklung und Stadtgestaltung, 31).

Magistrat der Stadt Wien (1994): STEP 1994. Stadtentwicklungsplan für Wien. Wien: Magistrat der Stadt Wien MA 18 Stadtentwicklung und Stadtplanung (Beiträge zur Stadtforschung, Stadtentwicklung und Stadtgestaltung, 53).

Mamou-Mani, Arthur (2020): Es fehlt oft die natürliche Unordnung. Evolutionäre Algorithmen nützen. In: FORUM Planen als Beilage in ARCHITEKTUR & BAU FORUM, 04-05/2020, S.36-37.

Mang, Karl (Hg.) (1978): Kommunaler Wohnbau in Wien. Aufbruch 1923 - 1934 Ausstrahlung. Unter Mitarbeit von Czeike Felix, Kainrath Wilhelm, Michael Wachberger. Wien: Presse- und Informationsdienst Wien.

Manssen, Geritt (1991): Regelung der Baugestaltung und gemeindliche Selbstverwaltung. Beitrag zur legitimierenden Funktion des Art. 28 GG. Regensburg: Duncker & Humbler (Die Verwaltung, 24).

Markelin, Antero; Trieb, Michael (Hg.) (1974): Mensch und Stadtgestalt. Beiträge zu Aufgaben und Problemen der Stadtgestaltung. Stuttgart: Dt. Verl. Anst.

Novotny, Maik (1/2020): hoch oder quer? Ansichten zum Thema sind eine Grundsatzfrage. Interview mit Marta Schreieck und Carola Mühlöcker-Fleissner. Wien. Wohnenplus S. 27.

Nussbaum, Andrea (2009): I am not a Gardener. Her metier is landscape architecture, but their language is that of art. Interview mit Martha Schwartz. 91° More than Architecture.

Mäckler, Christoph; Sonne, Wolfgang (2010 – 2015): Dortmunder Vorträge zu Stadtbaukunst No. 1-5, Zürich/Sulgen: Niggli

Maturana, Humberto R.; Varela, Francisco J. (2015): Der Baum der Erkenntnis. Die biologischen Wurzeln menschlichen Erkennens. 6. Auflage. Frankfurt am Main: Fischer Taschenbuch Verlag (Fischer, 17855). Online verfügbar unter https://d-nb.info/988668114/04.

Maurer, Jakob; Hofmann, Fritz (1988): Mut zur Stadt. Erfahrungen mit Wien. Wien: Compress-Verlag.

Mayerhofer, Rainer (Hg.) (1987): Gestalteter Lebensraum. Gedanken zur örtlichen Raumplanung ; Festschrift für Friedrich Moser. Institut für Örtliche Raumplanung. Wien: Picus.

Meckseper, Cord; Schraut, Elisabeth (1983): Die Stadt in der Literatur. Göttingen: Vandenhoeck & Ruprecht (Kleine Vandenhoeck-Reihe, 1496).

Mehr Wohnraum für Berlin. Neues Stadtquartier Buckower Felder in Neukölln. In: green building - Architektur + Design 2019 (92 - September 2019), S. 72–73.

Meier, Marco (1994): Hochhaus und Pavillon. Die Stadt lebt nicht vom Block allein. Was ist - Editorial. In: du 1994 (11), S. 15–17.

Meise, Jörg; Volwahsen, Andreas; Sieverts, Thomas (1980): Stadt- und Regionalplanung. Ein Methodenhandbuch. Braunschweig: Vieweg.

Meyer, Ulf (2020): Gebautes Internet für Bilder und Welten. Neubau des springer-Verlags in Berlin von Rem Koolhaas. In: Standard - Album 2020, 01.02.2020, A 8.

Meyer, Friederike (2021): Berliner Kollisionen. Das Humboldt-Forum im Berliner Stadtschloss wurde für fertig erklärt. In: Der Standard - Architektur 2021, 16.01.2021, A 8.

Miko, Katharina (2012): Planen - aber sicher! Physische und soziale Verunsicherungsphänomene - wie kann die Stadtplanung ihnen begegnen? Wien: Stadt Wien MA 18 Stadtentwicklung und Stadtplanung (Werkstattberichte / Stadtentwicklung, Nr. 125).

Miller, Naomi; Morgan, Keith; Robson, Ian (1990): Boston Architecture. 1975 - 1990. Munich: Prestel.

Mitscherlich, Alexander (1965): Die Unwirtlichkeit unserer Städte. Anstiftung zum Unfrieden. 5. Auflage 1968. Frankfurt am Main: Suhrkamp (edition suhrkamp, Nr. 123).

Mitscherlich, Alexander (1971/1974): Thesen zur Stadt der Zukunft. 4. Aufl., 46. - 53. Tsd. Frankfurt am Main: Suhrkamp (Suhrkamp-Taschenbuch, 10).

Moholy-Nagy, Sibyl (1968): Die Stadt als Schicksal. Geschichte der urbanen Welt. München: Callwey.

Molden, Ernst (2014): Wien Mitte. Ein Wochenbuch. Wien: Deuticke.

Moles, Abraham A. (1971): Informationstheorie und ästhetische Wahrnehmung. Köln: DuMont Schauberg (DuMont Dokumente).

Molina, Camilo; Quinz, Hannah; Reinprecht, Christoph (2020): Sozialraum Monitoring. Durchmischung und Polarisierung in Wien. Wien: Kammer für Arbeiter und Angestellte für Wien (Stadtpunkte).

Moos, Stanislaus von (2011): Schmierfinken der Architektur. In: Neue Zürcher Zeitung 2011, 03.12.2011, S. 1-7.

Moser, Friedrich (1980): Mehr Phantasie kostet nicht mehr. Stadtgestaltung in Wien. In: wien aktuell 1980 (Heft 4-April), S. VIII–XIII.

Moser, Friedrich (1985): Charakteristik der Stadtgestalt. gezeigt am Beispiel Wien. Unter Mitarbeit von Wolf-Dieter Frei, Rainer Mayerhofer. Hg. v. Friedrich Moser. BMfBauten udn Technik (Wohnbauforschung). Wien.

Müller, Ariane (2008): Internationale Best Practices - öffentlicher Raum und ruhender Verkehr (Werkstattberichte/ Stadtentwicklung, Nr. 93).

Müller, Christine (2020): Mut zur Lücke. Wie man ein Zeichen setzt. In: FORUM Planen - Beilage in ARCHITEKTUR & BAU FORUM, 04-05/2020, S. 14-15.

Müller, Wolfgang; Bischof, Wolfgang (1979): Städtebau. Technische Grundlagen. 3., überarb. und erw. Aufl. Stuttgart: Teubner.

Mullis, Daniel (2016): Athen neu denken und die Rückeroberung der Städte. In: dérive - Zeitschrift für Stadtforschung 2015 (59), S. 10–15.

Musil, Robert (1952/1965): Der Mann ohne Eigenschaften. Unter Mitarbeit von Hg. Adolf Frisé. Hamburg: Rowohlt (Gesammelte Werke in Einzelausgaben).

Naegeli, Harald; Keresztes, Lajos (1991): Talking Walls. Würzburg: Stürtz (Pro Art. Jahresgabe d. Hess. Brandversicherungsanstalt f. d. Jahr 1991).

Napetschnig, Madeleine (Red.) (Hg.) (2021): Welterbe Wien. Magazin zum urbanen Diskurs. Die Presse 2021 (Februar). Wien: ‚Die Presse' Verlags GmbH.

Neumann, Peter (2002): Zur Bedeutung von Urbanität in kleineren Industriestädten, untersucht am Beispiel von Hennigsdorf und Ludwigsfelde im Umland von Berlin. Zugl.: Münster (Westfalen), Univ., Diss., 2001. Münster: Inst. für Geographie der Westfälischen Wilhelms-Univ (Münstersche geographische Arbeiten, 45).

Neutra, Richard (1977): Bauen und die Sinneswelt. Dresden: VEB Verlag der Kunst.

Senk, Walter (01.10.2020): Nutzungsmischung. Interview mit Nitsch, Sebastian - CEO von 6B47. Immobilien-Redaktion Online.

Novotny, Maik (2019): „Es gibt einen Kampf um den Boden". Interview mit Björn Wiström. Wien. Standard. 11.12.2019

Novotny, Maik (2010): Zuhause im Turm. In: Wohnenplus 2010 (1/2010), S. 10 - 13.

Novotny, Maik (2020): Land ohne Ende. In: Standard - Album 2020, 08.02.2020, Album A 8.

Novotny, Maik (2020): Raus aus dem Wohnzimmer! Das Möbel, dein Feind: Bänke auf denen man nicht liegen kann...... In: Standard 2020, 22.02.2020, Album A 8.

Novotny, Maik (2020): Wohnen macht Stadt. 25 Jahre Bauträgerwettbewerbe. In: Der Standard 2020, 27.06.2020 (Album), A 8.

Novotny, Maik (2020): Neonvillen und Curryhäuser. Warum sind eigentlich so viele Häuser in Österreich gelb? In: Der Standard - Architektur 2020, 15.08.2020, A8.

Novotny, Maik (2020): Nicht genug gestritten. im Interview mit Gabu Heindl. In: Standard - Album 2020, 31.10.2020, A 10.

Novotny, Maik (2021): Aus dem Häuschen. Ein Hamburger Stadtbezirk lässt keine Einfamilienhäuser mehr zu. In: Der Standard - Album 2021, 13.02.2021, A 8.

Novotny, Maik (2021): Monster in Beige. Kate Wagners „McMansion Hell". In: Der Standard - Architektur 2021, 13.03.2021.

Novotny, Maik (2021): Blüten im englischen Garten. Bye-bye, Brexit-Tristesse. Die junge Architektengeneration Englands entdeckt die Farbe neu. In: Der Standard - Architektur 2021, 27.03.2021.

Novotny, Maik (2019): Schönheit als Kampfzone. Der Wiederaufbau von Teilen der Frankfurter Altstadt sorgt für heftige Debatten. In: Der Standard - Architektur 2019, 12. Jänner 2019, Album A 8.

Novotny, Maik (1/2020): „Das Wohnhochhaus wird die Ausnahme bleiben". Interview mit Bernhard Steger. Wien. Wohnenplus Heft 1/2020.

Novotny, Maik (1/2020): hoch oder quer? Ansichten zum Thema sind eine Grundsatzfrage. Interview mit Marta Schreieck und Carola Mühlöcker-Fleissner. Wien. Wohnenplus S. 27.

Novy, Klaus (1990): Kontratieff kontra Städtebau. Lange Wellen und die Konjunktur der großen Wellen. In: Stadtbauwelt 81. Jahrgang (48), S. 2483–2487.

OPK - Offenes PlanerInnenkollektiv (2016): Identität und Raum. Beiträge des öffentlichen Freiraums zu Prozessen der Identitätsbildung auf Grätzelebene. Unter Mitarbeit von Philipp Rode - Georg Bautz, Doris Bistricky, Zoe Leydet, Julia Rode. Wien: Stadt Wien MA 18 Stadtentwicklung und Stadtplanung (Werkstattbericht, Nr. 161).

Orwell, George (1949): 1984.

Paál, Gábor (2020): Was ist schön? Die Ästhetik in allem. Würzburg: Königshausen & Neumann.

Padberg, Martina (1995): Großstadtbild und Großstadtmethaphorik in der dt. Malerei deutschen Malerei. Vorstufen und Entfaltung 1870 - 1913. Zugl.: Bonn, Univ., Diss., 1995. Münster: LIT (Bonner Studien zur Kunstgeschichte, 10).

Pahl, Jürgen (1963): Die Stadt im Aufbruch der perspektivischen Welt. Berlin: Ullstein (Bauwelt Fundamente, Nr. 9).

Panerai, Philippe; Castex, Jean; Depaule, Jean-Charles (1985): Vom Block zur Zeile. Wandlungen der Stadtstruktur. Braunschweig: Vieweg (Bauwelt-Fundamente Städtebau, Gesellschaftswissenschaften, 66).

Pape, Charlotte; Freitag, Ulrich (1987): Topographischer Atlas Berlin. Entwicklung und Struktur der Stadt Berlin in 55 Karten und 20 Luftbildern mit erläuternden Texten. Berlin: Reimer.

Pech, Michael (2020): Kluge Konzepte sind gefragt. Expertenrunde gibt Antwort auf mögliche Szenarien. In: Zement + Beton 2020 (Nr. 2), S. 6 - 8.

Perchinig, Bernhard; Steiner, Winfried (Hg.) (1991): Kaos Stadt. Möglichkeiten und Wirklichkeiten städtischer Kultur. Wien: Picus-Verl.

Perny-Puchner, Inge; Mickerts, Walter H.; Puchner, Inge Perny (1996): Die Krone der Dächer. Schornsteine, Rauchfänge, Kaminköpfe. 1. Aufl. Wien: Brandstätter.

Petz, Ursula von (Hg.) (2004): „Going West?". Stadtplanung in den USA - gestern und heute. Dortmund: IRPUD (Blaue Reihe, 116).

Pfenningschmidt, Jörg; Reit, Jonas. (2017): Hier wächst nichts. Notizen aus unseren Gärten. Stuttgart: Ulmer.

Philipp, Pramer (2020): Stadt im Konjunktiv. Wie werden wir 2050 leben, wohnen und arbeiten? In Städten, im grünen und ziemlich nachhaltig - so lautet zumindest die Idee des Biomorphic Urbanism. In: Der Standard - Edition Zukunft 2020, 11.09.2020, S. 14.

Phur, Anna (2021): Geschichte, die (nicht) verschwindet. Wie kann die kulturelle Identität Beiruts bewahrt werden? In: Der Standard - Kultur 2021, 12.01.2021, S. 12.

Plöckinger, Kurt (Hg.) (2000): Wiener Architekturgespräche. Magistrat der Stadt Wien. Wien: Stadt Wien MA 18 Stadtentwicklung und Stadtplanung (Werkstattberichte / Stadtplanung Wien, Nr. 36).

Pollederi, Paolo (Hg.) (1990): Visionary San Francisco. San Francisco: Mus. of Modern Art 14.6. - 26.8.1990. München: Prestel.

Pollerhof, Thorben (2020): Deutschland entwickelt sich am Wasser. Deutsche Städte entdecken das Wasser zur Quartiersentwicklung. In: Der Standard - Immobilienstandard 2020, 10.10.2020, S. 13.

Pomaroli, Gilbert (2020): Neue Baulandarten für mehr Verträglichkeit. Örtliche Entwicklung mit Bedacht. In: Raumdialog (4/2020), S. 10–11.

Posener, Julius (1972): Ist Stadtbaukunst noch zeitgemäß? In: Stadtbauwelt 63. Jahrgang der Bauwelt (Nr. 35).

Potyka, Hugo (1973): Gedanken zur Effektivität der Planung. Arbeitskreis 10 (Stadtentwicklungsenquete 1972/73): Planung und Verwirklichung. In: der aufbau 1973 (September-Oktober), S. 354–356.

Potyka, Hugo (1970): Verdichteter Flachbau. Unter Mitarbeit von Rudolf Zabrana. Stuttgart/Bern: Karl Krämer Verlag (neues bauen - neues wohnen, Nr. 8).

Potyka, Hugo (1972): Kommunale Folgemaßnahmen von Widmungsänderungen. Unter Mitarbeit von Konsulentengruppe Raumplanung. i.A. Stadt Wien MA 22. Wien.

Potyka, Hugo (Hg.) (1986): Verbesserung von Großwohnungssiedlungen der Nachkriegszeit. Internationaler Studentenwettbewerb. Hg. v. Österreichischer Ingenieur- und Architektenverein. Wien.

Potyka, Hugo; Zabrana, Rudolf (1985): Pflegefall Althaus. Reparaturzyklen von Wohnhäusern. Wien: Picus (Schriftenreihe Planen und Gestalten, 1).

Potyka, Hugo; Zeininger, Johannes; Kurrent, Friedrich; Kopper, Ernst W.; Frank, Sepp; Zabrana, Rudolf (1998): Universitätscampus Wien. Bd. 1 - Historie und Geist Bd. 2 - Architektur als Transformation. Geisteswissenschaftliche Fakultät der Universität Wien. Unter Mitarbeit von Richard Fischer und et.al. 2 Bände. Wien: Holzhausen.

Pracht, Klaus (1992): Gestaltungsakzente am Bau. Strukturen - Profile - Ornamente ; Vokabeln einer Architektursprache. Stuttgart: DVA.

Prinz, Dieter (1988): Städtebau. Band 2: Städtebauliches Gestalten. 3. Auflage. Stuttgart, Berlin: Kohlhammer (Architektur).

Proksch, Thomas (2003): Wildnis vor der Haustür. Plädoyer für Wiens Natur als Implantation in der zeitgenössischen Architektur. In: Stadt Wien -MA 22 (Hg.): wildwuchs. Vom Wert dessen, was von selbst ist.

Putschögel, Martin (2020): Die Erdgeschoßzonen im Fokus. In der Seestadt Aspern ist die gemangte Einkaufstraße seit fünf Jahren in Betrieb. In: Der Standard - Immobilienstandard 2020, 10.10.2020, S. 8.

Quinn, Eugene (2019): Hässlichkeit trifft Entertainment. In: studio! (02)Juni), S. 10–13.

Rainer, Roland (1962): Planungskonzept Wien. Wien: Jugend & Volk („der aufbau“, Monographie Nr. 13).

Rainer, Roland (1978): Kriterien der wohnlichen Stadt. Trendwende in Wohnungswesen und Städtebau. Graz: Akademische Druck- und Verlagsanstalt, Graz.

Rainer, Roland (1990): Dekorationen ersetzen Konzepte nicht. Wien, Köln: Böhlau (Kulturstudien Sonderband, 6).

Rapoport, Amos; Kantor, Robert (1970): Komplexität und Ambivalenz in der Umweltgestaltung. In: Stadtbauwelt (26), S. 114–120.

Rauterberg, Hanno (2020): Bürger an die Macht! In: Die ZEIT 2020, 30.12.2020, S. 21.

Rauterberg, Hanno (2021): Ein Baumhaus der Zukunft. Wie der Klimawandel die Architektur der Städte verwandelt. In: Die ZEIT 2021, 11.02.2021 (Österreich-Ausgabe), S. 47.

Rauterberg, Hanno (2021): Aus dem Häuschen. Warum man das Einfamilienhaus überflüssig machen sollte. Die ZEIT 18.02.2021, S. 1

Rauterberg, Hanno (2023): Verbaute Zukunft – Warum die wärmegedämmte Stadt eine Katastrophe ist. In ZEIT-Wirtschaft v. 4.5.2023

Rauth, Elke (2019): Raum zum Leben, Denken, Handeln. Über die Verfügbarkeit von Raum als Basis einer gemeinwohlorientierten Stadtentwicklung. In: Arbeiterkammer Wien (Hg.): Gentrifizierung in Wien. Perspektiven aus Wissenschaft, Politik und Praxis. Unter Mitarbeit von Mara Verlic Justin Kadi (Stadtpunkte, Stadtpunkte Nr. 27), S. 115 - 123.

RIS Rechtsinformationssystem des Bundes.

Redl, Bernadette (2020): Passt das Tiny House ins Ortsbild? Ob Flachdach, Tiny House oder grelle Fassade... In: Der Standard - Immobilienstandard 2020, 08.08.2020, A 6.

Redl, Bernadette (2020): Gebäude müssen Ensembles bilden. Klare Trennung zwischen öffentlichen und privaten Räumen. In: Der Standard - Immobilienstandard 2020, 10.10.2020, S. 7.

Redl, Ferdinand (2015): FORMERLY known as PROBLEMATISCH. Die Transformation des Wiener Stuwerviertels. In: dérive - Zeitschrift für Stadtforschung 2015 (Nr. 59), S. 16–21.

Reicher, Christa (2018): Erfassung, Bewertung und Sicherung der Stadtgestalt. Schnelleinstieg für Architekten und Planer. Wiesbaden: Springer Vieweg (essentials).

Reicht, Wolfgang (2020): Das geplante Zentrum. Wo es kein Zentrum gibt, kann es nicht verwaisen. In: Immobilienwirtschaft 2020 (1/2020), S. 10.

Reif, Jonas; Kress, Christian; Becker, Jürgen (2014): Blackbox Gardening. Mit versamenden Pflanzen Gärten gestalten. Stuttgart: Ulmer.

Reinprecht, Christian (2014): Wohnen im Hochhaus. Eine Studie zu Wohnkultur und Wohnqualität in Wiener Wohnhochhäusern. Studie im Auftrag der MA 50 (Wohnbauforschung). Unter Mitarbeit von Cornelia Dlabaja. Hg. v. MA 50 Wohnbauforschung. Jörg Seisselberg. Wien.

Reinprecht, Christoph (2021): Sozialpolitik am Schirm. AK Sozialmonitor Wien. In: AK Stadt (1/2021), S. 6–11.

Reiß-Schmidt, Stefan ; Zwoch, Felix (1990): Befreiung von der Moderne. Wir brauchen eine kultur des Städtebaus! In: Stadtbauwelt 81. Jahrgang (48), S. 2407–2413.

Strobl, Günther (2020): Handy ade, Chip juchhe. Interview mit Andreas Reiter. DerStandard Portfolio. Dezember 2020

Rienesl, Jürgen (2003): Wildnis zulassen. In: Stadt Wien -MA 22 (Hg.): wildwuchs. Vom Wert dessen, was von selbst ist.

Rilke, Rainer Maria (1997 // 2014): Die Aufzeichnungen des Malte Laurids Brigge. Hrsg. und kommentiert von Manfred Engel. Bibliogr. ergänzte Aufl. Stuttgart: Reclam (Universal-Bibliothek, Nr. 9626).

Ritter, Ernst-Hasso (2005): Handwörterbuch der Raumordnung. 4., neu bearb. Aufl. Hannover: Akademie für Raumforschung und Landesplanung. Online verfügbar unter http://www.arl-net.de/content/handwoerterbuch-der-raumordnung.

Rödder, Andreas (2015): 21.0. Eine kurze Geschichte der Gegenwart. München: Beck.

Rode, Philipp (2010): Soziale Veränderungsprozesse im Stadtraum. Wiener Sozialraumanalyse mit Vertiefung in acht ausgewählten Stadtvierteln (Werkstattberichte / Stadtentwicklung).

Rogers, Richard (1990): Streets for Peoples. In: ARCH+ (Hg.): Chaos Stadt-Stadtmodelle nach der Postmoderne, 105/106 aus 10/1990. Aachen: ARCH+Verlag GmbH, S. 85 - 87.

Rohwetter, Marcus (2022): Die Stadt von der wir träumen. Deutsche Innenstädte lebenswerter machen. Titelgeschichte in der Zeit- Feuilleton vom 15.12.2022

Rosenberger, Michael; Braumann, Alfried; Emrich, Hans (2017): Fachkonzept produktive Stadt. STEP 2025 (Werkstattbericht).

Rossi, Aldo (1998): Die Architektur der Stadt. Skizze zu einer grundlegenden Theorie des Urbanen. Hochschulschrift - Leseheft 1. Technische Universität München, München. Institut für Entwerfen und Bautechnik.

Roters, Eberhard; Schulz, Bernhard (1987): Ich und die Stadt. Mensch und Großstadt in der deutschen Kunst des 20. Jahrhunderts ; Berlinische Galerie, Martin-Gropius-Bau, [15. August - 22. November 1987. Berlin: Nicolai.

Roth, Joseph (1919-1929): Stadtfeuilletons – Trübsaal einer Straßenbahn, Salzburg und Wien, Jung und Jung 2012

Rothstein, Fritz (1967): Schöne Plätze. Formenreichtum und Formenwandel einer städtebaulichen Aufgabe. Leipzig: VEB Interdruck Edition Leipzig.

Rowe, Colin; Koetter, Fred; Hoesli, Bernhard (1984): Collage City. Basel: Birkhäuser (Geschichte und Theorie der Architektur, 27).

Ruch, Philipp (2015): Wenn nicht wir, wer dann? Ein politisches Manifest. 2. Auflage, Originalausgabe. München: Ludwig.

Ruelle, David (1993): Zufall und Chaos. 1. korrigierter Nachdr. Berlin: Springer.

Rykwert, Joseph (1983): Ornament ist kein Verbrechen. Architektur als Kunst. Köln: Du Mont ((Du Mont-Dokumente)).

Sakura-Nachrichten (2019): Was bedeutet Wabi Sabi? Philosophie. Kunst und Alltags. Sakura. Tokio. Online verfügbar unter www.kyoto-ryokan-sakura.com/archives/post_de, zuletzt aktualisiert am Oktober 2019.

Samuel, Josef (o. Angabe): Feuermauern. Wien: Selbstverlag.

Sarnitz, August (Hg.) (2000): Wien, Städtebau. Vienna, urban planning. Magistrat der Stadt Wien; Ausstellung Wien, Städtebau. Wien: Stadt Wien MA 18 Stadtentwicklung und Stadtplanung (Der Stand der Dinge).

Schaewen, Deidi von (1977): Mauern. Köln: DuMont.

Schami, Rafik (2019): Die geheime Mission des Kardinals. Roman. 1. Auflage. München: Carl Hanser Verlag.

Schauer, Lucie; Groot, Michael de (Hg.) (1982): Stadt und Utopie. Modelle idealer Gemeinschaften ; [22. Oktober bis 28. November 1982 Neuer Berliner Kunstverein in der Staatlichen Kunsthalle Berlin. Neuer Berliner Kunstverein; Staatliche Kunsthalle; Stadt und Utopie. Berlin: Frölich & Kaufmann.

Schediwy Robert, Baltzarek Franz (1982): Grün in der Großstadt. Geschichte europäischer Parkanlagen unter besonderer Berücksichtigung Wiens. Wien: Tusch (Tusch-Urbanistica 2).

Scherzinger, Christine (2017): Berlin - Visionen einer zukünftigen Urbanität. Über Kunst, Kreativität und alternative Stadtgestaltung. Bielefeld: Transcipt Verlag (Sozial- und Kulturgeographie, v.18). Online verfügbar unter https://ebookcentral.proquest.com/lib/gbv/detail.action?docID=4863424.

Scheuvens, Rudolf; Tschirk, Werner; Krassnitzer, Philip (Hg.) (2010): Planung als Prozess. Gestaltung dialogorientierter Planungs- und Umsetzungsprozesse. Unter Mitarbeit von Institut für Örtliche Raumplanung an der TU-Wien (IFOER). Stadt Wien-MA 21 B (Hg). Wien (Werkstattbericht / Stadtentwicklung, Nr. 109).

Scheuvens, Rudolf (Hg.) (2016): future.lab Magazin. Internationale Bauausstellung IBA_Wien 2022. Periodisches Magazin. Technische Universität, Wien. Fakultät Architektur und Raumplanung.

Schmidt-Bruemmer, Horst; Lee, Feelie (1973): Die bemalte Stadt. Initiativen zur Veränderg d. Straßen in USA. Beispiele in Europa. (Köln): DuMont Schauberg ((DuMont - aktuell)).

Schmidt-Brümmer, Horst; Schulz, Andreas (1976): Stadt & Zeichen. Lesarten der täglichen Umwelt. Köln: DuMont Schauberg (Studio DuMont).

Schmidt-Relenberg, Norbert (1968): Soziologie und Städtebau. Versuch einer systematischen Grundlegung. Stuttgart: Karl Krämer Verlag (Beiträge zur Umweltplanung).

Schneider, Tatjana (2015): Tod dem Projekt! Lang lebe der systematische Wandel. In: dérive - Zeitschrift für Stadtforschung 2015 (Nr. 61), S. 27 - 32.

Schönwandt, Walter (1986): Denkfallen beim Planen. Basel: Birkhäuser (Bauwelt Fundamente, 74). Online verfügbar unter http://www.degruyter.com

Schönwandt, Walter; Jung, Wolfgang (2007): „problems first" - eine Sichtweise auf Planung auf Flächenmanagement. In: Manfred Schrenk (Hg.): To plan is not enough. REAL CORP 2007 S. 773–780.

Schönwandt, Walter (2002): Planung in der Krise? Theoretische Orientierungen für Architektur, Stadt- und Raumplanung. Wiesbaden, s.l.: Vieweg+Teubner Verlag.

Schopper, Manfred; Eigler, Robert (1996): Baulückenkataster für das dichtbebaute Wiener Stadtgebiet. Wien: Magistrat d. Stadt Wien Magistratsabt. 18 ([Werkstadtberichte / Stadtplanung Wien]).

Schorske, Carl E. (1982): Wien. Geist und Gesellschaft im „Fin de siècle". Frankfurt a.M.: S. Fischer.

Schrenk, Manfred (Hg.) (2007): To plan is not enough. REAL CORP 2007 ; strategies, concepts, plans, projects and their successful implementation in urban, regional and real estate development ; proceedings of the 12th International Conference on Urban Planning and Spatial Development in the Information Society and 2nd Vienna Real Estate Conference ; May 20th - 23rd, 2007, Tech Gate Vienna, Wien, Austria : Strategien, Konzepte, Pläne, Projekte und ihre erfolgreiche Umsetzung in Stadtplanung, Regionalentwicklung und Immobilienwirtschaft ; Beiträge zur 12. Internationalen Konferenz zu Stadtplanung und Regionalentwicklung in der Informationsgesellschaft und 2. Internationale Wiener Immobilienkonferenz; [Tagungsband]

Schwarz-Viechtbauer, Karin; Schwarz, Karl-Heinz (2008): Neuinterpretation öffentlicher Raum. Eine Studienreihe für die Wiener Bezirke im Auftrag der MA 19. Wien: Stadt Wien, MA 19 (Werkstattberichte / Stadtentwicklung, Nr. 93).

Sedlmayr, Hans (1948): Verlust der Mitte. Die bildende Kunst des 19. und 20 Jahrhunderts als Symptom und Symbol der Zeit. 10. Auflage 1983/Bertelsmann. Salzburg: Otto Müller Verlag (Klassiker des modernen Denkens).

Seiss, Reinhard (2007): Wer baut Wien? Hintergründe und Motive der Stadtentwicklung Wiens seit 1989. Vorwort Friedrich Achleitner - Nachwort Christian Kühn. Salzburg - München: Verlag Anton Pustet.

Seiss, Reinhard (2019): Bebauungsplan - Wildwuchs als Prinzip? In: a3-Bau (7-8/2019), S. 64–66.

Seisselberg, Jörg (2019): Der Erfolg der langsamen Städte. 20 Jahre Cittàslow. MDR, 20.06.2019.

Semsroth, Klaus et.al. (Hg.) (2023): Über die „Schönheit" der Stadt. Wien: LIT Verlag

Senator für Bau- und Wohnungswesen, Berlin (Hg.) (1980): Stadtidee und Stadtgestalt: Beispiel Berlin. 7 Aufsätze von H. Engel (Hg.). Berlin: Archibook (Werkstatt, Nr. 1).

Senator für Stadtentwicklung und Umweltschutz (1982): Berliner Stadtlücken. Unter Mitarbeit von Fotografie Ulrich Grimm. Berlin.

Sennett, Richard (1991): Civitas. Die Großstadt und die Kultur des Unterschieds. Unter Mitarbeit von Übersetzung und dt. Titel: Kaiser, Reinhard. Frankfurt am Main: Fischer.

Senk, Walter (01.10.2020): Flucht aus New York – der Apfel verfault. Wien. Immobilienredaktion - Online.

Senk, Walter (17.10.2020): Wandel im Einzelhandel. Interview mit Mario-EHL-Retail Schwaiger. Immobilien-Redaktion, Online.

Sens, Eberhard (1986): Der Traum von der Metropole. Zur neuen Sehnsucht nach Urbanität. In: Ästhetik und Kommunikation e.V (Hg.): Urbanität. ‚Wiederkehr des Intellektuellen', Heft 61/62 - 1986. Unter Mitarbeit von Eberhard Sens. Berlin: Ästhetik und Kommunikation VerlagsGmbH (61/62 Jahrgang 16), S. 17-22.

Sessar, Klaus (2007): Großstadtängste. Untersuchungen zu Unsicherheitsgefühlen und Sicherheitspolitiken in europäischen Kommunen = Anxious cities. Wien: LIT-Verl. (Schriften zur Rechts- und Kriminalsoziologie, 1).

Shinohara, Kazuo (1990): Tokyo - Die Schönheit des Chaos. In: ARCH+ (Hg.): Chaos Stadt-Stadtmodelle nach der Postmoderne, 105/106 aus 10/1990. Aachen: ARCH+Verlag GmbH, S. 48 - 50.

Siedler, Wolf Jobst; Niggemeyer, Elisabeth (1964/1993): Die gemordete Stadt. Abgesang auf Putte und Straße, Platz und Baum. Neuausgabe. Berlin: Herbig - Siedler (Neuausgabe) (Sammlung Siedler).

Sieverts, Thomas (1986): Ästhetik, Kommunikation und Gebrauch. Perspektiven für den städtischen Zwischenraum. In: Ästhetik & Kommunikation - Urbanität Jahrgang 16 (Heft 61/62), S. 127-132.

Sieverts, Thomas (1998): Zwischenstadt. Zwischen Ort und Welt Raum und Zeit Stadt und Land. 2., durchgesehene und um ein Nachwort ergänzte Auflage. Wiesbaden, s.l.: Vieweg+Teubner Verlag.

Sinus-Institut (2020): Sinus-Milieus. https://de.wikipedia.org/wiki/Sinus-Milieus. Sinus- Institut. Heidelberg.

Sitte, Camillo (1901- 1965): Der Städtebau nach seinen künstlerischen Grundsätzen. 6. Auflage. Leipzig - Wien: Georg Prachner Verlag (Schriftenreihe des Instituts für Städtebau, Raumplanung und Raumordnung - Technische Hochschule Wien, Nr. 5).

Sitte, Camillo (1989): Das Wien der Zukunft. Festrede gehalten am 4.1.1891 im Wissenschaftlichen Club, Wien. In: Berichte zur Raumforschung und Raumplanung 33. Jahrgang (3-5, Sonderheft Camillo Sitte), S. 6–9.

Sommer, Monika (Hg.) (2006): Imaging Vienna. Innensichten, Außensichten, Stadterzählungen. Unter Mitarbeit von Daniela Strigl, Wolfgang Maderthaner u.a. Wien: Turia und Kant. Online verfügbar unter http://deposit.dnb.de/cgi-bin/dokserv?id=2707176&prov=M&dok_var=1&dok_ext=htm.

Sonne, Wolfgang (2017): Urbanität und Dichte im Städtebau des 20. Jahrhunderts. 2. Auflage. Berlin: DOM publishers.

Sorkin, Michael (2007): Ist das Ende des Urban Design gekommen? In: Bauwelt - Stadtbauwelt 24 (174), S. 14–35.

Speer, Albert (1985): Die Möglichkeiten und Schwierigkeiten bei der Reintegration von innerstädtischen Industrie- und Gewerbebrachen. In: Stadt - Zeitschrift für Wohnungs- und Städtebau 1985 (1/1985 Kulturbrachen unser Schicksal?)

Spengelin, Friedrich; Kistler, Lothar (1977): Stadtbild und Stadtlandschaft. Planung Kempten/Allgäu. Unter Mitarbeit von Prognos AG, Basel. München (Stadtentwicklung, Nr. 02.009).

Spiegel, Erika (1972): Städtebau zwischen Kunst und Politik. In: Stadtbauwelt 63. Jahrgang (Stadtbauwelt Nr. 35), S. 191–194.

Stadt Wien: Verunstaltungsparagraph § 85, vom 02.05.2021. Fundstelle: Bauordnung für Wien.

Stadt Wien (2021): Abbruch in Schutzzonen. Online verfügbar unter https://www.wien.gv.at/amtshelfer/bauen-wohnen/stadtentwicklung/baulicheanlagen/abbruch.html#.

Stadt Wien - MA 18 (2002): Hochhäuser in Wien. Städtebauliche Leitlinien ; Richtlinien für die Planung und Beurteilung von Hochhausprojekten. Wien: Stadt Wien MA 18 Stadtentwicklung und Stadtplanung (Werkstattberichte / Stadtplanung Wien, Nr. 46).

Stadt Wien - MA 18 (2014): Stadt der Zukunft - [Zukunft der Stadt]. Dokumentation einer Gesprächsreihe der Stadtentwicklung Wien. Unter Mitarbeit von Michael Kerbler. Wien: Stadt Wien MA 18 Stadtentwicklung und Stadtplanung.

Stadt Wien - MA 18 (2019): Smart City Wien Rahmenstrategie 2019-2050. Die Wiener Strategie für eine nachhaltige Entwicklung. Unter Mitarbeit von Ina Homeier. Wien.

Stadt Wien - MA 18 (Hg.) (2011): Perspektive Erdgeschoss. Transformationsprozesse. Unter Mitarbeit von Theresia Schütz Rudolf Scheuvens. Wien: Stadt Wien MA 18 Stadtentwicklung und Stadtplanung (Werkstattbericht, Nr. 121 - Sonderedition).

Stadt Wien - MA 18 (Hg.) (2016): WIEN: polyzentral. Forschungsstudie zur Zentrenentwicklung Wiens. TU Wien, ifoer - Fachbereich örtliche Raumplanung. Unter Mitarbeit von Stefan Groh, Rudolf Scheuvens. Wien: MA 18 (Werkstattbericht, Nr. 158).

Stadt Wien - MA 18 (Hg.) (2018): Fachkonzept Öffentlicher Raum. STEP 2025. Beschlossen vom Gemeinderat am 25. Jänner 2018. Unter Mitarbeit von Lisa Magdalena Schlager, Elisabeth Irschik. Wien (Fachkonzepte STEP 2025).

Stadt Wien MA 18; Wieshofer, Isabel (2015): Fachkonzept Grün- und Freiraum. Gemeinsam draußen. Unter Mitarbeit von Knollconsult Umweltplanung ZT GmbH. Wien: Magistrat der Stadt Wien (Werkstattbericht / Magistrat der Stadt Wien, Magistratsabteilung 18 - Stadtentwicklung und Stadtplanung).

Stadt Wien - MA 19 (2015): Gebaut 2010 - 2015. Katalog zur Dauerausstellung. Unter Mitarbeit von Gesamtkoordination Kertesz R. und Kniefacz R. Wien: Magistrat der Stadt Wien.

Stadt Wien -MA 22 (Hg.)(2003): wildwuchs. Vom Wert dessen, was von selbst ist.

Stadt Wien-MA 21 (Hg) (2018): Masterplan GRÜNDERZEIT. Handlungsempfehlungen zur qualitätsorientierten Weiterentwicklung der gründerzeitlichen Bestandsstadt. Unter Mitarbeit von SUPERBLOCK ZT GmbH, Klaus Wolfinger. Wien: Stadt Wien MA 21 (Werkstattbericht, Nr. 180).

Stadtplanung Wien (Hg) (1992) Wien, Stadtraum

Stadtbaudirektion Wien (Hg.) (1987): Wettbewerb - Chancen für den Donauraum. Fachschrift der Stadtbaudirektion Wien für Planen, Bauen, Wohnen und Umweltschutz. der aufbau 42. Jahrgang (1/2 1987). Wien: Compress Verlags GmbJ.

Städtebauliches Institut der Universität Stuttgart (Hg.) (1974): Ziele der Stadtgestaltung. Zusammenfassung des Kolloquiums „Ziele der Stadtgestaltung" vom 22. und 23.Juni 1972. Leitung: Michael Trieb. Unter Mitarbeit von Redaktion Lothar Grund. Fachbereich Orts-, Regional- und Landesplanung der Universität Stuttgart. 2. Auflage. Stuttgart: Dokumentation der Universität Stuttgart.

Städtebauliches Institut der Universität Stuttgart (Hg.) (1974): Probleme der Stadtgestaltung. Zusammenfassung des Kolloquiums „Probleme der Stadtgestaltung" vom 22. und 23. Oktober 1971. Unter Mitarbeit von Leitung: Michael Trieb. Universität Stuttgart. 2. Auflage. Stuttgart: Städtebauliches Institut im Fachbereich Orts-, Regional- und Landesplanung.

Stalder, Felix (2015): Zwischen Smartness und Kooperation. Möglichkeiten der informationellen Stadt. In: dérive - Zeitschrift für Stadtforschung 2015 (Nr. 61), S. 19 - 22.

Steinbach, Josef; Holzhauser, Andrea; Neudecker, Klaus (2000): Historische Sozialraumanalyse für das Wiener Stadtgebiet. [1971 - 1981 - 1991]. Wien: Stadt Wien MA 18 Stadtentwicklung und Stadtplanung (Werkstattberichte / Stadtplanung, Magistratsabteilung 18, Nr. 35).

Steiner, Dietmar (1986): Neuer Wiener Wohnbau. New Housing in Vienna. Unter Mitarbeit von Margarete Cufer, Gustav Peichl. Wien: Compress Verlags GmbJ.

Steiner, Dietmar (2016): Steiner's Diary. Über Architektur seit 1959. Zürich: Park Books (Linzer Vorlesungen).

Steiner, Klaus (1975): Beiträge zur Stadtgestaltung in Wien. Stadtgestaltung und Stadterneuerung. In: der aufbau 1975 (11- 12/1975), S. 395–404.

Stierli, Martin (2008): Die Stadt als Bild. Die Form der Stadt veränderte sich... In: Neue Zürcher Zeitung 2008, 01.11.2008, S. 1–8.

Stimmann, Hans (Hg.) (1995): Stadt, Haus, Wohnung. Wohnungsbau der 90er Jahre in Berlin ; [Ausstellung vom 17. Mai bis 7. Juli 1995, Unter den Linden und Behrenstraße. Berlin. Berlin: Ernst.

Stimmann, Hans; Kieren, Martin; Ouwerkerk, Erik-Jan (2005): Die Architektur des neuen Berlin. Berlin: Nicolai.

Streck, Harald (2017): Dichte und Komplexität in der Architektur - ein überholtes Schaffensziel? Norderstedt: Books on Demand GmbH.

Strobl, Günther (2020): Handy ade, Chip juchhe. Interview mit Andreas Reiter. DerStandard Portfolio. Dezember 2020

Stübben, Joseph (1890): Der Städtebau, Reprint der 1.auflage, Braunschweig/Wiesbaden Vieweg 1980

Sturm, Philipp; Cachola-Schmal, Peter (Hg.) (2018): Die immer Neue Altstadt. Bauen zwischen Dom und Römer seit 1900 = Forever new: Frankfurt's Old Town ; building between Dom and Römer since 1900. Unter Mitarbeit von Moritz Röger. Deutsches Architekturmuseum; Jovis Verlag GmbH; Ausstellung Die immer Neue Altstadt. Bauen zwischen Dom und Römer seit 1900. Berlin: Jovis.

Superblock & YEWO Landscapes (2021): Village im Dritten. Neu in Wien. Planungshandbuch. Unter Mitarbeit von Wohnfonds wien, Rosinak & Partner, Gruber Consulting. Wien: ARE Austrian Real Estate Gmbh.

Süskind, Patrick (2006): Das Parfum. Die Geschichte eines Mörders. Zürich: Diogenes-Verl. (Diogenes-Taschenbuch, 22800).

Swoboda, Hannes (Hg.) (1990): Wien. Identität und Stadtgestalt. Unter Mitarbeit von Hubert Ch. Ehalt und Georg Kotyza. Wien: Böhlau (Kulturstudien Bibliothek der Kulturgeschichte, 20).

Sydow, Jörg (Hg.) (2001): Steuerung von Netzwerken. Konzepte und Praktiken. Durchges. Nachdr. Opladen: Westdt. Verl.

Sydow J; Windeler A. (Hrsg.) (Hg.) (1999): Steuerung von Netzwerken. Opladen.

Tafuri, Manfredo (1990): Die Krise der Linearität. In: ARCH+ (Hg.): Chaos Stadt-Stadtmodelle nach der Postmoderne, 105/106 aus 10/1990. Aachen: ARCH+Verlag GmbH, S. 98 - 106.

Taleb, Nassim Nicholas; Proß-Gill, Ingrid (2008): Der schwarze Schwan. Die Macht höchst unwahrscheinlicher Ereignisse. München: Hanser.

Tamms, Friedrich; Wortmann, Wilhelm (1973): Städtebau. Wissenschaftler planen die Zukunft. Umweltgestaltung: Erfahrung und Gedanken. Darmstadt: Carl Habel Verlag.

Temel, Robert (2020): Wie entstehen lebendige Quartiere? In: Wohnenplus 2020 (1/2020), S. 30-31.

Tengel, Günter (Jänner 2020): Sag mir, welche Zukunft kommt. In: Der Standard - Management 2020, Jänner 2020, M 1.

TH Darmstadt (Hg.) (1981): Freiheit macht Stadt. Der Anspruch auf Selbstorganisation des Alltags. Unter Mitarbeit von Roland wick Thomas Sieverts. Fachgruppe Stadt TH Darmstadt. Darmstadt: TU Darmstadt.

The Prince of Wales (1989 (1990)): Die Zukunft unserer Städte. Eine ganz persönliche Auseinandersetzung mit der modernen Architektur. Im Original: A Vision of Britain. Unter Mitarbeit von Übersetzung: Matthias Wolf. München: Wilhelm Heyne Verlag GmbH.

Thiessen, Rudi (1982): Affäre Stadt. Berlin: Medusa-Verlagsges (Notizbuch, 7).

Thomas, Knoll (2021): Fassadenbegrünung. Wien, 05.03.2021. Statement an Rudolf Zabrana. Jurysitzung ‚Village im Dritten'.

Tillner, Silja (2001): Internationale Stadtplanungs- und Hochhauskonzepte. International planning and highrise concepts. Wien: Stadtentwicklung Wien Magistratsabt. 21A (Werkstattberichte / Stadtplanung Wien, 41).

Timm, Tobias (2022): ‚Es wird mehr Hochhäuser geben' in ZEIT Nr. 4 – Feuilleton v. 20.1.2022

Timm, Tobias (2023); ‚Stoppt den Abrisswahn' in ZEIT – Feuilleton v. 19.10.2023

Traxler, Tanja (2020): Grüne Ideen fürs Grätzl. Einen Baum per App auf dem Gehsteig gegenüber pflanzen. In: Der Standard - Forschung spezial 2020, 21.10.2020, S. 31.

Trieb, Michael (1972): Ziele der Stadtgestaltung. In: Stadtbauwelt 63. Jahrgang (Stadtbauwelt 35 Bauwelt 38/39).

Trieb, Michael (1974): Stadtgestaltung. Theorie und Praxis. Düsseldorf: Bertelsmann Fachverlag, Düsseldorf (Archpaper, Nr. 43).

Trieb, Michael; Grammel, Ursula; Schmidt, Alexander (1979): Stadtgestaltungspolitik. Aufgaben, Instrumente, Strategien. Stuttgart: Deutsche Verlags-Anstalt.

Trillitsch, Falk; Gottlebe Silke; Ludwig, Karl (1982): Mut zu grünen Wänden. Pflanzen an der Fassade. Berlin: Senator für Stadtentwicklung und Umweltschutz, Berlin

Tröger, Eberhard; Eberle, Dietmar (2015): Dichte Atmosphäre. Über die bauliche Dichte und ihre Bedingungen in der mitteleuropäischen Stadt ; [Berlin, München, Wien, Zürich. Basel: Birkhäuser.

Tucholsky, Kurt (2006): Augen in der Großstadt. Gedichte & Prosa. Unter Mitarbeit von Hans Illustrationen Ticha. 1. Aufl. Frankfurt am Main, Wien, Zürich: Büchergilde Gutenberg.

Urbanität und Identität zeitgenössischer europäischer Städte. Dokumentation der Fachtagung vom 11. November 2003 an der Eidgenössischen Technischen Hochschule Zürich (2005). Ludwigsburg: Wüstenrot Stiftung.

Valena, Tomáš; Will, Thomas (Hg.) (1990): Stadt und Topographie. Die europäische Stadt im topographischen Kontext unter besonderer Berücksichtigung der bayerischen Stadt ; [Wanderausstellung „Stadt und Topographie" - eine Ausstellung der Technischen Universität München, Lehrstuhl für Entwerfen und Denkmalpflege, und der Obersten Baubehörde im Bayerischen Staatsministerium des Innern, Initialausstellung in der Bayerischen Akademie der Schönen Künste, München, 29. Mai bis 1. Juli 1990. Technische Universität München; Bayerische Akademie der Schönen Künste; Wanderausstellung Stadt und Topographie; Ausstellung Stadt und Topographie. Berlin: Ernst.

VCÖ, Wien (Hg.) (2021): Mehr Platz für bewegungsaktive Mobilität. Wien: Verkehrsclub Österreich (VCÖ) (Mobilität mit zukunft).

Venturi, Robert (1978/1993): Komplexität und Widerspruch in der Architektur. Unter Mitarbeit von Hg. Heinrich Klotz. Nachdruck. Braunschweig: Vieweg (Bauwelt-Fundamente Baugeschichte, Architekturtheorie, 50).

VIEW. Magazin der Geberit-Gruppe (2020) Referenz-Magazin In: View 2020.

Voigt, Andreas (2011): Die Sehnsucht der Deutschen nach der alten Zeit. Viele haben kein Vertrauen in moderne Architektur...... In: Die Welt-Online 2011 (21.3.2011).

Voigt, Andreas (2005): Raumbezogene Simulation und örtliche Raumplanung. Wege zu einem (stadt-) raumbezogenen Qualitätsmanagement. Wien: Österreichischer Kunst- u. Kulturverl. (Projektieren, Konzipieren, Konstruieren, Bauen, Sanieren, Demolieren, 11).

Voigt, Andreas (1997): Gestaltung der Bebauungsstrukturen Wiens durch räumliche Modelle. Analyse und Synthese. Wien: Österr. Kunst- und Kulturverl. (Projektieren, Konzipieren, Konstruieren, Bauen, Sanieren, Demolieren, 2).

Voitl, Helmut; Guggenberger, Elisabeth; Pirker, Peter (1977): Planquadrat. Ruhe, Grün und Sicherheit, Wohnen in der Stadt. Wien: Zsolnay.

Wachs, Johannes (2021): Wie das Stadtbild soziale Netzwerke formt. Wirkung von Barrieren auf soziale Netzwerke. In: Der Standard - Forschung spezial 2021, 17.03.2021, S. 23.

Wagenfeld, Horst (Hg.) (1985): Stadtgrünplätze. Wiedergewonnener Freiraum. Planung - Anlage - Nutzung. Unter Mitarbeit von Ute Krommes und Klaus Pauly. Wiesbaden und Berlin: Bauverlag GmbH.

Wagner, Michael (Hg.) (1993): Bewegung. Beirat für Stadtentwicklungbereiche. Unter Mitarbeit von Synthesis - IS. Stadt Wien MA 18. Wien (Wien wächst).

Wagner, Otto; Geretsegger, Heinz; Peintner, Max (1978): Otto Wagner. 1841 - 1918 ; unbegrenzte Groszstadt, Beginn der modernen Architektur : mit 306 Abbildungen, davon 6 ganzseitigen in Farbe, und einem Plan von Wien mit Verzeichnis der bestehenden Wagner-Bauten. Neu bearb. und erw. Ausg., 3. Aufl. Salzburg: Residenz-Verl.

Wailand, Markus; Weh, Vitus H. (Hg.) (1998): Zur Sache Kunst am Bau. Ein Handbuch [für das Durchqueren der Standortfaktoren Architektur, Kunst, Design, Staat, Wirtschaft. Wien: Triton.

Walker, John A. (1992): Designgeschichte. Perspektiven einer wissenschaftlichen Disziplin. München: scaneg. Online verfügbar unter http://d-nb.info/920589022/04.

Wasner, Manfred (2020): Nutzungs-Mischung und Nutzungs-Wandel in der Entwicklung städtischer Siedlungen in Wien. Erfolgsfaktoren gemischt genutzter Areale. Hg. v. Vorabzug einer Dissertation. TU-Wien Fakultät für Architektur und Raumplanung. Wien.

Wasner, Manfred (2022): wie ein lebendiges Stadtviertel entsteht. Erkenntnisse aus der Wiener Development-Serie „Wohnen und Arbeiten". Wiesbaden: Springer

Webb, Michael (1990): Die Mitte der Stadt. Städtische Plätze von der Antike bis heute. Frankfurt/Main: Campus-Verl.

Wehdorn, Manfred (Hg.) (1992): Stadterhaltung. Ensembleschutz im internationalen Vergleich ; Dokumentation des internationalen Symposiums und der Ausstellung im November 1991. Wien: Magistrat der Stadt (Beiträge zu Stadtforschung, Stadtentwicklung und Stadtgestaltung, 38).

Wehdorn, Manfred et. al. (1995): Wien, Stadterhaltung, Stadterneuerung. Der Stand der Dinge = Vienna, preservation and renewal of the urban environment. Wien, Österreich: Stadt Wien MA 18 Stadtentwicklung und Stadtplanung.

Weihsmann, Helmut (1985): Das Rote Wien. Sozialdemokratische Architektur und Kommunalpolitik 1919-1934. Wien: Promedia Druck und VerlagsgmbH (edition spuren).

Welser-Ude, Edith von; Ude, Christian (2004): Open-Air-Galerie. Farbige Botschaften an die Welt. München: Fredeking und Thaler.

Wendebourg, Tjards (2020): Der Kies muss weg. Gegen die Verschotterung unserer Vorgärten.

Werdegier, Wolf (1992): Anwachsen. Neue Stadtteile in Europa; Beispiele für Wien? Wien: Magistrat der Stadt (Beiträge zur Stadtforschung, Stadtentwicklung und Stadtgestaltung, 31).

Widmann, Helmut; Kuffner, Astrid; Hatzenbichler, Jürgen (Hg.) (2012): Smart city. Wiener Know-how aus Wissenschaft und Forschung. Wien: Schmid.

Wieczorek, Daniel (1989): Camillo Sittes „Städtebau" in neuer Sicht. In: Berichte zur Raumforschung und Raumplanung 33. Jahrgang (3-5 Sonderheft Camillo Sitte), S. 35–44.

Wiegand, Dietmar; Schmied, Angie; Kleedorfer, Jutta (2018): einfach -mehrfach. Warum Mehrfach- und Zwischennutzung so wichtig ist und wie es geht. Wien: Stadt Wien MA 18 Stadtentwicklung und Stadtplanung.

Wien 3420 Aspern development AG (Hg.) (2013): Urbanity. The discreet symptoms of privatization and the loss of urbanity. Wien: content.associates.

Wiener Gemeinderatskommission - Forum Stadtverfassung (Hg.) (1991): Die Bürger und ihre Stadt. Direkte Demokratie in der Kommunalpolitik. Unter Mitarbeit von Eugen Antalovsky (KDZ). Wiener Gemeinderatskommission - Forum Stadtverfassung. Wien: Magistrat der Stadt.

Wiesing, Lambert (Hg.) (2017) – Philophie der Wahrnehmung – Modelel und reflexionen, Frankfurt 2017, Suhrkamp

Wikipedia (2019): Die City Beautiful Bewegung.

Wikipedia (2019): Stadtmorphologie. Forschungsgebiet des Städtebaus und der Stadtgeographie. Wikipedia. 11.5.2019.

Wikipedia (2019): Stadtbild. Online verfügbar unter https://de.wikipedia.org/wiki/Stadtbild.

Wikipedia (2019): New Urbanism.

Wikipedia (2020): Konversion (Stadtplanung). Online verfügbar unter Http://wikipedia.or/Wiki/Konversion (Stadtplanung).

Will, Thomas (1990): Im Kontext der modernen Stadt. Unter Mitarbeit von Jörg Stabenow. In: ARCH+ (Hg.): Chaos Stadt-Stadtmodelle nach der Postmoderne, 105/106 aus 10/1990. Aachen: ARCH+Verlag GmbH, S. 88 - 97.

Winter, Helmut (1986): Zum Wandel der Schönheitsvorstellungen im modernen Städtebau: die Bedeutung psychologischer Theorien für das architektonische Denken. ETH Zurich.

Winter, Helmut (1989): Hundert Jahre Stadtbaukunst. Anmerkungen zu Camillo Sittes „Städtebau" in seiner Bedeutung für das Denken von Architekten im 20. Jahrhundert. In: Berichte zur Raumforschung und Raumplanung 33. Jahrgang (3-5 Sonderheft Camillo Sitte), S. 45–47.

Wiseman, Richard (2007): Quirkology. Am schnellsten wird in Singapur gelebt. Unter Mitarbeit von Florian Rötzer. Hg. v. Teleoplis - Magazin. Heise Zeitschriftenverlags. Hannover. Online verfügbar unter www.heise.de/tp.

Wiström, Björn (2003): Wildnis und Wildniserfahrung. Eine Anthologier des Ungeplanten - Hg. MA 22 anlässlich ihres 30-jährigen Bestehens. In: Stadt Wien -MA 22 (Hg.): wildwuchs. Vom Wert dessen, was von selbst ist.

Wohlhage, Konrad (1990): Das Objekt und die Stadt. Erinnerungen an eine Berliner Tradition. In: ARCH+ (Hg.): Chaos Stadt-Stadtmodelle nach der Postmoderne, 105/106 10/1990. Aachen: ARCH+Verlag GmbH, S.51 - 58.

Wolfrum, Sophie; Janson, Alban (2016): Architektur der Stadt. Stuttgart: Kraemerverlag.

Wüst, Birgitt (2013): Stararchitekten schaffen eine Oase in Mailand. In: Bauwelt 2013.

Zabrana, Rudolf (1986): Städtebauliche Restflächen. Theoretischer Überbau. Unveröffentlicht. Wien.

Zabrana, Rudolf (1988): Städtebauliche Restflächen. Restflächen der Stadtgestaltung. Institut für Örtliche Raumplanung an der TU-Wien. Wien.

Zabrana, Rudolf (2015): Landstraßer Durchgänge. Wien.

Zibell, Barbara (1993): Stadtentwicklung zwischen Ordnung und Chaos. Vortrag im Architekturforum Bern 1993

Zoidl, Franziska (2019): Gute Bausünden gesucht. Turit Fröbe, Der Abrisskalender 2020. In: Der Standard - Wochenende, 09.11.2019, Immobilienstandard S.6.

Zoidl, Franziska (2020): Garteln mit Anlauf. Gedanken zur Begrünung der Fassade. In: Der Standard - Immobilienstandard 2020, 10.10.2020, S. 14.

Zoidl, Franziska (2021): Ein Haus wie ein Chamäleon. Auf Wiener Hausfassaden dominieren Abstufungen von Weiß und Grau. In: Der Standard - Immobilien (10./11.Juli 2021), I 10.

Zoidl, Franziska (2021): Steildach, Flachdach, Fantasiedach. Eine Annäherung an den Dächerstreit. In: Der Standard - Immobilienstandard 2021, 27.03.2021.

Abbildungsverzeichnis

Seite Abbildung, Quelle

5. Einflüsse des baulichen Bestandes

6. Konstituierende Elemente

7. Randbedingungen der Stadtgestalt

308 Markthalle Rotterdam – Winy Mars, Net
315 Stadt statt Strand – Hannover, Net
317 Höhensprünge Rennweg und Schlachthausgasse, RZ
318 Gesimsanpassungen im ‚Roten Wien', RZ
321 Farbbeispiele Bruno Taut – Berlin, Net
322 Farbbeispiele 1030 Wien, RZ
322 Weißes Volkstheater, RZ
323 Künstlerhaus, RZ
324 Euro-Gate 1030 Wien, RZ
325 Tarbuk-Gründe 1100 Wien, Lainer
325 Farbinstallation Wiedner Gürtel + Superblock Nordbahnhof, Net
326 Weißenhofsiedlung Stuttgart, Net
326 Werkbund-Siedlung Wien J. Frank, Net
327 Deutsche Botschft Wien – G. Gutbrod, Net
330 Wien- Kärntner Straße 1974, RZ
330 Amsterdam 2018, RZ

8. Freiraum und Temporäres

338 Liebermann-Villa in Berlin, Net
340 Freiraumbedarf STEP Fachkonzept, STEP 2025
342 Schottergärten und Gabbionen, Net
343 Sitzplätze auf Gabbionen RZ
346 Mäandrierende Donau vor 1870, MA 45
346 Wohnen an Wasser ‚Chancen für den Donauraum', Potyka
347 Wasserrinnen in Altstädten Rostok und Hersbruck, Net
348 Bayreuther Bächle, Net
348 Muhrbrunnen, RZ
348 Ehekarussel Nütnberg, RZ
348 Stadtplatz Wels, Net
349 Bauen am Wasser –Kopenhagen, RZ
349 Berlin Spree mit Blick auf den Dom , RZ
349 Seestadt Mönchengladbach, Net
351 Topografische Karte Wien 3 , MA 41
357 Hundertwasserhaus Wien 3, Net
357 Flak-Bunker Hamburg, Net
357 Bosco verticale – Mailand, Net
357 Wonderwoods Amsterdam – MDRV, Net
358 MDRV – Grüne Villa, Net
358 Düsseldorf KÖ-Bogen, Net
359 New York High Line + Paris Promenade Planteé, Net
360 Pionieroase Wien, Wr. Wohnen
360 Urban Gardening am Donaukanal, Net
360 Berlin – Prinzessinnengarten, Net
364 Ergänzungs- und Abstandsflächen im Grundriss, RZ
365 Restflächen im Aufriss, RZ
366 Baulücken Berlin Knesebeckstraße und Kollwitzplatz, Net
367 Willkürliche alte und neue Restflächen, Net/MA19
369 Feuermauern in Stadterneuerungsgebieten 1985, RZ
372 Wien 4, Phorusplatz 2, Net
373 Feuermauergestaltungen, RZ/Net
376 Feuermauergestaltung Wien 1 Dorotheum, RZ
375 Matrix Feuermauerbewältigung, RZ
376 Begrünung Planquadrat, RZ
376 Trompe d'oel, Net
384 Urbane Mitte Gleisdreieck - Berlin, Net
385 Berlin Rütlibrache und Kreuzberg, Net
386 Berlin – Tempelhof, Net

9. Kunst und Kultur

397 Wallfahrtskirche in Neviges, Net
397 Erweiterungsbau Albrecht-Dürer- Haus Nürnberg, RZ
400 Schinkel-Denkmal Berlin, Net

10. Populismus und Ästhetik

12. Instrumente der Planung

ANHANG

A. Definitionen und Begriffsbestimungen

B. Von der Vedute zum Großstadtbild

Quellen: Monografien, Kataloge, Internet, RZ

C. Stadtgestalt in der Belletristik

Quellen: Originalliteratur

D. Untere Wieden 1985 - 2021

Dokumentation 1985, RZ, Technische Daten: Nikon FE, PC-Nikkor Shift 35 mm, Nikkor 80 – 200 mm, Film: XP 1- 400, eigene Ausarbeitung am IFOER, digitalisiert 2019
Dokumentation 2021, RZ, Technische Daten: Nikon D 200, PC-Nikkor 28 mm, Nikkor 12-24 mm DX, Nikkor 16-85 mm DX

Abkürzungen

RZ Rudolf Zabrana
Net Internet
BM03 Bezirksmuseum Landstraße
W-Pl Stadtplan Stadt Wien
W-Mus Wien-Museum
Wr-W Wiener Wohnen
MA Wiener Mag. Abt.
bau Zeitschrift ‚bau'
Ori Originale
W-KÖR Kunst im Öff. Raum
AK-W Arbeiterkammer Wien

Über den Verfasser

Foto RZ

Geboren am 26. 10. 1944 als 3. Kind von Rudolf und Luise Zabrana in Wien-Erdberg (3. Gemeindebezirk) – Volksschule und Hauptschule – HTBLV Schellinggasse, Abt. Hochbau, Reifeprüfung 18.6.1963 – Präsenzdienst – Standesbezeichnung ‚Ingenieur' 1969.

Verheiratet seit 1973 mit Sieglinde, geb. Knobling (Nürnberg), Töchter Georgine (1975) DI – Architektin und Stadtplanerin und Lilli (1978) – Dr. MSc, Archäologin und Denkmalpflegerin.

Berufliche Tätigkeit

Eintritt ins Büro Hugo Potyka (Wien) 1964 nach 4 Monaten Bauingenieurtätigkeit im Büro Koncki und 2 Monaten im Städtebauinstitut Nürnberg (1972).

1964–1990	Wohnungsbau – etwa 2.500 Wohneinheiten
1972–1980	Gebietsbetreuung Planquadrat 4
197 –1985	Donauinselplanung und Neue Reichsbrücke
1980–1983	Studie ‚Teilräumliche Entwicklungsplanung und Entwicklungsplanung Landstraße
1986–1987	Wettbewerb ‚Chancen für den Donauraum' Drei erste Preise
1985–1989	Standortuntersuchung und Vorbereitung Weltausstellung Wien

Übertritt als Partner im Büro Sepp Frank (1990)

1990	Wettbewerb Weltausstellung Wien 1. Preis
1992–1997	Wettbewerb und Umsetzung Universität im alten Allgemeinen Krankenhaus (AKH)
bis Ende 2018	Wohnungsbau - etwa 1500 Einheiten, Wettbewerbe und städtebauliche Studien

ZEITACHSE

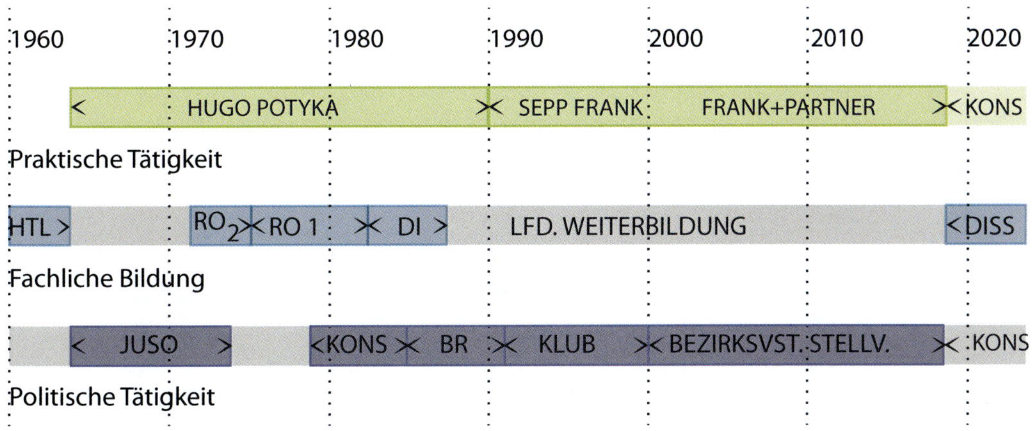

HTL - HTL Hochbau RO2 -Aufbaustudium RO/RPIG RO1- Studium Irregulare RO/RPLG
KONS- Konsulententätigkeit DI-Diplomarbeit BR-Bezirksrat
JUSO- Junge Generation KLUB-Klubobmann 3. Bezirk BVSTV- Stellvtreter Bezirksvorsteher

Publikationen

mit Hugo Potyka

1970 Verdichteter Flachbau, Krämer - Stuttgart
1971 Flexibilität im mehrgeschoßigen Wohnungsbau, BMfBuT
1980 Planquadrat 4, Krämer – Stuttgart
1980 Pflegefall Althaus, Picus, Wien
1982 Alternative Erneuerungsstrategien, TU-Graz
1985 Bezirksentwicklungsplanung Landstraße, Stadt Wien – MA 18 (Abteilung Stadtplanung und Stadtentwicklung)

mit Sepp Frank et al.

1998 Architektur als Transformation (AKH), Universität Wien

Studium

Studium irregulare der Raumplanung und Raumordnung an der TU-Wien ab 1972
1. Diplomprüfung (1982) und 2. Diplomprüfung (1986), beide mit Auszeichnung

1986 Verbesserung von Großwohnungsanlagen der Nachkriegszeit – Preis der TU Wien

1988 Johannes-Göderitz-Preis der TU-Braunschweig für die beste deutschsprachige Diplomarbeit

1991 Ziviltechnikerprüfung für ‚Raumordnung und Raumplanung'

Kommunalpolitische Tätigkeit

1978–1985 Vortragstätigkeit im Karl-Renner-Institut zu kommunalpolitische Tätigkeiten
1980–dato Kommunalpolitische Beratung der Bezirksvorstehung Landstraße
1986–1991 Bezirksrat und Vorsitzender der Entwicklungskommission
1991–2001 Klubobmann und Vorsitzender im Bauausschuss
2001–2018 Stellvertretender Bezirksvorsteher

Teilnahme an mehr als 1000 Bauverhandlungen und Wettbewerbsjurien, Umsetzung der ‚Landstraßer Durchgänge – Fußwegenetz' (Walk space award des VCÖ – 2010)

Führungen, Vorträge und museale Tätigkeit

Seit 2000 Vortragstätigkeit im Bezirksmuseum und der Volkshochschule Landstraße zu Bezirksthemen, moderne Architektur und Gestaltung einschlägiger Ausstellungen.
Von 1990–2000 Führungen ‚Moderne Architektur in Wien' für das Deutsche Architekturmuseum
2000–dato Führungen im Bezirk: Walking Routes, Musikergedenkstätten, Baustellenführungen und moderne Architektur, Jüdische Mitbürger u.a.m.

Publikationen

2012 Kulturgeschichte der Landstraße, Amalthea
2010 dato Redaktion und Herausgabe der ‚Landstraßer Museumshefte'

Sonstiges

1995–dato Vorstandsmitglied der gemeinnützigen Wohnbaugenossenschaften ‚familie' und ‚wohnbau' der Sozialbaugruppe

Ehrungen

2014 Goldener Rathausmann der Stadt Wien
2019 Ehrenbürger des Bezirks Landstraße
2020 Silbernes Ehrenzeichen für Verdienste der Stadt Wien
2022 Verleihung des Berufstitels ‚Professor'